Tabela periódica

1	2		3	4	5	6	7	8	9	10	11	12	13	14	15	16	17	18
1 **H** 1,008																		2 **He** 4,00
3 **Li** 6,94	4 **Be** 9,01												5 **B** 10,81	6 **C** 12,01	7 **N** 14,01	8 **O** 16,00	9 **F** 19,00	10 **Ne** 20,18
11 **Na** 22,29	12 **Mg** 24,31												13 **Al** 26,98	14 **Si** 28,09	15 **P** 30,97	16 **S** 32,06	17 **Cl** 35,45	18 **Ar** 39,95
19 **K** 39,10	20 **Ca** 40,08		21 **Sc** 44,96	22 **Ti** 47,90	23 **V** 50,94	24 **Cr** 52,01	25 **Mn** 54,94	26 **Fe** 55,85	27 **Co** 58,93	28 **Ni** 58,69	29 **Cu** 63,54	30 **Zn** 65,41	31 **Ga** 69,72	32 **Ge** 72,59	33 **As** 74,92	34 **Se** 78,96	35 **Br** 79,91	36 **Kr** 83,80
37 **Rb** 85,47	38 **Sr** 87,62		39 **Y** 88,91	40 **Zr** 91,22	41 **Nb** 92,91	42 **Mo** 95,94	43 **Tc** 98,91	44 **Ru** 101,07	45 **Rh** 102,91	46 **Pd** 106,42	47 **Ag** 107,87	48 **Cd** 112,40	49 **In** 114,82	50 **Sn** 118,71	51 **Sb** 121,75	52 **Te** 127,60	53 **I** 126,90	54 **Xe** 131,30
55 **Cs** 132,91	56 **Ba** 137,34		La–Lu	72 **Hf** 178,49	73 **Ta** 180,95	74 **W** 183,85	75 **Re** 186,21	76 **Os** 190,23	77 **Ir** 192,22	78 **Pt** 195,08	79 **Au** 196,97	80 **Hg** 200,59	81 **Tl** 204,37	82 **Pb** 207,19	83 **Bi** 208,98	84 **Po** 210	85 **At** 210	86 **Rn** 222
87 **Fr** 223	88 **Ra** 226,03		Ac–Lr	104 **Rf** [261]	105 **Db** [262]	106 **Sg** [266]	107 **Bh** [264]	108 **Hs** [277]	109 **Mt** [268]	110 **Ds** [271]	111 **Rg** [272]	112 **Cn** [285]	113 **Uut** [284]	114 **Uuq** [289]	115 **Uup** [288]	116 **Uuh** [291]		118 **Uuo**

Número atômico, Z
Símbolo do elemento
Massa atômica relativa, A_r

Lantanoides

| 57 **La** 138,91 | 58 **Ce** 140,12 | 59 **Pr** 140,91 | 60 **Nd** 144,24 | 61 **Pm** 146,92 | 62 **Sm** 150,35 | 63 **Eu** 151,96 | 64 **Gd** 157,25 | 65 **Tb** 158,92 | 66 **Dy** 162,50 | 67 **Ho** 164,93 | 68 **Er** 167,26 | 69 **Tm** 168,93 | 70 **Yb** 173,04 |

Actinoides

| 89 **Ac** 227,03 | 90 **Th** 232,04 | 91 **Pa** 231,04 | 92 **U** 238,03 | 93 **Np** 237,05 | 94 **Pu** 239,05 | 95 **Am** 241,06 | 96 **Cm** 244,07 | 97 **Bk** 249,08 | 98 **Cf** 252,08 | 99 **Es** 252,09 | 100 **Fm** 257,10 | 101 **Md** 258,10 | 102 **No** 259 |

QUÍMICA INORGÂNICA

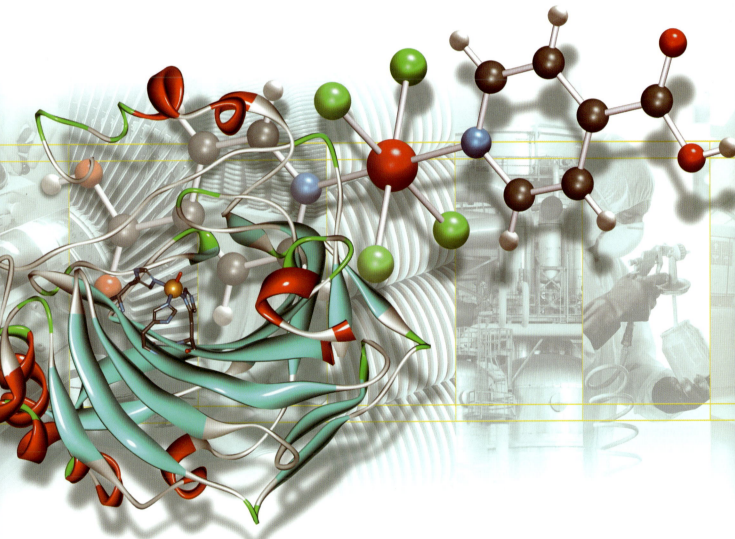

O GEN | Grupo Editorial Nacional reúne as editoras Guanabara Koogan, Santos, Roca, AC Farmacêutica, Forense, Método, LTC, E.P.U. e Forense Universitária, que publicam nas áreas científica, técnica e profissional.

Essas empresas, respeitadas no mercado editorial, construíram catálogos inigualáveis, com obras que têm sido decisivas na formação acadêmica e no aperfeiçoamento de várias gerações de profissionais e de estudantes de Administração, Direito, Enfermagem, Engenharia, Fisioterapia, Medicina, Odontologia, Educação Física e muitas outras ciências, tendo se tornado sinônimo de seriedade e respeito.

Nossa missão é prover o melhor conteúdo científico e distribuí-lo de maneira flexível e conveniente, a preços justos, gerando benefícios e servindo a autores, docentes, livreiros, funcionários, colaboradores e acionistas.

Nosso comportamento ético incondicional e nossa responsabilidade social e ambiental são reforçados pela natureza educacional de nossa atividade, sem comprometer o crescimento contínuo e a rentabilidade do grupo.

QUÍMICA INORGÂNICA

QUARTA EDIÇÃO

Volume 2

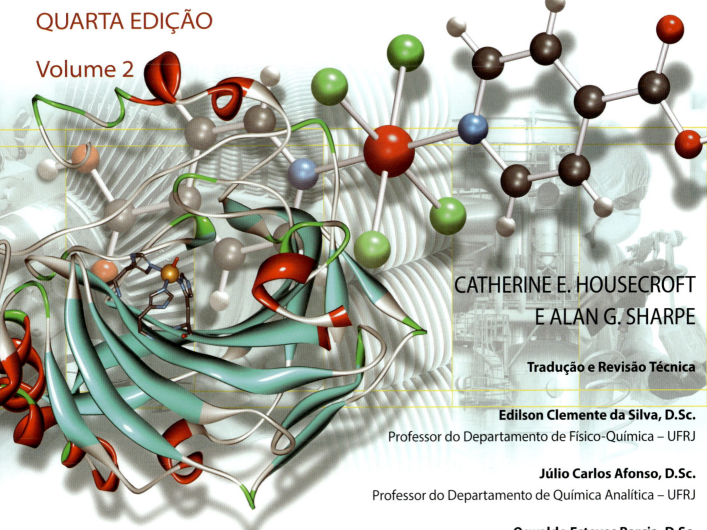

CATHERINE E. HOUSECROFT
E ALAN G. SHARPE

Tradução e Revisão Técnica

Edilson Clemente da Silva, D.Sc.
Professor do Departamento de Físico-Química – UFRJ

Júlio Carlos Afonso, D.Sc.
Professor do Departamento de Química Analítica – UFRJ

Oswaldo Esteves Barcia, D.Sc.
Professor do Departamento de Físico-Química – UFRJ

Os autores e a editora empenharam-se para citar adequadamente e dar o devido crédito a todos os detentores dos direitos autorais de qualquer material utilizado neste livro, dispondo-se a possíveis acertos caso, inadvertidamente, a identificação de algum deles tenha sido omitida.

Não é responsabilidade da editora nem dos autores a ocorrência de eventuais perdas ou danos a pessoas ou bens que tenham origem no uso desta publicação.

Apesar dos melhores esforços dos autores, dos tradutores, do editor e dos revisores, é inevitável que surjam erros no texto. Assim, são bem-vindas as comunicações de usuários sobre correções ou sugestões referentes ao conteúdo ou ao nível pedagógico que auxiliem o aprimoramento de edições futuras. Os comentários dos leitores podem ser encaminhados à **LTC – Livros Técnicos e Científicos Editora** pelo e-mail ltc@grupogen.com.br.

Traduzido de
INORGANIC CHEMISTRY, FOURTH EDITION
Copyright © Pearson Education 2001, 2005, 2008 and 2012
This translation of INORGANIC CHEMISTRY 04 Edition is published by arrangement with Pearson Education Limited.
All rights reserved.
ISBN: 978-0-273-74275-3

Tradução de
INORGANIC CHEMISTRY, FOURTH EDITION
Copyright © Pearson Education 2001, 2005, 2008 e 2012
Esta tradução de INORGANIC CHEMISTRY 04 Edition foi publicada mediante acordo com a Pearson Education Limited.
Reservados todos os direitos.
ISBN: 978-0-273-74275-3

Direitos exclusivos para a língua portuguesa
Copyright © 2013 by
LTC – Livros Técnicos e Científicos Editora Ltda.
Uma editora integrante do GEN | Grupo Editorial Nacional

Reservados todos os direitos. É proibida a duplicação ou reprodução deste volume, no todo ou em parte, sob quaisquer formas ou por quaisquer meios (eletrônico, mecânico, gravação, fotocópia, distribuição na internet ou outros), sem permissão expressa da editora.

Travessa do Ouvidor, 11
Rio de Janeiro, RJ – CEP 20040-040
Tels.: 21-3543-0770 / 11-5080-0770
Fax: 21-3543-0896
ltc@grupogen.com.br
www.ltceditora.com.br

Capa: Gary Thompson
Editoração Eletrônica: Arte & Ideia

CIP-BRASIL. CATALOGAÇÃO NA PUBLICAÇÃO
SINDICATO NACIONAL DOS EDITORES DE LIVROS, RJ

H837q
4. ed.
v.2

    Housecroft, Catherine E., 1955-.
      Química inorgânica / Catherine E. Housecroft e Alan G. Sharpe ; tradução Edilson Clemente da Silva, Júlio Carlos Afonso e Oswaldo Esteves Barcia. – 4. ed. – Rio de Janeiro : LTC, 2013.
          il.

    Tradução de: Inorganic chemistry
    Apêndice
    Inclui bibliografia e índice
    ISBN 978-85-216-2328-1

    1. Química inorgânica. I. Sharpe, A. G. II. Título.

13-01208   CDD: 540
                                CDU: 54

Sumário geral

Volume 1

1. **Conceitos básicos: átomos**
2. **Conceitos básicos: moléculas**
3. **Introdução à simetria molecular**
4. **Técnicas experimentais**
5. **Ligação em moléculas poliatômicas**
6. **Estruturas e energia de sólidos metálicos e iônicos**
7. **Ácidos, bases e íons em solução aquosa**
8. **Redução e oxidação**
9. **Meios não aquosos**
10. **Hidrogênio**
11. **Grupo 1: os metais alcalinos**
12. **Os metais do grupo 2**
13. **Os elementos do grupo 13**
14. **Os elementos do grupo 14**
15. **Os elementos do grupo 15**
16. **Os elementos do grupo 16**
17. **Os elementos do grupo 17**
18. **Os elementos do grupo 18**
    Apêndices
    Respostas dos problemas não descritivos
    Índice

Volume 2

19 Química dos metais do bloco *d*: considerações gerais
20 Química dos metais do bloco *d*: complexos de coordenação
21 Química dos metais do bloco *d*: os metais da primeira linha
22 A química dos metais do bloco *d*: os metais mais pesados
23 Compostos organometálicos dos elementos dos blocos *s* e *p*
24 Compostos organometálicos dos elementos do bloco *d*
25 Catálise e alguns processos industriais
26 Complexos dos metais do bloco *d*: mecanismos de reação
27 Os metais do bloco *f*: lantanoides e actinoides
28 Materiais inorgânicos e nanotecnologia
29 Os metais traços em sistemas biológicos

Apêndices

Respostas dos problemas não descritivos

Índice

Sumário

	Visão geral orientada sobre o conteúdo do livro	xvii
	Prefácio da quarta edição	xxi
	Agradecimentos	xxiii

19 Química dos metais do bloco *d*: considerações gerais — 1

19.1	Visão geral dos tópicos apresentados neste capítulo	1
19.2	Configurações eletrônicas do estado fundamental	1
	Metais do bloco *d versus* elementos de transição	1
	Configurações eletrônicas	2
19.3	Propriedades físicas	2
19.4	A reatividade dos metais	4
19.5	Propriedades características: uma perspectiva geral	4
	Cor	4
	Paramagnetismo	5
	Formação de complexos	5
	Estados de oxidação variáveis	5
19.6	Princípio da eletroneutralidade	6
19.7	Números de coordenação e geometrias	6
	O modelo de Kepert	7
	Números de coordenação no estado sólido	8
	Número de coordenação 2	8
	Número de coordenação 3	8
	Número de coordenação 4	9
	Número de coordenação 5	10
	Número de coordenação 6	11
	Número de coordenação 7	12
	Número de coordenação 8	13
	Número de coordenação 9	13
	Números de coordenação 10 e superiores	13
19.8	Isomerismo em complexo de metais do bloco *d*	14
	Isomerismo estrutural: isômeros de ionização	14
	Isomerismo estrutural: isômeros de hidratação	15

Isomerismo estrutural: isomerismo de coordenação	15
Isomerismo estrutural: isomerismo de ligação	15
Estereoisomerismo: diastereoisômeros	16
Estereoisomerismo: enantiômeros	16

20 Química dos metais do bloco *d*: complexos de coordenação   24

20.1 Introdução	**24**
Estados de alto e baixo spin	24
20.2 Ligação em complexos de metais do bloco *d*: teoria da ligação de valência	**25**
Esquemas de hibridização	25
Limitações da teoria LV	25
20.3 Teoria do campo cristalino	**27**
O campo cristalino octaédrico	27
Energia de estabilização do campo cristalino: complexos octaédricos de alto e de baixo spin	29
Distorções Jahn–Teller	31
O campo cristalino tetraédrico	31
O campo cristalino plano quadrado	32
Outros campos cristalinos	33
Teoria do campo cristalino: usos e limitações	33
20.4 Teoria do orbital molecular: complexos octaédricos	**34**
Complexos *sem* qualquer ligação π metal–ligante	34
Complexos com ligação π metal–ligante	35
20.5 Teoria do campo ligante	**39**
20.6 Descrevendo elétrons em sistemas polieletrônicos	**40**
Números quânticos L e M_L para espécies polieletrônicas	40
Números quânticos S e M_S para espécies polieletrônicas	40
Microestados e símbolos de termos	41
Os números quânticos J e M_J	42
Estados fundamentais dos elementos com $Z = 1–10$	42
A configuração d^2	44
20.7 Espectros eletrônicos: absorção	**44**
Características do espectro	44
Absorções de transferência de carga	46
Regras de seleção	47
Espectros de absorção eletrônica de complexos octaédricos e tetraédricos	48
Interpretação de espectros de absorção eletrônica: uso dos parâmetros de Racah	50
Interpretação de espectros de absorção eletrônica: diagramas de Tanabe–Sugano	51
20.8 Espectros eletrônicos: emissão	**53**
20.9 Evidência para ligação covalente metal–ligante	**54**
O efeito nefelauxético	54
Espectroscopia RPE	55
20.10 Propriedades magnéticas	**55**
Suscetibilidade magnética e a fórmula devido somente ao spin (*spin-only*)	55
Contribuições do momento de spin e do momento orbital para o momento magnético	57

	Os efeitos da temperatura no μ_{ef}	59
	Cruzamento de spin	60
	Ferromagnetismo, antiferromagnetismo e ferrimagnetismo	60
20.11	Aspectos termodinâmicos: energias de estabilização do campo ligante (EECL)	62
	Tendências de EECL	62
	Energias de rede e energias de hidratação de íons M^{n+}	62
	Coordenação octaédrica *versus* tetraédrica: espinélios	63
20.12	Aspectos termodinâmicos: a série de Irving–Williams	64
20.13	Aspectos termodinâmicos: estados de oxidação em solução aquosa	65

21 Química dos metais do bloco *d*: os metais da primeira linha — 70

21.1	Introdução	70
21.2	Ocorrência, extração e usos	70
21.3	Propriedades físicas: uma visão geral	74
21.4	Grupo 3: escândio	74
	O metal	74
	Escândio(III)	74
21.5	Grupo 4: titânio	76
	O metal	76
	Titânio(IV)	76
	Titânio(III)	77
	Estados de baixa oxidação	79
21.6	Grupo 5: vanádio	79
	O metal	79
	Vanádio(V)	80
	Vanádio(IV)	81
	Vanádio(III)	83
	Vanádio(II)	83
21.7	Grupo 6: cromo	83
	O metal	83
	Cromo(VI)	84
	Cromo(V) e cromo(IV)	85
	Cromo(III)	86
	Cromo(II)	87
	Ligações múltiplas cromo–cromo	87
21.8	Grupo 7: manganês	90
	O metal	90
	Manganês(VII)	90
	Manganês(VI)	91
	Manganês(V)	92
	Manganês(IV)	92
	Manganês(III)	94
	Manganês(II)	95
	Manganês(I)	96
21.9	Grupo 8: ferro	97
	O metal	97
	Ferro(VI), ferro(V) e ferro(IV)	97

	Ferro(III)	98
	Ferro(II)	101
	O ferro em baixos estados de oxidação	103
21.10	Grupo 9: cobalto	103
	O metal	103
	Cobalto(IV)	104
	Cobalto(III)	104
	Cobalto(II)	106
21.11	Grupo 10: níquel	110
	O metal	110
	Níquel(IV) e níquel(III)	110
	Níquel(II)	111
	Plana octaédrica	112
	Plana tetraédrica	113
	Níquel(I)	113
21.12	Grupo 11: cobre	113
	O metal	113
	Cobre(IV) e cobre(III)	114
	Cobre(II)	114
	Cobre(I)	117
21.13	Grupo 12: zinco	119
	O metal	119
	Zinco(II)	119
	Zinco(I)	121

22 A química dos metais do bloco *d*: os metais mais pesados — 126

22.1	Introdução	126
22.2	Ocorrência, extração e usos	126
22.3	Propriedades físicas	129
	Efeitos da contração lantanoide	132
	Números de coordenação	132
	Núcleos ativos em RMN	133
22.4	Grupo 3: ítrio	133
	O metal	133
	Ítrio(III)	133
22.5	Grupo 4: zircônio e háfnio	133
	Os metais	133
	Zircônio(IV) e háfnio(IV)	133
	Estados de oxidação inferiores do zircônio e do háfnio	134
	Algomerados de zircônio	134
22.6	Grupo 5: nióbio e tântalo	135
	Os metais	135
	Nióbio(V) e tântalo(V)	136
	Nióbio(IV) e tântalo(IV)	138
	Haletos de estados de oxidação inferiores	138

22.7	Grupo 6: molibdênio e tungstênio	140
	Os metais	140
	Molibdênio(VI) e tungstênio(VI)	140
	Molibdênio(V) e tungstênio(V)	144
	Molibdênio(IV) e tungstênio(IV)	145
	Molibdênio(III) e tungstênio(III)	146
	Molibdênio(II) e tungstênio(II)	148
22.8	Grupo 7: tecnécio e rênio	150
	Os metais	150
	Estados de oxidação elevados do tecnécio e rênio: M(VII), M(VI) e M(V)	150
	Tecnécio(IV) e rênio(IV)	153
	Tecnécio(III) e rênio(III)	153
	Tecnécio(I) e rênio(I)	156
22.9	Grupo 8: rutênio e ósmio	156
	Os metais	156
	Estados de oxidação superiores de rutênio e ósmio: M(VIII), M(VII) e M(VI)	156
	Rutênio(V), (IV) e ósmio(V), (IV)	159
	Rutênio(III) e ósmio(III)	161
	Rutênio(II) e ósmio(II)	162
	Complexos de rutênio de valência mista	165
22.10	Grupo 9: ródio e irídio	166
	Os metais	166
	Estados de oxidação elevados de ródio e irídio: M(VI) e M(V)	166
	Ródio(IV) e irídio(IV)	166
	Ródio(III) e irídio(III)	167
	Ródio(II) e irídio(II)	169
	Ródio(I) e irídio(I)	169
22.11	Grupo 10: paládio e platina	170
	Os metais	170
	Estados de oxidação mais elevados: M(VI) e M(V)	170
	Paládio(IV) e platina(IV)	171
	Paládio(III), platina(III) e complexos de valência mista	171
	Paládio(II) e platina(II)	172
	Platina(–II)	176
22.12	Grupo 11: prata e ouro	176
	Os metais	176
	Ouro(V) e prata(V)	176
	Ouro(III) e prata(III)	177
	Ouro(II) e prata(II)	177
	Ouro(I) e prata(I)	179
	Ouro(–I) e prata(–I)	180
22.13	Grupo 12: cádmio e mercúrio	182
	Os metais	182
	Cádmio(II)	182
	Mercúrio(II)	183
	Mercúrio(I)	184

23 Compostos organometálicos dos elementos dos blocos *s* e *p* 189

23.1	Introdução	189
23.2	Grupo 1: organometálicos de metais alcalinos	189

23.3	Organometálicos do grupo 2	192
	Berílio	192
	Magnésio	194
	Cálcio, estrôncio e bário	194
23.4	Grupo 13	196
	Boro	196
	Alumínio	197
	Gálio, índio e tálio	200
23.5	Grupo 14	204
	Silício	205
	Germânio	207
	Estanho	209
	Chumbo	211
	Anéis C_5 coparalelos e inclinados nos metalocenos do grupo 14	214
23.6	Grupo 15	215
	Aspectos da ligação e formação da ligação E=E	215
	Arsênio, antimônio e bismuto	215
23.7	Grupo 16	219
	Selênio e telúrio	219

24 Compostos organometálicos dos elementos do bloco *d* — 224

24.1	Introdução	224
24.2	Tipos comuns de ligante: ligação e espectroscopia	224
	Ligantes alquila, arila e correlatos com ligação σ	224
	Ligantes carbonila	224
	Ligantes hidreto	226
	Fosfano e ligantes correlatos	227
	Ligantes orgânicos com ligação π	228
	Monóxido de nitrogênio	231
	Dinitrogênio	231
	Di-hidrogênio	232
24.3	A regra dos 18 elétrons	232
24.4	Carbonilas de metais: síntese, propriedades físicas e estrutura	234
	Síntese e propriedades físicas	234
	Estruturas	236
24.5	O princípio isolobular e a aplicação das regras de Wade	238
24.6	Contagens totais de elétrons de valência em aglomerados organometálicos do bloco *d*	241
	Estruturas de gaiola simples	241
	Gaiolas condensadas	242
	Limitações dos esquemas de contagem total de elétrons de valência	243
24.7	Tipos de reações de organometálicos	243
	Substituição de ligantes CO	243
	Adição oxidativa	244
	Migrações das alquilas e do hidrogênio	244
	Eliminação do hidrogênio β	246
	Abstração do hidrogênio α	246
	Resumo	246

24.8	Carbonilas de metais: reações selecionadas	246
24.9	Hidretos e haletos de carbonilas de metais	248
24.10	Complexos de alquila, arila, alqueno e alquino	249
	Ligantes alquila e arila com ligação σ	249
	Ligantes alqueno	250
	Ligantes alquino	252
24.11	Complexos de alila e buta-1,3-dieno	253
	Alila e ligantes correlatos	253
	Buta-1,3-dieno e ligantes correlatos	255
24.12	Complexos de carbenos e carbinos	255
24.13	Complexos contendo ligantes η^5-ciclopentadienila	257
	Ferroceno e outros metalocenos	257
	O $(\eta^5\text{-Cp})_2\text{Fe}_2(\text{CO})_4$ e derivados	259
24.14	Complexos contendo os ligantes η^6 e η^7	263
	Ligantes η^6-areno	263
	Ciclo-heptatrieno e ligantes derivados	264
24.15	Complexos contendo o ligante η^4-ciclobutadieno	265

25 Catálise e alguns processos industriais — 271

25.1	Introdução e definições	271
25.2	Catálise: conceitos introdutórios	271
	Perfis de energia para uma reação: catalisada *versus* não catalisada	271
	Ciclos catalíticos	272
	Escolha de um catalisador	273
25.3	Catálise homogênea: metátese de alquenos (olefinas) e de alquinos	274
25.4	Redução catalítica homogênea de N_2 a NH_3	277
25.5	Catálise homogênea: aplicações industriais	277
	Hidrogenação de alquenos	278
	Síntese do ácido acético pelos processos Monsanto e Cativa	281
	Processo Tennessee–Eastman para o anidrido acético	282
	Hidroformilação (processo Oxo)	283
	Oligomerização de alquenos	285
25.6	Desenvolvimento de catalisadores homogêneos	285
	Catalisadores suportados em polímeros	285
	Catalisadores bifásicos	286
	Aglomerados organometálicos do bloco *d* como catalisadores homogêneos	287
25.7	Catálise heterogênea: superfícies e interações com adsorbatos	288
25.8	Catálise heterogênea: aplicações comerciais	289
	Polimerização de alquenos: catalisadores de Ziegler–Natta e metalocenos	289
	Crescimento da cadeia de carbono na síntese de Fischer–Tropsch	292
	Processo Haber	293
	Produção de SO_3 pelo processo de contato	294
	Conversores catalíticos	294
	Zeólitas como catalisadores para transformações orgânicas: empregos do ZSM-5	295
25.9	Catálise heterogênea: modelos de aglomerados organometálicos	297

26 Complexos dos metais do bloco *d*: mecanismos de reação — 304

- 26.1 Introdução — 304
- 26.2 Substituição de ligante: alguns aspectos gerais — 304
  - Complexos cineticamente inertes e lábeis — 304
  - Equações estequiométricas nada dizem a respeito do mecanismo — 305
  - Tipos de mecanismos de substituição — 306
  - Parâmetros de ativação — 306
- 26.3 Substituição em complexos planos quadrados — 307
  - Equações de velocidade, mecanismo e efeito *trans* — 307
  - Nucleofilicidade dos ligantes — 310
- 26.4 Substituição e racemização em complexos octaédricos — 312
  - Troca de água — 312
  - O mecanismo de Eigen–Wilkins — 313
  - Estereoquímica de substituição — 314
  - Hidrólise catalisada por base — 315
  - Isomerização e racemização de complexos octaédricos — 316
- 26.5 Processos de transferência de elétrons — 318
  - Mecanismo de esfera interna — 318
  - Mecanismo de esfera externa — 320

27 Os metais do bloco *f*: lantanoides e actinoides — 328

- 27.1 Introdução — 328
- 27.2 Orbitais *f* e estados de oxidação — 330
- 27.3 O tamanho dos átomos e dos íons — 330
  - A contração dos lantanoides — 330
  - Números de coordenação — 331
- 27.4 Propriedades espectroscópicas e magnéticas — 332
  - Espectros eletrônicos e momentos magnéticos: lantanoides — 332
  - Luminescência de complexos de lantanoides — 334
  - Espectros eletrônicos e momentos magnéticos: actinoides — 334
- 27.5 Fontes de lantanoides e actinoides — 334
  - Ocorrência e separação dos lantanoides — 334
  - Os actinoides — 335
- 27.6 Metais lantanoides — 337
- 27.7 Compostos inorgânicos e complexos de coordenação dos lantanoides — 338
  - lantanoides — 338
  - Haletos — 338
  - Hidróxidos e óxidos — 339
  - Complexos de Ln(III) — 339
- 27.8 Complexos organometálicos dos lantanoides — 341
  - Complexos com ligação σ — 341
  - Complexos de ciclopentadienila — 344
  - Derivados bis(areno) — 345
  - Complexos contendo o ligante η^8-ciclo-octatetraenila — 345
- 27.9 Os metais actinoides — 346

27.10	Compostos inorgânicos e complexos de coordenação do tório, do urânio e do plutônio	347
	Tório	347
	Urânio	347
	Plutônio	349
27.11	Complexos organometálicos de tório e urânio	350
	Complexos com ligação σ	350
	Derivados ciclopentadienila	350
	Complexos contendo o ligante η^8-ciclo-octatetraenila	351

28 Materiais inorgânicos e nanotecnologia — 356

28.1	Introdução	356
28.2	Condutividade elétrica em sólidos iônicos	356
	Condutores iônicos de sódio e lítio	357
	Óxidos de metais(II) do bloco d	358
28.3	Óxidos condutores transparentes e suas aplicações em dispositivos	359
	O In_2O_3 dopado com Sn (ITO) e o SnO_2 dopado com F (FTO)	359
	Células solares sensibilizadas por corante (CSSC)	359
	Iluminação no estado sólido: OLED	360
	Iluminação em estado sólido: LEC	362
28.4	Supercondutividade	362
	Supercondutores: primeiros exemplos e teoria básica	362
	Supercondutores de alta temperatura	364
	Supercondutores baseados em ferro	365
	Fases de Chevrel	365
	Propriedades supercondutoras do MgB_2	366
	Aplicações dos supercondutores	367
28.5	Materiais cerâmicos: pigmentos coloridos	368
	Pigmentos brancos (opacificantes)	368
	Adição de cor	368
28.6	Deposição de vapor químico (DVQ)	368
	Silício de alta pureza para semicondutores	368
	Nitreto de boro α	369
	Nitreto e carbeto de silício	370
	Semicondutores III–V	370
	Deposição de metal	372
	Revestimentos cerâmicos	372
	A perovskita e os supercondutores de cuprato	372
28.7	Fibras inorgânicas	374
	Fibras de boro	374
	Fibras de carbono	374
	Fibras de carbeto de silício	376
	Fibras de alumina	376
28.8	Grafeno	377
28.9	Nanotubos de carbono	379

29 Os metais traços em sistemas biológicos — 385

- 29.1 Introdução — 385
  - Aminoácidos, peptídeos e proteínas: alguma terminologia — 387
- 29.2 Armazenamento e transporte de metais: Fe, Cu, Zn e V — 389
  - Armazenamento e transporte de ferro — 390
  - Metalotioneínas: transporte de alguns metais tóxicos — 394
- 29.3 Tratando do O_2 — 395
  - Hemoglobina e mioglobina — 395
  - Hemocianina — 397
  - Hemeritrina — 400
  - Citocromos P-450 — 401
- 29.4 Processos redox biológicos — 402
  - Proteínas azuis de cobre — 402
  - A cadeia mitocondrial transportadora de elétrons — 403
  - Proteínas de ferro–enxofre — 405
  - Citocromos — 411
- 29.5 O íon Zn^{2+}: o ácido de Lewis da Natureza — 414
  - Anidrase carbônica II — 414
  - Carboxipeptidase A — 415
  - Carboxipeptidase G2 — 416
  - Substituição do íon zinco pelo cobalto — 419

Apêndices — 424

1. Letras gregas com suas respectivas pronúncias — 425
2. Abreviações e símbolos para grandezas e unidades — 426
3. Tabelas de caracteres selecionados — 432
4. O espectro eletromagnético — 436
5. Isótopos naturais e suas abundâncias — 438
6. Raios de van der Waals, metálico, covalente e iônico — 441
7. Valores da eletronegatividade de Pauling (χ^P) para elementos selecionados da tabela periódica — 443
8. Configurações eletrônicas do estado fundamental dos elementos e energias de ionização — 444
9. Afinidades eletrônicas — 447
10. Entalpias-padrão de atomização ($\Delta_a H°$) dos elementos a 298 K — 448
11. Potenciais-padrão de redução selecionados (298 K) — 449
12. Entalpias de ligação selecionadas — 452

Respostas dos problemas não descritivos — 453

Índice — 461

Visão geral orientada sobre o conteúdo do livro

Definições-chave estão destacadas

Ícones de globo indicam estruturas gráficas rotacionais de moléculas em 3D que estão disponíveis no Website *jmol* (veja a listagem de material suplementar no final desta seção)

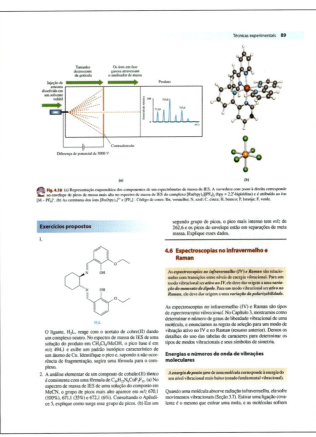

Exemplos resolvidos são apresentados ao longo de todo o texto.

Exercícios propostos permitem ao estudante testar a sua compreensão

Boxes de Tópicos Ilustrados fornecem uma fundamentação teórica mais profunda para os estudantes

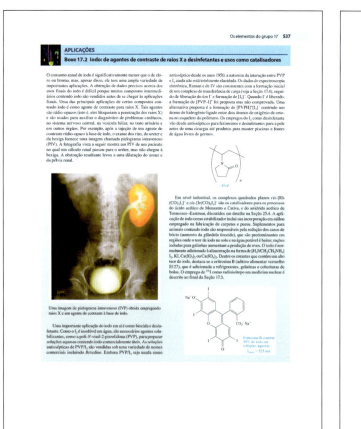

Boxes de Tópicos Ilustrados revelam como a química inorgânica é aplicada em situações da vida real

Boxes de Tópicos Ilustrados relacionam a química inorgânica à vida real nas áreas de **Meio Ambiente**

Visão geral orientada sobre o conteúdo do livro **xix**

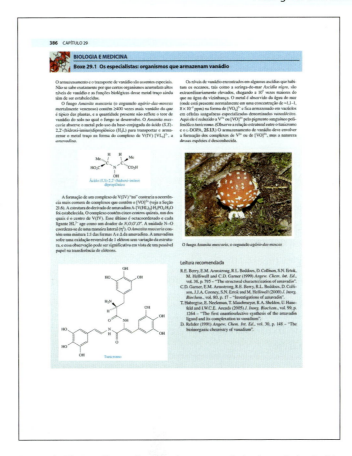

Boxes de Tópicos Ilustrados relacionam a química inorgânica à vida real nas áreas de **Biologia e Medicina**

Problemas de fim de capítulo, incluindo um conjunto de problemas de revisão, testam o conteúdo completo do material de cada capítulo

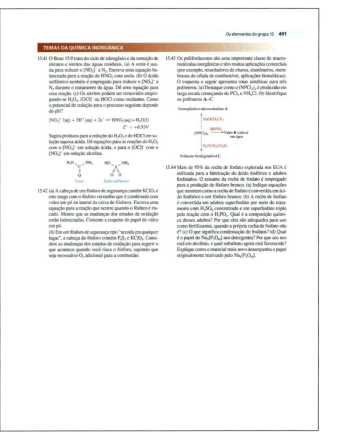

Problemas envolvendo **temas da química inorgânica** formam um conjunto no contexto do mundo real contemporâneo

Material Suplementar

Este livro conta com os seguintes materiais suplementares:

- Ilustrações da obra em formato de apresentação (acesso restrito a docentes);
- Instructor's Manual arquivos em .pdf contendo o manual do professor com orientações para uso do livro em inglês (acesso restrito a docentes);
- Periodic Table tabela periódica em inglês (acesso livre);
- Questões de Múltipla Escolha arquivos em .pdf contendo questões sobre o conteúdo do livro (acesso livre);
- Rotatable Structures from the Book link para o Website *jmol* no qual podem ser vistas as animações das estruturas rotacionais do livro-texto em 3D.[*] Acesse: <http://jmol.sourceforge.net/> (acesso livre).

O acesso ao material suplementar é gratuito, bastando que o leitor se cadastre em: http://gen-io.grupogen.com.br

GEN-IO (GEN | Informação Online) é o repositório de materiais suplementares e de serviços relacionados com livros publicados pelo GEN | Grupo Editorial Nacional, maior conglomerado brasileiro de editoras do ramo científico-técnico-profissional, composto por Guanabara Koogan, Santos, Roca, AC Farmacêutica, Forense, Método, LTC, E.P.U. e Forense Universitária. Os materiais suplementares ficam disponíveis para acesso durante a vigência das edições atuais dos livros a que eles correspondem.

---

[*] Este site, seu conteúdo, bem como as suas respectivas atualizações, inclusões ou retiradas são de propriedade e responsabilidade dos seus criadores. Não cabe à LTC Editora qualquer responsabilidade pela manutenção, criação, acesso, retirada, alteração ou suporte de seu conteúdo e das normas de uso. (N.E.)

Prefácio da quarta edição

Como nas edições anteriores deste livro popular e internacionalmente reconhecido, a quarta edição de *Química Inorgânica* fornece para estudantes de graduação e de pós-graduação uma sólida base dos princípios físicos da química – inorgânica, inorgânica descritiva, bioinorgânica –, e de aplicações, incluindo catálise, processos industriais e compostos inorgânicos.

É necessário muito esforço por parte do professor para manter a atenção do estudante durante as discussões sobre química descritiva dos elementos. Com este objetivo, *Química Inorgânica* usa consideravelmente conteúdos destacados em boxes bastante ilustrados para enfatizar o papel de elementos e compostos tanto no cotidiano das pessoas, como na biologia, na medicina, no meio ambiente e na indústria. A inclusão de referências literárias atualizadas permite que o leitor explore mais rápida e profundamente os tópicos estudados. Assim, os boxes atraentes sobre determinados tópicos cumprem sua missão de dar vida à química inorgânica.

Da mesma forma, é tarefa de grande importância fomentar a confiança intelectual dos estudantes. *Química Inorgânica* alcança este objetivo por meio de um grande número de exemplos resolvidos, exercícios propostos e problemas de revisão de fim de capítulo. Estes estão organizados em três seções: problemas cujo foco está nos aspectos específicos de um determinado capítulo, problemas de revisão geral e um conjunto de problemas ("temas da química inorgânica") que ligam a química inorgânica a aplicações e assuntos de pesquisa. Este último grupo de problemas é novidade da quarta edição e tem por objetivo testar o conhecimento do estudante de uma forma que vincula o tema dos capítulos ao mundo real.

Uma mudança importante em relação às edições anteriores de *Química Inorgânica* é a remoção da discussão detalhada sobre química nuclear. Essa decisão não foi tomada por impulso, mas foi estudada e definida após considerar os comentários do painel de revisão feito pelo editor e as discussões com vários colegas. Uma parte desse material ainda aparece no texto. Por exemplo, uma introdução das séries de decaimento agora é feita com os metais actinoides no Capítulo 27.

O Capítulo 4 (Volume 1) é novidade da quarta edição e reúne as técnicas experimentais que estavam anteriormente espalhadas pelo livro em boxes temáticos. Nesse capítulo, a inclusão de um grande número de exemplos resolvidos, de exercícios propostos e de problemas de revisão de fim de capítulo traz benefícios tanto para estudantes como para professores, assim como reforça que o texto pode ser usado como apoio para aulas práticas de química inorgânica, além das aulas teóricas. As técnicas abordadas no Capítulo 4 incluem as espectroscopias vibracional, eletrônica, de RMN, de RPE, Mössbauer e de fotoelétron e a espectrometria de massa, além de métodos de purificação, análise elementar, análise termogravimétrica, métodos de difração e métodos computacionais. Os tópicos práticos de espectroscopia no IV detalhados no Capítulo 4 complementam a abordagem da teoria de grupos do Capítulo 3.

Estou ciente das regras de nomenclatura sempre mutáveis da IUPAC. Foram feitas mudanças da segunda para a terceira edição como resultado das recomendações de 2005, e esta nova edição de *Química Inorgânica* incorpora revisões adicionais (por exemplo, ligantes óxido e clorido em lugar de ligantes oxo e cloro).

As estruturas moleculares tridimensionais encontradas em *Química Inorgânica* foram representadas usando-se coordenadas atômicas acessadas do Cambridge Crystallographic Data Base e implementadas por meio do EHT, em Zurique, na Suíça, ou do Protein Data Bank (http://www/rcsb.org/pdb).

É sempre um prazer receber e-mails de quem lê e usa *Química Inorgânica*. É esse retorno que ajuda a formatar a edição seguinte. Ao avançarmos da terceira para a quarta edição, gostaria de agradecer em particular aos seguintes colegas por suas sugestões: Professor Enzo Alessio, Professor Gareth Eaton, Dr. Evan Bieske, Dr. Mark Foreman e Dr. Jenny Burnham. Sou muito grata pelo tempo que meus colegas gastaram escrevendo e comentando sobre seções específicas do texto: Dr. Henk Bolink (dispositivos de estado sólido), Dr. Cornelia Palivan (espectroscopia EPR), Dr. Markus Neuburger (métodos de difração), Professor Helmut Sigel (constantes de equilíbrio e estabilidade) e Professor Jan Reedijk (nomenclatura IUPAC). A equipe editorial da Pearson garantiu a manutenção do cronograma e, para a quarta edição, agradecimentos especiais vão para Kevin Ancient, Wendy Baskett, Sarah Beanland, Melanie Beard, Patrick Bond, Rufus Curnow, Mary Lince, Darren Prentice e Ros Woodward.

Trabalhar na quarta edição foi uma experiência bem diferente para mim, comparada com as edições anteriores deste livro. O Dr. Alan Sharpe faleceu poucos meses após a publicação da terceira edição. Embora estivesse na faixa dos oitenta anos quando trabalhamos na última edição, o entusiasmo de Alan com a química inorgânica não tinha diminuído. Ele não era um homem de computadores, e suas contribuições e correções chegavam até mim manuscritas pelo serviço postal tradicional do Reino Unido à Suíça. Eu senti falta de suas cartas e comentários provocativos, e dedico a nova edição do livro à sua memória.

Nenhum projeto escrito está completo sem as informações fornecidas pelo meu marido Edwin Constable. Sua avaliação crítica do texto e dos problemas é interminável, mas sempre inestimável. A equipe de redação em nossa casa é completada por Rocco e Rya, cujas energias sem limites e travessuras felinas parecem superar seu entusiasmo em aprender qualquer química... talvez com o tempo.

Catherine E. Housecroft
Basel
Julho de 2011

Nas estruturas tridimensionais, salvo qualquer disposição em contrário, é usado o seguinte código de cores: C, cinza; H, branco; O, vermelho; F e Cl, verde; S, amarelo; P, laranja; B, azul.

Agradecimentos

Gostaríamos de agradecer às seguintes pessoas/empresas pela permissão para reproduzir material protegido por direitos autorais:

Figuras

Figura 4.13 reimpressa com permissão de Infrared Spectra of Metallic Complexes. IV. Comparison of the Infrared Spectra of Unidentate and Bidentate Metallic Complexes, *Journal of the American Chemical Society,* volume 79, pp. 4904–8 (Nakamoto, K. *et al.* 1957). Copyright 1957 American Chemical Society; Figura 4.34 reimpressa da *Encyclopedia of Spectroscopy and Spectrometry*, Hargittai, I. *et al.*, Electron diffraction theory and methods, pp. 461–465. Copyright 2009, com permissão da Elsevier; Figura 21.40, reimpressa do *Journal of Inorganic Biochemistry*, volume 80, Kiss, T. *et al.*, Speciation of insulin-mimetic (VO(IV)-containing drugs in blood serum, pp. 65–73. Copyright 2000, com permissão da Elsevier; Figura 22.16 reimpressa com permissão de Where Is the Limit of Highly Fluorinated High-Oxidation-State Osmium Species?, *Inorganic Chemistry*, volume 45, 10497 (Riedel, S. e Kaupp, M., 2006). Copyright 2006 American Chemical Society; Figura 26.1, adaptada de Mechanistic Studies of Metal Aqua Ions: A Semi-Historical Perspective, *Helvetica Chimica Acta*, volume 88 (Lincoln, S.F. 2005), Figura 1 Copyright © 2005 Verlag Helvetica Chimica Acta AG, Zurique, Suíça, com permissão da John Wiley & Sons; Figura 29.8 reimpressa de *Free Radical Biology and Medicine*, volume 36, Kim-Shapiro, D.B., Hemoglobin-nitric acid cooperativity: is NO the third respiratory ligand?, p. 402. Copyright 2004, com permissão da Elsevier.

Fotografias

Veja a página da imagem e o crédito a ela relacionado na listagem a seguir.

Volume 1

4 Science Photo Library Ltd: Dept of Physics, Imperial College; 27 Science Photo Library Ltd: Dept of Physics, Imperial College; 81 © Edwin Constable; 90 Alamy Images: Mikael Karlsson; 93 Science Photo Library Ltd; 94 Science Photo Library Ltd; 106 Pearson Education Ltd: Corbis; 111 C.E. Housecroft; 112 M; Neuburger; 115 Science Photo Library Ltd; 161 Science Photo Library Ltd; 163 Alamy Images: Richard Handley; 164 Corbis: Ted Soqui; 168 Science Photo Library Ltd: Maximilian Stock Ltd; 219 © Edwin Constable; 221 Alamy Images: Andrew Lambert / LGPL; 226 Emma L; Dunphy; 230 Alamy Images: Ashley Cooper pics; 257 Science Photo Library Ltd: NASA; 259 © Edwin Constable; 265 Science Photo Library Ltd: Maximilian Stock Ltd; 274 Science Photo Library Ltd: David A; Hardy; 275 Alamy Images: Caro; 288 Alamy Images: Iain Masterton; 295 © Edwin Constable; 299 DK Images: Dr Donald Sullivan / National Institute of Standards and Technology; 300 Alamy Images: Nigel Reed QED Images; 305 Science Photo Library Ltd: James Holmes, Hays Chemicals; 315 © Edwin Constable; 316 Science Photo Library Ltd; 319 Alamy Images: Paul White – UK Industries; 321 Science Photo Library Ltd: Astrid 324 Corbis: Vincon / Klein / plainpicture; 326 Alamy Images: Jeff Morgan 07; 328 Corbis: Ted Spiegel; 339 NASA: Greatest Images of NASA (NASA-HQ-GRIN); 357 Science Photo Library Ltd: David Parker; 386 Science Photo Library Ltd: Paul Rapson; 388 © Edwin Constable; 389 Photolibrary;com: Phil Carrick; 411 Science Photo Library Ltd: NASA;

419 Science Photo Library Ltd: Steve Gschmeissner; 421 Science Photo Library Ltd: Pascal Goetgheluck; 429 Science Photo Library Ltd: Power and Syred; 424 Science Photo Library Ltd: Getmapping plc; 429 Corbis: Nancy Kaszerman/ZUMA; 432 C.E. Housecroft; 437 © Edwin Constable; 448 Alamy Images: AGStockUSA; 454 DK Images: Kyocera Corporation; 448 Corbis: Reuters; 471 Science Photo Library Ltd: Charles D; Winters; 479 DK Images: Bill Tarpenning/ U;S; Department of Agriculture; 494 Science Photo Library Ltd: C;S Langlois, Publiphoto Diffusion; 508 Alamy Images: Larry Lilac; 518 Corbis: Paul Almasy; 519 USGS: Cascades Volcano Observatory/J; Vallance; 522 Alamy Images: Bon Appetit; 533 © Edwin Constable; 537 Science Photo Library Ltd: Scott Camazine; 540 Corbis: Ricki Rosen; 564 Science Photo Library Ltd: Philippe Plailly/Eurelios; 565 Science Photo Library Ltd: David A; Hardy, Futures: 50 Years in Space.

Volume 2

54 Science Photo Library Ltd: Hank Morgan; 72 © Edwin Constable; 73 Science Photo Library Ltd; 78 Science Photo Library Ltd; 91 DK Images: Tom Bochsler/PH College; 102 Corbis: Micro Discovery; 105 Alamy Images: INTERFOTO; 107 DK Images: Judith Miller/ Sloan's; 128 Corbis: Document General Motors/Reuter R; 129 Corbis: Laszlo Balogh/ Reuters; 130 Science Photo Library Ltd: Scott Camazine; 142 Alamy Images: Pictorium; 154 Science Photo Library Ltd: David Parker; 178 Science Photo Library Ltd: Eye of Science; 200 Alamy Images: Stock Connection; 258 Science Photo Library Ltd: Hattie Young; 261 Science Photo Library Ltd: Harris Barnes Jr/Agstockusa; 290 Imagem originalmente criada pela IBM Corporation; 304 © Edwin Constable; 331 Science Photo Library Ltd: Lawrence Livermore National Laboratory; 361 Peter Visser, OLED-LIGHTING;com; 363 Alamy Images: Phil Degginger; 367 Science Photo Library Ltd: Adam Hart-Davis; 374 Corbis: ULI DECK / epa; 376 Science Photo Library Ltd: Rosenfeld Images Ltd; 377 Science Photo Library Ltd: James King-Holmes; 379 Dr. Amina Wirth-Heller; 381 Science Photo Library Ltd: Delft University of Technology; 386 © Edwin Constable; 399 Science Photo Library Ltd; Applications topic box header image © Edwin Constable.

Imagens da capa: *Frente:* Gary Thompson

Em alguns casos não fomos capazes de identificar os proprietários do material protegido por direitos autorais, e agradecemos qualquer informação que nos permita essa identificação.

QUÍMICA INORGÂNICA

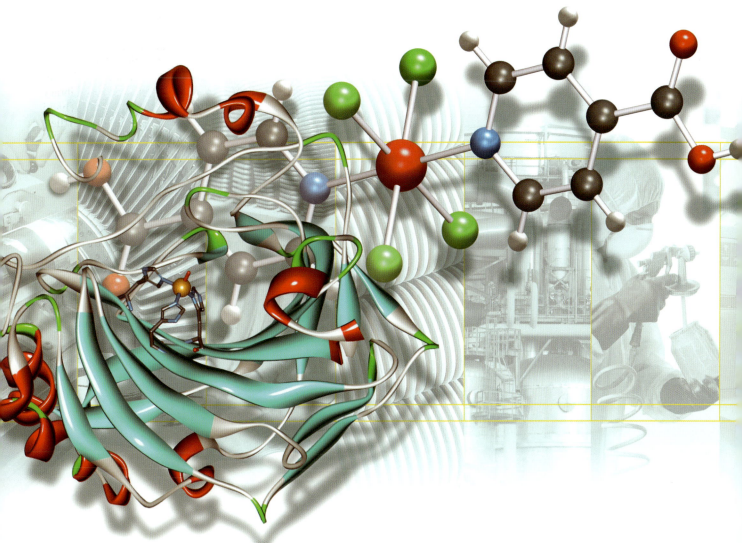

19

Química dos metais do bloco *d*: considerações gerais

Tópicos

Configurações eletrônicas do estado fundamental
Propriedades físicas
Reatividade dos metais
Propriedades características
Princípio da eletroneutralidade
Modelo de Kepert
Números de coordenação
Isomerismo

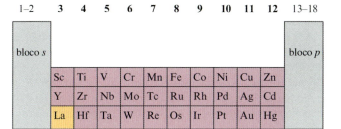

19.1 Visão geral dos tópicos apresentados neste capítulo

Nos Capítulos 19-22 vamos discutir a química dos metais do bloco *d*, estudando inicialmente alguns princípios gerais, incluindo as propriedades magnéticas e espectroscópicas. Passamos, então, a um estudo sistemático dos metais e seus compostos inorgânicos. A química organometálica dos metais do bloco *d* é estudada no Capítulo 24, após uma discussão da química organometálica do bloco *p* no Capítulo 23. Já discutimos alguns aspectos dos metais do bloco *d*:

- configurações eletrônicas do estado fundamental (Tabela 1.3);
- tendências nas energias de primeira ionização (Fig. 1.16 e Seção 1.10);
- estruturas dos metais (Seção 6.3);
- polimorfismo (Seção 6.4);
- raios metálicos (Seção 6.5);
- tendências nos pontos de fusão e Δ_aH^o(298 K) (Seção 6.6);
- ligas e compostos intermetálicos (Seção 6.7);
- ligação metálica, incluindo a resistividade elétrica (Seção 6.8 e Fig. 6.10);
- cátions em meio aquoso: formação e propriedades ácidas (Seção 7.7);
- solubilidades de sais iônicos e efeitos do íon comum (Seções 7.9 e 7.10);
- constantes de estabilidade para complexos de metal (Seção 7.12);
- estruturas de ligantes selecionados e abreviações (Tabela 7.7);
- uma introdução aos complexos de coordenação (Seção 7.11);
- química redox em solução aquosa, incluindo diagramas de potencial e diagramas de Frost-Ebsworth (Capítulo 8);
- estereoisomerismo (Seção 2.9);
- moléculas quirais (Seção 3.8);
- hidretos de metal binários (Seção 10.7).

19.2 Configurações eletrônicas do estado fundamental

Metais do bloco *d versus* elementos de transição

As três linhas de metais do bloco *d* são mostradas na tabela periódica esquemática no começo deste capítulo. O termo 'elementos (metais) de transição' é também muito utilizado. No entanto, os metais do grupo 12 (Zn, Cd e Hg) não são classificados como metais de transição.[†] Os elementos no bloco *f* (veja o Capítulo 27) foram antigamente denominados *elementos de transição internos*. Ao longo de nossa discussão, usaremos os termos metais do bloco *d* e do bloco *f*, sendo, assim, consistentes com o uso dos termos elementos do bloco *s* e do bloco *p* nos capítulos anteriores. Três pontos adicionais devem ser observados:

- cada grupo de metais do bloco *d* consiste em três membros e é chamado uma *tríade*;
- metais da segunda e terceira linhas são às vezes denominados *metais pesados do bloco d*;
- Ru, Os, Rh, Ir, Pd e Pt são conjuntamente conhecidos como os *metais do grupo da platina*.

[†] *IUPAC Nomenclature of Inorganic Chemistry* (Recommendations 2005), senior eds N.G. Connely e T. Damhus, RSC Publishing, Cambridge, p. 51.

Configurações eletrônicas

Em uma primeira aproximação, as configurações eletrônicas observadas para o estado fundamental dos átomos dos metais do bloco *d* da primeira, segunda e terceira linhas correspondem ao preenchimento progressivo dos orbitais atômicos 3*d*, 4*d* e 5*d*, respectivamente (Tabela 1.3). Entretanto, há pequenos desvios desse padrão; por exemplo, na primeira linha, o estado fundamental do cromo é [Ar]$4s^1 3d^5$ em vez de [Ar]$4s^2 3d^4$. As razões para esses desvios estão além dos objetivos deste livro: devemos conhecer a diferença de energia entre os orbitais atômicos 3*d* e 4*s* quando a carga nuclear é 24 (o número atômico do Cr) e as energias de interação intereletrônica para cada uma das configurações [Ar]$4s^1 3d^5$ e [Ar]$4s^2 3d^4$. Felizmente todos os íons M^{2+} e M^{3+} da *primeira* linha de metais do bloco *d* têm configurações eletrônicas da forma geral [Ar]$3d^n$; assim, a química comparativa desses metais se ocupa principalmente das consequências do preenchimento sucessivo dos orbitais 3*d*. Para os metais da segunda e terceira linhas, o quadro é mais complicado, e um tratamento sistemático da química desses metais não pode ser dado. Portanto, a ênfase neste e no próximo capítulo é nos metais da primeira linha, mas incluiremos material que ilustra formas pelas quais os metais mais pesados diferem de seus congêneres mais leves.

Um ponto importante que não deve ser esquecido é que os átomos dos metais do bloco *d* são, naturalmente, espécies *polieletrônicas*, e, quando discutimos, por exemplo, as funções de distribuição radial dos orbitais *nd*, nos referimos aos átomos hidrogenoides e a discussão é bastante aproximada.

19.3 Propriedades físicas

Nesta seção consideramos as propriedades físicas dos metais do bloco *d* (veja as referências cruzadas da Seção 19.1 para mais detalhes). Uma extensa discussão de propriedades dos metais mais pesados é dada na Seção 22.1. Quase todos os metais do bloco *d* são duros, dúcteis e maleáveis, com alta condutividade elétrica e térmica. Com exceções do Mn, Zn, Cd e Hg, os metais possuem, à temperatura ambiente, uma das estruturas metálicas típicas (veja a Tabela 6.2). Os raios metálicos (r_{metal}) para dodecacoordenação (Tabela 6.2 e Fig. 19.1) são muito menores que aqueles dos metais do bloco *s* de número atômico comparável. A Fig. 19.1 também ilustra que os valores de r_{metal}:

- apresentam pequena variação ao longo de uma linha do bloco *d*;
- são maiores para metais da segunda e terceira linhas que para os metais da primeira linha;
- são semelhantes para os metais da segunda e terceira linhas em uma dada tríade.

Esta última observação se deve à chamada *contração dos lantanoides*: a diminuição uniforme de tamanho ao longo dos 14 metais lantanoides entre o La e o Hf (veja a Seção 27.3).

Metais do bloco *d* são muito mais duros e menos voláteis que aqueles do bloco *s* (com exceção dos metais do grupo 12). As tendências na entalpia de atomização (Tabela 6.2) são mostradas na Fig. 19.2. Os metais na segunda e terceira linhas geralmente possuem entalpias de atomização mais altas que os elementos correspondentes na primeira linha. Este é um fator substancial para explicar a ocorrência bem maior da ligação metal-metal em compostos dos metais do bloco *d* mais pesados, se comparado com os seus congêneres da primeira linha. Em geral, a Fig. 19.2 mostra que os metais no centro do bloco *d* possuem valores mais altos de $\Delta_a H°(298\ K)$ que os metais iniciais ou finais. Entretanto, devemos ser cuidadosos ao comparar metais com tipos de estrutura diferentes, e isso é particularmente verdadeiro para o manganês (veja a Seção 6.3).

As energias de primeira ionização (EI_1) dos metais do bloco *d* em um dado período (Fig. 1.16 e Apêndice 8) são mais elevadas do que aquelas dos metais do bloco *s* precedentes. A Fig. 1.16 mostra que, ao atravessar cada um dos períodos do K ao Kr, do Rb ao Xe e do Cs ao Rn, a variação nos valores de EI_1 é pequena através dos metais do bloco *d* e muito maior entre os elementos dos blocos *s* e *p*. Em cada período, a tendência global para os metais do bloco *d* é um aumento na energia de ionização, porém ocorrem muitas pequenas variações. Comparações químicas entre metais dos blocos *s* e *d* são complicadas pelo número de fatores envolvidos. Assim, todos os metais 3*d* têm valores de EI_1 (Fig. 1.16) e EI_2 maiores que as do cálcio, e todos, exceto o

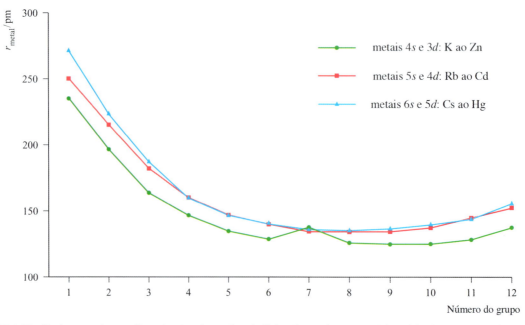

Fig. 19.1 Tendências nos raios metálicos (r_{metal}) ao longo das três linhas de metais K ao Zn, Rb ao Cd e Cs ao Hg, dos blocos *s* e *d*.

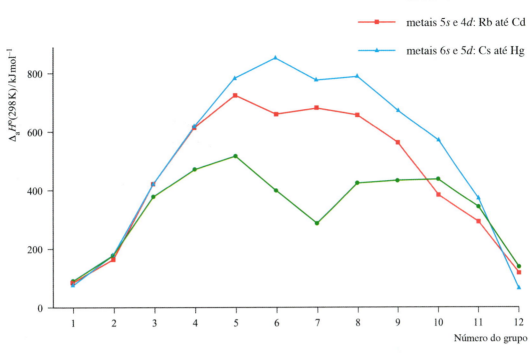

Fig. 19.2 Tendências nas entalpias-padrão de atomização, $\Delta_a H^o$ (298 K), ao longo de três linhas de metais do bloco s e do bloco d; do K até Zn, do Rb até o Cd, e do Cs até o Hg.

Zn, têm valores mais altos de $\Delta_a H^o$ (Fig. 19.2) que a do cálcio. Esses fatores fazem com que os metais sejam menos reativos que o cálcio. Entretanto, como todos os íons M^{2+} dos metais 3d são menores que o Ca^{2+}, efeitos de rede e de energia de solvatação (Capítulos 6 e 7) são mais favoráveis aos íons de metais 3d. Na prática, acontece que, na formação de espécies contendo íons M^{2+}, todos os metais 3d são termodinamicamente menos reativos que o cálcio, e isto é consistente com os potenciais de redução padrão listados na Tabela 19.1. Porém, a interpretação da química observada baseada nos dados de E^o nem sempre é direta, uma vez que a formação de uma película superficial coerente de óxido frequentemente torna um metal menos reativo do que o esperado (veja a Seção 19.4). Alguns poucos metais do bloco d são agentes redutores poderosos; por exemplo, o E^o para o par Sc^{3+}/Sc (−2,08 V) é mais negativo que para o Al^{3+}/Al (−1,66 V).

Tabela 19.1 Potenciais-padrão de redução (298 K) de alguns metais do primeiro período; a concentração de cada solução aquosa é 1 mol dm^{-3}

Meia-equação de redução	E^o/V
$Ca^{2+}(aq) + 2e^- \rightleftharpoons Ca(s)$	−2,87
$Ti^{2+}(aq) + 2e^- \rightleftharpoons Ti(s)$	−1,63
$V^{2+}(aq) + 2e^- \rightleftharpoons V(s)$	−1,18
$Cr^{2+}(aq) + 2e^- \rightleftharpoons Cr(s)$	−0,91
$Mn^{2+}(aq) + 2e^- \rightleftharpoons Mn(s)$	−1,19
$Fe^{2+}(aq) + 2e^- \rightleftharpoons Fe(s)$	−0,44
$Co^{2+}(aq) + 2e^- \rightleftharpoons Co(s)$	−0,28
$Ni^{2+}(aq) + 2e^- \rightleftharpoons Ni(s)$	−0,25
$Cu^{2+}(aq) + 2e^- \rightleftharpoons Cu(s)$	+0,34
$Zn^{2+}(aq) + 2e^- \rightleftharpoons Zn(s)$	−0,76

Exemplo resolvido 19.1 Potenciais de redução dos metais do bloco *d* da primeira linha

De que forma o valor de E^o do par $Fe^{2+}(aq)/Fe(s)$ depende das duas primeiras energias de ionização do Fe(g)?

O E^o do par $Fe^{2+}(aq)/Fe(s)$ diz respeito ao processo de redução

$$Fe^{2+}(aq) + 2e^- \rightleftharpoons Fe(s)$$

em relação à redução

$$2H^+(aq) + 2e^- \rightleftharpoons H_2(g)$$

A soma das energias de primeira e segunda ionização, EI_1 e EI_2, se refere ao processo

$$Fe(g) \longrightarrow Fe^{2+}(g)$$

As variações de entropia na ionização são desprezíveis comparadas com as variações de entalpia. Portanto, EI_1 e EI_2 podem ser aproximadas às variações da energia de Gibbs.

A fim de relacionar os processos, construa um ciclo termodinâmico:

$$\begin{array}{ccc}
Fe^{2+}(aq) + 2e^- & \xrightarrow{\Delta G^o_1} & Fe(s) \\
\uparrow \Delta_{hid}G^o & & \downarrow \Delta_a G^o \\
Fe^{2+}(g) & \xleftarrow{EI_1 + EI_2} & Fe(g)
\end{array}$$

$\Delta_{hid}G^o$ é a variação da energia de Gibbs para a hidratação de um mol de íons Fe^{2+} gasosos. Este ciclo ilustra a contribuição que as energias de ionização do Fe fazem para ΔG^o_1, a variação da energia de Gibbs associada à redução do $Fe^{2+}(aq)$. Esta, por sua vez, está relacionada a $E^o_{Fe^{2+}/Fe}$ pela equação:

$\Delta G°_1 = -zFE°$

em que $F = 96.485$ C mol^{-1} e $z = 2$.

Exercícios propostos

Use os dados da Tabela 19.1 para estas questões.

1. Qual dos metais, Cu ou Zn, irá liberar H_2 a partir do ácido clorídrico diluído? [*Resp.*: Veja a Seção 8.2]

2. Calcule o valor de $\Delta G°$(298 K) para a reação:

$$Zn(s) + 2H^+(aq) \rightarrow Zn^{2+}(aq) + H_2(g)$$

O resultado é consistente com sua resposta à questão 1? [*Resp.*: −147 kJ mol^{-1}]

3. Uma haste de Cu, polida, é colocada em uma solução aquosa de $Zn(NO_3)_2$. Em um segundo experimento, uma haste de Zn, polida, é colocada em uma solução de $CuSO_4$. Acontece alguma coisa (a) à haste de Cu e (b) à haste de Zn? Quantifique suas respostas calculando os valores apropriados de $\Delta G°$(298 K). [*Resp.*: Veja a Seção 8.2]

19.4 A reatividade dos metais

Nos Capítulos 21 e 22 vamos estudar os elementos individuais do bloco *d* em detalhe. Entretanto, alguns pontos são dados aqui, à guisa de apresentação. Em geral, os metais são moderadamente reativos e se combinam para dar compostos binários quando aquecidos com dioxigênio, enxofre ou halogênios (por exemplo, reações 19.1-19.3), sendo a estequiometria do produto dependente, em parte, dos estados de oxidação disponíveis (veja a seguir). A combinação com H_2, B, C ou N_2 pode levar à formação de hidretos intersticiais (Seção 10.7), boretos (Seção 13.10), carbetos (Seção 14.7) ou nitretos (Seção 15.6).

$$Os + 2O_2 \xrightarrow{\Delta} OsO_4 \quad (19.1)$$

$$Fe + S \xrightarrow{\Delta} FeS \quad (19.2)$$

$$V + \frac{n}{2}X_2 \xrightarrow{\Delta} VX_n \quad (X = F, n = 5; X = Cl, n = 4;$$
$$X = Br, I, n = 3) \quad (19.3)$$

A maioria dos metais do bloco *d* deveria, com base na termodinâmica (por exemplo, Tabela 19.1), liberar H_2 dos ácidos, mas, na prática, muitos não o fazem, já que eles são passivados por um fino revestimento superficial de óxido ou por terem uma sobretensão de hidrogênio alta, ou por ambos. A prata, o ouro e o mercúrio (ou seja, metais finais da segunda e terceira linhas) são, mesmo no sentido termodinâmico, os metais menos reativos que se conhece. Por exemplo, o ouro não é oxidado pelo O_2 atmosférico ou atacado por ácidos, exceto por uma mistura 3:1 de HCl e HNO_3 concentrados (*aqua regia*).

19.5 Propriedades características: uma perspectiva geral

Nesta seção apresentamos propriedades que são características dos compostos de metais do bloco *d*. Uma discussão mais detalhada é apresentada no Capítulo 20.

Cor

As cores dos compostos de metais do bloco *d* são um aspecto característico de espécies com configurações eletrônicas do estado fundamental diferentes de d^0 e d^{10}. Por exemplo, o $[Cr(OH_2)_6]^{2+}$ é azul-celeste, o $[Mn(OH_2)_6]^{2+}$ rosa muito pálido, o $[Co(OH_2)_6]^{2+}$ é rosa, o $[MnO_4]^-$ é púrpura intenso e o $[CoCl_4]^{2-}$ é azul-escuro. Ao contrário, complexos de Sc(III) (d^0) ou Zn(II) (d^{10}) são incolores, a menos que os ligantes contenham um cromóforo que absorva na região do visível.

> Um *cromóforo* é um grupo de átomos em uma molécula responsáveis pela absorção da radiação eletromagnética.

O fato de que muitas das cores observadas são de *baixa intensidade* é consistente com a cor ter origem a partir da transição eletrônica '*d-d*'. Se estivermos tratando de um íon isolado em fase gasosa, essas transições são proibidas pela regra de seleção de Laporte (Eq. 19.4, em que *l* é o número quântico orbital). As cores pálidas observadas nos complexos indicam que a probabilidade de a transição ocorrer é pequena. A Tabela 19.2 mostra as relações entre os comprimentos de onda da luz absorvida e as cores observadas.

$$\Delta l = \pm 1 \quad \text{(Regra de seleção de Laporte)} \quad (19.4)$$

As cores intensas de espécies como o $[MnO_4]^-$ têm uma origem diferente, ou seja, absorções ou emissões por *transferência de carga*. Essas *não* estão sujeitas à regra de seleção 19.4 e são sempre mais intensas que as transições eletrônicas entre orbitais *d* diferentes. Retornaremos aos espectros eletrônicos na Seção 20.7.

Tabela 19.2 A parte visível do espectro eletromagnético

Cor da luz *absorvida*	Faixas de comprimento de onda aproximadas/nm	Comprimentos de onda correspondentes (valores aproximados)/cm^{-1}	Cor da luz *transmitida*, isto é, cor complementar da luz absorvida	Em uma representação de 'roda de cores',[†] cores complementares estão em setores opostos
Vermelho	700–620	14 300–16 100	Verde	
Laranja	620–580	16 100–17 200	Azul	
Amarelo	580–560	17 200–17 900	Violeta	
Verde	560–490	17 900–20 400	Vermelho	
Azul	490–430	20 400–23 250	Laranja	
Violeta	430–380	23 250–26 300	Amarelo	

[‡]Quando um espectro eletrônico apresenta mais de uma absorção na região do visível, a simplicidade da roda de cores não é válida.

Paramagnetismo

A ocorrência de compostos *paramagnéticos* dos metais do bloco d é comum e surge da presença de elétrons desemparelhados. Este fenômeno pode ser investigado usando-se a espectroscopia de ressonância paramagnética do elétron (RPE, veja o a Seção 4.9). Ele também leva ao alargamento dos sinais e a valores anômalos de deslocamento químico nos espectros de RMN (veja Boxe 4.2).

Formação de complexos

Os íons de metais do bloco d formam complexos facilmente, com a formação do complexo sendo acompanhada por mudança de cor e, às vezes, uma mudança na intensidade da cor. A Eq. 19.5 mostra o efeito da adição de HCl concentrado aos íons cobalto(II) aquoso.

$$[Co(OH_2)_6]^{2+} + 4Cl^- \rightarrow [CoCl_4]^{2-} + 6H_2O \qquad (19.5)$$
$$\text{rosa-pálido} \qquad\qquad \text{azul-escuro}$$

A formação desses complexos é análoga à dos metais dos blocos s e p discutida em capítulos anteriores; por exemplo, $[K(18\text{-coroa-}6)]^+$, $[Be(OH_2)_4]^{2+}$, *trans*-$[SrBr_2(py)_5]$, $[AlF_6]^{3-}$, $[SnCl_6]^{2-}$ e $[Bi_2(O_2C_6H_4)]^{2-}$.

Exercícios propostos

Para as respostas, consulte a Tabela 7.7.

1. Muitos ligantes em complexos têm abreviações comuns. Dê o nome completo dos seguintes ligantes: en, THF, phen, py, $[acac]^-$, $[ox]^{2-}$.

2. Desenhe as estruturas ligantes a seguir. Indique os átomos doadores em potencial e a denticidade de cada ligante: en, $[EDTA]^{4-}$, DMSO, dien, bpy, phen.

Estados de oxidação variáveis

A ocorrência de estados de oxidação variáveis e, frequentemente, a interconversão entre eles constituem uma característica da maioria dos metais do bloco d. As exceções estão nos grupos 3 e 12, conforme a Tabela 19.3 ilustra. No grupo 12, o estado de oxidação +1 é encontrado em espécies contendo (ou contendo formalmente) a unidade $[M_2]^{2+}$. Isso é muito comum para o Hg, mas é raro para o Zn e Cd (veja as Seções 21.13 e 22.13). Uma comparação entre os estados de oxidação disponíveis para um dado metal (Tabela 19.3) e as configurações eletrônicas listadas na Tabela 1.3 é instrutiva. Como esperado, os metais que exibem o maior número de diferentes estados de oxidação ocorrem no meio de uma linha, ou próximo dela, do bloco d. Duas notas de precaução (ilustradas pelos compostos de metais dos blocos d e f) devem ser feitas:

- O estado de oxidação aparente deduzido de uma fórmula molecular ou empírica pode ser enganoso. Por exemplo, (i) o LaI_2 é um condutor metálico e melhor formulado como $La^{3+}(I^-)_2(e^-)$, e (ii) o $MoCl_2$ contém unidades de aglomerado de metal com ligações metal-metal, e é formalmente $[Mo_6Cl_8]^{4+}(Cl^-)_4$. A formação da ligação metal-metal se torna mais importante para os átomos pesados.

- Há muitos compostos de metal nos quais é impossível atribuir estados de oxidação sem ambiguidades. Por exemplo, nos complexos $[Ti(bpy)_3]^{n-}$, (n = 0, 1, 2), há evidência de que a

Tabela 19.3 Estados de oxidação dos metais do bloco d; os estados mais estáveis estão marcados em azul. A tabulação dos estados de oxidação zero se refere ao seu aparecimento em *compostos* do metal. Em compostos organometálicos, são encontrados estados de oxidação menores que zero (veja o Capítulo 23). Um estado de oxidação envolvido por [ ] é raro

Sc	Ti	V	Cr	Mn	Fe	Co	Ni	Cu	Zn
	0	0	0	0	0	0	0	[0]	
	1	1	1	1	1	1	1	1	[1]
	2	2	2	2	2	2	2	2	2
3	3	3	3	3	3	3	3	3	
	4	4	4	4	4	4	4	[4]	
		5	5	5	5				
			6	6	6				
				7					

Y	Zr	Nb	Mo	Tc	Ru	Rh	Pd	Ag	Cd
			0	0	0		0		
			1	1		1		1	[1]
	2	2	2	[2]	2	2	2	2	2
3	3	3	3	3	3	3		3	
	4	4	4	4	4	4	4		
		5	5	5	5	5			
			6	6	6	6			
				7	7				
					8				

La	Hf	Ta	W	Re	Os	Ir	Pt	Au	Hg
			0	0	0	0	0	[0]	
			1	1	1		1	1	1
	2	2	2	2	2	2	[2]	2	
3	3	3	3	3	3	3		3	
	4	4	4	4	4	4	4		
		5	5	5	5	5	5	5	
			6	6	6	6	6		
				7	7				
					8				

carga negativa está localizada sobre os ligantes bpy (veja a Tabela 7.7) e não nos centros do metal; e nos complexos de nitrosila, o ligante NO pode doar um ou três elétrons (veja as Seções 20.4 e 24.2).

19.6 Princípio da eletroneutralidade

> O *princípio da eletroneutralidade* de Pauling é um *método aproximado* de estimar a distribuição de carga em moléculas e íons complexos. Ele afirma que a distribuição de carga em uma molécula ou íon é tal que a carga em qualquer átomo individual está na faixa de +1 a –1 (idealmente próxima de zero).

Considere o íon complexo $[Co(NH_3)_6]^{3+}$. A Fig. 19.3a dá uma representação do complexo que indica que as ligações coordenadas são formadas pela doação do par isolado dos ligantes para o centro de Co(III). Isso implica uma transferência de carga do ligante para o metal, e a Fig. 19.3b mostra a distribuição de carga resultante. Isso é claramente irreal, uma vez que o centro de Co(III) se torna mais negativamente carregado do que seria favorável, dada a sua natureza eletropositiva. Em outro extremo, poderíamos considerar a ligação em termos de um modelo completamente iônico (Fig. 19.3c): a carga 3+ permanece localizada no íon cobalto e os seis ligantes NH_3 permanecem neutros. Entretanto, esse modelo também é falho. A evidência experimental mostra que o íon complexo $[Co(NH_3)_6]^{3+}$ permanece como uma entidade em solução aquosa, e é pouco provável que as interações eletrostáticas implicadas pelo modelo iônico sejam fortes o suficiente para permitir que isso aconteça. Assim, nenhum dos modelos extremos de ligação é apropriado.

Se agora aplicarmos o princípio da eletroneutralidade ao $[Co(NH_3)_6]^{3+}$, então, idealmente, a carga líquida sobre o centro do metal seria zero. Ou seja, o íon Co^{3+} pode aceitar um total de *somente três elétrons* dos seis ligantes, dando, assim, a distribuição de carga mostrada na Fig. 19.3d. O princípio da eletroneutralidade resulta em uma descrição da ligação no $[Co(NH_3)_6]^{3+}$ que é 50% iônica (ou 50% covalente).

Exercícios propostos

1. No $[Fe(CN)_6]^{3-}$, uma distribuição de carga realista resulta em cada ligante com uma carga de $-\frac{2}{3}$. Neste modelo, qual é a carga sobre o centro de Fe e por que ela é consistente com o princípio da eletroneutralidade?

2. Se a ligação no $[CrO_4]^{2-}$ fosse descrita em termos de um modelo 100% iônico, qual seria a carga sobre o centro de Cr? Explique como essa distribuição de carga pode ser modificada pela introdução do caráter covalente nas ligações.

19.7 Números de coordenação e geometrias

Nesta seção apresentamos uma visão geral dos números de coordenação e geometrias encontradas nos compostos de metais do bloco *d*. É impossível dar uma descrição abrangente, e diversos pontos devem ser lembrados:

- a maioria dos exemplos nesta seção envolve complexos mononucleares e, em complexos com mais de centro de metal, os aspectos estruturais são frequentemente descritos de forma mais conveniente em termos dos centros de metal individuais (por exemplo, no polímero **19.4** cada centro de Pd(II) está em um ambiente plano quadrado);
- embora os ambientes de coordenação sejam frequentemente descritos em termos de geometrias *regulares*, como as da Tabela 19.4, na prática elas são frequentemente distorcidas, por exemplo, como consequência de efeitos estéricos;
- uma discussão detalhada de uma geometria particular geralmente envolve comprimentos de ligação e ângulos determinados no estado sólido, e estes podem ser afetados por forças de empacotamento;
- quando a diferença de energia entre diferentes estruturas possíveis é pequena (por exemplo, para complexos penta e octacoordenados), pode ser observado um comportamento fluxional em solução; a pequena diferença de energia também pode levar à observação de diferentes estruturas no estado sólido; por exemplo, em sais de $[Ni(CN)_5]^{3-}$, a forma do ânion depende do cátion presente, e no $[Cr(en)_3][Ni(CN)_5] \cdot 1,5H_2O$, *ambas* as estruturas, bipiramidal triangular e piramidal de base quadrada, estão presentes.

A descrição de números de coordenação nesta seção não inclui redes iônicas; preferimos concentrar-nos em espécies mononucleares nas quais o centro metálico está covalentemente ligado aos átomos na esfera de coordenação. A ligação metal-ligante em complexos pode ser considerada geralmente em termos de ligantes doadores σ interagindo com um centro metálico que atua como um receptor σ. Isto pode, em alguns complexos, ser aumentado com interações que envolvem ligantes doadores π (com o metal como um receptor π) ou ligantes receptores π (com o metal como um doador π). Para uma discussão preliminar da estereoquímica, não é necessário detalhar a ligação metal-ligante, mas

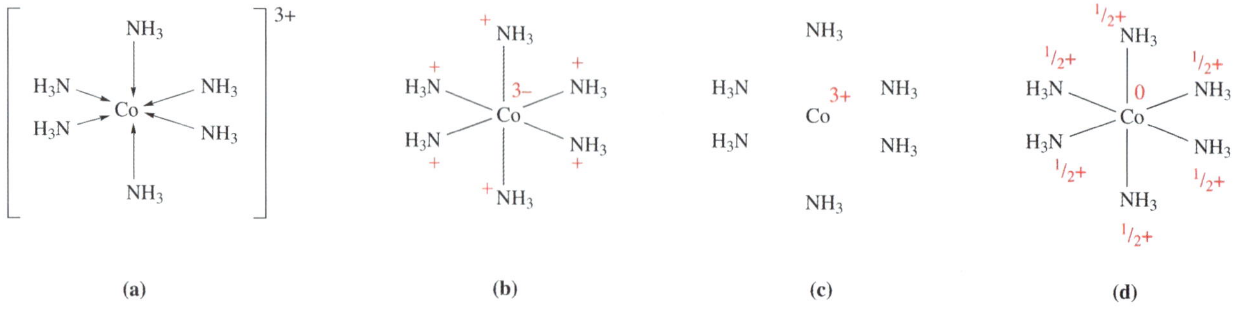

Fig. 19.3 O cátion complexo $[Co(NH_3)_6]^{3+}$: (a) um diagrama convencional que mostra a doação de pares isolados de elétrons dos ligantes para o íon do metal; (b) a distribuição de carga que resulta de um modelo da ligação 100% covalente; (c) a distribuição de carga que resulta de um modelo da ligação 100% iônico; e (d) a distribuição de carga aproximada que resulta da aplicação do princípio da eletroneutralidade.

Tabela 19.4 Geometrias de coordenação; cada uma descreve o arranjo de átomos doadores que circundam o centro do metal. Observe que, para certos números de coordenação, mais de um arranjo de átomos doadores é possível

Número de coordenação	Arranjo de átomos doadores em torno do centro de metal	Arranjos menos comuns
2	Linear	
3	Plano triangular	Piramidal triangular
4	Tetraédrico; plano quadrado	
5	Bipiramidal triangular; piramidal de base quadrada	
6	Octaédrico	Prismático triangular
7	Bipiramidal pentagonal	Prismático triangular monoencapuzado; octaédrico monoencapuzado
8	Dodecaédrico; antiprismático quadrado; bipiramidal hexagonal	Cúbico; prismático triangular biencapuzado
9	Prismático triangular triencapuzado	

é interessante chamar a atenção para configuração eletrônica do centro metálico. As razões para isso ficarão claras no Capítulo 20, mas agora você deve lembrar que ambos os fatores, estérico e eletrônico, estão envolvidos em ditar a geometria de coordenação em torno de um íon metálico.

É difícil fornecer generalizações sobre as tendências do *número* de coordenação dentro do bloco *d*. No entanto, é útil ter em mente os seguintes pontos:

- ligantes estericamente exigentes favorecem números de coordenação baixos nos centros metálicos;
- números de coordenação altos são mais suscetíveis de serem atingidos com ligantes pequenos e íons metálicos grandes;
- o tamanho de um íon metálico diminui à medida que a carga formal aumenta; por exemplo, $r(Fe^{3+}) < r(Fe^{2+})$;
- números de coordenação baixos são favorecidos por metais em estados de oxidação elevados com ligantes com ligações π.

O modelo de Kepert

Por muitos anos após o trabalho clássico de Werner, que levou aos fundamentos para a formulação correta dos complexos de metais do bloco *d*,[†] admitia-se que um metal em um dado estado de oxidação tivesse um número de coordenação e geometria fixo. À luz do sucesso (embora não universal) do modelo RPECV em predizer as formas de espécies moleculares dos elementos do bloco *p* (veja a Seção 2.8), podemos esperar que as estruturas dos íons complexos $[V(OH_2)_6]^{3+}$ (d^2), $[Mn(OH_2)_6]^{3+}$ (d^4), $[Co(OH_2)_6]^{3+}$ (d^6), $[Ni(OH_2)_6]^{2+}$ (d^8) e $[Zn(OH_2)_6]^{2+}$ (d^{10}) variem à medida que a configuração eletrônica do íon do metal varia. Entretanto, cada uma dessas espécies tem um arranjo octaédrico de ligantes (**19.1**). Assim, é claro que o modelo RPECV não é aplicável a complexos de metais do bloco *d*.

$$\left[\begin{array}{c} OH_2 \\ H_2O\diagdown \mid \diagup OH_2 \\ M \\ H_2O \diagup \mid \diagdown OH_2 \\ OH_2 \end{array} \right]^{n+}$$

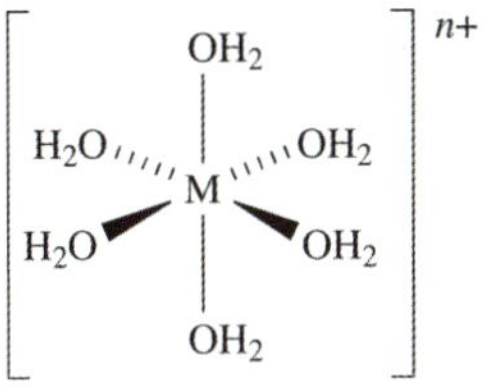

(19.1)

[†] Alfred Werner foi o primeiro a reconhecer a existência de complexos de coordenação, e foi agraciado em 1913 com o Prêmio Nobel de Química; veja http://nobelprize.org.

Em vez disso, voltamos nossa atenção para o *modelo de Kepert*, no qual o metal fica no centro de uma esfera e os ligantes estão livres para se mover sobre a superfície da esfera. Considera-se que os ligantes se repelem uns aos outros de forma semelhante às cargas pontuais no modelo RPECV. Porém, diferente do modelo RPECV, o de Kepert *ignora os elétrons não ligantes*. Assim, a geometria de coordenação de uma espécie do bloco *d* é considerada como sendo *independente* da configuração eletrônica do estado fundamental do centro do metal; logo, espécies do tipo $[ML_n]$, $[ML_n]^{m+}$ e $[ML_n]^{m-}$ têm a *mesma* geometria de coordenação.

> O *modelo de Kepert* explica as formas dos complexos de metais do bloco *d* $[ML_n]$, $[ML_n]^{m+}$ e $[ML_n]^{m-}$ considerando as repulsões entre os grupos L. Os pares isolados de elétrons são ignorados. Para números de coordenação entre 2 e 6, são preditos os seguintes arranjos de átomos doadores:
>
> 2 linear
> 3 plano triangular
> 4 tetraédrico
> 5 bipiramidal triangular *ou* piramidal de base quadrada
> 6 octaédrico

A Tabela 19.4 lista os ambientes de coordenação associados com números de coordenação entre 2 e 9. Alguns desses arranjos de ligantes, mas nem todos, estão de acordo com o modelo de Kepert. Por exemplo, pelo modelo de Kepert prevê-se que a esfera de coordenação do $[Cu(CN)_3]^{2-}$ seja plana triangular (**19.2**). De fato, isso é o que se observa experimentalmente. A outra opção na Tabela 19.4 é piramidal triangular, mas esse arranjo não minimiza as repulsões entre os ligantes. Uma das mais importantes classes de estrutura para as quais o modelo de Kepert não prediz a resposta correta é a dos complexos planos quadrados, e aqui os efeitos eletrônicos são geralmente o fator controlador (veja a Seção 20.3). Outro fator que pode levar a um colapso no modelo de Kepert é a restrição inerente de um ligante. Por exemplo:

- os quatro átomos doadores de nitrogênio de um ligante porfirina (Fig. 12.10a) estão confinados em um arranjo plano quadrado;
- *ligantes tripodais* como em **19.3** têm flexibilidade limitada, significando que os átomos doadores não estão necessariamente livres para adotar as previsões feitas por Kepert;

- ligantes macrocíclicos (veja a Seção 11.8) são menos flexíveis que ligantes de cadeia aberta.

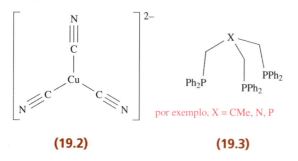

(19.2)   (19.3)

Um ligante *tripodal* (por exemplo, **19.3**) é o que contém três braços, cada um com um átomo doador, que irradia a partir de um átomo ou grupo central; este ponto central pode, ele próprio, ser um átomo doador.

Números de coordenação no estado sólido

No restante desta seção, fornecemos uma visão sistemática da ocorrência de diferentes números de coordenação e geometrias em complexos de metais do bloco *d* no *estado sólido*. Uma palavra geral de cautela: fórmulas moleculares podem ser enganosas em termos de números de coordenação. Por exemplo, no CdI$_2$ (Fig. 6.23), cada centro de Cd está situado octaedricamente, e os haletos ou pseudo-haletos moleculares (por exemplo, [CN]$^-$) podem conter pontes M–X–M e existir como oligômeros; por exemplo, o α-PdCl$_2$ é polimérico (**19.4**).

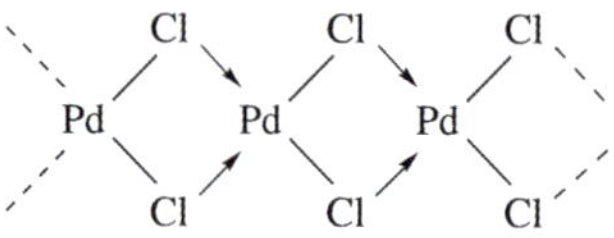

(19.4)

Uma ambiguidade adicional surge quando o modo de ligação de um ligante pode ser descrito de mais de uma maneira. Este fato ocorre frequentemente na química organometálica, por exemplo, com ligantes ciclopentadienila, como discutido no Capítulo 24. A nomenclatura introduzida no Boxe 19.1 ajuda, mas ainda há a questão de considerar, por exemplo, que um ligante [η^5-C$_5$H$_5$]$^-$ ocupe um ou cinco sítios em uma esfera de coordenação de um átomo de metal. Assim, o número de coordenação do centro de Ti(IV) no [(η^5-C$_5$H$_5$)$_2$TiCl$_2$] pode ser representado tanto por **19.5a** quanto por **19.5b**.

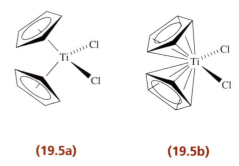

(19.5a)   (19.5b)

Número de coordenação 2

Exemplos de números de coordenação 2 não são comuns. Geralmente, todos os íons d^{10} são restritos a Cu(I), Ag(I), Au(I) e Hg(II). Exemplos incluem [CuCl$_2$]$^-$, [Ag(NH$_3$)$_2$]$^+$, [Au(CN)$_2$]$^-$, (R$_3$P)AuCl, [Au(PR$_3$)$_2$]$^+$ (R = alquila ou arila, Fig. 19.4a) e Hg(CN)$_2$, em cada um dos quais o centro do metal está em um ambiente linear. Entretanto, no estado sólido, o centro de Cu(I) no K[Cu(CN)$_2$] é tricoordenado em virtude da formação da ponte cianido (veja a estrutura 21.71). Ligantes amido volumosos, por exemplo, [N(SiR$_3$)$_2$]$^-$, são frequentemente associados a números de coordenação *pequenos*. Por exemplo, no [Fe{N(SiMePh$_2$)$_2$}$_2$] (∠ N–Fe–N = 169°, Fig. 19.4b), os grupos amino estericamente exigentes forçam um ambiente bicoordenado no centro do metal que, geralmente, prefere estar rodeado por um número maior de ligantes.

Número de coordenação 3

Complexos tricoordenados não são muito comuns. Geralmente, são observadas estruturas planas triangulares, e exemplos envolvendo centros de metal d^{10} incluem:

TEORIA

Boxe 19.1 Nomenclatura η para ligantes

Na química organometálica em particular, mas também na química de coordenação, encontra-se o uso do prefixo grego η (eta); a letra é acompanhada de um sobrescrito (por exemplo, η^1). O prefixo descreve o número de átomos em um ligante que interagem diretamente com o centro do metal, a *hapticidade* do ligante. Por exemplo, o ligante ciclopropenila, [C$_5$H$_5$]$^-$ ou Cp$^-$, é versátil em seus modos de ligação, e exemplos incluem aqueles mostrados a seguir. Observe as formas diferentes de representar os modos η^1 e η^5.

Na química de coordenação, a terminologia η é usada para ligantes como o [O$_2$]$^{2-}$ (ligante peróxido), como exemplificado na estrutura 21.3.

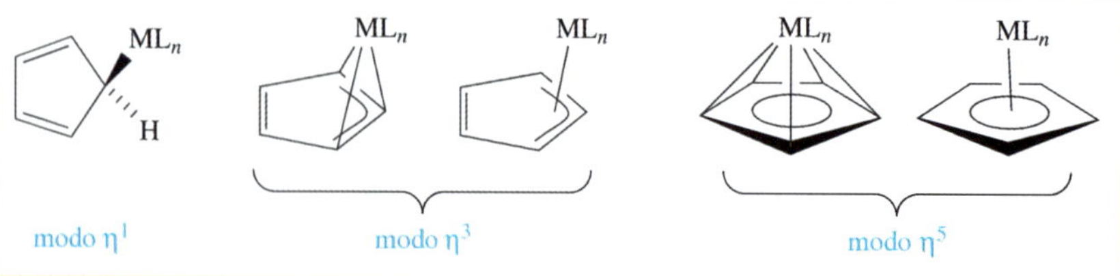

modo η^1 modo η^3 modo η^5

Química dos metais do bloco *d*: considerações gerais **9**

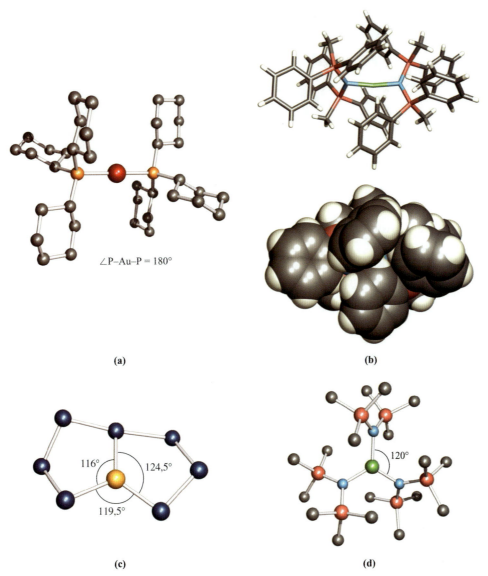

Fig. 19.4 Exemplos de estruturas bi e tricoordenadas (dados de difração de raios X): (a) [Au{P(*ciclo*-C$_6$H$_{11}$)$_3$}$_2$]$^+$ no sal de cloreto [J.A. Muir *et al.* (1985) *Acta Crystallogr., Sect. C*, vol. 41, p. 1174], (b) representações em bastões e em preenchimento de espaço do complexo bicoordenado de Fe(II) [Fe{N(SiMePh$_2$)$_2$}$_2$] [R.A. Bartlett *et al.* (1987) *J. Am. Chem. Soc.*, vol. 109, p. 7563], (c) [AgTe$_7$]$^{3-}$ no sal [Et$_4$N][Ph$_4$P]$_2$[AgTe$_7$] [J.M. McConnachie *et al.* (1993) *Inorg. Chem.*, vol. 32, p. 3201] e (d) [Fe{N(SiMe$_3$)$_2$}$_3$] [M.B. Hursthouse *et al.* (1972) *J. Chem. Soc., Dalton Trans.*, p. 2100]. Os átomos de hidrogênio foram omitidos para maior clareza. Código de cores: Au, vermelho; Ag, amarelo; Fe, verde; C, cinza; P, laranja; Te, azul-escuro; Si, rosa; N, azul-claro.

- Cu(I) no [Cu(CN)$_3$]$^{2-}$ (**19.2**), [Cu(CN)$_2$]$^-$ (veja acima), [Cu(SPMe$_3$)$_3$]$^+$;
- Ag(I) no [AgTe$_7$]$^{3-}$ (Fig. 19.4c), [Ag(PPh$_3$)$_3$]$^+$;
- Au(I) no [Au{PPh(C$_6$H$_{11}$)$_2$}$_3$]$^+$;
- Hg(II) no [HgI$_3$]$^-$, [Hg(SPh$_3$)$_3$]$^-$;
- Pt(0) no [Pt(PPh$_3$)$_3$], [Pt(P^{t}Bu$_2$H)$_3$].

Ligantes amino estericamente exigentes foram usados para estabilizar complexos contendo [Fe{N(SiMe$_3$)$_2$}$_3$] (Fig. 19.4d). No estado sólido, [Y{N(SiMe$_3$)$_2$}$_3$] e [Sc{N(SiMe$_3$)$_2$}$_3$] possuem centros de metal *piramidais triangulares* (∠ N–Y–N = 115° e ∠ N–Sc–N = 115,5°), mas é provável que efeitos do empacotamento cristalino causem desvios da planaridade. O fato de que o [Sc{N(SiMe$_3$)$_2$}$_3$] contém um Sc(III) plano triangular em fase gasosa dá suporte a esta proposta.

A química do bloco *p* tem vários exemplos de moléculas em forma de T (por exemplo, ClF$_3$) nas quais o par isolado estereoquimicamente ativo desempenha um papel crucial.

Complexos de metais do bloco *d* não reproduzem esse comportamento, embora restrições nos ligantes (por exemplo, o ângulo de mordida de um quelato) possam distorcer a estrutura tricoordenada, afastando-a da estrutura plana triangular esperada.

Número de coordenação 4

Complexos tetracoordenados são muito comuns, sendo um arranjo tetraédrico de átomos doadores o mais frequentemente observado. O tetraedro é às vezes 'planarizado', com as distorções sendo atribuídas a efeitos estéricos ou de empacotamento cristalino. Complexos tetraédricos de íons d^3 são raramente (quando são) encontrados. O complexo **19.6** exemplifica a estabilização do Cr^{3+} (d^3) tetracoordenado usando um ligante tripodal. Esta geometria de coordenação é forçada pelo ligante, e as distâncias Cr–N no 'plano quadrado' são mais curtas (188 pm) que a distância axial (224 pm).

(19.6)

Complexos tetraédricos para íons d^4 foram estabilizados somente com ligantes amido volumosos, por exemplo, $[M(NPh_2)_4]$ e $[M\{N(SiMe_3)_2\}_3Cl]$ para M = Hf ou Zr. Espécies tetraédricas simples incluem:

- d^0: $[VO_4]^{3-}$, $[CrO_4]^{2-}$, $[MoS_4]^{2-}$, $[WS_4]^{2-}$, $[MnO_4]^-$, $[TcO_4]^-$, RuO_4 e OsO_4;
- d^1: $[MnO_4]^{2-}$, $[TcO_4]^{2-}$, $[ReO_4]^{2-}$, $[RuO_4]^-$;
- d^2: $[FeO_4]^{2-}$, $[RuO_4]^{2-}$;
- d^5: $[FeCl_4]^-$, $[MnCl_4]^{2-}$;
- d^6: $[FeCl_4]^{2-}$, $[FeI_4]^{2-}$;
- d^7: $[CoCl_4]^{2-}$;
- d^8: $[NiCl_4]^{2-}$, $[NiBr_4]^{2-}$;
- d^9: $[CuCl_4]^{2-}$ (distorcido);
- d^{10}: $[ZnCl_4]^{2-}$, $[HgBr_4]^{2-}$, $[CdCl_4]^{2-}$, $[Zn(OH)_4]^{2-}$, $[Cu(CN)_4]^{3-}$, $[Ni(CO)_4]$.

As estruturas no estado sólido de ânions aparentemente simples podem ser poliméricas (por exemplo, a presença de pontes de fluoreto no $[CoF_4]^{2-}$ e no $[NiF_4]^{2-}$ leva a uma estrutura em camadas com centros de metal octaédricos), ou podem ser dependentes do cátion (por exemplo, íons $[MnCl_4]^{2-}$ octaédricos discretos estão presentes nos sais de Cs^+ e de $[Me_4N]^+$, mas uma estrutura polimérica com pontes Mn–Cl–Mn é adotada pelo sal de Na^+).

Complexos planos quadrados são mais raros do que os tetraédricos, e são frequentemente associados a configurações d^8, em que fatores eletrônicos favorecem fortemente um arranjo plano quadrado (veja a Seção 20.3); por exemplo, $[PdCl_4]^{2-}$, $[PtCl_4]^{2-}$, $[AuCl_4]^-$, $[AuBr_4]^-$, $[RhCl(PPh_3)_3]$ e $trans$-$[IrCl(CO)(PPh_3)_2]$. A classificação de estruturas distorcidas como as no $[Ir(PMePh_2)_4]^+$ e no $[Rh(PMe_2Ph)_4]^+$ (Fig. 19.5a) pode ser ambígua, mas neste caso o fato de que cada íon do metal é d^8 sugere que o congestionamento estérico cause desvios de um arranjo plano quadrado (não de um tetraédrico). O íon $[Co(CN)_4]^{2-}$ é um raro exemplo de complexo d^7 plano quadrado.

Número de coordenação 5

As estruturas-limite para pentacoordenação são a bipiramidal triangular e a piramidal de base quadrada. Na prática, muitas estruturas caem entre esses dois extremos, sendo pequena a diferença de energia entre estruturas bipiramidais triangulares e piramidais de base quadrada (veja a Seção 4.8). Entre os complexos pentacoordenados simples, são bipiramidais triangulares o $[CdCl_5]^{3-}$, o $[HgCl_5]^{3-}$ e o $[CuCl_5]^{3-}$ (d^{10}) e uma série de complexos óxido ou nitrido piramidais de base quadrada nos quais os ligantes óxido ou nitrido ocupam o sítio axial:

- d^0: $[NbCl_4(O)]$;
- d^1: $[V(acac)_2(O)]$, $[WCl_4(O)]^-$ (19.7), $[TcCl_4(N)]^-$ (19.8), $[TcBr_4(N)]^-$;
- d^2: $[TcCl_4(O)]^-$; $[ReCl_4(O)]^-$.

(19.7)   (19.8)

As fórmulas de alguns complexos podem confusamente sugerir centros de metal 'pentacoordenados': por exemplo, o Cs_3CoCl_5 é, na verdade, $Cs_3[CoCl_4]Cl$.

São encontradas estruturas pentacoordenadas para muitos ligantes amina, fosfano e arsano polidentados. De interesse particular entre esses são os complexos contendo ligantes tripodais (19.3) nos quais o átomo central é um átomo doador. Isso faz com que o ligante seja idealmente adequado para ocupar um sítio axial e os três sítios equatoriais de um complexo

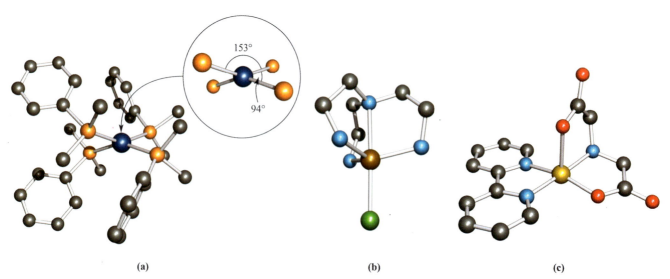

Fig. 19.5 Exemplos de estruturas tetra- e pentacoordenadas (dados de difração de raios X): (a) no $[Rh(PMe_2Ph)_4]^+$, as exigências estéricas dos ligantes distorcem a estrutura da estrutura plano quadrada esperada para este centro de metal d^8 [J.H. Reibenspies *et al.* (1993) *Acta Crystallogr., Sect. C*, vol. 49, p. 141], (b) $[Zn\{N(CH_2CH_2NH_2)_3\}Cl]^+$ no sal de $[Ph_4B]^-$ [R.J. Sime *et al.* (1971) *Inorg. Chem.*, vol. 10, p. 537] e (c) $[Cu(bpy)\{NH(CH_2CO_2)_2\}]$ cristalizado como o hexaidrato [R.E. Marsh *et al.* (1995) *Acta Crystallogr., Sect. B*, vol. 51, p. 300]. Os átomos de hidrogênio foram omitidos para maior clareza. Código de cores: Rh, azul-escuro; P, laranja; Zn, castanho; Cl, verde; N, azul-claro; Cu, amarelo; O, vermelho; C, cinza.

bipiramidal triangular, como no [CoBr{N(CH$_2$CH$_2$NMe$_2$)$_3$}]$^+$, [Rh(SH){P(CH$_2$CH$_2$PPh$_2$)$_3$}] e [Zn{N(CH$_2$CH$_2$NH$_2$)$_3$}Cl]$^+$ (Fig. 19.5b). Por outro lado, as restrições conformacionais dos ligantes podem resultar em uma preferência por um complexo piramidal de base quadrada no estado sólido, por exemplo, [Cu(bpy){NH(CH$_2$CO$_2$)$_2$}]·6H$_2$O (Fig. 19.5c).

Número de coordenação 6

Por muitos anos após a prova de Werner, por estudos estereoquímicos, de que muitos complexos hexacoordenados de cromo e cobalto tinham estruturas octaédricas (veja o Boxe 21.7), acreditou-se que nenhuma outra forma de hexacoordenação ocorresse, e uma vasta quantidade de dados de estudos de difração de raios X pareciam dar suporte a esse fato. Entretanto, exemplos de coordenação prismática triangular foram, por fim, confirmados.

A esfera de coordenação octaédrica regular ou quase regular é encontrada para quase todas as configurações eletrônicas de d^0 a d^{10}; por exemplo, [TiF$_6$]$^{2-}$ (d^0), [Ti(OH$_2$)$_6$]$^{3+}$ (d^1), [V(OH$_2$)$_6$]$^{3+}$ (d^2), [Cr(OH$_2$)$_6$]$^{3+}$ (d^3), [Mn(OH$_2$)$_6$]$^{3+}$ (d^4), [Fe(OH$_2$)$_6$]$^{3+}$ (d^5), [Fe(OH$_2$)$_6$]$^{2+}$ (d^6), [Co(OH$_2$)$_6$]$^{2+}$ (d^7), [Ni(OH$_2$)$_6$]$^{2+}$ (d^8), [Cu(NO$_2$)$_6$]$^{4-}$ (d^9) e [Zn(OH$_2$)$_6$]$^{2+}$ (d^{10}). Há distinção entre o que chamamos de complexos de *baixo spin* e de *alto spin* (veja a Seção 20.1): onde a distinção tem sentido, os exemplos citados acima são de complexos de alto spin, porém muitos complexos de baixo spin octaédricos são também conhecidos, por exemplo, [Mn(CN)$_6$]$^{3-}$ (d^4), [Fe(CN)$_6$]$^{3-}$ (d^5), [Co(CN)$_6$]$^{3-}$ (d^6). Complexos octaédricos de íons de metal d^4 e d^9 tendem a ser *distorcidos tetragonalmente*, ou seja, eles são alongados ou comprimidos. Este é um efeito eletrônico denominado *distorção Jahn-Teller* (veja a Seção 20.3).

Enquanto a maioria dos complexos hexacoordenados contendo ligantes simples é octaédrica, há um pequeno grupo de complexos de metal d^0 ou d^1 nos quais o centro do metal está em um ambiente prismático triangular ou prismático triangular distorcido. O octaedro e o prisma triangular estão intimamente relacionados, e podem ser descritos em termos de dois triângulos que estão escalonados (**19.9**) ou eclipsados (**19.10**).

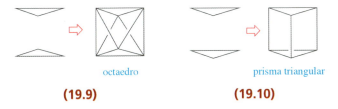

octaedro prisma triangular

(**19.9**) (**19.10**)

Os complexos [ReMe$_6$] (d^1), [TaMe$_6$] (d^0) e [ZrMe$_6$]$^{2-}$ (d^0) contêm centros de metal prismáticos triangulares (D_{3h}), enquanto no [MoMe$_6$] (d^0), [WMe$_6$] (d^0, Fig. 19.6a), [NbMe$_6$]$^-$ (d^0) e [TaPh$_6$]$^-$ (d^0), o ambiente de coordenação é prismático triangular distorcido (C_{3v}). O aspecto comum dos ligantes nesses complexos é que eles são doadores σ, sem nenhuma propriedade de doação ou aceitação π. No [Li(TMEDA)]$_2$[Zr(SC$_6$H$_4$-4-Me)$_6$] (TMEDA = Me$_2$NCH$_2$CH$_2$NMe$_2$), o íon [Zr(SC$_6$H$_4$-4-Me)$_6$]$^{2-}$ também tem uma estrutura prismática triangular distorcida. Embora os ligantes tiolato sejam geralmente ligantes doadores π fracos, foi sugerido que a interação cátion-ânion no [Li(TMEDA)]$_2$[Zr(SC$_6$H$_4$-4-Me)$_6$] resulta em os ligantes RS$^-$ se comportarem somente como doadores σ. Outro grupo relacionado de complexos de metais d^0, d^1 ou d^2 prismáticos triangulares contém os ligantes ditiolato, **19.11**, e inclui o [Mo(S$_2$C$_2$H$_2$)$_3$] e o [Re(S$_2$C$_2$Ph$_2$)$_3$] (Fig. 19.6b). Voltaremos aos ligantes doadores σ

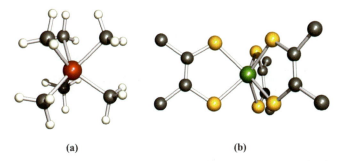

Fig. 19.6 As estruturas prismáticas triangulares (a) do [WMe$_6$] [V. Pfennig *et al.* (1996) *Science*, vol. 271, p. 626], e (b) do, [Re (S$_2$C$_2$Ph$_2$)$_3$], somente os átomos de carbono *ipso* de cada anel Ph são mostrados [R. Eisenberg *et al.* (1996) *Inorg. Chem.*, vol. 5, p. 411]. Em (b), os átomos de hidrogênio foram omitidos para maior clareza. Código de cores: W, vermelho; Re, verde; C, cinza; S, amarelo; H, branco.

e doadores π, na Seção 20.4, e à questão de complexos octaédricos *versus* prismáticos triangulares, no Boxe 20.3.

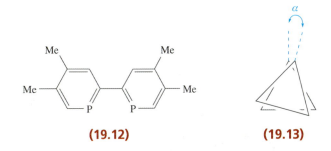

por exemplo, R = H, Ph

(**19.11**)

Os complexos [WL$_3$], [TiL$_3$]$^{2-}$, [ZrL$_3$]$^{2-}$ e [HfL$_3$]$^{2-}$ (L é **19.12**) também possuem estruturas prismáticas triangulares. Para um prisma triangular regular, o ângulo α em **19.13** é 0°, e isto é observado para o [TiL$_3$]$^{2-}$ e o [HfL$_3$]$^{2-}$. No [ZrL$_3$]$^{2-}$, α = 3°, e no [WL$_3$], α = 15°. Formalmente, o [WL$_3$] contém W(0) e é um complexo d^6, enquanto [ML$_3$]$^{2-}$ (M = Ti, Zr e Hf) contêm o metal em um estado de oxidação −2. Entretanto, resultados teóricos para [WL$_3$] indicam que carga negativa é transferida aos ligantes. No caso extremo, os ligantes podem ser formulados com L^{2-} e o metal como um centro d^0.[†]

(**19.12**) (**19.13**)

As estruturas no estado sólido do [Mn(acac)$_2$(bpy)] (prismático triangular, Fig. 19.7a) e [Mn(acac)$_2$(phen)] (octaédrico, Fig. 19.7b) fornecem um exemplo pelo qual forças de empacotamento cristalino parecem ditar a diferença entre os arranjos dos ligantes. A diferença de energia entre as duas estruturas foi calculada como sendo muito pequena, e a preferência por um prisma triangular no [Mn(acac)$_2$(bpy)] é observada apenas no estado sólido.

[†] Para uma discussão detalhada, veja P. Rosa, N. Mézailles, L. Ricard, F. Mathey e P. Le Floch (2000) *Angew. Chem. Int. Ed.*, vol. 39, p. 1823, e referências neste artigo.

Fig. 19.7 Estruturas no estado sólido (a) do [Mn(acac)₂(bpy)] (prismática triangular) [R. van Gorkum *et al.* (2005) *Eur. J. Inorg. Chem.*, p. 2255] e (b) [Mn(acac)₂(phen)] (octaédrico) [F.S. Stephens (1977) *Acta Crystallogr. Sect. B.*, vol. 33, p. 3492]. Os átomos de hidrogênio foram omitidos. Código de cores: Mn, laranja; N, azul; O, vermelho; C, cinza.

Número de coordenação 7

Números de coordenação elevados (≥ 7) são observados mais frequentemente para íons dos metais do bloco *d* no início da segunda e terceira linhas e para os lantanoides e actinoides, isto é, $r_{\text{cátion}}$ deve ser relativamente grande (veja o Capítulo 27). A Fig. 19.8a mostra o arranjo dos átomos doadores para as três estruturas heptacoordenadas idealizadas. No prisma triangular encapuzado, o 'capuz' está sobre uma das faces quadradas do prisma. Na realidade, há muita distorção dessas estruturas idealizadas, e esse fato é aparente no exemplo do complexo octaédrico encapuzado mostrado na Fig. 19.8b. Os ânions no [Li(OEt)₂]⁺[MoMe₇]⁻ e no [Li(OEt)₂]⁺[WMe₇]⁻ são exemplos adicionais de estruturas octaédricas encapuzadas. Um problema na literatura química é que as distorções podem levar à ambiguidade na forma pela qual uma dada estrutura é descrita. Entre os haletos e pseudo-haletos binários, estruturas de heptacoordenação são exemplificadas pelos íons bipiramidais pentagonais [V(CN)₇]⁴⁻ (d^2) e [NbF₇]³⁻ (d^1). No sal de amônio, o [ZrF₇]³⁻ (d^0) é bipiramidal pentagonal; porém, no sal de guanidínio, ele tem uma estrutura prismática triangular monoencapuzada (Fig. 19.8c). Exemplos adicionais de complexos prismáticos triangulares monoencapuzados são o [NbF₇]²⁻ e o [TaF₇]²⁻ (d^0). Complexos heptacoordenados contendo ligantes óxido podem favorecer estruturas bipiramidais pentagonais com um grupo óxido em um sítio axial, por exemplo, [Nb(O)(ox)₃]³⁻, [Nb(O)(OH₂)(ox)₂]⁻ e [Mo(O)(O₂)(ox)₂]²⁻ (todos d^0). Neste último exemplo, dois ligantes peróxido estão presentes, cada um em um modo η² (**19.14**). Ligantes macrocíclicos contendo cinco átomos doadores (por exemplo, 15-coroa-5) podem ditar que a geometria de coordenação seja como mostrada na Fig. 19.8d.

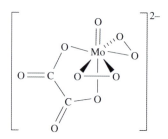

(**19.14**)

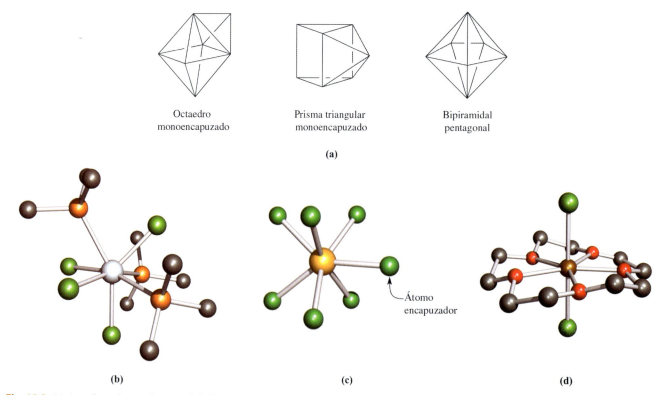

Fig. 19.8 (a) As esferas de coordenação definidas pelos átomos doadores em estruturas heptacoordenadas idealizadas. Exemplos de complexos heptacoordenados (dados de difração de raios X); (b) a estrutura octaédrica encapuzada do [TaCl₄(PMe₃)₃] [F.A. Cotton *et al.* (1984) *Inorg. Chem.*, vol. 23, p. 4046]; (c) o [ZrF₇]³⁻ no sal de guanadínio [A.V. Gerasimenko *et al.* (1985) *Koord. Khim.*, vol. 11, p. 566]; e (d) o cátion bipiramidal pentagonal no [ScCl₂(15-coroa-5)]₂[CuCl₄], com o éter coroa ocupando o plano equatorial [N.R. Strel'tsova *et al.* (1992) *Zh. Neorg. Khim.*, vol. 37, p. 1822]. Os átomos de hidrogênio foram omitidos para maior clareza. Código de cores: Ta, prata; Cl, verde; P, laranja; Zr, amarelo; F, verde; Sc, castanho; C, cinza; O, vermelho.

Número de coordenação 8

À medida que o número de vértices em um poliedro aumenta, também aumenta o número de estruturas possíveis (Fig. 19.9a). Provavelmente, o poliedro de oito vértices mais conhecido é o cubo, (**19.15**), mas raramente ele é observado como um arranjo de átomos doadores em complexos. Os poucos exemplos incluem os ânions nos complexos actinoides $Na_3[PaF_8]$, $Na_3[UF_8]$ e $[Et_4N]_4[U(NCS-N)_8]$. O impedimento estérico entre os ligantes pode ser reduzido convertendo-se o cubo em um arranjo antiprismático quadrado, ou seja, ir de **19.15** para **19.16**.

Quadrados eclipsados   Quadrados alternados
(**19.15**)   (**19.16**)

Ambientes de coordenação antiprismáticos quadrados ocorrem no $[Zr(acac)_4]$ (d^0) e nos ânions dos sais $Na_3[TaF_8]$ (d^0), $K_2[ReF_8]$ (d^1) e $K_2[H_3NCH_2CH_2NH_3][Nb(ox)_4]$ (d^1) (Fig. 19.9b). A especificação do contraíon é importante, já que a diferença de energia entre estruturas octacoordenadas tende a ser pequena, com o resultado que a preferência entre duas estruturas pode ser alterada por forças de empacotamento cristalino em dois sais diferentes. Exemplos podem ser vistos em diversos sais de $[Mo(CN)_8]^{3-}$, $[W(CN)_8]^{3-}$, $[Mo(CN)_8]^{4-}$ ou $[W(CN)_8]^{4-}$, que possuem estruturas antiprismáticas quadradas ou dodecaédricas, dependendo do cátion. Mais exemplos de complexos dodecaédricos incluem o $[Y(OH_2)_8]^{3+}$ (Fig. 19.9c) e alguns complexos com ligantes bidentados: $[Mo(O_2)_4]^{2-}$ (d^0), $[Ti(NO_3)_4]$ (d^0), $[Cr(O_2)_4]^{3-}$ (d^1), $[Mn(NO_3)_4]^{2-}$ (d^5) e $[Fe(NO_3)_4]^-$ (d^5).

A bipirâmide hexagonal é um ambiente de coordenação raro, mas pode ser favorecido em complexos contendo um ligante macrocíclico hexadentado, por exemplo, o $[CdBr_2(18\text{-coroa-6})]$, Fig. 19.9d. Um prisma triangular biencapuzado é outra opção para octacoordenação, porém é raramente observado, por exemplo, no $[ZrF_6]^{4-}$ (d^0) e no $[La(acac)_3(OH_2)_2]\cdot H_2O$ (d^0).

Número de coordenação 9

Os ânions $[ReH_9]^{2-}$ e $[TcH_9]^{2-}$ (ambos d^0) são exemplos de espécies nonacoordenadas nas quais o centro do metal está em um ambiente prismático triangular triencapuzado (veja a Fig. 10.14c). O número de coordenação 9 é mais frequentemente associado com o ítrio, lantânio e os elementos do bloco f. O prisma triangular triencapuzado é o único arranjo *regular* de átomos doadores que foi observado até agora, por exemplo, no $[Sc(OH_2)_9]^{3+}$, $[Y(OH_2)_9]^{3+}$ e $[La(OH_2)_9]^{3+}$.

Números de coordenação 10 e superiores

É sempre perigoso tirar conclusões com base na não existência de tipos de estruturas; porém, com os dados disponíveis atualmente, parece que uma coordenação de ≥ 10 é geralmente restrita aos íons de metais do bloco f (veja o Capítulo 27). O lantânio exibe números de coordenação de 10 e 12, por exemplo,

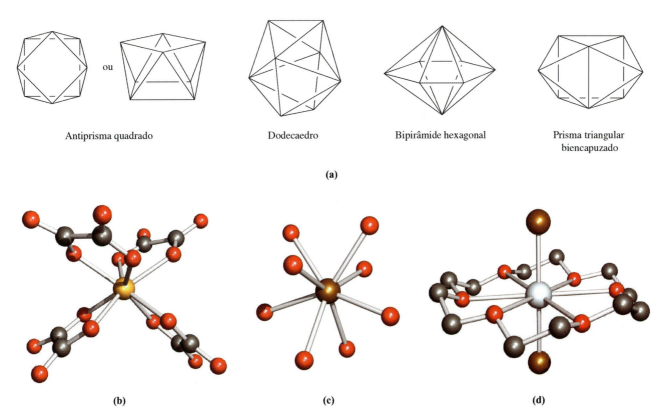

Fig. 19.9 (a) Esferas de coordenação definidas pelos átomos doadores em estruturas octacoordenadas idealizadas. O desenho esquerdo do antiprisma quadrado enfatiza que as duas faces quadradas são mutuamente escalonadas. Exemplos de complexos octacoordenados (difração de raios X); (b) a estrutura antiprismática quadrada do $[Nb(ox)_4]^{4-}$ no sal $K_2[H_3NCH_2CH_2NH_3][Nb(ox)_4]\cdot 4H_2O$ [F.A. Cotton *et al.* (1987) *Inorg. Chem.*, vol. 26, p. 2889]; (c) o íon dodecaédrico $[Y(OH_2)_8]^{3+}$ no sal $[Y(OH_2)_8]Cl_3\cdot(15\text{-coroa-5})$ [R.D. Rogers *et al.* (1986) *Inorg. Chim. Acta*, vol. 116, p. 171]; (d) $[CdBr_2(18\text{-coroa-6})]$ com o ligante macrocíclico ocupando o plano equatorial de uma bipirâmide hexagonal [A. Hazell (1988) *Acta Crystallogr. Sect. C*, vol. 44, p. 88]. Os átomos de hidrogênio foram omitidos para maior clareza. Código de cores: Nb, amarelo; O, vermelho; Y, castanho; Cd, prata; C, cinza; Br, castanho.

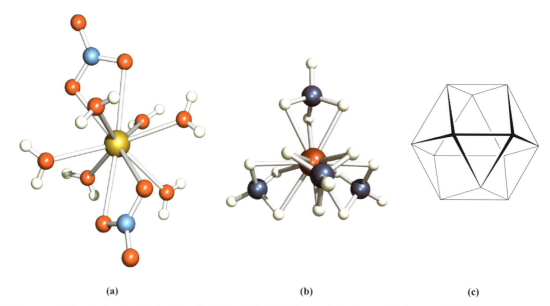

(a) (b) (c)

Fig. 19.10 (a) Estrutura (difração de raios X) do cátion [La(NO$_3$-O,O')$_2$(OH$_2$)$_6$]$^+$ no sal de nitrato [J.C. Barnes (2006) Comunicação pessoal ao CSD]. Código de cores: La, ouro; O, vermelho, N, azul; H, branco. (b) Estrutura do [Hf(BH$_4$)$_4$] determinada por difração de nêutrons a baixa temperatura [R.W. Broach *et al.* (1983) *Inorg. Chem.* vol. 22, p. 1081]. Código de cores: Hf, vermelho, B, azul; H, branco. (c) Esfera de coordenação cuboctaédrica de 12 vértices do centro de Hf(IV) no [Hf(BH$_4$)$_4$].

no [La(NO$_3$-O,O')$_2$(OH$_2$)$_6$]$^+$ (Fig. 19.10a) e [La(NO$_3$-O,O')$_6$]$^{3-}$. Em ambos os complexos, os íons nitrato são bidentados, como indicado pela nomenclatura nas fórmulas. Entretanto, embora o lantânio esteja no grupo 3, é classificado com os lantanoides em vez de com os metais do bloco *d*. Dentro do bloco *d*, complexos contendo [BH$_4$]$^-$ e ligantes correlatos proveem exemplos de números de coordenação >9. Por exemplo, no [Hf(BH$_4$)$_4$] e no [Zr(MeBH$_3$)$_4$], os ligantes são tridentados (veja a estrutura **13.9**) e os centros de metal são dodecacoordenados. As Figs. 19.10b e c mostram a estrutura do [Hf(BH$_4$)$_4$] e o arranjo cuboctaédrico dos 12 átomos de hidrogênio em torno do centro do metal. O mesmo ambiente de coordenação é encontrado no [Zr(MeBH$_3$)$_4$].

19.8 Isomerismo em complexo de metais do bloco *d*

Até este ponto do presente livro, não tivemos razão para mencionar isomerismo com muita frequência, e a maior parte das referências foi a isômeros *trans* e *cis*, por exemplo, o *trans*-[CaI$_2$(THF)$_4$] (Seção 12.5) e os isômeros *trans*- e *cis*- do N$_2$F$_2$ (Seção 15.7). Estes são *diastereoisômeros* (veja a Seção 2.9).

> Os *estereoisômeros* possuem a mesma conectividade de átomos, mas diferem no arranjo espacial de átomos ou grupos. Os exemplos incluem os isômeros *trans*- e *cis*-. Se os estereoisômeros *não* são imagens especulares um do outro, eles são chamados *diastereoisômeros*. Os estereoisômeros que *são* imagens especulares um do outro são chamados *enantiômeros*.

Exercícios propostos

Todas as respostas podem ser encontradas com a leitura da Seção 2.9.

1. Desenhe estruturas possíveis dos complexos planos quadrados [PtBr$_2$(py)$_2$] e [PtCl$_3$(PEt$_3$)]$^-$ e dê nomes que façam a distinção entre quaisquer isômeros que você desenhou.

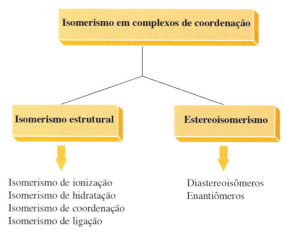

Fig. 19.11 Classificação dos tipos de isomerismo em complexos metálicos.

2. No [Ru(CO)$_4$(PPh$_3$)], o centro do Ru está em um ambiente bipiramidal triangular. Desenhe as estruturas dos isômeros possíveis e dê nomes que façam a distinção entre eles.
3. Desenhe as estruturas e dê nome aos isômeros do [CrCl$_2$(NH$_3$)$_4$]$^+$.
4. O [RhCl$_3$(OH$_2$)$_3$] tem dois isômeros. Desenhe suas estruturas e dê a eles nomes distintos.

A Fig. 19.11 classifica os tipos de isômeros exibidos por complexos de coordenação. No restante da presente seção, vamos apresentar o *isomerismo estrutural* (ou *constitucional*), seguido de uma discussão sobre os *enantiômeros*.

Isomerismo estrutural: isômeros de ionização

> Os *isômeros de ionização* resultam da troca de um ligante aniônico dentro da primeira esfera de coordenação com um ânion fora da esfera de coordenação.

Os exemplos de isômeros de ionização são o [Co(NH$_3$)$_5$Br][SO$_4$] violeta (preparado pelo esquema de reação 19.6) e o [Co(NH$_3$)$_5$(SO$_4$)]Br vermelho (preparado pela sequência de reação 19.7). Esses isômeros podem ser facilmente distinguidos através de testes qualitativos apropriados para sulfato ou brometo *iônicos*, respectivamente (Eqs. 19.8 e 19.9). Os isômeros ainda são facilmente distinguidos por espectroscopia IV. O íon livre [SO$_4$]$^{2-}$ pertence ao grupo de pontos T_d. Os dois modos vibracionais T_2 são ativos no IV (veja a Fig. 3.16) e são observadas fortes absorções a 1104 cm^{-1} (estiramento) e 613 cm^{-1} (deformação). No [Co(NH$_3$)$_5$(SO$_4$)]Br, o íon sulfato age como um ligante monodentado e a simetria do grupo [SO$_4$]$^{2-}$ é diminuída com respeito ao íon livre. Como resultado, o espectro de IV do [Co(NH$_3$)$_5$(SO$_4$)]Br apresenta três absorções (1040, 1120 e 970 cm^{-1}) com origem nos modos de estiramento do ligante [SO$_4$]$^{2-}$ coordenado.

$$CoBr_2 \xrightarrow{[NH_4]Br, NH_3, O_2} [Co(NH_3)_5(OH_2)]Br_3$$
$$\downarrow \Delta$$
$$[Co(NH_3)_5Br]Br_2$$
$$\downarrow Ag_2SO_4$$
$$[Co(NH_3)_5Br][SO_4] \quad (19.6)$$

$$[Co(NH_3)_5Br]Br_2 \xrightarrow{H_2SO_4 \text{ conc.}} [Co(NH_3)_5(SO_4)][HSO_4]$$
$$\downarrow BaBr_2$$
$$[Co(NH_3)_5(SO_4)]Br \quad (19.7)$$

$$BaCl_2(aq) + [SO_4]^{2-}(aq) \rightarrow \underset{\text{ppt branco}}{BaSO_4(s)} + 2Cl^-(aq) \quad (19.8)$$

$$AgNO_3(aq) + Br^-(aq) \rightarrow \underset{\substack{\text{ppt} \\ \text{amarelo-claro}}}{AgBr(s)} + [NO_3]^-(aq) \quad (19.9)$$

Isomerismo estrutural: isômeros de hidratação

> Os *isômeros de hidratação* resultam da troca da H$_2$O e outro ligante entre a primeira esfera de coordenação e os ligantes do lado de fora dela.

O exemplo clássico de isomerismo de hidratos é o do composto de fórmula CrCl$_3 \cdot$6H$_2$O. Os cristais verdes do cloreto de cromo(III) formados a partir de uma solução quente obtida pela redução do óxido de cromo(IV) com ácido clorídrico concentrado são o [Cr(OH$_2$)$_4$Cl$_2$]Cl$\cdot$2H$_2$O. Quando este ácido é dissolvido em água, os íons cloreto do complexo são lentamente substituídos por água, dando o [Cr(OH$_2$)$_5$Cl]Cl$_2\cdot$H$_2$O verde-azulado e finalmente o [Cr(OH$_2$)$_6$]Cl$_3$ violeta. Os complexos podem ser distinguidos pela precipitação do íon cloreto *livre* usando o nitrato de prata aquoso (Eq. 19.10).

$$AgNO_3(aq) + Cl^-(aq) \rightarrow \underset{\text{ppt branco}}{AgCl(s)} + [NO_3]^-(aq) \quad (19.10)$$

Isomerismo estrutural: isomerismo de coordenação

> Os *isômeros de coordenação* só são possíveis para sais em que cátion e ânion são íons complexos. Os isômeros surgem da troca de ligantes entre os dois centros do metal.

Os exemplos de isômeros de coordenação são:

- [Co(NH$_3$)$_6$][Cr(CN)$_6$] e [Cr(NH$_3$)$_6$][Co(CN)$_6$];
- [Co(NH$_3$)$_6$][Co(NO$_2$)$_6$] e [Co(NH$_3$)$_4$(NO$_2$)$_2$][Co(NH$_3$)$_2$(NO$_2$)$_4$];
- [Pt^{II}(NH$_3$)$_4$][Pt^{IV}Cl$_6$] e [Pt^{IV}(NH$_3$)$_4$Cl$_2$][Pt^{II}Cl$_4$].

Isomerismo estrutural: isomerismo de ligação

> Os *isômeros de ligação* podem surgir quando um ou mais ligantes podem se coordenar ao íon do metal em mais de uma maneira; por exemplo, no [SCN]$^-$ (**19.17**), ambos os átomos de N e S são sítios de doadores potenciais. Um ligante desses é *ambidentado*.

$$[S=C=N]^-$$
(19.17)

Como o [SCN]$^-$ é ambidentado, o complexo [Co(NH$_3$)$_5$(NCS)]$^{2+}$ tem dois isômeros que são distinguidos pelo uso da seguinte nomenclatura:

- no [Co(NH$_3$)$_5$(NCS-*N*)]$^{2+}$, o ligante tiocianato coordena-se através do átomo doador nitrogênio;
- no [Co(NH$_3$)$_5$(NCS-*S*)]$^{2+}$, o íon tiocianato fica ligado ao centro do metal através do átomo de enxofre.

O esquema 19.11 mostra como podem ser preparados dois isômeros de ligação do [Co(NH$_3$)$_5$(NO$_2$)]$^{2+}$.

$$[Co(NH_3)_5Cl]Cl_2 \xrightarrow{NH_3(aq) \text{ dil}} [Co(NH_3)_5(OH_2)]Cl_3$$
$$\downarrow NaNO_2 \qquad\qquad\qquad \downarrow NaNO_2, \text{ conc HCl}$$
$$\underset{\text{vermelho}}{[Co(NH_3)_5(NO_2\text{-}O)]Cl_2} \underset{UV}{\overset{\text{HCl morno ou espontaneamente}}{\rightleftharpoons}} \underset{\text{amarelo}}{[Co(NH_3)_5(NO_2\text{-}N)]Cl_2}$$
(19.11)

No mesmo exemplo, os complexos [Co(NH$_3$)$_5$(NO$_2$-*O*)]$^{2+}$ e [Co(NH$_3$)$_5$(NO$_2$-*N*)]$^{2+}$ podem ser distinguidos pelo uso da espectroscopia IV. Para o ligante com ligação *O*, são observadas bandas de absorção características a 1065 e 1470 cm^{-1}, enquanto, para o ligante com ligação *N*, os números de onda vibracionais correspondentes são 1310 e 1430 cm^{-1}.

O ligante DMSO (dimetilsulfóxido, **19.18**) pode se coordenar aos íons de metal através do átomo doador de *S* ou de *O*. Esses modos podem ser distinguidos com o uso da espectroscopia IV: o $\bar{v}_{SO}$ para o DMSO livre é 1055 cm^{-1}, para o DMSO com ligação *S*, o $\bar{v}_{SO}$ = 1080-1150 cm^{-1}, e, para o DMSO com ligação *O*, o $\bar{v}_{SO}$ = 890-950 cm^{-1}. Um exemplo da interconversão dos isômeros de ligação envolvendo o ligante DMSO é mostrado no esquema 19.12. A isomerização também envolve um rearranjo *trans-cis* dos ligantes clorido.

(19.18)

$$\text{Me}_2(\text{O})\text{S} \overset{\text{Cl}}{\underset{\text{S(O)Me}_2}{\overset{|}{\underset{|}{\text{Ru}}}}} \text{S(O)Me}_2 \quad \underset{h\nu}{\overset{\text{aquecimento}}{\rightleftharpoons}} \quad \text{Me}_2(\text{O})\text{S} \overset{\text{S(O)Me}_2}{\underset{\text{Cl}}{\overset{|}{\underset{|}{\text{Ru}}}}} \text{Cl}$$

(19.12)

Estereoisomerismo: diastereoisômeros

A distinção entre os isômeros *cis-* e *trans-* de um complexo plano quadrado ou entre os isômeros *mer-* e *fac-* de um complexo octaédrico é confirmada da maneira mais inequívoca por determinações estruturais com o uso da difração de raios X de monocristal. A espectroscopia vibracional (cujas aplicações foram apresentadas na Seção 3.7) também pode auxiliar. Por exemplo, a Fig. 19.12 ilustra que o estiramento assimétrico para a unidade de $PtCl_2$ no $[Pt(NH_3)_2Cl_2]$ é ativo no IV para os isômeros *trans-* e *cis-*, mas o estiramento simétrico é ativo no IV apenas para o isômero *cis-*. Nos complexos planos quadrados que contêm ligantes fosfano, o espectro de RMN de ^{31}P pode ser particularmente diagnóstico, conforme ilustra o Boxe 19.2.

A existência de íons ou moléculas em diferentes estruturas (por exemplo, o $[Ni(CN)_5]^{3-}$ bipiramidal triangular e piramidal de base quadrada) é apenas um caso especial de diastereoisomerismo. Nos casos, por exemplo, do $[NiBr_2(PBzPh_2)_2]$ (Bz = benzila) tetraédrico e plano quadrado), as duas formas podem ser distinguidas pelo fato de exibirem diferentes propriedades magnéticas, conforme discutimos na Seção 20.10. Para complicar ainda mais as coisas, o $[NiBr_2(PBzPh_2)_2]$ pode existir na forma de isômeros *trans-* ou *cis-*.

Estereoisomerismo: enantiômeros

> Um par de **enantiômeros** consiste em duas espécies moleculares que são imagens especulares não sobrepostas uma da outra; veja também a Seção 3.8.

A ocorrência de enantiômeros (isomerismo ótico) tem a ver com a *quiralidade*, e alguns termos importantes em relação aos complexos quirais são definidos no Boxe 19.3. Os enantiômeros de um composto de coordenação frequentemente ocorrem quando há envolvimento de ligantes quelantes. A Fig. 19.13a mostra o $[Cr(acac)_3]$, um complexo octaédrico *tris-quelato*, e a Fig. 19.13b mostra o *cis-*$[Co(en)_2Cl_2]^+$, um complexo octaédrico *bis-quelato*. Nesse caso, apenas o *cis-*isômero possui enantiômeros; o isômero *trans-* é aquiral. Os enantiômeros são distinguidos pelo uso dos identificadores Δ e Λ (veja o Boxe 19.3).

Exercícios propostos

1. Explique por que o *cis-*$[Co(en)_2Cl_2]^+$ é quiral, enquanto o *trans-*$[Co(en)_2Cl_2]^+$ é aquiral.
2. A uma molécula quiral faltam um centro de inversão e um plano de simetria. Use esses critérios para mostrar que as espécies pertencentes aos grupos de pontos C_2 e D_3 são quirais. [*Sugestão*: veja o Apêndice 3.]

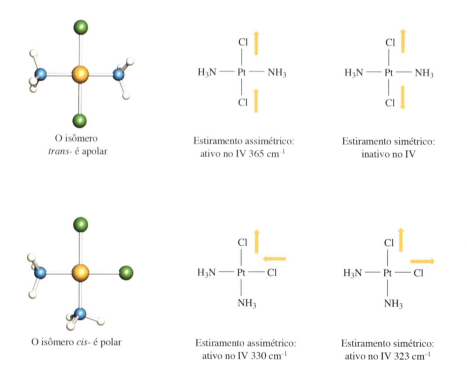

Fig. 19.12 Os isômeros *trans-* e *cis-* do complexo plano quadrado $[PtCl_2(NH_3)_2]$ podem ser distinguidos pela espectroscopia de IV. A regra de seleção para uma vibração ativa no IV é que deve levar a uma *variação do momento de dipolo molecular* (veja a Seção 3.7).

TEORIA

Boxe 19.2 Isômeros *trans*- e *cis*- de complexos planos quadrados: uma sonda em espectroscopia RMN

Na Seção 4.8, fizemos a descrição de como os *picos satélites* podem surgir em alguns espectros de RMN. Nos complexos planos quadrados da platina(II) que contêm dois ligantes fosfano (PR$_3$), o espectro de RMN de ^{31}P do complexo oferece valiosas informações a respeito do arranjo *cis*- ou *trans*- dos ligantes. A platina possui seis isótopos de ocorrência natural (Apêndice 5), mas apenas um, o ^{195}P, é ativo em RMN. O ^{195}P tem 33,8% de abundância e tem um número quântico do spin de valor $I = \frac{1}{2}$. Em um espectro de RMN de ^{31}P de um complexo tal como o [PtCl$_2$(PPh$_3$)$_2$], há um acoplamento spin-spin entre os núcleos do ^{31}P e ^{195}Pt que dá origem a picos satélites.

Se os ligantes PR$_3$ são mutuamente *trans*-, o valor de $J_{PPt} \approx$ 2000-2500 Hz, mas, se os ligantes são *cis*-, a constante de acoplamento é muito maior, $\approx$ 3000-3500 Hz. Embora os valores variem um pouco, a comparação dos espectros de RMN de ^{31}P dos isômeros *cis*- e *trans*- de um dado complexo possibilita a caracterização dos isômeros. Por exemplo, para o *cis*- e o *trans*-[PtCl$_2$(P^{n}Bu$_3$)$_2$], os valores de J_{PPt} são 3508 e 2380 Hz, respectivamente. A figura à direita apresenta um espectro de RMN de ^{31}P a 162 MHz do *cis*-[PtCl$_2$(P^{n}Bu$_3$)$_2$], simulado utilizando dados experimentais (a referência de deslocamento químico é o H$_3$PO$_4$ 85% aquoso).

Informações diagnósticas semelhantes podem ser obtidas da espectroscopia RMN para complexos planos quadrados que contêm centros de metal com isótopos ativos no spin. Por exemplo, o ródio é *monotópico* (isto é, 100% de um dos isótopos) com o ^{102}Rh tendo $I = \frac{1}{2}$. Nos complexos planos quadrados do ródio(I) que contêm dois ligantes fosfano, os valores de J_{PRh} são $\approx$ 160-190 Hz para um arranjo *cis*- e $\approx$70-90 Hz para um arranjo *trans*. Dessa maneira, o espectro de RMN de ^{31}P de um complexo do tipo [RhCl(PR$_3$)$_2$L] (L = ligante neutro) exibe um *dupleto*, com uma constante de acoplamento J_{PRh} característica de um isômero particular.

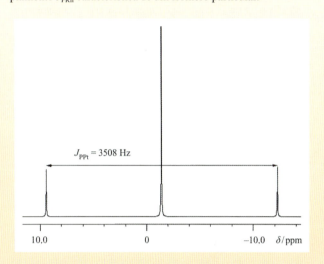

---

3. Os diagramas vistos a seguir representam dois complexos bis-quelatos tetraédricos. Explique em termos dos elementos de simetria por que **A** é aquiral, mas **B** é quiral. Desenhe a estrutura do outro enantiômero de **B**.

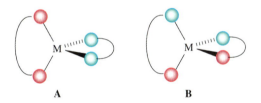

As moléculas quirais giram o plano de luz polarizada (Fig. 19.14). Esta propriedade é conhecida como *atividade ótica*. Os enantiômeros giram a luz a extensões iguais, mas em sentidos opostos, o enantiômero dextrógiro (*d*) para a direita e o levógiro (*l*) para a esquerda. O valor da rotação *e* seu sinal dependem do comprimento de onda da luz incidente. A observação da atividade ótica depende das propriedades *químicas* das moléculas quirais. Se dois enantiômeros se interconvertem rapidamente dando uma mistura em equilíbrio que contém quantidades iguais das duas formas, não ocorre qualquer rotação global. Uma mistura de quantidades iguais de dois enantiômeros é chamada de *racemato*.

A rotação, α, é medida em um *polarímetro* (Fig. 19.14). Na prática, o valor da rotação depende do comprimento de onda da luz, temperatura e da concentração do composto presente em solução. A *rotação específica*, [α], para um composto quiral em solução é dada pela Eq. 19.13.

$$[\alpha] = \frac{\alpha}{c \times \ell} \qquad (19.13)$$

em que: α = rotação observada

l = comprimento do caminho da solução no polarímetro (em dm)

c = concentração (em g cm^{-3})

É usada a luz de uma única frequência para medições de rotação específica e uma escolha comum é a *linha D do sódio* no espectro de emissão do sódio atômico. A rotação específica a esse comprimento de onda é representada por [α]$_D$.

Pares de enantiômeros tais como o Δ-[Cr(acac)$_3$] e Λ-[Cr(acac)$_3$] diferem somente em sua ação na luz polarizada. No entanto, para complexos iônicos como o [Co(en)$_3$]$^{3+}$, existe a oportunidade de formar sais com um contraíon A$^-$ quiral. Esses sais agora contêm dois tipos diferentes de quiralidade: a quiralidade Δ ou Λ no centro do metal e a quiralidade (+) ou (−) do ânion. São possíveis quatro combinações, das quais o par {Δ-(+)} e {Λ-(−)} é enantiomérico assim como o par {Δ-(−)} e {Λ-(+)}. Entretanto, com a quiralidade de um dado ânion, o par de sais {Δ-(−)} e {Λ-(−)} são diastereoisômeros (veja o Boxe 19.3) e podem diferir no agrupamento dos íons no estado sólido, e frequentemente é possível a separação por cristalização fracionária.

Os ânions octaédricos que contêm fósforo (veja a Seção 15.11) que são tris-quelatos são quirais, e são empregados para a resolução de enantiômeros e como reagentes de deslocamento em RMN.[†] Exemplificamos esse fato com o TRISPHAT (**19.19**). A presença dos substituintes removedores de elétrons

---

[†] Para revisões relevantes, veja: J. Lacour and V. Hebbe-Viton (2003) *Chem. Soc. Rev.*, vol. 32, p. 373 – 'Recent developments in chiral anion mediated asymmetric chemistry'; J. Lacour (2010) *C. R. Chimie*, vol. 13, p. 985 – 'Chiral hexacoordinated phosphates: From pioneering studies to modern uses in stereochemistry'.

TEORIA

Boxe 19.3 Definições e notação para complexos quirais

A quiralidade foi apresentada na Seção 3.8. Neste ponto, reunimos alguns termos que são encontrados com frequência na discussão de complexos oticamente ativos.

Os **enantiômeros** são um par de estereoisômeros que são imagens especulares não sobrepostas.

Os **diastereoisômeros** são estereoisômeros que não são enantiômeros.

Prefixos (+) e (−): a rotação específica dos enantiômeros é igual e oposta, e um meio útil de distinguir entre os enantiômeros é denotar o *sinal* de $[\alpha]_D$. Dessa maneira, se dois enantiômeros de um composto A têm valores de $[\alpha]_D$ de +12°, eles são identificados com (+)-A e (−)-A.

Prefixos *d* e *l*: às vezes, (+) e (−) são representados por *dextro-* e *levo-* (derivados do latim para direito e esquerdo) e referem-se a rotação à direita e à esquerda do plano de luz polarizada, respectivamente; *dextro-* e *levo-* geralmente são abreviados como *d* e *l*.

A notação +/− ou *d*/*l* não é um descritor direto da *configuração absoluta* de um enantiômero (a disposição dos substituintes ou ligantes) para o que são empregados os prefixos a seguir.

Prefixos *R* e *S*: a convenção para identificação de átomos de carbono quirais (tetraédricos com quatro diferentes grupos ligados) utiliza *regras de sequência* (também chamadas de notação de Cahn-Ingold-Prelog). Os quatro grupos ligados ao átomo de carbono quiral são priorizados em conformidade com o número atômico dos átomos ligados, sendo a mais alta prioridade dada ao mais alto número atômico, e, então, a molécula é vista vetor C–X abaixo, onde X tem a menor prioridade. Os símbolos *R* e *S* para os enantiômeros referem-se a uma sequência em sentido horário (*rectus*) e anti-horário (*sinister*) dos átomos priorizados, funcionando do alto para baixo. Exemplo: o CHClBrI, visto ligação C–H abaixo:

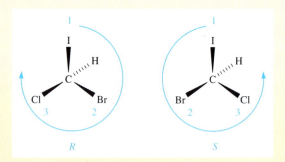

Esta notação é empregada para ligantes orgânicos quirais, e também para complexos tetraédricos.

Prefixos Δ e Λ: os enantiômeros de complexos octaédricos que contêm três ligantes bidentados equivalentes (complexos tris-quelato) estão entre os que são distinguidos utilizando-se os prefixos Δ (delta) e Λ (lambda). O octaedro é visto por um eixo ternário abaixo, e os quelatos, então, definem uma hélice à direita ou à esquerda. O enantiômero com rotação à direita é identificado como Δ, e aquele com rotação à esquerda é Λ.

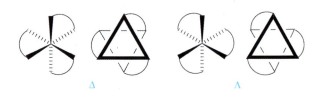

Prefixos δ e λ: a situação com ligantes quelantes é frequentemente mais complicada do que o parágrafo anterior sugere. Considere a quelação do 1,2-diaminoetano a um centro de metal. O anel com 5 membros assim formado não é plano, mas adota uma conformação em envelope. Isto é visto de maneira mais fácil tomando-se uma projeção de Newman ao longo da ligação C–C do ligante. Dois enantiômeros são possíveis e são distinguidos pelos prefixos δ e λ.

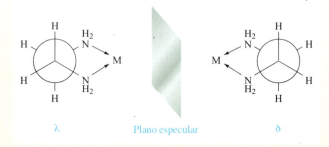

Descritores *P* e *M*: uma estrutura helicoidal, em forma de hélice ou de rosca (por exemplo, S_n tem uma cadeia helicoidal), pode ter rotação à direita ou à esquerda e recebe o termo *P* ('mais') ou *M* ('menos'), respectivamente. Isto é ilustrado com o (*P*)-hexaeliceno e (*M*)-hexaeliceno:

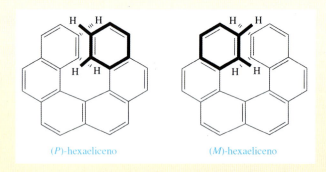

Para informações detalhadas, veja:
IUPAC Nomenclature of Inorganic Chemistry (*Recommendations 2005*), eds. Principais N.G. Connelly and T. Damhus, RSC Publishing, Cambridge, p. 189.
Terminologia básica de estereoquímica: *IUPAC Recommendations 1996* (1996) *Pure Appl. Chem.*, vol. 68, p. 2193.
A. Von Zelewsky (1996) *Stereochemistry of Coordination Compounds*, Wiley, Chichester.

Química dos metais do bloco *d*: considerações gerais 19

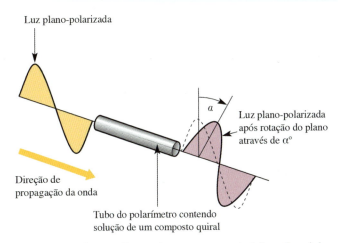

Fig. 19.14 Um dos enantiômeros de um composto quiral gira o plano da luz linearmente polarizada através de um ângulo característico, $\alpha°$; o instrumento utilizado para medir essa rotação é chamado de polarímetro. O sentido indicado (uma rotação em sentido horário conforme se vê a luz assim que ela emerge do polarímetro) é designado como $+\alpha°$. O outro enantiômero do mesmo composto gira o plano de luz polarizada através de um ângulo $-\alpha°$.

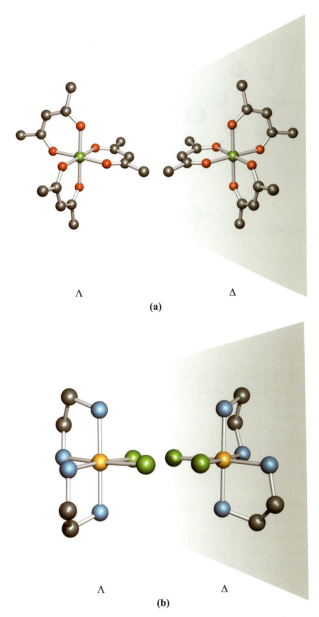

Fig. 19.13 Os complexos (a) [Cr(acac)₃] e (b) *cis*-(Co(en)₂Cl₂]⁺ são quirais. Os dois enantiômeros são imagens especulares não superpostas um do outro. Os átomos de hidrogênio foram omitidos dos diagramas para maior clareza. Código de cores: Cr, verde; Co, amarelo; Cl, verde; N, azul; O, vermelho; C, cinza.

o [Δ-**19.20**][Δ-TRISPHAT]₂, e a δ 2,24 pm para o [Λ-**19.20**][Δ-TRISPHAT]₂. Isto ilustra o uso do TRISPHAT como um reagente *diamagnético* de deslocamento quiral em RMN. Veremos o uso de reagentes *paramagnéticos* de deslocamento em RMN no Boxe 27.3.

Δ-TRISPHAT
(19.19)

no TRISPHAT aumenta a estabilidade configuracional do ânion, isto é, a velocidade de interconversão dos enantiômeros é lenta. Dessa forma, os sais de Δ- e Λ-TRISPHAT podem ser preparados enantiomericamente puros. Um exemplo do seu uso é a resolução dos enantiômeros do *cis*-[Ru(phen)₂(NCMe)₂]²⁺ (**19.20**). Ele pode ser convenientemente preparado na forma do sal de [CF₃SO₃]⁻, que é um racemato. A troca aniônica utilizando o [Δ-TRISPHAT]⁻ enantiomericamente puro dá uma mistura de [Δ-**19.20**][Δ-TRISPHAT]₂ e [Λ-**19.20**][Δ-TRISPHAT]₂ que pode ser separada por cromatografia. Os sais [Δ-**19.20**][Δ-TRISPHAT]₂ e [Λ-**19.20**][Δ-TRISPHAT]₂ são diastereoisômeros. Quando dissolvidos em solventes não coordenadores ou pouco solvatantes, eles formam pares de íons diastereoisoméricos que podem ser distinguidos no espectro de RMN de ¹H. Por exemplo, na solução de CD₂Cl₂, o sinal para o grupo metila nos ligantes MeCN ocorre a δ 2,21 pm para

(19.20)

O primeiro complexo puramente inorgânico a ser resolvido em seus enantiômeros foi o [CoL₃]⁶⁺ (**19.21**), no qual cada ligante

L⁺ é o complexo *cis*-[Co(NH₃)₄(OH)₂]⁺ que se quela através dos dois átomos doadores O.†

(19.21)

(19.22)

A quiralidade geralmente não está associada a complexos planos quadrados, mas há alguns casos especiais em que a quiralidade é introduzida como resultado de, por exemplo, interações estéricas entre dois ligantes. No **19.22**, as repulsões estéricas entre os dois grupos R podem fazer com que os substituintes aromáticos se torçam de modo que o plano de cada anel C₆ não mais seja ortogonal ao plano que define o ambiente plano quadrado em torno de M. Essa torção é definida pelo ângulo de torção A–B–C–D na estrutura **19.22**, e torna a molécula quiral. A quiralidade pode ser reconhecida em termos de um sentido de rotação, como em uma hélice, e os termos *P* e *M* (veja o Boxe 19.3) podem ser definidos para distinguir entre moléculas quirais correlatas. Se, no **19.22**, a prioridade de R nas regras de

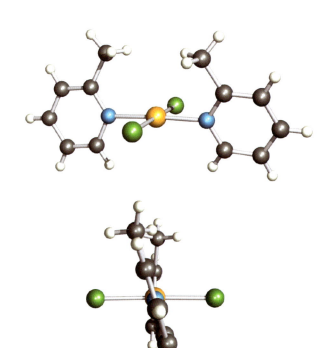

Fig. 19.15 Duas visões da estrutura (difração de raios X) do *trans*-[PdCl₂(2-Mepy)₂] (2-Mepy = 2-metilpiridina) mostrando o ambiente plano quadrado do centro do Pd(II) e a torção mútua dos ligantes 2-metilpiridina. O ângulo de torção entre os anéis é de 18,6° [M.C. Biagini (1999) *J. Chem. Soc., Dalton Trans.*, p. 1575]. Código de cores: Pd, amarelo; N, azul; Cl, verde; C, cinza; H, branco.

sequência é mais alta do que R' (por exemplo, R = Me, R' = H), então um ângulo de torção positivo corresponde à quiralidade *P*. Um exemplo é o *trans*-[PdCl₂(2-Mepy)₂] (2-Mepty = 2-metilpiridina), para o qual o isômero *P* é mostrado na Fig. 19.15. O Problema 19.28 do final do capítulo trata da incorporação de ligantes quirais em complexos planos quadrados de platina(II).

---
† Para elucidações de uma espécie correlata, veja: W.G. Jackson, J.A. McKeon, M. Zehnder and M. Neuburger (2004) *Chem. Commun.*, p. 2322 – 'The rediscovery of Alfred Werner's second hexol'.

TERMOS IMPORTANTES

Os seguintes termos foram introduzidos neste capítulo. Você sabe o que eles significam?

- cromóforo
- diastereoisômero
- elemento de transição
- enantiômero
- estereoisomerismo
- isomerismo de hidratação
- isomerismo de ionização
- isomerismo de ligação
- isomerismo estrutural
- ligante tripodal
- metal do bloco *d*
- metal do grupo da platina
- modelo de Kepert
- princípio da eletroneutralidade
- racemato
- resolução de enantiômeros
- rotação específica

LEITURA RECOMENDADA

S. Alvarez (2005) *Daeton Trans.*, p. 2209 – 'Polyhedra in (inorganic) chemistry' faz um levantamento sistemático dos poliedros com exemplos tomados à química inorgânica.

M.C. Biagini, M. Ferrari, M. Lanfranchi, L. Marchiò and M.A. Pellinghelli (1999) *J. Chem. Soc., Dalton Trans.*, p. 1575 – Um artigo que ilustra a quiralidade de complexos planos quadrados.

M. Gerloch and E.C. Constable (1994) *Transition Metal Chemistry: The Valence Sheel in d-Block Chemistry*, VCH, Weinheim – Um texto introdutório e muito coerente.

J.M. Harrowfield and S.B. Wild (1987) *Comprehensive Coordination Chemistry*, Eds. G. Wilkinson, R.D. Gillard and J.A. McCleverty, Pergamon, Oxford, vol. 1, Capítulo 5 – Uma excelente visão geral: 'Isomerism in coordination chemistry'.

C.E. Housecroft (1999) *The Heavier d-Block Metals: Aspects of Inorganic and Coordination Chemistry*, Oxford University Press, Oxford – Um pequeno livro-texto que destaca as diferenças entre os metais da primeira linha e os mais pesados do bloco *d*.

J.A. McCleverty (1999) *Chemistry of the First-row Transition Metals*, Oxford University Press, Oxford – Uma valiosa apresentação dos metais e compostos sólidos, espécies em solução, espécies de alto e baixo estado de oxidação e química de metais de biotransição.

D.M.P. Mingos (1998) *Essential Trends in Inorganic Chemistry*, Oxford University Press, Oxford – O Capítulo 5 aborda as tendências entre os elementos dos blocos *d* e *f*.

G. Seeber, B.E.F. Tiedemann and K.N. Raymond (2006) *Top. Curr. Chem.*, vol. 265, p. 147 – 'Supramolecular chirality in coordination chemistry' leva os sistemas quirais para além dos complexos mononucleares até agregados supramoleculares.

D. Venkataraman, Y. Du, S.R. Wilson, K.A. Hirsh, P. Zhang and J.S. Moore (1997) *J. Chem. Educ.*, vol. 74, p. 915 – Um artigo intitulado: 'A coordination geometry table of the *d*-block elements and their ions'.

M.J. Winter (1994) *d-Block Chemistry*, Oxford University Press, Oxford – Um texto introdutório que trata dos princípios dos metais do bloco *d*.

PROBLEMAS

Abreviaturas dos ligantes: veja a Tabela 7.7.

19.1 Comente a respeito de (a) a observação de estados de oxidação variáveis entre os elementos dos blocos *s* e *p*, e (b) a afirmativa de que 'estados de oxidação variáveis são um aspecto característico de qualquer metal do bloco *d*'.

19.2 (a) Escreva, em ordem, os metais que compõem a primeira linha do bloco *d* e dê a configuração eletrônica de valência no estado fundamental de cada elemento. (b) Quais tríades de metais compõem os grupos 4, 8 e 11? (c) Quais metais são coletivamente conhecidos como metais do grupo da platina?

19.3 Comente a respeito dos dados de potencial de redução na Tabela 19.1.

19.4 Com referência às respectivas seções anteriores do livro, faça uma breve descrição da formação dos hidretos, boretos, carbetos e nitretos dos metais do bloco *d*.

19.5 Dê uma visão global breve das propriedades que caracterizam um metal do bloco *d*.

19.6 Sugira por que (a) os altos números de coordenação não são comuns para os metais do bloco *d* da primeira linha, (b) em complexos de metais iniciais do bloco *d*, a combinação de um alto estado de oxidação e alto número de coordenação é comum, e (c) nos complexos de metais do bloco *d* da primeira linha, os altos estados de oxidação são estabilizados por ligantes fluorido ou óxido.

19.7 Para cada um dos seguintes complexos dê o estado de oxidação do metal e sua configuração d^n.
(a) $[Mn(CN)_6]^{4-}$; (b) $[FeCl_4]^{2-}$; (c) $[CoCl_3(py)_3]$; (d) $[ReO_4]^-$; (e) $[Ni(en)_3]^{2+}$; (f) $[Ti(OH_2)_6]^{3+}$; (g) $[VCl_6]^{3-}$; (h) $[Cr(acac)_3]$.

19.8 Dentro do modelo de Kepert, quais geometrias você associa aos seguintes números de coordenação: (a) 2; (b) 3; (c) 4; (d) 5; (e) 6?

19.9 Mostre que a bipirâmide triangular, a pirâmide de base quadrada, o antiprisma quadrado e o dodecaedro pertencem aos grupos de pontos D_{3h}, C_{4v}, D_{4d} e D_{2d}, respectivamente.

19.10 (a) No estado sólido, o $Fe(CO)_5$ possui uma estrutura bipiramidal triangular. Quantos ambientes de carbono existem nela? (b) Explique por que apenas um sinal é observado no espectro de RMN de ^{13}C de soluções de $Fe(CO)_5$, mesmo a uma baixa temperatura.

19.11 As estruturas **19.23-19.25** apresentam dados de ângulos de ligação (determinados por difração de raios X) para alguns complexos com baixos números de coordenação. Comente a respeito desses dados, sugerindo explicações para os desvios de geometrias regulares.

(19.23) **(19.24)**

(19.25)

19.12 Sugira uma estrutura para o complexo $[CuCl(\mathbf{19.26})]^+$, supondo que todos os átomos doadores sejam coordenados ao centro do Cu(II).

(19.26)

19.13 Que testes químicos você utilizaria para distinguir entre (a) o $[Co(NH_3)_5Br][SO_4]$ e o $[Co(NH_3)_5(SO_4)]Br$, e (b) o $[CrCl_2(OH_2)_4]Cl \cdot 2H_2O$ e o $[CrCl(OH_2)_5]Cl_2 \cdot H_2O$? (c) Qual é a relação entre esses pares de compostos? (d) Quais isômeros são possíveis para o $[CrCl_2(OH_2)_4]^+$?

19.14 (a) Dê as fórmulas para compostos que sejam isômeros de coordenação do [Co(bpy)$_3$]$^{3+}$[Fe(CN)$_6$]$^{3-}$. (b) Que outros tipos de isomerismo poderiam ser mostrados por qualquer um dos íons complexos dados em sua resposta da parte (a)?

19.15 Quais isômeros você esperaria existirem para os compostos de platina(II):
(a) [Pt(H$_2$NCH$_2$CHMeNH$_2$)$_2$]Cl$_2$, e
(b) [Pt(H$_2$NCH$_2$CMe$_2$NH$_2$)(H$_2$NCH$_2$CPh$_2$NH$_3$)]Cl$_2$?

19.16 Quantas formas diferentes do [Co(en)$_3$]$^{3+}$ são possíveis em princípio? Indique como elas são relacionadas como enantiômeros e diastereoisômeros.

19.17 Enuncie os tipos de isomerismo que podem ser mostrados pelos complexos a seguir, e desenhe estruturas dos isômeros: (a) [Co(en)$_2$(ox)]$^+$, (b) [Cr(ox)$_2$(OH$_2$)$_2$]$^-$, (c) [PtCl$_2$(PPh$_3$)$_2$], (d) [PtCl$_2$(Ph$_2$PCH$_2$CH$_2$PPh$_2$)] e (e) [Co(en)(NH$_3$)$_2$Cl$_2$]$^+$.

19.18 Empregando métodos espectroscópicos, como você distinguiria entre os pares de isômeros (a) *cis*- e *trans*-[PdCl$_2$(PPh$_3$)$_2$], (b) *cis*- e *trans*-[PtCl$_2$(PPh$_3$)$_2$] e (c) *fac*- e *mer*-[RhCl$_3$(PMe$_3$)$_3$]?

19.19 A estrutura **19.27** apresenta o ligante tpy (2,2':6',2''-terpiridina). Que variações conformacionais o ligante sofre quando se coordena a um íon de metal? Comente a respeito de possível formação de isômeros nos complexos seguintes: (a) [Ru(py)$_2$Cl$_3$], (b) [Ru(bpy)$_2$Cl$_2$]$^+$, e (c) [Ru(tpy)Cl$_3$].

(19.27)

19.20 A base conjugada de **19.28** forma o complexo [CoL$_3$], que tem isômeros *mer*- e *fac*-. (a) Desenhe as estruturas desses isômeros, e explique por que são usados os identificadores *mer*- e *fac*-. (b) Qual outro tipo de isomerismo o [CoL$_3$] apresenta? (c) Quando uma amostra recém-preparada de [CoL$_3$] é cromatografada, são recolhidas duas frações, **A** e **B**. O espectro de RMN de ^{19}F de **A** exibe um singleto, enquanto o de **B** mostra três sinais com integrais relativas de 1:1:1. Explique esses dados.

(19.28)

19.21 A reação do [RuCl$_2$(PPh$_3$)dppb] com phen leva à perda do PPh$_3$ e à formação de um complexo octaédrico, **X**.

dppb

O espectro de RMN de ^{31}P{^{1}H} em solução de uma amostra recém-produzida de **X** mostra um simpleto em δ 33,2 ppm. A amostra é deixada em repouso, exposta à luz por algumas horas, após esse tempo o espectro de RMN de ^{31}P{^{1}H} é registrado novamente. O sinal em δ 33,2 ppm diminuiu de intensidade, e apareceram dois dupletos em δ 44,7 e 32,4 ppm (integrais relativas 1:1, cada sinal com J = 31 Hz). Explique esses dados.

19.22 Um dos isômeros do [PdBr$_2$(NH$_3$)$_2$] é instável em relação a um segundo isômero, e o processo de isomerização pode ser acompanhado por espectroscopia IV. O espectro IV do primeiro isômero apresenta absorções a 480 e 460 cm^{-1} atribuídas aos modos ν(PdN). Durante a isomerização, a banda a 460 cm^{-1} desaparece gradativamente e aquela a 480 cm^{-1} desloca-se para 490 cm^{-1}. Explique esses dados.

19.23 Considere a reação seguinte na qual o [P$_3$O$_{10}$]$^{5-}$ (veja a Fig. 15.19) desloca o íon carbonato dando uma mistura de isômeros de ligação:

Na$_5$[P$_3$O$_{10}$], H$_2$O/H$^+$

(a) Sugira possíveis modos de coordenação para o íon [P$_3$O$_{10}$]$^{5-}$ nos produtos, dado que fica retido um centro de metal octaédrico. (b) Como os produtos formados na reação poderiam ser influenciados pelo pH da solução?

PROBLEMAS DE REVISÃO

19.24 (a) Em cada um dos complexos vistos a seguir, determine a carga global, n, que pode ser positiva ou negativa: [Fe^{II}(bpy)$_3$]^n, [Cr^{III}(ox)$_3$]^n, [Cr^{III}F$_6$]^n, [Ni^{II}(en)$_3$]^n, [Mn^{II}(ox)$_2$(OH$_2$)$_2$]^n, [Zn^{II}(py)$_4$]^n, [Co^{III}Cl$_2$(en)$_2$]^n.
(b) Se a ligação no [MnO$_4$]$^-$ fosse 100% iônica, quais seriam as cargas nos átomos de Mn e de O? O modelo é realístico? Aplicando o princípio da eletroneutralidade de Pauling, redistribua a carga no [MnO$_4$]$^-$, de forma que o Mn tenha uma carga resultante de +1. Quais são as cargas em cada átomo de O? O que essa distribuição de carga diz a você a respeito do grau de caráter covalente das ligações Mn–O?

19.25 (a) Quais dos seguintes complexos octaédricos são quirais: *cis*-[CoCl$_2$(en)$_2$]$^+$, [Cr(ox)$_3$]$^{3-}$, *trans*-[PtCl$_2$(en)$_2$]$^{2+}$, [Ni(phen)$_3$]$^{2+}$, [RuBr$_4$(phen)]$^-$, *cis*-[RuCl(py)(phen)$_2$]$^{2+}$?
(b) O espectro de RMN de ^{31}P de uma mistura de isômeros do complexo plano quadrado [Pd(SCN)$_2$(Ph$_2$PCH$_2$PPh$_2$)] em solução apresenta um sinal amplo a 298 K. A 228 K, são observados dois simpletos e dois dupletos (J = 82 Hz) e as integrais relativas desses sinais são dependentes do solvente. Desenhe as estruturas dos isômeros possíveis do [Pd(SCN)$_2$(Ph$_2$PCH$_2$PPh$_2$)] e explique os dados da espectroscopia de RMN.

19.26 (a) Explique por que o complexo **19.29** é quiral.

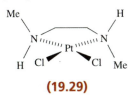

(19.29)

(b) Em cada uma das seguintes reações, os lados esquerdos estão balanceados. Sugira possíveis produtos e dê as estruturas de cada complexo formado.

AgCl(s) + 2NH$_3$(aq) →

Zn(OH)$_2$(s) + 2KOH(aq) →

(c) Que tipo de isomerismo relaciona os complexos [Cr(en)$_3$][Cr(ox)$_3$] e [Cr(en)(ox)$_2$][Cr(en)$_2$(ox)]?

19.27 (a) Cada um dos complexos vistos a seguir possui uma das estruturas listadas na Tabela 19.4. Utilize o grupo de pontos para deduzir cada estrutura: [ZnCl$_4$]$^{2-}$ (T_d); [AgCl$_3$]$^{2-}$ (D_{3h}); [ZrF$_7$]$^{3-}$ (C_{2v}); [ReH$_9$]$^{2-}$ (D_{3h}); [PtCl$_4$]$^{2-}$ (D_{4h}); [AuCl$_2$]$^{-}$ ($D_{\infty h}$).

(b) Como o ambiente de coordenação do Cs$^+$ no CsCl difere daquele de complexos octacoordenados discretos típicos? Dê exemplos que ilustrem estes últimos, comentando a respeito dos fatores que podem influenciar a preferência por uma geometria de coordenação particular.

TEMAS DA QUÍMICA INORGÂNICA

19.28 As interações entre o DNA e os complexos de metais são a base para o uso dos medicamentos anticancerígenos que contêm platina(II) plana quadrada. (a) Explique como a interação do DNA com rotação à direita com complexos quirais leva à espécie diastereoisomérica. (b) Como a substituição dos dois ligantes NH$_3$ na cisplatina (veja a seguir) por dois ligantes PhMeCHNH$_2$ afeta a quiralidade do complexo?

cisplatina

(c) Os ligantes bidentados desenhados a seguir podem ser utilizados para preparar análogos da cisplatina. Desenhe as estruturas dos complexos formados e indique todos os centros assimétricos. Para um ligante dado, quais pares de complexos estão relacionados por serem enantiômeros ou diastereoisômeros?

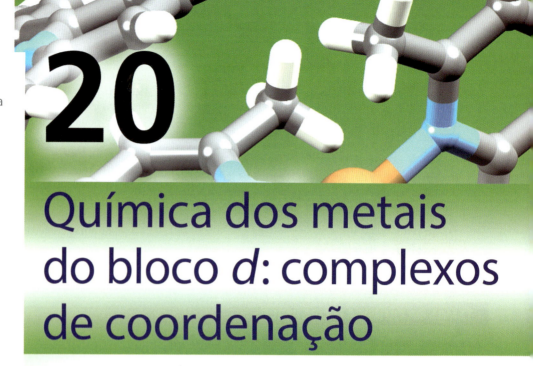

20
Química dos metais do bloco *d*: complexos de coordenação

Tópicos

Modelo da ligação de valência
Teoria do campo cristalino
Séries espectroquímicas
Energia de estabilização do campo cristalino
Teoria do orbital molecular
Microestados e símbolos de termos
Espectros de absorção e emissão eletrônicos
Efeito nefelauxético
Propriedades magnéticas
Aspectos termodinâmicos

20.1 Introdução

No presente capítulo, discutiremos complexos de metais do bloco *d* e consideraremos as teorias de ligação que explicam fatos experimentais, como os espectros eletrônicos e as propriedades magnéticas. A maior parte da discussão se concentrará nos metais do bloco *d* da primeira linha, para os quais as teorias de ligação têm maior êxito. A ligação nos complexos de metais do bloco *d* não é fundamentalmente diferente daquela em outros compostos, e vamos mostrar aplicações da teoria da ligação de valência, do modelo eletrostático e da teoria do orbital molecular.

Fundamentais nas discussões a respeito da química do bloco *d* são os orbitais 3*d*, 4*d* ou 5*d* para os metais da primeira, segunda ou terceira linhas do bloco *d*, respectivamente. Já apresentamos os orbitais *d* na Seção 1.6 (Volume 1), e mostramos que um orbital *d* é caracterizado pelo fato de ter um valor do número quântico $l = 2$. A representação convencional de um conjunto de cinco orbitais *d* degenerados é mostrada na Fig. 20.1b.† Os lóbulos dos orbitais d_{yz}, d_{xy} e d_{xz} apontam *entre* os eixos cartesianos e cada orbital fica em um dos três planos definidos pelos eixos. O orbital $d_{x^2-y^2}$ está relacionado a d_{xy}, mas os lóbulos do orbital $d_{x^2-y^2}$ apontam *ao longo* dos eixos *x* e *y* (em vez de entre os *x* e *y*). Poderíamos imaginar capazes de desenhar mais dois orbitais atômicos que sejam relacionados ao orbital $d_{x^2-y^2}$, isto é, os orbitais $d_{z^2-x^2}$ e $d_{z^2-y^2}$ (Fig. 20.1c). No entanto, isto daria um total de seis orbitais *d*. Para $l = 2$, há apenas cinco soluções reais da equação de Schrödinger ($m_l = +2, +1, 0, -1, -2$). O problema é resolvido tomando-se uma combinação linear dos orbitais $d_{z^2-x^2}$ e $d_{z^2-y^2}$. Isto quer dizer que os dois orbitais são combinados (Fig. 20.1c), com o resultado de que a quinta solução real da equação de Schrödinger corresponde ao que tradicionalmente

é chamado de orbital d_{z^2} (embora esta, na realidade, seja uma notação abreviada de $d_{2z^2-y^2-x^2}$).

O fato de três dos cinco orbitais *d* terem seus lóbulos direcionados *entre* os eixos cartesianos, enquanto os outros dois estão direcionados ao longo desses eixos (Fig. 20.1b), é ponto-chave no entendimento dos modelos de ligação e de propriedades físicas dos complexos de metais do bloco *d*. Como consequência de existir uma distinção em suas direcionalidades, os orbitais *d*, na presença de ligantes, são desdobrados em grupos de diferentes energias; o tipo de desdobramento e a magnitude da diferenças de energia dependem do arranjo e da natureza dos ligantes. As propriedades magnéticas e espectros de absorção eletrônica, sendo ambas propriedades observáveis, refletem o desdobramento dos orbitais *d*.

Estados de alto e baixo spin

Na Seção 19.5, afirmamos que o paramagnetismo é uma característica de alguns compostos de metais do bloco *d*. Na Seção 20.10 consideraremos as propriedades magnéticas detalhadamente, mas por enquanto, vamos simplesmente afirmar que os dados magnéticos nos permitem determinar o número de elétrons desemparelhados. Em um íon isolado de metal da primeira linha do bloco *d*, os orbitais 3*d* são degenerados e os elétrons os ocupam em conformidade com as regras de Hund: por exemplo, o diagrama **20.1** mostra o arranjo de seis elétrons.

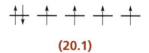

(20.1)

No entanto, os dados magnéticos para uma série de *complexos d^6* octaédricos mostram que eles se classificam em duas categorias: paramagnéticos e diamagnéticos. Os primeiros são chamados de *complexos de alto spin* e correspondem àqueles em que, apesar de os orbitais *d* estarem desdobrados, ainda existem quatro elétrons desemparelhados. Os complexos d^6 diamagnéticos são chamados de *baixo spin* e correspondem àqueles em que

---

† Embora façamos referência aos orbitais *d* nesses termos 'pictóricos', é importante não perder de vista o fato de que esses orbitais *não são reais*, mas simplesmente soluções matemáticas da equação de onda de Schrödinger (veja a Seção 1.5).

Química dos metais do bloco *d*: complexos de coordenação 25

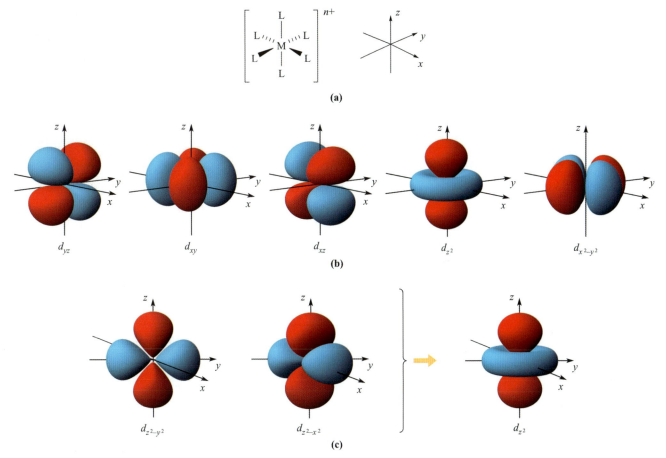

Fig. 20.1 (a) Os seis vetores M–L do complexo octaédrico [ML₆]ⁿ⁺ podem ser definidos como localizados ao longo dos eixos *x*, *y* e *z*. (b) Os cinco orbitais *d*; os orbitais atômicos d_{z^2} e $d_{x^2-y^2}$ apontam diretamente ao longo dos eixos, mas os orbitais atômicos d_{xy}, d_{yz} e d_{xz} apontam entre os eixos. (c) A formação de um orbital d_{z^2} a partir de uma combinação linear dos orbitais $d_{x^2-y^2}$ e $d_{z^2-x^2}$. Os orbitais foram gerados com a utilização do programa *Orbital Viewer* [David Manthey, www.orbitals.com/orb/index.html].

os elétrons estão ocupando duplamente três orbitais, deixando dois não ocupados. Os complexos de alto e baixo spin existem para complexos de metais d^4, d^5, d^6 e d^7. Conforme mostramos anteriormente, para uma configuração d^6, o baixo spin corresponde a um complexo diamagnético e o alto spin, a um paramagnético. Para as configurações d^4, d^5 e d^7, os complexos de alto e de baixo spin de uma dada configuração são paramagnéticos, mas com números diferentes de elétrons desemparelhados. As propriedades magnéticas dos complexos de metais do bloco *d* são descritas minuciosamente na Seção 20.10.

20.2 Ligação em complexos de metais do bloco *d*: teoria da ligação de valência

Esquemas de hibridização

Embora a teoria LV (veja as Seções 2.1, 2.2 e 5.2) na forma desenvolvida por Pauling nos anos 1930 não seja muito utilizada atualmente na discussão dos complexos de metais do bloco *d*, a terminologia e muitas das ideias se mantiveram e um certo conhecimento da teoria ainda é útil. Na Seção 5.2 (Volume 1), descrevemos o uso dos esquemas de hibridização sp^3d, sp^3d^2 e sp^2d em moléculas piramidais triangulares, piramidais de base quadrada, octaédricas e planas quadradas. As aplicações desses esquemas de hibridização para descrever a ligação nos complexos de metais do bloco *d* são dadas na Tabela 20.1. Um orbital híbrido *vazio* no centro do metal pode aceitar um par de elétrons

vindo de um ligante formando uma ligação σ. A escolha dos orbitais atômicos *p* ou *d* particulares pode depender da definição dos eixos com respeito à estrutura molecular; por exemplo, no ML₂ linear, geralmente são definidos os vetores M–L para ficarem ao longo do eixo *z*. Incluímos o cubo na Tabela 20.1 somente para destacar o uso necessário de um orbital *f*.

Limitações da teoria LV

Incluímos a presente seção resumida sobre a teoria LV por questões históricas, e ilustramos as limitações do modelo LV considerando os complexos octaédricos do Cr(III) (d^3) e do Fe(III) (d^5) e os complexos octaédricos, tetraédricos e planos quadrados do Ni(II) (d^8). Os orbitais atômicos necessários para a hibridização em um complexo octaédrico de um metal da primeira linha do bloco *d* são os $3d_{z^2}$, $3d_{x^2-y^2}$, $4s$, $4p_x$ e $4p_z$ (Tabela 20.1). Esses orbitais devem estar *desocupados* de forma a ficarem disponíveis para aceitar seis pares de elétrons dos ligantes. O íon Cr³⁺(d^3) tem três elétrons desemparelhados e eles ficam acomodados nos orbitais $3d_{xy}$ $3d_{xz}$ e $3d_{yz}$.

Orbitais vazios disponíveis para recepção dos elétrons dos ligantes

Tabela 20.1 Esquemas de hibridização para estruturas de ligação σ de diferentes configurações geométricas de átomos de ligantes doadores

Número de coordenação	Disposição dos átomos doadores	Orbitais hibridizados	Descrição do orbital híbrido	Exemplo
2	Linear	s, p_z	sp	$[Ag(NH_3)_2]^+$
3	Plana triangular	s, p_x, p_y	sp^2	$[HgI_3]^-$
4	Tetraédrica	s, p_x, p_y, p_z	sp^3	$[FeBr_4]^{2-}$
4	Plana quadrada	$s, p_x, p_y, d_{x^2-y^2}$	sp^2d	$[Ni(CN)_4]^{2-}$
5	Bipiramidal triangular	$s, p_x, p_y, p_z, d_{z^2}$	sp^3d	$[CuCl_5]^{3-}$
5	Piramidal de base quadrada	$s, p_x, p_y, p_z, d_{x^2-y^2}$	sp^3d	$[Ni(CN)_5]^{3-}$
6	Octaédrica	$s, p_x, p_y, p_z, d_{z^2}, d_{x^2-y^2}$	sp^3d^2	$[Co(NH_3)_6]^{3+}$
6	Prismática triangular	$s, d_{xy}, d_{yz}, d_{xz}, d_{z^2}, d_{x^2-y^2}$ ou $s, p_x, p_y, p_z, d_{xz}, d_{yz}$	sd^5 ou sp^3d^2	$[ZrMe_6]^{2-}$
7	Bipiramidal pentagonal	$s, p_x, p_y, p_z, d_{xy}, d_{x^2-y^2}, d_{z^2}$	sp^3d^3	$[V(CN)_7]^{4-}$
7	Prismática triangular monoencapuzada	$s, p_x, p_y, p_z, d_{xy}, d_{xz}, d_{z^2}$	sp^3d^3	$[NbF_7]^{2-}$
8	Cúbica	$s, p_x, p_y, p_z, d_{xy}, d_{xz}, d_{yz}, f_{xyz}$	sp^3d^3f	$[PaF_8]^{3-}$
8	Dodecaédrica	$s, p_x, p_y, p_z, d_{z^2}, d_{xy}, d_{xz}, d_{yz}$	sp^3d^4	$[Mo(CN)_8]^{4-}$
8	Antiprismática quadrada	$s, p_x, p_y, p_z, d_{xy}, d_{xz}, d_{yz}, d_{x^2-y^2}$	sp^3d^4	$[TaF_8]^{3-}$
9	Prismática triangular triencapuzada	$s, p_x, p_y, p_z, d_{xy}, d_{xz}, d_{yz}, d_{z^2}, d_{x^2-y^2}$	sp^3d^5	$[ReH_9]^{2-}$

Com os elétrons provenientes dos seis ligantes incluídos e um esquema de hibridização aplicado para um complexo octaédrico, o diagrama fica assim:

Este diagrama é apropriado para todos os complexos octaédricos do Cr(III), pois os três elétrons 3d sempre ocupam, sozinhos, orbitais diferentes.

Para os complexos octaédricos do Fe(III) (d^5), devemos explicar a existência de complexos de alto e de baixo spin. A configuração eletrônica do íon Fe^{3+} livre é:

Para um complexo octaédrico de baixo spin tal como o $[Fe(CN)_6]^{3-}$, podemos representar a configuração eletrônica por meio do diagrama visto a seguir, no qual os elétrons mostrados em vermelho são doados pelos ligantes:

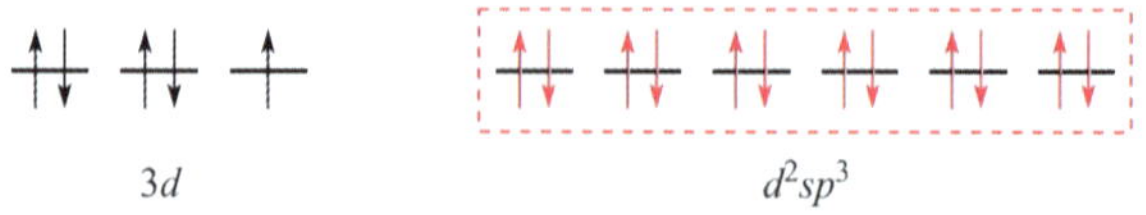

Para um complexo octaédrico de alto spin tal como o $[FeF_6]^{3-}$, os cinco elétrons 3d ocupam os cinco orbitais atômicos 3d (conforme no íon livre apresentado adiante) e os dois orbitais d necessários para o esquema de hibridização sp^3d^2 devem vir do conjunto 4d. Com os elétrons dos ligantes incluídos, a teoria da ligação de valência descreve a ligação como segue, deixando três orbitais atômicos 4d vazios (não mostrados):

No entanto, este esquema não é realista, pois os orbitais 4d têm uma energia significativamente mais elevada do que os orbitais atômicos 3d.

O níquel(II) (d^8) forma complexos tetraédricos e octaédricos paramagnéticos, e complexos planos quadrados diamagnéticos. A ligação em um complexo tetraédrico pode ser representada como segue (os elétrons doados pelos quatro ligantes são apresentados em vermelho):

Um complexo octaédrico de níquel(II) pode ser descrito pelo diagrama:

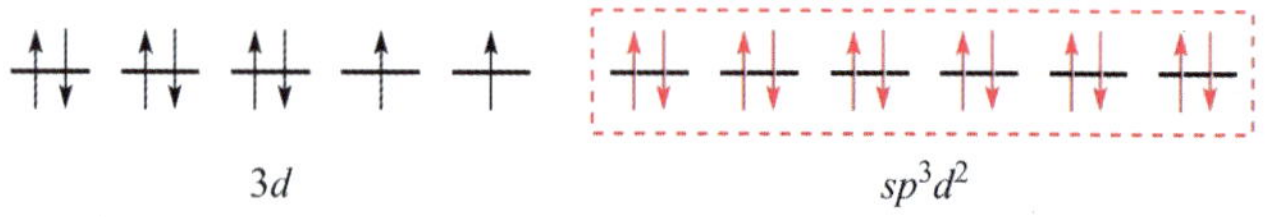

no qual os três orbitais atômicos 4d vazios não são mostrados. Para complexos planos quadrados diamagnéticos do níquel(II), a teoria da ligação de valência dá a seguinte imagem:

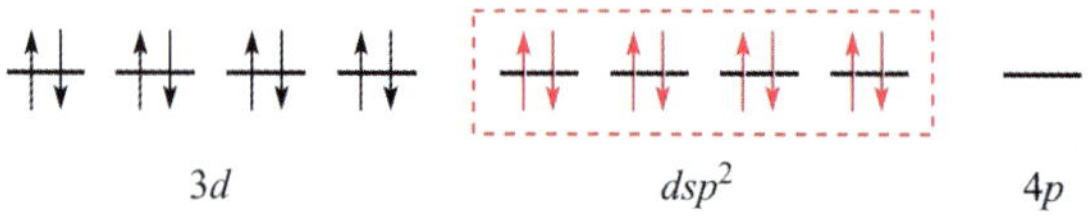

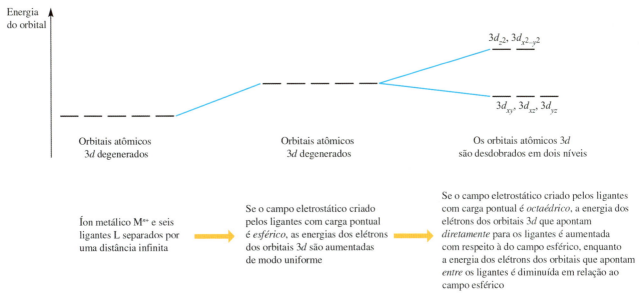

Fig. 20.2 As variações das energias dos elétrons que ocupam os orbitais 3d de um íon M^{n+} da primeira linha, quando este íon se encontra em um campo cristalino octaédrico. As variações de energia são mostradas em termos das energias dos orbitais. Diagramas semelhantes podem ser desenhados para os íons de metais da segunda (4d) e terceira (5d) linhas.

A teoria da ligação de valência pode explicar propriedades estereoquímicas e magnéticas, mas apenas em um nível simplista. Ela não pode dizer *nada* a respeito das propriedades espectroscópicas eletrônicas ou acerca da inatividade cinética (veja a Seção 26.2) que é uma característica da configuração d^6 de baixo spin. Além disso, o modelo implica uma distinção entre complexos de alto e de baixo spin que, na verdade, é enganosa. Finalmente, ela não pode nos dizer *por que* certos ligantes estão associados com a formação de complexos de alto (ou de baixo) spin. Essas limitações da teoria LV necessitam que abordemos a ligação nos complexos de metais do bloco *d* de outras maneiras.

20.3 Teoria do campo cristalino

Uma segunda abordagem da ligação em complexos dos metais do bloco *d* é a *teoria do campo cristalino*. Trata-se de um *modelo eletrostático* e simplesmente utiliza os elétrons dos ligantes para criar um campo elétrico em torno do centro metálico. Os ligantes são considerados como cargas pontuais e *não há nenhumas* interações covalentes metal–ligante.

O campo cristalino octaédrico

Considere um cátion de um metal da primeira linha, M^{n+}, cercado por seis ligantes colocados nos eixos cartesianos nos vértices de um octaedro (Fig. 20.1a). Cada ligante é tratado como uma carga pontual negativa e há uma atração eletrostática entre o íon do metal e os ligantes. No entanto, também existe uma interação repulsiva entre os elétrons nos orbitais *d* e as cargas pontuais dos ligantes. *Se* o campo eletrostático (o *campo cristalino*) fosse esférico, então as energias dos cinco orbitais *d* seriam aumentadas (desestabilizadas) na mesma proporção. No entanto, como os orbitais atômicos d_{z^2} e $d_{x^2-y^2}$ apontam *diretamente para* os ligantes, enquanto os orbitais atômicos d_{xy}, d_{yz} e d_{xz} apontam *entre* eles, os orbitais atômicos d_{z^2} e $d_{x^2-y^2}$ são desestabilizados em uma maior extensão do que os orbitais atômicos d_{xy}, d_{yz} e d_{xz} (Fig. 20.2). Sendo assim, com respeito à energia deles em um campo esférico (o *baricentro*, uma espécie de 'centro de gravidade'), os orbitais atômicos d_{z^2} e $d_{x^2-y^2}$ são desestabilizados, enquanto os orbitais atômicos d_{xy}, d_{yz} e d_{xz} são estabilizados.

> A **teoria do campo cristalino** é um modelo eletrostático que prevê que os orbitais *d* em um complexo de metal não são degenerados. O padrão de desdobramento dos orbitais *d* depende do campo cristalino, sendo este determinado pelo arranjo e tipo de ligantes.

A partir da tabela de caracteres O_h (Apêndice 3), pode-se deduzir (veja o Capítulo 5 – Volume 1) que os orbitais d_{z^2} e $d_{x^2-y^2}$ têm simetria e_g, enquanto os orbitais d_{xy}, d_{yz} e d_{xz} possuem simetria t_{2g} (Fig. 20.3). A separação de energia entre eles é Δ_{oct} ("delta oct") ou $10Dq$. A estabilização global dos orbitais t_{2g} é igual à desestabilização global do conjunto e_g. Dessa maneira, os dois orbitais no conjunto e_g são aumentados em $0{,}6\Delta_{oct}$ em relação ao baricentro, enquanto os três no conjunto t_{2g} são diminuídos em $0{,}4\Delta_{oct}$. A Fig. 20.3 também mostra essas diferenças de energia em termos de $10Dq$. As notações Δ_{oct} e $10Dq$ são de uso

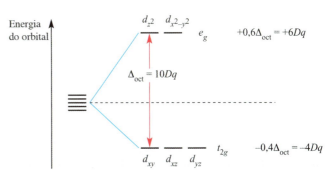

Fig. 20.3 O desdobramento dos orbitais *d* em um campo cristalino octaédrico, com as variações de energia medidas em relação ao baricentro, o nível de energia mostrado pela linha tracejada.

TEORIA

Boxe 20.1 Um lembrete a respeito dos identificadores de simetria

Os dois conjuntos de orbitais *d* em um campo octaédrico são identificados como e_g e t_{2g} (Fig. 20.3). Em um campo tetraédrico (Fig. 20.8), os símbolos tornam-se *e* e t_2. Os símbolos *t* e *e* referem-se à degenerescência do nível:

- um nível triplamente degenerado é simbolizado por *t*;
- um nível duplamente degenerado é simbolizado por *e*.

O subscrito *g* significa *gerade* e o subscrito *u* significa *ungerade*. *Gerade* e *ungerade* identificam o comportamento da função de onda sob a operação de *inversão*, e denotam *paridade* (par ou ímpar) de um orbital.

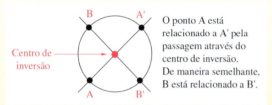

Os identificadores *u* e *g* são aplicáveis *unicamente* se o sistema possui um centro de simetria (centro de inversão) e, dessa maneira, são utilizados para o campo octaédrico, mas não para o tetraédrico:

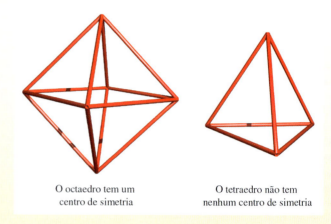

O octaedro tem um centro de simetria

O tetraedro não tem nenhum centro de simetria

Para saber mais sobre as origens dos identificadores de simetria: veja Capítulo 5 (Volume 1).

---

comum, mas utilizamos Δ_{oct} no presente livro.[†] A estabilização e a desestabilização dos conjuntos t_{2g} e e_g, respectivamente, são dadas *em termos de* Δ_{oct}. A magnitude de Δ_{oct} é determinada pela *força do campo cristalino*, sendo os dois extremos chamados de *campo fraco* e *campo forte* (Eq. 20.1).

$$\Delta_{oct}(\text{campo fraco}) < \Delta_{oct}(\text{campo forte}) \quad (20.1)$$

É um mérito da teoria do campo cristalino que, pelo menos em princípio, os valores de Δ_{oct} possam ser avaliados a partir de dados espectroscópicos de absorção eletrônica (veja a Seção 20.7). Considere o complexo d^1 [Ti(OH$_2$)$_6$]$^{3+}$, para o qual o estado fundamental é representado pelo diagrama **20.2** ou pela notação $t_{2g}^1 e_g^0$.

$$\begin{array}{c} \underline{}\ \underline{}\ e_g \\ \underline{\uparrow}\ \underline{}\ \underline{}\ t_{2g} \end{array}$$

(20.2)

O espectro de absorção do íon (Fig. 20.4) mostra uma banda larga para a qual $\lambda_{máx}$ = 20.300 cm^{-1} correspondente a uma variação de energia de 243 kJ mol^{-1}. (A conversão é 1 cm^{-1} = 11,96 × 10^{-3} kJ mol^{-1}.) A absorção resulta de uma mudança da configuração eletrônica de $t_{2g}^1 e_g^0$ para $t_{2g}^0 e_g^1$, e o valor de $\lambda_{máx}$ (veja a Fig. 20.16) dá uma medida de Δ_{oct}. Para sistemas com mais de um elétron *d*, a avaliação de Δ_{oct} é mais complicada. É importante lembrar que Δ_{oct} é uma grandeza *experimental*.

Os fatores que governam a magnitude de Δ_{oct} (Tabela 20.2) são a natureza e o estado de oxidação do íon metálico e a natureza dos ligantes. Posteriormente vamos ver que os parâmetros de Δ são também definidos para outras disposições de ligantes (por exemplo, o Δ_{tet}). Para complexos octaédricos, o Δ_{oct} aumenta

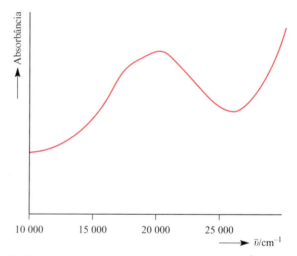

Fig. 20.4 O espectro de absorção eletrônica do [Ti(OH$_2$)$_6$]$^{3+}$ em solução aquosa.

junto com a *série espectroquímica* de ligantes vista a seguir. O íon [NCS]$^-$ pode coordenar-se através do *N* ou *S* doador (diferenciados em vermelho, a seguir) e, dessa forma, ele tem duas posições na série:

$$I^- < Br^- < [NC\textcolor{red}{S}]^- < Cl^- < F^- < [OH]^- < [ox]^{2-}$$
$$\approx H_2O < [\textcolor{red}{N}CS]^- < NH_3 < en < bpy < phen < [CN]^- \approx CO$$

ligantes de campo fraco ⟶ campo forte

ligantes aumentando o Δ_{oct}

A série espectroquímica é razoavelmente geral. Ligantes com os mesmos átomos doadores ficam juntos na série. Se considerarmos os complexos octaédricos de íons de metais do bloco *d*, surge uma série de pontos que podem ser ilustrados pelos seguintes exemplos:

[†] A notação *Dq* tem origens matemáticas na teoria do campo cristalino. Preferimos utilizar Δ_{oct} por causa de suas origens experimentalmente determinadas (veja a Seção 20.7).

Tabela 20.2 Valores de Δ_{oct} para alguns complexos de metais do bloco d

Complexo	Δ/cm^{-1}	Complexo	Δ/cm^{-1}
$[TiF_6]^{3-}$	17 000	$[Fe(ox)_3]^{3-}$	14 100
$[Ti(OH_2)_6]^{3+}$	20 300	$[Fe(CN)_6]^{3-}$	35 000
$[V(OH_2)_6]^{3+}$	17 850	$[Fe(CN)_6]^{4-}$	33 800
$[V(OH_2)_6]^{2+}$	12 400	$[CoF_6]^{3-}$	13 100
$[CrF_6]^{3-}$	15 000	$[Co(NH_3)_6]^{3+}$	22 900
$[Cr(OH_2)_6]^{3+}$	17 400	$[Co(NH_3)_6]^{2+}$	10 200
$[Cr(OH_2)_6]^{2+}$	14 100	$[Co(en)_3]^{3+}$	24 000
$[Cr(NH_3)_6]^{3+}$	21 600	$[Co(OH_2)_6]^{3+}$	18 200
$[Cr(CN)_6]^{3-}$	26 600	$[Co(OH_2)_6]^{2+}$	9 300
$[MnF_6]^{2-}$	21 800	$[Ni(OH_2)_6]^{2+}$	8 500
$[Fe(OH_2)_6]^{3+}$	13 700	$[Ni(NH_3)_6]^{2+}$	10 800
$[Fe(OH_2)_6]^{2+}$	9 400	$[Ni(en)_3]^{2+}$	11 500

- os complexos de Cr(III) listados na Tabela 20.2 ilustram os efeitos de diferentes forças de campo ligante para um dado íon M^{n+};
- os complexos de Fe(II) e Fe(III) na Tabela 20.2 ilustram que, para um dado ligante e um dado metal, o Δ_{oct} aumenta com o aumento do estado de oxidação;
- onde existem complexos análogos para uma série de íons de metais M^{n+} (n constante) em uma tríade, o Δ_{oct} aumenta de forma significativa tríade abaixo (por exemplo, a Fig. 20.5);
- para um dado ligante e um dado estado de oxidação, o Δ_{oct} varia *irregularmente* através da primeira linha do bloco d, por exemplo, na faixa de 8000 a 14 000 cm^{-1} para os íons $[M(OH_2)_6]^{2+}$.

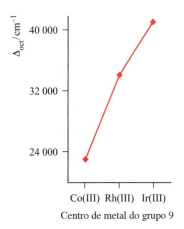

Fig. 20.5 A tendência dos valores do Δ_{oct} para os complexos $[M(NH_3)_6]^{3+}$, em que M = Co, Rb, Ir.

As tendências dos valores de Δ_{oct} levam à conclusão de que os íons metálicos podem ser colocados em uma série espectroquímica que é independente dos ligantes:

Mn(II) < Ni(II) < Co(II) < Fe(III) < Cr(III) < Co(III)
< Ru(III) < Mo(III) < Rh(III) < Pd(II) < Ir(III) < Pt(IV)

→ força de campo crescente

As séries espectroquímicas são generalizações empíricas e a simples teoria do campo cristalino *não pode* explicar as magnitudes dos valores de Δ_{oct}.

Energia de estabilização do campo cristalino: complexos octaédricos de alto e de baixo spin

Agora vamos considerar os efeitos de diferentes números de elétrons ocupando os orbitais d em um campo cristalino octaédrico. Para um sistema d^1, o estado fundamental corresponde à configuração t_{2g}^1 (**20.2**). Com respeito ao baricentro, há uma energia de estabilização de $-0,4\Delta_{oct}$ (Fig. 20.3). Ela é chamada de *energia de estabilização do campo cristalino*, EECC.[†] Para um íon d^2, a configuração do estado fundamental é t_{2g}^2 e a EECC = $-0,8\Delta_{oct}$ (Eq. 20.2). Um íon d^3 (t_{2g}^3) tem uma EECC = $-1,2\Delta_{oct}$.

$$\text{EECC} = -(2 \times 0,4)\Delta_{oct} = -0,8\Delta_{oct} \quad (20.2)$$

(20.3)   (20.4)

Para um íon d^4 no estado fundamental, são possíveis dois arranjos: os quatro elétrons podem ocupar o conjunto t_{2g} com a configuração t_{2g}^4 (**20.3**), ou podem ocupar quatro orbitais d, $t_{2g}^3 e_g^1$ (**20.4**); cada orbital tem um elétron. A configuração **20.3** corresponde a uma disposição de baixo spin, e a **20.4**, a um caso de alto spin. A configuração preferida é aquela com a energia mais baixa e depende de ser energeticamente preferível para emparelhar o quarto elétron ou para promovê-lo ao nível e_g. Dois termos contribuem para a energia de emparelhamento de elétrons, P, que é a energia necessária para transformar dois elétrons com spin paralelo em diferentes orbitais degenerados em elétrons com spins emparelhados no mesmo orbital:

- a perda da *energia de troca* (veja o Boxe 1.7) que ocorre durante o emparelhamento dos elétrons;
- a repulsão coulombiana entre os elétrons com spins emparelhados.

Para uma dada configuração d^n, a EECC é a *diferença* de energia entre os elétrons d em um campo cristalino octaédrico e os elétrons d em um campo cristalino esférico (veja a Fig. 20.2). Para exemplificar isso, consideremos uma configuração d^4. Em um campo cristalino esférico, os orbitais d são degenerados e cada um dos quatro orbitais é separadamente ocupado. Em um campo cristalino octaédrico, a Eq. 20.3 mostra como é determinada a EECC para uma configuração d^4 de alto spin (**20.4**).

$$\text{EECC} = -(3 \times 0,4)\Delta_{oct} + 0,6\,\Delta_{oct} = -0,6\Delta_{oct} \quad (20.3)$$

Para uma configuração d^4 de baixo spin (**20.3**), a EECC consiste em dois termos: os quatro elétrons nos orbitais t_{2g} dão origem a um termo $-1,6\Delta_{oct}$, e uma energia de emparelhamento, P, deve ser incluída para explicar o emparelhamento dos spins de dois elétrons. Agora, vamos considerar um íon d^6. Em um campo cristalino esférico (Fig. 20.2), um orbital d contém elétrons com spins emparelhados, e cada um dos quatro orbitais é ocupado separadamente. Indo para a configuração d^6 de alto spin no campo octaédrico ($t_{2g}^4 e_g^2$), não ocorre qualquer variação do número de elétrons com spins emparelhados e a EECC é dada pela Eq. 20.4.

$$\text{EECC} = -(4 \times 0,4)\Delta_{oct} + (2 \times 0,6)\Delta_{oct} = -0,4\Delta_{oct} \quad (20.4)$$

[†] A convenção do sinal utilizada aqui para a EECC segue a convenção termodinâmica.

Tabela 20.3 Energias de estabilização do campo cristalino octaédrico (EECC) para configurações d^n; os termos de energia de emparelhamento, P, são incluídos onde é apropriado (veja o texto). Os complexos octaédricos de alto e de baixo spin são apresentados somente onde a distinção é apropriada

d^n	Alto spin = campo fraco		Baixo spin = campo forte	
	Configuração eletrônica	EECC	Configuração eletrônica	EECC
d^1	$t_{2g}^1 e_g^0$	$-0,4\Delta_{oct}$		
d^2	$t_{2g}^2 e_g^0$	$-0,8\Delta_{oct}$		
d^3	$t_{2g}^3 e_g^0$	$-1,2\Delta_{oct}$		
d^4	$t_{2g}^3 e_g^1$	$-0,6\Delta_{oct}$	$t_{2g}^4 e_g^0$	$-1,6\Delta_{oct} + P$
d^5	$t_{2g}^3 e_g^2$	0	$t_{2g}^5 e_g^0$	$-2,0\Delta_{oct} + 2P$
d^6	$t_{2g}^4 e_g^2$	$-0,4\Delta_{oct}$	$t_{2g}^6 e_g^0$	$-2,4\Delta_{oct} + 2P$
d^7	$t_{2g}^5 e_g^2$	$-0,8\Delta_{oct}$	$t_{2g}^6 e_g^1$	$-1,8\Delta_{oct} + P$
d^8	$t_{2g}^6 e_g^2$	$-1,2\Delta_{oct}$		
d^9	$t_{2g}^6 e_g^3$	$-0,6\Delta_{oct}$		
d^{10}	$t_{2g}^6 e_g^4$	0		

Para uma configuração d^6 de baixo spin ($t_{2g}^6 e_g^0$), os seis elétrons nos orbitais t_{2g} dão origem a um termo $-2,4\Delta_{oct}$. Somado a isto está um termo de energia de emparelhamento de $2P$ que responde pelo emparelhamento dos spins associado com os dois pares de elétrons que excedem aquele na configuração de alto spin. A Tabela 20.3 lista valores da EECC para todas as configurações d^n em um campo cristalino octaédrico. As desigualdades 20.5 e 20.6 mostram as exigências para as configurações de alto ou de baixo spin. A desigualdade 20.5 é válida quando o campo cristalino é fraco, enquanto a expressão 20.6 é verdadeira para um campo cristalino forte. A Fig. 20.6 resume as preferências por complexos octaédricos d^5 de baixo e de alto spin.

Para alto spin: $\Delta_{oct} < P$ (20.5)

Para baixo spin: $\Delta_{oct} > P$ (20.6)

Agora podemos relacionar tipos de ligante com uma preferência por complexos de alto ou de baixo spin. Os ligantes de campo forte tais como o $[CN]^-$ favorecem a formação de complexos de baixo spin, enquanto os ligantes de campo fraco tais como os haletos tendem a favorecer complexos de alto spin. No entanto, não podemos prever se serão formados complexos de alto ou de baixo spin, a menos que tenhamos valores exatos de Δ_{oct} e P. Por outro lado, com um certo conhecimento experimental à mão, podemos fazer algumas previsões comparativas. Por exemplo, se temos dados magnéticos de que o $[Co(OH_2)_6]^{3+}$ é de baixo spin, então, a partir de séries espectroquímicas, podemos dizer que o $[Co(ox)_3]^{3-}$ e o $[Co(CN)_6]^{3-}$ serão de baixo spin. O único complexo de cobalto(III) de alto spin comum é o $[CoF_6]^{3-}$.

Exercícios propostos

Todas as questões referem-se a configurações eletrônicas no estado fundamental.

1. Desenhe diagramas de níveis de energia que representem uma configuração eletrônica d^6 de alto spin para um complexo (O_h) octaédrico. Comprove que o diagrama é consistente com um valor de EECC = $-0,4\Delta_{oct}$.

2. Por que a Tabela 20.3 não lista casos de alto e de baixo spin para todas as configurações d^n?

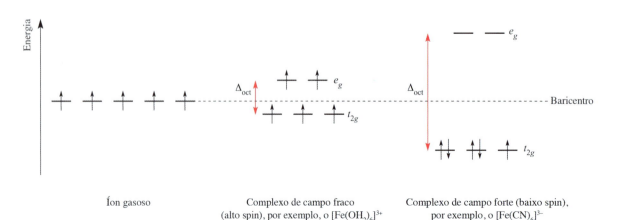

Fig. 20.6 A ocupação dos orbitais $3d$ em complexos (d^5) de Fe^{3+} de campos fraco e forte.

3. Explique por que a EECC para uma configuração d^5 de baixo spin contém um termo $2P$ (Tabela 20.3).

4. Sabendo-se que o $[Co(OH_2)_6]^{3+}$ é de baixo spin, explique por que é possível prever que o $[Co(bpy)_3]^{3+}$ também é de baixo spin.

Distorções Jahn–Teller

Os complexos octaédricos de íons d^9 e d^4 de alto spin frequentemente são distorcidos, por exemplo, o CuF_2 (a estrutura no estado sólido dele contém centros de Cu^{2+} situados octaedricamente, veja a Seção 21.12) e o $[Cr(OH_2)_6]^{3+}$, de forma que duas ligações metal–ligante (axiais) são de comprimentos diferentes das quatro restantes (equatoriais). Isto é demonstrado nas estruturas **20.5** (octaedro alongado) e **20.6** (octaedro comprimido).[†] Para um íon d^4 de alto spin, um dos orbitais e_g contém um elétron, enquanto o outro está vazio. Se o orbital separadamente ocupado é o d_{z^2}, a maior parte da densidade eletrônica desse orbital ficará concentrada entre o cátion e os dois ligantes no eixo z. Dessa forma, haverá maior repulsão eletrostática associada com esses ligantes do que com os outros quatro e, portanto, o complexo sofre um alongamento (**20.5**). De outra forma, a ocupação do orbital $d_{x^2-y^2}$ levaria a um alongamento nos eixos x e y conforme na estrutura **20.6**. Um argumento semelhante poderia ser colocado para a configuração d^9 na qual os dois orbitais no conjunto e_g são ocupados por um e dois elétrons, respectivamente. As medições de densidade eletrônica confirmam que a configuração eletrônica do íon Cr^{2+} no $[Cr(OH_2)_6]^{2+}$ é *aproximadamente* $d_{xy}^1 d_{yz}^1 d_{xz}^1 d_{z^2}^1$. Espera-se que o efeito correspondente, quando o conjunto t_{2g} é ocupado de forma desigual, seja muitíssimo menor, pois os orbitais não estão apontando diretamente para os ligantes. Geralmente, porém não invariavelmente, esta expectativa é confirmada experimentalmente. Distorções desse tipo são chamadas *distorções Jahn–Teller* ou *tetragonais*.

[diagramas das estruturas **20.5** (Comprimento de ligação $a > e$) e **20.6** (Comprimento de ligação $a < e$)]

> O ***teorema de Jahn-Teller*** afirma que qualquer sistema molecular não linear em um estado eletrônico degenerado será instável e sofrerá distorção formando um sistema de simetria inferior e energia mais baixa, removendo, dessa maneira, a degenerescência.

A distorção tetragonal observada de um complexo $[ML_6]^{n+}$ octaédrico é acompanhada de uma variação da simetria (O_h para D_{4h}) e de um desdobramento dos conjuntos e_g e t_{2g} de orbitais (veja a Fig. 20.10). O alongamento do complexo (**20.5**) é acompanhado da estabilização de cada orbital d que

[†] Podem surgir outras distorções e elas são exemplificadas para complexos de Cu(II) na Seção 21.12.

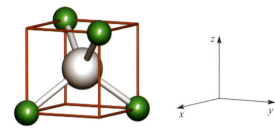

Fig. 20.7 A relação entre um complexo ML_4 tetraédrico e um cubo; o cubo é facilmente relacionado a um conjunto de eixos cartesianos. Os ligantes ficam *entre* os eixos x, y e z. Compare este complexo com um complexo octaédrico, em que os ligantes ficam sobre os eixos.

tem um componente z, enquanto os orbitais d_{xy} e $d_{x^2-y^2}$ são desestabilizados.

O campo cristalino tetraédrico

Agora, vamos considerar o campo cristalino tetraédrico. A Fig. 20.7 apresenta uma forma conveniente para relacionar um tetraedro a um conjunto de eixos cartesianos. Com o complexo nessa orientação, nenhum dos orbitais d do metal aponta exatamente para os ligantes, mas os orbitais d_{xy}, d_{yz} e d_{xz} se aproximam mais disso do que os orbitais d_{z^2} e $d_{x^2-y^2}$. Para um tetraedro regular, o desdobramento dos orbitais d é, portanto, invertido em comparação com o de uma estrutura octaédrica regular, e a diferença de energia (Δ_{tet}) é menor. Se todas as outras coisas forem iguais (e, é claro, elas nunca são), as divisões relativas Δ_{oct} e Δ_{tet} são relacionadas pela Eq. 20.7.

$$\Delta_{tet} = \tfrac{4}{9}\Delta_{oct} \approx \tfrac{1}{2}\Delta_{oct} \qquad (20.7)$$

A Fig. 20.8 compara o desdobramento do campo cristalino para campos octaédricos e tetraédricos. Lembre-se, o subscrito g nos identificadores de simetria (veja o Boxe 20.1) não é necessário no caso tetraédrico.

Considerando-se que Δ_{tet} é significativamente menor que Δ_{oct}, os complexos tetraédricos são de alto spin. Além disso, como são necessárias quantidades menores de energia para transições $t_2 \leftarrow e$ (tetraédricas) do que para transições $e_g \leftarrow t_{2g}$ (octaédricas), os complexos octaédricos e tetraédricos correspondentes frequentemente têm cores diferentes. (A notação para transições eletrônicas é dada na Seção 4.7 – Volume 1.)

> ***Complexos tetraédricos*** são quase invariavelmente de ***alto spin***.

Enquanto se pode prever que os complexos tetraédricos serão de alto spin, os efeitos de um ligante de campo forte, que também diminui a simetria do complexo, podem levar a um sistema 'tetraédrico distorcido' de baixo spin. Trata-se de uma situação rara, e é observada no complexo de cobalto(II) apresentado na Fig. 20.9. A diminuição da simetria de um complexo modelo T_d, CoL_4, para um C_{3v}, CoL_3X, resulta na mudança dos níveis de energia dos orbitais (Fig. 20.9). Se um orbital a_1 está suficientemente estabilizado e o conjunto e está significativamente desestabilizado, um sistema de baixo spin é energeticamente favorecido.

Os efeitos Jahn–Teller em complexos tetraédricos são ilustrados pela distorção em complexos d^9 (por exemplo, o $[CuCl_4]^{2-}$) e d^4 de alto spin. Uma distorção estrutural particularmente forte é observada no $[FeO_4]^{4-}$ (veja a estrutura 21.33).

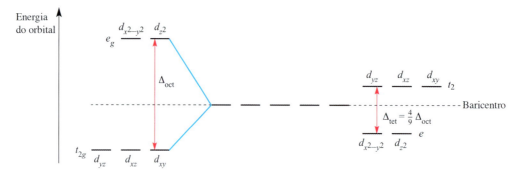

Fig. 20.8 Diagramas de desdobramento do campo cristalino para campos octaédricos (lado esquerdo) e tetraédricos (lado direito). As divisões são referidas como um baricentro comum. Veja também a Fig. 20.2.

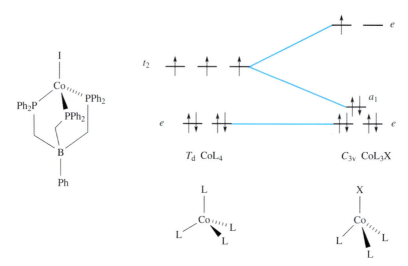

Fig. 20.9 O [PhB(CH$_2$PPh$_2$)$_3$CoI] é um raro exemplo de um complexo tetraédrico distorcido de baixo spin. O tris(fosfano) tripodal é um ligante de campo forte.

O campo cristalino plano quadrado

Um arranjo plano quadrado de ligantes pode ser formalmente derivado de um conjunto octaédrico pela remoção de dois ligantes *trans-* (Fig. 20.10). Se removemos os ligantes que ficam ao longo do eixo z, então, o orbital d_{z^2} fica muito desestabilizado; as energias dos orbitais d_{yz} e d_{xz} também são diminuídas (Fig. 20.10). O fato de complexos d^8 planos quadrados tais como o [Ni(CN)$_4$]$^{2-}$ serem diamagnéticos é uma consequência da diferença de energia relativamente grande entre os orbitais d_{xy} e $d_{x^2-y^2}$. O exemplo resolvido 20.1 apresenta um meio experimental (diferente da difração de raios X de monocristal) pelo qual podem ser distinguidos entre si os complexos d^8 planos quadrados e tetraédricos.

Exemplo resolvido 20.1 Complexos d^8 planos quadrados e tetraédricos

Os complexos d^8 [Ni(CN)$_4$]$^{2-}$ e [NiCl$_4$]$^{2-}$ são plano quadrado e tetraédrico, respectivamente. Esses complexos serão paramagnéticos ou diamagnéticos?

Considere os diagramas de desdobramento apresentados na Fig. 20.11. Para o [Ni(CN)$_4$]$^{2-}$ e o [NiCl$_4$]$^{2-}$, os oito elétrons ocupam os orbitais d da seguinte maneira:

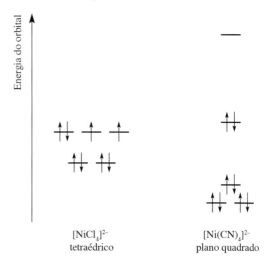

Dessa forma, o [NiCl$_4$]$^{2-}$ é paramagnético, enquanto o [Ni(CN)$_4$]$^{2-}$ é diamagnético.

Química dos metais do bloco d: complexos de coordenação

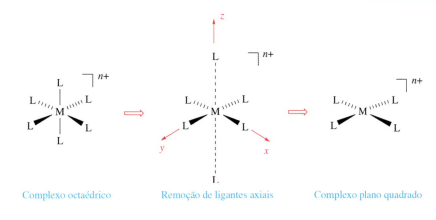

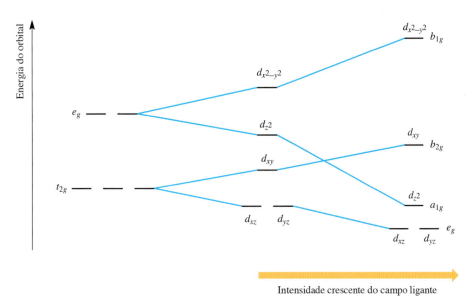

Fig. 20.10 Um complexo plano quadrado pode ser derivado de um complexo octaédrico pela remoção de dois ligantes, por exemplo, os do eixo z. O estágio intermediário é análogo a um complexo octaédrico com distorção Jahn–Teller (alongado).

Exercícios propostos

A resposta de cada questão está estreitamente ligada à teoria do exemplo resolvido 20.1.

1. Os complexos [NiCl$_2$(PPh$_3$)$_2$] e [PdCl$_2$(PPh$_3$)$_2$] são paramagnético e diamagnético, respectivamente. O que isto informa a você acerca de suas estruturas?
2. O ânion [Ni(SPh)$_4$]$^{2-}$ é tetraédrico. Explique por que ele é paramagnético.
3. O [NiBr$_2$(PEtPh$_2$)$_2$] *trans* se converte em uma forma que é paramagnética. Sugira uma razão para essa observação.

Embora o [NiCl$_4$]$^{2-}$ (d^8) seja tetraédrico e paramagnético, o [PdCl$_4$]$^{2-}$ e o [PtCl$_4$]$^{2-}$ (também d^8) são planos quadrados e diamagnéticos. Esta diferença é uma consequência do maior desdobramento do campo cristalino observado para os íons metálicos da segunda e terceira linhas em comparação com seu congênere da primeira linha. Os complexos de paládio(II) e platina(II) são invariavelmente planos quadrados.

> Os *complexos d^8 de metais da segunda e terceira linhas* (por exemplo, o Pt(II), Pd(II), Rh(I), Ir(I)) são invariavelmente *planos quadrados*.

Outros campos cristalinos

A Fig. 20.11 apresenta desdobramentos de campos cristalinos para algumas geometrias comuns com os desdobramentos relativos dos orbitais d com respeito a Δ_{oct}. Pelo uso desses diagramas de desdobramentos é possível explicar as propriedades magnéticas de um dado complexo (veja a Seção 20.9). No entanto, cabe uma palavra de alerta: a Fig. 20.11 refere-se a complexos ML$_x$ que contêm os *mesmos* ligantes, e, dessa forma, aplica-se *apenas* a complexos simples.

Teoria do campo cristalino: usos e limitações

A teoria do campo cristalino pode juntar estruturas, propriedades magnéticas e propriedades eletrônicas, e vamos expandir os dois últimos tópicos posteriormente no presente capítulo. As tendências das EECCs oferecem um entendimento dos aspectos

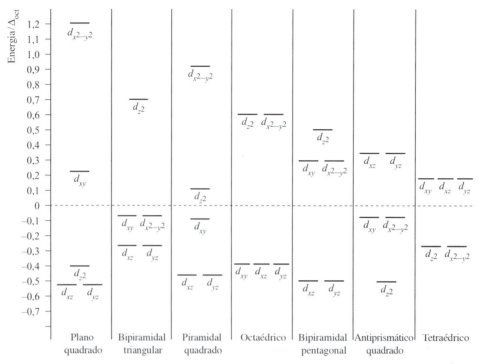

Fig. 20.11 Diagramas de desdobramento de campos cristalinos para alguns campos comuns referidos para um baricentro comum. As divisões são dadas com respeito a Δ_{oct}.

termodinâmicos e cinéticos dos complexos de metais do bloco *d* (veja as Seções 20.11-20.13 e 26.4). A teoria do campo cristalino é surpreendentemente útil quando se pensa em sua simplicidade. No entanto, ela tem limitações. Por exemplo, embora possamos interpretar as propriedades contrastantes de complexos octaédricos de alto e de baixo spin com base nas posições dos ligantes de campo fraco e campo forte nas séries espectroquímicas, a teoria do campo cristalino não oferece nenhuma explicação quanto ao *porquê* de ligantes particulares serem colocados onde estão nas séries.

20.4 Teoria do orbital molecular: complexos octaédricos

Na presente seção, consideramos outra abordagem da ligação em complexos de metais: o uso da teoria do orbital molecular. Ao contrário da teoria do campo cristalino, o modelo do orbital molecular considera as interações covalentes entre o centro metálico e os ligantes.

Complexos *sem* qualquer ligação π metal–ligante

Ilustramos a aplicação da teoria OM aos complexos de metais do bloco *d* considerando primeiramente um complexo octaédrico como o $[Co(NH_3)_6]^{3+}$, no qual a ligação σ metal–ligante é dominante. Na construção de um diagrama de níveis de energia de OM para um complexo desses, são feitas muitas aproximações e o resultado é apenas *qualitativamente* acurado. Mesmo assim, os resultados são úteis para uma compreensão da ligação metal–ligante.

Seguindo-se os procedimentos detalhados no Capítulo 5 (Volume 1), podemos construir um diagrama OM para descrever a ligação em um complexo $[ML_6]^{n+}$ O_h. Para um metal da primeira linha, os orbitais atômicos da camada de valência são 3*d*, 4*s* e 4*p*. Sob simetria O_h (veja o Apêndice 3), o orbital *s* tem simetria a_{1g}, os orbitais *p* são degenerados com simetria t_{1u}, e os orbitais *d* desdobram-se em dois conjuntos com simetrias e_g (orbitais d_{z^2} e $d_{x^2-y^2}$) e t_{2g} (orbitais d_{xy} e d_{xz}), respectivamente (Fig. 20.12). Cada ligante, L, oferece um orbital e a derivação dos orbitais de grupo ligantes para o fragmento L_6 O_h é análoga àquela para o fragmento F_6 no SF_6 (veja a Fig. 5.27, Eqs. 5.26-5.32 e o texto que as acompanha no Volume 1). Esses OGLs têm simetrias a_{1g}, t_{1u} e e_g (Fig. 20.12). A combinação de simetrias entre os orbitais de metais e os OGLs permite a construção do diagrama OM apresentado na Fig. 20.13. As combinações dos orbitais do metal e do ligante geram seis orbitais moleculares ligantes e seis antiligantes. Os orbitais atômicos d_{xy}, d_{yz} e d_{xz} do metal têm simetria t_{2g} e são não ligantes (Fig. 20.13). A sobreposição entre os orbitais *s* e *p* do ligante e do metal é maior do que a que envolve os orbitais *d* do metal, e, assim, os OMs a_{1g} e t_{1u} são estabilizados em um grau maior do que os OMs e_g. Em um complexo octaédrico *sem qualquer ligação* π, a diferença de energia entre os níveis t_{2g} e e_g^* corresponde ao Δ_{oct} da teoria de campo cristalino (Fig. 20.13).

Tendo construído o diagrama OM na Fig. 20.13, podemos descrever a ligação em vários dos complexos octaédricos de ligação σ. Por exemplo:

- no $[Co(NH_3)_6]^{3+}$ de baixo spin, 18 elétrons (seis do Co^{3+} e dois de cada ligante) ocupam os OMs a_{1g}, t_{1u}, e_g e t_{2g};
- no $[CoF_6]^{3-}$ de alto spin, 18 elétrons estão disponíveis, 12 dos quais ocupam os OMs $_{1g}$, t_{1u} e e_g, quatro ocupam o nível t_{2g}, e dois, o nível e_g^*.

Se um complexo é de alto ou baixo spin depende da separação de energia dos níveis t_{2g} e e_g^*. *Ficticiamente*, em um complexo octaédrico com ligação σ, os 12 elétrons fornecidos pelos ligantes são considerados como ocupando os orbitais a_{1g}, t_{1u} e e_g. A ocupação dos níveis t_2 e e_g^* corresponde ao número de elétrons de valência do íon metálico, assim como na teoria do campo

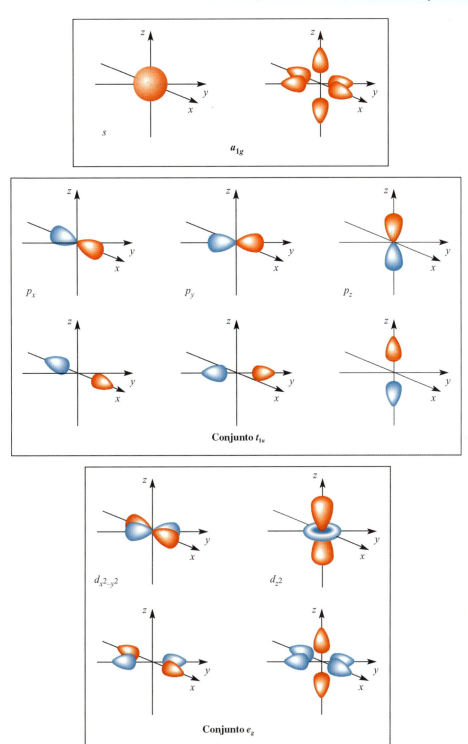

Fig. 20.12 Orbitais atômicos do metal s, p_x, p_y, $d_{x^2-y^2}$, d_{z^2} combinados por simetria com orbitais de grupo ligantes para um complexo octaédrico (O_h) com apenas ligação σ.

cristalino. O modelo do orbital molecular de ligação em complexos octaédricos dá os mesmos resultados da teoria do campo cristalino. É quando mudamos para complexos com ligação π M–L que surgem as distinções entre os modelos.

Complexos com ligação π metal–ligante

Os orbitais atômicos d_{xy}, d_{yz} e d_{xz} do metal (o conjunto t_{2g}) são não ligantes em um complexo [ML$_6$]$^{n+}$ com ligações σ (Fig. 20.13) e esses orbitais podem se sobrepor com orbitais ligantes de simetria correta dando interações π (Fig. 20.14). Muito embora a ligação π entre orbitais d do metal e do ligante algumas vezes seja considerada para interações entre metais e ligantes fosfano (por exemplo, o PR$_3$ ou o PF$_3$), é mais realista considerar os papéis dos orbitais σ^* ligantes como os orbitais receptores.[†]

[†] Para maior discussão, veja: A.G. Orpen and N.G. Connelly (1985) *J. Chem. Soc., Chem. Commun.*, p. 1310; T. Leyssens, D. Peeters, A.G. Orpen and J.H. Harvey (2007) *Organometallics*, vol. 26, p. 2637. Veja também a discussão da *hiperconjugação negativa* ao final da Seção 14.6.

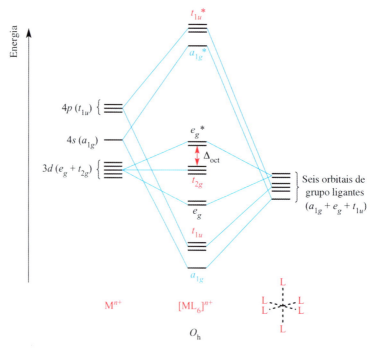

Fig. 20.13 Um diagrama OM aproximado para a formação do $[ML_6]^{n+}$ (M é um metal da primeira linha) usando a abordagem do orbital de grupo ligante; os orbitais são mostrados pictoricamente na Fig. 20.12. A ligação envolve unicamente interações σ M–L.

Devem ser diferenciados dois tipos de ligantes: ligantes π doadores e ligantes π receptores.

> Um **ligante π doador** doa elétrons para o centro metálico em uma interação que envolve um orbital preenchido do ligante e um orbital vazio do metal.
> Um **ligante π receptor** aceita elétrons do centro metálico em uma interação que envolve um orbital preenchido do metal e um orbital vazio do ligante.

Os ligantes π doadores incluem o Cl^-, o Br^- e o I^- e a interação π metal–ligante envolve a transferência de elétrons dos orbitais p preenchidos do ligante para o centro metálico (Fig. 20.14a). Exemplos de ligantes π receptores são o CO, o N_2, o NO e os alquenos, e as ligações π metal–ligante surgem da *retrodoação* de elétrons do centro metálico para os orbitais antiligantes vazios no ligante (por exemplo, a Fig. 20.14b). Os ligantes π receptores podem estabilizar complexos de metal de baixo estado de oxi-

dação (veja o Capítulo 24). A Fig. 20.15 mostra diagramas OMs parciais que descrevem interações π metal–ligante em complexos octaédricos; os orbitais s e p do metal, que estão envolvidos na ligação σ (Fig. 20.13), foram omitidos. A Fig. 20.15a apresenta a interação entre um íon metálico e seis ligantes π doadores; os elétrons são omitidos no diagrama, e voltaremos a eles posteriormente. Os orbitais π do grupo ligante (veja o Boxe 20.2) estão preenchidos e ficam acima, porém relativamente próximos, dos orbitais σ do ligante, e a interação com os orbitais atômicos d_{xy}, d_{yz} e d_{xz} leva aos OMs ligantes (t_{2g}) e antiligantes (t_{2g}^*). A separação de energia entre os níveis t_{2g}^* e e_g^* corresponde ao Δ_{oct}. A Fig. 20.15b mostra a interação entre um íon metálico e seis ligantes π receptores. Os orbitais π^* vazios do ligante são significativamente superiores em energia do que os orbitais σ do ligante. A interação de orbitais leva aos OMs ligantes (t_{2g}) e antiligantes (t_{2g}^*) conforme anteriormente, mas agora os OMs t_{2g}^* são de alta energia e Δ_{oct} é identificado como a separação de energia entre os níveis t_{2g} e e_g^* (Fig. 20.15b).

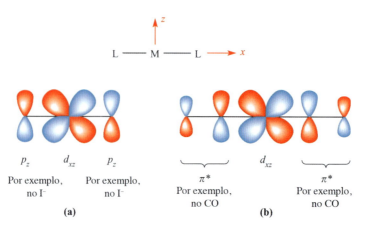

Fig. 20.14 Formação de ligação π em uma unidade linear L–M–L na qual os átomos doadores do metal e do ligante ficam no eixo x: (a) entre os orbitais d_{xz} do metal e p_z do ligante conforme para L = I^-, um exemplo de um ligante π doador, e (b) entre os orbitais d_{xz} do metal e π^* conforme para L = CO, um exemplo de um ligante π receptor.

Química dos metais do bloco d: complexos de coordenação

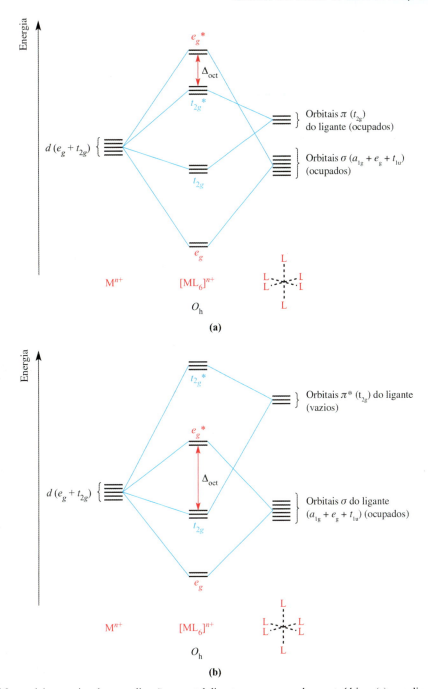

Fig. 20.15 Diagramas OMs parciais aproximados para ligação π metal–ligante em um complexo octaédrico: (a) com ligantes π doadores e (b) com ligantes π receptores. Além dos OMs apresentados, a ligação σ no complexo envolve os OMs a_{1g} e t_{1u} (veja a Fig. 20.13). Os elétrons são omitidos nos diagramas, porque estamos tratando de um íon M^{n+} geral. Em comparação com a Fig. 20.13, a escala de energia está expandida.

Embora as Figs. 20.13 e 20.15 sejam qualitativas, elas revelam importantes diferenças entre os complexos octaédricos $[ML_6]^{n+}$ que contêm ligantes σ doadores, π doadores e π receptores:

- Δ_{oct} *diminui* indo de um complexo σ para um que contém ligantes π doadores;
- para um complexo com ligantes π doadores, o aumento da doação π estabiliza o nível t_{2g} e desestabiliza o t_{2g}^*, dessa forma diminuindo Δ_{oct};
- os valores de Δ_{oct} são relativamente grandes para complexos que contêm ligantes π receptores, e é provável que esses complexos sejam de baixo spin;
- para um complexo com ligantes π receptores, o aumento da recepção π estabiliza o nível t_{2g}, aumentando Δ_{oct}.

Os pontos anteriores são consistentes com as posições dos ligantes nas séries espectroquímicas; π doadores, tais como o I^- e o Br^-, são ligantes de campo fraco, enquanto os ligantes π receptores, tais como o CO e o $[CN]^-$, são ligantes de campo forte.

Vamos completar a presente seção considerando as ocupações dos OMs nas Figs. 20.15a e b. Seis ligantes π doadores fornecem 18 elétrons (12 elétrons σ e seis π) e estes podem ser *ficticiamente* considerados como ocupantes dos orbitais a_{1g}, t_{1u}, e_g e t_{2g} do complexo. A ocupação dos níveis t_{2g}^* e e_g^* corresponde ao número de elétrons de valência do íon metálico. Seis ligantes π receptores fornecem 12 elétrons (isto é, 12 elétrons σ, pois os orbitais ligantes π^* são vazios) e, *formalmente*, podemos alocá-los nos orbitais a_{1g}, t_{1u} e e_g do complexo. Então, o número de

TEORIA

Boxe 20.2 O conjunto t_{2g} de orbitais π de ligantes para um complexo octaédrico

A Fig. 20.15 mostra *três* orbitais π de grupos ligantes e você pode se perguntar como eles surgem da combinação de seis ligantes, principalmente já que apresentamos uma visão simplista das interações π na Fig. 20.14. No complexo octaédrico $[ML_6]^{n+}$ com seis ligantes π doadores ou π receptores se localizando nos eixos x, y e z, cada ligante fornece *dois* orbitais π, por exemplo, para ligantes no eixo x, os orbitais p_y e p_z ficam disponíveis para ligação π. Agora, considere apenas um plano contendo quatro ligantes do complexo octaédrico, por exemplo, o plano xz. O diagrama (a), visto a seguir, mostra um orbital de grupo ligante (OGL) que compreende os orbitais p_z de dois ligantes e os orbitais p_x dos outros dois. O diagrama (b) mostra como o OGL em (a) se combina com o orbital d_{xz} do metal dando um OM ligante, enquanto (c) apresenta a combinação antiligante.

Podem ser construídos três OGLs do tipo mostrado em (a), um em cada plano, e eles podem, respectivamente, se sobrepor com os orbitais atômicos d_{xy}, d_{yz} e d_{xz} do metal dando os OMs t_{2g} e t_{2g}^* ilustrados na Fig. 20.15.

Exercício proposto

Mostre que, na simetria O_h, o OGL do diagrama (a) pertence a um conjunto t_{2g}.

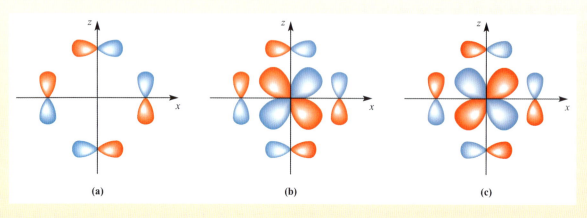

(a) (b) (c)

elétrons fornecidos pelo centro metálico corresponde à ocupação dos níveis t_{2g} e e_g^*. Uma vez que ocupar OMs *antiligantes* diminui a ordem de ligação metal–ligante, segue que, por exemplo, os complexos octaédricos com ligantes π receptores não serão favorecidos para centros metálicos com configurações d^7, d^8, d^9 ou d^{10}. Este último ponto nos leva de volta a algumas observações fundamentais da química orgânica experimental: os complexos organometálicos de metais do bloco d e complexos correlatos tendem a obedecer à *regra do número atômico efetivo* ou *a regra dos 18 elétrons*. O exemplo resolvido 20.2 ilustra essa regra, e voltaremos às suas aplicações no Capítulo 24.

Um complexo organometálico de estado de baixa oxidação contém ligantes π receptores e o centro metálico tende a adquirir 18 elétrons em sua camada de valência (a **regra dos 18 elétrons**), preenchendo, dessa forma, os orbitais de valência, por exemplo, o Cr no $Cr(CO)_6$, o Fe no $Fe(CO)_5$, e o Ni no $Ni(CO)_4$.

Exemplo resolvido 20.2 Regra dos 18 elétrons

Mostre que o $Cr(CO)_6$ obedece à regra dos 18 elétrons.

O centro do Cr(0) tem seis elétrons de valência.

O CO é um ligante π receptor, e cada ligante CO é um doador de 2 elétrons.

A contagem total de elétrons no centro do metal no $Cr(CO)_6$ = $6 + (6 \times 2) = 18$.

Exercícios propostos

1. Mostre que o centro metálico em cada uma das seguintes espécies obedece à regra dos 18 elétrons: (a) $Fe(CO)_5$; (b) $Ni(CO)_4$; (c) $[Mn(CO)_5]^-$; (d) $Mo(CO)_6$.

2. (a) Quantos elétrons um ligante PPh_3 doa? (b) Use sua resposta de (a) para comprovar que o centro de Fe no $Fe(CO)_4(PPh_3)$ obedece à regra dos 18 elétrons.

3. Qual é o estado de oxidação de cada centro metálico nos complexos da questão (1)?

[*Resp.*: (a) 0; (b) 0; (c) –1; (d) 0]

Na aplicação da regra dos 18 elétrons, precisa-se claramente saber o número de elétrons doados por um ligante, por exemplo, o CO é um doador de 2 elétrons. Surge uma ambiguidade a respeito dos grupos NO em complexos. Os complexos de nitrosila enquadram-se em duas classes:

- O NO como um doador de 3 elétrons: dados cristalográficos mostram ligações M–N–O lineares (faixa observada ∠M–N–O = 165–180°) e M–N e N–O curtas indicando caráter de ligações múltiplas; dados de espectroscopia de IV dão ν(NO) na faixa de 1650–1900 cm^{-1}; o modo de ligação é representado como **20.7** com o átomo de N considerado como hibridizado em sp.

- O NO como um doador de 1 elétron: dados cristalográficos revelam um grupo M–N–O angular (faixa observada ∠M–N–O

TEORIA

Boxe 20.3 Complexos de metais octaédricos *versus* prismáticos triangulares d^0 e d^1

Na Seção 19.7, afirmamos que há um pequeno grupo de complexos de metais d^0 ou d^1 nos quais o centro metálico está em um ambiente prismático triangular (por exemplo, o $[TaMe_6]^-$ e o $[ZrMe_6]^{2-}$) ou prismático triangular distorcido (por exemplo, o $[MoMe_6]$ e o $[WMe_6]$). Os grupos metila nesses complexos d^0 formam ligações σ M–C, e 12 elétrons estão disponíveis para a ligação: um elétron de cada ligante e seis elétrons do metal, inclusive aqueles da carga negativa, quando for aplicável. (Na contagem dos elétrons, supomos um centro de metal de valência zero: veja a Seção 24.3.) O diagrama quantitativo de níveis de energia traçado ao lado mostra que, em um modelo de complexo MH_6 com uma estrutura octaédrica, esses 12 elétrons ocupam os OMs a_{1g}, e_g e t_{1u}. Agora, considere o que acontece se mudarmos a geometria do modelo de complexo MH_6 de octaédrico para prismático triangular. O grupo de pontos muda de O_h para D_{3h}, e, como consequência, as propriedades dos OMs mudam conforme mostra a figura. O número de elétrons permanece o mesmo, mas há um ganho líquido de energia. Essa estabilização explica por que os complexos d^0 (e também d^1) do tipo MMe_6 apresentam uma preferência por uma estrutura prismática triangular. No entanto, a situação é mais complicada por causa da observação de que o $[MoMe_6]$ e o $[WMe_6]$, por exemplo, mostram estruturas com simetria C_{3v} (isto é, prismática triangular distorcida): três das ligações M–C são normais, mas três são alongadas e têm ângulos menores entre elas. Essa distorção também pode ser explicada em termos da teoria OM, pois é obtida estabilização orbital adicional para o sistema de 12 elétrons com respeito à estrutura D_{3h}.

Leitura recomendada

K. Seppelt (2003) *Acc. Chem. Rev.*, vol. 36, p. 147 – 'Non-octahedral structures'.

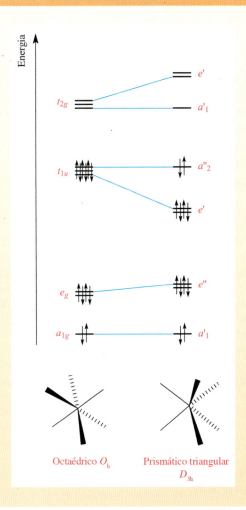

Octaédrico O_h Prismático triangular D_{3h}

≈ 120–$140°$), e comprimento de ligação N–O típico de uma dupla ligação; dados de espectroscopia de IV mostram $\nu(NO)$ na faixa de 1525–1690 cm^{-1}; o modo de ligação é representado como **20.8** com o átomo de N considerado como hibridizado em sp^2.

$$M=N=\overset{..}{\underset{..}{O}}: \longleftrightarrow :M-N\equiv O: \qquad M-N\overset{\overset{\displaystyle O:}{\|}}{\underset{..}{}}$$

(20.7)   (20.8)

Embora a regra dos 18 elétrons seja obedecida de modo bastante amplo para compostos organometálicos de baixo estado de oxidação que contêm ligantes π receptores, ela não tem utilidade para metais de estado de oxidação superior. Isto fica claro em exemplos de complexos octaédricos citados na Seção 19.7, e pode ser explicado em termos das menores separações de energia entre orbitais ligantes e antiligantes ilustrados nas Figs. 20.13 e 20.15a comparados com a da Fig. 20.15b.

Poderíamos estender nossos argumentos até complexos tais como o $[CrO_4]^{2-}$ e $[MnO_4]^-$ mostrando como os ligantes π doadores ajudam a estabilizar complexos de estado de alta oxidação. No entanto, para uma discussão válida desses exemplos, precisamos construir novos diagramas OM apropriados para espécies tetraédricas. Fazer isso não ofereceria mais discernimento do que obtivemos pela consideração do caso octaédrico, e os leitores interessados são orientados para textos mais especializados.[†]

20.5 Teoria do campo ligante

Embora não nos interesse a matemática da teoria do campo ligante, é importante comentar a respeito dela rapidamente, pois vamos utilizar energias de estabilização do campo ligante (EECL) posteriormente no presente capítulo.

> *Teoria do campo ligante* é uma extensão da teoria do campo cristalino. Ela é parametrizada livremente em vez de se tomar um campo localizado que surge de ligantes de carga pontual.

[†] Para aplicação da teoria OM a outras geometrias que não a octaédrica, veja o Capítulo 9 em: J.K. Burdett (1980) *Molecular Shapes: Theoretical Models of Inorganic Stereochemistry*, Wiley, New York.

A teoria do campo ligante, assim como a do campo cristalino, está *confinada* ao papel dos orbitais *d*, mas, diferentemente do modelo do campo cristalino, a abordagem do campo ligante *não* é um modelo puramente eletrostático. Trata-se de um modelo livremente parametrizado, e utiliza o Δ_{oct} e *parâmetros de Racah* (aos quais voltaremos mais tarde) que são obtidos de dados de espectroscopia eletrônica (isto é, *experimentais*). O mais importante, muito embora (conforme mostramos na última seção) seja possível abordar a ligação em complexos de metais do bloco *d* pelo uso da teoria do orbital molecular, é *incorreto* afirmar que a teoria do campo ligante é simplesmente a aplicação da teoria OM.[†]

20.6 Descrevendo elétrons em sistemas polieletrônicos

Na teoria do campo cristalino, consideramos repulsões entre elétrons *d* e elétrons ligantes, mas ignoramos interações entre elétrons *d* no centro metálico. Este realmente é um aspecto de uma questão mais geral a respeito de como descrevemos as interações entre elétrons em sistemas polieletrônicos. Agora vamos mostrar por que configurações eletrônicas simples tais como $2s^2 2p^1$ ou $4s^2 3d^2$ não definem unicamente o arranjo dos elétrons. Isto nos leva a uma apresentação dos símbolos de termos para átomos livres e íons. Para a maior parte do nosso estudo, o uso desses símbolos está confinado às nossas discussões dos espectros eletrônicos de complexos dos blocos *d* e *f*. Na Seção 1.7 (Volume 1), mostramos como atribuir um conjunto de números quânticos a um dado elétron. Para muitos objetivos, esse nível de discussão é adequado. No entanto, para um entendimento de espectros eletrônicos é necessária uma discussão mais detalhada. Antes de estudar a presente seção, você deve rever o Boxe 1.4.

Números quânticos *L* e M_L para espécies polieletrônicas

Na resposta ao exemplo resolvido 1.7, ignoramos uma complicação. Ao atribuir números quânticos aos quatro elétrons de 2p, como indicamos se o último elétron está em um orbital com m_l = +1,0 ou –1? Esta e questões correlatas podem ser respondidas apenas pela consideração da interação dos elétrons, principalmente por meio do *acoplamento* de campos magnéticos gerados por seu spin ou movimento orbital: daí a importância do spin e do momento angular orbital (veja a Seção 1.6 – Volume 1).

Para qualquer sistema que contém mais de um elétron, a energia de um elétron com número quântico principal *n* depende do valor de *l*, e este também determina o momento angular orbital que é dado pela Eq. 20.8 (veja o Boxe 1.4, no Volume 1).

$$\text{Momento angular orbital} = \left(\sqrt{l(l+1)}\right)\frac{h}{2\pi} \qquad (20.8)$$

A energia e o momento angular orbital de uma espécie polieletrônica são determinados por um novo número quântico, *L*, que está relacionado aos valores de *l* para os elétrons individuais. Como o momento angular orbital tem magnitude e (2*l* + 1) orientações especiais com respeito ao eixo *z* (isto é, o número de valores de m_l), é necessário o somatório *vetorial* dos valores individuais

---

[†] Para uma apresentação mais detalhada da teoria do campo ligante, veja: M. Gerloch and E.C. Constable (1994) *Transition Metal Chemistry: The Valence Shell in d-Block Chemistry*, VCH, Weinheim, p. 117-120; veja também a lista de leitura complementar ao final do capítulo.

de *l*. O valor de m_l para qualquer elétron denota o componente do seu momento angular orbital, $m_l(h/2\pi)$, ao longo do eixo *z* (veja o Boxe 1.4, no Volume 1). Portanto, o somatório dos valores de m_l para elétrons individuais em sistemas polieletrônicos dá o número quântico magnético orbital resultante M_L:

$$M_L = \sum m_l$$

Assim como m_l pode ter os (2*l* + 1) valores *l*, (*l* – 1) ... 0 ... –(*l* – 1), –*l*, então M_L pode ter (2*L* + 1) valores *L*, (*L* – 1) ... 0 ... –(*L* – 1), –*L*. Se podemos determinar todos os valores possíveis de M_L para uma espécie polieletrônica, podemos determinar o valor de *L* para o sistema.

Como um meio de verificação cruzada, é útil saber quais valores de *L* são possíveis. Os valores permitidos de *L* podem ser determinados a partir de *l* para os elétrons individuais do sistema polieletrônico. Para dois elétrons com valores de l_1 e l_2:

$$L = (l_1 + l_2), (l_1 + l_2 - 1), ... |l_1 - l_2|$$

O sinal de *módulo* em torno do último termo indica que $|l_1 - l_2|$ pode ser somente zero ou um valor positivo. Como exemplo, considere uma configuração p^2. Cada elétron tem *l* = 1, e, assim, os valores permitidos de *L* são 2, 1 ou 0. De modo semelhante, para uma configuração d^2, cada elétron tem *l* = 2 e, dessa maneira, os valores permitidos de *L* são 4, 3, 2, 1 ou 0. Para sistemas com três ou mais elétrons, o acoplamento elétron–elétron deve ser considerado em etapas sequenciais: acople l_1 e l_2, conforme acima, dando um *L* resultante, e, então, acople *L* com l_3, e assim por diante.

Os estados de energia para os quais *L* = 0, 1, 2, 3, 4... são conhecidos como termos *S*, *P*, *D*, *F*, *G*..., respectivamente. Eles são análogos aos identificadores *s*, *p*, *d*, *f*, *g*... utilizados para representar orbitais atômicos com *l* = 0, 1, 2, 3, 4... no caso de 1 elétron. Por analogia com a Eq. 20.8, a Eq. 20.9 fornece o momento angular orbital resultante para um sistema polieletrônico.

$$\text{Momento angular orbital} = \left(\sqrt{L(L+1)}\right)\frac{h}{2\pi} \qquad (20.9)$$

Números quânticos *S* e M_S para espécies polieletrônicas

Agora, vamos passar do número quântico orbital para o número quântico de spin. Na Seção 1.6 (Volume 1), dissemos que o número quântico de spin, *s*, determina a magnitude do momento angular do spin de um elétron e tem um valor de $\frac{1}{2}$. Para uma espécie monoeletrônica, m_s é o momento angular magnético do spin e tem um valor de $+\frac{1}{2}$ ou $-\frac{1}{2}$. Agora, necessitamos definir os números quânticos *S* e M_S para espécies polieletrônicas. O momento angular de spin para uma espécie polieletrônica é dado pela Eq. 20.10, em que *S* é o número quântico do spin total.

$$\text{Momento angular de spin} = \left(\sqrt{S(S+1)}\right)\frac{h}{2\pi} \qquad (20.10)$$

O número quântico M_S é obtido por somatório algébrico dos valores de m_s para elétrons individuais:

$$M_S = \sum m_s$$

Para um sistema com *n* elétrons, cada qual tendo $s = \frac{1}{2}$, os valores possíveis de *S* enquadram-se em duas séries, dependendo do número total de elétrons:

- $S = \frac{1}{2}, \frac{3}{2}, \frac{5}{2}$ ...   para um número ímpar de elétrons;
- *S* = 0, 1, 2 ...   para um número par de elétrons.

S não pode ter valores negativos. O caso de $S = \frac{1}{2}$ corresponde claramente a um sistema monoeletrônico, para o qual os valores de m_s são $+\frac{1}{2}$ ou $-\frac{1}{2}$, e os valores de M_S também são $+\frac{1}{2}$ ou $-\frac{1}{2}$. Para cada valor de S, há $(2S + 1)$ valores de M_S:

Valores permitidos de M_S: $S, (S-1), \ldots -(S-1), -S$

Dessa maneira, para $S = 0$, $M_S = 0$, para $S = 1$, $M_S = 1, 0$, ou -1, e, para $S = \frac{3}{2}$, $M_S = \frac{3}{2}, \frac{1}{2}, -\frac{1}{2}$ ou $-\frac{3}{2}$.

Microestados e símbolos de termos

Com conjuntos de números quânticos à mão, podem ser determinados os estados eletrônicos (*microestados*) que são possíveis para uma dada configuração eletrônica. Isto é realizado de forma mais eficiente pela construção de uma tabela de microestados, lembrando que:

- não há dois elétrons que possam possuir o mesmo conjunto de números quânticos (o princípio da exclusão de Pauli);
- apenas microestados únicos podem ser incluídos.

Comecemos com o caso de dois elétrons em orbitais s. Há duas configurações eletrônicas gerais que descrevem isso: ns^2 e $ns^1n's^1$. Nossa meta é determinar os arranjos possíveis de elétrons dentro dessas duas configurações. Isto nos dará um resultado geral que relaciona todos os estados de ns^2 (independentemente de n) e um outro que relaciona todos os estados de $ns^1n's^1$ (independentemente de n e n'). Uma extensão desses resultados leva à conclusão de que uma configuração eletrônica única (por exemplo, $2s^22p^2$) *não* define um arranjo único de elétrons.

Caso 1: configuração ns^2

Um elétron em um orbital atômico S deve ter $l = 0$ e $m_l = 0$, e, para cada elétron, m_s pode ser $+\frac{1}{2}$ ou $-\frac{1}{2}$. A configuração ns^2 está descrita na Tabela 20.4. A aplicação do princípio da exclusão de Pauli significa que os dois elétrons em um dado microestado devem ter diferentes valores de m_s, isto é, ↑ e ↓ em uma linha na Tabela 20.4. Um segundo arranjo de elétrons é dado na Tabela 20.4, mas, agora, temos que verificar se ele é o mesmo ou diferente do primeiro arranjo. Fisicamente não podemos distinguir os elétrons, então devemos utilizar conjuntos de números quânticos para decidirmos se os microestados (isto é, as linhas na tabela) são os mesmos ou diferentes:

- primeiro microestado: $l = 0$, $m_l = 0$, $m_s = +\frac{1}{2}$; $l = 0$, $m_l = 0$, $m_s = -\frac{1}{2}$;
- segundo microestado: $l = 0$, $m_l = 0$, $m_s = -\frac{1}{2}$; $l = 0$, $m_l = 0$, $m_s = +\frac{1}{2}$.

Tabela 20.4 Tabela de microestados para uma configuração ns^2; um elétron com $m_s = +\frac{1}{2}$ é denotado como ↑, e um elétron com $m_s = -\frac{1}{2}$ é denotado como ↓. Os dois microestados são idênticos e, assim, uma linha pode ser descontada (veja o texto para a explicação)

Primeiro elétron: $m_l = 0$	Segundo elétron: $m_l = 0$	$M_L = \Sigma m_l$	$M_S = \Sigma m_s$	
↑	↓	0	0	$L = 0, S = 0$
↓	↑			

Os microestados são idênticos (os elétrons simplesmente foram trocados) e, assim, é descontado um dos microestados. Sendo assim, para a configuração ns^2, apenas um microestado é possível. Os valores de M_S e M_L são obtidos pela leitura da tabela. O resultado na Tabela 20.4 é representado como um *símbolo de termo* que tem a forma $^{(2S+1)}L$, em que $(2S + 1)$ é chamado de *multiplicidade* do termo:

Multiplicidade do termo ⟶ $(2S+1)L$ ⟵ $\begin{cases} L = 0 & S\text{ termo} \\ L = 1 & P\text{ termo} \\ L = 2 & D\text{ termo} \\ L = 3 & F\text{ termo} \\ L = 4 & G\text{ termo} \end{cases}$

Os termos para os quais $(2S + 1) = 1, 2, 3, 4 \ldots$ (correspondente a $S = 0, \frac{1}{2}, 1, \frac{3}{2} \ldots$) são chamados termos *simpleto, dupleto, tripleto, quarteto* ..., respectivamente. Assim sendo, a configuração ns^2 na Tabela 20.4 corresponde a um termo ^1S (um 'termo S simpleto').[†]

Caso 2: configuração $ns^1n's^1$

A Tabela 20.5 apresenta microestados permitidos para uma configuração $ns^1n's^1$. É importante verificar que os três microestados são realmente diferentes um do outro:

- primeiro microestado: $l = 0$, $m_l = 0$, $m_s = +\frac{1}{2}$; $l = 0$, $m_l = 0$, $m_s = +\frac{1}{2}$;
- segundo microestado: $l = 0$, $m_l = 0$, $m_s = +\frac{1}{2}$; $l = 0$, $m_l = 0$, $m_s = -\frac{1}{2}$;
- terceiro microestado: $l = 0$, $m_l = 0$, $m_s = -\frac{1}{2}$; $l = 0$, $m_l = 0$, $m_s = -\frac{1}{2}$.

Os valores de M_S e M_L são obtidos pela leitura da tabela. Os valores de L e S são obtidos pela adaptação dos valores de M_S e M_L à série:

$M_L : L, (L-1) \ldots 0, \ldots -(L-1), -L$
$M_S : S, (S-1) \ldots -(S-1), -S$

e são apresentados na coluna da direita da Tabela 20.5. Um valor de $S = 1$ corresponde a uma multiplicidade de $(2S + 1) = 3$. Isto dá origem a um termo ^3S (um 'termo S tripleto').

Tabela 20.5 Tabela de microestados para uma configuração $ns^1n's^1$. Um elétron com $m_s = +\frac{1}{2}$ é denotado como ↑, e um elétron com $m_s = -\frac{1}{2}$, como ↓. Cada linha da tabela corresponde a um microestado diferente

Primeiro elétron: $m_l = 0$	Segundo elétron: $m_l = 0$	$M_L = \Sigma m_l$	$M_S = \Sigma m_s$	
↑	↑	0	+1	
↑	↓	0	0	$L = 0, S = 1$
↓	↓	0	−1	

Exercícios propostos

1. Mostre que uma configuração s^1 corresponde a um termo ^2S.
2. Mostre que uma configuração d^1 corresponde a um termo ^2D.
3. Na Tabela 20.5, por que não existe um microestado no qual o primeiro elétron tem $m_s = -\frac{1}{2}$, e o segundo elétron tem $m_s = +\frac{1}{2}$?

[†] S é empregado para o número quântico de spin resultante bem como um termo com $L = 0$, mas, na prática, esse uso duplo raramente causa confusão.

Os números quânticos J e M_J

Antes de passarmos para outros exemplos, devemos tratar da interação entre o momento angular orbital total, L, e o momento angular de spin total, S. Para fazer isso, definimos o número quântico do momento angular total, J. A Eq. 20.11 dá a relação para o momento angular total para uma espécie polieletrônica.

$$\text{Momento angular total} = \left(\sqrt{J(J+1)}\right)\frac{h}{2\pi} \quad (20.11)$$

O número quântico J assume valores $(L+S), (L+S-1) \ldots |L-S|$, e esses valores se enquadram na série $0, 1, 2 \ldots$ ou $\frac{1}{2}, \frac{3}{2}, \frac{5}{2} \ldots$ (como j para um sistema monoeletrônico, J para o sistema polieletrônico deve ser positivo ou zero). Segue que há:

$(2S + 1)$ valores possíveis de J para $S < L$;

$(2L + 1)$ valores possíveis de J para $L < S$.

O valor de M_J denota o componente do momento angular total ao longo do eixo z. Assim como há relações entre S e M_S, e entre L e M_L, existe uma entre J e M_J:

Valores permitidos de M_J: $J, (J-1) \ldots -(J-1), -J$

O método para obter J a partir de L e S é baseado no *acoplamento LS* (ou *Russell–Saunders*), isto é, *acoplamento spin–órbita*. Embora seja a única forma de acoplamento do momento angular orbital e do momento angular de spin que vamos considerar neste livro, ele não é válido para todos os elementos (principalmente aqueles com números atômicos elevados). Em um método alternativo de acoplamento, l e s para todos os elétrons individuais primeiro são combinados dando j, e os valores individuais de j são combinados em um esquema de *acoplamento j–j*.[†] A diferença dos esquemas de acoplamento surge do fato de a interação spin–órbita ser maior ou menor do que as interações órbita–órbita e spin–spin entre os elétrons.

Agora, estamos em posição de escrever os símbolos de termos *completos* que incluem informações acerca de S, L e J. A notação para um símbolo de termo completo é:

Multiplicidade do termo → **(2S + 1)**L_J ← valor de J
                             ↑
                    $S, P, D, F, G \ldots$ termo

Um símbolo de termo $^3P_0$ ('tripleto P zero') significa um termo com $L = 1$, $(2S + 1) = 3$ (isto é, $S = 1$), e $J = 0$. Diferentes valores de J denotam diferentes *níveis* dentro do termo, isto é, $^{(2S+1)}L_{J_1}$, $^{(2S+1)}L_{J_2}$ $\ldots$, por exemplo:

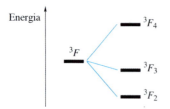

A degenerescência de qualquer nível de J é $(2J + 1)$. Isto segue de os valores permitidos de M_J serem $J, (J-1) \ldots -(J-1), -J$. Os níveis de J têm diferentes energias e ilustramos sua importância quando discutimos as propriedades magnéticas (veja a Fig. 20.28). Em química inorgânica, frequentemente é suficiente escrever o símbolo do termo sem o valor de J, e referir-se simplesmente a um termo $^{(2S+1)}L$ como no exemplo de ns^2 e $ns^1n's^1$ que descrevemos anteriormente.

Estados fundamentais dos elementos com Z = 1–10

Na presente seção, veremos em detalhe os estados fundamentais eletrônicos de átomos com $Z = 1$ a 10. Isto vai permitir que você pratique a montagem de tabelas de microestados, coloque os microestados em grupos de forma a designarem os termos, e, finalmente, identifique estados fundamentais ou excitados. Um entendimento desse processo é essencial antes de passarmos para uma discussão de espectroscopia eletrônica. Um ponto importante a observar é que *apenas os elétrons em camadas abertas (incompletamente preenchidas)* (por exemplo, ns^1, np^2, nd^4) *contribuem para o símbolo do termo*.

Ao construir tabelas de microestados, é muito fácil escrever um conjunto duplamente, ou se esquecer de um microestado. Os exemplos de ns^2 e $ns^1n^1p^1$, vistos anteriormente, são relativamente simples, mas, para outros sistemas, é útil obedecer a um conjunto de regras. A contabilização de microestados é extremamente importante, mas extremamente enfadonha!

> Siga estas 'regras' quando construir uma **tabela de microestados**:
> 1. Escreva a configuração eletrônica (por exemplo, d^2).
> 2. Ignore configurações de camadas fechadas (por exemplo, ns^2, np^6, nd^{10}), pois elas sempre darão um termo $^1S_0$. Ele é totalmente simétrico e não faz nenhuma contribuição para o momento angular.
> 3. Determine o número de microestados: para x elétrons em um subnível de $(2l + 1)$ orbitais, ele é dado por:[†]
>
> $$\frac{\{2(2l+1)\}!}{x!\{2(2l+1)-x\}!}$$
>
> 4. Tabule os microestados através de m_l e m_s e some fornecendo M_L e M_S em cada linha. Verifique se o número de microestados na tabela é o mesmo que o esperado pela regra (3).
> 5. Coloque os microestados em grupos com base nos valores de M_L.

Hidrogênio (Z = 1)

A configuração eletrônica de um átomo de H em seu estado fundamental é $1s^1$. Para um elétron em um orbital s ($l = 0$):

$$\text{Número de microestados} = \frac{\{2(2l+1)\}!}{x!\{2(2l+1)-x\}!}$$

$$= \frac{2!}{1! \times 1!} = 2$$

A tabela de microestados é como a seguir:

$m_l = 0$	$M_L = \Sigma m_l$	$M_S = \Sigma m_s$	
↑	0	$+\frac{1}{2}$	} $L = 0, S = \frac{1}{2}$
↓	0	$-\frac{1}{2}$	

Considerando que $S = \frac{1}{2}$, a multiplicidade do termo, $(2S + 1)$, é 2 (um termo dupleto). Como $L = 0$, trata-se de um termo ^2S.

[†] Para detalhes do acoplamento j–j, veja: M. Gerloch (1986) *Orbitals, Terms and States*, Wiley, Chichester, p. 74; H. Orofino and R.B. Faria (2010) *J. Chem. Educ.*, vol. 87, p. 1451.

[†] O sinal ! significa fatorial: $x! = x \times (x-1) \times (x-2) \ldots \times 1$.

Para determinar J, veja os valores: use $J = (L + S), (L + S - 1) ... |L - S|$. O único valor possível de J é $\frac{1}{2}$; então, o símbolo do termo completo para o átomo de H é $^2S_{1/2}$.

Hélio (Z = 2)

A configuração eletrônica de um átomo de He em estado fundamental é $1s^2$ ($l = 0$) e, dessa maneira, a tabela de microestados é igual à Tabela 20.4.

$m_l = 0$	$m_l = 0$	$M_L = \Sigma m_l$	$M_S = \Sigma m_s$
↑	↓	0	0 } $L = 0, S = 0$

Como $M_L = 0$ e $M_S = 0$, segue que $L = 0$ e $S = 0$. O único valor de J é 0, e, assim, o símbolo do termo é $^1S_0$.

Lítio (Z = 3)

O Li atômico tem a configuração eletrônica no estado fundamental $1s^2 2s^1$. Como apenas a configuração $2s^1$ contribui para o símbolo do termo, o símbolo do termo para o Li é o mesmo que o do H (ambos em seus estados fundamentais): $^2S_{1/2}$.

Berílio (Z = 4)

A configuração eletrônica no estado fundamental do Be é $1s^2 2s^2$, e contém apenas configurações fechadas. Portanto, o símbolo do termo para o estado fundamental do Be é igual ao do He: $^1S_0$.

Boro (Z = 5)

Quando consideramos o boro ($1s^2 2s^2 2p^1$), surge uma nova complicação. Apenas a configuração $2p^1$ contribui para o símbolo do termo; porém, como há três orbitais p distintos ($m_l = +1$, 0 ou –1), a configuração p^1 não pode ser representada por um único símbolo do termo. Para um elétron em um orbital p ($l = 1$):

$$\text{Número de microestados} = \frac{\{2(2l+1)\}!}{x!\{2(2l+1) - x\}!}$$

$$= \frac{6!}{1! \times 5!} = 6$$

Uma tabela de microestados para a configuração $2p^1$ é a seguinte:

$m_l = +1$	$m_l = 0$	$m_l = -1$	M_L	M_S
↑			+1	+$\frac{1}{2}$
	↑		0	+$\frac{1}{2}$ } $L = 1, S = \frac{1}{2}$
		↑	–1	+$\frac{1}{2}$
		↓	–1	–$\frac{1}{2}$
	↓		0	–$\frac{1}{2}$ } $L = 1, S = \frac{1}{2}$
↓			+1	–$\frac{1}{2}$

Os microestados enquadram-se em dois conjuntos com $M_L = +1$, 0, –1, e, portanto, com $L = 1$ (um termo P); $S = \frac{1}{2}$ e, assim, $(2S + 1) = 2$ (um termo dupleto). J pode assumir valores $(L + S), (L + S - 1) ... |L - S|$, e, dessa maneira, $J = \frac{3}{2}$ ou $\frac{1}{2}$. O símbolo do termo para o boro pode ser $^2P_{3/2}$ ou $^2P_{1/2}$.

Contanto que seja válido o acoplamento Russell–Saunders, as energias relativas dos termos para uma dada configuração podem ser determinadas enunciando-se as regras de Hund de uma maneira formal:

Para as **energias relativas dos termos** para uma dada configuração eletrônica:

1. O termo com a mais alta multiplicidade de spin tem a energia mais baixa.
2. Se dois ou mais termos têm a mesma multiplicidade (por exemplo, ^3F e ^3P), o termo com o valor mais alto de L tem a energia mais baixa (por exemplo, ^3F é menor que ^3P).
3. Para termos que têm a mesma multiplicidade e os mesmos valores de L (por exemplo, $^3P_0$ e $^3P_1$), o nível com o valor mais baixo de J é o mais baixo em energia, se o subnível estiver menos que meio preenchido (por exemplo, p^2), e o nível com o valor mais alto de J é o mais estável, se o subnível estiver mais que meio preenchido (por exemplo, p^4). Se o nível estiver meio preenchido com multiplicidade de spin máxima (por exemplo, p^3 com $S = \frac{3}{2}$), L deve ser zero, e $J = S$.

Para o boro, há dois termos a considerar: $^2P_{3/2}$ ou $^2P_{1/2}$. Ambos são termos dupleto e ambos têm $L = 1$. Para a configuração p^1, o nível p está menos que meio preenchido, e, portanto, o nível em estado fundamental é aquele com o menor valor de J, isto é, $^2P_{1/2}$.

Carbono (Z = 6)

A configuração eletrônica do carbono é $1s^2 2s^2 2p^2$, mas apenas a configuração $2p^2$ ($l = 1$) contribui para o símbolo do termo:

$$\text{Número de microestados} = \frac{\{2(2l+1)\}!}{x!\{2(2l+1) - x\}!}$$

$$= \frac{6!}{2! \times 4!} = 15$$

A tabela de microestados para uma configuração p^2 é dada na Tabela 20.6. Os microestados foram agrupados de acordo com os valores de M_L e M_S. Lembre-se de que os valores de L e S são derivados procurando-se os conjuntos de valores de M_L e M_S:

Valores permitidos de M_L: $L, (L - 1), ..., 0, ... -(L - 1), -L$
Valores permitidos de M_S: $S, (S - 1), ... -(S - 1), -S$

Não há meios de dizer qual entrada com $M_L = 0$ e $M_S = 0$ deve ser atribuída a qual termo (ou, de forma semelhante, como as entradas com $M_L = 1$ e $M_S = 0$, ou $M_L = -1$ e $M_S = 0$ devem ser

Tabela 20.6 Tabela de microestados para uma configuração p^2. Um elétron com $m_s = +\frac{1}{2}$ é denotado como ↑, e um elétron com $m_s = -\frac{1}{2}$, por ↓

$m_l = +1$	$m_l = 0$	$m_l = -1$	M_L	M_S
↑↓			2	0
↑	↓		1	0
	↑↓		0	0 } $L = 2, S = 0$
	↑	↓	–1	0
		↑↓	–2	0
↑	↑		1	1
↑		↑	0	1
	↑	↑	–1	1
↓	↑		1	0
↓		↑	0	0 } $L = 1, S = 1$
	↓	↑	–1	0
↓	↓		1	–1
↓		↓	0	–1
	↓	↓	–1	–1
↑		↓	0	0 } $L = 0, S = 0$

atribuídas). *Na verdade, não tem significado fazer isso.* Os símbolos do termo agora estão identificados como segue:

- $L = 2$, $S = 0$ dá o termo simpleto, ^1D; J pode assumir valores $(L + S)$, $(L + S - 1)$ ... $|L - S|$, assim, apenas $J = 2$ é possível; o símbolo do termo é $^1D_2$.
- $L = 1$, $S = 1$ corresponde a um termo tripleto; os valores possíveis de J são 2, 1, 0, dando os termos $^3P_2$, $^3P_1$ e $^3P_0$.
- $L = 0$, $S = 0$ corresponde a um termo simpleto, e apenas é possível $J = 0$; o símbolo do termo é $^1S_0$.

O ordenamento de energia previsto (a partir das regras acima) é $^3P_0 < {}^3P_1 < {}^3P_2 < {}^1D_2 < {}^1S_0$, e o estado fundamental é o termo $^3P_0$.

Nitrogênio ao neônio (Z = 7 – 10)

Um tratamento semelhante para o átomo de nitrogênio mostra que a configuração $2p^3$ dá origem aos termos ^4S, ^2P e ^2D. Para a configuração $2p^4$ (oxigênio), apresentamos uma simplificação útil considerando o caso de $2p^4$ em termos de microestados oriundo de dois pósitrons. Isto segue do fato de um pósitron ter as mesmas propriedades de momento de spin e angular de um elétron, diferindo apenas em carga. Desse modo, os termos que vêm das configurações np^4 e np^2 são os mesmos. De forma semelhante, np^5 é equivalente a np^1. Esse pósitron ou conceito do *buraco positivo* é muito útil e o estenderemos às configurações nd posteriormente.

Exercícios propostos

1. Mostre que os termos da configuração $3s^2 3p^3$ do Si são $^1D_2$, $^3P_2$, $^3P_1$, $^3P_0$ e $^1S_0$, e que o termo fundamental é o $^3P_0$.
2. Mostre que o termo fundamental da configuração $2s^2 2p^5$ de um átomo de F é $^2P_{3/2}$.
3. Comprove que uma configuração p^3 tem 20 microestados possíveis.
4. Mostre que a configuração $2s^2 2p^3$ do nitrogênio leva aos termos ^4S, ^2D e ^2P, e que o termo fundamental é $^4S_{3/2}$.

A configuração d^2

Finalmente, na presente seção, passamos para as configurações eletrônicas d. Com $l = 2$, e até 10 elétrons, as tabelas de microestados logo ficam grandes. Consideraremos apenas a configuração d^2, para a qual:

$$\text{Número de microestados} = \frac{\{2(2l+1)\}!}{x!\{2(2l+1)-x\}!}$$

$$= \frac{10!}{2! \times 8!} = 45$$

A Tabela 20.7 apresenta os 45 microestados que foram dispostos de acordo com os valores de M_L e M_S. Mais uma vez, lembre-se de que, para microestados como aqueles com $M_L = 0$ e $M_S = 0$, não há meios de dizer qual entrada deverá ser atribuída a qual termo. Os termos oriundos dos microestados na Tabela 20.7 são determinados como segue:

- $L = 3$, $S = 1$ dá um termo ^3F com valores de J de 4, 3 ou 2 ($^3F_4$, $^3F_3$, $^3F_2$);
- $L = 4$, $S = 0$ dá um termo ^1G apenas com $J = 4$ possível ($^1G_4$);
- $L = 2$, $S = 0$ dá um termo ^1D apenas com $J = 2$ possível ($^1D_2$);
- $L = 1$, $S = 2$ dá um termo ^3P com valores de J de 2, 1 ou 0 ($^3P_2$, $^3P_1$, $^3P_0$);
- $L = 0$, $S = 0$ dá um termo ^1S apenas com $J = 0$ possível ($^1S_0$).

As energias relativas desses termos são determinadas considerando-se as regras de Hund. Os termos com a mais alta multiplicidade de spin são os ^3F e ^3P, e, destes, o termo com valor superior de L tem a menor energia. Portanto, ^3F é o termo fundamental. Os termos restantes são todos simpletos e, dessa maneira, suas energias relativas dependem dos valores de L. Dessa maneira, as regras de Hund predizem o ordenamento de energia dos termos para uma configuração d^2 como $^3F < {}^3P < {}^1G < {}^1D < {}^1S$.

A configuração d^2 é menor que um nível meio preenchido e, então, se incluirmos os valores de J, uma descrição mais detalhada do ordenamento previsto dos termos é $^3F_2 < {}^3F_3 < {}^3F_4 < {}^3P_0 < {}^3P_1 < {}^3P_2 < {}^1G_4 < {}^1D_2 < {}^1S_0$. Voltaremos a esse ordenamento quando discutirmos os parâmetros de Racah na Seção 20.7, e magnetismo (veja a Fig. 20.24).

Exercícios propostos

Mais explicações para as respostas podem ser encontradas pela leitura da Seção 20.6.

1. Monte uma tabela de microestados para uma configuração d^1 e mostre que o símbolo do termo é ^2D, e que o termo fundamental é $^3D_{3/2}$.
2. Explique por que um valor de $S = 1$ corresponde a um estado tripleto.
3. Os termos para uma configuração d^2 são ^1D, ^3F, ^1G, ^3P e ^1S. Qual é o termo no estado fundamental? Explique sua resposta.
4. Explique por que uma configuração d^9 tem o mesmo termo no estado fundamental que uma configuração d^1.
5. Monte uma tabela de microestados para uma configuração d^5, considerando *unicamente* os microestados com a multiplicidade de spin mais alta possível (o *limite de campo fraco*). Mostre que o símbolo do termo para o termo fundamental é $^6S_{5/2}$.

20.7 Espectros eletrônicos: absorção

Características do espectro

Um aspecto característico de muitos complexos de metais do bloco d são suas cores, que têm origem porque eles absorvem luz na região do visível (por exemplo, a Fig. 20.4). Estudos de espectros eletrônicos de complexos de metais fornecem informações a respeito da estrutura e ligação, embora a interpretação dos espectros nem sempre seja direta. As absorções vêm das transições entre níveis de energia eletrônica:

- transições entre orbitais centrados no metal que possuem caráter d (transições 'd–d');
- transições entre OMs centrados no metal e centrados no ligante que transferem carga do metal para ligante ou do ligante para o metal (bandas de transferência de carga).

Os espectros de absorção eletrônica e a notação das transições eletrônicas foram apresentados na Seção 4.7 (Volume 1) juntamente com a lei de Beer–Lambert que relaciona absor-

Química dos metais do bloco d: complexos de coordenação 45

Tabela 20.7 Tabela de microestados para uma configuração d^2. Um elétron com $m_s = +\frac{1}{2}$ é denotado como ↑, e um elétron com $m_s = \frac{1}{2}$, por ↓

$m_l = +2$	$m_l = +1$	$m_l = 0$	$m_l = -1$	$m_l = -2$	M_L	M_S	
↑	↑				+3	+1	
↑		↑			+2	+1	
↑			↑		+1	+1	
↑				↑	0	+1	
	↑			↑	−1	+1	
		↑		↑	−2	+1	
			↑	↑	−3	+1	
↑	↓				+3	0	
↑		↓			+2	0	
↑			↓		+1	0	
↑				↓	0	0	$L = 3, S = 1$
	↑			↓	−1	0	
		↑		↓	−2	0	
			↑	↓	−3	0	
↓	↓				+3	−1	
↓		↓			+2	−1	
↓			↓		+1	−1	
↓				↓	0	−1	
	↓			↓	−1	−1	
		↓		↓	−2	−1	
			↓	↓	−3	−1	
↑↓					+4	0	
↓	↑				+3	0	
↓		↑			+2	0	
↓			↑		+1	0	
↓				↑	0	0	$L = 4, S = 0$
	↓			↑	−1	0	
		↓		↑	−2	0	
			↓	↑	−3	0	
				↑↓	−4	0	
	↑↓				+2	0	
	↑		↓		+1	0	
	↑			↓	0	0	$L = 2, S = 0$
		↑	↓		−1	0	
			↑↓		−2	0	
↑	↑				+1	+1	
↑		↑			0	+1	
	↑	↑			−1	+1	
↓	↑				+1	0	
↓		↑			0	0	$L = 1, S = 1$
	↓	↑			−1	0	
↓	↓				+1	−1	
↓		↓			0	−1	
	↓	↓			−1	−1	
		↑↓			0	0	$L = 0, S = 0$

bância à concentração da solução. O coeficiente de extinção molar, $\varepsilon_{máx}$, é determinado a partir da lei de Beer–Lambert (Eq. 20.12) e indica a intensidade de uma absorção. Os valores de $\varepsilon_{máx}$ vão desde próximos de zero até > 10 000 dm³ mol⁻¹ cm⁻¹ (Tabela 20.8).

$$\varepsilon_{máx} = \frac{A_{máx}}{c \times \ell} \qquad (\varepsilon_{máx} \text{ em dm}^3\text{ mol}^{-1}\text{ cm}^{-1}) \qquad (20.12)$$

Uma banda de absorção é caracterizada tanto pelo comprimento de onda, $\lambda_{máx}$, da radiação eletromagnética absorvida quanto por $\varepsilon_{máx}$. Um espectro de absorção pode ser representado por um gráfico de absorbância (A) em função do comprimento de onda (Fig. 20.16), ε em função do comprimento de onda, A em função do número de onda ($\bar{\nu}$), ou ε em função do número de onda (veja a Seção 4.7 – Volume 1). O comprimento de onda geralmente é citado em nm e o número de onda, em cm⁻¹.

$$\bar{\nu} = \frac{1}{\lambda} = \frac{\nu}{c}$$

400 nm corresponde a 25 000 cm⁻¹; 200 nm corresponde a 50 000 cm⁻¹.

Alguns pontos importantes (para os quais as explicações serão dadas posteriormente nesta seção) são que os espectros de absorção eletrônica dos

Tabela 20.8 Valores típicos de $\varepsilon_{máx}$ para absorções eletrônicas. Um $\varepsilon_{máx}$ grande corresponde a uma absorção intensa e, se a absorção estiver na região do visível, a um complexo altamente colorido

Tipo de transição	$\varepsilon_{máx}$ típico/dm^3 mol^{-1} cm^{-1}	Exemplo
Proibida pelo spin 'd–d'	<1	$[Mn(OH_2)_6]^{2+}$ (d^5 de alto spin)
Proibida por Laporte, permitida pelo spin 'd–d'	1–10	Complexos centrossimétricos, por exemplo, o $[Ti(OH_2)_6]^{3+}$ (d^1)
	10–1000	Complexos não centrossimétricos, por exemplo, o $[NiCl_4]^{2-}$
Transferência de carga (totalmente permitida)	1000–50 000	$[MnO_4]^-$

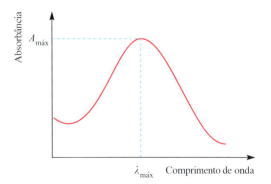

Fig. 20.16 As absorções no espectro eletrônico de uma molécula ou íon molecular frequentemente são largas, e abrangem uma gama de comprimentos de onda. A absorção é caracterizada por valores de $\lambda_{máx}$ e $\varepsilon_{máx}$ (veja a Eq. 20.12).

- complexos d^1, d^4, d^6 e d^9 consistem em uma absorção larga;
- complexos d^2, d^3, d^7 e d^8 consistem em três absorções largas;
- complexos d^5 consistem em uma série de absorções muito fracas, com picos tendo uma forma relativamente aguda.

Exercícios propostos

1. Mostre que 20 000 cm^{-1} = 500 nm.
2. A Fig. 20.4 mostra o espectro de absorção do $[Ti(OH_2)_6]^{3+}$ aquoso na forma de uma representação gráfica de A em função de $\bar{\nu}$. Como a aparência da representação gráfica mudará se for traçada de novo na forma de (a) A em função de λ, e (b) ε em função de $\bar{\nu}$? (c) De que outras informações você precisa para gerar uma representação gráfica de ε em função de $\bar{\nu}$?

Absorções de transferência de carga

Na Seção 17.4 (Volume 1) apresentamos as bandas de transferência de carga no contexto de seu aparecimento na região do IV nos espectros de complexos de transferência de carga contendo halogênios. Nos complexos de metais, as absorções intensas (normalmente na região do IV e do visível do espectro eletrônico) podem se originar de transições n–π^* ou π–π^* centradas no ligante, ou da transferência de carga eletrônica entre os orbitais do ligante e do metal. Estas últimas enquadram-se em duas categorias:

- transferência de um elétron de um orbital com caráter principalmente de ligante para um com caráter principalmente de metal (transferência de carga ligante para metal, TCLM).

- transferência de um elétron de um orbital com caráter principalmente de metal para um com caráter principalmente de ligante (transferência de carga metal para ligante, TCML).

As transições de transferência de carga não estão restritas pelas regras de seleção que regem as transições 'd–d' (veja mais à frente). Portanto, a probabilidade dessas transições eletrônicas é elevada, e, assim sendo, as bandas de absorção são intensas (Tabela 20.8).

Como a transferência de elétrons do metal para o ligante corresponde à oxidação do metal e redução do ligante, ocorre uma transição TCML quando um ligante que é facilmente reduzido fica ligado a um centro metálico que é facilmente oxidado. Em contrapartida, a TCLM ocorre quando um ligante que é facilmente oxidado fica ligado a um centro metálico (geralmente aquele em alto estado de oxidação) que é facilmente reduzido. Portanto, existe uma correlação entre as energias das absorções de transferência de carga e as propriedades eletroquímicas dos metais e ligantes.

A transferência de carga ligante para metal pode dar origem a absorções na região do IV e do visível do espectro eletrônico. Um dos exemplos mais bem conhecidos é observado para o KMnO$_4$. A forte cor violeta das soluções aquosas do KMnO$_4$ vem de uma intensa absorção TCLM na região visível do espectro (Fig. 20.17). Esta transição corresponde à promoção de um elétron de um orbital que tem um caráter predominante de par isolado do oxigênio para um orbital de baixa energia, predominantemente centrado no Mn. As seguintes

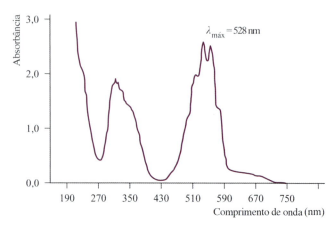

Fig. 20.17 Parte do espectro de absorção eletrônica de uma solução aquosa de KMnO$_4$. Ambas as absorções originam-se de TCLM, mas é a banda em 528 nm que dá origem à cor violeta observada. Devem ser utilizadas soluções muito diluídas (aqui, 1,55 × 10^{-3} mol dm^{-3}) para que as absorções permaneçam dentro da escala de absorção.

séries de complexos ilustram os efeitos do estado do metal, do ligante e de oxidação do metal na posição ($\lambda_{máx}$) da banda de TCLM:

- [MnO$_4$]$^-$ (528 nm), [TeO$_4$]$^-$ (286 nm), [ReO$_4$]$^-$ (227 nm);
- [CrO$_4$]$^{2-}$ (373 nm), [MoO$_4$]$^{2-}$ (225 nm), [WO$_4$]$^{2-}$ (199 nm);
- [FeCl$_4$]$^{2-}$ (220 nm), [FeBr$_4$]$^{2-}$ (244 nm);
- [OsCl$_6$]$^{3-}$ (282 nm), [OsCl$_6$]$^{2-}$ (370 nm).

Nas primeiras duas séries, acima, a banda de TCLM move-se para o comprimento de onda menor (energia superior) à medida que o centro metálico fica mais difícil de reduzir (veja a Fig. 22.14). Os valores dos máximos de absorção para o [FeX$_4$]$^{3-}$ com diferentes ligantes haleto ilustram um deslocamento para comprimento de onda mais longo (energia inferior) à medida que o ligante fica mais fácil de oxidar (o I$^-$ mais fácil que o Br$^-$, mais fácil que o Cl$^-$). Finalmente, uma comparação de dois complexos de ósmio que diferem apenas no estado de oxidação do centro do metal ilustra que o ordenamento observado dos valores de $\lambda_{máx}$ é consistente com o fato de o Os(IV) ser mais fácil de reduzir do que o Os(III).

A transferência de carga do metal para ligante ocorre normalmente quando o ligante tem um orbital π^* de baixa energia vazio, por exemplo, o CO (veja a Fig. 2.15), o py, o bpy, o fen e outros ligantes aromáticos heterocíclicos. Frequentemente, a absorção associada ocorre na região do UV do espectro e não é responsável pela produção de espécies de cor intensa. Além disso, para ligantes, em que é possível a transição $\pi^* \leftarrow \pi$ centrada no ligante (por exemplo, aromáticos heterocíclicos tais como o bpy), a banda de TCML pode ser obscurecida pela absorção $\pi^* \leftarrow \pi$. Para o [Fe(bpy)$_3$]$^{2+}$ e o [Ru(bpy)$_3$]$^{2+}$, as bandas de TCML aparecem na região do visível a 520 e 452 nm, respectivamente. Ambos são complexos de metal(II), e os orbitais d do metal são relativamente próximos em energia aos orbitais π^* do ligante, dando origem a uma energia de absorção de TCML correspondente à parte visível do espectro.

Exercícios propostos

1. Explique por que as soluções aquosas de [MnO$_4$]$^-$ são de cor violeta, enquanto as de [ReO$_4$]$^-$ são incolores.
2. Explique a origem de uma absorção a 510 nm (ε = 11 000 dm^3 mol^{-1} cm^{-1}) no espectro de absorção eletrônica do [Fe(fen)$_3$]$^{2+}$ (fen, veja a Tabela 7.7).

Regras de seleção

Conforme vimos na Seção 20.6, os níveis de energia eletrônica são marcados com símbolos dos termos. Para a maior parte deles, utilizaremos a forma simplificada desses identificadores, omitindo os estados de J. Dessa maneira, o símbolo do termo é escrito na forma geral:

Multiplicidade do termo —— $(2S+1)L$ ←
- $L = 0$ S termo
- $L = 1$ P termo
- $L = 2$ D termo
- $L = 3$ F termo
- $L = 4$ G termo

As transições eletrônicas entre os níveis de energia obedecem às seguintes regras de seleção:

> **Regra de seleção do spin**: $\Delta S = 0$
> Podem ocorrer transições de estados simpleto para simpleto, ou de estados tripleto para tripleto, e assim por diante, mas é *proibida* uma mudança na multiplicidade do spin.
>
> **Regra de seleção de Laporte**: Deve haver uma mudança da paridade:
>
> transições permitidas: $g \leftrightarrow u$
> transições proibidas: $g \leftrightarrow g$ $u \leftrightarrow u$
>
> Isto leva à regra de seleção:
>
> $\Delta l = \pm 1$
>
> e, dessa forma, as transições *permitidas* são $s \rightarrow p, p \rightarrow d, d \rightarrow f$; as transições *proibidas* são $s \rightarrow s, p \rightarrow p, d \rightarrow d, f \rightarrow f, s \rightarrow d, p \rightarrow f$, etc.

Como essas regras de seleção *devem* ser *rigorosamente obedecidas*, por que muitos complexos de metais do bloco d apresentam bandas 'd–d' em seus espectros de absorção eletrônica?

Uma transição proibida pelo spin torna-se 'permitida', se, por exemplo, um estado simpleto se mistura, até certo ponto, com um estado tripleto. Isto é possível pelo *acoplamento spin–órbita* (veja a Seção 20.6), porém, para os metais da primeira linha, o grau de mistura é pequeno e, por isso, as bandas associadas com transições 'proibidas pelo spin' são muito fracas (Tabela 20.8). As transições permitidas pelo spin 'd–d' permanecem proibidas por Laporte e sua observação é explicada por um mecanismo chamado de '*acoplamento vibrônico*'. Um complexo octaédrico possui um centro de simetria, mas as vibrações moleculares resultam na perda temporária desse centro. Em um instante, quando a molécula *não* possui um centro de simetria, pode ocorrer a mistura dos orbitais d e p. Como o tempo de vida da vibração ($\approx 10^{-13}$ s) é maior do que o de uma transição eletrônica ($\approx 10^{-18}$ s), pode ocorrer uma transição 'd–d' envolvendo um orbital de caráter pd misto, embora a absorção ainda seja relativamente fraca (Tabela 20.8). Em uma molécula que é não centrossimétrica (por exemplo, tetraédrica), pode ocorrer mistura p–d em uma extensão maior e, dessa forma, a probabilidade das transições 'd–d' é maior em um complexo centrossimétrico. Isto leva aos complexos tetraédricos serem de coloração mais intensa do que os complexos octaédricos.

Exemplo resolvido 20.3 Transições permitidas pelo spin e proibidas pelo spin

Explique por que uma transição eletrônica para o [Mn(OH$_2$)$_6$]$^{2+}$ é proibida pelo spin, mas, para o [Co(OH$_2$)$_6$]$^{2+}$, é permitida pelo spin.

[Mn(OH$_2$)$_6$]$^{2+}$ é Mn(II) d^5 de alto spin:

↑ ↑ e_g
↑ ↑ ↑ t_{2g}

Uma transição de um orbital t_{2g} para um e_g é impossível sem a violação da regra de seleção de spin: $\Delta S = 0$.

O [Co(OH$_2$)$_6$]$^{2+}$ é um complexo de Co(II) d^7 de alto spin:

↑ ↑ e_g
↑↓ ↑↓ ↑ t_{2g}

Uma transição de um orbital t_{2g} para um e_g pode ocorrer sem violar a regra de seleção de spin.
NB: As transições em ambos os complexos são proibidas por Laporte.

Exercícios propostos

1. Escreva a regra de seleção de spin.
   [*Resp.*: Veja as regras de seleção nesta seção)

2. O que é a configuração d^n e o que é a multiplicidade de spin do estado fundamental (a) de um íon Ti^{3+} e (b) de um íon V^{3+}?
   [*Resp.*: (a) d^1; dupleto; (b) d^2; tripleto]

3. Por que uma transição de um orbital t_{2g} para um e_g é permitida pelo spin em $[V(OH_2)_6]^{3+}$?
   [*Resp.*: Tripleto para tripleto; veja a questão 1]

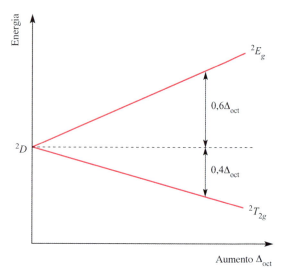

Fig. 20.18 Diagrama dos níveis de energia para um íon d^1 em um campo octaédrico.

Espectros de absorção eletrônica de complexos octaédricos e tetraédricos

A espectroscopia eletrônica é um tópico complicado e vamos restringir nossa discussão aos complexos de alto spin. Isto corresponde ao limite do *campo fraco*. Começamos com o espectro de absorção eletrônica de um íon d^1 octaédrico, exemplificado pelo $[Ti(OH_2)_6]^{3+}$. O espectro do $[Ti(OH_2)_6]^{3+}$ (Fig. 20.4) exibe uma banda larga. No entanto, uma inspeção detalhada mostra a presença de um ombro indicando que a absorção, na realidade, é de duas bandas muito próximas (veja a seguir). O símbolo do termo para o estado fundamental do Ti^{3+} (d^1, um elétron com $L = 2$, $S = \frac{1}{2}$) é ^2D. Em um campo octaédrico, ele é desdobrado nos termos $^2T_{2g}$ e ^2E_g separados por uma energia Δ_{oct}. De modo mais geral, pode-se mostrar a partir da teoria de grupos que, em um campo octaédrico ou tetraédrico, os termos D, F, G, H e I os termos S e P, se desdobram. (Os íons dos metais lantanoides oferecem exemplos de termos H e I no estado fundamental: veja a Tabela 27.3.)

Termo	Componentes em um campo octaédrico
S	A_{1g}
P	T_{1g}
D	$T_{2g} + E_g$
F	$A_{2g} + T_{2g} + T_{1g}$
G	$A_{1g} + E_g + T_{2g} + T_{1g}$
H	$E_g + T_{1g} + T_{1g} + T_{2g}$
I	$A_{1g} + A_{2g} + E_g + T_{1g} + T_{2g} + T_{2g}$

Ocorrem divisões semelhantes em um campo tetraédrico, mas os símbolos g deixam de ser aplicáveis (veja o Boxe 20.1).

Os desdobramentos aparecem porque os termos S, P, D, F e G se referem a um conjunto degenerado de orbitais d. Em um campo octaédrico, eles se desdobram nos conjuntos t_{2g} e e_g de orbitais (Fig. 20.2). Portanto, para o íon d^1 (símbolo do termo ^2D), há duas configurações possíveis: $t_{2g}^1 e_g^0$ ou $t_{2g}^0 e_g^1$, e elas dão origem aos termos $^2T_{2g}$ (estado fundamental) e ^2E_g (estado excitado). A separação de energia entre esses estados aumenta com o aumento da força do campo (Fig. 20.18). O espectro de absorção eletrônica do Ti^{3+} vem de uma transição do nível T_{2g} para o E_g. A energia da transição depende da força do campo dos ligantes no complexo octaédrico Ti(III). A observação de que o espectro de absorção do $[Ti(OH_2)_6]^{3+}$ (Fig. 20.4) consiste em duas bandas, em vez de uma, pode ser explicada em termos de um efeito Jahn–Teller no estado excitado, $t_{2g}^0 e_g^1$. A ocupação simples do nível e_g resulta em uma diminuição da degenerescência, embora a separação de energia resultante entre os dois orbitais seja pequena. Um efeito correspondente no conjunto t_{2g} é ainda menor, podendo ser ignorado. Portanto, são possíveis duas transições do estado fundamental para o excitado. Estes estados são próximos em energia e o espectro mostra duas absorções, que são de comprimento de onda semelhante.

Para a configuração d^9 (por exemplo, o Cu^{2+}) em um campo octaédrico (na realidade, uma rara ocorrência por causa dos efeitos Jahn–Teller que diminuem a simetria), o estado fundamental do íon livre (^2D) é novamente desdobrado nos termos $^2T_{2g}$ e ^2E_g, mas, ao contrário do íon d^1 (Fig. 20.18), o termo ^2E_g é menor que o termo $^2T_{2g}$. As configurações d^9 e d^1 estão relacionadas por um conceito de *buraco positivo*: d^9 é derivado de uma configuração d^{10} pela substituição de um elétron por um buraco positivo. Dessa forma, enquanto a configuração d^1 contém um elétron, a d^9 contém um 'buraco' (veja a Seção 20.6). Para um íon d^9 em um campo octaédrico, o diagrama de desdobramento é uma inversão daquele para o íon d^1 octaédrico. Esta relação está mostrada na Fig. 20.19 (um *diagrama de Orgel*), em que o lado direito descreve o caso de d^1 octaédrico e o lado esquerdo descreve o íon d^9 octaédrico.

Assim como existe uma relação entre as configurações d^1 e d^9, existe uma relação semelhante entre as configurações d^4 e d^6. Além disso, podemos relacionar as quatro configurações em um campo octaédrico como segue. No limite do campo fraco, um íon d^5 é de alto spin e esfericamente simétrico, e, neste último aspecto, as configurações d^0, d^5 e d^{10} são análogas. A adição de um elétron ao íon d^5 de alto spin dá uma imitação da configuração d^6, indo de uma configuração d^0 para uma d^1. Da mesma forma, a passagem de d^5 para d^4 pela adição de um buraco positivo simula a ida de d^{10} para d^9. O resultado é que os diagramas de Orgel para os íons octaédricos d^1 e d^6 são os mesmos, conforme o são os diagramas para d^4 e d^9 octaédricos (Fig. 20.19).

A Fig. 20.19 também mostra que o diagrama para um íon d^1 ou d^9 é invertido indo de um campo octaédrico para um tetraé-

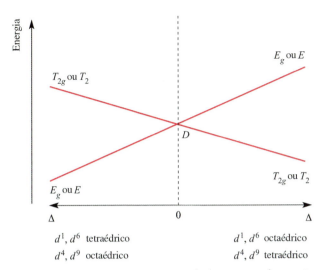

Fig. 20.19 Diagrama de Orgel para os íons d^1, d^4 (alto spin), d^6 (alto spin) e d^9 em campos octaédrico (para o qual são relevantes os símbolos T_{2g} e E_g) e tetraédrico (símbolos E e T_2). Ao contrário da Fig. 20.18, as multiplicidades não são enunciadas porque dependem da configuração d^n.

drico. Como o diagrama de Orgel utiliza uma representação simples para campos octaédricos e tetraédricos, não é possível indicar que $\Delta_{tet} = \frac{4}{9}\Delta_{oct}$. Os íons tetraédricos d^4 e d^6 também podem ser representados no mesmo diagrama de Orgel.

Finalmente, a Fig. 20.19 mostra que, para cada um dos íons octaédricos e tetraédricos d^1, d^4, d^6 e d^9, é possível apenas uma transição eletrônica de um estado fundamental para o excitado:

- para d^1 e d^6 octaédricos, a transição é $E_g \leftarrow T_{2g}$
- para d^4 e d^9 octaédricos, a transição é $T_{2g} \leftarrow E_g$
- para d^1 e d^6 tetraédricos, a transição é $T_2 \leftarrow E$
- para d^4 e d^9 tetraédricos, a transição é $E \leftarrow T_2$

Cada transição é *permitida pelo spin* (sem variação no spin total, S) e o espectro de absorção eletrônica de cada íon apresenta uma banda. Para evitar omissões, a notação para as transições dadas anteriormente deve incluir multiplicidades de spin, $2S + 1$, por exemplo, para d^1 octaédrico, a notação é $^2E_g \leftarrow {}^2T_{2g}$, e, para d^4 octaédrico de alto spin, é $^5T_{2g} \leftarrow {}^5E_g$.

De maneira análoga ao agrupamento de íons d^1, d^4, d^6 e d^9, podemos considerar em conjunto os íons d^2, d^3, d^7 e d^8 em campos octaédricos e tetraédricos. Para discutir os espectros eletrônicos desses íons, devem ser conhecidos os termos que se originam da configuração d^2. Em um espectro de absorção, estamos interessados nas transições eletrônicas do estado fun-

damental para um ou mais estados excitados. As transições são possíveis de um estado excitado para outro, mas sua probabilidade é tão baixa que elas podem ser ignoradas. Dois pontos são de particular importância:

- as regras de seleção restringem as transições àquelas entre termos com a *mesma* multiplicidade;
- o estado fundamental será um termo com a mais alta multiplicidade de spin (regras de Hund, veja a Seção 20.6).

Para determinar os termos para a configuração d^2, deve ser construída uma tabela de microestados (Tabela 20.7). No entanto, para interpretar espectros eletrônicos, a tabela pode ser simplificada, pois precisamos nos preocupar unicamente com os termos de máxima multiplicidade de spin. Ela corresponde a um *limite de campo fraco*. Portanto, para o íon d^2, concentramo-nos nos termos ^3F e ^3P (tripleto). Estes acham-se resumidos na Tabela 20.9, com os microestados correspondentes representados apenas em termos de elétrons com $m_s = +\frac{1}{2}$. Segue das regras dadas na Seção 20.6 que se espera que o termo ^3F seja de energia mais baixa do que o termo ^3P. Em um campo octaédrico, o termo ^3P não se desdobra, e é marcado $^3T_{1g}$. O termo ^3F se desdobra nos termos $^3T_{1g}$, $^3T_{2g}$ e $^3A_{2g}$. O termo $^3T_{1g}(F)$ corresponde a um arranjo $t_{2g}^2 e_g^0$ e é triplamente degenerado, porque há três maneiras de colocar dois elétrons (com spins paralelos) em dois orbitais quaisquer entre d_{xy}, d_{yz} e d_{xz}. O termo $3A_{2g}$ corresponde ao arranjo $t_{2g}^0 e_g^2$ (não degenerado). Os termos $^3T_{2g}$ e $^3T_{1g}(P)$ equivalem à configuração $t_{2g}^1 e_g^1$; o termo $^3T_{2g}$ de energia mais baixa vem da alocação de dois elétrons em orbitais localizados em planos mutuamente perpendiculares, por exemplo, $(d_{xy})^1(d_{z^2})^1$, enquanto o termo $^3T_{1g}(P)$ surge da alocação de dois elétrons em orbitais localizados no mesmo plano, por exemplo, $(d_{xy})^1(d_{x^2-y^2})^1$. As energias dos termos $^3T_{1g}(F)$, $^3T_{2g}$, $^3A_{2g}$ e $^3T_{1g}(P)$ são mostradas do lado direito da Fig. 20.20; observe o efeito do aumento da força do campo. Começando com esse diagrama e usando os mesmos argumentos que utilizamos para os íons d^1, d^4, d^6 e d^9, podemos obter o diagrama de Orgel completo apresentado na Fig. 20.20. Em forças de campo aumentadas, as curvas que descrevem os termos $T_{1g}(F)$ e $T_{1g}(P)$ (ou T_1, dependendo de estarmos tratando de casos octaédricos ou tetraédricos) separam-se umas das outras; existe interação entre termos de mesma simetria e não é permitido que se cruzem (a *regra do não cruzamento*). Na Fig. 20.20 podemos ver por que são observadas três absorções nos espectros eletrônicos dos complexos d^2, d^3, d^7 e d^8 octaédricos e tetraédricos. As transições são do estado fundamental para estados excitados, e todas são permitidas pelo spin, por exemplo,

Tabela 20.9 Uma tabela resumida de microestados para uma configuração d^2; é considerado somente um caso de alto spin (limite de campo fraco), e cada elétron tem $m_s = +\frac{1}{2}$. Os microestados são agrupados de forma a mostrar a obtenção dos termos ^3F e ^3P. A Tabela 20.7 fornece a tabela completa de microestados para um íon d^2

$m_l = +2$	$m_l = +1$	$m_l = 0$	$m_l = -1$	$m_l = -2$	M_L	
↑	↑				+3	
↑		↑			+2	
↑			↑		+1	
↑				↑	0	$^3F\ (L=3)$
	↑			↑	−1	
		↑		↑	−2	
			↑	↑	−3	
	↑	↑			+1	
	↑			↑	0	$^3P\ (L=1)$
		↑	↑		−1	

50 CAPÍTULO 20

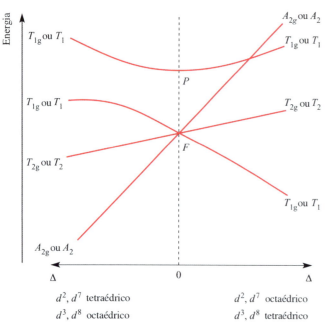

Fig. 20.20 Diagrama de Orgel para íons d^2, d^3, d^7 e d^8 (alto spin) em campos octaédricos (para os quais são relevantes os símbolos T_{1g}, T_{2g} e A_{2g}) e tetraédricos (símbolos T_1, T_2 e A_2). As multiplicidades não são enunciadas porque dependem da configuração d^n; por exemplo, para o íon d^2 octaédrico, são apropriados os símbolos $^3T_{1g}$, $^3T_{2g}$ e $^3A_{2g}$.

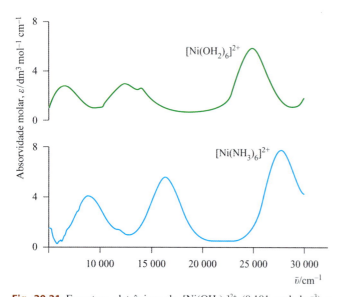

Fig. 20.21 Espectros eletrônicos do $[Ni(OH_2)_6]^{2+}$ (0,101 mol dm^{-3}) e $[Ni(NH_3)_6]^{2+}$ (0,315 mol dm^{-3} em solução aquosa de NH_3) mostrando três bandas de absorção. Os valores da absorvidade molar, ε, são relacionados à absorbância pela lei de Beer-Lambert (Eq. 20.12). [Esta figura é baseada em dados fornecidos por Christian Reber; veja: M. Triest, G. Bussière, H. Bélisle and C. Reber (2000) *J. Chem. Educ.*, vol. 77, p. 670; http://jchemed.chem.wisc.edu/JCEWWW/Articles /JCENi/JCENi.html].

para um íon octaédrico d^3, as transições permitidas são $^4T_{2g} \leftarrow {}^4A_{2g}$, $^4T_{1g}(F) \leftarrow {}^4A_{2g}$ e $^4T_{1g}(P) \leftarrow {}^4A_{2g}$. A Fig. 20.21 ilustra os espectros para complexos de níquel(II) (d^8) octaédricos.

Para a configuração d^5 de alto spin, todas as transições são *proibidas pelo spin* e as transições '*d–d*' que são observadas são entre o estado fundamental ^6S e estados quartetos (três elétrons desemparelhados). As absorções associadas são extremamente fracas.

Exemplo resolvido 20.4 Espectros de absorção eletrônica

O espectro de absorção eletrônica de uma solução aquosa de $[Ni(en)_3]^{2+}$ exibe absorções largas com $\lambda_{máx} \approx 325$, 550 e 900 nm. (a) Identifique as transições eletrônicas. (b) Que bandas estão na região do visível?

(a) O $[Ni(en)_3]^{2+}$ é um complexo d^3 de Ni(II). No diagrama de Orgel na Fig. 20.20 podem ser identificadas as três transições; o *menor comprimento de onda* corresponde à transição de *mais alta energia*:

900 nm atribuída a $^3T_{2g} \leftarrow {}^3A_{2g}$
550 nm atribuída a $^3T_{1g}(F) \leftarrow {}^3A_{2g}$
325 nm atribuída a $^3T_{1g}(P) \leftarrow {}^3A_{2g}$

(b) A região do visível cobre de ≈ 400 a 750 nm, então, apenas a absorção em 500 nm fica nessa faixa (veja a Tabela 19.2). A banda em 325 nm pode ser considerada como estando na extremidade da região do visível.

Exercícios propostos

1. Das três absorções no $[Ni(en)_3]^{2+}$, qual é mais próxima do final do UV do espectro? [*Resp.*: Veja o Apêndice 4]
2. A notação $^3T_{2g} \leftarrow {}^3A_{2g}$ indica uma banda de absorção ou uma de emissão? [*Resp.*: Veja a Seção 4.7 – Volume 1]
3. Por que as três transições do $[Ni(en)_3]^{2+}$ são (a) permitidas pelo spin, e (b) proibidas por Laporte?

Interpretação de espectros de absorção eletrônica: uso dos parâmetros de Racah

Para uma configuração d^1, a energia da banda de absorção em um espectro eletrônico dá uma medida direta de Δ_{oct}. A Fig. 20.22a mostra o desdobramento do termo ^2D dentro de um campo octaédrico nos níveis T_{2g} e E_g, sendo Δ_{oct} a diferença de energia. A dependência desse desdobramento em relação à força do campo do ligante é representada no diagrama de Orgel na Fig. 20.18. Para outras configurações eletrônicas diferentes de d^1, a situação é mais complicada. Por exemplo, na Fig. 20.20, esperamos que o espectro eletrônico de um íon d^2, d^3, d^7 ou d^8 consista em três absorções oriundas de transições *d–d*. Como determinaremos um valor de Δ_{oct} a partir de um espectro desses? Para uma dada configuração eletrônica, as energias dos termos são dadas por equações que envolvem *parâmetros de Racah* (A, B e C) que respondem por repulsões elétron–elétron. Esses parâmetros são empregados além do Δ_{oct} para quantificar a descrição do espectro. Por exemplo, os termos ^3F, ^3P, ^1G, ^1D e ^1S vêm de uma configuração d^2, e suas energias são as que seguem:

Energia de $^1S = A + 14B + 7C$

Energia de $^1D = A - 3B + 2C$

Energia de $^1G = A + 4B + 2C$

Energia de $^3P = A + 7B$

Energia de $^3F = A - 8B$

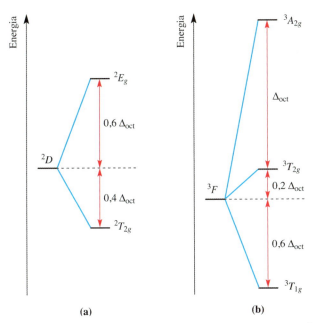

Fig. 20.22 (a) Desdobramento em um campo octaédrico (a) do termo ^2D oriundo de uma configuração d^1, e (b) do termo ^3F oriundo de uma configuração d^2. O termo ^3P para a configuração d^2 não se desdobra. O diagrama aplica-se apenas ao limite de campo fraco.

As energias reais dos termos podem ser determinadas espectroscopicamente[†] e observa-se que o ordenamento é $^3F < {}^1D < {}^3P < {}^1G < {}^1S$. (Compare com um ordenamento previsto pelas regras de Hund de $^3F < {}^3P < {}^1G < {}^1D < {}^1S$: veja a Seção 20.6.) Os parâmetros de Racah para um dado sistema podem ser avaliados com o uso das equações anteriores. Os valores dos parâmetros dependem do tamanho do íon (B e C ficam maiores com a diminuição do raio iônico), e, geralmente, a razão $C/B \approx 4$. Do espectro anterior, a diferença de energia entre os termos de multiplicidade de spin máxima, ^3P e ^3F, requer o uso apenas do parâmetro de Racah B. Isto é válido para os termos P e F de uma multiplicidade comum oriunda de outras configurações d^n (Eq. 20.13).

Diferença de energia entre
$$\text{os termos } P \text{ e } F = (A + 7B) - (A - 8B)$$
$$= 15B \quad (20.13)$$

Vamos ver agora em detalhe a análise de um espectro de absorção eletrônica para um íon d^2 em um campo octaédrico (*ligantes de campo fraco*). Já vimos que são possíveis três transições a partir do estado fundamental: $^3T_{2g} \leftarrow {}^3T_{1g}(F)$, $^3T_{1g}(P) \leftarrow {}^3T_{1g}(F)$ e $^3A_{2g} \leftarrow {}^3T_{1g}(F)$ (Fig. 20.20). A Fig. 20.22b mostra o desdobramento do termo ^3F, e como as separações de energia dos níveis T_{1g}, T_{2g} e A_{2g} estão relacionadas ao Δ_{oct}. No entanto, há uma complicação. A Fig. 20.22b ignora a influência do termo ^3P que fica acima do ^3F. Como já tínhamos observado, os termos de mesma simetria (por exemplo, $T_{1g}(F)$ e $T_{1g}(P)$) interagem, e isto causa o "encurvamento" das linhas no diagrama de Orgel na Fig. 20.20. Dessa maneira, uma perturbação, x, tem que ser adicionada ao diagrama de níveis de energia da Fig. 20.22b, e isto está representado na Fig. 20.23a. A partir da Eq. 20.13, a separação de energia entre os termos ^3P e ^3F é de $15B$. As energias das transições $^3T_{2g} \leftarrow {}^3T_{1g}(F)$, $^3T_{1g}(P) \leftarrow {}^3T_{1g}(F)$ e $^3A_{2g} \leftarrow$

[†] Observe que isto envolve a observação de transições envolvendo os estados tripleto e simpleto.

$^3T_{1g}(F)$ podem ser escritas em termos de Δ_{oct}, B e x. Contanto que sejam observadas todas as três transições no espectro, Δ_{oct}, B e x podem ser determinados. Infelizmente, uma ou mais absorções podem ficar ocultas sob uma banda de transferência de carga, e, na seção seguinte, vamos descrever uma estratégia alternativa para obter valores de Δ_{oct} e B.

A Fig. 20.23b mostra um desdobramento de termos para uma configuração d^3 (novamente, para um caso de *campo fraco limite*). O desdobramento inicial do termo ^4F é o inverso daquele para o termo ^3F na Fig. 20.23a (veja a Fig. 20.20 e a discussão relacionada). A mistura dos termos $^4T_{1g}(F)$ e $^4T_{1g}(P)$ resulta a perturbação x mostrada na figura. Depois de levar isso em conta, as energias das transições $^4T_{2g} \leftarrow {}^4A_{2g}$, $^4T_{1g}(F) \leftarrow {}^4A_{2g}$ e $^4T_{1g}(P) \leftarrow {}^4A_{2g}$ são escritas em termos de Δ_{oct}, B e x. Novamente, dado que todas as três bandas são observadas, no espectro eletrônico, esses parâmetros podem ser determinados.

O diagrama de níveis de energia da Fig. 20.23a descreve não apenas uma configuração d^2 octaédrica, mas também uma d^7 octaédrica, uma d^3 tetraédrica e uma d^8 tetraédrica (com variações apropriadas das multiplicidades dos símbolos dos termos). De modo semelhante, a Fig. 20.23b descreve configurações d^3 e d^8 octaédricas, e d^2 e d^7 tetraédricas.

Deve-se enfatizar que o procedimento anterior funciona *somente para o caso limite no qual a força do campo é muito pequena*. Portanto, ele não pode ser aplicado amplamente para a determinação de Δ_{oct} e de B para complexos dos metais do bloco d. Um maior desenvolvimento desse método está além do escopo deste livro,[†] e uma abordagem mais geral é o uso dos diagramas de Tanabe–Sugano.

Interpretação de espectros de absorção eletrônica: diagramas de Tanabe–Sugano

Um tratamento mais avançado das energias dos estados eletrônicos é encontrado nos *diagramas de Tanabe–Sugano*. A energia do estado fundamental é considerada como zero para todas as forças de campo, e as energias e todos os outros termos e seus componentes são representados graficamente com respeito ao termo fundamental. Se há uma mudança do termo fundamental à medida que a força do campo aumenta, surge uma descontinuidade no diagrama. A Fig. 20.24 apresenta o diagrama de Tanabe–Sugano para a configuração d^2 em um campo octaédrico. Observe que a energia e a força do campo são ambas expressas em termos do parâmetro de Racah B. A aplicação dos diagramas de Tanabe–Sugano é ilustrada no exemplo resolvido 20.5.

Exemplo resolvido 20.5 Aplicação dos diagramas de Tanabe–Sugano

As soluções aquosas de $[V(OH_2)_6]^{3+}$ apresentam absorções em 17 200 e 25 600 cm^{-1} atribuídas às transições $^3T_{2g} \leftarrow {}^3T_{1g}(F)$ e $^3T_{1g}(P) \leftarrow {}^3T_{1g}(F)$. Estime valores de B e de Δ_{oct} para o $[V(OH_2)_6]^{3+}$.

O $[V(OH_2)_6]^{3+}$ é um íon d^2 e, portanto, o diagrama de Tanabe–Sugano da Fig. 20.24 é apropriado. Um ponto importante a reconhecer é que, com o diagrama fornecido, só podem ser obtidos valores aproximados de B e de Δ_{oct}.

[†] Para uma descrição completa do tratamento, veja: A.B.P. Lever (1984) *Inorganic Electronic Spectroscopy*, Elsevier, Amsterdam.

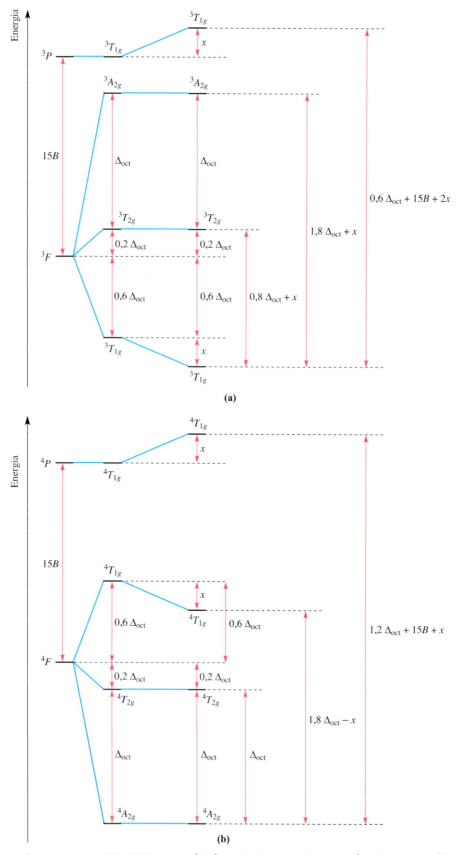

Fig. 20.23 Desdobramento de um campo octaédrico (a) dos termos ^3F e ^3P vindos de uma configuração d^2, e (b) dos termos ^4F e ^4P vindos de uma configuração d^3. O desdobramento inicial dos níveis de energia para o íon d^2 segue da Fig. 20.22b, e o desdobramento para a configuração d^3 é o inverso disso; x é a perturbação de energia causada pela mistura dos termos $T_{1g}(F)$ e $T_{1g}(P)$. As três separações de energia marcadas no lado direito de cada diagrama podem ser relacionadas às energias das transições observadas nos espectros eletrônicos dos íons d^2 e d^3. B é um parâmetro de Racah (veja a Eq. 20.13). O diagrama aplica-se exclusivamente ao limite de campo fraco.

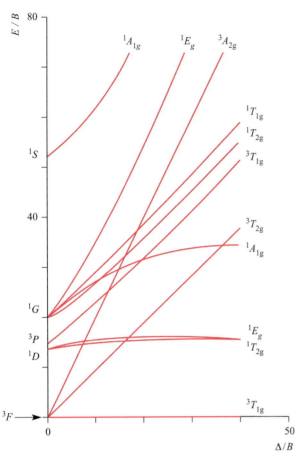

Fig. 20.24 Diagrama de Tanabe–Sugano para a configuração d^2 em um campo octaédrico.

Sejam as energias de transição $E_2 = 25\,600$ cm^{-1} e $E_1 = 17\,200$ cm^{-1}.

Os valores das energias de transição não podem ser lidas diretamente do diagrama de Tanabe–Sugano, mas podem ser obtidas as razões entre as energias, pois:

$$\frac{\left(\dfrac{E_2}{B}\right)}{\left(\dfrac{E_1}{B}\right)} = \frac{E_2}{E_1}$$

Com os dados de absorção observados:

$$\frac{E_2}{E_1} = \frac{25\,600}{17\,200} = 1{,}49$$

Agora avançamos por tentativa e erro, procurando pelo valor de $\dfrac{\Delta_{oct}}{B}$, que corresponde a uma razão:

$$\frac{\left(\dfrac{E_2}{B}\right)}{\left(\dfrac{E_1}{B}\right)} = 1{,}49$$

Pontos de tentativa:

quando $\dfrac{\Delta_{oct}}{B} = 20$, $\dfrac{\left(\dfrac{E_2}{B}\right)}{\left(\dfrac{E_1}{B}\right)} \approx \dfrac{32}{18} = 1{,}78$

quando $\dfrac{\Delta_{oct}}{B} = 30$, $\dfrac{\left(\dfrac{E_2}{B}\right)}{\left(\dfrac{E_1}{B}\right)} \approx \dfrac{41}{28} = 1{,}46$

quando $\dfrac{\Delta_{oct}}{B} = 29$, $\dfrac{\left(\dfrac{E_2}{B}\right)}{\left(\dfrac{E_1}{B}\right)} \approx \dfrac{40{,}0}{26{,}9} = 1{,}49$

Trata-se de uma resposta *aproximada*, mas agora podemos estimar B e Δ_{oct} como segue:

- quando $\dfrac{\Delta_{oct}}{B} = 29$, temos $\dfrac{E_2}{B} \approx 40{,}0$, e, como $E_2 = 25\,000$ cm^{-1}, $B \approx 640$ cm^{-1};
- quando $\dfrac{\Delta_{oct}}{B} = 29$, $\dfrac{E_1}{B} \approx 26{,}9$, e, como $E_1 = 17\,200$ cm^{-1}, $B \approx 640$ cm^{-1}.

A substituição do valor de B em $\dfrac{\Delta_{oct}}{B} = 29 = 29$ dá uma estimativa de $\Delta_{oct} \approx 18\,600$ cm^{-1}.

Podem ser empregados métodos acurados que envolvem expressões matemáticas. Eles podem ser encontrados nos textos avançados listados na leitura complementar, ao final do capítulo.

Exercícios propostos

1. Por que os dois valores de B obtidos anteriormente são autoconsistentes?
2. Para o $[Ti(OH_2)_6]^{+3}$, pode ser determinado um valor de Δ_{oct} diretamente de $\lambda_{máx}$ no espectro eletrônico. Por que isto não é possível para o $[V(OH_2)_6]^{3+}$, e para a maioria de outros íons octaédricos?

20.8 Espectros eletrônicos: emissão

A energia da radiação absorvida corresponde à energia de uma transição do estado fundamental para um estado excitado. As regras de seleção para espectroscopia eletrônica permitem apenas transições entre estados da mesma *multiplicidade* (veja as Seções 20.6 e 20.7). Dessa forma, a excitação pode ocorrer a partir de um estado fundamental simpleto (S$_0$ em notação fotoquímica) para o primeiro estado excitado simpleto (S$_1$). O decaimento do estado excitado de volta ao estado fundamental pode ter lugar por:

- decaimento radiativo (isto é, a emissão de radiação eletromagnética),
- decaimento não radiativo no qual energia térmica é perdida, ou
- cruzamento intersistema não radiativo para um estado tripleto (T$_1$ na Fig. 20.25 representa o estado tripleto de mais baixa energia).

Esses processos competem entre si. A emissão sem uma variação da multiplicidade é chamada *fluorescência*, enquanto *fosforescência* se refere a uma emissão na qual há uma variação da multiplicidade. Os processos de excitação e decaimento são representados utilizando-se um *diagrama de Jablonski*, no qual as transições radiativas são representadas por setas retilíneas e as transições não radiativas, por setas onduladas (Fig. 20.25).

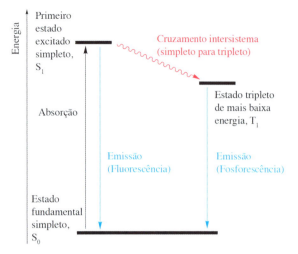

Fig. 20.25 Os processos de emissão são representados pelo uso de um diagrama de Jablonski. As transições radiativas e não radiativas são ilustradas por setas retilíneas e onduladas, respectivamente.

Segue, do diagrama de Jablonski, que o comprimento de onda da luz emitida em uma fosforescência terá um comprimento de onda maior (efeito batocrômico) do que o da radiação absorvida. Na fluorescência, a luz emitida também sofre efeito batocrômico, mas em uma extensão bem menor; enquanto a absorção (Fig. 20.25) envolve o estado vibracional fundamental de S_0 e um estado vibracional excitado de S_1, a emissão ocorre a partir do estado vibracional mais baixo de S_1. Como a fosforescência envolve uma transição proibida pelo spin, o tempo de vida do estado excitado quase sempre é relativamente longo (nanossegundos a microssegundos ou maior). Os tempos de vida da fluorescência (normalmente entre estados simpleto) são mais curtos e geralmente ficam na faixa de picossegundos a nanossegundos.

> *Luminescência* refere-se à emissão espontânea de radiação de uma espécie eletronicamente excitada e engloba tanto a *fluorescência* quanto a *fosforescência*.
> A emissão sem uma variação da multiplicidade é chamada *fluorescência*, e *fosforescência* é a emissão na qual a multiplicidade varia.

A luminescência dos complexos de metais do bloco *d* foi observada primeiramente para complexos de cromo(III). Isto está ilustrado na Fig. 20.26a com os espectros de absorção e emissão do $[Cr\{OC(NH_2)_2\}_6]^{3+}$ ($OC(NH_2)_2$ = ureia). Em um experimento de fluorescência típico, o espectro de absorção é inicialmente registrado. Então, a amostra é irradiada com luz correspondente a $\lambda_{máx}$ no espectro de absorção, e é registrado o espectro de emissão. O $[Cr\{OC(NH_2)_2\}_6]^{3+}$ exibe fluorescência e fosforescência, e as formas de banda larga e banda pontiaguda na Fig. 20.26 são típicas. O estado fundamental e o primeiro estado excitado do íon Cr^{3+} (d^3) em simetria O_h são o tripleto $^4A_{2g}$ e $^4T_{2g}$, respectivamente (veja a Fig. 20.20). A fluorescência surge de uma transição $^4T_{2g} \rightarrow {}^4A_{2g}$. O cruzamento intersistema povoa o estado excitado ^2E_g simpleto, e a fosforescência origina-se em uma transição $^2E_g \rightarrow {}^4A_{2g}$. A cor vermelha dos rubis é devida à presença de traços de íons Cr^{3+} no Al_2O_3, com cada íon Cr^{3+} residindo em um ambiente de CrO_6 octaédrico. As barras de rubi sintético (o Al_2O_3 dopado com ≈ 0,05% de Cr^{3+} em massa) são empregadas em lasers de rubi, e a Fig. 20.26b mostra a emissão a 694,3 nm correspondente à transição $^2E_g \rightarrow {}^4A_{2g}$ que acompanha a excitação por uma fonte contínua ou pulsada de luz.

20.9 Evidência para ligação covalente metal–ligante

O efeito nefelauxético

Em complexos de metais, existe evidência para compartilhamento de elétrons entre metal e ligante. As energias de emparelhamento são mais baixas em complexos do que em íons M^{n+} gasosos, indicando que a repulsão intereletrônica é menor em complexos e que o tamanho *efetivo* dos orbitais moleculares aumentou. Este é o *efeito nefelauxético*.

> *Nefelauxético* significa 'expansão da nuvem' (eletrônica).

Para complexos com um íon de um metal comum, observa-se que o efeito nefelauxético dos ligantes varia em conformidade com uma série independente do íon do metal:

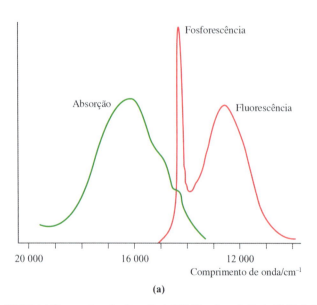

Fig. 20.26 (a) Os espectros de absorção (a 298 K) e de emissão (a 77 K) do $[Cr\{OC(NH_2)_2\}_6]^{3+}$. [Adaptados de: G.B. Porter and H.L. Schläfer (1963) *Z. Phys. Chem.*, vol. 38, p. 227, com permissão.] (b) Um laser de rubi emitindo a partir de um divisor de laser.

Tabela 20.10 Valores selecionados de h e k que são empregados para a parametrização da série nefelauxética; o exemplo resolvido 20.6 mostra sua aplicação

Íon de um metal	k	Ligantes	h
Co(III)	0,35	6 Br⁻	2,3
Rh(III)	0,28	6 Cl⁻	2,0
Co(II)	0,24	6 [CN]⁻	2,0
Fe(III)	0,24	3 en	1,5
Cr(III)	0,21	6 NH₃	1,4
Ni(II)	0,12	6 H₂O	1,0
Mn(II)	0,07	6 F⁻	0,8

$F^- < H_2O < NH_3 < en < [ox]^{2-} < [NCS]^- < Cl^- < [CN]^- < Br^- < I^-$

→ aumento do efeito nefelauxético

Uma série nefelauxética para íons de metal (independente dos ligantes) é como segue:

$Mn(II) < Ni(II) \approx Co(II) < Mo(II) < Re(IV) < Fe(III)$
$< Ir(III) < Co(III) < Mn(IV)$

→ aumento do efeito nefelauxético

O efeito nefelauxético pode ser parametrizado e os valores apresentados na Tabela 20.10, utilizados para estimar a redução da repulsão elétron–elétron na formação do complexo. Na Eq. 20.14, a repulsão intereletrônica no complexo é o parâmetro de Racah B; B_0 é a repulsão intereletrônica no íon M^{n+} gasoso.

$$\frac{B_0 - B}{B_0} \approx h_{\text{ligantes}} \times k_{\text{íon de um metal}} \quad (20.14)$$

O exemplo resolvido e os exercícios vistos a seguir ilustram como aplicar a Eq. 20.14.

Exemplo resolvido 20.6 A série nefelauxética

Utilizando os dados da Tabela 20.10, estime a redução da repulsão intereletrônica ao ir do íon Fe³⁺ gasoso para o [FeF₆]³⁻.

A redução da repulsão intereletrônica é dada por:

$$\frac{B_0 - B}{B_0} \approx h_{\text{ligantes}} \times k_{\text{íon de um metal}}$$

Na Tabela 20.10, os valores de h referem-se a um conjunto octaédrico de ligantes.

Para o [FeF₆]³⁻:

$$\frac{B_0 - B}{B_0} \approx 0{,}8 \times 0{,}24 = 0{,}192$$

Portanto, a redução da repulsão intereletrônica indo do íon Fe³⁺ gasoso para o [FeF₆]³⁻ é ≈19%.

Exercícios propostos

Consulte a Tabela 20.10.

1. Mostre que a redução da repulsão intereletrônica indo do íon Ni²⁺ gasoso para o [NiF₆]⁴⁻ é ≈10%.
2. Estime a redução da repulsão intereletrônica indo do Rh³⁺ gasoso para o [Rh(NH₃)₆]³⁺. [*Resp.*: ≈39%]

Espectroscopia RPE

Mais uma prova do compartilhamento de elétrons vem da espectroscopia por ressonância paramagnética de elétrons (RPE). Conforme descrevemos na Seção 4.9 (Volume 1), se um íon de um metal carregando um elétron desemparelhado é ligado a um ligante que contém núcleos com número quântico do spin nuclear $I \neq 0$, é observado desdobramento hiperfino do sinal de RPE, mostrando que o orbital ocupado pelo elétron tem caráter tanto de metal quanto de ligante, isto é, há ligação covalente metal–ligante. Um exemplo é o espectro RPE do Na₂[IrCl₆] (d^5 de baixo spin paramagnético) obtido para uma solução sólida em Na₂[PtCl₆] (d^6 de baixo spin diamagnético); este foi um experimento RPE clássico, descrito em 1953.[†]

20.10 Propriedades magnéticas

Suscetibilidade magnética e a fórmula devido somente ao spin (*spin-only*)

Iniciamos com uma discussão de magnetoquímica com a *fórmula devido somente ao spin*, uma *aproximação* que tem aplicações limitadas, porém úteis.

O paramagnetismo vem de elétrons desemparelhados. Cada elétron tem um momento magnético com um dos componentes associado ao momento angular de spin do elétron e (exceto quando o número quântico $l = 0$) um segundo componente associado ao momento angular orbital. Para muitos complexos dos íons de metais do bloco d da primeira linha podemos ignorar o segundo componente, e o momento magnético, μ, pode ser considerado como sendo determinado pelo número de elétrons desemparelhados, n (Eqs. 20.15 e 20.16). As duas equações são relacionadas, pois o número quântico de spin total $S = \dfrac{n}{2}$.

$$\mu(\text{devido somente ao spin}) = 2\sqrt{S(S+1)} \quad (20.15)$$

$$\mu(\text{devido somente ao spin}) = \sqrt{n(n+2)} \quad (20.16)$$

O *momento magnético efetivo*, μ_{ef}, pode ser obtido a partir da *suscetibilidade magnética molar* medida experimentalmente, χ_m (veja o Boxe 20.4), e é expresso em magnétons de Bohr (μ_B), em que $1\,\mu_\text{B} = eh/4\pi m_\text{e} = 9{,}27 \times 10^{-24}$ J T⁻¹. A Eq. 20.17 fornece a relação entre μ_{ef} e χ_m. Usando unidades do SI para as constantes, essa expressão reduz-se à Eq. 20.18, na qual χ_m está em cm³ mol⁻¹. No laboratório, o uso contínuo de unidades gaussianas em magnetoquímica significa que a *suscetibilida-*

[†] Veja: J. Owen and K.W.H. Stevens (1953) *Nature*, vol. 171, p. 836.

TEORIA

Boxe 20.4 Suscetibilidade magnética

É importante distinguir entre as suscetibilidades magnéticas χ, χ_g e χ_m.

- A suscetibilidade volumar é χ e é adimensional.
- A suscetibilidade ponderal é $\chi_g = \dfrac{\chi}{\rho}$, em que ρ é a massa específica da amostra; as unidades de χ são m³ kg⁻¹.
- Suscetibilidade molar é $\chi_m = \chi_g M$ (em que M é a massa molar do composto) e tem unidades do SI de m³ mol⁻¹.

---

de irracional é a grandeza medida e a Eq. 20.19 é, portanto, geralmente aplicada.[†]

$$\mu_{ef} = \sqrt{\dfrac{3k\chi_m T}{L\mu_0 \mu_B^2}} \qquad (20.17)$$

em que k = constante de Boltzmann; L = número de Avogadro; μ_0 = permeabilidade do vácuo; T = temperatura em kelvin

$$\mu_{ef} = 0{,}7977\sqrt{\chi_m T} \qquad (20.18)$$

$\mu_{ef} = 2{,}828\sqrt{\chi_m T}$ (para uso com unidades gaussianas) (20.19)

Podem ser empregados diversos métodos para medir χ_m, por exemplo, a *balança de Gouy* (fig. 20.27), a *balança de Faraday* (que opera de maneira semelhante à balança de Gouy) e uma técnica mais moderna que utiliza um *SQUID* (veja a Seção 28.4). O metodo de Gouy faz uso de uma interação entre elétrons desemparelhados e um campo magnético. Um material diamagnético é repelido por um campo magnético, ao passo que um material paramagnético é atraído para ele. O composto em estudo é colocado em um tubo de ensaio, suspenso de uma balança na qual é registrado o peso da amostra. O tubo é colocado de forma que uma das extremidades da amostra repouse no ponto de fluxo magnético máximo em um campo eletromagnético, enquanto a outra extremidade fica em um ponto de baixo fluxo. Inicialmente, o ímã é desligado, mas, quando é aplicado um campo magnético, os compostos paramagnéticos são atraídos para ele por um valor que depende do número de elétrons desemparelhados. A variação do peso causada pelo movimento da amostra para dentro do campo é registrada, e, a partir da força associada, é possível calcular a suscetibilidade magnética do composto. Então, o momento magnético efetivo é derivado usando-se a Eq. 20.19.

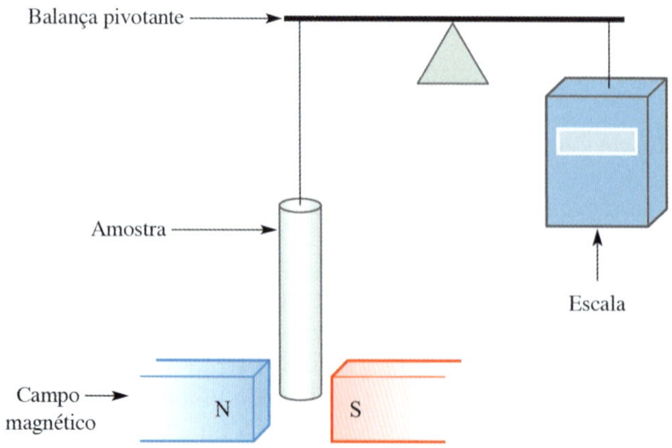

Para complexos de metais nos quais o número quântico de spin S é o mesmo para o íon do metal gasoso isolado, a fórmula devido somente ao spin (Eq. 20.15 ou Eq. 20.16) pode ser aplicada para determinar o número de elétrons desemparelhados. A Tabela 20.11 lista exemplos em que os valores medidos de μ_{ef} correlacionam-se muito bem com aqueles obtidos da fórmula devido somente ao spin; observe que todos os íons metálicos são da *primeira linha* do bloco d. O uso da fórmula devido somente ao spin permite que o número de elétrons desemparelhados seja determinado e dá informações a respeito do estado de oxidação do metal e se o complexo é de baixo ou alto spin.

O uso de dados magnéticos para auxiliar nas determinações de geometrias de coordenação é exemplificado pela diferença entre espécies d^8 tetraédricas e planas quadradas, por exemplo, o Ni(II), Pd(II), Pt(II), Rh(I) e o Ir(I). Enquanto o maior desdobramento de campo cristalino para os íons de metais da segunda e terceira linhas invariavelmente leva a complexos planos quadrados, o níquel(II) é encontrado em ambientes tetraédricos e planos quadrados. Os complexos do Ni(II) planos quadrados são diamagnéticos, ao passo que as espécies de Ni(II) tetraédricas são paramagnéticas (veja o exemplo resolvido 20.1).

Exemplo resolvido 20.7 Momentos magnéticos: fórmula devido somente ao spin

À temperatura ambiente, o valor observado de μ_{ef} para o $[Cr(en)_3]Br_2$ é de 4,75 μ_B. O complexo é de alto ou baixo spin? (Abreviaturas de ligantes: veja a Tabela 7.7.)

O $[Cr(en)_3]Br_2$ contém o complexo $[Cr(en)_3]^{2+}$ octaédrico e um íon Cr^{2+} (d^4). O complexo de baixo spin terá dois elétrons desemparelhados ($n = 2$), e o de alto spin terá quatro ($n = 4$).

Suponha que a fórmula devido somente ao spin seja válida (metal da primeira linha, complexo octaédrico):

$$\mu(\text{devido somente ao spin}) = \sqrt{n(n+2)}$$

Para baixo spin: $\mu(\text{devido somente ao spin}) = \sqrt{8} = 2{,}83$

Para baixo spin: $\mu(\text{devido somente ao spin}) = \sqrt{24} = 4{,}90$

O último valor está próximo do valor observado, e é consistente com um complexo de alto spin.

Fig. 20.27 Representação esquemática de uma balança de Gouy.

[†] As unidades em magnetoquímica não são triviais; para informações detalhadas, veja: I. Mills *et al.* (1993) *IUPAC: Quantities, Units and Symbols in Physical Chemistry*, 2. ed, Blackwell Science, Oxford.

Tabela 20.11 Valores de μ_{ef} devido somente ao spin comparados com faixas aproximadas de momentos magnéticos observados para complexos de alto spin dos íons de metais do bloco d da primeira linha

Íon metálico	Configuração d^n	S	μ_{ef} (somente do spin)/μ_B	Valores observados de μ_{ef}/μ_B
Sc^{3+}, Ti^{4+}	d^0	0	0	0
Ti^{3+}	d^1	1/2	1,73	1,7–1,8
V^{3+}	d^2	1	2,83	2,8–3,1
V^{2+}, Cr^{3+}	d^3	3/2	3,87	3,7–3,9
Cr^{2+}, Mn^{3+}	d^4	2	4,90	4,8–4,9
Mn^{2+}, Fe^{3+}	d^5	5/2	5,92	5,7–6,0
Fe^{2+}, Co^{3+}	d^6	2	4,90	5,0–5,6
Co^{2+}	d^7	3/2	3,87	4,3–5,2
Ni^{2+}	d^8	1	2,83	2,9–3,9
Cu^{2+}	d^9	1/2	1,73	1,9–2,1
Zn^{2+}	d^{10}	0	0	0

Exercícios propostos

1. Dado que (a 293 K) o valor observado de μ_{ef} para o [VCl$_4$(MeCN)$_2$] seja 1,77 μ_B, deduza o número de elétrons desemparelhados e comprove que é consistente com o estado de oxidação do átomo de V.
2. A 298 K, o valor observado de μ_{ef} para o [Cr(NH$_3$)$_6$]Cl$_2$ é 4,85 μ_B. Comprove que o complexo é de alto spin.
3. A 300 K, o valor observado de μ_{ef} para o [V(NH$_3$)$_6$]Cl$_2$ é 3,9 μ_B. Comprove que ele corresponde ao que se espera para um complexo d^3 octaédrico.

Contribuições do momento de spin e do momento orbital para o momento magnético

Nem todos os complexos paramagnéticos obedecem à fórmula devido somente ao spin e deve-se ter cautela com seu uso. Frequentemente, é o caso de momentos que surgem *tanto* dos momentos do spin *quanto* de momentos angulares orbitais contribuírem para o momento magnético observado. Os detalhes do esquema de acoplamento de Russell–Saunders para a obtenção do número quântico do momento angular total, J, a partir dos números quânticos L e S são dados na Seção 20.6, juntamente com a notação para os símbolos do termo $^{(2S+1)}L_J$. A diferença de energia entre estados adjacentes com valores de J de J' e ($J' + 1$) é dada pela expressão $(J' + 1)\lambda$, em que λ é chamado de *constante de acoplamento spin–órbita*. Para a configuração d^2, por exemplo, o termo ^3F em um campo octaédrico é desdobrado em $^3F_2$, $^3F_3$ e $^3F_4$, e as diferenças de energia entre pares sucessivos são 3λ e 4λ, respectivamente. Em um campo magnético, cada estado com um valor de J diferente desdobra-se novamente dando $(2J + 1)$ diferentes níveis separados por $g_J\mu_B B_0$, em que g_J é uma constante chamada de fator de desdobramento de Landé e B_0 é o campo magnético. É com as diferenças de energia muito pequenas entre esses níveis que se preocupa a espectroscopia RPE, e os valores de g são medidos com o uso dessa técnica (veja a Seção 4.9 – Volume 1). O padrão global de desdobramento para um íon d^2 é apresentado na Fig. 20.28.

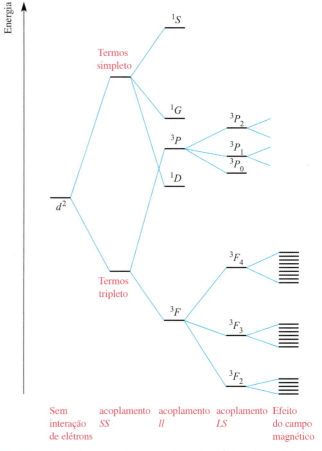

Fig. 20.28 Desdobramento dos termos de um íon d^2 (fora de escala). Veja a Seção 20.6 para deduções dos símbolos dos termos.

O valor de λ varia desde uma fração de um cm^{-1} para os átomos mais leves até alguns milhares de cm^{-1} para os mais pesados. A extensão até onde os estados de diferentes valores de J são ocupados à temperatura ambiente depende de quão grande é sua separação comparada com a energia térmica disponível, kT; a 300 K, $kT \approx 200$ cm^{-1} ou 2,6 kJ mol^{-1}. Pode ser demonstrado teoricamente que, se a separação dos níveis de energia é grande, o momento magnético é dado pela Eq. 20.20. Rigorosamente, isto se aplica somente aos níveis de energia de íons livres, mas dá valores para os momentos magnéticos de íons de lantanoides (para os quais λ é normalmente 1000 cm^{-1}) que estão em bom acordo com os valores observados (veja a Seção 27.4).

$$\mu_{ef} = g_J\sqrt{J(J+1)}$$
$$\text{em que } g_J = 1 + \left(\frac{S(S+1) - L(L+1) + J(J+1)}{2J(J+1)}\right) \quad (20.20)$$

Para os íons dos metais do bloco d, a Eq. 20.20 dá resultados que se correlacionam mal com os dados experimentais (Tabelas 20.11 e 20.12). Para muitos (porém, não todos) íons de metais da primeira linha, λ é muito pequeno e os momentos angulares do spin e orbital dos elétrons operam de modo independente. Para este caso, foi deduzida a fórmula de van Vleck (Eq. 20.21). Rigorosamente, a Eq. 20.21 aplica-se aos íons livres, mas, em um íon complexo, o campo cristalino *extingue* parcial ou completamente o momento angular orbital. No entanto, na prática, geralmente existe uma concordância fraca entre valores de μ_{ef} calculados com a Eq. 20.21 e aqueles observados (compare os dados nas Tabelas 20.12 e 20.11).

$$\mu_{ef} = \sqrt{4S(S+1) + L(L+1)} \quad (20.21)$$

Caso *não exista qualquer contribuição* vinda do movimento orbital, a Eq. 20.21 reduz-se na Eq. 20.22, que é a fórmula devido somente ao spin que apresentamos anteriormente. Qualquer íon para o qual $L = 0$ (por exemplo, o Mn^{2+} ou Fe^{3+} d^5 de alto spin, no qual cada orbital com m_l = +2, +1, 0, −1, −2 tem ocupação simples, dando $L = 0$) deverá, portanto, obedecer à Eq. 20.22.

$$\mu_{ef} = \sqrt{4S(S+1)} = 2\sqrt{S(S+1)} \quad (20.22)$$

No entanto, alguns outros íons complexos também obedecem à fórmula devido somente ao spin (Tabelas 20.11 e 20.12). Para um elétron ter momento angular orbital, deve ser possível transformar o orbital que ele ocupa em um orbital inteiramente equivalente e degenerado por rotação. Então, o elétron fica efetivamente girando em torno do eixo utilizado para a rotação do orbital. Em um complexo octaédrico, por exemplo, os três orbitais t_{2g} podem ser interconvertidos por rotações de 90°. Dessa maneira, um elétron em um orbital t_{2g} tem momento angular orbital. Os orbitais e_g, tendo formas diferentes, não podem ser interconvertidos e, assim, os elétrons nos orbitais e_g nunca têm momento angular. No entanto, há um outro fator que precisa ser levado em consideração: se todos os orbitais t_{2g} têm ocupação simples, um elétron no, digamos, orbital d_{xz} não pode ser transferido para o orbital d_{xy} ou d_{yz} porque estes já contêm um elétron que tem o mesmo número quântico de spin que o elétron que chega. Se todos os orbitais t_{2g} forem duplamente ocupados, a transferência de elétrons também é impossível. Segue que, em complexos octaédricos de alto spin, as contribuições dos orbitais para o momento magnético são importantes unicamente para as configurações t_{2g}^1, t_{2g}^2, $t_{2g}^4 e_g^2$ e $t_{2g}^5 e_g^2$. Para complexos tetraédricos, mostra-se de forma semelhante que as configurações que dão origem a uma contribuição do orbital são $e^2 t_2^1$, $e^2 t_2^2$, $e^4 t_2^4$ e $e^4 t_2^5$. Esses resultados nos levam à conclusão de que um complexo d^7 de alto spin octaédrico deverá ter um momento magnético maior do que o valor somente do spin de 3,87 μ_B, mas um complexo d^7 tetraédrico não deverá. No entanto, os valores observados de μ_{ef} para o [Co(OH$_2$)$_6$]$^{2+}$ e o [CoCl$_4$]$^{2-}$ são 5,0 e 4,4 μ_B, respectivamente, isto é, *ambos* os complexos têm momentos magnéticos maiores do que μ(devido somente ao spin). O terceiro fator envolvido é o *acoplamento spin–órbita*.

O acoplamento spin–órbita é um assunto complicado. Apresentamos o acoplamento *LS* (ou Russell-Saunders) na Seção 20.6, e a Fig. 20.28 mostra os efeitos do acoplamento *LS* no diagrama de níveis de energia para uma configuração d^2. A extensão do acoplamento spin–órbita é quantificada pela constante λ, e, para a configuração d^2 na Fig. 20.28, as diferenças de energia entre os níveis $^3F_2$ e $^3F_3$, e entre os níveis $^3F_3$ e $^3F_4$, são 3λ e 4λ, respectivamente (veja o texto anterior). Como resultado do acoplamento spin–órbita, ocorre mistura de termos. Dessa forma, por exemplo, o termo fundamental $^3A_{2g}$ de um íon d^8 octaédrico (Fig. 20.20) mistura-se com o termo $^3T_{2g}$ mais alto. A extensão da mistura está relacionada a Δ_{oct} e à constante de acoplamento spin–órbita, λ. A Eq. 20.23 é uma modificação da fórmula devido somente ao spin que leva em conta o acoplamento spin–órbita. Embora a relação dependa de Δ_{oct}, ela também se aplica a complexos tetraédricos. A Eq. 20.23 aplica-se exclusivamente aos íons que têm os termos fundamentais *A* ou *E* (Figs. 20.19 e 20.20). Essa abordagem simples não é aplicável a íons com um termo fundamental *T*.

$$\mu_{ef} = \mu(\text{devido somente ao spin})\left(1 - \frac{\alpha\lambda}{\Delta_{oct}}\right)$$
$$= \sqrt{n(n+2)}\left(1 - \frac{\alpha\lambda}{\Delta_{oct}}\right) \quad (20.23)$$

Tabela 20.12 Momentos magnéticos calculados para íons de metais do bloco d da primeira linha em complexos de alto spin em temperaturas ambientes. Compare estes valores com os observados (Tabela 20.11)

Íon metálico	Termo fundamental	μ_{ef}/μ_B calculado com a Eq. 20.20	μ_{ef}/μ_B calculado com a Eq. 20.21	μ_{ef}/μ_B calculado com a Eq. 20.22
Ti^{3+}	$^2D_{3/2}$	1,55	3,01	1,73
V^{3+}	$^3F_2$	1,63	4,49	2,83
V^{2+}, CR^{3+}	$^4F_{3/2}$	0,70	5,21	3,87
Cr^{2+}, Mn^{3+}	$^5D_0$	0	5,50	4,90
Mn^{2+}, Fe^{3+}	$^6S_{5/2}$	5,92	5,92	5,92
Fe^{2+}, Co^{3+}	$^5D_4$	6,71	5,50	4,90
Co^{2+}	$^4F_{9/2}$	6,63	5,21	3,87
Ni^{2+}	$^3F_4$	5,59	4,49	2,83
Cu^{2+}	$^2D_{5/2}$	3,55	3,01	1,73

Tabela 20.13 Coeficientes de acoplamento spin–órbita, λ, para íons de metais do bloco *d* da primeira linha selecionados

Íon metálico	Ti³⁺	V³⁺	Cr³⁺	Mn³⁺	Fe²⁺	Co²⁺	Ni²⁺	Cu²⁺
Configuração d^n	d^1	d^2	d^3	d^4	d^6	d^7	d^8	d^9
λ/cm⁻¹	155	105	90	88	−102	−177	−315	−830

em que λ = constante de acoplamento spin–órbita

α = 4 para um termo fundamental *A*

α = 2 para um termo fundamental *E*

Alguns valores de λ são apresentados na Tabela 20.13. Observe que λ é positivo para as camadas menos que meio preenchidas e negativo para as camadas que são mais que meio preenchidas. Dessa maneira, o acoplamento spin–órbita leva a:

- $\mu_{ef} > \mu$(somente do spin) para íons d^6, d^7, d^8 e d^9;
- $\mu_{ef} < \mu$(somente do spin) para íons d^1, d^2, d^3 e d^4.

Exemplo resolvido 20.8 Momentos magnéticos: acoplamento spin–órbita

Calcule um valor para μ_{ef} para o [Ni(en)₃]²⁺ levando em consideração o acoplamento spin–órbita. Compare sua resposta com μ(devido somente ao spin) e o valor de 3,16 μ_B observado experimentalmente para o [Ni(en)₃][SO₄]. [Dados: veja as Tabelas 20.2 e 20.13.]

O Ni(II) octaédrico (d^8) tem um estado fundamental $^3A_{2g}$. Equação necessária:

$$\mu_{ef} = \mu(\text{devido somente ao spin})\left(1 - \frac{4\lambda}{\Delta_{oct}}\right)$$

$\mu(\text{devido somente ao spin}) = \sqrt{n(n+2)} = \sqrt{8} = 2{,}83$

Da Tabela 20.2: Δ_{oct} = 11 500 cm⁻¹
Da Tabela 20.13: λ = −315 cm⁻¹

$$\mu_{ef} = 2{,}83\left(1 + \frac{4 \times 315}{11\,500}\right) = 3{,}14\,\mu_B$$

O valor calculado é significativamente maior do que o μ(devido somente ao spin) conforme esperado para uma configuração d^n com uma camada mais do que meio preenchida. Ele está em bom acordo com o valor experimental.

Exercícios propostos

Utilize os dados nas Tabelas 20.2 e 20.13.

1. Calcule um valor do μ_{ef} para o [Ni(NH₃)₆]²⁺ levando em conta o acoplamento spin–órbita. [*Resp.*: 3,16 μ_B]
2. Calcule um valor do μ_{ef} para o [Ni(OH₂)₆]²⁺ levando em conta o acoplamento spin–órbita. [*Resp.*: 3,25 μ_B]

Um importante ponto é que geralmente o acoplamento spin–órbita é grande para os íons de metais do bloco *d* da segunda e terceira linhas e isto leva a grandes discrepâncias entre μ(devido somente ao spin) e os valores observados de μ_{ef}. Os complexos d^1 *cis*-[NbBr₄(NCMe)₂] e *cis*-[TaCl₄(NCMe)₂] ilustram este fato de maneira clara. O Nb e o Ta são metais do grupo 5 da segunda e terceira linhas, e os valores à temperatura ambiente do μ_{ef} para o *cis*-[NbBr₄(NCMe)₂] e o *cis*-[TaCl₄(NCMe)₂] são 1,27 e 0,45 μ_B, respectivamente. Esses dados são comparáveis com um μ(devido somente ao spin) calculado de 1,73 μ_B.

Os efeitos da temperatura no μ_{ef}

Até este ponto, vimos ignorando os efeitos da temperatura no μ_{ef}. Se um complexo obedece à lei de Curie (Eq. 20.24), então μ_{ef} é independente da temperatura. Isto segue de uma combinação das Eqs. 20.18 e 20.24.

$$\chi = \frac{C}{T} \qquad (20.24)$$

em que C = constante de Curie
T = temperatura em K

No entanto, a lei de Curie raramente é obedecida e, dessa maneira, é essencial informar a temperatura na qual foi medido um valor de μ_{ef}. Para os íons de metais do bloco *d* da segunda e terceira linhas em particular, citar *apenas* um valor de temperatura ambiente de μ_{ef} normalmente não tem sentido. Quando o acoplamento spin–órbita é grande, μ_{ef} é altamente dependente de *T*. Para uma dada configuração eletrônica, a influência da temperatura sobre μ_{ef} pode ser vista em um *gráfico de Kotani* de μ_{ef} em função de kT/λ, em que *k* é a constante de Boltzmann, *T* é a temperatura em K, e λ é a constante de acoplamento spin–órbita. Lembre-se de que λ é pequeno para os íons de metais da primeira linha, é grande para um íon de um metal da segunda linha, e é ainda maior para um íon da terceira linha. A Fig. 20.29 mostra um gráfico de Kotani para uma configura-

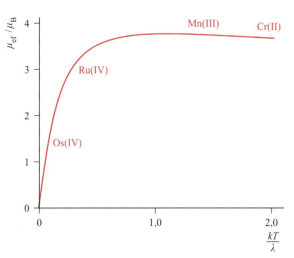

Fig. 20.29 Gráfico de Kotani para uma configuração t_{2g}^4; λ é a constante de acoplamento spin-órbita. Os valores típicos de μ_{ef}(298 K) para o Cr(II), Mn(III), Ru(IV) e o Os(IV) são indicados na curva.

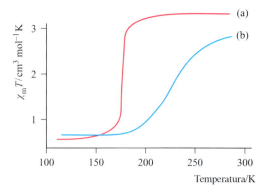

Fig. 20.30 A dependência que os valores observados de μ_{ef} têm em relação a temperatura para (a) [Fe(fen)$_2$(NCS-N)$_2$], onde ocorre cruzamento de baixo para alto spin abruptamente a 175 K, e (b) [Fe(btz)$_2$(NCS-N)$_2$], onde ocorre cruzamento de baixo para alto spin de forma mais gradativa. As abreviaturas dos ligantes são definidas na figura [dados: J.-A. Real *et al.* (1992) *Inorg. Chem.*, vol. 31, p. 4972].

ção t_{2g}^4. São indicados quatro pontos na curva que correspondem a valores típicos de μ_{ef}(298 K) para complexos de Cr(II) e Mn(III) da primeira linha, e de Ru(IV) e Os(IV) da segunda e terceira linhas, respectivamente. Os pontos a observar nesses dados são:

- os pontos correspondentes a μ_{ef}(298 K) para os íons de metais da primeira linha ficam na parte quase horizontal da curva, e, assim, a variação da temperatura tem pouco efeito sobre μ_{ef};
- os pontos relativos a μ_{ef}(298 K) para os íons de metais mais pesados localizam-se nas partes da curva com inclinação acentuada, e, então, μ_{ef} é sensível a variações da temperatura; isto é especialmente verdadeiro para o Os(IV), que fica na parte mais inclinada da curva.

Cruzamento de spin

A escolha entre uma configuração de baixo e alto spin para os complexos d^4, d^5, d^6 e d^7 nem sempre é única e, às vezes, ocorre um *cruzamento de spin*. Isso pode ser iniciado por uma variação de pressão (por exemplo, um cruzamento de baixo para alto spin para o [Fe(CN)$_5$(NH$_3$)]$^{3-}$ a alta pressão) ou da temperatura (por exemplo, o [Fe(fen)$_2$(NCS-N)$_2$] octaédrico, o [Fe(**20.9**)$_2$] octaédrico e o complexo piramidal de base quadrada **20.10** sofrem cruzamentos de baixo para alto spin a 175, 391 e 180 K, respectivamente). A variação do valor de μ_{ef} que acompanha o cruzamento de spin pode ser gradativa ou abrupta (Fig. 20.30).[†]

(20.9)

(20.10)

Além das medições magnéticas, pode ser empregada a espectroscopia Mössbauer ao estudo de transições de cruzamento de spin. As trocas de isômeros de complexos de ferro são sensíveis não somente ao estado de oxidação (veja a Seção 4.9 – Volume 1), mas também ao estado de spin. A Fig. 20.31 mostra os espectros Mössbauer do [Fe{HC(3,5-Me$_2$pz)$_3$}$_2$]I$_2$ em uma faixa de temperatura de 295 a 4,2 K. Cada espectro é caracterizado por um 'pico desdobrado', que é descrito em termos da troca de isômeros, δ, e do desdobramento quadrupolar, ΔE_Q. A 295 K, o centro do ferro(II) é de alto spin (δ = 0,969 mm s^{-1}, ΔE_Q = 3,86 mm s^{-1}). No resfriamento, o complexo sofre uma mudança para um estado de baixo spin e, a 4,2 K, a transição é completa. O espectro mais baixo na Fig. 20.31 origina-se do [Fe{HC(3,5-Me$_2$pz)$_3$}$_2$]I$_2$ (δ = 0,463 mm s^{-1}, ΔE_Q = 0,21 mm s^{-1}). Em temperaturas intermediárias, os dados de espectroscopia Mössbauer são ajustados à mistura de complexos de baixo e alto spin (exemplificados na Fig. 20.31 pelo espectro a 166 K).

Ferromagnetismo, antiferromagnetismo e ferrimagnetismo

Sempre que fizemos menção de propriedades magnéticas até o presente ponto, supusemos que os centros metálicos não tivessem nenhuma interação uns com os outros (Fig. 20.32a). Isto é verdade para substâncias nas quais os centros paramagnéticos são bem separados uns dos outros por espécies diamagnéticas. Diz-se que tais sistemas são *magneticamente diluídos* (veja a Seção 4.9 – Volume 1). Para um material paramagnético, a suscetibilidade magnética, χ, é inversamente proporcional à temperatura. Este fato é expresso pela lei de Curie (Eq. 20.24 e Fig. 20.33a). Quando as espécies paramagnéticas estão muito próximas umas das outras (como no seio do metal) ou estão separadas por uma espécie que pode transmitir interações magnéticas (como em muitos óxidos de metais do bloco *d*, fluoretos e cloretos), os centros metálicos podem interagir (*acoplar-se*) uns com os outros. A interação pode dar origem ao *ferromagnetismo* ou *antiferromagnetismo* (Figs. 20.32b e 20.32c).

[†] Para uma revisão do cruzamento de spin em complexos de Fe(II), veja: P. Gütlich, Y. Garcia and H.A. Goodwin (2000) *Chem. Soc. Rev.*, vol. 29, p. 419. Uma aplicação do cruzamento de spin está descrita em 'Molecules with short memories'; O. Kahn (1999) *Chem. Brit.*, vol. 35, number 2, p. 24.

Química dos metais do bloco *d*: complexos de coordenação **61**

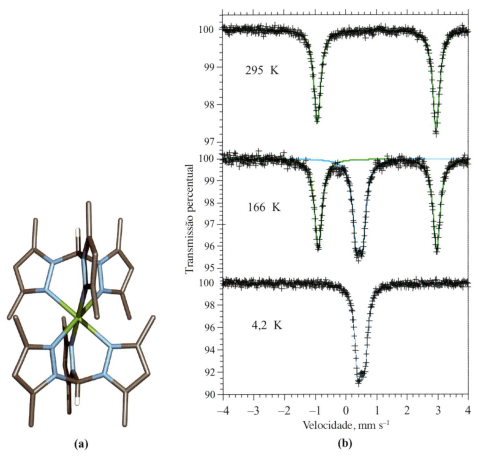

Fig. 20.31 (a) A estrutura (difração de raios X) do cátion [Fe{HC(3,5-Me₂pz)₃}₂]²⁺ no qual o HC(3,5-Me₂pz)₃ é um ligante tripodal relacionado a **20.9** (pz = pirazoil) [D.L. Reger *et al.* (2002) *Eur. J. Inorg. Chem.*, p. 1190]. (b) Espectros Mössbauer do [Fe{HC(3,5-Me₂pz)₃}₂]I₂, a 295, 166 e 4,2 K, obtidos durante o resfriamento da amostra. Os pontos dos dados são mostrados por cruzes pretas, e os dados são ajustados às curvas que são apresentadas. [Agradecimentos a Gary J. Long pelo fornecimento dos espectros.]

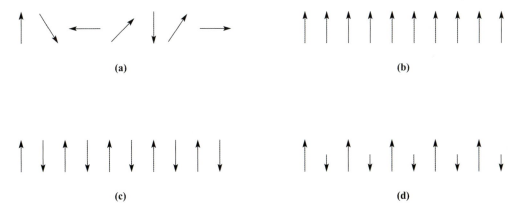

Fig. 20.32 Representações de (a) paramagnetismo, (b) ferromagnetismo, (c) antiferromagnetismo e (d) ferrimagnetismo.

Em um material *ferromagnético*, grandes domínios de dipolos magnéticos ficam alinhados na mesma direção. Em um material *antiferromagnético*, os dipolos magnéticos vizinhos ficam alinhados em direções opostas.

O ferromagnetismo leva ao paramagnetismo altamente intensificado, como no ferro metálico a temperaturas de até 1043 K (a *temperatura Curie*, T_C), acima da qual a energia térmica é suficiente para superar o alinhamento, e o comportamento paramagnético normal prevalece. Acima da temperatura Curie, um material ferromagnético obedece à lei de Curie–Weiss (Eq. 20.25).

Isto está graficamente representado na Fig. 20.33b que ilustra que, no resfriamento de uma amostra, o ordenamento ferromagnético (isto é a mudança do domínio paramagnético para o ferromagnético, Figs. 20.32a e 20.32b) ocorre à temperatura Curie, T_C. Em muitos casos, a constante de Weiss é igual à temperatura Curie, e a lei de Curie-Weiss pode ser escrita na forma da Eq. 20.26.

$$\chi = \frac{C}{T - \theta} \qquad \text{Lei de Curie-Weiss} \qquad (20.25)$$

em que: θ = constante de Weiss

C = constante de Curie

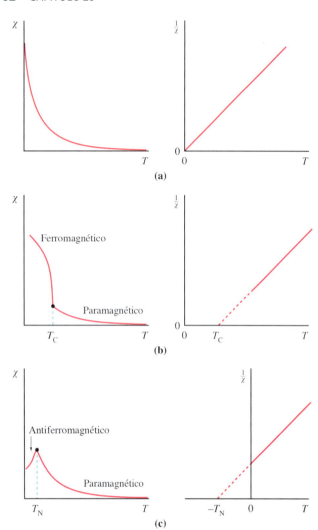

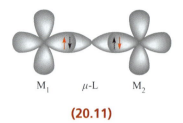

Quando um ligante em ponte facilita o acoplamento de spins dos elétrons em centros metálicos adjacentes, o mecanismo é de *supertroca*. Isto é mostrado esquematicamente no diagrama **20.11**, no qual os elétrons de metais desemparelhados estão representados em vermelho.

(20.11)

Em um processo de **supertroca**, o elétron desemparelhado no primeiro centro metálico, M_1, interage com um par de elétrons com spins emparelhados no ligante em ponte com o resultado de que o elétron desemparelhado em M_2 fica alinhado de maneira antiparalela em relação àquele em M_1.

20.11 Aspectos termodinâmicos: energias de estabilização do campo ligante (EECL)

Tendências de EECL

Até este momento, vimos considerando Δ_{oct} (ou Δ_{tet}) apenas como uma grandeza derivada da espectroscopia eletrônica e que representa a energia necessária para transferir um elétron de um nível t_{2g} para um e_g (ou de um nível e para um t_2). Entretanto, uma significância química pode ser atribuída a esses valores. A Tabela 20.3 mostrou a variação das energias de estabilização do campo cristalino (EECC) para sistemas octaédricos de alto e de baixo spin. A tendência dos sistemas de alto spin é reafirmada na Fig. 20.34, em que é comparada com a de um campo tetraédrico, e Δ_{tet} é expresso na forma de uma fração de Δ_{oct} (veja a Eq. 20.7). Observe a mudança de EECC para EECL na mudança da Tabela 20.3 para a Fig. 20.34. Isto reflete o fato de que agora estamos lidando com a *teoria do campo ligante* e *energias de estabilização do campo ligante*. Na discussão que segue, consideraremos relações entre tendências dos valores de EECL e propriedades termodinâmicas selecionadas de compostos de alto spin dos metais do bloco d.

Energias de rede e energias de hidratação de íons M^{n+}

A Fig. 20.35 apresenta uma representação gráfica de dados experimentais de energia de rede para cloretos de metal(II) de elementos do bloco d da primeira linha. Em cada sal, o íon do metal é de alto spin e fica em um ambiente octaédrico no estado sólido.[†] A "curvatura dupla" na Fig. 20.35 é reminiscente daquela mostrada na Fig. 20.34, embora em relação a uma linha de referência que mostra um aumento geral da energia de rede à medida que se caminha ao longo do período. Podem ser obtidos gráficos semelhantes para espécies tais como o MF_2, MF_3 e o $[MF_6]^{3-}$,

Fig. 20.33 A dependência que a suscetibilidade magnética, χ, e $1/\chi$ têm em relação a temperatura para (a) um material paramagnético, (b) um material ferromagnético e (c) um material antiferromagnético. As temperaturas T_C e T_N são as temperaturas Curie e Néel, respectivamente.

$$\chi = \frac{C}{T - T_C} \qquad (20.26)$$

em que: TC = temperatura Curie

O antiferromagnetismo ocorre abaixo da *temperatura Néel*, T_N. À medida que a temperatura diminui, menos energia térmica fica disponível e a suscetibilidade paramagnética cai rapidamente. A dependência que a suscetibilidade magnética tem em relação a temperatura para um material antiferromagnético é mostrada na Fig. 20.33c. O exemplo clássico de antiferromagnetismo é o MnO, que tem uma estrutura do tipo NaCl e uma temperatura Néel de 118 K. A difração de nêutrons é capaz de distinguir entre conjuntos de átomos que têm momentos magnéticos opostos e revela que a célula unitária do MnO, a 80 K, é duas vezes aquela a 293 K. Isto indica que, na célula unitária convencional (Fig. 6.16), os átomos de metal em vértices adjacentes têm momentos opostos a 80 K e que as células devem ser empilhadas para produzir a 'verdadeira' célula unitária. Pode ocorrer comportamento mais complexo se alguns momentos são sistematicamente alinhados de forma a se oporem uns aos outros, mas números relativos ou valores relativos dos momentos são tais que levam a um momento magnético resultante finito: isto é o *ferrimagnetismo* e está representado esquematicamente na Fig. 20.32d.

[†] Rigorosamente, um modelo puramente eletrostático não se mantém válido para cloretos, mas nós incluímos os cloretos porque há mais dados disponíveis do que para fluoretos, para os quais o modelo eletrostático é mais apropriado.

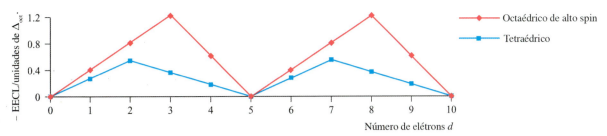

Fig. 20.34 Energias de estabilização do campo ligante como uma função de Δ_{oct} para sistemas octaédricos de alto spin e para sistemas tetraédricos; foram ignorados os efeitos Jahn-Teller para configurações d^4 e d^9.

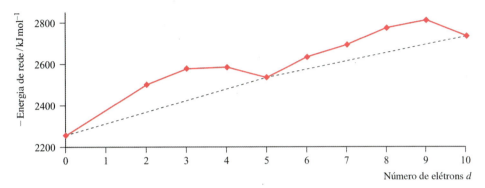

Fig. 20.35 Energias de rede (obtidas de dados do ciclo de Born-Haber) para o MCl_2, em que M é um metal do bloco d da primeira linha; o ponto para d^0 corresponde ao $CaCl_2$. Não há dados disponíveis para o escândio, no qual o estado de oxidação estável é +3.

mas, para cada série, só estão disponíveis dados limitados e as tendências completas não podem ser estudadas.

A água é um ligante de campo fraco e os íons $[M(OH_2)_6]^{2+}$ dos metais da primeira linha são de alto spin. A relação entre entalpias absolutas de hidratação dos íons M^{2+} (veja a Seção 7.9 – Volume 1) e a configuração d^n é mostrada na Fig. 20.36, e, novamente, vemos a mesma aparência de curvatura dupla das Figs. 20.34 e 20.35.

Para cada representação gráfica nas Figs. 20.35 e 20.36, os desvios da linha de referência que liga os pontos d^0, d^5 e d^{10} podem ser considerados como medidas de valores de 'EECL termodinâmica'. Em geral, o acordo entre esses valores e os calculados a partir dos valores de Δ_{oct} obtidos de dados de espectroscopia eletrônica são bastante próximos. Por exemplo, para o $[Ni(OH_2)_6]^{2+}$, os valores de EECL(termoquímico) e EECL(espectroscópico) são 120 e 126 kJ mol^{-1}, respectivamente. Este último valor vem de uma avaliação de $1,2\Delta_{oct}$, em que Δ_{oct} é determinado a partir do espectro eletrônico do $[Ni(OH_2)_6]^{2+}$ como 8500 cm^{-1}. Temos que enfatizar que esse nível de acordo é fortuito. Se olharmos o problema mais atentamente, observamos que apenas *parte* da entalpia de hidratação medida pode ser atribuída à primeira esfera de coordenação de seis moléculas de H_2O, e, além disso, as definições de EECL(termoquímica) e EECL(espectroscópica) não são rigorosamente equivalentes. Em conclusão, por mais interessantes e úteis que sejam as discussões sobre gráficos com curvatura dupla no tratamento de tendências da termodinâmica dos complexos de alto spin, é importante observar que elas nunca são mais que *aproximações*. É crucial lembrar-se de que os termos de EECL são apenas *pequenas parcelas* das energias totais de interação (geralmente <10%).

Coordenação octaédrica *versus* tetraédrica: espinélios

A Fig. 20.34 indica que, se todos os outros fatores forem iguais, os íons d^0, d^5 de alto spin e d^{10} não deverão ter qualquer preferência eletronicamente imposta entre coordenação tetraédrica e octaédrica, e que a maior preferência pela coordenação octaédri-

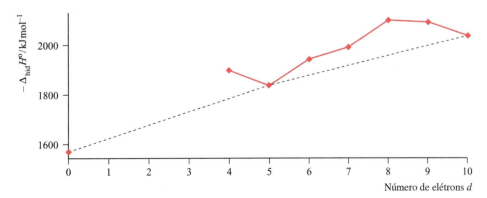

Fig. 20.36 Entalpias absolutas de hidratação dos íons M^{2+} dos metais da primeira linha; o ponto para d^0 corresponde ao Ca^{2+}. Não há dados disponíveis para o Sc^{2+}, Ti^{2+} e o V^{2+}.

ca deverá ser encontrada para os íons d^3, d^8 e o d^6 de baixo spin. Existe alguma evidência inequívoca para essas preferências?

A distribuição de íons metálicos entre sítios tetraédricos e octaédricos em um espinélio (veja o Boxe 13.7, no Volume 1) pode ser explicada em termos de EECL. Em um espinélio normal $A^{II}B_2^{III}O_4$, os sítios tetraédricos são ocupados pelos íons A^{2+} e os sítios octaédricos, pelos íons B^{3+}: $(A^{II})^{tet}(B_2^{III})^{oct}O_4$. Em um espinélio inverso, a distribuição é $(B^{III})^{tet}(A^{II}B^{III})^{oct}O_4$. Para o próprio espinélio, A = Mg, B = Al. Se pelo menos um dos cátions é do bloco d, é observada a estrutura inversa (ainda que, de modo algum, nem sempre): o $Zn^{II}Fe_2^{III}O_4$, o $Fe^{II}Cr_2^{III}O_4$ e o $Mn^{II}Mn_2^{III}O_4$ são espinélios normais, enquanto o $Ni^{II}Ga_2^{III}O_4$, o $Co^{II}Fe_2^{III}O_4$ e o $Fe^{II}Fe_2^{III}O_4$ são espinélios inversos. Para explicar essas observações, primeiramente observamos o seguinte:

- as constantes de Madelung para as redes do espinélio e espinélio inverso geralmente são quase iguais;
- as cargas dos íons metálicos são independentes do ambiente (uma suposição);
- os valores de Δ_{oct} para os complexos de íons M^{3+} são significativamente maiores do que para os complexos correspondentes de íons M^{2+}.

Considere compostos com estruturas de espinélio normal: no $Zn^{II}Fe_2^{III}O_4$ (d^{10} e d^5), a EECL = 0 para cada íon; no $Fe^{II}Cr_2^{III}O_4$ (d^6 e d^3), o Cr^{3+} tem uma EECL muito maior em um sítio octaédrico do que o tem o Fe^{2+} de alto spin; no $Mn^{II}Mn_2^{III}O_4$ (d^5 e d^4), apenas o Mn^{3+} tem alguma EECL e esta energia é maior em um sítio octaédrico do que em um tetraédrico. Agora, considere alguns espinélios inversos: no $Ni^{II}Ga_2^{III}O_4$, apenas o Ni^{2+} (d^8) tem alguma EECL e esta é maior em um sítio octaédrico; em cada um dos $Co^{II}Fe_2^{III}O_4$ (d^7 e d^5) e $Fe^{II}Fe_2^{III}O_4$ (d^6 e d^5), a EECL = 0 para o Fe^{3+} e, assim, a preferência é para que o Co^{3+} e o Fe^{2+}, respectivamente, ocupem sítios octaédricos. Enquanto este argumento é impressionante, temos que notar que as estruturas observadas nem sempre concordam com as expectativas de EECL, por exemplo, o $Fe^{II}Al_2^{III}O_4$ é um espinélio normal.

20.12 Aspectos termodinâmicos: a série de Irving–Williams

Em solução aquosa, a água é substituída por outros ligantes (Eq. 20.27, e veja a Tabela 7.7) e a posição de equilíbrio estará relacionada à diferença entre duas EECL, uma vez que Δ_{oct} é dependente do ligante.

$$[Ni(OH_2)_6]^{2+} + [EDTA]^{4-} \rightleftharpoons [Ni(EDTA)]^{2-} + 6H_2O \quad (20.27)$$

A Tabela 20.14 lista constantes de estabilidade globais (veja a Seção 7.12 – Volume 1) para os complexos de alto spin $[M(en)_3]^{2+}$ e $[M(EDTA)]^{2-}$ para os íons M^{2+} da primeira linha d^5 a d^{10}. Para um dado ligante e carga do cátion, $\Delta S°$ deverá ser quase constante ao longo da série e a variação de $\log \beta_n$ deverá ser aproximadamente paralela à tendência dos valores de $-\Delta H°$. A Tabela 20.14 mostra que a tendência de d^5 a d^{10} segue uma única curvatura, com o ordenamento de $\log \beta_n$ para os íons de alto spin sendo:

$$Mn^{2+} < Fe^{2+} < Co^{2+} < Ni^{2+} < Cu^{2+} > Zn^{2+}$$

Esta é chamada de *série de Irving–Williams* e é observada para uma ampla gama de ligantes. A tendência é uma curva que tem seu máximo em Cu^{2+} (d^9) e não em Ni^{2+} (d^8) como poderia ser esperado de uma consideração de EECL (Fig. 20.34). Enquanto a variação de valores de EECL é um fator contribuinte, ele não é o único árbitro. As tendências das constantes de estabilidade deverão manter uma relação com as tendências dos raios iônicos (veja o Apêndice 6). O padrão nos valores para $r_{íon}$ para íons de alto spin hexacoordenados é:

$$Mn^{2+} > Fe^{2+} > Co^{2+} > Ni^{2+} < Cu^{2+} < Zn^{2+}$$

Poderíamos esperar que $r_{íon}$ diminuísse de Mn^{2+} para Zn^{2+} à medida que Z_{ef} aumentasse, mas, uma vez mais, vemos que a dependência da configuração d^n com o Ni^{2+} é a menor. Por sua vez, isto prediz o mais alto valor de $\log \beta_n$ para o Ni^{2+}. Por que, então, os complexos de cobre(II) são muito mais estáveis do que se poderia esperar? A resposta está na distorção Jahn–Teller que sofre um complexo d^9. As seis ligações metal–ligante não são de comprimento igual e, dessa forma, o conceito de um raio iônico 'fixo' para o Cu^{2+} não é válido. Em um complexo alongado (estrutura **20.5**) tal como o $[Cu(OH_2)_6]^{2+}$, há quatro ligações Cu–O curtas e duas longas. Os gráficos de constantes de estabilidade sucessivas para o deslocamento da H_2O por ligantes de NH_3 no $[Cu(OH_2)_6]^{2+}$ e no $[Ni(OH_2)_6]^{2+}$ são apresentados na Fig. 20.37. Para as quatro primeiras etapas de substituição, a estabilidade do complexo é maior para o Cu^{2+} do que o Ni^{2+}, refletindo a formação de quatro ligações Cu–N curtas (fortes). O valor do $\log K_5$ para o Cu^{2+} é consistente com a formação de uma ligação Cu–N fraca (axial); o $\log K_6$ não pode ser medido em solução aquosa. A magnitude da constante de estabilidade global para a complexação do Cu^{2+} é dominada por valores de K_n para as quatro primeiras etapas e a favorabilidade termodinâmica dessas etapas de deslocamento é responsável pela posição do Cu^{2+} na série de Irving–Williams.

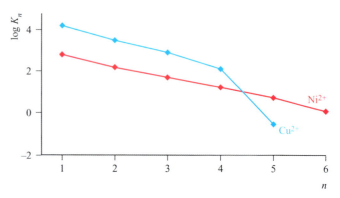

Fig. 20.37 Constantes de estabilidade sucessivas ($\log K_n$) para o deslocamento da H_2O pela NH_3 a partir do $Ni(OH_2)_6]^{2+}$ (d^8) e $[Cu(OH_2)_6]^{2+}$ (d^9).

Tabela 20.14 Constantes de estabilidade globais para complexos de metais do bloco d de alto spin selecionados

Íon metálico	Mn^{2+}	Fe^{2+}	Co^{2+}	Ni^{2+}	Cu^{2+}	Zn^{2+}
$\log \beta_3$ para $[M(en)_3]^{2+}$	5,7	9,5	13,8	18,6	18,7	12,1
$\log \beta_3$ para $[M(EDTA)]^{2-}$	13,8	14,3	16,3	18,6	18,7	16,1

20.13 Aspectos termodinâmicos: estados de oxidação em solução aquosa

Nas seções precedentes, vimos tentando, com um certo grau de sucesso, explicar tendências irregulares de algumas propriedades termodinâmicas dos metais do bloco *d* da primeira linha. Agora, vamos considerar a variação de valores de $E°$ para o equilíbrio 20.28 (Tabela 19.1 e Fig. 20.38). Quanto mais negativo for o valor de $E°$, menos facilmente M^{2+} será reduzido.

$$M^{2+}(aq) + 2e^- \rightleftharpoons M(s) \quad (20.28)$$

Este é um problema difícil. É relativamente fácil oxidar ou reduzir a água, e a faixa de estados de oxidação nos quais podem ser feitas medições em condições aquosas é, portanto, restrita; por exemplo, o Sc(II) e o Ti(II) liberariam H_2. Os valores de $E°(M^{2+}/M)$ estão relacionados (veja a Fig. 8.5) às variações de energia que acompanham os processos:

$M(s) \rightarrow M(g)$ *atomização* ($\Delta_a H°$)
$M(g) \rightarrow M^{2+}(g)$ *ionização* ($EI_1 + EI_2$)
$M^{2+}(g) \rightarrow M^{2+}(aq)$ *hidratação* ($\Delta_{hid} H°$)

Ao longo da primeira linha do bloco *d*, a tendência geral é para que $\Delta_{hid}H°$ fique mais negativo (Fig. 20.36). Também há um aumento sucessivo do somatório das duas primeiras energias de ionização, embora com descontinuidades no Cr e Cu (Fig. 20.39). Os valores de $\Delta_a H°$ variam de forma errática e, em uma ampla gama, com um valor particularmente baixo para o zinco (Tabela 6.2). O efeito líquido de todos esses fatores é uma variação irregular dos valores de $E°(M^{2+}/M)$ ao longo da linha, e claramente não vale a pena discutir as variações relativamente pequenas das EECLs.

Considere agora as variações de $E°(M^{2+}/M)$ ao longo da linha. A entalpia de atomização deixa de ser relevante e preocupamo-nos somente com as tendências da energia de terceira ionização (Tabela 20.15) e das energias de hidratação de M^{2+} e

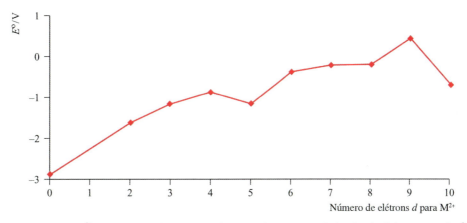

Fig. 20.38 A variação de valores de $E°$ (M^{2+}/M) como uma função da configuração d^n para os metais da primeira linha; o ponto de d^0 corresponde a M = Ca.

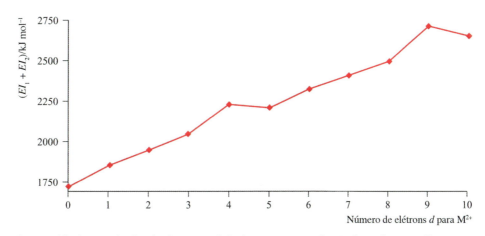

Fig. 20.39 A variação do somatório das energias de primeira e segunda ionização como uma função da configuração d^n para os metais da primeira linha; o ponto de d^0 corresponde a M = Ca.

Tabela 20.15 Potenciais de redução padrão para o equilíbrio $M^{3+}(aq) + e^- \rightleftharpoons M^{2+}(aq)$ e valores das terceiras energias de ionização

M	V	Cr	Mn	Fe	Co
$E°/V$	–0,26	–0,41	+1,54	+0,77	+1,92
EI_3/kJ mol^{-1}	2827	2992	3252	2962	3232

M^{3+}. Os valores experimentais para $E°(M^{3+}/M^{2+})$ (Tabela 20.15) são restritos ao meio da série; o Sc(II) e o Ti(II) reduziriam a água, enquanto o Ni(III), o Cu(III) e o Zn(III) a oxidariam. De modo geral, valores mais altos de EI_3 correspondem a valores mais positivos de $E°$. Isto sugere que um aumento estável da diferença entre as energias de hidratação de M^{3+} e M^{2+} (que ficariam maiores à medida que os íons ficassem menores) é comprometido pela variação de EI_3. O único par de metais para os quais a variação de $E°$ parece fora do passo é o par vanádio e cromo. O valor de EI_3 para o Cr é 165 kJ mol^{-1} maior do que para o V e, desse modo, é mais difícil oxidar o Cr^{2+} *gasoso* do que o V^{2+} *gasoso*. No entanto, em solução aquosa, o Cr^{2+} é um agente redutor mais potente do que o V^{2+}. Essas oxidações correspondem a variações da configuração eletrônica de $d^3 \to d^2$ para o V e $d^4 \to d^3$ para o Cr. Os íons hexa-aqua V^{2+}, V^{3+}, Cr^{2+} e Cr^{3+} são de alto spin. A oxidação do V^{2+} é acompanhada de uma *perda* de EECL (Tabela 20.3), enquanto há um *ganho* de EECL (isto é, mais negativa) na oxidação do Cr^{2+} (são ignoradas consequências menores do efeito Jahn–Teller). Usando valores de Δ_{oct} da Tabela 20.2, essas variações de EECL são expressas como segue:

A variação de EECL na oxidação do V^{2+} é

$$-(1,2 \times 12\,400) \text{ até } -(0,8 \times 17\,850)$$
$$= -14\,880 \text{ até } -14\,280 \text{ cm}^{-1}$$
$$= +600 \text{ cm}^{-1}$$

A variação de EECL na oxidação do Cr^{2+} é

$$-(0,6 \times 14\,100) \text{ até } -(1,2 \times 17\,400)$$
$$= -8460 \text{ até } -20\,880 \text{ cm}^{-1}$$
$$= -12\,420 \text{ cm}^{-1}$$

O ganho em EECL na formação do Cr^{3+} corresponde a ≈150 kJ mol^{-1} e cancela amplamente o efeito da energia da terceira ionização. Assim sendo, a aparente anomalia de $E°(Cr^{3+}/Cr^{2+})$ pode ser, em sua maior parte, explicada em termos de efeitos de EECL – um feito considerável tendo em vista a simplicidade da teoria.

TERMOS IMPORTANTES

Os seguintes termos foram introduzidos neste capítulo. Você sabe o que eles significam?

- $\lambda_{máx}$ e $\varepsilon_{máx}$ para uma banda de absorção
- Δ_{oct}, Δ_{tet} ...
- absorção de transferência de carga
- acoplamento de Russell–Saunders
- acoplamento vibrônico
- alto spin
- antiferromagnetismo
- baixo spin
- balança de Gouy
- constante de acoplamento spin–órbita
- cruzamento de spin
- diagrama de Orgel
- diagrama de Tanabe–Sugano
- distorção Jahn–Teller
- efeito nefelauxético
- energia de emparelhamento
- energia de estabilidade do campo ligante (EECL)
- energia de estabilização do campo cristalino (EECC)
- ferrimagnetismo
- ferromagnetismo
- fórmula devido somente ao spin
- gráfico de Kotani
- lei de Curie
- ligante de campo forte
- ligante de campo fraco
- ligante π doador
- ligante π receptor
- momento magnético efetivo
- números quânticos para espécies polieletrônicas
- parâmetro de Racah
- regra de seleção: $\Delta l = \pm 1$
- regra de seleção: $\Delta S = 0$
- regra dos 18 elétrons
- série espectroquímica
- símbolo do termo
- supertroca
- suscetibilidade magnética
- tabela de microestados
- TCLM
- TCML
- teoria do campo cristalino
- transição 'd–d'

LEITURA RECOMENDADA

Textos que complementam o presente tratamento

I.B. Bersucker (1996) *Electronic Structure and Properties of Transition Metal Compounds*, Wiley, New York.

M. Gerloch and E.C. Constable (1994) *Transition Metal Chemistry: the Valence Shell in d-Block Chemistry*, VCH, Weinheim.

J.E. Huheey, E.A. Keiter and R.L. Keiter (1993) *Inorganic Chemistry*, 4. ed., Harper Collins, New York, Capítulo 11.

W.L. Jolly (1991) *Modern Inorganic Chemistry*, 2. ed., McGraw-Hill, New York, Capítulos 15, 17 e 18.

S.F.A. Kettle (1996) *Physical Inorganic Chemistry*, Spektrum, Oxford.

Símbolos de termos e marcadores de simetria

P. Atkins and J. de Paula (2010) *Atkins' Physical Chemistry*, 9. ed., Oxford University Press, Oxford – O Capítulo 11 dá uma boa apresentação dos símbolos de termos.

M.L. Campbell (1996) *J. Chem. Educ.*, vol. 73, p. 749 – 'A systematic method for determining molecular term symbols for diatomic molecules' é um resumo extremamente bom de um tópico correlato não tratado no presente livro.

M. Gerloch (1986) *Orbitals, Terms and States*, Wiley, Chichester – Uma descrição detalhada, porém de fácil leitura, de símbolos de estados que inclui o acoplamento j–j.

D.W. Smith (1996) *J. Chem. Educ.*, vol. 73, p. 504 – 'Simple treatment of the symmetry labels for the d–d states of octahedral complexes'.

Teorias dos campos cristalino e ligante, espectros eletrônicos e magnetismo: textos avançados

B.N. Figgis (1996) *Introduction to Ligand Fields*, Interscience, New York.

B.N. Figgis and M.A. Hitchman (2000) *Ligand Field Theory and its Applications*, Wiley-VCH, New York.

M. Gerloch (1983) *Magnetism and Ligand Field Analysis*, Cambridge University Press, Cambridge.

M. Gerloch and R.C. Slade (1973) *Ligand Field Parameters*, Cambridge University Press, Cambridge.

D.A. Johnson and P.G. Nelson (1999) *Inorg. Chem.*, vol. 38, p. 4949 – 'Ligand field stabilization energies of the hexaaqua 3+ complexes of the first transition series'.

A.F. Orchard (2003) *Magnetochemistry*, Oxford University Press, Oxford – Um relato geral do assunto.

E.I. Solomon and A.B.P. Lever, eds. (1999) *Inorganic Electronic Structure and Spectroscopy*, Vol. 1 Methodology; Vol. 2 Applications and Case Studies, Wiley, New York.

PROBLEMAS

20.1 Descreva como você aplicaria a teoria do campo cristalino para explicar por que os cinco orbitais *d* em um complexo octaédrico não são degenerados. Inclua em sua resposta uma explicação do 'baricentro'.

20.2 O espectro de absorção do $[Ti(OH_2)_6]^{3+}$ apresenta uma banda com $\lambda_{máx} = 510$ nm. Qual cor de luz é absorvida e qual cor aparecerá nas soluções aquosas de $[Ti(OH_2)_6]^{3+}$?

20.3 Desenhe as estruturas dos seguintes ligantes, destaque os átomos doadores e dê os modos de ligação prováveis (por exemplo, monodentado): (a) en; (b) bpy; (c) $[CN]^-$; (d) $[N_3]^-$; (e) CO; (f) fen; (g) $[ox]^{2-}$; (h) $[NCS]^-$; (i) PMe_3.

20.4 Disponha os seguintes ligantes em ordem crescente de força de campo: Br^-, F^-, $[CN]^-$, NH_3, $[OH]^-$, H_2O.

20.5 Diga para qual membro dos seguintes pares de complexos o Δ_{oct} seria maior e por quê: (a) $[Cr(OH_2)_6]^{2+}$ e $[Cr(OH_2)_6]^{3+}$; (b) $[CrF_6]^{3-}$ e $[Cr(NH_3)_6]^{3+}$; (c) $[Fe(CN)_6]^{4-}$ e $[Fe(CN)_6]^{3-}$; (d) $[Ni(OH_2)_6]^{2+}$ e $[Ni(en)_3]^{2+}$; (e) $[MnF_6]^{2-}$ e $[ReF_6]^{2-}$; (f) $[Co(en)_3]^{3+}$ e $[Rh(en)_3]^{3+}$.

20.6 (a) Explique por que não há distinção entre arranjos de baixo e alto spin para um íon metálico d^8 octaédrico. (b) Discuta os fatores que contribuem para a preferência pela formação de um complexo d^4 ou de alto ou de baixo spin. (c) Como você distinguiria experimentalmente entre as duas configurações em (b)?

20.7 Verifique os valores de EECC na Tabela 20.3.

20.8 Em cada um dos complexos a seguir explique o número de elétrons desemparelhados observados (enunciados após a fórmula): (a) $[Mn(CN)_6]^{4-}$ (1); (b) $[Mn(CN)_6]^{3-}$ (3); (c) $[Cr(en)_3]^{2+}$ (4); (d) $[Fe(ox)_3]^{3-}$ (5); (e) $[Pd(CN)_4]^{2-}$ (0); (f) $[CoCl_4]^{2-}$ (3); (g) $[NiBr_4]^{2-}$ (2).

20.9 (a) Explique as formas dos diagramas de desdobramento do orbital *d* para complexos bipiramidais triangulares e piramidais quadrados de fórmula ML_5 mostrados na Fig. 20.11. (b) O que você esperaria no tocante às propriedades magnéticas de tais complexos de Ni(II)?

20.10 (a) O que você entende por *efeito nefelauxético*? (b) Coloque os seguintes ligantes em ordem crescente de efeito nefelauxético: H_2O, I^-, F^-, en, $[CN]^-$, NH_3.

20.11 Discuta cada uma das seguintes observações:
(a) O íon $[CoCl_4]^{2-}$ é um tetraedro regular, mas o $[CuCl_4]^{2-}$ tem uma estrutura tetraédrica achatada.
(b) O espectro de absorção eletrônica do $[CoF_6]^{3-}$ contém duas bandas com máximos a 11 500 e 14 500 cm^{-1}.

20.12 A configuração $3p^2$ de um átomo de Si dá origem aos termos seguintes: $^1S_0$, $^3P_2$, $^3P_1$, $^3P_0$ e $^1D_2$. Use as regras de Hund para prever as energias relativas desses termos, dando uma explicação para a sua resposta.

20.13 Com referência aos termos ^3F, ^1D, ^3P, ^1G e ^1S de uma configuração d^2, explique como você pode utilizar símbolos do termo para obter informações a respeito das transições eletrônicas permitidas.

20.14 Que termo ou termos surgem de uma configuração d^{10}, e qual é o termo do estado fundamental? Dê um exemplo de um íon de um metal do bloco *d* da primeira linha com essa configuração.

20.15 Quais são as limitações do esquema de acoplamento de Russell–Saunders?

20.16 Deduza possíveis valores de *J* para um termo ^3F. Qual é a degenerescência de cada um desses níveis de *J*, e o que acontece quando é aplicado um campo magnético? Esquematize um diagrama de níveis de energia para ilustrar sua resposta, e comente sobre sua significância para a espectroscopia EPR.

20.17 Em um campo octaédrico, como os seguintes termos se desdobram, se possível: (a) ^2D, (b) ^3P e (c) ^3F?

20.18 (a) Monte uma tabela de microestados mostrando que o termo fundamental para um íon d^1 é o ^2D simpleto. Quais são os componentes desse termo em um campo tetraédrico? (b) Repita o processo para um íon d^2 e mostre que os termos fundamental e excitado são ^3F e ^3P. Quais são os componentes desses termos em campos tetraédricos e octaédricos?

20.19 (a) Na Fig. 20.21, converta a escala de número de onda em nm. (b) Que parte da escala corresponde à faixa no visível? (c) Quais as cores que você preveria para o $[Ni(OH_2)_6]^{2+}$ e o $[Ni(NH_3)_6]^{2+}$? (d) Os espectros da Fig. 20.21 são consistentes com as posições relativas da H_2O e da NH_3 na série espectroquímica?

20.20 (a) Quantas bandas '*d–d*' você esperaria encontrar no espectro de absorção eletrônica de um complexo octaédrico de Cr(III)? (b) Explique a observação de que a cor do *trans*-$[Co(en)_2F_2]^+$ é menos intensa do que as do *cis*-$[Co(en)_2F_2]^+$ e do *trans*-$[Co(en)_2Cl_2]^+$.

20.21 Comente a respeito das afirmativas vistas a seguir em relação a espectros de absorção eletrônica.
(a) O $[OsCl_6]^{3-}$ e o $[RuCl_6]^{3-}$ apresentam bandas de TCLM em 282 e 348 nm, respectivamente.
(b) Espera-se que o $[Fe(bpy)_3]^{2+}$ mostre uma absorção TCLM em vez de uma TCML.

20.22 Explique por que o espectro de absorção de uma solução aquosa de $[Ti(OH_2)_6]^{2+}$ (estável em condições ácidas) apresenta duas bandas bem separadas (430 e 650 nm) atribuídas a transições '*d–d*', enquanto a de uma solução aquosa de $[Ti(OH_2)_6]^{3+}$ consiste em uma absorção ($\lambda_{máx} = 490$ nm) com um ombro (580 nm).

20.23 Descreva como você poderia utilizar a Fig. 20.23 para determinar Δ_{oct} e o parâmetro de Racah *B* a partir das energias de absorção observadas no espectro de íon d^3

octaédrico. Quais são as limitações significativas desse método?

20.24 O espectro de absorção eletrônica do [Co(OH$_2$)$_6$]$^{2+}$ apresenta bandas em 8100, 16 000 e 19 400 cm^{-1}. (a) Identifique as transições eletrônicas correspondentes a essas bandas. (b) O valor de Δ_{oct} para o [Co(OH$_2$)$_6$]$^{2+}$ listado na Tabela 20.2 é de 9300 cm^{-1}. Que valor de Δ_{oct} você obteria usando o diagrama da Fig. 20.23b? Por que o valor calculado não combina com o da Tabela 20.2?

20.25 Os valores do parâmetro B de Racah para os íons gasosos livres Cr^{3+}, Mn^{2+} e Ni^{2+} são 918, 960 e 1041 cm^{-1}, respectivamente. Para os íons hexa-aqua correspondentes, os valores de B são 725, 835 e 940 cm^{-1}. Sugira uma razão para a redução de B na formação de cada íon complexo.

20.26 Encontre o valor de x nas fórmulas dos complexos a seguir pela determinação do estado de oxidação do metal a partir de valores experimentais de μ_{ef}: (a) [VCl$_x$(bpy)], 1,77 μ_B; (b) K$_x$[V(ox)$_3$], 2,80 μ_B; (c) [Mn(CN)$_6$]$^{x-}$, 3,94 μ_B. Que hipótese você fez e qual a sua validade?

20.27 Explique por que em complexos octaédricos de alto spin as contribuições orbitais para o momento magnético só são importantes para configurações d^1, d^2, d^6 e d^7.

20.28 O momento magnético observado para o K$_3$[TiF$_6$] é 1,70 μ_B. (a) Calcule μ(devido somente ao spin) para esse complexo. (b) Por que existe uma diferença entre os valores calculados e os observados?

20.29 Comente a respeito da observação de que os complexos octaédricos de Ni(II) têm momentos magnéticos na faixa de 2,9-3,4 μ_B, os complexos tetraédricos de Ni(II) têm momentos de até ≈ 4,1 μ_B, e os complexos planos quadrados de Ni(II) são diamagnéticos.

20.30 Para qual dos seguintes íons você esperaria que a fórmula devido somente ao spin desse estimativas razoáveis do momento magnético de: (a) [Cr(NH$_3$)$_6$]$^{3+}$, (b) [V(OH$_2$)$_6$]$^{3+}$, (c) [CoF$_6$]$^{3-}$? Explique sua resposta.

20.31 Quais dos seguintes íons são diamagnéticos: (a) [Co(OH$_2$)$_6$]$^{3+}$, (b) [CoF$_6$]$^{3-}$, (c) [NiF$_6$]$^{2-}$, (d) [Fe(CN)$_6$]$^{3-}$, (e) [Fe(CN)$_6$]$^{4-}$, (f) [Mn(OH$_2$)$_6$]$^{2+}$? Explique sua resposta.

20.32 (a) Utilizando os dados do Apêndice 6, faça um gráfico mostrando como os raios iônicos dos íons M^{2+} hexacoordenados de alto spin da primeira linha do bloco d variam com a configuração d^n. Comente a respeito dos fatores que contribuem para a tendência observada. (b) Discuta sumariamente outras propriedades desses íons de metal que apresentam tendências correlatas.

20.33 Os valores de Δ_{oct} do [Ni(OH$_2$)$_6$]$^{2+}$ e do [Mn(OH$_2$)$_6$]$^{3+}$ de alto spin foram avaliados espectroscopicamente como 8500 e 21000 cm^{-1}, respectivamente. Supondo que esses valores também fossem válidos para as redes de óxidos correspondentes, preveja se o Ni^{II}Mn$_2^{III}$O$_4$ terá a estrutura de espinélio normal ou invertido. Que fatores tornariam sua previsão incerta?

20.34 Discuta cada uma das observações a seguir:

(a) Embora o Co^{2+}(aq) forme o complexo tetraédrico [CoCl$_4$]$^{2-}$ mediante o tratamento com HCl concentrado, o Ni^{2+}(aq) não forma um complexo semelhante.

(b) O $E°$ para a meia-reação:
[Fe(CN)$_6$]$^{3-}$ + e$^-$ ⇌ [Fe(CN)$_6$]$^{4-}$
depende do pH da solução, sendo mais positivo em meio fortemente ácido.

(c) O $E°$ para o par Mn^{3+}/Mn^{2+} é muito mais positivo do que para o Cr^{3+}/Cr^{2+} ou o Fe^{3+}/Fe^{2+}.

PROBLEMAS DE REVISÃO

20.35 (a) Explique claramente por que, sob a influência de um campo cristalino octaédrico, a energia do orbital d_{z^2} é aumentada, ao passo que a do orbital d_{xz} é diminuída. Enuncie como as energias dos três outros orbitais d são afetadas. Em relação a que as energias dos orbitais são aumentadas ou diminuídas?

(b) Qual é o ordenamento de valores esperado de Δ_{oct} para o [Fe(OH$_2$)$_6$]$^{2+}$, o [Fe(CN)$_6$]$^{3-}$ e o [Fe(CN)$_6$]$^{4-}$? Explique sua resposta.

(c) Você esperaria haver uma contribuição orbital para o momento magnético de um complexo d^8 tetraédrico? Dê uma explicação para sua resposta.

20.36 (a) Quais dos seguintes complexos você espera que sofram uma distorção Jahn–Teller: [CrI$_6$]$^{4-}$, [Cr(CN)$_6$]$^{4-}$, [CoF$_6$]$^{3-}$ e [Mn(ox)$_3$]$^{3-}$? Dê razões para suas respostas.

(b) O [Et$_4$N]$_2$[NiBr$_4$] é paramagnético, mas o K$_2$[PdBr$_4$] é diamagnético. Explique essas observações.

(c) Utilizando uma abordagem OM simples, explique o que acontece com as energias dos orbitais d dos metais na formação de um complexo de ligação σ tal como o [Ni(NH$_3$)$_6$]$^{2+}$.

20.37 O ligante **20.12** forma um complexo octaédrico, [Fe(**20.12**)$_3$]$^{2+}$. (a) Desenhe diagramas que mostrem quais os isômeros possíveis. (b) O [Fe(**20.12**)$_3$]Cl$_2$ apresenta cruzamento de spin a 120 K. Explique com clareza o que essa afirmativa significa.

(20.12)

20.38 (a) Os valores de $\varepsilon_{máx}$ para as absorções mais intensas nos espectros eletrônicos do [CoCl$_4$]$^{2-}$ e do [Co(OH$_2$)$_6$]$^{2+}$ diferem por um fator de cerca de 100. Comente sobre essa observação e enuncie qual complexo você espera apresentar o valor maior de $\varepsilon_{máx}$.

(b) No espectro de absorção eletrônica de uma solução contendo [V(OH$_2$)$_6$]$^{3+}$, são observadas duas bandas em 17 200 e 25 600 cm^{-1}. Não é observada nenhuma absorção para a transição $^3A_{2g} \leftarrow {}^3T_{1g}(F)$. Sugira uma razão para isso, e identifique as duas absorções observadas.

(c) O [NiCl$_2$(PPh$_2$CH$_2$Ph)$_2$] cristalino vermelho é diamagnético. Quando aquecido até 387 K por 2 horas, é obtida a forma azul-turquesa do complexo, que tem um momento magnético de 3,18 μ_B a 295 K. Sugira uma explicação para essas observações e desenhe estruturas para os complexos, comentando a respeito do possível isomerismo.

20.39 (a) Um gráfico de Kotani para a configuração t_{2g}^1 consiste em uma curva semelhante à da Fig. 20.29, mas que se nivela em $\mu_{ef} \approx 1,8\ \mu_B$, quando $kT/\lambda \approx 1,0$. Sugira dois íons metálicos que você esperaria possuíssem valores de μ_{ef} à temperatura ambiente (i) na parte quase horizontal da curva e (ii) na parte mais acentuada da curva, com $\mu_{ef} < 0{,}5$. Para quatro íons de metal que você escolheu, como você espera que μ_{ef} seja afetado por um aumento da temperatura?

(b) Classifique os ligantes seguintes como somente σ doador, π doador e π receptor: F^-, CO e NH_3. Para cada ligante, enuncie que orbitais estão envolvidos na formação de ligação σ ou π com o íon metálico em um complexo octaédrico. Dê diagramas que ilustrem a sobreposição entre os orbitais do metal apropriados e orbitais de grupo ligantes.

20.40 (a) Explique as origens das absorções TCLM e TCML nos espectros eletrônicos de complexos de metais do bloco d. Dê exemplos para ilustrar sua resposta.

(b) Explique quais informações podem ser obtidas em um diagrama de Tanabe–Sugano.

TEMAS DA QUÍMICA INORGÂNICA

20.41 A estrutura da ftalocianina é apresentada a seguir:

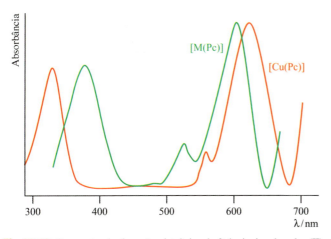

O complexo [Cu(Pc)] é um importante pigmento comercial e seu espectro de absorção eletrônica é mostrado na Fig. 20.40. O espectro de absorção representado pela curva verde na Fig. 20.40 surge de um outro complexo de ftalocianina de metal(II), o [M(PC)]. (a) Sugira como o ligante H_2Pc se liga ao Cu^{2+}, e desenhe a estrutura do [Cu(Pc)]. Comente a respeito de sua formação em termos do efeito quelato. (b) Qual é a cor do pigmento [Cu(Pc)]? Explique sua resposta. (c) As absorções em torno de 600-650 nm na Fig. 20.40 vêm de transições $\pi^* \leftarrow \pi$. Explique o que essa notação significa e as origens dos orbitais envolvidos. (d) Explique como o espectro de absorção do [M(Pc)] dá origem a um pigmento verde. (e) Quando o Cu^{2+} forma um complexo com o análogo perclorado do H_2Pc, ocorre um efeito batocrômico na mais baixa das bandas de absorção de energia comparado com aquele no espectro do [Cu(Pc)]. Como isso afeta a cor do pigmento? (f) Os corantes de impressão por jato de tinta baseados no [Cu(Pc)] contêm substituintes sulfonato. Sugira uma razão para isto.

20.42 Um componente crucial de uma célula solar sensibilizada por corante (CSSC) é o sensibilizador. Ele captura os fótons que são convertidos em corrente elétrica na célula. Um corante típico é o cis-$[Ru(L)_2(NCS-N)_2]$, em que L é o derivado bpy mostrado a seguir:

(a) Que mudança conformacional o ligante bpy sofre quando se liga ao Ru^{2+}? (b) Um corante ideal deve absorver luz em toda a faixa do visível, e o coeficiente de extinção deve ser alto em toda a faixa de absorção. Explique por que isto é assim. (c) A transição eletrônica associada com a absorção do cis-$[Ru(L)_2(NCS-N)_2]$ na região do visível envolve um elétron no nível t_{2g} do metal e um OM π^* de baixa energia. Qual é a origem do orbital receptor, e qual é o nome geral para esse tipo de transição? Relacione o tipo de transição às propriedades redox do rutênio(II).

Fig. 20.40 O espectro de absorção eletrônica da ftalocianina de cobre(II), [Cu(Pc)], (traço vermelho) e um espectro de absorção de uma ftalocianina de metal(II) diferente, [M(Pc)] (traço verde). [Baseado na Figura 4 em: P. Gregory in: *Comprehensive Coordination Chemistry II*, 2004, Elsevier, Capítulo 9.12, p. 549.]

Tópicos

Ocorrência e extração
Aplicações
Propriedades físicas
Química inorgânica e de coordenação dos metais escândio ao zinco

21
Química dos metais do bloco *d*: os metais da primeira linha

21.1 Introdução

É melhor considerar a química dos metais do bloco *d* da primeira linha de modo separado da química dos metais da segunda e terceira linhas por diversas razões, incluindo-se o seguinte:

- a química do primeiro membro de uma tríade é distinta da dos dois metais mais pesados; por exemplo, o Zr e o Hf têm químicas semelhantes, mas a do Ti difere;
- os espectros de absorção eletrônica e as propriedades magnéticas dos muitos complexos dos metais da primeira linha frequentemente podem ser explicados pelo uso da teoria do campo cristalino ou campo ligante, mas os efeitos do acoplamento spin–órbita são mais importantes para os metais mais pesados (veja as Seções 20.9 e 20.10);
- os complexos dos íons dos metais mais pesados apresentam uma faixa mais ampla de números de coordenação do que os dos seus congêneres da primeira linha;
- as tendências dos estados de oxidação (Tabela 19.3) não são consistentes para todos os membros de uma tríade; por exemplo, embora o estado de oxidação *máxima* do Cr, do Mo e do W seja +6, sua estabilidade é maior para o Mo e o W do que para o Cr;
- a ligação metal–metal é mais importante para os metais mais pesados do que para os da primeira linha.

A ênfase do presente capítulo é na química inorgânica e de coordenação. Os complexos organometálicos são discutidos no Capítulo 24.

21.2 Ocorrência, extração e usos

A Fig. 21.1 mostra as abundâncias relativas dos metais do bloco *d* da primeira linha na crosta terrestre. O *escândio* ocorre como um componente raro em diversos minerais. Sua principal fonte é a *tortveitita* (Sc,Y)$_2$Si$_2$O$_7$ (um mineral raro encontrado na Escandinávia e no Japão); pode também ser extraído de resíduos no processamento do urânio. Os usos do escândio são limitados; trata-se de um componente de lâmpadas de alta intensidade.

O principal mineral do *titânio* é a ilmenita (FeTiO$_3$), e também ocorre como três formas de TiO$_2$ (*anátase*, *rutilo* e *bruquita*) e *perovsquita* (CaTiO$_3$, Fig. 6.24). As estruturas da anátase, do rutilo e da bruquita diferem da seguinte maneira: enquanto a estrutura do rutilo é baseada no arranjo *ach* de íons O^{2-} com metade dos buracos octaédricos ocupados por centros de Ti(IV),

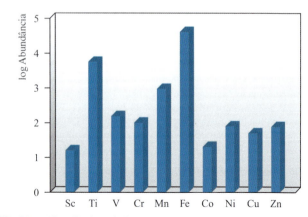

Fig. 21.1 Abundâncias relativas dos metais do bloco *d* da primeira linha na crosta terrestre. Os dados são graficamente representados em uma escala logarítmica, e as unidades de abundância são em partes por milhão (ppm).

os da anátase e da bruquita contêm arranjos acc de íons O^{2-}. O titânio está presente nos meteoritos, e as amostras de rocha vindas da missão lunar *Apollo 17* contêm ≈12% de Ti. A produção do Ti envolve a conversão do rutilo ou da ilmenita em $TiCl_4$ (por aquecimento em uma corrente de Cl_2 a 1200 K na presença de coque) seguida da redução utilizando-se o Mg. O óxido de titânio(IV) também é purificado via $TiCl_4$ no 'processo cloreto' (veja o Boxe 21.3). O metal titânio é resistente à corrosão em temperaturas ambientes, e é leve e consistente, tornando-o valioso como componente de ligas, por exemplo, na construção de aeronaves. Os ímãs supercondutores (empregados, por exemplo, em equipamentos de IRM, veja o Boxe 4.3 – Volume 1) contêm cabos condutores multinúcleos de NbTi.

O *vanádio* ocorre em diversos minerais incluindo-se a *vanadinita* ($Pb_5(VO_4)_3Cl$), a *carnotita* ($K_2(UO_2)_2(VO_4)_2 \cdot 3H_2O$), a *roscoelita* (uma mica que contém vanádio) e o polissulfeto *patronita* (VS_4). Também ocorre na rocha de fosfato (veja a Seção 15.2 – Volume 1) e em alguns petróleos crus. Não tem mineração direta e a extração do vanádio está associada com a de outros metais. A ustulação de minérios de vanádio com o Na_2CO_3 dá o $NaVO_3$ solúvel em água e, de soluções desse sal, pode ser precipitado $[NH_4][VO_3]$ que é moderadamente solúvel. Este composto é aquecido dando o V_2O_5, cuja redução com o Ca produz o V. A indústria siderúrgica consome cerca de 85% das reservas mundiais de V, e o *ferrovanádio* (empregado para endurecimento de aços) é produzido pela redução de uma mistura de V_2O_5 e Fe_2O_3 com Al; as ligas de aço–vanádio são utilizadas em aços para molas e ferramentas de corte de alta velocidade. O óxido de vanádio(V) é usado como catalisador nas oxidações do SO_2 em SO_3 (veja a Seção 25.7) e do naftaleno em ácido ftálico.

A principal fonte de **cromo** é a *cromita* ($FeCr_2O_4$) que tem uma estrutura de espinélio normal (veja o Boxe 13.7 (Volume 1) e a Seção 20.11). A cromita é reduzida com carbono para produzir o *ferrocromo* para a indústria siderúrgica; os aços inoxidáveis contêm Cr para aumentar sua resistência à corrosão (veja o Boxe 6.2 – Volume 1). Para a produção do Cr metálico, a cromita é fundida com Na_2CO_3 na presença de ar (Eq. 21.1) dando o Na_2CrO_4 hidrossolúvel e o Fe_2O_3 insolúvel. A extração com água seguida de acidificação com o H_2SO_4 dá uma solução da qual pode ser cristalizado o $Na_2Cr_2O_7$. As Eqs. 21.2 e 21.3 mostram os dois estágios finais da produção.

$$4FeCr_2O_4 + 8Na_2CO_3 + 7O_2$$
$$\longrightarrow 8Na_2CrO_4 + 2Fe_2O_3 + 8CO_2 \qquad (21.1)$$

$$Na_2Cr_2O_7 + 2C \xrightarrow{\Delta} Cr_2O_3 + Na_2CO_3 + CO \qquad (21.2)$$

$$Cr_2O_3 + 2Al \xrightarrow{\Delta} Al_2O_3 + 2Cr \qquad (21.3)$$

A resistência à corrosão do Cr leva à sua ampla utilização como um revestimento protetor (*cromagem*). O metal é depositado por eletrólise do $Cr_2(SO_4)_3$ aquoso, produzido pela dissolução do Cr_2O_3 em H_2SO_4. Depois da indústria siderúrgica, o maior consumidor de Cr (≈25%) é a indústria química, na qual as aplicações incluem pigmentos (por exemplo, amarelo de cromo), agentes de curtume, mordentes, catalisadores e agentes oxidantes. A cromita é empregada como material refratário (veja a Seção 12.6 – Volume 1), por exemplo, em tijolos refratários e revestimentos de fornos. Os compostos de cromo são tóxicos; os cromatos são corrosivos à pele.

Diversos óxidos de **manganês** ocorrem naturalmente, sendo o mais importante a *pirolusita* (β-MnO_2). A África do Sul e a Ucrânia detêm 80% e 10%, respectivamente, das reservas minerais do mundo. Atualmente ocorre pouca reciclagem do Mn. Nódulos de manganês que contêm até 24% do metal foram descobertos no leito do oceano. O principal uso do elemento está na indústria siderúrgica. A pirolusita é misturada com o Fe_2O_3 e reduzida com coque dando o *ferromanganês* (≈80% de Mn). Quase todos os aços contêm algum Mn; aqueles com alto teor de Mn (até 12%) possuem altíssima resistência ao choque e desgaste e são adequados para maquinário de britagem, moagem e escavação. O manganês metálico é produzido pela eletrólise de soluções de $MnSO_4$. O óxido de manganês(IV) é usado em baterias de células secas. A Fig. 21.2 mostra a célula de Leclanché (a célula 'ácida'); na versão 'alcalina' de longa durabilidade, o

MEIO AMBIENTE

Boxe 21.1 Cromo: recursos e reciclagem

Aproximadamente 95% da reserva de base de minério de cromo ficam na África do Sul e Casaquistão. O gráfico de barras ilustra o domínio da África do Sul na produção mundial de cromita.

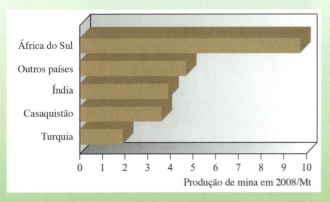

[Dados: US Geological Survey.]

As nações industriais da Europa e América do Norte têm que contar com um fornecimento de minério de cromo vinda do estrangeiro, e os EUA consomem ≈10% da produção mundial. Como o cromo é um metal tão vital para a economia, as reservas do governo nos EUA são consideradas uma estratégia importante para garantir abastecimentos durante períodos de atividade militar. O minério de cromo é convertido em ferroligas de cromo (para aço inoxidável e outras ligas), materiais refratários contendo cromita e produtos químicos à base de cromo. As aplicações comerciais mais importantes destes últimos são para pigmentos, curtume e preservação de madeira.

A reciclagem da sucata do aço inoxidável como fonte de Cr é uma importante fonte secundária. Em 2008, o abastecimento dos EUA de cromo consistiu em 15% das reservas governamentais e da indústria, 67% vieram das importações, e 18%, de material reciclado.

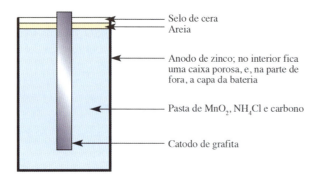

Fig. 21.2 Representação esquemática da célula de bateria seca (versão 'ácida').

NaOH ou o KOH substitui o NH_4Cl. A forte potência oxidante do $KMnO_4$ torna-o um importante produto químico (veja o Boxe 21.4). O manganês é um elemento traço essencial para plantas, e pequenas quantidades de $MnSO_4$ são adicionadas aos adubos.

O *ferro* é o mais importante de todos os metais e é o quarto elemento mais abundante na crosta terrestre. Acredita-se que o núcleo da Terra consista principalmente de ferro e ele é o principal constituinte dos meteoritos metálicos. Os minérios principais são a *hematita* (α-Fe_2O_3), a *magnetita* (Fe_3O_4), a *siderita* ($FeCO_3$), a *goethita* (α-$Fe(O)OH$) e a *lepidocrocita* γ-$Fe(O)OH$. Enquanto as *piritas de ferro* (FeS_2) e a *calcopirita* ($CuFeS_2$) são comuns, seus elevados teores de enxofre as tornam inadequadas para produção de Fe. O Fe puro (feito pela redução dos óxidos com o H_2) é reativo e sofre corrosão rapidamente, e o ferro finamente dividido é pirofórico. Embora o ferro *puro* não seja de importância comercial, a produção do aço é realizada em uma escala enorme (veja a Seção 6.7 e os Boxes 6.1, 6.2 e 8.4 – Volume 1). O óxido de ferro(III) α é usado como agente de polimento e moagem e na formação de ferritas (veja a Seção 21.9). Os óxidos de ferro são importantes pigmentos comerciais: o α-Fe_2O_3 (vermelho), o γ-Fe_2O_3 (castanho-avermelhado), o Fe_3O_4 (preto) e o $Fe(O)OH$ (amarelo). O ferro é de imensa importância biológica (veja o Capítulo 29), e está presente em, por exemplo, hemoglobina e mioglobina (carreadores de O_2), ferrodoxinas e citocromos (processos redox), ferritina (armazenamento de ferro), fosfatase ácida (hidrólise de fosfatos), dismutases superóxidas (dismutação de O_2) e nitrogenase (fixação do nitrogênio). Uma deficiência de ferro no corpo causa anemia (veja o Boxe 21.6), enquanto o excesso causa a hemocromatose.

O *cobalto* ocorre na forma de uma série de minérios de sulfeto e arseneto, incluindo a *cobaltita* (CoAsS) e a *skutterudita* ((Co,Ni)As_3 que contém unidades As_4 planas). A produção do metal geralmente baseia-se no fato de frequentemente ocorrer em minérios de outros metais (por exemplo, o Ni, o Cu e a Ag) e os processos finais envolvem a redução do Co_3O_4 com o Al ou o C seguida de refino eletrolítico. O Co puro é quebradiço, mas é comercialmente importante em aços especiais, ligado com o Al, o Fe e o Ni (*Alnico* é um grupo de ligas sem carbono) em ímãs permanentes, e na forma de ligas não ferrosas duras, fortes e resistentes à corrosão (por exemplo, com o Cr e o W), que são importantes na fabricação de motores a jato e componentes aeroespaciais. Os compostos de cobalto são de uso amplo na forma de pigmentos (tonalidades azuis em porcelana, esmaltes e vidro; veja o Boxe 21.8), catalisadores e como aditivos a alimentos animais. A vitamina B_{12} é um complexo de cobalto, e várias enzimas exigem coenzimas B_{12}.

Assim como o cobalto, o *níquel* ocorre na forma de minerais de sulfeto e arseneto, por exemplo, a *pentlandita*, $(Ni,Fe)_9S_8$. A ustulação desses minérios ao ar produz o óxido de níquel que é, então, reduzido ao metal usando carbono. O refino do metal é feito eletroliticamente ou pela conversão no $Ni(CO)_4$ seguida por decomposição térmica (Eq. 21.4). Trata-se do *processo Mond*, que é baseado no fato de o Ni formar um derivado de carbonila mais facilmente do que qualquer outro metal.

$$Ni + 4CO \underset{423-573\,K}{\overset{323\,K}{\rightleftharpoons}} Ni(CO)_4 \qquad (21.4)$$

O níquel é empregado de maneira extensiva em ligas, notadamente no aço inoxidável, outras ligas resistentes à corrosão, tais como *Monel* (68% de Ni e 32% de Cu), e metais para moedas. O Ni galvanizado oferece um revestimento protetor para outros metais. O níquel tem amplo uso em baterias; recentemente, isto incluiu a produção de baterias de níquel–hidreto metálico 'ecologicamente corretas' (veja o Boxe 10.5 – Volume 1), que superam as células de NiCd em desempenho (Eq. 21.5) como fontes recarregáveis de energia em aparelhos portáteis.

Anodo: $\quad Cd + 2[OH]^- \longrightarrow Cd(OH)_2 + 2e^-$
Catodo: $\quad NiO(OH) + H_2O + e^- \longrightarrow Ni(OH)_2 + [OH]^-$

$$(21.5)$$

O níquel é um importante catalisador, por exemplo, para a hidrogenação de compostos orgânicos insaturados e na reação de troca água–gás (veja a Seção 10.4 – Volume 1). O *níquel de Raney* é preparado pelo tratamento de uma liga de NiAl com o NaOH; trata-se de um material esponjoso (pirofórico quando seco), sendo um catalisador altamente reativo. A reciclagem do níquel está se tornando cada vez mais importante, com a principal fonte sendo o aço inoxidável austenítico (veja o Boxe 6.2 – Volume 1). Nos EUA, aproximadamente 40% do níquel são reciclados.

O *cobre* é, por uma margem considerável, o menos reativo dos metais da primeira linha e ocorre na forma nativa em pequenos depósitos em diversos países. O principal minério é a *calcopirita* ($CuFeS_2$). Outros minérios incluem a *calcantita* ($CuSO_4 \cdot 5H_2O$), a *atacamita* ($Cu_2(OH)_3Cl$), a *malaquita* ($Cu_2(OH)_2CO_3$) (Fig. 21.3), a *azurita* ($Cu_3(OH)_2(CO_3)_2$) e a *cuprita* (Cu_2O). A malaquita polida é amplamente empregada para fins decorativos. A produção tradicional de Cu envolve a ustulação a partir da calcopirita em um limitado suprimento de ar dando o Cu_2S e

Fig. 21.3 Um pedaço de malaquita polida, $Cu_2(OH)_2CO_3$.

o FeO. Este último é removido pela combinação com a sílica formando uma escória, e o Cu₂S é convertido a Cu pela reação 21.6. No entanto, nas duas últimas décadas, foram introduzidos métodos que evitam emissões de SO₂ (Boxe 21.2).

$$Cu_2S + O_2 \longrightarrow 2Cu + SO_2 \qquad (21.6)$$

A purificação eletrolítica do Cu é realizada pela construção de uma célula com Cu impuro como o anodo, Cu puro como o catodo, e o CuSO₄ como o eletrólito. Durante a eletrólise, o Cu é transferido do anodo para o catodo, produzindo metal de alta pureza (por exemplo, adequado para fiação elétrica, um grande uso) e um depósito sob o anodo a partir do qual podem ser extraídos Ag e Au metálicos. A reciclagem do cobre é importante (Boxe 21.2). Sendo resistente à corrosão, o Cu é requisitado em tubulações para água e vapor e é empregado na parte externa de edifícios, por exemplo, telhados e chapeamento, em que a exposição por longos períodos resulta em uma pátina verde de sulfato ou carbonato de cobre básico. As ligas de Cu tais como latão (Cu/Zn) (veja a Seção 6.7 – Volume 1), bronze (Cu/Sn), alpaca (Cu/Zn/Ni) e metal para moedas (Cu/Ni) são comercialmente importantes. O sulfato de cobre(II) é empregado extensivamente como um fungicida. O cobre tem um papel bioquímico vital (veja a Seção 29.4), por exemplo, na citocromo oxidase (envolvida na redução de O₂ em H₂O) e na hemocianina (uma proteína de cobre carreadora de O₂ nos artrópodes). Os compostos de cobre têm inúmeras aplicações catalíticas, e os empregos analíticos incluem o teste do biureto e o uso da solução de Fehling (veja a Seção 21.12).

MEIO AMBIENTE

Boxe 21.2 Cobre: recursos e reciclagem

Os recursos de cobre na superfície da Terra foram reavaliados recentemente. Considera-se haver cerca de 550 milhões de toneladas de cobre no substrato rochoso e nódulos no mar profundo. O principal minério de cobre para mineração tradicional é a calcopirita (CuFeS₂). O processo de extração convencional envolve a fundição e produz grandes quantidades de SO₂ (veja o Boxe 16.5 – Volume 1). Nos anos 1980, foi introduzido um novo método de extração do cobre que emprega o H₂SO₄ a partir do processo de fundição para extrair o Cu dos minérios de cobre diferentes daqueles utilizados na mineração tradicional, por exemplo, a azurita (Cu₃(OH)₂(CO₃)₂ e a malaquita (Cu₂(OH)₂CO₃). O cobre é extraído na forma de CuSO₄ aquoso. Este é misturado com um solvente orgânico, escolhido de forma a poder extrair os íons Cu²⁺ pela troca de H⁺ por Cu²⁺, daí produzindo H₂SO₄ que é reciclado de volta ao estágio de lixiviação da operação. A mudança de fase aquosa para orgânica separa os íons Cu²⁺ das impurezas. Novamente é adicionado ácido, liberando o Cu²⁺ em uma fase aquosa que passa por eletrólise produzindo cobre metálico. O processo global é conhecido como lixiviação–extração por solvente–extração eletrolítica (sigla em inglês, SX/EW) e opera a temperaturas ambientes. Trata-se de um processo hidrometalúrgico ecologicamente correto, mas, por se basear no H₂SO₄, atualmente é acoplado à fundição convencional de minérios de sulfeto. Na América do Sul, >40% do Cu foram extraídos atualmente (em 2011) pelo processo SX/EW.

Em regiões onde predominam os minérios de sulfeto, o cobre é lixiviado pelo uso de bactérias. As bactérias *Acidithiobacillus thiooxidans*, de ocorrência natural, oxidam o íon sulfeto em íon sulfato, e esse processo de biolixiviação agora funciona em paralelo com o SX/EW como um substituto de uma fração significativa das operações de fundição convencional.

Entre os metais, o consumo de Cu é excedido apenas pelo aço e Al. A recuperação do Cu a partir de sucata é uma parte essencial das indústrias à base de cobre; por exemplo, em 2009 nos EUA, o metal reciclado constituiu ≈35% do abastecimento de cobre. A produção mundial em minas em 2009 foi de 15,8 Mt, com 34% vindos do Chile, 8% oriundos dos EUA e 7,5%, do Peru (os maiores produtores do mundo). A reciclagem do metal é importante por questões ambientais: a descarga de resíduos leva à poluição, por exemplo, de reservas de água. Na indústria eletrônica, as soluções de NH₃–NH₄Cl na presença de O₂ são empregadas para depositar o Cu em placas de circuito impresso. O resíduo de Cu(II) resultante é submetido a um processo análogo ao SX/EW descrito anteriormente. O resíduo é primeiramente tratado com um solvente orgânico

Biolixiviação do cobre a partir de minérios de sulfeto de cobre na mina de Skouriotissa, no Chipre.

XH que é um composto do tipo RR'C(OH)C(NOH)R", cuja base conjugada pode funcionar como um ligante:

$$[Cu(NH_3)_4]^{2+}(aq) + 2XH(org)$$
$$\longrightarrow CuX_2(org) + 2NH_3(aq) + 2NH_4^+(aq)$$

em que aq e org representam as fases aquosa e orgânica, respectivamente. Segue o tratamento com o H₂SO₄:

$$CuX_2 + H_2SO_4 \longrightarrow CuSO_4 + 2XH$$

e, em seguida, o Cu é recuperado por métodos eletrolíticos:

No catodo: $\qquad Cu^{2+}(aq) + 2e^- \longrightarrow Cu(s)$

Leitura recomendada

C.L. Brierley (2008) *Trans. Nonferrous Met. Soc. China*, vol. 18, p. 1302 – 'How will biomining be applied in the future?'

Md.E. Hoque and O.J. Philip (2011) *Mater. Sci. Eng. C.*, vol. 31, p. 57 – 'Biotechnological recovery of heavy metals from secondary sources – An overview'.

J. Lee, S. Acar, D.L. Doerr and J.A. Brierley (2011) *Hydrometallurgy*, vol. 105, p. 213 – 'Comparative bioleaching and mineralogy of composited sulfide ores containing enargite, covellite and chalcocite by mesophilic and thermophilic micro-organisms'.

Fig. 21.4 Usos do zinco nos EUA em 2009. [Dados: US Geological Survey.]

Os principais minérios de **zinco** são a *esfalerita* (*blenda de zinco*, ZnS, veja a Fig. 6.19), a *calamina* (*hemimorfita*, $Zn_4Si_2O_7(OH)_2 \cdot H_2O$) e a *smithsonita* ($ZnCO_3$). A extração do ZnS envolve ustulação ao ar dando ZnO seguida pela redução com carbono. O zinco é mais volátil (p.eb. 1180 K) do que a maior parte dos metais e pode ser separado por resfriamento rápido (para evitar a inversão da reação) e purificado por destilação ou eletrólise. A reciclagem do Zn tem crescido em importância, oferecendo uma fonte secundária do metal. A Fig. 21.4 resume os principais usos do Zn. Ele é empregado para a galvanização do aço (veja a Seção 6.7 e o Boxe 8.4 – Volume 1), e as ligas de Zn são comercialmente importantes, por exemplo, o latão (Cu/Zn) e a alpaca (Cu/Zn/Ni). As baterias de célula seca utilizam o zinco como anodo (Fig. 21.2). Um desenvolvimento recente é o da bateria de zinco–ar. As reações da célula são apresentadas no esquema 21.7, e as baterias usadas podem ser regeneradas em centros de reciclagem especializados, ou *in situ* em células de combustível de zinco–ar regeneradoras especialmente projetadas. Durante a regeneração, as reações da célula no esquema 21.7 são invertidas.[†] As baterias de zinco–ar ou células de combustível de zinco–ar recarregáveis são utilizadas como fontes de energia de emergência, e apresentam potencial para uso em veículos movidos a eletricidade.

$$\left. \begin{array}{ll} \text{No anodo:} & Zn + 4[OH]^- \rightarrow [Zn(OH)_4]^{2-} + 2e^- \\ & [Zn(OH)_4]^{2-} \rightarrow ZnO + 2[OH]^- + H_2O \\ \text{No catodo:} & O_2 + 2H_2O + 4e^- \rightarrow 4[OH]^- \\ \text{Globalmente:} & 2Zn + O_2 \rightarrow 2ZnO \end{array} \right\}$$

(21.7)

O óxido de zinco é de uso amplo em cremes para a pele e talco, e é um ingrediente de loções protetoras solares para proteção contra radiação UV. Uma das principais aplicações se encontra na indústria da borracha, onde o óxido de zinco diminui a temperatura de vulcanização e facilita a vulcanização mais rápida (veja a Seção 16.4 – Volume 1). Tanto o ZnO quanto o ZnS são utilizados como pigmentos brancos, embora, para a maioria dos objetivos, o TiO_2 seja superior (veja o Boxe 21.3 e a Seção 28.5).

21.3 Propriedades físicas: uma visão geral

Os dados físicos para os metais da primeira linha já foram discutidos anteriormente neste livro, mas a Tabela 21.1 resume propriedades físicas selecionadas. Os dados adicionais podem ser tabulados como segue:

- tipos de estruturas do metal (Tabela 6.2);
- valores de raios iônicos, r_{ion}, que dependem da carga, da geometria e se o íon é de alto ou baixo spin (Apêndice 6);
- potenciais de redução padrão, $E^o(M^{2+}/M)$ e $E^o(M^{3+}/M^{2+})$ (veja as Tabelas 19.1 e 20.15 e o Apêndice 11).

Para dados espectroscópicos de absorção eletrônica (por exemplo, Δ_{oct} e constantes de acoplamento spin–órbita) e momentos magnéticos, deverão ser consultadas as respectivas seções no Capítulo 20.

21.4 Grupo 3: escândio

O metal

Em sua química, o Sc apresenta uma semelhança maior com o Al do que com os metais mais pesados do grupo 3; os valores de E^o são dados para comparações na Eq. 21.8.

$$M^{3+}(aq) + 3e^- \rightleftharpoons M(s) \quad \begin{cases} M = Al, & E^o = -1{,}66\,V \\ M = Sc, & E^o = -2{,}08\,V \end{cases} \quad (21.8)$$

O escândio metálico se dissolve em ácidos e álcalis, e combina com os halogênios. Reage com o N_2 a altas temperaturas dando o ScN que é hidrolisado pela água. O escândio normalmente apresenta um estado de oxidação estável em seus compostos, o Sc(III). No entanto, as reações do $ScCl_3$ e do Sc a temperaturas elevadas levam a uma série de sub-haletos (por exemplo, o Sc_7Cl_{10} e o Sc_7Cl_{12}).

Escândio(III)

A combinação direta do Sc e um halogênio dá o ScF_3 anidro (sólido branco insolúvel em água), o $ScCl_3$ e o $ScBr_3$ (sólidos brancos solúveis) e o ScI_3 (sólido amarelo sensível à umidade). O fluoreto cristaliza com a estrutura do ReO_3 (Fig. 21.5), na qual cada centro de Sc fica octaedricamente situado. Em cada um dos $ScCl_3$, $ScBr_3$ e ScI_3, os átomos de Sc ocupam dois terços dos sítios octaédricos em um arranjo *ach* de átomos de halogênio (isto é, uma estrutura do tipo BiI_3). Na reação com o MF (M = Na, K, Rb, NH_4), o ScF_3 forma complexos solúveis em água, $M_3[ScF_6]$, contendo o $[ScF_6]^{3-}$ octaédrico.

A adição de álcalis aquoso a soluções de sais de Sc(III) precipita o ScO(OH) que é isoestrutural com o AlO(OH). Na presença de excesso de $[OH]^-$, o ScO(OH) se redissolve como $[Sc(OH)_6]^{3-}$. A desidratação do ScO(OH) produz Sc_2O_3.

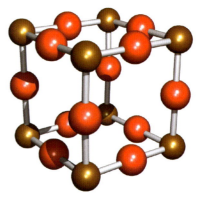

Fig. 21.5 Célula unitária do ReO_3, um protótipo estrutural; os átomos de Re são mostrados em castanho e os átomos de O, em vermelho. Este tipo de estrutura é adotado pelo ScF_3 e pelo FeF_3.

[†] Para mais detalhes, veja: J. Goldstein, I. Brown and B. Koretz (1999) *J. Power Sources*, vol. 80, p. 171 – 'New developments in the Electric Fuel Ltd. zinc/air system'; S.I. Smedley and X.G. Zhang (2007) *J. Power Sources*, vol. 165, p. 897 – 'A regenerative zinc–air fuel cell'.

Tabela 21.1 Propriedades físicas selecionadas dos metais da primeira linha do bloco d

Propriedade	Sc	Ti	V	Cr	Mn	Fe	Co	Ni	Cu	Zn
Número atômico, Z	21	22	23	24	25	26	27	28	29	30
Aparência física do metal puro	Macio; branco-prateado; mancha ao ar	Duro; prata lustrosa colorida	Macio; dúctil; branco brilhante	Duro; branco-azulado	Duro; azul-prateado lustroso	Bastante macio; maleável; lustroso, branco	Duro; quebradiço; branco-azulado lustroso	Duro; maleável e dúctil; branco-acinzentado	Maleável e dúctil; avermelhado	Quebradiço a 298 K; maleável 373-423 K; branco-azulado lustroso
Ponto de fusão/K	1814	1941	2183	2180	1519	1811	1768	1728	1358	693
Ponto de ebulição/K	3104	3560	3650	2945	2235	3023	3143	3005	2840	1180
Configuração eletrônica de valência no estado fundamental (caroço = [Ar]):										
Átomo	$4s^2 3d^1$	$4s^2 3d^2$	$4s^2 3d^3$	$4s^1 3d^5$	$4s^2 3d^5$	$4s^2 3d^6$	$4s^2 3d^7$	$4s^2 3d^8$	$4s^1 3d^{10}$	$4s^2 3d^{10}$
M^+	$4s^1 3d^1$	$4s^2 3d^1$	$4s^2 3d^3$	$3d^5$	$4s^1 3d^5$	$4s^1 3d^6$	$3d^8$	$3d^9$	$3d^{10}$	$4s^1 3d^{10}$
M^{2+}	$3d^1$	$3d^2$	$3d^3$	$3d^4$	$3d^5$	$3d^6$	$3d^7$	$3d^8$	$3d^9$	$3d^{10}$
M^{3+}	[Ar]	$3d^1$	$3d^2$	$3d^3$	$3d^4$	$3d^5$	$3d^6$	$3d^7$	$3d^8$	$3d^9$
Entalpia de atomização, $\Delta_a H^\circ$(298 K)/kJ mol^{-1}	378	470	514	397	283	418	428	430	338	130
Energia de primeira ionização, EI_1/kJ mol^{-1}	633,1	658,8	650,9	652,9	717,3	762,5	760,4	737,1	745,5	906,4
Energia de segunda ionização, EI_2/kJ mol^{-1}	1235	1310	1414	1591	1509	1562	1648	1753	1958	1733
Energia de terceira ionização, EI_3/kJ mol^{-1}	2389	2653	2828	2987	3248	2957	3232	3395	3555	3833
Raio metálico, r_{metal}/pm[†]	164	147	135	129	137	126	125	125	128	137
Resistividade elétrica $(\rho) \times 10^8 \Omega$ m (a 273 K)[‡]	56*	39	18,1	11,8	143	8,6	5,6	6,2	1,5	5,5
	Sc	Ti	V	Cr	Mn	Fe	Co	Ni	Cu	Zn

[†]Raio metálico para átomo dodecacoordenado.
[‡]Veja a Eq. 6.3 para a relação entre resistividade elétrica e resistência elétrica.
*A 290-300 K.

A química de coordenação do Sc(III) é muito mais limitada do que a dos outros íons de metais do bloco *d* da primeira linha e geralmente fica restrita a doadores duros como o N e o O. São favorecidos os números de coordenação de 6, por exemplo, [ScF$_6$]$^{3-}$, [Sc(bpy)$_3$]$^{3+}$, *mer*-[ScCl$_3$(OH$_2$)$_3$], *mer*-[ScCl$_3$(THF)$_3$] e [Sc(acac)$_3$]. Entre os complexos com números de coordenação maiores estão o [ScF$_7$]$^{4-}$ (bipirâmide pentagonal), o [ScCl$_2$(15-coroa-5)]$^+$ (Fig. 19.8d), o [Sc(NO$_3$)$_5$]$^{2-}$ (veja o final da Seção 9.11 – Volume 1), e o [Sc(OH$_2$)$_9$]$^{3+}$ (prisma triangular triencapuzado). Os ligantes amido volumosos estabilizam números de coordenação baixos, por exemplo, o [Sc{N(SiMe$_3$)$_2$}$_3$].

21.5 Grupo 4: titânio

O metal

O titânio não reage com álcalis (frio ou quente) e não se dissolve em ácidos minerais à temperatura ambiente. É atacado pelo HCl quente, formando Ti(III) e H$_2$, e o HNO$_3$ quente oxida o metal em TiO$_2$ hidratado. Os fios de titânio se dissolvem em HF aquoso com vigorosa liberação de H$_2$ e a formação de solução amarelo-esverdeada contendo o Ti(IV) e o Ti(II) (Eq. 21.9).

$$2Ti + 6HF \longrightarrow [TiF_6]^{2-} + Ti^{2+} + 3H_2 \tag{21.9}$$

O titânio reage com a maioria dos não metais em temperaturas altas. Com o C, o O$_2$, o N$_2$ e os halogênios X$_2$, ele forma o TiC, o TiO$_2$ (veja a Fig. 6.22 – Volume 1), o TiN (veja a Seção 15.6 – Volume 1) e o TiX$_4$, respectivamente. Com o H$_2$, forma o "TiH$_2$", mas este possui uma faixa não estequiométrica ampla, por exemplo, o TiH$_{1,7}$. Os híbridos binários, o carbeto (veja a Seção 14.7 – Volume 1), o nitreto e os boretos (veja a Seção 13.10 – Volume 1) são todos materiais refratários, inertes, de alto ponto de fusão.

Em seus compostos, o Ti exibe estados de oxidação de +4 (de longe o mais estável), +3, +2 e, raramente, 0.

Titânio(IV)

Os haletos de titânio(IV) podem ser formados a partir dos elementos. Industrialmente, o TiCl$_4$ é preparado pela reação do TiO$_2$ com o Cl$_2$ na presença de carbono, e essa reação também é utilizada na purificação do TiO$_2$ no "processo cloreto" (veja o Boxe 21.3). O fluoreto de titânio(IV) é um sólido branco higroscópico que forma o HF na hidrólise. O vapor contém moléculas tetraédricas de TiF$_4$. O TiF$_4$ sólido consiste em unidades de Ti$_3$F$_{15}$, nas quais os átomos de Ti estão octaedricamente situados; os octaedros que compartilham vértices (Fig. 21.6) são ligados através dos átomos de F$_a$ (mostrados na Fig. 21.6a) gerando colunas isoladas em um arranjo infinito. O TiCl$_4$ e o TiBr$_4$ hidrolisam-se mais facilmente do que o TiF$_4$. A 298 K, o TiCl$_4$ é um líquido incolor (p.fus. 249 K, p.eb. 409 K) e o TiBr$_4$ é um sólido amarelo. O tetraiodeto é um sólido castanho-avermelhado que sublima *in vacuo* a 473 K formando um vapor vermelho. As moléculas tetraédricas estão presentes nas fases sólida e vapor do TiCl$_4$, do TiBr$_4$ e do TiI$_4$. Cada tetra-haleto funciona como um ácido de Lewis; o TiCl$_4$ é o mais importante, sendo empregado com o AlCl$_3$ nos catalisadores de Ziegler–Natta para polimerização dos alquenos (veja a Seção 25.8) e como catalisador em uma variedade de outras reações orgânicas. A acidez de Lewis do TiCl$_4$ é vista na formação de complexos. Ele

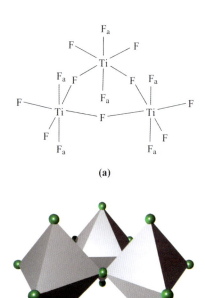

Fig. 21.6 A estrutura no estado sólido do TiF$_4$ consiste em pilhas colunares de octaedros que compartilham os vértices. Os blocos de construção são as unidades de Ti$_3$F$_{15}$ mostradas aqui em (a) representação esquemática e (b) representação poliédrica; os átomos de F são apresentados em verde. [Dados: H. Bialowons *et al.* (1995) *Z. Anorg. Allg. Chem.*, vol. 621, p. 1227.]

combina-se com aminas terciárias e fosfanos dando complexos octaédricos tais como o [TiCl$_4$(NMe$_3$)$_2$] e o [TiCl$_4$(PEt$_3$)$_2$]. Os sais contendo o [TiCl$_6$]$^{2-}$ são formados em solução de cloreto de tionila, pois são hidrolisados pela água. Por sua vez, os sais de [TiF$_6$]$^{2-}$ podem ser preparados em meios aquosos. Com o diarsano **21.1** (veja o esquema 23.89) é formado o complexo dodecaédrico [TiCl$_4$(**21.1**)$_2$]. A reação do N$_2$O$_5$ com o TiCl$_4$ produz o [Ti(NO$_3$)$_4$], no qual o centro do Ti(IV) fica em um ambiente dodecaédrico (Fig. 21.7a).

(**21.1**)

A importância comercial do TiO$_2$ é descrita no Boxe 21.3, e a estrutura de sua forma rutilo foi apresentada na Fig. 6.22. Embora possa ser formulado como Ti^{4+}(O^{2-})$_2$, o elevadíssimo valor do somatório das quatro primeiras energias de ionização do metal (8797 kJ mol^{-1}) torna a validade do modelo iônico duvidosa. O TiO$_2$ seco é de difícil dissolução em ácidos, mas a forma hidratada (precipitada por adição da base a soluções de sais de Ti(IV)) dissolve-se em HF, NCl e H$_2$SO$_4$ dando complexos de fluorido, clorido e sulfato, respectivamente. Não há um íon aqua simples de Ti^{4+}. A reação do TiO$_2$ com o CaO, a 1620 K, dá o *titanato* CaTiO$_3$. Outros membros desse grupo incluem o BaTiO$_3$ e o FeTiO$_3$ (*ilmenita*). Os titanatos de M^{II}TiO$_3$ são *óxidos mistos* e *não* contêm íons [TiO$_3$]$^{2-}$. O tipo de estrutura depende do tamanho de M^{2+}: se ele for grande (por exemplo, M = Ca), é favorecida uma rede de perovsquita (Fig. 6.24), mas, se o M^{2+} é semelhante em tamanho ao Ti(IV), é preferida uma estrutura do coríndon (veja a Seção 13.7 – Volume 1), na qual o M(II) e o Ti(IV) substituem dois centros de Al(III); por exem-

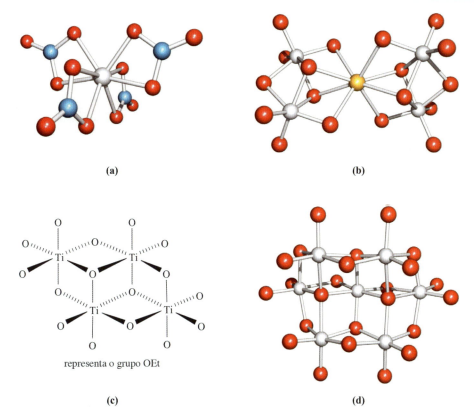

Fig. 21.7 (a) A estrutura do Ti(NO$_3$)$_4$ (difração de raios X) mostrando o ambiente dodecaédrico do átomo de Ti; compare com a Fig. 19.9 [C.D. Garner *et al.* (1966) *J. Chem. Soc., A*, p. 1496]; (b) a estrutura do [Ca{Ti$_2$(OEt)$_9$}$_2$] (difração de raios X); os grupos Et são omitidos [E.P. Turevskaya *et al.* (1994) *J. Chem. Soc., Chem. Commun.*, p. 2303]; (c) a estrutura tetramérica do [Ti(OEt)$_4$], isto é, o [Ti$_4$(OEt)$_{16}$] com grupos etila omitidos para fins de clareza; (d) a estrutura do [Ti$_7$(μ_4-O)$_2$(μ_3-O)$_2$(OEt)$_{20}$] (difração de raios X); os grupos Et são omitidos [R. Schmid *et al.* (1991) *J. Chem. Soc., Dalton Trans.*, p. 1999]. Código de cores: Ti, cinza-claro; O, vermelho; N, azul; Ca, amarelo.

plo, a ilmenita. Acima dos 393 K, o BaTiO$_3$ tem a estrutura da perovsquita, mas, a temperaturas mais baixas, ele se transforma sucessivamente em três fases, cada qual um *ferroelétrico*, isto é, a fase tem um momento de dipolo elétrico, mesmo na ausência de um campo magnético externo. Isto surge porque o pequeno centro de Ti(IV) tende a ficar fora do centro no buraco octaédrico de O$_6$ (Fig. 6.24 – Volume 1). A aplicação de um campo elétrico faz com que todos esses íons sejam empurrados para o mesmo lado dos buracos e leva a um grande aumento da permissividade específica; dessa maneira, os titanatos de bário são empregados em capacitores. A aplicação de pressão a um dos lados de um cristal de BaTiO$_3$ faz com que os íons Ti^{4+} migrem, gerando uma corrente elétrica (o efeito piezoelétrico, veja a Seção 14.9), e esta propriedade torna o BaTiO$_3$ adequado para uso em dispositivos eletrônicos, tais como microfones. O interesse pelas fases da perovsquita, como o BaTiO$_3$ e o CaTiO$_3$, tem levado a investigações de materiais de estado sólido, tais como o [M{Ti$_2$(OEt)$_9$}$_2$] (M = Ba ou Ca) (Fig. 21.7b), derivados de reações de alcóxidos do Ti(IV) e do Ba ou do Ca. Os alcóxidos de titânio são amplamente utilizados em tecidos à prova d'água e em tintas resistentes ao calor. São usadas finas películas de TiO$_2$ em capacitores e podem ser depositadas com o uso de alcóxidos de Ti(IV), tais como o [Ti(OEt)$_4$]. O etóxido é preparado a partir do TiCl$_4$ e do Na[OEt] (ou a partir do TiCl$_4$, NH$_3$ seca e EtOH) e tem uma estrutura tetramérica (Fig. 21.7c) na qual cada Ti está octaedricamente situado. Podem ser montadas estruturas maiores que retêm 'blocos de construção' de TiO$_6$. Por exemplo, a reação do [Ti(OEt)$_4$] com o EtOH anidro, a 373 K, dá o [Ti$_{16}$O$_{16}$(OEt)$_{32}$], enquanto o [Ti$_7$O$_4$(OEt)$_{20}$] (Fig. 21.7d) é o produto, caso haja presença do CuCO$_3$ básico. São observadas estruturas semelhantes para os vanadatos (Seção 21.6), molibdatos e tungstatos (Seção 22.7).

(21.2) **(21.3)**

A reação do TiO$_2$ e TiCl$_4$, a 1320 K, em um leito fluidificado produz o [Cl$_3$Ti(μ-O)TiCl$_3$] que reage com o [Et$_4$N]Cl dando o [Et$_4$N]$_2$[TiOCl$_4$]. O íon [TiOCl$_4$]$^{2-}$ (**21.2**) tem uma estrutura piramidal de base quadrada com o ligante óxido na posição apical. É conhecida uma série de complexos peróxido do Ti(IV) e incluem produtos de reações entre o TiO$_2$ em HF a 40% e H$_2$O$_2$ a 30%; em pH 9, o produto é o [TiF$_2$(η^2-O$_2$)$_2$]$^{2-}$, enquanto, em pH 6, é formado o [TiF$_5$(η^2-O$_2$)]$^{3-}$. A espécie dinuclear [Ti$_2$F$_6$(μ-F)$_2$(η^2-O$_2$)$_2$]$^{4-}$ (**21.3**) é produzida pelo tratamento do [TiF$_6$]$^{2-}$ com H$_2$O$_2$ a 6%, em pH 5.

Titânio(III)

O fluoreto de titânio(III) é preparado pela passagem do H$_2$ e HF sobre o Ti ou seu hidreto, a 970 K. O TiF$_3$ é um sólido azul (p.fus. 1473 K) com uma estrutura relacionada ao ReO$_3$ (Fig. 21.5). O tricloreto existe em quatro formas (α, β, γ e δ). A forma α (um

APLICAÇÕES

Boxe 21.3 Demanda comercial pelo TiO₂

O dióxido de titânio possui amplas aplicações industriais como um pigmento branco brilhante. Suas aplicações como pigmento nos EUA, em 2009, são mostradas no gráfico visto a seguir. Essa aplicação comercial vem do fato de as finas partículas espalharem luz incidente de modo extremamente vigoroso; mesmo os cristais do TiO₂ possuem um índice de refração muito alto ($\mu = 2{,}70$ para o rutilo, 2,55 para a anátase). Historicamente, os compostos de Pb(II) eram empregados como pigmentos em tintas, mas os riscos para a saúde associados tornam o chumbo indesejável; o TiO₂ tem riscos insignificantes para a saúde. São utilizados dois métodos de fabricação:

- o *processo sulfato* produz o TiO₂ na forma de rutilo e anátase;
- o *processo cloreto* produz o rutilo.

A matéria-prima para o processo sulfato é a ilmenita, FeTiO₃; o tratamento com o H₂SO₄, a 420-470 K, produz o Fe₂(SO₄)₃, o TiOSO₄ e algum FeSO₄. O Fe₂(SO₄)₃ é reduzido e separado na forma de FeSO₄·7H₂O por um processo de cristalização. A hidrólise do TiOSO₄ produz TiO₂ hidratado, que é subsequentemente desidratado dando TiO₂:

$$\text{TiOSO}_4 + (n+1)\text{H}_2\text{O} \xrightarrow{\text{álcalis aquoso}} \text{TiO}_2 \cdot n\text{H}_2\text{O} + \text{H}_2\text{SO}_4$$

$$\text{TiO}_2 \cdot n\text{H}_2\text{O} \xrightarrow{\Delta} \text{TiO}_2 + n\text{H}_2\text{O}$$

O ácido sulfúrico é removido por neutralização com o CaCO₃ produzindo gesso como um subproduto:

$$\text{CaCO}_3 + \text{H}_2\text{SO}_4 + \text{H}_2\text{O} \longrightarrow \text{CaSO}_4 \cdot 2\text{H}_2\text{O} + \text{CO}_2$$

O gesso é reciclado no comércio da construção (veja os Boxes 12.6 e 14.8 – Volume 1). O TiO₂ produzido pelo processo sulfato está na forma de *anátase*, a menos que cristais de *rutilo* em forma de sementes sejam introduzidos nos estágios finais da produção. O minério de rutilo ocorre na natureza em, por exemplo, veios de apatita na Noruega, e é a matéria-prima para o processo cloreto. Inicialmente, o minério de TiO₂ é convertido em TiCl₄ por tratamento com Cl₂ e C, a 1200 K. A oxidação por O₂, a ≈1500 K, produz o rutilo puro:

$$\text{TiO}_2 + 2\text{Cl}_2 + \text{C} \longrightarrow \text{TiCl}_4 + \text{CO}_2$$
bruto

$$\text{TiCl}_4 + \text{O}_2 \longrightarrow \text{TiO}_2 + 2\text{Cl}_2$$
puro

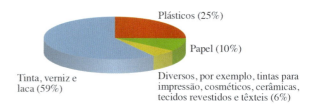

[Dados: US Geological Survey.]

O Cl₂ da segunda etapa é reciclado para uso na etapa inicial de cloração.

Originalmente, o processo sulfato era o processo industrialmente mais importante, mas, desde o início dos anos 1990, o processo cloreto foi favorecido em termos financeiros e ambientais. Ambos os processos estão em uso atualmente.

O dióxido de titânio é um semicondutor com lacuna de banda larga e é um excelente fotocatalisador para a fotomineralização da água, isto é, a degradação de poluentes da água é catalisada pelo TiO₂ na presença de radiação UV. Os poluentes que podem ser destruídos com êxito incluem uma ampla gama de hidrocarbonetos e compostos orgânicos halogenados, bem como alguns herbicidas, pesticidas e corantes. As propriedades semicondutoras do TiO₂ também o levaram a ser empregado como um sensor gasoso para a detecção de Me₃N emitido por peixes em decomposição. Outros usos do TiO₂ incluem aplicações em cosméticos e cerâmicas, e em anodos para vários processos eletroquímicos. O TiO₂ é empregado como um filtro de UV em cremes protetores solares e, para essa aplicação, é importante o controle do tamanho da partícula, já que o espalhamento ótimo de luz ocorre quando o diâmetro da partícula do TiO₂ é de 180-220 nm.

Apesar de ser apenas uma fração de um por cento da demanda mundial de TiO₂, a aplicação do TiO₂ nanocristalino (anátase) nas células solares sensibilizadas por corante de Grätzel está se tornando cada vez mais importante. Uma película do semicondutor com lacuna de banda larga, TiO₂, é revestido sobre um vidro condutor de óxido de estanho transparente dopado com flúor. Um corante redox ativo (que absorve luz em uma faixa do espectro no visível tão ampla quanto possível) é, então, adsorvido na superfície do TiO₂. A excitação do corante, à medida que um fóton é absorvido, é acompanhada da injeção de um elétron na banda de condução do semicondutor (veja a Seção 28.3).

Leitura recomendada

X. Chen and S.S. Mao (2006) *J. Nanosci. Nanotechno.*, vol. 6, p. 906 – 'Synthesis of titanium dioxide (TiO₂) nanomaterials'.

U. Diebold (2003) *Surf. Sci. Rep.*, vol. 48, p. 53 – 'The surface science of titanium diooxide'.

G.J. Meyer (2010) *ACS NANO*, vol. 4, p. 4337 – 'The 2010 Millennium Technology Grand Prize: Dye-sensitized solar cells'.

A. Mills, R.H. Davies and D. Worsley (1993) *Chem. Soc. Rev.*, vol. 22, p. 417 – 'Water purification by semiconductor photocatalysis'.

Imagem por microscopia eletrônica de varredura (sigla em inglês SEM) de flocos de TiO₂. Ampliação ×900.

sólido violeta) é preparada pela redução do TiCl$_4$ com H$_2$ acima de 770 K e tem uma estrutura em camadas, com os átomos de Ti em sítios octaédricos. A forma β castanha é preparada pelo aquecimento do TiCl$_4$ com compostos de trialquilas de alumínio; ela é fibrosa e contém octaedros de TiCl$_6$ que compartilham faces. O tricloreto é comercialmente disponível. É utilizado como um catalisador na polimerização de alquenos (veja a Seção 25.7) e é um forte agente redutor. Ao ar, o TiCl$_3$ é facilmente oxidado, e desproporciona-se acima de 750 K (Eq. 21.10).

$$2TiCl_3 \longrightarrow TiCl_4 + TiCl_2 \tag{21.10}$$

O tribrometo de titânio é produzido por aquecimento do TiBr$_4$ com Al, ou pela reação do BBr$_3$ com o TiCl$_3$; trata-se de um sólido cinza com uma estrutura em camadas análoga ao α-TiCl$_3$. A redução do TiI$_4$ com Al dá o TiI$_3$ violeta. Tanto o TiBr$_3$ quanto o TiI$_3$ desproporcionam-se quando aquecidos a >600 K. O momento magnético do TiF$_3$ (1,75 μ_B, a 300 K) é consistente com um dos elétrons desemparelhados por centro de metal. No entanto, os dados magnéticos do TiCl$_3$, TiBr$_3$ e do TiI$_3$ indicam significativas interações Ti–Ti no estado sólido. Para o TiCl$_3$, o momento magnético, a 300 K, é 1,31 μ_B e o TiBr$_3$ é apenas fracamente paramagnético.

Quando soluções aquosas de Ti(IV) são reduzidas por Zn, é obtido o íon aqua [Ti(OH$_2$)$_6$]$^{3+}$ violeta (veja a Eq. 7.35 e a Fig. 20.4). Trata-se de um forte redutor (Eq. 21.11) e as soluções aquosas de Ti(III) devem ficar protegidas da oxidação pelo ar.

$$[TiO]^{2+}(aq) + 2H^+(aq) + e^- \rightleftharpoons Ti^{3+}(aq) + H_2O(l)$$
$$E^o = +0,1 \text{ V} \tag{21.11}$$

Em solução alcalina (parte por causa do envolvimento do H$^+$ no equilíbrio redox 21.11, e parte por causa da baixa solubilidade do produto), os compostos de Ti(III) liberam H$_2$ da H$_2$O e são oxidados a TiO$_2$. Na ausência de ar, o álcalis precipita o Ti$_2$O$_3$ hidratado de soluções de TiCl$_3$. A dissolução desse óxido em ácidos dá sais que contêm [Ti(OH$_2$)$_6$]$^{3+}$, por exemplo, o [Ti(OH$_2$)$_6$]Cl$_3$ e o CsTi(SO$_4$)$_2$·12H$_2$O, sendo este último isomorfo com outros alumens (veja a Seção 13.9 – Volume 1).

O óxido de titânio(III) é produzido por redução do TiO$_2$ com o Ti a temperaturas elevadas. Trata-se de um sólido insolúvel preto-arroxeado com a estrutura do coríndon (veja a Seção 13.7 – Volume 1) e exibe uma transição do caráter semicondutor para metálico quando aquecido acima de 470 K ou na dopagem com, por exemplo, o V(III). Os usos do Ti$_2$O$_3$ incluem aqueles em capacitores de filme fino.

Os complexos de Ti(III) normalmente possuem estruturas octaédricas, por exemplo, o [TiF$_6$]$^{3-}$, [TiCl$_6$]$^{3-}$, [Ti(CN)$_6$]$^{3-}$, *trans*-[TiCl$_4$(THF)$_2$]$^-$, *trans*-[TiCl$_4$(py)$_2$]$^-$, *mer*-[TiCl$_3$(THF)$_3$], *mer*-[TiCl$_3$(py)$_3$] e o [Ti{(H$_2$N)$_2$CO-*O*}$_6$]$^{3+}$, e os momentos magnéticos próximos dos valores daquele do spin. Os exemplos de complexos septacoordenados incluem o [Ti(EDTA)(OH$_2$)]$^-$ e o [Ti(OH$_2$)$_3$(ox)$_2$]$^-$.

Estados de baixa oxidação

O cloreto, o brometo e o iodeto de titânio(II) podem ser preparados por desproporcionamento térmico do TiX$_3$ (Eq. 21.10) ou pela reação 21.12. Eles são sólidos vermelhos ou negros que adotam a estrutura do CdI$_2$ (Fig. 6.23 – Volume 1).

$$TiX_4 + Ti \xrightarrow{\Delta} 2TiX_2 \tag{21.12}$$

Com a água, o TiCl$_2$, o TiBr$_2$ e o TiI$_2$ reagem de modo violento, liberando H$_2$ à medida que o Ti(II) é oxidado. No entanto, a Eq. 21.9 mostra que o íon Ti^{2+} pode ser formado em solução aquosa em condições apropriadas. Ou o Ti ou o TiCl$_3$ dissolvido em HF aquoso dá uma mistura de [TiF$_6$]$^{2-}$ e [Ti(OH$_2$)$_6$]$^{2+}$. O primeiro pode ser precipitado na forma de Ba[TiF$_6$] ou de Ca[TiF$_6$], e o íon restante [Ti(OH$_2$)$_6$]$^{2+}$ (d^2) exibe um espectro de absorção eletrônica com duas bandas em 430 e 650 nm, que é semelhante ao do íon isoeletrônico [V(OH$_2$)$_6$]$^{3+}$.

O óxido de titânio(II) é produzido por aquecimento do TiO$_2$ e do Ti *em vácuo*. Trata-se de um sólido negro e um condutor metálico que adota uma estrutura do tipo NaCl com defeitos: à temperatura ambiente, um sexto dos sítios de ânions e cátions pode estar desocupado, isto é, um defeito de Schottky. O óxido ainda existe na forma de um composto não estequiométrico com composições na faixa de TiO$_{0,82}$–TiO$_{1,23}$. As propriedades condutoras dos óxidos de metais(II) da primeira linha são comparadas na Seção 28.2.

A redução do TiCl$_3$ com o Na/Hg, ou do TiCl$_4$ com o Li em THF e 2,2'-bipiridina, leva ao [Ti(bpy)$_3$] violeta. Formalmente, ele contém o Ti(0), mas os resultados de cálculos OM e estudos espectroscópicos indicam que ocorre deslocalização de elétrons, de forma que o complexo deve ser considerado como [Ti^{3+}(bpy$^-$)$_3$]; veja também o final da Seção 19.5 e a discussão de complexos que contêm o ligante **19.12** na Seção 19.7.

Exercícios propostos

1. A estrutura do TiO$_2$ (rutilo) é uma 'estrutura protótipo'. O que isto significa? Quais são os ambientes de coordenação dos centros de Ti e de O? Dê outros dois exemplos de compostos que adotam a mesma estrutura do TiO$_2$.

    [*Resp.*: Veja a Fig. 6.22 – Volume 1 e discussão]

2. O valor de pK_a para o [Ti(OH$_2$)$_6$]$^{3+}$ é 3,9. A que equilíbrio esse valor se relaciona? Como a força do [Ti(OH$_2$)$_6$]$^{3+}$ aquoso como um ácido se compara com as do MeCO$_2$H, [Al(OH$_2$)$_6$]$^{3+}$, HNO$_2$ e do HNO$_3$?

    [*Resp.*: Veja as Eqs. 7.35, e 7.9, 7.14, 7.13 e 7.34 – Volume 1]

3. Qual é a configuração eletrônica do íon Ti^{3+}? Explique por que o espectro de absorção eletrônica do [Ti(OH$_2$)$_6$]$^{3+}$ consiste em uma absorção com um ombro em vez de uma absorção simples.

    [*Resp.*: Veja a Seção 20.7, após o exemplo resolvido 20.3]

4. O espectro de absorção eletrônica do [Ti(OH$_2$)$_6$]$^{2+}$ consiste em duas bandas atribuídas a transições '*d–d*'. Isto é consistente com o que está previsto no diagrama de Orgel apresentado na Fig. 20.20? Comente sua resposta.

21.6 Grupo 5: vanádio

O metal

De muitas maneiras, o metal V é semelhante ao Ti. O vanádio é um poderoso redutor (Eq. 21.13), mas é passivado por uma película de óxido.

$$V^{2+} + 2e^- \rightleftharpoons V \qquad E^o = -1,18 \text{ V} \tag{21.13}$$

O metal é insolúvel em ácidos não oxidantes (exceto o HF) e em álcalis, mas é atacado pelo HNO$_3$, *aqua regia* e soluções de peroxidissulfato. Quando aquecido, o V reage com halogênios (Eq. 21.14) e combina com o O_2 dando o V_2O_5, e com o B, o C e o N_2 produzindo materiais no estado sólido (veja as Seções 13.10, 14.7 e 15.6 – Volume 1).

$$V \begin{cases} \xrightarrow{F_2} VF_5 \\ \xrightarrow{Cl_2} VCl_4 \\ \xrightarrow{X_2} VX_3 \quad (X = Br \text{ ou } I) \end{cases} \quad (21.14)$$

Os estados de oxidação normal do vanádio são +5, +4, +3 e +2. O estado de oxidação 0 ocorre em alguns compostos com ligantes π receptores, por exemplo, o $V(CO)_6$ (veja o Capítulo 24).

Vanádio(V)

O único haleto binário do vanádio(V) é o VF_5 (Eq. 21.14). Trata-se de um sólido branco volátil que é facilmente hidrolisado e é um forte agente de fluoretação. Em fase gasosa, o VF_5 existe na forma de moléculas bipiramidais triangulares, mas o sólido tem uma estrutura polimérica (**21.4**). Os sais $K[VF_6]$ e $[Xe_2F_{11}][VF_6]$ são produzidos pela reação do VF_5 com o KF ou o XeF_6 (a 250 K), respectivamente.

(21.4)

Os oxialetos VOX_3 (X = F ou Cl) são formados por halogenação do V_2O_5. A reação do VOF_3 com o $(Me_3Si)_2O$ produz o VO_2F, e o tratamento do $VOCl_3$ com o Cl_2O dá o VO_2Cl. Os oxialetos são higroscópicos e hidrolisam-se facilmente. O VO_2F e o VO_2Cl decompõem-se quando aquecidos (Eq. 21.15).

$$3VO_2X \xrightarrow{\Delta} VOX_3 + V_2O_5 \quad (X = F \text{ ou } Cl) \quad (21.15)$$

O V_2O_5 puro é um pó laranja ou vermelho, dependendo da sua granulometria, e é fabricado por aquecimento do $[NH_4][VO_3]$ (Eq. 21.16).

$$2[NH_4][VO_3] \xrightarrow{\Delta} V_2O_5 + H_2O + 2NH_3 \quad (21.16)$$

O óxido de vanádio(V) é anfótero, sendo moderadamente solúvel em água, mas, ao se dissolver em álcalis, produz diversos vanadatos, e, em ácidos fortes, forma complexos de $[VO_2]^+$. As espécies presentes em soluções contendo vanádio(V) dependem do pH:

pH 14 $[VO_4]^{3-}$

            $[VO_3(OH)]^{2-}$ em equilíbrio com $[V_2O_7]^{4-}$

            $[V_4O_{12}]^{4-}$

pH 6 $[H_nV_{10}O_{28}]^{(6-n)-}$

            V_2O_5

pH 0 $[VO_2]^+$

Esta dependência pode ser expressa em termos de uma série de equilíbrios tais como as Eqs. 21.17-21.23.

$$[VO_4]^{3-} + H^+ \rightleftharpoons [VO_3(OH)]^{2-} \quad (21.17)$$

$$2[VO_3(OH)]^{2-} \rightleftharpoons [V_2O_7]^{4-} + H_2O \quad (21.18)$$

$$[VO_3(OH)]^{2-} + H^+ \rightleftharpoons [VO_2(OH)_2]^- \quad (21.19)$$

$$4[VO_2(OH)_2]^- \rightleftharpoons [V_4O_{12}]^{4-} + 4H_2O \quad (21.20)$$

$$10[V_3O_9]^{3-} + 15H^+ \rightleftharpoons 3[HV_{10}O_{28}]^{5-} + 6H_2O \quad (21.21)$$

$$[HV_{10}O_{28}]^{5-} + H^+ \rightleftharpoons [H_2V_{10}O_{28}]^{4-} \quad (21.22)$$

$$[H_2V_{10}O_{28}]^{4-} + 14H^+ \rightleftharpoons 10[VO_2]^+ + 8H_2O \quad (21.23)$$

> Os *isopoliânions* (*homopoliânions*) são oxiânions de metais complexos (polioximetalatos) do tipo $[M_xO_y]^{n-}$, por exemplo, o $[V_{10}O_2]^{6-}$ e o $[Mo_6O_{19}]^{2-}$. Um *heteropoliânion* contém um heteroátomo, por exemplo, o $[PW_{12}O_{40}]^{3-}$.

A formação dos polioximetalatos é uma característica do V, do Mo, do W (veja a Seção 22.7) e, em menor grau, do Nb, Ta e Cr. A caracterização da espécie em solução é auxiliada pelas espectroscopias RMN de ^{17}O e de ^{51}V, e são conhecidas as estruturas no estado sólido para diversos sais. A química estrutural do V_2O_5 e dos vanadatos é complicada e aqui daremos apenas um breve levantamento. A estrutura do V_2O_5 consiste em camadas de pirâmides de base aproximadamente quadrada que compartilham arestas (**21.5**). Cada centro do V é ligado a um O a 159 pm (sítio apical e não compartilhado), um O a 178 pm (compartilhado com um outro V) e dois O a 188 pm e um a 202 pm (compartilhado com outros dois átomos de V). Os sais de $[VO_4]^{3-}$ (*ortovanadatos*) contêm íons tetraédricos discretos, e os do $[V_2O_7]^{4-}$ (*pirovanadatos*) também contêm ânions discretos (Fig. 21.8a); o $[V_2O_7]^{4-}$ é isoeletrônico e isoestrutural com o $[Cr_2O_7]^{2-}$. O íon $[V_4O_{12}]^{4-}$ tem uma estrutura cíclica (Fig. 21.8b). Os sais anidros de $[VO_3]^-$ (*metavanadatos*) contêm infinitas cadeias de unidades de VO_4 que compartilham vértices (Figs. 21.8c e d). No entanto, esse tipo de estrutura não é comum a todos os metavanadatos; por exemplo, no $KVO_3 \cdot H_2O$ e

(21.5)

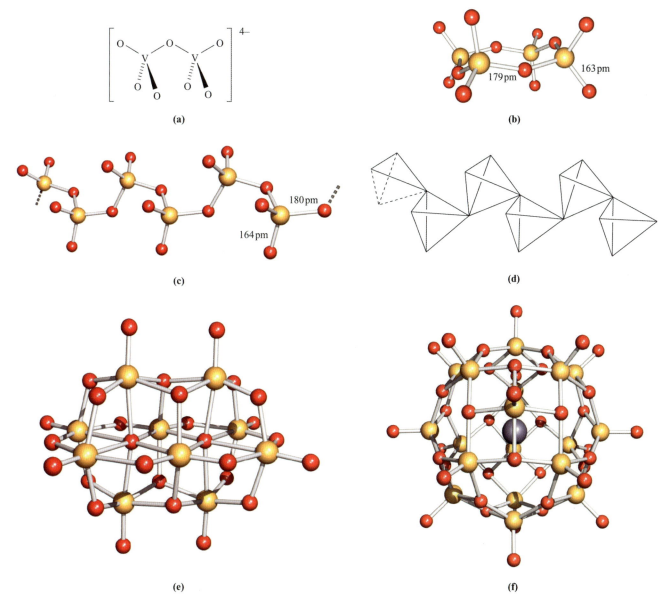

Fig. 21.8 (a) A estrutura do ânion $[V_2O_7]^{4-}$ consiste em duas unidades tetraédricas que compartilham um átomo de oxigênio comum; (b) a estrutura do $[V_4O_{12}]^{4-}$ no sal $[Ni(bpy)_3]_2[V_4O_{12}] \cdot 11H_2O$ (difração de raios X) [G.-Y. Yang *et al.* (1998) *Acta Crystallogr., Sect. C*, vol. 54, p. 616]; (c) cadeias infinitas de unidades tetraédricas de VO_4 que compartilham vértices estão presentes nos metavanadatos anidros; a figura mostra parte de uma cadeia no $[n\text{-}C_6H_{13}NH_3]$ $[VO_3]$ (uma determinação por difração de raios X) [P. Roman *et al.* (1991) *Mater. Res. Bull.*, vol. 26, p. 19]; (d) a estrutura do metavanadato mostrada em (c) pode ser representada na forma de cadeia de tetraedros que compartilham vértices, cada tetraedro representando uma unidade de VO_4; (e) a estrutura do $[V_{10}O_{28}]^{6-}$ no sal $[^iPrNH_3]_6[V_{10}O_{28}] \cdot 4H_2O$ (difração de raios X) [M.-T. Averbuch-Pouchot *et al.* (1994) *Eur. J. Solid State Inorg. Chem.*, vol. 31, p. 351]; (f) no $[Et_4N]_5[V_{18}O_{42}I]$ (difração de raios X), o íon $[V_{18}O_{42}]^{4-}$ contém unidades de VO_5 piramidais de base quadrada e a gaiola encapsula o I^- [A. Müller *et al.* (1997) *Inorg. Chem.*, vol. 36, p. 5239]. Código de cores: V, amarelo; O, vermelho; I, roxo.

no $Sr(VO_3)_2 \cdot 4H_2O$ cada V está ligado a cinco átomos de O em uma estrutura de cadeia dupla. O ânion $[V_{10}O_{28}]^{6-}$ existe em solução (no pH apropriado) e foi caracterizado no estado sólido, por exemplo, o $[H_3NCH_2CH_2NH_3]_3[V_{10}O_{28}] \cdot 6H_2O$ e o $[^iPrNH_3]_6[V_{10}O_{28}] \cdot 4H_2O$ (Fig. 21.8c). Ele consiste em 10 unidades octaédricas de VO_6 com dois átomos μ_6-O, quatro μ_3-O, 14 μ-O e oito átomos de O terminais. Os sais cristalinos de $[HV_{10}O_{28}]^{5-}$, $[H_2V_{10}O_{28}]^{4-}$ e $[H_3V_{10}O_{28}]^{3-}$ também foram isolados e os ânions retêm a estrutura apresentada na Fig. 21.8e. Os exemplos de isopoliânions de vanádio com estruturas abertas ('forma de vaso') são conhecidos, por exemplo, o $[V_{12}O_{32}]^{4-}$, e eles podem agir como 'hospedeiros' para pequenas moléculas. No $[Ph_4P]_4[V_{12}O_{32}] \cdot 4MeCN \cdot 4H_2O$, uma molécula de MeCN reside parcialmente dentro da cavidade do ânion, enquanto um íon $[NO]^-$ fica encapsulado no $[Et_4N]_5[NO][V_{12}O_{32}]$.

A redução do $[VO_2]^+$ amarelo em solução ácida produz sucessivamente $[VO]^{2+}$, V^{3+} verde e V^{2+} violeta. Os diagramas de potencial e de Frost–Ebsworth na Fig. 21.9 mostram que todos os estados de oxidação do vanádio em solução aquosa são estáveis com respeito ao desproporcionamento.

Vanádio(IV)

O cloreto de vanádio mais elevado é o VCl_4 (Eq. 21.14). Trata-se de um líquido castanho-avermelhado tóxico (p.fus. 247 K, p.eb. 421 K) e as fases líquida e vapor contêm moléculas tetraédricas

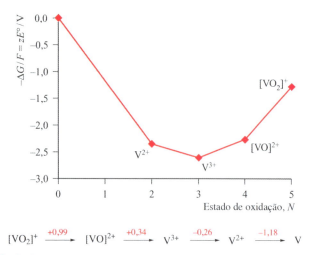

Fig. 21.9 Diagramas de potencial (parte inferior) e de Frost–Ebsworth para o vanádio em pH 0.

(**21.6**). Hidrolisa-se facilmente em VOCl$_2$ (veja a seguir) e, a 298 K, decompõe-se lentamente (Eq. 21.24). A reação do VCl$_4$ com o HF anidro dá o VF$_4$ verde-limão (sólido a 298 K) que também é formado com o VF$_5$ quando o V reage com o F$_2$. Ao ser aquecido, o VF$_4$ desproporciona-se (Eq. 21.25), ao contrário do comportamento do VCl$_4$ (Eq. 21.24).

(**21.6**)

$$2VCl_4 \longrightarrow 2VCl_3 + Cl_2 \quad (21.24)$$

$$2VF_4 \xrightarrow{\geq 298\,K} VF_5 + VF_3 \quad (21.25)$$

A estrutura do VF$_4$ sólido consiste em unidades de VF$_6$ formando pontes através do flúor. Quatro unidades de VF$_6$ são ligadas por pontes V–F–V dando anéis tetraméricos (como no CrF$_4$, estrutura **21.14**) e essas estruturas são ligadas através de pontes de flúor adicionais formando camadas. A reação entre o VF$_4$ e o KF em HF anidro dá o K$_2$[VF$_6$] contendo o [VF$_6$]$^{2-}$ octaédrico. O brometo de vanádio(IV) é conhecido, mas decompõe-se, a 250 K, em VBr$_3$ e Br$_2$.

O oxicloreto verde de VOCl$_2$ (preparado a partir do V$_2$O$_5$ e do VCl$_3$) é polimérico e tem momento magnético dependente da temperatura (1,40 μ_B, a 296 K, 0,95 μ_B, a 113 K); decompõe-se quando aquecido (Eq. 21.26).

$$2VOCl_2 \xrightarrow{650\,K} VOCl_3 + VOCl \quad (21.26)$$

(**21.7**)

A Fig. 21.9 mostra que o vanádio(V) é um oxidante bastante forte, e são necessários agentes redutores apenas suaves (por exemplo, o SO$_2$) para converter o V(V) em V(IV). Em solução aquosa, o V(IV) está presente na forma do íon vanadila hidratado [VO]$^{2+}$ (**21.7**) do qual são conhecidos muitos sais. O V(O)SO$_4$ anidro é fabricado pela redução de uma solução de V$_2$O$_5$ em H$_2$SO$_4$ com H$_2$C$_2$O$_4$. O V(O)SO$_4$ sólido azul tem uma estrutura polimérica com octaedros de VO$_6$ que compartilham vértices ligados por grupos sulfato. O hidrato V(O)SO$_4 \cdot 5H_2O$ contém o V(IV) octaedricamente situado envolvendo um ligante óxido (V–O = 159 pm) e outros cinco átomos de O (vindos do sulfato e quatro H$_2$O) a 198-222 pm. A reação do V$_2$O$_5$ e do Hacac (veja a Tabela 7.7) dá o [VO(acac)$_2$] azul que tem uma estrutura piramidal de base quadrada (**21.8**). Ele forma facilmente complexos com ligantes N doadores que ocupam o sítio *trans*- com o ligante óxido. O sal [NH$_4$]$_2$[VOCl$_4$] pode ser obtido por cristalização de uma solução de VOCl$_3$ e [NH$_4$]Cl em ácido clorídrico. O íon [VOCl$_4$]$^{2-}$ tem uma estrutura piramidal de base quadrada com o ligante óxido no sítio apical. Essa preferência é vista em todos os derivados correlatos que contêm a unidade [VO]$^{2+}$. Sua presença é detectada por uma absorção de espectroscopia IV característica em torno de 980 cm^{-1} (o valor correspondente para uma ligação simples V–O é ≈480 cm^{-1}).

(**21.8**)

O óxido de vanádio(IV), VO$_2$, é preparado pelo aquecimento do V$_2$O$_5$ com H$_2$C$_2$O$_4$. Ele cristaliza-se com uma estrutura do tipo rutilo (Fig. 6.22) que é distorcida a 298 K, de forma que os pares de centros de V(IV) ficam alternadamente 262 e 317 pm distantes uns dos outros. A distância menor é consistente com a ligação metal–metal. Esse polimorfo é um isolante, mas, acima de 343 K, a condutividade elétrica e a suscetibilidade magnética do VO$_2$ aumentam à medida que a estrutura regular do rutilo é adotada. O óxido de vanádio(IV) é azul, mas mostra comportamento termocrômico.

> A cor de um composto **termocrômico** é dependente da temperatura. Esse fenômeno é chamado de **termocromismo**.

O óxido de vanádio(IV) é anfótero, dissolvendo-se em ácidos não oxidantes dando o [VO]$^{2+}$ e em álcalis formando homopoliânions tais como o [V$_{18}$O$_{42}$]$^{12-}$, cujos sais de Na$^+$ e K$^+$ podem ser isolados pelo aquecimento do V(O)SO$_4$ e MOH (M = Na ou K) em água, em pH 14, em uma atmosfera inerte. A estrutura do [V$_{18}$O$_{42}$]$^{12-}$ consiste em unidades de VO$_5$ piramidais de base quadrada, cujos átomos de O apicais são terminais (isto é, unidades V=O), enquanto os átomos de O basais são envolvidos em pontes V–O–V construindo uma gaiola quase esférica. Os ânions correlatos tais como o [V$_{18}$O$_{42}$]$^{4-}$, [V$_{18}$O$_{42}$]$^{5-}$ e [V$_{18}$O$_{42}$]$^{6-}$ formalmente contêm centros de V(IV) e de V(V). A cavidade no [V$_{18}$O$_{42}$]$^{n-}$ pode acomodar um hóspede *aniônico* como no [V$_{18}$O$_{42}$]$^{5-}$ (Fig. 21.8f) ou no [H$_4$V$_{18}$O$_{42}$X]$^{9-}$ (X = Cl, Br, I).

Vanádio(III)

Os trialetos VF$_3$, VCl$_3$, VBr$_3$ e VI$_3$ são todos conhecidos. O trifluoreto insolúvel verde-amarelado é feito a partir do V e HF, a 500 K. O cloreto de vanádio(III) é um sólido higroscópico violeta que se dissolve em água sem decomposição dando o [V(OH$_2$)$_6$]Cl$_3$. O VCl$_3$ anidro é produzido pela decomposição do VCl$_4$, a 420 K (Eq. 21.24), mas, acima de 670 K, desproporciona-se em VCl$_4$ e VCl$_2$. A reação do VCl$_3$ com o BBr$_3$, ou do V com o Br$_2$, produz o VBr$_3$, um sólido hidrossolúvel preto-esverdeado que se desproporciona em VBr$_2$ e VBr$_4$. O VI$_3$ higroscópico castanho é feito a partir do V com o I$_2$, e se decompõe, acima de 570 K, em VI$_2$ e I$_2$. Cada um dos trialetos sólidos adota uma estrutura na qual os centros de V(III) ocupam dois terços dos sítios octaédricos em um arranjo ach de átomos de halogênio (isto é, uma estrutura protótipo de BiI$_3$).

[estrutura química do [V$_2$Cl$_9$]$^{3-}$]

(21.9)

O vanádio(III) forma uma variedade de complexos octaédricos, por exemplo, o *mer*-[VCl$_3$(THF)$_3$] e o *mer*-[VCl$_3$(^{t}BuNC-*C*)$_3$], que têm momentos magnéticos próximos do valor daquele do spin para um íon d^2. O íon [VF$_6$]$^{3-}$ está presente em sais simples tais como o K$_3$VF$_6$, mas várias estruturas estendidas são observadas em outros sais. A reação do CsCl com o VCl$_3$, a 1000 K, produz o Cs$_3$[V$_2$Cl$_9$]. O [V$_2$Cl$_9$]$^{3-}$ **(21.9)** é isomorfo com o [Cr$_2$Cl$_9$]$^{3-}$ e consiste em dois octaedros que compartilham faces sem *qualquer* interação metal–metal. São conhecidos exemplos de complexos com números de coordenação superiores, por exemplo, o [V(CN)$_7$]$^{4-}$ (bipiramidal pentagonal) formado a partir do VCl$_3$ e KCN em solução aquosa e isolado na forma do sal de K$^+$.

O óxido V$_2$O$_3$ (que, igual ao Ti$_2$O$_3$, adota a estrutura do coríndon, veja a Seção 13.7 – Volume 1) é produzido pela redução parcial do V$_2$O$_5$ utilizando o H$_2$, ou por aquecimento (1300 K) do V$_2$O$_5$ com vanádio. Trata-se de um sólido negro que, quando resfriado, exibe uma transição metal–isolante a 155 K. O óxido é básico, dissolvendo-se em ácidos dando o [V(OH$_2$)$_6$]$^{3+}$. O óxido hidratado pode ser precipitado pela adição de álcalis a soluções verdes de sais de vanádio(III). O íon [V(OH$_2$)$_6$]$^{3+}$ está em alumens tais como o [NH$_4$]V(SO$_4$)$_2$·12H$_2$O formado por redução eletrolítica do [NH$_4$][VO$_3$] em ácido sulfúrico.

Vanádio(II)

O VCl$_2$ verde é obtido a partir do VCl$_3$ e H$_2$, a 770 K, e é convertido no VF$_2$ azul pela reação com o HF e o H$_2$. O VCl$_2$ também pode ser obtido a partir do VCl$_3$ conforme descrito anteriormente, e, de modo semelhante, o VBr$_2$ castanho e o VI$_2$ violeta podem ser produzidos a partir do VBr$_3$ e do VI$_3$, respectivamente. O fluoreto de vanádio(II) cristaliza-se com uma estrutura do tipo rutilo (Fig. 6.22 – Volume 1) e torna-se antiferromagnético abaixo dos 40 K. O VCl$_2$, o VBr$_2$ e o VI$_2$ (todos paramagnéticos) possuem estruturas em camadas como a do CdI$_2$ (Fig. 6.23 – Volume 1). Os di-haletos são solúveis em água.

O vanádio(II) está presente em soluções aquosas na forma do íon [V(OH$_2$)$_6$]$^{2+}$ octaédrico violeta. Ele pode ser preparado pela redução do vanádio, em estados de oxidação maiores, eletroliticamente ou pelo uso de amálgama de zinco. É fortemente redutor, sendo rapidamente oxidado quando exposto ao ar. Compostos como os sais de Tutton contêm o [V(OH$_2$)$_6$]$^{2+}$; por exemplo, o K$_2$V(SO$_4$)$_2$·6H$_2$O é produzido por adição do K$_2$SO$_4$ a uma solução aquosa de VSO$_4$ e forma cristais de cor violeta.

> Um *sal de Tutton* tem a fórmula geral [M^I]$_2$M^{II}(SO$_4$)$_2$·6H$_2$O (compare com um *alúmen*, Seção 13.9 – Volume 1).

O óxido de vanádio(II) é um sólido metálico cinza e é obtido pela redução de óxidos superiores a altas temperaturas. É não estequiométrico, variando de composição desde o VO$_{0,8}$ ao VO$_{1,3}$, e possui uma estrutura do tipo NaCl (Fig. 6.16) ou NaCl com defeitos (veja a Seção 6.17). As propriedades condutoras dos óxidos de metais(II) da primeira linha são comparadas na Seção 28.2.

Os complexos de vanádio(II) simples incluem o [V(CN)$_6$]$^{4-}$, cujo sal de K$^+$ é formado por redução do K$_4$[V(CN)$_7$] com o K metálico em NH$_3$ líquida. O momento magnético de 3,5 μ_B para o [V(CN)$_6$]$^{4-}$ é próximo do valor do spin de 3,87 μ_B. O [V(NCMe)$_6$]$^{2+}$ foi isolado no sal [ZnCl$_4$]$^{2-}$ a partir da reação do VCl$_3$ com o Et$_2$Zn em MeCN. O tratamento do VCl$_2$·4H$_2$O com fen dá o [V(fen)$_3$]Cl$_2$, para o qual μ_{ef} = 3,82 μ_B (300 K), consistente com o d^3 octaédrico.

Exercícios propostos

1. O momento magnético de um sal verde K$_n$[VF$_6$] é 2,79 μ_B, a 300 K. Com qual valor de n isto é consistente?
   [*Resp.*: $n = 3$]

2. O complexo octaédrico [VL$_3$], em que HL = CF$_3$COCH$_2$COCH$_3$ (relacionado ao Hacac), existe na forma de isômeros *fac*- e *mer*- em solução. Desenhe as estruturas desses isômeros, e comente a respeito de outros isômeros apresentados por esse complexo.
   [*Resp.*: Veja as estruturas 2.36, Fig. 3.20b, Seção 19.8]

3. O espectro de absorção eletrônica do [VCl$_4$(bpy)] mostra uma banda assimétrica: $\lambda_{máx}$ = 21.300 cm^{-1} com um ombro em 17.400 cm^{-1}. Sugira uma explicação para essa observação.
   [*Resp.*: d^1, veja a Fig. 20.4 e discussão]

4. O vanadato [V$_{14}$O$_{36}$Cl]$^{5-}$ é um aglomerado aberto com um íon Cl$^-$ hóspede. (a) Quais são os estados de oxidação formais dos centros de V? (b) O espectro de absorção eletrônica mostra bandas de transferência de carga intensas. Explique por que é provável que elas surjam de transições TCLM em vez de TCML.
   [*Resp.*: (a) 2 V(IV) e 12 V(V)]

21.7 Grupo 6: cromo

O metal

Em temperaturas ordinárias, o metal Cr é resistente ao ataque químico (embora se dissolva em HCl e H$_2$SO$_4$ diluídos). Sua inatividade é cinética, em vez de termodinâmica, em sua origem, conforme mostram os pares Cr^{2+}/Cr e Cr^{3+}/Cr na Fig. 21.10. O ácido nítrico torna o Cr passivo, e o Cr é resistente ao álcalis. Em temperaturas mais elevadas, o metal é reativo: decompõe o vapor d'água e combina com o O$_2$, halogênios, e com a maioria

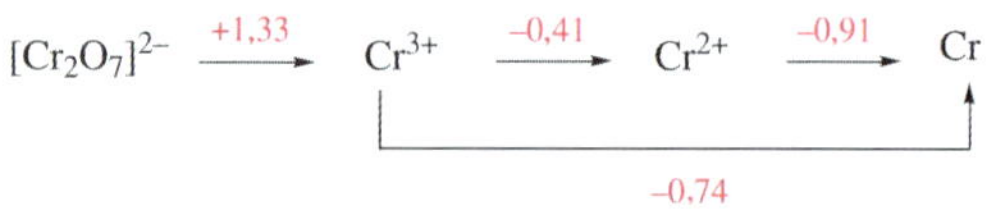

$$[Cr_2O_7]^{2-} \xrightarrow{+1,33} Cr^{3+} \xrightarrow{-0,41} Cr^{2+} \xrightarrow{-0,91} Cr$$
$$\xrightarrow{-0,74}$$

Fig. 21.10 Diagrama de potencial para o cromo em pH 0. É apresentado um diagrama de Frost–Ebsworth para o Cr na Fig. 8.4a (Volume 1).

dos outros não metais. Os boretos, os carbetos e os nitretos (veja as Seções 13.10, 14.7 e 15.6 – Volume 1) existem em várias fases (por exemplo, CrN, Cr$_2$N, Cr$_3$N, Cr$_3$N$_2$) e são materiais inertes (por exemplo, o CrN é empregado em revestimentos resistentes à água). O sulfeto negro Cr$_2$S$_3$ é formado pela combinação direta dos elementos com aquecimento. São formados outros sulfetos por reações diferentes da combinação direta do Cr e do S$_8$, por exemplo, o CrS é formado pela decomposição térmica do Cr$_2$S$_3$.

Os principais estados de oxidação do cromo são +6, +3 e +2. São conhecidos alguns compostos de Cr(V) e Cr(IV), mas são instáveis no que tange ao desproporcionamento. O cromo(0) é estabilizado por ligantes π receptores (veja o Capítulo 24).

Cromo(VI)

Não foram isolados nenhuns haletos de cromo(VI). Foi mostrado que as descrições da existência do CrF$_6$ eram incorretas, sendo o espectro vibracional devido não ao CrF$_6$, mas ao CrF$_5$. No entanto, são conhecidos os oxialetos CrO$_2$F$_2$ e CrO$_2$Cl$_2$. A fluoretação do CrO$_3$ com o SeF$_4$ ou o HF produz o CrO$_2$F$_2$ (cristais violetas, p.fus. 305 K), enquanto o CrO$_2$Cl$_2$ (líquido vermelho, p.fus. 176 K, p.eb. 390 K) é preparado pelo aquecimento de uma mistura de K$_2$Cr$_2$O$_7$, KCl e H$_2$SO$_4$ concentrado. O cloreto de cromila é um oxidante e agente de cloração. Tem uma estrutura molecular (**21.10**) e é sensível à luz e facilmente hidrolisado (Eq. 21.27). Se o CrO$_2$Cl$_2$ for adicionado a uma solução concentrada de KCl, o K[CrO$_3$Cl] se precipita. A estrutura **21.11** mostra o íon [CrO$_3$Cl]$^-$.

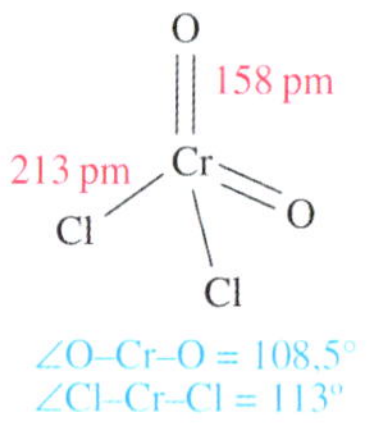

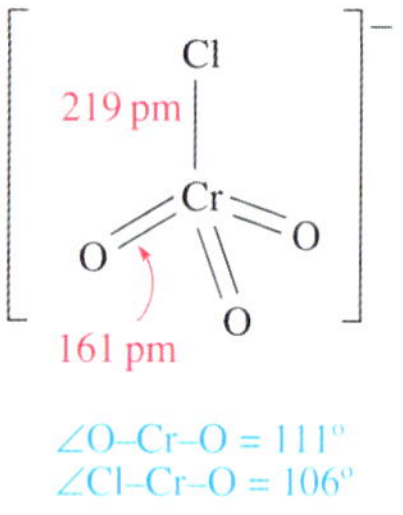

$$2CrO_2Cl_2 + 3H_2O \longrightarrow [Cr_2O_7]^{2-} + 4Cl^- + 6H^+ \quad (21.27)$$

O óxido de cromo(VI) ('ácido crômico'), CrO$_3$, separa-se na forma de um sólido vermelho-arroxeado, quando é adicionado H$_2$SO$_4$ concentrado a uma solução de um sal de dicromato(VI). Trata-se de forte oxidante com usos em síntese orgânica. Funde-se a 471 K e, em temperaturas ligeiramente mais altas, decompõe-se em Cr$_2$O$_3$ e O$_2$ com o CrO$_2$ formado como um intermediário. A estrutura do estado sólido do CrO$_3$ consiste em cadeias de unidades tetraédricas de CrO$_4$ que compartilham vértices (conforme na Fig. 21.8d).

O óxido de cromo(VI) dissolve-se em base dando soluções amarelas de [CrO$_4$]$^{2-}$. Trata-se de uma base fraca e forma o [HCrO$_4$]$^-$ e, então, o H$_2$CrO$_4$ à medida que diminui o pH (H$_2$CrO$_4$: pK_a(1) = 0,74; pK_a(2) = 6,49). Em solução, esses equilíbrios são complicados pela formação do dicromato(VI) laranja, [Cr$_2$O$_7$]$^{2-}$ (Eq. 21.28).

$$2[HCrO_4]^- \rightleftharpoons [Cr_2O_7]^{2-} + H_2O \quad (21.28)$$

Condensação adicional ocorre em [H$^+$] alta dando o [Cr$_3$O$_{10}$]$^{2-}$ e o [Cr$_4$O$_{13}$]$^{2-}$. As estruturas (determinadas para os sais no estado sólido) do [Cr$_2$O$_7$]$^{2-}$ e do [Cr$_3$O$_{10}$]$^{2-}$ são apresentadas na Fig. 21.11. Como o [CrO$_4$]$^{2-}$, eles contêm unidades tetraédricas de CrO$_4$ e as cadeias nas espécies di- e trinuclear contêm tetraedros que compartilham vértices (isto é, como no CrO$_3$). O íon [Cr$_4$O$_{13}$]$^{2-}$ tem uma estrutura correlata. As espécies superiores não são observadas e, desse modo, os cromatos não são análogos aos vanadatos em sua complexidade estrutural.

A formação de complexos pelo Cr(VI) requer fortes ligantes π doadores tais como o O^{2-} ou o [O$_2$]$^{2-}$. Quando é adicionado o H$_2$O$_2$ a uma solução acidificada de um sal de cromato(VI), o produto (formado como uma espécie em solução) é um complexo azul-violeta escuro que contém ligantes óxido e peróxido (Eq. 21.29).

$$[CrO_4]^{2-} + 2H^+ + 2H_2O_2 \longrightarrow [Cr(O)(O_2)_2] + 3H_2O \quad (21.29)$$

Em solução aquosa, o [Cr(O)(O$_2$)$_2$] decompõe-se rapidamente em Cr(III) e O$_2$. Uma solução etérea é mais estável e, a partir dela, pode ser isolado o aduto de piridina [Cr(O)(O$_2$)$_2$(py)]. No estado sólido, o [Cr(O)(O$_2$)$_2$(py)] contém um arranjo piramidal pentagonal aproximado de átomos doadores com o ligante óxido no sítio apical (Figs. 21.12a e b). Se considerarmos que cada ligante peróxido ocupa um, em vez de dois sítios de coordenação, então o ambiente de coordenação é tetraédrico (Fig. 21.12c). Esse e compostos correlatos (que são explosivos quando secos) têm usos como oxidantes em sínteses orgânicas. Assim como outros compostos de Cr(VI), o [Cr(O)(O$_2$)$_2$(py)] tem uma suscetibilidade paramagnética muito pequena (oriunda do acoplamento do estado fundamental diamagnético com estados excitados). A ação do H$_2$O$_2$ sobre soluções neutras ou ligeiramente ácidas de [Cr$_2$O$_7$]$^{2-}$ (ou reação entre o [Cr(O)(O$_2$)$_2$] e álcalis) produz sais diamagnéticos, violetas-avermelhados, perigosamente explosivos de [Cr(O)(O$_2$)$_2$(OH)]$^-$. Os ligantes imido [RN]$^{2-}$ podem substituir formalmente os grupos óxido em espécies Cr(VI); por exemplo, o [Cr(N^{t}Bu)$_2$Cl$_2$] é estruturalmente relacionado ao CrO$_2$Cl$_2$.

O cromo(VI) em solução ácida é um forte agente oxidante (Eq. 21.30), mas as reações frequentemente são lentas. Tanto o Na$_2$Cr$_2$O$_7$ quanto o K$_2$Cr$_2$O$_7$ são produzidos em larga escala; o K$_2$Cr$_2$O$_7$ é menos solúvel em água do que o Na$_2$Cr$_2$O$_7$. Ambos têm amplo uso como oxidantes em sínteses orgânicas. As aplicações comerciais incluem aquelas em curtumes, inibidores de corrosão e inseticidas. O uso do 'arsenato de cobre cromado' em preserva-

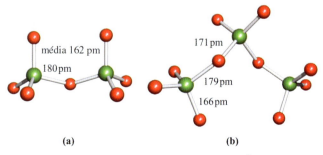

Fig. 21.11 Estruturas (difração de raios X) do (a) [Cr$_2$O$_7$]$^{2-}$ no sal de 2-amino-5-nitropiridínio [J. Pecaut *et al.* (1993) *Acta Crystallogr., Sect. B*, vol. 49, p. 277] e (b) [Cr$_3$O$_{10}$]$^{2-}$ no sal de guanadínio [A. Stepien *et al.* (1977) *Acta Crystallogr., Sect. B*, vol. 33, p. 2924]. Código de cores: Cr, verde; O, vermelho.

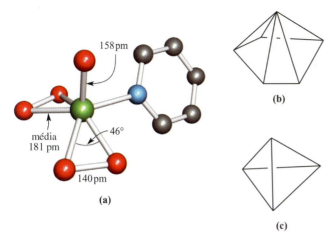

Fig. 21.12 (a) A estrutura do [Cr(O)(O$_2$)$_2$(py)] determinada por difração de raios X [R. Stomberg (1964) *Ark. Kemi*, vol. 22, p. 29]; código de cores: Cr, verde; O, vermelho; N, azul; C, cinza. O ambiente de coordenação pode ser descrito como (b) piramidal pentagonal ou (c) tetraédrico (veja o texto).

tivos de madeira está sendo abandonado por questões ambientais (veja o Boxe 15.1 – Volume 1). O dicromato(VI) de potássio é empregado em análise titrimétrica (por exemplo, a reação 21.31), e a mudança de cor que acompanha a redução do [Cr$_2$O$_7$]$^{2-}$ em Cr^{3+} é a base para alguns tipos de unidades de bafômetro em que o etanol é oxidado em acetaldeído. O cromato(VI) de sódio, também um oxidante importante, é produzido pela reação 21.32.

$$[Cr_2O_7]^{2-} + 14H^+ + 6e^- \rightleftharpoons 2Cr^{3+} + 7H_2O$$
laranja   verde[†]

$$E^o = +1{,}33\,V \qquad (21.30)$$

$$[Cr_2O_7]^{2-} + 14H^+ + 6Fe^{2+} \longrightarrow 2Cr^{3+} + 7H_2O + 6Fe^{3+}$$
(21.31)

$$Na_2Cr_2O_7 + 2NaOH \longrightarrow 2Na_2CrO_4 + H_2O \qquad (21.32)$$

Os compostos de cromo(VI) são altamente tóxicos (carcinógenos suspeitos) e devem ser armazenados longe de materiais combustíveis; ocorrem reações violentas com alguns compostos orgânicos.

Cromo(V) e cromo(IV)

Diferentemente do CrF$_6$, o CrF$_5$ está bem caracterizado. Trata-se de um sólido volátil vermelho (p.fus. 303 K), formado pela combinação direta dos elementos a ≈570 K. O vapor é amarelo e contém moléculas de CrF$_5$ bipiramidal triangulares distorcidas. É um forte agente oxidante e de fluoretação. Para o Cr(V), o fluoreto é o único haleto conhecido. O CrF$_4$ puro pode ser obtido pela fluoretação do Cr usando o HF/F$_2$ em condições solvotérmicas. O material puro é violeta, mas a cor das amostras preparadas por diferentes rotas varia (verde, preto-esverdeada, castanho), com as descrições sendo afetadas pela presença de impurezas. Na fase vapor, o CrF$_4$ existe como uma molécula tetraédrica. O CrF$_4$ sólido é dimórfico. No α-CrF$_4$, pares de octaedros de CrF$_6$ que compartilham arestas (**21.12** e **21.13**) se juntam em colunas através de pontes Cr–F–Cr que envolvem os átomos marcados com F$_a$ na estrutura **21.12**. No β-CrF$_4$, os anéis (**21.14**) de Cr$_4$F$_{20}$ são conectados através de átomos de F$_a$ apicais gerando colunas. Compare as estruturas de α-CrF e β-CrF$_4$ com a do TiF$_4$ sólido (Fig. 21.6).

[†] A cor verde é devida ao complexo de sulfato, sendo o H$^+$ fornecido na forma de ácido sulfúrico; o [Cr(OH$_2$)$_6$]$^{3+}$ é violeta; veja mais à frente.

Química dos metais do bloco *d*: os metais da primeira linha **85**

(21.12)   (21.13)

(21.14)

O cloreto e brometo de cromo(IV) foram preparados, mas são instáveis.

O óxido de cromo(IV), CrO$_2$, normalmente é produzido por decomposição controlada do CrO$_3$. Trata-se de um sólido preto-acastanhado que tem a estrutura do rutilo e é um condutor metálico (compare com o VO$_2$). É ferromagnético e amplamente empregado em fitas magnéticas de gravação.

Quando se adiciona uma solução ácida, na qual o [Cr$_2$O$_7$]$^{2-}$ está oxidando o propan-2-ol ao MnSO$_4$ aquoso, o MnO$_2$ é precipitado, embora o [Cr$_2$O$_7$]$^{2-}$ acidificado, sozinho, não efetue essa oxidação. Esta observação é evidência para a participação do Cr(V) ou do Cr(IV) em oxidações por dicromatos(VI). Em condições estáveis, é possível isolar sais de [CrO$_4$]$^{3-}$ e de [CrO$_4$]$^{4-}$. Por exemplo, o Sr$_2$CrO$_4$ azul-escuro é produzido pelo aquecimento do SrCrO$_4$, Cr$_2$O$_3$ e Sr(OH)$_2$, a 1270 K, e o Na$_3$CrO$_4$ resulta da reação do Na$_2$O, Cr$_2$O$_3$ e do Na$_2$CrO$_4$, a 770 K.

Os complexos de cromo(V) podem ser estabilizados por ligantes π doadores, por exemplo, o [CrF$_6$]$^-$, [CrOF$_4$]$^-$, [CrOF$_5$]$^{2-}$, [CrNCl$_4$]$^{2-}$ e o [Cr(N^{t}Bu)Cl$_3$]. Os complexos peróxido que contêm [Cr(O$_2$)$_4$]$^{3-}$ são obtidos por reação do cromato(V) com o H$_2$O$_2$ em solução alcalina; o [Cr(O$_2$)$_4$]$^{3-}$ tem uma estrutura dodecaédrica. Esses sais são explosivos, mas são menos perigosos do que os complexos de peróxido de Cr(VI). O complexo de peróxido de Cr(IV) [Cr(O$_2$)$_2$(NH$_3$)$_3$] (**21.15**), explosivo, é formado quando o [Cr$_2$O$_2$]$^{2-}$ reage com a NH$_3$ aquosa e o H$_2$O$_2$. Um complexo correlato é o [Cr(O$_2$)$_2$(CN)$_3$]$^{3-}$.

(21.15)

Exercícios propostos

1. A estrutura de estado sólido do $[XeF_5]^+[CrF_5]^-$ contém cadeias infinitas de octaedros de CrF_6 distorcidos conectados através de vértices *cis*-. Desenhe parte da cadeia, assegurando que seja mantida a estequiometria de 1:5 de Cr:F.

2. Supondo que os cátions no $[XeF_5]^+[CrF_5]^-$ sejam discretos, que geometria para cada cátion seria consistente com o modelo RPECV?

[Para as respostas a ambos os exercícios, veja: K. Lutar *et al.* (1998) *Inorg. Chem.*, vol. 37, p. 3002]

Cromo(III)

O estado de oxidação +3 é o mais estável do cromo em seus compostos e a coordenação octaédrica domina para os centros de Cr(III). A Tabela 20.3 apresenta uma grande EECL associada com a configuração d^3 octaédrica, e os complexos de Cr(III) geralmente são cineticamente inertes (veja a Seção 26.2).

O $CrCl_3$ anidro (sólido violeta-avermelhado, p.fus. 1425 K) é produzido a partir do metal e Cl_2, e é convertido no CrF_3 verde pelo aquecimento com o HF, a 750 K. O CrF_3 sólido é isoestrutural com o VF_3, e o $CrCl_3$ adota uma estrutura do BiI_3. O tribrometo e o tri-iodeto verdes-escuros podem ser preparados a partir do Cr e do respectivo halogênio e são isoestruturais com o $CrCl_3$. O trifluoreto de cromo é moderadamente solúvel e pode ser precipitado na forma do hexaidrato. A formação do $CrCl_3 \cdot 6H_2O$ e seu isomerismo do hidrato foram descritos na Seção 19.8. Embora o $CrCl_3$ puro seja insolúvel em água, a adição de um traço de Cr(II) (por exemplo, o $CrCl_2$) resulta em dissolução. A rápida reação redox entre o Cr(III) na rede de $CrCl_3$ e o Cr(II) em solução é seguida de uma rápida substituição do Cl^- pela H_2O na superfície do sólido, pois o Cr(II) é lábil (veja o Capítulo 26).

O óxido de cromo(III) é obtido pela combinação dos elementos a alta temperatura, por redução do CrO_3, ou pela reação 21.33. Ele tem a estrutura do coríndon (Seção 13.7 – Volume 1) e é semicondutor e antiferromagnético (T_N = 310 K). Comercialmente, o Cr_2O_3 é empregado em abrasivos e é um importante pigmento verde. O di-hidrato (*verde de Guignet*) é utilizado em tintas. Traços de Cr(III) em Al_2O_3 dão origem à cor vermelha dos rubis (veja a Seção 20.8).

$$[NH_4]_2[Cr_2O_7] \xrightarrow{\Delta} Cr_2O_3 + N_2 + 4H_2O \qquad (21.33)$$

São conhecidos grandes números de complexos octaédricos mononucleares de Cr(III) com momentos magnéticos próximos do valor do spin de 3,87 μ_B (Tabela a 20.11). Os espectros de absorção eletrônica dos complexos d^3 octaédricos contêm três absorções devidas a transições 'd–d' (veja a Fig. 20.20). Os exemplos selecionados de complexos octaédricos de cromo(III) são o $[Cr(acac)_3]$, $[Cr(ox)_3]^{3-}$, $[Cr(en)_3]^{3+}$, $[Cr(bpy)_3]^{3+}$, *cis*-$[Cr(en)_2F_2]^+$, *trans*-$[Cr(en)_2F_2]^+$, *trans*-$[CrCl_2(MeOH)_4]^+$, $[Cr(CN)_6]^{3-}$ e o $[Cr(NH_3)_2(S_5)_2]^-$ (o $[S_5]^{2-}$ é bidentado; veja a Fig. 16.12 para estruturas correlatas). Os complexos de haletos incluem o $[CrF_6]^{3-}$, o $[CrCl_6]^{3-}$ e o $[Cr_2Cl_9]^{3-}$. O $Cs_3[Cr_2Cl_9]$ violeta é produzido pela reação 21.34. O $[Cr_2Cl_9]^{3-}$ é isoestrutural com o $[V_2Cl_9]^{3-}$ (**21.9**) e os dados magnéticos são consistentes com a presença de três elétrons desemparelhados por centro de Cr(III), isto é, *sem* interação Cr–Cr.

$$3CsCl + 2CrCl_3 \xrightarrow{\text{em um fundente}} Cs_3[Cr_2Cl_9] \qquad (21.34)$$

O $CrCr(OH_2)_6]^{3+}$ violeta-claro é obtido em solução aquosa quando o $[Cr_2O_7]^{2-}$ é reduzido pelo SO_2 ou pelo EtOH e o H_2SO_4, abaixo dos 200 K. O sal mais comum que contém o $[Cr(OH_2)_6]^{3+}$ é o alúmen de cromo, $KCr(SO_4)_2 \cdot 12H_2O$. O $[Cr(OH_2)_6]^{3+}$ também foi caracterizado estruturalmente no estado sólido em uma série de sais, por exemplo, o $[Me_2NH_2][Cr(OH_2)_6][SO_4]_2$ (Cr–O médio = 196 pm). A partir de soluções aquosas de sais de Cr(III), o álcalis precipita o Cr_2O_3 que se dissolve dando o $[Cr(OH)_6]^{3-}$. O íon hexa-aqua é bastante ácido (p$K_a \approx 4$) e as espécies ligadas por ponte de hidróxido estão presentes em solução (veja a Eq. 7.38 e a discussão que a acompanha). A Fig. 21.13 mostra a estrutura do $[Cr_2(OH_2)_8(\mu\text{-OH})_2]^{4+}$. A adição de NH_3 a soluções aquosas de $[Cr(OH_2)_6]^{3+}$ resulta na lenta formação de complexos de aminas; é preferível utilizar precursores do Cr(II), pois a substituição é mais rápida no Cr(II) do que no Cr(III) (veja o Capítulo 26). O complexo dinuclear **21.16** é reversivelmente convertido no **21.17** com ponte de óxido na presença de álcalis (Eq. 21.35).

$$\begin{bmatrix} L & L & H & L & L \\ L-Cr & O & Cr-L \\ L & L & L & L \end{bmatrix}^{5+} + [OH]^-$$

∠Cr–O–Cr = 166°   L = NH_3

(21.16)

$$\begin{bmatrix} L & L & L & L \\ L-Cr-O-Cr-L \\ L & L & L & L \end{bmatrix}^{4+} + H_2O \qquad (21.35)$$

∠Cr–O–Cr = 180°   L = NH_3

(21.17)

Os dois centros de Cr(III) (d^3) no complexo **21.17** são antiferromagneticamente acoplados e este fato é explicado em termos de ligação $\pi(d$–$p)$ envolvendo os orbitais d do Cr e p do O (diagrama **21.18**). Também ocorre acoplamento antiferromagnético

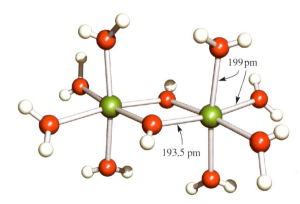

Fig. 21.13 A estrutura do $[Cr_2(OH_2)_8(\mu\text{-OH})_2]^{4+}$ determinada por difração de raios X para o sal de mesitileno-2-sulfonato; a separação Cr⋯⋯Cr *não ligada* é de 301 pm [L. Spiccia *et al.* (1987) *Inorg. Chem.*, vol. 26, p. 474]. Código de cores: Cr, verde; O, vermelho; H, branco.

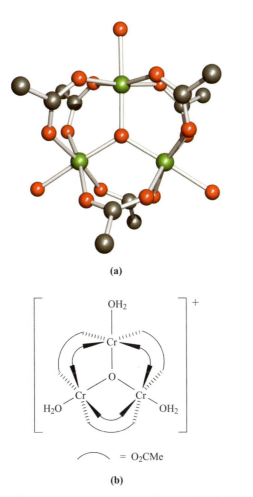

Fig. 21.14 Um membro representativo da família de complexos $[Cr_3L_3(\mu\text{-}O_2CR)_6(\mu_3\text{-}O)]^+$: (a) a estrutura do $[Cr_3(OH_2)_3(\mu\text{-}O_2CMe)_6(\mu_3\text{-}O)]^+$ (difração de raios X) no sal de cloreto hidratado [C.E. Anson *et al.* (1997) *Inorg. Chem.*, vol. 36, p. 1265], e (b) uma representação esquemática do mesmo complexo. Em (a), os átomos de H são omitidos para fins de clareza; código de cores: Cr, verde; O, vermelho; C, cinza.

fraco entre os centros de Cr(III) em complexos trinucleares do tipo $[Cr_3L_3(\mu\text{-}O_2CR)_6(\mu_3\text{-}OH)]^+$ (Fig. 21.14).

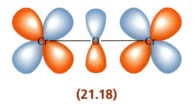

(21.18)

Cromo(II)

O CrF_2, o $CrCl_2$ e o $CrBr_2$ anidros são obtidos pela reação do Cr com o HX (H = F, Cl, Br), a >850 K; o CrI_2 é formado pelo aquecimento do Cr com o I_2. O fluoreto e o cloreto adotam estruturas do rutilo distorcidas (Fig. 6.22), enquanto o $CrBr_2$ e o CrI_2 se cristalizam com estruturas do CdI_2 distorcidas (Fig. 6.23). As distorções surgem do efeito de Jahn–Teller (d^4 de alto spin). Os cristais de $CrCl_2$ são incolores, mas se dissolvem em água dando soluções azuis do íon hexa-aqua fortemente redutor. As soluções de $[Cr(OH_2)_6]^{2+}$ geralmente são obtidas pela dissolução do Cr em ácidos ou pela redução (com amálgama de Zn ou eletroliticamente) de soluções que contêm Cr(III). Os sais hidratados tais como o $Cr(ClO_4)_2 \cdot 6H_2O$, o $CrCl_2 \cdot 4H_2O$ e

o $CrSO_4 \cdot 7H_2O$ podem ser isolados da solução, mas não podem ser desidratados sem decomposição.

Exercícios propostos

1. O CrI_2 adota uma estrutura do CdI_2 distorcida. Qual é o ambiente em torno de cada centro de Cr(II)?
   [*Resp.*: Veja a Fig. 6.23; o Cr substitui o Cd]

2. No $CrBr_2$, as quatro distâncias Cr–Br são de 254 pm e duas são de 300 pm. Qual é a configuração dos elétrons *d* do Cr central? Explique a origem da diferença dos comprimentos de ligação. [*Resp.*: d^4; veja a Seção 20.3]

Para o par Cr^{3+}/Cr^{2+}, $E° = -0,41$ V, e os compostos de Cr(II) liberam lentamente o H_2 da água, bem como sofrem oxidação pelo O_2 (veja o exemplo resolvido 8.4). O diagrama de potencial da Fig. 21.10 mostra que os compostos de Cr(II) são estáveis com respeito ao desproporcionamento. O estudo da oxidação de espécies de Cr^{2+} desempenhou um papel importante para estabelecer os mecanismos de reações redox (Capítulo 26).

Os complexos de Cr(II) incluem ânions haleto tais como o $[CrX_3]^-$, $[CrX_4]^{2-}$, $[CrX_5]^{3-}$ e o $[CrX_6]^{4-}$. Apesar da faixa de fórmulas, os centros de Cr(II) nos sólidos normalmente são octaedricamente situados; por exemplo, o $[CrCl_3]^-$ consiste em cadeias de octaedros distorcidos compartilhando faces, sendo a distorção um efeito de Jahn–Teller. Alguns desses sais apresentam interessantes propriedades magnéticas. Por exemplo, os sais de $[CrCl_4]^{2-}$ mostram *acoplamento ferromagnético* (em oposição ao acoplamento antiferromagnético que é um fenômeno mais comum, veja a Seção 20.10) a baixas temperaturas, com os valores de T_C na faixa de 40-60 K; a associação entre os centros metálicos é através de interações em ponte Cr–Cl–Cr.

Os complexos de cianido de Cr(II) incluem o $[Cr(CN)_6]^{4-}$ e o $[Cr(CN)_5]^{3-}$. O $K_4[Cr(CN)_6]$ pode ser preparado em solução aquosa, mas apenas na presença de excesso de íon cianido; o $[Cr(CN)_6]^{4-}$ octaédrico é de baixo spin. A reação do $[Cr_2(\mu\text{-}O_2CMe)_4]$ (veja a seguir) com o $[Et_4N][CN]$ leva à formação do $[Et_4N]_3[Cr(CN)_5]$. No estado sólido, há presença de íons bipiramidais triangulares e piramidais de base quadrada. A pequena diferença de energia entre as estruturas pentacoordenadas também foi observada para o $[Ni(CN)_5]^{3-}$. A 300 K, o $[Cr(CN)_5]^{3-}$ exibe um momento magnético efetivo de 4,90 μ_B, consistente com o Cr(II) de alto spin. O íon $[CN]^-$ é um ligante de campo forte, e, dessa forma, o $[Cr(CN)_5]^{3-}$ representa um raro exemplo de um complexo de cianido de alto spin, sendo um outro o $[Mn(CN)_4]^{2-}$. Os dados teóricos (uma combinação da teoria do campo ligante e DFT) indicam que, para o $[Cr(CN)_5]^{3-}$ pentacoordenado, a energia de promoção associada com uma variação do estado de spin é menor do que a energia de emparelhamento de spin e isto leva a um complexo de alto spin. Por outro lado, para o $[Cr(CN)_6]^{4-}$ octaédrico, o inverso é verdade e o complexo é de baixo spin.[†]

Ligações múltiplas cromo–cromo

Os carboxilatos de cromo(II) são dímeros de fórmula geral $[Cr_2(\mu\text{-}O_2CR)_4]$ ou $[Cr_2L_2(\mu\text{-}O_2CR)_4]$ e são exemplos de complexos de metais do bloco *d* que envolvem ligação múltipla metal–metal.

[†] Para detalhes, veja: R.J. Deeth (2006) *Eur. J. Inorg. Chem.*, p. 2551 – 'A theoretical rationale for the formation, structure and spin state of pentacyanochromate(II)'.

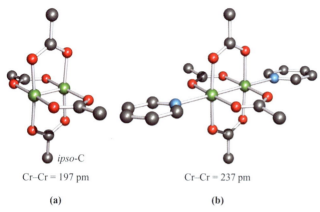

ipso-C

Cr–Cr = 197 pm (a)

Cr–Cr = 237 pm (b)

Fig. 21.15 As estruturas (difração de raios X) do (a) [Cr$_2$(μ-O$_2$CC$_6$H$_2$-2,4,6-^{i}Pr$_3$)$_4$] com apenas os átomos de *ipso*-C dos substituintes arila mostrados [F.A. Cotton *et al.* (2000) *J. Am. Chem. Soc.*, vol. 122, p. 416] e (b) [Cr$_2$(py)$_2$(μ-O$_2$CMe)$_4$] com omissão dos átomos de H para maior clareza [F.A. Cotton *et al.* (1980) *Inorg. Chem.*, vol. 19, p. 328]. Código de cores: Cr, verde; O, vermelho; C, cinza; N, azul.

Por exemplo, o [Cr$_2$(OH$_2$)$_2$(μ-O$_2$CMe)$_4$] é precipitado quando o CrCl$_2$ aquoso é adicionado ao Na[MeCO$_2$] aquoso saturado. A Fig. 21.15 mostra as estruturas do [Cr$_2$(μ-O$_2$CC$_6$H$_2$·2,4,6-^{i}Pr$_3$)$_4$] e do [Cr$_2$(py)$_2$(μ-O$_2$CMe)$_4$]. A diferença significativa entre esses dois componentes é a presença de ligantes axiais, isto é, os ligantes piridina no último complexo. Mesmo quando não há presença de quaisquer ligantes axiais, pode ocorrer associação no estado sólido conforme se observa no [Cr$_2$(μ-O$_2$CMe)$_4$] (**21.19**). No [Cr$_2$(μ-O$_2$CC$_6$H$_2$-2,4,6-^{i}Pr$_3$)$_4$], as exigências estéricas dos substituintes arila evitam a associação, e o sólido contém moléculas discretas (Fig. 21.15a).

(**21.19**)

Os compostos do tipo [Cr$_2$(μ-O$_2$CR)$_4$] e [Cr$_2$L$_2$(μ-O$_2$CR)$_4$] (Fig. 21.15) são *diamagnéticos*, possuem ligações Cr–Cr *curtas* (compare com 258 pm no metal Cr), e têm conformações dos ligantes eclipsadas. Essas propriedades são consistentes com os elétrons *d* do Cr(II) envolvidos em formação de ligação *quádrupla*. O fato de os ligantes em ponte no [Cr$_2$(μ-O$_2$CR)$_4$] serem eclipsados é menos surpreendente do que em complexos com ligantes monodentados, por exemplo, [Re$_2$Cl$_8$]$^{2-}$ (veja a Seção 22.8), mas a observação é um aspecto-chave na descrição da ligação quádrupla metal–metal. A ligação no [Cr$_2$(μ-O$_2$CR)$_4$] pode ser descrita conforme mostra a Fig. 21.16. Os átomos de Cr são definidos como estando no eixo *z* e cada átomo de Cr utiliza quatro (*s*, *p$_x$*, *p$_y$* e *d$_{x^2-y^2}$*)† de seus nove orbitais atômicos para formar ligações Cr–O. Agora, vamos permitir a mistura dos orbitais *p$_z$* e *d$_{z^2}$* para dar dois orbitais híbridos direcionados ao longo do eixo *z*. Cada átomo de Cr tem quatro orbitais disponíveis para ligação metal–metal: *d$_{xz}$*, *d$_{yz}$*, *d$_{xy}$* e um *p$_z$d$_{z^2}$* híbrido, com o segundo *p$_z$d$_{z^2}$* híbrido sendo não ligante e apontando para fora da unidade de Cr–Cr (veja a seguir). A Fig. 21.16a mostra que a sobreposição dos orbitais híbridos *p$_z$d$_{z^2}$* do metal leva a uma ligação σ, enquanto a sobreposição *d$_{xz}$*–*d$_{xz}$* e *d$_{yz}$*–*d$_{yz}$* dá um par degenerado de orbitais π. Finalmente, a sobreposição dos orbitais *d$_{xy}$* dá origem a uma ligação δ. O grau de sobreposição segue a ordem σ > π > δ e a Fig. 21.16b mostra um diagrama de níveis de energia aproximado para os OMs σ, π, δ, σ*, π* e δ*. Cada centro de Cr(II) fornece quatro elétrons para a formação de ligação Cr–Cr e estes ocupam os OMs na Fig. 21.16b dando uma configuração σ^{2}π^{4}δ^2, isto é, uma ligação quádrupla. Uma consequência desse esquema de ligação é que o componente δ força as duas unidades de CrO$_4$ para o eclipsamento. A cor vermelha do [Cr$_2$(μ-O$_2$CMe)$_4$] ($\lambda_{máx}$ = 520 nm, veja a Tabela 19.2) e complexos correlatos pode ser entendida em termos da lacuna de energia δ–δ* e uma transição σ^{2}π^{4}δ^{1}δ^{*1} ← σ^{2}π^{4}δ^2.

> É formada uma **ligação δ** pela sobreposição frontal dos dois orbitais *d$_{xz}$* (ou dos dois *d$_{yz}$*, ou dos dois *d$_{xy}$*). O OM resultante possui *dois* planos nodais que contêm o eixo internuclear:
>
> Eixo internuclear
>
> Plano nodal

Esta descrição de ligação para o [Cr$_2$(μ-O$_2$CR)$_4$] deixa um orbital híbrido *p$_z$d$_{z^2}$* não ligante apontando para fora por átomo de Cr (**21.20**). A formação de complexos com doadores, tais como a H$_2$O e a piridina (Fig. 21.15b), ocorre por doação de um par isolado de elétrons para dentro de cada orbital vazio. O comprimento da ligação Cr–Cr aumenta de forma significativa quando são introduzidos os ligantes axiais, por exemplo, de 197 para 239 pm indo do [Cr$_2$(μ-O$_2$CC$_6$H$_2$-2,4,6-^{i}Pr$_3$)$_4$] para o [Cr$_2$(MeCN)$_2$(μ-O$_2$CC$_6$H$_2$-2,4,6-^{i}Pr$_3$)$_4$].

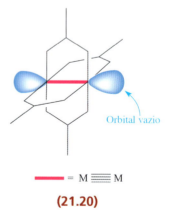

Orbital vazio

= M≣M

(**21.20**)

A ligação quádrupla cromo–cromo é normalmente considerada como forte, e isto é confirmado pelo fato de as reações do [Cr$_2$(μ-O$_2$CR)$_4$] com bases de Lewis gerarem adutos sem perda da interação de ligação metal–metal. No entanto, há exemplos nos quais a ligação é facilmente clivada. O [Li(THF)]$_4$[Cr$_2$Me$_8$]

---

† A escolha do orbital *d$_{x^2-y^2}$* para a formação de ligação Cr–O é arbitrária. O *d$_{xy}$* também poderia ter sido utilizado, deixando o orbital *d$_{x^2-y^2}$* disponível para a ligação metal–metal.

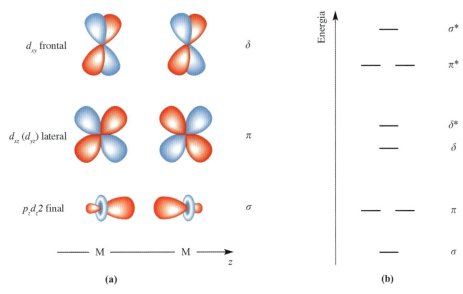

Fig. 21.16 (a) A formação dos componentes σ, π e δ de uma ligação quádrupla metal–metal por sobreposição dos orbitais apropriados do metal. São empregados *ambos* os orbitais atômicos d_{xz} e d_{yz} para formar ligações π, e o orbital atômico d_{xy} é utilizado para a formação da ligação δ. (b) Níveis de energia aproximados dos OMs ligantes e antiligantes metal–metal. Esta figura é relevante para os complexos do tipo M_2L_8 ou $M_2(\mu\text{-L})_4$.

contém o íon $[Cr_2Me_8]^{4-}$, no qual a distância Cr–Cr é de 198 pm no estado sólido. O tratamento com o ligante quelante $Me_2NCH_2CH_2NMe_2$ (sigla em inglês, TMEDA) resulta no $[Li(TMEDA)]_2[CrMe_4]$. Um segundo exemplo de uma ligação quádrupla fraca encontra-se no complexo amidato **21.21**. No estado sólido, **21.21** é diamagnético e o comprimento de ligação Cr–Cr é de 196 pm. No entanto, em solução de benzeno, **21.21** dissocia-se dando monômeros paramagnéticos $[CrL_2[$.

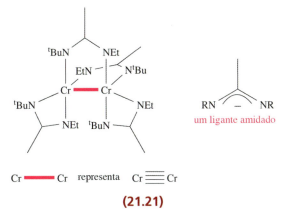

(21.21)

Os diagramas na Fig. 21.16 são relevantes para complexos do tipo M_2L_8 ou $M_2(\mu\text{-L})_4$ nos quais um dos orbitais *d* do metal é reservado para a ligação metal–metal. No entanto, se o número de ligantes é reduzido, mais orbitais do metal e mais elétrons de valência do metal tornam-se disponíveis para a ligação metal–metal. Embora o composto **21.22** seja organometálico, nós o incluímos aqui porque ele exemplifica uma ligação metal–metal com uma ordem de ligação de cinco. O composto **21.22** formalmente contém dois centros (d^5) de Cr(I), e são utilizados organoligantes extremamente volumosos para proteger o caroço do Cr_2 (Fig. 21.17). Os dados estruturais mostram que a ligação Cr–Cr é muito curta (185 pm) e os dados magnéticos indicam a presença de elétrons ligantes $d^5–d^5$ fortemente acoplados. Essas observações são consistentes com a presença de uma ligação quíntupla cromo–cromo. Isto pode ser descrito em termos das interações de orbitais ilustradas na Fig. 21.16 mais uma ligação δ adicional oriunda da sobreposição frontal de dois orbitais $d_{x^2-y^2}$. Portanto, a ligação quíntupla tem uma configuração $\sigma^2\pi^4\delta^4$. O substituinte organo usado para estabilizar esse sistema vem da mesma família de grupos R utilizados para estabilizar compostos do tipo E_2R_2, em que E é um elemento pesado do grupo 13 ou 14 (veja o Capítulo 23).

Fig. 21.17 A estrutura (difração de raios X) do $[Cr_2L_2]$ no $[Cr_2L_2] \cdot MeC_6H_5$, em que HL = 2,6-bis(2,6-di-isopropilfenil)benzeno [T. Nguyen *et al.* (2005) *Science*, vol. 310, p. 844]. Código de cores: Cr, verde; C, cinza; H, branco.

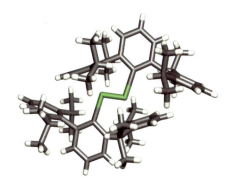

(21.22)

Exercício proposto

Um método rápido de encontrar o número de elétrons disponíveis para a ligação metal–metal em um complexo tal como o [Cr₂Me₈]⁴⁻ é 'remover' cada ligante juntamente com uma carga apropriada, escrever a fórmula do 'caroço metálico' e, daí, determinar o número de elétrons de valência restantes. Por exemplo, a remoção dos ligantes 8Me⁻ do [Cr₂Me₈]⁴⁻ deixa o [Cr₂]⁴⁺ que tem (2 × 6) − 4 = 8 elétrons de valência. Esses elétrons ocupam os OMs mostrados na Fig. 21.16b: $\sigma^2\pi^4\delta^2$. Nesse método, a remoção dos grupos metila *aniônicos* cuida dos elétrons necessários para a formação da ligação C–C. Faça este mesmo exercício para o [Cr₂(μ-O₂CMe)₄], o complexo **21.21** e o [Re₂Cl₈]²⁻ para confirmar a presença de uma ligação quádrupla em cada complexo.

21.8 Grupo 7: manganês

O metal

O Mn metálico é lentamente atacado pela água e dissolve-se facilmente em ácidos (por exemplo, a Eq. 21.36). O metal finamente dividido é pirofórico ao ar, mas a parte interior do metal não é atacada, a menos que o metal seja aquecido (Eq. 21.37). Em temperaturas elevadas, ele combina com a maioria dos não metais, por exemplo, o N₂ (Eq. 21.38), os halogênios (Eq. 21.39), C, Si e o B (veja as Seções 13.10, 14.7 e 15.6 – Volume 1).

$$Mn + 2HCl \longrightarrow MnCl_2 + H_2 \quad (21.36)$$

$$3Mn + 2O_2 \xrightarrow{\Delta} Mn_3O_4 \quad (21.37)$$

$$3Mn + N_2 \xrightarrow{\Delta} Mn_3N_2 \quad (21.38)$$

$$Mn + Cl_2 \xrightarrow{\Delta} MnCl_2 \quad (21.39)$$

O manganês apresenta a mais ampla faixa de estados de oxidação de qualquer dos metais do bloco *d* da primeira linha. Os estados mais baixos são estabilizados por ligantes π receptores, geralmente em complexos organometálicos (veja o Capítulo 24). No entanto, a dissolução do pó de Mn em NaCN aquoso na ausência de ar dá o complexo de Mn(I), o Na₃[Mn(CN)₆].

A presente seção descreve as espécies de Mn(II)–Mn(VII). Um diagrama de potencial para o manganês foi apresentado na Fig. 8.2 e um diagrama de Frost–Ebsworth foi dado na Fig. 8.3. Indo do Cr para o Mn, há uma variação abrupta na estabilidade no que diz respeito à oxidação do M²⁺ (Eq. 21.40). A diferença de valores de *E*° vem da energia de terceira ionização muito mais alta do Mn (veja a Tabela 21.1). Todos os estados de oxidação acima do Mn(II) são fortes agentes oxidantes.

$$M^{3+}(aq) + e^- \rightleftharpoons M^{2+}(aq) \quad \begin{cases} M = Mn, \; E^\circ = +1{,}54\,V \\ M = Cr, \; E^\circ = -0{,}41\,V \end{cases}$$
$$(21.40)$$

Manganês(VII)

Não foram isolados haletos binários de Mn(VII). Os oxialetos MnO₃F e o MnO₃Cl podem ser obtidos pela reação do KMnO₄ com o HSO₃X (X = F ou Cl) a baixa temperatura. Ambos são fortes oxidantes e decompõem-se de forma explosiva à temperatura ambiente. O MnO₃F e o MnO₃Cl têm estruturas molecu-

por exemplo, X = Cl, O₂CMe, OC₆F₅

(a)

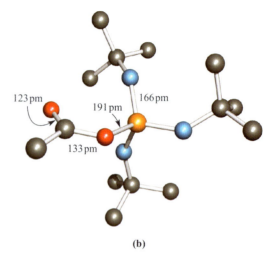

(b)

Fig. 21.18 (a) Exemplos de complexos de imido de manganês(VII). (b) A estrutura do [Mn(NᵗBu)₃(O₂CMe)] determinada por difração de raios X [A.A. Danopoulos *et al.* (1994) *J. Chem. Soc., Dalton Trans.*, p. 1037]. Os átomos de hidrogênio são omitidos para maior clareza; código de cores: Mn, laranja; N, azul; O, vermelho; C, cinza.

lares (*C*₃ᵥ). Os grupos óxido e imido, [RN]²⁻, são isoeletrônicos, e os compostos do tipo Mn(NR)₃Cl foram preparados pela reação de um complexo de MnCl₃ com o RNH(SiMe₃). O ligante clorido no Mn(NR)₃Cl pode ser substituído por uma gama de ânions (Fig. 21.18).

A química do manganês(VII) é dominada pelo íon manganato(VII) (permanganato). O sal de potássio, KMnO₄, é um forte agente oxidante e é corrosivo para o tecido humano. É fabricado em larga escala (veja o Boxe 21.4) pela conversão do MnO₂ em K₂MnO₄ seguida de oxidação eletrolítica. Em química analítica, a determinação do Mn envolve a oxidação do Mn(II) em [MnO₄]⁻ pelo bismutato, periodato ou peroxidissulfato. O KMnO₄ sólido forma cristais negros roxo-escuros e é isoestrutural com o KClO₄. Os íons tetraédricos [MnO₄]⁻ têm ligações equivalentes (Mn–O = 163 pm). As soluções aquosas de KMnO₄ depositam o MnO₂ em repouso. Embora o KMnO₄ seja insolúvel em benzeno, a adição do éter cíclico 18-coroa-6 resulta na formação do [K(18-coroa-6)][MnO₄] solúvel (veja a Seção 11.8 – Volume 1). O permanganato de potássio é intensamente colorido devido à transferência de carga do ligante para o metal (veja a Fig. 20.17). Ele também mostra paramagnetismo fraco independente da temperatura. Esse paramagnetismo vem do acoplamento do estado fundamental diamagnético do [MnO₄]⁻ com os estados excitados paramagnéticos sob a influência de um campo magnético.

O ácido livre HMnO₄ pode ser obtido pela evaporação a baixa temperatura de sua solução aquosa (feita por troca iônica). Trata-se de um agente oxidante violento e que explode acima

Química dos metais do bloco *d*: os metais da primeira linha

APLICAÇÕES

Boxe 21.4 KMnO₄: um poderoso oxidante em ação

Mais de 0,05 Mt por ano de KMnO₄ é produzido em todo o mundo. Embora essa quantidade seja pequena comparada com as quantidades de diversos produtos químicos inorgânicos, tais como o CaO, a NH₃, o TiO₂ e os principais ácidos minerais, o papel do KMnO₄ como agente oxidante é, no entanto, extremamente importante. A fotografia mostra a vigorosa reação que ocorre quando o propan-1,2,3-triol (glicerol) é gotejado sobre cristais de KMnO₄.

$$4\,C_3H_5(OH)_3 + 14\,KMnO_4 \longrightarrow 7K_2CO_3 + 7Mn_2O_3 + 5CO_2 + 16H_2O$$

Além das oxidações de compostos orgânicos em processos industriais de transformação, o KMnO₄ é empregado na purificação da água, onde é preferível ao Cl₂ por duas razões: ele não afeta o gosto da água, e o MnO₂ (produzido na redução) é um coagulante de impurezas particuladas. O poder oxidante do KMnO₄ também é aplicado na remoção de impurezas, por exemplo, na purificação do MeOH, EtOH, MeCO₂H e do NC(CH₂)₄CN (um precursor na fabricação do náilon). Alguns processos industriais de branqueamento utilizam o KMnO₄, por exemplo, branqueamento de tecidos de algodão, fibras de juta e cera de abelhas.

A reação do KMnO₄ com o propan-1,2,3-triol (glicerol).

---

dos 273 K. O anidrido do HMnO₄ é o Mn₂O₇, obtido pela ação do H₂SO₄ concentrado sobre o KMnO₄ puro. É um líquido verde, higroscópico e altamente explosivo, instável acima de 263 K (Eq. 21.41) e tem a estrutura molecular **21.23**.

$$2Mn_2O_7 \xrightarrow{>263\,K} 4MnO_2 + 3O_2 \qquad (21.41)$$

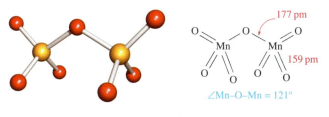

(21.23)

As Eqs. 21.42-21.44 apresentam reduções do [MnO₄]⁻ em Mn(VI), Mn(IV) e Mn(II), respectivamente.

$$[MnO_4]^-(aq) + e^- \rightleftharpoons [MnO_4]^{2-}(aq)$$
$$E^o = +0,56\,V \qquad (21.42)$$

$$[MnO_4]^-(aq) + 4H^+ + 3e^- \rightleftharpoons MnO_2(s) + 2H_2O$$
$$E^o = +1,69\,V \qquad (21.43)$$

$$[MnO_4]^-(aq) + 8H^+ + 5e^- \rightleftharpoons Mn^{2+}(aq) + 4H_2O$$
$$E^o = +1,51\,V \qquad (21.44)$$

A concentração do H⁺ desempenha um papel importante em influenciar que a redução ocorra (veja a Seção 8.2 – Volume 1). Embora muitas reações do KMnO₄ possam ser entendidas considerando-se potenciais redox, os fatores cinéticos também são importantes. O permanganato em pH 0 deve oxidar a água, mas, na prática, a reação é extremamente lenta. Ele também deverá oxidar o [C₂O₄]²⁻ à temperatura ambiente, mas a reação 21.45 é muito lenta, a menos que seja adicionado o Mn²⁺ ou a temperatura seja aumentada.

$$2[MnO_4]^- + 16H^+ + 5[C_2O_4]^{2-}$$
$$\longrightarrow 2Mn^{2+} + 8H_2O + 10CO_2 \qquad (21.45)$$

Muitos estudos têm sido feitos sobre o mecanismo dessas reações e, como nas oxidações pelo [Cr₂O₇]²⁻, mostrou-se que estão envolvidos estados de oxidação intermediários.

Manganês(VI)

Não foram isolados quaisquer haletos binários de Mn(VI), e o único oxialeto é o MnO₂Cl₂ (**21.24**). Ele é preparado pela redução do KMnO₄ com o SO₂ a baixa temperatura em HSO₃Cl, e trata-se de um líquido castanho que se hidrolisa facilmente, decompondo-se a 240 K.

(21.24)

Os sais de [MnO$_4$]$^{2-}$ verde-escuros são formados pela fusão do MnO$_2$ com hidróxidos de metais do grupo 1 na presença de ar, ou pela reação 21.46. Essa oxidação pode ser revertida pela reação 21.47.

$$4[MnO_4]^- + 4[OH]^- \longrightarrow 4[MnO_4]^{2-} + 2H_2O + O_2 \quad (21.46)$$

$$2[MnO_4]^{2-} + Cl_2 \longrightarrow 2[MnO_4]^- + 2Cl^- \quad (21.47)$$

O manganato(VI) é instável com respeito ao desproporcionamento (Eq. 21.48) na presença até de ácidos fracos tais como o H$_2$CO$_3$ e, portanto, não é formado na redução do [MnO$_4$]$^-$ acidificado.

$$3[MnO_4]^{2-} + 4H^+ \longrightarrow 2[MnO_4]^- + MnO_2 + 2H_2O \quad (21.48)$$

O íon [MnO$_4$]$^{2-}$ é tetraédrico (Mn–O = 166 pm), e o K$_2$MnO$_4$ é isomorfo com o K$_2$CrO$_4$ e o K$_2$SO$_4$. A 298 K, o momento magnético do K$_2$MnO$_4$ é 1,75 μ_B (d^1). O ânion tetraédrico [Mn(N^t(Bu))$_4$]$^{2-}$ (um análogo imido do [MnO$_4$]$^{2-}$) é produzido pelo tratamento do Mn(N^{t}Bu)$_3$Cl com o Li[NH^{t}Bu].

Manganês(V)

Não obstante estudos do sistema MnF$_3$/F$_2$ indiquem a existência do MnF$_5$ em fase gasosa, não foram isolados haletos binários de Mn(V). O único oxialeto é o MnOCl$_3$ (**21.25**) que é produzido pela reação do KMnO$_4$ com o CHCl$_3$ em HSO$_3$Cl. Acima de 273 K, o MnOCl se decompõe, e, no ar úmido, hidrolisa-se em [MnO$_4$]$^{3-}$. Os sais de [MnO$_4$]$^{3-}$ são azuis e sensíveis à umidade; os mais acessíveis são o K$_3$[MnO$_4$] e o Na$_3$[MnO$_4$], obtidos pela redução do [MnO$_4$]$^-$ em KOH ou NaOH aquoso concentrado, a 273 K. As soluções de [MnO$_4$]$^{3-}$ devem ser fortemente alcalinas para evitar o desproporcionamento que ocorre facilmente em meios fracamente alcalinos (Eq. 21.49) ou ácidos (Eq. 21.50).

(21.25)

$$2[MnO_4]^{3-} + 2H_2O \longrightarrow [MnO_4]^{2-} + MnO_2 + 4[OH]^- \quad (21.49)$$

$$3[MnO_4]^{3-} + 8H^+ \longrightarrow [MnO_4]^- + 2MnO_2 + 4H_2O \quad (21.50)$$

A estrutura tetraédrica do [MnO$_4$]$^{3-}$ foi confirmada no estado sólido do Na$_{10}$Li$_2$(MnO$_4$)$_4$. As ligações Mn–O são maiores (170 pm) do que no manganato(VI) ou no manganato(VII). Os momentos magnéticos dos sais de [MnO$_4$]$^{3-}$ são normalmente $\approx$ 2,8 μ_B.

Exercícios propostos

1. Os valores de Δ_{tet} para o [MnO$_4$]$^{3-}$, o [MnO$_4$]$^{2-}$ e o [MnO$_4$]$^-$ foram estimados a partir de dados espectroscópicos de absorção eletrônica como 11.000, 19.000 e 26.000 cm^{-1}, respectivamente. Comente a respeito dessa tendência.
   [*Resp.*: Veja a discussão das tendências na Tabela 20.2]

2. Os valores de μ_{ef} do K$_2$MnO$_4$ e do K$_3$MnO$_4$ são 1,75 e 2,80 μ_B (298 K), respectivamente, enquanto o KMnO$_4$ é diamagnético. Explique essas observações.
   [*Resp.*: Relacione à configuração d^n; veja a Tabela 20.11]

3. Explique por que o KMnO$_4$ é intensamente colorido, ao passo que o KTcO$_4$ e o KReO$_4$ são incolores.
   [*Resp.*: Veja a Seção 20.7]

Manganês(IV)

O único haleto binário do Mn(IV) é o MnF$_4$, preparado a partir dos elementos. Trata-se de um sólido azul, instável, que se decompõe em temperaturas ambientes (Eq. 21.51). O MnF$_4$ cristalino é dimórfico. Os blocos de construção em um α-MnF$_4$ são tetrâmeros como os do VF$_4$ e do β-CrF$_4$ (**21.14**). No entanto, nesses três fluoretos metálicos, a disposição dos tetrâmeros difere e, no α-MnF$_4$, eles são ligados dando uma rede tridimensional.

$$2MnF_4 \longrightarrow 2MnF_3 + F_2 \quad (21.51)$$

O óxido de manganês(IV) é polimórfico e frequentemente não estequiométrico. Apenas a forma β a alta temperatura tem a estequiometria MnO$_2$ e adota uma estrutura do rutilo (Fig. 6.22). Ele age como um agente oxidante quando aquecido com ácidos concentrados (por exemplo, a reação 21.52).

$$MnO_2 + 4HCl \xrightarrow[\text{conc.}]{\Delta} MnCl_2 + Cl_2 + 2H_2O \quad (21.52)$$

As formas hidratadas do MnO$_2$ são extremamente insolúveis e frequentemente são obtidas na forma de precipitados castanho-escuros em reações redox que envolvem o [MnO$_4$]$^-$ (Eq. 21.43), quando o [H$^+$] é insuficiente para permitir a redução em Mn^{2+}.

A reação do Mn$_2$O$_3$ com o CaCO$_3$, a 1400 K, produz o Ca$_2$MnO$_4$, que formalmente contém o [MnO$_4$]$^{4-}$. No entanto, o Ca$_2$MnO$_4$ cristaliza-se com uma estrutura em camadas na qual cada centro de Mn(IV) está em um ambiente octaédrico de MnO$_6$; não há presença de íons [MnO$_4$]$^{4-}$ isolados.

A química de coordenação do Mn(IV) é limitada. Os complexos mononucleares incluem o [Mn(CN)$_6$]$^{2-}$ e o [MnF$_6$]$^{2-}$. O complexo de cianido é obtido pela oxidação do [Mn(CN)$_6$]$^{3-}$ e tem um momento magnético de 3,94 μ_B. Os sais de [MnF$_6$]$^{2-}$ também têm valores de μ_{ef} próximos do valor do spin de 3,87 μ_B. O [MnF$_6$]$^{2-}$ é preparado pela fluoretação de misturas de cloretos ou pela redução do [MnO$_4$]$^-$ com H$_2$O$_2$ em HF aquoso. A reação 21.53 mostra o primeiro método não eletrolítico viável para a produção do F$_2$.

$$K_2[MnF_6] + 2SbF_5 \xrightarrow{\Delta} MnF_2 + 2K[SbF_6] + F_2 \quad (21.53)$$

A estrutura do K$_2$MnF$_6$ é um protótipo para alguns sistemas AB$_2$X$_6$ (por exemplo, o Cs$_2$FeF$_6$ e o K$_2$PdF$_6$). É mais bem considerado como um arranjo compacto de íons K$^+$ e F$^-$ em uma sequência cúbico-hexagonal alternada. Os centros de Mn^{4+} ocupam alguns dos buracos octaédricos de tal forma que ficam cercados por seis íons F$^-$ dando os íons [MnF$_6$]$^{3-}$ presentes na rede. Os tipos de estrutura intimamente relacionados são o K$_2$GeF$_6$ e o K$_2$PtCl$_6$ nos quais os íons K$^+$ e X$^-$ de cada composto formam arranjos ach e acc, respectivamente.[†]

[†] Para descrições detalhadas desses tipos de estruturas, veja A.F. Wells (1984) *Structural Inorganic Chemistry*, 5. ed., OUP, Oxford, p. 458.

Química dos metais do bloco *d*: os metais da primeira linha **93**

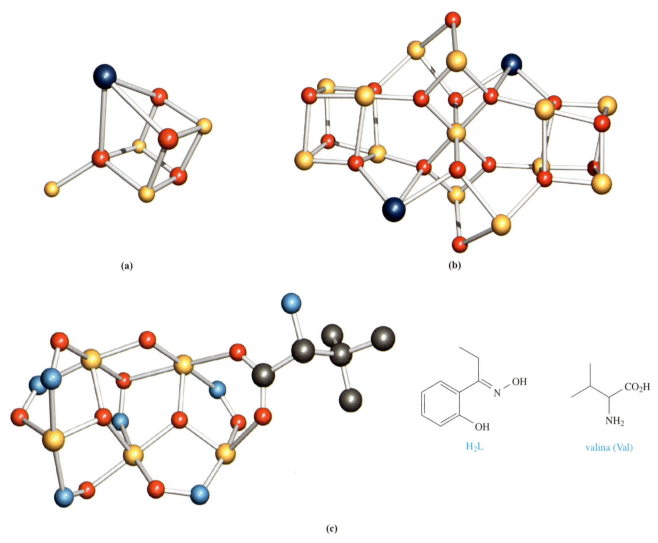

Fig. 21.19 (a) A estrutura (difração de raios X) do sítio ativo de Mn₄CaO₄ semelhante ao cubano no centro de evolução de oxigênio (CEO) no Fotossistema II [K.N. Ferreira *et al.* (2004) *Science*, vol. 303, p. 1831]. Compostos do modelo de aglomerado contendo manganês de alto estado de oxidação (difração de raios X) do (b) caroço do {Mn₁₃Ca₂O₁₆} no [Mn₁₃Ca₂O₁₀(OH)₂(OMe)₂(O₂CPh)₁₈(OH₂)₄·10MeCN [A. Mishra *et al.* (2005) *Chem. Commun.*, p. 54], e do (c) caroço do {Mn₅(μ₃-O)₂(μ-O)₂(μ-NO)₆(Val)} no [Mn₅O₂(OMe)L₆(Val)]·Val·1,5H₂O [C. Kozoni *et al.* (2009) *Dalton Trans.*, p. 9117], e as estruturas do H₂L e ligantes aminoácidos no complexo. Código de cores: Mn, amarelo; O, vermelho; Ca; azul-escuro; N, azul; C. cinza.

Exercícios propostos

1. Calcule μ(devido somente ao spin) para o [Mn(CN)₆]²⁻.
   [*Resp.*: 3,87 μ_B]

2. Explique por que as contribuições dos momentos orbitais para os momentos magnéticos do [MnF₆]³⁻ e do [Mn(CN)₆]²⁻ não são importantes.
   [*Resp.*: Configuração eletrônica t_{2g}^3; veja a Seção 20.10]

3. No espectro de absorção eletrônica do [Mn(CN)₆]²⁻, poder-se-ia esperar ver três absorções surgindo das transições permitidas pelo spin. Quais seriam as identificações dessas transições? [*Resp.*: Veja a Fig. 20.20 e discussão]

A enzima Fotossistema II (PSII) é responsável pela conversão da H₂O em O₂ durante a fotossíntese. A reação 21.54 ocorre no centro de evolução de oxigênio (CEO) no PSII; o sítio ativo consiste em uma unidade de Mn₃CaO₄ semelhante ao cubano ligada a uma ponta de Mn (Fig. 21.19a). A estrutura foi elucidada em 2004 através de um estudo de difração de raios X do PSII isolado da cianobactéria *Thermosynechococcus elongatus*.[†]

$$2H_2O \longrightarrow O_2 + 4H^+ + 4e^- \quad (21.54)$$

A transferência de elétrons envolve os quatro centros de Mn que sofrem uma sequência de etapas redox, sendo o {Mn^IV₃Mn^III} e o {Mn^III₃Mn^II} os estados inteiramente oxidado e reduzido, respectivamente. O ciclo catalítico proposto (chamado de ciclo de Kok) pelo qual é obtida a reação 21.54 é apresentado a seguir, onde cada um dos intermediários S₀ a S₄ representa a unidade de Mn₄ em diferentes estados de oxidação.

[†] Veja: K.N. Ferreira, T.M. Iverson, K. Maghlaoui, J. Barber and S. Iwata (2004) *Science*, vol. 303, p. 1831; J. Barber (2008) *Inorg. Chem.*, vol. 47, p. 1700.

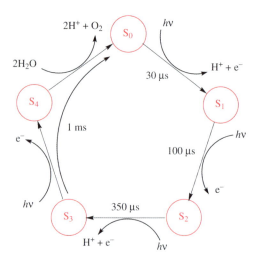

Foi desenvolvida uma variedade de complexos moleculares discretos para o estudo da química do centro de desdobramento da água no PSII. São mostrados dois exemplos na Fig. 21.19. O primeiro é o [Mn$_{13}$Ca$_2$O$_{10}$(OH)$_2$(OMe)$_2$(O$_2$CPh)$_{18}$(OH$_2$)$_4$], que contém um caroço de {Mn$_9$Ca$_2$O$_{16}$} que compreende duas unidades de cubano ligadas (Fig. 21.19b). No PSII, o sítio ativo do {Mn$_4$CaO$_4$} é ligado ao esqueleto proteico da enzima através de resíduos de aminoácido (ácido aspártico, ácido glutâmico e histidina). A Fig. 21.19c mostra o caroço do aglomerado do [Mn$_5$O$_2$(OMe)L$_6$(Val)] que modela a interação entre um aminoácido (valina) e uma unidade de [Mn$^{IV}{}_2$Mn$^{III}{}_3$].

Manganês(III)

O único haleto binário do Mn(III) é o MnF$_3$ roxo-avermelhado que é obtido pela ação do F$_2$ nos haletos de Mn(II), a 520 K. É termicamente estável, mas prontamente hidrolisado pela água. A estrutura do estado sólido do MnF$_3$ é relacionada às do TiF$_3$, VF$_3$, CrF$_3$, FeF$_3$ e do CoF$_3$, mas tem distorção Jahn–Teller (d^4 de alto spin). No MnF$_3$ há *três* distâncias Mn–F (179, 191 e 209 pm) em vez das distorções apresentadas nas estruturas **20.5** e **20.6**. À temperatura ambiente, o momento magnético do MnF$_3$ é de 4,94 μ_B, mas, ao ser resfriado, o MnF$_3$ torna-se antiferromagnético (T_N = 43 K) (veja a Seção 20.10).

O óxido negro Mn$_2$O$_3$ (a forma α) é obtido quando o MnO$_2$ é aquecido a 1070 K ou (na forma hidratada) pela oxidação do Mn(II) em meios alcalinos. Em temperaturas mais elevadas, ele forma o Mn$_3$O$_4$, um espinélio normal (Mn^{II}Mn$^{III}{}_2$O$_4$; veja o Boxe 13.7 – Volume 1), mas com os centros de Mn(III) apresentando distorção Jahn–Teller. Os átomos de Mn no α-Mn$_2$O$_3$ estão em sítios octaédricos distorcidos de MnO$_6$ (alongados, diagrama **20.5**). A estrutura difere da estrutura do coríndon adotada pelo Ti$_2$O$_3$, pelo V$_2$O$_3$ e pelo Cr$_2$O$_3$. Enquanto o Mn$_2$O$_3$ é *antiferromagnético* abaixo de 80 K, o Mn$_3$O$_4$ é *ferrimagnético* abaixo de 43 K.

A maior parte dos complexos de Mn(III) é octaédrica, d^4 de alto spin e tem distorções Jahn-Teller. O íon aqua vermelho [Mn(OH$_2$)$_6$]$^{3+}$ pode ser obtido por oxidação eletrolítica do Mn^{2+} aquoso e está presente no alúmen CsMn(SO$_4$)$_2$·12H$_2$O. Surpreendentemente, o íon [Mn(OH$_2$)$_6$]$^{3+}$ não apresenta distorção Janh-Teller, pelo menos até 78 K. Em solução aquosa, o [Mn(OH$_2$)$_6$]$^{3+}$ é apreciavelmente hidrolisado (veja a Seção 7.7 – Volume 1) e há presença de cátions poliméricos. Também é instável com respeito ao desproporcionamento (Eq. 21.55), conforme se espera dos potenciais nas Figs. 8.2 e 8.3;

é menos instável na presença de altas concentrações de íons Mn^{2+} ou H$^+$.

$$2Mn^{3+} + 2H_2O \longrightarrow Mn^{2+} + MnO_2 + 4H^+ \quad (21.55)$$

O íon Mn^{3+} é estabilizado por ligantes duros, incluindo o F$^-$, [PO$_4$]$^{3-}$, [SO$_4$]$^{2-}$ ou o [C$_2$O$_4$]$^{2-}$. A cor rosa vista às vezes antes do final da titulação permanganato–oxalato (Eq. 21.45) é devida a um complexo de oxalato de Mn(III). O sal Na$_3$[MnF$_6$] é produzido pelo aquecimento do NaF com MnF$_3$, e a reação do MnO$_2$ com o KHF$_2$ em HF aquoso dá o K$_3$[MnF$_6$]. Ambos os sais são violeta e têm momentos magnéticos de 4,9 μ_B (298 K), consistentes com o valor somente do spin para d^4 de alto spin. A reação do NaF com o MnF$_3$ em HF aquoso produz o Na$_2$[MnF$_5$] rosa, que contém cadeias de centros octaédricos distorcidos de Mn(III) (**21.26**) no estado sólido. Os sais de [MnF$_4$]$^-$ também se cristalizam com os centros de Mn em sítios octaédricos com distorção Jahn–Teller; por exemplo, o CsMnF$_4$ tem uma estrutura em camadas (**21.27**). No entanto, em sais de [MnCl$_5$]$^{2-}$ para os quais são disponíveis dados de estado sólido, há presença de ânions piramidais de base quadrada discretos. Também são observadas estruturas contrastantes nos complexos correlatos [Mn(N$_3$)(acac)$_2$] e [Mn(NCS-N)(acac)$_2$]; enquanto o ligante azido apresenta dois doadores de nitrogênio para centros de Mn(III) adjacentes, produzindo um polímero em cadeia, o ligante tiocianato liga-se apenas através do N doador duro, deixando o S doador mole descoordenado (Fig. 21.20). O complexo [Mn(acac)$_3$] (obtido a partir do MnCl$_2$ e [acac]$^-$ seguido da oxidação com o KMnO$_4$) também é de interesse estrutural. É dimórfico, cristalizando-se em uma das formas com uma esfera de coordenação

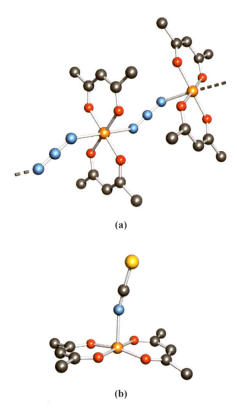

Fig. 21.20 As estruturas (difração de raios X) dos complexos de Mn(III) (a) [Mn(N$_3$)(acac)$_2$] que forma cadeias poliméricas [B.R. Stults *et al.* (1975) *Inorg. Chem.*, vol. 14, p. 722] e (b) [Mn(NCS-N)(acac)$_2$] [B.R. Stults *et al.* (1979) *Inorg. Chem.*, vol. 18, p. 1847]. Os átomos de hidrogênio foram omitidos para fins de clareza; código de cores: Mn, laranja; C, cinza; O, vermelho, N, azul; S, amarelo.

octaédrica alongada (**20.5**), enquanto, na outra, ele é comprimido (**20.6**).

(21.26)   (21.27)

O único complexo de baixo spin bem conhecido de Mn(III) é o $K_3[Mn(CN)_6]$ vermelho-escuro, obtido do KCN e $K_2[MnF_6]$ ou pela oxidação do $K_4[Mn(CN)_6]$ utilizando H_2O_2 a 3%. Confome esperado para d^4 de baixo spin, o $[Mn(CN)_6]^{3-}$ tem uma estrutura octaédrica regular [Mn–C = 198 pm).

Exercícios propostos

1. Explique por que o $[MnF_6]^{3-}$ tem distorção Jahn–Teller, mas o $[Mn(CN)_6]^{3-}$ não.

    [*Resp.*: Veja as estruturas **20.5** e **20.6** e a discussão]

2. Escreva expressões para a EECC do Mn^{3+} octaédrico de alto e baixo spin em termos de Δ_{oct} e da energia de emparelhamento, P.   [*Resp.*: Veja a Tabela 20.3]

3. As soluções verdes de $[Mn(OH_2)_6]^{3+}$ contêm $[Mn(OH_2)_5(OH)]^{2+}$ e $[Mn_2(OH_2)_8(\mu\text{-}OH)_2]^{4+}$. Explique como surgem essas espécies, e inclua equações para os equilíbrios apropriados. Como o $[Mn(OH_2)_6]^{3+}$ poderia ser estabilizado em solução aquosa?

    [*Resp.*: Veja a Seção 7.7 – Volume 1]

Manganês(II)

Os sais de manganês(II) são obtidos a partir do MnO_2 por uma variedade de métodos. O $MnCl_2$ e o $MnSO_4$ solúveis resultam do aquecimento do MnO_2 com o ácido concentrado apropriado (Eqs. 21.52 e 21.56). O sulfato é produzido comercialmente por essa rota (o MnO_2 é fornecido na forma da pirolusita mineral), e é comumente encontrado na forma do hidrato $MnSO_4 \cdot 5H_2O$.

$$2MnO_2 + 2H_2SO_4 \xrightarrow{\Delta}_{\text{conc.}} 2MnSO_4 + O_2 + 2H_2O \quad (21.56)$$

O $MnCO_3$ insolúvel é obtido por precipitação de soluções que contêm o Mn^{2+}; no entanto, o carbonato assim obtido contém hidróxido. O $MnCO_3$ puro pode ser produzido pela reação do acetato ou hidróxido de manganês(II) com o CO_2 supercrítico (veja a Seção 9.13 – Volume 1).

Os sais de manganês(II) são caracteristicamente de cor rosa muito claro, ou são incolores. Para o íon Mn^{2+} d^5 em um complexo octaédrico de alto spin, as transições 'd–d' são proibidas pelo spin e por Laporte (veja a Seção 20.7). Embora o espectro de absorção eletrônica do $[Mn(OH_2)_6]^{2+}$ realmente contenha diversas absorções, elas todas são mais fracas por um fator de $\approx 10^2$ em relação àquelas oriundas de transições permitidas pelo spin de outros íons de metais da primeira linha. As fracas absorções observadas para o Mn^{2+} surgem da promoção de um elétron dando vários estados excitados que contêm apenas três elétrons desemparelhados.

Todos os quatro haletos de Mn(II) são conhecidos. Os hidratos de MnF_2 e $MnBr_2$ são preparados a partir do $MnCO_3$ e HF ou HBr aquoso, e os sais anidros são, então, obtidos por desidratação. O cloreto é preparado pela reação 21.52, e o MnI_2 resulta da combinação direta dos elementos. O fluoreto adota uma estrutura do rutilo (Fig. 6.22) no estado sólido, enquanto o $MnCl_2$, o $MnBr_2$ e o MnI_2 possuem a estrutura em camadas do CdI_2 (Fig. 6.23).

A redução de um óxido superior de manganês (por exemplo, o MnO_2 ou o Mn_2O_3) com o H_2, em uma temperatura elevada, dá o MnO, que também é obtido por decomposição térmica do oxalato de manganês(II). O MnO verde adota uma estrutura do NaCl, e seu comportamento antiferromagnético foi discutido na Seção 20.10. A condutividade dos óxidos de metal(II) é descrita na Seção 28.2. O óxido de manganês(II) é um óxido básico, insolúvel em água, mas que se dissolve em ácidos dando soluções de cor rosa-claro contendo o $[Mn(OH_2)_6]^{2+}$. A oxidação dos compostos de Mn(II) em solução ácida requer um forte oxidante, tal como o periodato, mas, em meios alcalinos, a oxidação é mais fácil porque o Mn_2O_3 hidratado é muito menos solúvel do que o $Mn(OH)_2$. Dessa forma, quando é adicionado álcalis a uma solução de um sal de Mn(II) na presença de ar, o precipitado branco de $Mn(OH)_2$ que se forma inicialmente escurece rapidamente devido à oxidação atmosférica.

Existe um grande número de complexos de Mn(II). Esse estado de oxidação é estável com respeito à oxidação e redução (Fig. 8.3), e nos complexos de alto spin. A ausência de qualquer EECL significa que o Mn^{2+} não favorece um arranjo particular de átomos doadores de ligante. Os haletos de manganês(II) formam diversos complexos. A reação do MnF_2 com o MF (por exemplo, M = Na, K, Rb) dá sais de $M[MnF_3]$ que adotam a estrutura da perovsquita (Fig. 6.24); não há presença de íons $[MnF_3]^-$ discretos. O aquecimento a uma proporção de 1:2 de MnF_2:KF, a 950 K, dá o $K_2[MnF_4]$ que tem uma estrutura estendida contendo octaedros de MnF_6 ligados por pontes Mn–F–Mn. De novo, os ânions discretos *não* estão presentes nos sais de $[MnCl_3]^-$; por exemplo, o $[Me_2NH_2][MnCl_3]$ cristaliza-se com cadeias infinitas de octaedros de $MnCl_6$ que compartilham faces (Fig. 21.21). As determinações estruturais para diversos complexos que parecem ser sais de $[MnCl_5]^{3-}$ revelam uma significativa dependência de cátions. O Cs_3MnCl_5 amarelo-esverdeado contém íons tetraédricos discretos $[MnCl_4]^{2-}$ e Cl^-, enquanto o $[(H_3NCH_2CH_2)_2NH_2][MnCl_5]$ rosa tem uma estrutura estendida que contém octaedros de $MnCl_6$ que compartilham vértices. O sal $K_4[MnCl_6]$ contém ânions octaédricos discretos, e, nos $[Et_4N]_2[MnCl_4]$ e $[PhMe_2(PhCH_2)N]_2[MnCl_4]$ de cor amarelo-esverdeado, há presença de ânions tetraédricos isolados. A presença do íon tetraédrico $[MnCl_4]^{2-}$ leva a comple-

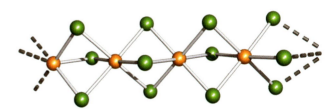

Fig. 21.21 Parte de uma das infinitas cadeias de octaedros que compartilham faces encontrados na rede do $[Me_2NH_2][MnCl_3]$; a estrutura foi determinada por difração de raios X [R.E. Caputo *et al.* (1976) *Phys. Rev. B.*, vol. 13, p. 3956]. Código de cores: Mn, laranja; Cl, verde.

xos que são muito mais intensamente coloridos do que aqueles que contêm espécies octaédricas correlatas (veja a Seção 20.7). O [Mn(CN)$_4$]$^{2-}$ tetraédrico (um raro exemplo de um complexo de cianido de alto spin) resulta da decomposição redutora fotoinduzida do [Mn(CN)$_6$]$^{2-}$. Como um sólido, o sal amarelo [N(PPh$_3$)$_2$]$_2$[Mn(CN)$_4$] é bastante estável ao ar. Ele também é estável em solventes apróticos secos (por exemplo, o MeCN), mas hidrolisa-se em solventes próticos.

As reações do MnCl$_2$, MnBr$_2$ e MnI$_2$ com, por exemplo, ligantes *N*, *O*, *P* ou *S* doadores levaram ao isolamento de uma ampla variedade de complexos. É observada uma gama de geometrias de coordenação, como mostram os exemplos (H$_2$pc = **21.28**; tpy = **21.29**; Hpz = **21.30**:

- tetraédrica: [MnCl$_2$(OPPh$_3$)$_2$], [Mn(N$_3$)$_4$]$^{2-}$, [Mn(Se$_4$)$_2$]$^{2-}$;
- plana quadrada: [Mn(pc)];
- bipiramidal triangular: [MnBr$_2${OC(NHMe)$_2$}$_3$], [MnBr{N(CH$_2$CH$_2$NMe$_2$)$_3$}]$^+$, [MnI$_2$(THF)$_3$];
- octaédrica: *trans*-[MnBr$_2$(Hpz)$_4$], *cis*-[Mn(bpy)$_2$(NCS-*N*)$_2$], *cis*-[MnCl$_2$(HOCH$_2$CH$_2$OH)$_2$], [MnI(THF)$_5$]$^+$, *mer*-[MnCl$_3$(OH$_2$)$_3$]$^-$, [Mn(tpy)$_2$]$^{2+}$, [Mn(EDTA)]$^{2-}$;
- septacoordenada: [Mn(EDTA)(OH$_2$)]$^{2-}$, *trans*-[Mn(**21.31**)(OH$_2$)$_2$]$^{2+}$;
- antiprismática quadrada: [Mn(**21.32**)$_2$]$^{2+}$;
- dodecaédrica: [Mn(NO$_3$-*O*,*O'*)$_4$]$^{2-}$.

O único complexo comum de baixo spin de Mn(II) é o K$_4$[Mn(CN)6]·3H$_2$O azul eflorescente (μ_{ef} = 2,18 μ_B) que é preparado em solução aquosa a partir do MnCO$_3$ e KCN. A conversão do K$_4$[Mn(CN)$_6$] em K$_3$[Mn(CN)$_6$] ocorre facilmente, com a presença dos ligantes cianido desestabilizando significativamente o Mn(II) com respeito ao Mn(III) (veja a Seção 8.3 – Volume 1).

Eflorescência é a perda de água de um sal hidratado.

Manganês(I)

O manganês(I) é normalmente estabilizado por ligantes π receptores em derivados organometálicos, mas, neste ponto, diversos compostos merecem menção. Quando o Mn em pó é dissolvido em NaCN aquoso isento de ar, é formado o complexo de Mn(I) Na$_5$[Mn(CN)$_6$], sendo a água o agente oxidante. O íon d^6 de baixo spin [Mn(CN)$_6$]$^{5-}$ também pode ser obtido pela redução do [Mn(CN)$_6$]$^{4-}$ com amálgama de Na ou de K, novamente na ausência de O$_2$. O íon [Mn(OH$_2$)$_3$(CO)$_3$]$^+$ é o primeiro exemplo de um complexo misto aqua/carbonila que contém um metal do bloco *d* da primeira linha. Ele é um análogo do [Tc(OH$_2$)$_3$(CO)$_3$]$^+$, cujas aplicações *in vivo* são descritas no Boxe 22.7. A evidência para o [Mn(OH$_2$)$_3$(CO)$_3$]$^+$ existir na forma do *fac*-isômero vem da região v(CO) do espectro de IV; a observação de duas absorções (2051 e 1944 cm^{-1}, atribuídas aos modos vibracionais A_1 e E, respectivamente) é consistente com a simetria C_{3v}.

No Capítulo 23, descrevemos muitos exemplos do uso de ligantes estericamente exigentes. A estrutura **21.22** e a Fig. 21.17 ilustram o uso de um ligante altamente volumoso para estabilizar uma ligação quíntupla Cr–Cr. A reação 21.57 mostra como um complexo de Mn(I) é estabilizado pelo uso de um ligante β-dicetiminato volumoso. O produto dessa reação é o primeiro exemplo de um composto de Mn(I) tricoordenado. A molécula formalmente contém um caroço de [Mn$_2$]$^{2+}$ (Mn–Mn = 272 pm) e os dados magnéticos são consistentes com um exemplo raro de um complexo (d^6) de alto spin de Mn(I) no qual há acoplamento antiferromagnético entre os centros do metal.

H$_2$pc = ftalocianina

(21.28)

tpy = 2,2':6'2''-terpiridina
(o ligante livre tem a configuração *trans-,trans-*mostrada; o ligante coordenado tem uma configuração *cis-,cis-*)

(21.29)

Hpz = 1*H*-pirazol
(21.30)

15-coroa-5
(21.31)

12-coroa-4
(21.32)

(21.57)

21.9 Grupo 8: ferro

O metal

O Fe finamente dividido é pirofórico ao ar, mas o metal em bruto oxida ao ar seco somente quando aquecido. No ar úmido, o Fe enferruja, formando um óxido hidratado $Fe_2O_3 \cdot xH_2O$. A ferrugem é um processo eletroquímico (Boxe 8.4 (Volume 1) e Eq. 21.58) e só ocorre na presença de O_2, de H_2O e de um eletrólito. Este último pode ser a água, mas é mais efetivo se contiver SO_2 dissolvido (por exemplo, oriundo da poluição industrial) ou NaCl (por exemplo, oriundo da maresia ou estradas tratadas com sal em países de clima frio). A difusão dos íons formados na reação 21.58 deposita o $Fe(OH)_2$ em locais entre os pontos de ataque e ele é oxidado adicionalmente a óxido de ferro(III) hidratado.

$$\left. \begin{array}{l} 2Fe \longrightarrow 2Fe^{2+} + 4e^- \\ O_2 + 2H_2O + 4e^- \longrightarrow 4[OH]^- \end{array} \right\} \quad (21.58)$$

O ferro reage com os halogênios a 470-570 K, dando o FeF_3, $FeCl_3$, $FeBr_3$ e o FeI_2. O metal se dissolve em ácidos minerais diluídos produzindo sais de Fe(II), mas o HNO_3 concentrado e outros potentes agentes oxidantes o tornam passivo. O ferro metálico não é afetado por álcalis. Quando o ferro em pó e o enxofre são aquecidos juntos, forma-se o FeS. A formação de carbetos e ligas de ferro é crucial para a indústria siderúrgica (veja os Boxes 6.1 e 6.2 e a Seção 6.7 – Volume 1).

A maior parte da química do Fe envolve o Fe(II) ou o Fe(III), com o Fe(IV) e o Fe(VI) conhecidos em um pequeno número de componentes; o Fe(V) é raro. Os estados de oxidação formal inferiores ocorrem com ligantes π receptores (veja o Capítulo 24).

Ferro(VI), ferro(V) e ferro(IV)

Na química do ferro, a espectroscopia Mössbauer é amplamente empregada para obtenção de informações a respeito do estado de oxidação e/ou estado do spin dos centros de Fe (veja a Seção 4.10 (Volume 1) e a Fig. 20.31). Os estados de oxidação mais altos do ferro são encontrados em compostos de $[FeO_4]^{2-}$, $[FeO_4]^{3-}$, $[FeO_4]^{4-}$ e de $[FeO_3]^{2-}$, embora esses íons livres não estejam necessariamente presentes. Os sais de $[FeO_4]^{2-}$ podem ser formados pela oxidação dos sais de Fe(III) por hipoclorito na presença de álcalis (Eq. 21.59). Eles contêm íons tetraédricos discretos e são paramagnéticos, com momentos magnéticos correspondentes a dois elétrons desemparelhados. Os sais de Na^+ e de K^+ são roxo-avermelhados escuros e são solúveis em água; as soluções aquosas decompõem-se (Eq. 21.60), mas as soluções alcalinas são estáveis. O ferrato(VI) é um poderoso oxidante (Eq. 21.61).

$$Fe_2O_3 + 3[OCl]^- + 4[OH]^- \longrightarrow 2[FeO_4]^{2-} + 3Cl^- + 2H_2O \quad (21.59)$$

$$4[FeO_4]^{2-} + 6H_2O \longrightarrow 4FeO(OH) + 8[OH]^- + 3O_2 \quad (21.60)$$

$$[FeO_4]^{2-} + 8H^+ + 3e^- \rightleftharpoons Fe^{3+} + 4H_2O \quad E^\circ = +2,20 \text{ V} \quad (21.61)$$

A reação do K_2FeO_4 com o KOH em O_2, a 1000 K, dá o K_3FeO_4, um raro exemplo de um sal de Fe(V).

Os ferratos de ferro(IV) incluem o Na_4FeO_4 (produzido a partir do Na_2O_2 e $FeSO_4$), o Sr_2FeO_4 (preparado pelo aquecimento do Fe_2O_3 e SrO na presença de O_2) e o Ba_2FeO_4 (obtido a partir do BaO_2 e $FeSO_4$). O Na_4FeO_4 e o Ba_2FeO_4 contêm íons $[FeO_4]^{4-}$ discretos. A configuração d^4 de alto spin do Fe(IV) no $[FeO_4]^{4-}$ leva a uma distorção Jahn–Teller, reduzindo a simetria de T_d a aproximadamente D_{2d} (estrutura **21.33** com dados estruturais para o sal de Na^+).

Fe–O médio = 181 pm

(21.33)

Em solução aquosa, o Na_4FeO_4 desproporciona (Eq. 21.62).

$$3Na_4FeO_4 + 5H_2O \longrightarrow Na_2FeO_4 + Fe_2O_3 + 10NaOH \quad (21.62)$$

Os compostos que formalmente contêm o $[FeO_3]^{2-}$ na realidade são óxidos de metal mistos; o $CaFeO_3$, o $SrFeO_3$ e o $BaFeO_3$ cristalizam-se com a estrutura da perovsquita (Fig. 6.24).

Foram feitas tentativas de estabilizar o Fe em altos estados de oxidação usando ligantes fluorido com sucesso limitado. A reação do Cs_2FeO_4 com o F_2 (40 bar, 420 K) dá o Cs_2FeF_6 juntamente com o $CsFeF_4$ e o Cs_3FeF_6. No estado sólido, o Cs_2FeF_6 adota uma estrutura do K_2MnF_6 (veja a Seção 21.8, Mn(IV)). Atualmente existe um interesse na química de coordenação do Fe(IV), uma vez que intermediários do Fe(IV) podem estar presentes em processos bioinorgânicos envolvendo citocromos P-450 (veja a Seção 29.3). No entanto, o número de complexos de Fe(IV) isolados até agora e estruturalmente caracterizados é pequeno. O ambiente de coordenação é octaédrico ou piramidal de base quadrada, e os ligantes que estabilizam o Fe(IV) incluem os ditiocarbamatos (Fig. 21.22), os ditiolatos como no $[Fe(PMe_3)_2(1,2-S_2C_6H_4)_2]$, as porfirinas e as ftalocianinas.

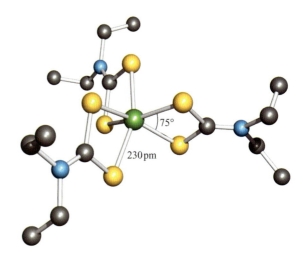

Fig. 21.22 A estrutura (difração de raios X) do complexo de ferro(IV) $[Fe(S_2CNEt_2)_3]^+$ no sal de $[I_5]^-$ [C.L. Raston *et al.* (1980) *J. Chem. Soc., Dalton Trans.*, p. 1928]. Os átomos de hidrogênio foram omitidos para fins de clareza; código de cores: Fe, verde; S, amarelo; C, cinza; N, azul.

APLICAÇÕES
Boxe 21.5 A bateria de superferro

A bateria seca de MnO$_2$–Zn contribui majoritariamente para o fornecimento comercial de baterias. Na versão 'alcalina' de longa duração, o tempo de vida da bateria é dependente principalmente da vida do catodo de MnO$_2$. O prolongamento da vida das baterias que são utilizadas, por exemplo, em marca-passos implantados, tem vantagens óbvias, e o uso dos compostos de Fe(VI) K$_2$FeO$_4$, BaFeO$_4$ e SrFeO$_4$ como materiais catódicos vem sendo investigado com resultados promissores. A chamada "bateria de superferro" contém, por exemplo, o K$_2$FeO$_4$ como um substituinte do MnO$_2$ na bateria seca alcalina. A redução do Fe(VI) em Fe(III):

$$[FeO_4]^{2-} + \tfrac{5}{2}H_2O + 3e^- \longrightarrow \tfrac{1}{2}Fe_2O_3 + 5[OH]^-$$

fornece uma fonte de alta capacidade de carga catódica, e a substituição do catodo de MnO$_2$ pelo [FeO$_4$]$^{2-}$ leva a um aumento da capacidade de energia da bateria de mais de 50%. A reação da célula da bateria de superferro é:

$$2K_2FeO_4 + 3Zn \longrightarrow Fe_2O_3 + ZnO + 2K_2ZnO_2$$

e outra vantagem do sistema é que é recarregável.

Leitura recomendada

S. Licht, B. Wang and S. Ghosh (1999) *Science*, vol. 285, p. 1039 – 'Energetic iron(VI) chemistry: The super-ion battery'.

S. Licht and R. Tel-Vered (2004) *Chem. Commun.*, p. 628 – 'Rechargeable Fe(III/VI) super-iron cathodes'.

S. Licht and X. Yu (2008) *ACS Symposium Series*, vol. 985, p. 197 – 'Recent advances in Fe(VI) charge storage and super-iron batteries'.

Exercícios propostos

1. Explique por que o [FeO$_4$]$^{4-}$ (estrutura **21.33**) sofre uma distorção Jahn–Teller. A distorção é particularmente forte. Isto é esperado?
   [*Resp.*: Veja a discussão do campo cristalino tetraédrico na Seção 20.3]

2. Normalmente, os valores de μ_{ef} para os sais de [FeO$_4$]$^{2-}$ localizam-se na faixa de 2,8-3,0 μ_B. Mostre que isto é consistente com um valor de μ(devido somente ao spin) para o Fe(VI) tetraédrico e comente por que não são esperadas contribuições de momentos orbitais para o momento magnético.

3. O SrFeO$_3$ cristaliza-se com uma estrutura da perovsquita. Quais são os ambientes de coordenação do Sr, do Fe e do O?
   [*Resp.*: Relacione ao CaTiO$_3$ na Fig. 6.24]

4. (a) O composto de Fe(IV) Ba$_3$FeO$_5$ contém íons discretos no estado sólido. Sugira que íons estão presentes. (b) O Ba$_3$FeO$_5$ é paramagnético até 5 K. Ilustre como a suscetibilidade magnética molar varia na faixa de temperatura de 5-300 K.
   [*Resp.*: Veja J.L. Delattre *et al.* (2002) *Inorg. Chem.*, vol. 41, p. 2834]

Ferro(III)

O antigo nome do ferro(III) é *férrico*. O fluoreto, o cloreto e o brometo de ferro(III) são produzidos por aquecimento do Fe com o halogênio. O fluoreto é um sólido não volátil, branco, isoestrutural com o ScF$_3$ (Fig. 21.5). No estado sólido, o FeCl$_3$ adota a estrutura do BiI$_3$, mas a fase gasosa (p.eb. 588 K) contém moléculas discretas, dímeros abaixo de 970 K e monômeros acima dos 1020 K. O FeCl$_3$ anidro forma cristais higroscópicos verde-escuros ou negros. Ele se dissolve em água dando soluções fortemente ácidas (veja a seguir) das quais pode ser cristalizado o hidrato castanho-alaranjado FeCl$_3 \cdot$6H$_2$O (devidamente formulado como *trans*-[FeCl$_2$(OH$_2$)$_4$]Cl$\cdot$2H$_2$O). O tricloreto é um útil precursor na química do Fe(III), e o FeCl$_3$ e o FeBr$_3$ anidros são utilizados como catalisadores de ácidos de Lewis em síntese orgânica. O FeBr$_3$ anidro forma cristais hidrossolúveis casta-nho-avermelhados deliquescentes; o sólido adota uma estrutura do BiI$_3$, mas, em fase gasosa, há presença de dímeros moleculares. O iodeto de ferro(III) decompõe-se facilmente (Eq. 21.63), mas, em condições inertes, pode ser isolado da reação 21.64.

$$2FeI_3 \longrightarrow 2FeI_2 + I_2 \qquad (21.63)$$

$$2Fe(CO)_4I_2 + I_2 \xrightarrow{h\nu} 2FeI_3 + 8CO \qquad (21.64)$$

O óxido de ferro(III) existe em uma série de formas. A forma α paramagnética (um sólido castanho-avermelhado ou cristais negro-acinzetados) ocorre na forma do mineral *hematita* e adota uma estrutura do coríndon (veja a Seção 13.7 – Volume 1) com centros de Fe(III) octaedricamente situados. A forma β é produzida por hidrólise do FeCl$_3 \cdot$6H$_2$O, ou por deposição de vapor químico (DVQ, veja a Seção 28.6), a 570 K, a partir do trifluoroacetilacetonato de ferro(III). No recozimento, a 770 K, ocorre uma mudança de fase β → α. A forma γ é obtida pela cuidadosa oxidação do Fe$_3$O$_4$ e cristaliza-se com uma estrutura estendida na qual os íons O^{2-} adotam um arranjo acc, e os íons Fe^{3+} raramente ocupam os buracos octaédricos e tetraédricos. O γ-Fe$_2$O$_3$ é ferromagnético e é empregado em armazenamento magnético de dados. O óxido de ferro(III) é insolúvel em água, mas pode ser dissolvido com dificuldade em ácidos. Existem diversos hidratos de Fe$_2$O$_3$, e, quando os sais de Fe(III) são dissolvidos em álcalis, o precipitado gelatinoso castanho-avermelhado que se forma *não* é o Fe(OH)$_3$, mas o Fe$_2$O$_3 \cdot$H$_2$O (também escrito na forma de Fe(O)OH). O precipitado é solúvel em ácidos dando o [Fe(OH$_2$)$_6$]$^{3+}$, e, em álcalis aquoso concentrado, há presença do [Fe(OH)$_6$]$^{3-}$. Existem diversas formas do Fe(O)OH e consistem em estruturas em cadeia com octaedros de FeO$_6$ que compartilham arestas. Os minerais *goethita* e *lepidocrocita* são o α-Fe(O)OH e o γ-Fe(O)OH, respectivamente.

Os óxidos de metal mistos derivados do Fe$_2$O$_3$ e de fórmula geral M^{II}Fe$^{III}_2$O$_4$ ou M^{I}Fe^{III}O$_2$ são comumente conhecidos como *ferritas*, apesar da ausência de oxiânions discretos. Incluem compostos de importância comercial em virtude de suas propriedades magnéticas, por exemplo, os dispositivos eletromagnéticos para armazenamento de informação; para discussão das propriedades magnéticas de óxidos de metal mistos, veja o Capítulo 28. As estruturas de espinélio e espinélio inverso adotadas pelos óxidos M^{II}Fe$^{III}_2$O$_4$ foram descritas no Boxe 13.7 (Volume 1) e na

Seção 20.11; por exemplo, o MgFe$_2$O$_4$ e o NiFe$_2$O$_4$ são espinélios inversos, enquanto o MnFe$_2$O$_4$ e o ZnFe$_2$O$_4$ são espinélios normais. Alguns óxidos do tipo M^{I}Fe^{III}O$_2$ adotam estruturas que estão relacionadas ao NaCl (por exemplo, o LiFeO$_2$, no qual os íons Li$^+$ e Fe^{3+} ocupam sítios de Na$^+$ e os íons O^{2-} ocupam sítios de Cl$^-$, Fig. 6.16). Entre os grupos de compostos de M^{I}Fe^{III}O$_2$, o CuFeO$_2$ e o AgFeO$_2$ são notáveis por serem semicondutores. Existem outras ferritas com estruturas mais complexas: os ímãs permanentes são fabricados com o uso do BaFe$_{12}$O$_{19}$, e a família das *granadas de ferro* inclui o Y$_3$Fe$_5$O$_{12}$ (granada de ferroítrio; sigla em inglês, YIG) que é empregado como um filtro de micro-ondas em equipamento de radar.

Quando o Fe$_2$O$_3$ é aquecido, a 1670 K, ele converte-se em Fe$_3$O$_4$ (Fe^{II}Fe$^{III}_2$O$_4$) que também ocorre na forma do mineral *magnetita*, e possui uma estrutura de espinélio inverso (veja o Boxe 13.7 – Volume 1). Seu comportamento ferrimagnético (veja a Fig. 20.32) torna o Fe$_3$O$_4$ comercialmente importante; por exemplo, ele é utilizado em *toner* magnético em fotocopiadoras. As misturas de Fe$_3$O$_4$ e γ-Fe$_2$O$_3$ são utilizadas em armazenamento magnético de dados, e este mercado compete com o do CrO$_2$ (veja a Seção 21.7).

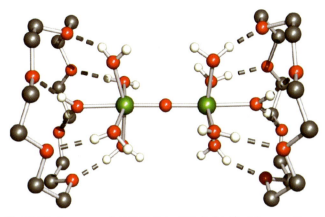

Fig. 21.23 A estrutura do [(H$_2$O)$_5$Fe(μ-O)Fe(OH$_2$)$_5$]$^{4+}$ · (18-coroa-6)$_2$ presente no [(H$_2$O)$_5$Fe(μ-O)Fe(OH$_2$)$_5$][ClO$_4$]$_4$ · (18-coroa-6)$_2$ · 2H$_2$O cristalino. A estrutura foi determinada por difração de raios X, a 173 K [P.C. Junk *et al.* (2002) *J. Chem. Soc., Dalton Trans.*, p. 1024]; os átomos de hidrogênio foram omitidos dos éteres de coroa. Código de cores: Fe, verde; O, vermelho; C, cinza; H, branco.

Exercícios propostos

1. As estruturas de espinélio e de espinélio inverso são baseadas em arranjos compactos cúbicos (acc) de íons O^{2-}. Desenhe uma representação de uma célula unitária de um arranjo acc de íons O^{2-}. Quantos buracos octaédricos e tetraédricos existem nessa célula unitária?

   [*Resp.*: Veja a Seção 6.2 – Volume 1]

2. Refira-se ao diagrama desenhado na questão 1. Se metade dos buracos octaédricos e um oitavo dos buracos tetraédricos estão preenchidos com íons Fe^{3+} e Zn^{2+}, respectivamente, mostre que o óxido resultante tem a fórmula ZnFe$_2$O$_4$.

3. A estrutura de espinélio inverso da magnetita pode ser descrita como segue. Iniciando com um arranjo acc de íons O^{2-}, um quarto dos buracos octaédricos está preenchido com íons Fe^{3+} e um quarto, com íons Fe^{2+}; um oitavo dos buracos tetraédricos está ocupado por íons Fe^{3+}. Mostre que isto corresponde à fórmula do Fe$_3$O$_4$, e que o composto não tem carga.

A química do Fe(III) é bem pesquisada. Entre as muitas matérias-primas comercialmente disponíveis, estão o cloreto (veja anteriormente), o perclorato, o sulfato e o nitrato. *Perigo: Os percloratos são potencialmente explosivos.* O Fe(ClO$_4$)$_3$ anidro é um sólido amarelo, mas é comercialmente disponível na forma de um hidrato Fe(ClO$_4$)$_3$ · xH$_2$O com teor de água variável. O hidrato é preparado a partir do HClO$_4$ aquoso e Fe$_2$O$_3$ · H$_2$O e, dependendo da contaminação com cloreto, pode ser violeta-claro (<0,005% de teor de cloreto) ou amarelo. O sulfato de ferro(III) (obtido pela oxidação do FeSO$_4$ com H$_2$SO$_4$ concentrado) é adquirido na forma do hidrato Fe$_2$(SO$_4$)$_3$ · 5H$_2$O. O nitrato encontra-se disponível na forma de Fe(NO$_3$)$_3$ · 9H$_2$O (corretamente formulado como [Fe(OH$_2$)$_6$][NO$_3$]$_3$ · 3H$_2$O) que forma cristais deliquescentes incolores ou violeta-claros. É formado pela reação de óxidos de ferro com HNO$_3$ concentrado. O hexaidrato violeta, Fe(NO$_3$)$_3$ · 6H$_2$O (corretamente escrito como [Fe(OH$_2$)$_6$][NO$_3$]$_3$), pode ser obtido pela reação do Fe$_2$O$_3$ · H$_2$O com o HNO$_3$. O íon octaédrico [Fe(OH$_2$)$_6$]$^{3+}$ também está presente nos cristais do alúmen violeta [NH$_4$]Fe(SO$_4$)$_2$ · 12H$_2$O (veja a Seção 13.9 – Volume 1). Esses sais de Fe(III) são todos solúveis em água, e a sua dissolução forma soluções amarelo-castanhas devido à hidrólise do [Fe(OH$_2$)$_6$]$^{3+}$ (Eqs. 7.36 e 7.37 – Volume 1); as espécies em solução incluem o [(H$_2$O)$_5$FeOFe(OH$_2$)$_5$]$^{4+}$ (**21.34**) que tem uma ponte *linear* Fe–O–Fe indicativa de ligação π(*d*–*p*) envolvendo os orbitais *d* do Fe e *p* do O. A caracterização estrutural de **21.34** foi obtida pela associação de ligação de hidrogênio desse cátion com o éter coroa 18-coroa-6 (Fig. 21.23) ou 15-coroa-5 (**21.31**). As distâncias de ligação médias de Fe–O$_{ponte}$ e Fe–O$_{aqua}$ em **21.34** são 179 e 209 pm. O momento magnético de 5,82 μ_B para o [Fe(OH$_2$)$_6$]$^{3+}$ é próximo do valor devido somente ao spin para o *d*^{5} de alto spin.

(**21.34**)

O íon [Fe(CN)$_6$]$^{3-}$ (Fig. 21.24a) contém o Fe(III) de baixo spin (μ_{ef} = 2,25 μ_B) e é produzido pela oxidação do [Fe(CN)$_6$]$^{4-}$, por exemplo, pela reação 21.65 ou eletroliticamente. Os ligantes cianido no [Fe(CN)$_6$]$^{3-}$ são mais lábeis do que no [Fe(CN)$_6$]$^{4-}$ e fazem com que o primeiro seja mais tóxico do que o último.

$$2K_4[Fe(CN)_6] + Cl_2 \longrightarrow 2K_3[Fe(CN)_6] + 2KCl \qquad (21.65)$$

O sal vermelho-rubi K$_3$[Fe(CN)$_6$] (hexacianidoferrato(III) de potássio ou ferricianeto de potássio) é comercialmente disponível. Trata-se de um agente oxidante, embora o [Fe(CN)$_6$]$^{3-}$ seja um oxidante menos potente do que o [Fe(OH$_2$)$_6$]$^{3+}$ (veja a Seção 8.3 – Volume 1). A adição de [Fe(CN)$_6$]$^{3-}$ ao Fe^{2+} aquoso dá o complexo azul-escuro *azul de Turnbull* e essa reação é utilizada como um teste qualitativo para Fe^{2+}. Por outro lado, se o [Fe(CN)$_6$]$^{4-}$ é adicionado ao Fe^{3+} aquoso, é produzido o complexo azul-escuro *azul da Prússia*.[†] O azul da Prússia e o azul de

---

[†] O azul da Prússia comemorou seu 300º aniversário em 2005: S.K. Ritter (2005) *Chem. Eng. News*, vol. 83, edição 18, p. 32 – 'Prussian blue: Still a hot topic'.

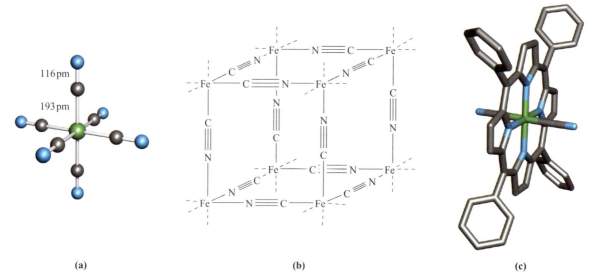

Fig. 21.24 Exemplos de complexos cianido de ferro(III): (a) estrutura do [Fe(CN)₆]³⁻ no sal Cs[NH₄]₂[Fe(CN)₆] (difração de raios X) [D. Babel (1982) *Z. Naturforsch., Teil B*, vol. 37, p. 1534], (b) um oitavo da célula unitária do KFe[Fe(CN)₆] (os íons K⁺ ocupam as cavidades e são omitidos da figura), e (c) estrutura (determinada por difração de raios X) do [Fe(CN)₂(TPP)], em que H₂TPP = 5,10,15,20-tetrafenil-21*H*,23*H*-porfirina (veja a Fig. 12.10 para a porfirina matriz) [W.R. Scheidt *et al.* (1980) *J. Am. Chem. Soc.*, vol. 102, p. 3017]. Os átomos de hidrogênio são omitidos de (c); código de cores em (a) e (c): Fe, verde; N, azul; C, cinza.

Turnbull são sais hidratados de fórmula Fe^{III}₄[Fe^{II}(CN)₆]₃·xH₂O ($x \approx 14$), e o KFe[Fe(CN)₆], o *azul da Prússia solúvel*, é relacionado a ele. No estado sólido, esses complexos possuem estruturas estendidas que contêm arranjos cúbicos de centros de Fe^{n+} ligados por pontes de [CN]⁻ (Fig. 21.24b). Os cátions Fe³⁺ são de alto spin, e o [Fe(CN)₆]⁴⁻ contém Fe(II) de baixo spin. A cor azul-escura é o resultado da transferência de elétrons entre o Fe(II) e o Fe(III). O K₂Fe[Fe(CN)₆], que contém somente o Fe(II), é branco. A transferência de elétrons pode ser evitada por blindagem do cátion como no composto [Fe^{II}L₂]₃[Fe^{III}(CN)₆]₂·2H₂O (*vermelho da Ucrânia*) mostrado na Fig. 21.25a. A Fig. 21.24b mostra parte da célula unitária do KFe[Fe(CN)₆]; cada Fe^{n+} fica em um ambiente octaédrico, ou FeC₆ ou FeN₆. O azul de Turnull, o azul da Prússia e o verde de Berlim (Fe^{III}[Fe^{III}(CN)₆]) são amplamente empregados em tintas e corantes.

A Fig. 21.24b mostra a capacidade do (CN)⁻ de agir como um ligante em ponte, e foi produzida uma série de materiais poliméricos que contêm ou o Fe(III) ou o Fe(II), bem como outros centros de metal, utilizando essa propriedade. Um exemplo é o [Ni(en)₂]₃[Fe(CN)₆]₂·2H₂O, cuja estrutura no estado sólido (Fig. 21.25b) consiste em cadeias helicoidais interligadas nas quais os centros octaédricos do Ni²⁺ e Fe³⁺ são ligados por ligantes de [CN]⁻ em ponte. Esses ligantes facilitam a comunicação

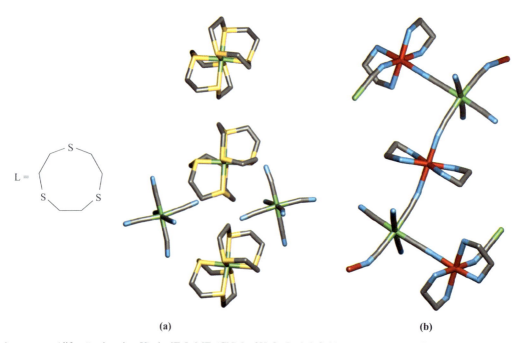

Fig. 21.25 (a) A estrutura (difração de raios X) do [FeL₂]₃[Fe(CN)₆]₂·2H₂O (L é definido no esquema na figura) no qual os centros de Fe(II) e Fe(III) estão afastados um do outro [V.V. Pavlishchuk *et al.* (2001) *Eur. J. Chem.*, p. 297]. (b) Parte da estrutura polimérica (difração de raios X) do [Ni(en)₂]₃[Fe(CN)₆]₂·2H₂O no qual os íons Fe³⁺ estão no ambiente do Fe(CN-*C*)₆ e os íons N²⁺ estão em sítios de Ni(CN-*N*)₂(en)₂ [M. Ohba *et al.* (1994) *J. Am. Chem. Soc.*, vol. 116, p. 11566]. Os átomos de hidrogênio são omitidos; código de cores: Fe, verde; Ni, vermelho; N, azul; S, amarelo; C, cinza.

eletrônica entre os centros de metal resultando em um material ferromagnético (isto é, aquele no qual os spins magnéticos ficam alinhados na mesma direção; veja a Fig. 20.32). Trata-se de um exemplo do chamado *ímã molecular*. A concepção e a disposição desses materiais a partir de blocos de construção paramagnéticos (tanto inorgânicos quanto orgânicos) passaram por desenvolvimento significativo na última década.[†]

São conhecidos numerosos complexos de Fe(III), e é comum a coordenação octaédrica. Os exemplos de complexos simples (veja a Tabela 7.7 para abreviaturas dos ligantes) incluem:

- octaédricos de alto spin: $[Fe(OH_2)_6]^{3+}$, $[FeF_6]^{3-}$, $[Fe(ox)_3]^{3-}$, $[Fe(acac)_3]$;
- octaédricos de baixo spin: $[Fe(CN)_6]^{3-}$, $[Fe(bpy)_3]^{3+}$, $[Fe(fen)_3]^{3+}$, $[Fe(en)_3]^{3+}$;
- septacoordenado: $[Fe(EDTA)(OH_2)]^-$.

O complexo octaédrico $[Fe(NH_3)_6]^{3+}$ pode ser preparado em NH_3 líquida, mas tem baixa estabilidade em soluções aquosas, decompondo-se com perda de NH_3. O bpy e o fen estabilizam o Fe(II) mais do que o fazem com o Fe(III). Este fato é atribuído à existência dos OMs π^* de energia relativamente baixa nos ligantes, permitindo com que eles se comportem como π receptores. Em solução aquosa, o $[Fe(bpy)_3]^{3+}$ e o $[Fe(fen)_3]^{3+}$ são mais facilmente reduzidos do que o íon hexa-aqua (Eqs. 21.66 e 21.67).

$$[Fe(bpy)_3]^{3+} + e^- \rightleftharpoons [Fe(bpy)_3]^{2+} \quad E^o = +1,03 \text{ V} \quad (21.66)$$
azul \qquad\qquad\qquad\quad vermelho

$$[Fe(fen)_3]^{3+} + e^- \rightleftharpoons [Fe(fen)_3]^{2+} \quad E^o = +1,12 \text{ V} \quad (21.67)$$
azul \qquad\qquad\qquad\quad vermelho

A adição de tiocianato a soluções aquosas de Fe^{3+} produz uma coloração vermelho-sangue devido à formação do $[Fe(OH_2)_5(SCN-N)]^{2+}$. A completa troca de ligantes para dar o $[Fe(SCN-N)_6]^{3-}$ é mais bem efetuada em meios não aquosos.

O ferro(III) favorece os ligantes O doadores, e complexos estáveis tais como o $[Fe(ox)_3]^{3-}$ verde e o $[Fe(acac)_3]$ vermelho são comumente encontrados. Os complexos porfirinato de ferro(III) são de relevância para modelagem de proteínas heme (veja a Seção 29.3) e há interesse por reações desses complexos com, por exemplo, o CO, o O_2, o NO e o $[CN]^-$. O conjunto N_4 doador de um ligante porfirinato fica confinado a um plano e essa restrição força o centro de Fe(III) a ficar em um ambiente plano quadrado no tocante ao macrociclo. Então, outros ligantes podem entrar nos sítios axiais acima e abaixo do plano de FeN_4 dando complexos piramidais de base quadrada ou complexos octaédricos (Fig. 21.24c).

Os números de coordenação baixos podem ser estabilizados pela interação com ligantes amido, por exemplo, o $[Fe\{N(SiMe_3)_2\}_3]$ (Fig. 19.4d).

[†] Para exemplos de ímãs moleculares envolvendo ligantes cianido em ponte, veja: M. Ohba and H. Ōkawa (2000) *Coord. Chem. Rev.*, vol. 198, p. 313 – 'Synthesis and magnetism of multidimensional cyanide-bridged bimetallic assemblies'; S.R. Batten and K.S. Murray (2003) *Coord. Chem. Rev.*, vol. 246, p. 103 – 'Structure and magnetism of coordination polymers containing dicyanamide and tricyanomethanide'; M. Pilkington and S. Decurtins (2004) *Comprehensive Coordination Chemistry II*, eds. J.A. McCleverty and T.J. Meyer, Elsevier, Oxford, vol. 7, p. 177 – 'High nuclearity clusters: clusters and aggregates with paramagnetic centers: Cyano and oxalate bridged systems'; S. Wang, X.-H. Ding, J.-L. Zuo, X.-Z. You and W. Huang (2011) *Coord. Chem. Rev.*, vol. 255, p. 1713 – 'Tricyanometalate molecular chemistry: A type of versatile building blocks for the construction of cyano-bridged molecular architectures'.

Exercícios propostos

1. Na Fig. 21.23, o átomo no óxido em ponte localiza-se em um centro de inversão. Explique o que isto significa.
   [*Resp.*: Veja a Seção 3.2 – Volume 1]

2. Para o $[Fe(tpy)Cl_3]$ (tpy é a estrutura **21.29**), $\mu_{ef} = 5,85\,\mu_B$, a 298 K. Comente por que não há qualquer contribuição para o momento magnético, e determine o número de elétrons desemparelhados. Por que esse complexo existe apenas na forma *mer-*?
   [*Resp.*: Veja a Seção 20.10; veja a Fig. 2.18 (Volume 1) e considere a flexibilidade do ligante]

3. No $[Fe(CN)_6]^{3-}$, o ligante CN^- age como um ligante π doador ou como um ligante π receptor? Explique como as propriedades do ligante levam o $[Fe(CN)_6]^{3-}$ a ser de baixo spin.
   [*Resp.*: Veja a Fig. 20.15b e a discussão]

4. Na legenda da Fig. 21.24b, por que a estrutura é descrita como 'um oitavo da célula unitária do $KFe[Fe(CN)_6]$' em vez de como uma célula unitária completa?

Ferro(II)

O antigo nome do ferro(II) é *ferroso*. O FeF_2, o $FeCl_2$ e o $FeBr_3$ anidros podem ser preparados pela reação 21.68, enquanto o FeI_2 é obtido pela combinação direta dos elementos.

$$Fe + 2HX \xrightarrow{\Delta} FeX_2 + H_2 \quad (X = F, Cl, Br) \quad (21.68)$$

O fluoreto de ferro(II) é um sólido branco moderadamente solúvel, com uma estrutura do rutilo distorcida (Fig. 6.22); o ambiente em torno do centro (d^6) do Fe(II) de alto spin é surpreendentemente irregular com 4F a 212 pm e 2F a 198 pm. Em fase gasosa, o FeF_2 é monomérico. O cloreto de ferro(II) forma cristais brancos, higroscópicos e solúveis em água e adota uma estrutura do $CdCl_2$ (veja a Seção 6.11 – Volume 1). Na fase gasosa do $FeCl_2$ há presença de monômeros e dímeros (**21.35**). O hidrato verde-claro $FeCl_2 \cdot 4H_2O$, apropriadamente formulado como o $[Fe(Cl_2(OH_2)_4]$, é um conveniente precursor na química do Fe(II). O hexaidrato (que perde água facilmente) pode ser obtido pela recristalização do $FeCl_2$ a partir da água, a 285 K. A reação do $FeCl_2$ com o Et_4NCl em acetona produz o $[Et_4N]_2[Fe_2Cl_6]$ sensível ao ar que contém o ânion **21.36**.

(21.35)   (21.36)

O brometo de ferro(II) é um sólido deliquescente amarelo ou castanho e adota uma estrutura do CdI_2. É muito solúvel em água e forma os hidratos $FeBr_2 \cdot xH_2O$, em que x = 4, 6 ou 9, dependendo das condições de cristalização. O FeI_2 violeta-escuro tem uma estrutura em camadas do CdI_2, e é higroscópico e sensível à luz; ele forma um tetraidrato verde. Todos os haletos ou seus hidratos são comercialmente disponíveis, assim como o são os sais como o perclorato, o sulfato e o $[NH_4]_2Fe[SO_4]_2 \cdot 6H_2O$. O sulfato de ferro(II) é uma fonte comum de Fe(II) e está dispo-

BIOLOGIA E MEDICINA
Boxe 21.6 Os complexos de ferro combatem a anemia

No Capítulo 29 é discutido em detalhe o papel crucial que o ferro desempenha em sistemas biológicos. A anemia, na qual o corpo sofre de uma deficiência de ferro, leva ao estado geral de letargia e fraqueza. O ferro normalmente é administrado a um paciente por via oral, na forma de tabletes de suplemento de ferro que contém um sal de Fe(II) ou de Fe(III). Os sais de ferro(II) são mais típicos porque apresentam melhores solubilidades do que os sais de Fe(III) em pH fisiológico, mas o Fe(III) tem a vantagem de, diferente do Fe(II), não ser suscetível à oxidação em solução aquosa. Entre os compostos que estão em uso comum estão o cloreto de ferro(III), o sulfato de ferro(II), o fumarato de ferro(II), o sucinato de ferro(II) e o gluconato de ferro(II); as estruturas do ácido fumárico, do ácido sucínico e do ácido glucônico são apresentadas a seguir.

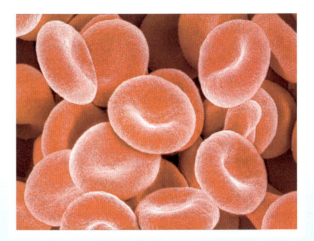

Micrografia eletrônica de varredura colorida de células vermelhas de sangue (ampliação de 5000×)

Ácido fumárico   Ácido sucínico   Ácido glucônico

---

nível na forma do $FeSO_4 \cdot 7H_2O$ verde-azulado, para o qual um antigo nome é *vitríolo verde*. Como a maioria dos sais de Fe(II) hidratados, ele se dissolve em água dando o $[Fe(OH_2)_6]^{2+}$, cujo espectro de absorção eletrônica e momento magnético são consistentes com o d^6 de alto spin. O sal $[NH_4]_2Fe(SO_4)_2 \cdot 6H_2O$ é uma fonte importante de Fe^{2+}, porque, no estado sólido, ele é cineticamente mais estável no sentido da oxidação do que a maior parte dos sais de Fe(II).

O óxido de ferro(II) é um sólido negro insolúvel com uma estrutura do NaCl acima de sua temperatura Curie (200 K). A rede do FeO sofre defeitos porque sempre é deficiente em Fe (veja a Seção 6.17 – Volume 1). Abaixo dos 200 K, o FeO sofre uma mudança de fase e se torna antiferromagnético. Ele pode ser produzido *em vácuo* por decomposição térmica do oxalato de ferro(II), mas o produto tem que ser resfriado rapidamente para evitar o desproporcionamento (Eq. 21.69).

$$4FeO \longrightarrow Fe_3O_4 + Fe \qquad (21.69)$$

O $Fe(OH)_2$ branco é precipitado com a adição de álcalis às soluções de sais de Fe(II), mas rapidamente absorve o O_2, tornando-se verde-escuro e, em seguida, castanho. Os produtos são um hidróxido de Fe(II)Fe(III) misto e $Fe_2O_3H_2O$. O hidróxido de ferro(II) dissolve-se em ácidos, e, a partir de soluções de NaOH concentradas, pode ser cristalizado o $Na_4[Fe(OH)_6]$ verde-azulado.

Uma distinção interessante entre os óxidos de ferro(II) e os sulfetos é que, enquanto o FeO tem um análogo no FeS, não há qualquer análogo de peróxido do FeS_2 (*pirita de ferro*). O sulfeto FeS é obtido pelo aquecimento dos elementos juntos; é encontrado em amostras de rocha lunar e adota uma estrutura do NiAs (Fig. 15.10). A reação do FeS com o ácido clorídrico costuma ser uma síntese comum do H_2S em laboratório (Eq. 16.37). A pirita de ferro é o $Fe^{2+}(S_2)^{2-}$ e contém Fe(II) de baixo spin em uma estrutura de NaCl distorcida.

A química de coordenação do Fe(II) é bem desenvolvida. Neste ponto, é dada apenas uma breve apresentação da espécie simples. Os haletos de ferro(II) combinam-se com a NH_3 gasosa dando sais de $[Fe(NH_3)_6]^{2+}$, mas eles se decompõem em meios aquosos, precipitando o $Fe(OH)_2$. Em soluções aquosas, o $[Fe(OH_2)_6]^{2+}$ é instável com respeito à oxidação, embora, conforme vimos anteriormente, os sais duplos tais como o $[NH_4]_2Fe[SO_4]_2 \cdot 6H_2O$ sejam mais estáveis. O deslocamento dos ligantes no $[Fe(OH_2)_6]^{2+}$ leva a uma gama de complexos. Já discutimos a estabilização do Fe(II) pelo bpy e fen (Eqs. 21.66 e 21.67). A oxidação do $[Fe(fen)_3]^{2+}$ vermelho em $[Fe(fen)_3]^{3+}$ azul é mais difícil do que a do $[Fe(OH_2)_6]^{2+}$ em $[Fe(OH_2)_6]^{3+}$, e, dessa maneira, surge o uso do $[Fe(fen)_3][SO_4]$ como indicador redox. Tanto o $[Fe(fen)_3]^{2+}$ quanto o $[Fe(bpy)_3]^{2+}$ são d^6 e diamagnéticos. O $[Fe(CN)_6]^{4-}$ também é de baixo spin. Este último, como o $[Fe(CN)_6]^{3-}$ (Fig. 21.24a), é octaédrico, mas as ligações Fe–C nas espécies de Fe(II) são mais curtas (192 pm) do que aquelas no complexo de Fe(III). Isto dá suporte para ligação π Fe–C mais forte no complexo de estado de oxidação inferior. No entanto, os comprimentos de ligação C–N e frequências de estiramento diferem pouco entre o $[Fe(CN)_6]^{3-}$ e o $[Fe(CN)_6]^{4-}$. Há muitos produtos de *mono*ssubstituição conhecidos do $[Fe(CN)_6]^{4-}$. O nitropentacianidoferrato(II) de sódio (*nitroprusseto de sódio*), $Na_2[Fe(CN)_5(NO)] \cdot 2H_2O$, é produzido pela reação 21.70 ou 21.71]; entre seus usos estão aqueles como uma droga anti-hipertensiva (ele age como um vasodilatador através da liberação de NO) e como referência-padrão para a espectroscopia Mössbauer de ^{57}Fe.

$$[Fe(CN)_6]^{4-} + 4H^+ + [NO_3]^-$$
$$\rightarrow [Fe(CN)_5(NO)]^{2-} + CO_2 + [NH_4]^+$$
(21.70)

$$[Fe(CN)_6]^{4-} + H_2O + [NO_2]^-$$
$$\rightarrow [Fe(CN)_5(NO)]^{2-} + [CN]^- + 2[OH]^-$$
(21.71)

O monóxido de nitrogênio é um radical (estrutura **15.48**), mas o $Na_2[Fe(CN)_5(NO)]$ é diamagnético. No complexo, a distância N–O de 113 pm é mais curta, e o número de onda de estiramento, de 1947 cm^{-1}, mais longo do que no NO livre. Desse modo, o complexo é formulado como contendo um ligante $[NO]^+$. A adição do S^{2-} ao $[Fe(CN)_5(NO)]^{2-}$ produz o $[Fe(CN)_5(NOS)]^{4-}$ vermelho e este é a base de um teste sensível para S^{2-}. De modo semelhante, a reação com o $[OH]^-$ dá o $[Fe(CN)_5(NO_2)]^{4-}$ (Eq. 21.72). Para detalhes do $[Fe(NO)(OH_2)_5]^{2+}$, veja a Seção 15.8 (Volume 1).

$$[Fe(CN)_5(NO)]^{2-} + 2[OH]^- \rightarrow [Fe(CN)_5(NO_2)]^{4-} + H_2O$$
(21.72)

Os sítios ativos de enzimas [NiFe]-hidrogenase e [Fe]-hidrogenase (veja as Figs. 29.19 e 29.21) contêm unidades de coordenação de $Fe(CO)_x(CN)_y$, e existe um interesse ativo pelo estudo dos compostos modelos de Fe(II) que contêm ligantes CO e $[CN]^-$. Além de ser um bom ligante π receptor, o $[CN]^-$ é um forte σ doador, podendo estabilizar complexos carbonila de Fe(II). De modo mais comum, associamos o CO a compostos de baixo estado de oxidação (≤ 0) (veja o Capítulo 24). A reação do CO com o $FeCl_2$ suspenso em MeCN, seguida da adição do $[Et_4N][CN]$, leva aos sais de $[Fe(CN)_5(CO)]^{3-}$ e de *trans*-$[Fe(CN)_4(CO)_2]^{2-}$ e de *cis*-$[Fe(CN)_4(CO)_2]^{2-}$. Alternativamente, o *trans*-$[Fe(CN)_4CO)_2]^{2-}$ pode ser produzido pela adição de $[CN]^-$ a uma solução aquosa de $FeCl_2 \cdot 4H_2O$ em uma atmosfera de CO, enquanto a mesma reação produz o $Na_3[Fe(CN)_5(CO)]$ se são empregados cinco equivalentes do NaCN. A reação do NaCN com o $Fe(CO)_4I_2$ produz o sal de Na^+ do *fac*-$[Fe(CO)_3(CN)_3]^-$, e outra adição de $[CN]^-$ leva à formação do *cis*-$[Fe(CN)_4(CO)_2]^{2-}$. A troca de um ligante CO no $Fe(CO)_5$ pelo $[CN]^-$ é descrita na Seção 24.7.

Além do íon hexa-aqua, os complexos de Fe(II) de alto spin incluem o $[Fe(en)_3]^{2+}$. Seu momento magnético de 5,45 μ_B é maior do que o valor devido somente ao spin de 4,90 μ_B e reflete a contribuição do momento orbital para a configuração $t_{2g}^4 e_g^2$. Embora o ferro(II) favoreça um arranjo octaédrico de átomos doadores, há alguns complexos tetraédricos, por exemplo, o $[FeCl_4]^{2-}$ (Eq. 21.73), o $[FeBr_4]^{2-}$, o $[FeI_4]^{2-}$ e o $[Fe(SCN)_4]^{2-}$.

$$2MCl + FeCl_2 \xrightarrow{\text{em EtOH}} M_2[FeCl_4] \quad (M = \text{metal do grupo 1})$$
(21.73)

O complexo amido $[Fe\{N(SiMePh_2)_2\}_2]$ é um exemplo incomum de Fe(II) bicoordenado (veja a Seção 19.7).

Exercícios propostos

1. Explique por que o $[Fe(OH_2)_6]^{2+}$ e o $[Fe(CN)_6]^{4-}$, ambos complexos octaédricos de Fe(II), são paramagnético e diamagnético, respectivamente.

   [*Resp.*: Veja a Seção 20.3 e a Tabela 20.3]

2. Explique por que há uma contribuição do momento orbital para o momento magnético do $[Fe(en)_3]^{2+}$.

   [*Resp.*: Veja a Seção 20.10]

3. O valor do $\log \beta_6$ para o $[Fe(CN)_6]^{4-}$ é 32.[†] Calcule o valor de $\Delta G°$(298 K) para o processo:

   $$Fe^{2+}(aq) + 6[CN]^-(aq) \rightarrow [Fe(CN)_6]^{4-}(aq)$$

   [*Resp.*: –183 kJ mol^{-1}]

4. A que grupo de pontos pertence o *fac*-$[Fe(CO)_3(CN)_3]^-$? Quantas absorções ν(CO) e quantas absorções ν(CN) são esperadas no espectro de IV do *fac*-$[Fe(CO)_3(CN)_3]^-$?

   [*Resp.*: Veja a Tabela 3.5 e os exercícios propostos associados]

5. Confirme se o *trans*-$[Fe(CN)_4(CO)_2]$ pertence ao grupo de pontos D_{4h}. Explique por que o espectro de IV do *trans*-$[Fe(CN)_4(CO)_2]$ contém uma absorção ν(CO) e uma banda ν(CN).

O ferro em baixos estados de oxidação

Os baixos estados de oxidação do ferro podem ser normalmente associados a compostos organometálicos e serão discutidos principalmente no Capítulo 24. No entanto, diversos complexos nitrosila que contêm ferro merecem menção neste ponto. A molécula de NO é um radical e, conforme foi descrito na Seção 20.5, a unidade M–N–O em um complexo é linear ou angular, dependendo do ligante se comportar como um doador de 3 elétrons ou de 1 elétron, respectivamente. Formalmente, o ligante nitrosila é classificado como se comportando como um $[NO]^-$ (angular) ou $[NO]^+$ (linear), mas, em muitos casos, o estado de oxidação do metal em um complexo nitrosila permanece ambíguo. A Eq. 21.74 mostra a formação do $Fe(NO)_3I$ tetraédrico no qual cada ângulo de ligação Fe–N–O é de 166°. A perda de NO do $Fe(NO)_3I$ ocorre sob vácuo, dando o $(ON)_2Fe(\mu\text{-}I)_2Fe(NO)_2$.

$$Fe(CO)_4I_2 + 3NO \rightarrow Fe(NO)_3I + \tfrac{1}{2}I_2 + 4CO$$
(21.74)

As tentativas de preparar complexos nitrosila do ferro binário pelo tratamento do $Fe(CO)_3Cl$ com o $AgPF_6$ ou o $AgBF_4$ levam ao $Fe(NO)_3(\eta^1\text{-}PF_6)$ e ao $Fe(NO)_3(\eta^1\text{-}BF_4)$ em vez de sais contendo íons $[Fe(NO)_3]^+$ 'nus'; a notação 'η^1' indica que os ânions se coordenam ao centro metálico através de um átomo de F.

21.10 Grupo 9: cobalto

O metal

O cobalto é menos reativo do que o Fe (por exemplo, veja a Eq. 21.75); o Co não reage com o O_2, a menos que aquecido, embora, quando dividido muito finamente, ele seja pirofórico. Dissolve-se lentamente em ácidos minerais diluídos (por exemplo, a reação

---
[†] Este sistema foi reavaliado em 2003: W.N. Perera and G. Hefter (2003) *Inorg. Chem.*, vol. 42, p. 5917.

21.76), mas o HNO₃ concentrado o torna passivo; os álcalis não têm qualquer efeito sobre o metal.

$$M^{2+}(aq) + 2e^- \rightarrow M(s) \quad \begin{cases} M = Fe, E^\circ = -0,44 \text{ V} \\ M = Co, E^\circ = -0,28 \text{ V} \end{cases}$$
(21.75)

$$Co + H_2SO_4 \rightarrow CoSO_4 + H_2 \quad (21.76)$$

O cobalto reage com o F_2 a 520 K, dando o CoF_3, mas, com o Cl_2, o Br_2 e o I_2, é formado o CoX_2. Mesmo quando aquecido, o cobalto não reage com o H_2 ou o N_2, mas se combina com B, C (veja a Seção 14.7 – Volume 1), P, As e S.

A tendência na estabilidade decrescente dos estados de alta oxidação indo do Mn para o Fe continua ao longo da linha (Tabela 19.3). O cobalto(IV) é o estado mais alto de oxidação, mas de importância muito menor do que o Co(III) e o Co(II). O cobalto(I) e estados de baixa oxidação são estabilizados em espécies organometálicas por ligantes π receptores (veja o Capítulo 24). Entre os complexos de Co(I) que contêm apenas ligantes fosfano está o $[Co(PMe_3)_4]^+$ tetraédrico.

Cobalto(IV)

Foram estabelecidas poucas espécies de Co(IV). O $Cs_2[CoF_6]$ amarelo é obtido por fluoretação de uma mistura de CsCl e $CoCl_2$ a 570 K. O fato de o $[CoF_6]^{2-}$ (d^5) ser de *baixo spin* contrasta com a natureza de *alto spin* do $[CoF_6]^{3-}$ (d^6) e a diferença reflete o aumento de Δ_{oct} com o aumento do estado de oxidação. O óxido de cobalto(IV) (produzido pela oxidação do Co(II) usando o hipoclorito alcalino) é menos caracterizado. São conhecidos diversos óxidos mistos: o Ba_2CoO_4 e o M_2CoO_3 (M = K, Rb, Cs).

Cobalto(III)

São poucos os compostos *binários* do Co(III) e apenas um número limitado de compostos de Co(III) é comercialmente disponível. O único haleto binário é o CoF_3 castanho que é isoestrutural com o FeF_3. É empregado como agente fluoretador, por exemplo, para o preparo de produtos orgânicos perfluorados, e é corrosivo e oxidante. A reação do N_2O_5 com o CoF_3 a 200 K, dá o $Co(NO_3)_3$ anidro verde-escuro, que tem uma estrutura molecular com três grupos $[NO_3]^-$ bidentados ligados ao Co(III) octaédrico.

Embora sejam encontradas na literatura descrições do Co_2O_3, o composto anidro provavelmente não existe. Por outro lado, o Co_3O_4 de estado de oxidação misto ($Co^{II}Co^{III}_2O_4$) é bem caracterizado e é formado quando o Co é aquecido em O_2. O Co_3O_4 preto-acinzentado insolúvel cristaliza-se com uma estrutura de espinélio normal (Boxe 13.7 – Volume 1) contendo o Co^{2+} de alto spin em buracos tetraédricos e o Co^{3+} de baixo spin em buracos octaédricos. Portanto, trata-se de um condutor elétrico pior do que o Fe_3O_4, no qual tanto o Fe^{2+} de alto spin quanto o Fe^{3+} de alto spin estão presentes no mesmo ambiente octaédrico. Um óxido hidratado é precipitado quando o excesso de álcalis reage com a maioria dos compostos de Co(III), ou na oxidação ao ar de suspensões aquosas de $Co(OH)_2$. Os óxidos de metal mistos $MCoO_2$, em que M é um metal alcalino, podem ser formados pelo aquecimento de misturas dos óxidos e consistem em estruturas em camadas construídas de octaedros de CoO_6 que compartilham arestas com íons M^+ em sítios intercamadas. De significância particular é o $LiCoO_2$ que é utilizado em baterias de íons de lítio (veja o Boxe 11.3 – Volume 1).

O íon $[Co(OH_2)_6]^{3+}$ azul, de baixo spin, pode ser preparado *in situ* por oxidação eletrolítica do $CoSO_4$ aquoso em solução ácida e a 273 K. Um método mais conveniente para uso rotineiro é dissolver o $[Co(NH_3)_6][Co(CO_3)_3]$ sólido (um sal estável moderadamente solúvel, produzido conforme o esquema 21.77) em ácido nítrico ou perclórico aquoso. O ácido é escolhido de forma a garantir a precipitação do $[Co(NH_3)_6]X_3$ (Eq. 21.78), deixando o $[Co(OH_2)_6]^{3+}$ em solução.

$$Co(NO_3)_2 \cdot 6H_2O(aq) \xrightarrow[H_2O_2]{\text{excesso de } [HCO_3]^-} [Co(CO_3)_3]^{3-}(aq)$$

$$\downarrow [Co(NH_3)_6]Cl_3(aq)$$

$$[Co(NH_3)_6][Co(CO_3)_3](s)$$

cristais verdes
(21.77)

$$[Co(NH_3)_6][Co(CO_3)_3] + 6HX(aq) \quad X^- = ClO_4^-, NO_3^-$$

$$\downarrow$$

$$[Co(OH_2)_6]^{3+}(aq) + 3X^-(aq) + 3CO_2(g) + [Co(NH_3)_6]X_3(s)$$
(21.78)

O íon $[Co(OH_2)_6]^{3+}$ é um potente oxidante (Eq. 21.79) e é instável em meios aquosos, decompondo-se em Co(II) com a liberação do O_2 ozonizado. O íon $[Co(OH_2)_6]^{3+}$ é mais bem isolado na forma do alúmen azul moderadamente solúvel $CsCo(SO_4)_2 \cdot 12H_2O$, embora este se decomponha em questão de horas quando em repouso. A formação do complexo com, por exemplo, bpy, NH_3, RHN_2 ou $[CN]^-$ estabiliza em muito o Co(III) conforme as Eqs. 21.80-21.83 ilustram.

$$Co^{3+}(aq) + e^- \rightleftharpoons Co^{2+}(aq) \quad E^\circ = +1,92 \text{ V} \quad (21.79)$$

$$[Co(bpy)_3]^{3+} + e^- \rightleftharpoons [Co(bpy)_3]^{2+}$$
$$E^\circ = +0,31 \text{ V} \quad (21.80)$$

$$[Co(NH_3)_6]^{3+} + e^- \rightleftharpoons [Co(NH_3)_6]^{2+}$$
$$E^\circ = +0,11 \text{ V} \quad (21.81)$$

$$[Co(en)_3]^{3+} + e^- \rightleftharpoons [Co(en)_3]^{2+} \quad E^\circ = -0,26 \text{ V} \quad (21.82)$$

$$[Co(CN)_6]^{3-} + H_2O + e^- \rightleftharpoons [Co(CN)_5(OH_2)]^{3-} + [CN]^-$$
$$E^\circ = -0,83 \text{ V} \quad (21.83)$$

A substituição da água por ligantes amina, por exemplo, resulta em uma dramática variação de E° (Eqs. 21.79 e 21.81) e mostra que a constante de estabilidade global do $[Co(NH_3)_6]^{3+}$ é $\approx 10^{30}$ maior do que a do $[Co(NH_3)_6]^{2+}$. Grande parte dessa diferença vem das EECL:

- o Δ_{oct} para o complexo amina é maior do que para o complexo aqua em ambos os estados de oxidação (Tabela 20.2);
- ambos os complexos de Co(II) são de alto spin, ao passo que ambos os complexos de Co(III) são de baixo spin (Tabela 20.3).

Os complexos de Co(III) (d^6) geralmente são octaédricos de baixo spin e *cineticamente inertes* (veja a Seção 26.2). Isto significa que os ligantes não são lábeis e, assim, os métodos de preparação dos complexos de Co(III) geralmente envolvem a

TEORIA

Boxe 21.7 Alfred Werner

Alfred Werner (trabalhando na Universidade de Zurique) foi agraciado com o Prêmio Nobel de Química de 1913 por seu trabalho pioneiro que iniciou para resolver os mistérios anteriores dos compostos formados entre os íons dos metais do bloco *d* e espécies tais como H_2O, NH_3 e os íons haleto. Um famoso problema que levou à teoria da coordenação de Werner diz respeito ao fato de o $CoCl_3$ formar uma série de complexos com NH_3:

- o $CoCl_3 \cdot 4NH_3$ violeta
- o $CoCl_3 \cdot 4NH_3$ verde
- o $CoCl_3 \cdot 5NH_3$ roxo
- o $CoCl_3 \cdot 6NH_3$ amarelo

e que a adição de $AgNO_3$ precipita diferentes quantidades de AgCl por equivalente de Co(III). Dessa maneira, um equivalente de $CoCl_2 \cdot 6NH_3$ reage com um excesso de $AgNO_3$ precipitando *três* equivalentes de AgCl, um equivalente de $CoCl_3 \cdot 5NH_3$ precipita *dois* equivalentes de AgCl, enquanto um equivalente de $CoCl_4 \cdot 4NH_3$ verde ou violeta precipita apenas *um* equivalente de AgCl. Werner entendeu que qualquer Cl^- precipitado era um íon cloreto livre e que qualquer outro cloreto ficava retido no composto de alguma outra maneira. A conclusão crucial a que chegou Werner foi a de que em todos esses compostos de cobalto(III), o metal estava intimamente associado a seis ligantes (moléculas de NH_3 ou íons Cl^-), e de que apenas os íons Cl^- restantes se comportavam como íons 'normais', livres para reagir com o Ag^+:

$$Ag^+(aq) + Cl^-(aq) \longrightarrow AgCl(s)$$

Werner referiu-se ao estado de oxidação do íon do metal como sua 'valência primária' e ao que atualmente chamamos de número de coordenação como sua 'valência secundária'. Os compostos $CoCl_3 \cdot 6NH_3$, $CoCl_3 \cdot 5NH_3$ e $CoCl_3 \cdot 4NH_3$ foram, dessa forma, reformulados como $[Co(NH_3)_6]Cl_3$, $[Co(NH_3)_5Cl]Cl_2$ e $[Co(NH_3)_4Cl_2]Cl$. Esse quadro contrastava grandemente com as ideias anteriores, tais como a 'teoria da cadeia' do químico dinamarquês Sophus Mads Jørgensen.

Os estudos de Werner prosseguiram mostrando que os números de íons em solução (determinados a partir de medições de condutividade) eram consistentes com as formulações $[Co(NH_3)_6]^{3+}[Cl^-]_3$, $[CO(NH_3)_5Cl]^{2+}[Cl^-]_2$ e $[Co(NH_3)_4Cl_2]^+Cl^-$. O fato de $[Co(NH_3)_4Cl_2]Cl$ existir na forma de dois *isômeros* (formas verde e violeta) foi a chave para o quebra-cabeça da forma do complexo $[Co(NH_3)_4Cl_2]^+$. Os arranjos *regulares* possíveis para seis ligantes são hexagonais planos, octaédricos e prismáticos triangulares. Há três maneiras de dispor os ligantes no $[Co(NH_3)_4Cl_2]^+$ em um hexágono:

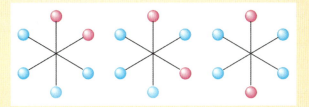

Há duas maneiras para um arranjo octaédrico (o que nós chamamos de *cis*-isômeros e *trans*-isômeros):

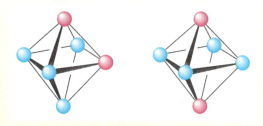

e três para um arranjo prismático triangular:

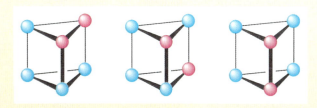

A partir do fato de apenas dois isômeros do $[Co(NH_3)_4Cl_2]Cl$ terem sido isolados, Werner concluiu que o $[Co(NH_3)_4Cl_2]^+$ tinha uma estrutura octaédrica, e, por analogia, os outros complexos que continham seis ligantes também tinham uma estrutura octaédrica. O trabalho de Werner se estendeu bem além desse sistema, e suas contribuições para as bases do entendimento da química de coordenação foram imensas.

Alfred Werner (1866-1919).

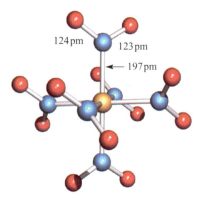

Fig. 21.26 A estrutura (difração de raios X) do $[Co(NO_2\text{-}N)_6]^{3-}$ no sal $Li[Me_4N]_2[Co(NO_2\text{-}N)_6]$ [R. Bianchi et al. (1996) Acta Crystallogr., Sect. B, vol. 52, p. 471]. Código de cores: Co, amarelo; N, azul; O, vermelho.

oxidação das espécies de Co(II) correspondentes ou correlatas, frequentemente *in situ*. Por exemplo:

- a oxidação pelo PbO_2 de Co^{2+} aquoso na presença de excesso de oxalato dá $[Co(ox)_3]$.
- a ação do $[NO_2]^-$ em excesso e o ácido sobre o Co^{2+} aquoso dá o $[Co(NO_2\text{-}N)_6]^{3-}$ (Fig. 21.26); parte do $[NO_2]^-$ age como oxidante e o NO é liberado;
- a reação entre o $Co(CN)_2$ e o KCN em excesso em solução aquosa com oxidação *in situ* dá o $K_3[Co(CN)_6]$ (a espécie de Co(II) intermediária é o $[Co(CN)_5]^{3-}$ ou o $[Co(CN)_5(OH_2)]^{3-}$, veja posteriormente);
- a reação do $CoCl_2$ aquoso com o bpy ou o Br_2 dá o $[Co(bpy)_3]^{3+}$;
- a oxidação aérea do $CoCl_2$ aquoso na presença de NH_3 e $[NH_4]Cl$ dá o $[Co(NH_3)_5Cl]Cl_2$ roxo contendo o cátion **21.37**.

$$\left[\begin{array}{c} Cl \\ H_3N\text{-}Co\text{-}NH_3 \\ H_3N\quad NH_3 \\ NH_3 \end{array}\right]^{2+}$$

Co–N = 197 pm; Co–Cl 229 pm

(21.37)

A natureza do produto pode depender das condições de reação e, no último exemplo, se é adicionado carvão vegetal como um catalisador, o complexo isolado é o $[Co(NH_3)_6]Cl_3$ contendo o íon $[Co(NH_3)_6]^{3+}$. De modo semelhante, a preparação do $[Co(en)_3]Cl_3$ vermelho-alaranjado requer o controle cuidadoso das condições de reação (Eq. 21.84).

$$CoCl_2 \xrightarrow[\text{solução aquosa}]{\text{en, en.HCl, }O_2} [Co(en)_3]Cl_3$$
$$CoCl_2 \xrightarrow[\text{solução ácida}]{\text{en.HCl, }O_2} trans\text{-}[Co(en)_2Cl_2]Cl$$

(21.84)

O íon $[Co(en)_3]^{3+}$ é frequentemente empregado para precipitar ânions grandes, e a inatividade cinética do íon d^6 permite que seus enantiômeros possam ser separados. O *trans*-$[Co(en)_2Cl_2]$Cl verde é isolado a partir da reação 21.84 na forma do sal *trans*-$[Co(en)_2Cl_2]Cl \cdot 2H_2O \cdot HCl$, mas ele perde HCl quando aquecido. Ele pode ser convertido no *cis*-$[Co(en)_2Cl_2]$Cl racêmico vermelho por aquecimento em uma solução aquosa e remoção do solvente. Os enantiômeros do *cis*-$[Co(en)_2Cl_2]^+$ podem ser separados usando um ânion quiral tal como o (1S)-3-bromo-canfor-8-sulfonato ou o (1R)-3-bromocanfor-8-sulfonato. Em solução aquosa, um dos ligantes Cl^- no $[Co(en)_2Cl_2]^+$ é substituído por H_2O dando o $[Co(en)_2Cl(OH_2)]^{2+}$. Como as substituições de ligantes nos complexos de Co(III) são muito lentas, as espécies foram tema de muitos estudos de cinética (veja o Capítulo 26).

O íon $[Co(CN)_6]^{3-}$ é tão estável que, se uma solução de $K_3[Co(CN)_5]$ contendo excesso de KCN é aquecida, ocorre a produção de H_2 e o $[K_3[Co(CN)_6]$ é formado. Nessa reação, o complexo de hidreto $[Co(CN)_5H]^{3-}$ é um intermediário. Ele pode ser obtido quase quantitativamente (reação 21.85 inversa) e pode ser precipitado na forma de $Cs_2Na[Co(CN)_5H]$.

$$2[Co^{II}(CN)_5]^{3-} + H_2 \rightleftharpoons 2[Co^{III}(CN)_5H]^{3-} \qquad (21.85)$$

O íon $[Co(CN)_5H]^{3-}$ é um catalisador de hidrogenação homogêneo efetivo para os alquenos. O processo está resumido na Eq. 21.86, com a reação 21.85 regenerando o catalisador.

$$\left.\begin{array}{l}[Co(CN)_5H]^{3-} + CH_2\text{=}CHX \\ \quad \longrightarrow [Co(CN)_5CH_2CH_2X]^{3-} \\ [Co(CN)_5CH_2CH_2X]^{3-} + [Co(CN)_5H]^{3-} \\ \quad \longrightarrow CH_3CH_2X + 2[Co(CN)_5]^{3-}\end{array}\right\}$$

(21.86)

$$\left[\begin{array}{c} NC\text{-}Co\text{-}CN \\ O\text{-}O \xrightarrow{145\ pm} \\ NC\text{-}Co\text{-}CN \end{array}\right]^{6-}$$

(21.38)

Por oxidação ao ar do $[Co^{II}(CN)_5]^{3-}$ em solução de cianeto aquosa, é possível isolar o complexo de peróxido diamagnético $[(CN)_5Co^{III}OOCo^{III}(CN)_5]^{6-}$ (**21.38**), que pode ser precipitado como o sal de potássio castanho. A oxidação do $K_6[(CN)_5CoOOCo(CN)_5]$ utilizando o Br_2 leva ao $K_5[(CN)_5CoOOCo(CN)_5]$ paramagnético vermelho. A estrutura do $[(CN)_5CoOOCo(CN)_5]^{5-}$ assemelha-se à do **21.38**, exceto que a distância O–O é de 126 pm, indicando que a oxidação ocorre na ponte de peróxido e não em um centro do metal. Sendo assim, o $[(CN)_5CoOOCo(CN)_5]^{5-}$ é um complexo superóxido que retém dois centros de Co(III). Os complexos de amina $[(H_3N)_5CoOOCo(NH_3)_5]^{4+}$ e $[(H_3N)_5CoOOCo(NH_3)_5]^{5+}$ (que foram isolados na forma dos sais de nitrato castanho e de cloreto verde, respectivamente) são semelhantes, contendo os ligantes peróxido e superóxido, respectivamente; o complexo de peróxido é estável em solução somente na presença de $NH_3 > 2$ M.

Um dos poucos exemplos de um complexo de Co(III) de alto spin é o $[CoF_6]^{3-}$. O sal de K^+ azul (obtido por aquecimento do $CoCl_2$, KF e F_2) tem um momento magnético de 5,63 μ_B.

Cobalto(II)

Ao contrário do Co(III), o Co(II) forma muitos compostos simples e todos os quatro haletos de Co(II) são conhecidos. A reação do $CoCl_2$ anidro com o HF, a 570 K, dá o CoF_2 rosa moderadamente solúvel, que se cristaliza com a estrutura do rutilo (veja a Fig. 6.22). O $CoCl_2$ azul é feito pela combinação dos elementos e tem uma estrutura do CdCl₂ (veja a Seção 6.11 – Volume 1). Fica rosa quando exposto à umidade e facilmente forma hidratos. O hexaidrato rosa-escuro é comercialmente disponível e é uma matéria-prima comum na química do Co(II). Os di-hidratos e os tetraidratos também podem ser cristalizados a partir de soluções aquosas de CoCl₂. O CoCl₂·6H₂O cristalino contém o *trans*-[CoCl₂(OH₂)₄], ligado às moléculas de água extras através de uma rede com ligação de hidrogênio. Por outro lado, a estrutura do CoCl₂·4H₂O consiste em moléculas de *cis*-[CoCl₂(OH₂)₄] com ligação de hidrogênio, enquanto o CoCl₂·2H₂O contém cadeias de octaedros que compartilham arestas (estrutura **21.39**).

(21.39)

Em soluções aquosas de todas as formas de CoCl₂, as espécies principais são o [Co(OH₂)₆]²⁺, o [CoCl(OH₂)₅]⁺ e o [CoCl₄]²⁻, com menores quantidades do [CoCl₂(OH₂)₄] e do [CoCl₃(OH₂)]⁻. O CoBr₂ verde (produzido por aquecimento do Co e Br₂) é dimórfico, adotando a estrutura do CdCl₂ ou do CdI₂. É solúvel em água e pode ser cristalizado na forma do di-hidrato azul-arroxeado ou do hexaidrato vermelho. O aquecimento do metal Co com o HI produz o CoI₂ preto-azulado que adota uma estrutura do CdI₂ em camadas. O hexaidrato vermelho CoI₂·6H₂O pode ser cristalizado a partir de soluções aquosas. O CoBr₂·6H₂O e o CoI₂·6H₂O contêm o íon octaédrico [Co(OH₂)₆]²⁺ no estado sólido, conforme o faz uma série de hidratos, por exemplo, o CoSO₄·6H₂O, o Co(NO₃)₂·6H₂O e o Co(ClO₄)₂·6H₂O. As soluções aquosas da maioria dos sais de Co(II) simples contêm o [Co(OH₂)₆]²⁺ (veja a seguir).

O óxido de cobalto(II) é um sólido insolúvel verde-oliva, mas sua cor pode variar dependendo de sua dispersão. É obtido mais facilmente por decomposição térmica do carbonato ou do nitrato na ausência de ar, e tem a estrutura do NaCl; o CoO é empregado como pigmento em vidros e cerâmicas (veja o Boxe 21.8). Quando aquecido ao ar, a 770 K, o CoO converte-se em Co₃O₄.

O Co(OH)₂ moderadamente solúvel pode ser rosa ou azul, com a forma rosa sendo a mais estável. O Co(OH)₂ azul recém-precipitado fica rosa em repouso. A mudança da cor presumivelmente está associada a uma variação da coordenação em torno do centro do Co(II). O hidróxido de cobalto(II) é anfótero e dissolve-se em álcalis concentrado quente dando sais de [Co(OH)₄]²⁻ (**21.40**).

(21.40)

Enquanto a química de coordenação do Co³⁺ é essencialmente a de complexos octaédricos, a do Co²⁺ é estruturalmente variável, pois as EECLs para a configuração d^7 não tendem a favorecer

APLICAÇÕES

Boxe 21.8 Azuis de cobalto

Os esmaltes de vidros e cerâmicas azuis estão em alta demanda para uso decorativo, e a fonte da cor é muito frequentemente um pigmento à base de cobalto. O óxido de cobalto(II) é a forma que é incorporada ao vidro fundido, mas as fontes iniciais variam. O Co₃O₄ negro é transformado em ≈93% de CoO, a ≈1070 K. O CoCO₃ roxo também pode ser utilizado como matéria-prima, mas tem menores rendimentos de conversão. Apenas quantidades muito pequenas do óxido são necessárias para obter um pigmento azul discernível. As variações de cor são obtidas pela combinação com outros óxidos; por exemplo, tons roxos resultam se é adicionado o óxido de manganês. O óxido de cobalto também é utilizado para contrabalançar a coloração amarela dos esmaltes que surge devido a impurezas do ferro. A pigmentação azul também pode ser obtida usando o (Zr, V)SiO₄ (veja a Seção 28.5).

Enquanto a importância dos pigmentos à base de cobalto nas cerâmicas é bem estabelecida, tem sido mostrado que películas finas de Co₃O₄ oferecem um revestimento efetivo para coletores solares que operam em temperaturas elevadas. As propriedades do Co₃O₄ que o tornam adequado para essa aplicação são sua alta absorbância para a radiação solar e baixa emitância de IV.

Material correlato: veja o Boxe 14.2 (Volume 1) – Energia solar: térmica e elétrica.

Vasos de louça inglesa do final do século XIX revestidos com esmalte de cobalto.

um arranjo particular de ligantes. A variação das geometrias de coordenação é mostrada nos exemplos vistos a seguir:

- linear: [Co{N(SiMe$_3$)$_2$}$_2$];
- plana triangular: [Co{N(SiMe$_3$)$_2$}$_2$(PPh$_3$)], [Co{N(SiMe$_3$)$_2$}$_3$]$^-$;
- tetraédrica: [Co(OH)$_4$]$^{2-}$, [CoCl$_4$]$^{2-}$, [CoBr$_4$]$^{2-}$, [CoI$_4$]$^{2-}$, [Co(NCS-N)$_4$]$^{2-}$, [Co(N$_3$)$_4$]$^{2-}$, [CoCl$_3$(NCMe)]$^-$;
- plana quadrada: [Co(CN)$_4$]$^{2-}$, [Co(pc)] (H$_2$pc = **21.28**);
- bipiramidal triangular: [Co{N(CH$_2$CH$_2$PPh$_2$)$_3$}(SMe)]$^+$;
- piramidal de base quadrada: [Co(CN)$_5$]$^{3-}$;
- octaédrica: [Co(OH$_2$)$_6$]$^{2+}$, [Co(NH$_3$)$_6$]$^{2+}$, [Co(en)$_3$]$^{2+}$;
- bipiramidal pentagonal: [Co(15-coroa-5)L$_2$]$^{2+}$ (L = H$_2$O ou MeCN; veja **21.45**);
- dodecaédrica: [Co(NO$_3$-O,O')$_4$]$^{2-}$ (Fig. 21.28c).

As soluções aquosas de sais simples geralmente contêm o [Co(OH$_2$)$_6$]$^{2+}$, mas há evidência para a existência do equilíbrio 21.87, embora o [Co(OH$_2$)$_6$]$^{2+}$ seja, de longe, a espécie dominante; a especiação no CoCl$_2$ aquoso foi discutida anteriormente.

$$[Co(OH_2)_6]^{2+} \rightleftharpoons [Co(OH_2)_4]^{2+} + 2H_2O \qquad (21.87)$$
$$\text{octaédrico} \qquad \text{tetraédrico}$$

Enquanto o [Co(OH$_2$)$_6$]$^{2+}$ é um complexo estável, o [Co(NH$_3$)$_6$]$^{2+}$ é facilmente oxidado (Eqs. 21.79 e 21.81). O mesmo é válido para os complexos de amina. O [Co(en)$_3$]$^{2+}$ pode ser preparado a partir do [Co(OH$_2$)$_6$]$^{2+}$ e o en em uma atmosfera inerte e geralmente é feito *in situ*, quando necessário. O íon [Co(bpy)$_3$]$^{2+}$ é estável o suficiente para ser isolado em uma série de sais, por exemplo, o [Co(bpy)$_3$]Cl$_2$ · 2H$_2$O · EtOH laranja, que foi cristalograficamente caracterizado (Co–N = 213 pm). Entre os complexos de Co(II) figura o [CoX$_4$]$^{2-}$ (X = Cl, Br, I). A adição de HCl concentrado a soluções de [Co(OH$_2$)$_6$]$^{2+}$ rosa produz o [CoCl$_4$]$^{2-}$ intensamente azul. São conhecidos muitos sais de [CoCl$_4$]$^{2-}$, ressaltando o Cs$_3$CoCl$_5$ que, na realidade, é o Cs$_3$[CoCl$_4$]Cl e *não* contém o [CoCl$_5$]$^{3-}$. O [Co(OH$_2$)$_6$]$^{2+}$ e o [CoCl$_4$]$^{2-}$, como a maioria dos complexos de Co(II), são de alto spin, com momentos magnéticos maiores do que o valor devido somente ao spin. Normalmente, para o Co^{2+} de alto spin, μ_{ef} fica na faixa de 4,3–5,2 μ_B para complexos octaédricos e 4,2–4,8 μ_B para as espécies tetraédricas. Entre outros complexos tetraédricos está o [Co(NCS-N)$_4$]$^{2-}$, isolado no [Me$_4$N]$_2$[Co(NCS-N)$_4$] azul (μ_{ef} = 4,40 μ_B) e o K$_2$[Co(NCS-N)$_4$] · 4H$_2$O (μ_{ef} = 4,38 μ_B). O sal de mercúrio(II) insolúvel de [Co(NCS-N)$_4$]$^{2-}$ é o padrão de calibração para medições de suscetibilidade magnética. Pelo uso do cátion **21.41**, foi possível isolar um sal vermelho do [Co(NCS-N)$_6$]$^{4-}$ octaédrico.

(21.41)

A capacidade dos ligantes cloreto de fazer ponte entre dois centros de metal permite a formação de espécies dinucleares tais como o [Co$_2$Cl$_6$]$^{2-}$ (Fig. 21.27a), bem como complexos de nuclearidade superior, tais como o polímero **21.39**. O complexo [CoCl$_2$(py)$_2$] existe em duas modificações: um é o monômero **21.42** que contém um centro tetraédrico de Co(II), enquanto o outro contém octaedros que compartilham arestas no polímero **21.43**. A Eq. 21.88 resume a formação do [CoCl$_2$(py)$_2$] e do [CoCl$_2$(py)$_2$]$_n$. As interconversões tetraédricas–octaédricas são vistas para alguns complexos de Ni(II) do tipo L$_2$NiX$_2$, em que X$^-$ tem a propensão para formação de pontes (veja a Seção 21.11).

$$CoCl_2 + 2py \longrightarrow [CoCl_2(py)_2] \underset{\Delta, 390 K}{\overset{\text{polimeriza-se em repouso ao ar}}{\rightleftharpoons}} [CoCl_2(py)_2]_n$$
$$\text{azul} \qquad\qquad\qquad \text{violeta}$$
$$(21.88)$$

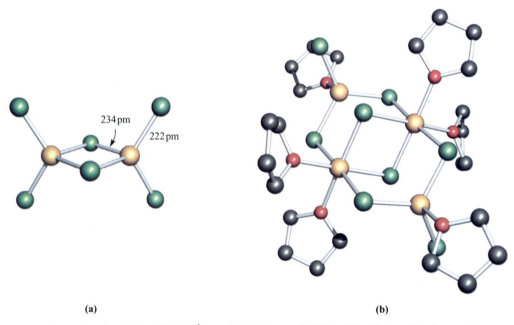

Fig. 21.27 As estruturas (difração de raios X) do (a) [Co$_2$Cl$_6$]$^{2-}$ no sal [Co(15-coroa-5)(NCMe)$_2$][Co$_2$Cl$_6$]; o cátion é mostrado na estrutura **21.45** [O.K. Kireeva *et al.* (1992) *Polyhedron*, vol. 11, p. 1801] e (b) [Co$_4$Cl$_2$(µ-Cl)$_6$(THF)$_6$] [P. Sobota *et al.* (1993) *Polyhedron*, vol. 12, p. 613]. Os átomos de hidrogênio são omitidos; código de cores: Co, amarelo; Cl, verde; C, cinza; O, vermelho.

(21.42) py = piridina

(21.43)

O aquecimento de uma solução de CoCl₂ em THF em refluxo produz o [Co₄Cl₂(μ-Cl)₆(THF)₆] azul-escuro no qual os ligantes clorido em ponte suportam a estrutura tetranuclear (Fig. 21.27b). Dois centros de Co(II) são octaedricamente coordenados e dois estão em ambientes tetracoordenados. A 300 K, o momento magnético é de 4,91 μ_B, típico de centros de Co(II) de alto spin isolados. Na diminuição da temperatura para 4,2 K, o valor de μ_{ef} sobe para 7,1 μ_B. Esse comportamento indica acoplamento ferromagnético entre os centros do metal que podem se comunicar através dos ligantes em ponte (veja a Seção 20.10).

O cloreto é apenas um exemplo de um ligante que pode se coordenar a um centro de metal de modo terminal ou em ponte; outros ligantes podem ser igualmente versáteis. Por exemplo, o [Co(acac)₂] é preparado a partir do CoCl₂, Hacac e Na[O₂CMe] em metanol aquoso. No estado sólido, o sal anidro azul é tetramérico, com uma estrutura relacionada à do trímero [{Ni(acac)₂}₃] (veja a Fig. 21.29b).

Os complexos cianido de Co(II) de baixo spin oferecem exemplos de espécies piramidais de base quadrada e planas quadradas. A adição de um excesso de [CN]⁻ ao Co²⁺ aquoso produz o [Co(CN)₅]³⁻. Que este seja formado em preferência ao [Co(CN)₆]⁴⁻ (que não foi isolado) pode ser entendido considerando-se a Fig. 20.15b. Para os ligantes cianido de campo forte, Δ_{oct} é grande e, para um complexo d^7 octaédrico hipotético, a ocupação parcial dos OMs e_g^* seria desfavorável, pois conferiria ao complexo significativo caráter *antiligante*. O K₃[Co(CN)₅] castanho é paramagnético, mas também foi isolado o sal diamagnético K₆[Co₂(CN)₁₀]. O íon [Co₂(CN)₁₀]⁶⁻, **21.44**, possui uma ligação simples Co–Co e uma conformação alternada; é isoe-

letrônico e isoestrutural com o [Mn₂(CO)₁₀] (veja a Fig. 24.10). Pelo uso do cátion grande [(Ph₃P)₂N]⁺ foi possível isolar um sal do complexo plano quadrado [Co(CN)₄]²⁻ (Fig. 21.28a). Trata-se de um exemplo incomum de uma espécie de Co(II) plana quadrada, em que a geometria *não* é imposta pelo ligante. Em complexos tais como o [Co(pc)], o ligante ftalocianina (**21.28**) tem uma estrutura rígida e força o ambiente de coordenação a ser plano quadrado.

(21.44)

Os mais altos números de coordenação para o Co(II) são 7 e 8. Os efeitos de um ligante macrocíclico coordenativamente restrito dão origem a estruturas bipiramidais pentagonais para o [Co(15-coroa-5)(NCMe)₂]²⁺ (**21.45**) e o [Co(15-coroa-5)(OH₂)₂]²⁺. Os macrociclos maiores são mais flexíveis, e, no complexo [Co(**21.46**)]²⁺, o conjunto de S₆ doadores tem arranjo octaédrico. A Fig. 21.28 mostra a estrutura de estado sólido do [Co(12-coroa-4)(NO₃)₂] em que o centro de Co(II) é septacoordenado. No [Co(NO₃)₄]²⁻, é observado um arranjo octaédrico de átomos doadores, embora, conforme mostra a Fig. 21.28c, cada ligante [NO₃]⁻ esteja ligado assimetricamente com um doador de oxigênio interagindo de modo mais forte do que o outro. Esses complexos nitrato ilustram que, às vezes, é preciso cuidado na interpretação de geometrias de coordenação e um outro exemplo diz respeito a complexos [LCoX]⁺, em que L é o ligante tripodal N(CH₂CH₂PPh₂)₃. Para X⁻ = [MeS]⁻ ou [EtO(O)₂S]⁻, o centro de Co(II) no [LCoX]⁺ é pentacoordenado (**21.47**) com uma distância Co–N de 213 ou 217 pm, respectivamente. No entanto, para X⁻ = Cl⁻, Br⁻ ou I⁻, só há uma interação fraca entre o nitrogênio e o centro do metal (**21.48**) com Co····N na faixa de 268-273 pm. Esses dados referem-se ao *estado sólido*; não dizem nada a respeito de espécies em solução.

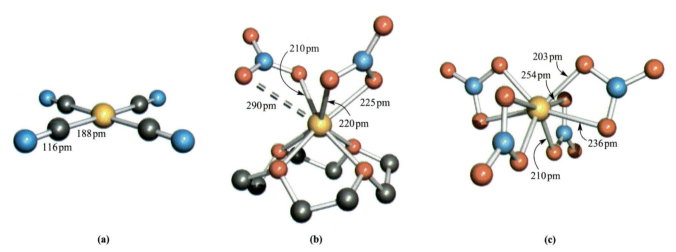

Fig. 21.28 As estruturas (difração de raios X) do (a) [Co(CN)₄]²⁻ no sal [(Ph₃P)₂N]₂[Co(CN)₄]·4DMF; também há uma interação *fraca* com uma molécula de solvato em um sítio axial [S.J. Carter *et al.* (1984) *J. Am. Chem. Soc.*, vol. 106, p. 4265]; (b) [Co(12-coroa-4)(NO₃)₂] [E.M. Holt *et al.* (1981) *Acta Crystallogr., Sect. B*, vol. 37, p. 1080]; e (c) [Co(NO₃)₄]²⁻ no sal de [Ph₄As]⁺ [J.G. Bergman *et al.* (1966) *Inorg. Chem.*, vol. 5, p. 1208]. Os átomos de hidrogênio são omitidos; código de cores: Co, amarelo; N, azul; C, cinza; O, vermelho.

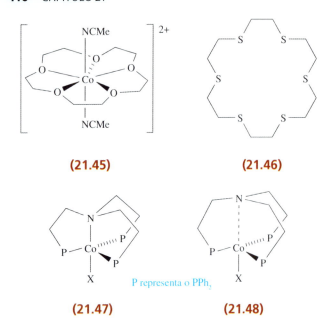

(21.45)   (21.46)

P representa o PPh₂

(21.47)   (21.48)

Exercícios propostos

1. Para o Co²⁺ octaédrico, qual é o termo do estado fundamental que vem da configuração eletrônica $t_{2g}^5 e_g^2$?
   [Resp.: $^4T_{1g}$; veja a Fig. 20.20]

2. O espectro de absorção eletrônica do [Co(OH₂)₆]²⁺ apresenta absorções em 8100, 16000 e 19400 cm⁻¹. A banda intermediária é atribuída à transição $^4T_{1g}(P) \leftarrow {}^4T_{1g}(F)$. Identifique as duas transições restantes.   [Resp.: Veja a Fig. 20.20]

3. Para o Co²⁺ tetraédrico, qual é a configuração eletrônica no estado fundamental, e a que termo do estado fundamental isso corresponde?   [Resp.: $e^4 t_2^3$; $^4A_2$]

4. Explique por que, em vez de usar a fórmula devido somente ao spin, os momentos magnéticos dos complexos tetraédricos de Co²⁺ podem ser estimados usando a equação vista a seguir:

$$\mu_{ef} = 3{,}87\left(1 - \frac{4\lambda}{\Delta_{oct}}\right)$$

21.11 Grupo 10: níquel

O metal

A reatividade do Ni metálico se assemelha à do Co (por exemplo, a Eq. 21.89). Ele é atacado por ácidos minerais diluídos, torna-se passivo através do HNO₃ concentrado, e é resistente a álcalis aquoso.

$$M^{2+}(aq) + 2e^- \longrightarrow M(s) \quad \begin{cases} M = Ni, E^\circ = -0{,}25\,V \\ M = Co, E^\circ = -0{,}28\,V \end{cases}$$

(21.89)

O metal bruto é oxidado pelo ar ou vapor d'água somente em temperaturas elevadas, mas o *níquel de Raney* (veja a Seção 21.2) é pirofórico. O níquel reage com o F₂ dando um revestimento coerente de NiF₂ que previne ataques posteriores; daí, o uso do níquel e sua liga *metal Monel* (68% de Ni e 32% de Cu) em apa-

relhagens para o manuseio do F₂ ou fluoretos de xenônio. Com o Cl₂, o Br₂ e o I₂ são formados os haletos de Ni(II). Em temperaturas elevadas, o Ni reage com o P, o S e o B, e é conhecida uma gama de diferentes fases fosfeto (veja a Seção 15.6 – Volume 1), sulfeto e boreto (veja a Seção 13.10 – Volume 1).

O níquel(II) é de longe o estado de oxidação mais importante para o metal (Tabela 19.3). Os estados de baixa oxidação são mais comuns em espécies organometálicas (Capítulo 24), mas outras espécies de Ni(0) incluem o [Ni(PF₃)₄] e o [Ni(CN)₄]⁴⁻. O K₄[Ni(CN)₄] amarelo é produzido pela redução do K₂[Ni(CN)₄] em NH₃ líquida com uso de excesso de K, mas oxida-se imediatamente quando exposto ao ar.

Níquel(IV) e níquel(III)

A formação do níquel(IV) requer o uso de oxidantes extremamente fortes. O K₂[NiF₆] é preparado a partir do NiCl₂, F₂ e KCl. O sal [Xe₂F₁₁]₂[NiF₆] (Fig. 18.5) é obtido do XeF₂, KrF₂ e NiF₂. O [NiF₆]²⁻ octaédrico é diamagnético (d^6 de baixo spin) e o sal de K⁺ vermelho cristaliza-se com a estrutura do K₂[PtF₆] (veja o Mn(IV), Seção 21.8). Acima de 620 K, o K₂[NiF₆] decompõe-se em K₃[NiF₆]. Os sais de [NiF₆]²⁻ são oxidantes potentes, e o [NF₄]₂[NiF₆] foi utilizado como agente oxidante em alguns propelentes sólidos. Ele decompõe-se quando aquecido, de acordo com a Eq. 21.90. O fluoreto de níquel(IV) pode ser preparado a partir do K₂[NiF₆] e BF₃ ou AsF₅, mas é instável acima dos 208 K (Eq. 21.91).

$$[NF_4]_2[NiF_6] \xrightarrow{\text{HF anidro}} 2NF_3 + NiF_2 + 3F_2 \quad (21.90)$$

$$2NiF_4 \longrightarrow 2NiF_3 + F_2 \quad (21.91)$$

O níquel(IV) está presente no KNiIO₆, formalmente um sal de [IO₆]⁵⁻ (veja a Seção 17.9 – Volume 1). Esse composto é formado por oxidação do [Ni(OH₂)₆]²⁺ pelo [S₂O₈]²⁻ na presença do [IO₄]⁻. A estrutura do KNiIO₆ pode ser considerada como um arranjo ach de átomos de O com o K, o Ni e o I ocupando sítios octaédricos.

O NiF₃ impuro é formado pela reação 21.91. Trata-se de um sólido negro e é um forte agente fluoretador, mas decompõe-se quando aquecido (Eq. 21.92).

$$2NiF_3 \xrightarrow{\Delta} 2NiF_2 + F_2 \quad (21.92)$$

A reação do NiCl₂, KCl e F₂ produz o K₃[NiF₆] violeta. O [NiF₆]³⁻ octaédrico é d^7 de baixo spin ($t_{2g}^6 e_g^1$) e apresenta a distorção Jahn–Teller esperada.

O óxido hidratado negro Ni(O)OH é obtido pela oxidação com hipoclorito alcalino de sais de Ni(II) aquoso, e é empregado em baterias de NiCd recarregáveis (Eq. 21.5). Trata-se de um potente agente oxidante, liberando o Cl₂ do ácido clorídrico. Os óxidos de metal mistos de Ni(IV) incluem o BaNiO₃ e o SrNiO₃, que são isoestruturais e contêm cadeias de octaedros de NiO₆ que compartilham faces.

O níquel(III) é um ótimo agente oxidante, mas é estabilizado por ligantes σ doadores. Os complexos incluem o [Ni(1,2-S₂C₆H₄)₂]⁻ (**21.49**) e o [NiBr₃(PEt₃)₂] (**21.50**). Este último tem um momento magnético de 1,72 μ_B, indicativo de Ni(III) de baixo spin; o composto sólido é estável por apenas algumas horas. Outros ligantes empregados para estabilizar o Ni(III) incluem as porfirinas e os azamacrociclos. No [Ni(**21.51**)] cada conjunto de três *N* doadores e três *O* doadores fica em um arranjo *fac* em torno de um centro de Ni(III) octaédrico.

(21.49)

(21.50)   (21.51)

Níquel(II)

O fluoreto de níquel(II) é produzido pela fluoretação do NiCl$_2$, e é um sólido amarelo com uma estrutura do rutilo (Fig. 6.22). Tanto o NiF$_2$ quanto seu tetraidrato verde estão comercialmente disponíveis. O NiCl$_2$, o NiBr$_2$ e o NiI$_2$ anidros são produzidos pela combinação direta dos elementos. O NiCl$_2$ e o NiI$_2$ adotam uma estrutura do CdCl$_2$, enquanto o NiBr$_2$ tem uma estrutura do CdI$_2$ (veja a Seção 6.11 – Volume 1). O cloreto é um precursor útil na química do Ni(II) e pode ser adquirido na forma do sal anidro amarelo ou do hidrato verde. O hexaidrato contém o íon [Ni(OH$_2$)$_6$]$^{2+}$ no estado sólido, mas o di-hidrato (obtido por desidratação parcial do NiCl$_2 \cdot$ 6H$_2$O) tem uma estrutura polimérica análoga ao **21.39**. O NiBr$_2$ anidro é amarelo e pode ser cristalizado como uma série de hidratos. O NiI$_2$ negro forma um hexaidrato verde.

O NiO verde insolúvel em água é obtido pela decomposição térmica do NiCO$_3$ ou do Ni(NO$_3$)$_2$ e cristaliza-se com a estrutura do NaCl. Finas películas amorfas de NiO apresentando comportamento eletrocrômico (veja o Boxe 22.4) podem ser depositadas por DVQ (*deposição de vapor químico*, veja a Seção 28.6) começando com o [Ni(acac)$_2$]. O óxido de níquel(II) é antiferromagnético (T_N = 520 K), e suas propriedades condutoras são discutidas na Seção 28.3. O óxido de níquel(II) é básico, reagindo com ácidos, por exemplo, a reação 21.93.

NiO + H$_2$SO$_4$ → NiSO$_4$ + H$_2$O   (21.93)

A oxidação do NiO pelo hipoclorito produz o Ni(O)OH (veja anteriormente). A oxidação ao ar converte o NiS em Ni(S)OH, um fato que explica por que, embora o NiS não seja precipitado em solução ácida, após exposição ao ar, ele é insolúvel em ácido diluído. A adição do [OH]$^-$ a soluções aquosas de Ni^{2+} precipita o Ni(OH)$_2$ verde, que tem uma estrutura do CdI$_2$; é utilizado em baterias de NiCd (Eq. 21.5). O hidróxido de níquel(II) é insolúvel em NaOH aquoso, exceto em concentrações muito elevadas do hidróxido, quando ele forma o Na$_2$[Ni(OH)$_4$] solúvel. O Ni(OH)$_2$ é solúvel em NH$_3$ aquosa com a formação do [Ni(NH$_3$)$_6$]$^{2+}$. O carbonato básico verde-claro, 2NiCO$_3 \cdot$ 3Ni(OH)$_2 \cdot$ 4H$_2$O, forma-se quando o Na$_2$CO$_3$ é adicionado ao Ni^{2+} aquoso e é esse carbonato que geralmente é adquirido no comércio.

São observadas diversas geometrias de coordenação para os complexos de níquel(II), sendo comuns números de coordenação de 4 a 6. As geometrias octaédrica e plana quadrada são as mais comuns. Os exemplos incluem:

- tetraédrica: [NiCl$_4$]$^{2-}$, [NiBr$_4$]$^{2-}$, [Ni(NCS-*N*)$_4$]$^{3-}$;
- plana quadrada: [Ni(CN)$_4$]$^{2-}$, [Ni(Hdmg)$_2$] (H$_2$dmg = dimetilglioxima);
- bipiramidal triangular: [Ni(CN)$_5$]$^{3-}$ (dependente do cátion), [NiCl{N(CH$_2$CH$_2$NMe$_2$)$_3$}]$^+$;
- bipiramidal de base quadrada: [Ni(CN)$_5$]$^{3-}$ (dependente do cátion);
- octaédrica: [Ni(OH$_2$)$_6$]$^{2+}$; [Ni(NH$_3$)$_6$]$^{2+}$, [Ni(bpy)$_3$]$^{2+}$, [Ni(en)$_3$]$^{2+}$, [Ni(NCS-*N*)$_6$]$^{4-}$, [NiF$_6$]$^{4-}$.

Algumas estruturas são complicadas pelas interconversões entre a coordenação plana quadrada e tetraédrica, ou plana quadrada e octaédrica, conforme discutiremos mais tarde. Além disso, o potencial de alguns ligantes para formar pontes entre os centros do metal pode causar ambiguidade. Por exemplo, os sais de metais alcalinos de [NiF$_3$]$^-$, [NiF$_4$]$^{2-}$ e [NiCl$_3$]$^-$ cristalizam-se com estruturas estendidas, enquanto os sais de [NiCl$_4$]$^{2-}$ e de [NiBr$_4$]$^{2-}$ contêm ânions tetraédricos discretos. Os compostos KNiF$_3$ e CsNiF$_3$ são obtidos pelo resfriamento de fundentes que contêm o NiF$_2$ e o MHF$_2$. O KNiF$_3$ tem uma estrutura da perovsquita (Fig. 6.24) e é antiferromagnético, enquanto o CsNiF$_3$ possui cadeias de octaedros de NiF$_6$ que compartilham faces e é ferrimagnético. Uma estrutura em cadeia semelhante é adotada pelo CsNiCl$_3$. O K$_2$NiF$_4$ antiferromagnético contém camadas de unidades octaédricas de NiF$_6$ que compartilham vértices (Fig. 21.29a) separadas por íons K$^+$.

Na Seção 21.10, observamos que o [Co(acac)$_2$] é tetramérico. De maneira semelhante, o Ni(acac)$_2$] oligomeriza, formando trímeros (Fig. 21.29b) nos quais os ligantes [acac]$^-$ estão nos modos quelante e em ponte. A reação do [{Ni(acac)$_2$}$_3$] com o AgNO$_3$ aquoso produz o Ag[Ni(acac)$_3$] que contém o íon octaédrico [Ni(acac)$_3$]$^-$.

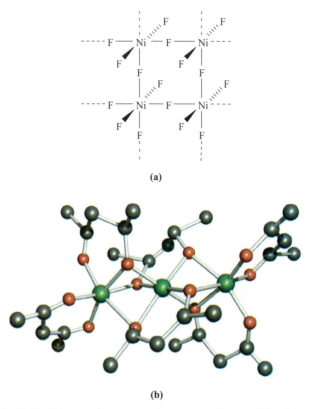

Fig. 21.29 (a) Representação de parte de uma camada de octaedros de NiF$_6$ que compartilham vértices no K$_2$NiF$_4$. (b) A estrutura do [{Ni(acac)$_2$}$_3$] (difração de raios X) com os átomos de H omitidos [G.J. Bullen *et al.* (1965 *Inorg. Chem.*, vol. 4, p. 456). Código de cores: Ni, verde; C, cinza; O, vermelho.

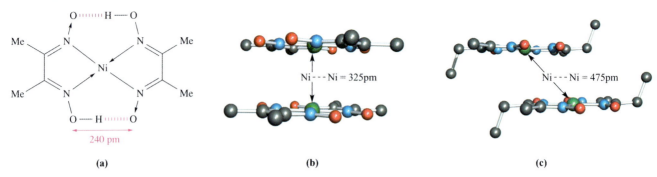

Fig. 21.30 (a) Representação da estrutura plana quadrada do bis(dimetilglioximato) de níquel(II), [Ni(Hdmg)$_2$]; (b) no estado sólido, as moléculas de [Ni(Hdmg)$_2$] agrupam-se com distâncias Ni ···· Ni relativamente curtas [dados de difração de raios X: D.E. Williams *et al.* (1959) *J. Am. Chem. Soc.*, vol. 81, p. 755]; porém, (c) no bis(etilmetilglioximato) de níquel(II), o agrupamento não é tão eficiente [dados de difração de raios X: E. Frasson *et al.* (1960) *Acta crystallogr.*, vol. 13, p. 893]. Os átomos de hidrogênio estão omitidos; código de cores: Ni, verde; N, azul; O, vermelho; C, cinza.

Os sais de níquel(II) hidratado sólido e suas soluções aquosas normalmente contêm o [Ni(OH$_2$)$_6$]$^{2+}$ verde, cujo espectro de absorção eletrônica foi apresentado na Fig. 20.21 com o do [Ni(NH$_3$)$_6$]$^{2+}$. Os sais desse último íon são normalmente azuis, dando soluções violetas. Em solução aquosa, o [Ni(NH$_3$)$_6$]$^{2+}$ é estável unicamente na presença de excesso de NH$_3$, sem o que se formam espécies tais como o [Ni(NH$_3$)$_4$(OH$_2$)$_2$]$^{2+}$. Os sais violetas de cloreto, brometo e perclorato de [Ni(en)$_3$]$^{2+}$ são obtidos como racematos, sendo o cátion cineticamente lábil (veja a Seção 26.2). Os complexos octaédricos *trans*-[Ni(ClO$_4$-*O*,*O'*)$_2$(NCMe)$_2$] (**21.52**) e *trans*-Ni(ClO$_4$-*O*)$_2$(py)$_4$] ilustram a capacidade dos íons perclorato em agir como ligante bidentado e monodentado, respectivamente. O último complexo será discutido novamente mais tarde.

(21.52)

Os momentos magnéticos dos complexos de Ni(II) *octaédricos* geralmente são próximos do valor devido somente ao spin de 2,83 μ_B. Ao contrário, os complexos *tetraédricos* possuem momentos magnéticos de ≈4 μ_B devido a contribuições de momentos orbitais (veja a Seção 20.10), e os complexos *planos quadrados* tais como o [Ni(CN)$_4$]$^{2-}$ (Eq. 21.94) são *diamagnéticos*. Essas diferenças de momentos magnéticos são inestimáveis para o fornecimento de informações a respeito da geometria de coordenação em um complexo de Ni(II).

$$[\text{Ni}(\text{OH}_2)_6]^{2+} + 4[\text{CN}]^- \longrightarrow [\text{Ni}(\text{CN})_4]^{2-} + 6\text{H}_2\text{O} \quad (21.94)$$
amarelo

O complexo plano quadrado vermelho bis(dimetilglioximato)-níquel(II), [Ni(Hdmg)$_2$]† (Fig. 21.30a), é usado para a determinação gravimétrica de níquel; o Ni(II) é precipitado juntamente com o Pd(II) quando o ligante H$_2$dmg em solução fracamente amoniacal é empregado como reagente. A especificidade do Ni^{2+} vem da baixa solubilidade do [Ni(Hdmg)$_2$], *não* da sua elevada constante de estabilidade. Todos os complexos do tipo [M(Hdmg)$_2$], em que M^{2+} é um íon de um metal do bloco *d* da primeira linha,

têm constantes de estabilidade da mesma ordem de grandeza. A baixa solubilidade do [Ni(Hdmg)$_2$] pode ser explicada em termos de sua estrutura no estado sólido. A forte ligação de hidrogênio conecta os dois ligantes (Fig. 21.30a) e é importante na determinação de uma estrutura plana quadrada. Como consequência de a estrutura molecular ser plana, as moléculas do sólido cristalino são capazes de se arrumar em pilhas unidimensionais de tal modo que as separações intermoleculares Ni ···· Ni sejam de 325 pm (Fig. 21.30b; mas em oposição ao [Cu(Hdmg)$_2$] na Seção 21.12). O bis(etilmetilglioximato) de níquel(II) tem uma estrutura correlata, mas o ligante mais volumoso força as moléculas a se agruparem de modo menos eficiente (Fig. 21.30c). O fato de o último complexo ser mais solúvel do que o [Ni(Hdmg)$_2$] dá suporte a uma relação estrutura–solubilidade.

Para alguns complexos de Ni(II), só existe uma pequena diferença de energia entre os tipos de estrutura. Na Seção 19.7, afirmamos que os íons [Ni(CN)$_5$]$^{3-}$ *tanto* bipiramidais triangulares *quanto* piramidais de base quadrada (Eq. 21.95) estão presentes nos cristais do [Cr(en)$_3$][Ni(CN)$_5$] · 1,5H$_2$O. No entanto, no sal anidro, os ânions são piramidais de base quadrada. É impossível dar uma interpretação simples dessas observações, que podem ser atribuídas a um 'balanço sutil de efeitos estéricos e eletrônicos'.

$$[\text{Ni}(\text{CN})_4]^{2-} + \text{excesso de } [\text{CN}]^- \longrightarrow [\text{Ni}(\text{CN})_5]^{3-} \quad (21.95)$$

A preferência entre diferentes geometrias de tetracoordenação e hexacoordenação para uma série de sistemas de Ni(II) frequentemente é de pequena importância e os exemplos são os seguintes:

Plana octaédrica

- O [Ni(ClO$_4$)$_2$(py)$_4$] existe em uma forma *trans*-octaédrica paramagnética azul e na forma de um sal diamagnético amarelo que contém íons [Ni(py)$_4$]$^{2+}$ planos quadrados.
- A salicilaldoxima (2-HOC$_6$H$_4$CH=NOH) reage com o Ni(II) dando cristais incolores do complexo plano quadrado **21.53**, mas, quando dissolvida em piridina, forma-se uma solução verde do [Ni(2-OC$_6$H$_4$CH=NOH)$_2$(py)$_2$] octaédrico paramagnético.

(21.53)

---
† Para uma apresentação do uso do [Ni(Hdmg)$_2$] e complexos correlatos em sínteses-modelo de macrociclos, veja: E.C. Constable (1999) *Coordination Chemistry of Macrocyclic Compounds*, OUP, Oxford (Capítulo 4).

Plana tetraédrica

- Os haletos do tipo NiL$_2$X$_2$ geralmente são planos quando L = trialquilfosfano, porém tetraédricos, quando L é o triarilfosfano; quando X = Br e L = PEtPh$_2$ ou P(CH$_2$Ph)Ph$_2$, ambas as formas são conhecidas (esquema 21.96).

$$\text{NiBr}_2 + \text{PEtPh}_2$$
$$\downarrow \text{etanol}$$
$$[\text{NiBr}_2(\text{PEtPh}_2)_2]$$
tetraédrico, verde
$\mu_{ef} = 3{,}18\ \mu_B$ \hfill (21.96)

isomerização lenta, a 298 K ⇅ dissolvem-se no CS$_2$

$$[\text{NiBr}_2(\text{PEtPh}_2)_2]$$
plano quadrado, diamagnético castanho

Níquel(I)

Os complexos de níquel(I) são bastante raros, mas pensa-se que esse estado de oxidação esteja envolvido na função catalítica das enzimas que contêm níquel, tais como a [NiFe]-hidrogenase (veja a Fig. 29.19). O K$_4$[Ni$_2$(CN)$_6$] vermelho-escuro pode ser preparado por redução do K$_2$[Ni(CN)$_4$] por amálgama de Na. É diamagnético e o ânion tem a estrutura **21.54**, na qual as unidades de Ni(CN)$_3$ são mutuamente perpendiculares. A reação do K$_4$[Ni$_2$(CN)$_6$] com a água libera H$_2$ e forma o K$_2$[Ni(CN)$_4$].

$$\begin{bmatrix} & \text{CN} & & \\ & | & & \text{CN} \\ \text{NC} - \text{Ni} - \text{Ni} - \text{CN} \\ & | & \text{NC} & \\ & \text{CN} & & \end{bmatrix}^{4-}$$

(21.54)

Exercícios propostos

1. Esquematize e identifique um diagrama de Orgel para um íon d^8 octaédrico. Inclua as multiplicidades nos símbolos de termos. [*Resp.*: Veja a Fig. 20.20; multiplicidade = 3]

2. Por que os complexos tetraédricos de Ni(II) são paramagnéticos, enquanto os complexos planos quadrados são diamagnéticos? Dê um exemplo de cada tipo de complexo.
[*Resp.*: Veja o exemplo resolvido 20.1]

3. Desenhe a estrutura do H$_2$dmg. Explique como a presença de ligação de hidrogênio intramolecular no [Ni(Hdmg)$_2$] resulta em uma preferência por uma estrutura plana quadrada em relação a uma tetraédrica.
[*Resp.*: Veja a Fig. 21.30a; O–H ···· O não é possível em uma estrutura tetraédrica]

21.12 Grupo 11: cobre

O metal

O cobre é o menos reativo dos metais da primeira linha. Não é atacado por ácidos não oxidantes na ausência de ar (Eq. 21.97), mas reage com o ácido sulfúrico concentrado a quente (Eq. 21.98) e com o HNO$_3$ em todas as concentrações (Eqs. 15.117 e 15.119).

$$\text{Cu}^{2+} + 2e^- \rightleftharpoons \text{Cu} \qquad E^\circ = +0{,}34\ \text{V} \quad (21.97)$$

$$\text{Cu} + 2\text{H}_2\text{SO}_4 \xrightarrow{\text{conc.}} \text{SO}_2 + \text{CuSO}_4 + 2\text{H}_2\text{O} \quad (21.98)$$

Na presença de ar, o Cu reage com muitos ácidos diluídos (a pátina verde nos telhados das cidades é sulfato de cobre básico) e também se dissolve em NH$_3$ aquoso dando o [Cu(NH$_3$)$_4$]$^{2+}$. Quando aquecido fortemente, o Cu se combina com o O$_2$ (Eq. 21.99).

$$2\text{Cu} + \text{O}_2 \xrightarrow{\Delta} 2\text{CuO} \xrightarrow{>1300\ \text{K}} \text{Cu}_2\text{O} + \tfrac{1}{2}\text{O}_2 \quad (21.99)$$

TEORIA

Boxe 21.9 Cobre: da antiguidade aos nossos dias

5000–4000 a.C.	O metal cobre utilizado em ferramentas e utensílios; usa-se o calor para tornar o metal maleável.
4000–2000 a.C	No Egito, o cobre é fundido em formas específicas; é produzido o bronze (uma liga com o estanho); primeira mineração de cobre na Ásia Menor, China e América do Norte.
2000 a.C.–0	São introduzidas armas de bronze; o bronze é cada vez mais empregado em peças decorativas.
0–200 d.C.	Desenvolve-se o latão (uma liga de cobre e zinco).
200 d.C.–1800	Período de pouco progresso.
1800–1900	São minerados depósitos de minérios de cobre em Michigan, EUA, aumentando dramaticamente a produção dos EUA e a disponibilidade do metal. É descoberta pela primeira vez a presença do cobre em plantas e animais.
1900–1960	São descobertas as propriedades condutoras elétricas do cobre e, como resultado, muitas aplicações novas.
1960 em diante	A produção norte-americana continua a crescer, mas o mercado mundial também colhe os resultados da mineração em muitos outros países, em particular o Chile; a reciclagem do cobre torna-se importante. A partir de meados dos anos 80, descobre-se que materiais, tais como o YBa$_2$Cu$_3$O$_{7-x}$, são supercondutores de alta temperatura (veja a Seção 28.4).

Tabela adaptada de: R.B. Conry and K.D. Karlin (1994) 'Copper: inorganic & coordination chemistry' in: *Encyclopedia of Inorganic Chemistry*, ed. R.B. King, Wiley, Chichester, vol. 2, p. 829.

O aquecimento do Cu com o F_2, o Cl_2 ou o Br_2 produz o dialeto correspondente.

O cobre é o único metal do bloco d da primeira linha a mostrar o estado de oxidação +1 *estável*. Em solução aquosa, o Cu(I) é instável por uma margem relativamente pequena com respeito ao Cu(II) e ao metal (Eqs. 21.97, 21.100 e 21.101).

$$Cu^+ + e^- \rightleftharpoons Cu \qquad E^\circ = +0,52 \text{ V} \qquad (21.100)$$

$$Cu^{2+} + e^- \rightleftharpoons Cu^+ \qquad E^\circ = +0,15 \text{ V} \qquad (21.101)$$

Este desproporcionamento geralmente é rápido, mas, quando o Cu(I) aquoso é preparado pela redução do Cu(II) com o V(II) ou o Cr(II), a decomposição na ausência de ar leva diversas horas. O cobre(I) pode ser estabilizado pela formação de um composto insolúvel (por exemplo, o CuCl) ou um complexo (por exemplo, o $[Cu(CN)_4]^{3-}$) (veja a Seção 8.4 – Volume 1). O estado de oxidação estável depende das condições de reação: por exemplo, quando o pó de Cu reage com o $AgNO_3$ aquoso, ocorre a reação 21.102, mas, no MeCN, ocorre a reação 21.103.

$$Cu + 2Ag^+ \xrightarrow{\text{solução aquosa}} Cu^{2+} + 2Ag \qquad (21.102)$$

$$Cu + [Ag(NCMe)_4]^+ \rightarrow [Cu(NCMe)_4]^+ + Ag \qquad (21.103)$$

O cobre(0) raramente é estabilizado. O $Cu_2(CO)_6$ instável foi isolado em uma matriz em baixa temperatura. O mais alto estado de oxidação atingido para o cobre é +4.

Cobre(IV) e cobre(III)

O cobre(IV) é raro. Ele existe no Cs_2CuF_6 vermelho, que é produzido pela fluoretação do $CsCuCl_3$, a 520 K. O íon $[CuF_6]^{2-}$ é d^7 de baixo spin e tem uma estrutura octaédrica com distorção Jahn–Teller. O óxido de cobre(IV) foi preparado em uma matriz vaporizando-se o metal e codepositando-o com O_2. Os dados espectroscópicos são consistentes com uma estrutura linear, O=Cu=O.

A fluoretação a alta pressão de uma mistura de CsCl e $CuCl_2$ dá o $Cs_3[CuF_6]$. O $K_3[CuF_6]$ verde é preparado de maneira semelhante e tem um momento magnético de 3,01 μ_B, indicativo do Cu(III) octaédrico. Os compostos diamagnéticos $K[CuO_2]$ e $K_7[Cu(IO_6)_2]$ contêm o Cu(III) plano quadrado (estruturas **21.55** e **21.56**).

(21.55)

(21.56)

(21.57)

Os ligantes que estabilizam o Cu(III) incluem o 1,2-ditio-oxalato. A reação do $[C_2O_2S_2]^{2-}$ com o $CuCl_2$ produz o $[Cu^{II}(C_2O_2S_2)_2]^{2-}$, cuja oxidação pelo $FeCl_2$ dá o $[Cu^{III}(C_2O_2S_2)_2]^-$ (**21.57**). Este facilmente passa por uma transferência intramolecular de dois elétrons por fotoindução, clivando uma das ligações C–C e liberando dois equivalentes de SCO.

Provavelmente o uso mais importante das espécies de Cu(III) seja em supercondutores de alta temperatura tais como o $YBa_2Cu_3O_{7-x}$ ($x \approx 0,1$) que são discutidos no Capítulo 28.

Cobre(II)

Cúprico é o antigo nome do cobre(II). Em toda a química do cobre(II), são observadas distorções Jahn–Teller conforme previsto para um íon d^9 octaédrico, embora o grau de distorção varie de modo considerável.

CuF_2 branco (produzido, assim como o $CuCl_2$ e o $CuBr_2$, a partir dos elementos) tem uma estrutura do rutilo distorcida (Fig. 6.22) com unidades de CuF_6 alongadas (quatro Cu–F = 193 pm, duas Cu–F = 227 pm). No ar úmido, o CuF_2 fica azul à medida que ele forma o hidrato. O cloreto de cobre(II) forma cristais deliquescentes amarelos ou castanhos e forma o $CuCl_2 \cdot 2H_2O$ azul-esverdeado em repouso no ar úmido. A estrutura do $CuCl_2$ anidro (Fig. 21.31a) consiste em cadeias empilhadas de tal modo que cada centro de Cu(II) fica em um sítio octaédrico distorcido. No $CuCl_2 \cdot 2H_2O$ sólido (**21.58**), as moléculas planas *trans*-quadradas são dispostas de modo que há fracas interações Cu ···· Cl intermoleculares. Acima de 570 K, o $CuCl_2$ se decompõe em CuCl e Cl_2. O $CuBr_2$ negro tem uma estrutura do CdI_2 com distorções (Fig. 6.23). O iodeto de cobre(II) é desconhecido.

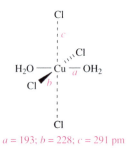

$a = 193; b = 228; c = 291$ pm

(21.58)

O CuO negro é produzido pelo aquecimento dos elementos (Eq. 21.99) ou pela decomposição térmica do $Cu(NO_3)_2$ ou do $CuCO_3$ sólido (Eq. 21.104). Sua estrutura consiste em unidades planas quadradas de CuO_4 ligadas por pontes de átomos de O em cadeias; estas ficam em um arranjo cruzado de forma que cada átomo de O fica em um sítio tetraédrico distorcido. A Fig. 21.31b mostra uma célula unitária da rede que é um exemplo do tipo de estrutura da *cooperita* (PtS). Abaixo de 225 K, o CuO é antiferromagnético. Um dos usos do CuO é como pigmento negro em cerâmicas.

$$CuCO_3 \xrightarrow{\Delta} CuO + CO_2 \qquad (21.104)$$

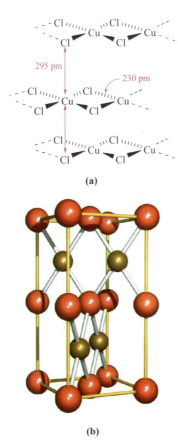

Fig. 21.31 (a) Representação da estrutura do estado sólido do CuCl₂ no qual as cadeias se empilham colocando cada centro de Cu(II) em um ambiente octaédrico distorcido; (b) a estrutura da *cooperita* (PtS) adotada pelo CuO com os centros de Cu²⁺ (plano quadrado) e de O²⁻ (tetraédrico distorcido) mostrados em castanho e vermelho, respectivamente. As arestas da célula unitária são definidas pelas linhas amarelas.

O Cu(OH)₂ azul precipita quando o [OH]⁻ é adicionado a soluções aquosas de Cu²⁺. O Cu(OH)₂ dissolve-se em ácidos e também em álcalis aquosos concentrados onde é formada uma espécie hidróxido maldefinida. O hidróxido de cobre(II) é facilmente desidratado em CuO.

As soluções aquosas de Cu²⁺ contêm o íon [Cu(OH₂)₆]²⁺ e ele foi isolado em diversos sais, inclusive o Cu(ClO₄)₂·6H₂O e o sal de Tutton [NH₄]₂Cu[SO₄]₂·6H₂O (veja a Seção 21.6). As estruturas de estado sólido de ambos os sais revelam distorções do [Cu(OH₂)₆]²⁺ de modo que há *três* pares de distâncias de Cu–O; por exemplo, no Cu(ClO₄)₂·6H₂O, os comprimentos da ligação Cu–O são 209, 216 e 228 pm. Os cristais do sulfato azul hidratado CuSO₄·5H₂O (*vitríolo azul*) contêm unidades planas quadradas de [Cu(OH₂)₄]²⁺ com dois átomos de O do sulfato completando os sítios restantes em uma esfera de coordenação octaédrica alongada. A estrutura no estado sólido consiste em um arranjo com ligação de hidrogênio que incorpora as moléculas de H₂O não coordenadas. O pentaidrato perde água em estágios quando aquecido (Eq. 21.105 e exercício proposto 2 que segue o exemplo resolvido 4.2) e, finalmente, forma o CuSO₄ anidro higroscópico branco.

$$CuSO_4 \cdot 5H_2O \xrightarrow[-2H_2O]{300\ K} CuSO_4 \cdot 3H_2O$$

$$\xrightarrow[-2H_2O]{380\ K} CuSO_4 \cdot H_2O \xrightarrow[-H_2O]{520\ K} CuSO_4$$

(21.105)

O sulfato e o nitrato de cobre(II) estão disponíveis comercialmente e, além dos usos como precursores na química do Cu(II), eles são empregados como fungicidas; por exemplo, a *mistura de Bordeaux* contém CuSO₄ e Ca(OH)₂ e, quando adicionado à água, forma um sulfato de cobre(II) básico que age como um agente antifúngico. O nitrato de cobre(II) é amplamente utilizado nas indústrias de tintura e impressão. Ele forma hidratos CuNO₃)₂·xH₂O, em que x = 2,5, 3 ou 6. O hexaidrato azul perde facilmente água, a 300 K, dando o Cu(NO₃)₂·3H₂O verde. O Cu(NO₃)₂ anidro é obtido a partir do Cu e N₂O₄: reação 9.78 acompanhada de decomposição do [NO][Cu(NO₃)₃] assim formado. A estrutura no estado sólido do α-Cu(NO₃)₂ consiste em centros de Cu(II) ligados em uma rede infinita por ligantes [NO₃]⁻ em ponte (**21.59**). A 423 K, o sólido se volatiliza *no vácuo* dando o Cu(NO₃)₂ molecular (**21.60**).

(21.59)

(21.60)

O sal Cu(O₂CMe)₂·H₂O é dimérico e é estruturalmente semelhante ao [Cr₂(OH₂)₂(μ-O₂CMe)₄] (veja a Fig. 21.15 para o tipo de estrutura), mas é carente de ligação metal–metal forte. A distância entre os dois centros do Cu de 264 pm é maior do que no metal (256 pm). O momento magnético de 1,4 μ_B por centro de Cu(II) (isto é, menor que o μ(devido somente ao spin) de 1,73 μ_B) sugere que, no [Cu₂(OH₂)₂(μ-O₂CMe)₄], há somente acoplamento antiferromagnético fraco entre os elétrons desemparelhados. Quando resfriado, o momento magnético diminui. Essas observações podem ser explicadas em termos dos dois elétrons desemparelhados que dão um estado fundamental simpleto (S = 0) e um estado excitado tripleto (S = 1) de baixa energia que é termicamente ocupado, a 298 K, mas que fica menos ocupado à medida que a temperatura é diminuída (veja a Seção 20.6 para os estados simpleto e tripleto).

São conhecidos numerosos complexos de cobre(II), e a presente discussão abrange apenas espécies simples. As distorções Jahn–Teller geralmente são observadas (configuração d^9). Os complexos de halido incluem o [CuCl₃]⁻, o [CuCl₄]²⁻ e o [CuCl₅]³⁻, mas as estruturas do estado sólido das espécies que possuem essas estequiometrias são altamente dependentes dos contraíons. Por exemplo, o [Ph₄P][CuCl₃] contém dímeros (**21.61**), ao passo que o K[CuCl₃] e o [Me₃NH]₃[CuCl₃][CuCl₄] contêm cadeias de octaedros distorcidos que compartilham faces (Fig. 21.32a). O último sal ainda contém íons tetraédricos [CuCl₄]²⁻ discretos. O [PhCH₂CH₂NH₂Me]₂[CuCl₄] cristaliza-se em duas formas, uma com íons [CuCl₄]²⁻ tetraédricos e a outra com íons [CuCl₄]²⁻ planos quadrados. O sal [NH₄]₂[CuCl₄] tem uma estrutura polimérica que contém centros de Cu(II) octaédricos distorcidos. O [Cu₂Cl₈]⁴⁻ (com centros de Cu(II) bipiramidais triangulares que compartilham arestas) pode ser estabilizado por cátions muito volumosos, por exemplo, o [M(en)₃]₂[Cu₂Cl₈]Cl₂ (M = Co, Rh ou Ir, Fig. 21.32b). O íon [CuCl₅]³⁻ é bipiramidal

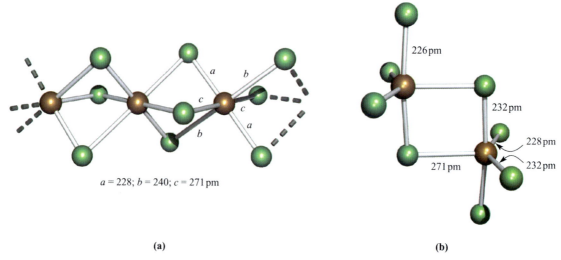

Fig. 21.32 As estruturas (difração de raios X) do (a) [CuCl$_3$]$_n^{n-}$ no sal [Me$_3$NH]$_3$[CuCl$_3$][CuCl$_4$]; (o íon [CuCl$_4$]$^{2-}$ nesse sal é tetraédrico [R.M. Clay *et al.* (1973) *J. Chem. Soc., Dalton Trans.*, p. 595] e (b) do íon [Cu$_2$Cl$_8$]$^{4-}$ no sal [Rh(en)$_3$]$_2$[Cu$_2$Cl$_8$]Cl$_2$ · 2H$_2$O [S.K. Hoffmann *et al.* (1985) *Inorg. Chem.*, vol. 24, p. 1194]. Código de cores: Cu, castanho; Cl, verde.

triangular nos sais Cs$^+$ e [Me$_3$NH]$^+$, mas, no [**21.62**][CuCl$_5$], é bipiramidal de base quadrada.

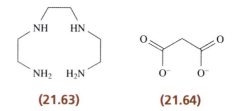

(21.61) (21.62)

Os complexos que contêm ligantes *N* e *O* doadores são muito comuns, e os números de coordenação de 4, 5 e 6 predominam. Já fizemos menção da espécie aqua [Cu(OH$_2$)$_6$]$^{2+}$ e [Cu(OH$_2$)$_4$]$^{2+}$. Quando se adiciona NH$_3$ ao Cu^{2+} aquoso, são substituídos apenas quatro ligantes aqua no [Cu(OH$_2$)$_6$]$^{2+}$ (veja a Seção 20.12), mas os sais de [Cu(NH$_3$)$_6$]$^{2+}$ podem ser obtidos em NH$_3$ líquida. O [Cu(en)$_3$]$^{2+}$ é formado em soluções aquosas muito concentradas de 1,2-etanodiamina. O [Cu(NH$_3$)$_4$](OH)$_2$ aquoso azul-escuro (formado quando o Cu(OH)$_2$ é dissolvido em NH$_3$ aquosa) tem a notável propriedade de dissolver a celulose, e, se a solução resultante é esguichada em ácido, é produzida a fibra sintética *rayon* à medida que a celulose é precipitada. A reação é historicamente importante como um meio de produzir o rayon. Outros exemplos de complexos com ligantes *N* e *O* doadores são:

- tetraédricos (achatados): [Cu(NCS-*N*)$_4$]$^{2-}$; [CuCl$_2$(Meim)$_2$] (Fig. 21.33a);
- planos quadrados: [Cu(ox)$_2$]$^{2-}$; *cis*-[Cu(H$_2$NCH$_2$CO$_2$)$_2$] e *trans*-[Cu(H$_2$NCH$_2$CO$_2$)$_2$]; [Cu(en)(NO$_3$-*O*)$_2$];
- bipiramidais triangulares: [Cu(NO$_3$-*O*)$_2$(py)$_3$] (nitratos equatoriais); [Cu(CN){N(CH$_2$CH$_2$NH$_2$)$_3$}]$^+$ (cianeto axial);
- piramidais de base quadrada: [Cu(NCS-*N*)(**21.63**)]$^+$ (o ligante **21.63** é tetradentado nos sítios basais); [Cu(OH$_2$)(fen)(**21.64**)] (H$_2$O apical), [CuCl$_2$(OH$_2$)$_2$(MeOH)] (MeOH apical, Cl *trans*- nos sítios basais);
- octaédricos: [Cu(HOCH$_2$CH$_2$OH)$_3$]$^{2+}$; [Cu(bpy)$_3$]$^{2+}$; [Cu(fen)$_3$]$^{2+}$; *trans*-[CaCl(OH$_2$)(en)$_2$]$^{2+}$; *trans*-[Cu(BF$_4$)$_2$(en)$_2$] (veja abaixo).

(21.63) (21.64)

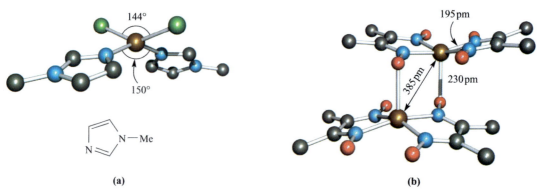

Fig. 21.33 (a) A estrutura tetraédrica achatada do [CuCl$_2$(Meim)$_2$] (determinada por difração de raios X) e uma representação esquemática do ligante *N*-metilimidazol (sigla em inglês, Meim) [J.A.C. van Ooijen *et al.* (1979) *J. Chem. Soc., Dalton Trans.*, p. 1183]; (b) o [Cu(Hdmg)$_2$] forma dímeros no estado sólido, ao contrário do [Ni(Hdmg)$_2$] (Fig. 21.30); estrutura determinada por difração de raios X [A. Vaciago *et al.* (1970) *J. Chem. Soc., A*, p. 218]. Código de cores: Cu, castanho; N, azul; Cl, verde; O, vermelho; C, cinza.

As distorções Jahn–Teller são aparentes em muitos complexos. No [Cu(bpy)$_3$]$^{2+}$, a distorção é particularmente grave com ligações Cu–N equatoriais de 203 pm, e distâncias axiais de 223 e 245 pm. O complexo *trans*-[Cu(BF$_4$)$_2$(en)$_2$] ilustra a capacidade do [BF$_4$]$^-$ de agir como um ligante monodentado; as ligações Cu–F longas (256 pm) indicam interações Cu–F bastante fracas. Na Seção 21.11, descrevemos a estrutura do [Ni(Hdmg)$_2$]; o [Cu(Hdmg)$_2$] também exibe ligação de hidrogênio entre os ligantes, mas, no estado sólido, as moléculas ficam associadas em *pares*, com a esfera de coordenação sendo piramidal de base quadrada (Fig. 21.33b).

Uma aplicação prática da coordenação dos *N,O* doadores ao Cu(II) é o *teste do biureto* para peptídeos e proteínas. Os compostos que contêm ligações peptídicas formam um complexo violeta ($\lambda_{máx}$ = 540 nm), quando tratados em solução de NaOH com algumas gotas de CuSO$_4$ aquoso. A forma geral do complexo pode ser representada por **21.65**, no qual o ligante é a forma duplamente desprotonada do biureto, H$_2$NC(O)NHC(O)NH$_2$.

(21.65)

Quando um sal de Cu(II) é tratado com excesso de KCN, à temperatura ambiente, o cianogênio é liberado e o cobre é reduzido (Eq. 21.106). No entanto, em metanol aquoso a baixas temperaturas, forma-se o [Cu(CN)$_4$]$^{2-}$ plano quadrado violeta.

$$2Cu^{2+} + 4[CN]^- \longrightarrow 2CuCN(s) + C_2N_2 \quad (21.106)$$

Alguns complexos que contêm cobre são estudados como modelos para sistemas bioinorgânicos (veja o Capítulo 29).

Cobre(I)

Cuproso é o nome antigo do cobre(I). O íon Cu$^+$ tem uma configuração d^{10} e os sais são diamagnéticos e incolores, exceto quando o contraíon é colorido ou quando as absorções de transferência de carga ocorrem na região do visível, por exemplo, no Cu$_2$O vermelho.

O fluoreto de cobre(I) não é conhecido, embora a unidade de CuF seja estabilizada no complexo tetraédrico [CuF(PPh$_3$)$_3$]. O CuCl, o CuBr e o CuI são sólidos brancos e são produzidos pela redução de um sal de Cu(II) na presença de íons haleto; por exemplo, o CuBr forma-se quando o SO$_2$ é borbulhado através de uma solução aquosa de CuSO$_4$ e KBr. O cloreto de cobre(I) tem uma estrutura de blenda de zinco (veja a Fig. 6.19). As formas γ do CuBr e do CuI adotam a estrutura da blenda de zinco, mas convertem-se nas formas β (estrutura da wurtzita, Fig. 6.21), a 660 e 690 K, respectivamente. Os valores de K_{ps}(298 K) para o CuCl, o CuBr e o CuI são 1,72 × 10^{-7}, 6,27 × 10^{-9} e 1,27 × 10^{-12}. O iodeto de cobre(I) precipita quando é adicionado qualquer sal de Cu(II) à solução de KI (Eq. 21.107).

$$2Cu^{2+} + 4I^- \longrightarrow 2CuI + I_2 \quad (21.107)$$

Os ânions e ligantes disponíveis em solução influenciam fortemente as estabilidades relativas das espécies de Cu(I) e Cu(II). A solubilidade muito baixa do CuI é crucial para a reação 21.107, que ocorre apesar do fato de os valores de $E°$ dos pares Cu^{2+}/Cu$^+$ e I$_2$/I$^-$ serem +0,15 e +0,54 V, respectivamente. No entanto, na presença da 1,2-etildiamina ou tartarato, que formam complexos estáveis com o Cu^{2+}, o I$_2$ oxida-se formando o CuI.

O cianeto de cobre(I) (Eq. 21.106) é comercialmente disponível. Esse polimorfo converte-se em uma forma de alta temperatura a 563 K. Ambos os polimorfos contêm cadeias (**21.66**). Na forma de alta temperatura, as cadeias são lineares (conforme no AgCN e AuCN), mas, na forma de baixa temperatura, cada cadeia adota uma configuração 'ondulada' incomum. Os dois polimorfos podem ser interconvertidos à temperatura ambiente pelo uso do KBr aquoso nas condições mostradas no esquema 21.108.

----Cu—C≡N→Cu—C≡N----

(21.66)

(21.108)

O hidreto de cobre(I) é obtido pela redução de sais de Cu(II) com o H$_3$PO$_2$ e cristaliza-se com a estrutura da wurtzita. Decompõe-se quando tratado com ácidos, liberando H$_2$.

O óxido de cobre(I) vermelho pode ser obtido pela oxidação do Cu (reação 21.99), mas é mais facilmente produzido pela redução de compostos de Cu(II) em meios alcalinos. Quando a solução de Fehling (Cu^{2+} em tartarato de sódio alcalino aquoso) é adicionada a um açúcar redutor, tal como a glicose, o Cu$_2$O precipita. Trata-se de um teste qualitativo para açúcares redutores. A estrutura de estado sólido do Cu$_2$O é baseada em uma anti-β-cristobalita (SiO$_2$, Fig. 6.20c), isto é, com o Cu(I) em sítios lineares e O^{2-} em sítios tetraédricos. Como a estrutura do Cu$_2$O é particularmente aberta, o cristal consiste em duas estruturas que se interpenetram (Fig. 21.34), e a estrutura do CuO$_2$, *cuprita*, é um protótipo de estrutura. O óxido de cobre(I) é utilizado como pigmento vermelho em cerâmicas, esmalte para porcelana e vidros. O Cu$_2$O tem propriedades fungicidas e é adicionado a certas tintas como agente antivegetativo. É insolúvel em água, mas dissolve-se em NH$_3$ aquosa dando o [Cu(NH$_3$)$_2$]$^+$ incolor (**21.67**); a solução absorve facilmente o O$_2$ e torna-se azul à medida que se forma o [Cu(NH$_3$)$_4$]$^{2+}$.

$$[H_3N \rightarrow Cu \leftarrow NH_3]^+$$

(21.67)

Em soluções ácidas, o Cu$_2$O desproporciona-se (Eq. 21.109).

$$Cu_2O + H_2SO_4 \longrightarrow CuSO_4 + Cu + H_2O \quad (21.109)$$

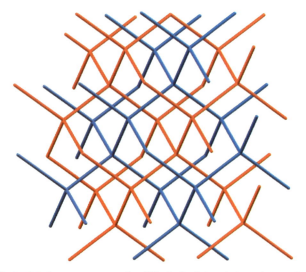

Fig. 21.34 A estrutura no estado sólido do Cu₂O (cuprita) consiste em duas redes tridimensionais que se interpenetram (mostradas em vermelho e azul). Cada rede tem uma estrutura de anticristobalita.

O complexo **21.67** ilustra um ambiente linear para o Cu(I). A geometria mais comum é a tetraédrica. Também ocorrem espécies tricoordenadas. Os complexos de haletos exibem grande diversidade estrutural e a natureza do cátion frequentemente é crucial para a determinação da estrutura do ânion. Por exemplo, o [CuCl₂]⁻ (formado quando o CuCl se dissolve em HCl concentrado) pode ocorrer na forma de ânions lineares discretos (**21.68**) ou na forma de um polímero com centros de Cu(I) tetraédricos (**21.69**). O [CuCl₃]²⁻ plano triangular foi isolado, por exemplo, no [Me₄P]₂[CuCl₃], mas também é possível a associação em ânions discretos em pontes halido, por exemplo, o [Cu₂I₄]²⁻ (**21.70**) [Cu₂Br₆]³⁻ (Fig. 21.35a) e o [Cu₄Br₆]²⁻ (Fig. 21.35b). Uma ponte *linear* de Cu–Br–Cu incomum liga duas subunidades semelhantes ao cubano no ânion de valência mista [Cu₈Br₁₅]⁶⁻ (Fig. 21.36). Esse íon formalmente contém um centro de Cu(II) e sete centros de Cu(I), mas as propriedades estruturais e de espectroscopia de RPE e cálculos teóricos são consistentes com a ligação deslocalizada. A complexação entre o Cu(I) e o [CN]⁻ pode levar ao [Cu(CN)₂]⁻ (**21.71** polimérico, como no sal de K⁺), ao [Cu(CN)₂]²⁻ (**19.2** plano triangular) ou ao [Cu(CN)₄]³⁻ (tetraédrico).

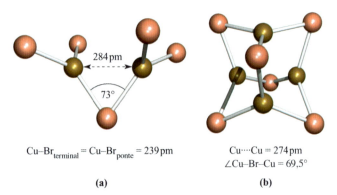

Fig. 21.35 As estruturas (difração de raios X) do (a) [Cu₂Br₅]³⁻ no sal de [Me₄N]⁺ [M. Asplund *et al.* (1985) *Acta Chem. Scand., Ser. A*, vol. 39, p. 47] e (b) [Cu₄Br₆]²⁻ no sal de [ⁿPr₄N]⁺ [M. Asplund *et al.* (1984) *Acta Chem. Scand., Ser. A*, vol. 38, p. 725]. Em ambos, os centros de Cu(I) estão em ambientes planos triangulares e, no [Cu₄Br₆]²⁻, os átomos de cobre estão em um arranjo tetraédrico; as distâncias Cu····Cu são maiores do que no metal. Código de cores: Cu, castanho; Br, rosa.

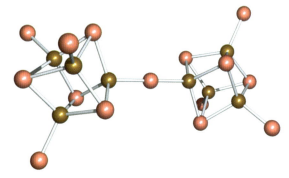

Fig. 21.36 A estrutura (difração de raios X, a 203 K) do íon de valência mista [Cu₈Br₁₅]⁶⁻ no composto [MePh₃P]₆[Cu₈Br₁₅] [G.A. Bowmaker *et al.* (1999) *Inorg. Chem.*, vol. 38, p. 5476]. Código de cores: Cu, castanho; Br, rosa.

$$\left[\text{Cl} - \text{Cu} - \text{Cl} \right]^{-}$$
Cu–Cl = 209 pm

(21.68)

(21.69) — estrutura em ponte com Cu–Cl = 235 pm, [...]ₙ²ⁿ⁻

(21.69)

(21.70) — [Cu₂I₄]²⁻ com pontes de I

(21.70)

(21.71) — [Cu(CN)₂]⁻ polimérico

(21.71)

O cobre(I) é um centro metálico mole (Tabela 7.9) e tende a interagir com átomos doadores moles, como o S e o P, embora a formação de complexos com ligantes *N* e *O* doadores seja bem caracterizada. Muitos complexos com ligantes *S* doadores são conhecidos, e a propensão do enxofre em formar pontes leva a muitos complexos multinucleares, por exemplo, o [(S₆)Cu(μ-S₈)Cu(S₆)]⁴⁻ (Fig. 16.12), o [Cu₄(SPh)₆]²⁻ (que é estruturalmente relacionado ao [Cu₄Br₆]²⁻ com o [SPh]⁻ substituindo as pontes de Br⁻), e o [{Cu(S₂O₃)₂}ₙ] (estruturalmente relacionado ao **21.69** com os tiossulfatos com ligação *S* substituindo as pontes Cl⁻). Já vimos diversas vezes no presente capítulo como os ligantes macrocíclicos podem impor números de coordenação incomuns aos íons metálicos, ou, se o anel é bastante grande, podem se envolver em torno de um íon metálico, por exemplo, no [Co(**21.46**)]²⁺. No [Cu(**21.46**)]⁺ (Fig. 21.37), a preferência pelo íon Cu⁺ para ser tetraedricamente coordenado significa

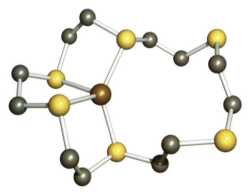

Fig. 21.37 A estrutura do [Cu(**21.46**)]⁺ (o ligante **21.46** é um macrociclo S_6) determinada por difração de raios X para o sal de [BF₄]⁻; o Cu⁺ está em um ambiente tetraédrico com distorções [J.R. Hartman *et al.* (1986) *J. Am. Chem. Soc.*, vol. 108, p. 1202]. Os átomos de hidrogênio foram omitidos; código de cores: Cu, castanho; S, amarelo; C, cinza.

que ele interage com somente quatro dos seis átomos doadores do macrociclo.

Exercícios propostos

1. Os complexos 'octaédricos' de Cu(II) são frequentemente descritos como tendo um padrão de coordenação (4 + 2). Sugira a origem dessa descrição.

   [*Resp.*: Veja a estrutura 20.5 e a discussão]

2. Os valores de log K_n para o deslocamento de ligantes de H₂O no [Cu(OH₂)₆]²⁺ por ligantes de NH₃ são 4,2, 3,5, 2,9, 2,1 e −0,52 para n = 1, 2, 3, 4 e 5, respectivamente. Não pode ser medido um valor para n = 6 em solução aquosa. Comente a respeito desses dados.

   [*Resp.*: Veja a Fig. 20.37 e a discussão]

3. O CuO adota uma estrutura da cooperita. Confirme a estequiometria do composto a partir da célula unitária apresentada na Fig. 21.31b.

4. O íon [Cu₅Cl₁₂]⁶⁻ contém um centro de Cu(II) octaédrico tetragonalmente distorcido e dois centros de Cu(II) tetraédricos. O íon é centrossimétrico. Desenhe a estrutura do ânion, e comente a respeito do que significa um ambiente 'octaédrico tetragonalmente distorcido'.

5. Em NH₃ líquida, os potenciais de redução padrão dos pares Cu²⁺/Cu⁺ e Cu⁺/Cu(s) [relativamente ao H⁺/H₂(g)] são +0,44 e +0,36 V, respectivamente. Esses valores são +0,15 e +0,52 V em condições aquosas. Calcule K para o equilíbrio:

   $$2Cu^+ \rightleftharpoons Cu^{2+} + Cu(s)$$

   em NH₃ líquida e em solução aquosa, a 298 K, e comente a respeito da significância dos resultados.

   [*Resp.*: K(NH₃ líquida) = 0,045; K(aq) = 1,8 × 10⁶]

21.13 Grupo 12: zinco

O metal

O zinco não é atacado pelo ar ou pela água à temperatura ambiente, mas o metal quente queima ao ar e decompõe o vapor d'água, formando o ZnO. O zinco é muito mais reativo do que o Cu (compare as Eqs. 21.110 e 21.97), liberando H₂ a partir dos ácidos minerais diluídos e dos álcalis (Eq. 21.111). Com ácido sulfúrico concentrado, ocorre a reação 21.112. Os produtos da reação com o HNO₃ dependem da temperatura e da concentração do ácido. Quando aquecido, o Zn reage com todos os halogênios dando ZnX₂, e combina-se com o S e o P elementares.

$$Zn^{2+} + 2e^- \rightleftharpoons Zn \qquad E^\circ = -0{,}76 \text{ V} \qquad (21.110)$$

$$Zn + 2NaOH + 2H_2O \longrightarrow Na_2[Zn(OH)_4] + H_2 \qquad (21.111)$$

$$Zn + 2H_2SO_4 \xrightarrow{\text{quente, concentrado}} ZnSO_4 + SO_2 + 2H_2O \qquad (21.112)$$

O primeiro (Sc) e último (Zn) membros do bloco d da primeira linha exibem uma faixa mais restrita de estados de oxidação do que os outros metais, e a química do Zn está essencialmente confinada à do Zn(II). O íon [Zn₂]²⁺ (cujos análogos são bem caracterizados para os metais mais pesados do grupo 10) só foi caracterizado em um vidro diamagnético amarelo obtido pelo resfriamento de uma solução de Zn metálico em ZnCl₂ fundido. Ele desproporciona-se rapidamente (Eq. 21.113).

$$[Zn_2]^{2+} \longrightarrow Zn^{2+} + Zn \qquad (21.113)$$

Como a configuração eletrônica do Zn²⁺ é d^{10}, os compostos são incolores e diamagnéticos. Não há qualquer EECL associada ao íon d^{10} e, conforme mostra a discussão a seguir, nenhuma geometria particular é preferida para o Zn²⁺. Existem algumas semelhanças com o Mg, e muitos compostos de Zn são isomorfos com seus análogos de Mg.

Zinco(II)

Os haletos binários são mais bem produzidos por ação do HF, HCl, Br₂ ou do I₂ sobre o Zn quente. O Zn₂ também é preparado por decomposição térmica do Zn(BF₄)₂. Os vapores dos haletos contêm moléculas lineares. O ZnF₂ sólido adota uma estrutura do rutilo (Fig. 6.22) e tem uma alta energia de rede e elevado ponto de fusão. A evidência de caráter covalente significativo é aparente nas estruturas e propriedades do ZnCl₂, do ZnBr₂ e do ZnI₂, que possuem estruturas em camadas, têm pontos de fusão inferiores ao ZnF₂ (Fig. 21.38) e são solúveis em diversos solventes orgânicos. A solubilidade em água do

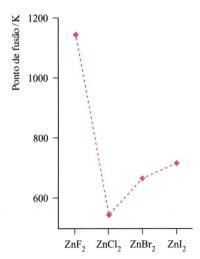

Fig. 21.38 Tendência em pontos de fusão dos haletos de zinco.

ZnF$_2$ é baixa, mas o ZnCl$_2$, o ZnBr$_2$ e o ZnI$_2$ são muito solúveis. Os usos do ZnCl$_2$ são variados; por exemplo, em certos agentes ignífugos, na preservação da madeira, como adstringente, em desodorantes e, combinado com o NH$_4$Cl, como fundente de soldagem.

O hidreto de zinco é produzido pela reação 21.114 (ou a partir do LiH e ZnBr$_2$) e é um sólido bastante estável, a 298 K.

$$\text{ZnI}_2 + 2\text{NaH} \xrightarrow{\text{THF}} \text{ZnH}_2 + 2\text{NaI} \quad (21.114)$$

O zinco é de grande significância comercial e o ZnO (produzido a partir do Zn e O$_2$) é o composto mais importante do zinco (veja a Seção 21.2). Trata-se de um sólido branco com a estrutura da wurtzita (Fig. 6.21) a 298 K. Ele fica amarelo quando aquecido e, nesta forma, é um semicondutor devido à perda de oxigênio e à produção de alguns átomos de Zn intersticiais. O óxido de zinco é anfótero, dissolvendo-se em ácidos, dando soluções contendo o [Zn(OH$_2$)$_6$]$^{2+}$ ou derivados do mesmo (alguns ânions coordenam-se ao Zn^{2+}). A hidrólise do [Zn(OH$_2$)$_6$]$^{2+}$ ocorre dando várias espécies em solução resultantes da perda de H$^+$. Em álcalis, o ZnO forma zincatos como [Zn(OH)$_4$]$^{2-}$ (21.72). Esse íon também se forma quando o Zn(OH)$_2$ se dissolve em álcalis aquosos. O hidróxido de zinco é insolúvel em água; há cinco polimorfos dos quais o ε-Zn(OH)$_2$ (estrutura da β-cristobalita distorcida, Fig. 6.20c) é termodinamicamente o mais estável.

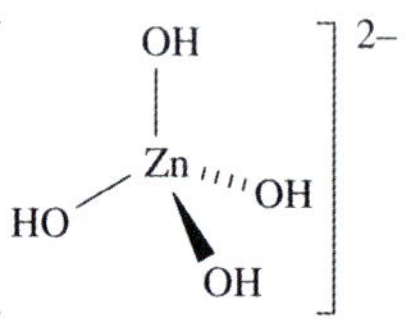

(21.72)

O sulfeto de zinco ocorre naturalmente na forma dos minerais *blenda de zinco* e, mais raramente, *wurtzita*. Esses minerais são protótipos estruturais (veja a Seção 6.11 – Volume 1). O sulfeto de zinco é um sólido branco fotossensível e, quando exposto aos raios catódicos ou raios X, fluoresce e é empregado em tintas fluorescentes e telas de radar. A adição do Cu ao ZnO leva a uma fosforescência verde após exposição à luz, e são obtidas outras variações de cor com o uso de diferentes aditivos. A conversão do ZnS em ZnO por ustulação ao ar é o método comercial de produzir o óxido.

Outros compostos de Zn(II) que são comercialmente disponíveis incluem o carbonato, o sulfato e o nitrato. O sulfato é muito solúvel em água. Os cristais de ZnSO$_4 \cdot$7H$_2$O formam-se na evaporação de soluções a partir de reações do Zn, ZnO, Zn(OH) ou do ZnCO$_3$ com o H$_2$SO$_4$ aquoso. Inicialmente ocorre desidratação sob aquecimento, seguida de decomposição (Eq. 21.115).

$$\text{ZnSO}_4 \cdot 7\text{H}_2\text{O} \xrightarrow[-7\text{H}_2\text{O}]{520\,\text{K}} \text{ZnSO}_4 \xrightarrow{1020\,\text{K}} \text{ZnO} + \text{SO}_3 \quad (21.115)$$

O ZnCO$_3$ insolúvel ocorre naturalmente na forma de *smithsonita*, mas o mineral tende a ser colorido devido à presença de, por exemplo, Fe(II). O carbonato geralmente é adquirido na forma do sal básico de ZnCO$_3 \cdot$2Zn(OH)$_2 \cdot x$H$_2$O e é empregado em loção de calamina.

O nitrato de zinco pode ser obtido como um dos diversos hidratos, dos quais o mais comum é o Zn(NO$_3$)$_2 \cdot$6H$_2$O. O Zn(NO$_3$)$_2$ anidro é produzido a partir do Zn e do N$_2$O$_4$, pois o aquecimento dos hidratos produz hidroxissais. Os hexaidratos de Zn(NO$_3$)$_2$ e de Zn(ClO$_4$)$_2$ contêm [Zn(OH$_2$)$_6$]$^{2+}$ octaédricos no estado sólido. De modo semelhante, é possível isolar sais que contêm o [Zn(NH$_3$)$_6$]$^{2+}$, por exemplo, o ZnCl$_2 \cdot$6NH$_3$ a partir de reações realizadas em NH$_3$ líquida. No entanto, em solução aquosa, o [Zn(NH$_3$)$_6$]$^{2+}$ existe em equilíbrio com o [Zn(NH$_3$)$_4$]$^{2+}$. A Eq. 9.25 mostrou a formação do [Zn(NH$_2$)$_4$]$^{2-}$. O acetato básico de zinco [Zn$_4$(μ$_4$-O)(μ-O$_2$CMe)$_6$] é isoestrutural com seu análogo Be(II) (Fig. 12.7), mas é mais facilmente hidrolisado em água. Outro sal de interesse é o Zn(acac)$_2 \cdot$H$_2$O (21.73) no qual a coordenação do Zn^{2+} é piramidal de base quadrada.

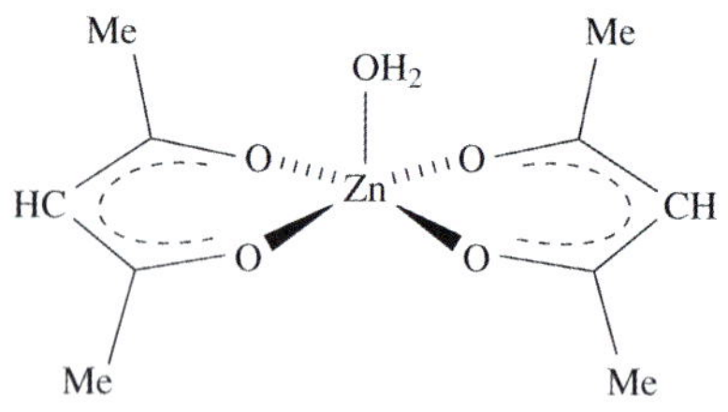

(21.73)

Nossa discussão de compostos de Zn(II) apresentou complexos incluindo o [Zn(OH$_2$)$_6$]$^{2+}$, [Zn(NH$_3$)$_6$]$^{2+}$, [ZN(NH$_3$)$_4$]$^{2+}$, [Zn(OH)$_4$]$^{2-}$ e o [Zn(acac)$_2$(OH$_2$)], exemplificando a coordenação octaédrica, tetraédrica e piramidal de base quadrada. São conhecidos numerosos complexos de Zn(II) (há algum interesse para o desenvolvimento de modelos para sistema bioinorgânicos contendo Zn; veja o Capítulo 29) e números de coordenação de 4 a 6 são os mais comuns. O zinco(II) é um íon da fronteira duro/mole e facilmente se complexa com ligantes que contêm diversos átomos doadores, por exemplo, os *N* doadores duros e *S* doadores moles.

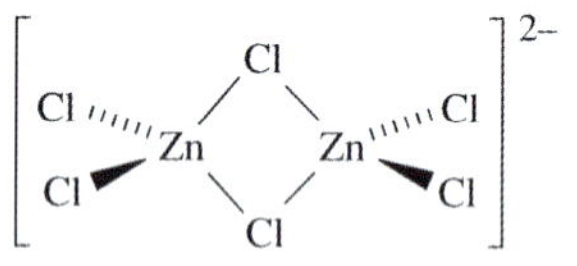

(21.74) 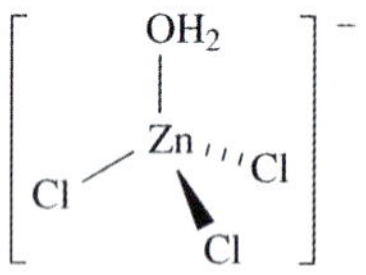   (21.75)

O [ZnCl$_4$]$^{2-}$ e o [ZnBr$_4$]$^{2-}$ tetraédricos podem ser formados a partir do ZnCl$_2$ e ZnBr$_2$ e muitos sais são conhecidos. Os sais de [ZnI$_4$]$^{2-}$ são estabilizados com o uso de cátions grandes. Os dados cristalográficos para os sais de '[ZnCl$_3$]$^-$' normalmente revelam a presença do [Zn$_2$Cl$_6$]$^{2-}$ (21.74), e, em solventes de coordenação, está presente o [ZnCl$_3$(solv)]$^-$ tetraédrico. Sais como o K[ZnCl$_3$] $\cdot$ H$_2$O contêm [ZnCl$_3$(OH$_2$)]$^-$ (21.75) no estado sólido. Um quadro semelhante é válido para os sais de '[ZnBr$_3$]$^-$' e '[ZnI$_3$]$^-$'; tanto o [Zn$_2$Br$_6$]$^{2-}$ quanto o [Zn$_2$I$_6$]$^{2-}$ foram confirmados no estado sólido.

A estrutura do Zn(CN)$_2$ é uma rede *anticuprita* com grupos [CN]$^-$ fazendo ponte entre os centros de Zn(II) tetraédricos, e duas redes que se interpenetram. (Veja a Fig. 21.34 para a estrutura da cuprita.) Por outro lado, o [Zn(CN)$_4$]$^{2-}$ existe na forma de íons tetraédricos discretos da mesma forma que o [Zn(N$_3$)$_4$]$^{2-}$ e o [Zn(NCS-*N*)$_4$]$^{2-}$. Assim como é possível isolar o [Zn(NH$_3$)$_4$]$^{2+}$ e o [Zn(NH$_3$)$_6$]$^{2+}$, são também conhecidos pares de complexos [ZnL$_2$]$^{2+}$ tetraédrico e [ZnL$_3$]$^{2+}$ octaédrico (L = en, bpy, fen).

(21.76)   **(21.77)**

Os exemplos de altos números de coordenação para o Zn^{2+} são raros, mas incluem o [Zn(15-coroa-5)(OH$_2$)$_2$]$^{2+}$ bipiramidal pentagonal (**21.76**), e o [Zn(NO$_3$)$_4$]$^{2-}$ dodecaédrico (estruturalmente semelhante ao [Co(NO$_3$)$_4$]$^{2-}$, Fig. 21.28c).

Pelo uso de um ligante ariloxido estericamente exigente, é possível isolar um complexo de Zn(II) tricoordenado (plano triangular), estrutura **21.77**.

Zinco(I)

Na Eq. 21.57, ilustramos o uso de um ligante β-dicetiminato, L, para estabilizar o Mn(I) em um complexo dinuclear. O mesmo ligante é capaz de estabilizar o complexo Zn$_2$L$_2$ apresentado no esquema 21.116. O complexo formalmente contém um caroço de [Zn]$^{2+}$, no qual a distância de ligação Zn–Zn é de 236 pm. Trata-se do segundo exemplo de um composto contendo uma ligação Zn–Zn, sendo o primeiro a espécie organometálica (η^5-C$_5$Me$_5$)$_2$Zn$_2$ (Zn–Zn = 230,5 pm; veja a Fig. 24.23).

(21.116)

Exercícios propostos

1. Explique por que os compostos de Zn(II) são diamagnéticos, independentemente do ambiente de coordenação do íon Zn^{2+}.   [*Resp.*: d^{10} e veja as Figs. 20.8 e 20.11]

2. Você espera que o Zn^{2+} forme complexos octaédricos estáveis com ligantes π receptores? Dê razões para a sua resposta.   [*Resp.*: Veja o final da Seção 20.4]

TERMOS IMPORTANTES

Os seguintes termos foram introduzidos neste capítulo. Você sabe o que eles significam?

- ❑ heteropoliânion
- ❑ homopoliânion
- ❑ isopoliânion
- ❑ polioximetalato
- ❑ termocrômico

LEITURA RECOMENDADA

Veja também a leitura recomendada para os Capítulos 19 e 20.

F.A. Cotton (2000) *J. Chem. Soc., Dalton Trans.*, p. 1961 – 'A millennial overview of transition metal chemistry'.

F.A. Cotton, G. Wilkinson, M. Bochmann and C. Murillo (1999) *Advanced Inorganic Chemistry*, 6. ed., Wiley Interscience, New York – Um dos trabalhos mais minuciosos da química dos metais do bloco *d*.

J. Emsley (1998) *The Elements*, 3. ed., Oxford University Press, Oxford – Uma fonte inestimável de dados para os elementos.

N.N. Greenwood and A. Earnshaw (1997) *Chemistry of the Elements*, 2. ed., Butterworth-Heinemann, Oxford – Um tratamento muito bom, inclusive de aspectos históricos, tecnológicos e estruturais; os metais em cada tríade são tratados em conjunto.

J. McCleverly (1999) *Chemistry of the First-row Transition Metals*, Oxford University Press, Oxford – Um texto introdutório que aborda os metais Ti até Cu.

S. Riedel and M. Kaupp (2009) *Coord. Chem. Rev.*, vol. 253, p. 606 – 'The highest oxidation states of the transition metal elements'.

J. Silver (ed.) (1993) *Chemistry of Iron*, Blackie, London – Uma série de artigos abrangendo diferentes facetas da química do ferro.

A.F. Wells (1984) *Structural Inorganic Chemistry*, 5. ed., Clarendon Press, Oxford – Uma excelente fonte de informações estruturais detalhadas particularmente de compostos binários.

PROBLEMAS

21.1 Escreva, em sequência, os elementos do bloco *d* da primeira linha e dê a configuração eletrônica de valência de cada metal e do seu íon M^{2+}.

21.2 Comente a respeito da variação dos estados de oxidação dos metais da primeira linha.

21.3 No complexo $[Ti(BH_4)_3(MeOCH_2CH_2OMe)]$, o centro de Ti(III) é octacoordenado. Sugira modos de coordenação para os ligantes.

21.4 Comente a respeito de cada uma das seguintes observações: (a) O Li_2TiO_3 forma uma faixa contínua de soluções sólidas com o MgO. (b) Quando o $TiCl_3$ é aquecido com o NaOH aquoso concentrado, é liberado H_2.

21.5 Uma solução acidificada de vanadato de amônio 0,1000 mol dm^{-3} (25,00 cm^3) foi reduzida pelo SO_2 e, após fervura do excesso do agente redutor, observou-se que a solução azul restante exigia a adição de 25,00 cm^3 de $KMnO_4$ 0,0200 mol dm^{-3} para dar uma coloração rosa à solução. Outra alíquota de 25,00 cm^3 da solução de vanadato foi agitada com amálgama de Zn e, então, imediatamente vertida em excesso da solução de vanadato de amônio; na titulação da solução resultante com a solução de $KMnO_4$, foram necessários 74,5 cm^3. Deduza o que aconteceu nesses experimentos.

21.6 Dê equações que descrevam o que acontece ao VBr_3 quando aquecido.

21.7 O momento magnético do $[NH_4]V(SO_4)_2 \cdot 12H_2O$ é 2,8 μ_B e o espectro de absorção eletrônica de uma solução aquosa contêm absorções em 17.800, 25.700 e 34.500 cm^{-1}. Explique essas observações.

21.8 Sugira a fórmula e a estrutura do complexo mononuclear formado entre o Cr^{3+} e o ligante **21.78**. Comente a respeito de possível isomerismo.

(21.78)

21.9 Utilize dados do Apêndice 11 para prever qualitativamente o resultado do seguinte experimento, a 298 K: o Cr é dissolvido em excesso de $HClO_4$ molar e a solução é agitada ao ar.

21.10 A Fig. 21.39 mostra a variação da concentração do $[MnO_4]^-$ com o tempo durante uma reação com íons oxalato acidificados. (a) Sugira um método para monitorar a reação. (b) Explique a forma da curva.

21.11 Comente a respeito dos modos de ligação dos ligantes nos complexos de Mn(II) listados ao final da Seção 21.8, prestando atenção a quaisquer restrições de conformação.

21.12 Como você (a) distinguiria entre as formulações $Cu^{II}Fe^{II}S_2$ e $Cu^{I}Fe^{III}S_2$ para o mineral *calcopirita*, (b) demonstraria

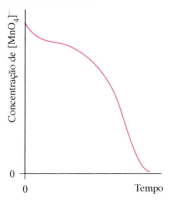

Fig. 21.39 Figura para o problema 21.10.

que o Fe^{3+} é um cátion duro, e (c) mostraria que o composto azul precipitado quando uma solução de $[MnO_4]^-$ em KOH aquoso concentrado é reduzido pelo $[CN]^-$ contém Mn(V)?

21.13 Dê equações para as seguintes reações: (a) aquecimento do Fe com Cl_2; (b) aquecimento do Fe com I_2; (c) $FeSO_4$ sólido com H_2SO_4 concentrado; (d) Fe^{3+} aquoso com $[SCN]^-$; (e) Fe^{3+} com $K_2C_2O_4$; (f) FeO com H_2SO_4 diluído; (g) $FeSO_4$ aquoso com NaOH.

21.14 Diga como você tentaria (a) estimar a energia de estabilização do campo cristalino do FeF_2, e (b) determinar a constante de estabilidade global do $[Co(OH_3)_6]^{3+}$ em solução aquosa, dado que a constante de formação global para o $[Co(OH_3)_6]^{3+}$ é 10^3, e

$$Co^{3+}(aq) + e^- \rightleftharpoons Co^{2+}(aq) \qquad E^o = +1,92\,V$$

$$[Co(NH_3)_6]^{3+}(aq) + e^- \rightleftharpoons [Co(NH_3)_6]^{2+}(aq)$$
$$E^o = +0,11\,V$$

21.15 Sugira por que o Co_3O_4 adota uma estrutura de espinélio normal em vez de espinélio inverso.

21.16 Dê explicações para as seguintes observações: (a) O complexo $[Co(en)_2Cl_2]_2[CoCl_4]$ tem um momento magnético de 3,71 μ_{ef} à temperatura ambiente. (b) À temperatura ambiente, o momento magnético do $[CoI_4]^{2-}$ (por exemplo, 5,01 μ_B para o sal de $[Et_4N]^+$) é maior do que o dos sais de $[CoCl_4]^{2-}$.

21.17 (a) Quando o $[CN]^-$ é adicionado aos íons Ni^{2+} aquosos, forma-se um precipitado verde; se é adicionado excesso de KCN, o precipitado dissolve-se dando uma solução amarela e, a altas concentrações de $[CN]^-$, a solução fica vermelha. Sugira uma explicação para essas observações. (b) Se o composto amarelo da parte (a) fosse isolado e reagisse com Na em NH_3 líquida, poderia ser isolado um produto diamagnético vermelho, sensível ao ar. Identifique o composto.

21.18 O tratamento de uma solução aquosa de $NiCl_2$ com H_2N-$CHPhCHPhNH_2$ dá um complexo azul ($\mu_{ef} = 3,30\,\mu_B$) que perde H_2O quando aquecido formando um composto diamagnético amarelo. Sugira explicações para essas observações e comente a respeito de possível isomerismo na espécie amarela.

21.19 Dê equações para as seguintes reações: (a) NaOH aquoso com o $CuSO_4$; (b) CuO com o Cu em HCl concentrado em refluxo; (c) Cu com o HNO₃ concentrado; (d) adição de NH₃ aquosa a um precipitado de Cu(OH)₂; (e) ZnSO₄ com o NaOH aquoso seguido da adição de excesso de NaOH; (f) ZnS com o HCl diluído.

21.20 (a) Compare as estruturas de estado sólido do [M(Hmdg)₂] para M = Ni e Cu e comente a respeito do fato de o [Cu(Hdmg)₂] ser mais solúvel em água do que o [Ni(Hmdg)₂]. (b) Sugira as prováveis características estruturais do [Pd(Hmdg)₂].

21.21 O cloreto de cobre(II) não é completamente reduzido pelo SO₂ em solução de HCl concentrado. Sugira uma explicação para a observação e enuncie como você tentaria estabelecer se a explicação está correta.

21.22 Quando os ligantes não controlam estericamente a geometria de coordenação, os complexos tetracoordenados de (a) Pd(II), (b) Cu(I) e (c) Zn(II) preferem ser planos quadrados ou tetraédricos? Explique sua resposta. Na ausência de dados cristalográficos, como você poderia distinguir entre uma estrutura plana quadrada ou tetraédrica para um complexo de Ni(II)?

21.23 Escreva fórmulas para os seguintes íons: (a) manganato(VII); (b) manganato(VI); (c) dicromato(VI); (d) vanadila; (e) vanadato (*orto* e *meta*); (f) hexacianidoferrato(III). Dê um nome alternativo para o manganato(VII).

21.24 Descreva sucintamente a variação das propriedades dos óxidos binários dos metais do bloco *d* da primeira linha indo do Sc para o Zn.

21.25 Dê uma visão geral da formação de complexos de halido do tipo $[MX_n]^{m-}$ pelos íons do bloco *d* da primeira linha, observando em particular se há presença ou não de íons discretos no estado sólido.

21.26 Quando o oxalato de ferro(II) (oxalato = ox²⁻) é tratado com H₂O₂, H₂ox e K₂ox, é obtido um composto verde X. X reage como NaOH aquoso dando o Fe₂O₃ hidratado, e é decomposto pela luz com a produção de oxalato de ferro(II), de K₂ox e de CO₃. A análise de X mostra que ele contém 11,4% de Fe e 53,7% de ox²⁻. Deduza a fórmula de X e escreva equações para sua reação com álcalis e sua decomposição fotoquímica. Enuncie, justificando, se você esperaria ou não que X fosse quiral.

21.27 O dimetilsulfóxido (sigla em inglês, DMSO) reage com o perclorato de cobalto(II) em EtOH dando um composto rosa **A** que é um eletrólito 1:2 e tem um momento magnético de 4,9 μ_B. O cloreto de cobalto(II) também reage com o DMSO, mas, nesse caso, o produto azul-escuro, **B**, é um eletrólito 1:1, e o momento magnético de **B** é 4,6 μ_B por centro de Co. Sugira uma fórmula e estrutura para **A** e **B**.

21.28 Quando se passa H₂S através de uma solução de sulfato de cobre(II) acidificado com H₂SO₄, precipita-se o sulfeto de cobre(II). Quando o H₂SO₄ é aquecido com Cu metálico, o produto principal que contém enxofre é o SO₂, mas também é formado um resíduo de sulfeto de cobre(II). Explique essas reações.

PROBLEMAS DE REVISÃO

21.29 (a) Escreva uma equação que represente a descarga de uma célula com eletrólito alcalino contendo um anodo de Zn e um catodo de BaFeO₄.
(b) A primeira banda de transferência de carga para o $[MnO_4]^-$ ocorre em 18.320 cm⁻¹, e para o $[MnO_4]^{2-}$, em 22.940 cm⁻¹. Explique a origem dessas absorções, e comente a respeito da tendência nas energias relativas indo do $[MnO_4]^{2-}$ para o $[MnO_4]^-$.
(c) Explique por que o FeS₂ adota uma estrutura do NaCl em vez de uma estrutura na qual a proporção de cátion:ânion é de 1:2.

21.30 (a) O valor de μ_{ef} para o $[CoF_6]^{3-}$ é 5,63 μ_B. Explique por que esse valor não concorda com o valor para μ obtido a partir da fórmula devido somente ao spin.
(b) Pelo uso de uma abordagem simples, explique por que a oxidação de um elétron do ligante da ponte no $[(CN)_5CoOOCo(CN)_5]^{6-}$ leva a uma diminuição da ligação O–O.
(c) Os sais de qual dos seguintes íons complexos se poderia esperar fossem formados como racematos: [Ni(acac)₃]⁻, [CoCl₃(NCMe)]⁻, *cis*-[Co(en)₂Cl₂]⁺, *trans*-[Cr(en)₂Cl₂]⁺?

21.31 (a) O espectro de absorção eletrônica do $[Ni(DMSO)_6]^{2+}$ (DMSO = Me₂SO) exibe três absorções a 7728, 12.970 e 24.038 cm⁻¹. Identifique essas absorções.
(b) O CuF₂ tem uma estrutura do rutilo com distorções (quatro Cu–F = 193 pm e dois Cu–F = 227 pm por centro de Cu); o $[CuF_6]^{2-}$ e o $[NiF_6]^{3-}$ são íons octaédricos distorcidos. Explique as origens dessas distorções.

(c) A dissolução do vanádio metálico em HBr aquoso leva a um complexo 'VBr₃·6H₂O'. Os dados de difração de raios X revelam que o composto contém um cátion complexo contendo um centro de simetria. Sugira uma formulação para o composto e uma estrutura para o cátion.

21.32 O complexo [V₂L₄], em que o HL é o difenilformamidina, é diamagnético. Cada ligante L⁻ age como um *N,N'* doador em ponte tal que o complexo é estruturalmente semelhante aos complexos do tipo [Cr₂(O₂CR)₄]. (a) Descreva um esquema de ligação para o caroço de [V₂]⁴⁺ e obtenha a ordem de ligação formal metal–metal no [V₂L₄]. (b) A reação do [V₂L₄] com o KC₈ em THF resulta na formação do K(THF)₃[V₂L₄]. Qual é o papel do KC₈ nessa reação? (c) Você espera que o comprimento da ligação V–V aumente ou diminua indo do [V₂L₄] para o K(THF)₃[V₂L₄]? Explique sua resposta.

Difenilformamidina (HL)

21.33 (a) O ligante 1,4,7-triazaciclononano, L, forma os complexos de níquel [NiL₂]₂[S₂O₆]₃·7H₂O e o [NiL₂][NO₃]Cl·H₂O. Os dados de difração de raios X para esses complexos revelam que, no cátion do [NiL₂][NO₃]Cl·H₂O, os comprimentos de ligação Ni–N ficam na faixa de 209-212 pm, enquanto, no [NiL₂]₂[S₂O₆]₃·7H₂O, duas ligações Ni–N (mutuamente *trans*-) são de comprimento 211 pm e as ligações Ni–N restantes ficam na faixa de 196-199 pm. Explique esses dados.

1,4,7-triazaciclononano

(b) Sugira por que algumas descrições das propriedades do [Fe(bpy)₃]²⁺ de baixo spin afirmam que este sal possui momentos magnéticos muito baixos.

(c) O ligante HL pode ser representado como segue:

Qual é o termo dado a essas formas de HL? A base conjugada do HL forma os complexos *mer*-[VL₃]⁻ e [V(Me₂NCH₂CH₂NMe₂)L₂]. Desenhe a estrutura do *mer*-[VL₃]⁻, e as estruturas dos possíveis isômeros do [V(Me₂NCH₂CH₂NMe₂)L₂].

TEMAS DA QUÍMICA INORGÂNICA

21.34 Os complexos de vanádio(IV) agem imitando a insulina, um hormônio secretado pelo pâncreas. Entre os complexos sendo estudados está o [VOL₂] no qual o HL é o maltol:

maltol

A Fig. 21.40 mostra a dependência que as espécies em solução aquosa contendo o [VO]²⁺ e HL em uma proporção de 1:2 têm do pH. (a) Sugira uma estrutura para o [VOL₂]. (b) Para qual íon [VO]²⁺ é uma abreviatura? (c) Explique as formas das curvas da Fig. 21.40, e sugira estruturas para as espécies presentes. (d) Por que os estudos, tais como aquele resumido na Fig. 21.40 são importantes no desenvolvimento de medicamentos antidiabetes?

21.35 O processo de curtimento na manufatura de couro baseia-se na interação do Cr³⁺ com o colágeno das proteínas fibrosas. Embora a glicina e a L-prolina sejam os aminoácidos mais importantes (veja a Tabela 29.2) do colágeno, o ácido glutâmico (pK_a = 3,8) e o ácido aspártico (pK_a = 4,2) também estão presentes. Durante o curtimento, o pH de uma solução aquosa de Cr(OH)SO₄ é aumentado de ≈2,8 para 3,8. (a) Que íon de cromo(III) está presente em solução aquosa em pH muito baixo e por que o H⁺ é necessário para estabilizar essa espécie? (b) Na ausência de colágeno, as soluções de Cr³⁺, em pH 3,8, contêm espécies lineares tri- e tetranucleares. Sugira estruturas para essas espécies. (c) Um estudo [A.D. Covington *et al.* (2001) *Polyhedron*, vol. 20, p. 46] da interação do cromo(III) com o colágeno afirma que, em pH 3,8, os grupos carboxilato devem competir pelo cromo com os ligantes hidróxido. O estudo conclui que a espécie predominante contendo cromo ligada ao couro é um oligômero linear com nuclearidade 2 ou 3. Usando essas informações, sugira como o Cr³⁺ interage com o colágeno e indique como o Cr³⁺ pode estar envolvido na reticulação das fibras de colágeno. (d) Uma grande preocupação na indústria do curtimento é evitar o resíduo tóxico oriundo da oxidação do Cr(III) em Cr(VI). O cromo(VI) pode estar presente na forma do [Cr₂O₇]²⁻ e outros dois ânions, dependendo do pH. Escreva equilíbrios que mostrem como as três espécies de Cr(VI) estão inter-relacionadas, e sugira um método para sua remoção da água a ser descartada.

21.36 O composto apresentado a seguir é um corante formazano geralmente referido como 'zincon'. É empregado para detectar os íons Zn²⁺ e Cu²⁺:

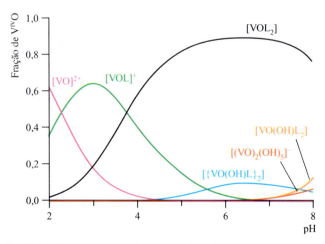

Fig. 21.40 Curvas de especiação para complexos formados em uma solução aquosa de vanádio(IV) e maltol (HL) com uma proporção de metal: ligante de 1:2. [Redesenhado com permissão de T. Kiss *et al.* (2000) *J. Inorg. Biochem.*, vol. 80, p. 65, Elsevier.]

(a) Sugira como o ligante se liga ao Zn²⁺ ou ao Cu²⁺, e comente a respeito do papel do pH na determinação da carga global do complexo. (b) Por que o ligante inclui um substituinte SO$_3$H? (c) O próprio zincon absorve em 463 nm. Sugira como a absorção surge. (d) Quando o zincon se liga ao Cu^{2+}, a absorção a 463 nm é substituída por uma a 600 nm. Por que isso torna o zincon um método fácil de deteção para íons Cu^{2+}? (e) O complexo de cobre(II) de zincon pode ser utilizado como um sensor para íons [CN]$^-$ em solução aquosa. A adição do [CN]$^-$ resulta no desaparecimento da absorção a 600 nm e no reaparecimento da absorção a 463 nm. Descreva as mudanças químicas que ocorrem em solução.

Tente resolver também os problemas de final de capítulo: 8.32, 8.33, 8.35 e 8.36 (Volume 1).

Tópicos

Ocorrência e extração
Aplicações
Propriedades físicas
Química inorgânica e de coordenação dos metais da segunda e terceira linhas

22

A química dos metais do bloco *d*: os metais mais pesados

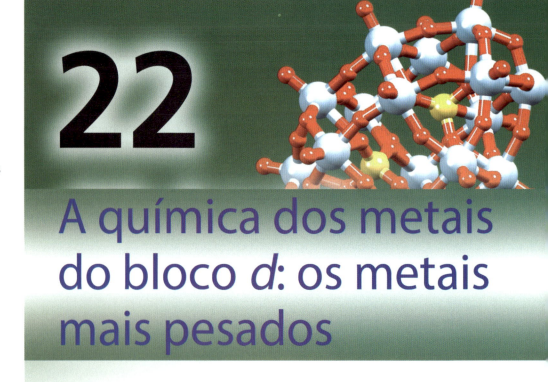

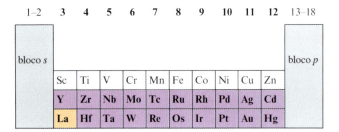

22.1 Introdução

O Capítulo 21 apresentou a química descritiva dos metais da primeira linha do bloco *d*. Neste capítulo, vamos focar a nossa atenção nos metais da segunda e terceira linhas (os *metais mais pesados*). As razões para discutir, separadamente, os metais mais leves e mais pesados foram dadas na Seção 21.1.

O lantânio, La, é frequentemente classificado juntamente com os lantanoides (veja a Fig. 1.14 – Volume 1), embora 'lantanoide' signifique 'como o lantânio', e o La seja rigorosamente um metal do grupo 3. Devido à semelhança química entre o La e os elementos do Ce ao Lu, eles serão considerados em conjunto no Capítulo 27. A única menção feita ao La neste capítulo se refere à sua ocorrência.

22.2 Ocorrência, extração e usos

A Fig. 22.1 mostra as abundâncias relativas dos metais da segunda e da terceira linhas do bloco *d*. Comparadas aos metais da primeira linha (Fig. 21.1), as abundâncias de alguns dos metais mais pesados são muito baixas, por exemplo, Os, 1×10^{-4} ppm, e Ir, 6×10^{-6} ppm; o Tc não ocorre na natureza. *Ítrio* e *lantânio* são semelhantes aos lantanoides e ocorrem juntamente com eles na natureza. Os principais minérios de ítrio e lantânio são a *monazita* (uma mistura de fosfatos metálicos, $(Ce,La,Nd,Pr,Th,Y…)PO_4$) e a *bastnasita* $((Ce,La,Y…)CO_3F)$; suas composições variam; por exemplo, um mineral 'rico em ítrio' pode conter ≤ 1% de Y, enquanto um mineral 'rico em lantânio' pode conter até 35% de La. A extração do ítrio envolve sua conversão a YF_3 ou YCl_3 seguida de redução com Ca ou K, respectivamente; a separação dos elementos lantanoides é descrita na Seção 27.5. O emprego mais importante do ítrio é em fósforos (Y_2O_3 e YVO_4 de alta pureza) para telas de televisores e de computadores. Embora o emprego tradicional em televisores contendo tubos de raios catódicos tenha diminuído, os fósforos continuan sendo usados em alguns monitores de tela plana, por exemplo, em televisores de plasma.

Fig. 22.1 Abundâncias relativas na crosta terrestre dos metais da segunda e terceira linhas do bloco *d*. Os dados são representados graficamente em escala logarítmica, e as unidades de abundância são em partes por 10^9. O tecnécio (grupo 7) não ocorre na natureza.

O ítrio também é empregado em ligas resistentes à corrosão, e na formação de granadas de ítrio para filtros de micro-ondas e gemas artificiais (granadas de ítrio-alumínio, YAG, $Al_5Y_3O_{12}$).

Zircônio é o metal do bloco *d* mais abundante na crosta terrestre após Fe, Ti e Mn, e está presente em quantidade considerável em amostras de rochas lunares coletadas nas missões Apollo. Zircônio e *háfnio* ocorrem na natureza, juntos, e são difíceis de serem separados. O Hf é mais raro na crosta terrestre do que o Zr, 5,3 e 190 ppm, respectivamente. Os principais minerais são a *badeleíta* (ZrO_2), o *zircão* ($(Zr,Hf)SiO_4$, < 2% de Hf) e a *alvita* ($(Zr,Hf)SiO_4 \cdot xH_2O$, < 2% de Hf). A extração de Zr envolve a redução do ZrO_2 pelo Ca, ou a conversão de ZrO_2 a K_2ZrF_6 (por tratamento com K_2SiF_6), seguido de redução. Tanto o Zr como o Hf podem ser produzidos a partir do zircão por meio da sequência de reações 22.1. A mistura de metais obtida dessa maneira é usada para reforçar o aço.

$$MO_2 \xrightarrow{CCl_4,\, 770\,K} MCl_4 \xrightarrow{Mg\ sob\ Ar,\, 1420\,K} M$$
$$(M = Zr\ ou\ Hf) \qquad (22.1)$$

O zircônio possui uma elevada resistência à corrosão e uma baixa seção de choque de captura de nêutrons, sendo usado para o revestimento de barras de combustível em reatores nucleares resfriados à água. Para essa aplicação, o Zr tem que estar livre de Hf, que é um absorvedor de nêutrons muito bom. O principal uso de Hf puro é nas barras de controle de reatores nucleares. Os compostos de zircônio e háfnio possuem energias de rede e solubilidades semelhantes, e seus complexos possuem estabilidades comparáveis. Isso significa que as técnicas de separação (por exemplo, troca iônica, extração por solventes) apresentam os mesmos problemas encontrados para os lantanoides. Os metais muito puros podem ser obtidos pela técnica de refino por zona (veja o Boxe 6.3 – Volume 1) ou por decomposição térmica de iodetos em um filamento metálico aquecido. Compostos de zircônio têm várias aplicações em catálise. Os empregos do ZrO_2 são descritos na Seção 22.5. No Boxe 15.4 (Volume 1), destacamos as aplicações dos nitretos de Hf e Zr.

Nióbio (antigamente chamado *colúmbio*) e *tântalo* ocorrem juntos no mineral *columbita* $(Fe,Mn)(Nb,Ta)_2O_6$. Quando o mineral é rico em Nb, ele é chamado *niobita*, e quando é rico em Ta, passa a ser denominado *tantalita*. A fusão do mineral com álcali produz polinióbiatos e politantalatos, e um tratamento adicional com ácido diluído leva à formação de Nb_2O_5 e Ta_2O_5. Um método de separação utiliza o caráter mais básico do Ta: em uma concentração controlada de HF e KF em solução aquosa, os óxidos são convertidos em $K_2[NbOF_5]$ e $K_2[TaF_7]$. O primeiro é mais solúvel em água do que o último. A técnica de separação moderna é a extração fracionada de soluções de HF em metilisobutilcetona. O nióbio é usado na fabricação de aços resistentes e superligas que são utilizados na indústria aeroespacial, por exemplo, em estruturas projetadas para o programa espacial Gemini (o precursor das missões lunares Apollo). Magnetos supercondutores (por exemplo, em equipametos de IRM, veja o Boxe 4.3 – Volume 1) contêm cabos com múltiplos fios metálicos de NbTi. O tântalo possui um elevado ponto de fusão (3290 K) e é extremamente resistente à corrosão pelo ar e pela água. Ele é usado em ligas resistentes à corrosão, por exemplo, para materiais de construção na indústria química. A inércia do metal torna-o adequado para emprego em artefatos cirúrgicos, incluindo próteses. O tântalo possui ampla utilização na fabricação de componentes eletrônicos, em particular, de capacitores que são empregados em telefones celulares e computadores pessoais.

O nome alemão para tungstênio (*wolfram*) é *volfrâmio*, daí o símbolo W. Embora os compostos de *molibdênio* e *tungstênio* sejam normalmente isomorfos, os elementos ocorrem separadamente. O principal mineral de Mo é a *molibdenita* (MoS_2), e o metal é extraído por meio das reações 22.2. O tungstênio ocorre na *volframita* $((Fe,Mn)WO_4)$ e na *scheelita* ($CaWO_4$) e o esquema 22.3 mostra processos típicos de extração.

$$MoS_2 \xrightarrow{\Delta\,(870\,K)\ ao\ ar} MoO_3 \xrightarrow{H_2,\, 870\,K} Mo \qquad (22.2)$$

$$\left. \begin{array}{l} (Fe,Mn)WO_4 \xrightarrow{fusão,\, Na_2CO_3} \underset{insolúvel}{(Fe,Mn)_2O_3} + \underset{solúvel}{Na_2WO_4} \\[4pt] Na_2WO_4 \xrightarrow{HCl} WO_3 \xrightarrow{H_2,\, 870\,K} W \end{array} \right\} \qquad (22.3)$$

O molibdênio é muito duro e possui ponto de fusão elevado (2896 K), enquanto o tungstênio apresenta o ponto de fusão mais alto (3695 K) de todos os metais (Tabela 6.2). Os dois metais são usados na fabricação de aços enrijecidos (para os quais a volframita pode ser diretamente reduzida pelo Al). Carbetos de tungstênio têm uso extensivo em ferramentas de corte e abrasivos. Um dos principais usos do W metálico é como filamento de lâmpadas elétricas, incluindo lâmpadas halógenas de baixo consumo energético. O molibdênio possui papel essencial em sistemas biológicos (veja a Seção 29.1).

Tecnécio é um elemento artificial, disponível como ^{99}Tc (um emissor de partículas β, $t_{\frac{1}{2}} = 2,13 \times 10^5$ anos), que é isolado a partir dos produtos de fissão por oxidação a $[TcO_4]^-$. A separação emprega métodos de extração por solventes e troca iônica. O íon $[TcO_4]^-$ é o precursor habitual na química do tecnécio. O tecnécio metálico pode ser obtido por redução de $[NH_4][TcO_4]$ com H_2 à elevada temperatura. O principal emprego dos compostos de Tc é na medicina nuclear onde eles são importantes agentes para a produção de imagens (veja o Boxe 22.7). *Rênio* é raro e ocorre em pequenas quantidades em minerais de Mo. Durante a ustulação (primeira etapa na Eq. 22.2), forma-se o Re_2O_7, volátil, que é obtido a partir da poeira de ustulação. Ele é dissolvido em água e precipitado como $KReO_4$. As duas principais utilizações do Re são em catalisadores de reforma de petróleo e como componente de superligas de alta temperatura. Tais ligas são usadas, por exemplo, em elementos de aquecimento, termopares e filamentos para equipamentos de flash fotográfico e espectrômetros de massa.

Os *metais do grupo da platina* (Ru, Os, Rh, Ir, Pd e Pt) são raros (Fig. 22.1) e caros, e ocorrem juntos tanto na forma nativa como em sulfetos minerais de Cu e Ni. A produção mundial de metais do grupo da platina é dominada pela África do Sul (59% da produção mundial em 2008) e pela Rússia (26%), com minas nos Estados Unidos, Canadá e Zimbábue produzindo a maioria da produção restante. A principal fonte de *rutênio* é a partir dos rejeitos de refino do Ni, por exemplo, da *pentlandita*, $(Fe,Ni)S$. *Ósmio* e *irídio* ocorrem no *osmirídio*, uma liga natural de composição variável: 15-40% de ósmio e 50-80% de irídio. *Ródio* ocorre na *platina nativa* e no mineral *pirrotita* ($Fe_{1-n}S$, $n = 0$–$0,2$, frequentemente com ≤ 5% de Ni). A composição da platina nativa é variável, mas pode conter até 86% de Pt, sendo os demais constituintes Fe, Ir, Os, Au, Rh, Pd e Cu. Esse mineral é uma importante fonte de *paládio*, que é também um subproduto do refino do Cu e do Zn. Além de ser obtida na forma nativa, a *platina* é extraída da *esperrilita* ($PtAs_2$). Os métodos de extração e separação para os seis metais são inter-rela-

MEIO AMBIENTE

Boxe 22.1 Catalisadores ambientais

Os metais do grupo da platina Rh, Pd e Pt têm um papel vital na manutenção do ambiente livre de poluentes oriundos da exaustão dos veículos. Eles estão presentes nos conversores catalíticos (que discutiremos em detalhe na Seção 25.8), onde eles catalisam a conversão de resíduos de hidrocarbonetos, CO e NO_x (veja o Boxe 15.7 – Volume 1) a CO_2, H_2O e N_2. Em 2008, a fabricação de conversores catalíticos empregou 81% do ródio, 47% do paládio e 44% da platina consumidos no mundo. A velocidade de crescimento da fabricação de catalisadores ambientais por companhias como Johnson Matthey no Reino Unido é direcionada pelas medidas legislativas para o controle das emissões de exaustão. Portarias em vigor nos Estados Unidos e na Europa causaram um grande impacto nos níveis de emissões e melhoraram a qualidade do ar urbano. Um controle mais rígido das emissões por veículos foi agora introduzido na maior parte da Ásia.

Para mais detalhes acerca dos conversores catalíticos, veja a Seção 25.8.

Conversores catalíticos mostrando o arranjo interno. Pequenas partículas ($\approx$1600 pm de diâmetro) de Pd, Pt ou Rh são dispersas em um suporte como a γ-alumina.

---

cionados, sendo empregados métodos de extração por solvente e troca iônica.[†] Os metais são importantes catalisadores heterogêneos; por exemplo, Pd para hidrogenação e desidrogenação, Pt para oxidação de NH_3 e reforma de hidrocarbonetos, e Rh e Pt para conversores catalíticos (veja o Boxe 22.1). Os empregos do Ru e do Rh incluem ligas com Pt e Pd para aumentar sua dureza para uso, por exemplo, na manufatura de componentes elétricos (como eletrodos e termopares) e cadinhos de laboratório. Ósmio e irídio têm poucos usos comerciais. Eles são empregados em pequena escala como componentes de ligas; uma liga de IrOs é usada em pontas de caneta. O paládio é amplamente empregado na indústria eletrônica (em circuitos impressos e capacitores cerâmicos de multicamadas). A capacidade do Pd de absorver grande quantidade de H_2 (veja a Seção 10.7 – Volume 1) leva a que ele seja utilizado na purificação industrial do H_2. A platina é particularmente inerte: eletrodos de Pt[‡] encontram aplicações em laboratório (por exemplo, nos eletrodos-padrão de hidrogênio e de pH), e o metal é amplamente empregado em fios elétricos, termopares e joalheria. Compostos contendo platina como a *cis-platina* (**22.1**) e a *carboplatina* (**22.2**) são fármacos anticancerígenos, e serão discutidos mais adiante no Boxe 22.9.

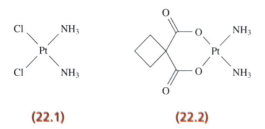

(22.1)   (22.2)

[†] Para uma discussão complementar, veja: P.A. Tasker, P.G. Plieger and L.C. West (2004) in *Comprehensive Coordination Chemistry II*, eds J.A. McCleverty and T.J. Meyer, Elsevier, Oxford, vol. 9, p. 759 – 'Metal complexes for hydrometallurgy and extraction'.

[‡] Relativamente, microeletrodos são uma nova técnica; veja: G. Denuault (1996) *Chem. & Ind.*, p. 678.

Prata e *ouro* ocorrem na forma nativa e em sulfetos, arsenetos e teluretos minerais, por exemplo, *argentita* (Ag_2S) e *silvanita* ((Ag,Au)Te_2). A prata é normalmente obtida a partir dos resíduos do refino de Cu, Ni ou Pb e, assim como o Au, ela pode ser extraída de todos os seus minerais por meio da reação 22.4; o complexo de cianido é reduzido ao metal pelo Zn.[†]

$$4M + 8[CN]^- + 2H_2O + O_2 \longrightarrow 4[M(CN)_2]^- + 4[OH]^-$$
$$(M = Ag, Au) \qquad (22.4)$$

Embora o emprego de cianeto seja atualmente o meio mais importante de extrair o ouro de seus minérios, sua toxicidade (Boxe 22.2) é uma clara desvantagem. Devido a isso, outros métodos de extração vêm sendo considerados; por exemplo, o emprego de ligantes como tioureia, tiocianato e tiossulfato, que formam complexos de ouro estáveis em solução aquosa. O ouro na forma nativa contém normalmente 85-95% de Au, sendo a Ag o segundo constituinte. A prata é usada em ligas para solda, baterias de alta capacidade, equipamentos elétricos e circuitos impressos. Sais de prata foram extensivamente empregados na indústria fotográfica, mas sua importância diminuiu por conta da expansão do mercado das câmeras digitais. O iodeto de prata (na forma de foguetes ou de geradores de acetona–AgI posicionados no solo) é usado na semeadura de nuvens para controlar o padrão de chuvas em certas regiões. O ouro é trabalhado desde antigas civilizações, não apenas na forma amarela usual, mas também como *ouro coloidal* vermelho, púrpura ou azul. Os usos modernos do ouro coloidal são na imagem por microscopia eletrônica, coloração de slides de microscópio e como agente de coloração; por exemplo, a redução de Au(III) com $SnCl_2$ produz a *púrpura de Cassius*, usada na fabricação de vidros de rubi. Os empregos do ouro incluem cunhagem de moedas, indústria eletrônica e joalheria; o *quilate* indica o conteúdo de ouro (24 quilates = ouro puro). Alguns compostos de ouro são usados como fár-

---

[†] Extração de ouro, veja: J. Barrett and M. Hughes (1997) *Chem. Brit.*, vol. 33, issue 6, p. 23 – 'A golden opportunity'.

MEIO AMBIENTE
Boxe 22.2 Tratamento de resíduos de cianeto

O caráter tóxico do íon [CN]⁻ chamou a atenção do público no início de 2000 quando um enorme vazamento de cianeto (proveniente do processo de extração de ouro na mina de Aurul em Baia Mare, Romênia) chegou ao Rio Danúbio e rios vizinhos na Europa Oriental, dizimando cardumes de peixes e outras formas de vida fluvial.

A elevada toxicidade do [CN]⁻ torna essencial o tratamento dos resíduos contendo cianeto produzidos pela indústria. Vários métodos são empregados. Para soluções diluídas de cianeto, a destruição por meio de solução de hipoclorito é um procedimento comum:

[CN]⁻ + [OCl]⁻ + H₂O ⟶ ClCN + 2[OH]⁻

ClCN + 2[OH]⁻ ⟶ Cl⁻ + [OCN]⁻ + H₂O   (em pH > 11)

[OCN]⁻ + 2H₂O ⟶ [NH₄]⁺ + [CO₃]²⁻   (em pH < 7)

O processo tem que ser futuramente modificado para levar em conta a grande quantidade de íons Cl⁻ produzidos. Um método alternativo é a oxidação com H₂O₂:

[CN]⁻ + H₂O₂ ⟶ [OCN]⁻ + H₂O

Métodos mais antigos, como os que envolvem a formação de [SCN]⁻ ou a complexação para formação de [Fe(CN)₆]⁴⁻ não são mais praticados.

Remoção de peixes mortos das águas do Rio Tisza, na Hungria, após o vazamento de cianeto da mina de ouro de Aurul, na Romênia, em 9 de fevereiro de 2000.

---

macos contra a artrite. A reciclagem de Ag e Au (bem como de outros metais preciosos) é um importante meio de conservação de recursos naturais.

Cádmio ocorre no mineral raro *greenockita* (CdS), mas o metal é quase que inteiramente isolado a partir de minerais de zinco, onde o CdS aparece juntamente (< 0,5%) com ZnS. Sendo mais volátil que o Zn, o Cd pode ser coletado no primeiro estágio da destilação do metal. O cádmio possui um ponto de fusão relativamente baixo (594 K) e é usado como componente de ligas de baixo ponto de fusão. O emprego principal do cádmio é nas baterias de NiCd (veja a Eq. 21.5). Seleneto e telureto de cádmio são semicondutores, sendo empregados na indústria eletrônica. O CdTe possui potencial aplicação em células solares, embora o mercado hoje faça mais uso de células baseadas em Si. A célula-padrão de Weston (célula 22.5) emprega como catodo um amálgama de Cd/Hg, mas o emprego dessa pilha vem diminuindo. O cádmio é tóxico e as legislações ambientais particularmente da União Europeia e dos Estados Unidos levaram à redução do seu uso. O cádmio empregado nas baterias NiCd pode ser reciclado, mas espera-se uma redução de seu emprego nas demais áreas.

$$Cd(Hg) \mid CdSO_4, H_2O \vdots Hg_2SO_4 \mid Hg \qquad (22.5)$$

O símbolo Hg provém da palavra latina *hydrargyrum*, que significa 'prata líquida'. A principal fonte de *mercúrio* é o cinábrio (HgS), a partir do qual o metal é extraído por ustulação ao ar (Eq. 22.6).

$$HgS + O_2 \longrightarrow Hg + SO_2 \qquad (22.6)$$

O mercúrio apresenta diversos usos, mas ele é um veneno cumulativo (veja o Boxe 22.3).

22.3 Propriedades físicas

Algumas propriedades físicas dos metais mais pesados do bloco *d* já foram discutidas ou tabeladas:

- tendências nas primeiras energias de ionização (Fig. 1.16 – Volume 1);
- energias de ionização (Apêndice 8 – Volume 1);
- raios metálicos (Tabela 6.2 – Volume 1 e Fig. 19.1);
- valores de $\Delta_a H°$ (Tabela 6.2 – Volume 1);
- tipos de rede (Tabela 6.2 – Volume 1);
- uma introdução aos espectros de absorção e emissão eletrônica, e ao magnetismo (Capítulo 20).

Por uma questão de conveniência, algumas propriedades físicas selecionadas são listadas na Tabela 22.1.

As configurações eletrônicas dos átomos M(g) no estado fundamental variam de forma bastante irregular com o aumento do número atômico, mais do que para os metais da primeira linha

BIOLOGIA E MEDICINA
Boxe 22.3 Mercúrio: um metal líquido altamente tóxico

O baixo ponto de fusão (234 K) do Hg torna-o um metal único. Seu elevado coeficiente de expansão térmica qualifica-o um líquido apropriado para uso em termômetros, e ele tem amplo emprego em barômetros, bombas de difusão e em interruptores de Hg em dispositivos elétricos. O emprego de células de mercúrio no processo cloro-álcali está sendo gradualmente eliminado (veja o Boxe 11.4 – Volume 1). Alguns outros metais se dissolvem em mercúrio, produzindo amálgamas; seus usos são variados, por exemplo:

- o amálgama Cd/Hg é um componente da célula de Weston (veja a célula **22.5**);
- o amálgama Na/Hg é uma fonte conveniente de Na como agente redutor;
- o amálgama de prata (≈50% de Hg, 35% de Ag, 13% de Sn, 2% de Cu em massa) é usado em obturações em odontologia.

Apesar desses empregos, o Hg, bem como seus compostos (como o Me_2Hg), representa um sério risco à saúde. O mercúrio possui uma baixa entalpia de vaporização (59 kJ mol^{-1}), e mesmo abaixo de seu ponto de ebulição (630 K) sua volatilidade é elevada. A 293 K, uma gota de Hg líquido vaporiza com uma taxa de 5,8 μg h^{-1} cm^{-2}, e em seu ponto de saturação o ar circunvizinho contém 13 mg m^{-3}, um nível muito acima dos limites de segurança. De modo similar, os amálgamas são uma fonte de vapor de Hg, e os amálgamas em obturações dentárias liberam o vapor tóxico diretamente no corpo humano. Pesquisas demonstraram que as escovas de dentes e os chicletes aumentam o processo de vaporização. A toxidez é hoje bem estabelecida, e medidas foram tomadas em alguns países para banir o uso de Hg em obturações dentárias.

O mercúrio se insere no meio ambiente tanto a partir de fontes industriais como naturais. Um vulcão que libera continuamente gases como o Monte Etna emite quantidades significativas de Hg (no caso do Monte Etna, a velocidade de emissão de Hg é de cerca de 27 Mg por ano). Uma vez que o mercúrio inorgânico se insira em cursos d'água e sedimentos de lagos, as bactérias que normalmente reduzem sulfatos convertem o metal na forma de metilmercúrio, $[MeHg]^+$. Nessa forma, o mercúrio(II) passa ao longo da cadeia alimentar, acumulando-se ao final nos peixes. A acumulação ocorre porque a velocidade de ingresso supera a velocidade de excreção de mercúrio pelos animais, e as espécies que estão no topo da cadeia alimentar (grandes peixes, aves comedoras de peixes e mamíferos, incluindo o homem) podem acumular níveis potencialmente tóxicos de mercúrio. O metilmercúrio é lipofílico e capaz de atravessar a barreira sangue–cérebro. O vapor de mercúrio, Hg(0), que entra no corpo se acumula nos rins, cérebro e testículos. Ele é oxidado a Hg(II) e, juntamente com o metilmercúrio, é prontamente coordenado por doadores de enxofre presentes nas proteínas. O resultado final do envenenamento por mercúrio é o dano severo ao sistema nervoso central. Uma das razões que explica por que sua toxidez é tão elevada é que seu tempo de retenção nos tecidos corporais é especialmente longo, ≈ 65 dias nos rins. Os efeitos do envenenamento por Hg foram relatados por Lewis Carroll em *Alice no País das Maravilhas* – a profissão de fabricante de chapéus do Chapeleiro Louco o colocou em contato regular com $Hg(NO_3)_2$, que era usado na produção de feltros dos chapéus.

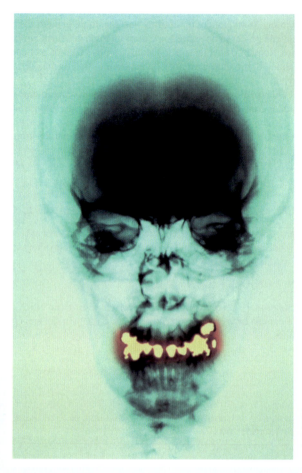

Uma radiografia dentária realçada em cores, mostrando obturações com amálgama de prata/mercúrio (em amarelo).

Leitura recomendada

M.B. Blayney, J.S. Winn and D.W. Nierenberg (1997) *Chem. Eng. News*, vol. 75, May 12 issue, p. 7 – 'Handling dimethyl mercury'.

S.A. Counter and L.H. Buchanan (2004) *Toxicol. Appl. Pharm.*, vol. 198, p. 209 – 'Mercury exposure in children: a review'.

N.J. Langford and R.E. Ferner (1999) *J. Human Hypertension*, vol. 13, p. 651 – 'Toxicity of mercury'.

L. Magos and T.W. Clarkson (2006) *Ann. Clin. Biochem.*, vol. 43, p. 257 – 'Overview of the clinical toxicity of mercury'.

A. Sigel, H. Sigel and R.K.O. Sigel, eds. (2010) *Metal Ions in Life Sciences*, vol. 7, RSC Publishing, Cambridge – Uma série de artigos de revisão sobre o tema 'Organometallics in the environment and toxicology'.

M.J. Vimy (1995) *Chem. Ind.*, p. 14 – 'Toxic teeth: The chronic mercury poisoning of modern man'.

Tabela 22.1 Propriedades físicas selecionadas dos metais da segunda e terceira linhas do bloco d

Segunda linha		Y	Zr	Nb	Mo	Tc**	Ru	Rh	Pd	Ag	Cd
Número atômico, Z		39	40	41	42	43	44	45	46	47	48
Aparência física do metal puro		Mole; branco-prata; escurece ao ar	Duro; lustroso; prateado	Mole; brilhante; branco-prata	Duro; lustroso; prateado; frequentemente encontrado como um pó cinza	Prata; frequentemente encontrado como um pó cinza	Duro; lustroso; branco-prata	Duro; lustroso; branco-prata	Cinza-branco; maleável e dúctil; dureza e resistência aumentadas quando trabalhado a frio	Lustroso; branco-prata	Mole; branco-azul; dúctil
Configuração eletrônica de valência no estado fundamental (núcleo = [Kr])		$5s^2 4d^1$	$5s^2 4d^2$	$5s^1 4d^4$	$5s^1 4d^5$	$5s^2 4d^5$	$5s^1 4d^7$	$5s^1 4d^8$	$5s^0 4d^{10}$	$5s^1 4d^{10}$	$5s^2 4d^{10}$
Ponto de fusão / K		1799	2128	2750	2896	2430	2607	2237	1828	1235	594
Ponto de ebulição / K		3611	4650	5015	4885	5150	4173	4000	3413	2485	1038
Entalpia de atomização, $\Delta_a H°$(298 K)/kJ mol^{-1}		423	609	721	658	677	651	556	377	285	112
Raio metálico, r_{metal} / pm[†]		182	160	147	140	135	134	134	137	144	152
Resistividade elétrica (ρ) × 10^8 / Ωm (a 273 K)[‡]		59,6*	38,8	15,2	4,9	—	7,1	4,3	9,8	1,5	6,8

Terceira linha		La	Hf	Ta	W	Re	Os	Ir	Pt	Au	Hg
Número atômico, Z		57	72	73	74	75	76	77	78	79	80
Aparência física do metal puro		Mole; branco-prata; escurece ao ar	Lustroso; prateado; dúctil	Duro; brilhante; prateado; dúctil	Lustroso; prata-prata; frequentemente encontrado como pó cinza	Cinza-prata; frequentemente encontrado como um pó cinza	Muito duro; lustroso; branco-azul; denso[§]	Muito duro; pulverizável; lustroso; prateado; denso[§]	Lustroso; prateado; maleável; dúctil	Mole; amarelo; maleável; dúctil	Líquido a 298 K; prateado
Configuração eletrônica de valência no estado fundamental (núcleo = [Xe]4f^{14})		$6s^2 5d^1$	$6s^2 5d^2$	$6s^2 5d^3$	$6s^2 5d^4$	$6s^2 5d^5$	$6s^2 5d^6$	$6s^2 5d^7$	$6s^1 5d^9$	$6s^1 5d^{10}$	$6s^2 5d^{10}$
Ponto de fusão / K		1193	2506	3290	3695	3459	3306	2719	2041	1337	234
Ponto de ebulição / K		3730	5470	5698	5930	5900	5300	4403	4100	3080	630
Entalpia de atomização, $\Delta_a H°$(298 K)/kJ mol^{-1}		423	619	782	850	774	787	669	566	368	61
Raio metálico, r_{metal} / pm[†]		188	159	147	141	137	135	136	139	144	155
Resistividade elétrica (ρ) × 10^8 / Ωm (a 273 K)[‡]		61,5*	30,4	12,2	4,8	17,2	8,1	4,7	9,6	2,1	94,1

[†]Raio metálico para um átomo com número de coordenação 12.
[‡]Veja a Eq. 6.3 para a relação entre resistividade elétrica e resistência.
*A 290-300 K.
**O tecnécio é radioativo (veja o texto).
[§]Ósmio e irídio são os elementos mais densos conhecidos (22,59 e 22,56 g cm^{-3}, respectivamente).

(compare as Tabelas 22.1 e 21.1). Os orbitais atômicos nd e $(n + 1)s$ têm energias mais próximas para $n = 4$ ou 5 do que para $n = 3$. Para os íons dos metais da primeira linha, a configuração eletrônica é geralmente d^n e isso acarreta uma certa ordem para as discussões acerca das propriedades dos íons M^{2+} e M^{3+}. Cátions simples M^{n+} dos metais mais pesados são raros, e não é possível discutir a sua química com base em pares redox simples (por exemplo, M^{3+}/M^{2+}) tal como fizemos para a maioria dos metais da primeira linha.

Os números atômicos dos pares de metais da segunda e terceira linhas (exceto Y e La) diferem de 32 unidades, e existe uma diferença apreciável nos níveis de energia eletrônica e, portanto, nos espectros eletrônicos e nas energias de ionização. Em uma tríade, a primeira energia de ionização é geralmente maior para o metal da terceira linha do que para os metais da primeira e segunda linhas, mas o inverso é frequentemente verdade para a remoção dos elétrons subsequentes. Mesmo quando um par de compostos de metais da segunda e terceira linhas são isoestruturais, existem com frequência diferenças significativas em termos de estabilidade em relação à oxidação e à redução.

A Fig. 22.2 mostra que, com exceção do Hg (grupo 12), os metais mais pesados apresentam valores maiores de $\Delta_a H°$ do que seus congêneres da primeira linha. Isso é uma consequência da maior extensão espacial dos orbitais d com o aumento do número quântico principal, e da maior sobreposição de orbitais: $5d–5d > 4d–4d > 3d–3d$. Essa tendência corresponde ao fato de que, comparados aos metais da primeira linha, os metais mais pesados exibem muito mais compostos contendo ligações M–M. A Fig. 22.2 também mostra que os valores mais elevados de $\Delta_a H°$ são encontrados no meio de uma linha. Entre os metais mais pesados, existem numerosas espécies multimetálicas contendo ligações metal–metal, que serão discutidas mais adiante neste capítulo. Existem também muitos *aglomerados de carbonilas metálicas* com estados de oxidação baixos (veja o Capítulo 24).

É difícil discutir de forma satisfatória as estabilidades relativas dos estados de oxidação (Tabela 19.3). A situação se complica pelo fato de que os estados de oxidação baixos para os metais mais pesados são estabilizados em complexos organometálicos, enquanto em espécies não organometálicas a estabilidade dos estados de oxidação *mais elevados* tende a *aumentar* à medida que se desce em um grupo. Considere o grupo 6. O tungstênio forma WF_6 e WCl_6, estáveis, enquanto o CrF_6 não é conhecido. Embora CrO_3 e íons cromato(VI) sejam poderosos agentes oxidantes, WO_3, espécies tungstato(VI) e os correspondentes análogos para o molibdênio não são prontamente reduzidos. Em geral, a estabilidade dos estados de oxidação elevados aumenta para uma dada tríade na sequência: metais da primeira linha << metais da segunda linha < metais da terceira linha. Parece haver dois fatores importantes na estabilização dos compostos dos metais da terceira linha em estados de oxidação elevados (por exemplo, AuF_5 e ReF_7) que não possuem correspondentes na primeira e segunda linhas:

- promoção mais fácil dos elétrons para os metais $5d$ comparados aos metais $4d$ ou $3d$;
- melhor sobreposição de orbitais para os orbitais $5d$ (ou aqueles com caráter $5d$) do que para os orbitais $4d$ ou $3d$.

Na comparação de pares de compostos como MoF_6 e WF_6, ou RuF_6 e OsF_6, as ligações M–F são mais fortes para os metais da terceira linha do que para os da segunda linha, e o número de onda referente ao estiramento simétrico e a constante de força são maiores. Efeitos relativísticos (veja o Boxe 13.3 – Volume 1) são também importantes para os metais da terceira linha.

Efeitos da contração lantanoide

A Tabela 22.1 mostra que os pares de metais em uma tríade (Zr e Hf, Nb e Ta, etc.) possuem raios semelhantes. Isso se deve à *contração lantanoide*: o decréscimo regular no tamanho ao longo da série dos metais lantanoides Ce–Lu, que se situa entre La e Hf na terceira linha do bloco d. A semelhança se estende aos valores de $r_{iônico}$ (quando significativo) e r_{cov} (por exemplo, as distâncias M–O nas formas de alta temperatura dos óxidos ZrO_2 e HfO_2 diferem por menos de 1 pm), e para muitos pares de compostos isomorfos da segunda e terceira linhas. As propriedades que dependem principalmente do tamanho do átomo ou do íon (por exemplo, energias de rede, energias de solvatação, constantes de estabilidade de complexos) são aproximadamente as mesmas para os correspondentes pares de compostos dos metais $4d$ e $5d$. Pares de metais frequentemente ocorrem juntos na natureza (por exemplo, Zr e Hf, Nb e Ta) e é difícil separá-los (Seção 22.2).

Números de coordenação

Consistente com a elevação do tamanho quando se passa de um metal da primeira linha para os demais em uma tríade, os metais mais pesados tendem a exibir números de coordenação mais elevados. A faixa comum vai de 4 a 9, e os números mais elevados são especialmente predominantes para os metais dos grupos 3 a 5.

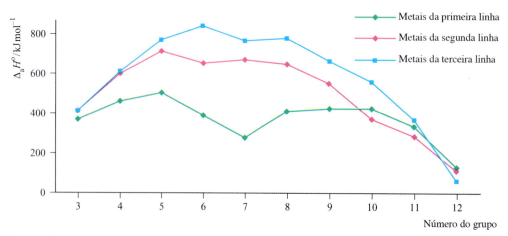

Fig. 22.2 Tendências nos valores das entalpias-padrão de atomização (298 K) dos metais do bloco d; os valores são dados nas Tabelas 21.1 e 22.1.

Núcleos ativos em RMN

Vários metais apresentam núcleos com spins ativos e isso às vezes permite uma observação *direta* usando a espectroscopia de RMN; por exemplo, ^{89}Y possui uma faixa de deslocamento acima de 1000 ppm, e a espectroscopia de RMN de ^{89}Y é uma técnica importante para caracterizar compostos contendo ítrio. Em geral, é mais conveniente fazer uso do acoplamento dos núcleos metálicos com núcleos mais facilmente observados como ^{1}H, ^{13}C ou ^{31}P. Alguns exemplos de núcleos com $I = \frac{1}{2}$ são ^{89}Y (abundância = 100%), ^{103}Rh (100%), ^{183}W (14,3%), ^{107}Ag (51,8%), ^{109}Ag (48,2%), ^{195}Pt (33,8%) e ^{187}Os (1,6%). O acoplamento com isótopos presentes com abundância inferior a 100% leva ao surgimento de picos satélite (veja a Seção 4.8 – Volume 1, a Fig. 4.23 – Volume 1 e o Boxe 19.2).

22.4 Grupo 3: ítrio

O metal

O ítrio metálico maciço é passivado por uma camada de óxido e é bastante estável ao ar. Aparas do metal sofrem ignição se aquecidas acima de 670 K (Eq. 22.7). O ítrio reage com os halogênios (Eq. 22.8) e combina-se com a maioria dos outros não metais. A reação entre Y e H$_2$ sob pressão foi descrita na Seção 10.7 (Volume 1). O ítrio reage lentamente com água fria e se dissolve em ácidos diluídos (meia equação 22.9), liberando H$_2$.

$$4Y + 3O_2 \xrightarrow{\Delta} 2Y_2O_3 \qquad (22.7)$$

$$2Y + 3X_2 \xrightarrow{\Delta} 2YX_3 \quad (X = F, Cl, Br, I) \qquad (22.8)$$

$$Y^{3+} + 3e^- \rightleftharpoons Y \quad E^\circ = -2,37\,V \qquad (22.9)$$

A química do ítrio corresponde àquela do estado de oxidação +3, sendo a formação de hidretos inferiores uma exceção.

Ítrio(III)

Os haletos YF$_3$, YCl$_3$, YBr$_3$ e YI$_3$ são sólidos brancos. O fluoreto é insolúvel em água, mas YCl$_3$, YBr$_3$ e YI$_3$ são solúveis. No YF$_3$ sólido, cada átomo de Y tem número de coordenação 9 (prismático trigonal encapuzado distorcido), enquanto tanto YCl$_3$ como YI$_3$ possuem estruturas lamelares (por exemplo, YI$_3$ adota uma estrutura do tipo BiI$_3$) com átomos centrais de Y com número de coordenação 6. O cloreto de ítrio(III) forma um hexaidrato, YCl$_3$·6H$_2$O, que é formulado corretamente como [YCl$_2$(OH$_2$)$_6$]$^+$Cl$^-$. A reação de YCl$_3$ com KCl produz K$_3$[YCl$_6$], que contém o íon octaédrico [YCl$_6$]$^{3-}$. Ao contrário do ScF$_3$, que forma [ScF$_6$]$^{3-}$, o YF$_3$ não forma íons complexos desse tipo.

O óxido Y$_2$O$_3$, branco, é insolúvel em água, mas se dissolve em ácidos. É usado em cerâmicas, vidros ópticos e materiais refratários (veja também a Seção 22.2). O óxido metálico misto YBa$_2$Cu$_3$O$_7$ é um membro de uma família de materiais que se tornam supercondutores sob resfriamento. Os chamados *supercondutores de alta temperatura* são discutidos adiante, na Seção 28.4. O hidróxido de ítrio(III) é um sólido incolor, no qual cada íon Y^{3+} está em um ambiente YO$_9$ prismático trigonal triencapuzado. O hidróxido é insolúvel em água e exclusivamente básico.

Na química de coordenação do Y^{3+}, são comuns os números de coordenação 6 a 9. Sais cristalinos contendo os aquaíons [Y(OH$_2$)$_8$]$^{3+}$ (dodecaédrico, Fig. 19.9c) e [Y(OH$_2$)$_9$]$^{3+}$ (prismático trigonal triencapuzado) foram caracterizados estruturalmente. O íon Y^{3+} é 'duro' e em seus complexos ele tem preferência por N- e O- doadores, por exemplo, *trans*-[YCl$_4$(THF)$_2$]$^-$ (octaédrico), *trans*-[YCl$_2$(THF)$_5$]$^+$ (bipiramidal pentagonal), [Y(OH$_2$)$_7$(pic)]$^{2+}$ (número de coordenação 8, Hpic = **22.3**), [Y(NO$_3$-*O,O'*)$_3$(OH$_2$)$_3$] (irregular, número de coordenação 9) e [Y(NO$_3$)$_5$]$^{2-}$ (veja o final da Seção 9.11 – Volume 1). A reação 22.10 produz um raro exemplo de Y(III) com número de coordenação 3. No estado sólido, [Y{N(SiMe$_3$)$_2$}$_3$] possui uma estrutura piramidal triangular em vez de uma estrutura plana, mas isso é provavelmente devido aos efeitos de empacotamento do cristal (veja a Seção 19.7).

Hpic = ácido pícrico

(22.3)

$$YCl_3 + 3Na[N(SiMe_3)_2] \longrightarrow [Y\{N(SiMe_3)_2\}_3] + 3NaCl \qquad (22.10)$$

22.5 Grupo 4: zircônio e háfnio

Os metais

Em uma forma finamente dividida, os metais Hf e Zr são pirofóricos, mas os metais maciços são passivados. A elevada resistência à corrosão do Zr é devido à formação de uma densa camada inerte de ZrO$_2$. Os metais não são atacados por ácidos diluídos (exceto HF), salvo se aquecidos, e soluções alcalinas não têm efeito, mesmo a quente. Em elevadas temperaturas, Hf e Zr combinam-se com a maioria dos não metais (por exemplo, Eq. 22.11).

$$MCl_4 \xleftarrow{Cl_2, \Delta} M \xrightarrow{O_2, \Delta} MO_2 \quad (M = Hf\ ou\ Zr) \qquad (22.11)$$

A química do Zr é mais conhecida do que a do Hf porque o primeiro é mais facilmente disponível (veja a Seção 22.2).

Muito da química do zircônio e do háfnio se refere ao Zr(IV) e ao Hf(IV), sendo os estados de oxidação mais baixos menos estáveis em relação à oxidação do que o primeiro membro do grupo, Ti(III). Em soluções aquosas, somente M(IV) é estável, embora não como M^{4+}, embora tabelas de dados possam indicar a meia equação 22.12; as espécies presentes em solução (veja a seguir) dependem das condições.

$$M^{4+} + 4e^- \rightleftharpoons M \quad \begin{cases} M = Zr, & E^\circ = -1,70\,V \\ M = Hf, & E^\circ = -1,53\,V \end{cases} \qquad (22.12)$$

A estabilização de estados de oxidação inferiores de Zr e Hf por ligantes π receptores é discutida no Capítulo 24.

Zircônio(IV) e háfnio(IV)

Os haletos MX$_4$ (M = Zr, Hf; X = F, Cl, Br, I; veja a Fig. 22.16), formados pela combinação direta dos elementos, são sólidos brancos, exceto ZrI$_4$ e HfI$_4$, que são amarelo-alaranjados. Os sólidos possuem estruturas infinitas (ZrCl$_4$, ZrBr$_4$, ZrI$_4$ e HfI$_4$ contêm cadeias de octaedros que compartilham arestas), mas os vapores contêm moléculas tetraédricas. O fluoreto de zircônio(IV) é dimorfo. A forma α consiste em uma rede de antiprismas quadrados ZrF₈ com pontes de F, e é convertida (> 720 K) a β-ZrF₄ na qual cada centro de Zr está em um sítio de coordenação dodecaédrico. ZrF₄ ultrapuro para emprego em fibras ópticas e componentes de espectômetros de IV é preparado por tratamento de [Zr(BH₄)₄] (veja a Seção 13.5 – Volume 1) com HF e F₂. Os cloretos, brometos e iodetos são solúveis em água, mas sofrem hidrólise a MOX₂. A água reage com o ZrF₄ formando [F₃(H₂O)₃Zr(μ-F)₂Zr(OH₂)₃F₃]. Tanto ZrF₄ como ZrCl₄ formam materiais altamente condutores de eletricidade com a grafita; por exemplo, a reação de ZrF₄, F₂ e grafita produz C$_n$F(ZrF4)$_m$ (n = 1–100, m = 0,0001–0,15). A acidez de Lewis dos haletos é vista na formação de complexos como HfCl₄·2L (L = NMe₃, THF) e no emprego de ZrCl₄ como um catalisador ácido de Lewis.

Os óxidos de Zr(IV) e Hf(IV) são produzidos por combinação direta dos elementos ou pelo aquecimento de MCl₄ com H₂O seguido de desidratação. Os óxidos brancos são isoestruturais e adotam estruturas estendidas nas quais os centros de Zr e Hf têm número de coordenação 7. O óxido de zircônio(IV) é inerte, sendo usado como agente de opacificação em cerâmicas e esmalte para metais, e como aditivo em apatitas sintéticas (veja a Seção 15.2 e o Boxe 15.11 do Volume 1) usadas em odontologia. O ZrO₂ puro sofre uma mudança de fase a 1370 K que leva à quebra do material, e o uso em, por exemplo, materiais refratários, a fase cúbica em temperatura mais elevada é estabilizada mediante adição de MgO ou CaO. Cristais de *zircônia cúbica* (veja a Seção 6.17 – Volume 1) são importantes comercialmente como diamantes artificiais. A adição de [OH]⁻ a qualquer sal de Zr(IV) solúvel em água produz o composto branco amorfo ZrO₂·xH₂O. Não existe nenhum hidróxido de Zr(IV) verdadeiro.

Em solução aquosa ácida, os compostos de Zr(IV) estão presentes como espécies parcialmente hidrolisadas, por exemplo, [Zr₃(OH)₄]⁸⁺ e [Zr₄(OH)₈]⁸⁺. A partir de soluções de ZrCl₄ em HCl diluído, 'ZrOCl₂·8H₂O' pode ser cristalizado; esse composto é um tetrâmero, [Zr₄(OH)₈(OH₂)₁₆]Cl₈·12H₂O, e contém [Zr₄(OH)₈(OH₂)₁₆]⁸⁺ (Fig. 22.3a), na qual cada átomo de Zr está em um sítio dodecaédrico.

Os elevados números de coordenação exibidos em alguns compostos aparentemente simples de Zr(IV) e Hf(IV) se estendem também a seus complexos (por exemplo, veja a Fig. 19.10), com preferência por ligantes fluorido e oxigênio doador, por exemplo:

- bipiramidal pentagonal: [ZrF₇]³⁻ (Fig. 22.3b, por exemplo, sais de Na⁺, K⁺, a estrutura depende do cátion), [HfF₇]³⁻ (por exemplo, o sal de K⁺, Eq. 22.13), [F₄(H₂O)Zr(μ-F)₂Zr(OH₂)F₄]²⁻;
- prismática trigonal encapuzada: [ZrF₇]³⁻ (Fig. 22.3c, por exemplo, o sal de [NH₄]⁺, a estrutura depende do cátion);
- dodecaédrica: [Zr(NO₃-O,O')₄] (Eq. 22.14), [Zr(ox)₄]⁴⁻;
- antiprismática quadrada: [Zr(acac)₄] (Fig. 22.3d).

$$HfF_4 + 3KF \xrightarrow{\Delta \text{ em tubo selado de Pt}} K_3[HfF_7] \quad (22.13)$$

$$ZrCl_4 + 4N_2O_5 \xrightarrow{\text{condições anidras}} [Zr(NO_3\text{-}O,O')_4] + 4NO_2Cl \quad (22.14)$$

$$ZrCl_4 + 2CsCl \xrightarrow{1070 \text{ K, em tubo selado de SiO}_2} Cs_2[ZrCl_6] \quad (22.15)$$

O íon [ZrCl₆]²⁻ (Eq. 22.15) é octaédrico; o composto incolor Cs₂[ZrCl₆] adota uma estrutura de K₂[PtCl₆] (veja Pt(IV) na Seção 22.11) e é utilizado para intensificar as imagens de raios X. Vários complexos de óxido com estruturas piramidais de base quadrada são conhecidos, por exemplo, [M(O)(ox)₂]²⁻ (M = Hf, Zr, **22.4**) e [Zr(O)(bpi)₂]²⁺. Números de coordenação mais baixos são estabilizados por ligantes amido, por exemplo, [M(NPh₂)₄] e [M{N(SiMe₃)₂}₃Cl], tetraédricos (M = Hf, Zr).

M = Hf, Zr

(22.4)

Estados de oxidação inferiores do zircônio e do háfnio

Os haletos azuis ou pretos ZrX₃, ZrX₂ e ZrX (X = Cl, Br, I) são obtidos por redução de ZrX₄; por exemplo, o aquecimento de Zr e ZrCl₄ em um tubo selado de Ta produz ZrCl ou ZrCl₃ dependendo da temperatura. Os cloretos de háfnio correspondentes são preparados de maneira similar, por exemplo, Eqs. 22.16 e 22.17.

$$Hf + HfCl_4 \xrightarrow{1070 \text{ K, em tubo de Ta selado}} HfCl \quad (22.16)$$

$$Hf + HfCl_4 \xrightarrow{720 \text{ K, em tubo de Ta selado}} HfCl_3 \quad (22.17)$$

Os monoaletos possuem estruturas consistindo em folhas de átomos de metal e halogênio sequenciadas XMMX…XMMX… e são condutores metálicos em uma direção *paralela* às camadas. Compare isso com a condutividade da grafita (veja a Seção 14.4 – Volume 1). Os di e trialetos sofrem desproporcionamento (Eqs. 22.18 e 22.19).

$$2MCl_2 \longrightarrow M + MCl_4 \quad (M = Hf, Zr) \quad (22.18)$$

$$2MCl_3 \longrightarrow MCl_2 + MCl_4 \quad (M = Hf, Zr) \quad (22.19)$$

Em geral, não existe química em solução aquosa de M(I), M(II) e M(III), sendo exceções alguns aglomerados de hexazircônio, que são estáveis em água.[†]

Algomerados de zircônio

Nesta seção, vamos introduzir o primeiro grupo de compostos aglomerados dos metais mais pesados do bloco d nos quais os ligantes externos são haletos. Estruturas octaédricas M₆ estão presentes na maioria desses aglomerados, mas, em contraste com as espécies similares dos grupos 5 e 6 (Seções 22.6 e 22.7), a maior parte dos aglomerados de zircônio são estabilizados por um *átomo intersticial* como Be, B, C ou N.

O aquecimento de uma mistura de Zr em pó, ZrCl₄ e carbono em um tubo selado de Ta acima de 1000 K produz Zr₆Cl₁₄C. Sob condições reacionais semelhantes, e com a adição de haletos de metais alcalinos, formam-se aglomerados como Cs₃[Zr₆Br₁₅C], K[Zr₆Br₁₃Be] e K₂[Zr₆Br₁₅B]. No estado sólido, esses aglomerados Zr₆ octaédricos são conectados por pontes de ligantes halidos gerando estruturas estendidas. As fórmulas podem ser escritas para mostrar a conectividade, por exemplo, ao escrever [Zr₆Br₁₅B]²⁻ como [{Zr₆(μ-Br)₁₂B}Br₆/₂]²⁻, indica-se que os

---

[†] X. Xie and T. Hughbanks (2000) *Inorg. Chem.*, vol. 39, p. 555 – 'Reduced zirconium halide clusters in aqueous solution'.

A química dos metais do bloco *d*: os metais mais pesados 135

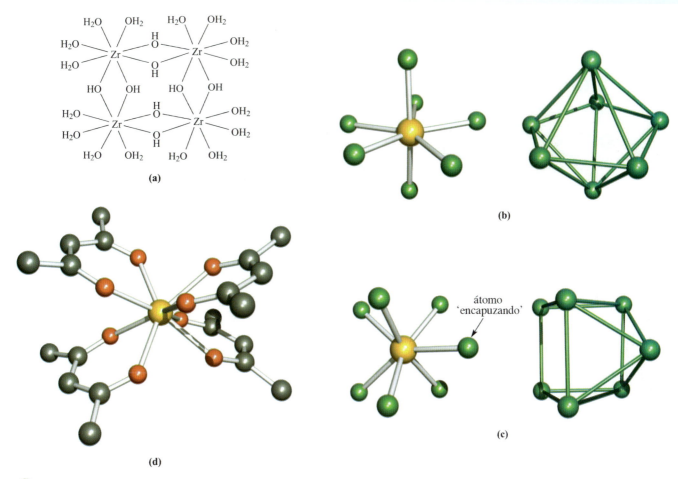

Fig. 22.3 (a) Representação da estrutura do [Zr₄(OH)₈(OH₂)₁₆]⁸⁺ no composto [Zr₄(OH)₈(OH₂)₁₆]Cl₈·12H₂O; (b) a estrutura bipiramidal pentagonal (obtida por difração de raios X) do [ZrF₇]³⁻ no composto [H₃N(CH₂)₂NH₂(CH₂)₂NH₃][ZrF₇] [V.V. Tkachev *et al.* (1993) *Koord. Khim.*, vol. 19, p. 288]; (c) a estrutura prismática triangular monoencapuzada (obtida por difração de raios X) do [ZrF₇]³⁻ no sal guanidínio [A.V. Gerasimenko *et al.* (1985) *Koord. Khim.*, vol. 11, p. 566]; e (d) a estrutura antiprismática quadrada (obtida por difração de raios X) do [Zr(acac)₄] [W. Clegg (1987) *Acta Crystallogr.*, Sect. C, vol. 43, p. 789]. Os átomos de hidrogênio em (d) foram omitidos; código de cores: Zr, amarelo; C, cinza; O, vermelho; F, verde.

aglomerados Zr₆ estão conectados em uma rede tridimensional por meio de seis átomos de Br, formando pontes duplas, três deles 'pertencendo' a cada aglomerado.[†] Alguns desses aglomerados podem ser 'retirados' da rede tridimensional, por exemplo, trabalhando-se em meio de líquido iônico (veja a Fig. 9.9c – Volume 1 e o texto que a acompanha) ou, em alguns casos, dissolvendo-se os precursores no estado sólido em solução aquosa. Sais como [H₃O]₄[Zr₆Cl₁₈B] e [H₃O]₅[Zr₆Cl₁₈Be] foram isolados sob condições aquosas, e são estabilizados na presença de um ácido.

Em contraste com as sínteses a alta temperatura de aglomerados Zr₆X (X = B, C, N), descritos anteriormente, a redução de ZrCl₄ por Bu₃SnH seguida de adição de PR₃ produz aglomerados discretos como [Zr₆Cl₁₄(P"Pr₃)₄] (Fig. 22.4a, Zr–Zr = 331–337 pm) e [Zr₅Cl₁₂(μ-H)₂(μ₃-H)₂(PMe₃)₅] (Fig. 22.4b, Zr–Zr = 320–354 pm). A variação das condições reacionais conduz a aglomerados como [Zr₆Cl₁₄(PMe₃)H₄], [Zr₆Cl₁₈H₄]³⁻ e [Zr₆Cl₁₈H₅]⁴⁻.[‡]

[†] A nomenclatura é realmente mais complicada, mas é mais informativa, por exemplo, R.P. Ziebarth and J.D. Corbett (1985) *J. Am. Chem. Soc.*, vol. 107, p. 4571.

[‡] Para uma discussão a respeito da localização dos átomos de H nesses aglomerados e em gaiolas Zr₆ relacionadas, veja: L. Chen, F.A. Cotton and W.A. Wojtczak (1997) *Inorg. Chem.*, vol. 36, p. 4047.

22.6 Grupo 5: nióbio e tântalo

Os metais

As propriedades do Nb e Ta (e as de seus correspondentes pares de compostos) são similares. Em temperaturas elevadas, ambos são atacados por O₂ (Eq. 22.20) e halogênios (Eq. 22.21), e combinam-se com a maioria dos não metais.

$$4M + 5O_2 \xrightarrow{\Delta} 2M_2O_5 \quad (M = Nb, Ta) \quad (22.20)$$

$$2M + 5X_2 \xrightarrow{\Delta} 2MX_5$$
$$(M = Nb, Ta; X = F, Cl, Br, I) \quad (22.21)$$

Os metais são passivados pela formação de coberturas de óxidos, dando a eles uma elevada resistência à corrosão. Eles são inertes frente a ácidos não oxidantes; HF e HF/HNO₃ são dois dos poucos reagentes que os atacam sob condições ambientes. Álcalis fundidos reagem com Nb e Ta a elevadas temperaturas.

A química do Nb e do Ta é predominantemente a do estado de oxidação +5. Os metais mais pesados do grupo 5 diferem-se do V (veja a Seção 21.6) quanto à instabilidade relativa de seus estados de oxidação inferiores, à incapacidade de formar com-

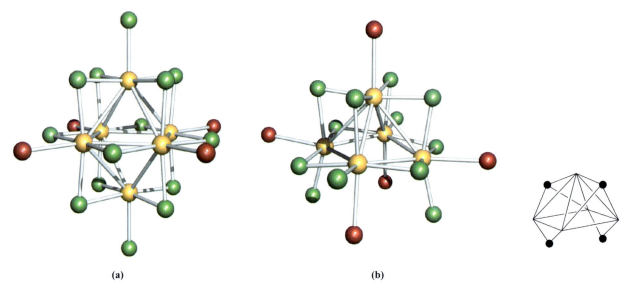

Fig. 22.4 As estruturas (determinadas por difração de raios X) de (a) [Zr$_6$Cl$_{14}$(P^{n}Pr$_3$)$_4$] [F.A. Cotton *et al.* (1992) *Angew. Chem. Int. Ed.*, vol. 31, p. 1050], e (b) [Zr$_5$Cl$_{12}$(μ-H)$_2$(μ3-H)$_2$(PMe$_3$)$_5$] [F.A. Cotton *et al.* (1994) *J. Am. Chem. Soc.*, vol. 116, p. 4364]. Código de cores: Zr, amarelo; Cl, verde; P, vermelho; os grupos Me e ^{n}Pr foram omitidos. A figura anexa em (b) mostra as posições μ-H e μ$_3$-H (pontos pretos) em relação à estrutura Zr$_5$.

postos iônicos simples e à inatividade dos óxidos M(V). Em contraste com o V, não faz sentido atribuir raios iônicos ao Nb e Ta em seus estados de oxidação inferiores, pois eles tendem a formar aglomerados hexanucleares com ligações metal–metal (veja adiante). No caso de M(V), raios de 64 pm são normalmente tabelados para 'Nb^{5+}' e 'Ta^{5+}', mas tais valores são irreais, pois os compostos de Nb(V) e Ta(V) são essencialmente covalentes.

Nióbio(V) e tântalo(V)

Os haletos de nióbio(V) e tântalo(V) (MF$_5$, branco; MCl$_5$, amarelo; MBr$_5$, vermelho-marrom e MI$_5$, marrom-amarelo) são sólidos voláteis sensíveis ao ar e à umidade, e preparados por meio da reação 22.21. Os cloretos e brometos são também preparados por halogenação de M$_2$O$_5$. O NbI$_5$ é produzido comercialmente pela reação entre NbCl$_5$, I$_2$ e HI, e o TaI$_5$ por tratamento de TaCl$_5$ com BI$_3$. Cada haleto é monomérico (bipiramidal triangular) na fase gasosa, mas os fluoretos sólidos são tetraméricos (**22.5**), enquanto MCl$_5$, MBr$_5$ e MI$_5$ sólidos consistem em dímeros (**22.6**). As pontes M–F–M no tetrâmero **22.5** são lineares e as ligações M–F$_{ponte}$ são mais longas (e mais fracas) do que a ligação M–F$_{terminal}$ (206 *versus* 177 pm para M = Nb). De modo semelhante, no dímero **22.6**, M–X$_{ponte}$ > M–X$_{terminal}$.

M = Nb, Ta; X = Cl, Br, I

(22.6)

Os haletos NbF$_5$, TaF$_5$, NbCl$_5$ e TaCl$_5$ são materiais úteis de partida na química desses metais. Eles são catalisadores de Friedel–Crafts e a acidez de Lewis do NbF$_5$ e do TaF$_5$ é aparente na reação 22.22 (que ocorre em meios não aquosos, veja a Seção 9.10 – Volume 1), na formação de sais relacionados e outros complexos (veja adiante), e na capacidade de uma mistura de TaF$_5$/HF se comportar como um superácido (veja a Seção 9.9 – Volume 1).

$$MF_5 + BrF_3 \longrightarrow [BrF_2]^+[MF_6]^- \quad (M = Nb, Ta) \quad (22.22)$$

Os oxialetos MOX$_3$ e MO$_2$X (M = Nb, Ta; X = F, Cl, Br, I) são preparados por halogenação de M$_2$O$_5$, ou reação de MX$_5$ com O$_2$ sob condições controladas. Os oxialetos são monoméricos na fase vapor e poliméricos na fase sólida: NbOCl$_3$ é um exemplo representativo de um monômero em fase gasosa (**22.7**) e de um polímero na fase sólida (**22.8**), que apresenta unidades Nb$_2$Cl$_6$ contendo átomos de oxigênio como ponte. Oxiânions incluem [MOX$_5$]$^{2-}$, octaédrico, (M = Nb, Ta; X = F, Cl), [MOCl$_4$]$^-$ (Eq. 22.23), e [Ta$_2$OX$_{10}$]$^{2-}$ (X = F, Cl; Fig. 22.5a). A linearidade da ponte no íon [Ta$_2$OX$_{10}$]$^{2-}$ indica um caráter de ligação múltipla (consulte a Fig. 22.19).

$$MOCl_3 + ONCl \longrightarrow [NO]^+[MOCl_4]^- \quad (M = Nb, Ta) \quad (22.23)$$

A estrutura do [Nb(OH$_2$)(O)F$_4$]$^-$ (Fig. 22.5b) mostra como átomos de O dos ligantes óxido e aqua podem ser distinguidos a partir dos comprimentos das ligações Nb–O; nem sempre é pos-

M = Nb, Ta

(22.5)

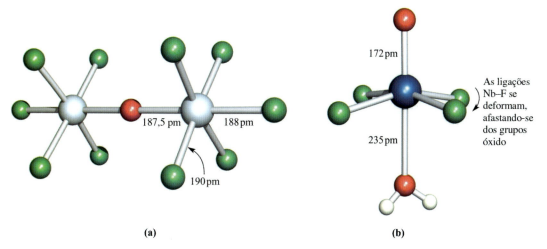

Fig. 22.5 As estruturas (determinadas por difração de raios X para os sais de [Et₄N]⁺) de (a) [Ta₂OF₁₀]²⁻ [J.C. Dewan *et al.* (1977) *J. Chem. Soc., Dalton Trans.*, p. 978] e (b) [Nb(OH₂)(O)F₄]⁻ [N.G. Furmanova *et al.* (1992) *Kristallografiya*, vol. 37, p. 136]. Código de cores: Ta, cinza-claro; Nb, azul; F, verde; O, vermelho; H, branco.

sível localizar os átomos de H em estudos de difração de raios X (veja a Seção 4.11 – Volume 1).

(22.7)   (22.8)

A hidrólise de TaCl₅ com H₂O produz o óxido hidratado Ta₂O₅·xH₂O. O Nb₂O₅·xH₂O é mais bem produzido fervendo-se NbCl₅ em solução aquosa de HCl. O aquecimento dos hidratos forma os óxidos anidros Nb₂O₅ e Ta₂O₅, que são sólidos brancos, densos e inertes. Existem vários polimorfos do Nb₂O₅, sendo os octaedros NbO₆ a unidade estrutural mais comum; as estruturas de ambos os óxidos dos metais(V) são redes complicadas. O Nb₂O₅ pode ser usado como catalisador, em cerâmicas e em sensores de umidade. Tanto o Nb₂O₅ como o Ta₂O₅ são insolúveis em ácidos, exceto HF concentrado, mas dissolvem-se em álcalis fundidos. Se a massa fundida resultante é dissolvida em água, sais de niobatos (precipitados em pH abaixo de ≈7) e tantalatos (precipitados em pH abaixo de ≈10) podem ser isolados, por exemplo, K₈[Nb₆O₁₉]·16H₂O e [Et₄N]₆[Nb₁₀O₂₈]·6H₂O. O íon [Nb₆O₁₉]⁸⁻ consiste em seis unidades MO₆ octaédricas contendo átomos de O compartilhados; ele é isoeletrônico e isoestrutural com [Mo₆O₁₉]²⁻ e [W₆O₁₉]²⁻ (veja a Fig. 22.9c). O íon [Nb₁₀O₂₈]⁶⁻ é isoestrutural com [V₁₀O₂₈]⁶⁻ (Fig. 21.8e) e contém blocos octaédricos como no [Nb₆O₁₉]⁸⁻.

O aquecimento de Nb₂O₅ ou Ta₂O₅ com carbonatos de metais dos grupos 1 ou 2 em elevadas temperaturas (por exemplo, Nb₂O₅ com Na₂CO₃ a 1650 K em um cadinho de Pt) produz óxidos mistos de metais como LiNbO₃, NaNbO₃, LiTaO₃, NaTaO₃ e CaNb₂O₆. Os compostos M′MO₃ cristalizam-se com estruturas do tipo perovskita (Fig. 6.24 – Volume 1), e apresentam propriedades ferroelétricas e piezoelétricas (veja a Seção 14.9 – Volume 1), o que justifica seus empregos em dispositivos eletro-ópticos e acústicos.

A química de coordenação do Nb(V) e Ta(V) é bem desenvolvida e existe uma semelhança muito grande nos complexos formados pelos dois metais. Complexos contendo doadores duros são favorecidos. Embora complexos com números de coordenação 6, 7 e 8 sejam os mais comuns, observam-se números de coordenação mais baixos como no [Ta(NEt₂)₅] (bipiramidal triangular), [Nb(NMe₂)₅] e [NbOCl₄]⁻ (piramidal de base quadrada). A acidez de Lewis dos penta-haletos, especialmente NbF₅ e TaF₅, leva à formação de sais como Cs[NbF₆] e K[TaF₆] (ânions octaédricos), K₂[NbF₇] e K₂[TaF₇] (ânions prismáticos triangulares encapuzados), Na₃[TaF₈] e Na₃[NbF8] (ânions antiprismáticos quadrados) e [ⁿBu₄N][M₂F₁₁] (Eq. 22.24 e estrutura **22.9**).

$$MF_5 \xrightarrow{[^nBu_4N][BF_4]} [^nBu_4N][MF_6] \xrightarrow{MF_5} [^nBu_4N][M_2F_{11}]$$
$$(M = Nb, Ta) \qquad (22.24)$$

M = Nb, Ta

(22.9)

Outros complexos incluem:

- octaédrico: [Nb(OH₂)(O)F₄]⁻ (Fig. 22.5b), [Nb(NCS-*N*)₆]⁻, [NbF₅(OEt₂)], *mer*-[NbCl₃(O)(NCMe)₂];
- intermediário entre octaédrico e prismático triangular: [Nb(SCH₂CH₂S)₃]⁻;
- bipiramidal pentagonal: [Nb(OH₂)₂(O)(ox)₂]⁻ (**22.10**); [Nb(O)(ox)₃]³⁻ (ligante óxido em um sítio axial);
- dodecaédrico: [M(η²-O₂)₄]³⁻ (M = Nb, Ta), [Nb(η²-O₂)₂(ox)₂]³⁻;
- antiprismático quadrado: [Ta(η²-O₂)₂F₄]³⁻.

(Para uma explicação da nomenclatura η-, veja o Boxe 19.1.)

(22.10)

Exercícios propostos

1. O espectro de RMN de ^{19}F em solução de $[^nBu_4N][Ta_2F_{11}]$ a 173 K mostra três sinais: um dupleto de quintetos ($J = 165$ e 23 Hz, respectivamente), um dupleto de dupletos ($J = 23$ e 42 Hz) e um sinal consistindo em 17 linhas com intensidades relativas próximas a 1:8:28:56:72:72:84:120:142:120: 84:72:72:56:28:8:1. Interprete esses dados.

[*Resp.*: Veja S. Brownstein (1973) *Inorg. Chem.*, vol. 12, p. 584]

2. O ânion $[NbOF_6]^{3-}$ apresenta uma simetria C_{3v}. Sugira uma estrutura para esse íon.

[*Resp.*: Veja a Fig. 19.8a; átomo de O em um único sítio]

Nióbio(IV) e tântalo(IV)

Com exceção do TaF$_4$, todos os haletos de Nb(IV) e Ta(IV) são conhecidos. Trata-se de sólidos escuros, preparados pela redução dos respectivos haletos MX$_5$ por aquecimento com o metal M ou Al. O fluoreto de nióbio(IV) é paramagnético (d^1) e isoestrutural com SnF$_4$ (**14.15**). Ao contrário, MCl$_4$, MBr$_4$ e MI$_4$ são diamagnéticos (ou fracamente paramagnéticos), fato consistente com o emparelhamento de átomos dos metais no estado sólido. As estruturas do NbCl$_4$ e do NbI$_4$ consistem em octaedros distorcidos NbX$_6$ que compartilham arestas (**22.11**), com distâncias alternadas Nb–Nb (303 e 379 pm no NbCl$_4$; 331 e 436 pm no NbI$_4$). A estrutura no estado sólido do TaCl$_4$ é similar, com distâncias alternadas Ta–Ta de 299 e 379 pm.

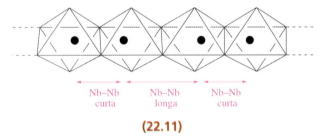

(22.11)

Os tetra-haletos são prontamente oxidados pelo ar (por exemplo, NbF$_4$ a NbO$_2$F) e sofrem desproporcionamento sob aquecimento (reação 22.25).

$$2TaCl_4 \xrightarrow{\Delta} TaCl_5 + TaCl_3 \qquad (22.25)$$

O óxido NbO$_2$, preto-azul, é formado por redução de Nb$_2$O$_5$ a 1070 K usando H$_2$ ou NH$_3$. Ele possui estrutura de rutilo, distorcida pelo emparelhamento de átomos de Nb (Nb–Nb = 280 pm). O aquecimento de Nb ou Ta com enxofre elementar produz os sulfetos dos metais(IV) (NbS$_2$ e TaS$_2$), que possuem estruturas lamelares. Ambos os compostos são polimórficos. A fase normal do NbS$_2$ compreende camadas nas quais cada átomo de Nb está em um ambiente prismático triangular. A estrutura lamelar do TaS$_2$ lembra a do CdI$_2$ (Fig. 6.23 – Volume 1), mas outras fases de TaS$_2$ são conhecidas. O TaS$_2$ é disponível comercialmente e exibe propriedades lubrificantes similares às do MoS$_2$ (veja o Boxe 22.6). Uma importante propriedade dos sulfetos metálicos lamelares é a sua capacidade de formar compostos de intercalação por acomodação de moléculas externas ou íons entre as camadas. Por exemplo, o TaS$_2$ intercala íons Li$^+$ e isso é a base para o emprego de TaS$_2$ e MS$_2$ sólidos lamelares similares como materiais de eletrodo para baterias à base de íons lítio (veja a Seção 28.2).

Vários complexos de Nb(IV) e Ta(IV) são formados por meio de reações de MX$_4$ (X = Cl, Br, I) com bases de Lewis contendo *N*-, *P*-, *As*-, *O*- ou *S*- doadores, ou por redução de MX$_5$ na presença de um ligante. Os números de coordenação são normalmente de 6, 7 ou 8. Por exemplo, algumas estruturas confirmadas para o *estado sólido* são:

- octaédrica: *trans*-[TaCl$_4$(PEt$_3$)$_2$], *cis*-[TaCl$_4$(PMe$_2$Ph)$_2$];
- octaédrica encapuzada: [TaCl$_4$(PMe$_3$)$_3$] (Fig. 19.8b);
- prismática triangular encapuzada: [NbF$_7$]$^{3-}$ (Eq. 22.26);
- dodecaédrica: [Nb(CN)$_8$]$^{4-}$;
- antiprismática quadrada: [Nb(ox)$_4$]$^{4-}$.

$$4NbF_5 + Nb + 15KF \longrightarrow 5K_3[NbF_7] \qquad (22.26)$$

Haletos de estados de oxidação inferiores

Entre os compostos de Nb e Ta de estados de oxidação inferiores, vamos centralizar a nossa atenção nos haletos. Os compostos MX$_3$ (M = Nb, Ta e X = Cl, Br) são preparados por redução de MX$_5$, e são sólidos bastante inertes. NbF$_3$ e TaF$_3$ cristalizam-se com a estrutura do ReO$_3$ (veja a Fig. 21.5).

(22.12)

Existe uma variedade de haletos com cadeias M$_3$ ou M$_6$, mas todos possuem estruturas estendidas com as unidades de aglomerados metálicos conectadas por pontes haleto. A estrutura de Nb$_3$Cl$_8$ é representada em **22.12**, mas, dos nove átomos de Cl externos mostrados, seis são compartilhados entre duas unidades adjacentes, e os outros três entre três unidades (veja o exemplo resolvido 22.1). Alternativamente, a estrutura pode ser considerada em termos de um agrupamento compacto hexagonal (ach) de átomos de Cl com três quartos das lacunas octaédricas ocupadas por átomos de Nb de tal modo que eles formam triângulos Nb$_3$. A redução de Nb$_3$I$_8$ (estruturalmente análogo ao Nb$_3$Cl$_8$) com Nb em um tubo selado a 1200 K produz Nb$_6$I$_{11}$. A fórmula pode ser escrita como [Nb$_6$I$_8$]I$_{6/2}$ indicando que as unidades [Nb$_6$I$_8$]$^{3-}$ estão conectadas por iodetos compartilhados entre dois aglomerados. (A formulação iônica é puramente um formalismo.) O aglomerado [Nb$_6$I$_8$]$^{3-}$ consiste em um núcleo octaédrico Nb$_6$, em que cada face é encapuzada por iodido (Fig. 22.6a). Os aglomerados são conectados em uma rede por pontes (Fig. 22.6c). Duas outras famílias de haletos são M$_6$X$_{14}$ (por exemplo, Nb$_6$Cl$_{14}$, Ta$_6$Cl$_{14}$, Ta$_6$I$_{14}$) e M$_6$X$_{15}$ (por exemplo, Nb$_6$F$_{15}$, Ta$_6$Cl$_{15}$, Ta$_6$Br$_{15}$). Suas fórmulas podem ser escritas como [M$_6$X$_{12}$]X$_{4/2}$ ou [M$_6$X$_{12}$]X$_{6/2}$ mostrando que eles contêm unidades de aglomerados [M$_6$X$_{12}$]$^{2+}$ e [M$_6$X$_{12}$]$^{3+}$, respectivamente (Fig. 22.6b). Os aglomerados são conectados tanto em uma rede tridimensional (M$_6$X$_{15}$, Fig. 22.6c) como em folha bidimensional (M$_6$X$_{14}$, Fig. 22.6d).

Dados magnéticos mostram que os sub-haletos apresentam ligações metal–metal. O momento magnético do Nb$_3$Cl$_8$ é 1,86 μ_B por unidade Nb$_3$ (298 K), indicando um elétron não emparelhado. Isso pode ser interpretado como segue:

A química dos metais do bloco *d*: os metais mais pesados **139**

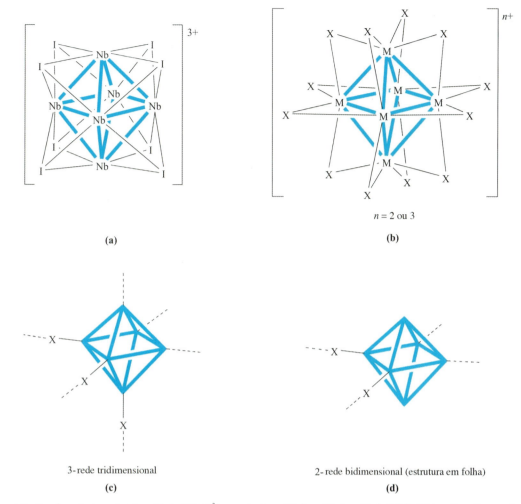

Fig. 22.6 Representações das estruturas (a) da unidade [Nb$_6$I$_8$]$^{3+}$ encontrada no Nb$_6$I$_{11}$ e (b) da unidade [M$_6$X$_{12}$]$^{n+}$ (*n* = 2 ou 3) encontrada em compostos do tipo M$_6$X$_{14}$ e M$_6$X$_{15}$, para M = Nb ou Ta, X = haleto. As unidades do aglomerado são conectadas (c) em uma rede tridimensional ou (d) em uma folha bidimensional por meio de pontes haleto (veja o texto).

- 3 átomos de Nb fornecem 15 elétrons (Nb s^2d^3);
- 8 átomos de Cl fornecem 8 elétrons (isso não interfere em nada no modo de ligação do Cl porque a formação da ponte exige ligações coordenadas usando pares isolados do Cl);
- o número total de elétrons de valência é 23;
- 22 elétrons são usados nas ligações simples: 8 Nb–Cl e 3 Nb–Nb;
- sobra um elétron.

Compostos do tipo M$_6$X$_{14}$ são diamagnéticos, enquanto os compostos M$_6$X$_{15}$ apresentam momentos magnéticos correspondentes a um elétron não emparelhado por aglomerado M$_6$. Se considerarmos M$_6$X$_{14}$ como contendo uma unidade [M$_6$X$_{12}$]$^{2+}$, existem oito pares de elétrons de valência restantes após a alocação das 12 ligações M–X, dando uma ordem de ligação de dois terços por aresta M–M (12 arestas). No M$_6$X$_{15}$, após alocar os elétrons nas 12 ligações simples M–X, a unidade [M$_6$X$_{12}$]$^{3+}$ possui 15 elétrons de valência para as ligações M–M. O paramagnetismo observado indica que um par de elétrons não emparelhados permanece sem ser usado. Por exemplo, o momento magnético (por unidade hexametal) do Ta$_6$Br$_{15}$ depende da temperatura: μ_{ef} = 2,17 μ_B a 623 K, 1,73 μ_B a 222 K e 1,34 μ_B a 77 K.

Existe também uma família de aglomerados discretos [M$_6$X$_{18}$]$^{n-}$ (M = Nb, Ta; X = Cl, Br, I). Por exemplo, a reação de Nb$_6$Cl$_{14}$ com KCl a 920 K produz K$_4$[Nb$_6$Cl$_{18}$]. O

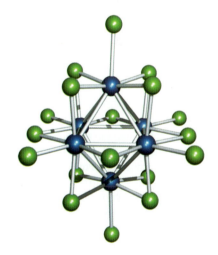

Fig. 22.7 A estrutura (difração de raios X) do [Nb$_6$Cl$_{18}$]$^{3-}$ no sal [Me$_4$N]$^+$ [F.W. Koknat *et al.* (1974) *Inorg. Chem.*, vol. 13, p. 295]. Código de cores: Nb, azul; Cl, verde.

íon [Nb$_6$Cl$_{18}$]$^{4-}$ é oxidado pelo I$_2$ a [Nb$_6$Cl$_{18}$]$^{3-}$ ou pelo Cl$_2$ a [Nb$_6$Cl$_{18}$]$^{2-}$. Os íons [M$_6$X$_{18}$]$^{n-}$ são estruturalmente similares (Fig. 22.7), e relações entre a estrutura desse íon discreto, a do íon [M$_6$Cl$_{12}$]$^{n+}$ (Fig. 22.6b) e dos aglomerados Zr$_6$ (como na Fig. 22.4a) são claros.

Exemplo resolvido 22.1 Estruturas dos haletos de Nb

Parte da estrutura no estado sólido do Nb₃Cl₈ é mostrada a seguir. Explique como essa estrutura é consistente com a estequiometria do composto.

[Estrutura de Nb₃Cl₈ com três átomos de Nb ligados em triângulo, cercados por átomos de Cl em ponte e terminais]

A figura anterior representa parte de uma estrutura estendida. Os átomos de Cl 'terminais' são compartilhados entre unidades: seis são compartilhados entre duas unidades, e três são compartilhados entre três unidades.

Para cada unidade Nb₃, o número de átomos de Cl é

$$= 4 + (6 \times \tfrac{1}{2}) + (3 \times \tfrac{1}{3}) = 8$$

Desse modo, a estequiometria do composto é Nb₃Cl₈.

Exercícios propostos

As respostas às questões seguintes podem ser encontradas ao ler a última subseção.

1. A estrutura no estado sólido do NbI₄ consiste em octaedros que compartilham arestas. Explique como essa descrição é consistente com a estequiometria do composto.
2. A fórmula do composto Nb₃I₁₁ pode ser escrita como [Nb₃I₈]I₆/₂. Explique como isso pode ser traduzido em uma descrição da estrutura no estado sólido desse composto.

22.7 Grupo 6: molibdênio e tungstênio

Os metais

Mo e W têm propriedades semelhantes. Ambos apresentam pontos de fusão e entalpias de atomização muito elevadas (Tabela 6.2 e Fig. 22.2). Os metais não são atacados ao ar a 298 K, mas reagem com O₂ a temperaturas elevadas produzindo MO₃, e são prontamente oxidados pelos halogênios (veja adiante). Mesmo a 298 K, a oxidação a M(VI) ocorre com F₂ (Eq. 22.27, veja Fig. 22.16). O enxofre reage com Mo ou W (por exemplo, Eq. 22.28). Outras fases sulfeto do Mo são produzidas sob diferentes condições.

$$M + 3F_2 \longrightarrow MF_6 \quad (M = Mo, W) \quad (22.27)$$

$$M + 2S \xrightarrow{\Delta} MS_2 \quad (M = Mo, W) \quad (22.28)$$

Os metais são inertes frente à maioria dos ácidos, mas são rapidamente atacados por álcalis fundidos na presença de agentes oxidantes.

Molibdênio e tungstênio exibem uma variedade de estados de oxidação (Tabela 19.3), embora não se conheçam espécies mononucleares simples para todos os estados. A extensa química do Cr(II) e Cr(III) (veja a Seção 21.7) não tem correspondência com a química dos metais mais pesados do grupo 6 e, em contraste com o Cr(VI), Mo(VI) e W(VI) são agentes oxidantes fracos. Como o W^{3+}(aq) não é conhecido, não se pode propor um potencial de redução para o par W(VI)/W(III). As Eqs. 22.29 e 22.30 comparam os sistemas Cr e Mo em pH = 0.

$$[Cr_2O_7]^{2-} + 14H^+ + 6e^- \rightleftharpoons 2Cr^{3+} + 7H_2O \quad E^\circ = +1,33 \text{ V} \quad (22.29)$$

$$H_2MoO_4 + 6H^+ + 3e^- \rightleftharpoons Mo^{3+} + 4H_2O \quad E^\circ = +0,1 \text{ V} \quad (22.30)$$

Os compostos molibdênio e tungstênio são normalmente isomorfos e essencialmente isodimensionais.

Molibdênio(VI) e tungstênio(VI)

Os hexafluoretos são formados por meio da reação 22.27, ou por reações de MoO₃ com SF₄ (recipiente selado, 620 K) e WCl₆ com HF ou SbF₃. Tanto o MoF₆ (líquido incolor, p.eb. 307 K) como o WF₆ (líquido amarelado volátil, p.eb. 290 K) possuem estruturas moleculares (**22.13**) e são prontamente hidrolisados. Os únicos outros hexa-haletos que são bem estabelecidos são os sólidos azuis WCl₆ e WBr₆. O primeiro é obtido aquecendo-se W ou WO₃ com Cl₂ e tem uma estrutura molecular octaédrica. WBr₆ (também molecular) é mais bem preparado através da reação 22.31. Tanto o WCl₆ como o WBr₆ hidrolisam-se prontamente. As reações do WF₆ com Me₃SiCl, ou do WCl₆ com F₂, produzem haletos mistos, por exemplo, cis- e trans-WCl₂F₄, e mer- e fac-WCl₃F₃.

[Estruturas 22.13 (MF₆ octaédrico, M = Mo, W) e 22.14 (MF₅(OC₆F₅) com posições axial e equatorial indicadas, M = Mo, W)]

(22.13)   (22.14)

$$W(CO)_6 + 3Br_2 \longrightarrow WBr_6 + 6CO \quad (22.31)$$

Enquanto MoF₆ e WF₆ são octaédricos, as moléculas isoeletrônicas MoMe₆ e WMe₆ adotam estruturas prismáticas triangulares distorcidas (Boxe 20.3). Estudos teóricos em nível DFT (veja a Seção 4.13 – Volume 1) mostram que existe apenas uma pequena barreira de energia para a interconversão das estruturas octaédrica e prismática triangular para o MoF₆ e o WF₆. Como os átomos de F em uma molécula MF₆ são equivalentes, é difícil provar se a interconversão ocorre na prática. Entretanto, os espectros de RMN de ¹⁹F da solução de MF₅(OC₆F₅) (**22.14**) são dependentes da temperatura, fato consistente com moléculas estereoquimicamente não rígidas. Além disso, no WF₅(OC₆F₅), a retenção do acoplamento entre os núcleos ¹⁹F e ¹⁸³W entre os espectros de baixa e alta temperatura confirma que o processo fluxional ocorre sem quebra da ligação W–F.[†]

[†] Para mais detalhes, veja: G. S. Quiñones, G. Hägele and K. Seppelt (2004) *Chem. Eur. J.*, vol. 10, p. 4755 – 'MoF₆ and WF₆: non-rigid molecules?'

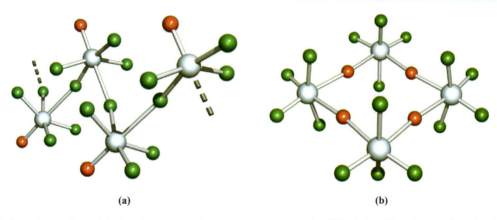

Fig. 22.8 (a) Parte de uma das cadeias infinitas que constituem a estrutura no estado sólido do MoOF$_4$, e (b) uma das unidades tetraméricas presentes no WOF$_4$ cristalino. Código de cores: Mo ou W, cinza-claro; O, vermelho; F, verde.

Exercício proposto

WF$_6$ reage com PMe$_3$ ou PMe$_2$Ph formando o complexo WF$_6$(PMe$_3$) ou WF$_6$(PMe$_2$Ph), com número de coordenação 7. No estado sólido, eles possuem estruturas prismática triangular encapuzada e octaédrica encapuzada, respectivamente. Os espectros de RMN de ^{31}P e ^{19}F da solução de WF$_6$(PMe$_3$) exibem um sinal (J_{PF} = 74 Hz), bem como os espectros de RMN de ^{31}P e ^{19}F do WF$_6$(PMe$_2$Ph). A que conclusões você pode chegar com base nesses dados?

[*Resp.*: S. El-Kurdi *et al.* (2010) *Chem. Eur. J.*, vol. 16, p. 595.]

Oxialetos MOX$_4$ (M = Mo, X = F, Cl; M = W, X = F, Cl, Br) e MO$_2$X$_2$ (M = Mo, W; X = F, Cl, Br) podem ser preparados por uma variedade de rotas de síntese, por exemplo, Eq. 22.32. As reações de MO$_3$ com CCl$_4$ produzem MO$_2$Cl$_2$; WO$_2$Cl$_2$ se decompõe por aquecimento (Eq. 22.33). Os oxialetos hidrolisam-se prontamente.

$$\left.\begin{array}{l} M + O_2 + F_2 \\ MOCl_4 + HF \\ MO_3 + F_2 \end{array}\right\} \longrightarrow MOF_4 \quad (M = Mo, W) \quad (22.32)$$

$$2WO_2Cl_2 \xrightarrow{450-550\ K} WO_3 + WOCl_4 \quad (22.33)$$

O sólidos não contêm unidades monoméricas; por exemplo, MoOF$_4$ contém cadeias de octaedros MoOF$_5$ ligados por pontes Mo–F–Mo (Fig. 22.8a). No WOF$_4$, as pontes W–O–W estão presentes no seio das unidades tetraméricas (Fig. 22.8b). A estrutura lamelar do WO$_2$Cl$_2$ está relacionada com a do SnF$_4$ (**14.15**); cada camada compreende unidades WO$_4$Cl$_2$ em ponte (**22.15**), e a rede é capaz de atuar como um sítio de intercalação.

(**22.15**)

Os compostos de Mo(VI) e W(VI) mais importantes são os óxidos e os ânions molibdato e tungstato. O MoO$_3$, branco (p.f. 1073 K), é normalmente preparado pela reação 22.34, e o WO$_3$, amarelo (p.f. 1473 K), é normalmente preparado pela desidratação do ácido túngstico (veja a seguir). Ambos os óxidos são disponíveis comercialmente.

$$MoS_2 \xrightarrow{\text{ustulação do ar}} MoO_3 \quad (22.34)$$

A estrutura do MoO$_3$ consiste em camadas de octaedros MoO$_6$ ligados. O arranjo das unidades MoO$_6$ é complexo e resulta em uma única rede tridimensional. Existem vários polimorfos de WO$_3$, todos baseados na estrutura do ReO$_3$ (Fig. 21.5). Filmes finos de WO$_3$ são usados em janelas eletrocrômicas (Boxe 22.4). Nem MoO$_3$ nem WO$_3$ reagem com ácidos, mas em soluções de álcalis são produzidos íons [MO$_4$]$^{2-}$ ou polioximetalatos. A química dos molibdatos e tungstatos é complicada e os usos dos homo- e heteropoliânions são extremamente variados.[†] Os íons molibdato(VI) e tungstato(VI) mais simples são [MoO$_4$]$^{2-}$ e [WO$_4$]$^{2-}$, dos quais são conhecidos muitos sais. Sais de metais alcalinos como Na$_2$MoO$_4$ and Na$_2$WO$_4$ (disponíveis comercialmente como di-hidratos e materiais de partida úteis nessa área da química) são preparados dissolvendo-se MO$_3$ (M = Mo, W) em solução aquosa de hidróxido de metal alcalino. A partir de soluções *fortemente ácidas* desses molibdatos e tungstatos, é possível isolar o 'ácido molíbdico' amarelo e o 'ácido túngstico' amarelo. Os ácidos molíbdico e túngstico cristalinos são formulados como MoO$_3$·2H$_2$O e WO$_3$·2H$_2$O, e possuem estruturas lamelares consistindo em octaedros MO$_5$(OH$_2$) compartilhando vértices com moléculas adicionais de H$_2$O alojadas entre as camadas. Nos sais cristalinos, os íons [MO$_4$]$^{2-}$ são tetraédricos e discretos. Em meio ácido e dependendo do pH, ocorre condensação produzindo poliânions, por exemplo, reação 22.35.

$$7[MoO_4]^{2-} + 8H^+ \longrightarrow [Mo_7O_{24}]^{6-} + 4H_2O \quad pH \approx 5 \quad (22.35)$$

As características estruturais do íon [Mo$_7$O$_{24}$]$^{6-}$ (Fig. 22.9a), que são comuns a outros molibdatos e tungstatos polinucleares, são:

[†] Para revisões a respeito das aplicações, veja: D.-L. Long, R. Tsunashima and L. Cronin (2010) *Angew. Chem. Int. Ed.*, vol. 49, p. 1736; A. Dolbecq, E. Dumas, C.R. Mayer and P. Mialane (2010) *Chem. Rev.*, vol. 110, p. 6009; A. Proust, R. Thouvenot and P. Gouzerh (2008) *Chem. Commun.*, p. 1837.

APLICAÇÕES
Boxe 22.4 Janelas eletrocrômicas 'elegantes'

Um material eletrocrômico é aquele que muda de cor quando uma diferença de potencial elétrico é aplicada através do material. A supressão da voltagem externa reverte a mudança de cor. As aplicações de filmes eletrocrômicos incluem a fabricação de janelas 'elegantes', isto é, janelas que podem ser escurecidas reversivelmente pela aplicação de um estímulo de voltagem. Tais janelas são capazes de modificar a quantidade de luz solar que entra em um edifício, e podem ser usadas para regular a transmissão do calor solar. Dispositivos eletrocrômicos são também empregados em espelhos de veículos e painéis de tetos solares. O uso de polímeros flexíveis no lugar de substratos de vidro para filmes eletrocrômicos aumentou a gama de aplicações.

Paredes de janela são hoje corriqueiras nos edifícios comerciais modernos: o emprego de vidros eletrocrômicos aumenta a eficiência energética e o ambiente de trabalho.

Óxidos metálicos contendo metais ativos redox (por exemplo, WO_3, MoO_3, Ta_2O_5, Nb_2O_5, IrO_2) são os principais materiais inorgânicos aplicados na produção de filmes eletrocrômicos e, entre esses óxidos, WO_3 (seja cristalino ou amorfo) é o mais importante. Um filme de WO_3 puro é transparente e uma mudança de cor para o azul surge a partir da formação reversível de um bronze de tungstênio de lítio (veja a Eq. 22.42 e o texto associado). Um esquema típico de um filme eletroquímico é mostrado a seguir.

Ele consiste em duas camadas externas de vidros condutores elétricos (normalmente SnO_2:F ou In_2O_3:Sn; veja a Seção 28.3). Entre essas camadas se localizam o eletrodo ativo (WO_3) e o contraeletrodo (por exemplo, $Li_xV_2O_5$), e inserido entre eles está um eletrólito sólido (polímero) que conduz íons Li^+. O contraeletrodo atua como um armazenador de íons Li^+. Quando um pequeno potencial ($\approx$1,5 V) é aplicado através da célula, íons Li^+ migram do contraeletrodo, através do eletrólito, para o eletrodo ativo. A captação de íons Li^+ pelo WO_3 sob um potencial apropriado é representada pela equação:

$$WO_3 + xLi^+ + xe^- \rightleftharpoons Li_xWO_3$$
incolor azul

A reação é totalmente reversível. Para cada íon Li^+ incorporado ao Li_xWO_3, um centro W^{VI} é reduzido a W^V. Portanto, a equação anterior se torna:

$$W^{VI}O_3 + xLi^+ + xe^- \rightleftharpoons Li_xW^{VI}_{1-x}W^V_xO_3$$
incolor azul

Como esse equilíbrio demonstra, o WO_3 é um material *catódico* eletrocrômico, isto é, o escurecimento do filme eletrocrômico ocorre no catodo na célula. Em contraste, IrO_2 é um material *anódico* eletrocrômico, e a mudança reversível de cor do dispositivo eletrocrômico depende da migração do próton e não do íon lítio:

$$H_xIrO_2 \rightleftharpoons IrO_2 + xH^+ + xe^-$$
incolor azul-escuro

Os dois estados de oxidação do irídio são Ir(IV) e Ir(III):

$$H_xIr^{IV}_{1-x}Ir^{III}_xO_2 \rightleftharpoons Ir^{IV}O_2 + xH^+ + xe^-$$
incolor azul-escuro

Leitura recomendada

D.T. Gillaspie, R.C. Tenent and A.C. Dillon (2010) *J. Mater. Chem.*, vol. 20, p. 9585 – 'Metal-oxide films for electrochromic applications: present technology and future directions'.

C.G. Granqvist (2008) *Pure Appl. Chem.*, vol. 80, p. 2489 – 'Electrochromics for energy efficiency and indoor comfort'.

G.A. Niklasson and C.G. Granqvist (2007) *J. Mater. Chem.*, vol. 17, p. 127 – 'Electrochromics for smart windows: Thin films of tungsten oxide and nickel oxide, and devices based on these'.

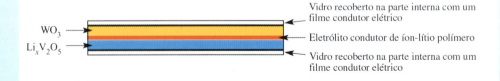

A química dos metais do bloco *d*: os metais mais pesados **143**

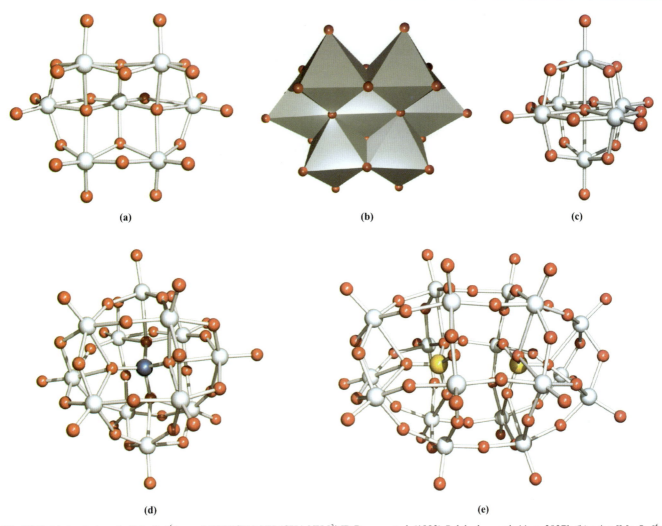

Fig. 22.9 (a) A estrutura do [Mo₇O₂₄]⁶⁻ no sal [H₃N(CH₂)₂NH₂(CH₂)₂NH₃]³⁺ [P. Roman *et al.* (1992) *Polyhedron*, vol. 11, p. 2027]; (b) o íon [Mo₇O₂₄]⁶⁻ representado em termos de sete blocos de construção octaédricos (eles podem ser gerados na figura (a) conectando os átomos de O); (c) a estrutura do íon [W₆O₁₉]²⁻ determinada para o sal de [W(CN'Bu)₇]²⁺ [W.A. LaRue *et al.* (1980) *Inorg. Chem.*, vol. 19, p. 315]; (d) a estrutura do íon de Keggin α, [SiMo₁₂O₄₀]⁴⁻, no sal guanidínio (o átomo de Si está indicado em azul-escuro) [H. Ichida *et al.* (1980) *Acta Crystallogr.*, *Sect. B*, vol. 36, p. 1382]; (e) a estrutura do [H₃S₂Mo₁₈O₆₂]⁵⁻ (no sal de [ⁿBu₄N]⁺) formado pela redução do ânion de Dawson α [S₂Mo₁₈O₆₂]⁴⁻ (os átomos de H foram omitidos) [R. Neier *et al.* (1995) *J. Chem. Soc.*, *Dalton Trans.*, p. 2521]. Código de cores: Mo e W, cinza-claro; O, vermelho; Si, azul; S, amarelo.

- a gaiola é suportada por pontes de oxigênio e não há ligação metal–metal;
- a gaiola é construída a partir de unidades octaédricas MO₆ conectadas por átomos de oxigênio compartilhados.

Como consequência desse último ponto, as estruturas podem ser representadas em termos de octaedros ligados, em grande parte da mesma forma que as estruturas silicatos são descritas com base em tetraedros ligados (veja a estrutura **14.22** e a Fig. 14.23 – Volume 1). A Fig. 22.9b mostra essa representação para o [Mo₇O₂₄]⁶⁻; cada vértice corresponde a um átomo de O na Fig. 22.9a. Mediante o controle do pH ou trabalhando em meio não aquoso, sais de outros molibdatos e tungstatos podem ser isolados. Um dos mais simples é o [M₆O₁₉]²⁻ (M = Mo, W), que é isoestrutural com o [M₆O₁₉]⁸⁻ (M = Nb, Ta) e possui a *estrutura de Lindqvist* (Fig. 22.9c). Para o tungstênio, o sistema em solução é mais complicado do que para o molibdênio, e envolve equilíbrios com espécies W₇, W₁₀, W₁₁ e W₁₂. O ânion de menor nuclearidade, [W₇O₂₄]⁶⁻, é isoestrutural com [Mo₇O₂₄]⁶⁻. Sais podem ser isolados por meio de um cuidadoso controle do pH, e em condições não aquosas sais de politungstatos, que são desconhecidos em solução aquosa, podem ser cristalizados.

Heteropoliânions foram bem estudados e possuem muitas aplicações, por exemplo, como catalisadores. Duas famílias são especialmente importantes:

- os ânions de Keggin α,[†] [XM₁₂O₄₀]ⁿ⁻ (M = Mo, W; por exemplo, X = P ou As, *n* = 3; X = Si, *n* = 4; X = B, *n* = 5);
- os ânions de Dawson α, [X₂M₁₈O₆₂]ⁿ⁻ (M = Mo, W; por exemplo, X = P ou As, *n* = 6).

As Eqs. 22.36 e 22.37 mostram sínteses típicas de íons de Keggin α. Todos os íons são estruturalmente similares (Fig. 22.9d) com o heteroátomo coordenado tetraedricamente no centro da gaiola polioximetalato. A construção da gaiola a partir de unidades octaédricas MO₆ ligadas por oxigênio se torna evidente a partir do estudo da Fig. 22.9d.

$$[HPO_4]^{2-} + 12[WO_4]^{2-} + 23H^+ \longrightarrow [PW_{12}O_{40}]^{3-} + 12H_2O \quad (22.36)$$

[†] O prefixo α distingue o tipo estrutural discutido aqui de outros isômeros; o primeiro exemplo, [PMo₁₂O₄₀]³⁻, foi descrito em 1826 por Berzelius, e foi elucidado estruturalmente por meio de difração de raios X em 1933 por J.F. Keggin.

APLICAÇÕES
Boxe 22.5 Aplicações catalíticas de MoO₃ e molibdatos

Catalisadores à base de molibdênio são usados para facilitar várias transformações orgânicas incluindo benzeno em ciclo-hexano, etilbenzeno em estireno e propeno em acetona.

A acrilonitrila (usada na fabricação de fibras acrílicas, resinas e borrachas) é produzida comercialmente em larga escala por meio da reação:

$$CH_2=CHCH_3 + \tfrac{3}{2}O_2 + NH_3 \xrightarrow{\text{catalisador Bi}_2O_3/MoO_3} CH_2=CHCN + 3H_2O$$

O propeno é também o precursor da acroleína (acrilaldeído):

$$CH_2=CHCH_3 + O_2 \xrightarrow{\text{catalisador Bi}_2O_3/MoO_3} CH_2=CHCHO + H_2O$$

Os dois processos de fabricação são em conjunto conhecidos como processo SOHIO (do inglês *Standard Oil of Ohio Company*). O catalisador bismuto–molibdato funciona promovendo associações íntimas de sítios Bi–O e Mo=O. Os sítios Bi–O estão envolvidos na abstração do hidrogênio α (veja a estrutura **24.47**), enquanto os sítios Mo=O interagem com o alqueno que chega, e estão envolvidos na ativação do NH₃ e na formação da ligação C–N.

No Boxe 12.2 (Volume 1), nós descrevemos métodos de dessulfurização de emissões gasosas. Uma combinação de MoO₃ e CoO suportada em alumina ativa atua como um catalisador efetivo para a dessulfurização do petróleo e produtos provenientes do carvão. Esse sistema catalítico tem ampla aplicação em um processo que contribui significativamente para a redução das emissões de SO₂.

Leitura recomendada

R.K. Grasselli (1986) *J. Chem. Educ.*, vol. 63, p. 216 – 'Selective oxidation and ammoxidation of olefins by heterogeneous catalysis'.

J. Haber and E. Lalik (1997) *Catal. Today*, vol. 33, p. 119 – 'Catalytic properties of MoO3 revisited'.

T.A. Hanna (2004) *Coord. Chem. Rev.*, vol. 248, p. 429 – 'The role of bismuth in the SOHIO process'.

C. Limberg (2007) *Top. Organomet. Chem.* (2007) vol. 22, p. 79 – 'The SOHIO process as an inspiration for molecular organometallic chemistry'.

$$[SiO_3]^{2-} + 12[WO_4]^{2-} + 22H^+ \longrightarrow [SiW_{12}O_{40}]^{4-} + 11H_2O \qquad (22.37)$$

Ânions de Dawson α do Mo são formados espontaneamente em soluções contendo [MoO₄]²⁻ e fosfatos ou arseniatos em um pH apropriado, mas a formação das espécies tungstato correspondentes é mais lenta e requer um excesso de fosfato ou arseniato. A estrutura da gaiola α de Dawson pode ser visualizada como a condensação de dois íons de Keggin α com perda de seis unidades MO₃ (compare as Figs. 22.9d e 22.9e). A estrutura mostrada na Fig. 22.9e é a do [H₃S₂Mo₁₈O₆₂]⁵⁻, um produto protonado da redução de 4 elétrons do íon de Dawson α, [S₂Mo₁₈O₆₂]⁴⁻. Afora mudanças nos comprimentos de ligação, a gaiola permanece inalterada pela adição de elétrons. De modo semelhante, a redução de um íon de Keggin α ocorre sem grandes mudanças estruturais. A redução converte parte do M(VI) em centros M(V) e é acompanhada por uma mudança de coloração para azul intenso. Desse modo, os ânions de Keggin e Dawson reduzidos são chamados *heteropoliazuis*.

Heteropoliânions com gaiolas incompletas, ânions *lacunares*, podem ser preparados sob condições de pH controlado; por exemplo, em pH ≈ 1, o [PW₁₂O₄₀]³⁻ pode ser preparado (Eq. 22.36), enquanto em pH ≈ 2 forma o [PW₁₁O₃₉]⁷⁻. Íons lacunares atuam como ligantes por coordenação através de átomos de O terminais. Complexos incluem [PMo₁₁VO₄₀]⁴⁻, [(PW₁₁O₃₉)Ti(η⁵-C₅H₅)]⁴⁻ e [(PW₁₁O₃₉)Rh₂(O₂CMe)₂(DMSO)₂]⁵⁻.

A formação de complexos mononucleares pelo Mo(VI) e W(VI) é limitada. Complexos simples incluem [WOF₅]⁻ e *cis*-[MoF₄O₂]²⁻ octaédricos. Sais de [MoF₇]⁻ (Eq. 22.38) e [MoF₈]²⁻ (Eq. 22.39) foram isolados.

$$MoF_6 + [Me_4N]F \xrightarrow{MeCN} [Me_4N][MoF_7] \qquad (22.38)$$

$$MoF_6 + 2KF \xrightarrow{\text{em IF}_5} K_2[MoF_8] \qquad (22.39)$$

O ligante peróxido, [O₂]²⁻, forma vários complexos com Mo(VI) e W(VI); por exemplo, o [M(O₂)₂(O)(ox)]²⁻ (M = Mo, W) é bipiramidal pentagonal (**22.16**) e o [Mo(O₂)₄]²⁻ é dodecaédrico. Alguns complexos de peróxido de Mo(VI) catalisam a epoxidação de alquenos.

(22.16)

Molibdênio(V) e tungstênio(V)

Os penta-haletos conhecidos são MoF₅, amarelo, WF₅, amarelo, MoCl₅, preto, WCl₅, verde-escuro e WBr₅, preto; todos são sólidos a 298 K. Os pentafluoretos são preparados por aquecimento de MoF₆ com Mo (ou WF₆ com W, Eq. 22.40), mas ambos sofrem desproporcionamento sob aquecimento (Eq. 22.41).

$$5WF_6 + W \xrightarrow{\Delta} 6WF_5 \qquad (22.40)$$

$$2MF_5 \xrightarrow{\Delta,\, T\,K} MF_6 + MF_4 \qquad (22.41)$$

M = Mo, T > 440 K; M = W, T > 320 K

A combinação direta dos elementos sob condições controladas produz MoCl$_5$ e WCl$_5$. Os pentafluoretos MoF$_5$ e WF$_5$ são tetraméricos no estado sólido, isoestruturais com NbF$_5$ e TaF$_5$ (**22.5**). MoCl$_5$ e WCl$_5$ são diméricos e estruturalmente similares ao NbCl$_5$ e TaCl$_5$ (**22.6**). Cada penta-haleto é paramagnético, indicando pouca ou nenhuma interação metal–metal.

Os *bronzes de tungstênio* contêm M(V) e M(VI) (veja o Boxe 22.4) e são formados por redução em fase vapor do WO$_3$ por metais alcalinos, redução do Na$_2$WO$_4$ por H$_2$ a 800-1000 K, ou pela reação 22.42.

$$\frac{x}{2}Na_2WO_4 + \frac{3-2x}{3}WO_3 + \frac{x}{6}W \xrightarrow{1120\ K} Na_xWO_3 \quad (22.42)$$

Os bronzes de tungstênio são materiais inertes M$_x$WO$_3$ (0 < x < 1) com estruturas do tipo perovskita defeituosas (Fig. 6.24 – Volume 1). Sua cor depende de x: dourado para $x \approx 0,9$, vermelho para $x \approx 0,6$, violeta para $x \approx 0,3$. Bronzes com $x > 0,25$ exibem condutividade metálica devido a uma estrutura do tipo banda associada com centros W(V) e W(VI) na rede. Aqueles com $x < 0,25$ são semicondutores (veja a Seção 6.8 – Volume 1). Mo, Ti e V formam compostos similares.[†]

Nossa discussão sobre os complexos de Mo(V) e W(V) está restrita a espécies mononucleares selecionadas. A coordenação octaédrica é comum, por exemplo, [MoF$_6$]$^-$ (Eq. 22.43), [WF$_6$]$^-$ e [MoCl$_6$]$^-$. O W(V) com número de coordenação 8 é encontrado no [WF$_8$]$^{3-}$ (Eq. 22.44).

$$MoF_6\ (\text{em excesso}) \xrightarrow{KI\ em\ SO_2\ líquido} K[MoF_6] \quad (22.43)$$

$$W(CO)_6 \xrightarrow{KI\ em\ IF_5} K_3[WF_8] \quad (22.44)$$

O tratamento de WCl$_5$ com HCl concentrado produz [WOCl$_5$]$^{2-}$, e [WOBr$_5$]$^{2-}$ se forma quando [W(O)$_2$(ox)$_2$]$^{3-}$ reage com solução aquosa de HBr. A dissolução do [MoOCl$_5$]$^{2-}$ em solução aquosa ácida produz [Mo$_2$O$_4$(OH$_2$)$_6$]$^{2+}$ (**22.17**), amarelo, que é diamagnético, consistente com uma ligação simples Mo–Mo. São conhecidos vários complexos [MOCl$_3$L$_2$], por exemplo, WOCl$_3$(THF)$_2$ (um material de partida útil porque os ligantes THF são lábeis), [WOCl$_3$(PEt$_3$)$_2$] (**22.18**) e [MoOCl$_3$(bpi)]. Números de coordenação elevados são observados no [Mo(CN)$_8$]$^{3-}$ e [W(CN)$_8$]$^{3-}$, formados por oxidação de [M(CN)$_8$]$^{4-}$ usando Ce^{4+} ou [MnO$_4$]$^-$. As geometrias de coordenação são dependentes do cátion, ilustrando a pequena diferença de energia entre as estruturas dodecaédrica e antiprismática quadrada.

(22.17)   (22.18)

[†] Veja, por exemplo: C.X. Zhou, Y.X. Wang, L.Q. Yang and J.H. Lin (2001) *Inorg. Chem.*, vol. 40, p. 1521 – 'Syntheses of hydrated molybdenum bronzes by reduction of MoO$_3$ with NaBH$_4$'; X.K. Hu, Y.T. Qian, Z.T. Song, J.R. Huang, R. Cao and J.Q. Xiao (2008) *Chem. Mater.*, vol. 20, p. 1527 – 'Comparative study on MoO$_3$ and H$_x$MoO$_3$ nanobelts: structure and electric transport'.

Molibdênio(IV) e tungstênio(IV)

Haletos binários MX$_4$ são conhecidos para M = Mo, W e X = F, Cl e Br; o WI$_4$ existe, mas não foi bem caracterizado. As Eqs. 22.45 e 22.46 mostram sínteses representativas.

$$MoO_3 \xrightarrow{H_2,\ 720\ K} MoO_2 \xrightarrow{CCl_4,\ 520\ K} MoCl_4 \quad (22.45)$$

$$WCl_6 \xrightarrow{W(CO)_6,\ \text{refluxo em clorobenzeno}} WCl_4 \quad (22.46)$$

O fluoreto de tungstênio(IV) é polimérico, e uma estrutura polimérica para o MoF$_4$ é consistente com os dados de espectroscopia Raman. Existem três polimorfos do MoCl$_4$: α-MoCl$_4$ tem a estrutura do NbCl$_4$ (**22.11**) e, a 520 K, se transforma na forma β, que contém unidades Mo$_6$Cl$_{24}$ cíclicas (Fig. 22.10a). A estrutura do terceiro polimorfo é desconhecida. O cloreto de tungstênio(IV) (estruturalmente similar ao α-MoCl$_4$) é um material de partida útil para a química do W(IV) e em estados de oxidação mais baixos. Todos os tetra-haletos são sensíveis ao ar e à umidade.

A redução do MO$_3$ (M = Mo, W) com H$_2$ produz MoO$_2$ e WO$_2$ que adotam estruturas do tipo rutilo (Fig. 6.22 – Volume 1), distorcidas (como no NbO$_2$) pelo emparelhamento de centros metálicos; no MoO$_2$, as distâncias Mo–Mo são 251 e 311 pm. Os óxidos não se dissolvem em ácidos não oxidantes. O sulfeto de molibdênio(IV) (Eq. 22.28) tem uma estrutura lamelar e é usado como lubrificante (Boxe 22.6).

Molibdênio(IV) é estabilizado em solução ácida como [Mo$_3$(μ_3-O)(μ-O)$_3$(OH$_2$)$_9$]$^{4+}$ (Fig. 22.10b), que é formado por redução de Na$_2$[MoO$_4$] ou oxidação de [Mo$_2$(OH$_2$)$_8$]$^{4+}$.

Os complexos de halidos [MX$_6$]$^{2-}$ (M = Mo, W; X = F, Cl, Br) são conhecidos, embora o [WF$_6$]$^{2-}$ tenha sido pouco estudado. O ajuste das condições da reação 22.43 (ou seja, empregando uma razão molar MoF$_6$:I$^-$ de 1:2, e removendo o I$_2$ à medida que ele é formado), permite isolar o sal K$_2$[MoF$_6$]. Sais de [MoCl$_6$]$^{2-}$ podem ser preparados a partir de MoCl$_5$, por exemplo, [NH$_4$]$_2$[MoCl$_6$] aquecendo MoCl$_5$ com NH$_4$Cl. Muitos sais de [WCl$_6$]$^{2-}$ são conhecidos (por exemplo, reação 22.47), mas o íon se decompõe em contato com a água.

$$2M[WCl_6] \xrightarrow{550\ K} M_2[WCl_6] + WCl_6$$
$$(M = \text{metal do grupo 1}) \quad (22.47)$$

A redução de H$_2$WO$_4$ usando Sn em HCl na presença de K$_2$CO$_3$ leva à formação de K$_4$[W$_2$(μ-O)Cl$_{10}$]; o ânion é estruturalmente similar a [Ta$_2$(μ-O)F$_{10}$]$^{2-}$ (Fig. 22.5a).

Geometrias octaédricas são comuns para complexos de Mo(IV) e W(IV), cujas sínteses frequentemente envolvem uma redução mediada pelo ligante do centro metálico, por exemplo, reações 22.48 e 22.49.

$$WOCl_4 + 3Ph_3P \longrightarrow trans\text{-}[WCl_4(PPh_3)_2] + Ph_3PO \quad (22.48)$$

$$MoCl_5 \xrightarrow{\text{excesso de py ou bpy}} \begin{cases} MoCl_4(py)_2 \\ MoCl_4(bpy) \end{cases} \quad (22.49)$$

O sal K$_4$[Mo(CN)$_8$]·2H$_2$O foi o primeiro exemplo (em 1939) de um complexo de número de coordenação 8 (dodecaédrico). Entretanto, estudos com uma variedade de sais de [Mo(CN)$_8$]$^{4-}$ e [W(CN)$_8$]$^{4-}$ revelam uma dependência do cátion, sendo encontradas geometrias tanto dodecaédricas como antiprismáticas quadradas. Os sais K$_4$[M(CN)$_8$] são formados mediante reação de K$_2$MO$_4$, KCN e KBH$_4$ na presença de ácido acético. Os íons

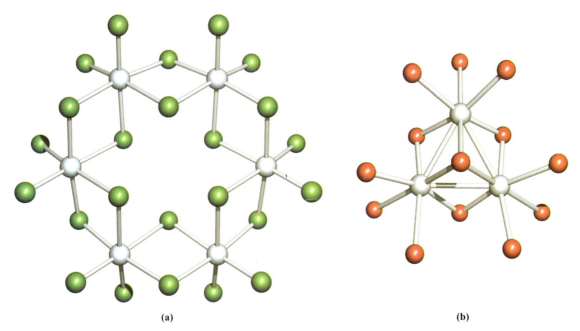

Fig. 22.10 (a) A forma β do MoCl₄ consiste em unidades cíclicas Mo₆Cl₂₄. A estrutura foi determinada por difração de raios X [U. Müller (1981) *Angew. Chem.*, vol. 93, p. 697]. Código de cores: Mo, cinza-claro; Cl, verde. (b) A estrutura do $[Mo_3(\mu_3\text{-}O)(\mu\text{-}O)_3(OH_2)_9]^{4+}$ determinada por difração de raios X do sal hidratado $[4\text{-MeC}_6H_4SO_3]^-$; os átomos de H foram omitidos dos ligantes H₂O terminais. As distâncias Mo–Mo estão na faixa 247-249 pm. [D.T. Richens *et al.* (1989) *Inorg. Chem.*, vol. 28, p. 1394]. Código de cores: Mo, cinza-claro; O, vermelho.

APLICAÇÕES

Boxe 22.6 MoS₂: um lubrificante sólido

Após purificação e conversão em um pó de granulometria apropriada, o mineral *molibdenita*, MoS₂, possui numerosas aplicações comerciais como um lubrificante sólido. Ele é aplicado para reduzir o desgaste e a fricção, e é capaz de suportar condições de trabalho em altas temperaturas. As propriedades lubrificantes são uma consequência da estrutura lamelar no estado sólido (compare com a grafita). Em cada camada, cada centro de Mo está em um ambiente prismático triangular, e cada átomo de S faz ponte com três centros de Mo (na figura, o significado das cores é: Mo, cinza-claro, e S, amarelo). As superfícies superior e inferior de cada camada consistem inteiramente em átomos de S, e existem apenas forças de van der Waals fracas atuando entre as placas S–Mo–S. As aplicações de MoS₂ como lubrificante vão de óleos e graxas de motores (usados em equipamentos de engenharia) a recobrimentos sobre peças móveis.

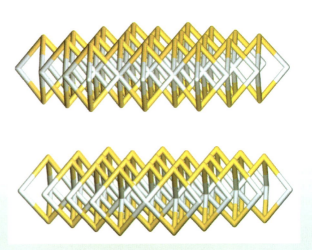

$[M(CN)_8]^{4-}$ são cineticamente inertes no que tange à substituição do ligante (veja a Seção 26.2), mas podem ser oxidados a $[M(CN)_8]^{3-}$ como descrito anteriormente.

Molibdênio(III) e tungstênio(III)

Todos os haletos binários de Mo(III) e W(III) são conhecidos, exceto o WF₃. Os haletos de Mo(III) são preparados por redução de um haleto de estado de oxidação mais elevado. A redução de MoCl₅ com H₂, a 670 K, produz MoCl₃, que possui uma estrutura lamelar similar ao CrCl₃ mas distorcida e diamagnética pelo emparelhamento de átomos do metal (Mo–Mo = 276 pm). Os 'haletos de W(III)' contêm aglomerados M₆ e são preparados por halogenação controlada de um haleto inferior (veja as Eqs. 22.55 e 22.56). W₆Cl₁₈ (Fig. 22.11) também foi obtido reduzindo WCl₄ com grafita em um tubo de sílica a 870 K.

Em contraste com o Cr(III) (veja a Seção 21.7), complexos mononucleares de Mo(III) e W(III) (especialmente deste último) são raros, indicando com isso um aumento da tendência para a ligação M–M no estado M(III). A redução eletrolítica de MoO₃ em HCl concentrado produz $[MoCl_5(OH_2)]^{2-}$ e $[MoCl_6]^{3-}$, cujos sais de K⁺, vermelhos, são estáveis ao ar seco, mas são prontamente hidrolisados a $[Mo(OH_2)_6]^{3-}$, um dos poucos aqua-íons simples dos metais pesados. Ao modificar as condições

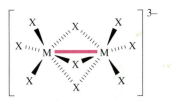

$$2[W_2Cl_9]^{3-} + Cl_2 \longrightarrow 2[W_2Cl_9]^{2-} + 2Cl^- \qquad (22.50)$$

M = Mo, W; X = Cl, Br (veja o texto)

(22.19)

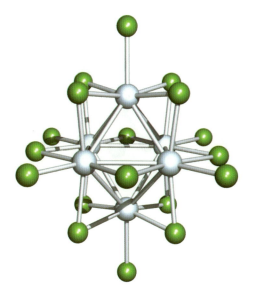

Fig. 22.11 A estrutura de W_6Cl_{18}, determinada por difração de raios X [S. Dill *et al.* (2004) *Z. Anorg. Allg. Chem.*, vol. 630, p. 987]. As distâncias das ligações W–W são todas próximas a 290 pm. Código de cores: W, cinza-claro; Cl, verde.

de reação, forma-se $[Mo_2Cl_9]^{3-}$ no lugar de $[MoCl_6]^{3-}$, mas a redução de WO_3 em meio de HCl concentrado sempre produz $[W_2Cl_9]^{3-}$; o íon $[WX_6]^{3-}$ não foi isolado. Tanto $[MoF_6]^{3-}$ como $[MoCl_6]^{3-}$ são paramagnéticos com momentos magnéticos próximos a 3,8 μ_B ($\approx\mu$(*spin-only*) para d^3). Os íons $[M_2X_9]^{3-}$ adotam a estrutura **22.19**; os dados magnéticos e as distâncias M–M (em sais cristalinos) são consistentes com ligações metal–metal. O íon $[W_2Cl_9]^{3-}$ é diamagnético, indicando uma ligação tripla WW, consistente com o comprimento curto da ligação de 242 pm. A oxidação (Eq. 22.50) a $[W_2Cl_9]^{2-}$ leva ao alongamento da ligação W–W para 254 pm, fato consistente com uma ordem de ligação menor, 2,5.

No $Cs_3[Mo_2X_9]$, os comprimentos das ligações Mo–Mo são 266 pm (X = Cl) e 282 pm (X = Br). Esses dados e os momentos magnéticos, a 298 K, de 0,6 μ_B (X = Cl) e 0,8 μ_B (X = Br) por Mo, indicam uma interação Mo–Mo significativa, mas com uma ordem de ligação < 3. Isso contrasta com o íon $[Cr_2X_9]^{3-}$, no qual não existe ligação Cr–Cr (Seção 21.7).

Na química do Mo(III) e W(III), ligações triplas Mo≡Mo e W≡W ($\sigma^2\pi^4$, veja a Fig. 21.16) são comuns, e derivados com ligantes amido e alcóxi têm recebido muita atenção, por exemplo, como precursores para materiais em estado sólido. A reação do $MoCl_3$ (ou $MoCl_5$) ou WCl_4 com $LiNMe_2$ produz $Mo_2(NMe_2)_6$ ou $W_2(NMe_2)_6$, respectivamente. Ambos possuem estruturas alternadas (Fig. 22.12a) com comprimentos de ligação M–M iguais a 221 (Mo) e 229 pm (W), típicas de ligações triplas. As orientações dos grupos NMe_2 no estado sólido sugerem que as ligações M–N contêm contribuições π metal d–nitrogênio p. Para uma conformação alternada, a ligação curta Mo–Mo e as ligações Mo–N encurtadas são também observadas no $Mo_2Cl_2(NMe_2)_4$ (Fig. 22.12b); esse composto e o análogo de W são preparados pela reação entre $M_2(NMe_2)_6$ e Me_3SiCl. Os compostos sensíveis ao ar e à umidade $M_2(NMe_2)_6$ e $M_2Cl_2(NMe_2)_4$ (M = Mo, W) são precursores para muitos derivados incluindo compostos alcóxi (Eq. 22.51 e Fig. 22.12c); os compostos $[W_2(OR)_6]$ são

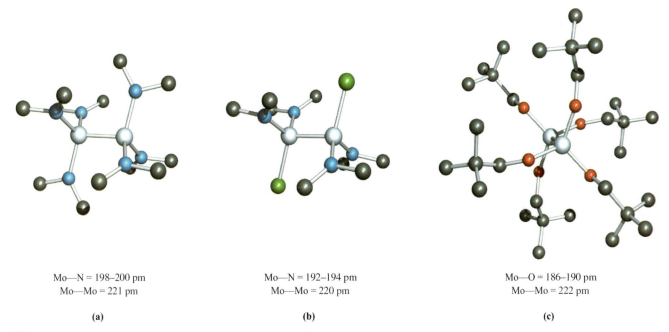

Mo—N = 198–200 pm
Mo—Mo = 221 pm
(a)

Mo—N = 192–194 pm
Mo—Mo = 220 pm
(b)

Mo—O = 186–190 pm
Mo—Mo = 222 pm
(c)

Fig. 22.12 As estruturas alternadas (difração de raios X) de (a) $Mo_2(NMe_2)_6$ [M.H. Chisholm *et al.* (1976) *J. Am. Chem. Soc.*, vol. 98, p. 4469], (b) $Mo_2Cl_2(NMe_2)_4$ [M. Akiyama *et al.* (1977) *Inorg. Chem.*, vol. 16, p. 2407] e (c) $Mo_2(OCH_2^tBu)_6$ [M.H. Chisholm *et al.* (1977) *Inorg. Chem.*, vol. 16, p. 1801]. Por questão de clareza, os átomos de hidrogênio foram omitidos; código de cores: Mo, cinza-claro; N, azul; O, vermelho; C, cinza; Cl, verde.

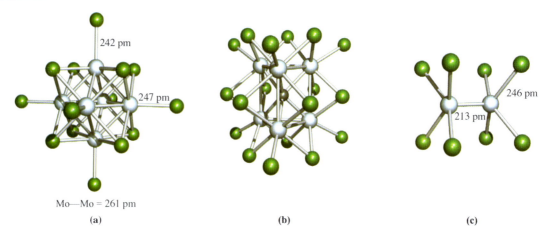

Fig. 22.13 As estruturas (difração de raios X) de (a) [Mo$_6$Cl$_{14}$]$^{2-}$ no sal de [Ph$_4$P]$^+$ [M.A. White *et al.* (1994) *Acta Crystallogr., Sect. C*, vol. 50, p. 1087], (b) W$_6$Cl$_{18}$C [Y.-Q. Zheng *et al.* (2003) *Z. Anorg. Allg. Chem.*, vol. 629, p. 1256] e (c) [Mo$_2$Cl$_8$]$^{4+}$ no composto [H$_3$NCH$_2$CH$_2$NH$_3$]$_2$[Mo$_2$Cl$_8$]·2H$_2$O [J.V. Brenic *et al.* (1969) *Inorg. Chem.*, vol. 8, p. 2698]. Código de cores: Mo ou W, cinza-claro; Cl, verde; C, cinza-escuro.

menos estáveis que os análogos de Mo. Uma química extensiva dos derivados alcóxi foi desenvolvida.[†]

$$Mo_2(NMe_2)_6 \xrightarrow{ROH} Mo_2(OR)_6 \quad (22.51)$$

(R tem que ser volumoso, por exemplo, ^{t}Bu, ^{i}Pr, CH$_2^t$Bu)

Molibdênio(II) e tungstênio(II)

Com exceção de complexos organometálicos e de cianido, poucas espécies mononucleares são conhecidas para o Mo(II) e o W(II). O íon bipiramidal pentagonal [Mo(CN)$_7$]$^{5-}$ é formado pela redução de [MoO$_4$]$^{2-}$ com H$_2$S na presença de [CN]$^-$. No íon prismático triangular encapuzado [MoBr(CN^{t}Bu)$_6$]$^+$ (Eq. 22.52), o ligante Br$^-$ ocupa o sítio encapuzante.

$$[MoBr_2(CO)_4] + 6\,^tBuNC \longrightarrow [MoBr(CN^tBu)_6]Br + 4CO \quad (22.52)$$

Os haletos binários M(II) (M = Mo, W) são preparados a partir de haletos superiores, por exemplo, WCl$_2$ por desproporcionamento de WCl$_4$ a ≈700 K ou a partir da redução de WCl$_6$ com H$_2$ a ≈700 K, e MoCl$_2$ por fusão de Mo com MoCl$_3$, MoCl$_4$ ou MoCl$_5$. As estruturas dos dialetos consistem em aglomerados [M$_6$X$_8$]$^{4+}$ (estruturalmente similares ao [Nb$_6$I$_8$]$^{3+}$, Fig. 22.6a) com cada átomo M ligado a um átomo de X adicional. Os aglomerados são conectados por meio de uma estrutura lamelar bidimensional através de pontes M–X–M, por exemplo, [M$_6$X$_8$]X$_2$X$_{4/2}$. Reações como 22.53 e 22.54 produzem sais contendo íons discretos [M$_6$X$_{14}$]$^{2-}$ (Fig. 22.13a). O diamagnetismo do [M$_6$X$_{14}$]$^{2-}$ é consistente com uma ligação M–M, e ligações simples M–M podem ser alocadas seguindo um procedimento similar de contagem de elétrons tal como para [Nb$_6$X$_{12}$]$^{2+}$ e [Ta$_6$X$_{12}$]$^{2+}$ (veja a Seção 22.6). Aglomerados octaédricos Mo$_6$(μ_3-X)$_8$ (normalmente, X = S, Se, Te) são os blocos construtivos das chamadas *fases de Chevrel*, M$_x$Mo$_6$X$_8$ (M = metal do grupo 1 ou 2 ou metal do bloco p, d ou f). Esses materiais exibem propriedades eletrônicas interessantes (em particular, supercondutividade), e serão discutidas mais adiante na Seção 28.4.

$$MoCl_2 \xrightarrow{Et_4NCl\ em\ HCl\ dil.,\ EtOH} [Et_4N]_2[Mo_6Cl_{14}] \quad (22.53)$$

$$MoBr_2 \xrightarrow{CsBr,\ IBr,\ 325\ K} Cs_2[Mo_6Br_{14}] \quad (22.54)$$

Enquanto os haletos de Mo(II) não são prontamente oxidados, WCl$_2$ e WBr$_2$ (Eqs. 22.55 e 22.56) são oxidados, formando produtos contendo aglomerados [W$_6$(μ-Cl)$_{12}$]$^{6+}$ ou [W$_6$(μ_3-Br)$_8$]$^{6+}$, haletos terminais e unidades [Br$_4$]$^{2-}$ em ponte. As fórmulas dos produtos nas equações vistas a seguir indicam se os aglomerados são discretos ou ligados.

$$[W_6Cl_8]Cl_2Cl_{4/2} \xrightarrow{Cl_2,\ 373\ K} [W_6Cl_{12}]Cl_6 \quad (22.55)$$

$$[W_6Br_8]Br_2Br_{4/2} \xrightarrow{Br_2,\ T<420\ K} \begin{cases} [W_6Br_8]Br_6 \\ [W_6Br_8]Br_4(Br_4)_{2/2} \\ [W_6Br_8]Br_2(Br_4)_{4/2} \end{cases} \quad (22.56)$$

Quando WBr$_2$ (ou seja, [W$_6$Br$_8$]Br$_2$Br$_{4/2}$) é aquecido na presença de AgBr *no vácuo* com um gradiente de temperatura 925/915 K, os produtos são Ag$_2$[W$_6$Br$_{14}$] verde-amarelo, e Ag[W$_6$Br$_{14}$], marrom-preto. Ambos os sais de prata contêm ânions discretos estruturalmente similares ao [Mo$_6$Cl$_{14}$]$^{2-}$ (Fig. 22.13a). A diferença da cor dos compostos é característica de W em diferentes estados de oxidação: [W$_6$Br$_{14}$]$^{2-}$ contém W no estado de oxidação +2, enquanto [W$_6$Br$_{14}$]$^-$ é formulado como [W$^{II}_5$W^{III}Br$_{14}$]$^-$.

Em contraste com os aglomerados octaédricos mais comuns nos haletos de tungstênio, W$_6$Cl$_{16}$C (formado na reação de W, WCl$_5$ e CCl$_4$ *no vácuo* com um gradiente de temperatura de 1030/870 K) contém um exemplo de uma unidade de aglomerado prismático triangular centrada no carbono. As unidades do aglomerado são conectadas em uma folha bidimensional (**22.20**), e a formulação [W$_6$ClC]Cl$_2$Cl$_{4/2}$ é apropriada. O composto relacionado W$_6$Cl$_{18}$C também pode ser isolado, e consiste em aglomerados prismáticos triangulares discretos centrados em carbono (Fig. 22.13b). Quando WCl$_6$ é reduzido pelo Bi, a 670 K, na presença de CCl$_4$, forma-se um sólido preto (proposto como sendo W$_6$Cl$_{16}$C) a partir do qual aglomerados discretos [W$_6$Cl$_{18}$C]$^{2-}$ podem ser isolados mediante a adição de [Bu$_4$N]Cl. A redução de WCl$_6$ com Bi, a 770 K, na presença de NaN$_3$ leva à formação de Na[W$_6$Cl$_{18}$N]. Os ânions [W$_6$Cl$_{18}$C]$^{2-}$ e [W$_6$Cl$_{18}$N]$^-$

[†] Por exemplo, veja M.H. Chisholm (1995) *Chem. Soc. Rev.*, vol. 24, 79; M.H. Chisholm (1996) *J. Chem. Soc., Dalton Trans.*, p. 1781; M.H. Chisholm and A.M. Macintosh (2005) *Chem. Rev.*, vol. 105, p. 2949; M.H. Chisholm and Z. Zhou (2004) *J. Mater. Chem.*, vol. 14, p. 3081.

contêm átomos de C e N intersticiais, respectivamente, e são estruturalmente análogos ao W₆Cl₁₈C (Fig. 22.13b).

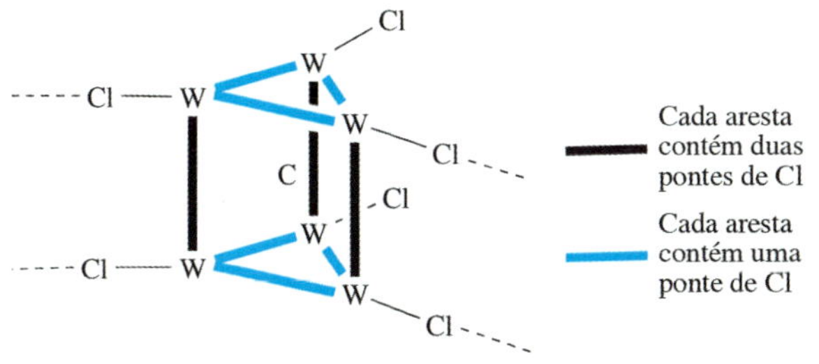

(22.20)

Compostos contendo uma unidade {Mo≡Mo}⁴⁺ são bem exemplificados na química do Mo(II). Ao contrário, a química da unidade {W≡W}⁴⁺ é menos extensa. Duas razões para essa diferença são que os complexos contendo um núcleo {W₂}⁴⁺ são mais suscetíveis à oxidação do que aqueles baseados em {Mo₂}⁴⁺, e que os precursores apropriados de {Mo₂}⁴⁺ contendo complexos são mais abundantes do que os compostos análogos de tungstênio. Uma descrição das ligações quádruplas Mo≡Mo e W≡W em termos de componentes σ, π e δ é análoga àquela para uma ligação Cr≡Cr (veja a Seção 21.7 e a Fig. 21.16), e o efeito do componente δ em forçar os ligantes para serem eclipsados é ilustrado pela estrutura do [Mo₂Cl₈]⁴⁻ (Fig. 22.13c). Esta espécie é preparada na sequência de reações 22.57, sendo o intermediário acetato Mo₂(μ-O₂CMe)₄ (**22.21**) um sínton útil nesta área da química, por exemplo, reação 22.58. A substituição de ligantes Cl⁻ no [Mo₂Cl₈]⁴⁻ produz uma variedade de derivados. A Eq. 22.59 fornece exemplos, um dos quais envolve uma oxidação concomitante do núcleo {Mo≡Mo}⁴⁺. Derivados contendo pontes [MeSO₃]⁻ ou [CF₃SO₃]⁻ são precursores úteis e podem ser usados para preparar a espécie [Mo₂(NCMe)₈]⁴⁺ altamente reativa (Eq. 22.60).

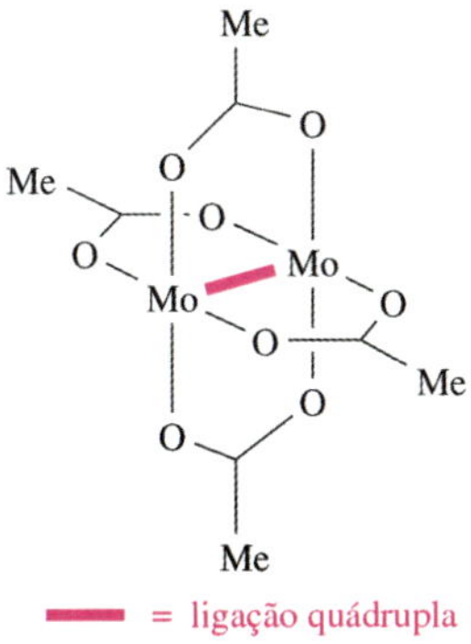

(22.21) — = ligação quádrupla

$$Mo(CO)_6 \xrightarrow{MeCO_2H} Mo_2(\mu\text{-}O_2CMe)_4 \xrightarrow{KCl\ em\ HCl} [Mo_2Cl_8]^{4-} \quad (22.57)$$

$$Mo_2(\mu\text{-}O_2CMe)_4 \xrightarrow{LiMe\ em\ Et_2O} Li_4[Mo_2Me_8]\cdot 4Et_2O \quad (22.58)$$

$$[Mo_2Cl_8]^{4-} \xrightarrow[\text{(na presença de }O_2\text{)}]{[HPO_4]^{2-}} [Mo_2(\mu\text{-}HPO_4)_4]^{2-}$$

$$\downarrow [SO_4]^{2-} \quad (22.59)$$

$$[Mo_2(\mu\text{-}SO_4)_4]^{4-}$$

$$[Mo_2(\mu\text{-}O_3SCF_3)_2(OH_2)_4]^{2+} \xrightarrow{MeCN} [Mo_2(NCMe)_8]^{4+} \quad (22.60)$$

Cada centro de Mo nesses derivados Mo₂ possui um orbital vazio (como na estrutura **21.20**), mas a formação de adutos de bases de Lewis não é fácil; '[Mo₂(μ-O₂CMe)₄(OH₂)₂]' não foi isolado, embora as espécies oxidadas [Mo₂(μ-SO₄)₄(OH₂)₂]³⁻ e [Mo₂(μ-HPO₄)₄(OH₂)₂]²⁻ sejam conhecidas. Um aduto instável [Mo₂(μ-O₂CMe)₄(pi)₂] resulta da adição de piridina a [Mo₂(μ-O₂CMe)₄], e outro aduto mais estável pode ser preparado empregando [Mo₂(μ-O₂CCF₃)₄].

Nem todos os derivados mencionados anteriormente contêm ligações Mo≡Mo; por exemplo, ocorre oxidação na reação 22.59 na formação de [Mo₂(μ-HPO₄)₄(OH₂)₂]²⁻. A Tabela 22.2 lista os comprimentos da ligação Mo–Mo em compostos selecionados, e as ordens de ligação seguem o diagrama de níveis de energia na Fig. 21.16b; por exemplo, [Mo₂Cl₈]⁴⁻ tem configuração σ² π⁴ δ² (Mo≡Mo), mas [Mo₂(HPO₄)₄]²⁻ e [Mo₂(HPO₄)₄(OH₂)₂]²⁻ são σ² π⁴ (Mo≡Mo). A oxidação do núcleo [M₂]⁴⁺ (M = Mo ou W) é mais fácil quando o ligante em ponte é **22.22**. A dissolução do [Mo₂(**22.22**)₄] em CH₂Cl₂ resulta em oxidação de um elétron do núcleo [Mo₂]⁴⁺ e formação de [Mo₂(**22.22**)₄Cl]. Em contraste, quando [W₂(**22.22**)₄] se dissolve em um solvente cloroalcano, ele é oxidado diretamente a [W₂(**22.22**)₄Cl₂], ou seja, [W₂]⁶⁺. Os dados de espectroscopia de fotoelétrons em fase gasosa (veja a Seção 4.12 – Volume 1) mostram que a ionização inicial de [W₂(**22.22**)₄] requer apenas 339 kJ mol⁻¹. Apenas para mostrar como esse valor é baixo, ele pode ser comparado com o valor da primeira energia de ionização (EI_1) para o Cs, 375,7 kJ mol⁻¹, que é o elemento com a menor primeira energia de ionização (veja a Fig. 1.16 – Volume 1). [W₂(**22.22**)₄] pode ser preparado em um procedimento conveniente em duas etapas, a partir do composto facilmente disponível e estável ao ar W(CO)₆:

Tabela 22.2 Comprimentos e ordens da ligação Mo–Mo em espécies dimolibdênio selecionadas

Composto ou íon	Distância da ligação Mo–Mo / pm	Ordem da ligação Mo–Mo	Observações
Mo₂(μ-O₂CMe)₄	209	4,0	Estrutura **22.21**
Mo₂(μ-O₂CCF₃)₄	209	4,0	Análogo a **22.21**
[Mo₂Cl₈]⁴⁻	214	4,0	Fig. 22.13c
[Mo₂(μ-SO₄)₄]⁴⁻	211	4,0	Análogo a **22.21**
[Mo₂(μ-SO₄)₄(OH₂)₂]³⁻	217	3,5	Contém ligantes H₂O axiais
[Mo₂(μ-HPO₄)₄(OH₂)₂]²⁻	223	3,0	Contém ligantes H₂O axiais

Os dados para os ânions se referem aos sais de K⁺; no caso da Fig. 22.13c os parâmetros para [Mo₂Cl₈]⁴⁻ se referem ao sal de [H₃NCH₂CH₂NH₃]²⁺. Para uma visão geral dos comprimentos da ligação Mo≡Mo, veja: F.A. Cotton, L.M. Daniels, E.A. Hillard and C.A. Murillo (2002) *Inorg. Chem.*, vol. 41, p. 2466.

W(CO)₆ —em 1,2-diclorobenzeno→ [W₂(**22.22**)₄Cl₂] —K, THF→ [W₂(**22.22**)₄]

Base conjugada da hexaidropirimidopirimidina [hpp]⁻

(22.22)

Exercícios propostos

1. Interprete por que o comprimento da ligação Mo–Mo aumenta (≈7 pm) quando [Mo₂(μ-O₂CR)₄] (R = 2,4,6-ⁱPr₃C₆H₂) sofre oxidação de um elétron.

   [*Resp.*: Veja: F.A. Cotton *et al.* (2002) *Inorg. Chem.*, vol. 41, p. 1639]

2. Interprete por que as duas unidades MoCl₄⁻ no [Mo₂Cl₈]⁴⁻ são eclipsadas.   [*Resp.*: Veja a Fig. 21.16 e a discussão]

3. Confirme se W₂Cl₄(NH₂Cy)₄ (Cy = ciclo-hexil) possui uma ligação quádrupla ditungstênio. O núcleo W₂Cl₄N₄ no W₂Cl₄(NH₂Cy)₄ não é centrossimétrico. Qual das propostas abaixo é a estrutura desse núcleo?

W—W representa W≣W

22.8 Grupo 7: tecnécio e rênio

Os metais

Os metais mais pesados do grupo 7, Tc e Re, são menos reativos que o Mn. O tecnécio não ocorre na natureza (veja a Seção 22.2). Os metais maciços escurecem lentamente ao ar, mas o Tc e o Re mais finamente divididos queimam em O₂ (Eq. 22.61) e reagem com os halogênios (veja a seguir). Reações com enxofre produzem TcS₂ e ReS₂.

$$4M + 7O_2 \xrightarrow{650\,K} 2M_2O_7 \qquad (M = Tc, Re) \qquad (22.61)$$

Os metais se dissolvem em ácidos oxidantes (por exemplo, HNO₃ concentrado) produzindo HTcO₄ (ácido pertecnético) e HReO₄ (ácido perrênico), mas são insolúveis em HF ou HCl.

Tecnécio e rênio exibem estados de oxidação de 0 a +7 (Tabela 19.3), embora M(II) e estados de oxidação mais baixos sejam estabilizados por ligantes receptores π como o CO (veja o Boxe 22.7), e não serão mais considerados daqui para a frente nesta seção). A química do Re é mais bem desenvolvida do que a do Tc, mas o interesse neste último aumentou devido ao uso regular de seus compostos em medicina nuclear. Existem diferenças significativas entre as químicas do Mn e a dos metais mais pesados do grupo 7:

- uma comparação dos diagramas de potencial na Fig. 22.14 com a do Mn (Fig. 8.2 – Volume 1) mostra que [TcO₄]⁻ e [ReO₄]⁻ são significativamente menos estáveis com respeito à redução que [MnO₄]⁻;
- os metais mais pesados têm uma química menos catiônica que o manganês;
- a tendência para a formação de ligação M–M leva a espécies de maior nuclearidade que são importantes para os metais mais pesados.

Estados de oxidação elevados do tecnécio e rênio: M(VII), M(VI) e M(V)

O rênio reage com F₂ produzindo ReF₆ e ReF₇, amarelos (veja a Fig. 22.16), dependendo das condições, e o ReF₅ é preparado pela reação 22.62. A combinação direta de Tc e F₂ leva a TcF₆ e TcF₅; TcF₇ não é conhecido.[†]

$$ReF_6 \xrightarrow{\text{sobre filamento de W, 870 K}} ReF_5 \qquad (22.62)$$

Para os demais halogênios, a combinação dos elementos em temperaturas apropriadas produz TcCl₆, ReCl₆, ReCl₅ e ReBr₅. Os haletos dos estados de oxidação elevados são sólidos voláteis que são hidrolisados pela água a [MO₄]⁻ e MO₂ (por exemplo, Eq. 22.63).

$$3ReF_6 + 10H_2O \rightarrow 2HReO_4 + ReO_2 + 18HF \qquad (22.63)$$

(22.23)   (22.24)

Os fluoretos ReF₇, ReF₆ e TcF₆ são moleculares com estruturas bipiramidal pentagonal, **22.23**, e octaédrica. ReCl₆ é provavelmente uma molécula monomérica, mas o ReCl₅ (um precursor útil na química do Re) é um dímero (**22.24**).

Os oxialetos são bem representados:

- M(VII): TcOF₅, ReOF₅, TcO₂F₃, ReO₂F₃, ReO₂Cl₃, TcO₃F, TcO₃Cl, TcO₃Br, TcO₃I, ReO₃Cl, ReO₃Br;
- M(VI): TcOF₄, ReOF₄, ReO₂F₂, TcOCl₄, ReOCl₄, ReOBr₄;
- M(V): ReOF₃, TcOCl₃.

Eles são preparados mediante reação de óxidos com halogênios, ou haletos com O₂, ou por reações como 22.64 e 22.65. ReO₂Cl₃ é preparado tratando Re₂O₇ com um excesso de BCl₃. Enquanto ReOF₅ pode ser preparado pela reação a alta temperatura entre ReO₂ e F₂, o composto análogo de Tc deve ser produzido por meio da reação 22.66 porque a reação entre F₂ e TcO₂ forma TcO₃F.

$$ReCl_5 + 3Cl_2O \rightarrow ReO_3Cl + 5Cl_2 \qquad (22.64)$$

$$\left.\begin{array}{l} Tc_2O_7 + 4HF \rightarrow 2TcO_3F + [H_3O]^+ + [HF_2]^- \\ TcO_3F + XeF_6 \rightarrow TcO_2F_3 + XeOF_4 \end{array}\right\} \qquad (22.65)$$

$$2TcO_2F_3 + 2KrF_2 \xrightarrow{\text{em HF anidro}} 2TcOF_5 + 2Kr + O_2 \qquad (22.66)$$

[†] Cálculos sugerem que TcF₇ poderia ser preparado: S. Riedel, M. Renz and M. Kaupp (2007) *Inorg. Chem.*, vol. 46, p. 5734 – 'High-valent technetium fluorides. Does TcF₇ exist?'

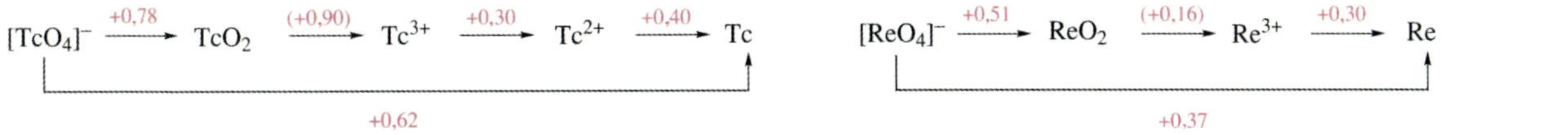

A química dos metais do bloco *d*: os metais mais pesados **151**

$$[TcO_4]^- \xrightarrow{+0,78} TcO_2 \xrightarrow{(+0,90)} Tc^{3+} \xrightarrow{+0,30} Tc^{2+} \xrightarrow{+0,40} Tc \qquad [ReO_4]^- \xrightarrow{+0,51} ReO_2 \xrightarrow{(+0,16)} Re^{3+} \xrightarrow{+0,30} Re$$

$$\underbrace{\hphantom{[TcO_4]^- \xrightarrow{+0,78} TcO_2 \xrightarrow{(+0,90)} Tc^{3+} \xrightarrow{+0,30} Tc^{2+}}}_{+0,62} \qquad \underbrace{\hphantom{[ReO_4]^- \xrightarrow{+0,51} ReO_2 \xrightarrow{(+0,16)} Re^{3+}}}_{+0,37}$$

Fig. 22.14 Diagramas de potencial para tecnécio e rênio em solução aquosa em pH = 0; compare com o diagrama para o manganês na Fig. 8.2 (Volume 1).

Poucos oxialetos foram caracterizados estruturalmente no estado sólido. ReOCl$_4$ (**22.25**) e TcOF$_5$ (**22.26**) são moleculares. O ReO$_2$Cl$_3$ é um dímero com cada átomo de Re em um ambiente octaédrico distorcido (**22.27**), enquanto o TcO$_2$F$_3$ é polimérico com grupos óxido em posição *trans-* em relação às pontes de átomos de F (**22.28**). Dados de difração de raios X para K[Re$_2$O$_4$F$_7$]·2ReO$_2$F$_3$ mostram que ReO$_2$F$_3$ adota uma estrutura polimérica análoga ao TcO$_2$F$_3$. Os oxifluoretos TcOF$_4$ e ReOF$_4$ também possuem estruturas poliméricas com átomos de O em posição *trans-* em relação às pontes M–F–M. Em solução de SO$_2$ClF, o ReO$_2$F$_3$ existe como uma mistura em equilíbrio de um trímero cíclico (**22.29**) e um tetrâmero; o composto análogo de Tc existe apenas como trímero.

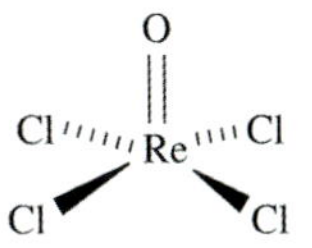

(**22.25**) 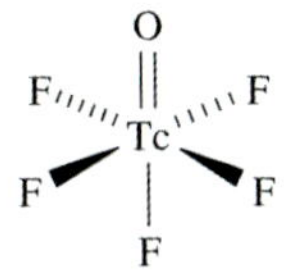 (**22.26**)

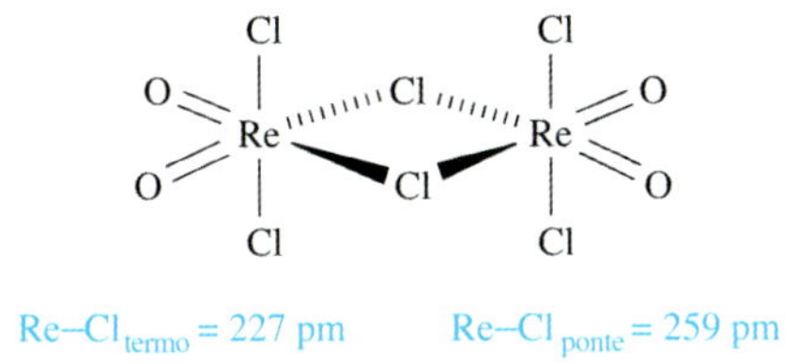

Re–Cl$_{termo}$ = 227 pm   Re–Cl$_{ponte}$ = 259 pm

(**22.27**)

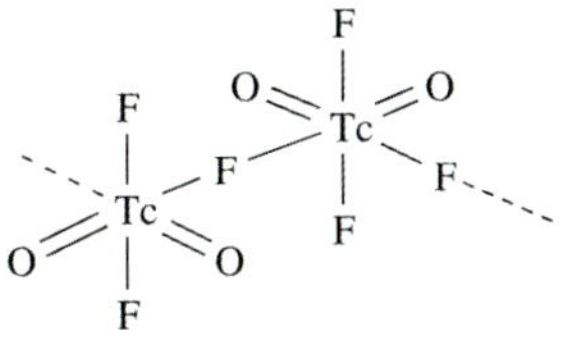

(**22.28**) 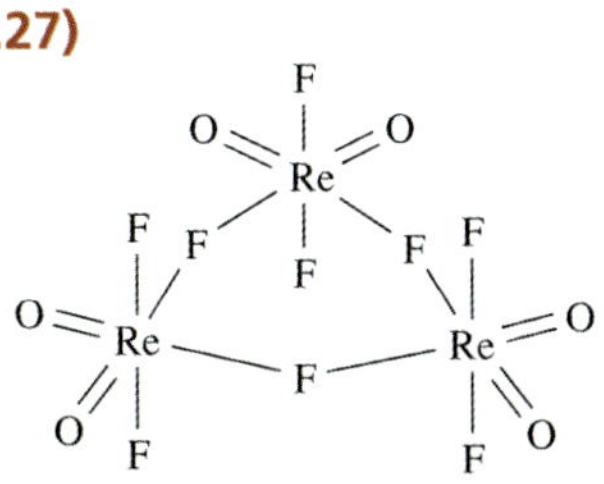 (**22.29**)

Exercícios propostos

1. Interprete por que o espectro de RMN de ^{19}F de uma solução de TcOF$_5$ em SO$_2$ClF a 163 K exibe um dupleto e um quinteto (*J* = 75 Hz). Qual será a integração relativa desses sinais? [*Dica*: Veja a estrutura **22.26**]

2. A reação de TcOF$_5$ com SbF$_5$ produz [Tc$_2$O$_2$F$_9$]$^+$[Sb$_2$F$_{11}$]$^-$. Sugira uma estrutura para o cátion.
   [*Resp.*: Veja N. LeBlond *et al.* (2000) *Inorg. Chem.*, vol. 39, p. 4494]

3. Admitindo uma estrutura estática, preveja o que você espera ver no espectro de RMN de ^{19}F de uma solução do ânion visto a seguir:

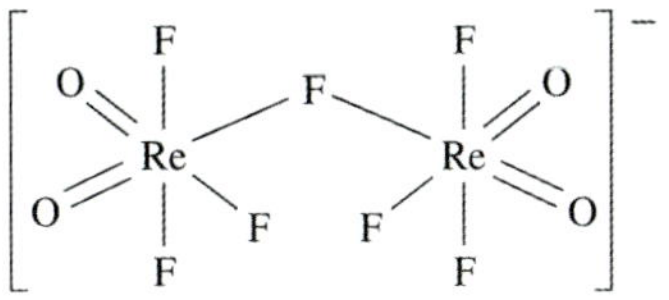

   [*Resp.*: Veja W.J. Casteel, Jr *et al.* (1999) *Inorg. Chem.*, vol. 38, p. 2340]

4. Para obter TcO$_3$F puro, o equilíbrio:

   $[TcO_4]^- + 3HF \rightleftharpoons TcO_3F + [H_3O]^+ + 2F^-$

   é direcionado para a direita por adição de BiF$_5$. Sugira como isso ocorre.
   [*Resp.*: Veja J. Supel *et al.* (2007) *Inorg. Chem.*, vol. 46, p. 5591]

Um certo número de compostos imido análogos aos oxialetos ([RN]$^{2-}$ é isoeletrônico com O^{2-}) foram caracterizados estruturalmente, e incluem Re(N^{t}Bu)$_3$Cl, tetraédrico, e Re(N^{t}Bu)$_2$Cl$_3$, bipiramidal triangular (**22.30**). A redução de Tc(NAr)$_3$I usando Na leva ao dímero [(ArN)$_2$Tc(μ-Nar)$_2$Tc(Nar)$_2$] quando Ar = 2,6-Me$_2$C$_6$H$_3$, mas quando Ar é o grupo mais volumoso 2,6-^{i}Pr$_2$C$_6$H$_3$, o produto é Tc$_2$(NAr)$_6$ com uma configuração do tipo etano. Cada dímero contém uma ligação simples Tc–Tc.

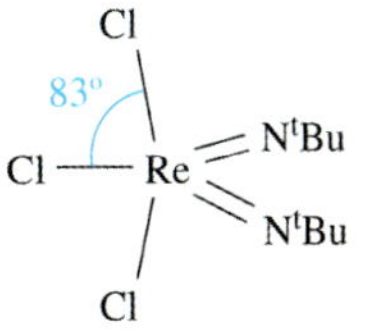

(**22.30**) 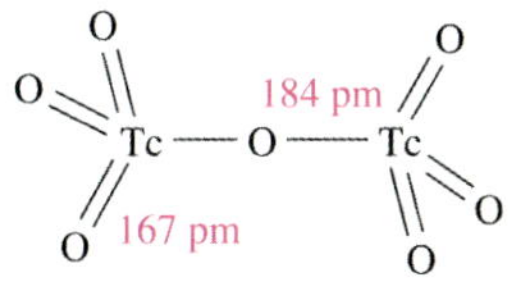 (**22.31**)

Os óxidos amarelos voláteis M$_2$O$_7$ (M = Tc, Re) são formados quando os metais queimam em O$_2$. A volatilidade do Re$_2$O$_7$ é empregada na fabricação de Re (veja a Seção 22.2). No estado sólido e na fase vapor, Tc$_2$O$_7$ é molecular com uma ponte Tc–O–Tc linear (**22.31**). Na fase vapor, Re$_2$O$_7$ possui uma estrutura similar, mas o sólido adota uma estrutura lamelar complexa. Os óxidos são os anidridos dos ácidos HTcO$_4$ e HReO$_4$ e dissolvem-se em água (Eq. 22.67) produzindo soluções contendo íons [TcO$_4$]$^-$ (pertecnetato) e [ReO$_4$]$^-$ (perrenato). Os sais pertecnetatos e perrenatos são os materiais de partida mais comuns nas químicas do Tc e Re.

$$M_2O_7 + H_2O \longrightarrow 2HMO_4 \qquad (M = Tc, Re) \qquad (22.67)$$

Os ácidos pertecnético e perrênico são fortes. Os compostos cristalinos HReO$_4$ (amarelo), HReO$_4$·H$_2$O e HTcO$_4$ (vermelho-escuro) foram isolados; o HReO$_4$·H$_2$O cristalino consiste em uma rede de ligações de hidrogênio envolvendo os íons [H$_3$O]$^+$ e [ReO$_4$]$^-$. Os ácidos reagem com H$_2$S precipitando M$_2$S$_7$ (Eq. 22.68) em claro contraste com a redução de [MnO$_4$]$^-$ a Mn^{2+} pelo H$_2$S.

$$2HMO_4 + 7H_2S \longrightarrow M_2S_7 + 8H_2O \qquad (M = Tc, Re) \quad (22.68)$$

Os íons [TcO₄]⁻ e [ReO₄]⁻ são tetraédricos e isoestruturais com [MnO₄]⁻. Enquanto o [MnO₄]⁻ tem coloração púrpura intensa devido à absorção de transferência de carga ligante-metal na região do visível, [ReO₄]⁻ e [TcO₄]⁻ são incolores porque as bandas correspondentes de transferência de carga metal-ligante se localizam na região do UV (veja a Seção 20.7).

São conhecidos [TcO₃]⁺ e [ReO₃]⁺ solvatados ou complexados, por exemplo, o cátion **22.32**. O exemplo mais próximo do íon livre [TcO₃]⁺ é encontrado no sal fluorossulfonato. A estrutura no estado sólido de [TcO₃][SO₃F] contém [TcO₃]⁺ piramidal triangular (Tc–O = 168 pm), mas existem três contatos curtos O₃Tc····OSO₂F⁻ (Tc····O = 224–228 pm) colocando o átomo de Tc em um ambiente octaédrico distorcido.

(22.32)

O óxido de rênio(VI), ReO₃, é preparado por redução de Re₂O₇ com CO. TcO₃ não foi isolado. ReO₃, vermelho, cristaliza-se com uma estrutura cúbica (Fig. 21.5), que é uma estrutura protótipo. O ReO₃ se comporta como um condutor elétrico semelhante a um metal devido à deslocalização dos elétrons d^1. Não há reação entre ReO₃ e H₂O, ácidos diluídos ou álcalis, mas a reação 22.69 ocorre com álcalis concentrados.

$$3ReO_3 + 2[OH]^- \xrightarrow[\text{conc.}]{\Delta} 2[ReO_4]^- + ReO_2 + H_2O \quad (22.69)$$

No estado de oxidação +5, o único óxido ou oxialeto é o composto azul Re₂O₅, mas ele é instável frente ao desproporcionamento.

Tecnécio(VII) e rênio(VII) formam uma série de hidretos complexos (dados de difração de nêutrons são essenciais para uma exata localização dos átomos de H), incluindo os íons prismáticos triangulares triencapuzados [TcH₉]²⁻, [ReH₉]²⁻ (veja a Seção 10.7 – Volume 1) e [ReH₇(Ph₂PCH₂CH₂PPh₂-*P,P'*)]. Alguns complexos de hidridos contêm η²-H₂ (**22.33**) coordenado com uma ligação H–H 'esticada'; por exemplo, no composto [ReH₅(η²-H₂){P(4-C₆H₄Me)₃}₂], dois átomos de H estão separados por 136 pm, e a próxima separação H····H mais curta é de 175 pm.

(22.33)

Poucos complexos de halidos de M(VI) e M(V) são conhecidos: [ReF₈]²⁻ antiprismático quadrado (formado a partir de KF e ReF₆), [ReF₆]⁻ (a partir da redução de ReF₆ com KI em SO₂ líquido), [TcF₆]⁻ (a partir de TcF₆ e CsCl em IF₅), [ReCl₆]⁻ (no sal [PCl₄]₃[Re^V Cl₆][Re^IV Cl₆] formado a partir da reação de ReCl₅ e PCl₅) e [Re₂F₁₁]⁻ (**22.34**, na forma do sal de [Re(CO)₆]⁺ quando um excesso de ReF₆ reage com Re₂(CO)₁₀ em HF anidro).

Eclipsada, com uma ponte linear

(22.34)

Complexos de M(VII), M(VI) e M(V) (M = Tc, Re) são dominados por espécies óxido e nitrido, sendo comuns as estruturas octaédrica e piramidal de base quadrada (o ligante óxido ou nitrido se localiza no sítio apical). Os complexos de M(V) são mais numerosos do que os de estados de oxidação mais elevados, sendo normalmente favorecidas as estruturas piramidais de base quadrada. Exemplos incluem:

- M(VII) octaédrico: *fac*-[ReO₃L]⁻⁺ (L = **22.35**, veja a estrutura **22.32**), *fac*-[ReO₃Cl(phen)], [TcNCl(η²-O₂)₂]⁻;
- M(VI) octaédrico: [ReOCl₅]⁻, *trans*-[TcN(OH₂)Br₄]⁻, *mer*-[TcNCl₃(bpi)];
- M(VI) piramidal de base quadrada: [TcNCl₄]⁻, [TcNBr₄]⁻;
- M(V) octaédrico: [ReOCl₅]²⁻, [ReOCl₄(pi)]⁻, *trans*-[TcO₂(en)₂]⁺, *trans*-[TcO₂(pi)₄]⁺, *cis*-[TcNBr(bpi)₂]⁺;
- M(V) piramidal de base quadrada: [ReOCl₄]⁻, [TcOCl₄]⁻, [TcO(ox)₂]⁻;
- Re(V) bipiramidal pentagonal, raro: complexo **22.36**;
- Re(V) antiprismático quadrado: [Re(CN)₈]³⁻

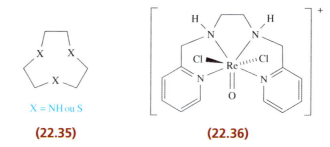

X = NH ou S

(22.35)   **(22.36)**

O desenvolvimento de agentes de tecnécio para imagens do cérebro, coração e rins impulsionou o estudo de uma variedade de complexos de óxido de Tc(V), muitos dos quais são piramidais de base quadrada e contêm um ligante tetradentado, frequentemente um conjunto de átomos de S- e N- doadores. O ligante óxido ocupa o sítio apical. Os complexos **22.37** e **22.38** (em suas formas contendo ⁹⁹ᵐTc, veja o Boxe 22.7) são exemplos de radiofármacos usados como agentes para imagens do rim e do cérebro, respectivamente. O complexo **22.39** (contendo o isótopo metaestável ⁹⁹ᵐTc) é comercializado como o agente de imagem Myoview para o coração. Os substituintes etoxietila tornam o complexo lipofílico, um requisito para a biodistribuição (captação pelo coração e excreção a partir do sangue e fígado).†

---

† Para artigos de revisão, veja: S.R. Banerjee, K.P. Maresca, L. Francesconi, J. Valliant, J.W. Babich and J. Zubieta (2005) *Nucl. Med. Biol.*, vol. 32, p. 1; R. Alberto (2005) *Top. Curr. Chem.*, vol. 252, p. 1; T. Mindt, H. Struthers, E. Garcia-Garayoa, D. Desbouis and R. Schibli (2007) *Chimia*, vol. 61, p. 725; M.D. Bartholoma, A.S. Louie, J.F. Valliant and J. Zubieta (2010) *Chem. Rev.*, vol. 110, p. 2903. Veja também a leitura recomendada do Boxe 22.7.

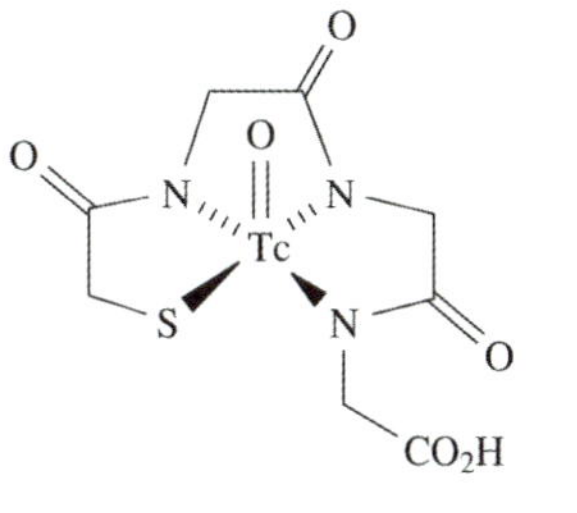

(22.37) 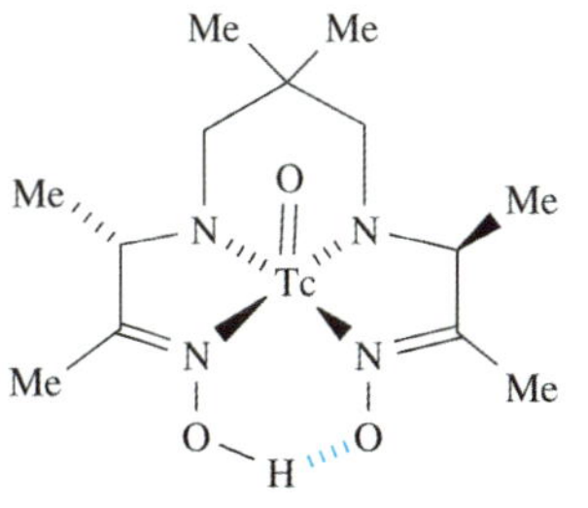   (22.38)

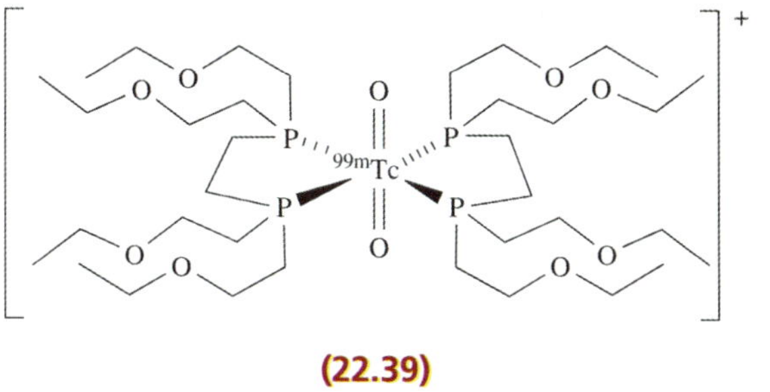

(22.39)

Tecnécio(IV) e rênio(IV)

A reação do Tc$_2$O$_7$ com CCl$_4$, a 670 K (ou o aquecimento de Tc com Cl$_2$), produz TcCl$_4$, um sólido vermelho sensível à umidade. Os haletos ReX$_4$ (X = F, Cl, Br, I) são todos conhecidos. O ReF$_4$, azul, se forma quando o ReF$_5$ é reduzido pelo H$_2$ sobre uma tela de Pt, e o ReCl$_4$, preto, é preparado mediante aquecimento do ReCl$_5$ e Re$_3$Cl$_9$. TcCl$_4$ e ReCl$_4$ sólidos são polímeros, mas não são isoestruturais. TcCl$_4$ adota a estrutura em cadeia **22.40** e possui um momento magnético de 3,14 μ_B (298 K) por centro de Tc(IV). No ReCl$_4$, dímeros estão ligados em cadeias em zigue-zague por meio de pontes de clorido (**22.41**) e a distância mais curta da ligação Re–Re é consistente com a ligação metal–metal (compare **22.41** com **22.19**). O sal [PCl$_4$]$^+$[Re$_2$Cl$_9$]$^-$ é formado pela redução do ReCl$_5$ usando PCl$_3$, a 373-473 K, sob uma corrente de N$_2$. O sal contém íons discretos. O [Re$_2$Cl$_9$]$^-$ adota uma estrutura análoga a **22.19**, e a distância da ligação Re–Re de 272 pm é consistente com uma ligação simples. Quando o PCl$_5$ é aquecido com ReCl$_4$ a 570 K sob vácuo, o produto é [PCl$_4$]$_2$[Re$_2$Cl$_{10}$]. A estrutura do íon [Re$_2$Cl$_{10}$]$^{2-}$ é similar à do dímero ReCl$_5$ (**22.24**); nenhum deles possui uma ligação Re–Re direta.

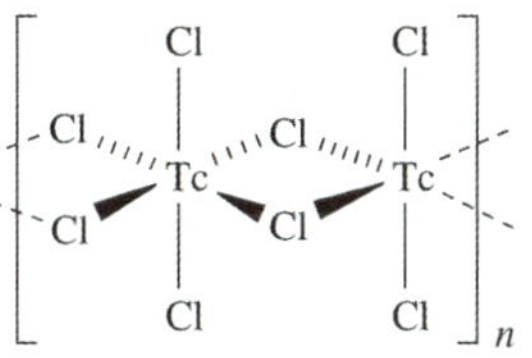

(22.40)   (22.41)
Re–Re = 273 pm

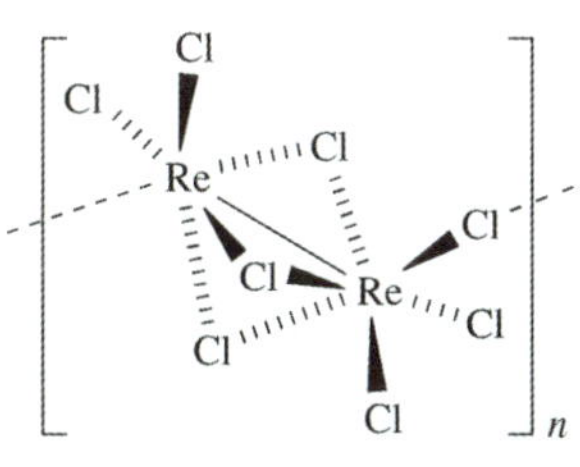

Os óxidos TcO$_2$ e ReO$_2$ são preparados por decomposição térmica de [NH$_4$][MO$_4$] ou redução de M$_2$O$_7$ por M ou H$_2$. Ambos adotam estruturas do tipo rutilo (Fig. 6.22 – Volume 1), distorcidas pelo emparelhamento de centros metálicos como no MoO$_2$. Na presença de O$_2$, o TcO$_2$ é oxidado a Tc$_2$O$_7$, e na presença de H$_2$, a 770 K, ocorre a redução de TcO$_2$ a metal.

A redução de KReO$_4$ usando I$^-$ em HCl concentrado produz K$_4$[Re$_2$(μ-O)Cl$_{10}$]. O ânion [Re$_2$(μ-O)Cl$_{10}$]$^{4-}$ possui uma ponte linear Re–O–Re cuja ligação Re–O apresenta caráter π (Re–O = 186 pm), e é estruturalmente relacionado a [W$_2$(μ-O)Cl$_{10}$]$^{4-}$ e [Ru$_2$(μ-O)Cl$_{10}$]$^{4-}$ (veja a Fig. 22.17). Os complexos octaédricos [MX$_6$]$^{2-}$ (M = Tc, Re; X = F, Cl, Br, I) são todos conhecidos e são provavelmente os mais importantes complexos de M(IV). Os íons [MX$_6$]$^{2-}$ (X = Cl, Br, I) são formados por redução de [MO$_4$]$^-$ (por exemplo, por I$^-$) em HX concentrado. As reações de [MBr$_6$]$^{2-}$ com HF produzem [MF$_6$]$^{2-}$. Os complexos de clorido (por exemplo, na forma de sais de K$^+$ ou [Bu$_4$N]$^+$) são materiais úteis de partida nas químicas do Tc e Re, mas ambos são prontamente hidrolisados pela água. Em solução aquosa, [TcCl$_6$]$^{2-}$ está em equilíbrio com [TcCl$_5$(OH$_2$)]$^-$, e a hidrólise completa produz TcO$_2$. A troca de haleto entre [ReI$_6$]$^{2-}$ e HCl leva à formação de *fac*-[ReCl$_3$I$_3$]$^{2-}$, *cis*- e *trans*-[ReCl$_4$I$_2$]$^{2-}$ e [ReCl$_5$I]$^{2-}$. Na maioria dos complexos, é normal a coordenação octaédrica para Re(IV) e Tc(IV), por exemplo, *cis*-[TcCl$_2$(acac)$_2$], *trans*-TcCl$_4$(PMe$_3$)$_2$], [Tc(NCS-*N*)$_6$]$^{2-}$, [Tc(ox)$_3$]$^{2-}$, *trans*-[ReCl$_4$(PPh$_3$)$_2$], [ReCl$_5$(OH$_2$)]$^-$, [ReCl$_5$(PEt$_3$)]$^-$, [ReCl$_4$(bpi)] e *cis*-[ReCl$_4$(THF)$_2$]. Uma exceção notável é o íon bipiramidal pentagonal [Re(CN)$_7$]$^{3-}$, que é preparado na forma de sal de [Bu$_4$N]$^+$ mediante o aquecimento de [Bu$_4$N]$_2$[ReCl$_6$] com [Bu$_4$N][CN] em DMF.

Exercício proposto

A hidrólise de TcCl$_4$ produz imediatamente TcO$_2$. Entretanto, o *cis*-[TcCl$_4$(OH$_2$)$_2$] pode ser isolado como o solvato [TcCl$_4$(OH$_2$)$_2$]·2C$_4$H$_8$O$_2$ a partir de uma solução de TcCl$_4$ em dioxana (C$_4$H$_8$O$_2$) contendo quantidades traço de água. Sugira que interações intermoleculares são responsáveis pela estabilização do [TcCl$_4$(OH$_2$)$_2$], e indique como o *cis*-[TcCl$_4$(OH$_2$)$_2$]·2C$_4$H$_8$O$_2$ pode adotar uma estrutura do tipo cadeia no estado sólido.

dioxana

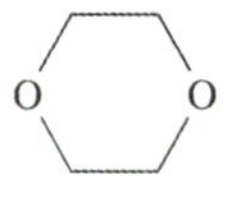

[*Resp.*: Veja E. Yegen *et al.* (2005) *Chem. Commun.*, p. 5575]

Tecnécio(III) e rênio(III)

Para o estado de oxidação +3, as ligações metal–metal se tornam importantes. Haletos de rênio(III) (X = Cl, Br, I) são trímeros, M$_3$X$_9$. Não são conhecidos haletos de Tc(III) e ReF$_3$. O cloreto de rênio(III) é um importante precursor na química do Re(III) e é preparado pelo aquecimento de ReCl$_5$. Sua estrutura (Fig. 22.15a) consiste em um triângulo Re$_3$ (Re–Re = 248 pm), em que cada vértice possui um ligante clorido em ponte; os átomos de Cl terminais situam-se acima e abaixo da rede metálica. No sólido, dois terços dos átomos de Cl terminais estão envolvidos em interações em ponte fracas com átomos de Re de moléculas adjacentes. O cloreto de rênio(III) é diamagnético, e as ligações duplas Re=Re estão localizadas na rede metálica, ou seja, o núcleo (formal) {Re$_3$}$^{9+}$ contém 12 elétrons de valência (Re, s^2d^5) que são usados nas ligações metal–metal. Bases de Lewis reagem com Re$_3$Cl$_9$ (ou Re$_3$Cl$_9$(OH$_2$)$_3$) produzindo complexos do tipo Re$_3$Cl$_9$L$_3$ (Fig. 22.15b). Re$_3$Cl$_9$(OH$_2$)$_3$ pode ser isolado de soluções aquosas de cloreto a 273 K. O esquema 22.70 mostra outros exemplos de adições de bases de Lewis.

BIOLOGIA E MEDICINA

Boxe 22.7 Marcação com tecnécio-99m usando [Tc(OH$_2$)$_3$(CO)$_3$]$^+$

A maioria dos radioisótopos usados na medicina nuclear são artificiais. Eles são produzidos em reatores nucleares (por exemplo, ^{89}Sr, ^{57}Co), cíclotrons (por exemplo, ^{11}C, ^{18}F) ou geradores especializados, tal como o gerador molibdênio-tecnécio. O isótopo metaestável ^{99m}Tc tem meia-vida de 6 horas e é importante para imagens médicas. É um produto de decaimento do ^{99}Mo ($t_{1/2}$ = 2,8 dias), que é feito pelo homem, sendo produzido em um reator nuclear. O decaimento radioativo do ^{99}Mo a ^{99m}Tc e ao isótopo de meia-vida muito mais longa ^{99}Tc é resumido a seguir:

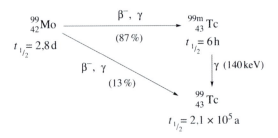

Para emprego em medicina, o ^{99}Mo é usado na forma de [^{99}MoO$_4$]$^{2-}$ adsorvido sobre alumina em um gerador 'kit frio'. A montagem comercial deste último é mostrada na figura vista adiante. O decaimento do [^{99}MoO$_4$]$^{2-}$ produz [^{99m}TcO$_4$]$^-$, que é eluído seletivamente do gerador e combinado a um ligante apropriado para formar um complexo adequado para injeção em um paciente. Os complexos contendo ^{99m}Tc são concebidos para terem como alvo células tumorais. À medida que o ^{99m}Tc decai a ^{99}Tc, radiação γ de energia de 140 keV é emitida. Essa energia se situa na faixa (≈100-200 keV) compatível com os modernos detectores γ. A radiação γ emitida pode ser registrada na forma de uma câmera de escaneamento γ ou de um *cintilograma*. Essas imagens bidimensionais são usadas para avaliar tanto tumores primários como metástases. (Metástase é o crescimento de um segundo tumor maligno a partir de um câncer primário.) Imagens tridimensionais são obtidas utilizando-se *tomografia computadorizada de emissão de fóton único* (SPECT, do inglês *single photon emission computed tomography*).

Sala limpa de montagem dos geradores de tecnécio-99m. O [^{99}MoO$_4$]$^{2-}$ é adsorvido sobre alumina em um gerador 'kit frio', e o decaimento radioativo produz [^{99m}TcO$_4$]$^-$.

Essa técnica permite ao operador obter uma imagem empregando apenas concentrações micromolares ou nanomolares do traçador ^{99m}Tc. O ^{99m}Tc é inestimável para diagnósticos por imagem, e graças ao desenvolvimento de uma variedade de complexos contendo tecnécio hoje é possível obter imagens do coração, fígado, rins, cérebro e ossos.

No desenvolvimento de novas técnicas de obtenção de imagens de tumores com radioisótopos, um dos objetivos é marcar fragmentos de cadeia única de anticorpos que podem dirigir-se de modo eficiente a tumores. O complexo [^{99m}Tc(OH$_2$)$_3$(CO)$_3$]$^+$:

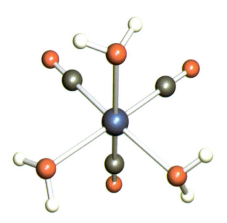

pode ser usado para marcar fragmentos de anticorpos de cadeia única que conduzem tags *C*-terminais de histidina. São obtidas elevadas atividades (90 mCi mg^{-1}) e, *in vivo*, os fragmentos marcados com tecnécio são muito estáveis. Essa técnica parece ter um elevado potencial para aplicação em medicina clínica. O método original de preparação do [^{99m}Tc(OH$_2$)$_3$(CO)$_3$]$^+$ envolvia a reação entre [^{99m}TcO$_4$]$^-$ e CO a uma pressão de 1 bar em NaCl aquoso em pH = 11. Para a fabricação de kits comerciais de radiofármacos, o emprego de CO gasoso é um inconveniente, e fontes sólidas e estáveis ao ar de CO são desejáveis. Boranocarbonato de potássio, K$_2$[H$_3$BCO$_2$] (preparado a partir de H$_3$B·THF/CO e KOH em etanol]), é ideal: ele atua tanto como uma fonte de CO quanto como agente redutor, e reage com [^{99m}TcO$_4$]$^-$ em meio aquoso sob condições tamponadas para formar [^{99m}Tc(OH$_2$)$_3$(CO)$_3$]$^+$.

Leitura recomendada

R. Alberto (2009) *Eur. J. Inorg. Chem.*, p. 21 – 'The chemistry of technetium-water complexes within the manganese triad: Challenges and perspectives'.

R. Alberto (2010) *Top. Organomet. Chem.*, vol. 32, p. 219 – 'Organometallic radiopharmaceuticals'.

R. Alberto, K. Ortner, N. Wheatley, R. Schibli and A.P. Schubiger (2001) *J. Am. Chem. Soc.*, vol. 123, p. 3135 – 'Synthesis and properties of boranocarbonate: a convenient *in situ* CO source for the aqueous preparation of [^{99m}Tc(OH$_2$)$_3$(CO)$_3$]$^+$'.

R. Waibel *et al.* (1999) *Nature Biotechnol.*, vol. 17, p. 897 – 'Stable one-step technetium-99m labelling of His-tagged recombinant proteins with a novel Tc(I)-carbonyl complex'.

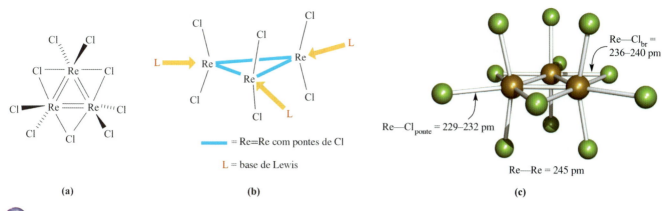

Fig. 22.15 Representação esquemática (a) da estrutura do Re₃Cl₉ (interações entre as unidades ocorrem no sólido; veja o texto), e (b) dos sítios de adição de bases de Lewis ao Re₃Cl₉. (c) A estrutura (difração de raios X) do [Re₃Cl₁₂]³⁻ no sal de [Me₃NH]⁺ [M. Irmler *et al.* (1991) *Z. Anorg. Allg. Chem.*, vol. 604, p. 17]; código de cores: Re, marrom; Cl, verde.

$$Re_3Cl_9(py)_3 \xleftarrow{py} Re_3Cl_9 \xrightarrow{PR_3} Re_3Cl_9(PR_3)_3 \quad (22.70)$$

A reação de MCl com Re₃Cl₉ forma M[Re₃Cl₁₀], M₂[Re₃Cl₁₁] ou M₃[Re₃Cl₁₂] dependendo das condições, por exemplo, reações 22.71 e 22.72. A Fig. 22.15c mostra a estrutura do íon [Re₃Cl₁₂]³⁻.

$$Re_3Cl_9 \xrightarrow{\text{excesso de CsCl, HCl conc.}} Cs_3[Re_3Cl_{12}] \quad (22.71)$$

$$Re_3Cl_9 \xrightarrow{[Ph_4As]Cl, \text{HCl dil.}} [Ph_4As]_2[Re_3Cl_{11}] \quad (22.72)$$

O íon diamagnético [Re₂Cl₈]²⁻ foi o primeiro exemplo de uma espécie contendo uma ligação quádrupla metal–metal. Ele é preparado por redução de [ReO₄]⁻ usando H₂ ou [HPO₂]²⁻ e é isoestrutural com [Mo₂Cl₈]⁴⁻ (Fig. 22.13c) com uma distância Re–Re de 224 pm. Sais de [Re₂Cl₈]²⁻ são azuis ($\lambda_{máx}$ = 700 nm) resultantes de uma transição $\sigma^2\pi^4\delta^1\delta^{*1} \leftarrow \sigma^2\pi^4\delta^2$ (Fig. 21.16). As reações de [Re₂Cl₈]²⁻ incluem deslocamentos de ligantes e processos redox. Com Cl₂ forma-se [Re₂Cl₉]⁻ (ou seja, oxidação e adição de Cl⁻). A reação 22.73 mostra a reação de carboxilatos com [Re₂Cl₈]²⁻; a reação pode ser revertida por tratamento com HCl.

$$[Re_2Cl_8]^{2-} + 4[RCO_2]^- \longrightarrow \underset{(22.42)}{[Re_2(\mu-O_2CR)_4Cl_2]} + 6Cl^- \quad (22.73)$$

(22.42)

Quando [Re₂Cl₈]²⁻ reage com fosfanos bidentados (por exemplo, reação 22.74), o núcleo {Re₂}⁶⁺ com configuração $\sigma^2\pi^4\delta^2$ (Re≡Re) é reduzido a uma unidade {Re₂}⁴⁺ ($\sigma^2\pi^4\delta^2\delta^{*2}$, Re≡Re). Essa mudança deveria levar a um aumento do comprimento da ligação Re–Re, mas de fato ela permanece a mesma (224 pm). A introdução dos ligantes em ponte contrabalança o decréscimo da ordem de ligação 'comprimindo' os átomos de Re juntos.

$$[Re_2Cl_8]^{2-} + 2Ph_2PCH_2CH_2PPh_2 \xrightarrow[\text{redução}]{-Cl^-} [Re_2Cl_4(\mu-Ph_2PCH_2CH_2PPh_2)_2] \quad (22.74)$$

O íon [Tc₂Cl₈]²⁻ também é conhecido, mas é menos estável do que o [Re₂Cl₈]²⁻. O íon paramagnético [Tc₂Cl₈]³⁻ ($\sigma^2\pi^4\delta^2\delta^{*1}$, Tc–Tc = 211 pm, ligantes eclipsados) é mais fácil de isolar do que o [Tc₂Cl₈]³⁻ ($\sigma^2\pi^4\delta^2$, Tc–Tc = 215 pm, ligantes eclipsados). O *aumento* da distância na ligação Tc–Tc de 4 pm quando se vai de [Tc₂Cl₈]³⁻ para [Tc₂Cl₈]²⁻ não é facilmente interpretável. A redução do núcleo {Tc₂}⁶⁺ ocorre quando [Tc₂Cl₈]²⁻ sofre a reação 22.75. Espera-se que o produto (também preparado a partir de Tc^II₂Cl₄(PR₃)₄ e HBF₄·OEt₂) tenha um arranjo alternado de ligantes, consistente com a mudança de $\sigma^2\pi^4\delta^2$ para $\sigma^2\pi^4\delta^2\delta^{*2}$, e isso foi confirmado para o cátion relacionado [Tc₂(NCMe)₈(OSO₂CF₃)₂]²⁺.

$$[Tc_2Cl_8]^{2-} \xrightarrow{HBF_4 \cdot OEt_2, \text{em MeCN}} [Tc_2(NCMe)_{10}]^{4+} \quad (22.75)$$

Complexos mononucleares de Re(III) e Tc(III) são bastante bem exemplificados (frequentemente com ligantes receptores π, que estabilizam o estado de oxidação +3), e a coordenação octaédrica é normal, por exemplo, [Tc(acac)₂(NCMe)₂]⁺, [Tc(acac)₃], [Tc(NCS-*N*)₆]³⁻, *mer*-[Tc(Ph₂PCH₂CH₂CO₂)₃], *mer*-, *trans*-[ReCl₃(NCMe)(PPh₃)₂]. O número de coordenação 7 foi observado no [ReBr₃(CO)₂(bpi)] e [ReBr₃(CO)₂(PMe₂Ph)₂]. Aquaíons simples como [Tc(OH₂)₆]³⁺ não são conhecidos, embora, estabilizados por CO, é possível preparar a espécie de Tc(I) [Tc(OH₂)₃(CO)₃]⁺ (veja o Boxe 22.7).

Tecnécio(I) e rênio(I)

A química dos complexos de Tc(I) e Re(I) aumentou de importância devido às suas aplicações como (ou modelos para) agentes de diagnóstico por imagem (veja o Boxe 22.7). O centro M(I) é estabilizado usando ligantes receptores π, por exemplo, CO e RNC. A redução de $[TcO_4]^-$ por $[S_2O_4]^{2-}$ em solução aquosa alcalina de EtOH na presença de um isocianeto, RNC, produz $[Tc(CNR)_6]^+$ octaédrico. Quando R = CH_2CMe_2OMe, essa espécie é lipofílica e o complexo de ^{99m}Tc é vendido sob o nome comercial de Cardiolite como um agente de imagem para o coração. Como $[S_2O_4]^{2-}$ não é um agente redutor suficientemente forte para converter $[ReO_4]^-$ a $[Re(CNR)_6]^+$ na presença de RNC, esses complexos de rênio(I) são preparados mediante o tratamento de $[ReOCl_3(PPh_3)_2]$ com um excesso de RNC.

Outro grupo importante de complexos de Tc(I) e Re(I) são aqueles contendo a unidade *fac*-$M(CO)_3^+$. Uma síntese conveniente de *fac*-$[M(CO)_3X_3]$ envolve o tratamento de $[MO_4]^-$ ou $[MOCl_4]^-$ (M = Tc ou Re) com $BH_3 \cdot THF/CO$ (veja o Boxe 22.7). Os ligantes CO exibem um forte efeito *trans*- (veja a Seção 26.3) e labilizam os ligantes Cl^- no *fac*-$[M(CO)_3Cl_3]^{2-}$. Consequentemente, moléculas de solvente, incluindo H_2O, trocam prontamente com Cl^- produzindo *fac*-$[M(CO)_3(solv)_3]^+$. Enquanto a unidade *fac*-$M(CO)_3^+$ é inerte com respeito à substituição de ligantes, as moléculas do solvente trocam com uma variedade de ligantes. O *fac*-$[Tc(CO)_3(OH_2)_3]^+$ tem uma importância crescente em aplicações radiofarmacêuticas.

Exercícios propostos

1. Mostre que o *fac*-$[Tc(CO)_3(CN)_3]^{2-}$ pertence ao grupo de pontos C_{3v}.

2. Uma amostra de *fac*-$[Tc(CO)_3(CN)_3]^{2-}$ foi preparada usando $K^{13}CN$, e foi marcada em uma extensão de ≈70%. Interprete por que o espectro de RMN de ^{99}Tc desse complexo mostra um quarteto (J 186 Hz) sobreposto a um tripleto menos intenso. Existem outros sinais esperados no espectro?

[*Resp.*: Veja P. Kurz *et al.* (2004) *Inorg. Chem.*, vol. 43, p. 3789]

22.9 Grupo 8: rutênio e ósmio

Os metais

Como todos os metais do grupo da platina, Ru e Os são relativamente nobres. Ósmio em pó reage lentamente com O_2 a 298 K produzindo OsO_4, volátil (o metal maciço exige aquecimento a 670 K). O rutênio metálico é passivado por uma camada de RuO_2 não volátil e reage mais com O_2 apenas em temperaturas acima de 870 K. Ambos os metais reagem com F_2 e Cl_2 quando aquecidos (veja adiante), e são atacados por misturas de HCl e agentes oxidantes, e por álcalis fundidos.

A Tabela 19.3 mostra os vários estados de oxidação exibidos pelos metais do grupo 8. Nesta seção levaremos em consideração os estados de oxidação de +2 a +8. Os estados inferiores são estabilizados por ligantes receptores π e são abordados no Capítulo 24. Consistentes com as tendências vistas para os metais anteriores da segunda e terceira linhas, Ru e Os formam alguns compostos com ligações múltiplas metal–metal.

Estados de oxidação superiores de rutênio e ósmio: M(VIII), M(VII) e M(VI)

Apesar do fato de o estado de oxidação máximo do Ru e Os ser +8 (por exemplo, no RuO_4 e OsO_4), os únicos haletos binários formados em estados de oxidação elevados são RuF_6 (Eq. 22.76) e OsF_6 (Eq. 22.77). Foi anunciada a formação do OsF_7, mas isso não foi provado (Fig. 22.16).

$$2RuF_5 + F_2 \xrightarrow{500\ K,\ 50\ bar} 2RuF_6 \qquad (22.76)$$

$$Os + 3F_2 \xrightarrow{500\ K,\ 1\ bar} OsF_6 \qquad (22.77)$$

O fluoreto de rutênio(VI) é um sólido marrom, instável. O OsF_6 é um sólido amarelo, volátil, com uma estrutura molecular (octaédrica). Os dados de difração de nêutrons de pó para OsF_6 revelam que as quatro ligações Os–F equatoriais são ligeiramente mais curtas do que as ligações apicais, fornecendo evidência de um pequeno efeito Jahn–Teller, consistente com a configuração eletrônica no estado fundamental t_{2g}^2 para Os(VI). Cátions de carbonilas metálicas (veja a Seção 24.4) são raros, mas em meio superácido o OsF_6 reage com CO produzindo o complexo de ósmio(II) $[Os(CO)_6]^{2+}$ (Eq. 22.78).

$$OsF_6 + 4SbF_5 + 8CO \xrightarrow[\text{em HF/SbF}_5]{300\ K,\ 1{,}5\ bar\ CO}$$
$$[Os(CO)_6][Sb_2F_{11}]_2 + 2COF_2 \qquad (22.78)$$

Vários oxifluoretos de Os(VIII), Os(VII) e Os(VI) são conhecidos, mas o $RuOF_4$ é o único exemplo para o Ru. Todos são muito sensíveis à umidade. O $RuOF_4$, verde-amarelo, pode ser preparado a partir de RuO_2 e F_2 diluído em argônio a 720 K. Essa forma de $RuOF_4$ é polimérica, com unidades octaédricas **22.43** ligadas em cadeias helicoidais (veja a Fig. 22.17a). Caso a síntese seja conduzida com F_2 puro a 570 K, obtém-se uma forma amarela de $RuOF_4$. Os dados cristalográficos para esse polimorfo confirmam a presença de dímeros frouxamente ligados **22.44** (Ru····F = 234 pm comparado com Ru–F = 184 a 192 pm).

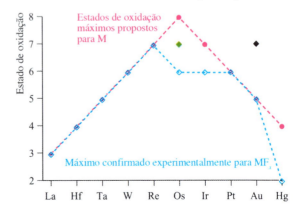

Fig. 22.16 Estados de oxidação mais elevados dos fluoretos dos metais $5d$ mostrando dados experimentais confirmados, dados errôneos ou não confirmados, e o estado de oxidação máximo possível que pode ser atingido pelo metal. [Adaptado de: S. Riedel and M. Kaupp (2006) *Inorg. Chem.*, vol. 45, p. 10497.]

A química dos metais do bloco *d*: os metais mais pesados 157

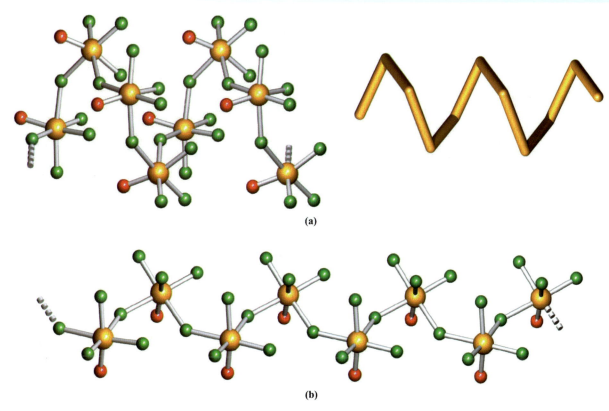

Fig. 22.17 Estruturas (difração de raios X) dos dois polimorfos de OsOF$_4$. (a) A forma I consiste em cadeias poliméricas helicoidais, e a estrutura da forma polimérica do RuOF$_4$ é análoga. (b) Na forma II do OsOF$_4$, cada cadeia possui uma estrutura em zigue-zague achatada. Código de cores: Os, amarelo; O, vermelho; F, verde. [Dados: os dados estruturais foram fornecidos por Konrad Seppelt; de H. Shorafa *et al.* (2007) *Z. Anorg. Allg. Chem.*, vol. 633, p. 543.]

forma verde-amarela do RuOF$_4$

(22.43)

forma amarela do RuOF$_4$

(22.44)

O OsOF$_4$, azul-escuro, é mais bem preparado[†] por aquecimento prolongado de OsO$_4$ com OsF$_6$. Assim como o RuOF$_4$, o OsOF$_4$ cristaliza-se em duas modificações: um polímero helicoidal (Fig. 22.17a) e uma estrutura que se relaciona de perto com a polimérica na qual a cadeia é achatada (Fig. 22.17b). O OsOCl$_4$ pode ser preparado a partir de OsO$_4$ e BCl$_3$, mas é muito instável. O OsOCl$_4$ cristalino consiste em dímeros fracamente ligados, como no caso do RuOF$_4$ amarelo (**22.44**).

O único oxifluoreto que contém Os(VII) é o OsOF$_5$, verde. Ele pode ser obtido por aquecimento de OsF$_6$ e OsO$_4$ a ≈500 K.

O OsOF$_5$ cristalino consiste em moléculas monômeras. O composto 'OsO$_2$F$_3$' não contém Os(VII), pois é a espécie de estado de oxidação misto, OsO$_3$F$_2$·OsOF$_4$.[‡]

O *cis*-OsO$_2$F$_4$, vermelho, é formado quando o OsO$_4$ reage com HF e KrF$_2$, a 77 K. O OsO$_3$F$_2$, amarelo (obtido a partir de F$_2$ e OsO$_4$), também é molecular na fase gasosa (**22.45**), mas é um polímero no estado sólido com pontes Os–F–Os conectando unidades octaédricas *fac*-. O esquema 22.79 ilustra a capacidade de o OsO$_3$F$_2$ atuar como um receptor de fluoreto.

$$\text{OsO}_3\text{F}_2 \xrightarrow[\text{aquecer a 213 K}]{\text{NOF, 195 K}} [\text{NO}]^+[\textit{fac-}\text{OsO}_3\text{F}_3]^- \quad (22.79)$$

$$\downarrow \substack{[\text{Me}_4\text{N}]\text{F} \\ \text{em HF anidro}}$$

$[\text{Me}_4\text{N}]^+[\textit{fac-}\text{OsO}_3\text{F}_3]^-$

(22.45)   **(22.46)**   M = Ru, Os; *d* = 171 pm (fase gasosa)

[†] Para uma discussão a respeito dos problemas associados com os relatos da literatura para o OsOF$_4$, veja: H. Shorafa and K. Seppelt (2007) *Z. Anorg. Allg. Chem.*, vol. 633, p. 543.

[‡] Para uma discussão detalhada, veja: H. Shorafa and K. Seppelt (2006) *Inorg. Chem.*, vol. 45, p. 7929.

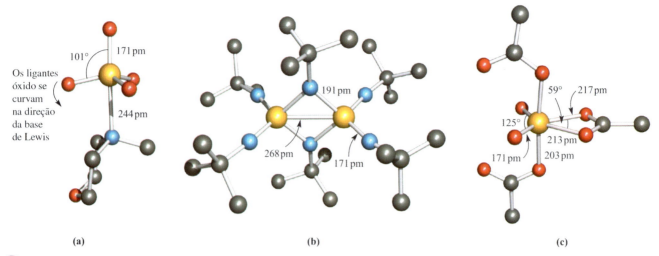

Fig. 22.18 As estruturas (difração de raios X) (a) do aduto formado entre *N*-metilmorfolina e OsO$_4$ [A.J. Bailey *et al.* (1997) *J. Chem. Soc., Dalton Trans.*, p. 3245], (b) [Os$_2$(N^{t}Bu)$_4$(μ-N^{t}Bu)$_2$]$^{2+}$ no sal de [BF4]$^-$ [A.A. Danopoulos *et al.* (1991) *J. Chem. Soc., Dalton Trans.*, p. 269] e (c) [OsO$_2$(O$_2$CMe)$_3$]$^-$ no sal de K$^+$ solvatado [T. Behling *et al.* (1982) *Polyhedron*, vol. 1, p. 840]. Código de cores: Os, amarelo; O, vermelho; C, cinza; N, azul.

Tanto Ru como Os formam óxidos amarelos, tóxicos, MO$_4$ (RuO$_4$, p.f. 298 K; p.eb. 403 K; OsO$_4$, p.f. 313 K; p.eb. 403 K),[†] mas o RuO$_4$ é mais facilmente reduzido que o OsO$_4$. O óxido de ósmio(VIII) ('ácido ósmico') é obtido a partir de Os e O$_2$ (veja anteriormente), mas a formação de RuO$_4$ exige a oxidação de RuO$_2$ ou RuCl$_3$ com [IO$_4$]$^-$ ou [MnO$_4$]$^-$ em meio ácido. Ambos os tetraóxidos possuem odores penetrantes que lembram o ozônio; eles são levemente solúveis em água, mas são solúveis em CCl$_4$. Os óxidos são isoestruturais (estrutura molecular **22.46**). O óxido de rutênio(VIII) é termodinamicamente instável com respeito à decomposição em RuO$_2$ e O$_2$ (Eq. 22.80) e está sujeito à explosão. Ele é um agente oxidante muito poderoso, reagindo violentamente com compostos orgânicos. O óxido de ósmio(VIII) é usado como um agente oxidante em sínteses orgânicas (por exemplo, conversão de alquenos a 1,2-dióis) e como um marcador biológico, mas sua facilidade de redução e a sua volatilidade tornam-no perigoso aos olhos. A reação 22.80 ocorre sob aquecimento para M = Os.

$$MO_4 \longrightarrow MO_2 + O_2 \quad (M = Ru, Os) \quad (22.80)$$

O óxido de ósmio(VIII) forma adutos com bases de Lewis como Cl$^-$, 4-fenilpiridina e *N*-morfolina. Os adutos são bipiramidais trigonais distorcidos com os ligantes óxido em posição equatorial e em uma posição axial (Fig. 22.18a). OsO$_4$ atua como receptor de fluoreto, reagindo com [Me$_4$N]F a 298 K produzindo [Me$_4$N][OsO$_4$F], e com dois equivalentes de [Me$_4$N]F a 253 K formando [Me$_4$N]$_2$[*cis*-OsO$_4$F$_2$].

Quando o RuO$_4$ se dissolve em meio aquoso alcalino, desprende-se O$_2$ e forma-se [RuO$_4$]$^-$; em álcali concentrado a redução vai a [RuO$_4$]$^{2-}$ (Eq. 22.81). K$_2$RuO$_4$ pode também ser preparado pela fusão de Ru com KNO$_3$ e KOH.

$$4[RuO_4]^- + 4[OH]^- \longrightarrow 4[RuO_4]^{2-} + 2H_2O + O_2 \quad (22.81)$$

[†] A literatura contém diferentes valores para o OsO$_4$; veja: Y. Koda (1986) *J. Chem. Soc., Chem. Commun.*, p. 1347.

(22.47) **(22.48)**

Tanto [RuO$_4$]$^-$ como [RuO$_4$]$^{2-}$ são poderosos oxidantes, mas podem ser estabilizados em solução por meio de um controle de pH sob condições não redutoras. Nos sais sólidos, [RuO$_4$]$^-$ (d^1) possui uma estrutura tetraédrica achatada (Ru–O = 179 pm), mas os cristais de 'K$_2$[RuO$_4$]·H$_2$O' são na verdade K$_2$[RuO$_3$(OH)$_2$] contendo o ânion **22.47**. Ao contrário da sua ação sobre o RuO$_4$, álcalis reagem com OsO$_4$ produzindo *cis*-[OsO$_4$(OH)$_2$]$^{2-}$ (**22.48**), que é reduzido a *trans*-[OsO$_2$(OH)$_4$]$^{2-}$ pelo EtOH. O ânion **22.48** foi isolado no sal cristalino Na$_2$[OsO$_4$(OH)$_2$]·2H$_2$O. A reação 22.82 produz K[Os(N)O$_3$] que contém o ânion tetraédrico [Os(N)O$_3$]$^-$ (**22.49**), isoeletrônico e isoestrutural com OsO$_4$. O espectro de IV de [Os(N)O$_3$]$^-$ (C_{3v}) contém bandas em 871 e 897 cm^{-1} ($\nu_{Os=O}$ assimétrico e simétrico, respectivamente) e 1021 cm^{-1} ($\nu_{Os\equiv N}$); isso é comparável com as absorções em 954 e 965 cm^{-1} para OsO$_4$ (T_d, veja a Fig. 3.16 – Volume 1).

$$OsO_4 + NH_3 + KOH \longrightarrow K[Os(N)O_3] + 2H_2O \quad (22.82)$$

$$OsO_4 \xrightarrow{(Me_3Si)NH^tBu} Os(N^tBu)_4 \quad (22.83)$$

A reação 22.83 forma um imido análogo ao OsO$_4$. A forma tetraédrica é retida e os comprimentos da ligação Os–N de 175 pm são consistentes com ligações duplas. O amálgama de sódio reduz Os(N^{t}Bu)$_4$ ao dímero de Os(VI), Os$_2$(NtBu)$_4$(μ-N^{t}Bu)$_2$ (Os–Os = 310 pm), e uma oxidação subsequente produz [Os$_2$(N^{t}Bu)$_4$(μ-N^{t}Bu)$_2$]$^{2+}$ (Fig. 22.18b), um raro exemplo de um complexo de Os(VII). Os(NAr)$_3$, triangular planar, é estabilizado contra a dimerização se o grupo arila, Ar, é muito volumoso, por exemplo, 2,6-^{i}Pr$_2$C$_6$H$_3$.

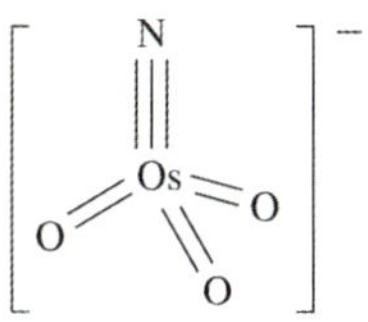

(22.49) 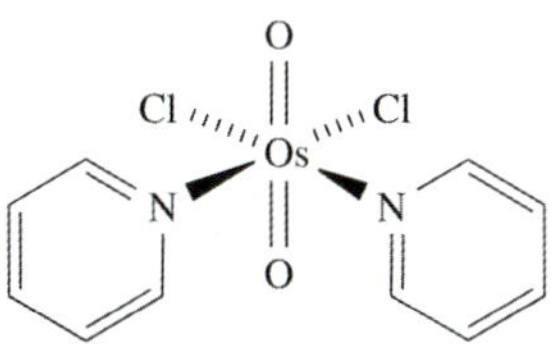   **(22.50)**

Existem poucos complexos de M(VIII) e M(VII), por exemplo, [Os(N)O₃]⁻ (veja anteriormente), mas eles são bem exemplificados para M(VI), particularmente para M = Os, com ligantes óxido, nitrido ou imido comumente presentes, por exemplo,

- tetraédrico: [OsO₂(S₂O₃-S)₂]²⁻;
- piramidal de base quadrada: [RuNBr₄]⁻, [OsNBr₄]⁻;
- octaédrico: [OsO₂(O₂CMe)₃]⁻ (distorcido, Fig. 22.18c), *trans*-[OsO₂Cl₄]²⁻, *trans*-[RuO₂Cl₄]²⁻, [OsO₂Cl₂(pi)₂] (**22.50**), *trans*-[OsO₂(en)₂]²⁺.

Exemplo resolvido 22.2 Compostos de ósmio(VI)

Interprete por que os sais de *trans*-[OsO₂(OH)₄]²⁻ são diamagnéticos.

[OsO₂(OH)₄]²⁻ contém Os(VI) e, portanto, tem configuração d^2.

A estrutura do *trans*-[OsO₂(OH)₄]²⁻ é:

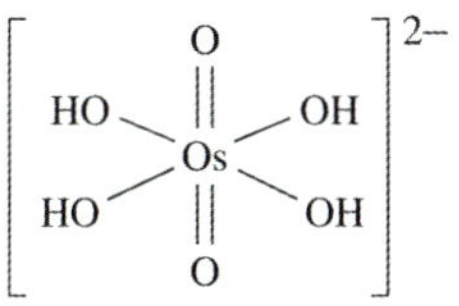

Um complexo octaédrico (O_h) d^2 seria paramagnético, mas no [OsO₂(OH)₄]²⁻ as ligações Os–O são mais curtas do que as ligações Os–O equatoriais. O complexo, portanto, sofre uma distorção tetragonal e, consequentemete, os orbitais d se desdobram como visto a seguir, admitindo-se que o eixo z é definido como se situando ao longo do eixo O=Os=O:

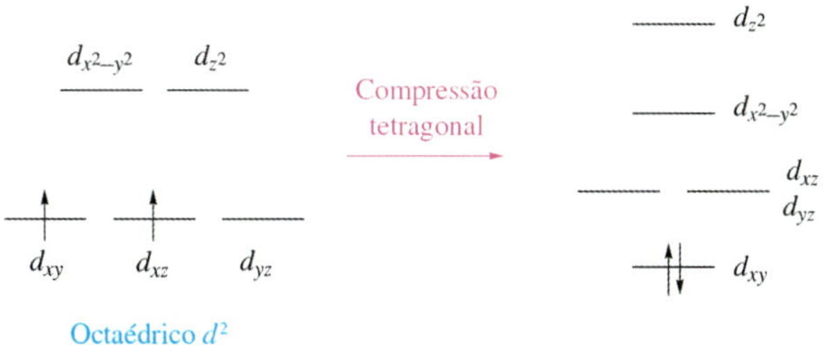

Octaédrico d^2 → Compressão tetragonal

Portanto, o complexo é diamagnético.

Exercícios propostos

1. Interprete por que o OsF₆ apresenta apenas um *pequeno* efeito Jahn–Teller.

    [*Resp.*: Veja 'distorções de Jahn–Teller' na Seção 20.3]

2. Sugira por que os compostos de Os de elevado estado de oxidação são dominados por aqueles que contêm ligantes óxido, nitrido e flúor.

    [*Resp.*: Todos eles são ligantes doadores π; veja a Seção 20.4]

3. Comente a respeito do fato de que, a 300 K, o μ_{ef} para o OsF₆ é 1,49 μ_B.

    [*Resp.*: Veja a discussão da representação gráfica de Kotani na Seção 20.10]

Rutênio(V), (IV) e ósmio(V), (IV)

RuF₅ e OsF₅, verdes (sólidos que sofrem prontamente hidrólise), são preparados por meio das reações 22.84 e 22.85 e são tetraméricos como o NbF₅ (**22.5**), mas com pontes não lineares. O OsCl₅, preto, é o único outro haleto do estado M(V), sendo preparado por redução e cloração do OsF₆ com BCl₃. Ele é um dímero, análogo ao NbCl₅ (**22.6**).

$$2Ru + 5F_2 \xrightarrow{570K} 2RuF_5 \qquad (22.84)$$

$$OsF_6 \xrightarrow{I_2, IF_5, 328 K} OsF_5 \qquad (22.85)$$

Para o estado M(IV), RuF₄, OsF₄, OsCl₄ (dois polimorfos) e OsBr₄ são conhecidos e poliméricos. Os fluoretos são preparados por redução de fluoretos superiores, e OsCl₄ e OsBr₄ pela combinação dos elementos a elevadas temperaturas e, para o OsBr₄, elevada pressão.

Em contraste com o ferro, os óxidos inferiores formados pelos metais mais pesados do grupo 8 são para o estado M(IV). Tanto RuO₂ como OsO₂ adotam uma estrutura do tipo rutilo (Fig. 6.22 – Volume 1); esses óxidos são, de longe, muito menos importantes que RuO₄ e OsO₄.

A oxidação eletroquímica do [Ru(OH₂)₆]²⁺ em solução aquosa produz uma espécie de Ru(IV). Sua formulação como [Ru₄O₆(OH₂)₁₂]⁴⁺ (ou uma forma protonada, dependendo do pH) é consistente com dados espectroscópicos de RMN de ¹⁷O e, das duas estruturas propostas **22.51** e **22.52**, a última é apoiada por estudos de EXAFS (veja o Boxe 25.2).

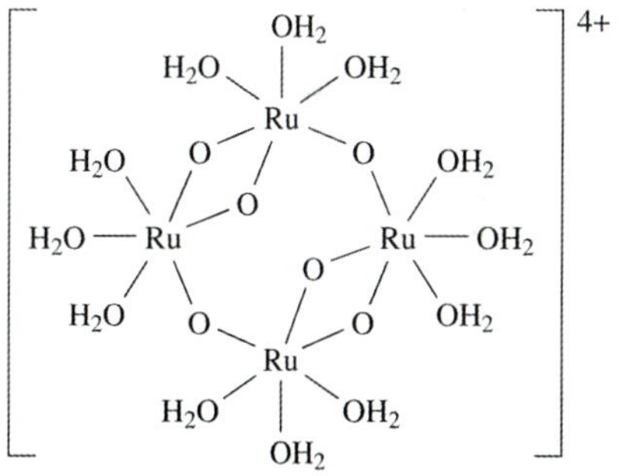

(22.51)

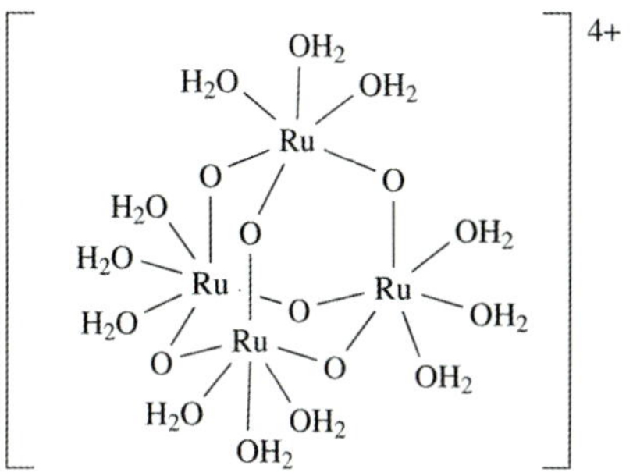

(22.52)

Complexos de halidos octaédricos de Ru(V) e Os(V) são representados por [MF₆]⁻ (M = Ru, Os) e [OsCl₆]⁻. O K[OsF₆]; por exemplo, pode ser preparado pela reação de OsF₆ com

KBr em HF anidro. Os ânions do Os(V), [fac-OsCl₃F₃]⁻, cis-[OsCl₄F₂]⁻ e trans-[OsCl₄F₂]⁻ são obtidos por oxidação dos diânions análogos de Os(IV) usando KBrF₄ ou BrF₃. No estado de oxidação +4, todos os íons [MX₆]²⁻ são conhecidos, exceto [RuI₆]²⁻. Várias rotas sintéticas são usadas; por exemplo, [RuCl₆]²⁻ pode ser obtido por aquecimento de Ru, Cl₂ e um cloreto de metal alcalino, ou por oxidação de [RuCl₆]³⁻ com Cl₂. O sal K₂[RuCl₆] possui um momento magnético (298 K) de 2,8 μ_B, próximo a μ(spin-only) para um íon d^4 de spin baixo, mas o valor depende da temperatura. Para K₂[OsCl₆] o valor de 1,5 μ_B advém da maior constante de acoplamento spin–órbita para o íon metálico 5d (veja a Fig. 20.29 e a discussão). Complexos de halidos de M(IV) mistos são produzidos por troca de halogênios. Na reação 22.86, os produtos são formados por uma substituição em etapas, a posição do F⁻ que entra é determinada pelo efeito trans- mais forte (veja a Seção 26.3) do ligante clorido.

$$[\text{OsCl}_6]^{2-} \xrightarrow{\text{BrF}_3} [\text{OsCl}_5\text{F}]^{2-} + cis\text{-}[\text{OsCl}_4\text{F}_2]^{2-}$$
$$+ fac\text{-}[\text{OsCl}_3\text{F}_3]^{2-} + cis\text{-}[\text{OsCl}_2\text{F}_4]^{2-}$$
$$+ [\text{OsClF}_5]^{2-} + [\text{OsF}_6]^{2-} \qquad (22.86)$$

A redução do OsO₄ por Na₂SO₃ em solução aquosa de H₂SO₄ contendo Cl⁻ produz [OsCl₅(OH₂)]⁻ além de [OsCl₆]²⁻ e [{Cl₃(HO)(H₂O)Os}₂(μ-OH)]⁻.

A reação de RuO₄ em solução aquosa de HCl na presença de KCl produz sais de K⁺ de [Ru^IV₂OCl₁₀]⁴⁻, [Ru^III Cl₅(OH₂)]²⁻ e [Ru^III Cl₆]³⁻. Cada centro Ru(IV) no [Ru₂OCl₁₀]⁴⁻ está coordenado octaedricamente e as pontes Ru–O–Ru são lineares (Fig. 22.19a). Os sais de [Ru₂OCl₁₀]⁴⁻ são diamagnéticos. Isso é passível de interpretação levando-se em consideração a formação de duas interações π de 3 centros (Fig. 22.19b) envolvendo os orbitais atômicos d_{xz} e d_{yz} dos dois centros de spin baixo de Ru(IV) (cada um de configuração $d_{xy}^2 d_{xz}^1 d_{yz}^1$) e os orbitais atômicos preenchidos p_x e p_y do átomo de O. Além dos OMs π e π*, quatro OMs não ligantes resultam das combinações dos orbitais d_{xy}, d_{xz} e d_{yz} (Fig. 22.19b). Eles estão totalmente preenchidos no [Ru₂OCl₁₀]⁴⁻. O mesmo diagrama de OM pode ser usado para descrever a ligação nos ânions relacionados [Os₂OCl₁₀]⁴⁻ (dois centros metálicos d^4), [W₂OX₁₀]⁴⁻ (X = Cl, Br; d^2), [Re₂OCl₁₀]⁴⁻ (d^3) e [Ta₂OX₁₀]²⁻ (X = F, Cl; d^0). As mudanças na configuração em d^n afetam apenas a ocupação dos OMs não ligantes, mantendo os OMs ligantes π metal–oxigênio ocupados. O íon diamagnético [Ru₂(μ-N)Cl₈(OH₂)₂]³⁻ (**22.53**) é um análogo com ponte de nitrido ao [Ru₂OCl₁₀]⁴⁻, e as distâncias Ru–N de 172 pm indicam uma ligação π forte; ele é obtido por redução de [Ru(NO)Cl₅]²⁻ com SnCl₂ em HCl.

(22.53)

Enquanto são conhecidos diversos complexos binucleares de Ru(IV) contendo ligantes nitrido em ponte, complexos mononucleares são raros. A conversão da azida a nitreto (Eq. 22.87) possui uma elevada barreira de ativação e normalmente envolve termólise ou fotólise. Contudo, [N₃]⁻ é um precursor útil para um ligante [N]³⁻ quando acoplado ao poder redutor do Ru(II) na

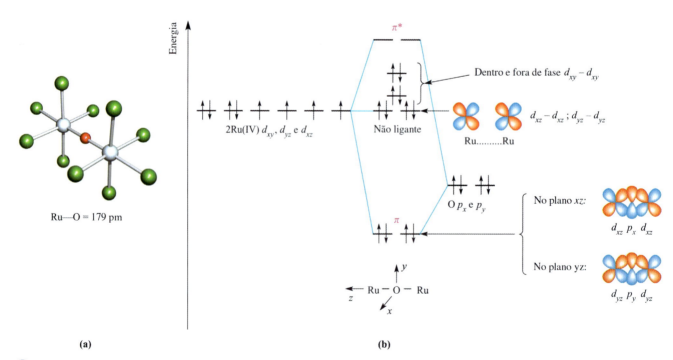

Fig. 22.19 (a) A estrutura de [Ru₂(μ-O)Cl₁₀]⁴⁻ determinada por difração de raios X para o sal de histamínio [I.A. Efimenko et al. (1994) Koord. Khim., vol. 20, p. 294]; código de cores: Ru, cinza-claro; Cl, verde; O, vermelho. (b) Um diagrama parcial de OM para a interação entre os orbitais atômicos d_{xy}, d_{xz} e d_{yz} dos centros Ru(IV) e os orbitais atômicos p_x e p_y do átomo de O, formando dois OMs ligantes, dois antiligantes e quatro não ligantes; os OMs não ligantes são derivados de combinações de orbitais d sem contribuição do oxigênio. As energias relativas dos orbitais são aproximadas, e os OMs não ligantes estão muito próximos uns dos outros.

ausência de ligantes receptores π e na presença de doadores π. Isso é exemplificado pela reação 22.88, na qual o grupo amido atua como um doador π.

$$[N_3]^- + 2e^- \longrightarrow N^{3-} + N_2 \quad (22.87)$$

$$(22.88)$$

Embora a química de coordenação do Ru(IV) e Os(IV) seja variada, os complexos de halidos são dominantes. Complexos de Os(IV) são mais numerosos que os de Ru(IV). Complexos de hexa-alidos são precursores comuns (Fig. 22.20). Além dos que já foram descritos, exemplos com ligantes mistos incluem trans-[OsBr$_4$(AsPh$_3$)$_2$], [OsX$_4$(acac)]$^-$ (X = Cl, Br, I), [OsX$_4$(ox)]$^{2-}$ (X = Cl, Br, I), cis-[OsCl$_4$(NCS-N)$_2$]$^{2-}$ e trans-[OsCl$_4$(NCS-S)$_2$]$^{2-}$, octaédricos. Dois complexos dignos de nota por conta de suas estereoquímicas são [RuO(S$_2$CNEt$_2$)$_3$]$^-$ (**22.54**), bipiramidal pentagonal, e trans-[Ru(PMe$_3$)$_2$(NR)$_2$], plano quadrado, no qual R é o volumoso 2,6-^{i}Pr$_2$C$_6$H$_3$.

(22.54)

Complexos de ósmio(IV) contendo unidades terminais Os=O são bastante raros, sendo mais comum a adoção de uma ponte como no caso de [Os$_2$OCl$_{10}$]$^{4-}$. Um exemplo de uma espécie mononuclear é mostrado no esquema 22.89, no qual o derivado dióxido de Os(IV) é obtido por ativação de O$_2$ molecular via um intermediário de Os(VI). A geometria plano quadrado do produ-

to de Os(IV) é incomum para uma configuração d^4. O precursor no esquema 22.89 é preparado tratando OsCl$_3$·xH$_2$O com P^{i}Pr$_3$, e possui uma esfera de coordenação (hexacoordenada) distorcida.

$$(22.89)$$

Rutênio(III) e ósmio(III)

Todos os haletos binários RuX$_3$ são conhecidos, mas, no caso do Os, apenas OsCl$_3$ e OsI$_3$ foram identificados. O OsF$_4$ é o fluoreto mais baixo de Os. A redução de RuF$_5$ com I$_2$ produz RuF$_3$, um sólido marrom, isoestrutural, com FeF$_3$. As reações 22.90-22.92 mostram preparações de RuCl$_3$, RuBr$_3$ e RuI$_3$. O cloreto é disponível comercialmente como um hidrato de composição variável, 'RuCl$_3$·xH$_2$O' ($x \approx 3$), e é um importante material de partida nas químicas do Ru(III) e Ru(II).

$$Ru_3(CO)_{12} \xrightarrow{Cl_2,\ 630\ K\ sob\ N_2} \beta\text{-}RuCl_3 \xrightarrow{Cl_2,\ >720\ K} \alpha\text{-}RuCl_3$$
$$(22.90)$$

$$Ru \xrightarrow{Br_2,\ 720\ K,\ 20\ bar} RuBr_3 \quad (22.91)$$

$$RuO_4 \xrightarrow{aq\ HI} RuI_3 \quad (22.92)$$

As formas α do RuCl$_3$ e do OsCl$_3$ são isoestruturais com o α-TiCl$_3$ (veja a Seção 21.5), enquanto β-RuCl$_3$ possui a mesma estrutura do CrCl$_3$ (veja a Seção 21.7). Estruturas estendidas com Ru(III) octaédrico são adotadas por RuBr$_3$ e RuI$_3$.

Não existem óxidos binários ou oxiânions de Ru(III), Os(III) ou estados de oxidação mais baixos. Não foram caracterizados

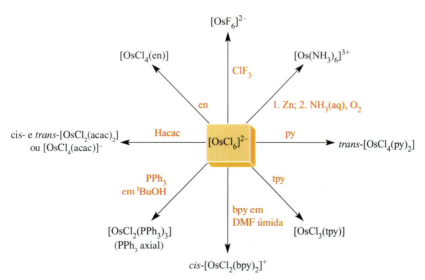

Fig. 22.20 Reações representativas de formação de complexos partindo de [OsCl$_6$]$^{2-}$. Observe que a redução a Os(III) ocorre em três reações, e a Os(II) em uma. Veja a Tabela 7.7 para a abreviação dos ligantes; tpy = 2,2':6',2''-terpiridina.

aquaíons simples de Os(III), mas [Ru(OH$_2$)$_6$]$^{3+}$, octaédrico, pode ser obtido por oxidação ao ar de [Ru(OH$_2$)$_6$]$^{2+}$ e foi isolado no alúmen (veja a Seção 13.9 – Volume 1) CsRu(SO$_4$)$_2$·12H$_2$O e no sal [Ru(OH$_2$)$_6$][4-MeC$_6$H$_4$SO$_3$]$_3$·3H$_2$O. O comprimento da ligação Ru–O de 203 pm é mais curto do que no [Ru(OH$_2$)$_6$]$^{2+}$ (212 pm). Em solução aquosa, [Ru(OH$_2$)$_6$]$^{3+}$ é ácido (compare a Eq. 22.93 com a Eq. 7.36 para o Fe^{3+}), é é menos facilmente reduzido que o [Fe(OH$_2$)$_6$]$^{3+}$ (Eq. 22.94).

$$[Ru(OH_2)_6]^{3+} + H_2O \rightleftharpoons [Ru(OH_2)_5(OH)]^{2+} + [H_3O]^+$$
$$pK_a \approx 2{,}4 \quad (22.93)$$

$$[M(OH_2)_6]^{3+} + e^- \rightleftharpoons [M(OH_2)_6]^{2+}$$
$$\begin{cases} M = Ru, & E^o = +0{,}25\,V \\ M = Fe, & E^o = +0{,}77\,V \end{cases} \quad (22.94)$$

A substituição nos complexos de Ru(III) (spin baixo d^5) é lenta (veja o Capítulo 26) e todos os membros da série [RuCl$_n$(OH$_2$)$_{6-n}$]$^{(n-3)-}$, incluindo isômeros, foram caracterizados. A oxidação ao ar de [Ru(NH$_3$)$_6$]$^{2+}$ (veja a seguir) produz [Ru(NH$_3$)$_6$]$^{3+}$ (Eq. 22.95).

$$[Ru(NH_3)_6]^{3+} + e^- \rightleftharpoons [Ru(NH_3)_6]^{2+} \quad E^o = +0{,}10\,V \quad (22.95)$$

Complexos de halidos [MX$_6$]$^{3-}$ são conhecidos para M = Ru, X = F, Cl, Br, I e M = Os, X = Cl, Br, I. Os ânions [RuCl$_5$(OH$_2$)]$^{2-}$ e [RuCl$_6$]$^{3-}$ são preparados por meio da mesma reação aplicada a [Ru$_2$OCl$_{10}$]$^{4-}$ (veja anteriormente). Em solução aquosa, [RuCl$_6$]$^{3-}$ é rapidamente convertido em [RuCl$_5$(OH$_2$)]$^{2-}$. O ânion [Ru$_2$Br$_9$]$^{3-}$ pode ser obtido tratando [RuCl$_6$]$^{3-}$ com HBr. Os íons [Ru$_2$Br$_9$]$^{3-}$, [Ru$_2$Cl$_9$]$^{3-}$ (reação 22.96) e [Os$_2$Br$_9$]$^{3-}$ adotam a estrutura **22.55**. As distâncias Ru–Ru de 273 (Cl) e 287 pm (Br), juntamente com os momentos magnéticos de 0,86 (Cl) e 1,18 μ_B (Br) sugerem um certo grau de ligação Ru–Ru, conclusão reforçada por estudos teóricos.

M = Ru, X = Cl, Br
M = Os, X = Br

(22.55)

$$K_2[RuCl_5(OH_2)] \xrightarrow{520\,K} K_3[Ru_2Cl_9] \quad (22.96)$$

$$[OsCl_6]^{2-} \xrightarrow{MeCO_2H,\,(MeCO)_2O} [Os_2(\mu\text{-}O_2CMe)_4Cl_2]$$
$$\xrightarrow[X\,=\,Cl,\,Br,\,I]{HX(g),\,EtOH} [Os_2X_8]^{2-} \quad (22.97)$$

Os ânions [Os$_2$X$_8$]$^{2-}$ (X = Cl, Br, I) são produzidos na sequência de reações 22.97. No [Os$_2$X$_8$]$^{2-}$ e [Os$_2$(μ-O$_2$CMe)$_4$Cl$_2$], diamagnéticos, a configuração eletrônica da unidade Os$_2$ é (da Fig. 21.16) $\sigma^2\pi^4\delta^2\delta^{*2}$, correspondendo a uma ligação tripla Os≡Os. Como o OM δ^* está ocupado, a influência da ligação δ é perdida e por isso não há fator eletrônico que restrinja a orientação dos ligantes (compare a orientação eclipsada dos ligantes no

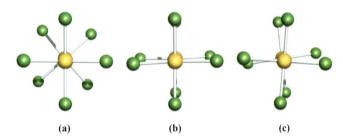

Fig. 22.21 As diferenças de energia entre os arranjos dos ligantes clorido (alternado, eclipsado ou algo entre eles) no [Os$_2$Cl$_8$]$^{2-}$ são pequenas. Estrutura no estado sólido do [Os$_2$Cl$_8$]$^{2-}$ (vista ao longo da ligação Os–Os) (a) no sal de [^{n}Bu$_4$N]$^+$ [P.A. Agaskar *et al.* (1986) *J. Am. Chem. Soc.*, vol. 108, p. 4850] (o [Os$_2$Cl$_8$]$^{2-}$ também está alternado no sal de [Ph$_3$PCH$_2$CH$_2$PPh$_3$]$^{2+}$), (b) no sal de [MePh$_3$P]$^+$ [F.A. Cotton *et al.* (1990) *Inorg. Chem.*, vol. 29, p. 3197] e (c) no sal de [(Ph$_3$P)$_2$N]$^+$ (estrutura determinada a 83 K) [P.E. Fanwick *et al.* (1986) *Inorg. Chem.*, vol. 25, p. 4546]. No sal de [(Ph$_3$P)$_2$N]$^+$ existe também um confôrmero eclipsado.

[Re$_2$Cl$_8$]$^{2-}$ e [Mo$_2$Cl$_8$]$^{4-}$, os quais contêm uma ligação M≡M). Estruturas cristalinas para diversos sais de [Os$_2$Cl$_8$]$^{2-}$ mostram diferentes arranjos de ligantes (Fig. 22.21) e isso também se verifica para o [Os$_2$Br$_8$]$^{2-}$. Para o [Os$_2$I$_8$]$^{2-}$, fatores estéricos parecem favorecer um arranjo alternado. O rutênio(III) forma vários complexos de acetato. A reação do RuCl$_3$·xH$_2$O com MeCO$_2$H e MeCO$_2$Na produz [Ru$_3$(OH$_2$)$_3$(μ-O$_2$CMe)$_6$(μ_3-O)]$^+$, paramagnético (estruturalmente análogo à espécie de Cr(III) na Fig. 21.14), que é reduzido por PPh$_3$ formando o complexo de valência mista [Ru$_3$(PPh$_3$)$_3$(μ-O$_2$CMe)$_6$(μ_3-O)].

Tanto Ru(III) como Os(III) formam uma variedade de complexos octaédricos com ligantes além daqueles já citados anteriormente. Os complexos de Ru(III) são mais numerosos do que os de Os(III), mas o inverso se verifica no caso do estado M(IV), refletindo as estabilidades relativas Os(IV) > Ru(IV), mas Ru(III) > Os(III). O [Os(CN)$_6$]$^{3-}$ pode ser preparado por oxidação eletroquímica de [Os(CN)$_6$]$^{4-}$, mas a redução de volta ao complexo de Os(II) ocorre facilmente. A oxidação de [Ru(CN)$_6$]$^{4-}$ por meio de Ce(IV) produz [Ru(CN)$_6$]$^{3-}$, mas o isolamento de seus sais de soluções aquosas exige que a precipitação seja feita rapidamente. Isso é mais bem realizado usando [Ph$_4$As]$^+$ como contraíon. Exemplos de outros complexos mononucleares incluem [Ru(acac)$_3$], [Ru(ox)$_3$]$^{3-}$, [Ru(em)$_3$]$^{3+}$, *cis*-[RuCl(OH$_2$)(em)$_2$]$^{2+}$, *cis*-[RuCl$_2$(bpy)$_2$]$^+$, [RuCl$_4$(bpy)]$^-$, *trans*-[RuCl(OH)(py)$_4$]$^+$, *mer*-[RuCl$_3$(DMSO-*S*)$_2$(DMSO-*O*)], [Ru(NH$_3$)$_5$(py)]$^{3+}$, *mer*-[OsCl$_3$(py)$_3$], [Os(acac)$_3$], [Os(em)$_3$]$^{3+}$, *trans*-[OsCl$_2$(PMe$_3$)$_4$]$^+$ e *trans*-[OsCl$_4$(PEt$_3$)$_2$]$^-$.

Os compostos de Ru(III), [HIm][*trans*-RuCl$_4$(Im)(DMSO-S)] e [HInd][*trans*-RuCl$_4$(Ind)$_2$] (Im = imidazola, Ind = indazola, Fig. 22.22) completaram a fase I de testes clínicos como medicamentos anticancerígenos. O último complexo tem como alvo seletivo metástases de tumores sólidos. A variedade de compostos à base de rutênio que exibem atividade anticancerígena inclui complexos organometálicos de rutênio(II).[†]

Rutênio(II) e ósmio(II)

Haletos binários de Ru(II) e Os(II) não são bem caracterizados e não existem óxidos. O aquecimento do metal com S forma

---

[†] Veja: W.H. Ang and P.J. Dyson (2006) *Eur. J. Inorg. Chem.*, p. 4003; I. Bratsos, S. Jedner, T. Gianferrara and E. Alessio (2007) *Chimia*, vol. 61, p. 692 e outros trabalhos neste número da *Chimia*; A. Levina, A. Mitra and P. A. Lay (2009) *Metallomics*, vol. 1, p. 458; G. Süss-Fink (2010) *Dalton Trans.*, vol. 39, p. 1673.

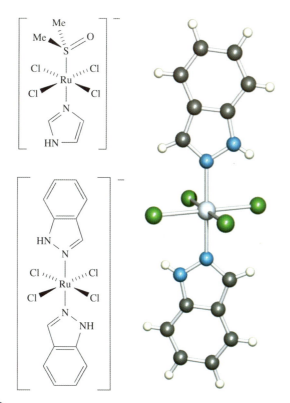

Fig. 22.22 Estruturas dos ânions nos agentes anticancerígenos de rutênio(III), [HIm][*trans*-RuCl₄(Im)(DMSO-*S*)] e [HInd][*trans*-RuCl₄(Ind)₂] (Im = imidazola, Ind = indazola). A estrutura à direita mostra o ânion [*trans*-RuCl₄(Ind)₂]⁻ no sal [H(Ind)₂][*trans*-RuCl₄(Ind)₂]. [Dados de difração de raios X: E. Reisner *et al.* (2004) *Inorg. Chem.*, vol. 43, p. 7083.] Código de cores: Ru, cinza-claro; Cl, verde; N, azul; C, cinza-escuro; H, branco.

MS₂ (M = Ru, Os), o qual contém [S₂]²⁻ e adota uma estrutura do tipo pirita (veja a Seção 21.9). A maior parte da química do Ru(II) e Os(II) se refere a complexos, que são todos diamagnéticos de spin baixo d^6 e, com poucas exceções, são octaédricos. Vimos na Seção 20.3 que os valores de Δ_{oct} (para um conjunto de complexos relacionados) são maiores para os metais da segunda e terceira linhas do que para os primeiros membros da tríade, e complexos de spin baixo são favorecidos. É conhecido um vasto número de complexos de Ru(II), e daremos apenas uma breve introdução.

Os ânions hídrido [RuH₆]⁴⁻ e [OsH₆]⁴⁻ (análogos ao [FeH₆]⁴⁻, Fig. 10.14b – Volume 1) são formados pelo aquecimento do metal com MgH₂ ou BaH₂ sob pressão de H₂. Não existem complexos de halidos simples. A redução com H₂ ou eletroquímica de RuCl₃·xH₂O em MeOH produz soluções azuis (*azuis de rutênio*) que, apesar de sua utilidade sintética para preparação de complexos de Ru(II), não foram inteiramente caracterizadas. As espécies azuis presentes têm várias formulações propostas, mas parece provável que se trata de aglomerados de ânions.

Reações de substituição envolvendo Ru(II) ou Os(II) são afetadas pela inércia cinética do íon de spin baixo d^6 (veja a Seção 26.2), e os métodos de preparação de complexos de M(II) frequentemente começam a partir de estados de oxidação mais elevados, por exemplo, RuCl₃·xH₂O ou [OsCl₆]²⁻. A redução de soluções aquosas de RuCl₃·xH₂O, cujos íons Cl⁻ foram precipitados por adição de Ag⁺, produz [Ru(OH₂)₆]²⁺; não existe o íon análogo de Os(II). Ao ar, o [Ru(OH₂)₆]²⁺ oxida-se rapidamente (Eq. 22.94), mas está presente nos sais de Tutton (veja a Seção 21.6) M₂Ru(SO₄)₂·6H₂O (M = Rb, NH₄). Sua estrutura foi determinada no sal [Ru(OH₂)₆][4-MeC₆H₄SO₃]₂ (veja a discussão sobre o íon [Ru(OH₂)₆]³⁺). Sob pressão de 200 bar de N₂, o [Ru(OH₂)₆]²⁺ reage formando [Ru(OH₂)₅(N₂)]²⁺. O íon relacionado [Ru(NH₃)₅(N₂)]²⁺ (que pode ser isolado como sal de cloreto e é estruturalmente similar a **22.57**) é formado tanto por meio da reação no esquema 22.98 como por redução com N₂H₄ de uma solução aquosa de RuCl₃·xH₂O:[†]

$$[Ru(NH_3)_5(OH_2)]^{3+} \xrightarrow{Zn/Hg} [Ru(NH_3)_5(OH_2)]^{2+}$$

$$\xrightarrow[-H_2O]{N_2, 100\ bar} [Ru(NH_3)_5(N_2)]^{2+} \qquad (22.98)$$

O cátion [(H₃N)₅Ru(μ-N₂)Ru(NH₃)₅]⁴⁺ (**22.56**) é formado quando [Ru(NH₃)₅(OH₂)]²⁺ reage com [Ru(NH₃)₅(N₂)]²⁺, ou quando solução aquosa de [Ru(NH₃)₅Cl]²⁺ é reduzida por amálgama de Zn sob N₂. A redução de [OsCl₆]²⁻ com N₂H₄ forma [Os(NH₃)₅(N₂)]²⁺ (**22.57**) que pode ser oxidado ou convertido no complexo bis(N₂) (Eq. 22.99); observe a presença de um ligante receptor π para estabilizar Os(II).

$$[Os(NH_3)_5(N_2)]^{2+} \begin{cases} \xrightarrow[-2H_2O]{HNO_2} cis\text{-}[Os(NH_3)_4(N_2)_2]^{2+} \\ \xrightarrow{Ce^{4+}} [Os(NH_3)_5(N_2)]^{3+} \end{cases} \qquad (22.99)$$

N–N = 112 pm Ru–N$_{ponte}$ = 193 pm
Ru–N(NH₃) = 212–214 pm

(22.56)

N–N = 112 pm Os–N(N₂) = 184 pm
Os–N(NH₃) = 214–215 pm

(22.57)

A maioria dos complexos de dinitrogênio se decompõe quando aquecidos suavemente, mas os de Ru, Os e Ir podem ser aquecidos a 370-470 K. Embora a ligação esteja em uma posição terminal, a unidade linear M–N≡N pode ser descrita de forma similar a uma unidade M–C≡O terminal, os modos de ligação em ponte de N₂ e CO são diferentes, como mostrado em **22.58**. A coordenação do CO a metais é descrita na Seção 24.2.

[†] Muito do interesse em complexos metálicos contendo ligantes N₂ advém da possibilidade de reduzir esse ligante a NH₃: veja Y. Nishibayashi, S. Iwai and M. Hidai (1998) *Science*, vol. 279, p. 540; R. R. Schrock (2008) *Angew. Chem. Int. Ed.*, vol. 47, p. 5512; L. D. Field (2010) *Nature Chem.*, vol. 2, p. 520; N. Hazari (2010) *Chem. Soc. Rev.*, vol. 39, p. 4044; J. L. Crossland and D. R. Tyler (2010) *Coord. Chem. Rev.*, vol. 254, p. 1883.

164 CAPÍTULO 22

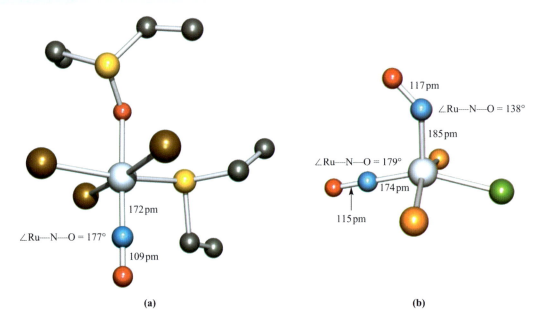

Fig. 22.23 Estruturas (difração de raios X) (a) de [RuBr₃(Et₂S)(Et₂SO)(NO)] [R.K. Coll *et al.* (1987) *Inorg. Chem.*, vol. 26, p. 106] e (b) [RuCl(NO)₂(PPh₃)₂] (apenas os átomos de P dos grupos PPh₃ estão mostrados) [C.G. Pierpont *et al.* (1972) *Inorg. Chem.*, vol. 11, p. 1088]. Os átomos de hidrogênio foram omitidos em (a); código de cores: Ru, cinza-claro; Br, marrom; Cl, verde; O, vermelho; N, azul; S, amarelo; P, laranja; C, cinza.

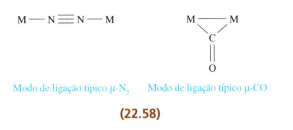

(22.58)

O complexo $[Ru(NH_3)_6]^{2+}$ (que é oxidado ao ar, Eq. 22.95) é preparado fazendo-se reagir $RuCl_3 \cdot xH_2O$ com Zn em pó em solução concentrada de NH_3. O complexo análogo de Os(II) pode ser formado em NH_3 líquido, mas é instável. A reação de HNO_2 com $[Ru(NH_3)_6]^{2+}$ produz o complexo de nitrosil, $[Ru(NH_3)_5(NO)]^{3+}$, no qual o ângulo Ru–N–O é próximo a 180°. São conhecidos numerosos complexos de nitrosil mononucleares de rutênio. Em cada um dos complexos $[Ru(NH_3)_5(NO)]^{3+}$, $[RuCl_5(NO)]^{2-}$, $[RuCl(bpy)_2(NO)]^{2+}$, *mer-*, *trans-*$[RuCl_3(PPh_3)_2(NO)]$ e $[RuBr_3(Et_2S)(Et_2SO)(NO)]$ (Fig. 22.23a), a unidade Ru–N–O é linear e o estado Ru(II) é assinalado formalmente. Sem um conhecimento prévio das propriedades estruturais e espectroscópicas dos complexos de nitrosil (veja a Seção 20.4), o estado de oxidação do centro metálico permanece ambíguo, por exemplo, no $[RuCl(NO)_2(PPh_3)_2]$ (Fig. 22.23b). Complexos de nitrosil estáveis de rutênio são formados durante o processo de extração para recuperação de urânio e plutônio de resíduos nucleares, e são difíceis de serem removidos; ¹⁰⁶Ru é um produto de fissão do urânio e plutônio e o emprego de HNO_3 e TBP (veja o Boxe 7.3 – Volume 1) no processo de extração facilita a formação de complexos contendo Ru(NO). Embora complexos contendo ligantes NO sejam bem conhecidos, o $[Ru(NH_3)_5(N_2O)]^{2+}$ é atualmente o único exemplo de um complexo isolado contendo um ligante N_2O. O ligante se coordena ao centro Ru(II) através de um átomo de N. Existe um significativo interesse na química de coordenação do N_2O, devido à sua relevância na desnitrificação biológica (veja o Boxe 15.9 – Volume 1), em que a enzima óxido nitroso redutase (cujo sítio ativo é uma unidade do aglomerado Cu_4) catalisa a etapa final de redução, ou seja, a conversão de N_2O a N_2.

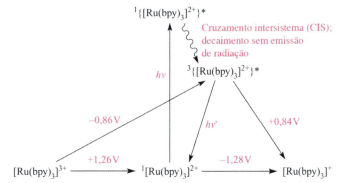

Fig. 22.24 $[Ru(bpy)_3]^{2+}$ (spin baixo d^6 em um estado singleto) absorve luz produzindo um estado excitado que rapidamente decai para um estado excitado de vida mais longa, $^3\{[Ru(bpy)_3]^{2+}\}^*$. Esse estado pode decair por emissão ou pode sofrer transferência de elétron. Potenciais-padrão de redução são dados para processos de um elétron envolvendo $[Ru(bpy)_3]^{2+}$ e $^3\{[Ru(bpy)_3]^{2+}\}^*$.

Os trisquelatos $[Ru(en)_3]^{2+}$, $[Ru(bpy)_3]^{2+}$ (Fig. 10.3 – Volume 1) e $[Ru(phen)_3]^{2+}$ são preparados de maneira similar ao $[Ru(NH_3)_6]^{2+}$. O complexo $[Ru(bpy)_3]^{2+}$ é amplamente estudado como um fotossensibilizador. Ele absorve luz em 452 nm produzindo um estado singleto excitado $^1\{[Ru(bpy)_3]^{2+}\}^*$ (Fig. 22.24), resultado da transferência de um elétron do centro Ru(II) para um orbital π* da bpy, ou seja, o estado excitado pode ser considerado como contendo Ru(III), dois bpy e um $[bpy]^-$. O estado singleto excitado rapidamente decai para um estado tripleto excitado,[†] cujo tempo de vida em solução aquosa, a 298 K, é de 600 ns, longo o bastante para permitir que ocorra atividade redox. Os potenciais-padrão de redução na Fig. 22.24 mostram que o estado excitado $^3\{[Ru(bpy)_3]^{2+}\}^*$ é tanto melhor oxidante *como*

[†] Para uma revisão detalhada, veja: A. Juris, V. Balzani, F. Barigelletti, S. Campagna, P. Belser and A. von Zelewsky (1988) *Coord. Chem. Rev.*, vol. 84, p. 85 – 'Ru(II) polypyridine complexes: photophysics, photochemistry, electrochemistry and chemiluminescence'. Para uma introdução aos princípios fotoquímicos, veja: C.E. Wayne and R.P. Wayne (1996) *Photochemistry*, Oxford University Press Primer Series, Oxford.

redutor do que o estado fundamental [Ru(bpy)₃]²⁺. Em solução neutra, por exemplo, H₂O pode ser oxidado ou reduzido pelo complexo excitado. Na prática, o sistema funciona apenas na presença de um *agente supressor*, como o viológeno de metila (paraquat), [MV]²⁺ (**22.59**) e um doador de sacrifício, D, que reduz o [Ru(bpy)₃]³⁺ a [Ru(bpy)₃]²⁺ (esquema 22.100), como descrito na Seção 10.4 (Volume 1).

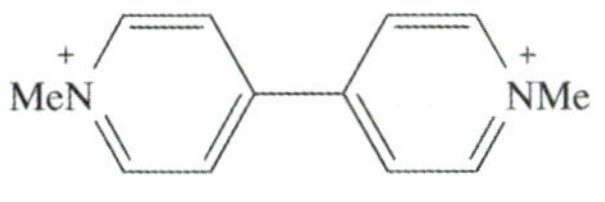

(**22.59**)

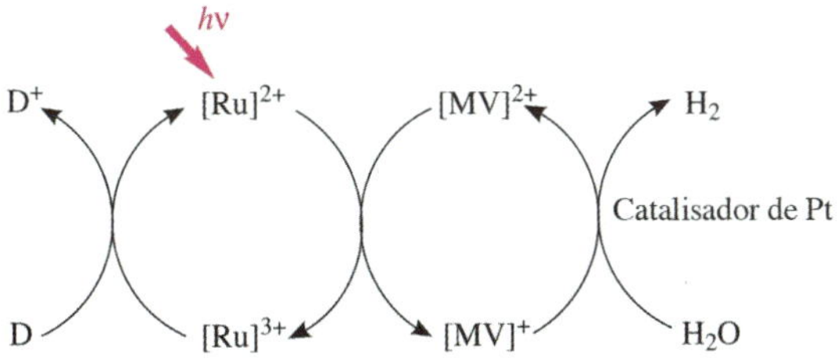

(22.100)

Muitos complexos com estados de oxidação baixos de Ru e Os, incluindo aqueles de Ru(II) e Os(II), são estabilizados por ligantes PR₃ (receptor π). O tratamento de RuCl₃·xH₂O com PPh₃ em EtOH/HCl sob refluxo produz *mer*-[RuCl₃(PPh₃)₃] ou, com excesso de PPh₃ em MeOH sob refluxo, [RuCl₂(PPh₃)₃]. A reação com H₂ converte [RuCl₂(PPh₃)₃] em [HRuCl(PPh₃)₃], que é um catalisador de hidrogenação para 1-alquenos (veja a Seção 25.5). Tanto [RuCl₂(PPh₃)₃] como [HRuCl(PPh₃)₃] possuem estruturas piramidais de base quadrada (**22.60** e **22.61**).

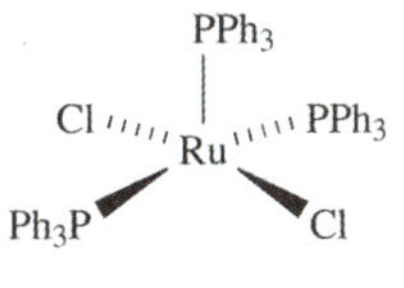

(**22.60**) 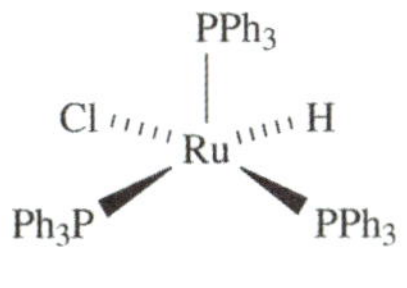   (**22.61**)

Complexos de rutênio de valência mista

A Eq. 22.97 mostrou a formação do complexo de Os(III) [Os₂(μ-O₂CMe)₄Cl₂]. Para o rutênio, o cenário é diferente, e na reação 22.101, o produto é um polímero de Ru(II)/Ru(III) (**22.62**).

$$RuCl_3 \cdot xH_2O \xrightarrow{MeCO_2H, (MeCO)_2O} [Ru_2(\mu\text{-}O_2CMe)_4Cl]_n$$

(22.101)

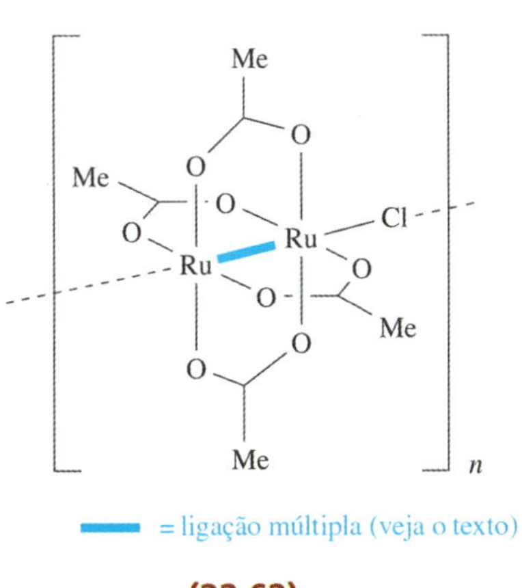

▬▬ = ligação múltipla (veja o texto)

(**22.62**)

O complexo **22.62** possui formalmente um núcleo {Ru₂}⁵⁺ e, a partir da Fig. 21.16, podemos prever uma configuração σ²π⁴δ²δ*²π*¹. Entretanto, o paramagnetismo observado correspondendo aos três elétrons não emparelhados é consistente com o nível π* situado em um nível de energia mais baixo que δ*, ou seja, σ²π⁴δ²π*²δ¹. Essa reordenação é reminiscente do *cruzamento σ–π* entre as moléculas diatômicas da primeira linha (Fig. 2.10 – Volume 1) e ilustra a importância de utilizar *fatos experimentais* quando se constroem e interpretam diagramas qualitativos de OM. Com três elétrons não emparelhados, um íon [Ru₂(μ-O₂CR)₄]⁺ possui um estado fundamental $S = \frac{3}{2}$, sendo, portanto, um excelente candidato a um bloco de construção para a montagem de *materiais magnéticos baseados em moléculas* (veja também a Fig. 21.25b e o texto associado). Polímeros de coordenação nos quais íons [Ru₂(μ-O₂CMe)₄]⁺ são conectados por pontes de ligantes orgânicos (por exemplo, [N(CN)₂]⁻, [C(CN)₃]⁻, **22.63** e **22.64**) mostram normalmente acoplamentos antiferromagnéticos fracos e não uma ordenação ferromagnética de longa faixa. Empregando [M(CN)₆]³⁻ (M = Cr, Fe), as unidades [Ru₂(μ-O₂CR)₄]⁺ podem ser conectadas em redes tridimensionais (para R = Me) ou bidimensionais (quando R = ᵗBu), que se tornam magneticamente ordenadas em baixas temperaturas.

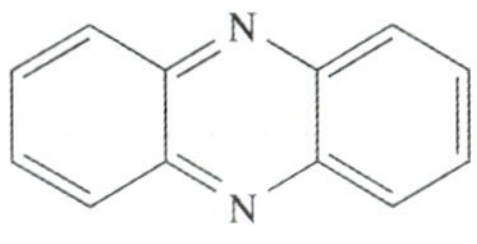

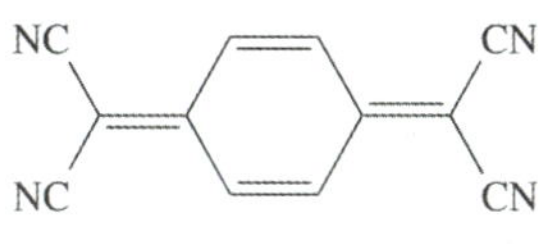

fenazina   TCNQ
(**22.63**)   (**22.64**)

O cátion de *Creutz–Taube* [(H₃N)₅Ru(μ-pz')Ru(NH₃)₅]⁵⁺ (pz' = pirazina) é um membro da série de cátions **22.65** (Eq. 22.102).

(22.102)

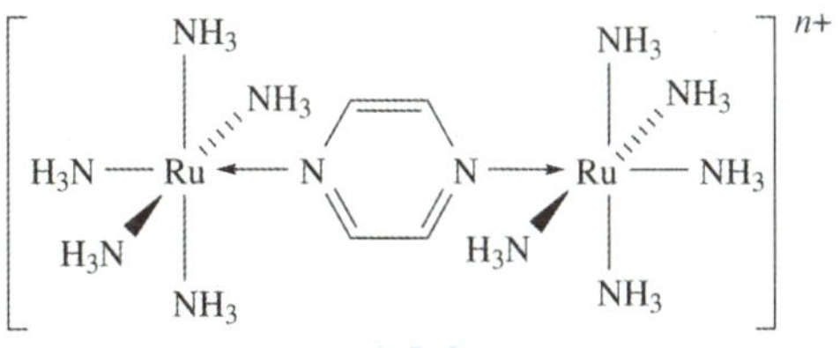

n = 4, 5, 6
(**22.65**)

Quando a carga é 4+ ou 6+, os complexos são espécies Ru(II)/Ru(II) ou Ru(III)/Ru(III), respectivamente. Para n = 5, pode-se formular uma espécie de valência mista Ru(II)/Ru(III), mas os dados espectroscópicos e estruturais mostram que os centros de Ru são equivalentes, com deslocalização da carga através da ponte de pirazina. Tal transferência de elétrons (veja a Seção 26.5) não é observada em todas as espécies relacionadas. Por exemplo, [(bpy)₂ClRu(μ-pz')RuCl(bpy)2]³⁺ mostra uma absorção de transferência de carga entre as valências em seu espectro eletrônico, indicando uma formulação Ru(II)/Ru(III). O complexo $[(H_3N)_5Ru^{III}(\mu\text{-pz'})Ru^{II}Cl(bpy)2]^{4+}$ é similar.

Exercícios propostos

1. *rac-cis*-$[Ru(bpy)_2(DMSO\text{-}S)Cl]^+$ pode ser separado em seus enantiômeros por CLAE usando uma fase estacionária quiral. (i) Represente a estrutura do Δ-*cis*-$[Ru(bpy)_2(DMSO\text{-}S)Cl]^+$ e sugira por que ele não sofre racemização sob condições normais. (ii) Descreva os princípios da CLAE.

    [*Resp.*: Veja a Seção 4.2 – Volume 1]

2. A triazina atua como um ligante em ponte entre moléculas de $[Ru_2(O_2CPh)_4]$ para produzir um polímero de coordenação bidimensional. Sugira como a triazina se coordena a $[Ru_2(O_2CPh)_4]$, e preveja a estrutura da unidade repetida que aparece em uma camada da estrutura do produto cristalino.

    triazina

    [*Resp.*: Veja S. Furukawa *et al.* (2005) *Chem. Commun.*, p. 865]

22.10 Grupo 9: ródio e irídio

Os metais

Ródio e irídio são metais não reativos. Eles reagem com O_2 ou os halogênios apenas em elevadas temperaturas (veja a seguir) e nenhum deles é atacado por água-régia. Os metais dissolvem-se em álcalis fundidos. A faixa de estados de oxidação para Rh e Ir (Tabela 19.3) e as estabilidades daqueles mais elevados são menores do que para Ru e Os. Os estados mais importantes são Rh(III) e Ir(III), ou seja, d^6, que é invariavelmente de spin baixo, produzindo complexos diamagnéticos e cineticamente inertes (veja a Seção 26.2).

Estados de oxidação elevados de ródio e irídio: M(VI) e M(V)

Ródio(VI) e irídio(VI) aparecem apenas no RhF_6, preto, e IrF_6, amarelo (veja a Fig. 22.16), formados pelo aquecimento dos metais com F_2 sob pressão e remoção dos produtos voláteis. RhF_6 e IrF_6 são monômeros octaédricos. Os pentafluoretos são preparados por combinação direta dos elementos (Eq. 22.103) ou por redução de MF_6, e são sensíveis à umidade (reação 22.104) e muito reativos. Eles são tetrâmeros, estruturalmente análogos ao NbF_5 (**22.5**).

$$2RhF_5 \xleftarrow{M = Rh, 520 K, 6 bar} 2M + 5F_2 \xrightarrow{M = Ir, 650 K} 2IrF_5 \quad (22.103)$$

$$IrF_5 \xrightarrow{H_2O} IrO_2 \cdot xH_2O + HF + O_2 \quad (22.104)$$

Para M(V) e M(VI), não são conhecidos compostos binários com os halogênios mais pesados e nem óxidos. O fluoreto de irídio(VI) é o precursor do $[Ir(CO)_6]^{3+}$, o único exemplo até agora de um cátion binário tripositivo de carbonila metálica. Compare a reação 22.105 (redução de IrF_6 a $[Ir(CO)_6]^{3+}$) com a reação 22.78 (redução de OsF_6 a $[Os(CO)_6]^{2+}$).

$$2IrF_6 + 12SbF_5 + 15CO \xrightarrow[\text{em } SbF_5]{320 K, 1 bar de CO} 2[Ir(CO)_6][Sb_2F_{11}]_3 + 3COF_2 \quad (22.105)$$

Sais de $[MF_6]^-$ (M = Rh, Ir), octaédricos, podem ser preparados em HF ou solventes interalogênicos (reação 22.106). No tratamento com água, eles liberam O_2 formando compostos de Rh(IV) e Ir(IV).

$$RhF_5 + KF \xrightarrow{HF \text{ ou } IF_5} K[RhF_6] \quad (22.106)$$

São conhecidos alguns complexos de hidridos de Ir(V), por exemplo, $[IrH_5(PMe_3)_2]$.

Ródio(IV) e irídio(IV)

Os fluoretos instáveis são os únicos haletos estabelecidos de Rh(IV) e Ir(IV), e não são conhecidos oxialetos. A reação de $RhBr_3$ ou $RhCl_3$ com BrF_3 produz RhF_4. O IrF_4 é preparado por meio de redução de IrF_6 ou IrF_5 com Ir, mas, acima de 670 K, IrF_4 sofre desproporcionamento (Eq. 22.107). Antes de 1965, os relatos de 'IrF_4' eram errôneos e realmente descreviam IrF_5.

$$8IrF_5 + 2Ir \xrightarrow{670 K} 10IrF_4 \xrightarrow{>670 K} 5IrF_3 + 5IrF_5 \quad (22.107)$$

O óxido de irídio(IV) é produzido quando o Ir é aquecido com O_2 e é o único óxido de Ir bem caracterizado. Ele também é produzido por hidrólise controlada de $[IrCl_6]^{2-}$ em solução alcalina. O aquecimento de Rh e O_2 forma Rh_2O_3 (veja a seguir), salvo se a reação é conduzida sob elevada pressão, caso em que se obtém RhO_2. Estruturas do tipo rutilo (Fig. 6.22 – Volume 1) são adotadas pelo RhO_2 e IrO_2.

A série de ânions paramagnéticos (spin baixo) d^5 $[MX_6]^{2-}$ com M = Rh, X = F, Cl e M = Ir, X = F, Cl, Br, pode ser preparada, mas as espécies de Ir(IV) são as mais estáveis. $[RhF_6]^{2-}$ e $[RhCl_6]^{2-}$ (Eqs. 22.108 e 22.109) são hidrolisados a RhO_2 por um excesso de H_2O. Sais de metais alcalinos de $[IrF_6]^{2-}$, brancos, são preparados por meio da reação 22.110. O $[IrF_6]^{2-}$ é estável em solução neutra ou ácida, mas se decompõe em meio alcalino.

$$2KCl + RhCl_3 \xrightarrow{BrF_3} K_2[RhF_6] \quad (22.108)$$

$$CsCl + [RhCl_6]^{3-} \xrightarrow{Cl_2, \text{ aquoso}} Cs_2[RhCl_6] \quad (22.109)$$

$$M[IrF_6] \xrightarrow{H_2O} M_2[IrF_6] + IrO_2 + O_2$$
$$(M = Na, K, Rb, Cs) \quad (22.110)$$

Sais de $[IrCl_6]^{2-}$ são materiais de partida comuns na química do Ir. Os sais de metais alcalinos são preparados por cloração de uma mistura de MCl e Ir. $Na_2[IrCl_6] \cdot 3H_2O$, $K_2[IrCl_6]$ e o ácido $H_2[IrCl_6] \cdot xH_2O$ (*ácido hexacloridoirídico*) são disponíveis comercialmente. O íon $[IrCl_6]^{2-}$ é quantitativamente reduzido (Eq. 22.111) por KI ou $[C_2O_4]^{2-}$ e é usado como agente oxidante em algumas reações orgânicas. Em solução alcalina, $[IrCl_6]^{2-}$ se decompõe, liberando O_2, mas a reação é invertida em solução fortemente ácida (veja a Seção 8.2 – Volume 1). Em suas reações, o $[IrCl_6]^{2-}$ é frequentemente reduzido a Ir(III) (esquema 22.112), mas a reação com Br^- produz $[IrBr_6]^{2-}$.

A química dos metais do bloco *d*: os metais mais pesados **167**

$$[IrCl_6]^{2-} + e^- \rightleftharpoons [IrCl_6]^{3-} \qquad E^o = +0,87 \text{ V} \qquad (22.111)$$

$$[IrCl_6]^{2-} \begin{cases} \xrightarrow{[CN]^-} [Ir(CN)_6]^{3-} \\ \xrightarrow{NH_3} [Ir(NH_3)_5Cl]^{2+} \xrightarrow{NH_3} [Ir(NH_3)_6]^{3+} \\ \xrightarrow{Et_2S} [IrCl_3(SEt_2)_3] \end{cases} \qquad (22.112)$$

A coordenação octaédrica é comum para Ir(IV). Existem relativamente poucos complexos com *O* como doador, e incluem $[Ir(OH)_6]^{2-}$ (o sal de K$^+$, vermelho, é preparado pelo aquecimento de Na$_2$[IrCl$_6$] com KOH), $[Ir(NO_3)_6]^{2-}$ (formado pelo tratamento de $[IrBr_6]^{2-}$ com N$_2$O$_5$) e $[Ir(ox)_3]^{2-}$ (preparado por oxidação de $[Ir(ox)_3]^{3-}$). Complexos com átomos doadores do grupo 15 incluem $[IrCl_4(phen)]$, $[IrCl_2H_2(P^iPr_3)_2]$ (**22.66**) e *trans*-$[IrBr_4(PEt_3)_2]$.

(estrutura **22.66**: complexo octaédrico Ir com dois P^{i}Pr$_3$ axiais, dois Cl e dois H no plano equatorial)

(22.66)

Ródio(III) e irídio(III)

Haletos binários MX$_3$, com M = Rh, Ir e X = Cl, Br e I, podem ser preparados pelo aquecimento de misturas dos elementos apropriados. As reações 22.113 e 22.114 mostram rotas de síntese para MF$_3$. A reação direta entre M e F$_2$ leva à formação de fluoretos superiores (por exemplo, Eq. 22.103).

$$RhCl_3 \xrightarrow{F_2, 750 \text{ K}} RhF_3 \qquad (22.113)$$

$$Ir + IrF_6 \xrightarrow{750 \text{ K}} 2IrF_3 \qquad (22.114)$$

RhCl$_3$ e α-IrCl$_3$ anidros adotam estruturas lamelares e são isomorfos com AlCl$_3$. α-IrCl$_3$, marrom, é convertido na forma β, vermelha, a 870-1020 K. Os sais RhCl$_3\cdot$3H$_2$O (vermelho-escuro) e IrCl$_3\cdot$3H$_2$O (verde-escuro), solúveis em água, são disponíveis comercialmente, sendo materiais de partida comuns na química do Rh e Ir. A Fig. 22.25 mostra a formação de complexos selecionados a partir de IrCl$_3\cdot$3H$_2$O. Em particular, observe a formação de $[Ir(bpy)_2(bpy-C,N)]^{2+}$: ele contém um ligante 2,2'-bipiridina que sofreu *ortometalação*. Como ilustrado na estrutura da Fig. 22.25, a desprotonação da 2,2'-bipiridina na posição 6 ocorre produzindo o ligante $[bpy-C,N]^-$. Isso deixa um átomo de N não coordenado, que pode ser protonado, como observado no $[Ir(bpy)_2(Hbpy-C,N)]^{3+}$.

O óxido Ir$_2$O$_3$ é conhecido apenas como um sólido impuro. O óxido de ródio(III) é bem caracterizado, e é preparado por aquecimento dos elementos a pressão ordinária ou por decomposição térmica de Rh(NO$_3$)$_3$ (Eq. 22.115). São conhecidos vários polimorfos de Rh$_2$O$_3$; α-Rh$_2$O$_3$ tem a estrutura do coríndon (veja a Seção 13.7 – Volume 1).

$$4Rh(NO_3)_3\cdot 6H_2O \xrightarrow{1000 \text{ K}} 2Rh_2O_3 + 24H_2O + 12NO_2 + 3O_2 \qquad (22.115)$$

Na presença de solução aquosa de HClO$_4$, o íon octaédrico $[Rh(OH_2)_6]^{3+}$ pode ser formado, mas ele sofre hidrólise (Eq. 22.116). Rh(ClO$_4$)$_3\cdot$6H$_2$O cristalino contém $[Rh(OH_2)_6]^{3+}$, ou seja, ele deve ser formulado como $[Rh(OH_2)_6][ClO_4]_3$. O íon $[Ir(OH_2)_6]^{3+}$ existe em soluções aquosas na presença de HClO$_4$ concentrado. Os hexa-aquoíons estão presentes nos alumens cristalinos CsM(SO$_4$)$_2\cdot$12H$_2$O (M = Rh, Ir).

$$[Rh(OH_2)_6]^{3+} + H_2O \rightleftharpoons [Rh(OH_2)_5(OH)]^{2+} + [H_3O]^+$$

$$pK_a = 3,33 \qquad (22.116)$$

Quando Rh$_2$O$_3\cdot$H$_2$O é dissolvido em uma quantidade limitada de solução aquosa de HCl, forma-se RhCl$_3\cdot$3H$_2$O (mais bem escrito como $[RhCl_3(OH_2)_3]$). Todos os membros da série $[RhCl_n(OH_2)_{6-n}]^{(3-n)+}$ (*n* = 0–6) são conhecidos e podem ser preparados em solução mediante reação de $[Rh(OH_2)_6]^{3+}$ com Cl$^-$ ou por substituição a partir de $[RhCl_6]^{3-}$ (veja o Problema 26.10 no final do Capítulo 26). As interconversões envolvendo $[Rh(OH_2)_6]^{3+}$ e $[RhCl_6]^{3-}$ são dadas no esquema 22.117.

(esquema 22.117: Rh$_2$O$_3\cdot$H$_2$O ⇌ $[Rh(OH_2)_6]^{3+}$ ⇌ $[RhCl_6]^{3-}$, com condições excesso de HCl, [OH]$^-$, fervura em H$_2$O, H$^+$)

(22.117)

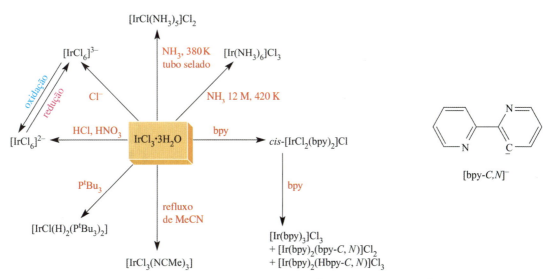

Fig. 22.25 Reações selecionadas de IrCl$_3\cdot x$H$_2$O. Nos complexos $[Ir(bpy)_2(bpy-C,N)]^{2+}$ e $[Ir(bpy)_2(Hbpy-C,N)]^{3+}$, os ligantes coordenados em um modo *C,N* sofreram *ortometalação* na qual uma ligação C–H foi quebrada e um sítio de coordenação C$^-$ foi formalmente criado.

168 CAPÍTULO 22

A redução de $[IrCl_6]^{2-}$ por SO_2 produz $[IrCl_6]^{3-}$ (Fig. 22.25) que sofre hidrólise a $[IrCl_5(OH_2)]^{2-}$ (isolado como sal de $[NH_4]^+$, verde), $[IrCl_4(OH_2)_2]^-$ e $[IrCl_3(OH_2)_3]$. A reação de $[Ir(OH_2)_6]^{3+}$ com [**22.67**]Cl_3 em solução aquosa de Cs_2SO_4 produz [**22.67**][$IrCl_2(OH_2)_4$][SO_4]$_2$, que contém o cátion **22.68** cujo valor de $pK_a(1)$ é igual a 6,31.

(22.67)   (22.68)

As rotas para a produção de aminocomplexos de Ir(III) são mostradas na Fig. 22.25. No caso de Rh(III), é mais difícil formar $[Rh(NH_3)_6]^{3+}$ que $[Rh(NH_3)_5Cl]^{2+}$ (Eq. 22.118). A reação de $RhCl_3·3H_2O$ com Zn em pó e solução aquosa de NH_3 produz $[Rh(NH_3)_5H]^{2+}$.

$$RhCl_3·3H_2O \xrightarrow{NH_3 \text{ aquoso, EtOH}} [RhCl(NH_3)_5]Cl_2$$
$$\xrightarrow[\text{tubo selado}]{NH_3, 373 K} [Rh(NH_3)_6]Cl_3 \quad (22.118)$$

Existe um grande número de complexos octaédricos de Rh(III) e Ir(III), e os precursores comuns incluem $[IrCl_6]^{3-}$ (por exemplo, sais de Na^+, K^+ ou $[NH_4]^+$), $[RhCl(NH_3)_5]Cl_2$, $[Rh(OH_2)(NH_3)_5][ClO_4]_3$ (preparado por tratamento de $[RhCl(NH_3)_5]Cl_2$ com $AgClO_4$) e $trans$-$[RhCl_2(py)_4]^+$ (obtido a partir de $RhCl_3·3H_2O$ e piridina). Os esquemas 22.119 e 22.120 fornecem exemplos selecionados.

$$[IrCl_6]^{3-} \begin{cases} \xrightarrow{en, \Delta} [Ir(en)_3]^{3+} \\ \xrightarrow{py \text{ em EtOH}} trans\text{-}[IrCl_2(py)_4]^+ \\ \xrightarrow{ox^{2-}, \Delta} [Ir(ox)_3]^{3-} \\ \xrightarrow{HNO_3 \text{ conc.}, \Delta} [Ir(NO_3)_6]^{3-} \end{cases} \quad (22.119)$$

$$[RhCl_2(py)_4]^+ \begin{cases} \xrightarrow{en, H_2O} cis\text{-}[RhCl(en)_2(py)]^{2+} \\ \xrightarrow{EtOH, \Delta} mer\text{-}[RhCl_3(py)_3] \\ \xrightarrow{\text{em } CHCl_3, \Delta} [RhCl_3(py)_2]_n \\ \xrightarrow{NH_3} [RhCl(NH_3)_5]^{2+} \\ \xrightarrow{ox^{2-}, \Delta} [Rh(NH_3)_4(ox)]^+ \end{cases} \quad (22.120)$$

Ródio(III) e irídio(III) formam complexos tanto com doadores moles como doadores duros, e exemplos (além daqueles já vistos anteriormente e na Fig. 22.25) incluem:

- *N* doador: $[Ir(NO_2)_6]^{3-}$, cis-$[RhCl_2(bpy)_2]^+$, $[Rh(bpy)_2(phen)]^{3+}$, $[Rh(bpy)_3]^{3+}$, $[Rh(en)_3]^{3+}$;
- *O* doador: $[Rh(acac)_3]$, $[Ir(acac)_3]$, $[Rh(ox)_3]^{3-}$;
- *P* doador: fac- e mer-$[IrH_3(PPh_3)_3]$, $[RhCl_4(PPh_3)_2]^-$, $[RhCl_2(H)(PPh_3)_2]$;
- *S* doador: $[Ir(NCS-S)_6]^-$ (Fig. 22.26a), mer-$[IrCl_3(SEt_2)_3]$, $[Ir(S_6)_3]^{3-}$ (Fig. 22.26b).

Ambos os íons metálicos formam $[M(CN)_6]^{3-}$. A isomerização de ligação é exibida pelo $[Ir(NH_3)_5(NCS)]^{2+}$, ou seja, tanto o $[Ir(NH_3)_5(NCS-N)]^{2+}$ como o $[Ir(NH_3)_5(NCS-S)]^{2+}$ podem ser isolados. O ligante nitrito no $[Ir(NH_3)_5(NO_2)]^{2+}$ sofre uma mudança de coordenação de *O* para *N* em solução alcalina.

Exercícios propostos

1. $[Rh_2Cl_9]^{3-}$ e $[Rh_2Br_9]^{3-}$ possuem estruturas octaédricas que compartilham faces. O aquecimento de uma solução de carbonato de propileno dos sais de $[Bu_4N]^+$ de $[Rh_2Cl_9]^{3-}$ e de $[Rh_2Br_9]^{3-}$ resulta em uma mistura de $[Rh_2Cl_nBr_{9-n}]^{3-}$ (n = 0–9) no qual todas as espécies possíveis se acham presentes. Sugira uma técnica experimental que possa ser usada para detectar essas espécies. Admitindo retenção da estrutura

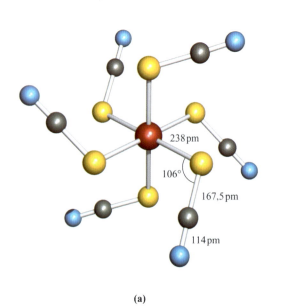

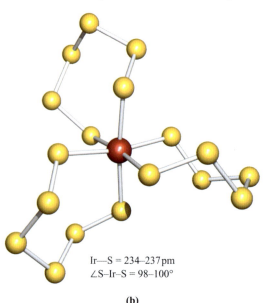

(a)   (b)

Fig. 22.26 Estruturas (difração de raios X) (a) de $[Ir(NCS-S)_6]^{3-}$ no sal de $[Me_4N]^+$ [J.-U. Rohde *et al.* (1998) *Z. Anorg. Allg. Chem.*, vol. 624, p. 1319] e (b) $[Ir(S_6)_3]^{3-}$ no sal de $[NH_4]^+$ [T.E. Albrecht-Schmitt *et al.* (1996) *Inorg. Chem.*, vol. 35, p. 7273]. Código de cores: Ir, vermelho; S, amarelo; C, cinza; N, azul.

octaédrica com compartilhamento de faces, represente as estruturas de todos os isômeros possíveis para n = 5.

[*Resp.*: Veja: J.-U. Vogt *et al.* (1995) *Z. Anorg. Allg. Chem.*, vol. 621, p. 186]

2. Comente acerca dos fatores que afetam as tendências nos valores de Δ_{oct} tabelados a seguir.

Complexo	Δ_{oct}/cm^{-1}	Complexo	Δ_{oct}/cm^{-1}
$[Rh(OH_2)_6]^{3+}$	25 500	$[Rh(CN)_6]^{3-}$	44 400
$[RhCl_6]^{3-}$	19 300	$[RhBr_6]^{3-}$	18 100
$[Rh(NH_3)_6]^{3+}$	32 700	$[Rh(NCS-S)_6]^{3-}$	19 600

[*Resp.*: Veja a Tabela 20.2 e a discussão]

Ródio(II) e irídio(II)

Complexos mononucleares de Rh(II) e Ir(II) são relativamente raros. A química do Rh(II) é muito distinta da química do Ir(II), pois dímeros do tipo $[Rh_2(\mu\text{-}L)_4]$ (por exemplo, $L^- = RCO_2^-$) e $[Rh_2(\mu\text{-}L)_4L'_2]$ são bem conhecidos, mas os compostos análogos de Ir são raros. Os dímeros de Rh(II) mais bem conhecidos são os que contêm pontes carboxilato (Figs. 22.27a e 22.27b); outros ligantes em ponte incluem $[RC(O)NH]^-$ e $[RC(O)S]^-$. Os dímeros $[Rh_2(\mu\text{-}O_2CMe)_4L_2]$ (L = MeOH ou H_2O) são preparados por meio das reações 22.121 e 22.122. Os ligantes axiais podem ser removidos por aquecimento *no vácuo*, ou substituídos (por exemplo, reação 22.123).

$$\xrightarrow[\text{refluxo de MeOH}]{MeCO_2H\,/\,Na[MeCO_2]} [Rh_2(\mu\text{-}O_2CMe)_4(MeOH)_2]$$
(22.121)

$$[NH_4]_3[RhCl_6] \xrightarrow[\text{EtOH, }H_2O]{MeCO_2H} [Rh_2(\mu\text{-}O_2CMe)_4(OH_2)_2]$$
(22.122)

$$[Rh_2(\mu\text{-}O_2CMe)_4(OH_2)_2] \begin{cases} \xrightarrow{py} [Rh_2(\mu\text{-}O_2CMe)_4(py)_2] \\ \xrightarrow{SEt_2} [Rh_2(\mu\text{-}O_2CMe)_4(SEt_2)_2] \end{cases}$$
(22.123)

A Fig. 22.27c mostra a estrutura do $[Rh_2(\mu\text{-}O_2CMe)_4(OH_2)_2]$, e os complexos relacionados são similares. Se o ligante axial possui um segundo átomo doador orientado apropriadamente, pode-se ter como resultado cadeias poliméricas nas quais L' faz pontes ligando unidades $[Rh_2(\mu\text{-}L)_4]$, por exemplo, quando L' = fenazina (**22.63**) ou **22.69**. Cada dímero contém formalmente um núcleo $\{Rh_2\}^{4+}$ que (a partir da Fig. 21.16) possui uma configuração $\sigma^2\pi^4\delta^2\delta^{*2}\pi^{*4}$, e uma ligação *simples* Rh–Rh. Compare isso com os dímeros com ligações múltiplas de Mo(II), Re(III) e Os(III) discutidos anteriormente.

(22.69)

O único exemplo de um dímero de $[Ir_2(\mu\text{-}L)_4]$ contendo um núcleo $\{Ir_2\}^{4+}$ e uma ligação simples Ir–Ir (252 pm) ocorre para $L^- = $ **22.70**.

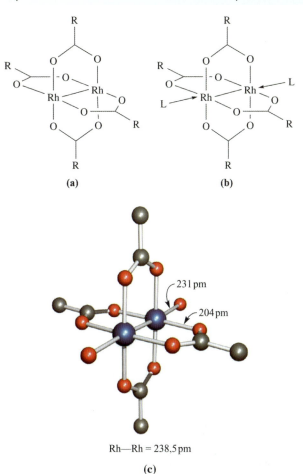

Fig. 22.27 Representações esquemáticas de duas famílias de carboxilatos de Rh(II), dímeros: (a) $[Rh_2(\mu\text{-}O_2CR)_4]$ e (b) $[Rh_2(\mu\text{-}O_2CR)_4L_2]$. (c) Estrutura de $[Rh_2(\mu\text{-}O_2CMe)_4(OH_2)_2]$ (átomos de H omitidos) determinada por difração de raios X [F.A. Cotton *et al.* (1971) *Acta Crystallogr.*, Sect. B, vol. 27, p. 1664]; código de cores: Rh, azul; C, cinza; O, vermelho.

Base conjugada da *N,N'*-di-4-tolilformamidina

(22.70)

Ródio(I) e irídio(I)

O estado de oxidação +1 do Rh e Ir (d^8) é estabilizado por ligantes receptores π, tais como os fosfanos, favorecendo a coordenação plana quadrada, e, em menor extensão, bipiramidal triangular. Sendo espécies de estado de oxidação baixo, pode ser apropriado considerar as ligações em termos da regra dos 18 elétrons (Seção 20.4). De fato, a maioria dos complexos de Rh(I) são planos quadrados, espécies de 16 elétrons, e alguns, como $[RhCl(PPh_3)_3]$ (*catalisador de Wilkinson*, **22.71**), possuem importantes aplicações em catálise homogênea (veja o Capítulo 25). A preparação de $[RhCl(PPh_3)_3]$ envolve a redução de Rh(III) pelo PPh_3 (Eq. 22.124). Outros complexos $[RhCl(PR_3)_3]$ são preparados por rotas como em 22.125. Complexos com alquenos como aquele nessa reação são descritos no Capítulo 24. A partir do $[RhCl(PPh_3)_3]$, é possível preparar uma variedade de complexos planos quadrados nos quais os ligantes fosfanos permanecem para estabilizar o centro Rh(I), como no esquema

22.126. O tratamento de [RhCl(PPh$_3$)$_3$] com TlClO$_4$ forma o sal perclorato do cátion plano triangular [Rh(PPh$_3$)$_3$]$^+$.

(22.71) Ph$_3$P—Ir(CO)(Cl)—PPh$_3$

$$\text{RhCl}_3 \cdot 3\text{H}_2\text{O} + 6\text{PPh}_3 \xrightarrow{\text{EtOH, refluxo}} [\text{RhCl(PPh}_3)_3] + \ldots \quad (22.124)$$

[bis(η²-eteno)Rh(μ-Cl)]$_2$ + 6PR$_3$ → 2[RhCl(PR$_3$)$_3$] + 4C$_2$H$_4$ R ≠ Ph   (22.125)

[RhCl(PPh$_3$)$_3$]:
- NaBH$_4$ → [RhH(PPh$_3$)$_3$]
- [Me$_3$O][BF$_4$]/MeCN → [Rh(MeCN)(PPh$_3$)$_3$][BF$_4$]
- RCO$_2$H → [Rh(O$_2$CR-O)(PPh$_3$)$_3$]

(22.126)

O complexo plano quadrado de Ir(I), *trans*-[IrCl(CO)(PPh$_3$)$_2$] (*composto de Vaska*, **22.72**), é estritamente organometálico, pois ele contém uma ligação Ir–C, mas ele é um importante precursor na química do Ir(I). Tanto o *trans*-[IrCl(CO)(PPh$_3$)$_2$] como o [RhCl(PPh$_3$)$_3$] sofrem muitas reações de adição oxidativas (veja a Seção 24.9) nas quais o centro M(I) é oxidado a M(III).

(22.72) Ph$_3$P—Ir(CO)(Cl)—PPh$_3$

22.11 Grupo 10: paládio e platina

Os metais

A 298 K, Pd e Pt maciços são resistentes à corrosão. O paládio é mais reativo que a platina, e é atacado em altas temperaturas por O$_2$, F$_2$ e Cl$_2$ (Eq. 22.127).

$$\text{PdO} \xleftarrow{\text{O}_2, \Delta} \text{Pd} \xrightarrow{\text{Cl}_2, \Delta} \text{PdCl}_2 \quad (22.127)$$

O paládio se dissolve em ácidos oxidantes a quente (por exemplo, HNO$_3$), mas ambos os metais se dissolvem em água-régia e são atacados por óxidos de metais alcalinos fundidos.

Os estados de oxidação dominantes são M(II) e M(IV), mas o estado M(IV) é mais estável para a Pt do que para o Pd. Para um dado estado de oxidação, Pd e Pt se parecem entre si, com exceção do comportamento frente a agentes oxidantes e redutores. Paládio(II) e platina(II) formam quase exclusivamente complexos planos quadrados de spin baixo. Isso contrasta com a ampla variedade de complexos de níquel(II) de números de coordenação 4 e 6 com ligantes de spin alto e baixo; os de número de coordenação 4 incluem geometrias tanto plana quadrada como tetraédrica (veja a Seção 21.11).

Estados de oxidação mais elevados: M(VI) e M(V)

Os estados M(VI) e M(V) estão confinados aos fluoretos de platina (reações 22.128 e 22.129, veja a Fig. 22.16); PtF$_5$ se desproporciona prontamente em PtF$_4$ e PtF$_6$.

$$\text{PtCl}_2 \xrightarrow{\text{F}_2,\ 620\ \text{K}} \text{PtF}_5 \quad (22.128)$$

$$\text{Pt} \xrightarrow[\text{2. resfriamento rápido}]{\text{1. F}_2,\ 870\ \text{K}} \text{PtF}_6 \quad (22.129)$$

O fluoreto de platina(V) é um tetrâmero (Fig. 22.28). PtF$_6$ é um sólido vermelho e possui estrutura molecular consistindo em moléculas octaédricas. Dados de difração de nêutrons de pó confirmam um pequeno desvio da simetria ideal O_h. O hexafluoreto é um agente oxidante muito poderoso (Eq. 22.130, e veja a Seção 6.16 – Volume 1) e ataca o vidro. O poder oxidante dos hexafluoretos da terceira linha do bloco *d* (aqueles conhecidos) segue a sequência PtF$_6$ > IrF$_6$ > OsF$_6$ > ReF$_6$ > WF$_6$.

$$\text{O}_2 + \text{PtF}_6 \longrightarrow [\text{O}_2]^+[\text{PtF}_6]^- \quad (22.130)$$

Em HF anidro, PtF$_6$ reage com CO produzindo [Pt^{II}(CO)$_4$]$^{2+}$[Pt^{IV}F$_6$]$^{2-}$ (Eq. 22.131), enquanto em SbF$_5$ líquido ocorre a reação 22.132.

$$2\text{PtF}_6 + 7\text{CO} \xrightarrow[\text{223 K, aquecimento a 298 K}]{\text{1 bar de CO, HF anidro}} [\text{Pt(CO)}_4][\text{PtF}_6] + 3\text{COF}_2 \quad (22.131)$$

$$\text{PtF}_6 + 6\text{CO} + 4\text{SbF}_5 \xrightarrow[\text{300 K}]{\text{1 bar de Co, SbF}_5\ \text{líquido}} [\text{Pt(CO)}_4][\text{Sb}_2\text{F}_{11}]_2 + 2\text{COF}_2 \quad (22.132)$$

Os fluoretos PdF$_5$ e PdF$_6$ não foram confirmados, mas o [PdF$_6$]$^-$ pode ser preparado por meio da reação 22.133.

$$\text{PdF}_4 + \text{KrF}_2 + \text{O}_2 \longrightarrow [\text{O}_2]^+[\text{PdF}_6]^- + \text{Kr} \quad (22.133)$$

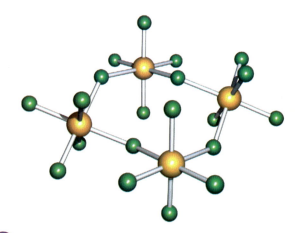

Fig. 22.28 A estrutura tetramérica do PtF$_5$ (difração de raios X, B.G. Müller *et al.* (1992) *Eur. J. Solid State Inorg. Chem.*, vol. 29, p. 625). Código de cores: Pt, amarelo; F, verde.

Paládio(IV) e platina(IV)

O único tetra-haleto de Pd(IV) é o PdF$_4$, um sólido vermelho, diamagnético, preparado a partir dos elementos a 570 K. O composto 'PdF$_3$' (também formado a partir de Pd e F$_2$) é na realidade Pd^{II}[Pd^{IV}F$_6$]. Ambos os centros de Pd nesse composto no estado sólido estão em sítios octaédricos, ou seja, trata-se de um exemplo raro de Pd(II) octaédrico. Todos os haletos de Pt(IV) são conhecidos, e PtCl$_4$ e PtBr$_4$ são formados pelas reações dos halogênios com Pt. O tratamento de PtCl$_2$ com F$_2$ ($T < 475$ K) produz PtF$_4$ (compare com a reação 22.128). Nos compostos PtCl$_4$, PtBr$_4$ e PtI$_4$, o metal está em um sítio octaédrico, como mostrado em **22.73**. Nos compostos PdF$_4$ e PtF$_4$, a conectividade é semelhante, mas resulta em uma estrutura tridimensional.

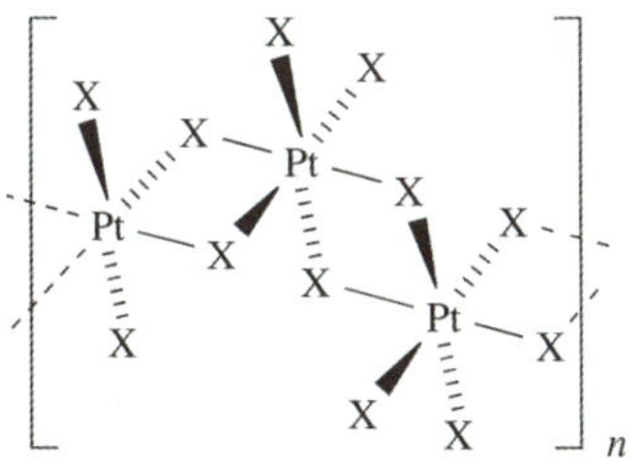

(22.73)

PtO$_2$ hidratado é preparado por hidrólise do [PtCl$_6$]$^{2-}$ em solução aquosa em ebulição de Na$_2$CO$_3$; o aquecimento converte o PtO$_2$ hidratado no óxido anidro, preto. Acima de 920 K, PtO$_2$ se decompõe em seus elementos. O óxido hidratado se dissolve em NaOH formando Na$_2$[Pt(OH)$_6$], e em solução aquosa de HCl como H$_2$[PtCl$_6$] (ácido hexacloroplatínico). Este último é um importante material de partida em sínteses e possui aplicações catalíticas. A água hidrolisa o H$_2$[PtCl$_6$] a H[PtCl$_5$(OH$_2$)] e [PtCl$_4$(OH$_2$)$_2$]; a reação é invertida por adição de HCl.

Em seus complexos, Pd(IV) e Pt(IV) são octaédricos, diamagnéticos e de spin baixo (d^6). A série completa de complexos de halidos [MX$_6$]$^{2-}$ é conhecida (por exemplo, Eqs. 22.134-22.136), em contraste com o PdF$_4$, que é o único haleto neutro de Pd(IV). Os íons [MX$_6$]$^{2-}$ são estabilizados por cátions grandes.

$$M \xrightarrow{\text{água-régia; KCl}} K_2[MCl_6] \quad M = Pd, Pt \quad (22.134)$$

$$K_2[PtCl_6] \xrightarrow{BrF_3} K_2[PtF_6] \quad (22.135)$$

$$PtCl_4 \xrightarrow{HCl} H_2[PtCl_6] \begin{cases} \xrightarrow{KCl} K_2[PtCl_6] \\ \xrightarrow{KI} K_2[PtI_6] \end{cases} \quad (22.136)$$

A maior inércia *cinética* (veja a Seção 26.2) dos complexos de Pt(IV) é ilustrada pelo fato de o K$_2$[PdF$_6$] ser decomposto ao ar pela umidade, mas o K$_2$[PtF$_6$] pode ser cristalizado em água em ebulição, ainda que o íon [PtF$_6$]$^{2-}$ seja *termodinamicamente* instável em relação à hidrólise. A estrutura no estado sólido do K$_2$[PtCl$_6$] é uma estrutura protótipo. Ela pode ser derivada da estrutura do CaF$_2$ (Fig. 6.19a – Volume 1) pela substituição de Ca^{2+} por íons octaédricos [PtCl$_6$]$^{2-}$, e F$^-$ por íons K$^+$. Para detalhes a respeito do composto K$_2$[PtH$_6$], veja a Seção 10.7.

A variedade de complexos de Pd(IV) é muito menor que a de Pt(IV), e suas sínteses normalmente envolvem oxidação de espécies relacionadas de Pd(II), por exemplo, reação 22.137.

Quando um ligante quelante como bpy ou Me$_2$PCH$_2$CH$_2$PMe$_2$ está presente, o complexo é forçosamente *cis*-, por exemplo, **22.74**. Os complexos de paládio(IV) têm estabilidade limitada.

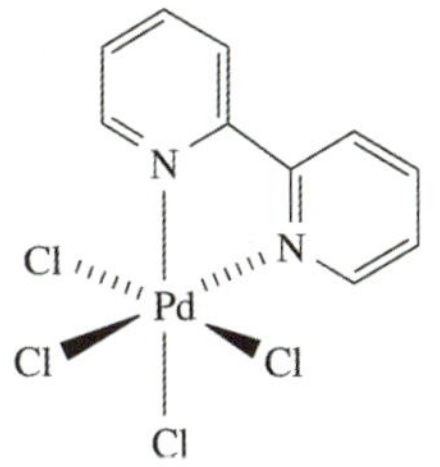

(22.74)

$$trans\text{-}[PdCl_2(NH_3)_2] + Cl_2 \longrightarrow trans\text{-}[PdCl_4(NH_3)_2] \quad (22.137)$$

Platina(IV) forma uma grande variedade de complexos octaédricos termodinâmica e cineticamente inertes e, por exemplo, aminocomplexos são conhecidos desde os tempos de Werner (veja o Boxe 21.7). Em NH$_3$ líquida, a 230 K, [NH$_4$]$_2$[PtCl$_6$] é convertido a [Pt(NH$_3$)$_6$]Cl$_4$. *Trans*-[PtCl$_2$(NH$_3$)$_4$]$^{2+}$ é preparado por adição oxidativa de Cl$_2$ a [Pt(NH$_3$)$_4$]$^{2+}$ e, como para o Pd, a adição oxidativa é uma estratégia geral para conversões Pt(II) → Pt(IV). Aminocomplexos incluem os íons opticamente ativos [Pt(en)$_3$]$^{4+}$ e *cis*-[PtCl$_2$(en)$_2$]$^{2+}$, e os dois podem ser resolvidos. Embora a variedade de ligantes que se coordenam a Pt(IV) abranja doadores duros e moles (veja a Tabela 7.9), alguns ligantes como fosfanos tendem a reduzir Pt(IV) a Pt(II).

É digno de nota o composto [Pt(NH$_3$)$_4$]$_2$[**22.75**]·9H$_2$O, formado quando uma solução aquosa de [Pt(NH$_3$)$_4$][NO$_3$]$_2$ reage com K$_3$[Fe(CN)$_6$]. Os centros de Fe(II) e Pt(IV) localizados em [**22.75**]$^{4-}$ foram determinados com base em dados magnéticos, eletroquímicos e de espectroscopia RPE (em inglês EPR), e o complexo exibe uma banda de absorção intensa em 470 nm, correspondente à transferência de carga Fe(II) → Pt(IV).

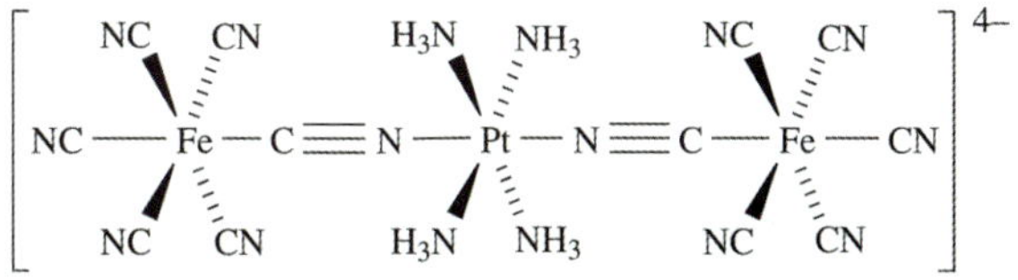

(22.75)

Paládio(III), platina(III) e complexos de valência mista

Foi dito anteriormente que 'PdF$_3$' é o composto de valência mista Pd[PdF$_6$], e essa ressalva se estende a outras espécies aparentemente de Pd(III) e Pt(III). Tanto PtCl$_3$ como PtBr$_3$ são compostos de valência mista. Os compostos de fórmulas empíricas Pt(NH$_3$)$_2$Br$_3$ (**22.76**) e Pt(NEth$_2$)$_4$Cl$_3$·H$_2$O (*sal vermelho de Wolffram*, **22.77**) contêm cadeias com pontes haleto; íons Cl$^-$ extras na rede deste último compensam a carga 4+. Tais compostos de valência mista possuem coloração intensa devido a absorções decorrentes de transferências de carga entre os metais de valências diferentes. Sais de [Pt(CN)$_4$]$^{2-}$ parcialmente oxidado são descritos em platina(II).

[Estrutura (22.76): Pt(IV) octaédrico e Pt(II) plano quadrado com L = NH₃, ligantes Br]

(22.76)

[Estrutura (22.77): Pt(IV) octaédrico e Pt(II) plano quadrado com L = EtNH₂, carga 4n+]

(22.77)

Dímeros de paládio(III) e platina(III), que são estruturalmente relacionados aos dímeros de Rh(II) discutidos anteriormente (Fig. 22.27), incluem [Pd$_2$(μ-SO$_4$-O;O')$_4$(OH$_2$)$_2$]$^{2-}$, [Pd$_2$(μ-O$_2$CMe)$_4$(OH$_2$)$_2$]$^{2+}$, [Pt$_2$(μ-HSO$_4$-O,O')$_2$(SO$_4$-O,O')$_2$] e [Pt$_2$(SO$_4$-O,O')$_4$(OH$_2$)$_2$]. Cada um deles contém formalmente um núcleo {Pd$_2$}$^{6+}$ ou {Pt$_2$}$^{6+}$ (isoeletrônico com {Rh$_2$}$^{4+}$) e uma ligação simples M–M.

Os *azuis de platina*[†] são compostos de valência mista contendo cadeias discretas Pt$_n$ (Fig. 22.29). Eles são formados por hidrólise de *cis*-[PtCl$_2$(NH$_3$)$_2$] ou *cis*-[PtCl$_2$(en)] em solução aquosa de AgNO$_3$ (ou seja, substituição de Cl$^-$ por H$_2$O e precipitação de AgCl), seguida de tratamento com compostos contendo átomos de *N* e *O* doadores como pirimidinas, uracilas ou os compostos mostrados na Fig. 22.29b. As Figs. 22.29a e 22.29c mostram dois exemplos; cada um deles contém formalmente um núcleo {Pt$_4$}$^{9+}$ que pode ser considerado como (Pt^{III})(Pt^{II})$_3$. Dados espectroscópicos de RPE mostram que o elétron não emparelhado está deslocalizado sobre a cadeia Pt$_4$. O interesse nos azuis de platina está no fato de que alguns deles apresentam atividade antitumoral.

Exercícios propostos

1. O ânion no composto K$_4$[Pt$_4$(SO$_4$)$_5$] pode ser escrito como sendo [Pt$_4$(SO$_4$)4(SO$_4$)$_{2/2}$]$^{4-}$. O que essa representação diz a você sobre a estrutura do complexo no estado sólido?

   [*Resp.*: Veja M. Pley *et al.* (2005) *Eur. J. Inorg. Chem.*, p. 529]

2. A estrutura de PtCl$_3$ consiste em aglomerados Pt$_6$Cl$_{12}$ contendo centros planos quadrados de Pt e cadeias de octaedros *cis*-[PtCl$_2$Cl$_{4/2}$] que compartilham arestas. (a) Explique como interpretar a fórmula *cis*-[PtCl$_2$Cl$_{4/2}$] a fim de obter uma representação estrutural de parte de uma cadeia.

(b) Determine estados de oxidação relativos aos centros de Pt nas duas unidades estruturais. (c) Confirme se a estequiometria global é PtCl$_3$.

[*Resp.*: Veja H.G. von Schnering *et al.* (2004) *Z. Anorg. Allg. Chem.*, vol. 630, p. 109]

Paládio(II) e platina(II)

Na Seção 20.3, discutimos o aumento do desdobramento do campo cristalino à medida que se desce ao longo do grupo 10, e explicamos por que os complexos de Pd(II) e Pt(II) favorecem um arranjo plano quadrado dos átomos doadores.

São conhecidos todos os haletos de Pd(II) e Pt(II), exceto PtF$_2$. A reação entre Pd e F$_2$ produz 'PdF$_3$' (veja anteriormente), que é reduzido a PdF$_2$, violeta, por SeF$_4$. Fato incomum para Pd(II), o PdF$_2$ é paramagnético (μ = 1,90 μ_B) e cada centro Pd(II) está em um sítio octaédrico em uma estrutura do tipo rutilo (Fig. 6.22 – Volume 1). Os outros dialetos são diamagnéticos (spin baixo d^8) e contêm centros planos quadrados M(II) em estruturas poliméricas. O aquecimento de Pd na presença de Cl$_2$ produz PdCl$_2$. A forma α é um polímero (22.78), e, acima de 820 K, α-PdCl$_2$ se converte na forma β, que contém unidades hexaméricas (22.79). O brometo de paládio (II) é produzido a partir dos elementos, e o PdI$_2$ se forma ao aquecer PdCl$_2$ com HI. A combinação direta de Pt com um halogênio produz PtCl$_2$, PtBr$_2$ e PtI$_2$. O PtCl$_2$ é dimorfo como o PdCl$_2$.

[Estruturas (22.78) cadeia polimérica de PdCl$_2$ e (22.79) unidade hexamérica Pd$_6$Cl$_{12}$]

(22.78)   (22.79)

O PdI$_2$, preto e insolúvel em água, se dissolve em uma solução contendo CsI e I$_2$, e os compostos Cs$_2$[PdI$_4$]·I$_2$ e Cs$_2$[PdI$_6$] podem ser cristalizados a partir da solução. Pressão elevada converte Cs$_2$[PdI$_4$]·I$_2$ em Cs$_2$[PdI$_6$], processo facilitado pela presença de cadeias (22.80) na estrutura no estado sólido do Cs$_2$[PdI$_4$]·I$_2$. A estrutura do Cs$_2$[PdI$_6$] é do tipo K$_2$[PtCl$_6$].

[Estrutura (22.80): cadeia com unidades [PdI$_4$]$^{2-}$ separadas por I–I, distâncias 277 pm, 323 pm, 262 pm]

(22.80)

PdO, preto, é formado pelo aquecimento de Pd na presença de O$_2$; é o único óxido bem estabelecido de Pd. Em contraste, o PtO$_2$ é o único óxido bem caracterizado de Pt. A dissolução de PdO em ácido perclórico forma [Pd(OH$_2$)$_4$][ClO$_4$]$_2$ contendo um tetra-aquaíon plano quadrado diamagnético. O íon [Pt(OH$_2$)$_4$]$^{2+}$ é produzido em solução mediante tratamento de [PtCl$_4$]$^{2-}$ com solução aquosa de AgClO$_4$. Ambos os aquaíons são oxidantes consideravelmente melhores do que Ni^{2+} aquoso (Eq. 22.138), mas nem [Pd(OH$_2$)$_4$]$^{2+}$ nem [Pt(OH$_2$)$_4$]$^{2+}$ são muito estáveis. [Pt(OH$_2$)$_4$][SbF$_6$]$_2$ sólido contendo o cátion plano quadrado

---

[†] Para complexos relacionados, veja: C. Tejel, M.A. Ciriano and L.A. Oro (1999) *Chem. Eur. J.*, vol. 5, p. 1131 – 'From platinum blues to rhodium and iridium blues'; B. Lippert (2007) *Chimia*, vol. 61, p. 732 – 'Platinum pyrimidine blues: Still a challenge to bioinorganic chemists and a treasure for coordination chemists'.

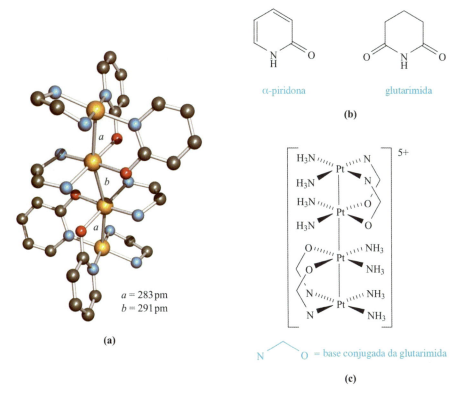

Fig. 22.29 (a) Estrutura (difração de raios X) do cátion no azul de platina [Pt₄(en)₄(μ-L)₄][NO₃]₅·H₂O, em que HL = α-piridona. Os átomos de hidrogênio foram omitidos; código de cores: Pt, amarelo; N, azul; O, vermelho; C, cinza [T.V. O'Halloran *et al.* (1984) *J. Am. Chem. Soc.*, vol. 106, p. 6427]. (b) Exemplos de ligantes contendo átomos de *N* e *O* doadores em azuis de platina. (c) Representação esquemática do azul de platina [Pt₄(NH₃)₈(μ-L)₄]⁵⁺, em que HL = glutarimida.

[Pt(OH₂)₄]²⁺ foi isolado por dissolução de PtO·H₂O em [H₃O][SbF₆], seguida de recristalização em HF anidro.

$$M^{2+} + 2e^- \rightleftharpoons M \quad \begin{cases} M = Ni, & E° = -0,25 \text{ V} \\ M = Pd, & E° = +0,95 \text{ V} \\ M = Pt, & E° = +1,18 \text{ V} \end{cases} \quad (22.138)$$

Paládio(II) e platina(II) formam uma rica variedade de complexos planos quadrados. A tendência para interações Pt–Pt (ou seja, para o metal mais pesado do grupo 10) é muito frequentemente observada. Os mecanismos de reações de substituição nos complexos de Pt(II) e o *efeito trans-* foram muito estudados (veja a Seção 26.3). Para a discussão que segue, é importante observar que ligantes mutuamente *trans-* exercem efeito uns sobre os outros; isso determina a ordem na qual os ligantes são deslocados e, portanto, os produtos das reações de substituição. *Uma palavra de advertência*: não confunda efeito *trans-* com influência *trans-* (veja o Boxe 22.8).

Famílias importantes de complexos com ligantes monodentados incluem [MX₄]²⁻ (por exemplo, X = Cl, Br, I, CN, SCN-*S*), [MX₂L₂] (por exemplo, X = Cl, Br; L = NH₃, NR₃, RCN, py, PR₃, SR₂; ou X = CN; L = PR₃) e [ML₄]²⁺ (por exemplo, L = PR₃, NH₃, NR₃, MeCN). Para [MX₂L₂], existem isômeros *trans-* e *cis-* e, na ausência de dados de difração de raios X, a espectroscopia de IV pode ser usada para distinguir as espécies *cis-* e *trans-*[MX₂Y₂] (Fig. 19.12). Por exemplo, isômeros de [PtCl₂(PR₃)₂] podem também ser distinguidos por meio de espectroscopia de RMN de ³¹P (Boxe 19.2). As Eqs. 22.139-22.141 mostram a formação de alguns aminocomplexos, a escolha de rotas para *cis-* e *trans-*[PtCl₂(NH₃)₂] decorrentes do efeito *trans-* (veja anteriormente).

A isomerização de *cis-* a *trans-*[PtCl₂(NH₃)₂] ocorre em solução.

$$[PtCl_6]^{2-} \xrightarrow{SO_2;\ HCl} H_2PtCl_4 \xrightarrow{NH_3 \text{ conc., } \Delta} [Pt(NH_3)_4]Cl_2 \quad (22.139)$$

$$[PtCl_4]^{2-} + 2NH_3 \xrightarrow{\text{sol. aquosa}} cis\text{-}[PtCl_2(NH_3)_2] + 2Cl^- \quad (22.140)$$

$$[Pt(NH_3)_4]^{2+} + 2HCl \xrightarrow{\text{sol. aquosa}} trans\text{-}[PtCl_2(NH_3)_2] + 2[NH_4]^+ \quad (22.141)$$

Pt–Pt = 325 pm
Ângulo de torção N–Pt–Pt–Cl = 28°

(22.81)

L = CN⁻   Pt–Pt = 288 pm
Ângulo de torção C–Pt–Pt–C = 45°

(22.82)

O sal verde de Magnus, [Pt(NH₃)₄][PtCl₄], é preparado a partir da reação de precipitação entre [Pt(NH₃)₄]Cl₂, incolor, e [PtCl₄]²⁻, rosa. Ele contém cadeias alternadas de cátions e ânions (**22.81**) com interações Pt–Pt significativas, e essa característica estrutural leva a uma mudança de cor dos íons constituintes ao sal sólido. Entretanto, a distância Pt–Pt não é tão curta como no íon [Pt(CN)₄]²⁻ parcialmente oxidado (veja a seguir), e por isso [Pt(NH₃)₄][PtCl₄] não é um condutor metálico.

Os complexos de cianido [Pd(CN)₄]²⁻ e [Pt(CN)₄]²⁻ são muito estáveis. K₂[Pt(CN)₄]·3H₂O pode ser isolado a partir da reação entre K₂[PtCl₄] e KCN em solução aquosa. As soluções aquosas de K₂[Pt(CN)₄] são incolores, mas o hidrato forma cristais amarelos. De modo similar, outros sais são incolores em solução, mas formam cristais coloridos. A mudança de cor surge do empilhamento (não eclipsado) dos ânions planos quadrados no sólido, embora as separações Pt····Pt sejam significativamente maiores (por exemplo, 332 pm no sal verde-amarelo Ba[Pt(CN)₄]·4H₂O e 309 pm no composto violeta Sr[Pt(CN)₄]·3H₂O do que na platina metálica (278 pm). Quando K₂[Pt(CN)₄] é parcialmente oxidado por Cl₂ ou Br₂, obtêm-se complexos de cor bronze de fórmula K₂[Pt(CN)₄]X₀,₃·2,5H₂O (X = Cl, Br). Eles contêm íons X⁻ isolados e pilhas de íons [Pt(CN)₄]²⁻ alternados (**22.82**), com separações Pt–Pt curtas, e são bons condutores metálicos unidimensionais. A condutividade advém da deslocalização do elétron ao longo da cadeia Pt$_n$, e os centros não são mais Pt(II) localizados após a oxidação parcial. Alguns sais contêm íons [Pt(CN)₄]²⁻ não empilhados, por exemplo, [PhNH₃]₂[Pt(CN)₄].

A escassez de complexos com átomos de *O* doadores se deve ao fato de Pd(II) e de Pt(II) corresponderem a centros metálicos moles (veja a Tabela 7.9) e preferirem doadores moles como *S* ou *P*. Embora [Pt(OH₂)₄][SbF₆]₂ tenha sido caracterizado por difração de raios X (veja anteriormente nesta seção), os tetra-aqua-íons de Pd(II) e Pt(II) são relativamente instáveis. A reação de [PtCl₄]²⁻ com KOH e excesso de Hacac produz [Pt(acac)₂] monomérico. Acetatos de paládio(II) e platina(II) são trímeros e tetrâmeros, respectivamente. Os átomos de Pd no [Pd(O₂CMe)₂]₃

TEORIA

Boxe 22.8 A influência *trans*-

Considere um complexo plano quadrado que contém um arranjo *trans*- L–M–L':

$$\begin{array}{c} L \\ | \\ X\text{---}M\text{---}X \\ | \\ L' \end{array}$$

Os ligantes L e L' competem entre si pela densidade eletrônica porque a formação de ligações M–L e M–L' usam os mesmos orbitais do metal, ou seja, d_z^2 e p_z se L e L' se situam no eixo *z*. A existência de uma influência *trans*- no *estado fundamental* (ou seja, a influência que L tem na ligação M–L' no estado fundamental do complexo) é estabelecida pela comparação dos dados estruturais no estado sólido, vibracionais e de espectroscopia de RMN de séries de complexos relacionados. Os dados estruturais são exemplificados pelas seguintes séries de complexos planos quadrados de Pt(II); o H⁻ exerce uma influência *trans*- forte e, como consequência, a ligação Pt–Cl no [PtClH(PEtPh₂)₂] é relativamente longa e fraca: Dados espectroscópicos de IV e RMN de ¹H para uma série de complexos planos quadrados *trans*-[PtXH(PEt₃)₂] são os seguintes:

X⁻	[CN]⁻	I⁻	Br⁻	Cl⁻
$\tilde{v}$(Pt–H) / cm⁻¹	2041	2156	2178	2183
δ(¹H para Pt–H) ppm	–7,8	–12,7	–15,6	–16,8

Os valores de $\tilde{v}$(Pt–H) mostram que a ligação Pt–H é mais fraca para X⁻ = [CN]⁻ e a influência *trans*- dos ligantes X⁻ segue a ordem [CN]⁻ > I⁻ > Br⁻ > Cl⁻. O sinal para o hidreto no espectro de RMN de ¹H se move para frequências mais baixas (campo alto) com a redução da influência *trans*- de X⁻. A influência *trans*- não é restrita a complexos planos quadrados, e pode ser observada onde houver ligantes mutuamente *trans*-, como em espécies octaédricas.

A influência *trans*- não é o mesmo que efeito *trans*-. A influência *trans*- é um fenômeno no estado fundamental, enquanto o efeito *trans*- é um efeito cinético (veja a Seção 26.3). Os dois efeitos são às vezes distinguidos por meio das denominações *efeito estrutural trans*- e *efeito cinético trans*-.

Leitura recomendada

K.M. Andersen and A.G. Orpen (2001) *Chem. Commun.*, p. 2682 – 'On the relative magnitudes of *cis*- and *trans*- influences in metal complexes'.

B.J. Coe and S.J. Glenwright (2000) *Coord. Chem. Rev.*, vol. 203, p. 5 – '*Trans*-effects in octahedral transition metal complexes'.

M. Melnik and C.E. Holloway (2006) *Coord. Chem. Rev.*, vol. 250, p. 2261 – 'Stereochemistry of platinum coordination compounds'.

$$\begin{bmatrix} & Cl & \\ Cl\text{---} & Pt & \text{---}Cl \\ & Cl & \end{bmatrix}^{2-} \qquad \begin{bmatrix} & H_2C{=}CH_2 & \\ & \downarrow & \\ Cl\text{---} & Pt & \text{---}Cl \\ & {\scriptstyle b}\ |\ {\scriptstyle a} & \\ & Cl & \end{bmatrix}^{-} \qquad \begin{array}{c} PMe_3 \\ | \\ Cl\text{---}Pt\text{---}PMe_3 \\ | \\ Cl \end{array} \qquad \begin{array}{c} PEtPh_2 \\ | \\ Cl\text{---}Pt\text{---}H \\ | \\ PEtPh_2 \end{array}$$

(no sal de Zeise)

| Pt–Cl / pm | 231,6 | *a* = 232,7 *b* = 230,5 | 237 | 242 |

BIOLOGIA E MEDICINA

Boxe 22.9 Fármacos contendo platina para tratamento de câncer

Cisplatina é o complexo plano quadrado *cis*-[PtCl$_2$(NH$_3$)$_2$], e sua capacidade de atuar como um fármaco antitumor é conhecida desde os anos 1960. Ela é usada para tratar tumores na bexiga e cervicais, bem como câncer de testículo e ovário, mas os pacientes podem sofrer efeitos colaterais, como náuseas e danos renais. A carboplatina apresenta propriedades antitumorais similares e possui a vantagem de produzir menos efeitos colaterais em comparação à cisplatina. Os fármacos funcionam por interação com as bases guanina (G) presentes nas fitas de DNA (Fig. 10.13 – Volume 1), com os átomos de *N* doadores do nucleotídeo coordenados ao centro Pt(II); ligações GG cruzadas intrafitas são formadas pela cisplatina. Cisplatina, carboplatina e oxaliplatina são aprovadas para uso médico pela FDA (órgão dos Estados Unidos responsável pela aprovação da comercialização de fármacos).

Um complexo de Pt(II) que passa pela fase II de testes é a espécie triplatina mostrada a seguir. Esse complexo é significativamente mais ativo que a cisplatina, sendo capaz de formar ligações cruzadas interfitas envolvendo três pares de bases no DNA. O complexo é destinado ao tratamento de cânceres de pulmão, ovário e gástrico.

A satraplatina é um dos poucos complexos de Pt(IV) que chegou à fase de testes clínicos. Ela completou a fase III de testes, mas ainda não possuía (segundo pesquisa realizada no início de 2011) a aprovação da FDA (órgão dos Estados Unidos responsável pela aprovação da comercialização de fármacos).

Leitura recomendada

M.-H. Baik, R.A. Friesner and S.J. Lippard (2003) *J. Am. Chem. Soc.*, vol. 125, p. 14082 – 'Theoretical study of cisplatin binding to purine bases: Why does cisplatin prefer guanine over adenine?'

T.W. Hambley (2001) *J. Chem. Soc., Dalton Trans.*, p. 2711 – 'Platinum binding to DNA: Structural controls and consequences'.

L. Kelland (2007) *Nature Rev. Cancer*, vol. 7, p. 573 – 'The resurgence of platinum-based cancer chemotherapy'.

A.V. Klein and T.W. Hambley (2009) *Chem. Rev.*, vol. 109, p. 4911 – 'Platinum drug distribution in cancer cells and tumors'.

B. Lippert, ed. (2000) *Cisplatin*, Wiley-VCH, Weinheim.

J.B. Mangrum and N.P. Farrell (2010) *Chem. Commun.*, vol. 46, p. 6640 – 'Excursions in polynuclear platinum DNA binding'.

S.H. van Rijt and P.J. Sadler (2009) *Drug Discov. Today*, vol. 14, p. 1089 – 'Current applications and future potential for bioinorganic chemistry in the development of anticancer drugs'.

S. van Zutphen and J. Reedijk (2005) *Coord. Chem. Rev.*, vol. 249, p. 2845 – 'Targeting platinum antitumour drugs: Overview of strategies employed to reduce systemic toxicity'.

cisplatina   carboplatina   oxaliplatina   satraplatina

---

são distribuídos em um triângulo, com cada Pd····Pd (não ligada, 310-317 pm) em ponte por dois ligantes [MeCO$_2$]$^-$ produzindo uma coordenação plana quadrada. No [Pt(O$_2$CMe)$_2$]$_4$, o átomo de Pt forma um quadrado (comprimento da ligação Pt–Pt = 249 pm) com dois [MeCO$_2$]$^-$ em ponte em cada aresta. O acetato de paládio (II) é um importante catalisador industrial para a conversão de eteno em acetato de vinila.

O *sal de Zeise*, K[PtCl$_3$(η^2-C$_2$H$_4$)], é um complexo organometálico de Pt(II) bem conhecido, sendo discutido na Seção 24.10.

Exercícios propostos

1. Explique por que os complexos de Pt(II) de número de coordenação 4 são normalmente diamagnéticos.

   [*Resp.*: Veja a Seção 20.1 e o texto que segue]

2. Cada um dos complexos mononucleares **A** e **B** possui fórmula molecular C$_{12}$H$_{30}$Cl$_2$P$_2$Pt. O espectro de ^{31}P de cada um dos complexos mostra um simpleto (δ –11,8 ppm para

A, δ –3,1 ppm para **B**) sobreposto a um dupleto. Para **A**, J_{PtP} = 2400 Hz, e para **B**, J_{PtP} = 3640 Hz. Sugira estruturas para **A** e **B**, e explique como surgem os espectros e as diferentes constantes de acoplamento.

[*Resp.*: Veja o Boxe 19.2]

Platina(–II)

A contração relativística do orbital 6s (veja o Boxe 13.3 – Volume 1) é mais intensa para Pt e Au. Entre as propriedades que ela influencia[†] está a entalpia de afinidade eletrônica. Ao contrário dos outros metais do bloco *d*, Pt e Au possuem valores *negativos* para a entalpia de afinidade eletrônica do primeiro elétron a 298 K. Para a reação 22.142, $\Delta_{AE}H°$ = –205 kJ mol^{-1}, valor comparável ao do enxofre ($\Delta_{AE}H°$(S, g) = –201 kJ mol^{-1}) e superior ao do oxigênio (–141 kJ mol^{-1}). Como os calcogênios prontamente formam íons X^{2-}, foi sugerido que o íon Pt^{2-} também pode ser formado.[‡]

$$Pt(g) + e^- \longrightarrow Pt^-(g) \quad (22.142)$$

A primeira energia de ionização do Cs é mais baixa do que qualquer outro elemento (veja a Fig. 1.16 – Volume 1). O Cs reage com esponja de Pt (uma forma porosa do metal com uma grande área superficial) a 973 K seguido de resfriamento lento, produzindo cristais de Cs$_2$Pt. A cor vermelha e a transparência dos cristais fornecem evidências para uma lacuna de banda, fornecendo suporte para uma completa separação de carga e a formação de Cs$^+$ e Pt^{2-}. No estado sólido, cada íon Pt^{2-} se situa em meio a um arranjo prismático triangular triencapuzado de íons Cs$^+$. O bário também reage com a Pt em temperaturas elevadas, formando Ba$_2$Pt, que é formulado como (Ba^{2+})$_2$Pt^{2-}·2e$^-$. Os elétrons livres nesse sistema resultam em um comportamento metálico.

22.12 Grupo 11: prata e ouro

Os metais

Prata e ouro são geralmente inertes, e não são atacados por O$_2$ ou ácidos não oxidantes. A prata se dissolve em HNO$_3$ e libera H$_2$ a partir de HI concentrado devido à formação de complexos de iodido estáveis. Quando sulfeto (por exemplo, como H$_2$S) está presente, a Ag escurece devido à formação de uma camada superficial de Ag$_2$S. O ouro se dissolve em HCl na presença de agentes oxidantes devido à formação de complexos de clorido (Eq. 22.143).

$$[AuCl_4]^- + 3e^- \rightleftharpoons Au + 4Cl^- \quad E°_{[Cl^-]=1} = +1,00 \text{ V} \quad (22.143)$$

Ambos os metais reagem com halogênios (veja a seguir), e o ouro se dissolve em BrF$_3$ líquido, formando [BrF$_2$]$^+$[AuF$_4$]$^-$. A dissolução de Ag e Au em soluções de cianeto na presença de ar é usada na extração dos mesmos de seus minerais brutos (Eq. 22.4).

[†] Para uma discussão das consequências dos efeitos relativísticos, veja: P. Pyykkö (1988) *Chem. Rev.*, vol. 88, p. 563; P. Pyykkö (2004) *Angew. Chem. Int. Ed.*, vol. 43, p. 4412; P. Pyykkö (2008) *Chem. Soc. Rev.*, vol. 37, p. 1967.
[‡] Veja: A. Karpov, J. Nuss and U. Wedig (2003) *Angew. Chem. Int. Ed.*, vol. 42, p. 4818.

Tabela 22.3 Dados físicos selecionados para Cu e Ag

Grandeza	Cu	Ag
EI_1 / kJ mol^{-1}	745,5	731,0
EI_2 / kJ mol^{-1}	1958	2073
EI_3 / kJ mol^{-1}	3555	3361
$\Delta_a H°$(298 K) / kJ mol^{-1}	338	285

Os estados de oxidação estáveis para os metais do grupo 11 diferem: em contraste com a importância de Cu(II) e Cu(I), a prata possui apenas um estado de oxidação estável, Ag(I), e para o ouro, Au(III) e Au(I) são dominantes, sendo Au(III) o mais estável. Considera-se que efeitos relativísticos (veja o Boxe 13.3 – Volume 1) são importantes para a estabilização de Au(III). Como vimos anteriormente, a discussão dos estados de oxidação dos metais pesados do bloco *d* em termos de dados físico-químicos obtidos de forma independente é normalmente impossível devido à ausência de valores de *EI* e à escassez de compostos iônicos simples ou aquaíons. Os dados são mais abundantes para a Ag do que para muitos dos metais mais pesados, e algumas comparações com Cu são possíveis. Embora a entalpia de atomização da Ag seja menor que a do Cu (Tabela 22.3), o maior raio iônico para o íon prata juntamente com as energias de ionização relevantes (Tabela 22.3) tornam Ag mais nobre que Cu (Eqs. 22.144-22.146). O ouro é ainda mais nobre (Eq. 22.147).

$$Ag^+ + e^- \rightleftharpoons Ag \quad E° = +0,80 \text{ V} \quad (22.144)$$

$$Cu^+ + e^- \rightleftharpoons Cu \quad E° = +0,52 \text{ V} \quad (22.145)$$

$$Cu^{2+} + e^- \rightleftharpoons Cu^+ \quad E° = +0,34 \text{ V} \quad (22.146)$$

$$Au^+ + e^- \rightleftharpoons Au \quad E° = +1,69 \text{ V} \quad (22.147)$$

Ouro(V) e prata(V)

Ouro(V) somente é encontrado em AuF$_5$ e [AuF$_6$]$^-$ (Eqs. 22.148 e 22.149). AuF$_5$ é extremamente reativo e possui a estrutura dímera **22.83** no estado sólido.

$$Au + O_2 + 3F_2 \xrightarrow{670 \text{ K}} [O_2]^+[AuF_6]^- \xrightarrow{430 \text{ K}} AuF_5 + O_2 + \tfrac{1}{2}F_2 \quad (22.148)$$

$$2Au + 7KrF_2 \xrightarrow[-5 \text{ Kr}]{293 \text{ K}} 2[KrF]^+[AuF_6]^-$$

$$\xrightarrow{335 \text{ K}} 2AuF_5 + 2Kr + 2F_2 \quad (22.149)$$

(22.83)

Foi assinalado que AuF$_5$ reage com F atômico produzindo AuF$_7$. Entretanto, os resultados de cálculos de DFT (veja a Seção 4.13 – Volume 1) mostram que a eliminação de F$_2$ de AuF$_7$ é uma reação altamente exotérmica com uma baixa energia de ativação.

Desse modo, a notícia da existência de AuF$_7$ é provavelmente um erro (veja a Fig. 22.16).[†]

Ouro(III) e prata(III)

Para o ouro, são conhecidos AuF$_3$, AuCl$_3$ e AuBr$_3$, mas o AgF$_3$ é o único haleto de prata de estado de oxidação elevado. Ele é preparado em HF anidro por tratamento de K[AgF$_4$] com BF$_3$, e o K[AgF$_4$] é preparado a partir da fluoração de uma mistura de KCl e AgCl. O AgF$_3$, vermelho, é diamagnético (d^8) e isoestrutural com AuF$_3$. O K[AuF$_4$], diamagnético, contém ânions planos quadrados. O fluoreto de ouro(III) é preparado a partir da reação de Au com F$_2$ (1300 K, 15 bar) ou por meio da reação 22.150. Trata-se de um polímero consistindo em cadeias helicoidais. Parte de uma cadeia é mostrada em **22.84**. Cada centro de Au(III) se situa em um ambiente plano quadrado (Au–F = 191-203 pm), com interações adicionais fracas Au---F (269 pm) entre as cadeias.

(22.84)   (22.85)

a = 234 pm, b = 224 pm

$$Au \xrightarrow{BrF_3} [BrF_2][AuF_4] \xrightarrow{330 K} AuF_3 \quad (22.150)$$

AuCl$_3$, vermelho, e AuBr$_3$, marrom (preparados por combinação direta entre os elementos), são dímeros planares diamagnéticos (**22.85**). Em ácido clorídrico, o AuCl$_3$ forma [AuCl$_4$]$^-$. Este último reage com Br$^-$ produzindo [AuBr$_4$]$^-$, mas com I$^-$ formam-se AuI e I$_2$. O ácido HAuCl$_4 \cdot x$H$_2$O (ácido tetracloroáurico), o composto análogo de bromo, K[AuCl$_4$] e AuCl$_3$ são comercialmente disponíveis e são materiais valiosos na química de Au(III) e Au(I).

O óxido hidratado Au$_2$O$_3 \cdot$H$_2$O é precipitado por álcalis a partir de soluções de Na[AuCl$_4$], e reage com excesso de [OH]$^-$ formando [Au(OH)$_4$]$^-$. O Au$_2$O$_3 \cdot$H$_2$O é o único óxido de ouro que foi estabelecido. No caso da prata, a estabilidade termodinâmica dos óxidos é menor para Ag(III): Ag$_2$O$_3$ é termodinamicamente instável frente à decomposição em Ag$_2$O e O$_2$. O óxido AgO apresenta o estado de oxidação misto Ag^{III}Ag^{I}O$_2$ (veja adiante).[‡]

É conhecido um número limitado de complexos de Ag(III). Exemplos são CsK$_2$AgF$_6$, paramagnético, e K[AgF$_4$], diamagnético. Foram preparados numerosos complexos de ouro(III), com predominância da coordenação plana quadrada (centro metálico d^8). Os ânions [AuX$_4$]$^-$ (X = F, Cl, Br, veja acima) podem ser preparados por oxidação de ouro metálico (por exemplo, Eq. 22.143). O ânion instável [AuI$_4$]$^-$ é obtido tratando [AuCl$_4$]$^-$ com HI líquido anidro. Outros complexos simples incluem [Au(CN)$_4$]$^-$ (a partir da reação de [AuCl$_4$]$^-$ com [CN]$^-$), [Au(NCS-S)$_4$]$^-$, [Au(N$_3$)$_4$]$^-$ e [Au(NO$_3$-O)$_4$]$^-$ (Eq. 22.151). Complexos do tipo R$_3$PAuCl$_3$ podem ser preparados por adição oxidativa de Cl$_2$ a Ph$_3$PAuCl.

$$Au \xrightarrow{N_2O_5} [NO_2][Au(NO_3)_4] \xrightarrow{KNO_3} K[Au(NO_3)_4] \quad (22.151)$$

A maioria dos compostos que aparentam conter ouro(II) são compostos de valência mista; por exemplo, o 'AuCl$_2$' é na realidade o tetrâmero (Au^I)$_2$(Au^{III})$_2$Cl$_8$ (**22.86**), e CsAuCl$_3$ é Cs$_2$[AuCl$_2$][AuCl$_4$]. Ambos os compostos contêm Au(III) plano quadrado e Au(I) linear; suas cores escuras advêm da transferência de carga entre Au(I) e Au(III).

(22.86)

Ouro(II) e prata(II)

Compostos verdadeiros de ouro(II) são raros (veja anteriormente) e são representados por [AuXe$_4$]$^{2+}$ (Eq. 18.24), e *trans*- e *cis*-[AuXe$_2$]$^{2+}$ (estrutura 18.20). Em HF/SbF$_5$ anidro, o AuF$_3$ é reduzido ou parcialmente reduzido formando Au$_3$F$_8 \cdot$2SbF$_5$, Au$_3$F$_7 \cdot$3SbF$_5$ ou [Au(HF)$_2$][SbF$_6$]$_2 \cdot$2HF, dependendo das condições reacionais. Por muitos anos, AuSO$_4$ foi formulado como o composto de valência mista Au^{I}Au^{III}(SO$_4$)$_2$, mas em 2001 uma determinação da estrutura do cristal confirmou que se tratava efetivamente de um composto de Au(II) contendo uma unidade [Au$_2$]$^{4+}$ (Fig. 22.30a). Esse núcleo binuclear está presente em uma variedade de complexos que contêm formalmente Au(II). Entretanto, a Fig. 22.30b mostra um raro exemplo de um complexo *mononuclear* de Au(II); no estado sólido, observa-se uma distorção de Jahn–Teller, como esperado para uma configuração eletrônica d^9 (Au–S$_{axial}$ = 284 pm, Au–S$_{equatorial}$ = 246 pm).

A prata (II) é estabilizada nos compostos Ag^{II}M^{IV}F$_6$ (M = Pt, Pd, Ti, Rh, Sn, Pb) nos quais cada centro Ag(II) e M(IV) é circundado por seis átomos de F distribuídos octaedricamente. AgF$_2$, marrom, é obtido na reação entre F$_2$ e Ag a 520 K, mas é decomposto instantaneamente pela água. O AgF$_2$ é paramagnético (Ag^{2+}, d^9), mas o momento magnético de 1,07 μ_B reflete um acoplamento antiferromagnético. No AgF$_2$ sólido, os ambientes dos centros Ag^{2+} são octaedros distorcidos pelo efeito Jahn–Teller (alongados), Ag–F = 207 e 259 pm. O íon [AgF]$^+$ foi caracterizado no [AgF]$^+$[AsF$_6$]$^-$ que, em HF anidro, sofre desproporcionamento parcial produzindo [AgF]$^+_2$[AgF$_4$]$^-$[AsF$_6$]$^-$ (Eq. 22.152). [AgF]$_2$[AgF$_4$][AsF$_6$] cristalino consiste em cadeias [AgF]$_n^{n+}$ poliméricas contendo Ag(II) linear, íons [Ag^{III}F$_4$]$^-$ planos quadrados e íons [AsF$_6$]$^-$ octaédricos.

$$4[AgF][AsF_6] \xrightarrow{HF\ anidro} Ag[AsF_6] + [AgF]_2[AgF_4][AsF_6]$$
$$+ 2AsF_5 \quad (22.152)$$

O sólido preto de composição AgO, que precipita quando o AgNO$_3$ é aquecido com solução de persulfato, é diamagnético

---

[†] Veja: S. Riedel and M. Kaupp (2006) *Inorg. Chem.*, vol. 45, p. 1228 – 'Has AuF$_7$ been made?'

[‡] Para um tratamento termodinâmico, veja: D. Tudela (2008) *J. Chem. Educ.*, vol. 85, p. 863.

Fig. 22.30 (a) Representação esquemática de parte de uma cadeia na estrutura no estado sólido de AuSO$_4$, a qual contém unidades [Au$_2$]$^{4+}$; o íon [SO$_4$]$^{2-}$ atua tanto como ligante em ponte quanto como ligante monodentado. (b) Estrutura (difração de raios X) do [AuL$_2$]$^{2+}$ (L = 1,4,7-tritiaciclo-nonano; veja a Fig. 22.31), determinada para o sal de [BF$_4$]$^-$ [A.J. Blake *et al.* (1990) *Angew. Chem. Int. Ed.*, vol. 29, p. 197]; os átomos de H foram omitidos; código de cores: Au, vermelho; S, amarelo; C, cinza.

BIOLOGIA E MEDICINA

Boxe 22.10 Efeitos bactericidas de sóis contendo prata

Soluções de sóis de prata (isto é, dispersões coloidais de Ag em solução aquosa) têm alguma aplicação como agentes bactericidas. O agente ativo é o Ag$^+$, que interrompe o metabolismo das bactérias. Um sol de prata possui uma grande área, e a oxidação pelo O$_2$ atmosférico ocorre em certa extensão produzindo Ag$_2$O. Embora este seja apenas levemente solúvel em água, a concentração de Ag$^+$ em solução é suficiente para prover os efeitos bactericidas necessários. Por exemplo, Johnson & Johnson comercializa o curativo 'Actisorb Silver' que consiste em carbono ativado impregnado com prata metálica, fabricado como um tecido carbonizado colocado entre fibras de náilon. A fotografia neste boxe mostra uma imagem colorida de microscopia eletrônica de varredura (MEV) de um curativo 'Actisorb Silver'. O carvão e a prata podem ser vistos como a camada preta, enquanto as fibras de náilon aparecem em branco. O curativo é concebido não apenas para matar bactérias, mas também para absorver toxinas e minimizar o odor do ferimento. Tais curativos são usados em ferimentos infectados (por exemplo, lesões por fungos e úlceras em pernas). Entretanto, a superexposição à prata resulta em argiria: trata-se de um escurecimento da pele devido à absorção de prata metálica, que não pode ser clinicamente revertida.

Uma imagem de MEV de um curativo 'Actisorb Silver' impregnado com prata.

e contém Ag(I) (com dois átomos de O vizinhos mais próximos) e Ag(III) (coordenação 4). Entretanto, quando AgO se dissolve em solução aquosa de HClO$_4$, forma-se o íon paramagnético [Ag(OH$_2$)$_4$]$^{2+}$. Esse íon (Eq. 22.153), AgO e complexos de Ag(II) são poderosos agentes oxidantes; por exemplo, o AgO converte Mn(II) em [MnO$_4$]$^-$ em solução ácida.

$$Ag^{2+} + e^- \rightleftharpoons Ag^+ \qquad E^o = +1{,}98\ V \qquad (22.153)$$

Complexos de prata(II) podem ser precipitados a partir de soluções aquosas de sais de Ag(I) usando um agente oxidante muito forte na presença de um ligante apropriado. Eles são paramagnéticos e normalmente planos quadrados. Exemplos incluem [Ag(py)$_4$]$^{2+}$, [Ag(bpy)$_2$]$^{2+}$ e [Ag(bpy)(NO$_3$-O)$_2$].

Exercícios propostos

1. O composto AgRhF$_6$ é preparado a partir de RhCl$_3$, Ag$_2$O (razão 2:1) e F$_2$ a 770 K durante 15 dias. Que mudanças nos estados de oxidação ocorrem nessa reação para Ag, Rh e F?

2. Justifique por que o composto visto a seguir é classificado como contendo Au(II).

3. A reação de Au(CO)Cl com AuCl₃ forma um produto diamagnético formulado como 'AuCl₂'. Comente esses resultados.

   [*Resp.*: Veja: D.B. Dell'Amico *et al.* (1977) *J. Chem. Soc., Chem. Commun.*, p. 31]

Ouro(I) e prata(I)

Muitos sais de Ag(I) são reagentes familiares no laboratório. Eles são praticamente todos anidros e (exceto AgF, AgNO₃ e AgClO₄) são normalmente pouco solúveis em água. Os tópicos já abordados são:

- solubilidades de haletos de Ag(I) (Seção 7.9 – Volume 1);
- efeito do íon comum, exemplificado para o AgCl (Seção 7.10 – Volume 1);
- meias células envolvendo haletos de Ag(I) (Seção 8.3 – Volume 1);
- defeitos de Frenkel illustrados pela estrutura do AgBr (Seção 6.17 – Volume 1).

AgF, amarelo, pode ser preparado a partir dos elementos ou por dissolução de AgO em HF. Ele adota uma estrutura de NaCl (Fig. 6.16 – Volume 1), bem como AgCl e AgBr. As reações de precipitação 22.154 são usadas para preparar AgCl (branco), AgBr (amarelado) e AgI (amarelo); para os valores de K_{ps}, veja a Tabela 7.4 (Volume 1).

$$AgNO_3(aq) + X^-(aq) \rightarrow AgX(s) + [NO_3]^-(aq)$$
$$(X = Cl, Br, I) \quad (22.154)$$

O iodeto de prata(I) é polimorfo. A forma estável a 298 K e 1 bar de pressão, γ-AgI, tem uma estrutura de blenda de zinco (Fig. 6.19 – Volume 1). Sob pressões elevadas, ele se converte em δ-AgI, com uma estrutura de NaCl; a distância Ag–I aumenta de 281 para 304 pm. Entre 409 e 419 K, existe a forma β com uma estrutura de wurtzita (Fig. 6.21 – Volume 1). Acima de 419 K, α-AgI se torna um condutor elétrico iônico rápido (veja a Seção 28.2), a condutividade na temperatura de transição aumenta por um fator de ≈4000. Nessa forma, o íon I⁻ ocupa posições em uma estrutura do tipo CsCl (Fig. 6.17 – Volume 1), mas o íon Ag⁺, muito menor, se move livremente entre sítios de coordenação 2-, 3- ou 4- por entre os íons I⁻ facilmente deformados. A forma em alta temperatura do Ag₂HgI₄ apresenta comportamento similar.

Embora o fluoreto de ouro(I) não tenha sido isolado, ele foi preparado por ablação a laser de ouro metálico na presença de SF₆. A partir de seu espectro de micro-ondas, o comprimento da ligação Au–F em equilíbrio de 192 pm foi determinado a partir de constantes rotacionais. AuCl, AuBr e AuI, amarelos, podem ser preparados por meio das reações 22.155 e 22.156. O superaquecimento de AuCl e AuBr resulta na decomposição em seus elementos. AuCl, AuBr e AuI cristalinos possuem estruturas em cadeias em zigue-zague (**22.87**). Os haletos sofrem desproporcionamento quando tratados com H₂O. O desproporcionamento de Au(I) (Eq. 22.157) não tem correspondência com o de Cu(I) em Cu e Cu(II).

Au–I = 262 pm; ∠Au-I-Au = 72°

(22.87)

$$AuX_3 \xrightarrow{\Delta} AuX + X_2 \quad (X = Cl, Br) \quad (22.155)$$
$$2Au + I_2 \xrightarrow{\Delta} 2AuI \quad (22.156)$$
$$3Au^+ \rightarrow Au^{3+} + 2Au \quad (22.157)$$

O óxido de prata(I) é precipitado pela adição de um álcali a soluções de sais de Ag(I). É um sólido marrom que se decompõe acima de 423 K. Suspensões aquosas de Ag₂O são alcalinas e absorvem CO₂ atmosférico. Ag₂O se dissolve em álcalis, formando $[Ag(OH)_2]^-$. Não foi confirmada a existência do óxido de ouro(I).

Nos complexos de ouro(I), a coordenação linear é a usual, embora interações Au····Au no estado sólido sejam uma característica comum (Fig. 22.31a). São também encontrados complexos planos triangulares e tetraédricos. Para o Ag(I), complexos lineares e tetraédricos são comuns, mas o íon metálico pode tolerar vários ambientes, e números de coordenação de 2 a 6 (este último, raro) são bem conhecidos. Tanto Ag(I) como Au(I) favorecem átomos doadores moles, e existem muitos complexos com ligações M–P e M–S, incluindo alguns tiolatos complexos com estruturas intrigantes (Fig. 16.12d – Volume 1 e Fig. 22.31b).

A dissolução de Ag₂O em solução aquosa de NH₃ produz $[Ag(NH_3)_2]^+$, linear, mas em NH₃ líquido forma-se $[Ag(NH_3)_4]^+$, tetraédrico. O íon plano triangular $[Ag(NH_3)_3]^+$ pode ser isolado na forma de nitrato. A Eq. 22.4 mostrou a formação de $[M(CN)_2]^-$ (M = Ag, Au) durante a extração do metal. Os complexos de cianido são também preparados por dissolução de MCN em solução aquosa de KCN. Tanto AgCN como AuCN são polímeros lineares (**22.88**). Suas estruturas no estado sólido sofrem problemas de desordem, mas a difração total de nêutrons[†] foi empregada para fornecer os dados estruturais exatos mostrados no diagrama **22.88**. O fato de que a distância Au–C/N é menor que o comprimento da ligação Ag–C/N é atribuído a efeitos relativísticos. O mesmo fenômeno é observado nos íons discretos lineares $[Au(CN)_2]^-$ e $[Ag(CN)_2]^-$.

----M—C≡N→M—C≡N----

M = Ag   Ag–N = Ag–C = 206 pm   C–N = 116 pm
M = Au   Au–N = Au–C = 197 pm   C–N = 115 pm

(22.88)

Em contraste com o modo de ligação em ponte de [CN]⁻ no $[Ag(CN)_2]^-$, o complexo $[Ag(CN)(NH_3)]$ cristaliza-se na forma de moléculas discretas lineares. À temperatura ambiente, $[Ag(CN)(NH_3)]$ perde rapidamente NH₃, decompondo-se em AgCN.

[†] Veja: S.J. Hibble, A.C. Hannon and S.M. Cheyne (2003) *Inorg. Chem.*, vol. 42, p. 4724; S.J. Hibble, S.M. Cheyne, A.C. Hannon and S.G. Eversfield (2002) *Inorg. Chem.*, vol. 41, p. 1042.

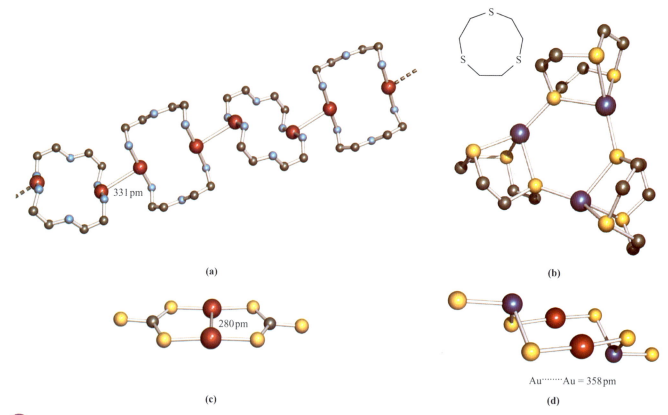

Fig. 22.31 As estruturas (difração de raios X) (a) do cátion no [Au$_2$(H$_2$NCH$_2$CH$_2$NHCH$_2$CH$_2$NH$_2$)$_2$][BF$_4$]$_2$ (mostra-se parte de uma cadeia na qual os dímeros são conectados por interações Au–Au fracas) [J. Yau *et al.* (1995) *J. Chem. Soc., Dalton Trans.*, p. 2575], (b) trímero [Ag$_3$L$_3$]$^{3+}$ em que L é o macrociclo contendo enxofre 1,4,7-tritiaciclononana mostrado na inserção à esquerda [H.-J. Kuppers *et al.* (1987) *Angew. Chem. Int. Ed.*, vol. 26, p. 575], (c) íon planar [Au$_2$(CS$_3$)$_2$]$^{2-}$ (no sal de [(Ph$_3$P)$_2$N]$^+$) [J. Vicente *et al.* (1995) *J. Chem. Soc., Chem. Commun.*, p. 745], e (d) [Au$_2$(TeS$_3$)$_2$]$^{2-}$ (no sal de [Me$_4$N]$^+$) [D.-Y. Chung *et al.* (1995) *Inorg. Chem.*, vol. 34, p. 4292]. Por clareza, os átomos de hidrogênio foram omitidos; código de cores: Au, vermelho; Ag, azul-escuro; S, amarelo; N, azul-claro; Te, azul-escuro; C, cinza.

A dissolução de AgX em solução aquosa de haletos produz [AgX$_2$]$^-$ e [AgX$_3$]$^{2-}$. Em solução aquosa, os íons [AuX$_2$]$^-$ (X = Cl, Br, I) são instáveis com respeito ao desproporcionamento, mas podem ser estabilizados por adição de excesso de X$^-$ (Eq. 22.158).

$$3[AuX_2]^- \rightleftharpoons [AuX_4]^- + 2Au + 2X^- \quad (22.158)$$

As rotas de formação de complexos de Au(I) frequentemente envolvem redução de Au(III), como ilustrado pela formação das espécies R$_3$PAuCl e R$_2$SAuCl (Eqs. 22.159 e 22.160).

$$[AuCl_4]^- + 2R_3P \longrightarrow [R_3PAuCl] + R_3PCl_2 + Cl^- \quad (22.159)$$

$$[AuCl_4]^- + 2R_2S + H_2O$$
$$\longrightarrow [R_2SAuCl] + R_2SO + 2H^+ + 3Cl^- \quad (22.160)$$

As moléculas de R$_3$PAuCl e R$_2$SAuCl (para as quais se conhecem muitos exemplos com grupos R diferentes) contêm Au(I) linear, mas a agregação no estado sólido em vista de interações Au····Au (similares àquelas na Fig. 22.31a) é frequentemente observada. Afora a expectativa de um ambiente linear para Au(I), pode ser difícil prever as estruturas. Por exemplo, no [Au$_2$(CS$_3$)$_2$]$^{2-}$ (preparado a partir de [Au(SH)$_2$]$^-$ e CS$_2$), existe um contato curto Au–Au, mas, no [Au$_2$(TeS$_3$)$_2$]$^{2-}$ (preparado a partir de AuCN e [TeS$_3$]$^{2-}$), os centros Au(I) estão fora da faixa de ligação (Figs. 22.31c, d).

Ouro(–I) e prata(–I)

Efeitos relativísticos (veja o Boxe 13.3 – Volume 1) têm uma profunda influência na capacidade de o ouro existir no estado de oxidação –1.[†] A entalpia de afinidade eletrônica do primeiro elétron para o Au (Eq. 22.161) é –223 kJ mol^{-1}, valor intermediário entre o iodo (–295 kJ mol^{-1}) e o enxofre (–201 kJ mol^{-1}).

$$Au(g) + e^- \longrightarrow Au(g) \quad (22.161)$$

A escolha do metal para a redução de Au a Au$^-$ recai sobre o Cs, o metal que possui a menor primeira energia de ionização entre todos os elementos. O césio também reduz a Pt (veja o final da Seção 22.11). Aureto de césio, CsAu, pode ser preparado a partir dos elementos a 490 K. Ele adota uma estrutura do tipo CsCl (veja a Fig. 6.17 – Volume 1) e é um semicondutor com uma lacuna de banda de 2,6 eV. CsAu se dissolve em NH$_3$ líquido produzindo soluções amarelas a partir das quais o amoniato azul CsAu:NH$_3$ pode ser cristalizado. O íon Cs$^+$ no CsAu pode ser trocado por [Me$_4$N]$^+$ por meio de uma resina trocadora de íons. [Me$_4$N]$^+$Au$^-$ cristalino é isoestrutural com [Me$_4$N]$^+$Br$^-$.

Embora o íon argenteto, Ag$^-$, ainda não tenha sido isolado em um composto cristalino, dados espectroscópicos e eletroquímicos fornecem evidência de sua formação em NH$_3$ líquido.

[†] Para discussões relevantes sobre os efeitos relativísticos, veja as referências na nota de rodapé do item Platino(-II) da Seção 22.11.

BIOLOGIA E MEDICINA

Boxe 22.11 Complexos de ouro na medicina

Os complexos de ouro(I) contendo ligantes tiolato, [RS]⁻, são usados como *fármacos atirreumáticos modificadores de doença* no tratamento de artrite reumatoide. Fato crucial para sua aplicação é a liabilidade dos ligantes: fármacos contendo ouro(I) são *profármacos*, isto é, eles não são em si farmacologicamente ativos, mas em vez disso sofrem reação de troca de ligante produzindo um fármaco ativo *in vivo*. O modo de ação não está inteiramente esclarecido, mas propõe-se que os átomos de S doadores moles de resíduos de cisteína em proteínas deslocam os ligantes doadores de S moles no profármaco. Isso pode ser representado pelo equilíbrio:

RSAuL + RS'H ⇌ R'SAuL + RSH

Entretanto, um estudo estrutural (difração de raios X) da interação de Et₃PAuCl com a enzima ciclofilina revela que um resíduo de histidina (veja a Tabela 29.2) desloca Cl⁻. Inesperadamente, a unidade ouro(I) se liga por meio de um átomo de *N* doador da histidina preferencialmente aos átomos de *S* doadores da cisteína disponíveis.

Três fármacos importantes para a artrite reumatoide são Auranofin, Miocrisina e Solganol. Auranofin é administrado por via oral, e foi aprovado pela FDA (órgão dos Estados Unidos responsável pela aprovação da comercialização de fármacos) em 1976. Ele é lipofílico e prontamente absorvido pelo corpo a partir do intestino após a ingestão. Auranofin é normalmente empregado para tratar pacientes adultos que não apresentam resposta a fármacos anti-inflamatórios não esteroidais.

A estrutura polimérica da Miocrisina:

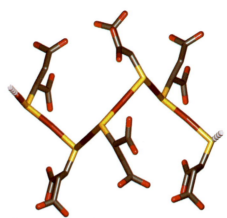

Código de cores: Au, vermelho; S, amarelo; O, vermelho; C, cinza (os átomos de H foram omitidos).
[Dados de: R. Bau (1998) *J. Am. Chem. Soc.*, vol. 120, p. 9380]

Tioneínas são pequenas moléculas de proteínas nas quais cerca de um terço dos resíduos de aminoácidos provêm da cisteína. A natureza evoluiu as tioneínas para transportar e remover íons metálicos tóxicos, como Hg(II) e Cd(II), mas, como este último, Au(I) é mole e interage facilmente com as tioneínas. Como resultado, as tioneínas estão envolvidas na resistência da célula a fármacos contendo ouro(I).

O emprego de complexos de Au(I) para controlar a artite reumatoide é bem estabelecido; porém, mais recentemente foi reconhecido que alguns complexos de Au(III) têm potencial para atuar como fármacos anticancerígenos. Existem paralelos eletrônicos e estruturais entre Au(III) e Pt(II): ambos são íons metálicos d^8 com uma preferência por coordenação plana quadrada. Inspirado no sucesso médico da cisplatina, carboplatina e oxaliplatina (veja o Boxe 22.9), o desenvolvimento de agentes anticancerígenos contendo Au(III) é hoje uma área ativa de pesquisa. Possíveis candidatos incluem os compostos vistos a seguir:

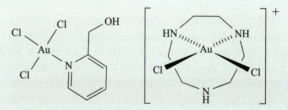

Para muitos dos compostos de Au(III) investigados, um problema é sua estabilidade sob condições fisiológicas.

Leitura recomendada

H.E. Abdou *et al.* (2009) *Coord. Chem. Rev.*, vol. 253, p. 1661 – 'Structures and properties of gold(I) complexes of interest in biochemical applications'.

C. Gabbiani, A. Casini and L. Messori (2007) *Gold Bull.*, vol. 40, p. 73 – 'Gold(III) compounds as anticancer drugs'.

I. Ott (2009) *Coord. Chem. Rev.*, vol. 253, p. 1670 – 'On the medicinal chemistry of gold complexes as anticancer drugs'.

22.13 Grupo 12: cádmio e mercúrio

Os metais

O cádmio é quimicamente muito parecido com o Zn, e quaisquer diferenças são atribuíveis aos tamanhos maiores do átomo de Cd e do íon Cd^{2+} em relação ao Zn. Entre os metais do grupo 12, o Hg se diferencia. Ele tem alguma semelhança com o Cd, mas em muitos aspectos é muito parecido com Au e Tl. Foi sugerido que a inércia relativa do Hg frente à oxidação é uma manifestação do efeito termodinâmico do par inerte $6s$ (veja o Boxe 13.4 – Volume 1).

O cádmio é um metal reativo e se dissolve em ácidos não oxidantes e oxidantes, mas, ao contrário do Zn, ele não se dissolve em solução aquosa de álcali. Ao ar úmido, o Cd se oxida lentamente; quando é aquecido ao ar, ele forma CdO. Sob aquecimento, o Cd reage com os halogênios e enxofre.

O mercúrio é menos reativo que Zn e Cd. Ele é atacado por ácidos oxidantes (mas não pelos não oxidantes), e os produtos dependem das condições. Por exemplo, com HNO_3 diluído, Hg forma $Hg_2(NO_3)_2$ (contendo $[Hg_2]^{2+}$, veja adiante), mas na presença de HNO_3 concentrado, o produto é $Hg(NO_3)_2$. A reação do metal com H_2SO_4 concentrado a quente produz $HgSO_4$ e SO_2. O mercúrio reage com os halogênios (Eqs. 22.162 e 22.163). Ele se combina com O_2 a 570 K produzindo HgO, mas em temperaturas mais elevadas o HgO se decompõe de volta aos elementos e, na presença de enxofre, produz HgS e não o óxido.

$$Hg + X_2 \xrightarrow{\Delta} HgX_2 \qquad (X = F, Cl, Br) \qquad (22.162)$$

$$3Hg + 2I_2 \xrightarrow{\Delta} HgI_2 + Hg_2I_2 \qquad (22.163)$$

O mercúrio dissolve muitos metais produzindo *amálgamas* (veja o Boxe 22.3). Por exemplo, no sistema Na–Hg, foram caracterizados Na_3Hg_2, NaHg e $NaHg_2$. O Na_3Hg_2 sólido contém unidades $[Hg_4]^{6-}$ quadradas (Hg–Hg = 298 pm), cuja estrutura e estabilidade foram interpretadas em termos de caráter aromático.

Para o cádmio, o estado de oxidação +2 é o de maior importância, mas compostos de Hg(I) e Hg(II) são ambos bem conhecidos. O mercúrio é único entre os metais do grupo 12 que forma um íon $[M_2]^{2+}$ estável. Existem evidências para $[Zn_2]^{2+}$ e $[Cd_2]^{2+}$ em misturas fundidas metal–haletos do metal, e $Cd_2[AlCl_4]$ foi isolado a partir de uma mistura fundida de Cd, $CdCl_2$ e $AlCl_3$. Entretanto, não é possível obter $[Zn_2]^{2+}$ e $[Cd_2]^{2+}$ em solução aquosa. São conhecidas espécies que formalmente contêm o núcleo Zn_2^{2+} (veja 'Zinco(I)' na Seção 21.13). As constantes de força (60, 110 e 250 Nm^{-1} para M = Zn, Cd e Hg, calculadas a partir dos espectros Raman de $[M_2]^{2+}$) mostram que a ligação no $[Hg_2]^{2+}$ é mais forte do que no $[Zn_2]^{2+}$ e $[Cd_2]^{2+}$. Entretanto, dado que Hg possui o menor valor de $\Delta_a H°$ de todos os elementos do bloco d (Tabela 6.2), a estabilidade do $[Hg_2]^{2+}$ (**22.89**) é difícil de interpretar. São conhecidos outros policátions de mercúrio; $[Hg_3]^{2+}$ (**22.90**) é produzido na forma do sal de $[AlCl_4]^-$ em uma mistura fundida de Hg, $HgCl_2$ e $AlCl_3$. O $[Hg_4]^{2+}$ (**22.91**) é produzido na forma do sal de $[AsF_6]^-$ a partir da reação de Hg com AsF_5 em SO_2 líquido.

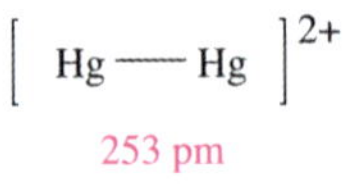

$$\left[Hg - Hg \right]^{2+} \quad \left[Hg - Hg - Hg \right]^{2+}$$
$$253\ pm 255\ pm$$

(22.89) 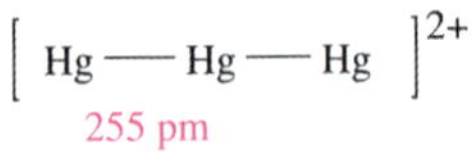 **(22.90)**

Tabela 22.4 Dados físicos selecionados para os metais do grupo 12

Grandeza	Zn	Cd	Hg
EI_1 / kJ mol^{-1}	906,4	867,8	1007
EI_2 / kJ mol^{-1}	1733	1631	1810
$\Delta_a H°$(298 K) / kJ mol^{-1}	130	112	61
$E°$ (M^{2+} / M) / V	–0,76	–0,40	+0,85
$r_{iônico}$ para M^{2+} / pm†	74	95	101

†Para Hg, o valor é baseado na estrutura do HgF_2, um dos poucos compostos de mercúrio que apresenta uma rede iônica típica.

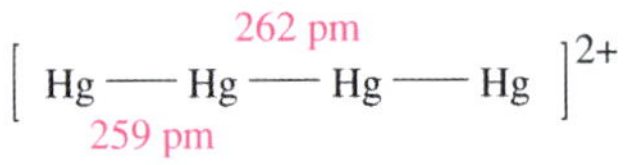

$$\left[Hg - Hg - Hg - Hg \right]^{2+}$$
$$259\ pm 262\ pm$$

(22.91)

As energias de ionização decrescem do Zn ao Cd, mas aumentam do Cd ao Hg (Tabela 22.4). Qualquer que seja a origem das elevadas energias de ionização do Hg, é claro que elas superam em muito a pequena mudança em $\Delta_a H°$, tornando o Hg um metal nobre. Os potenciais de redução na Tabela 22.4 revelam as eletropositividades relativas dos elementos do grupo 12.

Como muito das químicas do Cd e do Hg é distinto, abordaremos os dois metais separadamente. Ao tomar essa decisão, estamos efetivamente dizendo que as consequências da contração lantanoide têm pouco significado para os metais mais pesados do último grupo do bloco d.

Cádmio(II)

São conhecidos todos os haletos de Cd(II). A ação do HF sobre $CdCO_3$ produz CdF_2, e a do HCl gasoso sobre Cd (720 K) forma $CdCl_2$. $CdBr_2$ e CdI_2 são formados pela combinação direta dos elementos. O CdF_2, branco, adota uma estrutura tipo CaF_2 (Fig. 6.19 – Volume 1), enquanto o $CdCl_2$ (branco), $CdBr_2$ (amarelado) e CdI_2 (branco) possuem estruturas lamelares (veja a Seção 6.11 – Volume 1). O fluoreto é pouco solúvel em água, enquanto os demais haletos são prontamente solúveis, produzindo soluções contendo aquaíons de Cd^{2+} e uma variedade de complexos de halidos; por exemplo, o CdI_2 se dissolve formando uma mistura em equilíbrio de $[Cd(OH_2)_6]^{2+}$, $[Cd(OH_2)_5I]^+$, $[CdI_3]^-$ e $[CdI_4]^{2-}$, enquanto uma solução aquosa 0,5 M de $CdBr_2$ contém $[Cd(OH_2)_6]^{2+}$, $[Cd(OH_2)_5Br]^+$, $[Cd(OH_2)_5Br_2]$, $[CdBr_3]^-$ e $[CdBr_4]^{2-}$. Em contraste com Zn^{2+}, a estabilidade dos complexos de halidos de Cd^{2+} aumenta do F^- ao I^-, isto é, o Cd^{2+} é um centro metálico mais mole que o Zn^{2+} (Tabela 7.9 – Volume 1).

O óxido de cádmio(II) (formado pelo aquecimento de Cd em O_2, e cuja cor varia do verde ao preto) adota uma estrutura do tipo NaCl. Ele é insolúvel em H_2O e álcalis, mas se dissolve em ácidos, ou seja, o CdO é mais básico que o ZnO. A adição de solução de álcali diluído a soluções aquosas de Cd^{2+} precipita $Cd(OH)_2$, branco, que se dissolve apenas em álcali *concentrado* para produzir $[Cd(OH)_4]^{2-}$ (compare com $[Zn(OH)_4]^{2-}$, **21.72**). A Eq. 22.5 mostrou o papel do $Cd(OH)_2$ nas baterias de NiCd.

O CdS, amarelo (a forma estável α possui uma estrutura do tipo wurtzita, Fig. 6.21 – Volume 1), é importante comercialmente como um pigmento e fósforo. CdSe e CdTe são semicondutores (veja a Seção 22.2).

Em soluções aquosas, $[Cd(OH_2)_6]^{2+}$ está presente e é fracamente ácido (Eq. 22.164); em soluções concentradas, o aquaíon $[Cd_2(OH)]^{3+}$ está presente.

$$[Cd(OH_2)_6]^{2+} + H_2O \rightleftharpoons [Cd(OH_2)_5(OH)]^+ + H^+$$
$$pK_a \approx 9 \quad (22.164)$$

Em solução aquosa de NH_3 está presente o $[Cd(NH_3)_4]^{2+}$, tetraédrico, mas em concentrações mais elevadas forma-se $[Cd(NH_3)_6]^{2+}$. A falta de energia de estabilização do campo ligante para o Cd^{2+} (d^{10}) significa que se observa uma variedade de geometrias de coordenação. Números de coordenação 4, 5 e 6 são os mais comuns, mas números de coordenação superiores podem ser forçados sobre o centro metálico pelo uso de ligantes macrocíclicos. Exemplos de complexos incluem:

- tetraédrica: $[CdCl_4]^{2-}$, $[Cd(NH_3)_4]^{2+}$, $[Cd(en)_2]^{2+}$;
- bipiramidal triangular: $[CdCl_5]^{3-}$;
- octaédrica: $[Cd(DMSO-O)_6]^{2+}$, $[Cd(en)_3]^{2+}$, $[Cd(acac)_3]^-$, $[CdCl_6]^{4-}$;
- bipiramidal hexagonal: $[CdBr_2(18$-coroa-6$)]$ (veja a Seção 11.8 – Volume 1).

Como vimos anteriormente, as fórmulas podem nos enganar em termos de estrutura; por exemplo, $[Cd(NH_3)_2Cl_2]$ é um polímero contendo Cd^{2+} octaédrico e ligantes cloridos octaédricos em ponte (**22.92**).

(22.92)

Mercúrio(II)

Todos os quatro haletos de Hg(II) podem ser preparados a partir dos elementos. HgF_2 adota uma estrutura de fluorita (Fig. 6.19 – Volume 1) (Hg–F = 225 pm). Ele é completamente hidrolisado pela H_2O (Eq. 22.165).

$$HgF_2 + H_2O \rightarrow HgO + 2HF \quad (22.165)$$

O cloreto e o brometo são sólidos voláteis, solúveis em H_2O (na qual eles não estão ionizados), EtOH e Et_2O. Os sólidos contêm unidades HgX_2 empacotadas produzindo centros Hg(II) octaédricos distorcidos (dois contatos Hg–X longos com moléculas adjacentes). Abaixo de 400 K, o HgI_2 é vermelho com uma estrutura lamelar, e acima de 400 K é amarelo com moléculas de HgI_2 arrumadas em uma rede contendo sítios metálicos octaédricos distorcidos. Os vapores contêm moléculas HgX_2 lineares com comprimentos de ligação de 225, 244 e 261 pm para X = Cl, Br e I, respectivamente. A Fig. 22.32 mostra a tendência das solubilidades dos haletos; $K_{ps} = 2,82 \times 10^{-29}$ para o HgI_2.

O óxido de mercúrio(II) existe em uma forma amarela (formada pelo aquecimento de Hg em O_2 ou por decomposição térmica de $Hg(NO_3)_2$) e em uma forma vermelha (preparada por precipitação de Hg^{2+} de soluções alcalinas). Ambas possuem estrutura em cadeias infinitas (**22.93**) contendo Hg(II) linear. A decomposição térmica de HgO (Eq. 22.166) levou à descoberta do O_2 por Priestley em 1774.

$$2HgO \xrightarrow{>670 K} 2Hg + O_2 \quad (22.166)$$

Embora o óxido se dissolva em ácidos, ele é apenas fracamente básico. Em solução aquosa, sais de Hg(II) que são ionizados (como $Hg(NO_3)_2$ e $HgSO_4$) são hidrolisados em considerável extensão e muitos sais básicos são formados, por exemplo, HgO. $HgCl_2$ e $[O(HgCl)_3]Cl$ (um sal de oxônio substituído). $Hg(OH)_2$ não é conhecido. Entretanto, $[Hg(OH)][NO_3].H_2O$ ('nitrato básico de mercúrio(II)' hidratado) pode ser isolado. No estado sólido, ele contém cadeias em zigue-zague (**22.94**) na qual moléculas de H_2O estão fracamente ligadas.

(22.93)   (22.94)

Em seus complexos, o Hg(II) (d^{10}) exibe números de coordenação de 2 a 6. Como Cd^{2+}, o Hg^{2+} é um centro metálico mole (veja a Tabela 7.8 e a discussão), e a coordenação a átomos de S doadores é especialmente favorecida. Complexos de cloretos, brometos e iodetos são formados em solução aquosa, e o íon tetraédrico $[HgI_4]^{2-}$ é particularmente estável. Uma solução de $K_2[HgI_4]$ (*reagente de Nessler*) produz um composto marrom característico, $[Hg_2N]^+I^-$, ao reagir com NH_3 sendo usado na determinação de NH_3. No $[Hg_2N]I$ sólido, os cátions $[Hg_2N]^+$ se agrupam em uma rede infinita relacionada com aquela da β-cristobalita (Fig. 6.20c – Volume 1), contendo Hg(II) linear. A reação 22.167 mostra a formação de seu hidróxido.

$$2HgO + NH_3 \xrightarrow{aq} Hg_2N(OH) + H_2O \quad (22.167)$$

O sal $[Hg(NH_3)_2]Cl_2$ (Eq. 22.168) contém íons lineares $[Hg(NH_3)_2]^{2+}$ e se dissolve em solução aquosa de NH_3 formando $[Hg(NH_2)]Cl$, que contém cadeias poliméricas (**22.95**).

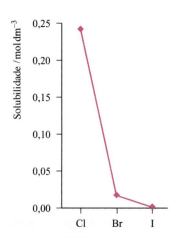

Fig. 22.32 A tendência nas solubilidades dos haletos de Hg(II) em água; o HgF_2 se decompõe.

$HgCl_2 + 2NH_3(g) \rightarrow [Hg(NH_3)_2]Cl_2$ (22.168)

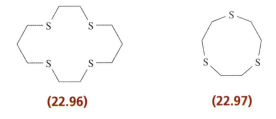

(22.95)

Exemplos de complexos de Hg(II) ilustrando diferentes ambientes de coordenação (veja a Tabela 7.7 – Volume 1 para abreviação dos ligantes) incluem:

- linear: $[Hg(NH_3)_2]^{2+}$, $[Hg(CN)_2]$, $[Hg(py)_2]^{2+}$, $[Hg(SEt)_2]$;
- plano triangular: $[HgI_3]^-$;
- tetraédrico: $[Hg(en)_2]^{2+}$, $[Hg(NCS-S)_4]^{2-}$, $[HgI_4]^{2-}$, $[Hg(S_4-S,S')_2]^{2-}$, $[Hg(Se_4-Se,Se')_2]^{2-}$, $[Hg(phen)_2]^{2+}$;
- bipiramidal triangular: $[HgCl_2(tpy)]$, $[HgCl_2(dien)]$, $[HgCl_5]^{3-}$;
- piramidal de base quadrada: $[Hg(OH_2)L]^{2+}$ (L = **22.96**);
- octaédrico: $[Hg(en)_3]^{2+}$, *fac*-$[HgL2]^{2+}$ (L = **22.97**);
- antiprismático quadrado: $[Hg(NO_2-O;O')_4]^{2-}$.

(22.96)   **(22.97)**

Mercúrio(I)

A química do Hg(I) é a da unidade $[Hg_2]^{2+}$, que contém uma ligação simples Hg–Hg (**22.89**). O método geral de preparação de compostos de Hg(I) é a ação de Hg metálico sobre compostos de Hg(II); por exemplo, a reação 22.169 na qual Hg_2Cl_2 (*calomelano*) é purificado do $HgCl_2$ por lavagem com água quente. O *eletrodo-padrão de calomelano* (veja o Boxe 8.3 – Volume 1) é um eletrodo de referência (Eq. 22.170) consistindo em um fio de Pt mergulhado em Hg em contato com Hg_2Cl_2 e imerso em solução 1 M de KCl. Esse eletrodo é mais conveniente de usar que o eletrodo-padrão de hidrogênio, que requer uma fonte de gás purificado.

$HgCl_2 + Hg \xrightarrow{\Delta} Hg_2Cl_2$ (22.169)

$Hg_2Cl_2 + 2e^- \rightleftharpoons 2Hg + 2Cl^-$

$E^o = +0{,}268$ V (em KCl aq. 1 M) (22.170)

Os diagramas de potencial para Hg são mostrados no esquema 22.171, e os dados em solução ácida ilustram que o desproporcionamento de Hg(I) (Eq. 22.172) tem um valor pequeno e positivo de ΔG^o a 298 K.

$Hg^{2+} \xrightarrow{+0,91} [Hg_2]^{2+} \xrightarrow{+0,77} Hg$ pH = 0
         $\xrightarrow{+0,84}$
$HgO \xrightarrow{+0,10} Hg$ pH = 14   (22.171)

$[Hg_2]^{2+} \rightleftharpoons Hg^{2+} + Hg$ $K = 4{,}3 \times 10^{-3}$ (298 K) (22.172)

Reagentes que formam sais insolúveis de Hg(II) ou complexos estáveis de Hg(II) perturbam o equilíbrio 22.172 e decompõem sais de Hg(I); por exemplo, a adição de $[OH]^-$, S^{2-} ou $[CN]^-$ resulta na formação de Hg e HgO, HgS ou $[Hg(CN)_4]^{2-}$. Os compostos de Hg(I): Hg_2O, Hg_2S e $Hg_2(CN)_2$ não são conhecidos. Mercúrio(II) forma complexos mais estáveis que o íon grande $[Hg_2]^{2+}$, e relativamente poucos complexos de Hg(I) são conhecidos. Os mais importantes são os haletos (**22.98**).[†] Enquanto Hg_2F_2 se decompõe em Hg, HgO e HF em contato com a água, os demais haletos são fracamente solúveis.

X——Hg——Hg——X

X	Hg–Hg / pm
F	251
Cl	252
Br	258
I	269

(22.98)

Mercúrio(I) básico foi estabilizado no sal $[Hg_2(OH)][BF_4]$, preparado pela reação 22.173. No estado sólido, cadeias em zigue-zague (**22.99**) são ligadas entre si através de interações Hg---O fracas, formando camadas com íons $[BF_4]^-$ ocupando os espaços entre camadas adjacentes.

$HgO + Hg + HBF_4 \xrightarrow{H_2O} [Hg_2(OH)][BF_4]$ (22.173)

Hg–Hg = 250 pm

(22.99)

Outros sais de Hg(I) incluem $Hg_2(NO_3)_2$, Hg_2SO_4 e $Hg_2(ClO_4)_2$. O nitrato é disponível comercialmente como di-hidrato; sua estrutura no estado sólido contém cátions $[(H_2O)HgHg(OH_2)]^{2+}$. O esquema 22.174 resume algumas reações do $Hg_2(NO_3)_2$ hidratado.

$Hg_2(NO_3)_2 \begin{cases} \xrightarrow{KSCN} Hg_2(SCN)_2 \xrightarrow{decomposição} Hg(SCN)_2 + Hg \\ \xrightarrow{NaN_3} Hg_2(N_3)_2 \text{ (explosivo)} \\ \xrightarrow{H_2SO_4} Hg_2SO_4 \end{cases}$ (22.174)

$Hg_2(NO_3)_2$ cristalino e anidro pode ser preparado por secagem de $Hg_2(NO_3)_2 \cdot 2H_2O$ sobre H_2SO_4 concentrado.

[†] Dados teóricos lançam dúvidas acerca da confiabilidade dos comprimentos da ligação Hg–Hg para X = Br e I; veja: M.S. Liao and W.H.E. Schwarz (1997) *J. Alloy. Compd.*, vol. 246, p. 124.

LEITURA RECOMENDADA

Veja também a leitura recomendada sugerida nos Capítulos 19 e 20.

M.H. Chisholm and A.M. Macintosh (2005) *Chem. Rev.*, vol. 105, p. 2949 – 'Linking multiple bonds between metal atoms: Clusters, dimers of 'dimers', and higher ordered assemblies'.

F.A. Cotton, G. Wilkinson, M. Bochmann and C. Murillo (1999) *Advanced Inorganic Chemistry*, 6th edn, Wiley Interscience, New York – Uma das melhores abordagens detalhadas da química dos metais do bloco *d*.

F.A. Cotton, C.A. Murillo and R.A. Walton (2005) *Multiple Bonds between Metal Atoms*, 3rd edn, Springer, New York.

S.A. Cotton (1997) *Chemistry of Precious Metals*, Blackie, London – Cobre a química inorgânica descritiva (incluindo complexos organometálicos com ligações σ) dos metais mais pesados dos grupos 8, 9, 10 e 11.

A. Dolbecq, E. Dumas, C.R. Mayer and P. Mialane (2010) *Chem. Rev.*, vol. 110, p. 6009 – 'Hybrid organicinorganic polyoxometallate compounds: From structural diversity to applications'.

J. Emsley (1998) *The Elements*, 3rd edn, Oxford University Press, Oxford – Uma inestimável fonte de dados para os elementos.

N.N. Greenwood and A. Earnshaw (1997) *Chemistry of the Elements*, 2nd edn, Butterworth-Heinemann, Oxford – Uma abordagem muito boa, incluindo aspectos históricos, tecnológicos e estruturais; os metais em cada tríade são tratados em conjunto.

G.J. Hutchings, M. Brust and H. Schmidbaur, eds. (2008) *Chem. Soc. Rev.*, Issue 9 – Uma série de revisões intitulada: 'Gold: chemistry, materials and catalysis issue'.

C.E. Housecroft (1999) *The Heavier d-Block Metals: Aspects of Inorganic and Coordination Chemistry*, Oxford University Press, Oxford – Um texto introdutório incluindo capítulos sobre espécies em solução aquosa, estrutura, dímeros e aglomerados com ligaçoes M–M, e polioximetalatos.

J.A. McCleverty and T.J. Meyer, eds (2004) *Comprehensive Coordination Chemistry II*, Elsevier, Oxford – Revisões atualizadas sobre a química de coordenação dos metais do bloco *d* são incluídas nos volumes 4-6.

F. Mohr, ed. (2009) *Gold Chemistry: Applications and Future Directions in the Life Sciences*, Wiley-VCH, Weinheim – Uma visão geral da química do ouro e das aplicações de seus compostos.

M.J. Molski and K. Seppelt (2009) *Dalton Trans.*, p. 3379 – 'The transition metal hexafluorides'.

E.A. Seddon and K.R. Seddon (1984) *The Chemistry of Ruthenium*, Elsevier, Amsterdam – Uma excelente abordagem bem referenciada sobre a química do Ru.

A.F. Wells (1984) *Structural Inorganic Chemistry*, 5th edn, Clarendon Press, Oxford – Uma excelente fonte de informações estruturais detalhadas sobre, em particular, compostos binários.

PROBLEMAS

22.1 (a) Escreva a primeira linha de metais do bloco *d* em sequência e em seguida complete cada tríade de metais. (b) Entre quais pares de metais se encontra a série dos metais lantanoides?

22.2 Discuta sucintamente as tendências (a) nos raios metálicos e (b) nos valores de $\Delta_a H°(298 K)$ para os metais do bloco *d*.

22.3 (a) Estime o valor de $\Delta_f H°(WCl_2)$ admitindo que ele seja um composto iônico. Assinale quaisquer hipóteses feitas. [Os dados necessários, além daqueles nas Tabelas 21.1, 22.1 e nos Apêndices, são: $\Delta_f H°(CrCl_2) = -397$ kJ mol^{-1}.] (b) O que sua resposta em (a) diz acerca da probabilidade de WCl_2 ser iônico?

22.4 Comente sobre as seguintes observações:
(a) A massa específica do HfO_2 (9,68 g cm^{-3}) é muito maior do que a do ZrO_2 (5,73 g cm^{-3}).
(b) NbF_4 é paramagnético, mas $NbCl_4$ e $NbBr_4$ são essencialmente diamagnéticos.

22.5 Sugira os produtos nas seguintes reações: (a) CsBr aquecido com $NbBr_5$ a 383 K; (b) fusão conjunta de KF e TaF_5; (c) NbF_5 com bpy a 298 K. (d) Comente sobre as estruturas dos haletos dos metais do grupo 5 nos materiais de partida e dê estruturas possíveis para os produtos.

22.6 TaS_2 cristaliza-se com uma estrutura lamelar relacionada com a de CdI_2, enquanto FeS_2 adota uma estrutura distorcida de NaCl. Porque você não esperaria que TaS_2 e FeS_2 cristalizem com tipos de estrutura similares?

22.7 Comente sobre a observação de que o $K_3[Cr_2Cl_9]$ é fortemente paramagnético, mas o $K_3[W_2Cl_9]$ é diamagnético.

22.8 (a) Interprete a fórmula $[Mo_6Cl_8]Cl_2Cl_{4/2}$ em termos estruturais, e mostre como a fórmula é consistente com a estequiometria $MoCl_2$. (b) Mostre que o aglomerado $[W_6Br_8]^{4+}$ pode ser considerado como contendo ligações simples W–W.

22.9 Dê um breve resumo sobre as espécies óxido de Tc(V) e óxido de Re(V).

22.10 Resuma sucintamente as semelhanças e diferenças entre as químicas do Mn e do Tc.

22.11 Represente a estrutura do $[Re_2Cl_8]^{2-}$. Discuta a ligação metal–metal no ânion e suas consequências na orientação do ligante.

22.12 Sugira razões para a variação dos comprimentos da ligação Re–Re nas seguintes espécies: $ReCl_4$ (273 pm), Re_3Cl_9 (249 pm), $[Re_2Cl_8]^{2-}$ (224 pm), $[Re_2Cl_9]^-$ (270 pm) e $[Re_2Cl_4(\mu-Ph_2PCH_2CH_2PPh_2)_2]$ (224 pm).

22.13 Quando o $K_2[OsCl_4]$ é aquecido com NH_3 sob pressão, o composto **A**, cuja composição é $Os_2Cl_5H_{24}N_9$, é isolado. O tratamento de uma solução de **A** com HI precipita um composto em que três dos cinco átomos de cloro foram substituídos pelo iodo. O tratamento de 1 mmol de **A** com KOH libera 9 mmol de NH_3. O composto **A** é diamagnético e nenhuma das bandas fortes de absorção no espectro de IV é ativo em Raman. Sugira uma estrutura para **A** que explique o diamagnetismo.

22.14 Faça um relato dos haletos de Ru e Os.

22.15 (a) Faça um relato dos métodos de síntese de haletos de Rh(IV) e Ir(IV) e de ânions halido. (b) A reação de $[IrCl_6]^{2-}$ com PPh_3 e $Na[BH_4]$ em EtOH produz $[IrH_3(PPh_3)_3]$. Dê as estruturas dos isômeros desse complexo e sugira como você pode distingui-los por meio de espectroscopia de RMN.

22.16 $[Ir(CN)_6]^{3-}$ tem uma estrutura octaédrica regular. No $K_3[Ir(CN)_6]$, os comprimentos de onda correspondentes aos modos de estiramento do grupo CN são 2167 (A_{1g}), 2143 (E_g) e 2130 (T_{1u}) cm^{-1}. (a) A que grupo de pontos pertence o [Ir(CN)$_6$]$^{3-}$? (b) O que você observaria no espectro de IV do K$_3$[Ir(CN)$_6$] na região entre 2200 e 2000 cm^{-1}?

22.17 Quando o RhBr$_3$ na presença de MePh$_2$As é tratado com H$_3$PO$_2$, forma-se um composto monomérico **X**. **X** contém 2 Br e 3 MePh$_2$As por Rh, e é um não eletrólito. Seu espectro de IV possui uma banda em 2073 cm^{-1}, e a banda correspondente quando o complexo é preparado empregando D$_3$PO$_2$ em um solvente deuterado aparece em 1483 cm^{-1}. A titulação espectrofotométrica de **X** com Br$_2$ mostra que a molécula de **X** reage com uma molécula de Br$_2$; o tratamento do produto com excesso de ácido mineral regenera RhBr$_3$. O que você pode concluir acerca dos produtos?

22.18 (a) Compare as estruturas de β-PdCl$_2$ e [Nb$_6$Cl$_{12}$]$^{2+}$. (b) Discuta, apresentando exemplos da existência (ou não) de espécies de Pt(III). (c) Discuta a variação das estereoquímicas dos complexos de Ni(II), Pd(II) e Pt(II).

22.19 (a) Descreva os métodos pelos quais podem ser distinguidos *cis*- e *trans*- [PtCl$_2$(NH$_3$)$_2$] entre si e de [Pt(NH$_3$)$_4$][PtCl$_4$]. (b) Outro isômero possível seria [(H$_3$N)$_2$Pt(μ-Cl)$_2$Pt(NH$_3$)$_2$]Cl$_2$. Que dados permitem a você excluir a sua formação?

22.20 Sugira produtos nas reações de K$_2$[PtCl$_4$] com (a) excesso de KI; (b) solução aquosa de NH$_3$; (c) phen; (d) tpy; (e) excesso de KCN. Quais são as estruturas esperadas desses produtos?

22.21 Complexos do tipo [PtCl$_2$(R$_2$P(CH$_2$)$_n$PR$_2$)] podem ser monoméricos ou diméros. Sugira fatores que poderiam influenciar essa preferência e sugira estruturas para os complexos.

22.22 Comente acerca de cada uma das seguintes observações:
(a) Ao contrário de [Pt(NH$_3$)$_4$][PtCl$_4$], [Pt(EtNH$_2$)$_4$][PtCl$_4$] possui um espectro de absorção eletrônica que corresponde à soma dos íons constituintes.
(b) AgI é prontamente solúvel em solução aquosa saturada de AgNO$_3$, mas AgCl não é solúvel.

(c) Quando Hg(ClO$_4$)$_2$ é agitado com Hg líquido, a razão [Hg(I)]/[Hg(II)] na solução resultante é independente do valor de [Hg(II)].

22.23 Discuta a variação nos estados de oxidação para os metais do grupo 11, empregando exemplos de haletos, óxidos e complexos metálicos para ilustrar sua resposta.

22.24 'Os metais do grupo 12 diferem significativamente dos metais do bloco *d* dos grupos 4 a 11.' Discuta essa afirmação.

22.25 O ligante mostrado a seguir, 16-S-4, forma o complexo [Hg(16-S-4)]$^{2+}$. O espectro de RMN de ^{1}H em solução de [Hg(16-S-4)][ClO$_4$]$_2$ consiste em dois sinais em δ 3,40 e 2,46 ppm com integrais relativas de 2:1. A partir do espectro, foram determinadas as seguintes constantes de acoplamento: $J_{^1H^1H}$ = 6,0 Hz, $J_{^1H(\alpha)^{199}Hg}$ = 93,6 Hz. [Dados: ^{199}Hg: I = $\frac{1}{2}$, 16,6%]
(a) Explique por que a formação do complexo entre Hg(II) e ligantes contendo átomos de S doadores é particularmente favorecida.
(b) Que número de coordenação você espera para o centro Hg(II) no [Hg(16-S-4)]$^{2+}$? Em que você se baseou para fazer a sua escolha?
(c) Esboce o espectro de RMN de ^{1}H de [Hg(16-S-4)-[ClO$_4$]$_2$.

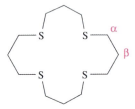

22.26 Estudos dos metais mais pesados do bloco *d* são frequentemente usados para apresentar aos estudantes (a) a ligação metal–metal, (b) números de coordenação elevados, (c) aglomerados de halidos metálicos e (d) polioximetalatos. Escreva um relato de cada tópico, e inclua exemplos que ilustram por que os metais da primeira linha não são geralmente tão relevantes quanto seus congêneres mais pesados para a discussão desses tópicos.

PROBLEMAS DE REVISÃO

22.27 (a) A reação de ReCl$_4$ com PCl$_5$ a 570 K sob vácuo produz [PCl$_4$]$_2$[Re$_2$Cl$_{10}$]. Entretanto, quando ReCl$_5$ reage com excesso de PCl$_5$ a 520 K, os produtos são [PCl$_4$]$_3$[ReCl$_6$]$_2$ e Cl$_2$. Comente acerca da natureza do [PCl$_4$]$_3$[ReCl$_6$]$_2$ e escreva as equações para ambas as reações, prestando atenção aos estados de oxidação do P e Re.
(b) O espectro de RMN de ^{19}F de [Me$_4$N][*fac*-OsO$_3$F$_3$] exibe um sinal com satélites (*J* = 32 Hz). Qual é a origem dos picos satélites? Esboce o espectro e indique claramente a natureza do padrão de acoplamento. Mostre onde *J* é medido.

22.28 (a) 'O sal [NH$_4$]$_3$[ZrF$_7$] apresenta íons discretos contendo Zr(IV) com número de coordenação 7. Por outro lado, em um composto formulado como [NH$_4$]$_3$[HfF$_7$], o Hf(IV) é octaédrico.' Comente sobre essa afirmação e sugira estruturas possíveis para [ZrF$_7$]$^{3-}$.
(b) A espectroscopia de RMN de ^{93}Nb forneceu evidência para a troca de haletos quando NbCl$_5$ e NbBr$_5$ são dissolvidos em MeCN. Qual seria a base de tal evidência?

22.29 (a) A Fig. 22.33 mostra oito octaedros ReO$_6$ que compartilham arestas na estrutura de ReO$_3$ no estado sólido. A partir disso, proponha um diagrama para mostrar a célula unitária do ReO$_3$. Explique a relação entre seu diagrama e

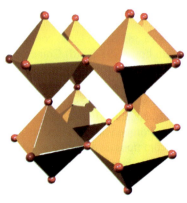

Fig. 22.33 Figura para o problema 22.29a.

aquele na Fig. 21.5, e confirme a estequiometria do óxido a partir do diagrama da célula unitária.

(b) Um teste qualitativo para [PO$_4$]$^{3-}$ é adicionar um excesso de uma solução aquosa acidificada de molibdato de amônio a uma solução aquosa de fosfato. Forma-se um precipitado amarelo. Sugira uma possível identidade para esse precipitado e escreva uma equação para a sua formação.

22.30 (a) Interprete por que cada uma das seguintes espécies é diamagnética: [Os(CN)$_6$]$^{4-}$, [PtCl$_4$]$^{2-}$, OsO4 e trans-[OsO$_2$F$_4$]$^{2-}$.

(b) Dados dos espectros de RMN de ^{77}Se e ^{13}C em solução para os ânions octaédricos nos compostos [Bu$_4$N]$_3$[Rh(SeCN)$_6$] e [Bu$_4$N]$_3$[trans-Rh(CN)$_2$(SeCN)$_4$] são fornecidos a seguir. Interprete os espectros e explique a origem dos padrões de acoplamento observados. [Para dados adicionais, veja a Tabela 4.3.]

Ânion	δ^{77} Se ppm	δ^{13} C ppm
[Rh(SeCN)$_6$]$^{3-}$	−32,7 (dupleto, J = 44 Hz)	111,2 (simpleto)
[trans-Rh(CN$_2$(SeCN)$_4$]$^{3-}$	−110,7 (dupleto, J = 36 Hz)	111,4 (simpleto) 136,3 (dupleto, J = 36 Hz)

22.31 (a) O complexo mostrado a seguir é o primeiro exemplo de um complexo de Pd(IV) contendo um ligante nitrosil (veja também a estrutura **20.9** para outra vista do ligante tridentado). Com base na atribuição de um estado de oxidação +4 para o Pd, que carga formal possui o ligante nitrosil? Com base em sua resposta, comente acerca do fato de que os dados estruturais e espectroscópicos para o complexo incluem os seguintes parâmetros: ∠Pd–N–O = 118°, N–O = 115 pm, $\bar{v}$(NO) = 1650 cm^{-1} (uma absorção forte).

(b) A reação de quantidades equimolares de [Bu$_4$N]$_2$[C$_2$O$_4$] e [cis-Mo$_2$(μ-L)$_2$(MeCN)$_4$][BF$_4$]$_2$, em que L$^-$ é um ligante formamidina estreitamente relacionado com **22.70**, leva a um composto neutro **A**, que é um dos chamados 'quadrados moleculares'. Tendo em mente a estrutura do [C$_2$O$_4$]$^{2-}$, sugira uma estrutura para **A**. Esse composto poderia também ser considerado como uma montagem [4 + 4]. Que técnicas experimentais são úteis para distinguir o composto **A** de um possível produto [3 + 3]?

TEMAS DA QUÍMICA INORGÂNICA

22.32 Comente acerca das afirmações seguintes em termos das propriedades dos elementos mencionados.

(a) Por muitas décadas, tungstênio foi usado para produção de filamentos de lâmpadas incandescentes. O tungstênio é usado preferencialmente para o cobre, embora a resistividade elétrica do tungstênio seja maior que a do cobre.

(b) Lâmpadas incandescentes são preenchidas com um gás como Ar ou Xe.

(c) Uma lâmpada halógena contém um filamento de tungstênio em um bulbo de quartzo preenchido com um halogênio na fase gasosa. O halogênio é Br$_2$ ou I$_2$, mas não F$_2$ ou Cl$_2$. O tempo de vida do filamento é prolongado em relação ao de uma lâmpada incandescente.

22.33 A Miocrisina contém o ligante tiomalato e é um fármaco antiartrite, possuindo a seguinte estrutura polimérica no estado sólido:

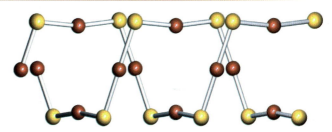

Fig. 22.34 Parte de uma hélice dupla definida pelos átomos de ouro e enxofre na estrutura no estado sólido da Miocrisina. [Dados de: R. Bau (1998) *J. Am. Chem. Soc.*, vol. 120, p. 9380.]

O esqueleto do polímero é uma cadeia helicoidal de átomos alternados de Au e S, e pares de cadeias formam hélices duplas (Fig. 22.34). (a) A hélice dupla na Fig. 22.34 é quiral? Interprete sua resposta. (b) Por que o ligante tiolato é quiral? (c) A partir de uma mistura racêmica de tiomalatos (R)- e (S)-, duas hélices duplas estruturalmente distintas são observadas na célula unitária da Miocrisina. Explique por que isso se verifica. (d) Os contatos mais curtos Au⋯Au entre as duas cadeias na hélice dupla na Fig. 22.34 têm 323 pm. Comente sobre a importância de tais interações na química do Au(I). (e) A Miocrisina é um profármaco. Explique o que isso significa, e descreva em linhas gerais um possível modo de admissão de Au(I) pelo corpo.

22.34 (a) Qual é a diferença fundamental entre materiais eletrocrômicos, termocrômicos e fotocrômicos? (b) WO$_3$ é amplamente empregado em materiais eletrocrômicos. Explique por que o WO$_3$ é apropriado para essa aplicação. Dê uma breve descrição de como uma janela eletrocrômica baseada em WO$_3$ funciona. (c) Tanto os vidros eletrocrômicos baseados em WO$_3$ como IrO$_2$ mudam de cor entre o incolor e o azul-escuro. Como diferem os modos pelos quais as mudanças de cor ocorrem nesses dois vidros?

22.35 Dois complexos que entraram em testes clínicos como fármacos anticancerígenos são [HIm][RuCl$_4$(im)(DMSO)] e [HInd][RuCl$_4$(Ind)$_2$]. Na pesquisa por complexos ativos relacionados, [RuCl$_2$(DMSO)$_2$(Biim)] e [RuCl$_3$(DMSO)(Biim)] foram testados; este último é mais citotóxico contra células cancerígenas humanas selecionadas do que o primeiro.

indazola (Ind)   imidazola (Im)

2,2'-bi-imidazola (Biim)

(a) Qual é o estado de oxidação do rutênio em cada um dos quatro complexos? (b) Sugira como cada um dos ligantes Im, Ind e Biim se coordena ao rutênio. (c) Represente as estruturas dos possíveis isômeros de cada complexo.

Ao final do Capítulo 20, tente também o Problema 20.42: fotossensibilizadores de rutênio(II).

Tópicos

Organometálicos dos metais do grupo 1
Organometálicos dos metais do grupo 2
Compostos organometálicos dos metais e semimetais do bloco *p*

23

Compostos organometálicos dos elementos dos blocos *s* e *p*

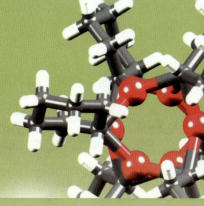

	1	2		13	14	15	16	17	18
	H								He
	Li	Be		B	C	N	O	F	Ne
	Na	Mg		Al	Si	P	S	Cl	Ar
	K	Ca		Ga	Ge	As	Se	Br	Kr
	Rb	Sr	bloco *d*	In	Sn	Sb	Te	I	Xe
	Cs	Ba		Tl	Pb	Bi	Po	At	Rn
	Fr	Ra							

23.1 Introdução

O presente capítulo oferece uma introdução da grande área da química dos organometálicos dos elementos dos blocos *s* e *p*.

> Um composto **organometálico** contém uma ou mais ligações metal–carbono.

Os compostos que contêm ligações M–C, em que M é um elemento do bloco *s*, são classificados como organometálicos sem dificuldade. Todavia, quando chegamos ao bloco *p*, a tendência do caráter metálico para não metálico significa que uma discussão de compostos estritamente *organometálicos* ignoraria compostos dos semimetais e compostos organoborados sinteticamente importantes. Para os objetivos deste capítulo, ampliamos a definição de um composto organometálico de forma a incluir espécies com ligações B–C, Si–C, Ge–C, As–C, Sb–C, Se–C ou Te–C. Os compostos que contêm ligações Xe–C são tratados no Capítulo 18. Também relevante para o presente capítulo é a discussão anterior dos fulerenos (veja a Seção 14.4). Muito frequentemente os compostos que contêm, por exemplo, ligações Li–N ou Si–N são incluídos em discussões dos organometálicos, mas escolhemos incorporá-los nos Capítulos 11–15. Não detalhamos as aplicações dos compostos organometálicos do grupo principal em síntese orgânica. As abreviaturas dos substituintes orgânicos mencionados no presente capítulo estão definidas no Apêndice 2.

23.2 Grupo 1: organometálicos de metais alcalinos

Compostos orgânicos tais como os alquinos terminais (RC≡CH), que contêm átomos de hidrogênio relativamente ácidos, formam sais com os metais alcalinos, por exemplo, as reações 23.1, 23.2 e 14.34.

$$2EtC\equiv CH + 2Na \longrightarrow 2Na^+[EtC\equiv C]^- + H_2 \quad (23.1)$$

$$MeC\equiv CH + K[NH_2] \longrightarrow K^+[MeC\equiv C]^- + NH_3 \quad (23.2)$$

De maneira semelhante, na reação 23.3, o grupo ácido CH_2 no ciclopentadieno pode ser desprotonado para preparar o ligante ciclopentadienila, que é sinteticamente importante na química dos organometálicos (veja também o Capítulo 24). O Na[Cp] também pode ser produzido pela reação direta do Na com o C_5H_6. O Na[Cp] é pirofórico ao ar, mas sua sensibilidade ao ar pode ser diminuída por complexação do íon Na^+ com o 1,2-dimetoxietano (dme). No estado sólido, o [Na(dme)][Cp] é polimérico (Fig. 23.1).

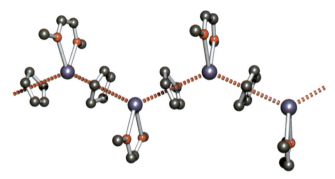

Fig. 23.1 Parte de uma cadeia que forma a estrutura polimérica do [Na(dme)][Cp] (dme = 1,2-dimetoxietano); a cadeia em zigue-zague é enfatizada pela linha vermelha tracejada. A estrutura foi determinada por difração de raios X [M.L. Coles *et al.* (2002) *J. Chem. Soc., Dalton Trans.*, p. 896]. Os átomos de hidrogênio foram omitidos por motivo de clareza. Código de cores: Na, púrpura; O, vermelho; C, cinza.

> Um material que queima espontaneamente quando exposto ao ar é chamado de ***pirofórico***.

Os derivados alquila incolores do Na e K podem ser obtidos por reações de *transmetalação* partindo das dialquilas de mercúrio (Eq. 23.4).

$$HgMe_2 + 2Na \longrightarrow 2NaMe + Hg \quad (23.4)$$

Os compostos de organolítio são de particular importância entre os organometálicos do grupo 1. Eles podem ser sintetizados pelo tratamento de um haleto orgânico, RX, com o Li (Eq. 23.5) ou por reações de metalação (Eq. 23.6) utilizando-se o *n*-butil-lítio, que é comercialmente disponível na forma de soluções em que os solventes são hidrocarbonetos (por exemplo, o hexano).

$$^nBuCl + 2Li \xrightarrow{\text{hidrocarboneto como solvente}} {}^nBuLi + LiCl \quad (23.5)$$

$$^nBuLi + C_6H_6 \longrightarrow {}^nBuH + C_6H_5Li \quad (23.6)$$

A escolha dos solventes para reações que envolvem organometálicos dos metais alcalinos é crítica. Por exemplo, o ^{n}BuLi é decomposto pelo Et$_2$O dando ^{n}BuH, C$_2$H$_4$ e LiOEt. Os reagentes de organolítio, organossódio ou organopotássio são consideravelmente mais reativos em solução na presença de certas diaminas (por exemplo, Me$_2$NCH$_2$CH$_2$NMe$_2$); voltaremos a esse ponto mais tarde.

Os organometálicos de metais alcalinos são extremamente reativos e devem ser manuseados em ambientes isentos de ar e umidade. O NaMe, por exemplo, queima de forma explosiva ao ar.[†]

As alquilas e arilas de lítio são termicamente mais estáveis do que os compostos correspondentes dos metais mais pesados do grupo 1 (embora eles sofram ignição espontaneamente ao ar) e geralmente diferem deles por serem solúveis em hidrocarbonetos e outros solventes orgânicos apolares e por serem líquidos ou sólidos de baixos pontos de fusão. As alquilas de sódio e potássio são insolúveis na maioria dos solventes orgânicos e, quando estáveis o suficiente com respeito à decomposição térmica, têm pontos de fusão bem altos. Nos compostos

---

[†] Uma fonte útil de referência é: D.F. Shriver and M.A. Drezdon (1986) *The Manipulation of Air-sensitive Compounds*, Wiley, New York.

---

de benzila e de trifenilmetila correspondentes, Na$^+$[PhCH$_2$]$^-$ e Na$^+$[Ph$_3$C]$^-$ (Eq. 23.7), a carga negativa nos ânions orgânicos pode estar deslocalizada sobre os sistemas aromáticos, intensificando, dessa forma, a estabilidade. Os sais têm coloração vermelha.

$$NaH + Ph_3CH \longrightarrow Na^+[Ph_3C]^- + H_2 \quad (23.7)$$

O sódio e o potássio também formam sais de coloração intensa com muitos compostos aromáticos (por exemplo, a reação 23.8). Em reações como essa, a oxidação do metal alcalino envolve a transferência de um elétron para o sistema aromático, produzindo um *ânion radicalar* paramagnético.

$$Na + \text{Naftaleno} \xrightarrow[\text{ou THF}]{NH_3 \text{ líquida}} Na^+[C_8H_{10}]^- \quad (23.8)$$

Naftaleto de sódio (azul-escuro)

> Um ***ânion radicalar*** é um ânion que possui um elétron desemparelhado.

As alquilas de lítio são poliméricas tanto em solução quanto no estado sólido. A Tabela 23.1 ilustra a extensão até a qual o MeLi, o ^{n}BuLi e o ^{t}BuLi se agregam em solução. Em um tetrâmero (RLi)$_4$, os átomos de Li formam uma unidade tetraédrica, enquanto em um hexâmero (RLi)$_6$, os átomos de Li definem um octaedro. As Figs. 23.2a e 23.2b mostram a estrutura do (MeLi)$_4$; o comprimento médio da ligação Li–Li é 261 pm comparado com 267 pm no Li$_2$ (veja a Tabela 2.1). A ligação nas alquilas de lítio é o assunto do problema 23.2 ao final deste capítulo. As Figs. 23.2c e 23.2d mostram a estrutura do caroço de Li$_6$C$_6$ do (LiC$_6$H$_{11}$)$_6$ (C$_6$H$_{11}$ = *ciclo*-hexila); as distâncias de seis ligações Li–Li ficam na faixa de 295–298 pm, enquanto as outras seis são significativamente menores (238-241 pm). A presença desses agregados em solução pode ser determinada pelo uso da espectroscopia de RMN multinuclear. O lítio possui dois isótopos de spin ativo (veja a Seção 4.8 e a Tabela 11.1) e as estruturas das alquilas de lítio em solução podem ser estudadas utilizando espectroscopias RMN de ^{6}Li, ^{7}Li e ^{13}C

Tabela 23.1 Grau de agregação de algumas alquilas de lítio na temperatura ambiente (a menos que enunciado em contrário)

Composto	Solvente	Espécie presente
MeLi	Hidrocarbonetos	(MeLi)$_6$
MeLi	Éteres	(MeLi)$_4$
^{n}BuLi	Hidrocarbonetos	(^{n}BuLi)$_6$
^{n}BuLi	Éteres	(^{n}BuLi)$_4$
^{n}BuLi	THF a baixa temperatura	(^{n}BuLi)$_6 \rightleftharpoons$ 2(^{n}BuLi)$_2$
^{t}BuLi	Hidrocarbonetos	(^{t}BuLi)$_4$
^{t}BuLi	Et$_2$O	Principalmente (^{t}BuLi)$_2$ solvatado
^{t}BuLi	THF	Principalmente ^{t}BuLi solvatado

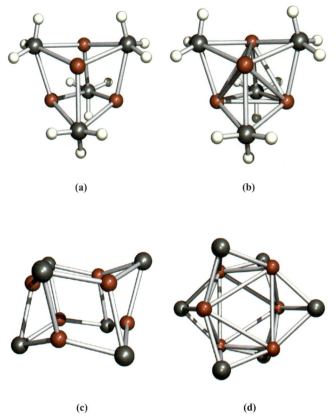

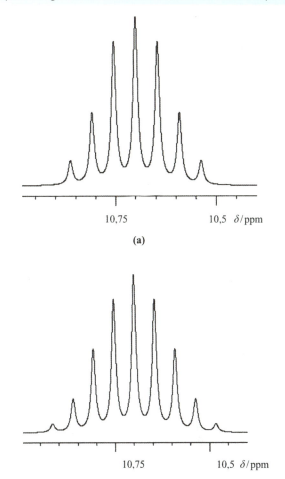

Fig. 23.2 (a) A estrutura do (MeLi)$_4$ (difração de raios X) para o composto perdeuterado [E. Weiss *et al.* (1990) *Chem. Ber.*, vol. 123, p. 79]; os átomos de Li definem um arranjo tetraédrico, enquanto a unidade de Li$_4$C$_4$ forma um cubo distorcido. Para maior clareza, as interações Li–Li não são mostradas em (a), mas o diagrama (b) apresenta essas interações adicionais. (c) O caroço de Li$_6$C$_6$ do (LiC$_6$H$_{11}$)$_6$ (difração de raios X) [R. Zerger *et al.* (1974) *J. Am. Chem. Soc.*, vol. 96, p. 6048]; o caroço de Li$_6$C$_6$ pode ser considerado como um prisma hexagonal distorcido com os átomos de Li e C em vértices alternados. (d) Uma visão alternativa da estrutura do caroço de Li$_6$C$_6$ do (LiC$_6$H$_{11}$)$_6$ que também mostra as interações Li–Li (elas foram omitidas de (c) para maior clareza); os átomos de Li definem um arranjo octaédrico. Código de cores: Li, vermelho; C, cinza; H, branco.

conforme ilustra o exemplo resolvido 23.1. As alquilas de Na, de K, de Rb e de Cs cristalizam com estruturas estendidas (por exemplo, o KMe adota a estrutura do NiAs; Fig. 15.10 – Volume 1) ou são sólidos amorfos.

Exemplo resolvido 23.1 Espectroscopia de RMN do (^{t}BuLi)$_4$

A estrutura do (^{t}BuLi)$_4$ é semelhante a do (MeLi)$_4$ apresentada na Fig. 23.2a, mas com cada átomo de H substituído por um grupo metila. O espectro de RMN de ^{13}C de 75 MHz de uma amostra de (^{t}BuLi)$_4$, preparada a partir do ^{6}Li metálico consiste em dois sinais, um para os átomos de carbono da metila e um para os átomos de carbono quaternário. O sinal para os carbonos quaternários é mostrado a seguir em conjunto; (a) a 185 K e (b) a 299 K. Explique como surgem esses sinais.

[Dados: para o ^{6}Li, $I = 1$.]

Primeiramente, observe que o lítio presente na amostra é o ^{6}Li, e ele é spin ativo ($I = 1$). A natureza dos sinais multipletos vem do acoplamento spin–spin ^{13}C–^{6}Li.

Multiplicidade de sinal (número de linhas) = $2nI + 1$

Considere a Fig. 23.2a com cada átomo de H substituído por um grupo Me dando o (^{t}BuLi)$_4$. Os átomos de C quaternário são aqueles ligados aos centros de Li, e, *na estrutura estática*, cada núcleo de ^{13}C pode se acoplar com *três* núcleos de ^{6}Li adjacentes e equivalentes.

Multiplicidade de sinal = $(2 \times 3 \times 1) + 1 = 7$

Isso corresponde às sete linhas (um septeto) observadas na figura (a) para o espectro a baixa temperatura. Observe que o padrão é *não binomial*. A 299 K, é observado um noneto (não binomial).

Multiplicidade de sinal = $(2 \times n \times 1) + 1 = 9$

$$n = 4$$

Isso quer dizer que a molécula é fluxional, e cada núcleo de ^{13}C quaternário "vê" quatro núcleos de ^{6}Li equivalentes na escala de tempo da espectroscopia de RMN. Podemos concluir que, a 185 K, a molécula possui uma estrutura estática, mas, à medida que a temperatura se eleva até 299 K, energia suficiente se torna disponível para permitir que ocorra um processo fluxional, que troca os grupos ^{t}Bu.

Para uma discussão completa, veja: R.D. Thomas *et al.* (1986) *Organometallics*, vol. 5, p. 1851.

[Para detalhes da espectroscopia de RMN: veja a Seção 4.8. O estudo de caso 4, na presente seção, está voltado para um multipleto não binomial.]

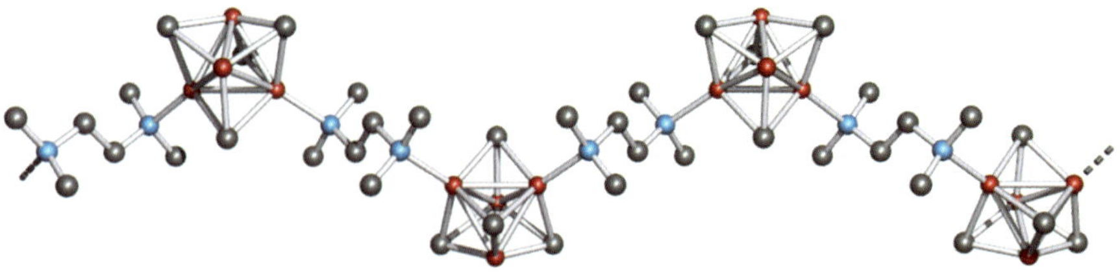

Fig. 23.3 Parte de uma cadeia polimérica de [(^{n}BuLi)$_4$·TMEDA]$_\infty$ encontrada no estado sólido; a estrutura foi determinada por difração de raios X. É mostrado apenas o primeiro átomo de carbono de cada cadeia de ^{n}Bu, e todos os átomos de H foram omitidos para maior clareza. As moléculas de TMEDA ligam as unidades de (^{n}BuLi)$_4$ juntas com a formação de ligações Li–N [N.D.R. Barnett *et al.* (1993) *J. Am. Chem. Soc.*, vol. 115, p. 1573]. Código de cores: Li, vermelho; C, cinza; N, azul.

Exercícios propostos

1. A partir dos dados que acabaram de ser vistos, o que você esperaria ver no espectro de RMN de ^{13}C, a 340 K?
   [*Resp.*: Noneto não binomial]

2. O espectro de RMN de ^{13}C do (^{t}BuLi)$_4$, a 185 K, é chamado de "espectro no limite de baixa temperatura". Explique o que isso quer dizer.

As alquilas de metais alcalinos amorfas, tais como o ^{n}BuNa, são normalmente insolúveis em solventes comuns, mas são solubilizadas pelo ligante quelante TMEDA (**23.1**).[†] A adição desse ligante pode quebrar os agregados das alquilas de lítio formando complexos de nuclearidade menor, por exemplo, o [^{n}BuLi·TMEDA]$_2$, **23.2**. No entanto, estudos detalhados revelaram que esse sistema está longe de ser simples e, em condições diferentes, é possível isolar cristais de [^{n}BuLi·TMEDA]$_2$ ou de [(^{n}BuLi)$_4$·TMEDA]$_\infty$ (Fig. 23.3). No caso do (MeLi)$_4$, a adição de TMEDA não leva a uma quebra do aglomerado, e um estudo de difração de raios X do (MeLi)$_4$·2TMEDA confirma a presença de tetrâmeros e moléculas de amina no estado sólido.

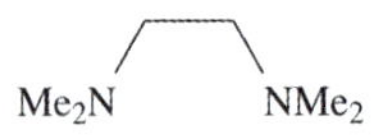

(23.1) 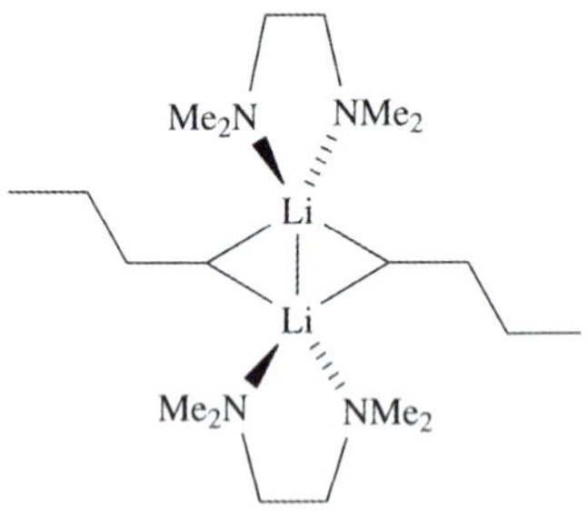   (23.2)

As soluções de reagentes de metais organoalcalinos complexados com TMEDA oferecem sistemas homogêneos convenientes para metalações. Por exemplo, a metalação do benzeno (reação 23.6) ocorre mais eficientemente se é usado o ^{n}BuLi·TMEDA no lugar do ^{n}BuLi. Os alquilbenzenos são metalados pelo ^{n}BuLi·TMEDA no grupo alquila em preferência a uma posição no anel. Dessa maneira, a reação entre o C$_6$H$_5$CH$_3$ e o ^{n}BuLi·TMEDA em hexano (303 K, 2 horas) produz o C$_6$H$_5$CH$_2$Li como o produto regiosseletivo (92%). A metalação dos sítios *orto* e *meta* no anel ocorre nessas condições até uma extensão de apenas 2 e 6%, respectivamente. No entanto, é possível inverter a regiosseletividade[‡] em favor da posição *meta* pelo uso do reagente heterometálico **23.3**, que é preparado a partir do ^{n}BuNa, ^{n}Bu$_2$Mg, 2,2,3,3-tetrametilpiperidina e TMEDA.

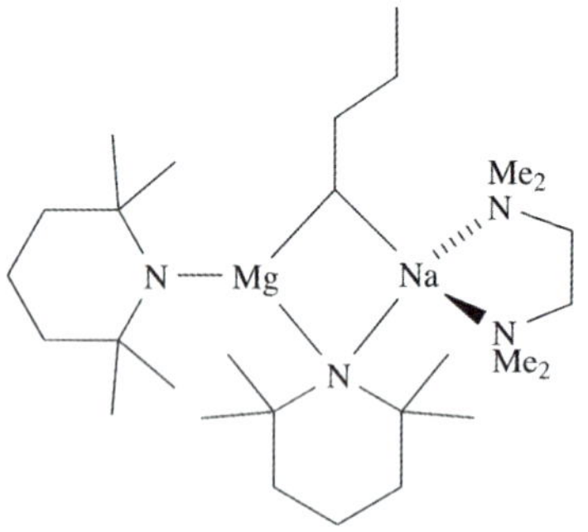

(23.3)

> Uma reação ***regiosseletiva*** é aquela que poderia ocorrer de várias maneiras, mas que se observa ocorrer somente, ou predominantemente, de uma única maneira.

Os compostos de organolítio (em particular o MeLi e o ^{n}BuLi) são de grande importância como reagentes sintéticos. Entre os muitos usos das alquilas e arilas de organolítio estão as conversões de trialetos de boro em compostos organoborados (Eq. 23.9) e reações semelhantes com outros haletos do bloco *p* (por exemplo, o SnCl$_4$).

$$3^n\text{BuLi} + \text{BCl}_3 \longrightarrow {}^n\text{Bu}_3\text{B} + 3\text{LiCl} \qquad (23.9)$$

As alquilas de lítio são catalisadores importantes na indústria da borracha sintética para a polimerização estereoespecífica dos alquenos.

23.3 Organometálicos do grupo 2

Berílio

As alquilas e arilas de berílio são obtidas de forma mais eficiente por reações dos tipos 23.10 e 23.11, respectivamente. Elas são hidrolisadas pela água e inflamam-se ao ar.

$$\text{HgMe}_2 + \text{Be} \xrightarrow{383\ \text{K}} \text{Me}_2\text{Be} + \text{Hg} \qquad (23.10)$$

$$2\text{PhLi} + \text{BeCl}_2 \xrightarrow{\text{Et}_2\text{O}} \text{Ph}_2\text{Be} + 2\text{LiCl} \qquad (23.11)$$

Na fase vapor, o Me$_2$Be é monomérico, com uma unidade de C–Be–C linear (Be–C = 170 pm). A ligação foi descrita na

---

[†] A abreviatura TMEDA vem do nome não IUPAC *N,N,N',N'*-tetrametiletilenodiamina.

[‡] Para detalhes dessa observação inesperada, veja: P.C. Andrikopoulis *et al.* (2005) *Angew. Chem. Int. Ed.*, vol. 44, p. 3459.

Compostos organometálicos dos elementos dos blocos *s* e *p* | 193

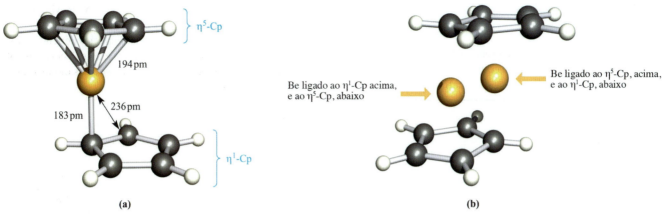

Fig. 23.4 (a) A estrutura no estado sólido do Cp₂Be determinada por difração de raios X, a 128 K [K.W. Nugent *et al.* (1984) *Aust. J. Chem.*, vol. 37, p. 1601]. (b) A mesma estrutura mostrando os dois sítios equivalentes sobre os quais o átomo de Be está desordenado. Código de cores: Be, amarelo; C, cinza; H, branco.

Seção 5.2. A estrutura do estado sólido é polimérica (**23.4**) e assemelha-se a do BeCl₂ (Fig. 12.4b). No entanto, enquanto a ligação no BeCl₂ pode ser descrita em termos de um esquema de ligação localizada (Fig. 12.4c), há insuficiência de elétrons de valência disponíveis no (Me₂Be)ₙ para um esquema de ligação análogo. Em vez disso, as ligações de 3c–2e são invocadas conforme descrito para o BeH₂ (veja a Fig. 10.15 e o texto associado). As alquilas superiores são polimerizadas progressivamente em uma menor extensão, e o derivado *terc*-butil é monomérico em todas as condições.

(**23.4**)

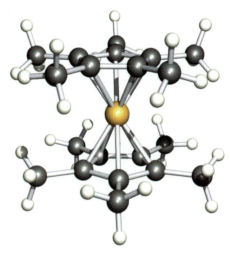

Fig. 23.5 A estrutura do estado sólido (difração de raios X, a 113 K) do (η⁵-C₅Me₅)₂Be [M. Del Mar Conejo *et al.* (2000) *Angew. Chem. Int. Ed.*, vol. 39, p. 1949]. Código de cores: Be, amarelo; C, cinza; H, branco.

$$2Na[Cp] + BeCl_2 \longrightarrow Cp_2Be + 2NaCl \qquad (23.12)$$

A reação 23.12 leva à formação do Cp₂Be e, no estado sólido, a estrutura (Fig. 23.4a) está de acordo com a descrição (η¹-Cp)(η⁵-Cp)Be. Estudos de difração de elétrons e espectroscópicos do Cp₂Be em fase gasosa forneceram pontos de vista conflitantes da estrutura, mas os dados atuais indicam que essa estrutura se assemelha à que foi determinada no estado sólido, ao invés da (η⁵-Cp)₂Be proposta originalmente. Além disso, a estrutura do estado sólido não é tão simples quanto mostra a Fig. 23.4a. O átomo de Be está *desordenado* (veja o Boxe 15.5) sobre dois sítios equivalentes apresentados na Fig. 23.4b. Os estudos de espectroscopia de RMN em temperaturas variáveis mostram que o Cp₂Be é fluxional tanto no estado sólido quanto em solução. No estado sólido, uma energia de ativação de 36,9 kJ mol⁻¹ foi determinada experimentalmente para a "inversão molecular", na qual os dois anéis de Cp efetivamente intercambiam entre modos de coordenação η¹ e η⁵. Em solução, cada um dos espectros de RMN de ¹H e de ¹³C mostra apenas um sinal baixo a 138 K, indicando que um processo fluxional torna equivalentes todos os ambientes de prótons e todos os de carbono. O composto (C₅HMe₄)₂Be pode ser preparado, à temperatura ambiente, a partir do BeCl₂ e K[C₅HMe₄]. No estado sólido, a 113 K, ele é estruturalmente semelhante ao Cp₂Be, embora no (C₅HMe₄)₂Be, o átomo de Be não seja desordenado. Os dados de espectroscopia de RMN de ¹H para o (C₅HMe₄)₂Be em solução são consistentes com a molécula ser fluxional ao cair para 183 K. O derivado totalmente metilado (C₅Me₅)₂Be é obtido pela reação 23.13. Ao contrário do Cp₂Be e do (C₅HMe₄)₂Be, o (C₅Me₅)₂Be possui uma estrutura em *sanduíche*, na qual os dois anéis C₅ são coparalelos e alternados (Fig. 23.5), isto é, o composto é formulado como (η⁵-C₅Me₅)₂Be.

$$2K[C_5Me_5] + BeCl_2 \xrightarrow[388\ K]{Et_2O/tolueno} (C_5Me_5)_2Be + 2KCl$$
(23.13)

Em um ***complexo sanduíche***, o centro do metal fica entre dois ligantes hidrocarboneto (ou derivado) com ligação π. Os complexos do tipo (η⁵-Cp)₂M são chamados de **metalocenos**.

Consideramos os esquemas de ligação para complexos que contêm ligantes Cp⁻ no Boxe 23.1.

Exercício proposto

Descreva a ligação para a interação entre um átomo de metal e um anel η^1-Cp, por exemplo, em um complexo geral $L_n MH(\eta^1$-Cp$)$. A interação M–C é localizada ou deslocalizada?

Magnésio

Os haletos alquila e arila de magnésio (reagentes de Grignard, representados pela fórmula RM_gX) são extremamente bem conhecidos por conta de suas aplicações em química orgânica sintética. O preparo geral de um reagente de Grignard (Eq. 23.14) requer a ativação inicial do metal, por exemplo, por adição do I_2.

$$Mg + RX \xrightarrow{Et_2O} RMgX \qquad (23.14)$$

A transmetalação de um composto organomercúrio adequado é um meio útil de preparar reagentes de Grignard puros (Eq. 23.15), e a transmetalação 23.16 pode ser utilizada para sintetizar compostos do tipo R_2Mg.

$$Mg + RHgBr \longrightarrow Hg + RMgBr \qquad (23.15)$$

$$Mg + R_2Hg \longrightarrow Hg + R_2Mg \qquad (23.16)$$

Embora as Eqs. 23.14–23.16 mostrem os organometálicos de magnésio como espécies simples, isso é uma supersimplificação. A bicoordenação no Mg do R_2Mg só é observada no estado sólido, quando os grupos R são especialmente volumosos, por exemplo, o $Mg\{C(SiMe_3)_3\}_2$ (Fig. 23.6a). Os reagentes de Grignard geralmente são solvatados, e os dados de estrutura cristalina mostram que o centro de Mg normalmente fica situado tetraedricamente, por exemplo, no $EtMgBr \cdot 2Et_2O$ (Fig. 23.6b) e no $PhMgBr \cdot 2Et_2O$. Foram observados alguns exemplos de penta e hexacoordenação, por exemplo, em **23.5**, em que o ligante macrocíclico impõe o número de coordenação maior ao centro metálico. A preferência por uma estrutura octaédrica pode ser controlada pela cuidadosa escolha do substituinte orgânico, por exemplo, o complexo **23.6**. A introdução de dois ou mais ligantes tridentados na esfera de coordenação octaédrica leva à possibilidade de *estereoisomerismo*; por exemplo, **23.6** é quiral (veja as Seções 3.8 e 19.8). Os reagentes de Grignard enantiomericamente puros têm potencial para uso em síntese orgânica estereosseletiva. As soluções de reagentes de Grignard podem conter diversas espécies, por exemplo, $RMgX$, R_2Mg, MgX_2, $RMg(\mu\text{-}X)_2MgR$, que ficam mais complicadas pela solvatação. As posições dos equilíbrios entre essas espécies dependem fortemente da concentração, da temperatura e do solvente. Os solventes fortemente doadores favorecem as espécies monoméricas que se coordenam ao centro metálico.

(23.5) **(23.6)**

Ao contrário do seu análogo de berílio, o Cp_2Mg tem a estrutura mostrada na Fig. 23.6c, isto é, dois ligantes de η^5-ciclopentadienila, e é estruturalmente semelhante ao ferroceno (veja a Seção 24.13). A reação entre o Mg e o C_5H_6 produz o Cp_2Mg, que é decomposto pela água; portanto, o composto é frequentemente inferido como iônico e, na verdade, é sugerido um caráter iônico significativo pelas longas ligações Mg–C no estado sólido e também por dados de espectroscopia de IV e Raman.

Cálcio, estrôncio e bário

Os metais mais pesados do grupo 2 são altamente eletropositivos, e a ligação metal–ligante geralmente é considerada predominantemente iônica. Ainda assim, esse fato permanece como um tópico para debate e investigação teórica. Enquanto o Cp_2Be e o Cp_2Mg são monoméricos e solúveis em solventes de hidrocarbonetos, o Cp_2Ca, o Cp_2Sr e o Cp_2Ba são poliméricos e insolúveis em éteres e hidrocarbonetos. O aumento das exigências estéricas dos substituintes nos anéis C_5 leva a mudanças estruturais no estado sólido e a mudanças de propriedades em solução; por exemplo, o $(C_5Me_5)_2Ba$ é polimérico, o $\{1,2,4\text{-}(SiMe_3)_3C_5H_2\}_2Ba$ é dimérico e o $(^iPr_5C_5)_2Ba$ é monomérico. Os derivados dos metalocenos oligoméricos de Ca^{2+}, Sr^{2+} e Ba^{2+} normalmente apresentam unidades angulares de C_5–M–C_5 (Fig. 23.7 e veja o final da Seção 23.5), mas, no $(^iPr_5C_5)_2Ba$, os anéis C_5 são copa-

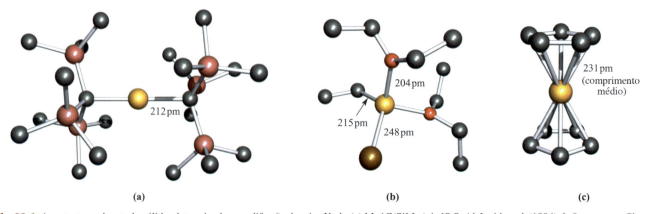

Fig. 23.6 As estruturas de estado sólido, determinadas por difração de raios X, do (a) $Mg\{C(SiMe_3)_3\}_2$ [S.S. Al-Juaid *et al.* (1994) *J. Organomet. Chem.*, vol. 480, p. 199, (b) $EtMgBr \cdot 2Et_2O$ [L.J. Guggenberger *et al.* (1968) *J. Am. Chem. Soc.*, vol. 90, p. 5375] e (c) Cp_2Mg em que cada anel está em um modo η^5 e os dois anéis são mutuamente escalonados [W. Bunder *et al.* (1975) *J. Organomet. Chem.*, vol. 92, p. 1]. Os átomos de hidrogênio foram omitidos para maior clareza. Código de cores: Mg, amarelo; C, cinza; Si, rosa; Br, castanho; O, vermelho.

TEORIA

Boxe 23.1 Ligação em complexos de ciclopentadienila: modo η^5

Se todos os cinco átomos de C do anel ciclopentadienila interagirem com o átomo metálico, a ligação é mais adequadamente descrita em termos de um esquema de OM. Uma vez formada a estrutura de ligação σ do ligante [Cp]$^-$, há um orbital atômico $2p_z$ por átomo de C restante, e são possíveis cinco combinações. O diagrama OM, visto a seguir, mostra a formação do (η^5-Cp)BeH (C_{5v}), um modelo de composto que nos permite ver como o ligante [η^5-Cp]$^-$ interage com um fragmento de metal do bloco s ou p. Para a formação do fragmento do [BeH]$^+$, podemos empregar um esquema de hibridização sp. Um dos híbridos sp aponta para o átomo de H e o outro aponta para o anel Cp. Utilizando os métodos do Capítulo 5, os orbitais da unidade de [BeH]$^+$ podem ser classificados como tendo simetria a_1 ou e_1 no grupo de pontos C_{5v}. Para obter os orbitais π do ligante [Cp]$^-$, primeiramente determinamos quantos orbitais $2p_z$ de C ficam inalterados por operação de simetria no grupo de pontos C_{5v} (Apêndice 3). A linha de caracteres resultante é:

E	$2C_5$	$2C_5^2$	$5\sigma_v$
5	0	0	1

Essa linha pode ser obtida pela adição das linhas de caracteres para as representações A_1, E_1 e E_2 na tabela de caracteres de C_{5v}. Sendo assim, os cinco orbitais π do [Cp]$^-$ possuem simetrias a_1, e_1 e e_2. Pela aplicação dos métodos descritos no Capítulo 5, podem ser determinadas as funções de onda para esses orbitais. Os orbitais são mostrados esquematicamente no lado esquerdo do diagrama. O diagrama OM é construído pela combinação das simetrias dos orbitais do fragmento. Pode ocorrer mistura entre os dois orbitais a_1 do fragmento de [BeH]$^+$. Resultam quatro OM ligantes (a_1 e e_1). Os orbitais e_2 do [Cp]$^-$ são não ligantes com respeito às interações Cp–BeH. (Foram omitidos do diagrama os OM antiligantes.) São disponíveis oito elétrons para ocuparem os OM a_1, e_1 e e_2. As representações dos OM a_1, e_1 e e_2 são apresentadas no lado direito da figura: o conjunto e_1 possui caráter de ligação Be–C, enquanto ambos os OM a_1 têm caráter ligante Be–C e Be–H.

A ligação em complexos de ciclopendienila dos metais do bloco d (veja o Capítulo 24) pode ser descrita de maneira semelhante, mas devemos considerar a participação dos orbitais d do metal.

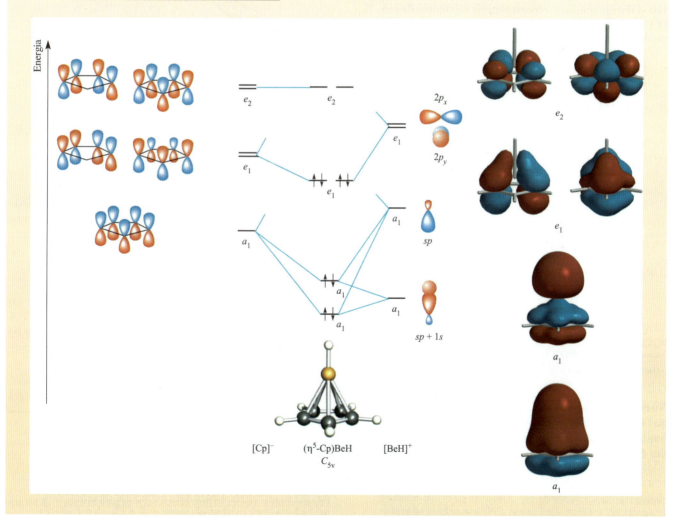

Fig. 23.7 Parte de uma cadeia da estrutura polimérica (difração de raios X, 118 K) do $(\eta^5\text{-}C_5Me_5)_2Ba$ ilustrando as unidades angulares de metalocenos [R.A. Williams *et al.* (1988) *J. Chem. Soc., Chem. Commun.*, p. 1045]. Os átomos de hidrogênio foram omitidos. Código de cores: Ba, laranja; C, cinza.

ralelos. Os anéis $^i\text{Pr}_5C_5$ são muito volumosos, e fazem um sanduíche protetor do íon Ba^{2+}, tornando o $(^i\text{Pr}_5C_5)_2Ba$ estável ao ar. A década de 1990 presenciou um significativo desenvolvimento da química dos organometálicos dos metais mais pesados do grupo 2, com a força motriz sendo a pesquisa de precursores para uso em deposição de vapor químico (veja o Capítulo 28). Algumas metodologias sintéticas representativas são mostradas nas Eqs. 23.17–23.20, em que M = Ca, Sr ou Ba.[†]

$$Na[C_5R_5] + MI_2 \xrightarrow{\text{éter (por exemplo, THF, Et}_2\text{O)}} NaI + (C_5R_5)MI(\text{éter})_x \quad (23.17)$$

$$2C_5R_5H + M\{N(SiMe_3)_2\}_2$$
$$\xrightarrow{\text{tolueno}} (C_5R_5)_2M + 2NH(SiMe_3)_2 \quad (23.18)$$

$$3K[C_5R_5] + M(O_2SC_6H_4\text{-}4\text{-}Me)_2$$
$$\xrightarrow{\text{THF}} K[(C_5R_5)_3M](THF)_3 + 2K[O_2SC_6H_4\text{-}4\text{-}Me] \quad (23.19)$$

$$(C_5R_5)CaN(SiMe_3)_2(THF) + HC\equiv CR'$$
$$\xrightarrow{\text{tolueno}} (C_5R_5)(THF)Ca(\mu\text{-}C\equiv CR')_2Ca(THF)(C_5R_5) \quad (23.20)$$

Exemplo resolvido 23.2 Complexos ciclopentadienila de Ca^{2+}, Sr^{2+} e Ba^{2+}

No estado sólido, o $(\eta^5\text{-}1,2,4\text{-}(SiMe_3)_3C_5H_2)SrI(THF)_2$ existe na forma de dímeros, cada qual com um centro de inversão. Sugira como a estrutura dimérica é confirmada e desenhe um diagrama mostrando a estrutura do dímero.

Os ligantes iodeto têm o potencial de fazer ponte entre dois centros de Sr.

Quando desenhar a estrutura, tenha certeza de que as duas metades do dímero fiquem relacionadas por um centro de inversão, *i* (veja a Seção 3.2):

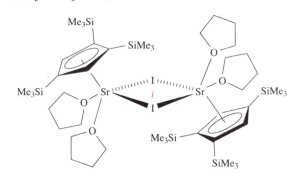

Exercícios propostos

1. O "$(\eta^5\text{-}C_5{}^i\text{Pr}_4H)CaI$" pode ser estabilizado na presença de THF como um complexo de THF. No entanto, a remoção do THF coordenado por calor resulta na reação:

$$2(\eta^5\text{-}C_5{}^i\text{Pr}_4H)CaI \longrightarrow (\eta^5\text{-}C_5{}^i\text{Pr}_4H)_2Ca + CaI_2$$

Comente a respeito dessas observações.

2. A reação do BaI_2 com o $K[1,2,4\text{-}(SiMe_3)_3C_5H_2]$ produz um composto **A** e um sal iônico. O espectro de RMN de ^1H de **A** em solução apresenta simpletos em δ 6,69 (2H), 0,28 (18H) e 0,21 (9H) ppm. Identifique **A** e caracterize o espectro de RMN de ^1H.

[Para mais informações e respostas, veja: M.J. Harvey *et al.* (2000) *Organometallics*, vol. 19, p. 1556.]

23.4 Grupo 13

Boro

Os seguintes aspectos dos compostos organoborados já foram discutidos:

- reações de alquenos com o B_2H_6 dando compostos R_3B (veja a Fig. 13.8);
- preparo do $B_4{}^t\text{Bu}_4$ (Eq. 13.42);
- organoboranos que contêm ligações B–N (Seção 13.8).

[†] Para mais detalhes, veja: T.P. Hanusa (2000) *Coord. Chem. Rev.*, vol. 210, p. 329; W.D. Buchanan, D.G. Allis and K. Ruhlandt-Senge (2010) *Chem. Commun.*, vol. 46, p. 4449.

Os organoboranos do tipo R₃B podem ser preparados pela reação 23.21, ou pela reação de hidroboração mencionada anteriormente.

$$Et_2O \cdot BF_3 + 3RMgX \longrightarrow R_3B + 3MgXF + Et_2O$$

(R = alquila ou arila)   (23.21)

Os trialquilboranos são monoméricos e inertes em relação à água, mas são pirofóricos. Os compostos de triarila são menos reativos. Ambos os conjuntos de compostos contêm B tricoordenado plano e agem como ácidos de Lewis em relação às aminas e aos carbânions (veja também as Seções 13.5 e 13.6). A reação 23.22 mostra um exemplo importante: o tetrafenilborato de sódio é solúvel em água, mas os sais de cátions monopositivos maiores (por exemplo, o K⁺) são insolúveis. Isso torna o Na[BPh₄] útil na precipitação de íons metálicos grandes.

$$BPh_3 + NaPh \longrightarrow Na[BPh_4] \quad (23.22)$$

Os compostos dos tipos R₂BCl e RBCl₂ podem ser preparados por reações de transmetalação (por exemplo, a Eq. 23.23) e são sinteticamente úteis (por exemplo, as reações 13.67 e 23.24).

(23.23)

(23.24)

A ligação no R₂B(μ-H)₂BR₂ pode ser descrita de uma maneira semelhante à daquela no B₂H₆ (veja a Seção 5.7). Um importante membro dessa família é o **23.7**, comumente conhecido como 9-BBN,† que é empregado para a redução regiosseletiva de cetonas, aldeídos, alquinos e nitrilas.

(23.7)

Pelo uso de substituintes orgânicos volumosos (por exemplo, a mesitila = 2,4,6-Me₃C₆H₂), é possível estabilizar compostos do tipo R₂B–BR₂. Eles devem ser contrastados com o X₂B–BX₂, em que X = halogênio ou NR₂, no qual há sobreposição π X → B (veja as Seções 13.6 e 13.8). A redução de dois elétrons do R₂B–BR₂ dá o [R₂B=BR₂]²⁻, um análogo isoeletrônico de um alqueno. A estrutura plana do B₂C₄ foi confirmada por difração de raios X para o Li₂[B₂(2,4,6-Me₃C₆H₂)₃Ph], embora exista interação significativa entre a unidade B=B e dois centros de Li⁺. O encurtamento da ligação B–B indo do B₂(2,4,6-Me₃C₆H₂)₃Ph (171 pm) para o [B₂(2,4,6-Me₃C₆H₂)₃Ph]²⁻ (163 pm) é menor do que se poderia esperar, e essa observação é atribuída à grande repulsão coulômbica entre os dois centros de B⁻.

_____
† O nome sistemático para o 9-BBN é 9-borabiciclo[3.3.1]nonano.

Alumínio

As alquilas de alumínio podem ser preparadas pela reação de transmetalação 23.25, ou a partir de reagentes de Grignard (Eq. 23.26). Em escala industrial, é empregada a reação direta do Al com um alqueno terminal e H₂ (Eq. 23.27).

$$2Al + 3R_2Hg \longrightarrow 2R_3Al + 3Hg \quad (23.25)$$
$$AlCl_3 + 3RMgCl \longrightarrow R_3Al + 3MgCl_2 \quad (23.26)$$
$$Al + \tfrac{3}{2}H_2 + 3R_2C=CH_2 \longrightarrow (R_2CHCH_2)_3Al \quad (23.27)$$

As reações entre o Al e os haletos de alquila produzem haletos alquilalumínio (Eq. 23.28). Observe que **23.8** está em equilíbrio com o [R₂Al(μ-X)₂AlR₂] e o [RXAl(μ-X)₂AlRX] por meio de uma reação de redistribuição, mas **23.8** predomina na mistura.

(23.28)

(23.8)

$$Al + \tfrac{3}{2}H_2 + 2R_3Al \longrightarrow 3R_2AlH \quad (23.29)$$

Os hidretos de alquilalumínio são obtidos pela reação 23.29. Esses compostos, embora instáveis tanto no ar quanto em água, são catalisadores importantes para a polimerização dos alquenos e outros compostos orgânicos insaturados. Descrevemos o papel comercialmente importante dos derivados do alquilalumínio como cocatalisadores na polimerização de alquenos de Ziegler–Natta na Seção 2.58.†

(23.9)

Anteriormente observamos que os compostos R₃B são monoméricos. Por outro lado, as trialquilas de alumínio formam dímeros. Embora isso se assemelhe ao comportamento dos haletos, discutido na Seção 13.6, há diferenças na ligação. O trimetilalumínio (p.fus. 313 K) possui a estrutura **23.9** e uma descrição de ligação semelhante a do B₂H₆ é apropriada. O fato é que Al–C$_{ponte}$ > Al–C$_{terminal}$ é consistente com a ligação 3c–2e nas pontes Al–C–Al, mas não com ligações 2c–2e terminais. Os equilíbrios entre dímero e monômero existem em solução, com o monômero ficando mais favorecido à medida que aumenta o impedimento estérico do grupo alquila. Os haletos de alquila mistos também dimerizam conforme exemplificado na estrutura **23.8**, mas, com grupos R particularmente volumosos, o monômero (com Al plano triangular) é favorecido, por exemplo, o (2,4,6-ᵗBu₃C₆H₂)AlCl₂ (Fig. 23.8a). O trifenilalumínio também existe na forma de um dímero, mas, no derivado de mesitila (mesitila = 2,4,6-Me₃C₆H₂), os efeitos estéricos dos substituin-

_____
† Para análises gerais, veja: G. Wilke (2003) *Angew. Chem. Int. Ed.*, vol. 42, p. 5000 – "Fifty years of Ziegler catalysts: Consequences and development of an invention"; W.M. Alley, I.K. Hamdemir, K.A. Johnson and R.G. Finke (2010) *J. Mol. Catal. A*, vol. 315, p. 1 – "Ziegler-type hydrogenation catalysts made from group 8–10 transition metal precatalysts and AlR₃ cocatalysts: A critical review of the literature".

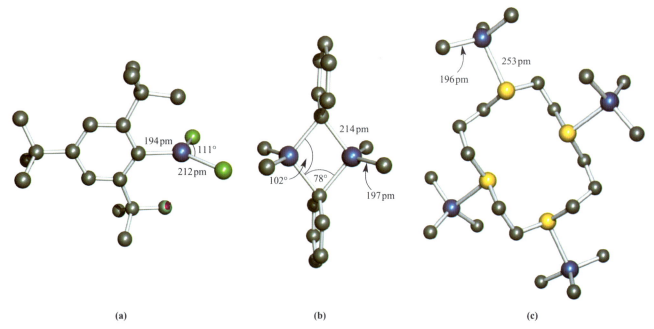

Fig. 23.8 As estruturas de estado sólido (difração de raios X) do (a) (2,4,6-^{t}Bu$_3$C$_6$H$_2$)AlCl$_2$ [R.J. Wehmschulte *et al.* (1996) *Inorg. Chem.*, vol. 35, p. 3262], (b) Me$_2$Al(µ-Ph)$_2$AlMe$_2$ [J.F. Malone *et al.* (1972) *J. Chem. Soc., Dalton Trans.*, p. 2649], e (c) aduto L · (AlMe$_3$)$_4$, em que L é o ligante macrocíclico 1,4,8,11-tetratiaciclotetradecano contendo enxofre [G.H. Robinson *et al.* (1987) *Organometallics*, vol. 6, p. 887]. Os átomos de hidrogênio foram omitidos para maior clareza. Código de cores: Al, azul; C, cinza; Cl, verde; S, amarelo.

tes estabilizam o monômero. A Fig. 23.8b mostra a estrutura do Me$_2$Al(µ-Ph)$_2$AlMe$_2$, e as orientações dos grupos fenila em ponte são as mesmas que no Ph$_2$Al(µ-Ph)$_2$AlPh$_2$. Essa orientação é estericamente favorecida e coloca cada átomo de *ipso*-carbono em um ambiente aproximadamente tetraédrico.

> O átomo de ***ipso***-carbono de um anel fenila é aquele no qual o substituinte fica ligado; por exemplo, no PPh$_3$, o *ipso*-C de cada anel Ph fica ligado ao P.

Nos dímeros contendo pontes RC≡C–, atua um tipo diferente de ligação. A estrutura do Ph$_2$Al(PhC≡C)$_2$AlPh$_2$ (**23.10**) mostra que pontes alquinila se inclinam para um dos centros de Al. Isso é interpretado em termos do seu comportamento como ligantes σ,π: cada um deles forma uma ligação σ Al–C e interage com o segundo centro de Al utilizando a ligação π C≡C. Assim, cada grupo alquinila é capaz de fornecer três elétrons (um elétron σ e dois elétrons π) para ligação em ponte, ao contrário de um elétron ser fornecido por um grupo alquila ou arila; a ligação é mostrada esquematicamente em **23.11**.

Os derivados de trialquilalumínio comportam-se como ácidos de Lewis, formando diversos adutos, por exemplo, o R$_3$N · AlR$_3$, K[AlR$_3$F], Ph$_3$P · AlMe$_3$ e complexos mais exóticos, tais como aquele apresentado na Fig. 23.8c. Cada aduto contém um átomo de Al situado tetratedricamente. Os compostos de trialquilalumínio são ácidos de Lewis mais fortes do que o R$_3$B ou o R$_3$Ga, e a sequência para o grupo 13 segue a tendência R$_3$B < R$_3$Al > R$_3$Ga > R$_3$In > R$_3$Tl. A maioria dos adutos do AlMe$_3$ com doadores de nitrogênio (por exemplo, Me$_3$N · AlMe$_3$, **23.12**, **23.13** e **23.14**) são sensíveis ao ar e à umidade, e devem ser manuseados em atmosferas inertes. Uma das maneiras de estabilizar o sistema é com o uso de uma amina interna, como em **23.15**. Alternativamente, o complexo **23.16** (contendo uma diamina bicíclica) pode ser manuseado ao ar, tendo uma estabilidade hidrolítica comparável à do LiBH$_4$.

O primeiro derivado de R$_2$Al–AlR$_2$ (descrito em 1988) foi preparado por redução do potássio do {(Me$_3$Si)$_2$CH}$_2$AlCl estericamente impedido. A distância de ligação Al–Al no {(Me$_3$Si)$_2$CH}$_4$Al$_2$ é 266 pm (compare o r_{cov} = 130 pm) e a estrutura do Al_2C_4 é *plana*, apesar de ele ser um composto formado por ligação simples. Um composto correlato é o $(2,4,6\text{-}^iPr_3C_6H_2)_4Al_2$ (Al–Al = 265 pm), mas, nesse caso, a estrutura do Al_2C_4 não é plana (o ângulo entre os dois planos do AlC_2 = 45°). A redução por um elétron do Al_2R_4 (R = $2,4,6\text{-}^iPr_3C_6H_2$) dá o ânion radicalar $[Al_2R_4]^-$ com uma ordem de ligação formal Al–Al de 1,5. Consistente com a presença de uma contribuição π, a ligação Al–Al diminui sob redução para 253 pm, com R = $(Me_3Si)_2CH$, e para 247 pm, com R = $2,4,6\text{-}^iPr_3C_6H_2$. Em ambos os ânions, as estruturas do Al_2R_4 são essencialmente planas. Teoricamente, um dialano $R_2Al–AlR_2$, **23.17**, possui um isômero, **23.18**, e essa espécie é exemplificada pelo $(\eta^5\text{-}C_5Me_5)Al–Al(C_6F_5)_3$. A ligação Al–Al (259 pm), nesse composto, é menor do que em compostos do tipo $R_2Al–AlR_2$, e isso é consistente com a contribuição iônica feita para a interação Al–Al no isômero **23.18**.

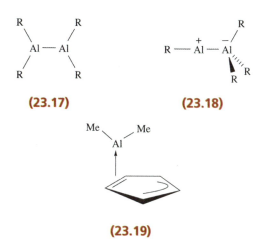

(23.17)   (23.18)

(23.19)

A reação entre o ciclopentadieno e o Al_2Me_6 dá o $CpAlMe_2$, que é um sólido volátil. Ele é monomérico em fase gasosa, com um modo de ligação η^5-Cp (**23.19**). Ele efetivamente particiona o anel ciclopentadienila em partes alqueno e alila, pois apenas dois dos cinco elétrons π são doados ao centro do metal. No estado sólido, as moléculas interagem formando cadeias poliméricas (Fig. 23.9a). O composto correlato Cp_2AlMe é monomérico com um modo η^2 no estado sólido (Fig. 23.9b). Em solução, o Cp_2AlMe e o $CpAlMe_2$ são altamente fluxionais. Uma pequena diferença de energia entre os diferentes modos de ligação do ligante ciclopentadienila também é observada nos compostos $(C_5H_5)_3Al$ (isto é, o Cp_3Al), $(1,2,4\text{-}Me_3C_5H_2)_3Al$ e $(Me_4C_5H)_3Al$. Em solução, mesmo a uma baixa temperatura, eles são estereoquimicamente não rígidos, com diferenças de energia insignificantes entre os modos η^1, η^2, η^3 e η^5 de ligação. No estado sólido, os parâmetros estruturais são consistentes com as descrições:

- $(\eta^2\text{-}C_5H_5)(\eta^{1,5}\text{-}C_5H_5)_2Al$ e $(\eta^2\text{-}C_5H_5)(\eta^{1,5}\text{-}C_5H_5)(\eta^1\text{-}C_5H_5)Al$ para as duas moléculas independentes presentes na rede cristalina;
- $(\eta^5\text{-}1,2,4\text{-}Me_3C_5H_2)(\eta^1\text{-}1,2,4\text{-}Me_3C_5H_2)_2Al$;
- $(\eta^1\text{-}Me_4C_5H)_3Al$.

Esses exemplos ilustram a natureza não previsível desses sistemas.

Os compostos do tipo R_3Al contêm alumínio no estado de oxidação +3, enquanto o Al_2R_4 formalmente contém o Al(II). A redução do $[(\eta^5\text{-}C_5Me_5)XAl(\mu\text{-}X)]_2$ (X = Cl, Br, I) pela liga Na/K dá o $[(\eta^5\text{-}C_5Me_5)Al]_4$, com o rendimento sendo máximo

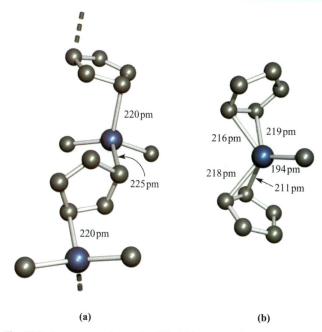

Fig. 23.9 As estruturas do estado sólido (difração de raios X) do (a) $CpAlMe_2$ polimérico [B. Tecle *et al.* (1982) *Inorg. Chem.*, vol. 21, p. 458), e (b) $(\eta^2\text{-}Cp)_2AlMe$ monomérico [J.D. Fisher *et al.* (1994) *Organometallics*, vol. 13, p. 3324]. Os átomos de hidrogênio foram omitidos. Código de cores: Al, azul; C, cinza.

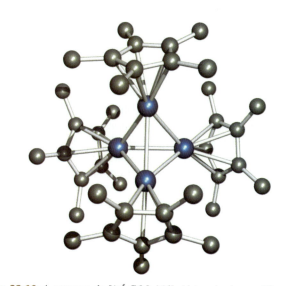

Fig. 23.10 A estrutura do $[(\eta^5\text{-}C_5Me_5)Al]_4$ (determinada por difração de raios X, a 200 K); Al–Al = 277 pm e Al–C (comprimento médio) = 234 pm [Q. Yu *et al.* (1999) *J. Organomet. Chem.*, vol. 584, p. 94]. Os átomos de hidrogênio foram omitidos. Código de cores: Al, azul; C, cinza.

para X = I, correspondente à menor entalpia de ligação Al–X. O $[(\eta^5\text{-}C_5Me_5)Al]_4$ contém um aglomerado tetraédrico de átomos de Al (Fig. 23.10) e é formalmente um composto de alumínio(I). A estabilização desse e de compostos correlatos requer a presença de ligantes ciclopentadienila volumosos. Não foi possível isolar o $(\eta^5\text{-}C_5R_5)Al$ monomérico.[†]

[†] Para uma visão do desenvolvimento de compostos de organoalumínio(I), veja: H.W. Roesky (2004) *Inorg. Chem.*, vol. 43, p. 7284 – "The renaissance of aluminum chemistry".

APLICAÇÕES
Boxe 23.2 Semicondutores III-V

Os chamados semicondutores III-V derivam seu nome dos antigos números de grupo para os grupos 13 e 15, e incluem o AlAs, AlSb, GaP, GaAs, GaSb, InP, InAs e o InSb. Desses, o GaAs é o de maior interesse comercial. Embora o Si seja provavelmente o semicondutor comercial mais importante, uma grande vantagem do GaAs sobre o Si é que a mobilidade do carreador de carga é muito maior. Isso torna o GaAs adequado para dispositivos eletrônicos de alta velocidade. Outra diferença importante é que o GaAs apresenta uma transição eletrônica inteiramente permitida entre as bandas de valência e de condução (isto é, ele é um semicondutor de lacuna de banda *direta*), enquanto o Si é um semicondutor de lacuna de banda *indireta*. A consequência dessa diferença é que o GaAs (e, de forma semelhante, os outros semicondutores III-V) é mais adequado do que o Si para uso em dispositivos optoeletrônicos, pois a luz é emitida de modo mais eficiente. Os III-V têm importantes aplicações em diodos emissores de luz (sigla em inglês, LED). Os semicondutores III-V são discutidos com mais detalhes na Seção 28.6.

Um técnico manuseia uma bolacha de arseneto de gálio em uma sala limpa na indústria de semicondutores.

Informações correlatas

Boxe 14.2 – Energia solar: térmica e elétrica

Gálio, índio e tálio

Desde 1980 tem aumentado o interesse por compostos organometálicos de Ga, In e Tl, principalmente por causa do seu uso potencial como precursores de materiais semicondutores tais como o GaAs e InP. Podem ser empregados compostos voláteis no desenvolvimento de películas finais por técnicas MOCVD (*deposição química de vapores de organometálicos*) ou MOVPE (*deposição epitaxial de vapores de organometálicos*) (veja a Seção 28.6). Os precursores incluem adutos de bases de Lewis de alquilas de metais, por exemplo, o $Me_3Ga \cdot NMe_3$ e o $Me_3In \cdot PEt_3$. A reação 23.30 é um exemplo da decomposição térmica de precursores gasosos formando um semicondutor que pode ser depositado em películas finas (veja o Boxe 23.2).

$$Me_3Ga(g) + AsH_3(g) \xrightarrow{1000-1150 \text{ K}} GaAs(s) + 3CH_4(g) \tag{23.30}$$

As trialquilas de gálio, índio e tálio, R_3M, podem ser produzidas pelo uso de reagentes de Grignard (reação 23.21), RLi (Eq. 23.32) ou R_2Hg (Eq. 23.33), embora uma variação de estratégia normalmente seja necessária para preparar derivados de triorganotálio (por exemplo, a reação 23.34), pois o R_2TlX é favorecido nas reações 23.31 ou 23.32. A rota Grignard é valiosa para a síntese de derivativos de triarila. Uma desvantagem da rota Grignard é que o $R_3M \cdot OEt_2$ pode ser o produto isolado.

$$MBr_3 + 3RMgBr \xrightarrow{Et_2O} R_3M + 3MgBr_2 \tag{23.31}$$

$$MCl_3 + 3RLi \xrightarrow{\text{hidrocarboneto como solvente}} R_3M + 3LiCl \tag{23.32}$$

$$2M + 3R_2Hg \longrightarrow 2R_3M + 3Hg \quad (\textit{não para M = Tl}) \tag{23.33}$$

$$2MeLi + MeI + TlI \longrightarrow Me_3Tl + 2LiI \tag{23.34}$$

As trialquilas e triarilas de Ga, In e Tl são monoméricas (centros metálicos planos triangulares) em solução e em fase gasosa. No estado sólido, os monômeros essencialmente estão presentes, mas contatos intermoleculares diretos são importantes na maior parte das estruturas. No trimetilíndio, a formação de longas interações In····C (Fig. 23.11a) significa que a estrutura pode ser descrita em termos de tetrâmeros cíclicos. Cada centro de In também forma uma fraca interação In····C adicional (356 pm) com o átomo de C de um tetrâmero adjacente dando uma rede infinita. As estruturas de estado sólido do Me_3Ga e Me_3Tl assemelham-se à do Me_3In. Nas moléculas planas de Me_3Ga e Me_3Tl, as distâncias médias de ligação Ga–C e Tl–C são 196 e 230 pm, respectivamente. Nas unidades tetraméricas, as separações Ga····C e Tl····C são 315 e 316 pm, respectivamente. São também observadas interações intermoleculares em, por exemplo, Ph_3Ga, Ph_3In e $(PhCH_2)_3In$ cristalinos. A Fig. 23.11b apresenta uma molécula de $(PhCH_2)_3In$, mas cada átomo de In interage de forma fraca com átomos de carbono dos anéis fenila de moléculas adjacentes. É observada a formação de dímero no $Me_2Ga(\mu\text{-}C\equiv CPh)_2GaMe_2$ (Fig. 23.11c), e a mesma descrição de ligação que definimos para o $R_2Al(\mu\text{-}C\equiv CPh)_2AlR_2$ (**23.10** e **23.11**) é apropriada.

Os compostos de triorganogálio, índio e tálio são sensíveis ao ar e à umidade. A hidrólise inicialmente produz o íon $[R_2M]^+$ linear (que pode ser mais hidrolisado), ao contrário da inatividade do R_3B em relação à água e a formação do $Al(OH)_3$ a partir do R_3Al. O cátion $[R_2Tl]^+$ também está presente no R_2TlX (X = haleto), e a natureza iônica desse composto difere do caráter covalente do R_2MX para os primeiros elementos do grupo 13. São conhecidos numerosos adutos $R_3M \cdot L$ (L = base de Lewis), nos quais o centro metálico está tetraedricamente situado, por exemplo, o $Me_3Ga \cdot NMe_3$, $Me_3Ga \cdot NCPh$, $Me_3In \cdot OEt_2$, $Me_3In \cdot SMe_2$, $Me_3Tl \cdot PMe_3$, $[Me_4Tl]^-$. No composto **23.20**, a doação do par isolado vem do interior da metade orgânica; a unidade

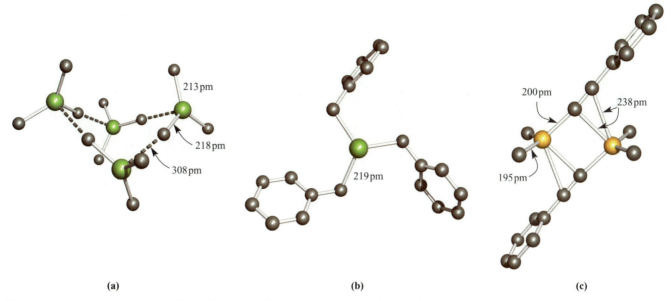

Fig. 23.11 As estruturas de estado sólido (difração de raios X) do (a) Me₃In para o qual é mostrada uma das unidades tetraméricas (veja o texto) [A.J. Blake *et al.* (1990) *J. Chem. Soc., Dalton Trans.*, p. 2395], (b) (PhCH₂)₃In [B. Neumuller (1991) *Z. Anorg. Allg. Chem.*, vol. 592, p. 42] e (c) Me₂Ga(μ-C≡CPh)₂GaMe₂ [B. Tecle *et al.* (1981) *Inorg. Chem.*, vol. 20, p. 2335]. Os átomos de hidrogênio foram omitidos para maior clareza. Código de cores: In, verde; Ga, amarelo; C, cinza.

de GaC₃ é plana, pois o ligante não é flexível o suficiente para ser adotada a geometria tetraédrica usual.

(23.20)

Espécies do tipo [E₂R₄] (ligação E–E simples) e [E₂R₄]⁻ (ordem de ligação E–E de 1,5) podem ser preparadas para o Ga e o In, contanto que R seja especialmente volumoso (por exemplo, R = (Me₃Si)₂CH, 2,4,6-ⁱPr₃C₆H₂), e a redução do [(2,4,6-ⁱPr₃C₆H₂)₄Ga₂] em [(2,4,6-ⁱPr₃C₆H₂)₄Ga₂]⁻ é acompanhada de um encurtamento da ligação Ga–Ga de 252 para 234 pm, consistente com um aumento da ordem de ligação (1 para 1,5). Pelo uso de substituintes ainda mais volumosos é possível preparar compostos de gálio(I) RGa (**23.21**) começando pelo iodeto de gálio(I). As estruturas monoméricas foram confirmadas para o composto **23.21** com R' = R'' = ⁱPr, e com R' = H, R'' = ⁱPr. A última estrutura é apresentada na Fig. 23.12a. A representação por meio de um modelo de espaço preenchido enfatiza como os substituintes com exigências estéricas protegem o átomo de Ga. O composto **23.21** com R' = R'' = H cristaliza na forma do dímero de ligação fraca **23.22**, revertendo a um monômero quando dissolvido em ciclo-hexano. A ligação Ga–Ga no **23.22** possui uma ordem de ligação menor que 1. A redução do **23.22** pelo Na leva ao Na₂[RGaGaR], no qual o diânion retém a geometria *trans*-angular de **23.22**. O comprimento de ligação Ga–Ga é 235 pm, significativamente menor do que no **23.22**. O sal Na₂[RGaGaR] foi preparado pela primeira vez a partir da reação do RGaCl₂ e Na em Et₂O, e propôs-se que o [RGaGaR]²⁻ contém uma tripla ligação gálio-gálio. A natureza dessa ligação foi assunto de intenso interesse teórico. Por um lado, há suporte para uma formulação Ga≡Ga, enquanto, de outro, conclui-se que fatores tais como as interações Ga–Na⁺–Ga contribuem para a pequena distância Ga–Ga. Observações experimentais mais recentes indicam que a interação Ga–Ga no Na₂[RGaGaR] é mais bem descrita como consistindo em uma ligação simples, aumentada tanto por interações Ga–Na⁺–Ga quanto pela fraca interação que está presente no precursor **23.22**.[†]

A química do Ga(I) descrita anteriormente deve ser comparada com as observações a seguir para o In e o Tl, nas quais a natureza do grupo orgânico R desempenha um papel crítico. A reação do InCl com o LiR, quando R = C₆H₃-2,6-(C₆H₂-2,4,6-ⁱPr₃)₂, produz o RIn, um análogo do composto **23.21** com R' = ⁱPr. A natureza monomérica do RIn no estado sólido foi confirmada por dados de difração de raios X. No entanto, quando R = C₆H₃-2,6-(C₆H₃-2,6-ⁱPr₂)₂, o RIn monomérico existe em soluções de ciclo-hexano, mas o RInInR dimérico está presente no estado sólido. O análogo do tálio do composto **23.22** é preparado pela reação 23.35. O RTlTlR dimérico (Fig. 23.12b) tem a mesma estrutura *trans*-angular que seus análogos do gálio e índio. Em solventes de hidrocarbonetos, o dímero dissocia-se em monômeros, consistente com uma fraca ligação Tl–Tl. O monômero pode ser estabilizado pela formação do aduto RTl·B(C₆F₅)₃. Se R é o C₆H₃-2,6-(C₆H₃-2,6-Me₂)₂, a reação do LiR com o TlCl produz o RTl em solução, mas ele cristaliza na forma de um trímero contendo uma unidade triangular de Tl₃. Globalmente, esses dados ilustram como mudanças sutis do grupo orgânico podem levar a variações estruturais (não facilmente previsíveis) das espécies organometálicas em solução e no estado sólido.

$$2\text{LiR} + 2\text{TlCl} \xrightarrow[-\text{LiCl}]{\text{Et}_2\text{O, 195 K}} 2\text{RTl} \longrightarrow \text{RTlTlR}$$

R = C₆H₃-2,6-(C₆H₃-2,6-ⁱPr₂)₂   no estado sólido

(23.35)

[†] Para mais detalhes, veja: J. Su, X.-W. Li, R.C. Crittendon and G.H. Robinson (1997) *J. Am. Chem. Soc.*, vol. 119, p. 5471; G.H. Robinson (1999) *Acc. Chem. Res.*, vol. 32, p. 773; N.J. Hardman, R.J. Wright, A.D. Phillips and P.P. Power (2003) *J. Am. Chem. Soc.*, vol. 125, p. 2667.

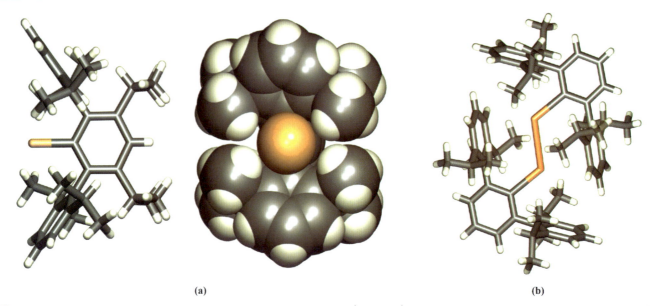

Fig. 23.12 (a) Duas vistas da estrutura (difração de raios X) do {C₆H-2,6-(C₆H₃-2,6-ⁱPr₂)₂}-3,5-ⁱPr₂}Ga em representações de bastão e de espaço preeenchido [Z. Zhu *et al*. (2009) *Chem. Eur. J.*, vol. 15, p. 5263]. Código de cores: Ga, amarelo; C, cinza; H, branco. (b) A estrutura do {C₆H₃-2,6-(C₆H₃-2,6-ⁱPr₂)₂}₂Tl₂ determinada por difração de raios X [R.J. Wright *et al*. (2005) *J. Am. Chem. Soc.*, vol. 127, p. 4794]. A figura ilustra o congestionamento estérico dos substituintes orgânicos em torno do caroço central de Tl₂; Tl–Tl = 309 pm, e ângulo C–Tl–Tl = 119,7°. Código de cores: Tl, amarelo; C, cinza; H, branco.

Na Eq. 13.51, ilustramos o uso do GaBr metaestável como um precursor de espécies multinucleares contendo Ga. O brometo de gálio(I) também foi usado como precursor de uma série de aglomerados de organogálio. Por exemplo, um dos produtos da reação do GaBr com o (Me₃Si)₃CLi em tolueno, a 195 K, é o **23.24**.

O substituinte 2,6-dimesitilfenil também tem uma grande exigência estérica, e a redução do (2,6-Mes₂C₆H₃)GaCl₂ com o Na produz o Na₂[(2,6-Mes₂C₆H₃)₃Ga₃]. O ânion [(2,6-Mes₂C₆H₃)₃Ga₃]²⁻ possui a estrutura cíclica (**23.23**) e é um sistema aromático de 2 elétrons π.

Exemplo resolvido 23.3 Reações do {(Me₃Si)₃C}₄E₄ (E = Ga ou In)

A reação do aglomerado tetraédrico {(Me₃Si)₃C}₄Ga₄ com o I₂ em hexano em ebulição resulta na formação do {(Me₃Si)₃CGaI}₂ e do {(Me₃Si)₃CGaI₂}₂. Em cada composto existe apenas um ambiente de Ga. Sugira estruturas para esses compostos e determine o estado de oxidação do Ga no material inicial e nos produtos.

O aglomerado inicial é um composto de gálio(I):

O I$_2$ oxida esse composto e os possíveis estados de oxidação são Ga(II) (por exemplo, em um composto do tipo R$_2$Ga–GaR$_2$) e Ga(III). O {(Me$_3$Si)$_3$CGaI}$_2$ está relacionado a compostos do tipo R$_2$Ga–GaR$_2$; os fatores estéricos podem contribuir para uma conformação não plana:

$$\underset{(Me_3Si)_3C}{\overset{I}{}} Ga - Ga \underset{I}{\overset{C(SiMe_3)_3}{}}$$

Oxidação adicional pelo I$_2$ resulta na formação do composto de Ga(III) {(Me$_3$Si)$_3$CGaI$_2$}$_2$ e uma estrutura consistente com os centros de Ga equivalentes é:

$$\underset{(Me_3Si)_3C}{\overset{I}{}} Ga \underset{I}{\overset{I}{\rightleftarrows}} Ga \underset{I}{\overset{C(SiMe_3)_3}{}}$$

Exercícios propostos

1. A oxidação do {(Me$_3$Si)$_3$C}$_4$In$_4$ pelo Br$_2$ leva à formação do composto de In(II) {(Me$_3$Si)$_3$C}$_4$In$_4$Br$_4$, no qual cada átomo de In está em um ambiente tetraédrico. Sugira uma estrutura para o produto.

2. O {(Me$_3$Si)$_3$CGaI}$_2$ representa um composto de Ga(II) do tipo R$_2$Ga$_2$I$_2$. No entanto, o "Ga$_2$I$_4$", que pode parecer ser um composto correlato, é iônico. Comente a respeito dessa diferença.

3. Uma conformação alternada é observada no {(Me$_3$Si)$_3$CGaI}$_2$ no estado sólido. Sugeriu-se que um fator de contribuição pode ser a hiperconjugação envolvendo elétrons ligantes Ga–I. Que orbital receptor está disponível para hiperconjugação, e como essa interação opera?

[*Resp.*: W. Uhl *et al.* (2003) *Dalton Trans.*, p. 1360]

Os complexos de ciclopentadienila ilustram o aumento da estabilidade do estado de oxidação M(I) à medida que se desce no grupo 13, uma consequência do efeito termodinâmico do par inerte 6s (veja o Boxe 13.4). Os derivados ciclopentadienila do Ga(III) que foram preparados (Eq. 23.36 e 23.37) e estruturalmente caracterizados incluem o Cp$_3$Ga e o CpGaMe$_2$.

$$GaCl_3 + 3Li[Cp] \rightarrow Cp_3Ga + 3LiCl \qquad (23.36)$$

$$Me_2GaCl + Na[Cp] \rightarrow CpGaMe_2 + NaCl \qquad (23.37)$$

A estrutura do CpGaMe$_2$ assemelha-se à do CpAlMe$_2$ (Fig. 23.9a), e o Cp$_3$Ga é monomérico com três grupos η^1-Cp ligados ao Ga plano triangular (Fig. 23.13a). O composto de In(III) Cp$_3$In é preparado a partir do NaCp e InCl$_3$, mas é estruturalmente diferente do Cp$_3$Ga. O Cp$_3$In sólido contém cadeias poliméricas nas quais cada átomo de In é tetraédrico distorcido (Fig. 23.13b).

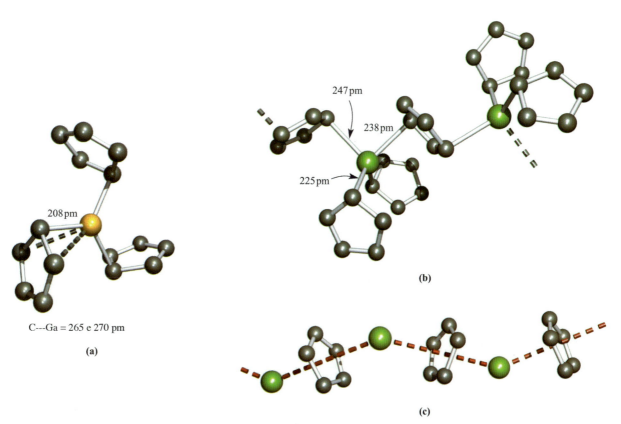

Fig. 23.13 A estrutura no estado sólido (difração de raios X) do (a) (η^1-Cp)$_3$Ga monomérico [O.T. Beachley *et al.* (1985) *Organometallics*, vol. 4, p. 751], (b) Cp$_3$In polimérico [F.W.B. Einstein *et al.* (1972) *Inorg. Chem.*, vol. 11, p. 2832] e (c) CpIn polimérico [O.T. Beachley *et al.* (1988) *Organometallics*, vol. 7, p. 1051]; a cadeia em zigue-zague é enfatizada pela linha tracejada vermelha. Os átomos de hidrogênio foram omitidos para maior clareza. Código de cores: Ga, amarelo; In, verde; C, cinza.

A reação do $(\eta^5\text{-}C_5Me_5)_3Ga$ com o HBF_4 resulta na formação do $[(C_5Me_5)_2Ga]^+[BF_4]^-$. Em solução, os grupos C_5Me_5 são fluxionais até 203 K, mas, no estado sólido, o complexo é um dímero (**23.25**) que contém íons $[(\eta^1\text{-}C_5Me_5)(\eta^3\text{-}C_5Me_5)Ga]^+$. A estrutura do $[(C_5Me_5)_2Ga]^+$ contrasta com a do $[(C_5Me_5)_2Al]^+$, na qual os anéis C_5 são coparalelos.

ração metal–metal significativa), e o $(\eta^5\text{-}C_5Me_5)In$ forma aglomerados hexaméricos. Uma importante reação do $(\eta^5\text{-}C_5Me_5)In$ ocorre com o CF_3SO_3H formando o sal triflato de In^+. O sal $In[O_2SCF_3]$ é sensível ao ar e higroscópico, mas, ainda assim, é uma fonte conveniente de índio(I) como uma alternativa aos haletos de In(I).

(23.25)

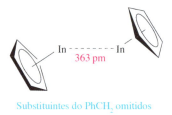

(23.26)

Vimos anteriormente que os haletos de gálio(I) podem ser empregados para sintetizar compostos RGa (**23.21**). De forma semelhante, as soluções metaestáveis do GaCl foram utilizadas para preparar o $(C_5Me_5)Ga$ por meio de reações com o $(C_5Me_5)Li$ ou o $(C_5Me_5)_2Mg$. Uma rota alternativa é a desalogenação redutora do $(C_5Me_5)GaI_2$ usando o potássio com ativação ultrassônica. O $(C_5Me_5)Ga$ é monomérico em fase gasosa e em solução, mas há presença de hexâmeros no estado sólido.

À medida que se desce pelo grupo 13, o número de derivados ciclopentadienila de M(I) aumenta, com uma faixa ampla sendo conhecida para o Tl(I). A condensação do vapor de In (a 77 K) sobre o C_5H_6 dá o CpIn, e o CpTl é facilmente preparado pela reação 23.38.

$$C_5H_6 + TlX \xrightarrow{KOH/H_2O} CpTl + KX \quad \text{por exemplo, X = haleto}$$
(23.38)

Tanto o CpIn quanto o CpTl são monoméricos em fase gasosa, mas, em fase sólida eles possuem a estrutura em cadeia polimérica apresentada na Fig. 23.13c. Os derivados ciclopentadienila $(C_5R_5)M$ (M = In, Tl) são estruturalmente diferentes no estado sólido; por exemplo, para R = $PhCH_2$ e M = In ou Tl, há presença de "quase dímeros" **23.26** (pode haver ou não uma inte-

Um dos usos do CpTl é como um reagente de transferência de ciclopentadienila para íons de metais do bloco d, mas ele também pode agir como um receptor de Cp^-, reagindo com o Cp_2Mg dando o $[Cp_2Tl]^-$. Essa espécie pode ser isolada na forma do sal $[CpMgL][Cp_2Tl]$ quando da adição do ligante quelante L = $Me_2NCH_2CH_2NMeCH_2CH_2NMe_2$. O ânion $[Cp_2Tl]^-$ é isoeletrônico com o Cp_2Sn e possui uma estrutura na qual os anéis η^5-Cp são mutuamente inclinados. O ângulo de inclinação (definido na Fig. 23.14c para o Cp_2Si estruturalmente correlato) é de 157°. Embora a orientação desse anel implique a presença de um par isolado estereoquimicamente ativo, foi mostrado teoricamente que há apenas uma pequena diferença de energia (3,5 kJ mol^{-1}) entre essa estrutura e uma na qual os anéis η^5-Cp são paralelos (isto é, como na Fig. 23.14a). Voltaremos a esse ponto ao final da próxima seção.

23.5 Grupo 14

Os organocompostos dos elementos do grupo 14 incluem alguns importantes produtos comerciais, incluindo-se os polissiloxanos (*silicones*) discutidos na Seção 14.10 e no Boxe 14.12. Os compostos de organoestanho são empregados como estabilizadores do policloreto de vinila (sigla em inglês, PVC) (contra a degradação pela luz e pelo calor), tintas antivegetativas em navios, preservativos de madeira e pesticidas agrícolas (veja o Boxe 23.3). Os combustíveis

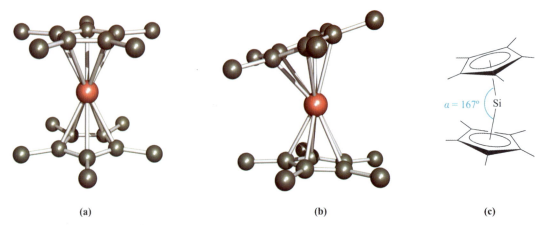

Fig. 23.14 A estrutura no estado sólido do $(\eta^5\text{-}C_5Me_5)_2Si$ contém duas moléculas independentes. (a) Na primeira molécula, os anéis ciclopentadienila são coparalelos, enquanto (b), na outra molécula, eles são mutuamente inclinados; (c) o ângulo de inclinação é medido como ângulo α [P. Jutzi *et al.* (1986) *Angew. Chem. Int. Ed.*, vol. 25, p. 164]. Os átomos de hidrogênio foram omitidos para maior clareza. Código de cores: Si, rosa; C, cinza.

com chumbo para motores contêm o agente antidetonante Et₄Pb, embora esse uso tenha diminuído por motivos ambientais (veja a Fig. 14.3). Diversas propriedades gerais dos organoderivados dos elementos do grupo 14, E, são vistas a seguir:

- na maior parte dos compostos, os elementos do grupo 14 são tetravalentes;
- as ligações E–C geralmente são de baixa polaridade;
- sua estabilidade em relação a todos os reagentes diminui do Si para o Pb;
- ao contrário dos organometálicos do grupo 13, os derivados dos elementos do grupo 14 são menos suscetíveis ao ataque nucleofílico.

Silício

Os derivados tetra-alquila de silício e tetra-arila de silício (R₄Si), bem como os haletos de alquil-silício ou aril-silício (R$_n$SiCl$_{4-n}$, $n = 1–3$) podem ser preparados por reações do tipo 23.39–23.43. Observe que a variação da estequiometria oferece flexibilidade de síntese, embora a especificidade do produto possa ser influenciada por exigências estéricas dos substituintes orgânicos. A reação 23.39 é utilizada industrialmente (*processo Rochow* ou *Direto*).

$$n\text{MeCl} + \text{Si/Cu} \xrightarrow[\text{liga}]{573\,\text{K}} \text{Me}_n\text{SiCl}_{4-n} \qquad (23.39)$$

$$\text{SiCl}_4 + 4\text{RLi} \rightarrow \text{R}_4\text{Si} + 4\text{LiCl} \qquad (23.40)$$

$$\text{SiCl}_4 + \text{RLi} \rightarrow \text{RSiCl}_3 + \text{LiCl} \qquad (23.41)$$

$$\text{SiCl}_4 + 2\text{RMgCl} \xrightarrow{\text{Et}_2\text{O}} \text{R}_2\text{SiCl}_2 + 2\text{MgCl}_2 \qquad (23.42)$$

$$\text{Me}_2\text{SiCl}_2 + {}^t\text{BuLi} \rightarrow {}^t\text{BuMe}_2\text{SiCl} + \text{LiCl} \qquad (23.43)$$

As estruturas dos produtos das reações 23.39–23.43 são todas semelhantes: são monoméricas, com o Si situado tetraedricamente, e assemelhando-se a seus análogos de C.

As ligações simples silício–carbono são relativamente fortes (318 kJ mol⁻¹) e os derivados de R₄Si possuem estabilidades térmicas elevadas. A estabilidade da ligação Si–C é ilustrada também pelo fato da cloração do Et₄Si dar o (ClCH₂CH₂)₄Si, em contraste com a cloração do R₄Ge ou do R₄Sn, que produz o R$_n$GeCl$_{4-n}$ ou o R$_n$SnCl$_{4-n}$ (veja a Eq. 23.53). Uma importante reação do Me$_n$SiCl$_{4-n}$ ($n = 1–3$) é a hidrólise, produzindo polissiloxanos (por exemplo, a Eq. 23.44 ; veja a Seção 14.10 e o Boxe 14.12).

$$\left.\begin{array}{l}\text{Me}_3\text{SiCl} + \text{H}_2\text{O} \rightarrow \text{Me}_3\text{SiOH} + \text{HCl} \\ 2\text{Me}_3\text{SiOH} \rightarrow \text{Me}_3\text{SiOSiMe}_3 + \text{H}_2\text{O}\end{array}\right\} \qquad (23.44)$$

(23.27)

A reação do Me₃SiCl com o NaCp leva ao **23.27**, no qual o grupo ciclopentadienila é η¹. Complexos de η¹ correlatos incluem o (η¹-C₅Me₅)₂SiBr₂, que reage com o antraceno/potássio dando o *sililleno* diamagnético (η⁵-C₅Me₅)₂Si. No estado sólido, estão presentes duas moléculas (Fig. 23.14) que diferem em orientações relativas dos anéis ciclopentadienila. Em uma das moléculas, os dois anéis C₅ são paralelos e alternados (compare com o Cp₂Mg), ao passo que, na outra, eles são inclinados. Voltaremos a esse ponto ao final da Seção 23.5. A reação

---

APLICAÇÕES

Boxe 23.3 Usos comerciais e problemas ambientais dos compostos de organoestanho

Os compostos de organoestanho(IV) têm uma ampla gama de aplicações, com as propriedades catalíticas e biocidas sendo de particular importância. Os compostos vistos a seguir são exemplos selecionados:

- O ⁿBu₃Sn(OAc) (produzido pela reação do ⁿBu₃SnCl e NaOAc) é um fungicida e bactericida efetivo; tem também aplicações como um catalisador de polimerização.
- O ⁿBu₂Sn(OAc)₂ (obtido a partir do ⁿBu₂SnCl₂ e NaOAc) é empregado como um catalisador de polimerização e um estabilizador para PVC.
- O (*ciclo*-C₆H₁₁)₂SnOH (formado pela hidrólise alcalina do cloreto correspondente) e o (*ciclo*-C₆H₁₁)₃Sn(OAc) (produzido pelo tratamento do (*ciclo*-C₆H₁₁)₃SnOH com AcOH) são amplamente utilizados como inseticidas em pomares e vinhedos.
- O ⁿBu₃SnOSnⁿBu₃ (formado pela hidrólise do ⁿBu₃SnCl pelo NaOH aquoso) tem usos como algicida, fungicida e agente preservativo de madeira.
- O ⁿBu₃SnCl (um produto da reação do ⁿBu₄Sn e SnCl₄) é um bactericida e fungicida.
- O Ph₃SnOH (formado pela hidrólise do Ph₃SnCl por uma base) é empregado como fungicida agrícola para culturas tais como batata, beterraba e amendoim.
- O composto cíclico (ⁿBu₂SnS)₃ (formado pela reação do ⁿBu₂SnCl₂ com o Na₂S) é utilizado como estabilizador para PVC.

Os derivados de tributiltestanho foram empregados como agentes antivegetativos aplicados às áreas inferiores dos cascos dos navios para evitar o desenvolvimento de, por exemplo, cracas. Atualmente, a legislação global proíbe ou restringe muito o uso de agentes antivegetativos à base de organoestanho por motivos ecológicos. Os riscos ambientais associados com os usos de compostos de organoestanho como pesticidas, fungicidas e estabilizadores de PVC também são uma causa de preocupação e são tema de avaliações regulares. A toxicidade dos compostos de organoestanho para a vida aquática segue a ordem espécie de triorganoestanho > diorganoestanho > mono-organoestanho.

Leitura recomendada

M.A. Champ (2003) *Marine Pollut. Bull.*, vol. 46, p. 935 – "Economic and environmental impacts on ports and harbors from the convention to ban harmful marine antifouling systems".

K.A. Dafforn, J.A. Lewis and E.L. Johnston (2011) *Marine Pollut. Bull.*, vol. 62, p. 453 – "Antifouling strategies: History and regulation, ecological impacts and mitigation".

A.G. Davies (2010) *J. Chem. Res.*, vol. 34, p. 181 – "Organotin compounds in technology and industry".

23.45 mostra a formação do agente de transferência de prótons [C₅Me₅H₂]⁺[B(C₆F₅)₄]⁻. Esse agente remove um dos ligantes [η⁵-C₅Me₅]⁻ do (η⁵-C₅Me₅)₂Si (reação 23.46) dando o cátion [(η⁵-C₅Me₅)Si]⁺ (Fig. 23.15). Esse cátion é importante por ser o único derivado estável do íon [HSi]⁺ que foi observado no espectro solar, e é considerado como presente no espaço interestelar.

$$[\text{H(OEt}_2)_2]^+[\text{B(C}_6\text{F}_5)_4]^- \quad (23.45)$$
$$[\text{B(C}_6\text{F}_5)_4]^-$$

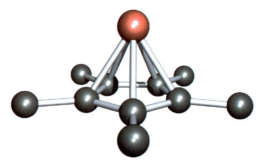

Fig. 23.15 A estrutura do cátion [(η⁵-C₅Me₅)Si]⁺ presente no composto [(η⁵-C₅Me₅)Si][B(C₆F₅)₄], determinada por difração de raios X [P. Jutzi *et al.* (2004) *Science*, vol. 305, p. 849]. Os átomos de hidrogênio foram omitidos. Código de cores: Si, rosa; C, cinza.

$$[C_5Me_5H_2]^+[B(C_6F_5)_4]^- + (\eta^5\text{-}C_5Me_5)_2Si$$
$$\xrightarrow{CH_2Cl_2} [(\eta^5\text{-}C_5Me_5)Si]^+[B(C_6F_5)_4]^- + 2Me_5C_5H$$
$$(23.46)$$

As reações entre R₂SiCl₂ e metais alcalinos ou naftaletos de metais alcalinos dão o *ciclo*-(R₂Si)ₙ pela perda de Cl⁻ e formação da ligação Si–Si. Os grupos R volumosos favorecem os pequenos anéis (por exemplo, o (2,6-Me₂C₆H₃)₆Si₃ e o ᵗBu₆Si₃), enquanto os substituintes de R menores estimulam a formação de grandes anéis (por exemplo, o Me₁₂Si₆, o Me₁₄Si₇ e o Me₃₂Si₁₆). A reação 23.47 é concebida para oferecer uma rota específica para um tamanho de anel em particular.

$$Ph_2SiCl_2 + Li(SiPh_2)_5Li \rightarrow \textit{ciclo-}Ph_{12}Si_6 + 2LiCl \quad (23.47)$$

Na Seção 9.9 apresentamos os ânions carborano de fraca coordenação [CHB₁₁R₅X₆]⁻ (R = H, Me, Cl e X = Cl, Br, I), e a Fig. 9.6c mostrou a estrutura do ⁱPr₃Si(CHB₁₁H₅Cl₆) que se aproxima daquela do par de íons [ⁱPr₃Si]⁺[CHB₁₁H₅Cl₆]⁻. A reação do eletrófilo forte Et₃Si(CHB₁₁Me₅Br₆) com o Mes₃Si(CH₂CH=CH₂) (Mes = mesitila) dá o [Mes₃Si][CHB₁₁Me₅Br₆]. No estado sólido, ele contém íons [Mes₃Si]⁺ e [CHB₁₁Me₅Br₆]⁻ bem separados, dando o primeiro exemplo de íon silílio livre. O centro plano triangular de Si é consistente com a hibridização sp^2, mas o impedimento estérico entre os grupos mesitila leva a um desvio da planaridade global que seria necessária para maximizar a sobreposição π entre 2pC–3pSi (diagrama **23.28**). O arranjo real dos grupos mesitila (**23.29**) equilibra as exigências estéricas e eletrônicas.

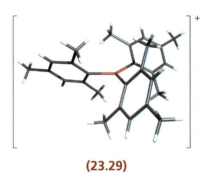

(23.29)

Os sililenos, R₂Si (análogos dos carbenos), podem ser formados por uma variedade de métodos, por exemplo, a fotólise dos organopolissilanos cíclicos ou lineares. Conforme esperado, as espécies R₂Si são altamente reativas, sofrendo muitas reações análogas àquelas típicas dos carbenos. A estabilização do R₂Si pode ser obtida com o uso de substituintes suficientemente volumosos, e os dados de difração de elétrons confirmam a estrutura angular do {(Me₃Si)₂HC}₂Si (∠ C–Si–C = 97°).

Na Seção 14.3 discutimos o uso de substituintes volumosos para estabilizar os compostos R₂Si=SiR₂ e RSi≡SiR. O grupo 2,4,6-ⁱPr₃C₆H₂, estericamente exigente, foi utilizado para estabilizar **23.30**, o primeiro exemplo de um composto contendo ligações Si=Si conjugadas. Um aspecto incomum de **23.30** é a preferência pela conformação **s-cis** tanto em solução quanto no estado sólido.

(23.28)
Repulsão estérica
O arranjo plano dos grupos arila otimizaria a ligação

(23.30)

> O arranjo espacial de duas ligações duplas conjugadas em torno da ligação simples central é descrito como **s-cis** e **s-trans**, definidos como segue:
>
> *s-cis*   *s-trans*

Exemplo resolvido 23.4 Hidretos de organossilício

A reação do Ph$_2$SiH$_2$ com o potássio metálico em 1,2-dimetoxietano (DME) na presença do 18-coroa-6 produz um sal de [Ph$_3$SiH$_2$]$^-$ no qual os ligantes hidreto são *trans* um em relação ao outro. O sal tem a fórmula [X][Ph$_3$SiH$_2$]. O espectro de RMN de ^{29}Si em solução apresenta um tripleto (J = 130 Hz), em δ–74 ppm. Explique a origem do tripleto. Que sinais com origem no ânion você esperaria observar no espectro de RMN de ^{1}H do [X][Ph$_3$SiH$_2$] em solução?

Em primeiro lugar, desenhe a estrutura esperada do [Ph$_3$SiH$_2$]$^-$. A questão afirma que os ligantes hidreto são *trans*, e que uma estrutura bipiramidal triangular é consistente com o modelo RPECV:

$$\left[\begin{array}{c} H \\ Ph - Si_{\cdots\cdots}^{} Ph \\ Ph \\ H \end{array}\right]^-$$

No espectro de RMN de ^{29}Si o tripleto surge do acoplamento do núcleo do ^{29}Si a dois núcleos de ^{1}H equivalentes ($I = \frac{1}{2}$).

Os sinais do espectro de RMN de ^{1}H que podem ser atribuídos ao [Ph$_3$SiH$_2$]$^-$ surgem dos grupos fenila e hidreto. Os três grupos Ph são equivalentes (todos equatoriais) e, na teoria, dão origem a três multipletos (δ 7–8 ppm) para átomos de H em *orto*, *meta* e *para*. Na prática, esses sinais podem sobrepor-se. Os ligantes hidreto equivalentes dão origem a um sinal. O silício tem um isótopo que é ativo na RMN: ^{29}Si, 4,7%, $I = \frac{1}{2}$ (veja a Tabela 14.1). Sabemos do espectro de RMN de ^{29}Si que existe um acoplamento spin–spin entre os núcleos de ^{29}Si e ^{1}H diretamente ligados. Considerando esses prótons no espectro de RMN de ^{1}H, 95,3% dos prótons estão ligados ao Si não ativo no spin e dão origem a um simpleto, 4,7% estão ligados ao ^{29}Si e dão origem a um dupleto (J = 130 Hz). O sinal aparecerá como um pequeno dupleto superposto a um simpleto (veja a Fig. 4.23).

Exercícios propostos

Estas questões referem-se ao experimento descrito no exemplo resolvido anterior.

1. Sugira como você poderia preparar o Ph$_2$SiH$_2$ começando de um haleto de organossilício adequado.

   [*Resp.*: Comece do Ph$_2$SiCl$_2$; utilize o método da Eq. 10.39]

2. Desenhe a estrutura do 18-coroa-6. Qual é o seu papel nessa reação? Identifique o cátion [X]$^+$.

   [*Resp.*: Veja a Fig. 11.8 e a discussão]
   [Para a literatura original, veja: M.J. Bearpark *et al.* (2001) *J. Am. Chem. Soc.*, vol. 123, p. 7736.]

Germânio

Há similaridades entre os métodos de preparações de compostos com ligações Ge–C e Si–C: compare a reação 23.48 com a 23.39, a 23.49 com a 23.41, a 23.50 com a 23.42, e a 23.51 com a síntese do Me$_3$Si(η^1-Cp).

$$n\text{RCl} + \text{Ge/Cu} \xrightarrow{\Delta} \text{R}_n\text{GeCl}_{4-n} \quad (\text{R = alquila ou arila}) \tag{23.48}$$

$$\text{GeCl}_4 + \text{RLi} \longrightarrow \text{RGeCl}_3 + \text{LiCl} \tag{23.49}$$

$$\text{GeCl}_4 + 4\text{RMgCl} \xrightarrow{\text{Et}_2\text{O}} \text{R}_4\text{Ge} + 4\text{MgCl}_2 \tag{23.50}$$

$$\text{R}_3\text{GeCl} + \text{Li}[\text{Cp}] \longrightarrow \text{R}_3\text{Ge}(\eta^1\text{-Cp}) + \text{LiCl} \tag{23.51}$$

Os compostos tetra-alquila de germânio e tetra-arila de germânio possuem estruturas monoméricas com o germânio situado tetraedricamente. Eles são termicamente estáveis e tendem a ser quimicamente inertes. A halogenação requer um catalisador (Eqs. 23.52 e 23.53). Os cloretos podem ser obtidos dos brometos ou dos iodetos correspondentes por troca de halogênios (Eq. 23.54). A presença de substituintes halo aumenta a reatividade (por exemplo, a Eq. 23.55) e torna os derivados halo sinteticamente mais úteis do que os compostos R$_4$Ge.

$$2\text{Me}_4\text{Ge} + \text{SnCl}_4 \xrightarrow{\text{AlCl}_3} 2\text{Me}_3\text{GeCl} + \text{Me}_2\text{SnCl}_2 \tag{23.52}$$

$$\text{R}_4\text{Ge} + \text{X}_2 \xrightarrow{\text{AlX}_3} \text{R}_3\text{GeX} + \text{RX} \quad (\text{X = Br, I}) \tag{23.53}$$

$$\text{R}_3\text{GeBr} + \text{AgCl} \longrightarrow \text{R}_3\text{GeCl} + \text{AgBr} \tag{23.54}$$

$$\text{R}_3\text{GeX} \xrightarrow{\text{KOH/EtOH, H}_2\text{O}} \text{R}_3\text{GeOH} \tag{23.55}$$

Um método simples de preparar o RGeCl$_3$ (R = alquila ou alquenila) é pela passagem de vapores de GeCl$_4$ e de RCl sobre grãos de Ge aquecidos a 650–800 K. A reação ocorre por meio do intermediário GeCl$_2$, semelhante ao carbeno, que se insere em uma ligação C–Cl (Eq. 23.56).

$$\text{Ge} + \text{GeCl}_4 \longrightarrow 2\{\text{Cl}_2\text{Ge:}\} \xrightarrow{2\text{RCl}} 2\text{RGeCl}_3 \tag{23.56}$$

A disponibilidade de haletos de Ge(II) (veja a Seção 14.8) significa que a síntese dos derivados de (η^5-C$_5$R$_5$)$_2$Ge não exige uma etapa de redução conforme foi o caso dos análogos do silício descritos anteriormente. A reação 23.57 é uma rota geral para os (η^5-C$_5$R$_5$)$_2$Ge, que existem na forma de monômeros nos estados sólido, solução e vapor.

$$\text{GeX}_2 + 2\text{Na}[\text{C}_5\text{R}_5] \longrightarrow (\eta^5\text{-C}_5\text{R}_5)_2\text{Ge} + 2\text{NaX}$$
$$(\text{X = Cl, Br}) \tag{23.57}$$

Os estudos de difração de raios X para o Cp$_2$Ge e o {η^5-C$_5$(CH$_2$Ph)$_5$}$_2$Ge confirmam o tipo de estrutura angular ilustrada nas Figs. 23.14b e c para o (η^5-C$_5$Me$_5$)$_2$Si. Entretanto, no {η^5-C$_5$Me$_4$(SiMe$_2^t$Bu)}$_2$Ge, os dois anéis C$_5$ são coparalelos e mutuamente alternados. As preferências por anéis inclinados aos coparalelos são discutidas mais a fundo ao final da Seção 23.5. A reação 23.58 gera o [(η^5-C$_5$Me$_5$)Ge]$^+$, que é estruturalmente análogo ao [(η^5-C$_5$Me$_5$)Si]$^+$ (Fig. 23.15). No entanto, o [(η^5-C$_5$Me$_5$)Ge]$^+$ (semelhantemente ao [(η^5-C$_5$Me$_5$)Sn]$^+$ e o [(η^5-C$_5$Me$_5$)Pb]$^+$) existe na presença de contraíons mais nucleofílicos do que o faz o [(η^5-C$_5$Me$_5$)Si]$^+$, consistente com a crescente estabilidade do estado de oxidação +2 à medida que se desce no grupo 14.

$$(\eta^5\text{-C}_5\text{Me}_5)_2\text{Ge} + \text{HBF}_4 \cdot \text{Et}_2\text{O}$$
$$\longrightarrow [(\eta^5\text{-C}_5\text{Me}_5)\text{Ge}][\text{BF}_4] + \text{C}_5\text{Me}_5\text{H} + \text{Et}_2\text{O} \tag{23.58}$$

Os compostos de organogermânio(II) são uma família crescente. Os germilenos (R$_2$Ge) incluem o Me$_2$Ge altamente reativo, que pode ser preparado pela reação 23.59. A reação de fotólise 23.60 mostra uma estratégia geral para formar o R$_2$Ge.

$$Me_2GeCl_2 + 2Li \xrightarrow{THF} Me_2Ge + 2LiCl \quad (23.59)$$

$$Me(GeR_2)_{n+1}Me \xrightarrow{h\nu} R_2Ge + Me(GeR_2)_nMe \quad (23.60)$$

A utilização de grupos R estericamente muito exigentes pode estabilizar as espécies R$_2$Ge. Dessa maneira, o composto **23.31** é estável à temperatura ambiente. A estrutura angular do {(Me$_3$Si)$_2$HC}$_2$Ge foi confirmada por difração de elétrons (∠C–Ge–C = 107°).

(23.31)

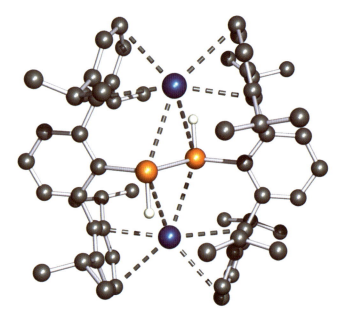

Fig. 23.16 A estrutura no estado sólido (determinada por difração de raios X) do K$_2$[Ge$_2$H$_2${C$_6$H$_3$-2,6-(C$_6$H$_3$-2,6-^{i}Pr$_2$)$_2$}$_2$] com os átomos omitidos, exceto aqueles ligados aos átomos de Ge [A.F. Richards *et al.* (2004) *J. Am. Chem. Soc.*, vol. 126, p. 10530]. As linhas interrompidas destacam a influência estabilizadora dos íons K$^+$. Código de cores: Ge, laranja; K, azul; C, cinza; H, branco.

A formação da ligação dupla entre o C e o Ge foi mencionada na Seção 14.3, e a formação de ligações Ge=Ge dando digermenos pode ser obtida (Eqs. 23.61 e 23.62) se forem utilizados substituintes particularmente volumosos (por exemplo, 2,4,6-Me$_3$C$_6$H$_2$, 2,6-Et$_2$C$_6$H$_3$, 2,6-^{i}Pr$_2$C$_6$H$_3$) para estabilizar o sistema.

$$2RR'GeCl_2 \xrightarrow{LiC_{10}H_8, DME} RR'Ge=GeRR' + 4LiCl \quad (23.61)$$

LiC$_{10}$H$_8$ = naftaleto de lítio

$$2R_2Ge\{C(SiMe_3)_3\}_2 \xrightarrow{h\nu} 2\{R_2Ge:\} + (Me_3Si)_3CC(SiMe_3)_3$$

$$\downarrow$$

$$R_2Ge=GeR_2 \quad (23.62)$$

Os dados para diversos digermenos estruturalmente caracterizados confirmam uma estrutura não plana do Ge$_2$C$_4$ análoga àquela observada para os diestanenos discutidos na seção a seguir (veja a Fig. 23.19). Os digermenos são estáveis no estado sólido na ausência de ar e umidade, mas, em solução, eles apresentam uma tendência a dissociar-se em R$_2$Ge, e a extensão da dissociação depende de R. Com o 2,4,6-^{i}Pr$_3$C$_6$H$_2$ como substituinte, o R$_2$Ge=GeR$_2$ permanece como um dímero e pode ser empregado para gerar um tetragermabuta-1,3-dieno (esquema 23.63). Os precursores são feitos *in situ* a partir do R$_2$Ge=GeR$_2$ por tratamento com Li ou com Li seguido de 2,4,6-Me$_3$C$_6$H$_2$Br.

(23.63)

As condições são críticas nessa reação, pois a reação prolongada do R$_2$Ge=GeR$_2$ (R = 2,4,6-^{i}Pr$_3$C$_6$H$_2$) com o Li em 1,2-dimetoxietano (DME) resulta na formação do **23.32**.

R = 2,4,6-^{i}Pr$_3$C$_6$H$_2$

(23.32)

A redução do R$_2$GeGeR$_2$ em [R$_2$GeGeR$_2$]$^{2-}$ é mais difícil do que a conversão do RGeGeR em [RGeGeR]$^{2-}$ (veja a seguir), mas pode ser obtida com a cuidadosa escolha dos substituintes e das condições de reação (Eq. 23.64). As estruturas no estado sólido desses sais ilustram o papel influente dos íons do metal. Não somente os íons interagem com a unidade de Ge$_2$ (mostrada para o sal de K$^+$ na Fig. 23.16), mas a geometria da unidade central Ge$_2$H$_2$C$_2$ varia com o M$^+$. O sal de Li$^+$ contém uma unidade plana de Ge$_2$H$_2$C$_2$, ao passo que é piramidal triangular *trans* no sal de K$^+$ (Fig. 23.16). No sal de Na$^+$, os átomos de H fazem ponte com a ligação Ge–Ge.

$$RHGeGeHR \xrightarrow[\text{M = Na ou K em tolueno}]{\text{M = Li em Et}_2\text{O/THF}} M_2[RHGeGeHR] \quad (23.64)$$

R=C$_6$H$_3$-2,6-(C$_6$H$_3$-2,6-^{i}Pr$_2$)$_2$

A formação do RGeGeR foi obtida pelo emprego do substituinte muito volumoso R = 2,6-(2,6-^{i}Pr$_2$C$_6$H$_3$)$_2$C$_6$H$_3$. A estrutura do estado sólido do RGeGeR mostra uma conformação *trans*-angular com um ângulo de ligação C–Ge–Ge de 129° e comprimento de ligação Ge–Ge de 228,5 pm. Estudos teóricos sugerem uma ordem de ligação Ge–Ge de ≈2,5. O RGeGeR é formado pela redução do RGeCl usando Li, Na ou K. No entanto, as condições devem ser cuidadosamente controladas, caso contrário os produtos predominantes são os derivados de redução simples e dupla [RGeGeR]⁻ (um ânion radicalar) e [RGeGeR]²⁻. Ocorrem reações análogas quando o RSnCl é reduzido. No K[RGeGeR] e no Li₂[RGeGeR] é observada uma geometria *trans*-angular, como no RGeGeR. Cada cátion é envolvido em interações significativas com os ânions (isto é, como na Fig. 23.16).

Estanho

Alguns aspectos que separam a química do organoestanho da química do organossilício ou organogermânio são:

- a maior acessibilidade do estado de oxidação +2;
- a maior faixa de números de coordenação possíveis;
- a presença de pontes haleto (veja a Seção 14.8).

As reações 23.65–23.67 ilustram abordagens sintéticas aos compostos R₄Sn, e os haletos de organoestanho podem ser preparados por rotas equivalentes às reações 23.39 e 23.48, reações de redistribuição do SnCl₄ anidro (Eq. 23.68), ou dos haletos de Sn(II) (Eq. 23.69). O uso do R₄Sn em excesso na reação 23.68 dá uma rota para o R₃SnCl. A reação 23.66 é empregada industrialmente para a preparação do tetrabutilestanho e tetraoctilestanho. As aplicações comerciais dos compostos de organoestanho são destacadas no Boxe 23.3.

$$4RMgBr + SnCl_4 \longrightarrow R_4Sn + 4MgBrCl \quad (23.65)$$

$$3SnCl_4 + 4R_3Al \xrightarrow{R'_2O} 3R_4Sn + 4AlCl_3 \quad (23.66)$$

$$^nBu_2SnCl_2 + 2^nBuCl + 4Na \longrightarrow ^nBu_4Sn + 4NaCl \quad (23.67)$$

$$R_4Sn + SnCl_4 \xrightarrow{298\,K} R_3SnCl + RSnCl_3 \xrightarrow{500\,K} 2R_2SnCl_2 \quad (23.68)$$

$$SnCl_2 + Ph_2Hg \longrightarrow Ph_2SnCl_2 + Hg \quad (23.69)$$

Os compostos de tetraorganoestanho tendem a ser líquidos ou sólidos incolores que são bastante estáveis ao ataque da água e do ar. A facilidade de clivagem das ligações Sn–C depende do grupo R, com o Bu₄Sn sendo relativamente estável. Movendo-se para os haletos de organoestanho, a reatividade aumenta e os cloretos são úteis como precursores de diversos derivados de organoestanho. A Fig. 23.17 dá reações selecionadas do R₃SnCl. As estruturas dos compostos R₄Sn são todas semelhantes, com o centro de Sn sendo tetraédrico. No entanto, a presença de grupos haleto leva a variação significativa da estrutura do estado sólido devido à possibilidade de formação de pontes Sn–X–Sn. No estado sólido, as moléculas de Me₃SnF são ligadas em cadeias em zigue-zague por pontes Sn–F–Sn assimétricas angulares (**23.33**), ficando cada Sn em um arranjo bipiramidal triangular. A presença de substituintes volumosos pode resultar em uma retificação da cadeia ⋯ Sn–F–Sn–F ⋯ (por exemplo, no Ph₃SnF) ou em uma estrutura monomérica (por exemplo, no {(Me₃Si)₃C}Ph₂SnF). No (Me₃SiCH₂)₃SnF (Fig. 23.18a), os substituintes Me₃SiCH₂ são muito volumosos, e as distâncias Sn–F são muito maiores do que o somatório dos raios covalentes. A espectroscopia de RMN de ¹¹⁹Sn no estado sólido e as medições das constantes de acoplamento spin–spin de ¹¹⁹Sn–¹⁹F oferecem um meio útil de deduzir a extensão da associação molecular na ausência de dados cristalográficos. Os derivados difluoro R₂SnF₂ tendem a conter Sn octaédrico no estado sólido. No Me₂SnF₂, há presença de folhas de moléculas interligadas (Fig. 23.18b). A tendência para associação é menor para os halogênios posteriores (F > Cl > Br > I). Sendo assim, o MeSnBr₃ e o MeSnI₃ são monoméricos, e, ao contrário do Me₂SnF₂, o Me₂SnCl₂ forma cadeias do

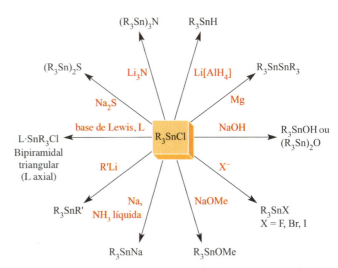

Fig. 23.17 Reações selecionadas do R₃SnCl; produtos como o R₃SnH, o R₃SnNa e o R₃SnSnR₃ são matérias-primas úteis na química do organoestanho.

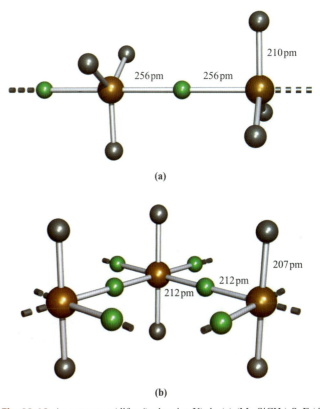

Fig. 23.18 As estruturas (difração de raios X) do (a) (Me₃SiCH₂)₃SnF (é mostrado somente o átomo de C do metileno de cada grupo Me₃SiCH₂), no qual as distâncias Sn–F são longas e indicam a presença de cátions [(Me₃SiCH₂)₃Sn]⁺ interagindo com ânions F⁻ formando cadeias [L.N. Zakharov *et al.* (1983) *Kristallografiya*, vol. 28, p. 271]; e (b) Me₂SnF₂, no qual a formação de pontes Sn–F–Sn leva à geração de folhas [E.O. Schlemper *et al.* (1966) *Inorg. Chem.*, vol. 5, p. 995]. Os átomos de hidrogênio foram omitidos para maior clareza. Código de cores: Sn, castanho; C, cinza; F, verde.

tipo apresentado em **23.34**. Observou-se também que a estrutura pode ser dependente da temperatura. Dessa forma, a 108 K, o (*ciclo*-C$_6$H$_{11}$)$_3$SnCl cristalino consiste em cadeias com pontes assimétricas; entre 108 e 298 K, as variações dos comprimentos de ligação Sn–Cl e a separação intermolecular (estruturas **23.35**) sugerem uma transição para uma estrutura que contém moléculas discretas. A Fig. 23.17 ilustra a capacidade do R$_3$SnCl de agir como um ácido de Lewis. De modo semelhante, os sais de, por exemplo, [Me$_2$SnF$_4$]$^{2-}$, podem ser preparados e conter ânions octaédricos discretos.

para a maioria dos diestanenos (Fig. 23.19b) não é apropriado para o {^{t}Bu$_2$MeSi}$_4$Sn$_2$ e, ao invés disso, a ligação é vista em termos de uma interação σ suplementada por uma interação π *p–p* fora do plano.[†]

$$\text{diestaneno no estado sólido} \longrightarrow 2 \; \text{estanileno em solução} \tag{23.70}$$

$$\text{H}\!-\!\!\equiv\!\!-\text{Ph} + \text{R}_2\text{Sn}\!=\!\!\text{SnR}_2 \longrightarrow \begin{array}{c} \text{H} \quad\quad \text{Ph} \\ \text{R}_2\text{Sn}\!-\!\text{SnR}_2 \end{array} \tag{23.71}$$

R = ^{t}Bu$_2$MeSi

A formação do RSnSnR (**23.36**) *trans*-angular é obtida pelo uso de grupos R extremamente volumosos. O comprimento da ligação Sn–Sn é 267 pm e o ângulo C–Sn–Sn é 125° e, como o análogo de Ge, os resultados teóricos indicam que a ordem de ligação é ≈2,5.

(23.33)   **(23.34)**

A 108 K: *a* = 246,6 pm
b = 300,8 pm

A 298 K: *a* = 241,5 pm
b = 329,8 pm

(23.35)

A reação do (2,4,6-^{i}Pr$_3$C$_6$H$_2$)$_3$SnCH$_2$CH=CH$_2$ com um eletrófilo forte na presença do ânion [B(C$_6$F$_5$)$_4$]$^-$ de fraca coordenação é um bom método de preparar um cátion estanílio, [R$_3$Sn]$^+$. A abordagem é paralela àquela que utilizamos para preparar o [Mes$_3$Si]$^+$, mas a estabilização do íon estanílio requer grupos arila estericamente mais exigentes. A estrutura do [(2,4,6-^{i}Pr$_3$C$_6$H$_2$)$_3$Sn]$^+$ é semelhante à do [Mes$_3$Si]$^+$ (**23.29**).

Os organometálicos de estanho(II) do tipo R$_2$Sn, que contêm ligações σ Sn–C, são estabilizados somente se R é estericamente exigente. Por exemplo, a reação do SnCl$_2$ com o Li[(Me$_3$Si)$_2$CH] dá o {(Me$_3$Si)$_2$CH}$_2$Sn, que é monomérico em solução e dimérico no estado sólido. O dímero (Fig. 23.19a) *não* possui uma estrutura Sn$_2$C$_4$ plana (isto é, ele *não* é análogo ao alqueno) e a distância de ligação Sn–Sn (276 pm) é grande demais para ser consistente com uma dupla ligação normal. Foi sugerido um modelo de ligação envolvendo sobreposição de híbridos *sp*^{2} preenchidos e orbitais atômicos 5*p* vazios (Fig. 23.19b). Os diestanenos existem normalmente na forma de dímeros no estado sólido, mas dissociam-se em estanilenos monoméricos em solução (Eq. 23.70). No entanto, o {^{t}Bu$_2$MeSi}$_4$Sn$_2$ (Fig. 23.19c) é uma exceção. A ligação Sn–Sn é particularmente curta (267 pm), e cada centro de Sn é plano triangular (com hibridização *sp*^{2}). A unidade de Sn$_2$Si$_4$ é torcida, e o desvio da planaridade provavelmente vem de fatores estéricos. A presença do caráter de dupla ligação Sn=Sn na espécie em solução é exemplificada pela reação de cicloadição 23.71. O esquema de ligação utilizado

(23.36)

Os derivados ciclopentadienila de Sn(II) (η^5-C$_5$R$_5$)$_2$Sn podem ser preparados pela reação 23.72.

$$2\text{Na[Cp]} + \text{SnCl}_2 \longrightarrow (\eta^5\text{-Cp})_2\text{Sn} + 2\text{NaCl} \tag{23.72}$$

As estruturas do (η^5-C$_5$R$_5$)$_2$Sn com vários grupos R formam uma série na qual o ângulo de inclinação α (definido na Fig. 23.14 para o (η^5-C$_5$R$_5$)$_2$Si) aumenta à medida que aumentam as exigências estéricas de R: α = 125° para R = H, 144° para R = Me, 180° para R = Ph. Consideraremos as estruturas dos metalocenos do grupo 14 novamente ao final da Seção 23.5. Nas condições apropriadas, o Cp$_2$Sn reage com o Cp$^-$ produzindo o [(η^5-Cp)$_3$Sn]$^-$. Essa última reação mostra que o Cp$_2$Sn pode se comportar como um ácido de Lewis.

Os hidretos de organoestanho(IV) tais como o ^{n}Bu$_3$SnH (preparado pela redução do ^{n}Bu$_3$SnCl correspondente pelo LiAlH$_4$) são amplamente utilizados como agentes redutores em síntese orgânica. Ao contrário, o primeiro hidreto de organoestanho(II), RSnH, só foi descrito em 2000. Ele é produzido pela reação do ^{i}Bu$_2$AlH com o RSnCl, em que R é o substituinte estericamente exigente mostrado em **23.37**. No estado sólido, há presença dos

---

[†] Para comentários a respeito de esquemas de ligação nos diestanenos, veja: V. Ya Lee *et al.* (2006) *J. Am. Chem. Soc.*, vol. 126, p. 11643.

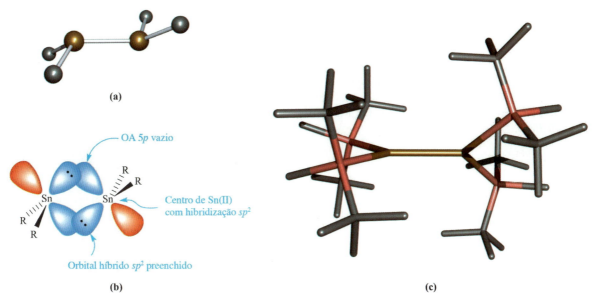

Fig. 23.19 (a) Representação da estrutura de um composto de R_2SnSnR_2 que possui uma estrutura Sn_2C_4 não plana, e (b) esquema de ligação proposto que envolve estanho com hibridização sp^2 e sobreposição de orbitais híbridos sp^2 ocupados com orbitais atômicos $5p$ vazios, dando uma dupla ligação Sn=Sn fraca. (c) A estrutura do diestaneno {$^tBu_2MeSi$}$_4Sn_2$ (determinada por difração de raios X) [T. Fukawa *et al.* (2004) *J. Am. Chem. Soc.*, vol. 126, p. 11758]. Para maior clareza, a estrutura é mostrada em uma representação em bastão com os átomos de H omitidos. Código de cores: Sn, castanho; Si, rosa; C, cinza.

dímeros (**23.37**) mantidos por pontes hidreto (Sn···Sn = 312 pm). O sólido laranja dissolve-se em Et_2O, hexano ou tolueno, dando soluções azuis, indicando que existem monômeros de RSnH em solução. Essa conclusão baseia-se nas propriedades de espectroscopia eletrônica ($\lambda_{máx}$ = 608 nm) que são semelhantes àquelas dos compostos monoméricos de R_2Sn.

(**23.37**)

Exemplo resolvido 23.5 Compostos de organoestanho

A reação do {$(Me_3Si)_3C$}Me_2SnCl com um equivalente de ICl dá o composto **A**. Use os dados de espectroscopia de massas e de espectroscopia RMN de ^1H, a seguir, para identificar **A**. Sugira qual o produto que poderia ser obtido se fosse utilizado um excesso de ICl na reação.

A: δ 0,37 ppm (27H, s, $J(^{29}Si-^1H)$ = 6,4 Hz); δ 1,23 ppm (3H, s, $J(^{117}Sn-^1H)$, $J(^{119}Sn-^1H)$ = 60, 62 Hz). Não é observado qualquer pico base no espectro de massa; pico de massa mais alto, m/z = 421.

Os dados de espectroscopia de RMN de ^1H mostram a presença de dois ambientes de prótons em uma proporção de 27:3. Essas integrais, juntamente com as constantes de acoplamento, sugerem a retenção de um grupo $(Me_3Si)_3C$ e *um* substituinte Me ligado diretamente ao Sn. O monocloreto de iodo age como agente de cloração, e um grupo Me é substituído por Cl. Os dados de espectroscopia de massa são consistentes com uma fórmula molecular de {$(Me_3Si)_3C$}$MeSnCl_2$, com um pico em m/z = 421 oriundo do íon [{$(Me_3Si)_3C$}$SnCl_2$]$^+$, isto é, o íon base com perda de Me.

Com um excesso de ICl, o produto esperado é o {$(Me_3Si)_3C$}$SnCl_3$.

Exercícios propostos

Estas questões referem-se ao experimento descrito anteriormente. Dados adicionais: veja a Tabela 14.1.

1. Use o Apêndice 5 para deduzir como o pico a m/z = 421 no espectro de massa confirma a presença de dois átomos de Cl em **A**. [*Sugestão*: Veja a Seção 1.3]

2. Faça um esquema da aparência do sinal de RMN de ^1H em δ 1,23 ppm no espectro de **A** e indique onde você mediria $J(^{117}Sn-^1H)$ e $J(^{119}Sn-^1H)$. [*Sugestão*: Veja a Fig. 4.23]

3. Em que geometria de coordenação você espera que o átomo de Sn esteja situado no composto **A**?

[*Resp.*: Tetraédrica]
[Para mais informações, veja S.S. Al-Juaid *et al.* (1998) *J. Organomet. Chem.*, vol. 564, p. 215.]

Chumbo

O tetraetilchumbo (feito pela reação 23.73 ou por eletrólise do $NaAlEt_4$ ou do $EtMgCl$ usando um anodo de Pb) antigamente era usado de forma ampla como um agente antidetonante em combustíveis para motores. No entanto, por questões ambientais, o uso de combustíveis com chumbo tem diminuído (veja a Fig. 14.3).

$$4\text{NaPb} + 4\text{EtCl} \xrightarrow[\text{liga}]{\approx 373 \text{ K em uma autoclave}} \text{Et}_4\text{Pb} + 3\text{Pb} + 4\text{NaCl} \quad (23.73)$$

As sínteses de compostos R_4Pb feitas em laboratório incluem o uso de reagentes de Grignard (Eqs. 23.74 e 23.75) ou compostos de organolítio (Eqs. 23.76 e 23.77). As rotas de alto rendimento para o $R_3Pb-PbR_3$ envolvem as reações do R_3PbLi (veja a seguir) com o R_3PbCl.

$$2\text{PbCl}_2 + 4\text{RMgBr} \xrightarrow{\text{Et}_2\text{O}} 2\{R_2\text{Pb}\} + 4\text{MgBrCl}$$
$$\downarrow$$
$$R_4\text{Pb} + \text{Pb} \quad (23.74)$$

$$3\text{PbCl}_2 + 6\text{RMgBr} \xrightarrow{\text{Et}_2\text{O}, 253 \text{ K}} R_3\text{Pb}-\text{PbR}_3 + \text{Pb} + 6\text{MgBrCl} \quad (23.75)$$

$$2\text{PbCl}_2 + 4\text{RLi} \xrightarrow{\text{Et}_2\text{O}} R_4\text{Pb} + 4\text{LiCl} + \text{Pb} \quad (23.76)$$

$$R_3\text{PbCl} + R'\text{Li} \longrightarrow R_3R'\text{Pb} + \text{LiCl} \quad (23.77)$$

Os cloretos de alquilchumbo podem ser preparados pelas reações 23.78 e 23.79, e essas rotas são favorecidas em relação ao tratamento do R_4Pb com X_2, cujo resultado é difícil de controlar.

$$R_4\text{Pb} + \text{HCl} \longrightarrow R_3\text{PbCl} + \text{RH} \quad (23.78)$$

$$R_3\text{PbCl} + \text{HCl} \longrightarrow R_2\text{PbCl}_2 + \text{RH} \quad (23.79)$$

Os compostos das famílias do R_4Pb e R_6Pb_2 possuem estruturas monoméricas com centros tetraédricos de Pb, conforme exemplificadas pelo derivado ciclo-hexila na Fig. 23.20a. O número de derivados de Pb que foram estudados estruturalmente é menor do que para os compostos correspondentes que contêm Sn. Para os haletos de organochumbo, a presença de haletos em ponte é novamente um aspecto comum que dá origem a números de coordenação aumentados no centro metálico, por exemplo, no Me_3PbCl (Fig. 23.20b). Os monômeros são favorecidos se os substituintes orgânicos são estericamente exigentes, como no $(2,4,6-Me_3C_6H_2)_3PbCl$. Anteriormente, mencionamos o uso de reagentes R_3PbLi. O primeiro membro estruturalmente caracterizado desse grupo foi o "Ph_3PbLi", isolado na forma do complexo monomérico **23.38**.

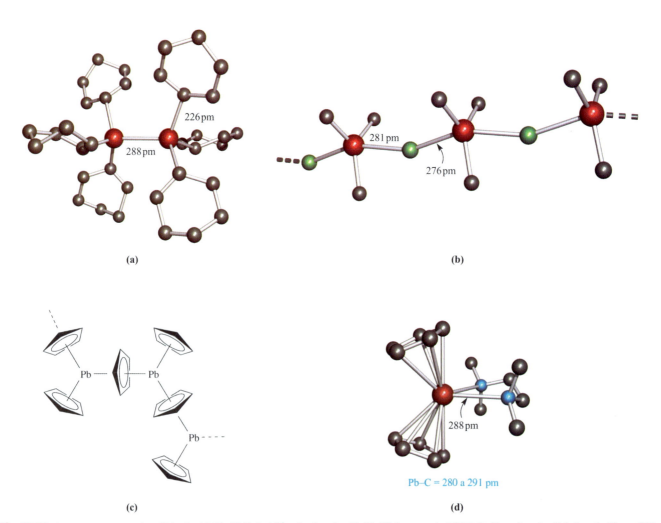

Fig. 23.20 A estrutura no estado sólido do (a) $Pb_2(C_6H_{11})_6$ [difração de raios X: N. Kleiner *et al.* (1985) *Z. Naturforsch., Teil B*, vol. 40, p. 477], (b) Me_3PbCl [difração de raios X: D. Zhang *et al.* (1991) *Z. Naturforsch., Teil A*, vol. 46, p. 337], (c) Cp_2Pb (diagrama esquemático), e (d) $(\eta^5-Cp)_2Pb$ $(Me_2NCH_2CH_2NMe_2)$ [difração de raios X: M.A. Beswick *et al.* (1996) *J. Chem. Soc., Chem. Commun.*, p. 1977]. Os átomos de hidrogênio foram omitidos para maior clareza. Código de cores: Pb, vermelho; C, cinza; Cl, verde; N, azul.

(23.38)

Os compostos de tetra-alquila de chumbo e tetra-arila de chumbo são inertes com respeito ao ataque pelo ar e à água, à temperatura ambiente. A termólise leva a reações radicalares tais como as que são mostradas no esquema 23.80, que serão posteriormente seguidas por outras etapas de reações radicalares.

$$\left.\begin{array}{l} Et_4Pb \longrightarrow Et_3Pb^\bullet + Et^\bullet \\ 2Et^\bullet \longrightarrow n\text{-}C_4H_{10} \\ Et_3Pb^\bullet + Et^\bullet \longrightarrow C_2H_4 + Et_3PbH \\ Et_3PbH + Et_4Pb \longrightarrow H_2 + Et_3Pb^\bullet \\ + Et_3PbCH_2CH_2^\bullet \end{array}\right\} \quad (23.80)$$

O grupo cloreto no R_3PbCl pode ser substituído dando uma gama de espécies R_3PbX (por exemplo, $X^- = [N_3]^-$, $[NCS]^-$, $[CN]^-$, $[OR']^-$). Em que X^- tem a capacidade de fazer ponte, são observadas espécies poliméricas no estado sólido. Tanto o R_3PbN_3 quanto o R_3PbNCS são ácidos fortes de Lewis e formam adutos, como o $[R_3Pb(N_3)_2]^-$. A reação do Ph_3PbCl com o Na[Cp] dá o $Ph_3Pb(\eta^1\text{-}Cp)$; a estrutura **23.39** foi confirmada por difração de raios X e é significativo que a distância $Pb-C_{Cp} > Pb-C_{Ph}$. Isso é consistente com uma ligação $Pb-C_{Cp}$ mais fraca, e é observada clivagem preferencial de ligações, por exemplo, no esquema 23.81.

$$Ph_3PbO_2CMe \xleftarrow{MeCO_2H} Ph_3Pb(\eta^1\text{-}Cp) \xrightarrow{PhSH} Ph_3PbSH \quad (23.81)$$

(23.39)

Os derivados ciclopentadienila de Pb(II), $(\eta^5\text{-}C_5R_5)_2Pb$, podem ser preparados por reações de um sal de Pb(II) (por exemplo, o acetato ou o cloreto) com o $Na[C_5R_5]$ ou o $Li[C_5R_5]$. Os compostos $(\eta^5\text{-}C_5R_5)_2Pb$ geralmente são sensíveis ao ar, mas a presença de grupos R volumosos aumentam sua estabilidade. A estrutura no estado sólido do Cp_2Pb consiste em cadeias poliméricas (Fig. 23.20c), mas, em fase gasosa, há presença de moléculas discretas de $(\eta^5\text{-}Cp)_2Pb$ que possuem a estrutura angular mostrada para o $(\eta^5\text{-}C_5Me_5)_2Si$ na Fig. 23.14b. Outros compostos $(\eta^5\text{-}C_5R_5)_2Pb$ que foram estudados no estado sólido são monômeros. São observadas estruturas angulares (conforme na Fig. 23.14b) para R = Me ou $PhCH_2$, por exemplo, mas, no $\{\eta^5\text{-}C_5Me_4(Si^tBuMe_2)\}_2Pb$, onde os grupos orgânicos são especialmente volumosos, os anéis C_5 são coparalelos (veja o final da Seção 23.5). O Cp_2Pb (como o Cp_2Sn) pode agir como um *ácido de Lewis*. Ele reage com as bases de Lewis $Me_2NCH_2CH_2NMe_2$ e 4,4'-Me_2bpy (**23.40**) formando os adutos $(\eta^5\text{-}Cp)_2Pb\cdot L$, em que L é a base de Lewis. A Fig. 23.20d apresenta a estrutura do estado sólido do $(\eta^5\text{-}Cp)_2Pb\cdot Me_2NCH_2CH_2NMe_2$, e a estrutura do $(\eta^5\text{-}Cp)_2Pb\cdot(4,4'\text{-}Me_2\text{bpy})$ é semelhante. A maior evidência para o comportamento do ácido de Lewis vem da reação do $(\eta^5\text{-}Cp)_2Pb$ com o Li[Cp] na presença do éter de coroa 12-coroa-4, o que dá o $[Li(12\text{-coroa-4})]_2[Cp_9Pb_4][Cp_5Pb_2]$. As estruturas do $[Cp_9Pb_4]^-$ e do $[Cp_5Pb_2]^-$ consistem em fragmentos da cadeia polimérica do Cp_2Pb (veja a Fig. 23.20c), por exemplo, no $[Cp_5Pb_2]^-$, um ligante Cp^- faz pontes entre os dois centros de Pb(II) e os quatro ligantes Cp^- restantes ficam ligados em um modo η^5, dois a cada átomo de Pb.

(23.40)

Os diarilplumbilenos, R_2Pb, nos quais o átomo de Pb carrega um par isolado de elétrons, podem ser preparados pela reação do $PbCl_2$ com o RLi, contanto que R seja adequadamente exigente de forma estérica. A presença de monômeros no estado sólido foi confirmada para R = 2,4,6-$(CF_3)_3C_6H_2$ e 2,6-$(2,4,6\text{-}Me_3C_6H_2)_2C_6H_3$. Os derivados dialquila são representados pelo $\{(Me_3Si)_2CH\}_2Pb$. A associação de unidades de R_2Pb para formar $R_2Pb=PbR_2$ depende criticamente de R, conforme ilustram os exemplos a seguir. O $\{(Me_3Si)_3Si\}RPb$ cristalino, com R = 2,3,4-Me_3-6-$^tBuC_6H$ e 2,4,6-$(CF_3)_3C_6H_2$, contêm dímeros nos quais as distâncias Pb···Pb são de 337 e 354 pm, respectivamente. Essas separações são grandes demais para serem consistentes com a presença de ligações Pb=Pb. O produto no esquema 23.82 é monomérico em fase gasosa e em solução. No sólido, é dimérico, com um comprimento de ligação Pb–Pb de 305 pm, indicativo de uma ligação Pb=Pb. A reação 23.83 de troca de ligantes leva a um produto com uma ligação Pb–Pb ainda menor (299 pm). A ligação no $R_2Pb=PbR_2$ pode ser descrita de uma maneira análoga àquela apresentada para o $R_2Sn=SnR_2$ na Fig. 23.19.

$$2PbCl_2 + 4RMgBr \xrightarrow[-MgCl_2/MgBr_2]{163\ K,\ aquecer\ até\ 293\ K} 2R_2Pb\ (solução) \rightleftharpoons R_2Pb=PbR_2\ (sólido) \quad (23.82)$$

R = 2,4,6-$^iPr_3C_6H_2$

$$R_2Pb + R'_2Pb \longrightarrow 2RR'Pb\ (solução) \rightleftharpoons RR'Pb=PbRR'\ (sólido) \quad (23.83)$$

R = 2,4,6-$^iPr_3C_6H_2$
R' = $(Me_3Si)_3Si$

Quando o reagente de Grignard no esquema 23.82 é alterado para 2,4,6-$Et_3C_6H_2MgBr$, o produto cristalino é **23.41**, enquanto com o 2,4,6-$Me_3C_6H_2MgBr$, **23.42** é isolado. A formação de **23.41** pode ser suprimida pela execução da reação na presença de dioxano. Nesse caso, o $(2,4,6\text{-}Et_3C_6H_2)_2Pb$ trimeriza em **23.43**, no qual as distâncias de ligação Pb–Pb são 318 pm. Essas ligações bastante longas, juntamente com a orientação dos grupos R (Fig. 23.21a), levam a uma descrição de ligação envolvendo a doação do par isolado de uma unidade R_2Pb: para o orbital

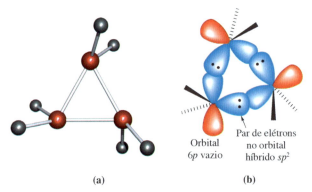

Fig. 23.21 (a) A estrutura do caroço Pb₃C₆ no {(2,4,6-Et₃C₆H₂)₂Pb}₃, determinada por difração de raios X [F. Stabenow *et al.* (2003) *J. Am. Chem. Soc.*, vol. 125, p. 10172]. Código de cores: Pb, vermelho; C, cinza. (b) Uma descrição da ligação para as interações Pb–Pb no {(2,4,6-Et₃C₆H₂)₂Pb}₃.

6p vazio da unidade adjacente (Fig. 23.21b). Esses sistemas de reação são complicados, e as variações do grupo R e da proporção de matérias-primas podem resultar no desproporcionamento do PbX₂ (Eq. 23.84), ou formar sais de [Pb(PbR₃)₃]⁻ (**23.44**).

$$3PbCl_2 + 6RMgBr \longrightarrow R_3Pb-PbR_3 + Pb + 6MgBrCl \quad (23.84)$$

(**23.41**) R = 2,4,6-Et₃C₆H₂

(**23.42**) R = 2,4,6-Me₃C₆H₂

(**23.43**) R = 2,4,6-Et₃C₆H₂

(**23.44**) R = Ph ou PhC₆H₄

A reação do RPbBr (R = 2,6-(2,6-ⁱPr₂C₆H₃)₂C₆H₃) com o LiAlH₄ leva ao RPbPbR (**23.45**) (Eq. 23.85). Esse composto não é análogo, nem em estrutura nem ligação, ao RGeGeR e ao RSnSnR (veja a estrutura **23.36**). No RPbPbR, a distância Pb–Pb é consistente com uma ligação simples, e cada átomo de Pb é considerado como tendo um sexteto de elétrons (um par isolado e dois pares ligantes). O comprimento de ligação Pb–Pb é próximo daquele no trímero **23.43**.

$$2RPbBr \xrightarrow{LiAlH_4} 2RPbH \xrightarrow{-H_2} RPbPbR \quad (23.85)$$

R = 2,6-(2,6-ⁱPr₂C₆H₃)₂C₆H₃

(**23.45**)

Anéis C₅ coparalelos e inclinados nos metalocenos do grupo 14

Os primeiros metalocenos do grupo 14 a serem caracterizados foram o (η⁵-C₅H₅)₂Sn e o (η⁵-C₅H₅)₂Pb, e, em ambos os compostos, os anéis C₅ são mutuamente inclinados. Essa observação foi originalmente interpretada em termos da presença de um par isolado de elétrons estereoquimicamente ativo, conforme mostrado na estrutura **23.46**.

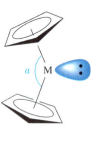

(**23.46**)

No entanto, como mostraram os exemplos na Seção 23.5, nem todos os metalocenos do grupo 14 exibem estruturas com anéis C₅ inclinados. Por exemplo, em cada um dos (η⁵-C₅Ph₅)₂Sn, {η⁵-C₅Me₄(SiMe₂ᵗBu)}₂Ge e (η⁵-C₅ⁱPr₃H₂)₂Pb, os dois anéis C₅ são coparalelos. Tendências como essa juntamente com as séries (η⁵-C₅H₅)₂Sn (ângulo de inclinação α = 125°), (η⁵-C₅Me₅)₂Sn (α = 144°) e (η⁵-C₅Ph₅)₂Sn (anéis coparalelos) foram explicadas em termos de fatores estéricos: à medida que as repulsões estéricas interanelares aumentam, o ângulo α em **23.46** aumenta, e o resultado é uma reibridização dos orbitais do metal, tornando o par isolado estereoquimicamente inativo. No entanto, é difícil explicar a ocorrência de *ambas* as formas inclinada e coparalela do (η⁵-C₅Me₅)₂Si (Fig. 23.14) usando argumentos estéricos. Além disso, a preferência por anéis coparalelos no estado sólido para o {η⁵-C₅Me₄(SiMe₂ᵗBu)}₂Pb e o (η⁵-C₅ⁱPr₃H₂)₂Pb, em contraste com uma estrutura inclinada do (η⁵-C₅ⁱPr₅)₂Pb (α = 170°), não pode ser explicada em termos de interações estéricas interanelares. A situação é ainda mais complicada pelo fato de que, descendo pelo grupo 14, há um aumento da tendência para o par isolado de elétrons ser acomodado em um orbital *ns* e se tornar estereoquimicamente inativo. Um ponto final a ser considerado é que, embora sejam poliméricos, os metalocenos do grupo 2, (η⁵-Cp)₂M (M = Ca, Sr, Ba), exibem unidades angulares de C₅–M–C₅: nesse ponto, não há qualquer par isolado de elétrons para afetar a estrutura. Levando todos os dados atuais em consideração, é necessário reavaliar (i) o papel estereoquímico do par isolado de elétrons nos compostos (η⁵-C₅R₅)₂M (M = metal do grupo 14) e (ii) o papel das interações estéricas interanelares como fatores que contribuem para a preferência por anéis C₅ coparalelos ou inclinados. Estudos teóricos indicam que a diferença de energia entre as duas estruturas para dada molécula é pequena: ≈1–12 kJ mol⁻¹, dependendo dos substituintes dos anéis. Sugeriu-se que as forças de agrupamento cristalino seriam um fator contribuinte, mas são necessários outros estudos para oferecer uma explicação definitiva.[†]

23.6 Grupo 15

Aspectos da ligação e formação da ligação E=E

Nossa discussão de compostos organometálicos do grupo 15 abrange o As, o Sb e o Bi. Há uma química extensiva de compostos com ligações N–C ou P–C, mas grande parte dela é de competência da química orgânica, embora as aminas e os fosfanos (por exemplo, R_3E, $R_2E(CH_2)_nER_2$, em que E = N ou P) sejam ligantes importantes em complexos inorgânicos. Em ambos os casos, o elemento do grupo 15 age como um σ doador, e, no caso do fósforo, também como um π receptor (veja a Seção 20.4).

Descendo pelo grupo 15, ambos os termos da entalpia de ligação E–E e E–C diminuem (por exemplo, veja a Tabela 15.3). Na Seção 15.3, enfatizamos as diferenças de ligação entre o nitrogênio e os elementos posteriores, e ilustramos que a ligação π (p–p) é importante para o nitrogênio, mas não para os elementos mais pesados. Dessa maneira, a química do nitrogênio oferece muitos compostos do tipo $R_2N=NR_2$, mas, para a maioria dos grupos R, os compostos análogos $R_2E=ER_2$ (E = P, As, Sb ou Bi) são instáveis com respeito à oligomerização, dando compostos cíclicos tais como o Ph_6P_6. Somente pelo uso de substituintes particularmente volumosos torna-se possível a formação de ligação para os elementos posteriores, com o impedimento estérico evitando a oligomerização. Sendo assim, diversos compostos com P=P, P=As, As=As, P=Sb, Sb=Sb, Bi=Bi e P=Bi são conhecidos e possuem configuração *trans*, conforme mostra a estrutura **23.47**. Os substituintes volumosos que tiverem um papel importante possibilitando a estabilização de compostos RE=ER são o 2,4,6-$^tBu_3C_6H_2$, o 2,6-(2,4,6-$Me_3C_6H_2$)$_2C_6H_3$ e o 2,6-(2,4,6-$^iPr_3C_6H_2$)$_2C_6H_3$. Juntamente com a série RE=ER para E = P, AsSb e Bi e R = 2,6-(2,4,6-$Me_3C_6H_2$)$_2C_6H_3$, o comprimento de ligação E=E aumenta (198,5 pm, E = P; 228 pm, E = As; 266 pm, E = Sb; 283 pm, E = Bi) e o ângulo de ligação E–E–C diminui (110°, E = P; 98,5°, E = As; 94°, E = Sb; 92,5°, E = Bi). Pode ser obtida a metilação de RP=PR (R = 2,4,6-$^tBu_3C_6H_2$) dando **23.48**, mas somente se é utilizado um excesso de 35 vezes o trifluorometanossulfonato de metila. Posteriormente, voltaremos à formação de ligação simples entre os átomos de As, de Sb e de Bi.

(23.47) **(23.48)**

[†] Para mais debate, veja: S.P. Constantine, H. Cox, P.B. Hitchcock and G.A. Lawless (2000) *Organometallics*, vol. 19, p. 317; J.D. Smith and T.P. Hanusa (2001) *Organometallics*, vol. 20, p. 3056; V.M. Rayón and G. Frenking (2002) *Chem. Eur. J.*, vol. 8, p. 4693.

Arsênio, antimônio e bismuto

Os compostos organometálicos de As(III) Sb(III) e Bi(III) podem ser preparados a partir dos respectivos elementos e haletos orgânicos (reação 23.86) ou pelo uso de reagentes Grignard (Eq. 23.87) ou compostos de organolítio. O tratamento de haletos orgânicos (por exemplo, os da reação 23.86) com R'Li dá RER'_2 ou R_2ER' (por exemplo, a Eq. 23.88).

$$2As + 3RBr \xrightarrow{\text{na presença de Cu, } \Delta} RAsBr_2 + R_2AsBr \quad (23.86)$$

$$EX_3 + 3RMgX \xrightarrow{\text{éter como solvente}} R_3E + 3MgX_2 \quad (23.87)$$

$$R_2AsBr + R'Li \longrightarrow R_2AsR' + LiBr \quad (23.88)$$

O esquema 23.89 mostra a formação de um organoarsano que é comumente utilizado como um ligante quelante para metais pesados, sendo os doadores de As moles compatíveis com os centros metálicos moles (veja a Tabela 7.9).

(23.89)

Os derivados de metal(V), R_5E, não podem ser preparados a partir dos penta-haletos correspondentes, mas podem ser obtidos por oxidação do R_3E seguida de tratamento com o RLi (por exemplo, a Eq. 23.90). A mesma estratégia pode ser empregada para formar, por exemplo, o Me_2Ph_3Sb (reação 23.91).

$$R_3As + Cl_2 \longrightarrow R_3AsCl_2 \xrightarrow[-2LiCl]{2RLi} R_5As \quad (23.90)$$

$$Ph_3SbCl_2 + 2MeLi \xrightarrow{Et_2O, 195\ K} Me_2Ph_3Sb + 2LiCl \quad (23.91)$$

A adição oxidante de R'X (R = alquila) ao R_3E produz o $R_3R'EX$, com a tendência do R_3E em sofrer essa reação diminuindo na ordem As > Sb >> Bi, e I > Br > Cl. Além disso, a conversão de R_3X em $R_3R'EX$ por essa rota funciona para R = alquila ou arila, quando E = As, mas não para R = arila, quando E = Sb. Os compostos do tipo R_3EX_2 são facilmente preparados conforme mostrado na Eq. 23.90, e os derivados R_2EX_3 podem ser produzidos pela adição de X_2 ao R_2EX (E = As, Sb; X = Cl, Br).

(23.49) **(23.50)**

Os compostos do tipo R_3E são sensíveis à oxidação pelo ar, mas resistem ao ataque da água. Eles são mais estáveis quando R = arila (em comparação com a alquila), e a estabilidade para dada série de derivados triarila diminui na ordem $R_3As > R_3Sb > R_3Bi$. Todos os compostos R_3E estruturalmente caracterizados até hoje são piramidais triangulares, e o ângulo α C–E–C em **23.49** diminui para dado grupo R na ordem As > Sb > Bi. O peróxido de hidrogênio oxida o Ph_3As em Ph_3AsO, para o qual **23.50** é uma representação da ligação. O Ph_3SbO é preparado de modo semelhante ou pode ser obtido pelo aquecimento do $Ph_3Sb(OH)_2$. O óxido de trifenilbismuto é produzido pela oxidação do Ph_3Bi ou pela hidrólise do Ph_3BiCl_2. A pronta formação desses óxidos deve ser comparada com a relativa estabilidade do Ph_3P com respeito à oxidação, à pronta oxidação do Me_3P e ao uso do Me_3NO como um agente oxidante. (Veja a Seção 15.3 para uma discussão da ligação em compostos hipervalentes de elementos do grupo 15.) O óxido de trifenilarsênio forma um monoidrato que existe na forma de um dímero com ligação de hidrogênio (**23.51**) no estado sólido. O Ph_3SbO cristaliza em diversas modificações que contêm ou monômeros ou polímeros, e tem vários usos catalíticos em química orgânica, por exemplo, a polimerização do oxirano, e as reações entre aminas e ácidos dando amidas. A reação do Ph_3AsO com o PhMgX leva aos sais $[Ph_4As]X$ (X=Cl, Br, I). Esses sais são comercialmente disponíveis e são amplamente empregados para fornecer um cátion grande para a estabilização de sais que contêm ânions grandes (veja o Boxe 24.1).

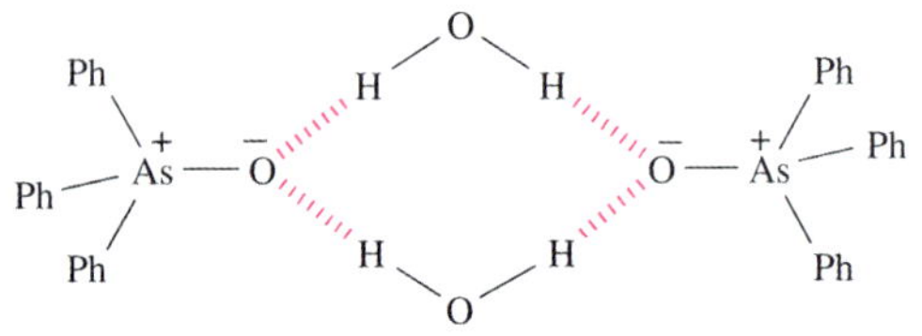

(23.51)

A capacidade do R_3E de agir como uma base de Lewis diminui à medida que se desce pelo grupo 15. Os complexos dos metais do bloco *d* que envolvem ligantes R_3P são muito mais numerosos do que aqueles que contêm o R_3As e o R_3Sb (veja a Seção 24.2), e apenas alguns complexos que contêm ligantes R_3Bi foram estruturalmente caracterizados, por exemplo, o $Cr(CO)_5(BiPh_3)$ (**23.52**) e o $[(\eta^5-Cp)Fe(CO)_2(BiPh_3)]^+$. Também são formados adutos entre o R_3E e o R_3EO (E = As, Sb) e ácidos de Lewis tais como o trifluoreto de boro (Fig. 23.22b), e, na Seção 17.4, fizemos a descrição de complexos formados entre o Ph_3E (E = P, As, Sb) e os halogênios.

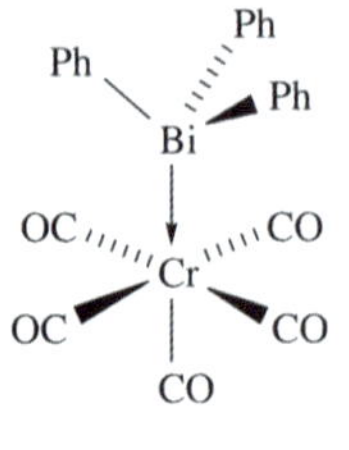

(23.52)

Os compostos do tipo R_5E (E = As, Sb, Bi) adotam ou uma estrutura bipiramidal triangular ou piramidal de base quadrada. No estado sólido, o Me_5Sb, Me_5Bi, $(4-MeC_6H_4)_5Sb$ e o composto solvatado $Ph_5Sb \cdot \tfrac{1}{2}C_6H_{12}$ são bipiramidais triangulares, enquanto o Ph_5Sb e o Ph_5Bi não solvatados são piramidais de base quadrada. Estudos de difração de elétrons sobre o Me_5As e o Me_5Sb gasosos confirmam as estruturas bipiramidais triangulares. Em solução, os compostos são altamente fluxionais na escala de tempo da RMN, mesmo a baixas temperaturas. O processo fluxional envolve permuta de ligantes via interconversão de estruturas bipiramidais triangulares e piramidais de base quadrada (veja a Fig. 4.24). Para o $(4-MeC_6H_4)_5Sb$ em $CHFCl_2$ como solvente, foi determinada uma barreira de ≈6,5 kJ mol^{-1} para a permuta de ligantes a partir de dados de espectroscopia de RMN de ^1H.

Quando aquecidos, os compostos R_5E decompõem-se, com a estabilidade térmica diminuindo à medida que se desce no grupo; por exemplo, o Ph_5As é mais estável termicamente do que o Ph_5Sb, que por sua vez é mais estável do que o Ph_5Bi. Os produtos de decomposição variam e, por exemplo, o Ph_5Sb decompõe-se em Ph_3Sb e PhPh, enquanto o Me_5As dá o Me_3As, o CH_4 e o C_2H_4. A clivagem de uma ligação E–C em compostos R_5E ocorre com o tratamento com halogênios, ácidos de Brønsted ou com o Ph_3B (Eqs. 23.92–23.94). Tanto o Me_5Sb quanto o Me_5Bi reagem com o MeLi em THF (Eq. 23.95) formando sais que contêm os íons octaédricos $[Me_6E]^-$.

$$Ph_5E + Cl_2 \longrightarrow Ph_4ECl + PhCl \qquad (23.92)$$

$$Ph_5E + HCl \longrightarrow Ph_4ECl + PhH \qquad (23.93)$$

$$Ph_5E + Ph_3B \longrightarrow [Ph_4E]^+[BPh_4]^- \qquad (23.94)$$

$$Me_5Sb + MeLi \xrightarrow{Et_2O, THF} [Li(THF)_4]^+[Me_6Sb]^- \qquad (23.95)$$

Os monoaletos R_4EX tendem a ser iônicos para X = Cl, Br ou I, isto é, $[R_4E]^+X^-$, mas entre as exceções está o Ph_4SbCl, que cristaliza na forma de moléculas bipiramidais triangulares discretas. Os fluoretos possuem estruturas covalentes. No estado sólido, o Me_4SbF forma cadeias poliméricas (Fig. 23.22a), enquanto o $MePh_3SbF$ existe como moléculas bipiramidais triangulares **23.53**. Para os dialetos e trialetos também existe variação estrutural, as estruturas iônicas, moleculares discretas e oligoméricas no estado sólido estão todas exemplificadas; por exemplo, Me_3AsBr_2 é iônico e contém o íon tetraédrico $[Me_3AsBr]^+$, o Ph_3BiCl_2 e o Ph_3SbX_2 (X = F, Cl, Br ou I) são moléculas bipiramidais triangulares com átomos de X axiais, o Ph_2SbCl_3 é dimérico (**23.54**), enquanto o Me_2SbCl_3 existe em duas formas estruturais: uma iônica, $[Me_4Sb]^+[SbCl_6]^-$, e a outra, um dímero covalente.

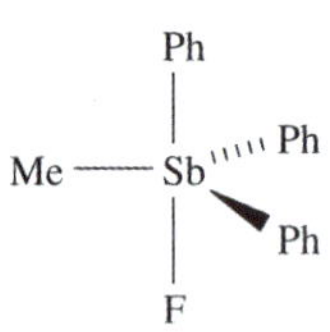

(23.53) 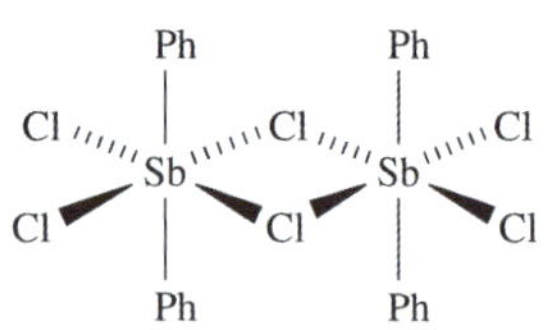   (23.54)

A família dos compostos $R_2E–ER_2$ cresceu significativamente desde 1980 e aqueles estruturalmente caracterizados por difração de raios X incluem o Ph_4As_2, o Ph_4Sb_2 e o Ph_4Bi_2. Todos possuem a conformação escalonada apresentada em **23.55** para o caroço do C_4E_2, com valores de α e β de 103° e 96° para o Ph_4As_2, 94° e 94° para o Ph_4Sb_2, e 98° e 91° para o Ph_4Bi_2. Conforme esperado, o comprimento de ligação E–E aumenta: 246 pm no Ph_4As_2, 286 pm no Ph_4Sb_2, e 298 pm no Ph_4Bi_2. A Eq. 23.96 dá uma rota preparativa típica. Alguns derivados de

Compostos organometálicos dos elementos dos blocos *s* e *p* | **217**

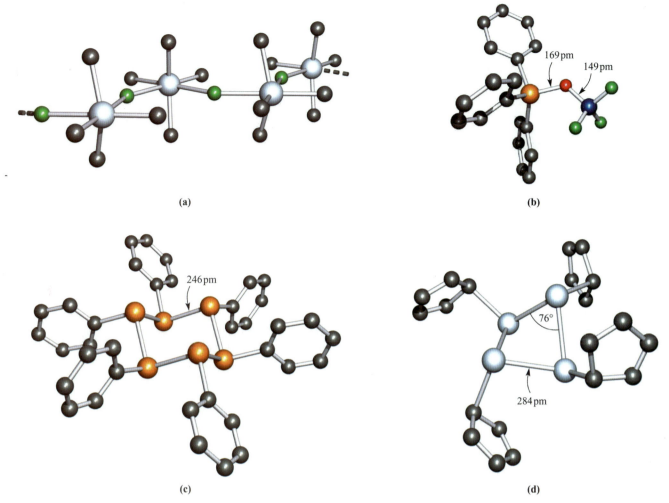

Fig. 23.22 As estruturas no estado sólido (difração de raios X) do (a) Me₄SbF polimérico, no qual cada centro de Sb(V) é octaédrico com distorção [W. Schwarz *et al.* (1978) *Z. Anorg. Allg. Chem.*, vol. 444, p. 105], (b) Ph₃AsO·BF₃ [N. Burford *et al.* (1990) *Acta Crystallogr., Sect. C*, vol. 46, p. 92], (c) Ph₆As₆, no qual o As₆ adota uma conformação de cadeira [A.L. Rheingold *et al.* (1983) *Organometallics*, vol. 15, p. 4104]. Os átomos de hidrogênio foram omitidos para maior clareza. Código de cores: Sb, prata; As, laranja; F, verde; B, azul; O, vermelho.

R₄Sb₂ e de R₄Bi₂ (porém não o R₄As₂) são *termocrômicos* (veja a Seção 21.6).

$$2R_2BiCl + 2Na \xrightarrow[\text{2. 1,2-diclorometano}]{\text{1. NH}_3 \text{ líquida}} R_4Bi_2 + 2NaCl \quad (23.96)$$

(23.55)

A redistribuição de ligantes no Me₂SbBr líquido (sem solvente) leva à formação do sal [Me₃SbSbMe₂]₂[MeBr₂Sb(μ-Br)₂SbBr₂Me], que contém os íons **23.56** e **23.57**. O caminho reacional proposto é dado no esquema 23.97. A conformação eclipsada do cátion **23.56** provavelmente é determinada pelas interações fortes cátion-ânion no estado sólido.

$$2Me_2SbBr \longrightarrow Me_3Sb + MeSbBr_2$$
$$2Me_2SbBr + 2Me_3Sb + 2MeSbBr_2 \rightleftharpoons [\mathbf{23.56}]_2[\mathbf{23.57}]$$
(23.97)

(23.56) (23.57)

Exemplo resolvido 23.6 Aplicação do modelo RPECV

Comprove que a estrutura octaédrica do [Ph₆Bi]⁻ (formado em uma reação análoga à 23.95) é consistente com o modelo RPECV.

O Bi tem cinco elétrons em sua camada de valência e a carga negativa no [Ph₆Bi]⁻ fornece mais um.

Cada grupo Ph fornece um elétron para a camada de valência do Bi no [Ph$_6$Bi]$^-$.

Contagem total de elétrons de valência = 5 + 1 + 6 = 12

Os seis pares de elétrons correspondem a uma estrutura octaédrica no modelo RPECV, e isso é consistente com a estrutura observada.

Exercícios propostos

1. Mostre que os centros de Sb tetraédricos e piramidais triangulares no cátion **23.56** são consistentes com o modelo RPECV. O que isso supõe a respeito da localização da carga positiva?
2. Comprove que a estrutura do ânion **23.57** é consistente com o modelo RPECV. Comente a respeito da preferência por essa estrutura em relação a outra em que os grupos Me ficam do mesmo lado da unidade plana de Sb$_2$Br$_6$.
3. Mostre que os centros octaédricos no Ph$_4$Sb$_2$Cl$_6$ (**23.54**) são consistentes com o modelo RPECV.

A redução dos dialetos de organometal(III) (por exemplo, o RAsCl$_2$) com o sódio ou o magnésio em THF, ou a redução dos ácidos RAs(O)(OH)$_2$ (reação 23.98), dá o *ciclo*-(RE)$_n$, em que n = 3–6. A Fig. 23.22c mostra a estrutura do Ph$_6$As$_6$, que ilustra o típico ambiente piramidal triangular para os elementos do grupo 15. São conhecidos dois polimorfos cristalinos do (η^1-C$_5$Me$_5$)$_4$Sb$_4$, diferindo em detalhes da geometria molecular e do agrupamento cristalino; uma das estruturas é digna de nota por seus ângulos de ligação Sb–Sb–Sb agudos (Fig. 23.22d). A reação 23.99 é um exemplo interessante da formação de uma espécie *ciclo*-As$_3$, sendo o grupo orgânico delineado para estimular a formação do anel de três membros. Uma reação semelhante ocorre com o MeC(CH$_2$SbCl$_2$)$_3$.

$$6PhAs(O)(OH)_2 \xrightarrow{H_3PO_2} Ph_6As_6 \quad (23.98)$$

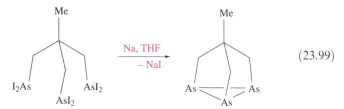

(23.99)

A litiação (utilizando o BuLi) do Ph$_2$SbH em THF leva ao Ph$_2$SbLi(THF)$_3$ que pode ser isolado na forma de um sólido cristalino. Por outro lado, a litiação do PhSbH$_2$ em Me$_2$NCH$_2$CH$_2$NMe$_2$ resulta na formação da ligação Sb–Sb e no íon [Sb$_7$]$^{3-}$. Isso oferece um método conveniente de preparar esse íon de Zintl (veja a Seção 15.6).

A química dos organometálicos envolvendo ligantes de ciclopentadienila é menos importante no grupo 15 do que para os grupos 1, 2, 13 e 14. Já mencionamos o (η^1-C$_5$Me$_5$)$_4$Sb$_4$ (Fig. 23.22d). Outros compostos para os quais as estruturas no estado sólido contêm substituintes η^1-C$_5$R$_5$ incluem o (η^1-Cp)$_3$Sb (Eq. 23.100) e o (η^1-C$_5$Me$_5$)AsCl$_2$ (Fig. 23.23a, preparado por redistribuição dos ligantes entre o (η^1-C$_5$Me$_5$)$_3$As e o AsCl$_3$). Os derivados Cp$_n$SbX$_{3-n}$ (X = Cl, Br, I; n = 1, 2) são preparados por tratamento do (η^1-Cp)$_3$Sb com o SbX$_3$. O CpBiCl$_2$ é obtido por meio da reação 23.101.

$$Sb(NMe_2)_3 + 3C_5H_6 \xrightarrow{Et_2O,\ 193\ K} (\eta^1\text{-Cp})_3Sb + 3Me_2NH$$
(23.100)

$$BiCl_3 + Na[Cp] \xrightarrow{Et_2O,\ 203\ K} CpBiCl_2 + NaCl \quad (23.101)$$

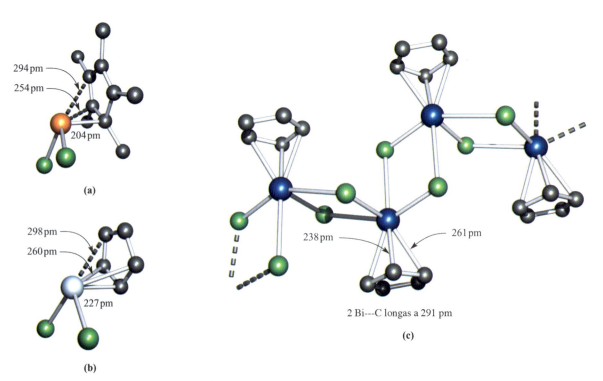

Fig. 23.23 As estruturas (difração de raios X) do (a) (η^1-C$_5$Me$_5$)AsCl$_2$ monomérico [E.V. Avtomonov *et al.* (1996) *J. organolet.Chem.*, vol. 524, p. 253], (b) (η^3-C$_5$H$_5$)SbCl$_2$ monomérico [W. Frank (1991) *J. Organomet. Chem.*, vol. 406, p. 331], e (c) (η^3-C$_5$H$_5$)BiCl$_2$ polimérico [W. Frank (1990) *J. Organomet. Chem.*, vol. 386, p. 177]. Os átomos de hidrogênio foram omitidos para maior clareza. Código de cores: As, laranja; Sb, prata; Bi, azul; C, cinza; Cl, verde.

Em solução, os anéis ciclopentadienila nesse tipo de composto são fluxionais. No estado sólido, os dados cristalográficos (quando disponíveis) revelam significativa variação dos modos de ligação como os exemplos da Fig. 23.23 ilustram. A consideração das distâncias de ligação E–C leva às designações de η^1 ou η^3. A reação 23.102 dá um dos poucos derivados η^5-ciclopentadienila de um elemento mais pesado do grupo 15 até agora preparado. O íon $[(\eta^5\text{-}C_5Me_5)_2As]^+$ é isoeletrônico com o $(\eta^5\text{-}C_5Me_5)_2Ge$ e possui a mesma estrutura angular ilustrada para o $(\eta^5\text{-}C_5Me_5)_2Si$ na Fig. 23.14b.

$$(\eta^1\text{-}C_5Me_5)_2AsF + BF_3 \longrightarrow [(\eta^5\text{-}C_5Me_5)_2As]^+[BF_4]^- \quad (23.102)$$

23.7 Grupo 16

Nossa discussão dos organocompostos dos elementos do grupo 16 está confinada ao selênio e ao telúrio. Também há vastas séries de compostos orgânicos contendo ligações C–O ou C–S, e alguns tópicos inorgânicos relevantes já discutidos são:

- óxidos e oxiácidos de carbono (Seção 14.9);
- sulfetos de carbono (Seção 14.11).

Selênio e telúrio

A química orgânica do selênio e do telúrio está em uma área em expansão na pesquisa, e uma das áreas de interesse ativo é a dos "metais orgânicos". Por exemplo, o tetrasselenofulvaleno **23.58** age como um doador de elétrons para o derivado tetraciano **23.59** e os complexos 1:1 formados entre eles, e entre moléculas correlatas, cristalizam com estruturas empilhadas e exibem elevadas condutividades elétricas.

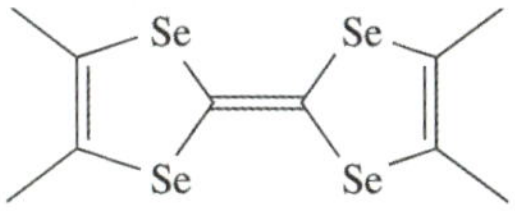

TMTSeF
(tetrametiltetrasselenofulvaleno)
(23.58)

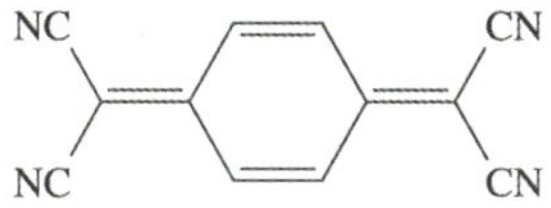

TCNQ
(tetracianoquinodimetano)
(23.59)

Os derivados orgânicos do Se(II) incluem o R_2Se (preparado pela reação 23.103) e o RSeX (X = Cl ou Br, preparado pela reação 23.104). As rotas para os compostos R_2Te e R_2Te_2 são apresentadas nos esquemas 23.105 e 23.106. É mais difícil isolar os compostos RTeX do que seus análogos de Se, mas eles podem ser estabilizados por coordenação a uma base de Lewis.

$$Na_2Se + 2RCl \longrightarrow R_2Se + 2NaCl \quad (23.103)$$

$$R_2Se_2 + X_2 \longrightarrow 2RSeX \quad (X = Cl, Br) \quad (23.104)$$

$$Te + RLi \longrightarrow RTeLi \xrightarrow{RBr} R_2Te \quad (23.105)$$

$$Na_2Te_2 + 2RX \longrightarrow R_2Te_2 + 2NaX \quad (23.106)$$

Os disselenetos R_2Se_2 são facilmente produzidos pelo tratamento do Na_2Se_2 com RX, e ter estruturas não planas, por exemplo, para o Ph_2Se_2 no estado sólido, o ângulo diédrico (veja a Fig. 16.10) é 82° e o comprimento de ligação Se–Se é 229 pm. A reação do Ph_2Se_2 com o I_2 leva, não ao RSeI, mas ao complexo **23.60** de transferência de carga (veja a Seção 17.4). Por outro lado, a reação com o Ph_2Te_2 leva ao tetrâmero $(PhTeI)_4$ (**23.61**).

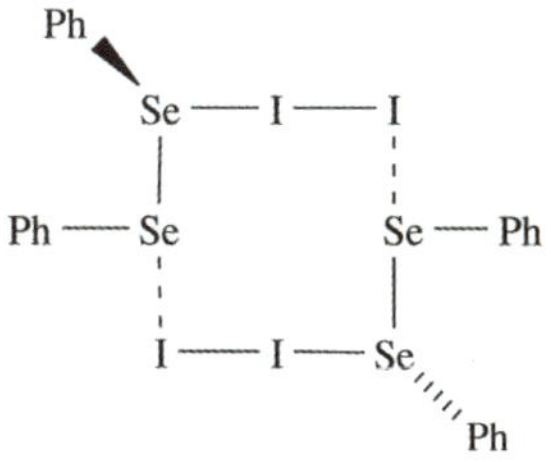

(23.60) 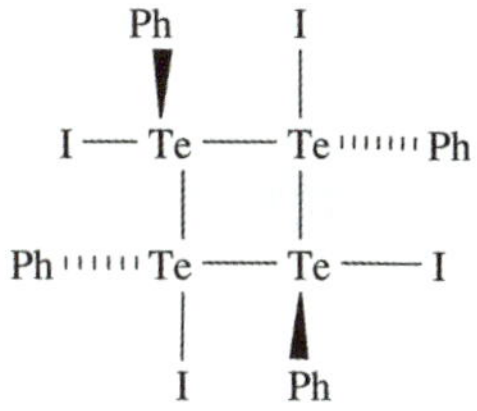   **(23.61)**

O dimetilseleneto e o telureto reagem com o Cl_2, o Br_2 e o I_2 dando o Me_2SeX_2 e o Me_2TeX_2. A estrutura no estado sólido do Me_2TeCl_2 é baseada em uma pirâmide triangular de acordo com o modelo RPECV, e isso é típico dos compostos R_2TeX_2 (**23.62**). O que há algum tempo era rotulado como a forma β do Me_2TeI_2, atualmente é conhecido como o $[Me_3Te]^+[MeTeI_4]^-$, com um cátion piramidal triangular e um ânion piramidal de base quadrada; as pontes I–Te···I resultam em cada centro de Te estar em um ambiente octaédrico com distorção no estado sólido.

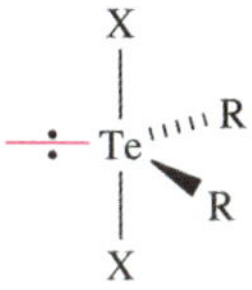

(23.62)

A adição oxidante de X_2 ao RSeX (X = Cl ou Br) leva ao $RSeX_3$. Os análogos do telúrio, tais como o $MeTeCl_3$, podem ser preparados pelo tratamento do Me_2Te_2 com o Cl_2 ou por reação do $TeCl_4$ com o Me_4Sn. A reação 23.107 produz o composto pirofórico Me_4Te que pode ser oxidado em Me_4TeF_4 usando o XeF_2; o Ph_4Te pode, de modo semelhante, ser convertido no cis-Ph_4TeF_2. A reação do Me_4TeF_2 com o Me_2Zn produz o Me_6Te. O análogo fenila, Ph_6Te, pode ser preparado pela reação 23.108, e o tratamento com o Cl_2 converte o Ph_6Te em Ph_5TeCl. A abstração do cloreto do último componente dá o $[Ph_5Te]^+$ (Eq. 23.109) que (no sal de $[B(C_6F_5)_4]^-$) tem uma estrutura piramidal de base quadrada. O Ph_6Te é termicamente estável, mas o $[Ph_5Te]^+$ decompõe-se no $[Ph_3Te]^+$ (Eq. 23.110).

$$TeCl_4 + 4MeLi \xrightarrow{Et_2O,\ 195\ K} Me_4Te + 4LiCl \quad (23.107)$$

$$Ph_4TeF_2 + 2PhLi \xrightarrow{298\ K} Ph_6Te + 2LiF \quad (23.108)$$

$$Ph_5TeCl \xrightarrow[2.\ LiB(C_6F_5)_4]{1.\ AgSO_3CF_3} [Ph_5Te]^+[B(C_6F_5)_4]^- \quad (23.109)$$

$$[Ph_5Te]^+[B(C_6F_5)_4]^- \xrightarrow{420\ K} [Ph_3Te]^+[B(C_6F_5)_4]^- + (C_6H_5)_2 \quad (23.110)$$

TERMOS IMPORTANTES

Os seguintes termos foram introduzidos neste capítulo. Você sabe o que eles significam?

- ânion radicalar
- complexo sanduíche
- composto organometálico
- conformação s–cis e s–trans
- metaloceno
- pirofórico
- regiosseletivo

LEITURA RECOMENDADA

Fontes gerais

Ch. Elschenbroich and A. Salzer (1992) *Organometallics*, 2. ed., Wiley-VCH, Weinheim – Um excelente texto que abrange a química do grupo principal e dos organometálicos dos metais de transição.

G. Wilkinson, F.G.A. Stone and E.W. Abel, eds. (1982) *Comprehensive Organometallic Chemistry*, Pergamon, Oxford – Os volumes 1 e 2 oferecem cobertura minuciosa dos compostos organometálicos dos grupos 1, 2, 13, 14 e 15; as revisões incluem centenas de referências bibliográficas até 1981.

G. Wilkinson, F.G.A. Stone and E.W. Abel, eds. (1995) *Comprehensive Organometallic Chemistry II*, Pergamon, Oxford – Os volumes 1 e 2 atualizam as informações da edição anterior, tratando os grupos 1, 2, 13, 14 e 15 pelo período de 1982–1994.

D.M.P. Mingos and R.H. Crabtree, eds. (2007) *Comprehensive Organometallic Chemistry III*, Elsevier, Oxford – Os volumes 2 e 3 atualizam as informações da edição anterior para os grupos 1, 2, 13, 14 e 15.

Tópicos especializados

K. Abersfelder and D. Scheschkewitz (2010) *Pure Appl. Chem.*, vol. 82, p. 595 – "Synthesis of homo- and heterocyclic silanes via intermediates with Si=Si bonds".

H.J. Breunig (2005) *Z. Anorg. Allg. Chem.*, vol. 631, p. 621 – "Organometallic compounds with homonuclear bonds between bismuth atoms".

W.D. Buchanan, D.G. Allis and K. Ruhlandt-Senge (2010) *Chem. Commun.*, vol. 46, p. 4449 – "Synthesis and stabilization – advances in organoalkaline earth metal chemistry".

P.H.M. Budzelaar, J.J. Engelberts and J.H. van Lenthe (2003) *Organometallics*, vol. 22, p. 1562 – "Trends in cyclopentadienyl-main group metal bonding".

A.G. Davies (2004) *Organotin Chemistry*, 2. ed., Wiley-VCH, Weinheim – Este livro inclui uma cobertura atualizada da preparação e das reações dos compostos de organoestanho.

R. Fernández and E. Carmona (2005) *Eur. J. Inorg. Chem.*, p. 3197 – "Recent developments in the chemistry of beryllocenes".

R. Gleiter and D.B. Werz (2010) *Chem. Rev.*, vol. 110, p. 4447 – "Alkynes between main group elements: From dumbbells via rods to squares and tubes".

T.P. Hanusa (2000) *Coord. Chem. Rev.*, vol. 210, p. 329 – "Non-cyclopentadienyl organometallic compounds of calcium, strontium and barium".

T.P. Hanusa (2002) *Organometallics*, vol. 21, p. 2559 – "New developments in the cyclopentadienyl chemistry of the alkaline-earth metals".

R. Jutzi and N. Burford (1999) *Chem. Rev.*, vol. 99, p. 969 – "Structurally diverse π-cyclopentadienyl complexes of the main group elements".

P. Jutzi and G. Reumann (2000) *J. Chem. Soc., Dalton Trans.*, p. 2237 – "Cp* Chemistry of main-group elements" (Cp* = C_5Me_5).

P.R. Markies, O.S. Akkerman, F. Bickelhaupt, W.J.J. Smeets and A.L. Spek (1991) *Adv. Organomet. Chem.*, vol. 32, p. 147 – "X-ray structural analysis of organomagnesium compounds".

N.C. Norman, ed. (1998) *Chemistry of Arsenic, Antimony and Bismuth*, Blackie, London – Este livro inclui capítulos que tratam de organoderivados.

P.P. Power (2007) *Organometallics*, vol. 26, p. 4362 – "Bonding and reactivity of heavier group 14 element alkyne analogues".

P.P. Power (2010) *Nature*, vol. 463, p. 171 – "Main group elements as transition metals".

H.W. Roesky (2004) *Inorg. Chem.*, vol. 43, p. 7284 – "The renaissance of aluminum chemistry".

A. Schnepf (2004) *Angew. Chem. Int. Ed.*, vol. 43, p. 664 – "Novel compounds of elements of group 14: ligand stabilized clusters with 'naked' atoms".

D.F. Shriver and M.A. Drezdon (1986) *The Manipulation of Air-sensitive Compounds*, Wiley, New York – Um excelente texto que aborda técnicas de atmosfera inerte.

Y. Wang and G.H. Robinson (2007) *Organometallics*, vol. 26, p. 2 – "Organometallics of the group 13 M–M bond (M = Al, Ga, In) and the concept of metalloaromaticity".

Y. Wang and G.H. Robinson (2009) *Chem. Commun.*, p. 5201 – "Unique homonuclear multiple bonding in main group compounds".

PROBLEMAS

23.1 Sugira os produtos das reações vistas a seguir:

(a) MeBr + 2Li $\xrightarrow{Et_2O}$

(b) Na + $(C_6H_5)_2$ $\xrightarrow{THF}$

(c) $^nBuLi + H_2O \longrightarrow$

(d) Na + $C_5H_6 \longrightarrow$

23.2 Se a ligação nas alquilas de lítio é predominantemente iônica ou covalente ainda é tema de discussão. Supondo um modelo covalente, utilize uma abordagem de orbital híbrido para sugerir um esquema de ligação para o $(MeLi)_4$. Comente a respeito do esquema de ligação que acabou de descrever.

23.3 Descreva as estruturas em fase gasosa e no estado sólido do Me_2Be e discuta a ligação em cada caso. Compare a ligação com aquela do BeH_2 e do $BeCl_2$.

23.4 Sugira produtos das reações vistas a seguir, que *não* estão necessariamente balanceadas no lado esquerdo:

(a) Mg + C₅H₆ ⟶
(b) MgCl₂ + LiR ⟶
(c) RBeCl $\xrightarrow{\text{LiAlH}_4}$

23.5 O composto (Me₃Si)₂C(MgBr)₂ · nTHF é monomérico. Sugira um valor para n e proponha uma estrutura para esse reagente de Grignard.

23.6 (a) Para o equilíbrio Al₂R₆ ⇌ 2AlR₃, comente a respeito do fato dos valores de K serem 1,52 × 10⁻⁸, para R = Me, e 2,3 × 10⁻⁴, para R = Me₂CHCH₂. (b) Descreva a ligação no Al₂Me₆, no Al₂Cl₆ e no Al₂Me₄(μ-Cl)₂.

23.7 Sugira os produtos das seguintes reações, que *não* estão necessariamente balanceadas no lado esquerdo:
(a) Al₂Me₆ + H₂O ⟶
(b) AlR₃ + R'NH₂ ⟶
(c) Me₃SiCl + Na[C₅H₅] ⟶
(d) Me₂SiCl₂ + Li[AlH₄] ⟶

23.8 (a) Discuta a variação da estrutura para as trialquilas e triarilas do grupo 13. (b) Comente a respeito dos aspectos de interesse nas estruturas no estado sólido do [Me₂(PhC₂)Ga]₂ e do [Ph₃Al]₂.

23.9 A conversão do (η¹-C₅Me₅)₂SiBr₂ no (η⁵-C₅Me₅)₂Si é obtida usando antraceno/potássio. Descreva o papel desse reagente.

23.10 Sugira a natureza das estruturas no estado sólido do (a) Ph₂PbCl₂, (b) Ph₃PbCl, (c) (2,4,6-Me₃C₆H₂)₃PbCl e (d) [PhPbCl₅]²⁻. Em cada caso, indique o ambiente de coordenação esperado do centro de Pb.

23.11 Sugira produtos quando o Et₃SnCl reage com os seguintes reagentes: (a) H₂O; (b) Na[Cp]; (c) Na₂S; (d) PhLi; (e) Na.

23.12 (a) De que maneiras diferem as estruturas no estado sólido do (η⁵-C₅R₅)₂Sn, para R = H, Me e Ph? (b) Na estrutura no estado sólido do (η⁵-C₅Me₅)₂Mg, os dois anéis ciclopentadienila são paralelos; no entanto, para M = Ca, Sr e Ba, os anéis são inclinados com respeito um ao outro. Diga o que souber a respeito dessa observação.

23.13 A reação do InBr com um excesso de HCBr₃ em 1,4-dioxano (C₄H₈O₂) leva ao composto **A**, que é um aduto do 1,4-dioxano e contém 21,4% de In. Durante a reação, o índio é oxidado. O espectro de RMN de ¹H de **A** mostra sinais em δ 5,36 ppm (simpleto) e δ 3,6 ppm (multipleto) em uma proporção de 1:8. O tratamento de **A** com dois equivalentes molares de InBr seguido da adição de [Ph₄P]Br produz o sal **B** que contém 16,4% de In e 34,2% de Br. O espectro de RMN de ¹H exibe sinais na faixa de δ 8,01–7,71 ppm e um simpleto em δ 0,20 ppm com integrais relativas de 60:1. Identifique **A** e **B**.

23.14 Discuta a ligação entre os elementos centrais do bloco *p* nos seguintes compostos e dê os arranjos esperados dos substituintes orgânicos no tocante à unidade de E₂ central:

(a) [(2,4,6-Me₃C₆H₂)₂BB(2,4,6-Me₃C₆H₂)Ph]²⁻
(b) [(2,4,6-ⁱPr₃C₆H₂)₂GaGa(2,4,6-ⁱPr₃C₆H₂)₂]⁻
(c) {(Me₃Si)₂CH}₂SnSn{CH(SiMe₃)₂}₂
(d) ᵗBu₃GeGeᵗBu₃
(e) (Me₃Si)₃CAsAsC(SiMe₃)₃

23.15 Sugira os produtos quando o Me₃Sb reage com os seguintes reagentes: (a) B₂H₆; (b) H₂O₂; (c) Br₂; (d) Cl₂ seguido do tratamento com MeLi; (e) MeI; (f) Br₂ seguido do tratamento com o Na[OEt].

23.16 Faça uma breve descrição de como as mudanças dos estados de oxidação disponíveis para os elementos, E, nos grupos 13 a 15 afetam as famílias de compostos dos organoelementos do tipo RₙE que podem ser formados.

23.17 Forneça métodos de síntese para as seguintes famílias de compostos, comentando, quando apropriado, a respeito das limitações na escolha de R: (a) R₄Ge; (b) R₃B; (c) (C₅R₅)₃Ga; (d) *ciclo*-(R₂Si)ₙ; (e) R₅As; (g) R₄Al₂; (g) R₃Sb.

23.18 Faça uma breve descrição da variação estrutural observada para os derivados ciclopentadienila CpₙE dos elementos mais pesados do bloco *p*.

23.19 Descreva resumidamente o uso de substituintes estericamente exigentes na estabilização de compostos que contêm ligações E–E e E=E, em que E é um metal ou semimetal do bloco *p*.

23.20 Descreva resumidamente os métodos de formação de ligações metal–carbono para os metais nos blocos *s* e *p*.

23.21 Pelo uso de exemplos específicos, ilustre como a espectroscopia de RMN homonuclear pode ser utilizada na caracterização de rotina dos compostos organometálicos do grupo principal. [As Tabelas 4.3, 11.1, 13.1, 14.1 e 15.2 fornecem dados de spin nuclear relevantes.]

23.22 As estruturas das moléculas R₂E=ER₂, em que E é C, Si, Ge ou Sn, geralmente são do tipo **A** ou **B** mostradas a seguir:

A ligação nas unidades de E₂ é descrita em termos da interação de dois centros tripletos de R₂E em **A**, e da interação de dois centros simpletos de R₂E em **B**. Explique as origens dessas descrições.

23.23 Dê exemplos da utilidade sintética dos ânions [B(C₆F₅)₄]⁻ e [CHB₁₁Me₅Br₆]⁻, e explique a escolha desses ânions nos exemplos que você descreverá.

PROBLEMAS DE REVISÃO

23.24 (a) Em 1956, foi concluído, com base em medições de momentos de dipolo, que o Cp₂Pb não continha anéis C₅ coparalelos. Explique como essa conclusão foi enunciada a partir dessas medições.

(b) Estudos de difração de raios X, a 113 K, mostram que dois complexos ciclopentadienila de berílio podem ser formulados como (η⁵-C₅HMe₄)(η¹-C₅HMe₄)Be e (η⁵-C₅Me₅)₂Be, respectivamente. O espectro de RMN de

¹H do (C₅HMe₄)₂Be, em solução, a 298 K, exibe simpletos em δ 1,80, 1,83 e 4,39 ppm (integrais relativas 6:6:1), ao passo que o do (C₅Me₅)₂Be apresenta um simpleto em δ 1,83 ppm. Desenhe diagramas que representem as estruturas no estado sólido dos compostos e explique os dados da espectroscopia de RMN em solução.

23.25 O tratamento do (2,4,6-ᵗBu₃C₆H₂)P=P(2,4,6-ᵗBu₃C₆H₂) com o CF₃SO₃Me forma um sal **A** como o único produto. O espectro de RMN de ³¹P do precursor contém um simpleto (δ +495 ppm), enquanto o do produto exibe dois dupletos (δ +237 e +332 ppm, J = 633 Hz). O composto **A** reage com o MeLi dando dois isômeros de **B** que ficam em equilíbrio em solução. O espectro de RMN de ³¹P em solução de **B**, a 298 K, mostra um sinal largo. No resfriamento a 213 K, são observados dois sinais em δ –32,4 e –35,8 ppm. A partir das estruturas no estado sólido de **A** e de um isômero de **B**, os comprimentos de ligação P–P são 202 e 222 pm. Identifique **A** e **B**, e desenhe suas estruturas que mostrem a geometria em cada átomo de P. Comente a respeito da natureza do isomerismo em **B**.

23.26 (a) Sugira como o Na reagirá com o MeC(CH₂SbCl₂)₃.
(b) Comente a respeito dos aspectos da ligação no composto visto a seguir:

(c) O Cp₂Ba e o (C₅Me₅)₂Ba têm estruturas poliméricas no estado sólido. No entanto, enquanto o Cp₂Ba é insolúvel em solventes orgânicos comuns, o (C₅Me₅)₂Ba é solúvel em solventes aromáticos. Ao contrário do (C₅Me₅)₂Ba, o (C₅Me₅)₂Be é monomérico. Justifique essas observações.

23.27 As reações do (η⁵-C₅Me₅)GeCl com o GeCl₂ ou o SnCl₂ levam ao composto [**A**]⁺[**B**]⁻ ou [**A**]⁺[**C**]⁻, respectivamente. O espectro de RMN de ¹H do [**A**][**C**] contém um simpleto em δ 2,14 ppm, e o espectro de RMN de ¹³C mostra dois sinais em δ 9,6 e 121,2 ppm. Os espectros de massa dos compostos exibem um pico comum em m/z = 209.
(a) Identifique [**A**][**B**] e [**A**][**C**]. (b) Caracterize o espectro de RMN de ¹³C. (c) O pico em m/z = 209 não é uma linha simples. Por que isso acontece? (d) Que estruturas você espera que [**B**]⁻ e [**C**]⁻ adotem? (e) Descreva a ligação em [**A**]⁺.

23.28 (a) A reação entre o BiCl₃ e três equivalentes do EtMgCl produz o composto **X** como o organoproduto. Dois equivalentes de BiI₃ reagem com 1 equivalente de **X** produzindo três equivalentes do composto **Y**. No estado sólido, **Y** tem uma estrutura polimérica consistindo em cadeias nas quais cada centro de Bi está em um ambiente piramidal de base quadrada. Identifique **X** e **Y** e desenhe estruturas possíveis para parte de uma cadeia de **Y** cristalino.
(b) A reação entre o TeCl₄ e quatro equivalentes de Li-C₆H₄-4-CF₃ (LiAr) em Et₂O leva ao Ar₆Te, ao Ar₃TeCl e ao Ar₂Te como os produtos isolados. Sugira um caminho pelo qual a reação pode ocorrer que explique os produtos.
(c) A reação do R'SbCl₂ com o RLi (R = 2-Me₂NCH₂C₆H₄, R' = CH(SiMe₃)₂) leva ao RR'SbCl. No estado sólido, o RR'SbCl tem uma estrutura molecular na qual o centro de Sb é tetracoordenado; RR'SbCl é quiral. Sugira uma estrutura para o RR'SbCl e desenhe estruturas dos dois enantiômeros.

23.29 O equilíbrio visto a seguir foi estudado pelas espectroscopias de RMN de ¹¹⁹Sn e Mössbauer de ¹¹⁹Sn:

R = C₆H₃-2,6-(C₆H₂-2,4,6-ⁱPr₃)₂

O espectro Mössbauer de ¹¹⁹Sn de uma amostra sólida do RSnSnRPh₂, a 78 K, forneceu evidência para a presença de três diferentes ambientes de estanho. Quando o RSnSnRPh₂ se dissolve em tolueno, é obtida uma solução vermelha, e, à temperatura ambiente, o espectro de RMN de ¹¹⁹Sn dessa solução apresenta um sinal largo em δ 1517 ppm. Essa troca química é semelhante à observada para o Sn(C₆H-2-ᵗBu-4,5,6-Me₃)₂. Quando a solução é resfriada a 233 K, o sinal em δ 1517 ppm fica gradativamente reforçado e, ao mesmo tempo, aparecem dois novos sinais em δ 246 e 2857 ppm. Cada um desses sinais novos apresenta acoplamento J(¹¹⁹Sn–¹¹⁷Sn/¹¹⁹Sn) = 7237 Hz. Um resfriamento maior para 213 K resulta no desaparecimento do sinal em δ 1517 ppm, e, nesse ponto, a solução tem coloração verde. É observada uma mudança de cor de verde para vermelha quando a solução é aquecida até a temperatura ambiente. Explique essas observações.

23.30 Dados analíticos determinados experimentalmente para o PhSeCl₃ são C, 27,5; H, 1,8; Cl, 39,9%. Um estudo de difração de raios X do PhSeCl₃ mostra que ele forma cadeias poliméricas no estado sólido, com cada centro de Se em um ambiente piramidal de base quadrada com o grupo Ph na posição axial. (a) Até onde os dados analíticos experimentais são úteis para a caracterização de um novo composto? (b) Desenhe parte da cadeia polimérica a partir da estrutura no estado sólido, prestando atenção à estequiometria global do composto. (c) Em torno de um dos centros de Se na estrutura do PhSeCl₃ no estado sólido, as distâncias de ligação Se–Cl observadas são 220, 223, 263 e 273 pm. Comente a respeito desses valores à luz da sua resposta para a parte (b).

TEMAS DA QUÍMICA INORGÂNICA

23.31 A Organização Marítima Internacional está implementando uma proibição do uso de compostos de tributilestanho em tintas antivegetativas em navios. O cátion [Bu$_3$Sn]$^+$ é lixiviado das tintas para dentro da água, onde sofre biodegradação por bactérias marítimas para [Bu$_2$Sn]$^{2+}$ e [BuSn]$^{3+}$. Os compostos de tributilestanho (sigla em inglês, TBT) são mais tóxicos do que os derivados dibutilestanho ou monobutilestanho (siglas em inglês, DBT e MBT). As constantes de velocidade de primeira ordem para o TBT, o DBT e o MBT são 0,33, 0,36 e 0,63 ano^{-1}, respectivamente. Determine a meia-vida de cada espécie na água.

23.32 Comente a respeito:
(a) do uso de trimetilorganometálicos na fabricação de semicondutores III–V;
(b) da aplicação de compostos R$_3$Al como catalisadores.

23.33 As leveduras, os fungos e as bactérias têm a capacidade de converter arsênio inorgânico (ácidos arsenoso e arsênico) em espécies de organoarsênio. O caminho pode ser representado como segue, embora nem todas as espécies tenham sido isoladas:

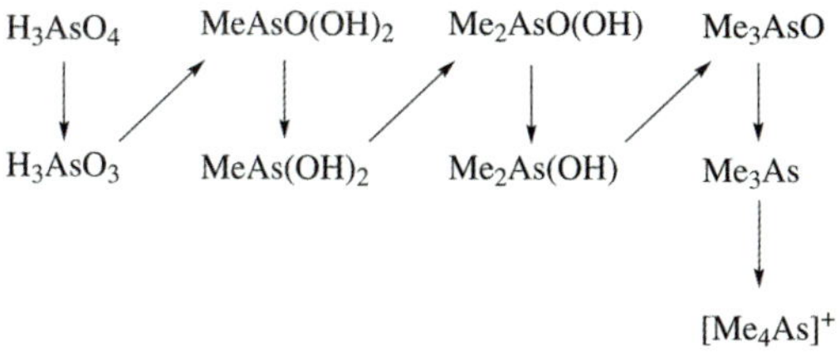

H$_3$AsO$_4$ → MeAsO(OH)$_2$ → Me$_2$AsO(OH) → Me$_3$AsO
↓   ↓   ↓   ↓
H$_3$AsO$_3$ MeAs(OH)$_2$ Me$_2$As(OH)   Me$_3$As
                                              ↓
                                           [Me$_4$As]$^+$

A fonte do grupo metila é o *S*-adenosilmetionina. A glutationa funciona como agente redutor e sofre acoplamento oxidante reversível para um dissulfeto.

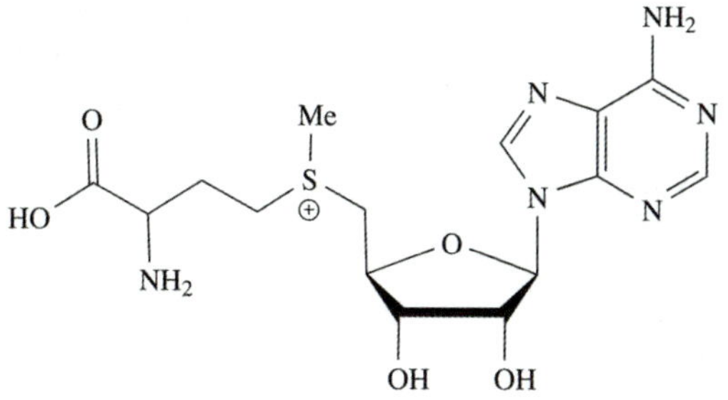

S-adenosilmetionina

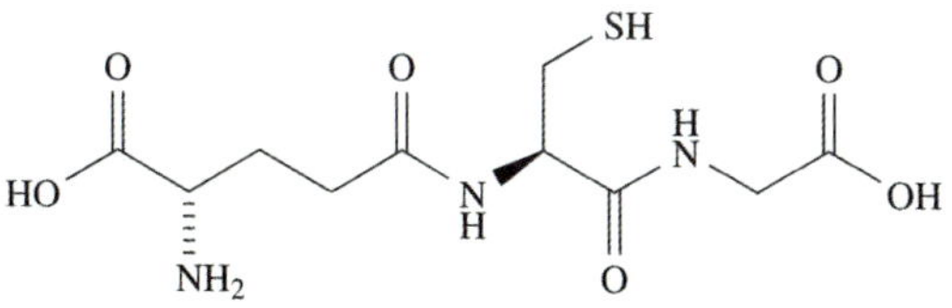

Glutationa

(a) Representando a glutationa como RSH, desenvolva uma meia-equação que descreva seu acoplamento oxidante, mostrando como a glutationa age como agente redutor.
(b) Desenvolva uma meia-equação que descreva a redução do Me$_2$AsO(OH).
(c) Discuta o caminho reacional traçado anteriormente em termos de processos redox e enuncie de que forma o grupo metila é transferido da *S*-adenosilmetionina para o arsênio.

Tópicos

Ligantes
Ligação e espectroscopia
A regra dos 18 elétrons
Carbonilas de metais
Princípio isolobular
Esquemas de contagem de elétrons
Tipos de reações de organometálicos
Hidretos e haletos
Ligantes alquila e arila
Ligantes alqueno, alquino e alila
Carbenos e carbinos
Ligantes η^5-ciclopentadienila
Ligantes η^6-carbocíclicos e η^7-carbocíclios

24

Compostos organometálicos dos elementos do bloco d

24.1 Introdução

A química dos organometálicos dos elementos dos blocos s e p foi descrita no Capítulo 23, e agora estendemos a discussão para compostos organometálicos que contêm metais do bloco d. Este tópico cobre uma grande área da química, e só podemos oferecer sua apresentação, enfatizando as famílias fundamentais de complexos e reações.

Nos capítulos anteriores, apresentamos compostos que contêm ligações σ ou interações π entre um metal central e um ligante ciclopentadienila. Também apresentamos exemplos de ligantes em ponte doadores de 3 elétrons, por exemplo, os haletos (**23.8**) e as alquinilas (**23.11**), e alquenos doadores de 2 elétrons, por exemplo, **23.19**.

A *hapticidade de um ligante* é o número de átomos que estão diretamente ligados ao metal central (veja os Boxes 19.1 e 23.1). As estruturas **24.1a** e **24.1b** mostram duas representações de um ligante [η^5-C$_5$H$_5$]$^-$ (ciclopentadienila, Cp$^-$). Para maior clareza nos diagramas do presente capítulo, adotamos **24.1b** e representações semelhantes para ligantes π tais como o η^3-C$_3$H$_5$ e η^6-C$_6$H$_6$.

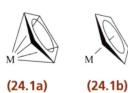

24.2 Tipos comuns de ligante: ligação e espectroscopia

Nesta seção, apresentamos alguns dos ligantes mais comuns presentes em complexos organometálicos. Muitos outros ligantes estão relacionados àqueles discutidos a seguir, e as descrições das ligações podem ser desenvolvidas por comparação com os ligantes escolhidos para investigação detalhada.

Ligantes alquila, arila e correlatos com ligação σ

Em complexos tais como o WMe$_6$, [MoMe$_7$]$^-$, TiMe$_4$ e o MeMn(CO)$_5$, a ligação M–C$_{Me}$ pode ser descrita como uma interação 2c-2e localizada, ou seja, similar àquela do ligante [η^1-Cp]$^-$ (veja o Boxe 23.1). A mesma descrição de ligação aplica-se à ligação Fe–C$_{Ph}$ em **24.2** e à ligação Fe–C$_{CHO}$ em **24.3**.

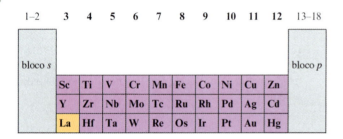

Ligantes carbonila

A ligação em complexos M(CO)$_6$ octaédricos foi descrita na Seção 20.4 usando uma abordagem do orbital molecular, mas também é conveniente dar uma imagem simples para descrever a ligação em uma interação M–CO. A Fig. 24.1a mostra a interação σ entre o orbital molecular ocupado de mais alta energia do CO (que tem caráter predominantemente de C, Fig. 2.15 no Volume 1) e um orbital vazio no metal central (por exemplo, um híbrido $sp_zd_{z^2}$). Como resultado dessa interação, a carga eletrônica é doada do ligante CO para o metal. A Fig. 24.1b mostra

M —— C ≡≡≡ O ——→ z

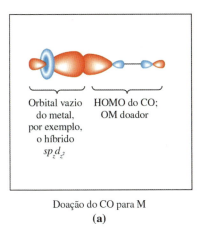
Doação do CO para M
(a)

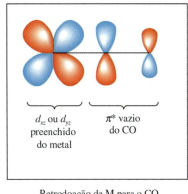
Retrodoação de M para o CO
(b)

Fig. 24.1 Componentes de ligação metal–carbonila: (a) a ligação σ M–CO, e (b) a interação π M–CO que leva à retrodoação de carga do metal para a carbonila. Os identificadores dos orbitais são exemplos, e admite-se que os átomos M, C e O estejam no eixo z.

a interação π que leva à *retrodoação* de carga do metal para o ligante; compare a Fig. 24.1b com a Fig. 20.14b. Essa imagem de ligação "doação/retrodoação" é o *modelo de Dewar–Chatt–Duncanson*. O monóxido de carbono é um *fraco doador σ* e um *forte receptor π* (ou ácido π) e a população dos OM π* do CO enfraquece e aumenta a ligação C–O, enquanto também reforça a ligação M–C. As estruturas de ressonância 24.4 para a unidade de MCO também indicam uma diminuição da ordem de ligação C–O quando comparada com o CO livre.

:M̄—C≡O:⁺ ⟷ M=C=Ö:

(24.4)

As interações de doação e retrodoação de carga eletrônica entre um metal e um ligante receptor π é um exemplo de um *efeito sinérgico*.

(24.5)   (24.6)   (24.7)   (24.8)
           μ-CO   μ₃-CO

Em espécies de metais multinucleares, os ligantes CO podem adotar modos terminais (**24.5**) ou em ponte (**24.6** e **24.7**). São conhecidos outros modos, por exemplo, semiponte (parte entre **24.5** e **24.6**) e modo **24.8**.

A evidência da diminuição da ordem de ligação C–O na coordenação vem de dados estruturais e de espectroscopia. No espectro de IV do CO livre, a absorção em 2143 cm⁻¹ é atribuída ao modo de estiramento C–O e as variações típicas do número de onda vibracional, $\bar{v}$, indo para os complexos de carbonila de metais são ilustradas na Fig. 24.2. As absorções devidas aos modos de estiramento C–O são fortes e facilmente observadas. Quanto menor o valor de $\bar{v}_{CO}$, mais fraca a ligação C–O e isso indica maior retrodoação de carga do metal para o CO. A Tabela 24.1 lista dados para dois conjuntos de complexos de carbonila de metais isoeletrônicos. Indo do Ni(CO)₄ para o [Co(CO)₄]⁻ e para

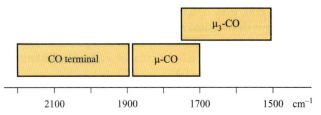

Fig. 24.2 Regiões aproximadas no espectro de IV para as quais as absorções atribuídas aos estiramentos de C–O são observadas para diferentes modos de ligação da carbonila; frequentemente ocorre sobreposição entre as regiões, por exemplo, veja a Tabela 24.1.

o [Fe(CO)₄]²⁻, a carga negativa adicional é deslocalizada para os ligantes, causando uma diminuição de $\bar{v}_{CO}$. Um efeito semelhante é visto ao longo da série [Fe(CO)₆]²⁺, [Mn(CO)₆]⁺, Cr(CO)₆ e [V(CO)₆]⁻. O aumento da retrodoação também é refletido nos valores de $\bar{v}_{MC}$, por exemplo, 426 cm⁻¹ para o [Mn(CO)₆]⁺ e 441 cm⁻¹ para o Cr(CO)₆.[†]

Os ambientes de ligantes carbonila também podem ser investigados utilizando a espectroscopia de RMN de ¹³C, embora os sistemas sejam frequentemente fluxionais (por exemplo, o Fe(CO)₅, veja a Fig. 4.24, no Volume 1 e a discussão) e, portanto, as informações a respeito de ambientes específicos de CO podem ser mascaradas. Alguns pontos úteis são que:

- os deslocamentos típicos de RMN de ¹³C são δ +170 a +240 ppm;
- em uma série de compostos análogos que contêm metais de determinada tríade, os sinais de RMN de ¹³C para os ligantes CO se deslocam para frequências mais baixas; por exemplo, nos espectros RMN de ¹³C do Cr(CO)₆, do Mo(CO)₆ e do W(CO)₆, os sinais estão em δ +211, +201 e +191 ppm, respectivamente;
- para dado metal, os sinais para ligantes μ-CO ocorrem em frequência mais elevada (valor de δ mais positivo) do que aqueles de carbonilas terminais.

[†] Para discussões detalhadas de espectroscopia de IV de carbonilas de metais, veja: K. Nakamoto (1997) *Infrared e Raman Spectra of Inorganic and Coordination Compounds*, Parte B, 5. ed., Wiley, New York, p. 126; S.F.A. Kettle, E. Diana, R. Rossetti e P.L. Stanghellini (1998) *J. Chem. Educ.*, vol. 75, p. 1333 – "Bis(dicarbonyl-π-cyclopentadienyliron): a solid-state vibrational spectroscopic lesson".

Tabela 24.1 Dados de espectroscopia de IV: valores de $\bar{v}_{CO}$ para conjuntos isoeletrônicos de complexos M(CO)$_4$ tetraédricos e M(CO)$_6$ octaédricos

Complexo	Ni(CO)$_4$	[Co(CO)$_4$]$^-$	[Fe(CO)$_4$]$^{2-}$	[Fe(CO)$_6$]$^{2+}$	[Mn(CO)$_6$]$^+$	Cr(CO)$_6$	[V(CO)$_6$]$^-$
$\bar{v}_{CO}$/cm^{-1}	2060	1890	1790	2204	2101	1981	1859

Em conformidade com o típico enfraquecimento da ligação C–O, indo do CO livre para o CO coordenado, os dados de difração de raios X mostram um alongamento da ligação C–O. No CO, o comprimento de ligação C–O é de 112,8 pm, enquanto valores típicos em carbonilas de metais para CO terminal e μ são 117 e 120 pm, respectivamente.

O modelo de ligação tradicional para uma interação M–CO enfatiza a doação σ OC → M e significativa retrodoação π M → CO, levando ao enfraquecimento da ligação C–O e a uma concomitante diminuição de $\bar{v}_{CO}$. No entanto, há um crescente número de complexos de carbonila de metais isoláveis nos quais $\bar{v}_{CO}$ é *mais alto* do que no CO livre (isto é, >2134 cm^{-1}), a distância de ligação C–O é menor do que no CO livre (isto é, <112,8 pm), e as ligações M–C são relativamente longas.[†] Os membros desse grupo incluem os seguintes cátions (muitos são sais de [SbF$_6$]$^-$ ou de [Sb$_2$F$_{11}$]$^-$, veja as Eqs. 22.78, 22.105 e 24.24) e, em cada caso, a ligação metal–carbonila é dominada pelo componente σ OC → M:

- [Cu(CO)$_4$]$^+$ tetraédrico, $\bar{v}_{CO}$ = 2184 cm^{-1}, C–O = 111 pm;
- [Pd(CO)$_4$]$^{2+}$ quadrado plano, $\bar{v}_{CO}$ = 2259 cm^{-1}, C–O = 111 pm;
- [Pt(CO)$_4$]$^{2+}$ quadrado plano, $\bar{v}_{CO}$ = 2261 cm^{-1}, C–O = 111 pm;
- [Fe(CO)$_6$]$^{2+}$ octaédrico, $\bar{v}_{CO}$ = 2204 cm^{-1}, C–O = 110 pm;
- [Ir(CO)$_6$]$^{3+}$ octaédrico, $\bar{v}_{CO}$ = 2268 cm^{-1}, C–O = 109 pm.

Uma análise de mais de 20.000 estruturas cristalinas de complexos de carbonila de metais do bloco d[‡] confirma uma clara correlação entre as distâncias de ligação C–O e M–C, isto é, a distância de ligação M–C diminui, a distância de ligação C–O (d_{CO}) aumenta. Noventa por cento dos dados estruturais encaixam-se em uma região na qual 117,0 pm > d_{CO} > 112,8 pm, e, para essas interações, as contribuições de ligação σ e π M–C estão aproximadamente em equilíbrio. Para 4%, a ligação π domina e d_{CO} > 117,0 pm, enquanto, para 6%, as contribuições da ligação σ e iônicas dominam e d_{CO} < 112,8 pm.

Exercícios propostos

As respostas para os problemas vistos a seguir podem ser encontradas na leitura da Seção 3.7, no Volume 1. As tabelas de caracteres são dadas no Apêndice 3.

1. Os números de onda vibracionais para os modos $\bar{v}_{CO}$ no [V(CO)$_6$]$^-$ são 2020 (A_{1g}), 1894 (E_g) e 1859 (T_{1u}) cm^{-1}. Explique por que apenas um desses modos é ativo no IV.

2. Comprove que o Mn(CO)$_5$Cl pertence ao grupo de pontos C_{4v}. Os números de onda vibracionais para os modos $\bar{v}_{CO}$ no Mn(CO)$_5$Cl são 2138 (A_1), 2056 (E) e 2000 (A_1) cm^{-1}. Utilize a tabela de caracteres de C_{4v} para confirmar se todos os três modos são ativos no IV.

3. O espectro de IV de um sal de [Fe(CO)$_4$]$^{2-}$ (T_d) apresenta uma absorção a 1788 cm^{-1}, atribuída ao modo T_2. Faça um diagrama mostrando o modo de vibração que corresponde a essa absorção.

Ligantes hidreto

O termo *ligante hidreto* sugere H$^{\delta-}$ e é consistente com a distribuição de carga esperada para um átomo de H ligado a um metal central eletropositivo. No entanto, as propriedades dos ligantes H dependem do ambiente e, em muitos complexos organometálicos, os ligantes hidrido comportam-se como prótons, sendo removidos por base (Eq. 24.1) ou introduzidos por tratamento com ácido (reação 24.2).

$$\text{HCo(CO)}_4 + \text{H}_2\text{O} \longrightarrow [\text{Co(CO)}_4]^- + [\text{H}_3\text{O}]^+ \quad (24.1)$$

$$[\text{HFe(CO)}_4]^- + \text{H}^+ \longrightarrow \text{H}_2\text{Fe(CO)}_4 \quad (24.2)$$

Os ligantes hidreto podem absorver modos terminais, em ponte ou (em aglomerados de metais) intersticiais de ligação (**24.9–24.12**). Uma ligação 2c-2e M–H localizada é uma descrição apropriada para um hidreto terminal, as interações 3c-2e ou 4c-2e descrevem interações μ-H e μ$_3$-H, respectivamente (Figs. 24.3a e 24.3b), e uma interação 7c-2e é apropriada para um hidreto intersticial em uma gaiola octaédrica (Fig. 24.3c).

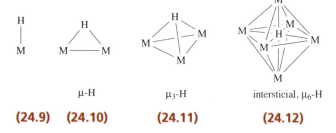

(24.9) (24.10) (24.11) (24.12)

É difícil localizar ligantes hidreto por difração de raios X (veja a Seção 4.11 no Volume 1). Os raios X são difratados pelos *elétrons* e a densidade eletrônica na região da ligação M–H é

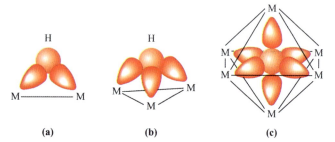

Fig. 24.3 Sobreposição do orbital atômico 1s do H com (a) dois ou (b) três orbitais híbridos apropriados do metal formando pontes μ-H e μ$_3$-H. (c) Para um átomo de H intersticial dentro de uma gaiola de M$_6$ octaédrica, uma descrição deslocalizada envolve a sobreposição do orbital atômico 1s do H com seis orbitais apropriados do metal dando uma interação 7c–2e.

[†] Para uma discussão detalhada, veja: S.H. Strauss (2000) *J. Chem. Soc., Dalton Trans.*, p. 1; H. Willner e F. Aubke (1997) *Angew. Chem. Int. Ed.*, vol. 36, p.2403.

[‡] R.K. Hocking and T.W. Hambley (2003) *Chem. Commun.*, p. 1516 – "Structural insights into transition-metal carbonyl bonding".

dominada pelos átomos pesados. Pode ser empregada a difração de nêutrons, mas trata-se de uma técnica dispendiosa e de disponibilidade menos fácil. Nos espectros de IV, as absorções devidas aos modos ν_{MH} geralmente são fracas. A espectroscopia de RMN de prótons é a maneira rotineira de observar hidretos de metais em compostos diamagnéticos. Nos espectros de RMN de ^1H, os sinais devidos aos hidretos de metal normalmente ocorrem na faixa aproximada de δ –8 a –30 ppm, embora não seja fácil distinguir entre os modos terminal e em ponte. Os deslocamentos químicos dos hidretos intersticiais são menos diagnósticos, e podem ocorrer em frequência elevada, por exemplo, δ +16,4 ppm no $[(\mu_6\text{-H})Ru_6(CO)_{18}]^-$. O acoplamento spin–spin aos núcleos dos metais ativos em spin, tais como o ^{103}Rh (100% de abundância, $I = \frac{1}{2}$), o ^{183}W (14,3%, $I = \frac{1}{2}$) ou a ^{195}Pt (33,8%, $I = \frac{1}{2}$), fornece valiosas informações estruturais, conforme o faz em relação a núcleos como o ^{31}P. Os valores típicos de J_{PH} para um arranjo cis- (**24.13**) são 10–15 Hz, em comparação com ≥30 Hz para acoplamento trans (**24.14**).

cis
(**24.13**)

trans
(**24.14**)

Exemplos de complexos hidreto estereoquimicamente não rígidos são comuns (por exemplo, no aglomerado tetraédrico $[H_3Ru_4(CO)_{12}]^-$) e são realizados de modo rotineiro estudos com espectroscopia de RMN em temperatura variável.

Exercício proposto

O ^{187}Os tem $I = \frac{1}{2}$ e é 1,64% abundante. No espectro de RMN de ^1H do $H_3Os_3(CO)_9CH$ (veja a seguir) em $CDCl_3$, o sinal do hidreto do metal aparece na forma de um simpleto em δ –19,58 ppm, ladeado por dois dupletos de baixa intensidade. As constantes de acoplamento observadas são $J(^{187}Os-^1H) = 27,5$ Hz e $J(^1H-^1H) = 1,5$ Hz. Faça um esquema da região do espectro que exibe o sinal do hidreto e explique o padrão de acoplamento observado.

simetria C_{3v}

[Resp.: Veja J.S. Holkgren et al. (1985) J. Organomet. Chem., vol. 284, p. C5]

Fosfano e ligantes correlatos

Os organofosfanos monodentados[†] podem ser terciários (PR_3), secundários (PR_2H) ou primários (PRH_2) e geralmente são ligados terminalmente; o PF_3 comporta-se de modo semelhante. Os modos em ponte podem ser adotados pelos ligantes $[PR_2]^-$ (**24.15**) ou $[PR]^{2-}$ (**24.16**). Desde 1990, são conhecidos exemplos de ligantes PR_3 em ponte. Até hoje, eles normalmente envolvem os metais do bloco d Rh e Pd. Um dos primeiros exemplos é o **24.17** que exibe o μ_3-PF_3 além dos ligantes bidentados $R_2PCH_2PR_2$ (veja a seguir). A série de complexos de dirródio envolvendo os ligantes μ-PR_3, μ-Sb^iPr_3 (por exemplo, o **24.18**) ou μ-$AsMe_3$ está em constante crescimento.

(**24.15**)

(**24.16**)

(**24.17**)

(**24.18**)

Os fosfanos fornecem ligantes doadores σ e receptores π (veja a Seção 20.4) e relacionados a eles existem os arsanos (AsR_3), os estibanos (SbR_3) e os fosfitos ($P(OR)_3$). A extensão da doação σ ou recepção π depende dos substituintes, por exemplo, o PR_3 (R = alquila) é um receptor π fraco, ao passo que o PF_3 é um doador σ fraco e um receptor π tão forte quanto o CO. As propriedades de recepção π de alguns ligantes PR_3 seguem a ordem:

$PF_3 > P(OPh)_3 > P(OMe)_3 > PPh_3 > PMe_3 > P^tBu_3$

Podem ser empregados dados de espectroscopia de IV para determinar essa sequência: um ligante trans em relação a um CO afeta a retrodoação M → CO e, dessa forma, $\bar{\nu}_{CO}$; por exemplo, no $Mo(CO)_3(PF_3)_3$ octaédrico, $\bar{\nu}_{CO} = 2090$ e 2055 cm^{-1}, comparados com 1937 e 1841 cm^{-1} no $Mo(CO)_3(PPh_3)_3$.

As exigências estéricas de um ligante PR_3 dependem dos grupos R. Ligantes tais como o PPh_3 (Fig. 24.4a) ou o P^tBu_3 são estericamente exigentes, enquanto outros, como o PMe_3, são menos exigentes. As exigências estéricas são avaliadas utilizando-se o *ângulo de cone de Tolman*,[†] determinado pela estimativa do ângulo de um cone que tem o átomo de metal em seu ápice e engloba o ligante PR_3 tomando as superfícies de van der Waals dos átomos de H como sua fronteira (Fig. 24.4b). A Tabela 24.2 lista ângulos de cone de Tolman para ligantes selecionados.

A variação dos efeitos eletrônicos e estéricos do PR_3 e ligantes correlatos pode alterar significativamente a reatividade de complexos em uma série na qual a única variante é o ligante fosfano. São conhecidos muitos fosfanos polidentados, sendo dois

---
[†] Fosfano é o nome IUPAC para o PH_3; os organofosfanos são compostos do tipo RPH_2, R_2PH e R_3P. Os nomes antigos de fosfina e organofosfinas permanecem em uso comum, mas são considerados obsoletos pela IUPAC.

[†] Para uma discussão completa, veja C.A. Tolman (1977) Chem. Rev., vol. 77, p. 313.

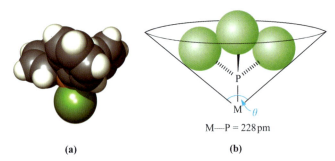

Fig. 24.4 (a) Um modelo de espaço preenchido de uma unidade de FePPh₃; os grupos fenila adotam um arranjo "roda de pás". Código de cores: Fe, verde; P, laranja; C, cinza; H, branco. (b) Representação esquemática da medição do ângulo de cone de Tolman, θ, para um ligante PR₃; cada círculo representa a extensão espacial de um grupo R.

Tabela 24.2 Ângulos de cone de Tolman para ligantes fosfano e fosfito selecionados

Ligante	Ângulo de cone de Tolman/graus	Ligante	Ângulo de cone de Tolman/graus
P(OMe)₃	107	PPh₃	145
PMe₃	118	P(4-MeC₆H₄)₃	145
PMe₂Ph	122	P^{i}Pr₃	160
PHPh₂	126	P(3-MeC₆H₄)₃	165
P(OPh)₃	128	P(cyclo-C₆H₁₁)₃	170
PEt₃	132	P^{t}Bu₃	182
P^{n}Bu₃	132	P(2-MeC₆H₄)₃	194
PMePh₂	136	P(2,4,6-Me₃C₆H₂)₃	212

dos mais comuns o **24.19** (dppm) e o **24.20** (dppe).[†] Os modos de ligação dos fosfanos polidentados dependem da flexibilidade da espinha dorsal do ligante. Por exemplo, o dppm é idealmente adequado para ponte entre dois M centrais adjacentes, ao passo que o dppe é encontrado nos modos quelante e em ponte, ou pode agir como um ligante monodentado com um átomo de P não coordenado. A atribuição do modo em ponte é auxiliada por espectroscopia de RMN de ³¹P. A coordenação de um átomo de P desloca sua ressonância na RMN de ³¹P para uma frequência superior, por exemplo, o sinal no espectro de RMN de ³¹P do PPh₃ livre fica em δ –6 ppm, comparado com o δ +20,6 ppm para o W(CO)₅(PPh₃).

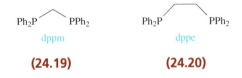

(24.19) dppm   **(24.20)** dppe

Exercício proposto

Os ligantes L e L' apresentados a seguir reagem com o PdCl₂ dando o L₂PdCl₂ e o (L')ClPd(μ-Cl)₂Pd(μ-Cl)₂PdCl(L'), respectivamente. Sugira por que é formado um complexo mononuclear em apenas um dos casos.

     L   R = Me   Ângulo do cone = 174°

     L'   R = ^{i}Pr   Ângulo do cone = 206°

[*Resp.*: Veja Y. Ohzu *et al.* (2003) *Angew. Chem. Int. Ed.*, vol. 42, p. 5714]

Ligantes orgânicos com ligação π

Os alquenos, R₂C=CR₂, tendem a se ligar aos metais centrais de uma maneira "lateral" (isto é, η^2) e comportam-se como doadores de 2 elétrons. A ligação metal–ligante pode ser descrita em termos do modelo de Dewar–Chatt–Duncanson (Fig. 24.5). O OM ligante π C=C age como um doador de elétrons, enquanto o OM π^* é um receptor de elétrons. A ocupação do OM π^* leva a:

- um prolongamento da ligação C–C, por exemplo, 133,9 pm no C₂H₄ *vs* 144,5 pm no (η^5-Cp)Rh(η^2-C₂H₄)(PMe₃);
- uma diminuição da absorção no espectro vibracional devido ao estiramento da ligação C=C, por exemplo, 1623 cm⁻¹ no C₂H₄ livre *vs* 1551 cm⁻¹ no Fe(CO)₄(η^2-C₂H₄).

A extensão da retrodoação para o R₂C=CR₂ é influenciada pela natureza de R, e é intensificada por grupos retiradores de elétrons tais como o CN. No extremo, a contribuição π para a ligação C–C é removida completamente e o complexo torna-se um anel *metalociclopropano*. As estruturas **24.21a** e **24.21b** mostram esquemas de ligação-limite. Em **24.21a**, a doação de carga alqueno → M é dominante, enquanto em **24.21b**, a retrodoação π ocupou inteiramente o OM π^* do alqueno, reduzindo a ordem de ligação C–C a um. Indo de **24.21a** para **24.21b**, os átomos de C do alqueno reibridizam-se de sp^2 para sp^3, são formadas ligações σ M–C, e os substituintes do alqueno inclinam-se a partir do metal (Fig. 24.6a). As comparações de dados de difração de raios X para as séries de complexos fornecem evidência para essas mudanças estruturais.

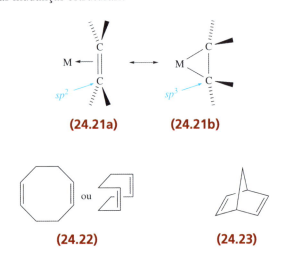

(24.21a)   **(24.21b)**

(24.22)   **(24.23)**

[†] As abreviaturas dppm e dppe originam-se dos antigos nomes bis(difenilfosfino)metano e bis(difenilfosfino)etano, mas os nomes IUPAC são metilenobis(difenilfosfano) e etano-1,2-di-ilbis(difenilfosfano).

Compostos organometálicos dos elementos do bloco *d* **229**

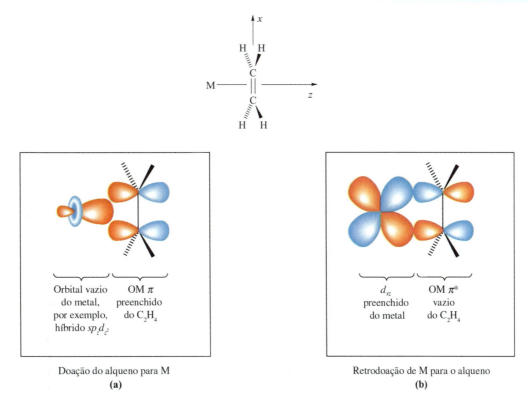

Fig. 24.5 Componentes da ligação metal–alqueno: (a) doação de elétrons do OM π do alqueno a um orbital *d* ou híbrido adequado do metal e (b) retro-doação de elétrons do metal para o OM π^* do alqueno.

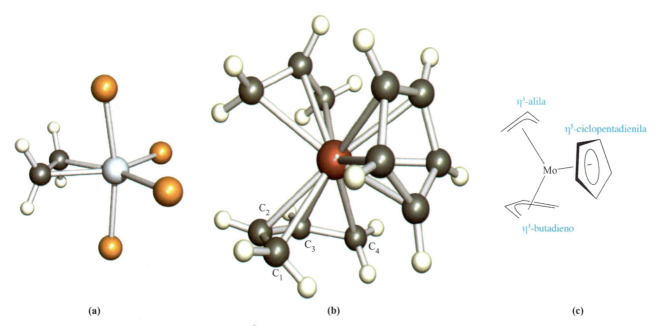

Fig. 24.6 (a) A estrutura (difração de raios X) do Ru(η^2-C$_2$H$_4$)(PMe$_3$)$_4$ ilustrando a não planaridade do ligante eteno coordenado (C–C = 144 pm); são mostrados apenas os átomos de P dos ligantes PMe$_3$ [W.-K. Wong *et al.* (1984) *Polyhedron*, vol. 3, p. 1255], (b) a estrutura (difração de raios X) do Mo(η^3-C$_3$H$_5$)(η^4-CH$_2$CHCHCH$_2$)(η^5-C$_5$H$_5$) L.-S. Wang *et al.* (1997) *J. Am. Chem. Soc.*, vol. 119, p. 4453], e (c) uma representação esquemática do Mo(η^3-C$_3$H$_5$)(η^4-CH$_2$CHCHCH$_2$)(η^5-C$_5$H$_5$). Código de cores: Ru, cinza-claro; Mo, vermelho; C, cinza-escuro; P, laranja; H, branco.

A descrição de ligação para um alqueno coordenado pode ser estendida até outros ligantes orgânicos não saturados. Os polialquenos podem ser não conjugados ou conjugados. Em complexos de sistemas não conjugados (por exemplo, o ciclo-octa-1,5-dieno (cod), **24.22**, ou o 2,5-norbornadieno (nbd), **24.23**), a ligação metal–ligante é análoga a dos grupos alqueno isolados. Para complexos de polienos conjugados tais como o buta-1,3-dieno, é apropriado um esquema de ligação deslocalizada. A Fig. 24.7a mostra os quatro orbitais moleculares π do buta-1,3-dieno. Esses OM podem ser derivados com o uso dos procedimentos descritos na Seção 5.5. O *cis*-buta-1,3-dieno (isto é, o ligante *livre*) tem simetria C_{2v}. Definimos o eixo *z* como coincidente com o eixo C_2, e a molécula como localizada no plano *yz*. (Esse conjunto de eixos não é o utilizado na Fig. 24.7b. Em seu lugar, é escolhido um conjunto de eixos conveniente para descrever os orbitais do metal no complexo.) Após a formação de ligação

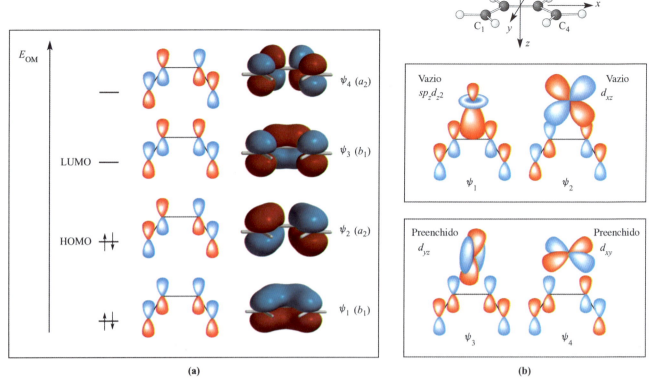

Fig. 24.7 (a) Os quatro OM π do buta-1,3-dieno (a escala de energia é arbitrária); os identificadores de simetria aplicam-se ao buta-1,3-dieno C_{2v} com os átomos de C e de H localizados no plano yz. Esses símbolos de simetria não se aplicam ao ligante em um complexo de outra simetria. (b) Definição do eixo para um complexo metal–buta-1,3-dieno e a combinação de orbitais do metal e do ligante que levam à transferência de carga de um 1,3-dieno para o metal (diagrama superior) e do metal para o 1,3-dieno (diagrama inferior).

σ C–H e C–C, cada átomo de C tem um dos orbitais $2p$ para ligação π. O número desses orbitais $2p$ inalterados a cada operação de simetria no grupo de pontos C_{2v} é dado pela seguinte fileira de caracteres:

E	C_2	$\sigma_v(xz)$	$\sigma_v'(xz)$
4	0	0	-4

Considerando-se que são quatro os orbitais $2p$, haverá quatro OM π, e, a partir da tabela de caracteres de C_{2v}, a fileira de caracteres anterior é reproduzida tomando-se o somatório de duas representações A_2 e duas representações B_1. Portanto, os orbitais π têm simetria a_2 e b_1, e as representações esquemáticas são apresentadas na Fig. 24.7a. Na Fig. 24.7b, suas simetrias (veja título na Fig. 24.7) são combinadas com orbitais do metal disponíveis. Duas combinações levam a doações ligante → M, e duas, à retrodoação M → ligante. As interações envolvendo ψ_2 e ψ_3 enfraquecem as ligações C_1–C_2 e C_3–C_4, enquanto reforçam C_2–C_3. A extensão da doação do ligante ou da retrodoação do metal depende do metal, dos substituintes no dieno, e de outros ligantes presentes. A estrutura **24.24** mostra os comprimentos de ligação C–C no buta-1,3-dieno livre, e os exemplos de complexos incluem o Fe(CO)$_3$(η^4-C$_4$H$_6$), no qual todas as três ligações C–C no dieno coordenado são de 145 pm, e o Mo(η^3-C$_3$H$_5$)(η^4-C$_4$H$_6$)(η^5-C$_5$H$_5$) (Fig. 24.6b e c), em que o ligante butadieno tem comprimentos de ligação C–C– de 142 (C$_1$–C$_2$), 138 (C$_2$–C$_3$) e 141 pm (C$_3$–C$_4$). Assim como para a coordenação dos alquenos, podemos desenhar duas estruturas de ressonância limite (**24.25**) para um complexo de buta-1,3-dieno (ou outro 1,3-dieno).[†]

146 pm
134 pm

(24.24)   **(24.25)**

(24.26)

O ligante alila, [C$_3$H$_5$]$^-$ (**24.26**) coordena-se de um modo η^3, utilizando os dois OM π ocupados (ligante e antiligante) como doadores e o OM π^* como um receptor (Fig. 24.8). O ligante alila também pode ser considerado como [C$_3$H$_5$]$^•$ (veja posteriormente). Podem ser desenvolvidos esquemas semelhantes para o ciclobutadieno (η^4-C$_4$H$_4$), o ciclopentadienila (η^5-C$_5$H$_5$, veja o Boxe 23.1), o benzeno (η^6-C$_6$H$_6$) e os ligantes correlatos conforme discutiremos posteriormente no capítulo.

[†] Para uma discussão crítica dos comprimentos de ligação C–C no Mn(η^4-C$_4$H$_6$)$_2$(CO) e complexos correlatos, veja: G.J. Reiß e S. Konietzny (2002) *J. Chem. Soc., Dalton Trans.*, p. 862.

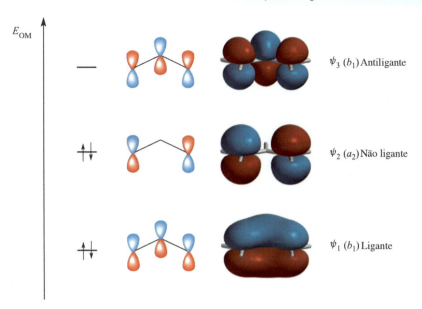

Fig. 24.8 Os três OM π do ânion alila, [C₃H₅]⁻ (a escala de energia é arbitrária); os identificadores de simetria aplicam-se à alila C_{2v} com os átomos de C e de H localizados no plano yz. Esses símbolos de simetria não são aplicáveis ao ligante em um complexo de outra simetria.

Em solução, os complexos com ligantes orgânicos com ligação π frequentemente são fluxionais, com a rotação do ligante sendo um processo dinâmico comum (veja a estrutura **24.55**, Fig. 24.19 e o esquema 24.98). É empregada a espectroscopia de RMN de temperatura variável para estudar esse fenômeno.

Monóxido de nitrogênio

O monóxido de nitrogênio é um radical (veja a Seção 15.8, Volume 1). Sua ligação assemelha-se muitíssimo à do CO, podendo ser representada conforme a Fig. 2.15, Volume 1, com a adição de um elétron a um orbital π^* (2p). A molécula de NO pode se ligar a um átomo de metal de baixo estado de oxidação de uma maneira semelhante ao CO, e, uma vez coordenado, o NO é conhecido como um ligante *nitrosila*. No entanto, diferentemente do CO, o NO com ligação terminal pode adotar dois diferentes modos de ligação: linear ou angular (veja o final da Seção 20.4). No modo linear (**24.27**), o NO doa três elétrons ao metal central, e o ligante comporta-se como um receptor π. Experimentalmente, uma unidade de MNO "linear" pode ter ângulos de ligação M–N–O na faixa de 165–180° e, no espectro de IV, o número de onda vibracional para o modo ν_{NO} fica na faixa aproximada dos 1650–1900 cm⁻¹. No modo angular (**24.28**), o NO doa um elétron para o metal central. Os ligantes nitrosila angulares são caracterizados por terem ângulos de ligação M–N–O na faixa de 120–140°, e, no espectro de IV, a absorção ν_{NO} tipicamente se localiza entre 1525 e 1690 cm⁻¹.

M≡N≡Ö: ⟷ :M—N≡O: M—N=Ö:

(**24.27**)   (**24.28**)

Há uma série de complexos carbonila e nitrosila correlatos, por exemplo, o Fe(CO)₅ e o Fe(CO)₂(NO)₂, e o Cr(CO)₆ e o Cr(NO)₄. As diferenças de números de ligantes podem ser explicadas pela aplicação da regra dos 18 elétrons (veja os exercícios a seguir).

Os ligantes nitrosila também podem adotar modos em ponte, agindo como um doador de 3 elétrons (**24.29**).

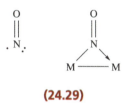

(**24.29**)

Exercícios propostos

1. Empregue a regra dos 18 elétrons (veja as Seções 20.4 e 24.3) para explicar por que o Cr(0) liga seis ligantes CO, isto é, o Cr(CO)₆, mas apenas quatro ligantes NO, isto é, o Cr(NO)₄.

2. Mostre que tanto o Fe(CO)₅ quanto o Fe(CO)₂(NO)₂ obedecem à regra dos 18 elétrons.

3. Explique por que você esperaria que as unidades de Fe–N–O fossem lineares no Fe(NO)₃Cl.

4. Explique por que o "NO linear" pode ser considerado um ligante NO⁺.

5. O espectro de IV do Os(NO)₂(PPh₃)₂ exibe uma absorção a 1600 cm⁻¹ atribuída a ν_{NO}. Essa absorção fica na fronteira entre as faixas para unidades de OsNO angulares e lineares. Sugira por que você poderia concluir que o modo de ligação é linear.

Dinitrogênio

As moléculas N₂ e CO são isoeletrônicas, e a descrição da ligação na Fig. 24.1 pode ser qualitativamente aplicada aos complexos de N₂ (veja a Seção 22.9), embora se deva lembrar que os OM do N₂ têm iguais contribuições de orbitais atômicos feitas por cada átomo. Os complexos de N₂ não são tão estáveis quanto os de CO, e é conhecido um número muito menor de exemplos. As

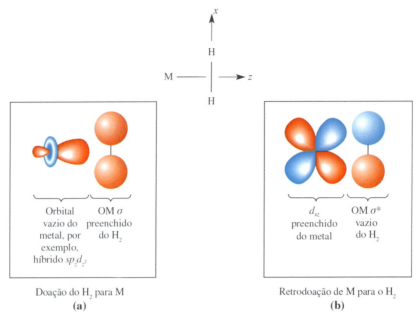

Fig. 24.9 Componentes da ponte metal–di-hidrogênio: (a) doação do H$_2$ para o M usando o OM ligante σ do H$_2$ e (b) retrodoação do M para o H$_2$ para o OM σ^* do H$_2$. O conjunto de eixos é definido no diagrama superior.

unidades terminais de M–N≡N são lineares (como um M–C≡O terminal), mas os ligantes N$_2$ em ponte não são iguais aos grupos CO em ponte (veja a estrutura **22.58** e discussão).

Exercício proposto

O composto isotopicamente marcado Ni(^{14}N$_2$)$_4$ foi formado em uma matriz de N$_2$. O espectro de IV mostra uma absorção próxima de 2180 cm^{-1}. Essa banda também aparece no espectro Raman do Ni(^{14}N$_2$)$_4$, juntamente com uma banda em 2251 cm^{-1}. Essa última está ausente do espectro de IV. Ambas as absorções surgem de modos de estiramento do N$_2$ coordenado. Utilize esses dados para deduzir o grupo de pontos do Ni(^{14}N$_2$)$_4$. Faça diagramas que mostrem os modos de vibração e identifique os símbolos de simetria deles.

[*Resp.*: Refira-se à Fig. 3.16 (Volume 1) e ao texto que a acompanha]

Di-hidrogênio

Já fizemos menção aos complexos de di-hidrogênio de Re (por exemplo, **22.33**) e observamos a presença de uma ligação H–H "estirada". Outros exemplos incluem o W(CO)$_3$(η^2-H$_2$)(P^{i}Pr$_3$)$_2$, [OsH(η^2-H$_2$){P(OEt)$_3$}$_4$]$^+$, Cr(CO)$_5$(η^2-H$_2$), W(CO)$_5$(η^2-H$_2$) e o [Re(CO)$_5$(η^2-H$_2$)]$^+$. A molécula de H$_2$ só tem um OM σ disponível (orbital doador de elétrons) e um OM σ^* (receptor). Ambas as interações metal–ligante apresentadas na Fig. 24.9 enfraquecem a ligação H–H, e a coordenação leva facilmente à clivagem H–H (veja a Seção 24.7). Nos complexos de di-hidrogênio (**24.30**), a distância de ligação H–H geralmente é de 80–100 pm. Ela se compara a uma separação de H---H de ≥150 pm em um complexo de di-hidreto de metal (**24.31**). Também são conhecidos complexos que contêm unidades de M(η^2-H$_2$), mas com distâncias H–H de 110–150 pm (as chamadas ligações H–H "estira-

das").[†] As determinações acuradas das distâncias de ligação H–H requerem dados de difração de nêutrons. No entanto, pela preparação de complexos contendo HD (por exemplo, **24.32**), podem ser empregados dados de espectroscopia de RMN de ^{1}H para confirmar a presença de uma ligação H–D (ou, por analogia, uma H–H). O núcleo do ^{2}H (D) possui $I = 1$ e, portanto, é observado o acoplamento ^{1}H–^{2}H. Por exemplo, o espectro de RMN de ^{1}H do complexo **24.32** apresenta um multipleto 1:1:1, com $J_{HD} = 35{,}8$ Hz. Esse é menor do que o observado para o HD livre ($J_{HD} = 43$ Hz), porém maior do que o valor de um complexo de di-hidreto do metal ($J_{HD} \approx 2$–3 Hz). Pode ser obtida uma estimativa do comprimento de ligação H–D pela utilização da relação empírica 24.3.

$$d(\text{H–H}) = 144 - (1{,}68 \times J_{HD}) \qquad (24.3)$$

em que: d é dado em pm, J_{HD} é dado em Hz

(24.30)   **(24.31)**   **(24.32)**

24.3 A regra dos 18 elétrons

Na Seção 20.4 aplicamos a teoria do orbital molecular a complexos octaédricos que continham ligantes receptores π e demos uma explicação para o fato de *complexos organometálicos de estado de baixa oxidação tenderem a obedecer à regra dos 18 elétrons*.

[†] Para uma visão geral: D.M. Heinekey, A. Lledós and J.M. Lluch (2004) *Chem. Soc. Rev.*, vol. 33, p. 175 – "Elongated dihydrogen complexes: What remains of the H–H bond?"

Essa regra frequentemente não é verificada para os metais iniciais e posteriores do bloco *d* conforme mostram os próximos exemplos neste capítulo: os complexos de 16 elétrons são comuns para, por exemplo, o Rh(I), Ir(I), Pd(0) e a Pt(0). A maioria dos compostos organometálicos com metais a partir do meio do bloco *d* obedece à regra dos 18 elétrons e sua aplicação é útil, por exemplo, na verificação de estruturas propostas. Para fins de contagem de elétrons, é conveniente tratar todos os ligantes como entidades *neutras*, já que isso evita a necessidade de atribuir um estado de oxidação ao metal central. No entanto, não se deverá perder de vista o fato de que se trata de um *formalismo*. Por exemplo, na síntese dos derivados de ciclopentadienila, um precursor comum é o sal Na$^+$[Cp]$^-$. O ferroceno, Cp$_2$Fe, pode ser formulado como um composto do Fe(II) contendo ligantes [Cp]$^-$, mas, para a contagem de elétrons, é conveniente considerar a combinação de um Fe(0) central (grupo 8, 8 elétrons de valência) e dois ligantes Cp$^\bullet$ (doador de 5 elétrons), dando um complexo de 18 elétrons (**24.33**). É claro que o mesmo resultado é obtido se um estado de oxidação formal de +2 for atribuído ao metal: o Fe(II) (6 elétrons de valência) e dois ligantes Cp$^-$ (doador de 6 elétrons). No presente livro contamos elétrons de valência em termos de um metal central de estado de oxidação zero.

Contagem de elétrons:
Fe(0) = 8 elétrons de valência
2Cp$^\bullet$ = 2 × 5 elétrons de valência
Total = 18 elétrons

(**24.33**)

O número de elétrons de valência para um metal central de estado de oxidação zero é igual ao número do grupo (por exemplo, CR, 6; Fe, 8; Rh, 9). Alguns ligantes normalmente encontrados[†] doam os seguintes números de elétrons de valência:

- doador de 1 elétron: H$^\bullet$ (em qualquer modo de ligação), e Cl$^\bullet$, Br$^\bullet$, I$^\bullet$, R$^\bullet$ (por exemplo, R = alquila ou Ph) ou RO$^\bullet$ terminais;
- doador de 2 elétrons: CO, PR$_3$, P(OR)$_3$, R$_2$C=CR$_2$ (η^2-alqueno), R$_2$C: (carbeno);
- doador de 3 elétrons: η^3-C$_3$H$_5$$^\bullet$ (radical alila), RC (carbino), μ-Cl$^\bullet$, μ-Br$^\bullet$, μ-I$^\bullet$, μ-R$_2$P$^\bullet$ (**24.34**);
- doador de 4 elétrons: η^4-dieno (por exemplo, **24.24**), η^4-C$_4$R$_4$ (ciclobutadienos);
- doador de 5 elétrons: η^5-C$_5$H$_5$$^\bullet$ (conforme em **24.33**), μ_3-Cl$^\bullet$, μ_3-Br$^\bullet$, μ_3-I$^\bullet$, μ_3-RP$^\bullet$;
- doador de 6 elétrons: η^6-C$_6$H$_6$ (e outros η^6-arenos, por exemplo, o η^6-C$_6$H$_5$Me);
- doador de 1 ou 3 elétrons: NO (**24.27** e **24.28**).

```
      X           por exemplo = Cl, Br, I, PR₂
    ╱   ╲
   M     M'
```

(**24.34**)

A contagem de elétrons fornecidos por ligantes em ponte, ligações metal–metal e cargas líquidas requer cuidado. Ao fazer ponte entre dois metais centrais, um ligante X$^\bullet$ (X = Cl, Br, I) ou R$_2$P$^\bullet$ emprega o elétron desemparelhado e um dos pares isolados para dar uma interação formalmente representada pela estrutura **24.34**, isto é, um dos elétrons é doado para o M, e dois para o M'. Em uma espécie em ponte dupla, tal como o (CO)$_2$Rh(μ-Cl)$_2$Rh(CO)$_2$, os átomos de μ-Cl são equivalentes como o são os átomos de Rh, e as duas pontes de Cl juntas contribuem com três elétrons para cada Rh. Um H$^\bullet$ em ponte fornece apenas um elétron *no total*, compartilhado entre os átomos do metal para o qual ele faz a ponte, por exemplo, no [HFe$_2$(CO)$_8$]$^-$, (**24.35**). O exemplo **24.35** também ilustra que a formação de uma ligação simples M–M fornece cada átomo de M com um elétron extra.

Contagem de elétrons:
Fe(0) = 8 elétrons
3 CO terminais = 3 × 2 elétrons
2 μ-CO = 2 × 1 elétron por Fe
Ligação Fe–Fe = 1 elétron por Fe
H = 1/2 elétron por Fe
carga 1– = 1/2 elétron por Fe
Total = 18 elétrons por Fe

(**24.35**)

Exemplo resolvido 24.1 A regra dos 18 elétrons

Comprove que o Cr central no [(η^6-C$_6$H$_6$)Cr(CO)$_3$] obedece à regra dos 18 elétrons, mas o Rh no [(CO)$_2$Rh(μ-Cl)$_2$Rh(CO)$_2$], não.

O Cr(0) (grupo 6) contribui com 6 elétrons
O η^6-C$_6$H$_6$ contribui com 6 elétrons
Os 3 CO contribuem com 3 × 2 = 6 elétrons
Total = 18 elétrons

O Rh(0) (grupo 9) contribui com 9 elétrons
O μ-Cl contribui com 3 elétrons (1 para um dos Rh e 2 para o outro Rh)
Os 2 CO contribuem com 2 × 2 = 4 elétrons
Total por Rh = 16 elétrons

Exercícios propostos

1. Confirme se os Fe centrais no H$_2$Fe(CO)$_4$ e no [(η^5-C$_5$H$_5$)Fe(CO)$_2$]$^-$ obedecem à regra dos 18 elétrons.
2. Mostre que o Fe(CO)$_4$(η^2-C$_2$H$_4$), o HMn(CO)$_3$(PPh$_3$)$_2$ e o [(η^6-C$_6$H$_5$Br)Mn(CO)$_3$]$^+$ contêm metais centrais de 18 elétrons.
3. Mostre que o [Rh(PMe$_3$)$_4$]$^+$ contém um metal central de 16 elétrons. Comente se essa violação da regra dos 18 elétrons é esperada.

Exemplo resolvido 24.2 A regra dos 18 elétrons: ligação metal–metal

A ligação metal–metal em espécies multinucleares nem sempre é clara. *Unicamente baseado(a) na regra dos 18 elétrons*, **sugira se você poderia esperar que o (η^5-Cp)Ni(μ-PPh$_2$)$_2$Ni(η^5-Cp) contivesse uma ligação metal–metal.**

[†] Notação para ligantes de ponte: veja a Seção 7.7.

A fórmula é instrutiva em termos de desenho de uma estrutura, exceto no tocante a uma ligação M–M. Assim sendo, podemos desenhar uma estrutura inicial:

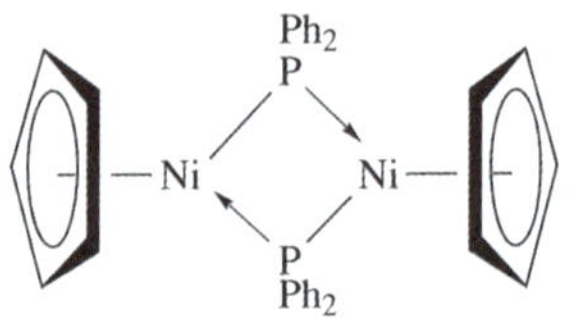

Agora, conte os elétrons de valência em torno de cada metal central: o Ni(0) (grupo 10) contribui com 10 elétrons; o η^5-Cp• doa 5 elétrons. Dois μ-PPh$_2$ contribuem com 6 elétrons, 3 por Ni. Total por Ni = 18 elétrons.
Conclusão: cada átomo de Ni obedece à regra dos 18 elétrons e não é necessária nenhuma ligação Ni–Ni.

Observe que em todos esses exemplos, uma previsão acerca da presença ou não da ligação M–M *supõe* que a regra dos 18 elétrons seja obedecida. Os ligantes em ponte frequentemente desempenham um papel muito importante na manutenção de uma estrutura de dimetal.

Exercícios propostos

1. Use a regra de 18 elétrons para explicar por que a carbonila do manganês forma um dímero Mn$_2$(CO)$_{10}$ que contém uma ligação Mn–Mn, em vez de um monômero Mn(CO)$_5$.

2. A presença de uma ligação Fe–Fe no composto (η^5-Cp)(CO)Fe(μ–CO)$_2$Fe(CO)(η^5-Cp) foi um tópico controverso. *Unicamente com base na regra dos 18 elétrons,* mostre que é esperada uma ligação Fe–Fe. A sua conclusão depende do quê? Suas suposições são infalíveis?

24.4 Carbonilas de metais: síntese, propriedades físicas e estrutura

A Tabela 24.3 lista muitos dos compostos de carbonila estáveis e neutros dos metais do bloco *d* que contêm seis ou menos átomos do metal. Foram obtidas diversas carbonilas instáveis por *isolamento da matriz*: a ação do CO sobre os átomos do metal em uma matriz de gás natural em temperaturas muito baixas ou a fotólise de carbonilas de metal estáveis em condições semelhantes. Entre as espécies obtidas dessa maneira estão o Ti(CO)$_6$, Pd(CO)$_4$, Pt(CO)$_4$, Cu$_2$(CO)$_6$, Ag$_2$(CO)$_6$, Cr(CO)$_4$, Mn(CO)$_5$, Zn(CO)$_3$, Fe(CO)$_4$, Fe(CO)$_3$ e o Ni(CO)$_3$ (sendo os de Cr, Mn, Fe e Ni fragmentos formados pela decomposição de carbonilas estáveis). No restante da presente seção, discutiremos compostos isoláveis em temperaturas comuns.

Síntese e propriedades físicas

As carbonilas Ni(CO)$_4$ e Fe(CO)$_5$ (ambas altamente tóxicas) são as únicas obtidas normalmente pela ação do CO sobre o metal

Tabela 24.3 Carbonilas de metais neutros de baixa nuclearidade (≤M$_6$) dos metais do bloco *d* (dec. = decompõe-se)

Número do grupo	5	6	7	8	9	10
Metais da primeira fileira	**V(CO)$_6$** Sólido azul-escuro; paramagnético; dec. a 343 K	**Cr(CO)$_6$** Sólido branco; sublima *a vácuo*; dec. a 403 K	**Mn$_2$(CO)$_{10}$** Sólido amarelo; p.fus. 427 K	**Fe(CO)$_5$** Líquido amarelo; p.fus. 253 K; p.eb. 376 K	**Co$_2$(CO)$_8$** Sólido vermelho-alaranjado sensível ao ar; p.fus. 324 K	**Ni(CO)$_4$** Líquido incolor volátil; vapor altamente tóxico; p.eb. 316 K
				Fe$_2$(CO)$_9$ Cristais dourados; p.fus. 373 K (dec.)	**Co$_4$(CO)$_{12}$** Sólido negro sensível ao ar	
				Fe$_3$(CO)$_{12}$ Sólido verde-escuro; dec. a 413 K	**Co$_6$(CO)$_{16}$** Sólido negro; dec. lentamente ao ar	
Metais da segunda fileira		**Mo(CO)$_6$** Sólido branco; sublima *a vácuo*	**Tc$_2$(CO)$_{10}$** Sólido branco; dec. lentamente ao ar; p.fus. 433 K	**Ru(CO)$_5$** Líquido incolor; p.fus. 251 K; dec. ao ar, a 298 K, em Ru$_3$(CO)$_{12}$ + CO	**Rh$_4$(CO)$_{12}$** Sólido vermelho; dec., a >403 K, em Rh$_6$(CO)$_{16}$	
				Ru$_3$(CO)$_{12}$ Sólido laranja; p.fus. 427 K; sublima *a vácuo*	**Rh$_6$(CO)$_{16}$** Sólido negro; dec. a >573 K	
Metais da terceira fileira		**W(CO)$_6$** Sólido branco; sublima *a vácuo*	**Re$_2$(CO)$_{10}$** Sólido branco; p.fus. 450 K	**Os(CO)$_5$** Líquido amarelo; p.fus. 275 K	**Ir$_4$(CO)$_{12}$** Sólido amarelo ligeiramente sensível ao ar; p.fus. 443 K	
				Os$_3$(CO)$_{12}$ Sólido amarelo; p.fus. 497 K	**Ir$_6$(CO)$_{16}$** Sólido vermelho	

finamente dividido. A formação do Ni(CO)$_4$ (Eq. 21.4) ocorre a 298 K e 1 bar de pressão, mas o Fe(CO)$_5$ é produzido sob 200 bar de CO, a 420–520 K. A maioria das outras carbonilas de metais simples é preparada por *carbonilação redutiva*, isto é, a ação do CO e de um agente redutor (que pode exceder o CO) sobre um óxido de metal, haleto ou outro composto (por exemplo, as reações 24.4–24.12). Os rendimentos frequentemente são baixos e não tentamos escrever reações estequiométricas; para a preparação do [Tc(H$_2$O)$_3$(CO)$_3$]$^+$, veja o Boxe 22.7.

$$VCl_3 + Na + CO \xrightarrow[\text{em diglima}]{420\,K,\,150\,bar} [Na(\text{diglima})_2][V(CO)_6]$$
$$\downarrow HCl,\,Et_2O \quad (24.4)$$
$$V(CO)_6$$

$$CrCl_3 + CO + Li[AlH_4] \xrightarrow[\text{em Et}_2\text{O}]{390\,K,\,70\,bar} Cr(CO)_6 + LiCl + AlCl_3 \quad (24.5)$$

$$MoCl_5 + CO + AlEt_3 \xrightarrow{373\,K,\,200\,bar} Mo(CO)_6 + AlCl_3 \quad (24.6)$$

$$WCl_6 + Fe(CO)_5 \xrightarrow{373\,K} W(CO)_6 + FeCl_2 \quad (24.7)$$

$$OsO_4 + CO \xrightarrow{520\,K,\,350\,bar} Os(CO)_5 + CO_2 \quad (24.8)$$

$$Co(O_2CMe)_2 \cdot 4H_2O \xrightarrow[\text{em anidrido acético}]{CO/H_2\,(4:1),\,200\,bar,\,430\,K} Co_2(CO)_8 \quad (24.9)$$

$$RuCl_3 \cdot xH_2O + CO \xrightarrow[\text{em MeOH}]{400\,K,\,50\,bar} Ru_3(CO)_{12} \quad (24.10)$$

$$RuCl_3 \cdot xH_2O$$
$$\downarrow \text{CO (1 bar)}, 353\,K,\,1h;\,408\,K,\,45\,min,\,\text{em 2-etoxietanol}$$
$$\{[Ru(CO)_2Cl_2]_n \underset{}{\overset{CO}{\rightleftharpoons}} [Ru(CO)_3Cl_2]_2\} \xrightarrow{KOH,\,348\,K,\,45\,min} Ru_3(CO)_{12} \quad (24.11)$$

$$OsO_4 + CO \xrightarrow[\text{em MeOH}]{400\,K,\,\leq 200\,bar} Os_3(CO)_{12} \quad (24.12)$$

A nonacarbonila de diferro, Fe$_2$(CO)$_9$, geralmente é produzida por pirólise do Fe(CO)$_5$ (Eq. 24.13), enquanto o Fe$_3$(CO)$_{12}$ é obtido por meio de diversos métodos, por exemplo, a oxidação do [HFe(CO)$_4$]$^-$ empregando o MnO$_2$.

$$2Fe(CO)_5 \xrightarrow{h\nu} Fe_2(CO)_9 + CO \quad (24.13)$$

Algumas carbonilas de metal, inclusive o M(CO)$_6$ (M = Cr, Mo, W), Fe(CO)$_5$, Fe$_2$(CO)$_9$, Fe$_3$(CO)$_{12}$, Ru$_3$(CO)$_{12}$, Os$_3$(CO)$_{12}$ e o Co$_2$(CO)$_8$ estão disponíveis comercialmente. Todas as carbonilas são termodinamicamente instáveis com respeito à oxidação ao ar, mas as velocidades de oxidação variam: o Co$_2$(CO)$_8$ reage em condições ambientes, o Fe(CO)$_5$ e o Ni(CO)$_4$ também são facilmente oxidados (seus vapores formam misturas explosivas com o ar), mas o M(CO)$_6$ (M = Cr, Mo, W) não oxida, a menos que aquecido. A Tabela 24.3 lista algumas propriedades físicas de algumas das carbonilas de metal mais comuns. Observe a crescente importância da ligação M–M à medida que se desce pelos grupos 8 e 9: por exemplo, enquanto o Co$_2$(CO)$_8$ é estável, o Rh$_2$(CO)$_8$ é instável em relação ao Rh$_4$(CO)$_{12}$. Esse último também pode ser formado pela reação 24.14, e, acima de 400 K, ele decompõe-se em Rh$_6$(CO)$_{16}$. As reações 24.15 e 24.16 são rotas para o Ir$_4$(CO)$_{12}$ e o Ir$_6$(CO)$_{16}$.

$$(CO)_2Rh(\mu\text{-Cl})_2Rh(CO)_2 \xrightarrow[\text{em hexano, NaHCO}_3]{CO,\,1\,bar,\,298\,K} Rh_4(CO)_{12} \quad (24.14)$$

$$Na_3[IrCl_6] \xrightarrow[\text{2. base}]{1.\,CO,\,1\,bar,\,\text{em MeOH sob refluxo}} Ir_4(CO)_{12} \quad (24.15)$$

$$[Et_4N]_2[Ir_6(CO)_{15}] \xrightarrow{CF_3SO_3H\,\text{sob CO}} Ir_6(CO)_{16} \quad (24.16)$$

Os *aglomerados* de carbonilas de metais que contêm quatro ou mais átomos de metal são produzidos por uma variedade de métodos. O ósmio forma diversos compostos binários e a pirólise do Os$_3$(CO)$_{12}$ produz uma mistura de produtos (Eq. 24.17) que podem ser separados por cromatografia.

$$Os_3(CO)_{12} \xrightarrow{483\,K} \underset{\text{produto principal}}{Os_5(CO)_{16}} + Os_6(CO)_{18} + Os_7(CO)_{21} + Os_8(CO)_{23} \quad (24.17)$$

Os ânions de carbonilas de metais podem ser obtidos por redução, por exemplo, as Eqs. 24.18–24.23. Dímeros tais como o Mn$_2$(CO)$_{10}$ e o Co$_2$(CO)$_8$ passam por clivagem simples da ligação M–M, mas, em outros casos, a redução é acompanhada de um aumento da nuclearidade do metal. Nas reações 24.18 e 24.23, o Na[C$_{10}$H$_8$] (naftaleto de sódio) é produzido a partir do Na e do naftaleno; tanto o Na[C$_{10}$H$_8$] quanto o K[C$_{10}$H$_8$] são fortes agentes redutores.

$$Fe(CO)_5 \xrightarrow{Na[C_{10}H_8]} Na_2[Fe(CO)_4] \quad (24.18)$$

$$Mn_2(CO)_{10} + 2Na \rightarrow 2Na[Mn(CO)_5] \quad (24.19)$$

$$Co_2(CO)_8 + 2Na \rightarrow 2Na[Co(CO)_4] \quad (24.20)$$

$$Ru_3(CO)_{12} \xrightarrow{Na,\,THF,\,\Delta} [Ru_6(CO)_{18}]^{2-} \quad (24.21)$$

$$Os_3(CO)_{12} \xrightarrow{Na,\,\text{diglima},\,\Delta} [Os_6(CO)_{18}]^{2-} \quad (24.22)$$

$$Ni(CO)_4 \xrightarrow{Na[C_{10}H_8]} [Ni_5(CO)_{12}]^{2-} + [Ni_6(CO)_{12}]^{2-} \quad (24.23)$$

O sal Na$_2$[Fe(CO)$_4$] (Eq. 24.18) é o *reagente de Collman*, e tem numerosas aplicações sintéticas. É muito sensível ao ar e é melhor preparado *in situ*. Nas reações 24.21–24.23, os sais de Na$^+$ são os produtos iniciais, mas os ânions de aglomerados grandes são isolados na forma de sais de grandes cátions, tais como o [(Ph$_3$P)$_2$N]$^+$, o [Ph$_4$P]$^+$ ou o [Ph$_4$As]$^+$ (veja o Boxe 24.1).

O uso de meios superácidos foi central no desenvolvimento de rotas sintéticas para sais isoláveis de cátions de carbonilas de metais. Dois exemplos são o [Os(CO)$_6$]$^{2+}$ e o [Ir(CO)$_6$]$^{3+}$ (Eqs. 22.78 e 22.105), ambos isolados como os sais de [Sb$_2$F$_{11}$]$^-$. Ambas as sínteses envolvem a redução de fluoretos de metais em estado de alta oxidação (OsF$_6$ e IrF$_6$, respectivamente), e é utilizado um método semelhante para preparar o [Pt(CO)$_4$]$^{2+}$

TEORIA

Boxe 24.1 Cátions grandes para ânions grandes: 2

Os ânions de aglomerados de metais geralmente são estabilizados em sais que contêm cátions grandes; as escolhas comuns são o [Ph$_4$P]$^+$, [Ph$_4$As]$^+$, [^{n}Bu$_4$N]$^+$ e o [(Ph$_3$)$_2$N]$^+$. A compatibilidade entre os tamanhos dos cátions e ânions é importante. A figura mostra parte do diagrama de compactação para o sal [Ph$_4$P]$_2$[Ir$_8$(CO)$_{22}$]; os átomos de H dos anéis Ph são omitidos para maior clareza. O diagrama ilustra como os grandes cátions se compactam bem como os ânions de aglomerados, e isso é essencial para a estabilização e cristalização desses sais.

Veja ainda: Boxe 11.5 (Volume 1) – Cátions grandes para ânions grandes: 1.

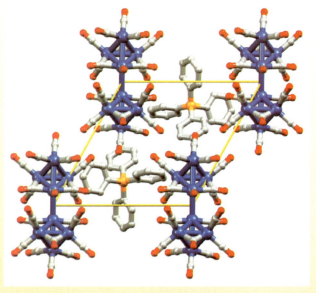

Código de cores: Ir, azul; C, cinza; O, vermelho; P, laranja. A célula unitária é apresentada em amarelo. [Dados de: F. Demartin *et al.* (1981) *J. Chem. Soc., Chem. Commun.*, p. 528.]

(Eq. 24.24). Por outro lado, o [Co(CO)$_5$]$^+$ é obtido por oxidação do Co$_2$(CO)$_8$ (Eq. 24.25); o agente oxidante provavelmente é o [H$_2$F]$^+$. O superácido HF/BF$_3$ é empregado para produzir sais de [BF$_4$]$^-$ do [M(CO)$_6$]$^{2+}$ (M = Fe, Ru, Os) (Eqs. 24.26 e 24.27).

$$PtF_6 + 6CO + 4SbF_5 \xrightarrow[\text{em SbF}_5 \text{ líquido}]{298-323 \text{ K, 1 bar de CO}} [Pt(CO)_4][Sb_2F_{11}]_2 + 2COF_2 \quad (24.24)$$

$$Co_2(CO)_8 + 2(CF_3)_3BCO + 2HF \xrightarrow[\text{em HF líquido}]{298 \text{ K, 2 bar de CO}} 2[Co(CO)_5][(CF_3)_3BF] + H_2 \quad (24.25)$$

$$Fe(CO)_5 + XeF_2 + CO + 2BF_3 \xrightarrow[77 \text{ a } 298 \text{ K}]{HF/BF_3, CO} [Fe(CO)_6][BF_4]_2 + Xe \quad (24.26)$$

$$M_3(CO)_{12} \xrightarrow[195 \text{ a } 298 \text{ K}]{HF \text{ líquido, } F_2} cis\text{-}[M(CO)_4F_2] \xrightarrow[298 \text{ K}]{HF/BF_3, CO} [M(CO)_6][BF_4]_2 \quad (24.27)$$
M = Ru, Os

Estruturas

As carbonilas de metais mononucleares possuem as seguintes estruturas (as distâncias de ligação são para o estado sólido):[†]

[†] Os dados de difração de elétrons para o Fe(CO)$_5$ são Fe–C$_{axial}$ = 181 pm e Fe–C$_{equ}$ = 184 pm, veja: B.W. McClelland, A.G. Robitte, L. Hedberg and K. Hedberg (2001) *Inorg. Chem.*, vol. 40, p. 1358.

- linear: [Au(CO)$_2$]$^+$ (Au–C = 197 pm);
- quadrada plana: [Rh(CO)$_4$]$^+$ (Rh–C = 195 pm), [Pd(CO)$_4$]$^{2+}$ (Pd–C = 199 pm), [Pt(CO)$_4$]$^{2+}$ (Pd–C = 198 pm);
- tetraédrica: Ni(CO)$_4$ (Ni–C = 182 pm), [Cu(CO)$_4$]$^+$ (Cu–C = 196 pm), [Co(CO)$_4$]$^-$ (Co–C = 175 pm), [Fe(CO)$_4$]$^{2-}$ (Fig. 24.10a);
- bipiramidal triangular: Fe(CO)$_5$ (Fe–C$_{axial}$ = 181 pm, Fe–C$_{equ}$ = 180 pm), [Co(CO)$_5$]$^+$ (Co–C$_{axial}$ = 183 pm, Co–C$_{equ}$ = 185 pm) [Mn(CO)$_5$]$^-$ na maioria dos sais (Mn–C$_{axial}$ = 182 pm, Mn–C$_{equ}$ = 180 pm);
- piramidal de base quadrada: [Mn(CO)$_5$]$^-$ no sal de [Ph$_4$P]$^+$ (Mn–C$_{apical}$ = 179 pm, Mn–C$_{basal}$ = 181 pm);
- octaédrica: V(CO)$_6$ (V–C = 200 pm), Cr(CO)$_6$ (Cr–C = 192 pm), Mo(CO)$_6$ (Mo–C = 206 pm), W(CO)$_6$ (W–C = 207 pm), [Fe(CO)$_6$]$^{2+}$ (Fe–C = 191 pm), [Ru(CO)$_6$]$^{2+}$ (Ru–C = 202 pm), [Os(CO)$_6$]$^{2+}$ (Os–C = 203 pm), [Ir(CO)$_6$]$^{3+}$ (Ir–C = 203 pm).

Com exceção do V(CO)$_6$, cada um obedece à regra dos 18 elétrons. A contagem de 17 elétrons do V(CO)$_6$ sugere a possibilidade de dimerização em "V$_2$(CO)$_{12}$" contendo uma ligação V–V, mas isso é estericamente desfavorável. Uma carbonila mononuclear de Mn seria, assim como o V(CO)$_6$, um radical, mas, agora, a dimerização ocorre e o Mn$_2$(CO)$_{10}$ é a carbonila binária neutra de menor nuclearidade do Mn. Uma situação semelhante ocorre para o cobalto: o "Co(CO)$_4$" é uma espécie de 17 elétrons e a carbonila binária de menor nuclearidade é o Co$_2$(CO)$_8$. Os dímeros do grupo 7 Mn$_2$(CO)$_{10}$, Tc$_2$(CO)$_{10}$ e Re$_2$(CO)$_{10}$ são isoestruturais e têm arranjos alternados de carbonilas (Fig. 24.10b); a ligação M–M é sem ponte e maior (Mn–Mn = 290 pm, Tc–Tc = 303 pm, Re–Re = 304 pm) do que duas vezes o raio metálico (veja as Tabelas 21.1 e 22.1). No Fe$_2$(CO)$_9$ (Fig. 24.10c), três

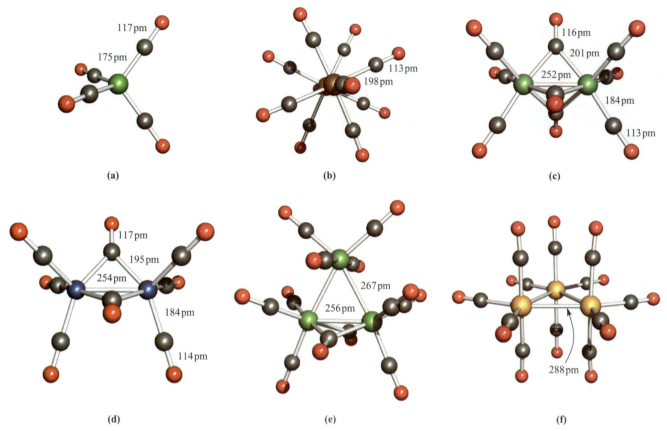

Fig. 24.10 As estruturas (difração de raios X) do (a) [Fe(CO)₄]²⁻ no sal de K⁺ [R.G. Teller *et al.* (1977) *J. Am. Chem. Soc.*, vol. 99, p. 1104], (b) Re₂(CO)₁₀ mostrando a configuração alternada também adotada pelo Mn₂(CO)₁₀ e pelo Tc₂(CO)₁₀ [M.R. Churchill *et al.* (1981) *Inorg. Chem.*, vol. 20, p. 1609], (c) Fe₂(CO)₉ [F.A. Cotton *et al.* (1974) *J. Chem. Soc., Dalton Trans.*, p. 800], (d) Co₂(CO)₈ [P.C. Leung *et al.* (1983) *Acta Crystallogr., Sect. B*, vol. 39, p. 535], (e) Fe₃(CO)₁₂ [D. Braga *et al.* (1994) *J. Chem. Soc., Dalton Trans.*, p. 2911], e (f) Os₃(CO)₁₂, que é isoestrutural com o Ru₃(CO)₁₂ [M.R. Churchill *et al.* (1977) *Inorg. Chem.*, vol. 16, p. 878]. Código de cores: Fe, verde; Re, castanho; Co, azul; Os, amarelo; C, cinza; O, vermelho.

ligantes CO fazem a ponte entre os Fe centrais. Cada átomo de Fe obedece à regra dos 18 elétrons se uma ligação Fe–Fe estiver presente e for consistente com o diamagnetismo observado do complexo. Ainda assim, muitos estudos teóricos foram realizados para investigar a presença (ou não) da ligação Fe–Fe no Fe₂(CO)₉. A Fig. 24.10d mostra a estrutura de *estado sólido* do Co₂(CO)₈. Quando o Co₂(CO)₈ sólido é dissolvido em hexano, o espectro de IV muda. O espectro do sólido contém bandas atribuídas aos ligantes CO terminais *e* de ponte, mas, no hexano, somente as absorções devidas às carbonilas terminais são vistas. Isso é explicado pelo equilíbrio no esquema **24.36** e os dados de espectroscopia de RMN de ¹³C no estado sólido mostram que ocorre troca de CO terminal–ponte mesmo no Co₂(CO)₈ *sólido*.

(24.36)

Exercícios propostos

1. Comprove que cada Tc central no Tc₂(CO)₁₀ obedece à regra dos 18 elétrons.

2. Comprove que, em cada isômero do Co₂(CO)₈ mostrado no diagrama **24.36**, cada Co central obedece à regra dos 18 elétrons.

3. A regra dos 18 elétrons permite a você atribuir a estrutura apresentada na Fig. 24.10c ao Fe₂(CO)₉ em preferência a uma estrutura do tipo (CO)₄Fe(μ-CO)Fe(CO)₄?

Cada metal do grupo 8 forma uma carbonila binária trinuclear M₃(CO)₁₂ contendo uma estrutura triangular de átomos do metal. No entanto, o arranjo dos ligantes CO no Fe₃(CO)₁₂ (Fig. 24.10e) difere daquele do Ru₂(CO)₁₂ e do Os₃(CO)₁₂ (Fig. 24.10f). Esses últimos contêm triângulos equiláteros de M₃ e quatro CO terminais por metal, ao passo que, no estado sólido, o Fe₃(CO)₁₂ contém um triângulo isósceles de Fe₃ com uma aresta Fe–Fe (a menor delas) em ponte feita por dois ligantes CO. Cada átomo de M no Fe₃(CO)₁₂, no Ru₃(CO)₁₂ e no Os₃(CO)₁₂ obedece à regra dos 18 elétrons. O espectro de RMN de ¹³C de solução do Fe₃(CO)₁₂ exibe uma ressonância mesmo a 123 K, mostrando que a molécula é fluxional. O processo pode ser descrito em termos de troca de ligantes CO terminais e em ponte, ou pela consideração da inclinação da unidade de Fe₃ dentro de uma camada de ligantes CO. Os dados de raios X recolhidos em diversas temperaturas mostram que o Fe₃(CO)₁₂ passa por um processo dinâmico no estado sólido. Isso ilustra que a troca CO_term–CO_ponte (CO_term = ligante CO terminal) é um processo de baixa energia. Trata-se de um dos muitos exemplos desse tipo.

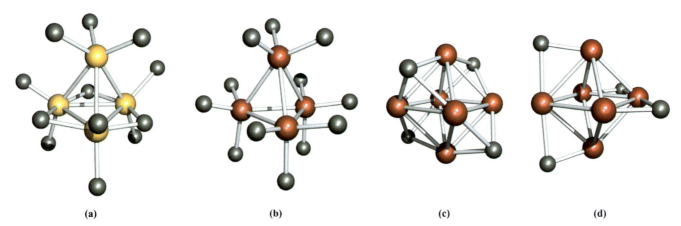

Fig. 24.11 As estruturas (difração de raios X) do (a) Rh$_4$(CO)$_{12}$ que é isoestrutural com o Co$_4$(CO)$_{12}$ [C.H. Wei (1969) *Inorg. Chem.*, vol. 8, p. 2384], (b) Ir$_4$(CO)$_{12}$ [M.R. Churchill *et al.* (1978) *Inorg. Chem.*, vol. 17, p. 3528], (c) isômero vermelho do Ir$_6$(CO)$_{16}$ e (d) isômero negro do Ir$_6$(CO)$_{16}$ [L. Garlaschelli *et al.* (1984) *J. Am. Chem. Soc.*, vol. 106, p. 6664]. Em (a) e (b), os átomos de O foram omitidos para maior clareza. Em (c) e (d), o CO terminal e os átomos de O dos ligantes CO em ponte foram omitidos; cada Ir tem dois CO$_{term}$. Código de cores: Rh, amarelo; Ir, vermelho; C, cinza.

As carbonilas do grupo 9 Co$_4$(CO)$_{12}$ e Rh$_4$(CO)$_{12}$ (Fig. 24.11a) são isoestruturais, com três ligantes μ-CO dispostos em torno das arestas de uma das faces do tetraedro de M$_4$. No Ir$_4$(CO)$_{12}$, todos os ligantes são terminais (Fig. 24.11b). Cada metal do grupo 9 forma uma carbonila hexanuclear, M$_6$(CO)$_{16}$, na qual os átomos do metal formam um aglomerado octaédrico. No Co$_6$(CO)$_{16}$, no Rh$_6$(CO)$_{16}$ e no isômero vermelho do Ir$_6$(CO)$_{16}$, cada átomo de M tem dois CO$_{term}$ e há quatro μ$_3$-CO (Fig. 24.11c). Foi isolado um isômero negro do Ir$_6$(CO)$_{16}$ e, no estado sólido, tem 12 CO$_{term}$ e quatro μ-CO (Fig. 24.11d). Outros aglomerados de carbonila octaédricos incluem o [Ru$_6$(CO)$_{18}$]$^{2-}$ e o [Os$_6$(CO)$_{18}$]$^{2-}$, mas, por outro lado, o Os$_6$(CO)$_{18}$ tem uma estrutura tetraédrica biencapuzada (**24.37**). Trata-se de um exemplo de um aglomerado *poliédrico condensado*.

(24.37)

Em um ***aglomerado poliédrico condensado***, duas ou mais gaiolas poliédricas são fundidas pelo compartilhamento de átomos, arestas ou faces.

As sínteses dos aglomerados de carbonilas de metais de alta nuclearidade não são facilmente generalizadas,[†] e vamos nos concentrar unicamente nas estruturas de espécies selecionadas. Para sete ou mais átomos de metal, os aglomerados das carbonilas de metal tendem a ser compostos de unidades tetraédricas ou octaédricas condensadas (ou, menos frequentemente, ligadas). Os metais do grupo 10 formam uma série de aglomerados contendo triângulos empilhados, por exemplo, o [Pt$_9$(CO)$_{18}$]$^{2-}$ e o [Pt$_{15}$(CO)$_{30}$]$^{2-}$. A Fig. 24.12 apresenta os caroços metálicos de aglomerados representativos. No [Os$_{20}$(CO)$_{40}$]$^{2-}$ (Fig. 24.12e), os átomos de Os formam um arranjo acc. Algumas carbonilas de metal possuem estruturas "em balsa", isto é, os átomos do metal formam arranjos planos de triângulos que compartilham arestas, por exemplo, o Os$_5$(CO)$_{18}$ (Fig. 24.13).

24.5 O princípio isolobular e a aplicação das regras de Wade

Na Seção 13.11 (Volume 1), apresentamos as *regras de Wade* para explicar as estruturas do borano e aglomerados correlatos. Esse método de contagem de elétrons pode ser estendido para aglomerados organometálicos simples fazendo uso da *relação isolobular* entre fragmentos do aglomerado.

Dois fragmentos de aglomerados são ***isolobulares*** se possuem as mesmas características de orbitais de fronteira: mesma simetria, mesmo número de elétrons disponíveis para ligação do aglomerado, e *aproximadamente* a mesma energia.

A Fig. 24.14 apresenta os OM de fronteira (isto é, aqueles próximos do HOMO e do LUMO, inclusive) de fragmentos de BH e de M(CO)$_3$ C_{3v} (M= Fe, Ru, Os). No Boxe 13.9 (Volume 1) consideramos como os orbitais de fronteira de seis BH combinados dão os OM ligantes do aglomerado no [B$_6$H$_6$]$^{2-}$ (um processo que pode ser estendido a outros aglomerados). Agora, veremos por que o BH e alguns fragmentos organometálicos podem ser vistos como semelhantes em termos de ligação de aglomerado. Os aspectos de significância da Fig. 24.14 são que os fragmentos de BH e de M(CO)$_3$ C_{3v} têm três OM de fronteira com simetrias coincidentes e contêm o mesmo número de elétrons. O ordenamento dos OM não é importante. Os fragmentos de BH e de M(CO)$_3$ C_{3v} (M = Fe, Ru, Os) são *isolobulares* e sua relação permite às unidades de BH nos aglomerados de borano ser substituídas (em teoria e às vezes na prática, embora as sínteses não sejam tão simples quanto essa substituição formal sugere) por fragmentos de Fe(CO)$_3$, de Ru(CO)$_3$ ou de Os(CO)$_3$. Dessa forma, por exemplo, podemos ir do [B$_6$H$_6$]$^{2-}$ até o [Ru$_6$(CO)$_{18}$]$^{2-}$. As regras de Wade categorizam o [B$_6$H$_6$]$^{2-}$ como um aglomerado *closo* de 7 pares de elétrons, e, de modo semelhante, o [Ru$_6$(CO)$_{18}$]$^{2-}$ é uma espécie *closo*. Prevê-se que ambas têm gaiolas octaédricas (como têm, na prática).

[†] Para mais detalhes, veja, por exemplo: C.E. Housecroft (1996) *Metal–Metal Bonded Carbonyl Dimers and Clusters*, Oxford University Press, Oxford.

Compostos organometálicos dos elementos do bloco *d* **239**

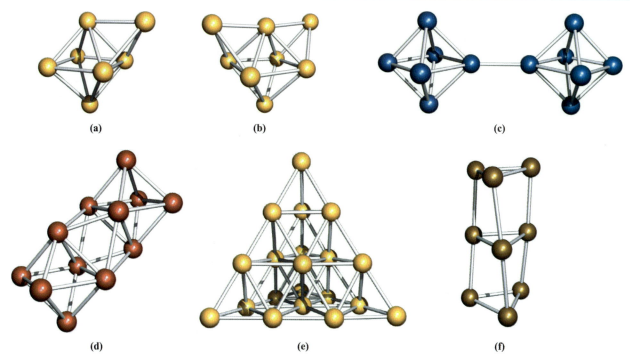

Fig. 24.12 As estruturas (difração de raios X) dos caroços metálicos no (a) Os$_7$(CO)$_{21}$ [C.R. Eady *et al.* (1977) *J. Chem. Soc., Chem. Commun.*, p. 385], (b) [Os$_8$(CO)$_{22}$]$^{2-}$ no sal de [(Ph$_3$P)$_2$N]$^+$ [P.F. Jackson *et al.* (1980) *J. Chem. Soc., Chem. Commun.*, p. 60], (c) [Rh$_{12}$(CO)$_{30}$]$^{2-}$ no sal de [Me$_4$N]$^+$ [V.G. Albano *et al.* (1969) *J. Organomet. Chem.*, vol. 19, p. 405], (d) [Ir$_{12}$(CO)$_{26}$]$^{2-}$ no sal de [Ph$_4$P]$^+$ [R.D. Pergola *et al.* (1987) *Inorg. Chem.*, vol. 26, p. 3487], (e) [Os$_{20}$(CO)$_{40}$]$^{2-}$ no sal de [^{n}Bu$_4$P]$^+$ [L.H. Gade *et al.* (1994) *J. Chem. Soc., Dalton Trans.*, p. 521], e (f) [Pt$_9$(CO)$_{18}$]$^{2-}$ no sal de [Ph$_4$P]$^+$ [J.C. Calabrese *et al.* (1974) *J. Am. Chem. Soc.*, vol. 96, p. 2614]. Código de cores: Os, amarelo; Rh, azul; Ir, vermelho; Pt, castanho.

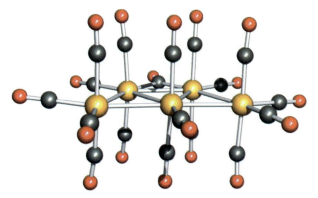

Fig. 24.13 A estrutura (difração de raios X) do Os$_5$(CO)$_{18}$, no qual os átomos de Os formam uma "balsa" plana [W. Wang *et al.* (1992) *J. Chem. Soc., Chem. Commun.*, p. 1737]. Código de cores: Os, amarelo; C, cinza; O, vermelho.

O movimento à esquerda ou à direita do grupo 8 remove ou adiciona elétrons aos OM de fronteira mostrados na Fig. 24.14. A remoção ou adição de um ligante CO remove ou adiciona dois elétrons. (Os OM de fronteira também variam, mas isso não tem importância, se estamos simplesmente contando elétrons.) Mudar os ligantes altera de forma semelhante o número de elétrons disponíveis. A Eq. 24.28 mostra como pode ser determinado o número de elétrons fornecidos por determinado fragmento e a Tabela 24.4 aplica isso a fragmentos selecionados. Esses números são utilizados *segundo a abordagem de Wade*, também conhecida como *teoria do par de elétrons de esqueleto poliédrico* (sigla em inglês, PSEPT).

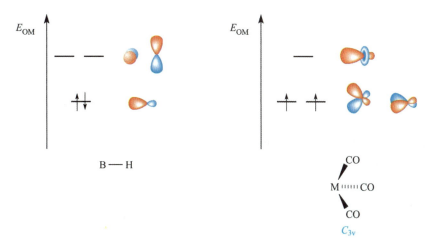

Fig. 24.14 Os OM de fronteira de uma unidade de BH e de um grupo M(CO)$_3$ C_{3v} (isto é, cônico) (M = Fe, Ru, Os). Para a unidade de BH, o OM ocupado é um híbrido *sp*; para o M(CO)$_3$, os orbitais são representados por híbridos *pd* ou *spd*. Esses orbitais combinam-se com os de outros fragmentos de aglomerados formando OM ligantes, não ligantes e antiligantes de aglomerado (veja o Boxe 13.9).

Tabela 24.4 O número de elétrons (x na Eq. 24.28) fornecidos para ligação de aglomerado por fragmentos selecionados: η^5-C_5H_5 = η^5-Cp

Fragmento de aglomerado	Grupo 6 : Cr, Mo, W	Grupo 7 : Mn, Tc, Re	Grupo 8 : Fe, Ru, Os	Grupo 9 : Co, Rh, Ir
$M(CO)_2$	–2	–1	0	1
$M(CO)_3$	0	1	2	3
$M(CO)_4$	2	3	4	5
$M(\eta^5$-$C_5H_5)$	–1	0	1	2
$M(\eta^6$-$C_6H_6)$	0	1	2	3
$M(CO)_2(PR_3)$	0	1	2	3

$$x = v + n - 12 \quad (24.28)$$

em que: x = número de elétrons ligantes de aglomerado fornecidos por um fragmento;
v = número de elétrons de valência oriundos do átomo de metal;
n = número de elétrons de valência fornecidos pelos ligantes.

Exemplo resolvido 24.3 Aplicação das regras de Wade (PSEPT)

(a) Explique por que o $Rh_4(CO)_{12}$ tem um caroço tetraédrico.
(b) De qual classe de aglomerado é o $Ir_4(CO)_{12}$?

[Se você não está familiarizado(a) com as regras de Wade, primeiramente, reveja a Seção 13.11, no Volume 1.]
(a) Partimos a fórmula do $Rh_4(CO)_{12}$ em unidades convenientes e determinamos o número de elétrons ligantes de aglomerado.

- Cada unidade de {$Rh(CO)_3$} fornece 3 elétrons ligantes de aglomerado;
- Número total de elétrons disponíveis no $Rh_4(CO)_{12}$ = (4×3) = 12 elétrons = 6 pares.
- Dessa maneira, o $Rh_4(CO)_{12}$ tem 6 pares de elétrons com os quais se faz a ligação de 4 unidades do aglomerado.
- Há $(n + 2)$ pares de elétrons para n vértices, e, assim, o $Rh_4(CO)_{12}$ é uma gaiola *nido*; o deltaedro matriz é uma bipirâmide triangular, e, sendo assim, espera-se que o $Rh_4(CO)_{12}$ seja tetraédrico.

(b) O Rh e o Ir estão ambos no grupo 9 e, então, o $Ir_4(CO)_{12}$ também é um aglomerado *nido*.
Esse exemplo ilustra um importante ponto a respeito do uso de tais esquemas de contagem de elétrons: *não se pode obter nenhuma informação a respeito das posições dos ligantes*. Embora as regras de Wade expliquem por que o $Rh_4(CO)_{12}$ e $Ir_4(CO)_{12}$ têm caroços tetraédricos, elas não dizem nada acerca do fato de os arranjos de ligantes serem diferentes (Fig. 24.11a e b).

Exercícios propostos

1. Utilizando a abordagem de Wade, explique por que o $Co_4(CO)_{12}$ tem um caroço tetraédrico.
2. Usando a PSEPT, explique por que o $[Fe_4(CO)_{13}]^{2-}$ tem um caroço de Fe_4 tetraédrico.

3. O aglomerado $Co_2(CO)_6C_2H_2$ tem um caroço de Co_2C_2 tetraédrico. Quantos elétrons cada unidade de CH contribui para a ligação do aglomerado? Mostre que existem 6 pares de elétrons disponíveis para ligação do aglomerado.

A diversidade de estruturas em gaiola entre os aglomerados de metais é maior do que a dos boranos. As regras de Wade foram desenvolvidas para boranos e a extensão das regras para explicar as estruturas de aglomerados de metais de alta nuclearidade é limitada. Os boranos tendem a adotar estruturas bastante abertas, e poucos são os exemplos de unidades de BH em posições de encapuzamento. No entanto, a aplicação do *princípio do encapuzamento* realmente permite explicação satisfatória de algumas gaiolas condensadas, tais como o $Os_6(CO)_{18}$ (**24.37**).

Segundo as **regras de Wade (PSEPT)**, a adição de uma ou mais **unidades de encapuzamento** a uma gaiola deltaédrica não requer nenhuns elétrons ligantes adicionais. Uma unidade de encapuzamento é um fragmento de aglomerado colocado sobre a face *triangular* de uma gaiola central.

Exemplo resolvido 24.4 Aplicação das regras de Wade (PSEPT): o princípio do encapuzamento

Explique por que o $Os_6(CO)_{18}$ adota a estrutura 24.37 em vez de uma gaiola octaédrica.

- O $Os_6(CO)_{18}$ pode ser desmembrado em 6 fragmentos de $Os(CO)_3$.
- Cada unidade de {$Os(CO)_3$} fornece 2 elétrons ligantes de aglomerado.
- Número total de elétrons disponíveis no $Os_6(CO)_{18}$ = (6×2) = 12 elétrons = 6 pares.
- Sendo assim, o $Os_6(CO)_{18}$ possui 6 pares de elétrons com os quais liga 6 unidades de aglomerado.
- Isso corresponde a uma estrutura monoencapuzada, sendo o deltaedro matriz um de 5 vértices, isto é, uma bipirâmide triangular:

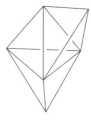

- A bipirâmide triangular monoencapuzada é a mesma que um tetraedro biencapuzado (**24.37**).
- Uma gaiola *closo*-octaédrica requer 7 pares de elétrons, e o Os$_6$(CO)$_{18}$ tem elétrons insuficientes para essa estrutura.

Exercícios propostos

1. O caroço de O$_7$ do Os$_7$(CO)$_{21}$ é um octaedro encapuzado. Mostre que isso é consistente com o princípio do encapuzamento PSEPT.
2. Utilize o princípio do encapuzamento para o fato de o [Os$_8$(CO)$_{22}$]$^{2-}$ ter uma estrutura octaédrica biencapuzada.

Usando o princípio isolobular, pode-se relacionar aglomerados que contêm fragmentos com propriedades de orbitais análogas. Alguns pares isolobulares de fragmentos de carbonila de metal e hidrocarboneto são:

- Co(CO)$_3$ (C_{3v}) e CH (fornece três orbitais e três elétrons);
- Fe(CO)$_4$ (C_{2v}) e CH$_2$ (oferece dois orbitais e dois elétrons);
- Mn(CO)$_5$ (D_{4h}) e CH$_3$ (oferece um orbital e um elétron).

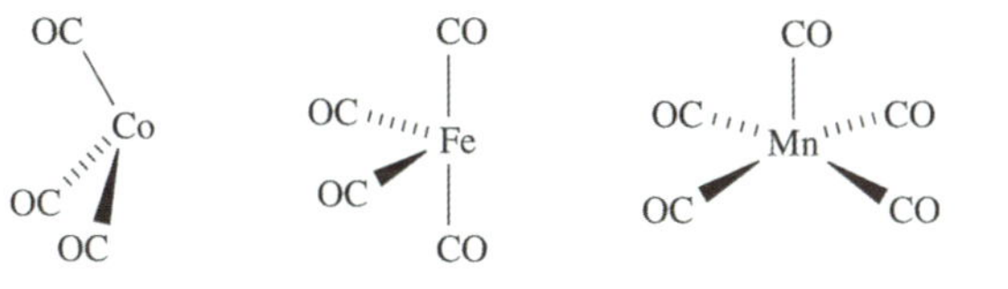

Dessa maneira, por exemplo, o Co$_4$(CO)$_{12}$, Co$_3$(CO)$_9$CH, Co$_2$(CO)$_6$C$_2$H$_2$ e o C$_4$H$_4$ formam uma série isolobular. As relações isolobulares têm uma premissa *teórica* e não nos dizem nada a respeito dos métodos de síntese de aglomerados.

24.6 Contagens totais de elétrons de valência em aglomerados organometálicos do bloco *d*

As estruturas de muitas espécies organometálicas polinucleares não estão convenientemente descritas em termos das regras de Wade, e uma abordagem alternativa é considerar a *contagem total de elétrons de valência*, também chamada de *contagem de Mingos de elétrons de valência de aglomerados*.

Estruturas de gaiola simples

Cada gaiola de *aglomerado de metal* com baixo estado de oxidação possui um número característico de elétrons de valência (ev) conforme mostra a Tabela 24.5. Não vamos descrever a base OM para esses números, mas simplesmente aplicá-los para explicar as estruturas observadas. Voltemos à Seção 24.2 para os números de elétrons doados pelos ligantes. Qualquer complexo organometálico com uma estrutura triangular M$_3$ exige 48 elétrons de valência, por exemplo:

- o Ru$_3$(CO)$_{12}$ tem $(3 \times 8) + (12 \times 2) = 48$ ev;
- o H$_2$Ru$_3$(CO)$_8$(μ-PPh$_2$)$_2$ tem $(2 \times 1) + (3 \times 8) + (8 \times 2) + (2 \times 3) = 48$ ev;
- o H$_3$Fe$_3$(CO)$_9$(μ$_3$-CMe) tem $(3 \times 1) + (3 \times 8) + (9 \times 2) + (1 \times 3) = 48$ ev.

De forma semelhante, os aglomerados com gaiolas tetraédricas ou octaédricas exigem 60 ou 86 elétrons de valência, respectivamente, por exemplo:

- o Ir$_4$(CO)$_{12}$ tem $(4 \times 9) + (12 \times 2) = 60$ ev;
- o (η^5-Cp)$_4$Fe$_4$(μ$_3$-CO)$_4$ tem $(4 \times 5) + (4 \times 8) + (4 \times 2) = 60$ ev;
- o Rh$_6$(CO)$_{16}$ tem $(6 \times 9) + (16 \times 2) = 86$ ev;
- o Ru$_6$(CO)$_{17}$C tem $(6 \times 8) + (17 \times 2) + 4 = 86$ ev.

O último exemplo é de uma gaiola contendo um *átomo intersticial* (veja a estrutura **24.12**) que *contribui com todos os seus elétrons de valência* para a ligação do aglomerado. Um átomo intersticial de C contribui com quatro elétrons, um átomo de B, com três, um átomo de N ou P, com cinco, e assim por diante.

Uma diferença de dois entre contagens de elétrons de valência na Tabela 24.5 corresponde a uma redução de 2 elétrons (adição de dois elétrons) ou sua oxidação (remoção de dois elétrons). Isso corresponde formalmente à quebra ou à construção de uma aresta M–M na gaiola. Por exemplo, ir do tetraedro de 60 elétrons para uma "borboleta" de 62 elétrons envolve a quebra de uma das arestas da gaiola de M$_4$, e vice-versa:

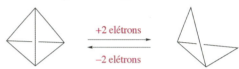

Isso pode ser aplicado de forma mais ampla do que as estruturas listadas na Tabela 24.5. Assim sendo, o arranjo linear dos átomos de Os no Os$_3$(CO)$_{12}$I$_2$ pode ser explicado em termos da contagem de seus 50 elétrons de valência, isto é, formalmente, a adição de dois elétrons a um triângulo de 48 elétrons:

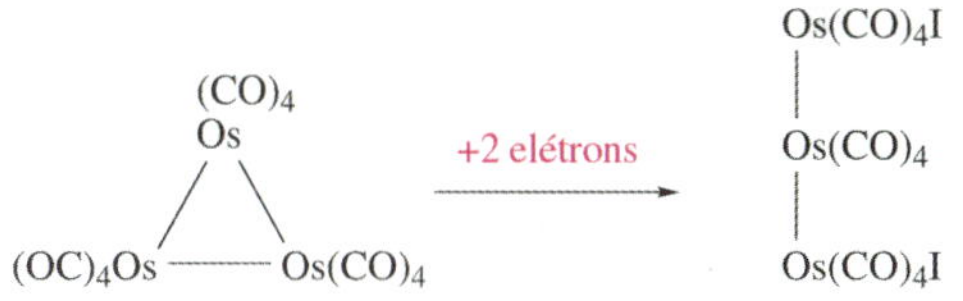

Exemplo resolvido 24.5 Uma aplicação da contagem total de elétrons de valência

Sugira que mudança da estrutura do aglomerado poderia se seguir à reação:

$$[Co_6(CO)_{15}N]^- \rightarrow [Co_6(CO)_{13}N]^- + 2CO$$

Ambos os aglomerados contêm um átomo intersticial de N que contribui com 5 elétrons para a ligação do aglomerado. A carga negativa contribui com 1 elétron.

Contagem total de elétrons de valência para

$$[Co_6(CO)_{15}N]^- = (6 \times 9) + (15 \times 2) + 5 + 1 = 90$$

Contagem total de elétrons de valência para

$$[Co_6(CO)_{15}N]^- = (6 \times 9) + (13 \times 2) + 5 + 1 = 86$$

isto é, a perda de dois ligantes CO corresponde a uma perda de 4 elétrons, e uma mudança de um prisma triangular para uma gaiola octaédrica de Co$_6$.

Exercícios propostos

1. O [Ru$_6$(CO)$_{17}$B]$^-$ e o [Os$_6$(CO)$_{18}$P]$^-$ contêm átomos intersticiais de B e P, respectivamente. Explique o fato de, enquanto o [Ru$_6$(CO)$_{17}$B]$^-$ tem um caroço octaédrico de M$_6$, o [Os$_6$(CO)$_{18}$P]$^-$ adota um caroço prismático triangular.

[*Resp.*: 86 ev; 90 ev]

Tabela 24.5 Contagem total de elétrons de valência característica para aglomerados de metais com baixos estados de oxidação selecionados

Estrutura do aglomerado	Representação diagramática da gaiola	Contagem de elétrons de valência
Triângulo		48
Tetraedro		60
Borboleta, ou balsa plana de quatro átomos		62
Quadrado		64
Bipirâmide triangular		72
Pirâmide de base quadrada		74
Octaedro		86
Prisma triangular		90

2. Explique por que o $Os_3(CO)_{12}$ tem um caroço de Os_3 triangular, mas, no $Os_3(CO)_{12}Br_2$, os átomos de Os ficam em um arranjo linear. [*Resp.*: 48 ev; 50 ev]

3. No $Os_4(CO)_{16}$, os átomos de Os ficam dispostos em um quadrado, mas, no $Os_4(CO)_{14}$, eles formam um aglomerado tetraédrico. Explique essa observação.

- 18 elétrons para um átomo de M compartilhado;
- 34 elétrons para uma aresta M–M compartilhada;
- 48 elétrons para uma face de M_3 compartilhada.

Exemplos dessas famílias de aglomerados poliédricos condensados são o $Os_5(CO)_{19}$ (compartilhamento de átomos, **24.38**), o $H_2Os_5(CO)_{16}$ (compartilhamento de arestas, **24.39**) e o $H_2Os_6(CO)_{18}$ (compartilhamento de faces, **24.40**).

Gaiolas condensadas

A estrutura **23.37** apresentou um tipo de *aglomerado condensado*. As unidades de subaglomerado são ligadas ou por átomos de M compartilhados, arestas M–M ou faces de M_3. A contagem total de elétrons de valência para uma estrutura condensada é igual ao número total de elétrons necessários pelas unidades de subaglomerado *menos* os elétrons associados com a unidade compartilhada. Os números a *subtrair* são:

(24.38) (24.39) (24.40)

Exemplo resolvido 24.6 Contagens de elétrons em estruturas de aglomerados condensados

O Os$_6$(CO)$_{18}$ tem a estrutura 24.37, isto é, três tetraedros que compartilham faces. Mostre que essa estrutura é consistente com o número de elétrons de valência disponíveis.

pode ser representado na forma de três tetraedros compartilhando faces:

A contagem de elétrons de valência para três tetraedros é = $3 \times 60 = 180$
Para cada face compartilhada, subtraímos 48 elétrons.
A contagem de elétrons de valência para o tetraedro bicapuzado = $180 - (2 \times 48) = 84$

O número de elétrons de valência disponíveis no Os$_6$(CO)$_{18}$ = $(6 \times 8) + (18 \times 2) = 84$

Portanto, a estrutura observada é consistente com o número de elétrons de valência disponíveis.

Exercícios propostos

1. Enquanto o [Os$_6$(CO)$_{18}$]$^{2-}$ tem um caroço octaédrico do Os$_6$, o do Os$_6$(CO)$_{18}$ é uma bipirâmide triangular encapuzada. Utilize as contagens totais de elétrons de valência para explicar essa diferença.
2. O caroço do Os$_5$(CO)$_{19}$ é apresentado na estrutura **24.38**. Mostre que essa forma é consistente com a contagem total de elétrons de valência do aglomerado.
3. O [Os$_6$(CO)$_{18}$]$^{2-}$ tem um caroço octaédrico de O$_6$, mas, no H$_2$Os$_6$(CO)$_{18}$, a unidade de Os$_6$ é uma pirâmide de base quadrada encapuzada. Comente a respeito dessa diferença em termos do número total de elétrons de valência disponíveis para ligação do aglomerado.

Limitações dos esquemas de contagem total de elétrons de valência

Para alguns aglomerados tais como as espécies Rh$_x$, o número de elétrons disponíveis pode não combinar com o número aparentemente exigido pela estrutura adotada. Dois exemplos na química das carbonilas de ródio são o [Rh$_5$(CO)$_{15}$]$^-$ e o [Rh$_9$(CO)$_{19}$]$^{3-}$. O primeiro possui 76 elétrons de valência, no entanto tem um caroço de Rh$_5$ bipiramidal triangular, para o qual 72 elétrons são usuais. No entanto, uma olhada nos comprimentos de ligação Rh–Rh revela que seis arestas estão na faixa de 292–303 pm, enquanto três são de 273-274 pm, indicando que os elétrons extras causaram alongamento da ligação. No [Rh$_9$(CO)$_{19}$]$^{3-}$, 122 elétrons estão disponíveis, mas o caroço de Rh$_9$ consiste em dois octaedros que compartilham faces, para os quais são exigidos 124 elétrons pelo esquema esboçado anteriormente.[†] Um exemplo de uma estrutura de aglomerado inesperada é encontrado para o [H$_5$Re$_6$(CO)$_{24}$]$^-$. Em vez de adotar uma estrutura de aglomerado compacto, a unidade de Re$_6$ no [H$_5$Re$_6$(CO)$_{24}$]$^-$ possui um anel parecido com o ciclo-hexano com uma conformação em cadeia (**24.41**). Cada Re central obedece à regra dos 18 elétrons (cada unidade de Re(CO)$_4$ tem $7 + (4 \times 2)$ elétrons de valência, duas ligações Re–Re por Re fornecem 2 elétrons, e os cinco átomos de H com a carga de 1– fornecem 1 elétron por Re), mas a preferência por uma estrutura de aglomerado aberta a uma fechada não pode ser prevista.

$$\left[\begin{array}{c} (OC)_4Re \underset{}{\overset{(CO)_4}{\diagup}} Re(CO)_4 \\ Re \\ Re \\ (OC)_4Re \underset{(CO)_4}{\diagdown} Re(CO)_4 \end{array} \right]^-$$

━━━ = Re–H–Re

(**24.41**)

Esses são apenas três exemplos das limitações dos esquemas de contagem de elétrons. À medida que mais aglomerados são estruturalmente caracterizados, mais exceções surgem colocando ainda mais desafios para o teórico.

Exercício proposto

A cristalografia de raios X confirma que o [Rh$_6$(P^{i}Pr$_3$)$_6$H$_{12}$]$^{2+}$ possui uma gaiola octaédrica de Rh$_6$. Mostre que esse aglomerado tem 10 elétrons a menos que a contagem de elétrons esperada.

24.7 Tipos de reações de organometálicos

Na presente seção apresentaremos os principais tipos de transformações de ligantes que ocorrem nos metais centrais nos compostos organometálicos:

- substituição de ligantes;
- adição oxidativa (inclusive ortometalação);
- eliminação redutiva;
- migração de alquilas e hidrogênio;
- eliminação do hidrogênio β;
- abstração do hidrogênio α.

Substituição de ligantes CO

A substituição de um ligante CO por outro doador de 2 elétrons (por exemplo, o PR$_3$) pode ocorrer por ativação fotoquímica ou térmica, seja por reação direta da carbonila do metal e ligante que entra, seja primeiramente por substituição de um CO por um ligante mais lábil, como o THF ou o MeCN. Um exemplo da última é a formação do Mo(CO)$_5$(PPh$_3$) (Eq. 24.2), que é realizada de forma mais efetiva primeiramente produzindo o aduto THF (**24.42**) *in situ*.

[†] Para uma discussão minuciosa, veja: D.M.P. Mingos and D.J. Wales (1990) *Introduction to Cluster Chemistry*, Prentice Hall, Englewood Cliffs, NJ.

(24.42)

$$Mo(CO)_6 \xrightarrow[-CO]{em\ THF,\ h\nu} Mo(CO)_5(THF)$$

$$\xrightarrow[-THF]{PPh_3} Mo(CO)_5(PPh_3) \quad (24.29)$$

As etapas da substituição são *dissociativas* (veja o Capítulo 26). O ligante de saída sai, criando um centro metálico de 16 elétrons que é *coordenativamente insaturado*. A entrada de um novo ligante de 2 elétrons restaura a contagem de 18 elétrons. A competição entre os ligantes para coordenação ao centro de 16 elétrons pode ser contrabalançada ao ter o ligante que entra (L na Eq. 24.30) presente em excesso.

$$M(CO)_n \xrightarrow{-CO} \{M(CO)_{n-1}\} \begin{array}{c} \xrightarrow{L} M(CO)_{n-1}L \\ \xrightarrow{CO} M(CO)_n \end{array} \quad (24.30)$$

Na reação 24.31, o ligante que entra fornece quatro elétrons e desloca dois ligantes CO. A substituição múltipla por doadores de 2 elétrons é exemplificada pela reação 24.32.

$$Fe(CO)_5 + \text{(butadieno)} \xrightarrow[ou\ \Delta,\ 20\ bar]{h\nu}$$
$$Fe(CO)_3(\eta^4\text{-}CH_2CHCHCH_2) + 2CO \quad (24.31)$$

$$Fe(CO)_5 + PMe_3\ em\ excesso \xrightarrow{h\nu} Fe(CO)_3(PMe_3)_2 + 2CO$$
(24.43) $\quad (24.32)$

(24.43)   **(24.44)**

Os complexos mistos carbonila/cianido de ferro foram descritos na Seção 21.9. Sua importância reside em seu uso como modelos biomiméticos para hidrogenases [FeFe] e (NiFe) (veja as Figs. 29.19 e 29.21). A fotólise do Fe(CO)$_5$ com o [Et$_4$N]CN leva à reação de substituição 24.33, e introduz ligantes cianido em posições axiais (estrutura **24.44**).

$$Fe(CO)_5 + 2[Et_4N]CN \xrightarrow{em\ MeCN,\ h\nu}$$
$$[Et_4N]_2[trans\text{-}Fe(CO)_3(CN)_2] + 2CO$$
$\quad (24.33)$

Adição oxidativa

As reações de *adição oxidativa* são muito importantes em síntese de organometálicos. A adição oxidativa envolve:

- a adição de uma molécula XY com clivagem da ligação simples X–Y (Eq. 24.34), adição de uma espécie com ligação múltipla com redução da ordem de ligação e formação de um metalociclo (Eq. 24.35), adição de uma ligação C–H em uma etapa de *ortometalação* (Eq. 24.36) ou uma adição semelhante;
- a oxidação do metal central por duas unidades;
- o aumento do número de coordenação do metal em 2.

$$L_nM + X-Y \longrightarrow L_nM\begin{array}{c}X\\Y\end{array} \quad (24.34)$$

$$L_nM + XC\equiv CY \longrightarrow L_nM\begin{array}{c}C-X\\||\\C-Y\end{array} \quad (24.35)$$

$$\begin{array}{c}L_nM\\|\\Ph_2P\end{array}\!\!\!\begin{array}{c}H\\\end{array} \longrightarrow \begin{array}{c}H\\|\\L_nM\\|\\Ph_2P\end{array} \quad (24.36)$$

A adição de O$_2$ dando um complexo η^2-peróxido está relacionada ao tipo de reação 24.35. Cada adição nas Eqs. 24.34–24.36 ocorre *em um metal central de 16 elétrons*, levando-o a um centro de 18 elétrons no produto. De forma mais comum, o precursor tem uma configuração d^8 ou d^{10}, por exemplo, o Rh(I), Ir(I), Pd(0), Pd(II), Pt(0), PT(II), e o metal deve ter um estado de oxidação mais alto possível, por exemplo, o Rh(III). Se o composto inicial contém um metal central de 18 elétrons, a adição oxidativa não pode ocorrer sem a perda de um ligante de 2 elétrons, conforme na reação 24.37.

$$Os(CO)_5 + H_2 \xrightarrow{\Delta,\ 80\ bar} H_2Os(CO)_4 + CO \quad (24.37)$$

São conhecidos muitos exemplos da adição de pequenas moléculas (como o H$_2$, o HX, o RX). O inverso da adição oxidativa é a *eliminação redutiva*, por exemplo, a reação 24.38, na qual o substituinte acila é convertido em um aldeído.

$$H_2Co\{C(O)R\}(CO)_3 \longrightarrow HCo(CO)_3 + RCHO \quad (24.38)$$

A adição oxidativa inicialmente dá um produto de adição *cis*-, mas podem ocorrer rearranjos dos ligantes e o produto isolado pode conter os grupos adicionados mutuamente *cis*- ou *trans*-.

Migrações das alquilas e do hidrogênio

A reação 24.39 é um exemplo de *migração das alquilas*.

$$(24.39)$$

A reação também é chamada de *inserção de CO*, pois a molécula de CO que entra parece ter sido inserida na ligação Mn–C$_{Me}$: esse nome é enganoso. Se a reação 24.39 é realizada com o uso do ^{13}CO, *nenhum* dos ^{13}CO que entram termina no grupo acila ou na posição *trans* em relação ao grupo acila; o produto isolado é o **24.45**.

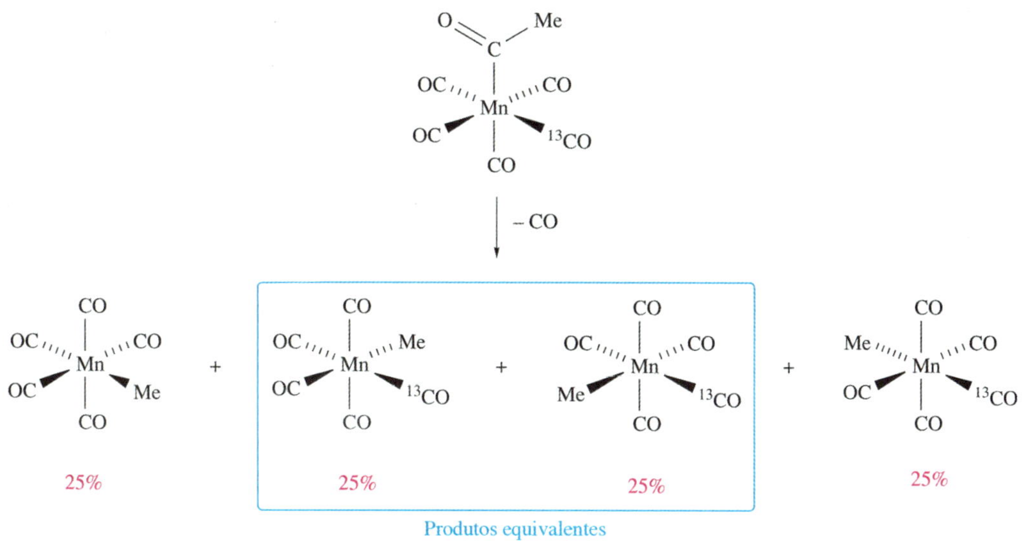

Fig. 24.15 A distribuição de produtos da descarbonilação do Mn(CO)$_4$(^{13}CO){C(O)Me} fornece evidência para a migração do grupo Me em vez do movimento de uma molécula de CO.

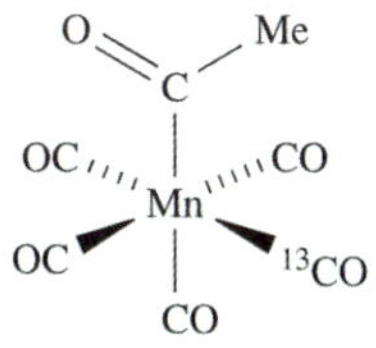

(24.45)

A reação 24.39 envolve a transferência *intramolecular* de um grupo alquila para o átomo de C de um grupo CO que é *cis* em relação ao sítio de alquila original. O CO que entra ocupa o sítio de coordenação deixado vago pelo grupo alquila. O esquema 24.40 resume o processo.

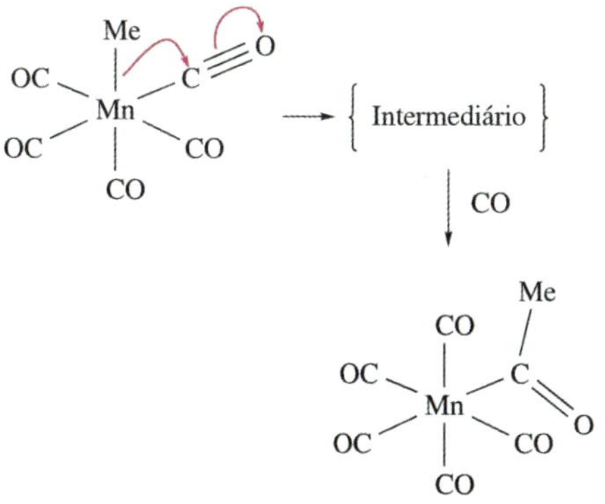

(24.40)

O esquema 24.40 implica que o intermediário é uma espécie coordenativamente insaturada. Na presença de um solvente, S, tal espécie provavelmente seria estabilizada na forma do Mn(CO)$_4$(COMe)(S). Na ausência de solvente, é provável que um intermediário pentacoordenado seja estereoquimicamente não rígido (veja a Fig. 4.24 e a discussão, no Volume 1), e isso é inconsistente com a observação de uma relação *cis* seletiva entre o CO que entra e o grupo acila. Concluiu-se dos resultados de estudos teóricos que o intermediário é estabilizado por uma interação Mn–H–C *agóstica* (estrutura **24.46**), cuja presença bloqueia a estereoquímica do sistema.[†]

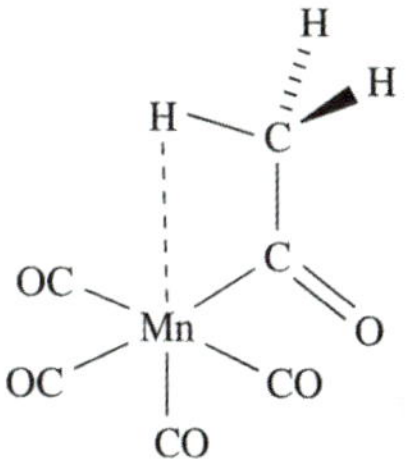

(24.46)

> Uma interação M–H–C *agóstica* é uma interação de 2 elétrons de 3 centros entre um metal central, M, e uma ligação C–H em um ligante ligado a M (por exemplo, a estrutura **24.46**).

A migração do grupo metila é reversível e a reação de *descarbonilação* foi estudada com o composto marcado com o ^{13}C; os resultados são apresentados na Fig. 24.15. A distribuição do produto é consistente com a migração do grupo Me, e não com um mecanismo que envolve o movimento de um CO "inserido". Os produtos da reação podem ser monitorados com o emprego da espectroscopia de RMN de ^{13}C.

A "inserção do CO" em ligações M–C$_{alquila}$ é bem exemplificada na química dos organometálicos, e um dos exemplos industriais (Eq. 24.41) é uma etapa do processo Monsanto para a produção do ácido acético (veja a Seção 25.5).

$$[Rh(Me)(CO)_2I_3]^- + CO \longrightarrow [Rh(CMeO)(CO)_2I_3]^- \quad (24.41)$$

As migrações das alquilas não estão confinadas à formação de grupos acila, e, por exemplo, a "inserção de alquenos" envolve a conversão de um alqueno coordenado em um grupo alquila com ligação σ. A Eq. 24.42 mostra a migração de um *átomo de H*. Migrações de alquilas correlatas ocorrem e resultam em *desenvolvimento de cadeias de carbono*, conforme exemplificado na Fig. 25.16.

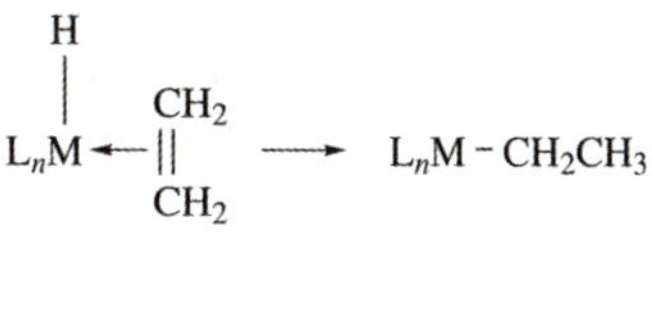

(24.42)

[†] Para uma discussão mais detalhada, veja: A. Derecskei-Kovacs and D.S. Marynick (2000) *J. Am. Chem. Soc.*, vol. 122, p. 2078.

Eliminação do hidrogênio β

O inverso da reação 24.42 é uma etapa de *eliminação β*. Ela envolve a transferência de um átomo de H β (estrutura **24.47**) do grupo alquila para o metal e a conversão do grupo alquila σ em um alqueno com ligação π, isto é, é ativada uma ligação C–H. Para ocorrer a eliminação β, o metal central tem de estar insaturado, com um sítio de coordenação vago *cis-* em relação ao grupo alquila (Eq. 24.43). Considera-se que a primeira etapa envolve um intermediário cíclico **24.48** com uma interação M–H–C agóstica.

(24.47)   (24.48)

(24.43)

$$L_nMCH_2CH_2R \longrightarrow L_nMH(\eta^2\text{-}RCH=CH_2)$$
$$\longrightarrow L_nMH + RCH=CH_2 \quad (24.44)$$

A eliminação β é responsável pela decomposição de alguns complexos alquila de metais (Eq. 24.44), mas a reação pode ser dificultada ou evitada por:

- impedimento estérico;
- existência de um metal central coordenativamente *saturado* como no $(\eta^5\text{-}C_5H_5)Fe(CO)_2Et$;
- preparação de um derivado alquila que não possui um átomo de hidrogênio β.

Exemplos de grupos alquila com ligação σ que não podem sofrer eliminação β, porque lhes falta um átomo de H β, são o Me, CH_2CMe_3, CH_2SiMe_3 e o CH_2Ph. Assim sendo, os derivados de metila não podem se decompor por uma rota de eliminação β e normalmente são mais estáveis do que seus análogos de etila. Isso não significa que os derivados de metila sejam necessariamente estáveis. O $TiMe_4$ coordenativamente insaturado decompõe-se a 233 K, mas a estabilidade pode ser aumentada pela formação de adutos hexacoordenados tais como o $Ti(bpy)Me_4$ e o $Ti(Me_2PCH_2CH_2PMe_2)Me_4$.

Abstração do hidrogênio α

Os complexos dos metais iniciais do bloco *d* que contêm um ou dois átomos de hidrogênio α (veja **24.47**) podem sofrer *abstração do hidrogênio α* produzindo complexos de *carbeno* (*alquilideno*, **24.49**) ou *carbino* (*alquilidino*, **24.50**). A estrutura no estado sólido do produto da reação 24.45 confirma as diferenças dos comprimentos de ligação Ta–C: 225 pm para o Ta–C$_{alquila}$ e 205 pm para o Ta–C$_{carbeno}$.

$L_nM=CR_2$ $L_nM\equiv CR$

(24.49)   (24.50)

$$TaCl_5 \xrightarrow{Zn(CH_2{}^tBu)_2} Ta(CH_2{}^tBu)_3Cl_2 \xrightarrow[-LiCl,\,-CMe_4]{LiCH_2{}^tBu}$$

(24.45)

A abstração de um segundo átomo de H α dá um complexo de carbino (por exemplo, a reação 24.46). Outras rotas para os carbenos e carbinos são descritas na Seção 24.12.

$$WCl_6 \xrightarrow[-CMe_4,\,-LiCl]{LiCH_2CMe_3} W(\equiv CCMe_3)(CH_2CMe_3)_3 \quad (24.46)$$

Resumo

Um conhecimento básico dos tipos de reação descritos na presente seção possibilita-nos passar para uma discussão da química de complexos organometálicos selecionados e (no Capítulo 25) catálise. As adições oxidativas e migrações das alquilas, em particular, são muito importantes nos processos catalíticos empregados na fabricação de muitos produtos químicos orgânicos. Os compostos organometálicos importantes selecionados utilizados como catalisadores estão resumidos no Boxe 24.2.

24.8 Carbonilas de metais: reações selecionadas

A degradação do $Ni(CO)_4$ ou do $Fe(CO)_5$ no respectivo metal e CO é um meio de produzir níquel e ferro de alta pureza. A decomposição térmica do $Ni(CO)_4$ é empregada no processo Mond para refino do níquel (veja a Eq. 21.4). O ferro em pó para uso em núcleos magnéticos em componentes eletrônicos é produzido pela decomposição térmica do $Fe(CO)_5$. As partículas de Fe agem como centros de nucleação para a produção de partículas com até 8 μm de diâmetro.

As reações 24.18–24.23 ilustraram conversões de compostos de carbonila neutros em ânions carbonilato. A redução por Na é normalmente realizada utilizando-se amálgama de Na, Na/Hg. Com o Na em NH_3 líquida, podem ser formados ânions altamente reativos (Eqs. 24.47–24.50).

$$\xrightarrow{Na,\,NH_3\,\text{líquida}} Na_4[Cr(CO)_4] \quad (24.47)$$

$$M_3(CO)_{12} \xrightarrow[\text{baixa temperatura}]{Na,\,NH_3\,\text{líquida}} Na_2[M(CO)_4]$$
$$M = Ru, Os \quad (24.48)$$

$$Ir_4(CO)_{12} \xrightarrow{Na,\,THF,\,CO\,(1\,bar)} Na[Ir(CO)_4] \quad (24.49)$$

$$Na[Ir(CO)_4] \xrightarrow[\substack{2.\,NH_3\,\text{líquida},\,195\,K,\\ \text{aquecer até 240 K}}]{1.\,Na,\,HMPA,\,293\,K} Na_3[Ir(CO)_3]$$
$$HMPA = (Me_2N)_3PO \quad (24.50)$$

Os espectros de IV (veja a Seção 24.2) de ânions altamente carregados exibem absorções para os ligantes CO terminais em regiões normalmente características de carbonilas em ponte, por exemplo, 1680 e 1471 cm^{-1} para o $[Mo(CO)_4]^{4-}$, e 1665 cm^{-1} para o $[Ir(CO)_3]^{3-}$.

Compostos organometálicos dos elementos do bloco *d* **247**

> **APLICAÇÕES**
>
> **Boxe 24.2 Catalisadores homogêneos**
>
> Muitos dos tipos de reações discutidos na Seção 24.7 estão representados nos processos catalíticos descritos no Capítulo 25. Os metais centrais (16 elétrons) insaturados desempenham um importante papel nos ciclos catalíticos. A seguir estão resumidos catalisadores selecionados ou precursores de catalisadores.
>
> | Catalisador homogêneo | Aplicação catalítica |
> | --- | --- |
> | RhCl(PPh$_3$)$_3$ | Hidrogenação de alquenos |
> | *cis*-[Rh(CO)$_2$I$_2$]$^-$ | Síntese do ácido acético do Monsanto; processo Tennessee–Eastman de anidrido acético |
> | HCo(CO)$_4$ | Hidroformilação; isomerização de alquenos |
> | HRh(CO)$_4$ | Hidroformilação (exclusivamente para certos alquenos ramificados)[†] |
> | HRh(CO)(PPh$_3$)$_3$ | Hidroformilação |
> | [Ru(CO)$_2$I$_3$]$^-$ | Homologação de ácidos carboxílicos |
> | [HFe(CO)$_4$]$^-$ | Reação de deslocamento água–gás |
> | (η^5-C$_5$H$_5$)$_2$TiMe$_2$ | Polimerização de alquenos |
> | (η^5-C$_5$H$_5$)$_2$ZrH$_2$ | Hidrogenação de alquenos e alquinos |
> | Pd(PPh$_3$)$_4$ | Muitas aplicações em laboratório, inclusive a reação de Heck |
>
> [†] O HRh(CO)$_4$ é mais ativo do que o HCo(CO)$_4$ na hidroformilação, mas apresenta uma regiosseletividade mais baixa (veja a Eq. 25.5 e a discussão).

A ação de álcalis sobre o Fe(CO)$_5$ (Eq. 24.51) dá o [HFe(CO)$_4$]$^-$ (**24.51**). O ataque nucleofílico do [OH]$^-$ sobre um ligante CO é seguido da formação de ligação Fe–H e da eliminação de CO$_2$. O íon [HFe(CO)$_4$]$^-$ tem uma variedade de usos sintéticos.

$$\text{Fe(CO)}_5 + 3\text{NaOH} \xrightarrow{\text{H}_2\text{O}} \text{Na[HFe(CO)}_4] + \text{Na}_2\text{CO}_3 + \text{H}_2\text{O} \quad (24.51)$$

(24.51) **(24.52)**

Os ligantes hidrido podem ser introduzidos por várias rotas, inclusive a protonação (Eqs. 24.2 e 24.52), a reação com o H$_2$ (Eqs. 24.53 e 24.54) e a ação do [BH$_4$]$^-$ (Eqs. 24.55 e 24.56).

$$\text{Na[Mn(CO)}_5] \xrightarrow{\text{H}_3\text{PO}_4,\text{ em THF}} \text{HMn(CO)}_5 \quad (24.52)$$

$$\text{Mn}_2(\text{CO})_{10} + \text{H}_2 \xrightarrow{\text{200 bar, 470 K}} 2\text{HMn(CO)}_5 \quad (24.53)$$

$$\text{Ru}_3(\text{CO})_{12} + \text{H}_2 \xrightarrow{\text{em octano em ebulição}} (\mu\text{-H})_4\text{Ru}_4(\text{CO})_{12} \quad (24.54)$$

$$\text{Cr(CO)}_6 \xrightarrow{\text{Na[BH}_4]} [(\text{OC})_5\text{Cr}(\mu\text{-H})\text{Cr(CO)}_5]^- \quad (24.55)$$

$$\text{Ru}_3(\text{CO})_{12} \xrightarrow{\text{Na[BH}_4]\text{ em THF}} [\text{HRu}_3(\text{CO})_{11}]^- \quad (24.56)$$

(24.52)

As reações 24.57–24.59 ilustram preparações de haletos de carbonilas de metais selecionados (veja a Seção 24.9) a partir de carbonilas binárias.

$$\text{Fe(CO)}_5 + \text{I}_2 \longrightarrow \text{Fe(CO)}_4\text{I}_2 + \text{CO} \quad (24.57)$$

$$\text{Mn}_2(\text{CO})_{10} + \text{X}_2 \longrightarrow 2\text{Mn(CO)}_5\text{X} \quad \text{X} = \text{Cl, Br, I} \quad (24.58)$$

$$\text{M(CO)}_6 + [\text{Et}_4\text{N}]\text{X} \longrightarrow [\text{Et}_4\text{N}][\text{M(CO)}_5\text{X}] + \text{CO}$$
$$\text{M} = \text{Cr, Mo, W}; \quad \text{X} = \text{Cl, Br, I} \quad (24.59)$$

São formados grandes números de derivados pelo deslocamento do CO por outros ligantes (veja as Eqs. 24.29–24.33 e discussão). Enquanto a substituição por ligantes fosfano *terciários* normalmente dá ligantes terminais, a introdução de um fosfano *secundário* ou *primário* em um complexo de carbonilas cria a possibilidade de adição oxidativa de uma ligação P–H. Onde está presente um segundo metal central, é possível a formação de um ligante R$_2$P em ponte (reação 24.60).

$$(24.60)$$

Vimos anteriormente que o deslocamento do CO pode ser realizado fotolítica ou termicamente, e que a ativação do composto inicial (conforme na reação 24.29) pode ser necessária. Em compostos multinucleares, a ativação de um dos sítios pode controlar o grau de substituição, por exemplo, o Os$_3$(CO)$_{11}$(NCMe) é utilizado como um intermediário *in situ* durante a formação de derivados monossubstituídos (Eq. 24.61).

Tabela 24.6 Propriedades selecionadas do HMn(CO)₅, do H₂Fe(CO)₄ e do HCo(CO)₄

Propriedade	HMn(CO)₅	H₂Fe(CO)₄	HCo(CO)₄
Aparência física, a 298 K	Líquido incolor	Líquido amarelo	Líquido amarelo
Estabilidade	Estável até 320 K	Dec. ≥253 K	Dec. >247 K (p.fus.)
Valores de pK_a	15,1	pK_a(1) = 4,4 pK_a(2) = 14,0	<0,4
δ/ppm de RMN de ¹H	−10,7	−11,2	−7,9

$$Os_3(CO)_{12} \xrightarrow{MeCN, Me_3NO} Os_3(CO)_{11}(NCMe)$$

$$\xrightarrow{L \text{ (p. ex., PR}_3\text{)}} Os_3(CO)_{11}L \quad (24.61)$$

Na primeira etapa da reação, o Me₃NO oxida o CO em CO₂, cuja liberação deixa um sítio de coordenação vago que é temporariamente ocupado pelo ligante lábil MeCN. Esse método pode ser aplicado a aglomerados de nuclearidade superior para se obter o controle das reações que, de outra forma, seriam complexas.

O deslocamento do CO por um ligante nitrosila altera a contagem de elétrons e, para ser retido um centro de 18 elétrons, não pode ocorrer substituição de ligantes um por um. A reação 24.62 mostra a conversão do Cr(CO)₆ octaédrico em Cr(NO)₄ tetraédrico, no qual o NO é um doador de 3 elétrons.

$$Cr(CO)_6 + NO \text{ em excesso} \longrightarrow Cr(NO)_4 + 6CO \quad (24.62)$$

As reações das carbonilas de metais com ligantes orgânicos insaturados serão discutidas em seções posteriores.

Exercícios propostos

1. A reação do Mn₂(CO)₁₀ com o Na/Hg pode ser monitorada por espectroscopia de IV na região de 2100–1800 cm⁻¹. O material inicial e o produto apresentam absorções em 2046, 2015 e 1984 cm⁻¹, e em 1896 e 1865 cm⁻¹, respectivamente. Sugira um produto provável da reação. Comprove que o Mn central no produto obedece à regra dos 18 elétrons. Explique as variações do espectro de IV.

   [*Resp.*: Na[Mn(CO)₅], veja a Seção 24.2]

2. A fotólise de uma solução de benzeno do *trans*-W(N₂)₂(dppe)₂ (dppe = Ph₂PCH₂CH₂PPh₂) com o Ph₂PH dá o *trans*-WH(PPh₂)(dppe)₂, em que a distância de ligação W − P$_{PPh_2}$ de 228 pm é consistente com uma ligação dupla. (a) Como um ligante N₂ coordenado está relacionado ao CO ligado ao metal? (b) Explique quais os tipos de reação ocorreram durante a conversão do *trans*-W(N₂)₂(dppe)₂ no *trans*-WH(PPh₂)(dppe)₂.

   [*Resp.*: (a)Veja a Seção 24.2; (b) veja: L.D. Field *et al.* (1998) *J. Organomet. Chem.*, vol. 571, p. 195]

24.9 Hidretos e haletos de carbonilas de metais

Os métodos de preparar complexos hidrido selecionados foram dados nas Eqs. 24.2 e 24.52–24.56. As propriedades selecionadas dos complexos mononucleares HMn(CO)₅, H₂Fe(CO)₄ e HCo(CO)₄ são apresentadas na Tabela 24.6. O HCo(CO)₄ é um catalisador industrial (veja a Seção 25.5). Os hidretos de metais têm um importante papel na química dos organometálicos, e o esquema 24.63 ilustra algumas transformações de ligantes envolvendo ligações M–H. Cada reação do L$_n$MH com um alqueno ou alquino é uma migração de átomos de H. Esse tipo de reação pode ser estendida para o CH₂N₂ (**24.53**), para o qual a migração do átomo de H resulta na perda de N₂ e formação de um grupo metila ligado ao metal.

$$\begin{array}{c} H \\ \diagdown \\ C = \overset{+}{N} = \overset{-}{N} \\ \diagup \\ H \end{array} \longleftrightarrow \begin{array}{c} H \\ \diagdown \\ -\overset{+}{C} - N \equiv N \\ \diagup \\ H \end{array}$$

(24.53)

$$L_nM - H \begin{cases} \xrightarrow{H_2C=CH_2} L_nM - CH_2CH_3 \\ \xrightarrow{RC \equiv CR} L_nM - CR{\overset{CHR}{\underset{\|}{}}} \\ \xrightarrow{CH_2N_2} L_nM - CH_3 + N_2 \end{cases} \quad (24.63)$$

Os ânions de carbonila-hidrido mononucleares incluem o [HFe(CO)₄]⁻ e o [HCr(CO)₅]⁻, ambos podendo ser produzidos pela ação de hidróxido sobre a carbonila do metal principal (Eqs. 24.51 e 24.64). As reações selecionadas do [HCr(CO)₅]⁻ são mostradas na Fig. 24.16.[†]

$$Cr(CO)_6 + 2KOH \xrightarrow[298\ K,\ 10\ min]{CH_2Cl_2/EtOH} K[HCr(CO)_5] + KHCO_3 \quad (24.64)$$

Os métodos de formação de haletos de carbonilas incluem iniciar pelas carbonilas de metais binários (Eqs. 24.57–24.59) ou haletos de metais (Eqs. 24.65–24.67).

$$RhCl_3 \cdot xH_2O \xrightarrow{CO,\ 373\ K} (CO)_2Rh(\mu\text{-}Cl)_2Rh(CO)_2 \quad (24.65)$$

[†] Para uma visão geral das reações e do papel do [HCr(CO)₅]⁻ em catálise homogênea, veja: J.-J. Brunet (2000) *Eur. J. Inorg. Chem.*, p. 1377.

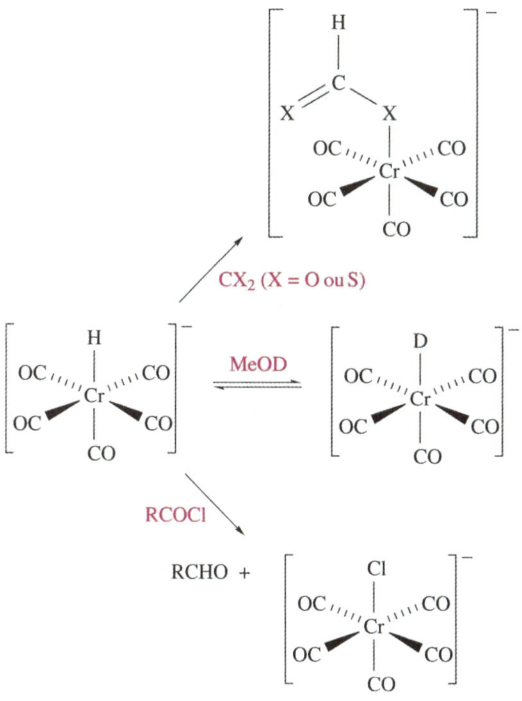

Fig. 24.16 Reações selecionadas do [HCr(CO)₅]⁻.

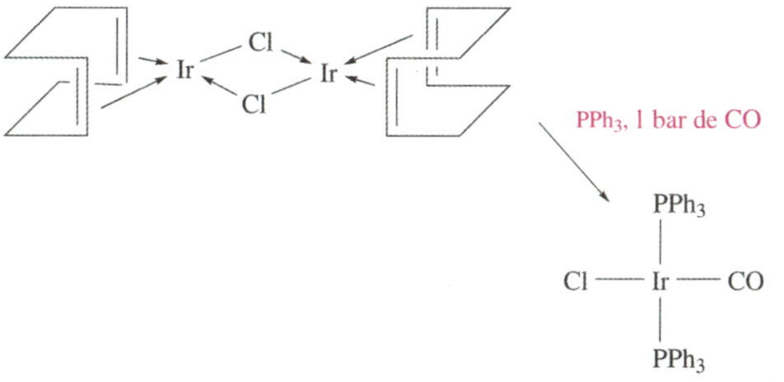

O produto da reação 24.68 é um útil precursor do Ru(PPh₃)₃(CO)₂ (Eq. 24.69). Esse complexo de 18 elétrons perde facilmente um dos ligantes PPh₃ dando um Ru central insaturado ao qual se adicionam facilmente H₂, R₂C=CR₂, RC≡CR e moléculas correlatas.

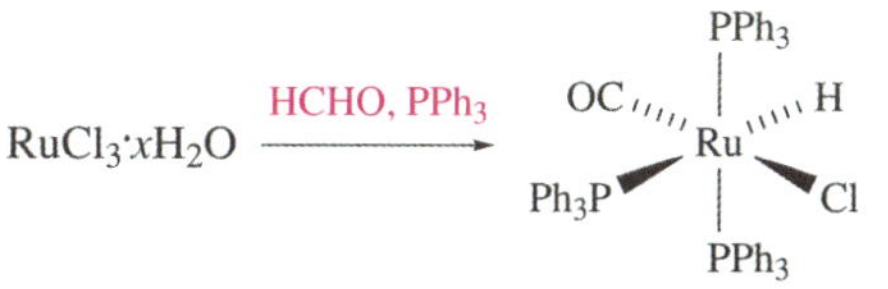

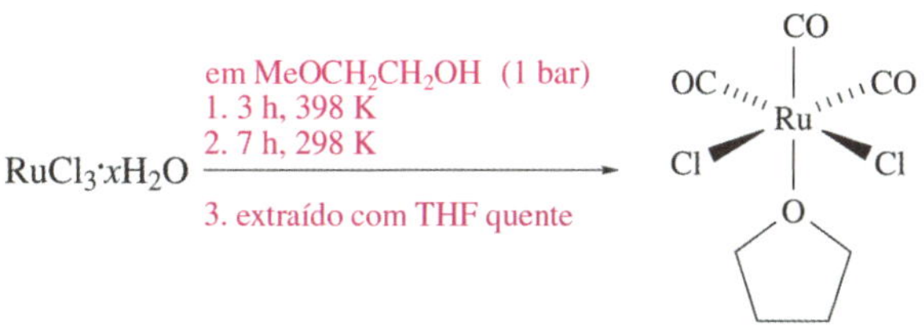

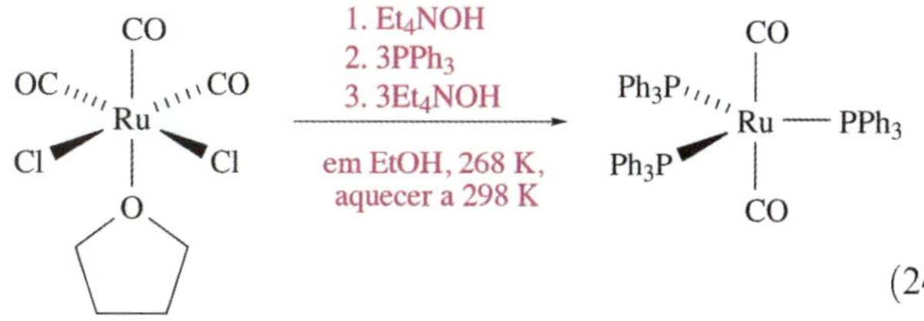

(24.69)

O mecanismo proposto para a reação 24.69 envolve o ataque inicial pelo HO⁻ em um dos ligantes CO, seguido da substituição dos ligantes pelo PPh₃, da desprotonação do ligante CO₂H e, então, da dissociação do CO₂ e do 2Cl⁻. A adição de dois ligantes PPh₃ regenera um centro de 18 elétrons (Fig. 24.17).

Os complexos de haletos de 16 elétrons *cis*-[Rh(CO)₂I₂]⁻ e *trans*-[Ir(CO)Cl(PPh₃)₂] (composto de Vaska) sofrem muitas reações de adição oxidativa e têm importantes aplicações em catálise (veja o Capítulo 25). O composto de Vaska facilmente capta o O₂ dando o complexo peróxido **24.54**. O produto da reação 24.67 é um precursor de catalisador para hidrogenação de alquenos.

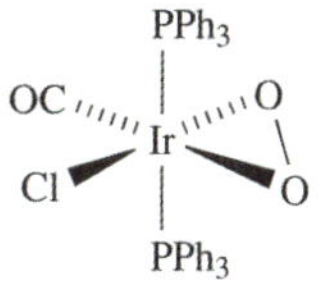

(24.54)

24.10 Complexos de alquila, arila, alqueno e alquino

Ligantes alquila e arila com ligação σ

Os derivados orgânicos com ligação σ simples de metais do bloco *d* de baixo estado de oxidação geralmente são mais reativos do que as espécies análogas dos metais do grupo principal. A origem é cinética, ao invés de termodinâmica: a disponibilidade de orbitais atômicos 3*d* vazios nos complexos de alquila do titânio significa que eles (exceto o TiMe₄) facilmente sofrem eliminação β dando complexos de alqueno (veja a Seção 24.7).

Os derivados de alquila e arila podem ser obtidos por reações tais como as 24.70–24.78, sendo a última um exemplo de uma adição oxidativa a um complexo de 16 elétrons. A escolha do agente alquilante pode afetar o curso da reação. Por exemplo, enquanto o LiMe é adequado na reação 24.70, o seu uso em lugar do ZnMe₂ na reação 24.72 reduziria o MoF₆.

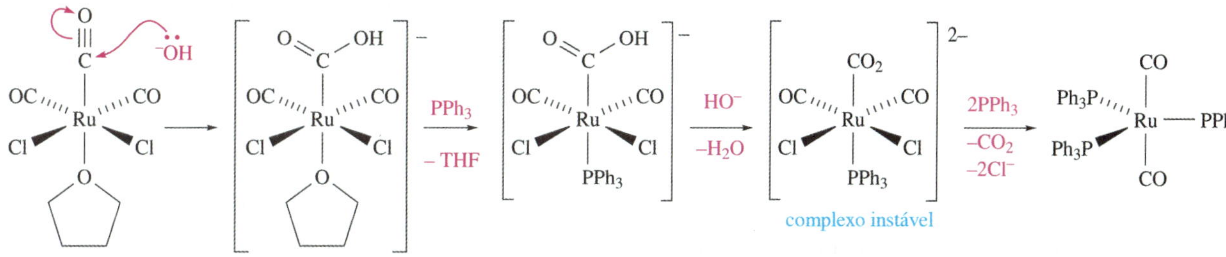

Fig. 24.17 Mecanismo proposto para a conversão do *fac*-Ru(CO)₃Cl₂(THF) em Ru(CO)₂(PPh₃)₃.

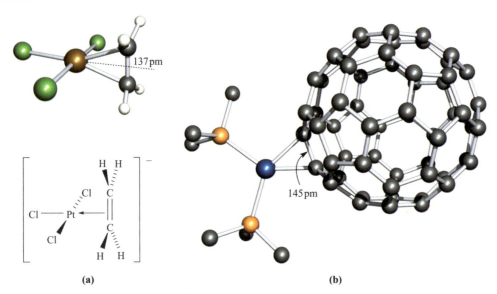

Fig. 24.18 (a) A estrutura do ânion no sal de Zeise, K[PtCl₃(η²-C₂H₄)]. O centro de Pt(II) pode ser considerado como quadrado plano conforme indicado na representação esquemática [difração de nêutrons: R.A. Love *et al.* (1975) *Inorg. Chem.*, vol. 14, p. 2653]. (b) A estrutura do Pd(η²-C₆₀)(PPh₃)₂; para maior clareza, são mostrados apenas os átomos de C *ipso* dos anéis Ph [difração de raios X: V.V. Bashilov *et al.* (1993) *Orgnaometallics*, vol. 12, p. 991]. Código de cores: Pt, castanho; Pd, azul; C, cinza; Cl, verde; P, laranja; H, branco.

$$TiCl_4 + 4LiMe \xrightarrow{\text{em Et}_2O,\ 193\ K} TiMe_4 + 4LiCl \quad (24.70)$$

$$WCl_6 + 3Al_2Me_6 \longrightarrow WMe_6 + 3Al_2Me_4Cl_2 \quad (24.71)$$

$$MoF_6 + 3ZnMe_2 \xrightarrow{\text{Et}_2O,\ 143\ K} MoMe_6 + 3ZnF_2 \quad (24.72)$$

$$MoMe_6 \xrightarrow[\text{em Et}_2O,\ 258\ K]{\text{LiMe em excesso}} [Li(Et_2O)]^+[MoMe_7]^- \quad (24.73)$$

$$ScCl_3(THF)_3 + 3PhLi \xrightarrow[273\ K]{\text{Et}_2O/\text{THF},}$$
$$ScPh_3(THF)_2 + THF + 3LiCl \quad (24.74)$$

$$Na_2[Fe(CO)_4] + EtBr \longrightarrow Na[Fe(CO)_4Et] + NaBr \quad (24.75)$$

$$Na[Mn(CO)_5] + PhCH_2Cl \longrightarrow Mn(CO)_5(CH_2Ph) + NaCl \quad (24.76)$$

$$Li[Mn(CO)_5] + PhC(O)Cl \xrightarrow{-LiCl} Mn(CO)_5\{C(O)Ph\}$$
$$\xrightarrow{\Delta} Mn(CO)_5Ph + CO \quad (24.77)$$

$$cis\text{-}[Rh(CO)_2I_2]^- + MeI \longrightarrow mer\text{-}[Rh(CO)_2I_3Me]^- \quad (24.78)$$

O hexametiltungstênio (Eq. 24.71) foi o primeiro exemplo de um complexo prismático triangular discreto (Boxe 20.3). É altamente reativo ao ar e potencialmente explosivo.

Ligantes alqueno

Os complexos de alqueno frequentemente são produzidos pelo deslocamento do íon CO ou haleto por um alqueno. A formação do *sal de Zeise*,[†] K[PtCl₃(η²-C₂H₄)] (reação 24.79), é catalisada pelo SnCl₂ com o [PtCl₃(SnCl₃)]²⁻ sendo o intermediário. O íon [PtCl₃(η²-C₂H₄)]⁻ (Fig. 24.18a) contém um centro de Pt(II) quadrado plano (ou plano pseudoquadrado) e, no estado sólido, o ligante eteno fica perpendicular ao "quadrado plano" de coordenação, minimizando, daí, as interações estéricas.

$$K_2[PtCl_4] + H_2C=CH_2$$
$$\xrightarrow{SnCl_2} K[PtCl_3(\eta^2\text{-}C_2H_4)] + KCl \quad (24.79)$$

A adição de um alqueno aos complexos de metais de 16 elétrons é exemplificada pela reação 24.80. O eteno dissocia-se facilmente a partir do Ir(CO)Cl(η²-C₂H₄)(PPh₃)₂, mas o complexo correlato Ir(CO)Cl(η²-C₂(CN)₄)(PPh₃)₂ é muito estável.

$$trans\text{-}Ir(CO)Cl(PPh_3)_2 + R_2C=CR_2$$
$$\longrightarrow Ir(CO)Cl(\eta^2\text{-}C_2R_4)(PPh_3)_2 \quad (24.80)$$

Adições mais recentes à família dos complexos de alquenos são os derivados do fulereno, tais como Mo(η²-C₆₀)(CO)₅, W(η²-C₆₀)(CO)₅ (Eq. 24.81), Rh(CO)(η²-C₆₀)(H)(PPh₃)₂, Pd(η²-C₆₀)(PPh₃)₂ (Fig. 24.18b) e o (η⁵-Cp)₂Ti(η²-C₆₀). A gaiola C₆₀ (veja a Seção 14.4) funciona como um polieno com ligações C=C localizadas, e, no C₆₀{Pt(PEt₃)₂}₆, seis ligações C=C (distantes umas das outras) na gaiola C₆₀ sofreram adição. A reação 24.83 ilustra a substituição do eteno pelo C₆₀ (o centro de 16 elétrons fica retido), e a reação 24.83 mostra a adição ao composto de Vaska (uma conversão de 16 para 18 elétrons). A Eq. 24.84 mostra a formação de um complexo de fulereno de titânio pelo deslocamento do fulereno de um alquino coordenado.

$$M(CO)_6 + C_{60} \xrightarrow{h\ \text{ou luz solar}} M(\eta^2\text{-}C_{60})(CO)_5 + CO \quad (24.81)$$
$$M = Mo, W$$

[†] Para uma descrição das realizações de William C. Zeise, inclusive a descoberta do sal de Zeise, veja: D. Seyferth (2001) *Orgnanometallics*, vol. 20, p. 2.

$$\text{Pt}(\eta^2\text{-C}_2\text{H}_4)(\text{PPh}_3)_2 + \text{C}_{60} \xrightarrow{-\text{C}_2\text{H}_4} \text{Pt}(\eta^2\text{-C}_{60})(\text{PPh}_3)_2$$
(24.82)

$$\textit{trans-}\text{Ir}(\text{CO})\text{Cl}(\text{PPh}_3)_2 + \text{C}_{60}$$
$$\longrightarrow \text{Ir}(\text{CO})\text{Cl}(\eta^2\text{-C}_{60})(\text{PPh}_3)_2 \quad (24.83)$$

$$(\eta^5\text{-Cp})_2\text{Ti}(\eta^2\text{-Me}_3\text{SiC}\equiv\text{CSiMe}_3) + \text{C}_{60}$$
$$\longrightarrow (\eta^5\text{-Cp})_2\text{Ti}(\eta^2\text{-C}_{60}) + \text{Me}_3\text{SiC}\equiv\text{CSiMe}_3$$
(24.84)

As reações dos alquenos com aglomerados de carbonilas de metal podem dar produtos de substituição simples tais como o $\text{Os}_3(\text{CO})_{11}(\eta^2\text{-C}_2\text{H}_4)$ ou podem envolver adição oxidativa de uma ou mais ligações C–H. A reação 24.85 ilustra a reação do $\text{Ru}_3(\text{CO})_{12}$ com o RHC=CH_2 (R = alquila) dando isômeros de $\text{H}_2\text{Ru}_3(\text{CO})_9(\text{RCCH})$ nos quais o ligante orgânico age como um doador de 4 elétrons (uma interação π e duas interações σ).

(24.85)

Em solução, os complexos de alquenos frequentemente são fluxionais, com a rotação ocorrendo conforme mostra a Fig. 24.19. O composto modelo na figura contém um plano especular que passa por M, L e L'. O espectro de ^{1}H no limite de *baixa* temperatura mostra uma ressonância para o H_1 e o H_4, e outra em razão do H_2 e do H_3, isto é, uma imagem estática da molécula. Ao se elevar a temperatura, a molécula ganha energia suficiente para o alqueno girar e o espectro no limite de *alta* temperatura contém uma ressonância, já que o H_1, H_2, H_3 e H_4 se tornam equivalentes na escala de tempo da RMN. No $(\eta^5\text{-Cp})\text{Rh}(\eta^2\text{-C}_2\text{H}_4)_2$, são observados dois sinais de prótons de alqueno, a 233 K (os diferentes ambientes de H são azul e preto, respectivamente, em **24.55**). A 373 K, os ambientes dos prótons ficam equivalentes na escala de tempo da espectroscopia de RMN à medida que cada ligante alqueno gira em torno da ligação coordenada metal–ligante.

(24.55)

Os alquenos coordenados podem ser deslocados por outros ligantes (Eq. 24.82). Diferentemente dos alquenos livres, os quais sofrem adições eletrofílicas, os alquenos *coordenados* são suscetíveis ao ataque nucleofílico e muitas reações de importância catalítica envolvem esse caminho (veja o Capítulo 25). A reação 24.86 mostra que a adição de um nucleófilo, R$^-$, leva a um complexo com ligação σ. O mecanismo pode envolver ataque direto em um dos átomos de C ao alqueno, ou ataque ao M$^{\delta+}$ central seguido de migração de alquilas (veja a Seção 24.7).

(24.86)

As aplicações em síntese orgânica fazem uso particular de complexos de $[(\eta^5\text{-Cp})\text{Fe}(\text{CO})_2(\eta^2\text{-alqueno})]^+$ e aqueles que envolvem alquenos coordenados a Pd(II) centrais. Esse último é a base do processo Wacker (veja a Fig. 25.2) e da reação de Heck (Eq. 24.87). A reação de Heck é uma reação formadora de ligações C–C catalisadas pelo paládio entre um haleto de arila ou de vinila e um alqueno ativado na presença de base. Em 2010, Richard Heck dividiu o Prêmio Nobel de Química com Ei-ichi Negishi e Akira Suzuki pelos "acoplamentos cruzados catalisados pelo paládio em sínteses orgânicas".

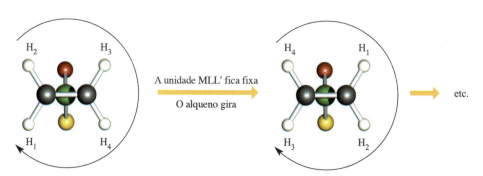

Fig. 24.19 Representação esquemática da rotação de um ligante $\eta^2\text{-C}_2\text{H}_4$ em um complexo MLL'$(\eta^2\text{-C}_2\text{H}_4)$. O complexo é visto ao longo de uma linha que conecta o centro da ligação C–C e o átomo de M; o átomo de M é mostrado em verde, e os ligantes L e L', em vermelho e amarelo. Como L e L' são *diferentes*, a rotação do alqueno troca os ambientes do H_1 e H_4 com do H_3 e H_2.

$$\text{ArX} + \underset{\substack{H \quad H}}{\overset{\substack{H \quad CO_2Me}}{\diagup\!\!\!\diagdown}} \xrightarrow[-[R_3NH]X]{Pd(OAc)_2,\ PR_3,\ R_3N} \underset{\substack{Ar \quad H}}{\overset{\substack{H \quad CO_2Me}}{\diagup\!\!\!\diagdown}} \quad (24.87)$$

Quando o Pd(OAc)₂ é empregado como catalisador em reações de Heck com um líquido iônico (veja a Seção 9.12) como solvente, o líquido iônico estabiliza os aglomerados de átomos de Pd produzindo partículas de diâmetro de 1,0–1,6 mm. (As dimensões são medidas usando microscopia de elétrons de transmissão, veja o Boxe 13.8.) Os períodos de indução dessas reações de Heck correlacionam-se com o tempo que as nanopartículas de Pd levam para se formar, consistente com os aglomerados de Pd serem os catalisadores ativos. Em comparação com as reações catalisadas por Pd(OAc)₂ realizadas em meios orgânicos, a separação de produtos e reciclagem dos catalisadores em líquidos iônicos são mais eficientes. Nos dias de hoje, a reciclagem de catalisadores é de suma importância (veja a Seção 25.6), e o uso de líquidos iônicos ao invés de solventes orgânicos convencionais é frequentemente vantajoso. Os líquidos iônicos utilizados em reações de Heck incluem os seguintes:

Frequentemente, a adição nucleofílica a alquenos coordenados é regiosseletiva, com o nucleófilo atacando no átomo de C que carrega o grupo *menos* retirador de elétrons. Nas reações 24.88 e 24.89 um grupo fortemente liberador de elétrons é exemplificado pelo EtO, e um grupo retirador de elétrons pelo CO₂Me (Nu = nucleófilo).

Os *alquenos coordenados são suscetíveis ao ataque nucleofílico*. Essa reação tem importantes aplicações em química orgânica sintética e catalisadores.

Exercícios propostos

1. Explique como o grupo O₂CMe direciona a adição nucleofílica conforme mostrada na reação 24.89.
2. Por que o produto da Eq. 24.86 não sofre eliminação de hidreto β?   [*Resp.*: Veja o texto sob a Eq. 24.44]

Ligantes alquino

São conhecidos muitos complexos organometálicos mononucleares e polinucleares que envolvem ligantes alquino. Um alquino RC≡CR tem *dois* OM π inteiramente preenchidos e pode agir como um doador de 2 ou 4 elétrons. A ligação em um complexo de alquino monometálico pode ser descrita de uma maneira semelhante àquela em um complexo de alqueno (veja a Seção 24.2), mas permitindo a participação dos dois OM π ortogonais. Um comprimento de ligação C≡C típica em um alquino livre é de 120 pm e, em complexos, ele se alonga até ≈124–137 pm dependendo do modo de ligação. Em **24.56**, o comprimento da ligação C–C (124 pm) é consistente com uma tripla ligação enfraquecida; o alquino fica perpendicular ao plano PtCl₂L e ocupa um dos sítios na esfera de coordenação quadrada plana do centro de Pt(II). Um exemplo semelhante é o [PtCl₃(η²-C₂Ph₂)]⁻ (Eq. 24.90). Em **24.57**, o alquino age como um doador de 4 elétrons, formando um metalociclo. O comprimento da ligação C–C (132 pm) é consistente com uma ligação dupla. Uma diminuição do ângulo de ligação C–C–C_R do alquino acompanha a variação do modo de ligação indo de **24.56** para **24.57**. A adição de um alquino ao Co₂(CO)₈ (Eq. 24.91) resulta na formação de um aglomerado Co₂C₂ (Fig. 24.20) no qual a ligação C–C do alquino é prolongada para 136 pm.

(24.88)

(24.89)

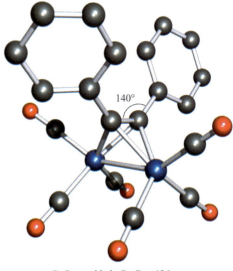

C–C na unidade Co₂C₂ = 136 pm

Fig. 24.20 A estrutura (difração de raios X) do Co₂(CO)₆(C₂Ph₂) [D. Gregson *et al.* (1983) *Acta Crystallogr.*, *Sect. C*, vol. 39, p. 1024]. Os átomos de hidrogênio foram omitidos para maior clareza. Código de cores: Co, azul; C, cinza; O, vermelho.

$$K_2[PtCl_4] \xrightarrow[\text{no Volume 1}]{\text{18-coroa-6 (veja a Figura 11.8,}} {}^1/_2[K(18\text{-coroa-}6)]_2[Pt_2Cl_6]$$

$$\downarrow PhC{\equiv}CPh$$

$$[K(18\text{-coroa-}6)]^+[PtCl_3(\eta^2\text{-}C_2Ph_2)]^- \tag{24.90}$$

$$Co_2(CO)_8 + PhC{\equiv}CPh \longrightarrow Co_2(CO)_6(C_2Ph_2) + 2CO \tag{24.91}$$

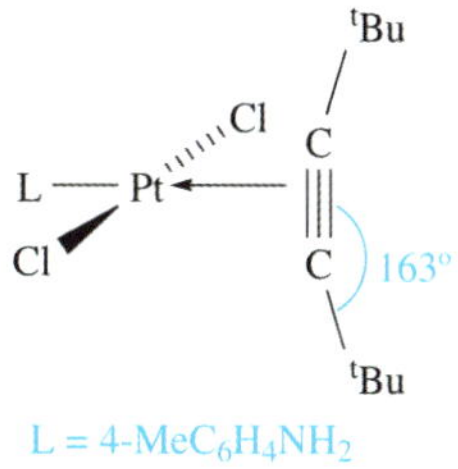

(24.56) (Pt complex with Cl, L, and t-Bu alkyne, 163°; L = 4-MeC₆H₄NH₂)

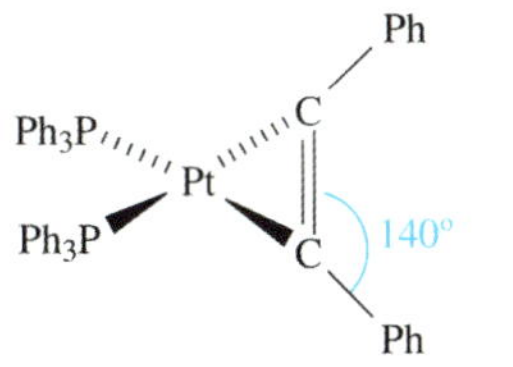

(24.57) (Pt complex with Ph₃P and Ph alkene, 140°)

As reações entre alquinos e carbonilas de metais multinucleares dão vários tipos de produtos, sendo frequentemente observados acoplamento de alquinos e acoplamento alquino–CO, por exemplo, a reação 24.92, na qual o ligante orgânico no produto é um doador de 6 elétrons (duas interações σ e duas interações π). A previsão dos produtos de tais reações é difícil.

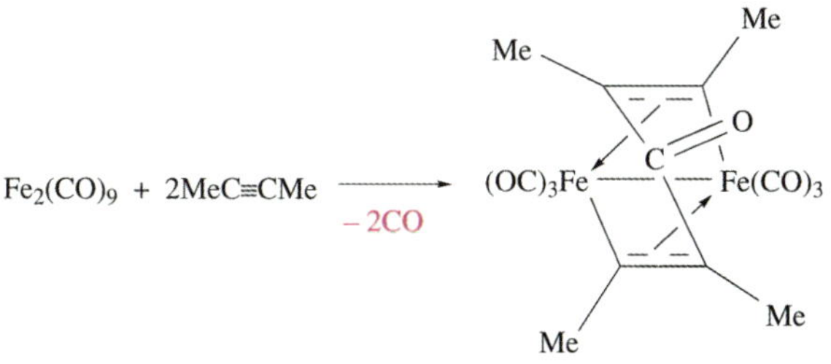

$$Fe_2(CO)_9 + 2MeC{\equiv}CMe \xrightarrow{-2CO} (OC)_3Fe{-}Fe(CO)_3 \text{ (estrutura Me/C/O)} \tag{24.92}$$

Em solução, os alquinos com ligação π do tipo da estrutura **24.56** sofrem rotações análogas as dos alquenos.

Exercícios propostos

1. O espectro de RMN de ¹H em solução do [K(18-coroa-6)][PtCl₃(η²-MeC≡CMe)] exibe um simpleto em δ 3,60 ppm e um pseudotripleto em δ 2,11 ppm (J 32,8 Hz). Caracterize os sinais e explique a origem do "pseudotripleto". Esquematize o pseudotripleto e mostre onde é medida a constante de acoplamento de 32,8 Hz.

2. O [K(18-coroa-6)][PtCl₃(η²-MeC≡CMe)] reage com o eteno dando o [K(18-coroa-6)][**X**]. Os espectros de RMN de ¹H e de ¹³C do produto são os seguintes: RMN de ¹H: δ/ppm 3,63 (simpleto), 4,46 (pseudotripleto, J 64,7 Hz); RMN de ¹³C: δ/ppm 68,0 (pseudotripleto, J 191,8 Hz), 70,0 (simpleto). Identifique [**X**]⁻ e caracterize os espectros.

[*Resp.: de ambas as questões*: Veja D. Steinborn *et al.* (1995) *Inorg. Chim. Acta*, vol. 234, p. 47; veja o Boxe 19.2]

24.11 Complexos de alila e buta-1,3-dieno

Alila e ligantes correlatos

A alila π e complexos correlatos podem ser preparados por reações tais como as 24.93–24.97. As duas últimas reações ilustram a formação de ligantes alila por desprotonação do propeno coordenado, e a protonação do buta-1,3-dieno coordenado, respectivamente. As reações 24.94 e 24.95 são exemplos de caminhos reacionais que ocorrem por intermediários com ligação σ (por exemplo, **24.58**) que eliminam CO.

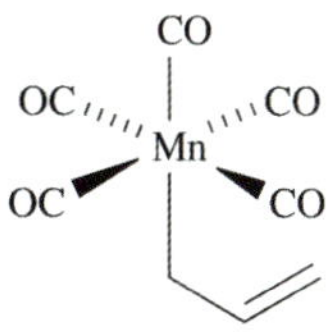

(24.58) (Mn(CO)₅(η¹-allyl))

$$NiCl_2 + 2C_3H_5MgBr \xrightarrow{\text{em Et}_2O,\ 263\ K} Ni(\eta^3\text{-}C_3H_5)_2 + 2MgBrCl \tag{24.93}$$

$$Na[Mn(CO)_5] + H_2C{=}CHCH_2Cl$$
$$\longrightarrow Mn(\eta^3\text{-}C_3H_5)(CO)_4 + CO + NaCl \tag{24.94}$$

$$Na[(\eta^5\text{-}Cp)Mo(CO)_3] + H_2C{=}CHCH_2Cl$$
$$\xrightarrow{h\nu,\ \text{em THF}} (\eta^5\text{-}Cp)Mo(\eta^3\text{-}C_3H_5)(CO)_2 + NaCl + CO \tag{24.95}$$

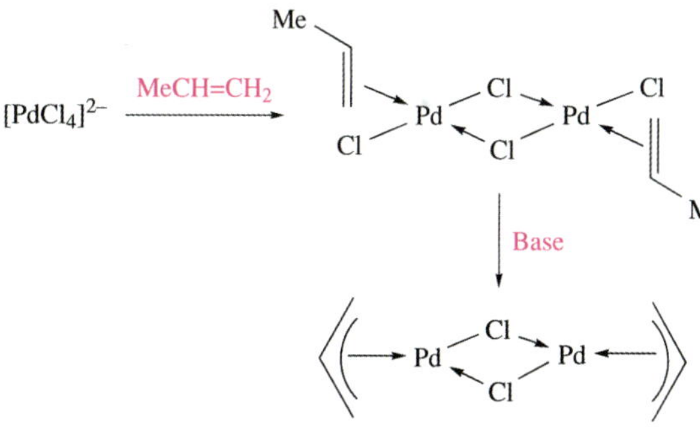

$$[PdCl_4]^{2-} \xrightarrow{MeCH{=}CH_2} \text{(Pd dimer with propene)} \xrightarrow{\text{Base}} \text{(allyl Pd dimer)} \tag{24.96}$$

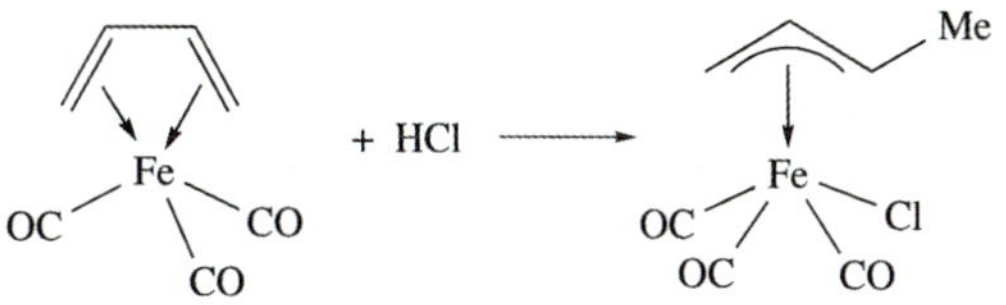

$$\text{(Fe(CO)}_3\text{(butadiene))} + HCl \longrightarrow \text{(Fe(CO)}_2\text{Cl(methylallyl))} \tag{24.97}$$

Na Fig. 24.8 mostramos os três OM π que o ligante alila π utiliza na ligação ao metal central. No Mo(η³-C₃H₅)(η⁴-C₄H₆)(η⁵-C₅H₅) (Fig. 24.6b), os comprimentos da ligação Mo–C central e duas externas na unidade de Mo(η³-C₃) são diferentes (221 e 230 pm, respectivamente). Trata-se de uma típica observação para ligantes alila π, por exemplo, 198 e 203 pm, respectivamente, para as ligações Ni–C centrais e externas no Ni(η³-C₃H₅)₂ (Fig. 24.21). No último, os dois ligantes alila estão alternados. Nas Figs. 24.6b e 24.21, observe as orienta-

APLICAÇÕES

Boxe 24.3 Fios moleculares

A capacidade dos químicos de projetar moléculas para aplicações eletrônicas tem-se tornado uma realidade e os "fios moleculares" são uma área de pesquisa atual. Um fio molecular é uma molécula capaz de transportar carreadores de carga de uma extremidade do fio para a outra. As moléculas com sistemas conjugados estendidos são os principais candidatos para fios moleculares, pois a conjugação oferece a necessária comunicação eletrônica entre os centros atômicos. A molécula ainda deve possuir uma pequena lacuna de banda. (Para detalhes sobre carreadores de carga e lacunas de banda, veja a Seção 6.9 no Volume 1.)

Embora as aplicações comerciais ainda sejam metas para o futuro, foi feito muito progresso na concepção de fios moleculares potenciais. As moléculas até agora estudadas incluem moléculas orgânicas com funcionalidades de alquinos conjugados, porfirinas conjugadas com unidades de alquino, cadeias de tiofenos conectados e complexos organometálicos. Exemplos desses últimos são apresentados a seguir:

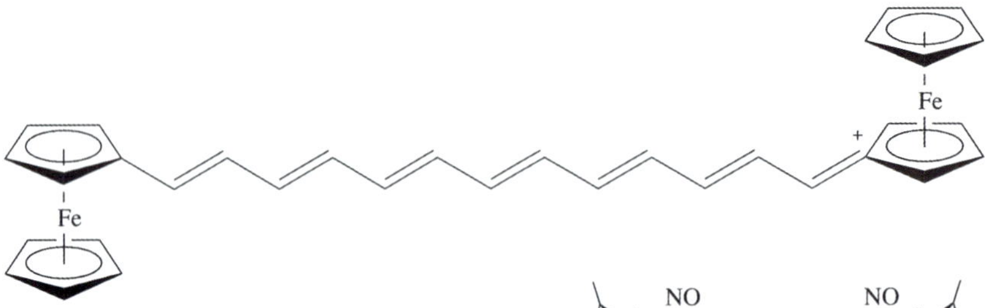

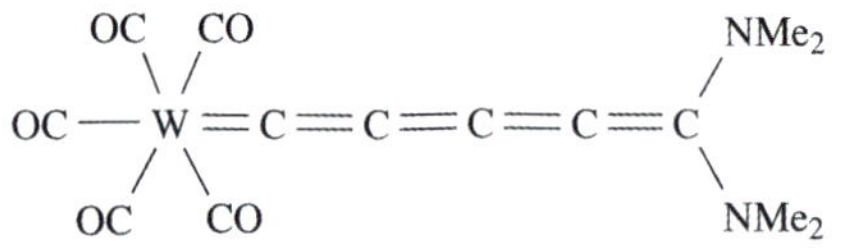

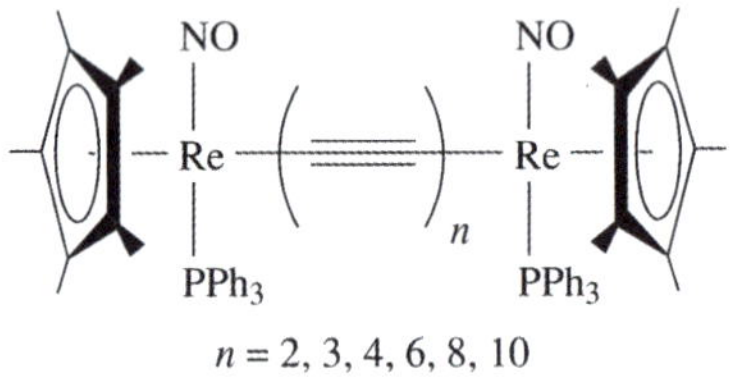

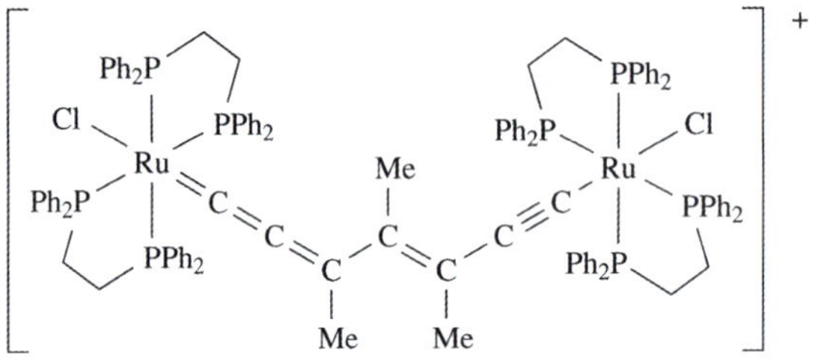

Leitura recomendada

D.K. James and J.M. Tour (2005) *Top. Curr. Chem.*, vol. 257, p. 35 – "Molecular wires".

H. Lang, R. Packheiser and B. Walfort (2006) *Organometallics*, vol. 25, p. 1836 – "Organometallic π-tweezers, NCN pincers, e ferrocenes as molecular 'Tinkertoys' in the synthesis of multiheterometallic transition-metal complexes".

N.J. Long and C.K. Williams (2003) *Angew. Chem. Int. Ed.*, vol. 42, p. 2586 – "Metal alkynyl σ complexes: synthesis and materials".

N. Robertson and C.A. McGowan (2003) *Chem. Soc. Rev.*, vol. 32, p. 96 – "A comparison of potential molecular wires as components for molecular electronics".

W.-Y. Wong (2007) *Dalton Trans.*, p. 4495 – "Luminescent organometallic poly(aryleneethynylene)s: functional properties towards implications in molecular optoelectronics."

W.-Y. Wong and P.D. Harvey (2010) *Macromol. Rapid Comm.*, vol. 31, p. 671 – 'Recent progress on the photonic properties of conjugated organometallic polymers built upon the *trans*-bis(*para*-ethynylbenzene)bis(phosphine)platinum(II) chromophore and related derivatives'.

B. Xi and T. Ren (2009) *Compt. Rend. Chim.*, vol. 12, p. 321 – "Wire-like diruthenium σ-alkynyl compounds and charge mobility therein".

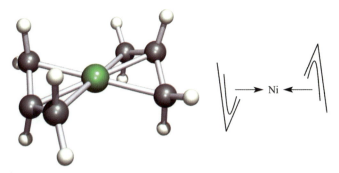

Fig. 24.21 A estrutura (difração de nêutrons, a 100 K) do Ni(η³-C₃H₅)₂ e uma representação esquemática do complexo [R. Goddard *et al.* (1985) *Organometallics*, vol. 4, p. 285]. Código de cores: Ni, verde; C, cinza; H, branco.

ções dos átomos de H em relação aos centros metálicos. Os dois átomos de H em cada grupo CH₂ terminal de um ligante η³-C₃H₅ coordenado são não equivalentes. No entanto, em solução, eles frequentemente são equivalentes na escala de tempo da espectroscopia de RMN, e isso pode ser explicado em termos do rearranjo η³–η¹–η³ (isto é, π–σ–π) apresentado no esquema 24.98. Um rearranjo η³–η¹ também ocorre em algumas reações de ligantes alila.

(24.98)

O bis(alil)níquel (Fig. 24.21) é um dos complexos alila mais conhecidos, mas é pirofórico e se decompõe acima de 293 K. Substituintes volumosos podem ser usados para estabilizar análogos do Ni(η³-C₃H₅)₂. Assim, o Ni[η³-1,3-(Me₃Si)₂C₃H₃]₂ é cineticamente estável no ar por até vários dias, e se decompõe somente acima de 373 K.

Buta-1,3-dieno e ligantes correlatos

A fotólise do Fe(CO)₃ com o buta-1,3-dieno dá o complexo **24.59**, um líquido laranja que perde CO à temperatura ambiente dando o **24.60**, um sólido amarelo estável ao ar. O dieno coordenado é de difícil hidrogenação, e não sofre reações de Diels–Alder que são características de dienos conjugados. Os dados estruturais para **24.60** confirmam que o átomo de Fe é equidistante de cada átomo de C do ligante. Os esquemas de ligação da interação metal–ligante foram discutidos na Seção 24.2.

(24.59)   **(24.60)**

Os complexos de tricarbonilas de ferro dos 1,3-dienos (por exemplo, o ciclo-hexano-1,3-dieno) desempenham um importante papel em síntese orgânica. Os complexos são estáveis em uma variedade de condições de reação, e as carbonilas de ferro são de baixo custo. O grupo Fe(CO)₃ age como um grupo protetor para a funcionalidade dos dienos (por exemplo, contra adições às ligações C=C), permitindo que sejam realizadas reações em outras partes da molécula orgânica, conforme ilustra a reação 24.99.

(24.99)

A presença do grupo Fe(CO)₃ também permite a realização de reações com *nucleófilos* na funcionalidade dos dienos com controle da estereoquímica, sendo o nucleófilo capaz de atacar apenas o lado do dieno coordenado *afastado* do metal central. O ligante orgânico pode ser removido na etapa final da reação.[†]

24.12 Complexos de carbenos e carbinos

Na Seção 24.7, fizemos a apresentação dos complexos de carbenos e carbinos quando discutimos a abstração do hidrogênio α. As Eqs. 24.45 e 24.46 exemplificam métodos de preparação. Os carbenos também podem ser produzidos por ataque nucleofílico sobre o átomo de C da carbonila seguido de alquilação (Eq. 24.100).

(24.100)

Os compostos do tipo formado em reações tais como a 24.100 são chamados de *carbenos do tipo Fischer*. Eles possuem um metal de baixo estado de oxidação, um heteroátomo (O, nesse exemplo) e um centro de carbeno *eletrofílico* (isto é, sujeito ao ataque de nucleófilos, por exemplo, a reação 24.101). O par de ressonância **24.61** dá uma descrição da ligação para um complexo de carbeno do tipo Fischer.

(24.101)

[†] Para uma discussão minuciosa do uso dos complexos de carbonila 1,3-dieno de metais em síntese orgânica, veja: L.R. Cox and S.V. Ley (1998) *Chem. Soc. Rev.*, vol. 27, p. 301 – "Tricarbonyl complexes: an approach to acyclic stereocontrol"; W.A. Donaldson and S. Chaudhury (2009) *Eur. J. Org. Chem.*, p. 3831 – "Recent applications of acyclic (diene)iron complexes and (dienyl)iron cations in organic synthesis".

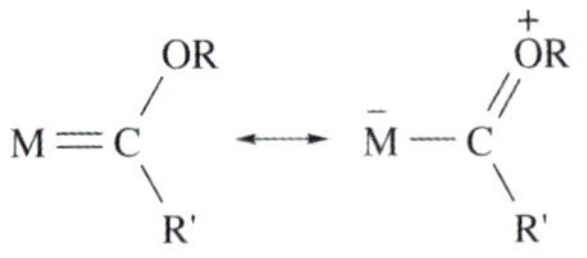

256 CAPÍTULO 24

$$M=C\begin{smallmatrix}OR\\R'\end{smallmatrix} \longleftrightarrow \overset{-}{M}-\overset{+}{C}\begin{smallmatrix}OR\\R'\end{smallmatrix}$$

(24.61)

$$M=C\begin{smallmatrix}H\\H\end{smallmatrix} \longleftrightarrow \overset{+}{M}-\overset{-}{C}\begin{smallmatrix}H\\H\end{smallmatrix}$$

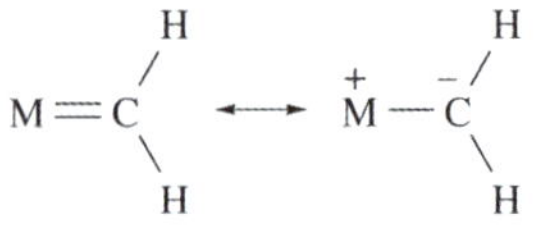

(24.62)

Por outro lado, os *carbenos do tipo Schrock*, que são produzidos por reações tais como a 24.45, contêm um metal inicial do bloco *d* em um alto estado de oxidação, e apresentam caráter nucleofílico (isto é, suscetíveis a ataque de eletrófilos, por exemplo, a reação 24.102). O par de ressonância **24.62** descreve um complexo de carbeno do tipo Schrock.

$(\eta^5\text{-Cp})_2\text{MeTa=CH}_2 + \text{AlMe}_3$

$\longrightarrow (\eta^5\text{-Cp})_2\text{Me}\overset{+}{\text{Ta}}-\text{CH}_2\overset{-}{\text{Al}}\text{Me}_3$ (24.102)

As ligações M–C$_{carbeno}$ nos complexos do tipo Fischer e do tipo Schrock são *mais longas* do que as típicas ligações M–C$_{CO(term)}$, porém *mais curtas* do que as típicas ligações simples M–C; por exemplo, no $(OC)_5Cr=C(OMe)Ph$, Cr–C$_{carbeno}$ = 204 pm e CrC$_{CO}$ = 188 pm. Isso implica certo grau de caráter π (*d–p*), conforme indicam as estruturas de ressonância **24.61** e **24.62**. O sistema π pode ser estendido para o heteroátomo no sistema do tipo Fischer, conforme mostra o diagrama **24.63**.

(24.63)

Os carbenos *N*-heterocíclicos (**24.64**) tornaram-se importantes ligantes na química dos organometálicos, sendo exemplos notáveis os catalisadores de Grubbs de segunda e terceira geração. As rotas sintéticas para os complexos de carbenos *N*-heterocíclicos (que são estáveis ao ar) envolvem normalmente reações de metátese ou eliminação de sais. A reação 24.103 mostra o uso de um sal de 1,3-dialquilimidazólio como precursor, e o esquema 24.104 ilustra conversões relevantes para catalisadores de Grubbs (veja mais à frente).

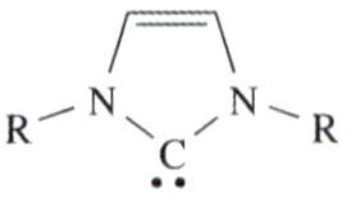

(24.64)

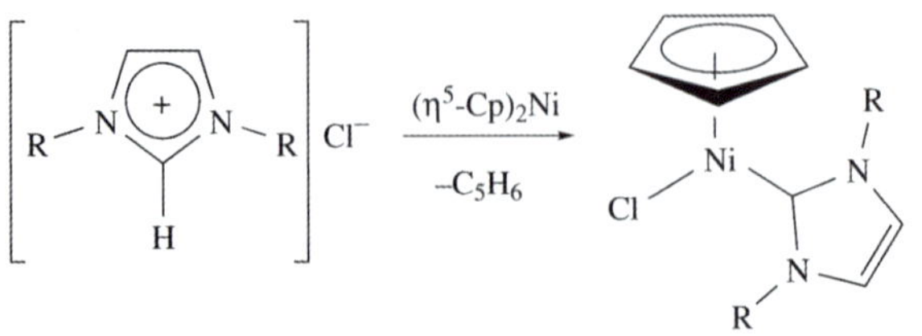

(24.103)

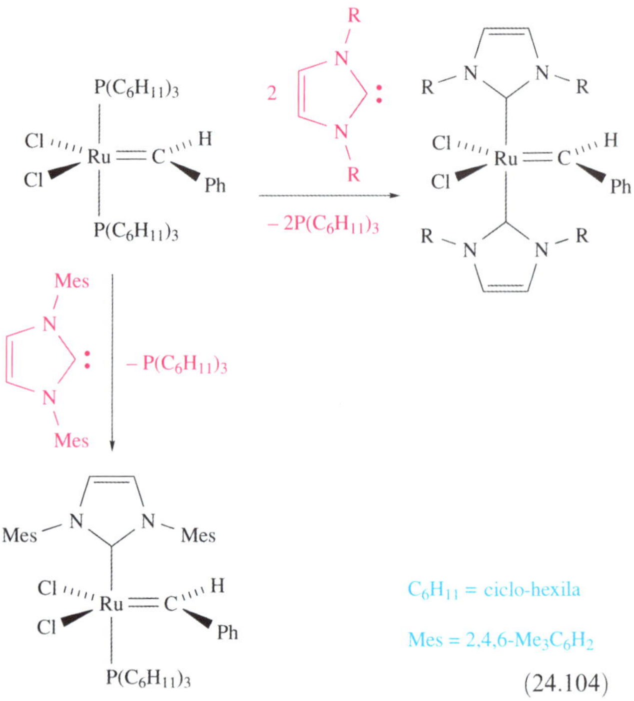

(24.104)

C_6H_{11} = ciclo-hexila

Mes = 2,4,6-Me$_3C_6H_2$

Os carbenos *N*-heterocíclicos são bons doadores σ. As distâncias de ligação M–C$_{carbeno}$ (normalmente >210 pm) são maiores do que nos complexos de carbenos do tipo Fischer ou tipo Schrock. Isso implica que a retroligação do metal ao carbeno, que é característica dos carbenos do tipo Fischer e do tipo Schrock, não é importante em complexos de carbenos *N*-heterocíclicos.

Uma das rotas para um complexo de carbinos (alquilidina) é a reação 24.46. A Eq. 24.105 ilustra o método inicial de Fischer. A abstração de um átomo de H α de um carbeno do tipo Schrock produz o complexo de carbinos correspondente (Eq. 24.106).

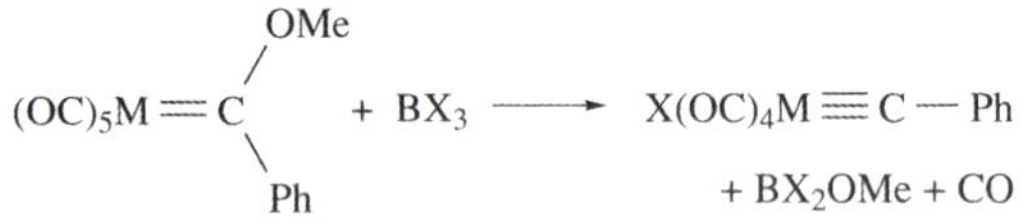

$(OC)_5M=C\begin{smallmatrix}OMe\\Ph\end{smallmatrix} + BX_3 \longrightarrow X(OC)_4M\equiv C-Ph + BX_2OMe + CO$ (24.105)

M = Cr, Mo, W   X = Cl, Br, I

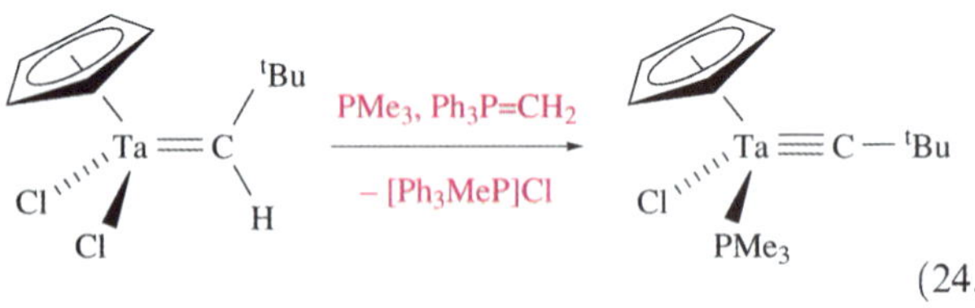

(24.106)

Uma ligação M–C$_{carbino}$ é normalmente menor do que uma ligação M–C$_{CO(term)}$, por exemplo, a estrutura **24.65**. A ligação múltipla pode ser considerada em termos de um átomo de C$_{carbino}$ com hibridização *sp*, com uma interação M–C σ (utilizando um híbrido *sp$_z$*) e duas interações π (utilizando os orbitais atômicos 2p_x e 2p_y do C$_{carbino}$ se sobrepondo com os orbitais atômicos d_{xz} e d_{yz} do metal).

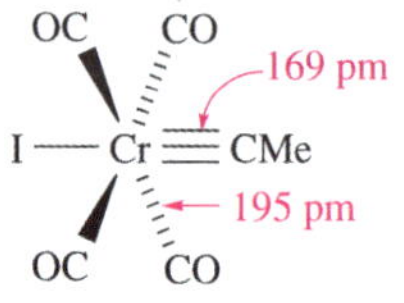

(24.65)

Os complexos de alquilidina (carbino) que contêm grupos μ_3-CR interagindo com um triângulo de átomos de metal incluem o Co₃(CO)₉(μ₃-CMe) e o H₃Ru₃(CO)₉(μ₃-CMe), e consideramos a ligação em tais compostos em termos do princípio isolobular na Seção 24.5. As reações 24.107 e 24.108 ilustram métodos de introduzir grupos μ₃-CR nos aglomerados. O precursor na reação 24.108 é insaturado e contém uma ligação Os=Os que sofre adições. O intermediário nessa reação contém um grupo carbeno em ponte que passa por adição oxidativa de uma ligação C–H mediante aquecimento.

$$Co_2(CO)_8 \xrightarrow{MeCCl_3} Co_3(CO)_9CMe \qquad (24.107)$$

$$H_2Os_3(CO)_{10} \xrightarrow[-N_2]{CH_2N_2} H_2Os_3(CO)_{10}(\mu\text{-}CH_2)$$

$$\xrightarrow[-CO]{\Delta} H_3Os_3(CO)_9(\mu_3\text{-}CH) \qquad (24.108)$$

Em complexos de carbinos mononucleares, a ligação M≡C sofre reações de adição, por exemplo, a adição de HCl e alquinos.

As estruturas **24.66** (catalisador de Grubbs), **24.67** (catalisador de Grubbs de segunda geração), **24.68** (catalisador de Grubbs de terceira geração) e **24.69** (complexo do tipo Schrock) mostram três compostos de carbeno importantes que são empregados como catalisadores na *metátese de alquenos* (*olefinas*), isto é, reações catalisadas por metal em que as ligações C=C são redistribuídas.† Os exemplos incluem polimerização via metátese com abertura de anel (sigla em inglês, ROMP) e metátese com fechamento de anel (sigla em inglês, RCM). A importância da metátese dos alquenos (veja a Seção 25.3) foi reconhecida pela concessão do Prêmio Nobel de Química de 2005 a Robert H. Grubbs, Richard R. Schrock e Yves Chauvin "pelo desenvolvimento do método de metátese em síntese orgânica".

Complexo do tipo Schrock
(24.69)

24.13 Complexos contendo ligantes η⁵-ciclopentadienila

O ligante ciclopentadienila foi discutido no Capítulo 23 e nas Seções 24.1 e 24.2. Agora, veremos exemplos de alguns dos seus mais importantes complexos de metais do bloco *d*.

> Em um ***complexo sanduíche***, o metal central fica entre dois ligantes hidrocarboneto (ou derivado) com ligação π. Os complexos do tipo (η⁵-Cp)₂M são chamados de ***metalocenos***.

Ferroceno e outros metalocenos

O complexo de ciclopentadienila mais bem conhecido é o *composto sanduíche* ferroceno, (η⁵-Cp)₂Fe. Trata-se de um sólido laranja diamagnético (p.fus. 446 K) que obedece à regra dos 18 elétrons (estrutura **24.33**). Em fase gasosa, os dois anéis da ciclopentadienila ficam *eclipsados* (**24.70**), mas o sólido existe em diversas fases nas quais os anéis são coparalelos, porém, em diferentes orientações.

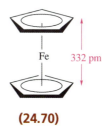

(24.70)

A solução da estrutura foi dificultada por problemas de desordem. A barreira à rotação dos dois anéis é baixa e, a 298 K, existe movimento mesmo no estado sólido. Nos derivados do ferroceno com substituintes nos anéis de Cp, a barreira à rotação é mais alta, e, no (η⁵-C₅Me₅)₂Fe, os dois anéis de C₅ são alternados nos estados gasoso e sólido. A ligação no (η⁵-Cp)₂Fe pode ser descrita em termos das interações entre os OM π dos ligantes (veja o Boxe 23.1) e os orbitais atômicos 3*d* do metal (veja o Problema 24.26 no final do capítulo). O ferroceno é oxidado (por exemplo, pelo I₂ ou FeCl₃) no íon ferrocênio paramagnético azul, [(η⁵-Cp)₂Fe]⁺. A Eq. 24.109 dá *E*° relativo ao eletrodo de hidrogênio padrão, mas o par Fc⁺/Fc normalmente é utilizado como um conveniente eletrodo de referência secundário interno (isto é, *E*° é definido como 0 V para fins de referência, veja o Boxe 8.2, no Volume 1).

C₆H₁₁ = ciclo-hexila
Catalisador de Grubbs
(24.66)

Catalisador de Grubbs de segunda geração
(24.67)

R = H ou Br
Catalisador de Grubbs de terceira geração
(24.68)

---
† Essa definição foi tirada de: T.M. Trnka and R.H. Grubbs (2001) *Acc. Chem. Res.*, vol. 34, p. 18 – "The development of L₂X₂Ru=CHR olefin metathesis catalysts: an organometallic success story".

$[(\eta^5\text{-Cp})_2\text{Fe}]^+ + e^- \rightleftharpoons (\eta^5\text{-Cp})_2\text{Fe}$
   Fc⁺   Fc

$$E^\circ = +0{,}40\,\text{V} \quad (24.109)$$

Os metalocenos dos metais da primeira linha são conhecidos para o V(II), Cr(II), Mn(II), Fe(II), Co(II), Ni(II) e Zn(II). A reação 24.110 é uma síntese geral para todos, exceto o $(\eta^5\text{-Cp})_2\text{V}$ (em que o cloreto inicial é o VCl_3) e o $(\eta^5\text{-Cp})_2\text{Zn}$ (preparado pela reação 24.111). A reação 24.112 dá uma síntese alternativa para o ferroceno e o niqueloceno. O titanoceno, $(\eta^5\text{-Cp})_2\text{Ti}$, é uma espécie paramagnética de 14 elétrons. É altamente reativo e não foi isolado, embora possa ser produzido *in situ* pelo tratamento do $(\eta^5\text{-Cp})_2\text{TiCl}_2$ com Mg. São necessários substituintes estericamente exigentes para estabilizar o sistema, por exemplo, $(\eta^5\text{-C}_5\text{H}_4\text{SiMe}_3)_2\text{Ti}$ (esquema 24.113).

$$\text{MCl}_2 + 2\text{Na}[\text{Cp}] \longrightarrow (\eta^5\text{-Cp})_2\text{M} + 2\text{NaCl} \quad (24.110)$$

$$\text{Zn}\{\text{N}(\text{SiMe}_3)_2\}_2 + 2\text{C}_6\text{H}_5 \xrightarrow{\text{Et}_2\text{O, 298 K}} (\eta^5\text{-Cp})_2\text{Zn} + 2(\text{Me}_3\text{Si})_2\text{NH} \quad (24.111)$$

$$\text{MCl}_2 + 2\text{C}_5\text{H}_6 + 2\text{Et}_2\text{NH} \longrightarrow (\eta^5\text{-Cp})_2\text{M} + 2[\text{Et}_2\text{NH}_2]\text{Cl}$$
$$(\text{M} = \text{Fe, Ni}) \quad (24.112)$$

$$2\text{Li}[\text{C}_5\text{H}_4\text{SiMe}_3] + \text{TiCl}_3 \xrightarrow{-2\text{LiCl}} (\eta^5\text{-C}_5\text{H}_4\text{SiMe}_3)_2\text{TiCl}$$
$$\xrightarrow[-\text{NaCl}]{\text{Na/Hg}} (\eta^5\text{-C}_5\text{H}_4\text{SiMe}_3)_2\text{Ti}$$
$$(24.113)$$

Os complexos $(\eta^5\text{-Cp})_2\text{V}$ (sólido violeta sensível ao ar), $(\eta^5\text{-Cp})_2\text{Cr}$ (sólido vermelho sensível ao ar), $(\eta^5\text{-Cp})_2\text{Mn}$ (sólido castanho pirofórico, quando finamente dividido), $(\eta^5\text{-Cp})_2\text{Co}$ (sólido negro muito sensível ao ar) e $(\eta^5\text{-Cp})_2\text{Ni}$ (sólido verde) são paramagnéticos; o $(\eta^5\text{-Cp})_2\text{Cr}$ e o $(\eta^5\text{-Cp})_2\text{Ni}$ têm dois elétrons desemparelhados. O complexo de 19 elétrons $(\eta^5\text{-Cp})_2\text{Co}$ é facilmente oxidado a $[(\eta^5\text{-Cp})_2\text{Co}]^+$ de 18 elétrons, cujos sais amarelos são estáveis ao ar. O niqueloceno é um complexo de 20 elétrons e em suas reações (Fig. 24.22) frequentemente aliviam essa situação, formando complexos de 18 elétrons. O cátion de 19 elétrons $[(\eta^5\text{-Cp})_2\text{Ni}]^+$ forma-se quando o $[(\eta^5\text{-Cp})_2\text{Ni}]$ reage com o $[\text{H}(\text{OEt}_2)_2][\text{B}(3,5\text{-}(\text{CF}_3)_2\text{C}_6\text{H}_3)_4]$ (*ácido de Brookhart*). No $[(\eta^5\text{-Cp})_2\text{Ni}]$ e no $[(\eta^5\text{-Cp})_2\text{Ni}]^+[\text{B}(3,5\text{-}(\text{CF}_3)_2\text{C}_6\text{H}_3)_4]^-$, ambos cristalinos, os anéis de ciclopentadienila são mutuamente

---

BIOLOGIA E MEDICINA
Boxe 24.4 Biossensores para glicose oxidase

As propriedades redox centradas no ferro de um derivado do ferroceno, semelhante àquele apresentado a seguir, são a base dos medidores de glicose no sangue ExacTech™ e Precision QID™ fabricados pela Medisense Inc. (Estados Unidos). A construção em forma de caneta do medidor ExacTech™ é mostrada na fotografia e sua função é medir níveis de glicose nas pessoas portadoras de diabetes. O ferro central facilita a transferência de elétrons entre a glicose e a glicose oxidase, e é obtida uma leitura do nível de glicose em cerca de 30 segundos. A vida útil de um medidor tipo caneta é de aproximadamente 4000 leituras, e uma das vantagens do *design* é sua facilidade de uso, tornando-o particularmente adequado para uso por crianças com diabetes.

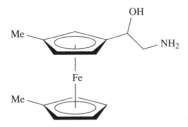

Leitura recomendada

N.J. Forrow and S.J. Walters (2004) *Biosens. Bioelectron.*, vol. 19, p. 763 – "Transition metal half-sandwich complexes as redox mediators to glucose oxidase".

M.J. Green e H.A.O. Hill (1986) *J. Chem. Soc., Faraday Trans. 1*, vol. 82, p. 1237.

H.A.O. Hill (1993) "Bioelectrochemistry: making use of the electrochemical behaviour of proteins", *NATO ASI Ser., Ser. C*, vol. 385, p. 133.

Glicose do sangue sendo testada com o uso de um ExacTech™. É colocada uma gota de sangue em uma tira com revestimento químico que ativa o mostrador digital do sensor.

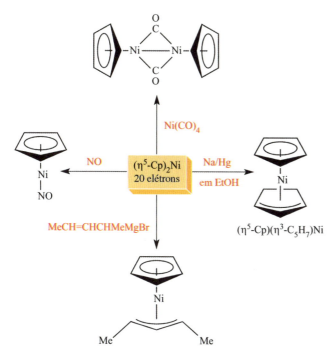

Fig. 24.22 Reações selecionadas do niqueloceno, $(\eta^5\text{-Cp})_2\text{Ni}$.

eclipsados. O manganoceno, diferentemente de outros metalocenos, é dimórfico. A forma à temperatura ambiente é polimérica e estruturalmente semelhante ao $(\eta^5\text{-Cp})_2\text{Pb}$ (Fig. 23.20c), enquanto a forma a alta temperatura é estruturalmente relacionada ao ferroceno. O zincoceno (sólido incolor sensível ao ar) é diamagnético e, no estado sólido, é estruturalmente semelhante ao $(\eta^5\text{-}C_5H_5)_2\text{Pb}$ (Fig. 23.20c). O composto $(\eta^5\text{-}C_5Me_5)_2\text{Zn}_2$ foi (em 2004) o primeiro exemplo de um *dimetaloceno*. Ele formalmente contém um caroço de $\{\text{Zn}_2\}^{2+}$, e é produzido pela reação 24.114. A proporção de produtos depende das condições de reação, mas, quando realizada em Et_2O, a 263 K, a reação dá o $(\eta^5\text{-}C_5Me_5)_2\text{Zn}_2$ (Fig. 24.23) como o produto dominante. O comprimento da ligação Zn–Zn de 230,5 pm é consistente com uma interação de ligação metal–metal (veja também a reação 21.116).

$$(\eta^5\text{-}C_5Me_5)_2\text{Zn} + \text{Et}_2\text{Zn} \longrightarrow (\eta^5\text{-}C_5Me_5)_2\text{Zn}_2$$
$$+ (\eta^5\text{-}C_5Me_5)\text{ZnEt} \quad (24.114)$$

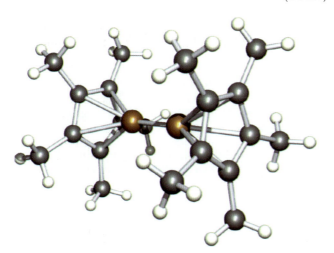

Fig. 24.23 A estrutura em estado sólido (difração de raios X a 173 K) do $(\eta^5\text{-}C_5Me_5)_2\text{Zn}_2$ [I. Resa *et al.* (2004) *Science*, vol. 305, p. 1136]. A distância de Zn–Zn é de 230,5 pm. Código de cores: Zn, castanho; C, cinza; H, branco.

Compostos organometálicos dos elementos do bloco *d* **259**

A química do ferroceno domina a dos outros metalocenos. Está comercialmente disponível e são conhecidos grandes números de derivados. Os anéis no $(\eta^5\text{-Cp})_2\text{Fe}$ possuem caráter aromático, e reações selecionadas são apresentadas na Fig. 24.24. Ocorre protonação no Fe(II) central e isso é indicado pelo surgimento de um sinal em δ –2,1 ppm no espectro de RMN de ^{1}H do $[(\eta^5\text{-Cp})_2\text{FeH}]^+$. A desprotonação dupla regiosseletiva de cada anel de ciclopentadienila no ferroceno ocorre quando o $(\eta^5\text{-Cp})_2\text{Fe}$ é tratado com uma "superbase" apropriada. Essa base é produzida pela combinação de certas amidas de lítio ou de metais mais pesados do grupo 1 com certas amidas de magnésio na presença de um cossolvente de base de Lewis. A combinação de reagentes oferece um agente de desprotonação e um chamado *éter de coroa inversa* para estabilizar a espécie desprotonada. O termo *éter de coroa inversa* vem do fato de cada doador de base de Lewis de um éter de coroa convencional ser substituído por um ácido de Lewis (nesse caso, o Na+ e o Mg^{2+}).[†] Na reação 24.115, os ânions $^i\text{Pr}_2\text{N}^-$ formalmente removem H^+ do $(\eta^5\text{-Cp})_2\text{Fe}$, enquanto os íons dos metais do bloco *s* e os átomos de N formam o hospedeiro coroa inversa que estabiliza o íon $[(\eta^5\text{-}C_5H_3)_2\text{Fe}]^{4-}$ (Fig. 24.25).

$$(\eta^5\text{-}C_5H_5)_2\text{Fe} + 8^i\text{Pr}_2\text{NH} + 4\text{BuNa} + 8\text{Bu}_2\text{Mg} \longrightarrow$$
$$\{(\eta^5\text{-}C_5H_3)_2\text{Fe}\}\text{Na}_4\text{Mg}_4(\text{N}^i\text{Pr}_2)_8 + 12\text{BuH} \quad (24.115)$$

A troca de um anel de η^5-Cp por um ligante η^6-areno (Eq. 24.116) é acompanhada de uma mudança da carga global de forma que o átomo de Fe continua um centro de 18 elétrons.

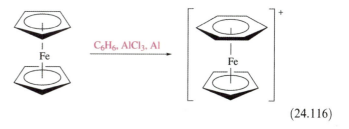

(24.116)

Exercício proposto

A reação do $(\eta^5\text{-Cp})(\eta^5\text{-}C_5H_4I)\text{Fe}$ com o $^n\text{BuLi}$ seguida de tratamento com metade de um equivalente de ZnBr_2 deu o composto **A**. Ele imediatamente reagiu com o hexaiodobenzeno produzindo **B**, cujo espectro de massa mostrou um íon base em $m/z = 1182$. O espectro de RMN de ^{1}H de **B** em solução apresentou três sinais: δ/ppm 4,35 (m, 12H), 4,32 (m, 12H), 3,99 (s, 30 H). No espectro de RMN de $^{13}\text{C}\{^1\text{H}\}$ de **B**, foram observados cinco sinais. Deduza a estrutura de **B**, e explique os dados de espectroscopia de RMN observados. Sugira uma estrutura para o composto **A**.

[*Resp.*: Veja Y. Yu *et al.* (2006) *Chem. Commun.*, p. 2572]

O $(\eta^5\text{-Cp})_2\text{Fe}_2(\text{CO})_4$ e derivados

As reações entre carbonilas de metais e o ciclopentadieno geralmente produzem complexos de ligantes mistos, por exemplo, o

---
[†] Para uma revisão da química de coroa inversa, veja: R.E. Mulvey (2001) *Chem. Commun.*, p. 1049.

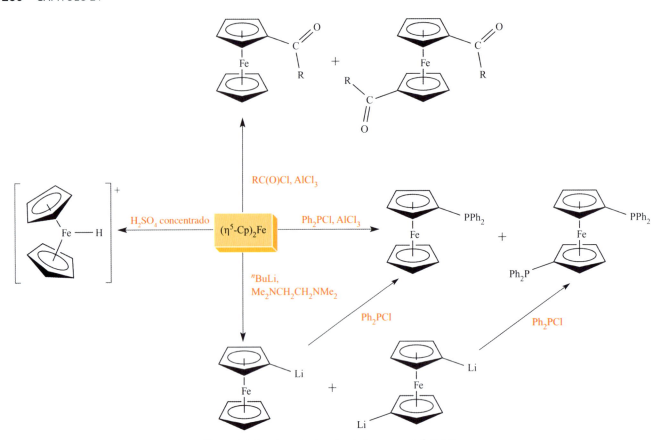

Fig. 24.24 Reações selecionadas do ferroceno, $(\eta^5\text{-Cp})_2\text{Fe}$.

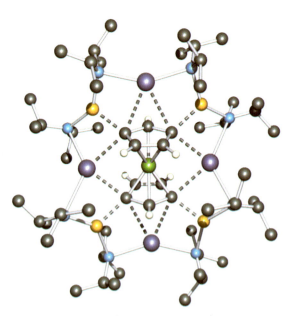

Fig. 24.25 A estrutura do $\{(\eta^5\text{-C}_5\text{H}_3)_2\text{Fe}\}\text{Na}_4\text{Mg}_4(\text{N}^i\text{Pr}_2)_8$ (difração de raios X, a 160 K) na qual o ânion $[(\eta^5\text{-C}_5\text{H}_3)_2\text{Fe}]^{4-}$ é estabilizado dentro do hospedeiro $[\text{Na}_4\text{Mg}_4(\text{N}^i\text{Pr}_2)_8]^{4+}$ [P.C. Andrikopoulos *et al.* (2004) *J. Am. Chem. Soc.*, vol. 126, p. 11612]. Código de cores: Fe, verde; C, cinza; H, branco; N, azul; Na, roxo; Mg, amarelo.

Fe(CO) reage com o C_5H_6 dando o $(\eta^5\text{-Cp})_2\text{Fe}_2(\text{CO})_4$. Existem dois isômeros do $(\eta^5\text{-Cp})_2\text{Fe}_2(\text{CO})_4$, *cis* (**24.71**) e *trans* (**24.72**), e ambos foram confirmados no estado sólido. O comprimento da ligação Fe–Fe (253 pm) é consistente com uma ligação simples que dá 18 elétrons a cada Fe central.

isômero *cis* (**24.71**)   isômero *trans* (**24.72**)

Em solução, a 298 K, as formas *cis*- e *trans*- estão presentes e os ligantes terminais e em ponte fazem troca por meio de um processo intramolecular. Acima dos 308 K, ocorre isomerismo *cis* → *trans*, provavelmente por um intermediário sem ponte. O isômero *cis* pode ser obtido por cristalização em baixas temperaturas.

O dímero $(\eta^5\text{-Cp})_2\text{Fe}_2(\text{CO})_4$ está disponível comercialmente e é um valioso material inicial na química dos organometálicos. As reações com o Na ou um halogênio clivam a ligação Fe–Fe (Eqs. 24.117 e 24.118) dando reagentes organometálicos úteis, cujas reações são exemplificadas nas Eqs. 24.119–24.122.

$$(\eta^5\text{-Cp})_2\text{Fe}_2(\text{CO})_4 + 2\text{Na} \longrightarrow 2\text{Na}[(\eta^5\text{-Cp})\text{Fe}(\text{CO})_2] \tag{24.117}$$

$$(\eta^5\text{-Cp})_2\text{Fe}_2(\text{CO})_4 + \text{X}_2 \longrightarrow 2(\eta^5\text{-Cp})\text{Fe}(\text{CO})_2\text{X}$$
$$\text{X = Cl, Br, I} \tag{24.118}$$

$$\text{Na}[(\eta^5\text{-Cp})\text{Fe}(\text{CO})_2] + \text{RCl} \longrightarrow (\eta^5\text{-Cp})\text{Fe}(\text{CO})_2\text{R} + \text{NaCl}$$
$$\text{p. ex., R = alquila} \tag{24.119}$$

APLICAÇÕES

Boxe 24.5 Enantiosseletividade na preparação do herbicida S-Metolaclor

A cada ano, a Novartis fabrica ≈10.000 toneladas do herbicida S-Metolaclor, cuja síntese é apresentada no esquema visto a seguir. Esse herbicida é utilizado no controle do crescimento de grama e ervas daninhas de folhas largas entre as culturas agrícolas. O enantiômero (R) do Metolaclor é inativo como herbicida, e, assim, se o produto químico é aplicado na forma de um racemato, metade do produto aplicado é ineficaz. A chave da enantiosseletividade é a primeira etapa da *hidrogenação assimétrica*.

A etapa de hidrogenação é catalisada por um complexo de irídio(I) contendo o ligante quiral bisfosfano ferrocenila mostrado a seguir. O ligante coordena-se ao centro do Ir(I) através dos dois átomos doadores P, e o sistema de catalisador completo compreende o Ir(I), ligante ferrocenila, I–, e o H_2SO_4. O excesso enantiomérico (ee) de 80% não é tão alto quanto seria necessário para, digamos, síntese de drogas quirais, mas é adequado para a produção de um herbicida. Os catalisadores quirais desempenham um papel vital na direção de sínteses assimétricas, e a % ee é altamente sensível à escolha do ligante quiral; 'ee' é explicado na Seção 25.5. A fabricação do S-Metolaclor oferece um exemplo de uma aplicação industrial de um determinado ligante quiral, bisfosfano ferrocenila.

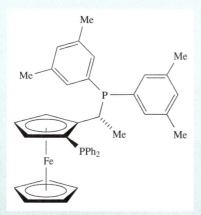

Aplicação de herbicida a um campo de pés de algodão ainda não totalmente desenvolvidos em Arkansas, EUA.

Leitura recomendada

Há mais a respeito das sínteses assimétricas na Seção 25.5.

T.J. Colacot and N.S. Hosmane (2005) *Z. Anorg. Allg. Chem.*, vol. 631, p. 2659 – 'Organometallic sandwich compounds in homogeneous catalysis: an overview'.

D.L. Lewis *et al.* (1999) *Nature*, vol. 401, p. 808 – 'Influence of environmental changes on degradation of chiral pollutants in soils'.

A. Togni (1996) *Angew. Chem. Int. Ed.*, vol. 35, p. 1475 – 'Planar–chiral ferrocenes: synthetic methods and applications'.

APLICAÇÕES

Boxe 24.6 Derivados do zirconoceno como catalisadores

O desenvolvimento de catalisadores do tipo Ziegler–Natta (veja a Seção 25.8) inclui, desde a década de 1980, o uso de derivados do zirconoceno. Na presença de metilaluminoxano $[MeAl(\mu\text{-}O)]_n$ como cocatalisador, os compostos **A**, **B** e **C** (mostrados a seguir) são catalisadores ativos para a polimerização do propeno. Os compostos **A** e **B** são quirais por causa das orientações relativas das duas metades do ligante orgânico. Uma mistura racêmica de **A** facilita a formação do polipropeno *isotático*, enquanto o uso do catalisador **C** resulta no polipropeno *sindiotático* (veja a Seção 25.8 para a definição de sindiotático, isotático e atático). Se é empregado o $(\eta^5\text{-}Cp)_2ZrCl_2$, é produzido o polipropeno *atático*. Esses catalisadores estão disponíveis comercialmente. A espécie ativa no sistema catalisador é um cátion do tipo geral $[Cp_2ZrR]^+$, e tais cátions são empregados diretamente como catalisadores de polimerização. Formados por protonólise, clivagem Zr–R oxidativa, ou abstração de R^- do Cp_2ZrR_2 (por exemplo, R = Me), os reagentes $[Cp_2ZrR]^+$ são catalisadores ativos *sem* a necessidade de adição do cocatalisador metilaluminoxano.

Os derivados do zirconoceno são utilizados para catalisar diversas reações de hidrogenação orgânica e de formação de ligações C–C. Na presença do metilaluminoxano, o complexo quiral **A** catalisa hidrogenações assimétricas (veja a Seção 25.5), com a espécie ativa sendo um complexo hidrido de zircônio catiônico.

Leitura recomendada

Comprehensive Organometallic Chemistry III (2007), eds. R.H. Crabtree and D.M.P. Mingos, Elsevier, Oxford, vol. 4, capítulo 4.09, p. 1005.

Encyclopedia of Reagents in Organic Synthesis (1995), ed. L.A. Paquette, Wiley, Chichester, vol. 4, p. 2445.

(24.120)

(24.121)

(24.122)

Exercícios propostos

1. Dê duas rotas sintéticas para o ferroceno.

   [*Resp.*: Veja as Eqs. 24.110 e 24.112]

2. Explique o que significa, no texto principal, a desprotonação *regiosseletiva* do ferroceno dando o $[(\eta^5\text{-}C_5H_3)_2Fe]^{4-}$.

3. A 295 K, o espectro de IV de uma solução de $(\eta^5\text{-}C_5H_4{}^iPr)_2Ti$ apresenta absorções oriundas de modos vibracionais C–H. Quando a amostra é esfriada a 195 K, sob uma atmosfera

de N$_2$, surgem novas absorções em 1986 e 2090 cm^{-1}. Essas bandas desaparecem quando a amostra é aquecida até 295 K. Explique essas observações.

[*Resp.*: Veja T.E. Hanna *et al.* (2004) *J. Am. Chem. Soc.*, vol. 126, p. 14688]

24.14 Complexos contendo os ligantes η^6 e η^7

Ligantes η^6-areno

Os arenos tais como o benzeno e o tolueno podem agir como doadores de 6 elétrons π, conforme ilustram as Eqs. 24.116 e 24.122. Existe uma ampla gama de complexos de arenos, e os complexos sanduíche podem ser produzidos por cocondensação dos vapores do metal e do areno (Eq. 24.123) ou pela reação 24.124.

$$\text{Cr(g)} + 2\text{C}_6\text{H}_6(\text{g}) \xrightarrow{\text{condensam juntamente na superfície, a 77 K; aquecer até 298 K}}$$
$$(\eta^6\text{-C}_6\text{H}_6)_2\text{Cr} \quad (24.123)$$

$$\left.\begin{array}{l} 3\text{CrCl}_3 + 2\text{Al} + \text{AlCl}_3 + 6\text{C}_6\text{H}_6 \\ \quad \longrightarrow 3[(\eta^6\text{-C}_6\text{H}_6)_2\text{Cr}]^+[\text{AlCl}_4]^- \\ 2[(\eta^6\text{-C}_6\text{H}_6)_2\text{Cr}]^+ + 4[\text{OH}]^- + [\text{S}_2\text{O}_4]^{2-} \\ \quad \longrightarrow 2(\eta^6\text{-C}_6\text{H}_6)_2\text{Cr} + 2\text{H}_2\text{O} + 2[\text{SO}_3]^{2-} \end{array}\right\} \quad (24.124)$$

Os metais do grupo 6 formam complexos (η^6-C$_6$H$_6$)$_2$M (M = Cr, Mo, W) de 18 elétrons sensíveis ao ar. No estado sólido, os dois anéis de benzeno no (η^6-C$_6$H$_6$)$_2$Cr são eclipsados (**24.73**). As ligações C–C são iguais em comprimento (142 pm) e ligeiramente mais longas do que no benzeno livre (140 pm). A ligação pode ser descrita em termos da interação entre os OM π dos ligantes (Fig. 24.26) e os orbitais atômicos 3d do metal, com os OM π do ligante ocupados agindo como doadores e os OM vazios funcionando como receptores.

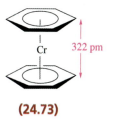

(**24.73**)

Surpreendentemente, o complexo de Cr castanho é facilmente oxidado pelo I$_2$ a [(η^6-C$_6$H$_6$)$_2$Cr]$^+$, de 17 elétrons, amarelo e estável ao ar. A facilidade de oxidação impede que o (η^6-C$_6$H$_6$)$_2$Cr sofra reações de substituição eletrofílica. Os eletrófilos oxidam o (η^6-C$_6$H$_6$)$_2$Cr em [(η^6-C$_6$H$_6$)$_2$Cr]$^+$, que não reage mais. O derivado litiado (η^6-C$_6$H$_5$Li)$_2$Cr pode ser obtido pela reação do (η^6-C$_6$H$_6$)$_2$Cr com o ^{n}BuLi (compare com a litiação do ferroceno, Fig. 24.24) e é um precursor de outros derivados.

(**24.74**)

A reação do Cr(CO)$_6$ ou do Cr(CO)$_3$(NCMe)$_3$ com o benzeno produz o *complexo meio-sanduíche* (η^6-C$_6$H$_6$)Cr(CO)$_3$ (**24.74**), e os complexos correlatos podem ser obtidos de modo semelhante. A unidade de Cr(CO)$_3$ nos complexos de (η^6-areno)Cr(CO)$_3$ remove elétrons do ligante areno tornando-o *menos* suscetível ao ataque eletrofílico do que o areno livre, porém *mais* suscetível ao ataque de nucleófilos (reação 24.125).

$$(\eta^6\text{-C}_6\text{H}_5\text{Cl})\text{Cr(CO)}_3 + \text{NaOMe}$$
$$\longrightarrow (\eta^6\text{-C}_6\text{H}_5\text{OMe})\text{Cr(CO)}_3 + \text{NaCl} \quad (24.125)$$

Tal como no (η^6-C$_6$H$_6$)$_2$Cr, o ligante benzeno no (η^6-C$_6$H$_6$)Cr(CO)$_3$ pode ser litiado (Eq. 24.126) e, então, derivado (esquema 24.127). A reatividade dos complexos meio-sanduíche não está confinada a sítios no interior do ligante com ligação π: A Eq. 24.128 ilustra a substituição de PPh$_3$ por um ligante CO.

$(\eta^6\text{-C}_6\text{H}_6)\text{Cr(CO)}_3$

$$\xrightarrow[-^n\text{BuH}]{^n\text{BuLi, TMEDA}} (\eta^6\text{-C}_6\text{H}_5\text{Li})\text{Cr(CO)}_3 \quad (24.126)$$

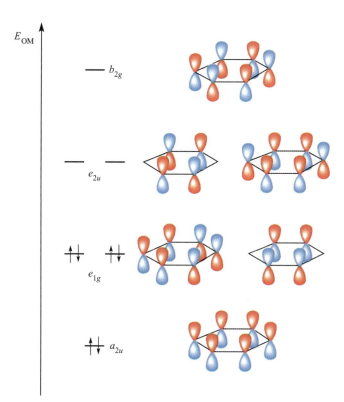

Fig. 24.26 Os orbitais moleculares π do C$_6$H$_6$; a escala de energia é arbitrária. Os símbolos de simetria aplicam-se ao C$_6$H$_6$ D_{6h}; esses símbolos não são aplicáveis aos ligantes em um complexo de outra simetria.

(24.127)

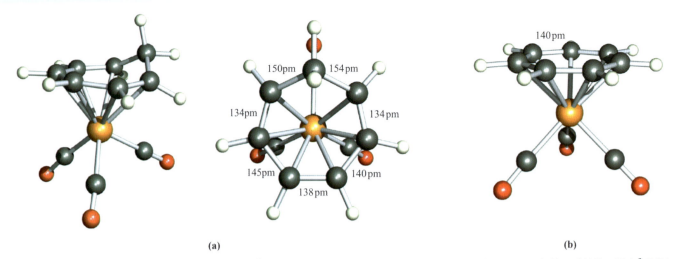

Fig. 24.27 As estruturas (difração de raios X) do (a) [(η⁶-C₇H₈)Mo(CO)₃] [J.D. Dunitz *et al.* (1960) *Helv. Chim. Acta*, vol. 43, p. 2188] e (b) (η⁷-C₇H₇)Mo(CO)₃]⁺ no sal de [BF₄]⁻ [G.R. Clark *et al.* (1973) *J. Organometal. Chem.*, vol. 50, p. 185]. Código de cores: Mo, laranja; C, cinza; O, vermelho; H, branco.

(η⁶-C₆H₆)Cr(CO)₃ + PPh₃

$\xrightarrow{h\nu}$ (η⁶-C₆H₆)Cr(CO)₂(PPh₃) + CO   (24.128)

Ciclo-heptatrieno e ligantes derivados

O ciclo-heptatrieno (**24.75**) pode agir como um doador de 6 elétrons π, e, em sua reação com o Mo(CO)₆, ele forma o (η⁶-C₇H₈)Mo(CO)₃. A estrutura em estado sólido desse complexo (Fig. 24.27a) confirma que o ligante se coordena na forma de um trieno, sendo o anel dobrado com o grupo CH₂ inclinado para fora do metal central. A reação 24.129 mostra a abstração do H⁻ do η⁶-C₇H₈ coordenado dando o íon plano [η⁷-C₇H₇]⁺, **24.76** (o cátion ciclo-heptatrienílio),[†] que tem um sistema π aromático e possui a capacidade do ciclo-heptatrieno de agir como um doador de 6 elétrons π.

(24.75)   **(24.76)**

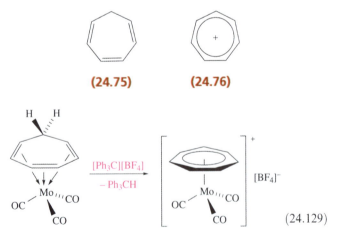

(24.129)

A planaridade do ligante [C₇H₇]⁺ foi confirmada na estrutura do [(η⁷-C₇H₇)Mo(CO)₃]⁺ (Fig. 24.27b). Os comprimentos de todas as ligações C–C são próximos de 140 ppm em contraste com a variação observada no (η⁶-C₇H₈)Mo(CO)₃ (Fig. 24.27a).

No complexo, (η⁴-C₇H₈)Fe(CO)₃, o ciclo-heptatrieno age como um dieno, dando ao Fe(0) central os 18 elétrons necessários. A Eq. 24.130 mostra que a desprotonação gera um ligante [C₇H₇]⁻ coordenado que se liga de uma maneira η³, permitindo ao metal reter 18 elétrons. À temperatura ambiente, o ligante [C₇H₇]⁻ é fluxional, e, na escala de tempo de RMN, a unidade de Fe(CO)₃ efetivamente "visita" cada átomo de carbono.

(24.130)

No [C₇Me₇][BF₄], o cátion é *não plano* como resultado do impedimento estérico entre os grupos metila. A introdução de substituintes metila afeta a maneira pela qual o [C₇R₇]⁺ (R = H ou Me) se coordena ao metal central. Os esquemas 24.131 e 24.132 mostram duas reações correlatas que levam a diferentes tipos de produtos. O anel de C₇ adota um modo η⁷ na ausência de congestionamento estérico, e um modo η⁵ quando os grupos metila estão estericamente congestionados. Os números diferentes do EtCN ou ligantes CO nos produtos nos dois esquemas são consistentes com o W central, satisfazendo à regra dos 18 elétrons.

(24.131)

[†] O nome não sistemático do cátion cicloeptatrienílio é *cátion tropílio*.

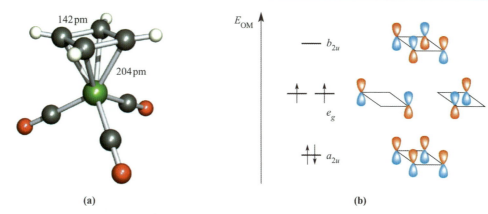

Fig. 24.28 (a) A estrutura (difração de raios X) do $(\eta^4\text{-}C_4H_4)Fe(CO)_3$ [P.D. Harvey *et al.* (1988) *Inorg. Chem.*, vol. 27, p. 57]. (b) Os orbitais moleculares π do C_4H_4, nos quais a geometria do ligante é como em seus complexos, isto é, uma estrutura C_4 *quadrada*; os identificadores de simetria aplicam-se ao C_4H_4 D_{4h}; esses símbolos não são aplicáveis ao ligante em um complexo de outra simetria. Código de cores: Fe, verde; C, cinza; O, vermelho; H, branco.

(24.132)

24.15 Complexos contendo o ligante η^4-ciclobutadieno

O ciclobutadieno, C_4H_4, é antiaromático (isto é, não tem $4n + 2$ elétrons π) e se polimeriza facilmente. No entanto, pode ser estabilizado por coordenação a um metal central de baixo estado de oxidação. O $(\eta^4\text{-}C_4H_4)Fe(CO)_3$ cristalino amarelo é produzido pela reação 24.133 e sua estrutura no estado sólido (Fig. 24.28a) mostra que (ao contrário do ligante livre no qual as duplas ligações são localizadas) as ligações C–C no C_4H_4 coordenado são de mesmo comprimento.

(24.133)

Um ligante C_4H_4 com a geometria encontrada em seus complexos, isto é, uma estrutura C_4 *quadrada*, tem os OM π apresentados na Fig. 24.28b e é *paramagnético*. No entanto, o $(\eta^4\text{-}C_4H_4)Fe(CO)_3$ é *diamagnético* e isso fornece evidência para emparelhamento de elétrons entre ligante e metal: um fragmento de $Fe(CO)_3$ C_{3v} também tem dois elétrons desemparelhados (Fig. 24.14).

Os complexos de ciclobutadieno também podem ser formados pela cicloadição de alquinos, conforme na reação 24.134.

$$2PdCl_2(NCPh)_2 + 4PhC\equiv CPh$$
$$\longrightarrow (\eta^4\text{-}C_4Ph_4)ClPd(\mu\text{-}Cl)_2PdCl(\eta^4\text{-}C_4Ph_4) \quad (24.134)$$

Nas suas reações, o ciclobutadieno *coordenado* exibe caráter aromático, sofrendo substituição eletrofílica, por exemplo, a acilação de Friedel–Crafts. Uma aplicação sintética do $(\eta^4\text{-}C_4H_4)Fe(CO)_3$ na química orgânica é na forma de uma fonte estável de ciclobutadieno. A oxidação do complexo libera o ligante, disponibilizando-o para a reação com, por exemplo, alquinos, conforme no esquema 24.135.

(24.135)

TERMOS IMPORTANTES

Os seguintes termos foram introduzidos neste capítulo. Você sabe o que eles significam?

- abstração de hidrogênio α
- adição oxidativa
- aglomerado poliédrico condensado
- ângulo de cone de Tolman
- carbeno (alquilideno)
- carbino (alquilidino)
- carbonilação redutiva
- complexo meio-sanduíche
- complexo sanduíche
- composto organometálico
- contagens totais de elétrons de valência (para estrutura de metais)
- efeito sinérgico
- eliminação de hidrogênio β
- eliminação redutiva
- hapticidade de um ligante
- inserção de CO
- interação agóstica M–H–C
- metaloceno
- migração de alquilas e de hidrogênio
- modelo de Dewar–Chatt–Duncanson
- ortometalação
- princípio do encapuzamento (segundo as regras de Wade)
- princípio isolobular
- regra dos 18 elétrons
- substituição de ligantes
- teoria do par de elétrons de esqueleto poliédrico (PSEPT)

LEITURA RECOMENDADA

M. Bochmann (1994) *Organometallics 1: Complexes with Transition Metal–Carbon σ-Bonds*, Oxford University Press, Oxford – Este livro e o que o acompanha (veja a seguir) fazem uma apresentação concisa da química dos organometálicos.

M. Bochmann (1994) *Organometallics 2: Complexes with Transition Metal–Carbon π-Bonds*, Oxford University Press, Oxford – veja o anterior.

P.J. Chirik (2010) *Organometallics*, vol. 29, p. 1500 – "Group 4 transition metal sandwich complexes: Still fresh after almost 60 years".

R.H. Crabtree and D.M.P. Mingos, eds. (2007) *Comprehensive Organometallic Chemistry III*, Elsevier, Oxford – Uma atualização das edições anteriores (veja em G. Wilkinson *et al.*) abrangendo a literatura desde 1993.

Ch. Elschenbroich (2005) *Organometallics*, 3. ed., Wiley-VCH, Weinheim – Um excelente texto que abrange a química dos organometálicos do grupo principal e os metais de transição.

G. Frenking (2001) *J. Organomet. Chem.*, vol. 635, p. 9 – Uma análise da ligação em complexos de metais do bloco *d*, inclusive as carbonilas, e que considera a importância relativa de contribuições σ e π, bem como eletrostáticas, para as ligações metal–ligante.

G. Gasser, I. Ott e N. Metzler-Nolte (2011) *J. Med. Chem.*, vol. 54, p. 3 – "Organometallic anticancer compounds".

A.F. Hill (2002) *Organotransition Metal Chemistry*, Royal Society of Chemistry, Cambridge – Um texto básico detalhado e bem organizado que complementa nossa abrangência no presente capítulo.

S. Komiya, ed. (1997) *Synthesis of Organometallic Compounds: A Practical Guide*, Wiley-VCH, Weinheim – Um livro que enfatiza os métodos de síntese e manuseio de compostos sensíveis ao ar.

G. Parkin (2010) *Struct. Bond.*, vol. 136, p. 113 – "Metal–metal bonding in bridging hydride and alkyl compounds".

P.L. Pauson (1993) "Organo-iron compounds" *in Chemistry of Iron*, ed. J. Silver, Blackie Academic, Glasgow, p. 73 – Um bom resumo da química do ferroceno e de outros complexos de organoferro.

W. Scherer and G.S. McGrady (2004) *Angew. Chem. Int. Ed.*, vol. 43, p. 1782 – "Agostic interactions in d^0 metal alkyl complexes".

R.R. Schrock (2001) *J. Chem. Soc., Dalton Trans.*, p. 2541 – Uma visão geral de "Ligações múltiplas metal de transição–carbono".

R.R. Schrock (2005) *Chem. Commun.*, p. 2773 – "High oxidation state alkylidene and alkylidyne complexes".

P. Štěpnička (2008) *Ferrocenes: Ligands, Materials and Biomolecules*, Wiley, Chichester – Excelente levantamento que abrange compostos de ferroceno e suas aplicações.

A. Togni and R.L. Halterman, eds. (1998) *Metallocenes*, Wiley-VCH, Weinheim – Um livro de dois volumes que abrange síntese, reatividade e aplicações dos metalocenos.

H. Werner (2004) *Angew. Chem. Int. Ed.*, vol. 43, p. 938 – "The way into the bridge: A new bonding mode of tertiary phosphanes, arsanes and stibanes".

G. Wilkinson, F.G.A. Stone and E.W. Abel, eds. (1982) *Comprehensive Organometallic Chemistry*, Pergamon, Oxford – Uma série de volumes que fazem uma revisão da literatura até ≈1981.

G. Wilkinson, F.G.A. Stone and E.W. Abel, eds. (1995) *Comprehensive Organometallic Chemistry II*, Pergamon, Oxford – Uma atualização do conjunto de volumes anteriores que oferece uma excelente entrada na literatura.

H. Willner and F. Aubke (1997) *Angew. Chem. Int. Ed.*, vol. 36, p. 2403 – Uma revisão dos cátions de carbonilas binárias de metais nos grupos 8 a 12.

Q. Xu (2002) *Coord. Chem. Rev.*, vol. 231, p. 83 – "Metal carbonyl cations: Generation, characterization and catalytic application".

Aglomerados de organometálicos dos metais do bloco *d*

C. Femoni, M.C. Iapalucci, F. Kaswalder, G. Longoni and S. Zacchini (2006) *Coord. Chem. Rev.*, vol. 250, p. 1580 – "The possible role of metal carbonyl clusters in nanoscience and nanotechnologies".

C.E. Housecroft (1996) *Metal–Metal Bonded Carbonyl Dimers and Clusters*, Oxford University Press, Oxford.

D.M.P. Mingos and D.J. Wales (1990) *Introduction to Cluster Chemistry*, Prentice Hall, Englewood Cliffs, NJ.

D.F. Shriver, H.D. Kaesz and R.D. Adams, eds. (1990) *The Chemistry of Metal Cluster Complexes*, VCH, New York.

Fluxionalidade nos complexos de organometálicos e usos da espectroscopia de RMN

I.D. Gridnev (2008) *Coord. Chem. Rev.*, vol. 252, p. 1798 – "Sigmatropic and haptotropic rearrangement in organometallic chemistry".

W. von Phillipsborn (1999) *Chem. Soc. Rev.*, vol. 28, p. 95 – "Probing organometallic structure and reactivity by transition metal NMR spectroscopy".

PROBLEMAS

24.1 (a) Explique o significado das seguintes notações: μ-CO; μ$_4$-PR; η^5-C$_5$Me$_5$; η^4-C$_6$H$_6$; μ$_3$-H. (b) Por que os ligantes ciclopentadienila e CO podem ser considerados versáteis em seus modos de ligação? (c) O PPh$_3$ é um "ligante versátil"?

24.2 O que é um efeito sinérgico, e como ele se relaciona à ligação metal–carbonila?

24.3 Comente a respeito das seguintes proposições:

(a) Os espectros no infravermelho do [V(CO)$_6$]$^-$ e do Cr(CO)$_6$ mostram absorções em 1859 e 1981 cm^{-1}, respectivamente, atribuídas a ν_{CO}, e 460 e 441 cm^{-1} atribuídas a ν_{MC}.

(b) Os ângulos de cone de Tolman do PPh$_3$ e do P(4-MeC$_6$H$_4$)$_3$ são ambos de 145°, mas o do P(2-MeC$_6$H$_4$)$_3$ é de 194°.

(c) Antes da reação com o PPh$_3$, o Ru$_3$(CO)$_{12}$ pode ser tratado com Me$_3$NO em MeCN.

(d) No complexo [Os(en)$_2$(η^2-C$_2$H$_4$)(η^2-C$_2$H$_2$)]$^{2+}$, o ângulo da ligação Os–C$_{etino}$–H$_{etino}$ é de 127°.

24.4 (a) Faça a representação de uma estrutura correspondente à fórmula [(CO)$_2$Ru(μ-H)(μ-CO)(μ-Me$_2$PCH$_2$PMe$_2$)$_2$Ru(CO)$_2$]$^+$. (b) O espectro de RMN de ^{1}H do complexo da parte (a) contém um quinteto centrado em δ –10,2 ppm. Identifique o sinal e explique a origem da multiplicidade observada.

24.5 O espectro de RMN de ^{1}H do aglomerado tetraédrico [(η^5-C$_5$Me$_4$SiMe$_3$)$_4$Y$_4$(μ-H)$_4$(μ$_3$-H)$_4$(THF)$_2$] em solução exibe os seguintes sinais, à temperatura ambiente: δ/ppm 0,53 (s, 36H), 1,41 (m, 8H), 2,25 (s, 24H), 2,36 (s, 24H), 3,59 (m, 8H), 4,29 (quinteto, $J_{^{89}Y^1H}$ 15,3 Hz, 8H). Identifique os sinais no espectro, e explique o aparecimento do sinal a δ 4,29 ppm. [Dados: ^{89}Y, 100% abundante, $I = \frac{1}{2}$.]

24.6 A estrutura do (μ$_3$-H)$_4$Co$_4$(η^5-C$_5$Me$_4$Et)$_4$ foi determinada por difração de raios X de monocristal em 1975, e por difração de nêutrons em 2004. Em ambas as determinações da estrutura os átomos de H foram localizados em ponte. Até que ponto podem ser dadas as localizações *precisas* desses átomos utilizando as técnicas de difração de raios X de monocristal e de difração de nêutrons? Justifique a sua resposta.

24.7 Considere o composto visto a seguir:

Preveja a aparência do sinal atribuído ao hidreto do metal no espectro de RMN de ^{1}H desse composto, dadas as seguintes constantes de acoplamento: $J_{^1H^{31}P(cis)}$ 17 Hz, $J_{^1H^{31}P(trans)}$ 200 Hz, $J_{^1H^{195}Pt}$ 1080 Hz. Ignore o acoplamento ^{1}H–^{19}F de longo alcance. [Dados: ^{31}P, 100% abundante, $I = \frac{1}{2}$; ^{195}Pt, 33,8% abundante, $I = \frac{1}{2}$.]

24.8 Explique as seguintes observações:

(a) Na formação do [IrBr(CO)(η^2-C$_2$(CN)$_4$)(PPh$_3$)$_2$], a ligação C–C no C$_2$(CN)$_4$ se alonga de 135 para 151 pm.

(b) Durante a fotólise do Mo(CO)$_5$(THF) com o PPh$_3$, um sinal no espectro de RMN de ^{31}P em δ –6 ppm desaparece e é substituído por um sinal em δ +37 ppm.

(c) Indo do Fe(CO)$_5$ para o Fe(CO)$_3$(PPh$_3$)$_2$, as absorções no espectro de IV em 2025 e 2000 cm^{-1} são substituídas por uma banda em 1885 cm^{-1}.

24.9 Represente um esquema de ligação (semelhante ao da Fig. 24.7b) para a interação de um ligante η^3-alila com um metal central de baixo estado de oxidação.

24.10 Mostre que os metais centrais nos seguintes complexos obedecem à regra dos 18 elétrons:

(a) (η^5-Cp)Rh(η^2-C$_2$H$_4$)(PMe$_3$)
(b) (η^5-C$_3$H$_5$)$_2$Rh(μ-Cl)$_2$Rh(η^3-C$_3$H$_5$)$_2$
(c) Cr(CO)$_4$(PPH$_3$)$_2$
(d) Fe(CO)$_3$(η^4-CH$_2$CHCHCH$_2$)
(e) Fe$_2$(CO)$_9$
(f) [HFe(CO)$_4$]$^-$
(g) [(η^5-Cp)CoMe(PMe$_3$)$_2$]$^+$
(h) RhCl(H)$_2$(η^2-C$_2$H$_4$)(PPh$_3$)$_2$

24.11 A reação do Fe(CO)$_5$ com o Na$_2$[Fe(CO)$_4$] em THF dá um sal Na$_2$[A] e CO. O espectro Raman do [Et$_4$N]$_2$[A] apresenta uma absorção a 160 cm^{-1} atribuída a uma ligação Fe–Fe sem ponte. Identifique e sugira uma estrutura para [A]$^{2-}$.

24.12 Sugira estruturas possíveis para o cátion no [Fe$_2$(NO)$_6$][PF$_6$]$_2$ e explique como você tentaria fazer a distinção entre elas experimentalmente.

24.13 Comente a respeito das observações a seguir:

(a) No espectro de IV do MeCH=CH$_2$ livre, $\bar{\nu}_{C=C}$ aparece em 1652 cm^{-1}, mas, no complexo K[PtCl$_3$(η^2-MeCH=CH$_2$)], a absorção correspondente está em 1504 cm^{-1}.

(b) A 303 K, o espectro de RMN de ^{1}H do (η^5-Cp)(η^1-Cp)Fe(CO)$_2$ apresenta dois simpletos.

24.14 Utilize as regras de Wade (PSEPT) para sugerir estruturas para o Os$_7$(CO)$_{21}$ e o [Os$_8$(CO)$_{22}$]$^{2-}$.

24.15 Para cada um dos aglomerados seguintes comprove que a contagem total de elétrons de valência é consistente com a estrutura de gaiola de metal adotada: (a) [Ru$_6$(CO)$_{18}$]$^{2-}$, octaedro; (b) H$_4$Ru$_4$(CO)$_{12}$, tetraedro; (c) Os$_5$(CO)$_{16}$, bipirâmide triangular; (d) Os$_4$(CO)$_{16}$, quadrado; (e) Co$_3$(CO)$_9$(μ$_3$-CCl), triângulo; (f) H$_2$Os$_3$(CO)$_9$(μ$_3$-PPh), triângulo; (g) HRu$_6$(CO)$_{17}$B, octaedro; (h) Co$_3$(η^5-Cp)$_3$(CO)$_3$, triângulo; (i) Co$_3$(CO)$_9$Ni(η^5-Cp), tetraedro.

24.16 (a) O Os$_5$(CO)$_{18}$ tem uma estrutura de metal que consiste em três triângulos que compartilham arestas (uma estrutura *em balsa*). Mostre que a contagem de elétrons de valência para essa balsa é consistente com o número disponível. (b) A Fig. 24.29 mostra o caroço metálico do [Ir$_8$(CO)$_{22}$]$^{2-}$. Qual seria o esquema de contagem de elétrons para esse aglomerado?

24.17 Sugira produtos nas seguintes reações, e dê estruturas prováveis para os produtos: (a) Fe(CO)$_5$ irradiado com C$_2$H$_4$;

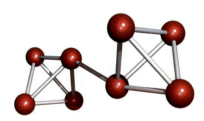

Fig. 24.29 Figura para o Problema 24.16b.

(b) $Re_2(CO)_{10}$, com Na/Hg; (c) $Na[Mn(CO)_5]$, com ONCl; (d) $Na[Mn(CO)_5]$, com H_3PO_4; (e) $Ni(CO)_4$, com PPh_3.

24.18 Na Seção 24.7 mencionamos que a distribuição dos produtos na Fig. 24.15 é consistente com a migração do grupo Me, e não com um mecanismo que envolva movimento do CO "inserido". Comprove que isso é verdade pela determinação da distribuição de produtos para o mecanismo de inserção do CO e por comparação desse com o do mecanismo de migração do Me.

24.19 Ilustre, com exemplos, o que significa (a) adição oxidativa, (b) eliminação redutiva, (c) abstração do hidrogênio α, (d) eliminação do hidrogênio β, (e) migração de alquilas e (f) ortometalação.

24.20 A reação do $Cr(CO)_6$ com o $Ph_2P(CH_2)_4PPh_2$ leva à formação de dois produtos, **A** e **B**. O espectro de RMN de ^{31}P de **A** mostra dois sinais (δ +46,0 e –16,9 ppm, integrais relativas 1:1), enquanto o de **B** exibe um sinal (δ +46,2 ppm). Os espectros IV de **A** e **B** são quase idênticos na região de 2200–1900 cm^{-1}, com bandas em 2063, 1983 e 1937 cm^{-1}. Identifique **A** e **B** e explique por que são observadas três absorções no espectro de IV de cada composto.

24.21 Na reação de Heck (Eq. 24.87), o catalisador ativo é o $Pd(PPh_3)_2$. Escreva equações mostrando a (a) adição oxidativa de PhBr ao $Pd(PPh_3)_2$ dando **A**, (b) adição de $CH_2=CHCO_2Me$ ao **A** seguida de migração do grupo Ph dando o derivado **B** de alquila com ligação σ, e (c) eliminação do hidreto β gerando o complexo **C** de Pd(II) e o alqueno **D** livre.

24.22 Discuta os seguintes enunciados:
(a) Os complexos $Fe(CO)_3L$, em que L é um dieno 1,3, têm aplicações em síntese orgânica.
(b) Os fulerenos C_{60} e C_{70} formam diversos complexos organometálicos.
(c) O $Mn_2(CO)_{10}$ e o C_2H_6 estão relacionados pelo princípio isolobular.

24.23 Explique por que o esquema 24.98 é invocado para explicar a equivalência dos átomos de H em cada grupo CH_2 terminal de um ligante η^3-alila, em vez de um processo envolvendo a rotação em torno do eixo de coordenação metal–ligante.

24.24 Explique a diferença entre um carbeno do tipo Fischer e um carbeno do tipo Schrock.

24.25 A reação do iodeto de 1,3-dimetilimidazólio (mostrada adiante) com um equivalente de KO^tBu em THF, seguida da adição de um equivalente de $Ru_3(CO)_{12}$ leva ao produto **A**. O espectro de IV de **A** tem diversas absorções fortes entre 2093 e 1975 cm^{-1}, e o espectro de RMN de ^1H de solução de **A** exibe simpletos em δ 7,02 e 3,80 ppm (integrais relativas 1:3). (a) Qual o papel que o KO^tBu desempenha na reação? (b) Qual é a identidade provável de **A**? (c) Faça a representação de uma estrutura possível de **A** e comente a respeito de eventuais isômeros.

$$\left[Me-N \overset{+}{\underset{}{\frown}} N-Me \right] I^-$$

24.26 Com referência ao Boxe 23.1, desenvolva um esquema de ligação qualitativa para o $(\eta^5\text{-Cp})_2Fe$.

24.27 Sugira produtos nas seguintes reações: (a) excesso de $FeCl_3$ com o $(\eta^5\text{-Cp})_2Fe$; (b) $(\eta^5\text{-Cp})_2Fe$ com o PhC(O)Cl na presença do $AlCl_3$; (c) $(\eta^5\text{-Cp})_2Fe$ com tolueno na presença de Al e $AlCl_3$; (d) $(\eta^5\text{-Cp})Fe(CO)_2Cl$ com o $Na[Co(CO)_4]$.

24.28 Na reação do ferroceno com o MeC(O)Cl e o $AlCl_3$, como se distinguiria entre os produtos $Fe(\eta^5\text{-}C_5H_4C(O)Me)_2$ e $(\eta^5\text{-Cp})Fe(\eta^5\text{-}C_5H_4C(O)Me)$ por outros métodos exceto a análise elementar e cristalografia de raios X?

24.29 A reação do $[(C_6Me_6)RuCl_2]_2$ (**A**) com o C_6Me_6 na presença do $AgBF_4$ dá o $[(C_6Me_6)_2Ru][BF_4]_2$ contendo o cátion **B**. O tratamento desse composto com Na em NH_3 líquida produz um complexo de Ru(0) neutro, **C**. Sugira estruturas para **A**, **B** e **C**.

24.30 (a) Sugira estruturas para os complexos $LFe(CO)_3$, em que L = 2,5-norbornadieno (**24.23**) ou ciclo-heptatrieno. (b) Como o modo de ligação do ligante ciclo-heptatrieno é afetado indo do $LFe(CO)_3$ para o $LMo(CO)_3$? (c) Para L = ciclo-heptatrieno, que produto você esperaria da reação do $LMo(CO)_3$ e $[Ph_3C][BF_4]$?

24.31 Descreva a ligação no $(\eta^4\text{-}C_4H_4)Fe(CO)_3$, levando em conta o diamagnetismo do complexo.

PROBLEMAS DE REVISÃO

24.32 Comente a respeito de cada um dos enunciados.
(a) O $Re_2(CO)_{10}$ adota uma conformação alternada no estado sólido, ao passo que o $[Re_2Cl_8]^{2-}$ adota uma conformação eclipsada.
(b) Nos ânions do tipo $[M(CO)_4]^{n-}$, $n = 1$ para M = Co, mas $n = 2$ para M = Fe.
(c) A reação do cloreto de benzoíla com o $[(Ph_3P)_2N][HCr(CO)_5]$, que primeiro foi tratado com MeOD, produz o PhCDO.

24.33 (a) Mostre que o $H_2Os_3(CO)_{11}$ tem elétrons de valência suficientes para adotar uma estrutura de metal triangular. Os modos de ligação dos ligantes CO e H afetam a contagem total de elétrons de valência? Comente a respeito do fato de o $H_2Os_3(CO)_{10}$ também ter um caroço de Os_3 triangular.

(b) O espectro de RMN de ^1H do $H_2Os_3(CO)_{11}$ em tolueno deuterado, a 183 K, mostra dois sinais principais (integrais relativas 1:1), a δ –10,46 e –20,25 ppm; ambos são dupletos com $J = 2,3$ Hz. Os sinais são atribuídos aos átomos de H terminais e em ponte, respectivamente, na estrutura apresentada a seguir:

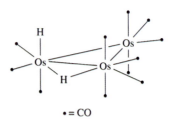

• = CO

O espectro de RMN de ¹H também mostra dois pares de sinais de baixa intensidade: δ –12,53 e –18,40 ppm (ambos dupletos, J = 17,1 Hz) e δ –8,64 e –19.42 ppm (sem acoplamento resolvido). Esses sinais são atribuídos a outros dois isômeros do H₂Os₃(CO)₁₁. De outros experimentos, com espectroscopia de RMN, é possível mostrar que os dois átomos de H em cada isômero são ligados ao mesmo Os central. Sugira estruturas para os isômeros menores que sejam consistentes com os dados de espectroscopia de RMN.

24.34 (a) O aglomerado H₃Os₆(CO)₁₆B contém um átomo de B intersticial e tem uma gaiola de Os₆ derivada de uma bipirâmide pentagonal com um vértice equatorial faltando. Comente a respeito dessa estrutura em termos das regras de Wade e da contagem total de elétrons de valência para o aglomerado.

(b) Dê uma descrição da ligação no [Ir(CO)₆]³⁺ e compare-a com aquela no composto isoeletrônico W(CO)₆. Como você esperaria que os espectros de IV dessas espécies difeririam na região de estiramento da carbonila?

24.35 A redução do Ir₄(CO)₁₂ com Na em THF produz o sal Na[Ir(CO)ₓ] (**A**) que tem uma forte absorção em seu espectro de IV (solução de THF) em 1892 cm⁻¹. A redução de **A** com Na em NH₃ líquida, seguida da adição do Ph₃SnCl e Et₄NBr, dá [Et₄N][**B**] como o produto contendo irídio; é perdido CO durante a reação. A análise elementar do [Et₄N][**B**] mostra que ele contém 51,1% de C, 4,55% de H e 1,27% de N. O espectro de IV do [Et₄N][**B**] mostra uma forte absorção na região das carbonilas em 1924 cm⁻¹, e o espectro de RMN de ¹H de solução exibe multipletos entre δ 7,1 e 7,3 ppm (30H), um quadrupleto em δ 3,1 ppm (8H) e um tripleto em δ 1,2 ppm (12H). Sugira estruturas para **A** e [**B**]⁻. Comente a respeito de possível isomerismo em [**B**]⁻ e a preferência por um isômero particular.

24.36 Sugira possíveis produtos para as seguintes reações:

(a), (b), (c), (d), (e)

TEMAS DA QUÍMICA INORGÂNICA

24.37 A ferroquina passou em testes clínicos da fase II como um fármaco antimalárica. Ambos os enantiômeros da ferroquina são igualmente ativos *in vitro*. Explique por que a molécula é quiral, e represente a estrutura da (*S*)-ferroquinona.

(*R*)-ferroquina

24.38 Aproximadamente 10 Mt por ano de ácido acético são produzidas em todo o mundo e ≈25% disso são produzidos usando o processo Cativa™. A reação:

MeOH + CO → MeCO₂H

é catalisada pelo *cis*-[IrI₂(CO)₂]⁻. Primeiramente, o metanol é convertido em MeI por reação com o HI, e o catalisador sofre adição oxidativa de MeI dando um *fac*-**A**. Na presença de um abstrator de I⁻, a substituição do CO pelo I⁻ leva ao *fac*-**B**, que sofre migração da metila. A reação com o I⁻ resulta na eliminação do MeCOI e regeneração do catalisador. (a) Qual é a estereoquímica do *cis*-[IrI₂(CO)₂]⁻? (b) Mostre o que acontece durante a adição oxidativa do MeI ao *cis*-[IrI₂(CO)₂]⁻, e dê a estrutura do *fac*-**A**. (c) Faça a representação da estrutura do *fac*-**B** e descreva o mecanismo da etapa de migração da metila. (d) Como a contagem de elétrons de valência e o estado de oxidação do átomo de Ir variam durante o ciclo catalítico, começando e terminando com o catalisador?

24.39 Os complexos de rutênio(II) do tipo geral apresentado a seguir são drogas anticancerígenas em potencial:

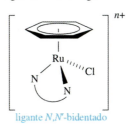

ligante *N*,*N*'-bidentado

A citotoxicidade de tais complexos baseia-se na substituição do ligante clorido pela H₂O, e é dependente do pH. (a)

Escreva um equilíbrio que defina o valor de K_a do produto da hidrólise do complexo visto anteriormente. (b) Como a introdução de substituintes retiradores de elétrons no anel de areno afeta o valor de pK_a do complexo? (c) Sugira por que a citotoxicidade é dependente do pH.

24.40 O composto visto a seguir é um exemplo de um ferrocenofano:

Ele sofre polimerização com abertura de anel (sigla em inglês, ROP) produzindo um polímero de alta massa molecular, no qual os anéis Cp em cada ferroceno são paralelos uns aos outros. As aplicações potenciais desses polímeros incluem novos materiais e nanociências. (a) Começando pelo Cp$_2$Fe, sugira uma síntese do composto apresentado anteriormente. (b) Forneça um esquema de reação para a reação ROP, mostrando a unidade de repetição do polímero. Comente a respeito da força motriz para a polimerização.

Tópicos

Catálise homogênea
Metátese de alquenos e alquinos
Redução de N_2 a NH_3
Hidrogenação de alquenos
Processos Monsanto e Cativa
Hidroformilação
Oligomerização de alquenos
Desenvolvimento de novos catalisadores
Catálise heterogênea
Catalisadores de Ziegler-Natta
Reações de Fischer-Tropsch
Processo Harber
Processo de contato
Conversores catalíticos
Zeólitas

25 Catálise e alguns processos industriais

25.1 Introdução e definições

Numerosas aplicações da catálise em sínteses em pequena escala e na produção industrial de produtos químicos foram descritas neste livro. Nós agora discutiremos em detalhe a catálise, centralizando a nossa atenção nas aplicações comerciais. Catalisadores contendo metais do bloco *d* têm imensa importância para a indústria química: eles possibilitam sínteses a um custo viável e o controle da especificidade de reações que de outro modo formariam uma mistura de produtos. A indústria química (incluindo combustíveis) movimenta centenas de bilhões de dólares norte-americanos por ano.[†] A pesquisa por novos catalisadores é uma das principais forças motrizes por trás das pesquisas de compostos organometálicos, e a química em muitas partes deste capítulo pode ser entendida em termos dos tipos de reações introduzidas no Capítulo 24. As pesquisas atuais também incluem o desenvolvimento da "química verde", por exemplo, o uso do CO_2 supercrítico (CO_2sc, veja a Seção 9.13, no Volume 1) como um meio para a catálise.[‡]

Um *catalisador* é uma substância que altera a velocidade de uma reação sem aparecer em quaisquer dos produtos da referida reação; ele pode acelerar ou inibir uma reação. Para uma reação reversível, um catalisador altera a velocidade com que o equilíbrio é atingido; ele *não* altera a posição de equilíbrio.

O termo *catalisador* é frequentemente empregado para englobar tanto o *precursor do catalisador* como a *espécie cataliticamente ativa*. Um precursor do catalisador é a substância adicionada à reação, mas ela pode sofrer perda de um ligante como o CO ou o PPh_3 antes de se tornar disponível como a espécie cataliticamente ativa.

Embora se tenha uma tendência de associar um catalisador com o aumento da velocidade de uma reação, um *catalisador negativo* torna a reação mais lenta. Algumas reações são catalisadas internamente (*autocatálise*) à medida que a reação ocorre, por exemplo, na reação do $[C_2O_4]^{2-}$ com $[MnO_4]^-$, os íons Mn^{2+} formados catalisam a reação direta.

Em uma *reação autocatalítica*, um dos produtos é capaz de catalisar a reação.

A catálise se enquadra em duas categorias, homogênea e heterogênea, dependendo de sua relação com a fase da reação na qual ela está envolvida.

Um *catalisador homogêneo* está na mesma fase em que estão os componentes da reação que ele catalisa.
Um *catalisador heterogêneo* está em uma fase diferente daquela em que estão os componentes da reação em que ele atua.

25.2 Catálise: conceitos introdutórios

Perfis de energia para uma reação: catalisada *versus* não catalisada

Um catalisador atua permitindo que uma reação siga por um caminho reacional diferente em relação àquele não catalisado. Se a barreira de ativação é diminuída, então a reação se processa mais rapidamente. A Fig. 25.1 ilustra isso para uma reação que se desenvolve em uma única etapa quando não é catalisada, mas

---

[†] Para uma visão geral do crescimento da catálise na indústria ao longo do século XX, veja: G.W. Parshall and R.E. Putscher (1986) *J. Chem. Educ.*, vol. 63, p. 189. Para um aprofundamento a respeito do tamanho do mercado de produtos químicos nos Estados Unidos e no mundo, veja: W.J. Storck (2006) *Chem. Eng. News*, January 9 issue, p. 12; (2010) *Chem. Eng. News*, July 5 issue, p. 54.
[‡] Por exemplo, veja: W. Leitner (2002) *Acc. Chem. Res.*, vol. 35, p. 746 – "Supercritical carbon dioxide as a green reaction medium for catalysis"; I.P. Beletskaya and L.M. Kustov (2010) *Russ. Chem. Rev.*, vol. 79, p. 441 – "Catalysis as an important tool of green chemistry".

TEORIA

Boxe 25.1 Energia e energia de ativação de Gibbs: E_a e $\Delta G^{\ddagger}$

A equação de Arrhenius:

$$\ln k = \ln A - \frac{E_a}{RT} \quad \text{ou} \quad k = A\,e^{\left(\frac{-E_a}{RT}\right)}$$

é frequentemente utilizada para relacionar a constante de velocidade de uma reação, k, com a energia de ativação, E_a, e com a temperatura, T (em K). Nessa equação, A é o fator pré-exponencial, e R = constante do gás molar. A energia de ativação é comumente escrita de forma aproximada como $\Delta H^{\ddagger}$, mas a relação exata é:

$$E_a = \Delta H^{\ddagger} + RT$$

A energia de ativação, $\Delta G^{\ddagger}$, se relaciona com a constante de velocidade por meio da equação:

$$k = \frac{k'T}{h}\,e^{\left(\frac{-\Delta G^{\ddagger}}{RT}\right)}$$

em que k' = constante de Boltzmann e h = constante de Planck.

Na Seção 26.2 falaremos dos parâmetros de ativação, incluindo $\Delta H^{\ddagger}$ e $\Delta S^{\ddagger}$, e mostraremos como eles podem ser determinados a partir de um gráfico de Eyring (Fig. 26.2), que é obtido da equação anterior relacionando k a $\Delta G^{\ddagger}$.

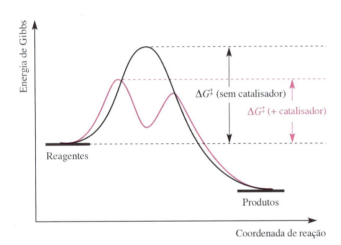

Fig. 25.1 Representação esquemática de um perfil de reação com e sem catalisador. O caminho reacional para a reação catalisada possui duas etapas, e a primeira delas é a determinante da velocidade.

em duas etapas quando se adiciona um catalisador. Cada etapa no caminho reacional catalisado possui uma energia de ativação de Gibbs característica, $\Delta G^{\ddagger}$, mas a etapa que interessa em termos da velocidade da reação é aquela com a maior barreira. Para o caminho reacional catalisado na Fig. 25.1, a primeira etapa é a etapa determinante da velocidade. (Veja o Boxe 25.1 para as equações relevantes e a relação entre E_a e $\Delta G^{\ddagger}$.) Os valores de $\Delta G^{\ddagger}$ para as etapas controladoras nos caminhos reacionais catalisado e não catalisado estão assinalados na Fig. 25.1. Um aspecto crucial do caminho reacional catalisado é que ele não pode passar através de um mínimo de energia *inferior* à energia dos produtos. Um mínimo desse tipo é uma espécie de "sumidouro de energia", e levaria a um caminho reacional formando produtos diferentes daqueles desejados.

Ciclos catalíticos

Um caminho de reação catalisado é normalmente representado por um *ciclo catalítico*.

Um *ciclo catalítico* consiste em uma série de reações estequiométricas (frequentemente reversíveis) que formam um ciclo fechado. O catalisador tem que ser regenerado de modo que ele possa participar no ciclo de reações mais de uma vez.

Para que um ciclo catalítico seja eficiente, os intermediários têm de possuir vida curta. O lado reverso dessa afirmação para a compreensão do mecanismo é que tempos de vida curtos tornam o estudo de um ciclo difícil. Sondas experimentais são usadas para investigar a cinética de um processo catalítico, isolar ou aprisionar os intermediários, tentar monitorar os intermediários em solução, ou deduzir sistemas que modelem as etapas individuais, de modo que o produto da etapa-modelo represente um intermediário no ciclo. Nesse último caso, o "produto" pode ser caracterizado por técnicas convencionais (por exemplo, espectroscopias de RMN e de IV, difração de raios X, espectrometria de massa). Entretanto, para muitos ciclos, os mecanismos não estão inteiramente estabelecidos.

Exercícios propostos

Estes exercícios revisam os tipos de reações de compostos organometálicos e a regra dos 18 elétrons.

1. A que tipo corresponde a reação vista a seguir e por meio de qual mecanismo ela ocorre?

   $Mn(CO)_5Me + CO \rightarrow Mn(CO)_5(COMe)$

   [*Resp.*: Veja a Eq. 24.40]

2. Quais dos seguintes compostos contêm um centro metálico com 16 elétrons: (a) $Rh(PPh_3)_3Cl$; (b) $HCo(CO)_4$; (c) $Ni(\eta^3\text{-}C_3H_5)_2$; (d) $Fe(CO)_4(PPh_3)$; (e) $[Rh(CO)_2I_2]^-$?

   [*Resp.*: (a), (c), (e)]

3. Escreva uma equação que mostre a eliminação de um átomo de hidrogênio β do composto $L_nMCH_2CH_2R$.

   [*Resp.*: Veja a Eq. 24.44]

4. O que significa "adição oxidativa"? Escreva uma equação para a adição oxidativa de H_2 a $RhCl(PPh_3)_3$.

   [*Resp.*: Veja a Eq. 24.34 e o texto associado]

5. A que tipo corresponde a reação vista a seguir e qual é o mecanismo característico para reações desse tipo?

   $Mo(CO)_5(THF) + PPh_3 \rightarrow Mo(CO)_5(PPh_3) + THF$

   [*Resp.*: Veja a Eq. 24.29 e o texto associado]

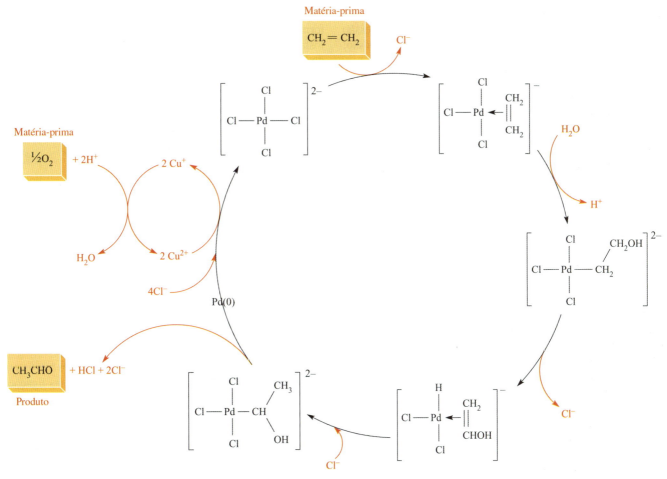

Fig. 25.2 Ciclo catalítico para o processo Wacker. Por questão de simplicidade, ignoramos o papel da H₂O coordenada, que substitui o Cl⁻ em posição *trans* em relação ao alqueno.

Nós vamos agora estudar em detalhe um ciclo para ilustrar as notações. A Fig. 25.2 mostra um ciclo catalítico simplificado para o processo Wacker, que converte eteno em acetaldeído (Eq. 25.1). Esse processo foi desenvolvido nos anos 1950 e, embora hoje não tenha grande significado industrial, ele fornece um exemplo bem estudado para um exame detalhado.

$$CH_2=CH_2 + \tfrac{1}{2}O_2 \xrightarrow{[PdCl_4]^{2-} \text{catalisador}} CH_3CHO \quad (25.1)$$

As *matérias-primas* para o processo industrial estão destacadas, juntamente com o produto final, na Fig. 25.2. O catalisador no processo Wacker contém paládio: em grande parte do ciclo o metal está presente como Pd(II), mas é reduzido a Pd(0) à medida que se produz CH₃CHO. Vamos agora nos deslocar ao longo do ciclo, considerando cada etapa em termos de tipos de reações de compostos organometálicos discutidos na Seção 24.7.

A primeira etapa envolve a substituição pelo CH₂=CH₂ no $[PdCl_4]^{2-}$ (Eq. 25.2). No topo da Fig. 25.2, a notação por seta indica a entrada do CH₂=CH₂ no ciclo e a saída do Cl⁻. Um Cl⁻ é então substituído por H₂O, mas isso não é mostrado na Fig. 25.2.

$$[PdCl_4]^{2-} + CH_2=CH_2 \rightarrow [PdCl_3(\eta^2\text{-}C_2H_4)]^- + Cl^- \quad (25.2)$$

A próxima etapa envolve o ataque nucleofílico pela H₂O com perda de H⁺. Lembre-se de que alquenos coordenados são suscetíveis a ataques nucleofílicos (veja a Eq. 24.86). Na terceira etapa, ocorre uma eliminação β, e a formação da ligação Pd–H resulta na perda de Cl⁻. Essa sequência é seguida pelo ataque do íon Cl⁻ com migração de um átomo de H produzindo um grupo CH(OH)CH₃ unido por meio de uma ligação σ. A eliminação de CH₃CHO, H⁺ e Cl⁻ com redução de Pd(II) a Pd(0) ocorre na última etapa. Para manter o ciclo em funcionamento, o Pd(0) é agora oxidado por Cu²⁺ (Eq. 25.3). O ciclo secundário na Fig. 25.2 mostra a redução de Cu²⁺ a Cu⁺ e a reoxidação desse último pelo O₂ na presença de H⁺ (Eq. 25.4).

$$Pd + 2Cu^{2+} + 8Cl^- \rightarrow [PdCl_4]^{2-} + 2[CuCl_2]^- \quad (25.3)$$

$$2[CuCl_2]^- + \tfrac{1}{2}O_2 + 2HCl \rightarrow 2CuCl_2 + 2Cl^- + H_2O \quad (25.4)$$

Caso o ciclo completo na Fig. 25.2 seja considerado resultado de um balanço entre as espécies que "entram" e aquelas que "saem", a *reação líquida* é a reação 25.1.

Escolha de um catalisador

Uma reação não é normalmente catalisada por uma única espécie, devendo-se considerar um conjunto de critérios para a escolha do catalisador mais efetivo, especialmente para um processo comercial. Além disso, a mudança de catalisador em um processo industrial já em operação pode ser dispendiosa (por exemplo, pode ser necessária a concepção de uma nova planta industrial) e devemos nos certificar de que a mudança seja financeiramente viável. Al[em das possíveis mudanças das condições reacionais decorrentes do emprego de um catalisador (como pressão e temperatura), outros fatores que têm de ser considerados são:

- a concentração necessária do catalisador;
- o número de ciclos catalíticos;
- a seletividade do catalisador para o produto desejado;
- a frequência com que o catalisador tem que ser renovado.

O *número de ciclos catalíticos* ou *número de turnover* (sigla em inglês, TON) é o número de mols de produto por mol de catalisador. Indica o número de ciclos catalíticos para dado processo, por exemplo, após 2 h, o TON foi 2400.

A *frequência de turnover catalítica* (sigla em inglês, TOF) é o número de turnover catalítico por unidade de tempo: o número de mols de produto por mol de catalisador por unidade de tempo, por exemplo, o TOF foi 20 min^{-1}.

As definições de número e frequência dos ciclos catalíticos não estão isentas de problemas. Por exemplo, caso haja mais de um produto, devemos distinguir entre valores totais de TON e TOF para todos os produtos catalíticos, e valores específicos para os produtos individuais. O termo número de ciclos catalíticos é normalmente empregado para processos em batelada, enquanto a frequência de ciclos catalíticos é frequentemente aplicada a processos contínuos (reatores de fluxo).

Agora vamos dirigir o foco da nossa atenção à questão da seletividade, e a conversão do propeno em um aldeído propicia um bom exemplo. A Eq. 25.5 mostra os quatro produtos possíveis que podem resultar da reação do propeno com CO e H$_2$ (hidroformilação; veja também a Seção 25.5).

(25.5)

As seguintes razões são importantes:

- a razão *n:i* dos aldeídos (regiosseletividade da reação);
- a razão aldeído:álcool para dada cadeia (*quimiosseletividade* da reação).

A escolha do catalisador pode ter um efeito significativo nessas razões. Para a reação 25.5, um catalisador de carbonila de cobalto (como o HCo(CO)$_4$) produz ≈80% do C$_4$-aldeído, 10% do C$_4$-álcool e ≈10% de outros produtos, e uma razão *n:i* de ≈3:1. Para a mesma reação, vários catalisadores de ródio com cocatalisadores de fosfanos podem produzir uma razão *n:i* entre 8:1 e 16:1, enquanto catalisadores de aglomerados de rutênio apresentam uma elevada quimiosseletividade a aldeídos com a regiosseletividade dependendo da escolha do aglomerado; por exemplo, para Ru$_3$(CO)$_{12}$, *n:i* ≈2:1, e para [HRu$_3$(CO)$_{11}$]$^-$, *n:i* ≈74:1. Quando o catalisador de hidroformilação envolve um ligante bifosfano (por exemplo, Ph$_2$PCH$_2$CH$_2$PPh$_2$, dppe), o ângulo de mordida do ligante (veja a estrutura **7.16**, no Volume 1) pode influenciar significativamente a distribuição dos produtos. Por exemplo, as razões *n:i* na hidroformilação do hex-1-eno catalisada por um complexo Rh(I)-bisfosfano são ≈2,1, 12,1 e 66,5 à medida que o ângulo de mordida do ligante bifosfano aumenta ao longo da série:[†]

Ângulo de mordida: 84,4°   107,6°   112,6°

Embora um diagrama como o da Fig. 25.2 mostre o catalisador sendo regenerado e passando mais uma vez pelo ciclo, na prática, os catalisadores acabam por se esgotar ou ser *envenenados*, por exemplo, por impurezas nas matérias-primas.

25.3 Catálise homogênea: metátese de alquenos (olefinas) e de alquinos

Na Seção 24.12, introduzimos a *metátese de alquenos (olefinas)*, ou seja, reações catalisadas por metais nas quais as ligações C=C são redistribuídas. A importância da metátese de alquenos e alquinos foi reconhecida pela outorga do Prêmio Nobel de Química em 2005 para Yves Chauvin, Robert H. Grubbs e Richard R. Schrock "pelo desenvolvimento do método de metátese em sínteses orgânicas". Exemplos de metátese de alquenos são mostrados na Fig. 25.3. O mecanismo de Chauvin para a metátese catalisada por metais de um alqueno envolve uma espécie metal-alquilideno e uma série de [2 + 2]-cicloadições e cicloconversões (Fig. 25.4). O esquema 25.6 mostra o mecanismo para a metátese de um alquino, o qual envolve um complexo metal-alquilidino de estado de oxidação elevado, L$_n$M≡CR.

(25.6)

Os catalisadores que desempenharam um papel dominante no desenvolvimento dessa área da química são aqueles concebidos por Schrock (por exemplo, catalisadores **25.1** e **25.2**) e Grubbs (catalisadores **25.3** e **25.4**). O catalisador **25.3** é o tradicional "catalisador de Grubbs", e complexos relacionados são também empregados. O catalisador "de segunda geração" **25.4** apresenta atividades catalíticas maiores em reações de metátese de alquenos. Os catalisadores **25.1-25.4** são comercialmente disponíveis. Exis-

---

[†] Para uma discussão adicional sobre os efeitos dos ângulos de mordida dos ligantes na eficiência do catalisador e na seletividade, veja: P. Dierkes and P.W.N.M. van Leeuwen (1999) *J. Chem. Soc., Dalton Trans.*, p. 1519.

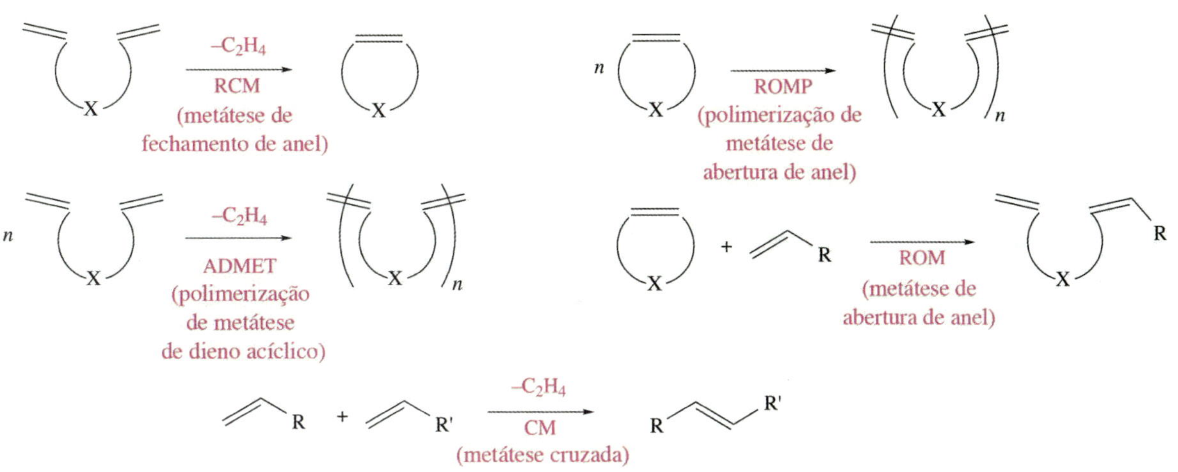

Fig. 25.3 Exemplos de reações de metátese de alquenos (olefinas) com suas abreviações usuais.

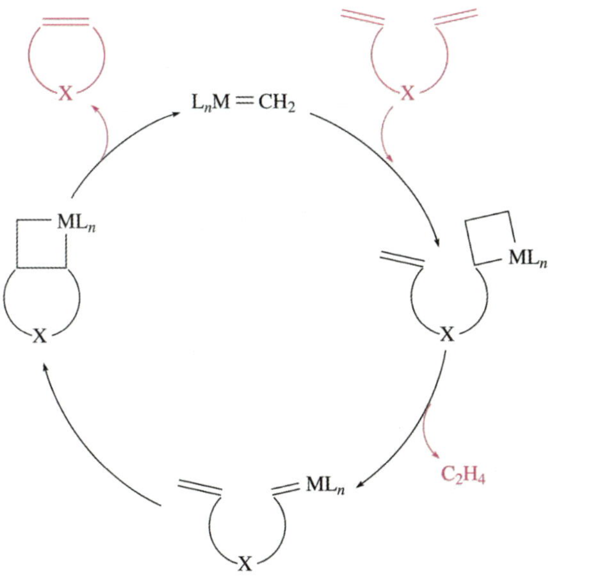

Fig. 25.4 Um ciclo catalítico para a metátese de fechamento de anel (RCM) mostrando o mecanismo de Chauvin que envolve [2 + 2]-cicloadições e cicloconversões.

tem em torno de 15 modificações dos catalisadores de Grubbs que são otimizadas para diferentes papéis catalíticos. Isso inclui a recente "terceira geração" de catalisadores (veja a estrutura **24.68**).

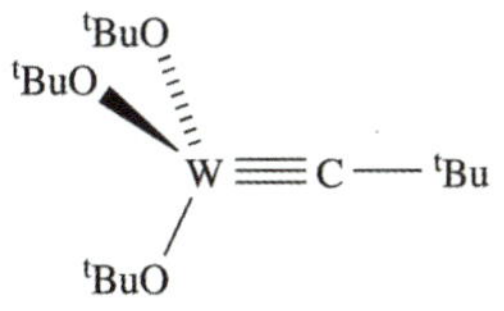

Catalisador de Schrock para a metátese de alquinos

(25.1)

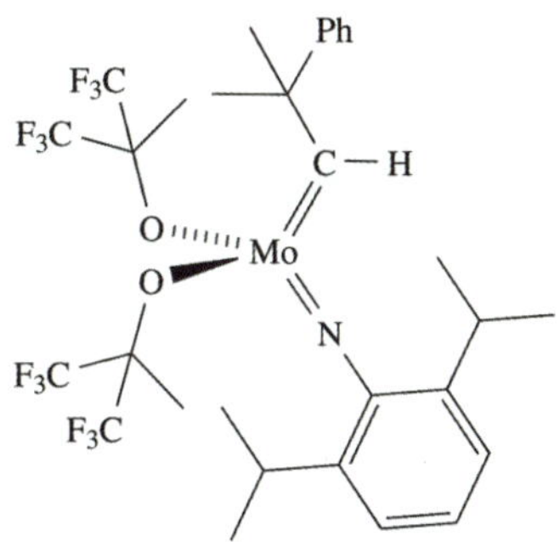

Exemplo de um catalisador do tipo Schrock para metátese de alquenos

(25.2)

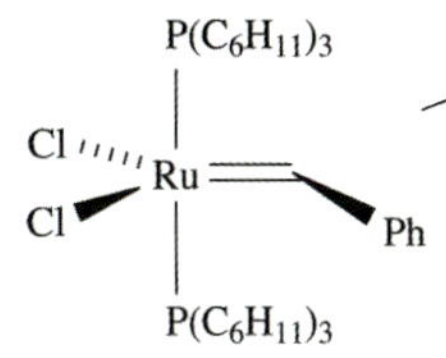

C_6H_{11} = ciclo-hexil

(25.3)   **(25.4)**

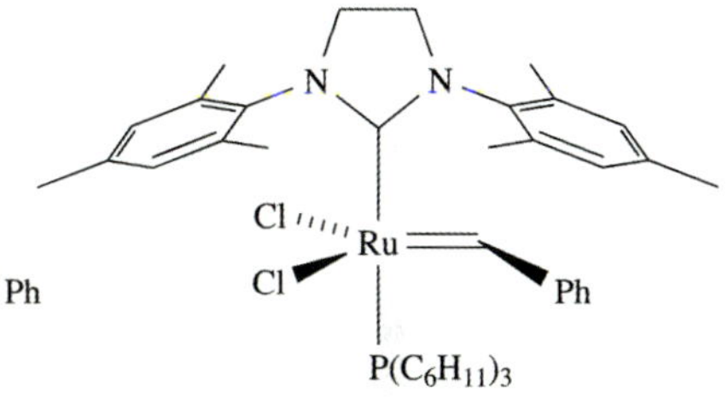

Nos catalisadores de Grubbs, o triciclo-hexilfosfano é escolhido preferencialmente a outros ligantes PR_3 porque seu efeito estérico e suas fortes propriedades de doador de elétrons levam a um reforço da atividade catalítica. A primeira etapa no mecanismo de metátese de um alqueno envolvendo catalisadores de Grubbs é a dissociação de um ligante $P(C_6H_{11})_3$ produzindo uma espécie de 14 elétrons coordenativamente insaturada (Fig. 25.5). A escolha do ligante fosfano é crucial para essa etapa de iniciação: ligantes PR_3 que são estericamente menos impedidos que $P(C_6H_{11})_3$ formam ligações demasiadamente fortes com o Ru, enquanto aqueles que são mais volumosos que o $P(C_6H_{11})_3$ são lábeis demais, de modo que não se forma um complexo de partida estável. O complexo ativado entra então no ciclo catalítico ligando-se a um alqueno. Ele pode se coordenar ao centro de Ru tanto em posição *cis* como *trans* em relação ao $P(C_6H_{11})_3$ (primeira geração de catalisadores) ou ao ligante carbeno heterocíclico contendo N (segunda geração de catalisadores). De acordo com o mecanismo geral de Chauvin, a próxima etapa envolve a formação de intermediários metalocíclicos (Fig. 25.5).[†]

Uma grande vantagem dos catalisadores de Grubbs é que eles toleram uma enorme variedade de grupos funcionais, permitindo assim sua ampla aplicação. Vamos destacar um exem-

---

[†] Para a elucidação do mecanismo, veja, por exemplo: R.H. Grubbs (2004) *Tetrahedron*, vol. 60, p. 7117; D.R. Anderson, D.D. Hickstein, D.J. O'Leary and R.H. Grubbs (2006) *J. Am. Chem. Soc.*, vol. 128, p. 8386; A.G. Wenzel and R.H. Grubbs (2006) *J. Am. Chem. Soc.*, vol. 128, p. 16048.

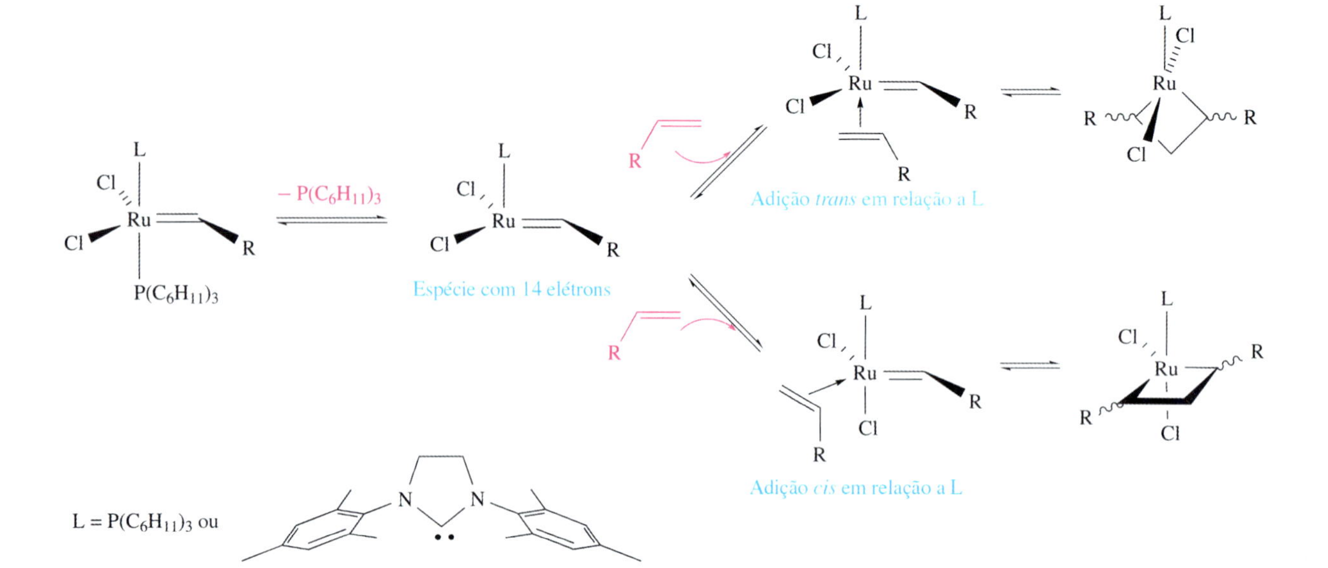

Fig. 25.5 Etapas iniciais no mecanismo de metátese de alqueno envolvendo catalisadores de Grubbs de primeira e segunda geração. Duas possibilidades para a formação dos intermediários de metalociclobutano são mostradas.

plo de laboratório que combina a química de coordenação com o emprego do catalisador **25.3**: a síntese de um *catenato*.

Um ***catenando*** é uma molécula contendo duas cadeias interligadas. Um ***catenato*** é uma molécula relacionada que possui um íon metálico coordenado.

Topologicamente, a montagem química de um *catenando* não é trivial porque ela exige que uma cadeia molecular seja inserida através da outra. A molécula **25.5** contém dois alquenos terminais e pode também se comportar como um ligante bidentado por meio do conjunto de átomos N,N' doadores.

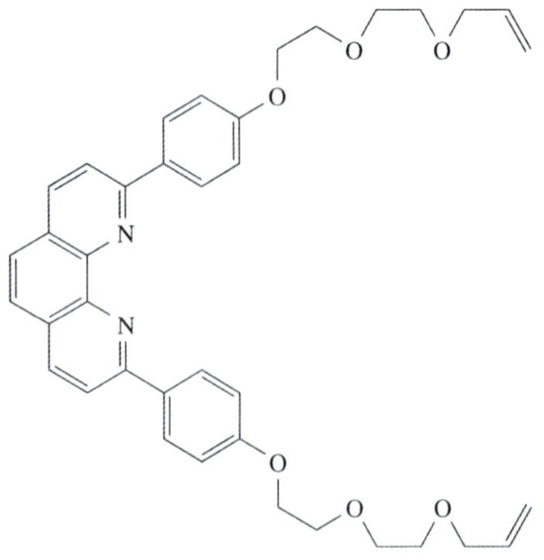

(25.5)

O complexo $[Cu(\mathbf{25.5})_2]^+$ é mostrado esquematicamente no topo da Eq. 25.7. O centro tetraédrico Cu^+ atua como um modelo, fixando as posições dos dois ligantes com as unidades fenantrolina centrais ortogonais entre si. A abertura do anel de *cada* ligante separado pode ser obtida tratando $[Cu(\mathbf{25.5})_2]^+$ com o catalisador de Grubbs, e o resultado é a formação de um catenato, mostrado esquematicamente como o produto na Eq. 25.7. As orientações relativas dos dois ligantes coordenados no $[Cu(\mathbf{25.5})_2]^+$ é importante se reações competitivas entre ligantes *diferentes* forem minimizadas.

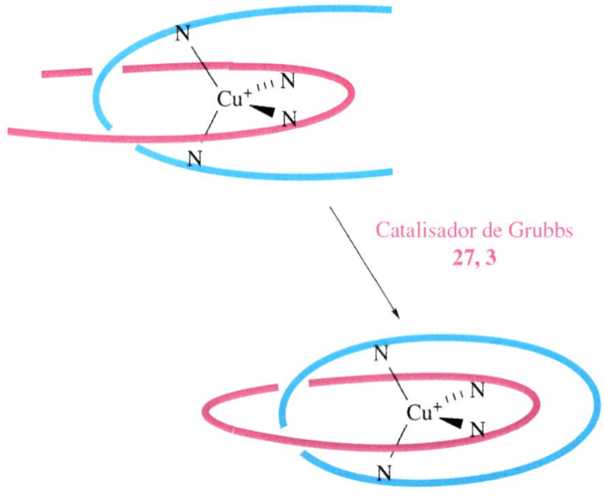

(25.7)

Exercício proposto

O ligante L_1 reage com $Ru(DMSO)_4Cl_2$ em MeCN produzindo $[RuL_1(NCMe)_2]^{2+}$. A reação desse complexo com o ligante L_2, seguido de tratamento com um catalisador de Grubbs de primeira geração, resulta na formação de um catenato. (a) Desenhe um esquema para a reação, prestando atenção ao ambiente de coordenação e à estereoquímica do átomo central de Ru. (b) Que tipo de metátese de alquenos está envolvida na última etapa? (c) Que complicações podem advir nesse tipo de reação?

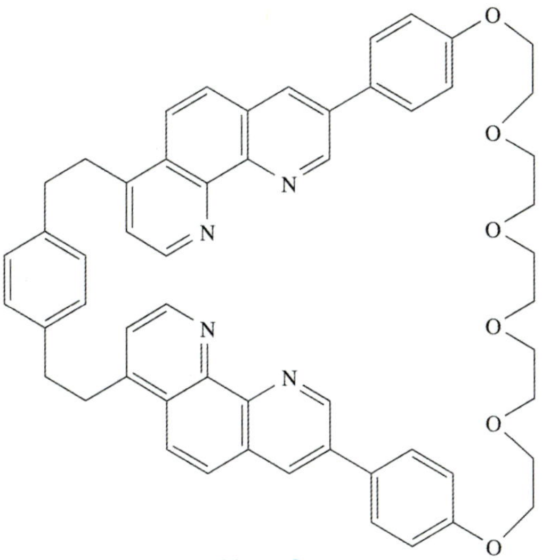

[*Resp.*: Veja P. Mobian *et al.* (2003) *J. Am. Chem. Soc.*, vol. 125, p. 2016; P. Mobian *et al.* (2003) *Helv. Chim. Acta*, vol. 86, p. 4195]

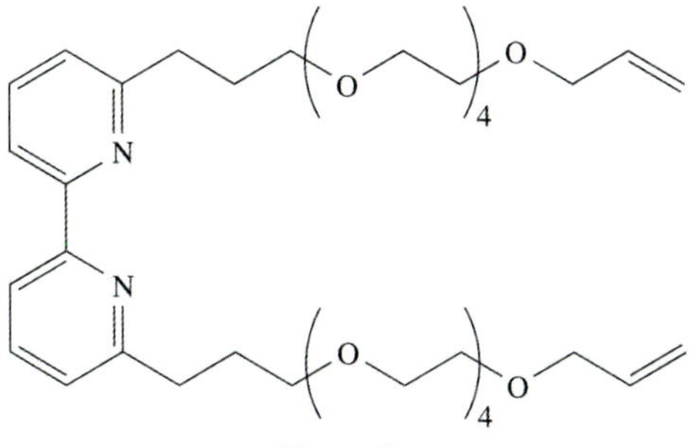

25.4 Redução catalítica homogênea de N₂ a NH₃

Na natureza, a fixação do nitrogênio por bactérias envolve a redução de N₂ a NH₃ (Eq. 25.8) catalisada por uma nitrogenase contendo ferro e molibdênio (veja a Seção 29.4). Em contraste com esse processo natural, a produção industrial de NH₃ (Eq. 25.9) exige condições drásticas e um catalisador heterogêneo (veja a Seção 25.8). Dada a escala de produção de NH₃, a conversão de N₂ a NH₃ por meio de um catalisador homogêneo sob condições ambientes é um objetivo que muitos químicos tentam alcançar.

$$N_2 + 8H^+ + 8e^- \rightleftharpoons 2NH_3 + H_2 \quad (25.8)$$

$$N_2 + 3H_2 \rightleftharpoons 2NH_3 \quad (25.9)$$

Como a natureza depende da FeMo-nitrogenase, complexos contendo esses metais são de particular interesse em termos da investigação da conversão de N₂ em NH₃. Complexos do tipo **25.6** são o ponto de partida de diversos estudos envolvendo intermediários como **25.7** e **25.8**. Entretanto, tais interconversões produzem apenas rendimentos moderados de NH₃ quando **25.8** é protonado.

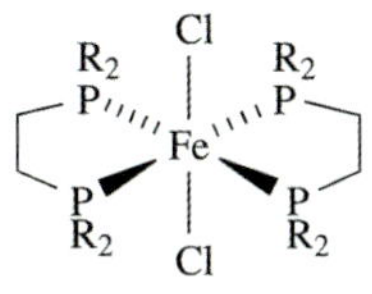

(25.6) 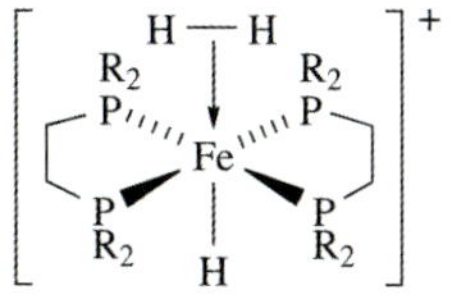   **(25.7)** 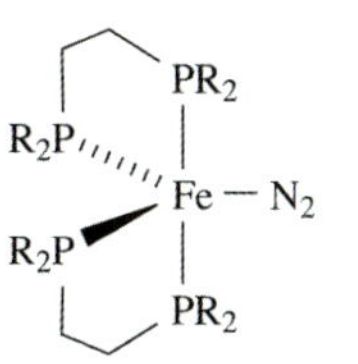   **(25.8)**

Apesar do grande número de complexos metálicos contendo dinitrogênio conhecidos, seu emprego para a produção catalítica de NH₃ não tem sido um objetivo fácil de ser alcançado. Em 2003, Schrock anunciou a redução catalítica de N₂ a NH₃ em um único centro de Mo, conduzida à temperatura e pressão ambientes. A redução é seletiva (ela não produz N₂H₄ algum). O catalisador é representado na Fig. 25.6a no momento em que N₂ está ligado. O ligante tripodal [N(CH₂CH₂NR)₃]³⁻, mostrado ligado ao centro de Mo(III), é concebido para maximizar o congestionamento estérico em torno do sítio metálico ativo, criando um compartimento em que ocorrem transformações somente com moléculas pequenas. Os substituintes R aumentam a solubilidade dos complexos mostrados na Fig. 25.6b. Cada etapa no ciclo catalítico proposto envolve tanto transferência de próton como de elétron. Dentre os intermediários mostrados, oito foram completamente caracterizados.[†] Na prática, uma solução do complexo Mo^{III}N₂ (definido na Fig. 25.6) em heptano é tratada com um excesso do íon 2,6-dimetilpiridínio (**25.9**) como fonte de prótons e (η^5-C₅Me₅)₂Cr (**25.10**) como fonte de elétrons. O decametilcromoceno é um agente redutor muito forte, sofrendo uma oxidação de um elétron a [(η^5-C₅Me₅)₂Cr]⁺. Esses reagentes devem ser adicionados lentamente e de maneira controlada. Sob essas condições a eficiência de formação de NH₃ a partir de N₂ é de ≈60%.

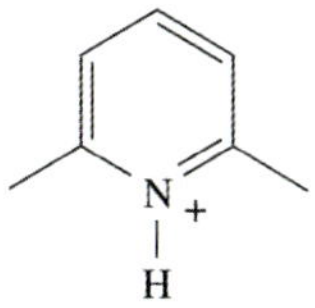

(25.9) 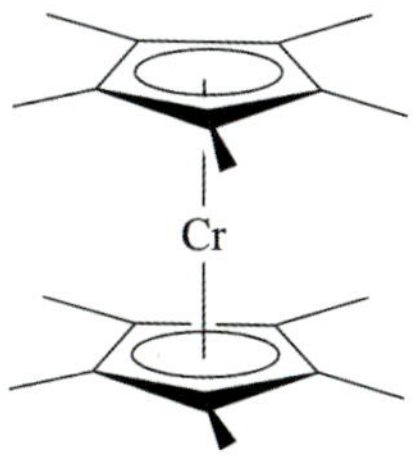   **(25.10)**

Embora esse exemplo de conversão catalítica de N₂ em NH₃ sob condições ambientes em um sistema molecular bem definido esteja ainda em estágio de pesquisa, ele estabelece que tal conversão é possível.

25.5 Catálise homogênea: aplicações industriais

Nesta seção, descreveremos processos catalíticos homogêneos selecionados que têm importância industrial. Muitos outros processos são utilizados em escala industrial e descrições detalhadas podem ser encontradas nas sugestões de leitura ao final deste capítulo. Duas vantagens da catálise homogênea sobre a heterogênea são as condições relativamente suaves nas quais muitos

---
[†] Para mais detalhes, veja: R.R. Schrock (2005) *Acc. Chem. Res.*, vol. 38, 955; W.W. Weare *et al.* (2006) *Proc. Nat. Acad. Sci.*, vol. 103, p. 17099; T. Kupfer and R.R. Schrock (2009) *J. Am. Chem. Soc.*, vol. 131, p. 12829; M.R. Reithofer, R.R. Schrock and P. Müller (2010) *J. Am. Chem. Soc.*, vol. 132, p. 8349; T. Munisamy and R.R. Schrock (2012) *Dalton Trans.*, vol. 41, p. 130.

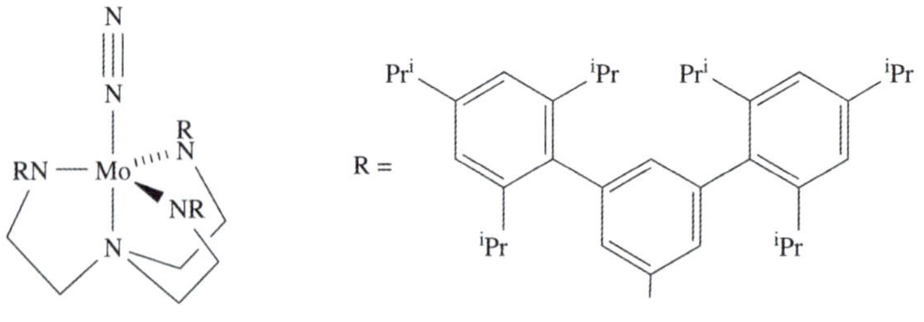

Fig. 25.6 (a) Dinitrogênio ligado a um centro isolado de Mo(III) no complexo que é o ponto de partida para a conversão catalítica de N_2 em NH_3 à temperatura e pressão ambientes. (b) Esquema proposto no qual seis prótons e seis elétrons produzem dois equivalentes de NH_3 a partir de um equivalente de N_2. O complexo mostrado na parte (a) é abreviado como $Mo^{III}N_2$, e assim sucessivamente.

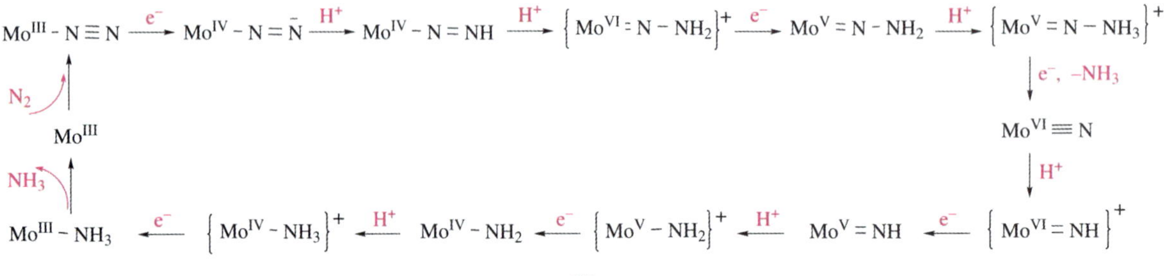

processos funcionam e a seletividade que pode ser alcançada. Uma desvantagem é a necessidade de separar o catalisador ao final da reação a fim de reciclá-lo, por exemplo, no processo de hidroformilação, o $HCo(CO)_4$, volátil, pode ser removido por evaporação súbita (*flash*). O emprego de suportes poliméricos ou de sistemas bifásicos (Seção 25.6) tornam a separação do catalisador mais fácil, e o desenvolvimento de tais espécies é uma área ativa de pesquisa atualmente.

Ao longo desta seção, o papel das *espécies de 16 elétrons coordenativamente insaturadas* (veja a Seção 24.7) e a capacidade do centro metálico de mudar o número de coordenação (requisitos essenciais de um catalisador ativo) devem ser observados.

Hidrogenação de alquenos

Praticamente todos os procedimentos mais amplamente empregados para a hidrogenação de alquenos utilizam catalisadores heterogêneos, mas para certos fins específicos empregam-se catalisadores homogêneos. Embora a adição de H_2 a uma ligação dupla seja termodinamicamente favorável (Eq. 25.10), a barreira cinética é elevada e faz-se necessário um catalisador para que a reação seja conduzida em uma velocidade viável sem a necessidade de temperaturas e pressões elevadas.

$$CH_2=CH_2 + H_2 \longrightarrow C_2H_6 \quad \Delta G^o = -101 \text{ kJ mol}^{-1} \quad (25.10)$$

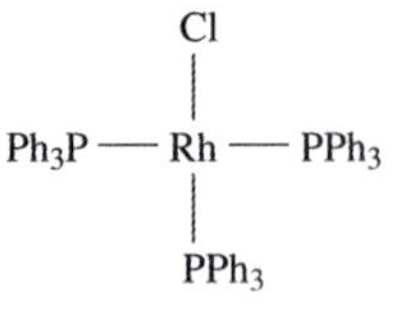

(25.11) 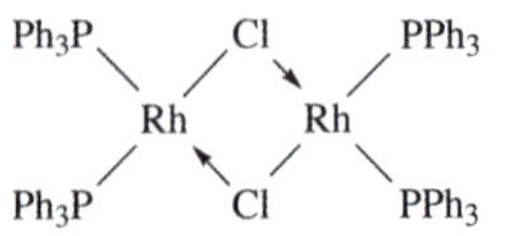 **(25.12)**

O *catalisador de Wilkinson* (**25.11**) vem sendo amplamente estudado; em sua presença, a hidrogenação de alquenos pode ser conduzida a 298 K em uma pressão de 1 bar de H_2. O complexo vermelho de Rh(I) de 16 elétrons (**25.11**) pode ser preparado a partir de $RhCl_3$ e PPh_3, e é comumente empregado em solução de benzeno/etanol, meio em que se dissocia em parte (equilíbrio 25.11). Uma molécula do solvente (solv) ocupa o quarto sítio no $RhCl(PPh_3)_2$ formando $RhCl(PPh_3)_2(solv)$. O composto de 14 elétrons $RhCl(PPh_3)_2$ (ou o seu análogo solvatado) é o catalisador ativo para a hidrogenação de alquenos. A dimerização de $RhCl(PPh_3)_2$ a **25.12** produz uma espécie cataliticamente inativa, e pode aparecer quando as concentrações de H_2 e do alqueno são baixas (como ao final de um processo em batelada).

$$RhCl(PPh_3)_3 \rightleftharpoons RhCl(PPh_3)_2 + PPh_3 \quad K = 1,4 \times 10^{-4}$$
(25.11)

A adição oxidativa *cis* de H_2 a $RhCl(PPh_3)_3$ (lado esquerdo da Fig. 25.7) produz uma espécie de 16 elétrons coordenativamente insaturada (Eq. 25.12).

$$\underset{\text{14 elétrons}}{RhCl(PPh_3)_2} + H_2 \rightleftharpoons \underset{\text{16 elétrons}}{RhCl(H)_2(PPh_3)_2} \quad (25.12)$$

A adição de um alqueno a $RhCl(H)_2(PPh_3)_2$ é provavelmente a etapa determinante da velocidade do ciclo catalítico mostrado na Fig. 25.7. A estereoquímica do composto octaédrico $RhCl(H)_2(PPh_3)_2(\eta^2\text{-alqueno})$ é tal que o alqueno está em posição *cis* em relação aos dois ligantes *cis*-hidrido. Ocorre então a migração de hidrogênio produzindo um ligante alquila unido por meio de uma ligação σ, seguido de eliminação redutora de um alcano e regeneração do catalisador ativo. O processo é resumido na Fig. 25.7, em que a função do solvente é ignorada. O esquema mostrado não deve ser tomado como único. Por exemplo, para alguns alquenos, dados experimentais sugerem que $RhCl(PPh_3)_2(\eta^2\text{-alqueno})$ é um intermediário. Outros catalisadores como $HRuCl(PPh_3)_3$ e $HRh(CO)(PPh_3)_3$ (que perde PPh_3 produzindo um complexo ativo contendo 16 elétrons) reage com um alqueno, e não com H_2, na primeira etapa do ciclo catalítico. A Fig. 25.8 resume o caminho reacional no qual o $HRh(CO)$

Catálise e alguns processos industriais **279**

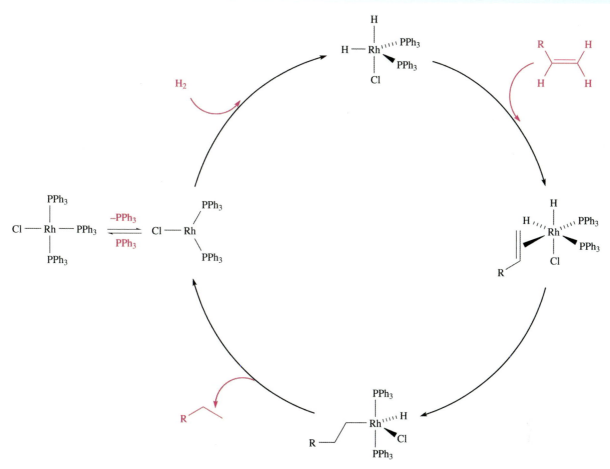

Fig. 25.7 Ciclo catalítico para a hidrogenação de RCH=CH$_2$ empregando o catalisador de Wilkinson RhCl(PPh$_3$)$_3$.

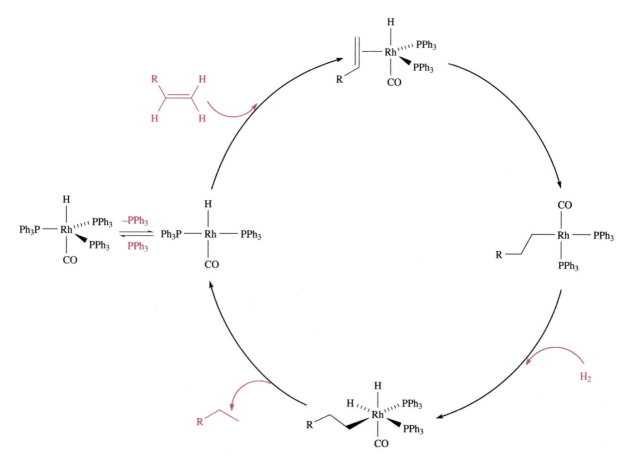

Fig. 25.8 Ciclo catalítico para a hidrogenação de RCH=CH$_2$ empregando HRh(CO)(PPh$_3$)$_3$ como catalisador.

Tabela 25.1 Constante de velocidade para a hidrogenação de alquenos (a 298 K em C_6H_6) na presença de um catalisador de Wilkinson[†]

Alqueno	$k\ /\times 10^{-2}\,dm^3\,mol^{-1}\,s^{-1}$
Fenileteno (estireno)	93,0
Dodec-1-eno	34,3
Ciclo-hexeno	31,6
Hex-1-eno	29,1
2-metilpent-1-eno	26,6
1-Metilciclo-hexeno	0,6

[†] Para dados adicionais, veja: F. H. Jardine, J. A. Osborn and G. Wilkinson (1967) *J. Chem. Soc. A*, p. 1574.

$(PPh_3)_3$ catalisa a hidrogenação de um alqueno. A etapa determinante da velocidade é a adição oxidativa de H_2 ao complexo alquila unido pela ligação σ.

Substratos para a hidrogenação catalisada pelo catalisador de Wilkinson incluem alquenos, dienos, alenos, terpenos, borrachas à base de butadieno, antibióticos, esteroides e prostaglandinas. É digno de menção que o eteno efetivamente envenena a própria conversão a etano, e a hidrogenação catalítica empregando $RhCl(PPh_3)_3$ não pode ser aplicada nesse caso. Para uma catálise efetiva, o tamanho do alqueno é importante. A velocidade de hidrogenação é reduzida por alquenos com efeitos estéricos pronunciados (Tabela 25.1). Muitas hidrogenações *seletivas* úteis podem ser obtidas, por exemplo, a reação 25.13.

(25.13)

Compostos biologicamente ativos normalmente possuem pelo menos um *centro assimétrico*, e são frequentemente observadas profundas diferenças nas atividades dos diferentes enantiômeros de fármacos quirais. Enquanto um enantiômero pode ser um fármaco terapêutico efetivo, o outro pode ser inativo ou altamente tóxico como no caso com a talidomina.[†] A *síntese assimétrica* é, portanto, um campo ativo de pesquisa.

Síntese assimétrica é uma síntese enantiosseletiva, e sua eficiência pode ser avaliada com base no **excesso enantiomérico** (ee):

$$\%\ ee = \left(\frac{|R - S|}{|R + S|}\right) \times 100$$

em que R e S = quantidades relativas dos enantiômeros *R* e *S*.

Um composto enantiomericamente puro apresenta um excesso enantiomérico de 100% (100% de ee). Na **catálise assimétrica** o catalisador é quiral.

[†] Veja, por exemplo: E. Thall (1996) *J. Chem. Educ.*, vol. 73, p. 481 – "When drug molecules look in the mirror"; S.C. Stinson (1998) *Chem. Eng. News*, 21 Sept. issue, p. 83 – "Counting on chiral drugs"; H. Caner, E. Groner, L. Levy and I. Agranat (2004) *Drug Discovery Today*, vol. 9, p. 105 – "Trends in the development of chiral drugs".

Caso a hidrogenação de um alqueno possa, em princípio, levar à formação de produtos enantioméricos, então o alqueno é pró-quiral (veja o problema 25.6a ao final do capítulo). Se o catalisador é aquiral (como é o caso do $RhCl(PPh_3)_3$), então o produto da hidrogenação do alqueno pró-quiral é um racemato, ou seja, a partir de um alqueno pró-quiral existe a mesma probabilidade de que o complexo alquila com ligação σ formado durante o ciclo catalítico (Fig. 25.7) seja um enantiômero *R*- ou *S*-. Se o catalisador é *quiral*, ele deve favorecer a formação de um dos dois enantiômeros *R*- ou *S*-, tornando assim a hidrogenação enantiosseletiva. *Hidrogenações assimétricas* podem ser conduzidas modificando-se o catalisador de Wilkinson, introduzindo um fosfano quiral ou um ligante bidentado bifosfano quiral, por exemplo, (*R,R*)-DIOP (definido na Tabela 25.2). Ao variar o catalisador quiral, a hidrogenação de dado alqueno pró-quiral ocorre com diferentes seletividades enantioméricas como exemplificado na Tabela 25.2. Um triunfo inicial da aplicação da hidrogenação assimétrica de alquenos para a produção de fármacos foi a formação do derivado da alanina L-DOPA (**25.13**), que é usado no tratamento do mal de Parkinson.[‡] O medicamento anti-inflamatório Naproxeno (ativo na forma (*S*-) é preparado por resolução quiral ou por hidrogenação assimétrica de um alqueno pró-quiral (reação 25.14); a pureza enatiomérica é essencial porque o enantiômero (*R*)- é uma toxina hepática.

L-DOPA
(25.13)

(*S*)-BINAP
(25.14)

Catalisador $Ru\{(S)\text{-BINAP}\}Cl_2$
(*S*)-BINAP = (**25.14**)

Naproxeno

(25.14)

[‡] Para detalhes adicionais, veja: W.A. Knowles (1986) *J. Chem. Educ.*, vol. 63, p. 222 – "Application of organometallic catalysis to the commercial production of L-DOPA".

Tabela 25.2 Excesso enantiomérico (% de ee) do produto observado na hidrogenação do CH$_2$=C(CO$_2$H)(NHCOMe) usando catalisadores de Rh(I) contendo diferentes bisfosfanos quirais

Bisfosfano	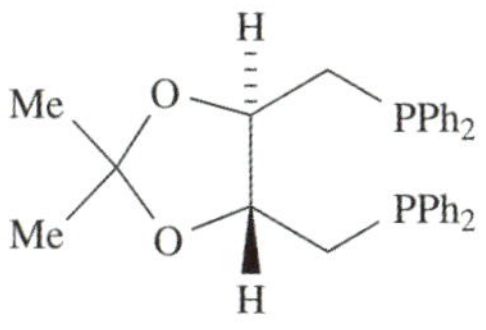 (R,R)-DIOP	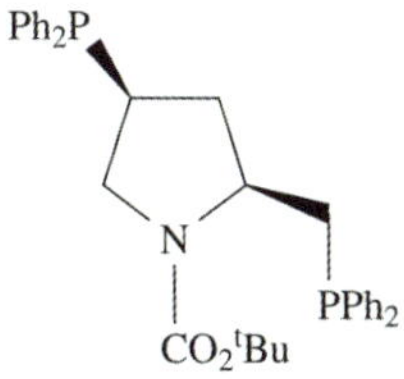 (S,S)-BPPM	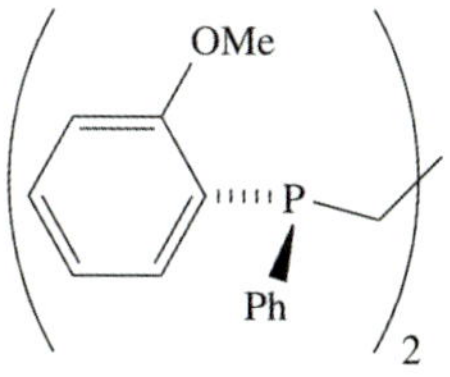 (R,R)-DIPAMP
% de ee (seletividade para o enantiômero R ou S)	73 (R)	99 (R)	90 (S)

Exercício proposto

Quais dos seguintes ligantes são quirais? Para cada ligante quiral, explique como a quiralidade se manifesta.

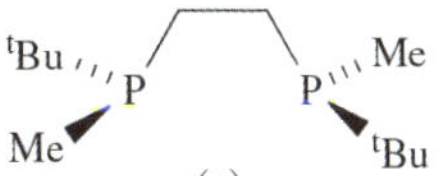

(a),  (b), 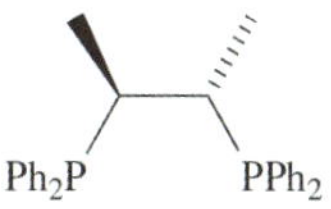 (c), 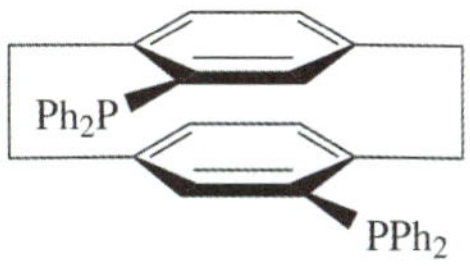 (d)

[*Resp.*: (a), (c), (d)]

Síntese do ácido acético pelos processos Monsanto e Cativa

A conversão de MeOH em MeCO$_2$H (Eq. 25.15) é realizada em uma grande escala industrial, e 60% da produção mundial de acetis é feita usando os processos Monsanto e Cativa. Atualmente, ≈7 Mt de ácido acético são consumidos por ano no mundo, sendo a produção do acetato de vinila (**25.15**) o produto final comercial mais importante. O acetato de vinila é o precursor do poli[acetato de vinila] (PVA, **25.16**).

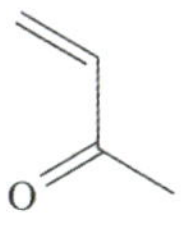

(**25.15**) 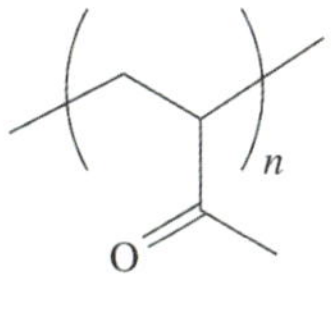   PVA (**25.16**)

$$\text{MeOH} + \text{CO} \longrightarrow \text{MeCO}_2\text{H} \qquad (25.15)$$

Antes de 1970, o ácido acético era fabricado por meio do processo BASF, que emprega catalisadores à base de cobalto e altas temperatura e pressão. A substituição desse procedimento pelo processo Monsanto trouxe como vantagens as condições mais suaves e uma maior seletividade (Tabela 25.3). O processo Monsanto emprega um catalisador à base de ródio e envolve dois ciclos catalíticos inter-relacionados (Fig. 25.9 com M = Rh). No ciclo da esquerda na Fig. 25.9, MeOH é convertido em MeI, que então entra no ciclo da direita por meio de uma adição oxidativa ao catalisador, *cis*-[Rh(CO)$_2$I$_2$]$^-$, que é um complexo de 16 elétrons. Essa adição é a etapa determinante do processo. Ela é seguida pela migração do grupo metila e a Fig. 25.9 mostra o produto dessa etapa como uma espécie de 16 elétrons com número de coordenação 5. Entretanto, é mais provável que seja um complexo com 18 elétrons, o dímero **25.17**, ou [Rh(CO)(COMe)I$_3$(solv)], em que solv representa uma molécula de solvente. Estudos de EXAFS (veja o Boxe 25.2) em solução de THF indicam que um dímero está presente a 253 K, e um monômero solvatado a 273 K. A próxima etapa no ciclo na Fig. 25.9 é a adição de CO (ou a substituição da molécula do solvente no [Rh(CO)(COMe)I$_3$(solv)] por CO) produzindo um complexo octaédrico contendo 18 elétrons, que elimina MeCOI. Essa última espécie entra no ciclo à esquerda na Fig. 25.9, sendo convertida em MeCO$_2$H.

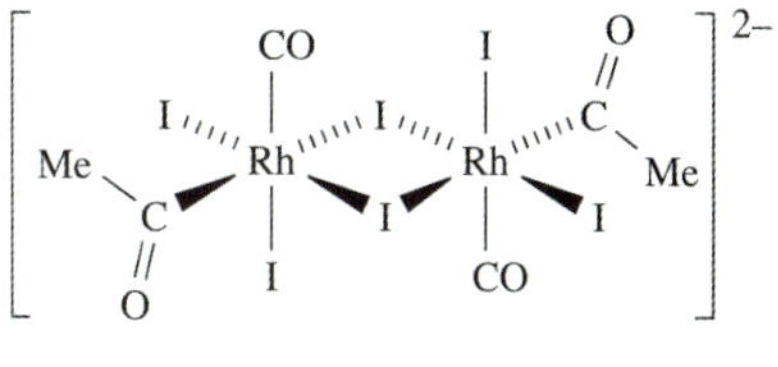

(**25.17**)

Os rendimentos dos produtos em qualquer processo de produção industrial têm de ser otimizados. Uma dificuldade do

Tabela 25.3 Comparação das condições e seletividades dos processos BASF, Monsanto e Cativa para a produção industrial do ácido acético (Eq. 25.15)

Condições	BASF (catalisador à base de Co)	Monsanto (catalisador à base de Rh)	Cativa (catalisador à base de Ir)
Temperatura/K	500	453	453
Pressão/bar	500-700	35	20-40
Seletividade/%	90	>99	>99

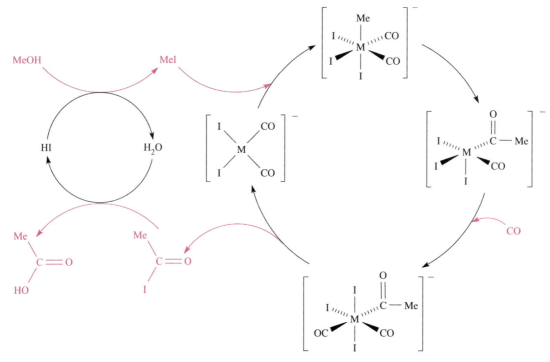

Fig. 25.9 Os dois ciclos catalíticos inter-relacionados nos processos de produção industrial de ácido acético Monsanto (M = Rh) e Cativa (M = Ir).

processo Monsanto é a oxidação do *cis*-[Rh(CO)₂I₂]⁻ pelo HI (Eq. 25.16). O produto perde facilmente CO, precipitando RhI₃, fazendo com que o catalisador seja removido do sistema (Eq. 25.17). A operação sob pressão de CO evita essa última etapa indesejável e, como a Eq. 25.18 mostra, inverte os efeitos da reação 25.16. A adição de pequenas quantidades de H₂ evita a oxidação de Rh(I) a Rh(III).

[Rh(CO)₂I₂]⁻ + 2HI ⟶ [Rh(CO)₂I₄]⁻ + H₂   (25.16)

[Rh(CO)₂I₄]⁻ ⟶ RhI₃(s) + 2CO + I⁻   (25.17)

[Rh(CO)₂I₄]⁻ + CO + H₂O ⟶ [Rh(CO)₂I₂]⁻ + 2HI + CO₂
(25.18)

Entre 1995 e 2000, BP Chemicals comercializou e começou a pôr em funcionamento o processo Cativa para a produção de ácido acético. O catalisador é *cis*-[Ir(CO)₂I₂]⁻ na presença de um promotor à base de rutênio (como Ru(CO)₄I₂) ou um promotor à base de iodeto (um iodeto molecular como InI₃). Os precursores do catalisador incluem IrCl₃ e H₂IrCl₆. O ciclo catalítico para o processo Cativa (Fig. 25.9, com M = Ir) é essencialmente o mesmo do processo Monsanto. Entretanto, a adição oxidativa de MeI a *cis*-[Ir(CO)₂I₂]⁻ é mais rápida do que a *cis*-[Rh(CO)₂I₂]⁻, e essa etapa não é a determinante da velocidade do processo Cativa (compare com a discussão anterior para o processo Monsanto). O aumento da força das ligações metal–ligante quando se passa do Rh ao Ir (veja o exercício a seguir) resulta que a etapa determinante é a migração do grupo metila. A velocidade nessa etapa pode ser aumentada pela adição de um captor de I⁻, e isso acarreta na migração do grupo metila no composto de número de coordenação 5 [Ir(CO)₂I₂Me] e não na espécie de número de coordenação 6 [Ir(CO)₂I₃Me]⁻.

Exercício proposto

Ao se passar de Rh para Ir, a ligação metal–ligante se torna mais forte. Explique como os dados vistos a seguir fornecem evidências para essa conclusão.

	ν_{CO} / cm⁻¹	
cis-[Rh(CO)₂I₂]⁻	2059	1988
cis-[Ir(CO)₂I₂]⁻	2046	1968
cis,*fac*-[Rh(CO)₂I₃Me]⁻	2104	2060
cis,*fac*-[Ir(CO)₂I₃Me]⁻	2098	2045

Uma importante vantagem do processo Cativa em relação ao processo Monsanto é o fato de que a precipitação de IrCl₃ não ocorre tão prontamente como a precipitação de RhCl₃ (veja a Eq. 25.17). Uma segunda vantagem é que as emissões de CO₂ são ≈30% menores no processo Cativa que no processo Monsanto. As semelhanças entre os dois caminhos reacionais (Fig. 25.9) significam que as plantas industriais para produção de ácido acético construídas para operar com o processo Monsanto podem ser remodeladas para adotar o processo Cativa mais vantajoso.

Processo Tennessee–Eastman para o anidrido acético

O processo Tennessee–Eastman para o anidrido acético converte acetato de metila em anidrido acético (Eq. 25.19) e está em uso comercial desde 1983.

MeCO₂Me + CO ⟶ (MeCO)₂O   (25.19)

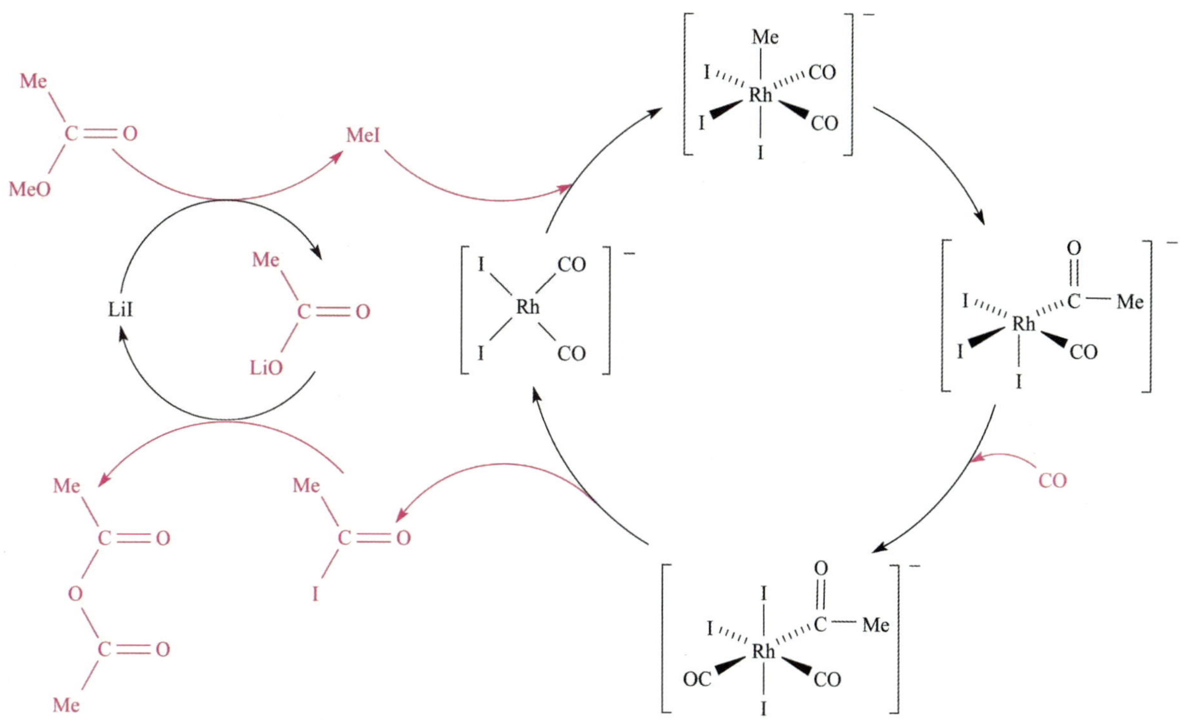

Fig. 25.10 Ciclo catalítico para o processo Tennessee–Eastman para o anidrido acético.

Ele lembra de perto o processo Monsanto, mas emprega MeCO$_2$Me no lugar de MeOH. O cis-[Rh(CO)$_2$I$_2$]$^-$ continua como catalisador e a adição oxidativa de MeI a cis-[Rh(CO)$_2$I$_2$]$^-$ ainda é a etapa determinante da velocidade. Um caminho reacional pode ser descrito adaptando a Fig. 25.9 fazendo M = Rh e substituindo:

- MeOH por MeCO$_2$Me;
- H$_2$O por MeCO$_2$H;
- MeCO$_2$H por (MeCO)$_2$O.

Entretanto, um segundo caminho reacional (Fig. 25.10) em que LiI substitui HI é extremamente importante para a eficiência do processo. O produto final é formado pela reação de iodeto de acetila com acetato de lítio. Outros iodetos de metais alcalinos não funcionam tão bem como LiI; por exemplo, a substituição de LiI por NaI reduz a reação por um fator de ≈2,5.

Exercícios propostos

1. Com respeito à Fig. 25.10, explique o que se entende pelo termo "coordenativamente insaturado".
2. Que características permitem que [Rh(CO)$_2$I$_2$]$^-$ atue como um catalisador ativo?
3. Na Fig. 25.10, qual é a etapa que corresponde a uma adição oxidativa?

[Resp.: Veja a discussão sobre o processo Monsanto e a Seção 24.7]

Hidroformilação (processo Oxo)

Hidroformilação (ou processo Oxo) é a conversão de alquenos a aldeídos (reação 25.20). Ela é catalisada por complexos de carbonilas de cobalto e ródio e é explorada industrialmente desde a Segunda Guerra Mundial.

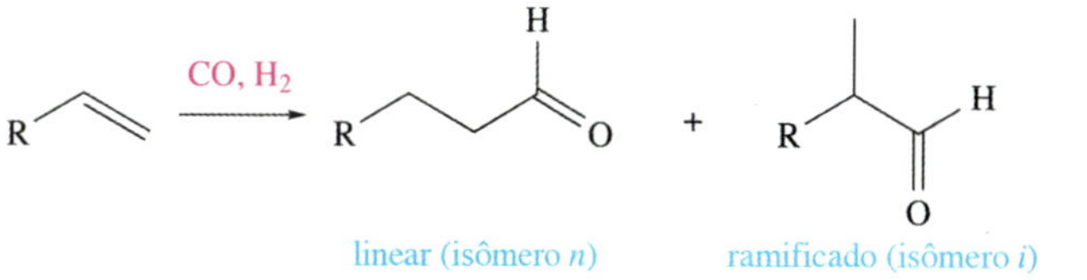

$$R-CH=CH_2 \xrightarrow{CO, H_2} R-CH_2-CH_2-CHO \text{ (linear, isômero } n) + R-CH(CH_3)-CHO \text{ (ramificado, isômero } i)$$

(25.20)

Os catalisadores à base de cobalto foram os primeiros a serem explorados. Sob as condições da reação (370–470 K, 100–400 bar), Co$_2$(CO)$_8$ reage com H$_2$ produzindo HCo(CO)$_4$. Esse último é normalmente representado nos ciclos catalíticos como o precursor para a espécie coordenativamente insaturada (ou seja, a espécie ativa) HCo(CO)$_3$. Conforme mostra a Eq. 25.20, a hidroformilação pode gerar uma mistura de aldeídos lineares e ramificados, e o ciclo catalítico na Fig. 25.11 leva em consideração ambos os produtos. Todas as etapas (exceto para a liberação final do aldeído) são reversíveis. Para interpretar o ciclo catalítico, começamos pelo HCo(CO)$_3$ no topo da Fig. 25.11. A adição do alqueno é a primeira etapa, que é seguida pela adição de CO em conjunto com a migração de H e a formação de um grupo alquila unido por uma ligação σ. Nesse ponto, o ciclo se divide em dois caminhos reacionais dependendo do átomo de C envolvido na formação da ligação Co–C. Os dois caminhos estão mostrados nos ciclos interno e externo da Fig. 25.11. Em cada um deles, a próxima etapa é a migração do grupo alquila, seguida de adição oxidativa de H$_2$ e a transferência de um átomo de H para o grupo alquila, levando à eliminação do aldeído. O ciclo interno elimina um aldeído linear enquanto o ciclo externo produz um aldeído isômero. Duas complicações principais no processo são a hidrogenação de aldeídos a alcoóis, e a isomerização de alquenos (que também é catalisada pelo HCo(CO)$_3$). O primeiro desses problemas (veja a Eq. 25.5) pode ser controlado usando razões H$_2$:CO maiores que 1:1 (por exemplo, 15:1). O problema da isomerização (regiosseletividade) pode ser contornado empregando outros catalisadores (veja adiante) ou pode ser convertido em uma vantagem pela preparação intencional de misturas de isômeros a serem separados em um estágio posterior. O esquema 25.21 ilustra a distribuição dos produtos formados quando oct-1-eno sofre hidroformilação a 423 K, 200 bar e com uma razão H_2:CO igual a 1:1.

Tabela 25.4 Constantes de velocidade para a hidroformilação (a 383 K) de alquenos selecionados na presença da espécie cataliticamente ativa $HCo(CO)_3$

Alqueno	$k / \times 10^{-5} s^{-1}$
Hex-1-eno	110
Hex-2-eno	30
Ciclo-hexeno	10
Oct-1-eno	109
Oct-2-eno	31
2-Metilpent-2-eno	8

deve perder CO para se tornar coordenativamente insaturado) e $HRh(CO)(PPh_3)_3$ (que perde PPh_3 produzindo a espécie cataliticamente ativa $HRh(CO)(PPh_3)_2$). Os dados na Tabela 25.5 comparam as condições operacionais e as seletividades desses catalisadores em comparação com $HCo(CO)_4$. O catalisador contendo Rh(I) é particularmente seletivo frente à formação de aldeídos, e sob certas condições a razão $n:i$ pode chegar a 20:1. Um excesso de PPh_3 evita as reações 25.22 que ocorrem na presença de CO. Os produtos das reações 25.22 são também catalisadores de hidroformilação, mas não têm a seletividade do $HRh(CO)(PPh_3)_2$. O complexo fosfano aparentado, $HRh(PPh_3)_3$, é inativo frente à hidroformilação, enquanto $RhCl(PPh_3)_3$ é ativo, e o Cl^- atua como um inibidor.

Tal como vimos quando a velocidade de hidrogenação era reduzida por alquenos com fortes restrições estéricas (Tabela 25.1), a velocidade de hidroformilação também é afetada por restrições estéricas, como ilustram os dados na Tabela 25.4.

Outros catalisadores de hidroformilação que são empregados industrialmente são $HCo(CO)_3(PBu_3)$ (que, como $HCo(CO)_4$,

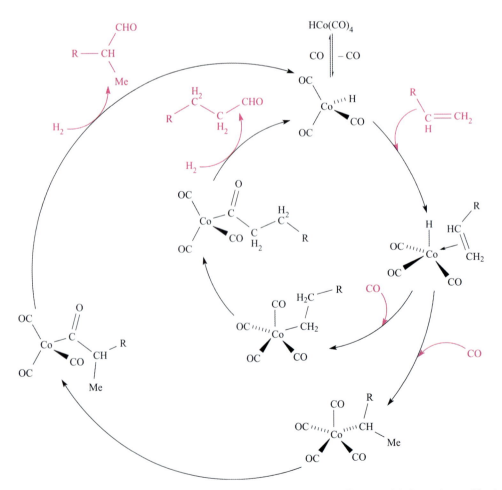

Fig. 25.11 Ciclos catalíticos competitivos na hidroformilação de alquenos produzindo aldeídos lineares (ciclo interno) e ramificados (ciclo externo).

Tabela 25.5 Comparação das condições operacionais e das seletividades de três catalisadores comerciais de hidroformilação. As fórmulas dadas correspondem aos precursores catalíticos

	HCo(CO)$_4$	HCo(CO)$_3$(PBu$_3$)	HRh(CO)(PPh$_3$)$_3$
Temperatura/K	410-450	450	360-390
Pressão/bar	250-300	50-100	30
Regiosseletividade, razão $n:i$ (veja a Eq. 25.5)	≈3:1	≈9:1	>10:1
Quimiosseletividade (predominância do aldeído sobre o álcool)	Alta	Baixa	Alta

$$HRh(CO)(PPh_3)_2 + CO \rightleftharpoons HRh(CO)_2(PPh_3) + PPh_3$$
$$HRh(CO)_2(PPh_3) + CO \rightleftharpoons HRh(CO)_3 + PPh_3$$
(25.22)

Exercícios propostos

1. Interprete os dados na Eq. 25.21 de forma que eles forneçam uma razão $n:i$ para a reação. [*Resp.*: ≈1,9:1]

2. Desenhe um ciclo catalítico para a conversão de pent-1-eno em hexanal usando HRh(CO)$_4$ como precursor catalítico. [*Resp.*: Veja o ciclo interno na Fig. 25.11, substituindo Co por Rh]

Oligomerização de alquenos

O processo Shell de Olefinas Superiores (sigla em inglês, SHOP, *Shell Higher Olefins Process*) emprega um catalisador à base de níquel para oligomerizar eteno. O processo é concebido para ser flexível, de modo que a distribuição de produtos satisfaça as necessidades do consumidor. O processo é complexo, mas a Fig. 25.12 fornece um ciclo catalítico simplificado, que indica a forma na qual o catalisador de níquel provavelmente atua. A adição de alqueno é seguida pela migração de hidrogênio (primeira etapa) ou um grupo alquila (etapas finais) e pela formação de um grupo alquila unido por meio de uma ligação σ. Isso produz um centro metálico coordenativamente insaturado que pode sofrer uma nova adição de alqueno. Caso ocorra uma eliminação de um hidrogênio β, produz-se um alqueno com uma cadeia carbônica mais longa que a do alqueno de partida.

25.6 Desenvolvimento de catalisadores homogêneos

O desenvolvimento de novos catalisadores é um importante tópico de pesquisa, e nesta seção nós introduziremos brevemente algumas áreas de interesse atual.

Catalisadores suportados em polímeros

A imobilização de catalisadores metálicos homogêneos em suportes poliméricos retém as vantagens de condições experimentais suaves e de seletividade normalmente encontradas na catálise homogênea convencional, e procura superar as dificul-

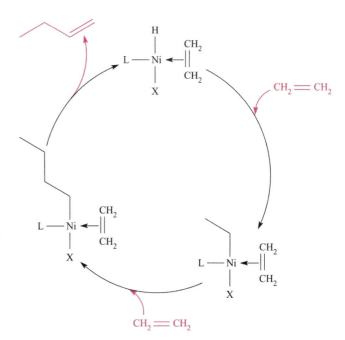

Fig. 25.12 Ciclo catalítico simplificado ilustrando a oligomerização do eteno usando um catalisador à base de níquel; L = fosfano, X = grupo eletronegativo.

dades da separação do catalisador. Os tipos de suportes incluem polímeros com um elevado grau de ligações cruzadas e com grandes áreas superficiais, e polímeros microporosos (baixo grau de ligações cruzadas) que incham quando são colocados em solventes. Um método comum de prender um catalisador ao polímero é funcionalizar o polímero com um ligante que pode então ser usado para coordenar e, por fim, ligar o centro metálico catalítico. A Eq. 25.23 fornece uma representação esquemática do uso de um polímero clorado para produzir grupos fosfanos suportados na superfície do polímero. O esquema 25.24 ilustra a aplicação da superfície funcionalizada com fosfano para ligar um catalisador de Rh(I). Esse sistema catalisa a carbonilação de MeOH na presença de um promotor MeI, e portanto tem relevância no processo Monsanto (Fig. 25.9).

(25.23)

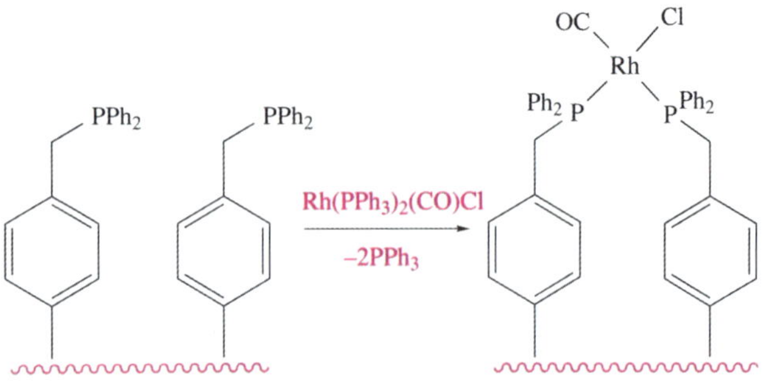

(25.24)

Alternativamente, alguns polímeros podem ligar diretamente o catalisador, por exemplo, poli[2-vinilpiridina] (preparado a partir do monômero **25.18**) é adequado para aplicação na preparação de catalisadores de hidroformilação (Eq. 25.25).

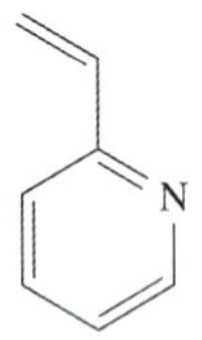

(25.18)

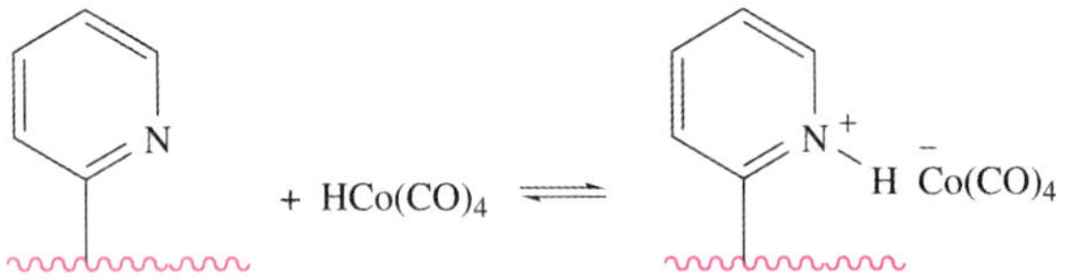

(25.25)

Catalisadores de hidroformilação podem também ser preparados ligando resíduos de carbonilas de cobalto ou de ródio a uma superfície funcionalizada com grupos fosfano por meio de substituição dos grupos carbonila por fosfanos. A quimiosseletividade e a regiosseletividade observadas para os catalisadores homogêneos suportados são normalmente bastante diferentes daquelas observadas para os análogos convencionais.

Embora tenha sido feito muito progresso nessa área, a lixiviação de metais para a solução (que em parte anula as vantagens obtidas em relação à separação do catalisador) é um problema frequente.

Catalisadores bifásicos

Catalisadores bifásicos superam o problema da separação do catalisador. Uma estratégia emprega um catalisador solúvel em água. Ele é retido em uma fase aquosa que é imiscível com uma fase orgânica na qual a reação ocorre. O contato íntimo entre as duas soluções é obtido durante a reação catalítica, após o qual os dois líquidos são deixados em repouso, e a fase contendo o catalisador é separada por decantação. Muitos catalisadores homogêneos são hidrofóbicos, de modo que é necessário introduzir ligantes que se unam ao metal, mas que contenham substituintes hidrofílicos. Dentre os ligantes que satisfazem a esses critérios com sucesso destaca-se o **25.19**: por exemplo, a reação de um excesso de **25.19** com [Rh$_2$(nbd)$_2$(μ-Cl)$_2$] (**25.20**) produz uma espécie, provavelmente [RhCl(**25.19**)$_3$]$^{3+}$, que catalisa a hidroformilação de hex-1-eno em aldeídos (a 40 bar, 360 K) com 90% de rendimento e com uma razão *n:i* de 4:1. Um excesso de ligante na fase aquosa estabiliza o catalisador e eleva a razão *n:i* para ≈10:1.

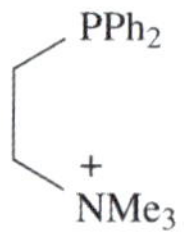

(25.19) 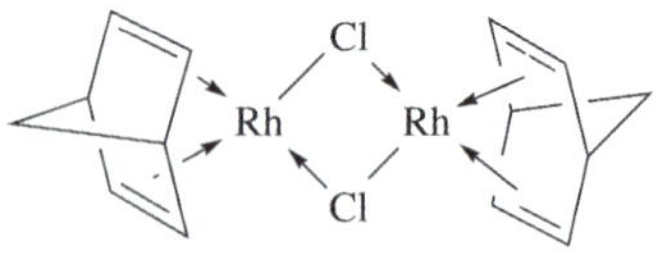   **(25.20)**

Muito trabalho vem sendo realizado com o ligante contendo um átomo doador P (**25.21**), o qual pode ser introduzido em uma variedade de complexos organometálicos por deslocamento de grupos carbonila ou alqueno. Por exemplo, o complexo solúvel em água HRh(CO)(**25.21**)$_3$ é um precursor de catalisador de hidroformilação. A conversão de hex-1-eno em heptanal ocorre com 93% de seletividade para o isômero *n*-, superior àquela mostrada por HRh(CO)(PPh$_3$)$_3$ sob condições convencionais de catálise homogênea. Uma variedade de hidrogenações de alquenos é catalisada por RhCl(**25.21**)$_3$, e ele é particularmente eficiente e seletivo para a hidrogenação do hex-1-eno.

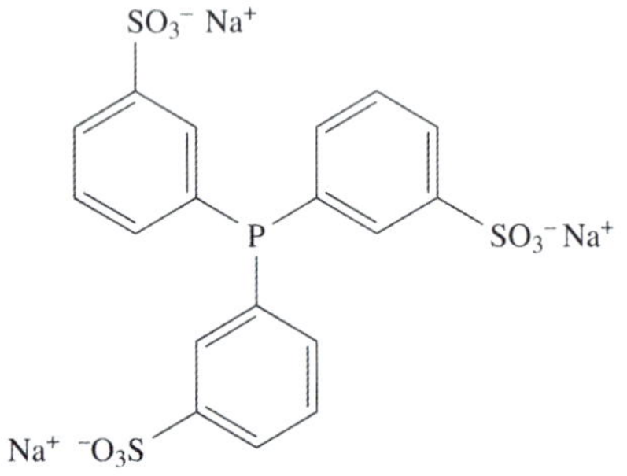

(25.21)

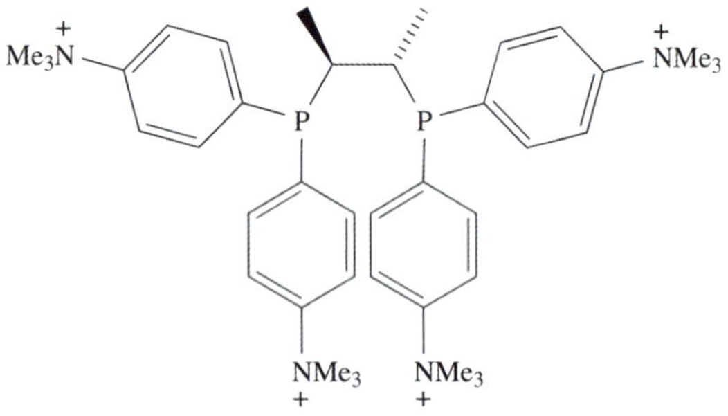

(25.22)

Hidrogenação assimétrica bifásica também foi desenvolvida usando bifosfanos quirais solúveis em água, tal como **25.22** coordenado a Rh(I). Com PhCH=C(CO$_2$H)(NH–C(O)Me) como substrato, a hidrogenação ocorre com um ee de 87%, e um êxito similar foi conseguido para sistemas relacionados.

Uma segunda abordagem para catalisadores bifásicos envolve uma fase fluorada (ou seja, um perfluoroalcano) no lugar de uma fase aquosa. Existe uma importante diferença entre os perfluoroalcanos C$_n$ superiores usados em catálise bifásica fluorada e os CFCs de baixo ponto de ebulição que foram banidos pelo Protocolo de Montreal (veja o Boxe 14.6, no Volume 1). O princípio da catálise bifásica fluorada é resumido no esquema 25.26.

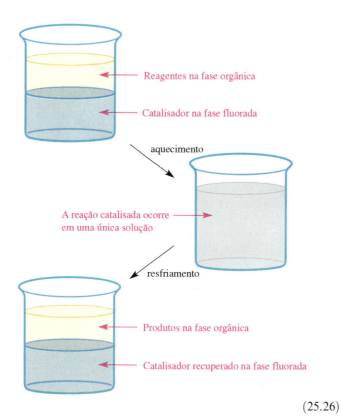

(25.26)

À temperatura ambiente, a maioria dos solventes fluorados é imiscível com outros solventes orgânicos, mas uma elevação da temperatura normalmente torna os solventes miscíveis. Os reagentes estão inicialmente dissolvidos em um solvente orgânico não fluorado e o catalisador está presente na fase fluorada. A elevação da temperatura do sistema cria uma fase única na qual a reação catalisada ocorre. Sob resfriamento, os solventes, juntamente com os produtos e o catalisador, se separam. Catalisadores com perfis de solubilidade apropriados podem ser concebidos incorporando substituintes fluorofílicos como C_6F_{13} ou C_8F_{17}. Por exemplo, o catalisador de hidroformilação $HRh(CO)(PPh_3)_3$ foi adaptado para emprego em meio fluorado mediante o emprego do ligante fosfano **25.23** no lugar de PPh_3. A introdução de substituintes fluorados altera as propriedades eletrônicas do ligante. Se o centro metálico do catalisador "sente" essa mudança, suas propriedades catalíticas serão provavelmente alteradas. A colocação de um espaçador entre o metal e o substituinte fluorado pode minimizar esses efeitos. Assim, no ligante fosfano **25.24** (que é um derivado de PPh_3), o anel aromático ajuda a blindar o átomo de P dos efeitos da eletronegatividade dos átomos de F. Embora o emprego de sistemas bifásicos possibilite que o catalisador seja recuperado e reciclado, ocorre lixiviação de Rh para a fase não fluorada em alguns ciclos catalíticos.

(25.23)

(25.24)

Embora os catalisadores bifásicos descritos anteriormente pareçam análogos àqueles discutidos na Seção 25.5, isso não significa que os mecanismos pelos quais os catalisadores atuam em dada reação são semelhantes.

Exercícios propostos

1. Dê um exemplo de como PPh_3 pode ser convertido em um catalisador hidrofílico.

2. O ligante (L):

forma o complexo $[Rh(CO)_2L]^+$, que catalisa a hidrogenação do estireno em um sistema água/heptano. Sugira como L se coordena ao átomo central de Rh. Explique como a reação catalisada seria conduzida, e comente acerca das vantagens do sistema bifásico em relação ao uso de um único solvente.
[*Resp.*: Veja C. Bianchini *et al.* (1995) *Organometallics*, vol. 14, p. 5458]

Aglomerados organometálicos do bloco *d* como catalisadores homogêneos

Nos últimos 40 anos, muito esforço foi feito para investigar o emprego de aglomerados organometálicos do bloco *d* como catalisadores homogêneos, e as Eqs. 25.27-25.29 dão exemplos de reações catalíticas em pequena escala. Observe que na reação 25.27, a inserção de CO ocorre na ligação O–H. Em contraste, no processo Monsanto que emprega o catalisador $[Rh(CO)_2I_2]^-$, a inserção do CO ocorre na ligação C–OH (Eq. 25.15).

$$MeOH + CO \xrightarrow[400 \text{ bar, } 470 \text{ K}]{Ru_3(CO)_{12}} MeOCHO \quad \text{90\% de seletividade} \tag{25.27}$$

$$\xrightarrow[30 \text{ bar } H_2;\ 420 \text{ K}]{Os_3(CO)_{12}} \tag{25.28}$$

$$\xrightarrow[7 \text{ bar } H_2;\ 390 \text{ K}]{(\eta^5\text{-}Cp)_4Fe_4(CO)_4} + \text{outros isômeros} \quad \text{84\% de seletividade} \tag{25.29}$$

Um desenvolvimento promissor na área é o emprego de aglomerados *catiônicos*. $[H_4(\eta^6\text{-}C_6H_6)_4Ru_4]^{2+}$ catalisa a redução do ácido fumárico, sendo a reação seletiva em relação à ligação C=C, deixando as unidades ácido carboxílico intactas (Fig. 25.13).

Apesar do grande número de trabalhos que foram realizados na área e da grande variedade de exemplos hoje conhecidos, parece que não existem aplicações industriais de catalisadores à base de aglomerados moleculares.

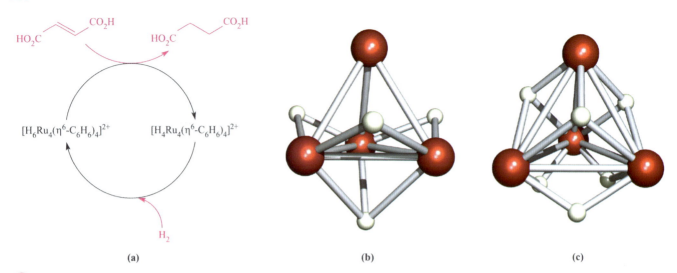

Fig. 25.13 (a) Ciclo catalítico para a hidrogenação do ácido fumárico por $[H_4(\eta^6\text{-}C_6H_6)_4Ru_4]^{2+}$; (b) núcleo H_4Ru_4 do $[H_4(\eta^6\text{-}C_6H_6)_4Ru_4]^{2+}$; e (c) núcleo H_6Ru_4 do $[H_6(\eta^6\text{-}C_6H_6)_4Ru_4]^{2+}$, ambos determinados por difração de raios X [G. Meister *et al*. (1994) *J. Chem. Soc., Dalton Trans.*, p. 3215]. Dados espectroscópicos de RMN de ^1H sugerem que o $[H_6(\eta^6\text{-}C_6H_6)_4Ru_4]^{2+}$ pode conter um ligante H_2 e quatro ligantes hidridos. Código de cores: em (b) e (c): Ru, vermelho; H, branco.

25.7 Catálise heterogênea: superfícies e interações com adsorbatos

A maioria dos processos industriais catalíticos envolve *catálise heterogênea*, e a Tabela 25.6 apresenta exemplos selecionados. As condições são geralmente drásticas, envolvendo elevadas temperaturas e pressões. Antes de descrever aplicações industriais específicas, introduziremos alguma terminologia e discutiremos as propriedades de superfícies metálicas e de zeólitas que as tornam úteis como catalisadores heterogêneos.

Estaremos principalmente interessados nas reações de gases sobre catalisadores heterogêneos. Moléculas de reagentes são *adsorvidas* na superfície do catalisador, sofrem reação e os produtos são *dessorvidos*. A interação entre a espécie adsorvida e os átomos da superfície pode ser de dois tipos: fisissorção (ou adsorção física) ou quimissorção (ou adsorção química).

Adsorção física ou *fisissorção* envolve interações de van der Waals fracas entre a superfície e o adsorbato.
Adsorção química ou *quimissorção* envolve a formação de ligações químicas entre os átomos superficiais e a espécie adsorvida.

O processo de adsorção ativa moléculas tanto por meio de quebra de ligações como pelo enfraquecimento delas. A dissociação de moléculas diatômicas como H_2 em uma superfície metálica é representada esquematicamente na Eq. 25.30. A formação de ligação não tem como ocorrer em um único átomo isolado como ilustrado anteriormente. Ligações em moléculas, por exemplo, C–H, N–H, são ativadas de modo semelhante.

$$\begin{array}{c} H-H \\ \\ -M-M-M- \end{array} \longrightarrow \begin{array}{c} H \quad H \\ | \quad | \\ -M-M-M- \end{array} \quad (25.30)$$

Tabela 25.6 Exemplos de processos industriais que utilizam catalisadores heterogêneos

Processos de produção industriais	Sistema catalítico
Síntese de NH_3 (processo Haber)[‡]	Fe suportado em SiO_2 e Al_2O_3
Reação de deslocamento água-gás[*]	Ni, óxidos de ferro
Craqueamento catalítico de destilados pesados de petróleo	Zeólita (veja a Seção 25.8)
Reforma catalítica de hidrocarbonetos para aumento do índice de octano[**]	Pt, Pt–Ir e outros metais do grupo da Pt suportados em alumina ácida
Metanação (CO → CO_2 → CH_4)	Ni suportado
Epoxidação do eteno	Ag suportada
Fabricação de HNO_3 (processo Haber-Bosch)[***]	Redes de Pt–Rh

[‡]Veja a Seção 15.5, no Volume 1.
[*]Veja as Eqs. 10.13 e 10.14, ambas no Volume 1.
[**]O número de octano (octanagem) é aumentado elevando-se a razão de hidrocarbonetos ramificados ou aromáticos em relação aos hidrocarbonetos lineares. A escala do número de octano vai de 0 a 100, sendo 0 para o *n*-heptano e 100 para o 2,2,4-trimetilpentano.
[***]Veja a Seção 15.9, no Volume 1.

O balanço entre as contribuições das energias de ligação é um fator que determina se um metal em particular facilitará ou não a quebra da ligação no adsorbato. Entretanto, se as ligações metal–adsorbato são particularmente fortes, ele se torna energeticamente menos favorável para que a espécie adsorvida deixe a superfície, e isso bloqueia os sítios de adsorção, reduzindo com isso a atividade catalítica.

A adsorção de CO em superfícies metálicas foi extensivamente investigada. Podem ser feitas analogias entre as interações de CO com átomos metálicos em uma superfície e aquelas em complexos organometálicos (veja a Seção 24.2), ou seja, são possíveis tanto modos de ligação terminais como em ponte, e a espectroscopia de IV pode ser usada para estudar o CO adsorvido. Devido à interação com um átomo de uma superfície metálica, a ligação C–O se enfraquece de um modo muito parecido como o mostrado na Fig. 24.1. A extensão do enfraquecimento depende não apenas do modo de interação com a superfície, mas também da cobertura dessa superfície. Em estudos de adsorção de CO sobre a superfície Pd(111),[†] relata-se que a entalpia de adsorção de CO se torna menos negativa à medida que uma maior parte da superfície é coberta por moléculas adsorvidas. Observa-se um súbito decréscimo na quantidade de calor liberada por mol de adsorbato quando a superfície é ocupada pela metade por uma monocamada. Nesse ponto, é necessária uma reorganização significativa das moléculas do adsorbato para acomodar mais moléculas. Mudanças no modo de ligação do CO na superfície alteram a força da ligação C–O e a extensão com que a molécula é ativada.

Diagramas de redes metálicas ach, cfc ou ccc como mostradas na Fig. 6.2, no Volume 1, implicam em superfícies metálicas "achatadas". Na prática, uma superfície contém imperfeições como aquelas mostradas na Fig. 25.14. As *dobras* em uma superfície metálica são extremamente importantes para a atividade catalítica, e a sua existência aumenta a velocidade de catálise. Em uma rede compacta, seções de superfície "lisa" contêm triângulos M₃ (**25.25**), enquanto um degrau possui uma linha de "borboletas" M₄ (veja a Tabela 24.5), uma das quais é mostrada em azul na estrutura **25.26**. Ambos podem acomodar espécies adsorvidas em sítios que podem ser reproduzidos por aglomerados metálicos discretos. Isso levou à *analogia aglomerado-superfície* (veja a Seção 25.9).

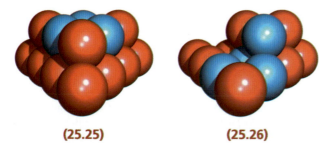

(25.25)   (25.26)

A concepção de um catalisador metálico deve levar em conta não apenas a superfície disponível, mas também o fato de que os metais cataliticamente ativos do grupo da platina (veja a Seção 22.2) são raros e caros. Pode também ocorrer o problema de que a exposição contínua da superfície metálica pode resultar em reações secundárias. Em muitos catalisadores comerciais, incluindo conversores catalíticos usados em veículos de motor

---

[†] As representações (111), (110), (101)... são os índices de Miller. Esses índices definem os planos cristalográficos na rede do metal.

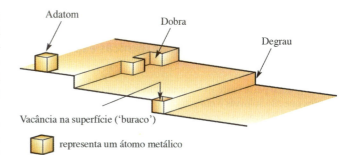

Fig. 25.14 Representação esquemática das características típicas de uma superfície metálica. [Baseada em uma figura da *Encyclopedia of Inorganic Chemistry* (1994), ed. R.B. King, vol. 3, p. 1359, Wiley, Chichester.]

a combustão, pequenas partículas metálicas (por exemplo, 1600 pm de diâmetro) estão dispersas em um suporte como γ-alumina (*alumina ativada*, veja a Seção 13.7, no Volume 1) que possui uma grande área superficial. O emprego de um suporte desse tipo significa que há um elevado percentual de átomos metálicos disponível para a catálise. Em alguns casos, o próprio suporte pode alterar de modo benéfico as propriedades do catalisador. Por exemplo, na reforma de hidrocarbonetos (Tabela 25.6), o metal e o suporte atuam em conjunto:

- os metais do grupo platina catalisam a conversão de um alcano em um alqueno;
- a isomerização do alqueno é facilitada pela superfície ácida da alumina;
- os metais do grupo platina catalisam a conversão do alqueno isomerizado em um alcano mais ramificado que o hidrocarboneto de partida.

Além de desempenharem o papel de suporte para metais, a sílica e a alumina são diretamente empregadas como catalisadores heterogêneos. Uma das principais aplicações é no craqueamento catalítico de destilados pesados de petróleo. Pós muito finos de sílica e γ-alumina possuem uma elevada área superficial de ≈900 m² g⁻¹. Grandes áreas superficiais são uma propriedade-chave dos catalisadores zeolíticos (veja a Seção 14.9, no Volume 1), cuja seletividade pode ser variada modificando-se os tamanhos, as formas e a acidez de Brønsted de suas cavidades e túneis. Discutiremos essas propriedades com mais detalhe na Seção 25.8.

25.8 Catálise heterogênea: aplicações comerciais

Nesta seção descreveremos aplicações comerciais selecionadas de catalisadores heterogêneos. Os exemplos foram escolhidos para ilustrar uma variedade de tipos de catalisadores, bem como o desenvolvimento de conversores catalíticos para veículos com motor a combustão.

Polimerização de alquenos: catalisadores de Ziegler–Natta e metalocenos

O Prêmio Nobel de Química de 1963 foi concedido a Karl Ziegler e Giulio Natta "por suas descobertas no campo da química e da tecnologia de polímeros superiores". A polimerização de alquenos por catalisadores heterogêneos de Ziegler–Natta tem vasta importância na indústria de polímeros. Em 1953, Ziegler descobriu que, na presença de certos catalisadores heterogêneos, o eteno era polimerizado a polietileno de elevada massa molar

TEORIA

Boxe 25.2 Algumas técnicas experimentais usadas na ciência de superfícies

Em grande parte deste livro, ocupamo-nos com o estudo de espécies que são solúveis e em solução podem ser submetidas a diversas técnicas (veja o Capítulo 4, no Volume 1), tais como a espectroscopia eletrônica e a espectroscopia de RMN, ou com dados estruturais obtidos por meio de difração de raios X ou estudos de difração de nêutrons de *monocristais*, ou ainda estudos de difração de elétrons de gases. A investigação de superfícies sólidas exige técnicas especiais, muitas das quais foram desenvolvidas há relativamente pouco tempo. Exemplos selecionados estão listados na tabela vista a seguir.

Para mais detalhes sobre as técnicas em estado sólido, veja:
J. Evans (1997) *Chem. Soc. Rev.*, vol. 26, p. 11 – 'Shining light on metal catalysts'.
J. Evans (2006) *Phys. Chem. Chem. Phys.*, vol. 8, p. 3045 – 'Brilliant opportunities across the spectrum'.
G.A. Somorjai and Y. Li (2010) *Introduction to Surface Chemistry and Catalysis*, 2nd ed, Wiley, New Jersey.
A.R. West (1999) *Basic Solid State Chemistry*, 2nd ed, Wiley, Chichester.

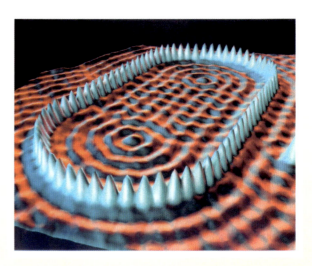

Uma imagem, colorida *a posteriori*, obtida por meio de microscopia de varredura por tunelamento (MVT; sigla em inglês, *STM – scanning tunneling microscopy*) de átomos de ferro dispostos em forma oval em uma superfície corrugada de cobre.

Acrônimo em inglês	Técnica	Aplicação e descrição da técnica
AES	Espectroscopia de elétrons auger	Estudo da composição da superfície
EXAFS	Estrutura fina de absorção de raios X	Estimativa das distâncias internucleares em torno de um átomo central
FTIR	Espectroscopia de infravermelho com transformada de Fourier	Estudo de espécies adsorvidas
HREELS	Espectroscopia de perda de energia de elétrons de alta resolução	Estudo de espécies adsorvidas
LEED	Difração de elétrons de baixa energia	Estudo das características estruturais da superfície e da espécie adsorvida
SIMS	Espectrometria de massa de íon secundário	Estudo da composição da superfície
STM	Microscopia de varredura por tunelamento	Obtenção de imagens de uma superfície e da espécie adsorvida em um nível atômico
XANES	Espectroscopia de absorção de raios X próximo da borda	Estudo dos estados de oxidação dos átomos da superfície
XRD	Difração de raios X	Investigação das fases e dos tamanhos das partículas
XPS (ESCA)	Espectroscopia de fotoelétrons de raios X (espectroscopia de elétrons para análise química)	Estudo da composição da superfície e dos estados de oxidação dos átomos na superfície

a relativamente baixas pressões. Em 1954, Natta mostrou que os polímeros formados usando essas condições catalíticas eram *estereorregulares*. Quando um alqueno terminal, $RCH=CH_2$, sofre polimerização, os grupos R em um polímero linear podem ser agrupados como mostrado na Fig. 25.15. Consideremos o polipropeno, no qual R = Me. No polímero *isotático*, os grupos metila se situam todos no mesmo lado da cadeia carbônica. Isso produz um polímero estereorregular no qual a cadeia se compacta com eficiência, produzindo um material cristalino. O polipropeno *sindiotático* (Fig. 25.15, R = Me) também tem valor comercial: os grupos metila estão regularmente distribuídos em lados alternados do esqueleto carbônico. Em contraste, o polímero *atático* apresenta uma distribuição aleatória de grupos R, sendo por isso mole e elástico.

A primeira geração de catalisadores de Ziegler–Natta foi preparada reagindo $TiCl_4$ com Et_3Al para precipitar $\beta\text{-}TiCl_3 \cdot xAlCl_3$, que foi convertido em $\gamma\text{-}TiCl_3$. Embora esse último catalise a produção de polipropeno isotático, sua seletividade e eficiência exigiam uma melhora significativa. Uma modificação da metodologia de preparo do catalisador produziu a forma δ do $TiCl_3$, que é estereosseletiva abaixo de 373 K. O cocatalisador Et_2AlCl nesse sistema é essencial; sua função é alquilar átomos de Ti na superfície do catalisador. Na terceira geração de catalisadores (empregada desde a década de 1980), o $TiCl_4$ é suportado em $MgCl_2$ anidro, e o Et_3Al é empregado para a alquilação. O Ti(IV) superficial é reduzido a Ti(III) antes da coordenação do alqueno (veja adiante). A escolha do $MgCl_2$ como substrato advém da similaridade das estruturas cristalinas do $MgCl_2$ e do $\beta\text{-}TiCl_3$.

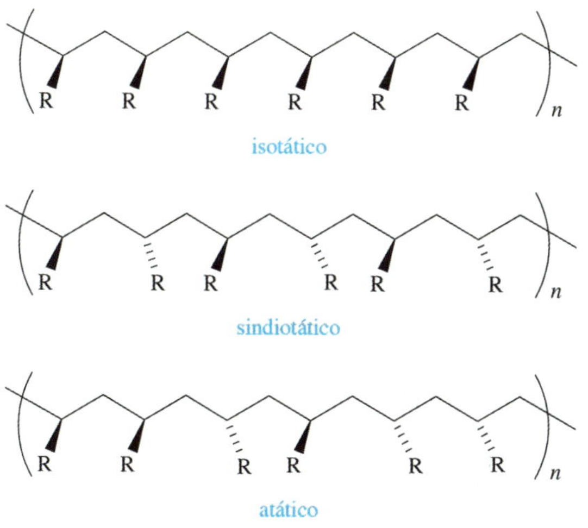

Fig. 25.15 Distribuição dos substituintes R nos polímeros lineares isotático, sindiotático e atático.

Isso permite o crescimento epitaxial do TiCl$_4$ (ou TiCl$_3$ após a redução) sobre o MgCl$_2$.

> O crescimento *epitaxial* de um cristal sobre um substrato cristalino ocorre de forma que o crescimento segue o eixo cristalino do substrato.

A polimerização do alqueno é catalisada em um centro de Ti(III) na superfície, no qual existe um átomo de Cl terminal e um sítio de coordenação vazio. O *mecanismo de Cossee–Arlman* é o caminho reacional aceito para o processo catalítico, e uma representação simplificada desse mecanismo é mostrada na Fig. 25.16. Unidades de TiCl$_5$ coordenativamente insaturadas são os sítios catalíticos ativos. Na primeira etapa, o átomo de Cl superficial é substituído por um grupo etila. É crucial que o grupo alquila esteja em posição *cis* em relação ao sítio de coordenação vazio a fim de facilitar a migração desse grupo alquila na terceira etapa. Na segunda etapa, o alqueno se liga a Ti(III) e a isso se segue a migração do grupo alquila. A repetição dessas duas últimas etapas resulta no crescimento do polímero. Na polimerização do propeno, acredita-se que a formação estereosseletiva do polipropeno isotático seja controlada pela estrutura da superfície do catalisador, que impõe restrições às possíveis orientações do alqueno coordenado em relação ao grupo alquila ligado ao metal. O crescimento do polímero é finalizado pela eliminação de um hidreto β (o átomo de H produzido ligado ao metal é transferido para uma molécula de alqueno que chega formando um grupo alquila ligado à superfície), ou por reação com H$_2$. Esse último pode ser usado para controlar o comprimento da cadeia do polímero. Catalisadores heterogêneos TiCl$_3$/Et$_3$Al ou MgCl$_2$/TiCl$_4$/Et$_3$Al são usados industrialmente para a fabricação de polímeros isotáticos, como o polipropeno. Apenas pequenas quantidades de polímeros sindiotáticos são produzidas por essa rota.

Além dos catalisadores de Ziegler–Natta, a moderna indústria de polímeros emprega 4 catalisadores metalocenos (veja o Boxe 24.6). Seu desenvolvimento começou na década de 1970 a partir da observação de que (η^5-C$_5$H$_5$)$_2$MX$_2$ (M = Ti, Zr, Hf) na presença de metilaluminoxano [MeAl(μ-O)]$_n$ catalisava a polimerização do propeno. A estereoespecificidade do catalisador foi gradualmente melhorada (por exemplo, mudando os substituintes no anel ciclopentadieno), e os catalisadores à base de metalocenos entraram no mercado comercial na década de 1990. Embora metalocenos possam ser empregados como catalisadores homogêneos, para fins industriais eles são imobilizados em SiO$_2$, Al$_2$O$_3$ ou MgCl$_2$. As vantagens dos metalocenos sobre os tradicionais catalisadores de Ziegler–Natta incluem os fatos de que, ao mudar a estrutura do metaloceno, as propriedades do polímero podem ser moldadas, podem ser obtidas faixas estreitas de distribuições de massa molar, e podem ser produzidos copolímeros. Polipropeno altamente isotático (por exemplo, empregando o catalisador **25.27**) ou polímeros sindiotáticos (por exemplo, usando o catalisador **25.28**) são preparados, bem como polímeros contendo blocos altamente isotáticos ou com irregularidades intencionalmente introduzidas (como para reduzir o ponto de fusão). Por exemplo, polipropeno isotático com ponto de fusão 419 K e massa molar ≈33 × 10^4 g mol^{-1} pode ser produzido usando o catalisador **25.27**, enquanto o produto usando **25.29** como catalisador funde a 435 K e possui massa molar ≈99 × 10^4 g mol^{-1}. Observe que cada um dos metalocenos **25.27–25.29** contém um grupo em ponte (CMe$_2$ ou SiMe$_2$)

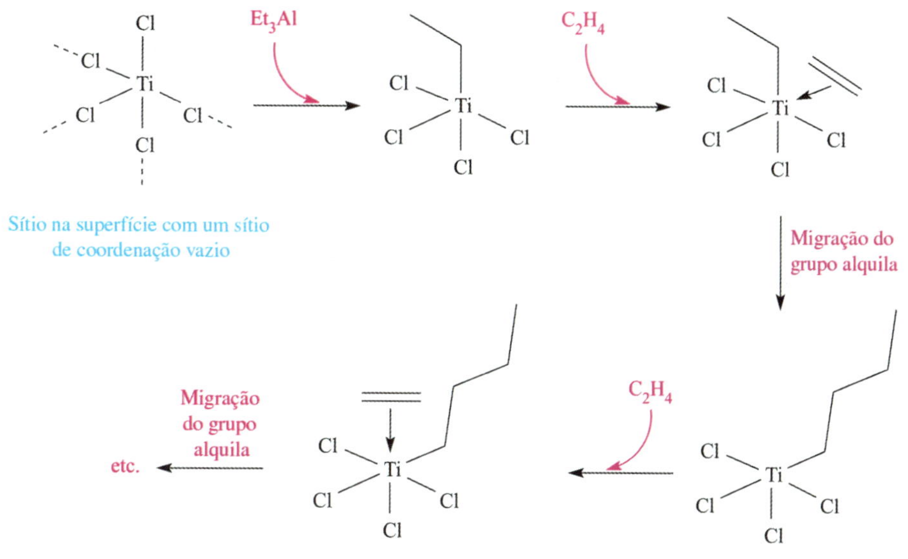

Fig. 25.16 Representação esquemática da polimerização de um alqueno na superfície de um catalisador de Ziegler–Natta; o sítio de coordenação vazio tem de estar em posição *cis* em relação ao grupo alquila coordenado.

que mantém os anéis ciclopentadieno juntos e os retêm em uma conformação aberta. A mudança do ângulo de inclinação entre os anéis (além do perfil de substituição no anel) é uma maneira de ajustar o comportamento catalítico.

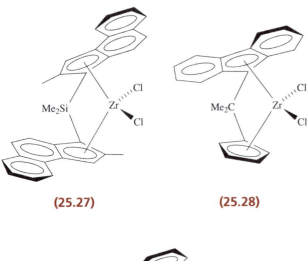

(25.27)   (25.28)

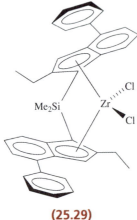

(25.29)

A maioria dos catalisadores metalocenos é ativa apenas na presença de um cocatalisador [MeAl(μ-O)]$_n$. Esse último alquila o metal do grupo 4 e também remove o ligante clorido, criando assim um centro metálico catiônico coordenativamente insaturado. O caminho reacional para o crescimento segue o mecanismo de Cossee–Arlman (Fig. 25.16 e Eq. 25.31).

$$L_nM\text{—}CH_2\text{—}... \xrightarrow{H_2C=CH_2} L_nM\text{—}... \rightarrow L_nM\text{—}... \quad (25.31)$$

coordenativamente insaturado

coordenativamente insaturado

Exercício proposto

A polimerização do propeno pelo processo Ziegler–Natta pode ser resumida como segue.

$$3n \text{ propeno} \xrightarrow{\text{catalisador de Ziegler-Natta}} (\text{polipropeno})_n$$

Comente a respeito do tipo de polímero produzido e o requisito para a seletivade nessa forma de polipropeno.

Crescimento da cadeia de carbono na síntese de Fischer–Tropsch

O esquema 25.32 resume a reação de Fischer–Tropsch (FT), ou seja, a conversão do gás de síntese (veja a Seção 10.4, no Volume 1) em hidrocarbonetos. Pode-se empregar uma variedade de catalisadores (como Ru, Ni, Fe, Co), mas Fe e Co são normalmente preferidos.

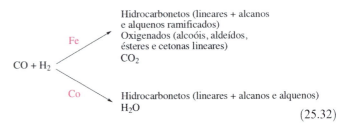

(25.32)

Se o petróleo é barato e prontamente disponível o processo FT não é comercialmente viável, e na década de 1960 muitas plantas industriais foram fechadas. Na África do Sul, o *processo Sasol* continua a empregar H$_2$ e CO como matérias-primas. Mudanças na disponibilidade das reservas de óleo afeta as perspectivas da indústria em relação às suas matérias-primas, e o interesse em pesquisar a reação de FT permanece elevado. Novas iniciativas na África do Sul, Malásia, Nova Zelândia e Holanda estão desenvolvendo combustíveis com base na conversão "gás-líquido" por FT, que utiliza gás ou biomassa como matéria-prima e a converte em combustível líquido.

A distribuição dos produtos, incluindo o comprimento da cadeia carbônica, de uma reação FT pode ser controlada pela escolha do catalisador, pela concepção de reator e pelas condições reacionais. A adição de promotores como sais de metais dos grupos 1 ou 2 (como K$_2$CO$_3$) afeta a seletividade de um catalisador. O mecanismo exato pelo qual a reação de FT ocorre não é conhecido, e muitos estudos-modelo foram conduzidos usando aglomerados metálicos discretos (veja a Seção 25.9). O mecanismo original proposto por Fischer e Tropsch envolvia adsorção de CO, quebra da ligação C–O, produzindo um carbeto superficial, e hidrogenação para produzir grupos CH$_2$ que então polimerizam. Vários mecanismos foram propostos, e o envolvimento de um grupo CH$_3$ ligado à superfície foi debatido. Qualquer mecanismo (ou uma série de caminhos reacionais) tem de levar em conta a formação de carbeto superficial, grafita e CH$_4$, e a distribuição de produtos orgânicos mostrada no esquema 25.32. A opinião atual é em favor da dissociação do CO na superfície do catalisador produzindo C e O na superfície, e na presença de átomos de H adsorvidos (Eq. 25.30) ocorre a formação de unidades CH e CH$_2$ superficiais e a liberação de H$_2$O. Se a dissociação de CO e a formação subsequente de grupos CH$_x$ é eficiente (como é no caso do Fe), o acúmulo dessas unidades CH$_x$ leva à reação entre eles e ao crescimento das cadeias carbônicas. Os tipos de processos que poderiam ser previstos na superfície do metal estão representados no esquema 25.33. A reação da cadeia alquila ligada à superfície libera um alcano. Caso sofra uma eliminação β, produz-se um alqueno.

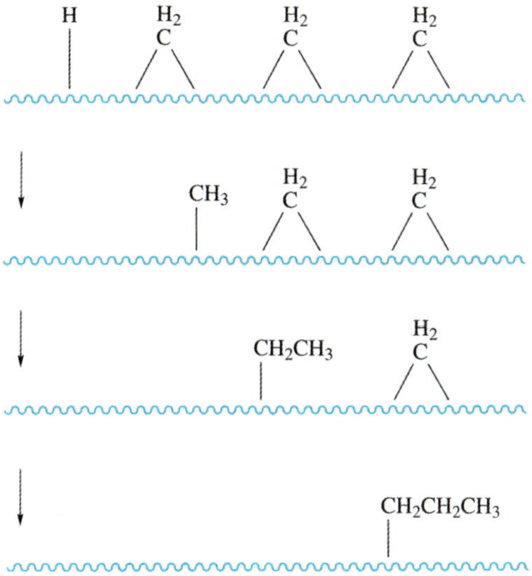

(25.33)

Foi também sugerido que espécies vinílicas estão envolvidas no crescimento da cadeia na síntese de FT, e a combinação de unidades CH e CH$_2$ ligadas à superfície produzindo CH=CH$_2$ pode ser seguida por incorporação sucessiva de unidades CH$_2$ alternando com a isomerização do alqueno, como mostrado no esquema 25.34. A liberação de um alqueno terminal resulta quando o adsorbato reage com H no lugar de CH$_2$.

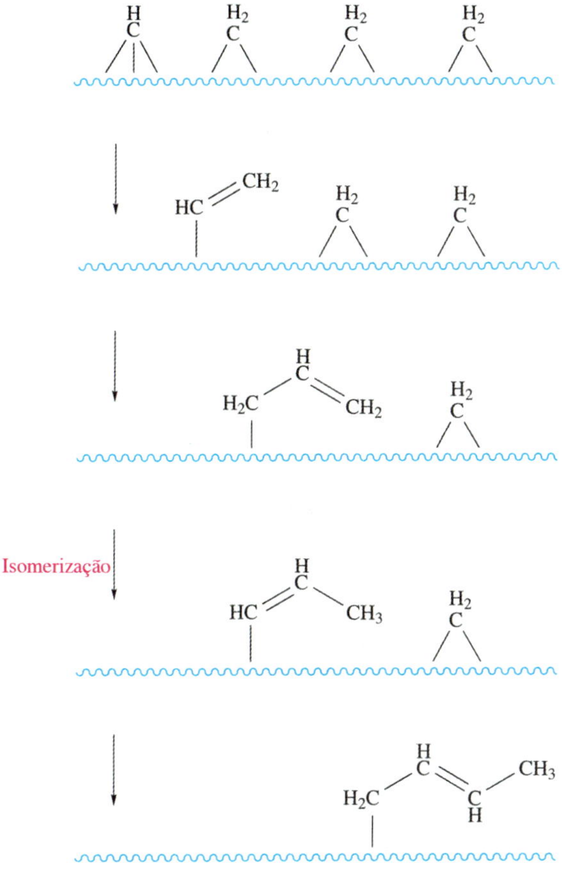

Isomerização

(25.34)

Processo Haber

A enorme escala de produção industrial do NH$_3$ e o seu crescimento na última parte do século XX foram ilustradas no Boxe 15.3, no Volume 1. Na Eq. 15.21 (Volume 1) e na discussão a ela relacionada, descrevemos a fabricação do NH$_3$ empregando um catalisador heterogêneo. Nosso foco agora é o mecanismo da reação e o desempenho do catalisador.

Sem catalisador, a reação entre N$_2$ e H$_2$ ocorre apenas lentamente porque a barreira de ativação para a dissociação do N$_2$ e do H$_2$ na fase gasosa é muito elevada. Na presença de um catalisador adequado como o Fe, a dissociação do N$_2$ e do H$_2$ produzindo átomos adsorvidos é fácil, sendo a energia liberada pela formação das ligações M–N e M–H maior do que a energia necessária para a quebra das ligações N≡N e H–H. Os adsorbatos então se combinam prontamente para produzir NH$_3$ que dessorve da superfície. A etapa determinante é a adsorção dissociativa do N$_2$ (Eq. 25.35). A representação "(ad)" se refere a um átomo adsorvido.

$$N_2(g) \longrightarrow N(ad) \quad N(ad) \quad (25.35)$$

Superfície do catalisador

Di-hidrogênio é adsorvido de maneira similar (Eq. 25.30), e a reação na superfície continua como visto no esquema 25.36, com a liberação final do NH$_3$ gasoso. As barreiras de ativação para cada etapa são relativamente baixas.

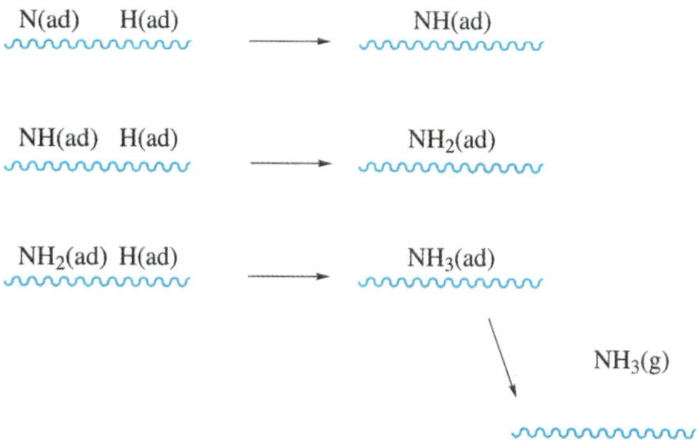

$$N(ad) + H(ad) \longrightarrow NH(ad)$$
$$NH(ad) + H(ad) \longrightarrow NH_2(ad)$$
$$NH_2(ad) + H(ad) \longrightarrow NH_3(ad) \longrightarrow NH_3(g)$$

(25.36)

Outros metais, além do Fe, catalisam a reação entre N$_2$ e H$_2$, mas a velocidade de formação de NH$_3$ depende do metal. Velocidades elevadas são observadas para Fe, Ru e Os. Como a etapa determinante da velocidade é a quimissorção de N$_2$, uma elevada energia de ativação para essa etapa, como observada para os últimos metais do bloco *d* (como Co, Rh, Ir, Ni e Pt), retarda a formação de NH$_3$. Metais do início do bloco *d*, como Mo e Re, realizam a quimissorção de N$_2$ de modo eficiente, mas a interação M–N é forte o bastante para favorecer a retenção dos átomos adsorvidos. Isso bloqueia os sítios superficiais e inibe o prosseguimento da reação. O catalisador usado industrialmente é o α-Fe ativo, que é produzido pela redução de Fe$_3$O$_4$ misturado com K$_2$O (um *promotor eletrônico* que aumenta a atividade catalítica), SiO$_2$ e Al$_2$O$_3$ (*promotores estruturais* que estabilizam a estrutura do catalisador). Magnetita de altíssima pureza (frequentemente de origem sintética) e os promotores do catalisador são fundidos eletricamente e então resfriados. Esse estágio distribui os promotores de forma homogênea no seio do catalisador. O catalisador é então moído para uma faixa granulométrica ideal. Matérias-primas de alta pureza são essenciais porque algumas impurezas envenenam o catalisador. O di-hidrogênio para o processo Haber é produzido como gás de síntese (Seção 10.4, no Volume 1), e contaminantes como H_2O, CO, CO_2 e O_2 são *venenos catalíticos temporários*. A redução do catalisador do processo Haber restaura sua atividade, mas a superexposição a compostos contendo oxigênio reduz a eficiência do catalisador de maneira irreversível. Um teor de 5 ppm de CO no suprimento de H_2 (veja as Eqs. 10.13 e 10.14, ambas no Volume 1) reduz a atividade catalítica em ≈5 % por ano. O desempenho do catalisador depende criticamente da temperatura operacional do conversor de NH_3; a faixa 770–790 K é o intervalo ótimo.

Exercícios propostos

1. Escreva equações que mostrem como o H_2 é produzido industrialmente para emprego no processo Haber.
   [*Resp.*: Veja as Eqs. 10.13 e 10.14]

2. A atividade catalítica de vários metais com respeito à reação entre N_2 e H_2 produzindo NH_3 varia na ordem Pt < Ni < Rh ≈ Re < Mo < Fe < Ru ≈ Os. Que fatores contribuem para essa tendência? [*Resp.*: Veja o texto nesta seção]

3. Em 2009, 130 Mt de NH_3 (a massa está expressa em termos de conteúdo em nitrogênio) foram produzidos no mundo. A produção aumentou drasticamente nos últimos 40 anos. Explique a escala de produção em termos das diversas formas de utilização do NH_3. [*Resp.*: Veja o Boxe 15.3, no Volume 1]

Produção de SO₃ pelo processo de contato

A produção de ácido sulfúrico, amônia e rocha fosfática (veja a Seção 15.2, no Volume 1) encabeça as indústrias de produtos químicos inorgânicos e minerais nos Estados Unidos. A oxidação de SO_2 a SO_3 (Eq. 25.37) é a primeira etapa no processo de contato, e na Seção 16.8 (Volume 1) discutimos como o rendimento em SO_3 depende da temperatura e da pressão. Em temperaturas ordinárias, a reação é lenta demais para que seja comercialmente viável, enquanto em temperaturas muito elevadas o equilíbrio 25.37 é deslocado para a esquerda, reduzindo o rendimento em SO_3.

$$2SO_2 + O_2 \rightleftharpoons 2SO_3 \quad \Delta_r H^\circ = -96 \text{ kJ por mol de } SO_2$$
(25.37)

O emprego de um catalisador aumenta a velocidade do sentido direto da reação 25.37, e catalisadores ativos são Pt, compostos de V(V) e óxidos de ferro. As modernas plantas para síntese de SO_3 usam um catalisador de V_2O_5 em SiO_2 (carreador que fornece uma maior área superficial) contendo K_2SO_4 como promotor. O sistema catalítico contém 4–9% em massa de V_2O_5. A passagem dos reagentes através de um conjunto de leitos catalíticos é necessária para obter uma conversão eficiente de SO_2 em SO_3, e a faixa de temperatura 690–720 K é o intervalo ótimo. Como a oxidação de SO_2 é exotérmica, e ainda como temperaturas acima de 890 K degradam o catalisador, a mistura $SO_2/SO_3/O_2$ deve ser resfriada no intervalo entre a saída de um leito catalítico e a entrada no leito seguinte. Embora o sistema $V_2O_5/SiO_2/K_2SO_4$ seja introduzido como um catalisador sólido, as temperaturas de operação são tais que a oxidação catalítica do SO_2 ocorre em um fundido líquido sobre a superfície do carreador de sílica.

(25.30)

O mecanismo catalítico é complicado e não foi totalmente esclarecido. Inicialmente, o catalisador líquido capta grandes quantidades de SO_2, e o modelo de trabalho aceito para o sistema catalítico é representado como $M_2S_2O_7$–M_2SO_4–V_2O_5/O_2–SO_2–SO_3–N_2 (M = Na, K, Rb, Cs). Nas temperaturas normais de operação $[V(O)_2(SO_4)]^-$, o complexo **25.30** e os oligômeros relacionados de vanádio(V) são formados. Considera-se que, em particular, o complexo **25.30** é cataliticamente ativo, enquanto acredita-se que quaisquer espécies de V(III) ou V(IV) são cataliticamente inativas. Uma proposta sugere que o complexo **25.30** ativa o O_2, facilitando a oxidação do SO_2 a SO_3. A reação direta de **25.30** com SO_2 para produzir SO_3 resulta na redução de V(V) a V(IV) e a formação de uma espécie cataliticamente inativa. Muito trabalho ainda resta para elucidar os detalhes do processo de Contato.

Conversores catalíticos

As preocupações ambientais cresceram durante as últimas décadas (veja, por exemplo, o Boxe 10.2, no Volume 1), e para o público geral o emprego de conversores catalíticos de motores a combustão é bem conhecido. As emissões regulamentadas[†] compreendem CO, hidrocarbonetos e NO_x (veja a Seção 15.8, no Volume 1). O radical NO é uma das diversas espécies que atua como catalisador para a conversão de O_3 em O_2, sendo considerado como um dos agentes que contribui para a redução da camada de ozônio. Embora processos industriais e a geração de eletricidade (veja o Boxe 12.2, no Volume 1) contribuam para as emissões de NO_x,[‡] a queima de combustíveis para transporte é a principal fonte (Fig. 25.17). Um conversor catalítico típico apresenta eficiência ≥ a 90% na redução das emissões. Em 2005, regulamentações europeias restringiram os níveis de emissão de CO, hidrocarbonetos e NO_x em ≤ 1,0, 0,10 e 0,08 g km⁻¹, respectivamente, para carros de passeio com motores a combustão. As regulamentações mais restritivas a serem cumpridas nos Estados Unidos provêm da Califórnia (veículos com emissões superultrarreduzidas, SULEV). SULEV regula os níveis de emissão de CO, hidrocarbonetos, NO_x e material particulado em ≤ 0,62, 0,006, 0,012 e 0,006 g km⁻¹, respectivamente.

[†] Para informações a respeito do estado atual do controle de emissões de motores a combustão, veja: M.V. Twigg (2003) *Platinum Metals Rev.*, vol. 47, p. 157; M.V. Twigg and P.R. Phillips (2009) *Platinum Metals Rev.*, vol. 53, p. 27.

[‡] Shell e Bayer estão entre as companhias que introduziram processos para eliminar as emissões industriais de NO_x: *Chemistry & Industry* (1994) p. 415 – "Environmental technology in the chemical industry".

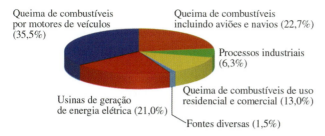

Fig. 25.17 Fontes de emissões de NO_x nos Estados Unidos. [Dados de: Environmental Protection Agency (2005).]

Um conversor catalítico consiste em uma estrutura cerâmica em colmeia coberta com Al_2O_3 finamente dividida (o *recobrimento*). Partículas finas de Pt, Pd e Rh cataliticamente ativos são dispersas pelas cavidades do recobrimento e a peça inteira é inserida em uma carcaça de aço inoxidável no cano de descarga do veículo. Assim que os gases de exaustão passam pelo conversor em elevadas temperaturas, ocorrem as reações redox 25.38–25.42 (C_3H_8 é um hidrocarboneto representativo). De acordo com a legislação nos Estados Unidos, os únicos produtos aceitáveis de emissão são CO_2, N_2 e H_2O.

$$2CO + O_2 \longrightarrow 2CO_2 \tag{25.38}$$

$$C_3H_8 + 5O_2 \longrightarrow 3CO_2 + 4H_2O \tag{25.39}$$

$$2NO + 2CO \longrightarrow 2CO_2 + N_2 \tag{25.40}$$

$$2NO + 2H_2 \longrightarrow N_2 + 2H_2O \tag{25.41}$$

$$C_3H_8 + 10NO \longrightarrow 3CO_2 + 4H_2O + 5N_2 \tag{25.42}$$

Enquanto CO e hidrocarbonetos são oxidados, a destruição de NO_x envolve sua redução. Os modernos conversores catalíticos apresentam um sistema em "três vias" que promove tanto a oxidação quanto a redução. Pd e Pt catalisam as reações 25.38 e 25.39, enquanto Rh catalisa as reações 25.40 e 25.41, e Pt catalisa a reação 25.42.

A eficiência do catalisador depende, em parte, do tamanho das partículas metálicas, que têm normalmente diâmetro na faixa de 1000–2000 pm. Ao longo do tempo, as temperaturas elevadas necessárias para o funcionamento do conversor catalítico levaram ao envelhecimento das partículas metálicas, com perda de seu tamanho ótimo e a uma redução da eficiência do catalisador. A temperatura elevada e constante também transforma o suporte γ-Al_2O_3 em uma fase com menor área superficial, reduzindo mais uma vez a atividade catalítica. Para conter a degradação do suporte, estabilizadores constituídos por óxidos de metais do grupo 2 são adicionados à alumina. Os conversores catalíticos operam apenas com combustíveis sem chumbo; os aditivos contendo chumbo se ligam ao recobrimento de alumina, desativando o catalisador.

A fim de atender aos padrões de emissão regulamentados, é crucial controlar a razão ar:combustível no momento da entrada no conversor catalítico: a razão ótima é 14,7:1. Caso a razão ar:combustível supere 14,7:1, o O_2 extra compete com o NO pelo H_2 e a eficiência da reação 25.41 é reduzida. Se a razão está abaixo de 14,7:1, os agentes oxidantes são limitantes, e CO, H_2 e hidrocarbonetos competem entre si pelo NO e pelo O_2. A razão ar:combustível é monitorada por um sensor colocado no cano de descarga; o sensor determina os níveis de O_2 e envia um sinal eletrônico para o sistema de injeção de combustível ou carburador para ajustar a razão ar:combustível conforme a necessidade. A concepção de um conversor catalítico também inclui um sistema CeO_2/Ce_2O_3 para estocar oxigênio. Durante os períodos "pobres" de funcionamento do veículo, o O_2 pode ser "estocado" por meio da reação 25.43. Durante os períodos "ricos" quando se necessita de oxigênio adicional para a oxidação de hidrocarbonetos e do CO, CeO_2 é reduzido (a Eq. 25.44 mostra a oxidação do CO).

$$2Ce_2O_3 + O_2 \longrightarrow 4CeO_2 \tag{25.43}$$

$$2CeO_2 + CO \longrightarrow Ce_2O_3 + CO_2 \tag{25.44}$$

Um conversor catalítico não pode funcionar imediatamente após uma "partida a frio" de um motor. Na sua temperatura "de funcionamento" (normalmente 620 K), o catalisador opera com 50% de eficiência, mas durante os 90–120 s de tempo de espera, os gases de exaustão não são controlados. Vários métodos foram desenvolvidos para contornar esse problema, como, por exemplo, o aquecimento elétrico do catalisador usando a energia da bateria do veículo.

O desenvolvimento de conversores catalíticos envolveu recentemente o emprego de zeólitas, por exemplo, Cu-ZSM-5 (um sistema ZSM-5 modificado por cobre), mas, no momento presente, e apesar de algumas vantagens como menores temperaturas de funcionamento, os catalisadores com base em zeólitas não se mostraram suficientemente duráveis para emprego comercialmente viável em conversores catalíticos.

Zeólitas como catalisadores para transformações orgânicas: empregos do ZSM-5

Para uma introdução às zeólitas, veja a Fig. 14.27 e a discussão a ela relacionada, no Volume 1. Muitas zeólitas naturais e sintéticas são conhecidas, e é a presença de cavidades e/ou canais bem definidos, cujas dimensões são comparáveis àquelas de moléculas pequenas, que as tornam inestimáveis como catalisadores e peneiras moleculares. As zeólitas são ambientalmente "amigáveis" e o desenvolvimento de processos industriais nas quais elas podem substituir catalisadores ácidos menos aceitáveis ambientalmente é vantajoso. Nesta seção, nosso foco se volta às aplicações catalíticas de zeólitas sintéticas como ZSM-5 (estrutura do tipo MFI, Fig. 25.18); essa última é rica em silício com a composição $Na_n[Al_nSi_{96-n}O_{192}] \cdot \approx 16H_2O$ ($n < 27$).[†] Quando H^+ substitui Na^+, a zeólita é referenciada como HZSM-5 e ela é cataliticamente muito ativa (veja adiante). No seio da rede de aluminossilicato da ZSM-5 se localiza um sistema de canais interconectados. Um conjunto pode ser visto na Fig. 25.18, mas os canais podem ser representados na forma de uma estrutura como em **25.31**. Por exemplo, na ZSM-5, existem dois conjuntos de canais que correm através da estrutura, um de seção reta $\approx 540 \times 560$ pm, e o outro de seção reta $\approx 510 \times 540$ pm. O *tamanho de poro efetivo* é comparável ao *diâmetro molecular cinético* de uma molécula como o 2-metilpropano ou o benzeno, levando às propriedades de *seletividade à forma* dos catalisadores zeolíticos. O tamanho de poro efetivo difere daquele determinado cristalograficamente porque ele leva em conta a flexibilidade da rede da zeólita em função da temperatura. De modo similar, o diâmetro mole-

---
[†] As estruturas das zeólitas podem ser vistas e manipuladas por meio do portal: http://www.iza-structure.org/databases/

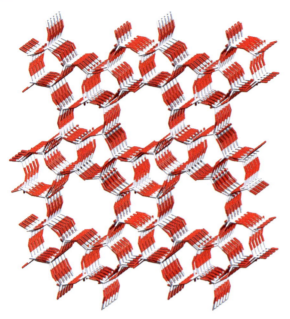

Fig. 25.18 Parte da rede de aluminossilicato da zeólita sintética ZSM-5 (estrutura do tipo MFI). Código de cores: Si/Al, cinza-claro; O, vermelho.

cular cinético inclui os movimentos moleculares das espécies que entram nos canais ou nas cavidades da zeólita.

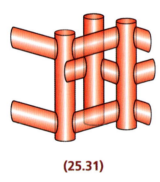

(25.31)

A elevada atividade catalítica das zeólitas advém dos sítios ácidos de Brønsted do Al, representado pelo par de ressonância **25.32**. A razão Si:Al afeta o número desses sítios e a força ácida da zeólita.

Catalisadores zeolíticos são importantes no craqueamento catalítico de destilados pesados de petróleo. Suas elevadas seletividades e as altas velocidades de reação, juntamente com baixos efeitos devido ao coque, são as principais vantagens em relação às atividades dos catalisadores de alumina/sílica que as zeólitas substituíram. Zeólitas ultraestáveis Y (USY) são normalmente escolhidas para o craqueamento catalítico porque seu emprego leva ao aumento do número de octano da gasolina (combustível de motores a combustão). É essencial que o catalisador seja robusto o bastante para suportar as condições do processo de craqueamento. Tanto USY como ZSM-5 (usado como um coca-talisador devido às suas propriedades de seletividade à forma) satisfazem esse requisito. A seletividade à forma do ZSM-5 é também crucial para sua atividade como catalisador na conversão do metanol a hidrocarbonetos combustíveis. O crescimento das cadeias de carbono é restringido pelo tamanho dos canais da zeólita e isso produz uma distribuição seletiva dos produtos hidrocarbonetos. Na década de 1970, os laboratórios da Mobil desenvolveram o processo MTG (conversão de metanol em gasolina), no qual a zeólita ZSM-5 catalisa a conversão de MeOH em uma mistura de alcanos superiores ($> C_5$), cicloalcanos e aromáticos. As Eqs. 25.45–25.47 mostram a desidratação inicial do metanol (na fase gasosa) produzindo éter dimetílico, seguido de desidratações representativas levando à formação de hidrocarbonetos. Tais processos são comercialmente viáveis apenas quando os preços do petróleo estão elevados. Esse foi o caso nas décadas de 1970 e 1980, e a Mobil operou o processo MTG na Nova Zelândia durante a década de 1980.

$$2CH_3OH \xrightarrow{\text{catalisador ZSM-5}} CH_3OCH_3 + H_2O \quad (25.45)$$

$$2CH_3OCH_3 + 2CH_3OH \xrightarrow{\text{catalisador ZSM-5}} C_6H_{12} + 4H_2O \quad (25.46)$$

$$3CH_3OCH_3 \xrightarrow{\text{catalisador ZSM-5}} C_6H_{12} + 3H_2O \quad (25.47)$$

Avanços recentes mostram que as zeólitas são efetivas na catálise da reação direta de conversão de gás de síntese em combustíveis para motores. O processo MTO (conversão de metanol em olefinas) converte MeOH em alquenos C_2–C_4, e também é catalisada pela zeólita ZSM-5. O desenvolvimento de um catalisador ZSM-5 modificado com gálio (Ga-ZSM-5) produziu um catalisador eficiente para a produção de compostos aromáticos a partir de misturas de alcanos C_3 e C_4 (comumente conhecidos como GLP – gás liquefeito de petróleo).

As zeólitas vêm substituindo catalisadores ácidos em vários processos industriais. Um dos mais importantes é a alquilação de aromáticos. O processo Mobil–Badger para produção de C_6H_5Et a partir de C_6H_6 e C_2H_4 produz o precursor para a fabricação do estireno (e, portanto, do poliestireno). A isomerização de 1,3- a 1,4-dimetilbenzeno (xilenos) também é catalisada na superfície ácida da ZSM-5; presume-se que a forma e o tamanho dos canais têm um papel importante na seletividade observada.

Exercícios propostos

1. Quais são as similaridades e as diferenças entre as estruturas de um feldspato mineral e de uma zeólita?
2. Como uma zeólita atua como um catalisador ácido de Lewis?
3. Dê dois exemplos de aplicações comerciais da zeólita ZSM-5 como um catalisador.

[*Resp.*: Veja as Seções 14.9, no Volume 1, e 25.8]

(25.32)

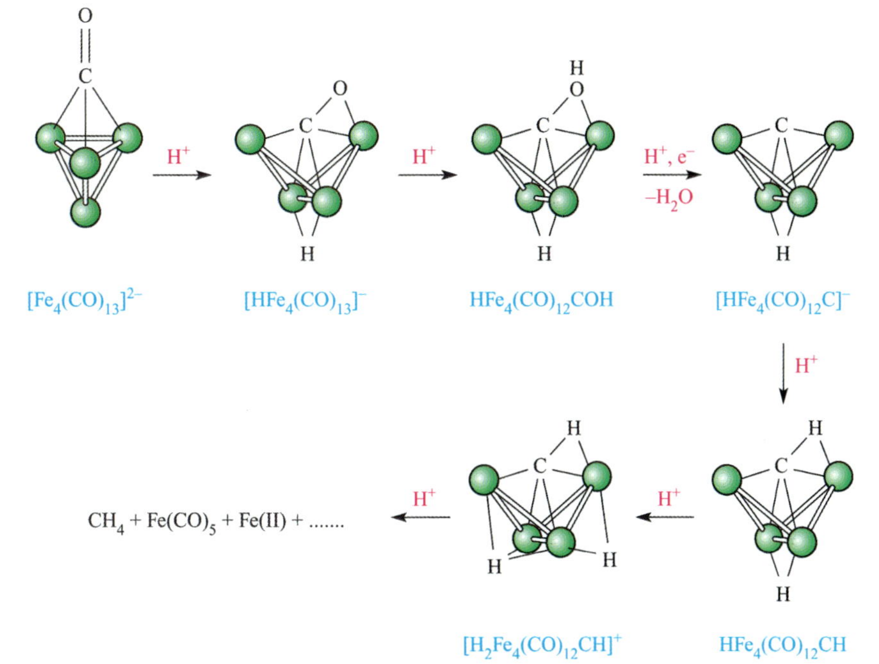

Fig. 25.19 Conversão induzida por próton de um ligante CO ligado a um aglomerado em CH_4: um aglomerado-modelo para a hidrogenação catalítica do CO sobre uma superfície de Fe. Cada esfera verde representa uma unidade $Fe(CO)_3$.

25.9 Catálise heterogênea: modelos de aglomerados organometálicos

Uma das forças motrizes por trás das pesquisas com aglomerados organometálicos é modelar processos catalíticos na superfície de metais como a reação de Fischer–Tropsch. A *analogia entre aglomerado e superfície* admite que aglomerados organometálicos discretos contendo átomos de metais do bloco *d* são modelos realísticos para o metal como um todo. Em muitos pequenos aglomerados os arranjos dos átomos metálicos imitam unidades de arranjos compactos, por exemplo, o triângulo M_3 e a borboleta M_4 nas estruturas **25.25** e **25.26**. O sucesso dos estudos de modelagem é limitado, mas um resultado bem estabelecido e bastante citado é mostrado na Fig. 25.19.[†]

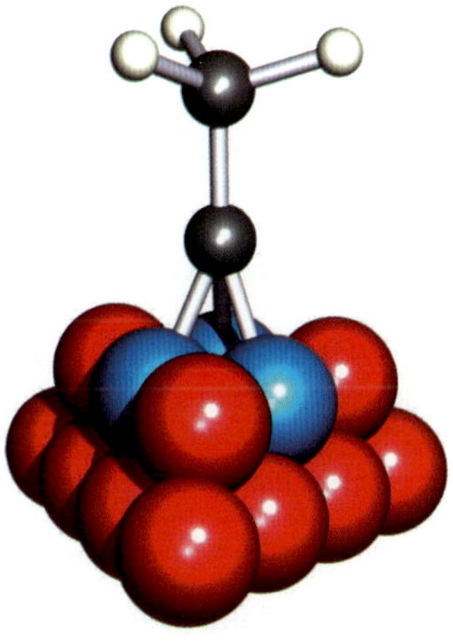

Estudos-modelo envolvem transformações de fragmentos orgânicos que são propostos como intermediários de superfície, mas não necessariamente implicam uma sequência completa de reações como no caso na Fig. 25.19. Por exemplo, unidades etilidino suportadas em metais (**25.33**) são propostas como intermediárias na hidrogenação de eteno catalisada por Rh ou Pt, e há muito interesse na química dos aglomerados M_3 tais como $H_3Fe_3(CO)_9CR$, $H_3Ru_3(CO)_9CR$ e $Co_3(CO)_9CR$, que contêm unidades etilidino ou outras unidades alquilidino. Na presença de base, $H_3Fe_3(CO)_9CMe$ sofre desprotonação reversível e perda de H_2 (Eq. 25.48), talvez fornecendo um modelo para uma transformação de um fragmento orgânico em uma superfície metálica.

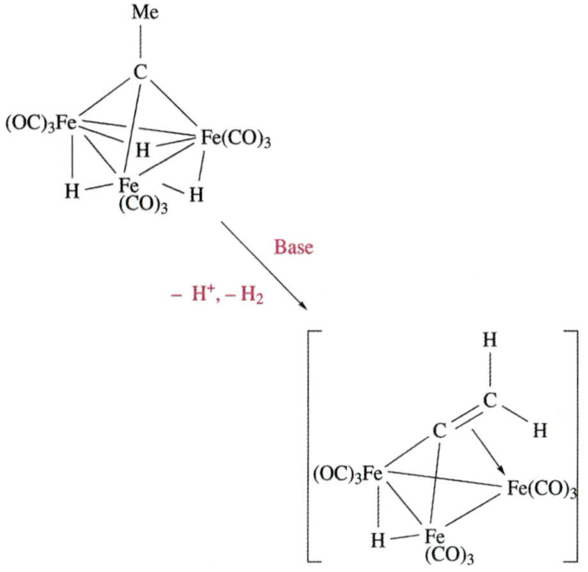

(25.48)

[†] Para mais detalhes, veja M.A. Drezdon, K.H. Whitmire, A.A. Bhattacharyya, W.-L. Hsu, C.C. Nagel, S.G. Shore and D.F. Shriver (1982) *J. Am. Chem. Soc.*, vol. 104, p. 5630 – "Proton induced reduction of CO to CH_4 in homonuclear and heteronuclear metal carbonyls".

TERMOS IMPORTANTES

Os seguintes termos foram introduzidos neste capítulo. Você sabe o que eles significam?

- adsorbato
- autocatalítica
- catalisador
- catalisador de Grubbs
- catalisador de Wilkinson
- catalisador heterogêneo
- catalisador homogêneo
- catalisadores do tipo Schrock
- catálise bifásica
- catálise de Ziegler–Natta
- catenando
- catenato
- ciclo catalítico
- conversor catalítico
- coordenativamente insaturado
- excesso enantiomérico
- fisissorção
- frequência de ciclos catalíticos
- hidroformilação (processo Oxo)
- hidrogenação assimétrica
- mecanismo de Chauvin
- mecanismo de Cossee–Arlman
- metátese de alquenos
- metátese de alquinos
- número de ciclos catalíticos
- polimerização de alquenos
- precursor de catalisador
- processo Cativa para ácido acético
- processo de contato
- processo Haber
- processo Monsanto para ácido acético
- processo Tennessee–Eastman para anidrido acético
- pró quiral
- quimiosseletividade e regiosseletividade (em relação à hidroformilação)
- quimissorção
- reação de Fischer–Tropsch
- zeólitas

LEITURA RECOMENDADA

Textos gerais

G.P. Chiusoli and P.M. Maitlis (eds) (2008) *Metal-catalysis in Industrial Organic Processes*, Royal Society of Chemistry, Cambridge – Um livro detalhado que cobre a formação das ligações C–O e C–C, hidrogenação, sínteses envolvendo CO, metátese de alquenos e polimerização, bem como aspectos gerais da catálise.

B. Cornils and W.A. Hermann (eds) (2002) *Applied Homogeneous Catalysis with Organometallic Compounds*, 2. ed. Wiley-VCH, Weinheim (3 volumes) – Essa edição detalhada em três volumes cobre aplicações de catalisadores e o seu desenvolvimento.

F.A. Cotton, G. Wilkinson, M. Bochmann and C. Murillo (1999) *Advanced Inorganic Chemistry*, 6. ed. Wiley Interscience, New York – O Capítulo 22 fornece um relato completo da catálise homogênea de reações orgânicas por compostos de metais do bloco d.

Catálise homogênea

B. Alcaide, P. Almendros and A. Luna (2009) *Chem. Rev.*, vol. 109, p. 3817 – 'Grubbs' ruthenium-carbene beyond the metathesis reaction: Less conventional nonmetathetic utility'. Uma revisão que foca as novas aplicações dos catalisadores de Grubbs.

A. Fürstner (2000) *Angew. Chem. Int. Ed.*, vol. 39, p. 3012 – "Olefin metathesis and beyond": uma revisão que considera a concepção de um catalisador e as aplicações na metátese de alquenos.

A. Fürstner and P.W. Davies (2005) *Chem. Commun.*, p. 2307 – Um artigo de revisão: "Alkyne metathesis".

R.H. Grubbs (2004) *Tetrahedron*, vol. 60, p. 7117 – "Olefin metathesis" fornece uma visão geral do desenvolvimento e dos detalhes mecanísticos dos catalisadores de Grubbs.

A. Haynes (2007) in *Comprehensive Organometallic Chemistry III*, eds R.H. Crabtree and D.M.P. Mingos, Elsevier, Oxford, vol. 7, p. 427 – "Commercial applications of iridium complexes in homogeneous catalysis": Uma revisão que lida com os modernos processos industriais que empregam catalisadores homogêneos à base de Ir.

A. Haynes (2010) *Adv. Catal.*, vol. 53, p. 1 – "Catalytic methanol carbonylation": Uma revisão atualizada dos processos Monsanto e Cativa incluindo informações práticas.

M.J. Krische and Y. Sun (eds) (2007) *Acc. Chem. Res.*, vol. 40, issue 12 – Um número especial contendo revisões sobre os temas hidrogenação e transferência de hidrogenação.

P.W.N.M. van Leeuwen and Z. Freixa (2007) in *Comprehensive Organometallic Chemistry III*, eds R.H. Crabtree and D.M.P. Mingos, Elsevier, Oxford, vol. 7, p. 237 – "Application of rhodium complexes in homogeneous catalysis with carbon monoxide": Uma revisão dos catalisadores homogêneos à base de Rh na hidroformilação de alquenos e na carbonilação do metanol.

W.E. Piers and S. Collins (2007) in *Comprehensive Organometallic Chemistry III*, eds R.H. Crabtree e D.M.P. Mingos, Elsevier, Oxford, vol. 1, p. 141 – "Mechanistic aspects of olefin-polymerization catalysis": Uma revisão mecanística detalhada que inclui catalisadores metalocenos homogêneos do grupo 4.

R.R. Schrock and A.H. Hoveyda (2003) *Angew. Chem. Int. Ed.*, vol. 42, p. 4592 – "Molybdenum and tungsten imido alkylidene complexes as efficient olefin-metathesis catalysts".

C.M. Thomas and G. Süss-Fink (2003) *Coord. Chem. Rev.*, vol. 243, p. 125 – "Ligand effects in the rhodium-catalyzed carbonylation of methanol".

T.M. Trnka and R.H. Grubbs (2001) *Acc. Chem. Res.*, vol. 34, p. 18 – "The development of L₂X₂Ru=CHR olefin metathesis catalysts: an organometallic success story": Uma avaliação dos catalisadores de Grubbs feita pelo próprio descobridor.

Catálise heterogênea incluindo processos industriais específicos

L.L. Böhm (2003) *Angew. Chem. Int. Ed.*, vol. 42, p. 5010 – "The ethylene polymerization with Ziegler catalysts: fifty years after the discovery".

M.E. Dry (2002) *Catal. Today*, vol. 71, p. 227 – "The Fischer–Tropsch process: 1950–2000".

G. Ertl, H. Knözinger, F. Schüth and J. Weitkamp (eds) (2008) *Handbook of Heterogeneous Catalysis*, 2. ed. (8 volumes), Wiley-VCH, Weinheim – Um registro enciclopédico da catálise heterogênea.

P. Galli and G. Vecellio (2004) *J. Polym. Sci.*, vol. 42, p. 396 – "Polyolefins: The most promising largevolume materials for the 21st century".

J. Grunes, J. Zhu and G.A. Somorjai (2003) *Chem. Commun.*, p. 2257 – "Catalysis and nanoscience".

J.F. Haw, W. Song, D.M. Marcus and J.B. Nicholas (2003) *Acc. Chem. Res.*, vol. 36, p. 317 – "The mechanism of methanol to hydrocarbon catalysis".

A. de Klerk (2007) *Green Chem.*, vol. 9, p. 560 – "Environmentally friendly refining: Fischer–Tropsch *versus* crude oil": Uma comparação do refino do petróleo cru com os produtos do processo FT.

O.B. Lapina, B.S. Bal'zhinimaev, S. Boghosian, K.M. Eriksen and R. Fehrmann (1999) *Catal. Today*, vol. 51, p. 469 – "Progress on the mechanistic understanding of SO_2 oxidation catalysts".

S.C. Larsen (2007) *J. Phys. Chem. C*, vol. 111, p. 18464 – "Nanocrystalline zeolites and zeolite structures: Synthesis, characterization, and applications".

R. Schlögl (2003) *Angew. Chem. Int. Ed.*, vol. 42, p. 2004 – "Catalytic synthesis of ammonia – A "never-ending story"?"

G.A. Somorjai, A.M. Contreras, M. Montano and R.M. Rioux (2006) *Proc. Natl. Acad. Sci.*, vol. 103, p. 10577 – "Clusters, surfaces, and catalysis".

G. Wilke (2003) *Angew. Chem. Int. Ed.*, vol. 42, p. 5000 – "Fifty years of Ziegler catalysts: Consequences and development of an invention".

Processos industriais: generalidades

J. Hagen (2006) *Industrial Catalysis*, 2. ed., Wiley-VCH, Weinheim – Cobre tanto a catálise homogênea quanto a heterogênea, incluindo produção de catalisadores, teste e desenvolvimento.

Ullmann's Encyclopedia of Industrial Inorganic Chemicals and Products (1998) Wiley-VCH, Weinheim – Seis volumes com registros detalhados de processos industriais envolvendo compostos inorgânicos.

R.I. Wijngaarden and K.R. Westerterp (1998) *Industrial Catalysts*, Wiley-VCH, Weinheim – Este livro aborda aspectos práticos da aplicação de catalisadores na indústria.

Catalisadores bifásicos

L.P. Barthel-Rosa and J.A. Gladysz (1999) *Coord. Chem. Rev.*, vol. 190–192, p. 587 – "Chemistry in fluorous media: a user's guide to practical considerations in the application of fluorous catalysts and reagents".

B. Cornils and W.A. Hermann (eds) (1998) *Aqueous-phase Organometallic Catalysis: Concepts and Applications*, Wiley-VCH, Weinheim – Um relato detalhado.

A.P. Dobbs and M.R. Kimberley (2002) *J. Fluorine Chem.*, vol. 118, p. 3 – "Fluorous phase chemistry: A new industrial technology".

N. Pinault and D.W. Bruce (2003) *Coord. Chem. Rev.*, vol. 241, p. 1 – "Homogeneous catalysts based on water-soluble phosphines".

D.M. Roundhill (1995) *Adv. Organomet. Chem.*, vol. 38, p. 155 – "Organotransition-metal chemistry and homogeneous catalysis in aqueous solution".

E. de Wolf, G. van Koten and B.-J. Deelman (1999) *Chem. Soc. Rev.*, vol. 28, p. 37 – "Fluorous phase separation techniques in catalysis".

Catalisadores suportados em polímeros

B. Clapham, T.S. Reger and K.D. Janda (2001) *Tetrahedron*, vol. 57, p. 4637 – "Polymer-supported catalysis in synthetic organic chemistry".

PROBLEMAS

25.1 (a) Analise o ciclo catalítico mostrado na Fig. 25.20, identificando os tipos de reações que ocorrem. (b) Por que esse processo funciona melhor quando R' = grupos vinila, benzila ou arila?

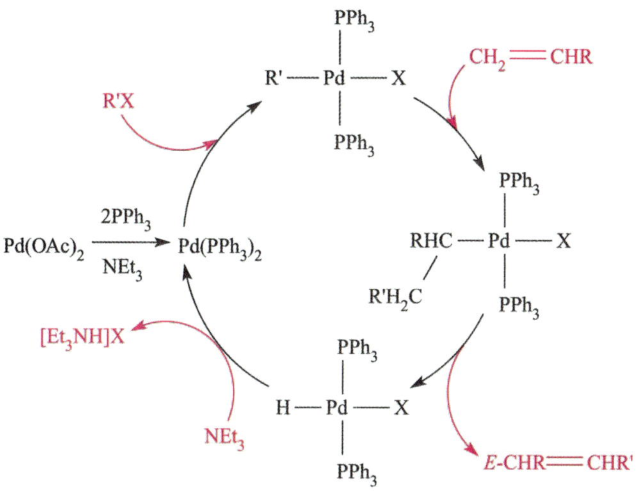

Fig. 25.20 Ciclo catalítico para o problema 25.1.

25.2 Forneça equações que ilustrem os processos a seguir. Dê a definição de quaisquer abreviaturas usadas.
(a) Metátese cruzada entre dois alquenos.
(b) Metátese de alquenos catalisada por um complexo alquilidino-metal em estado de oxidação elevado $L_nM\equiv CR$.
(c) ROMP.

25.3 Sugira um catalisador apropriado para a reação vista a seguir, e esboce as etapas iniciais no mecanismo da reação:

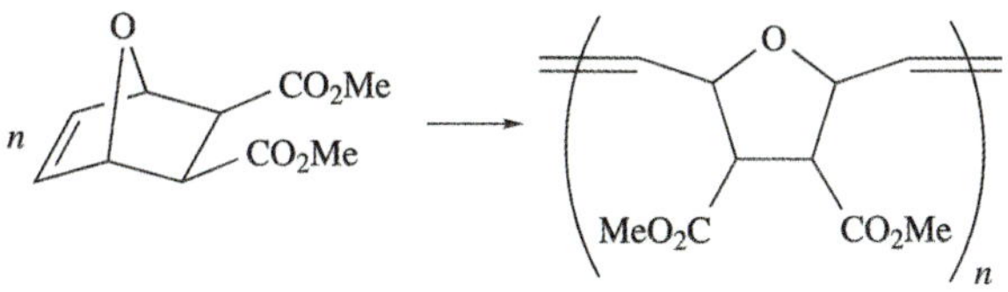

25.4 A isomerização de alquenos é catalisada por $HCo(CO)_3$ e a Fig. 25.21 mostra o ciclo catalítico relevante. (a) $HCo(CO)_4$ é um precursor do catalisador; explique o que isso significa. (b) Dê uma descrição completa do que acontece em cada uma das etapas mostradas na Fig. 25.21.

25.5 Esboce o processo catalítico envolvido na fabricação do ácido acético (processo Monsanto) e do anidrido acético

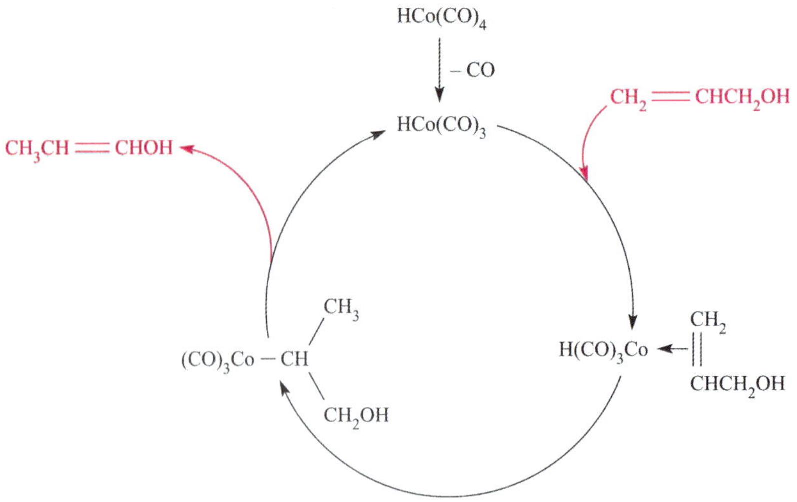

Fig. 25.21 Ciclo catalítico para o Problema 25.4.

(processo Tennessee–Eastman), e compare os caminhos reacionais catalíticos.

25.6 (a) Dentre os alquenos vistos a seguir, quais são pró-quirais: PhHC=CHPh, PhMeC=CHPh, H$_2$C=CHPh, H$_2$C=C(CO$_2$H)(NHC(O)Me)?

(b) Se uma hidrogenação assimétrica ocorre com um ee de 85% em favor do enantiômero R, qual é o percentual de cada enantiômero formado?

25.7 (a) Admitindo certa similaridade entre os mecanismos de hidroformilação empregando HCo(CO)$_4$ e HRh(CO)(PPh$_3$)$_3$ como catalisadores, proponha um mecanismo para a conversão de RCH=CH2 em RCH$_2$CH$_2$CHO e explique o que ocorre em cada etapa.

(b) "A regiosseletividade da hidroformilação de RCH=CH$_2$ catalisada por HRh(CO)(PPh$_3$)$_3$ cai quando se eleva a temperatura". Explique o que significa essa afirmação.

25.8 A hidroformilação do pent-2-eno usando Co$_2$(CO)$_8$ como catalisador produz três aldeídos com uma razão 35:12:5. Mostre como esses três produtos são formados, e sugira qual deles foi formado em maior quantidade e aquele formando em menor proporção.

25.9 (a) A hidrogenação do propeno é catalisada por RhCl(PPh$_3$)$_3$ ou HRh(CO)(PPh$_3$)$_3$. Esboce os mecanismos pelos quais essas reações ocorrem, indicando claramente qual é o catalisador ativo em cada caso.

(b) HRuCl(PPh$_3$)$_3$ é um catalisador muito ativo para a hidrogenação de alquenos. Entretanto, em elevadas concentrações do catalisador e na ausência de uma quantidade suficiente de H$_2$, a ortometalação do catalisador pode acompanhar a hidrogenação do alqueno. Escreva um esquema reacional para ilustrar esse processo, e comente a respeito de seu efeito sobre a atividade do catalisador.

25.10 (a) O ligante **25.19** é empregado em catálise bifásica. O espectro de IV do Fe(CO)$_4$(PPh$_3$) mostra absorções fortes em 2049, 1975 e 1935 cm^{-1}, enquanto o espectro do [Fe(CO)$_4$(**25.19**)]$^+$ apresenta bandas em 2054, 1983 e 1945 cm^{-1}. O que você pode concluir a partir desses dados?

(b) Qual dos complexos [X][Ru(**25.34**)$_3$] em que X$^+$ = Na$^+$, [^{n}Bu$_4$N]$^+$ ou [Ph$_4$P]$^+$ poderia ser um candidato apropriado para teste em catálise bifásica empregando um meio aquoso para o catalisador?

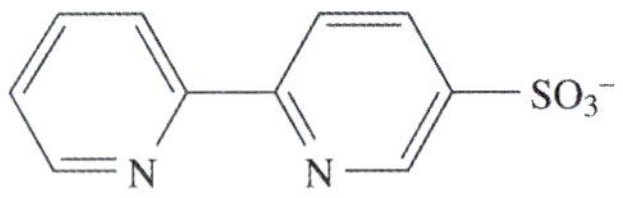

(**25.34**)

25.11 Disserte brevemente a respeito do emprego da catálise homogênea em processos industriais específicos.

25.12 Para a hidrocianetação catalisada do buta-1,3-dieno:

CH$_2$=CHCH=CH$_2$ $\xrightarrow{\text{HCN}}$ NC(CH$_2$)$_4$CN

(uma etapa na fabricação do náilon-6,6), o precursor do catalisador é NiL$_4$ em que L = P(OR)$_3$. Considere a adição de apenas o primeiro equivalente de HCN.

(a) Alguns valores de K para:

NiL$_4$ $\rightleftharpoons$ NiL$_3$ + L

são 6 × 10^{-10} para R = 4-MeC$_6$H$_4$, 3 × 10^{-5} para R = ^{i}Pr e 4 × 10^{-2} para R = 2-MeC$_6$H$_4$. Comente acerca da tendência dos valores e a relevância desses dados para processos catalíticos.

(b) As primeiras três etapas no ciclo catalítico proposto são a adição de HCN ao catalisador ativo, a perda de L e a adição de buta-1,3-dieno com migração concomitante de H. Desenhe essa parte do ciclo catalítico.

(c) Sugira a etapa seguinte no ciclo, e discuta quaisquer dificuldades.

25.13 H$_2$Os$_3$(CO)$_{10}$ (**25.35**) catalisa a isomerização de alquenos:

RCH$_2$CH=CH$_2$ $\longrightarrow$ E-RCH=CHMe + Z-RCH=CHMe

(a) Por meio da determinação do número de elétrons de valência no aglomerado para o H$_2$Os$_3$(CO)$_{10}$, deduza o que torna esse aglomerado um catalisador efetivo.

(b) Proponha um ciclo catalítico que leve em conta a formação dos produtos mostrados.

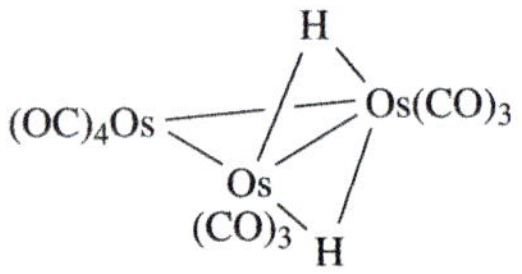

(**25.35**)

25.14 Descreva sucintamente por que uma superfície de níquel limpa (estrutura cfc) não deve ser encarada como um arranjo compacto perfeito de átomos. Indique os agrupamentos de átomos que um adsorbato pode encontrar na superfície e sugira possíveis modos de ligação para o CO.

25.15 (a) Quais são as vantagens de se empregar Rh suportado em $\gamma\text{-}Al_2O_3$ como catalisador em vez do metal maciço?
(b) Em um conversor catalítico, por que se emprega uma combinação de metais do grupo da platina?

25.16 A reação direta na Eq. 25.37 é exotérmica. Quais são os efeitos do (a) aumento da pressão e (b) aumento da temperatura no rendimento em SO_3? (c) Ao tentar otimizar tanto o rendimento quanto a velocidade de formação de SO_3, que problemas existem no processo de contato, e como eles são superados?

25.17 (a) Esboce como a reação em fase gasosa entre N_2 e H_2 ocorre na presença de um catalisador heterogêneo, e assinale por que é necessário um catalisador para a produção comercial de NH_3.
(b) Sugira por que V e Pt não são bons catalisadores para a reação entre N_2 e H_2, e dê uma razão plausível que explique por que Os (embora ele seja um bom catalisador) não é usado comercialmente.

25.18 (a) Resuma as características estruturais de importância de um catalisador de Ziegler–Natta constituído de $TiCl_4$ suportado em $MgCl_2$.
(b) Qual é o papel dos compostos de etilalumínio que são adicionados ao catalisador?
(c) Explique como um catalisador de Ziegler–Natta facilita a conversão de eteno em um oligômero representativo.

25.19 (a) Por que é mais fácil investigar o mecanismo de Cossee–Arlman usando catalisadores metalocenos para a polimerização de alquenos do que com catalisadores de Ziegler–Natta?
(b) O complexo de zircônio mostrado a seguir é um catalisador ativo para a polimerização de $RCH=CH_2$. Desenhe um esquema para ilustrar o mecanismo dessa reação, admitindo que ele segue o caminho reacional de Cossee–Arlman.

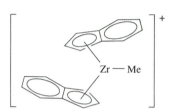

25.20 Escreva uma breve discussão do emprego de catalisadores heterogêneos em processos industriais específicos.

25.21 Comente a respeito de cada uma das seguintes afirmações:
(a) A zeólita 5A (tamanho efetivo de poro 430 pm) é empregada para separar uma faixa de *n*- e *iso*alcanos.
(b) A zeólita ZSM-5 catalisa a isomerização de 1,3- para 1,4-$Me_2C_6H_4$ (isto é, de *m*- para *p*-xileno), e a conversão de C_6H_6 em EtC_6H_5.

25.22 Escreva o resumo do funcionamento de um conversor catalítico de três vias, incluindo comentários sobre (a) a adição de óxidos de cério, (b) a temperatura de funcionamento, (c) as razões ótimas ar–combustível e (d) envelhecimento do catalisador.

PROBLEMAS DE REVISÃO

25.23 O ligante **25.36** foi concebido para emprego em catalisadores à base de Ru para reações de hidrogenação em um sistema de solvente EtOH/hexano. Esses solventes se separam em duas fases mediante a adição de uma pequena quantidade de água.
(a) Para que tipos de hidrogenação esse catalisador é especialmente útil? Explique sua resposta.
(b) O ligante **25.36** está relacionado ao BINAP (**25.14**), mas foi funcionalizado. Sugira uma razão para essa funcionalização.

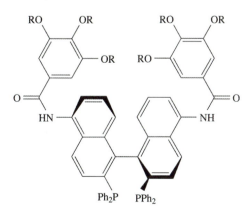

R = $CH_2C_6H_2\text{-}3,4,5\text{-}(OC_{10}H_{21})_3$

(25.36)

25.24 (a) Um método proposto para a remoção de NO de emissões de motores a combustão é a redução catalítica usando NH_3 como agente redutor. Tendo em mente as emissões regulamentadas permitidas, escreva uma equação balanceada para a reação redox e mostre um balanço das mudanças dos estados de oxidação.
(b) Na presença do catalisador de Grubbs, o composto **25.37** sofre uma metátese com fechamento seletivo de anel dando um produto bicíclico **A**. Desenhe a estrutura da "primeira geração" do catalisador de Grubbs. Sugira a identidade de **A**, explicando a sua escolha. Escreva uma equação balanceada para a conversão de **25.37** em **A**.

(25.37)

25.25 O catalisador $[Rh(Ph_2PCH_2CH_2PPh_2)]^+$ pode ser preparado mediante reação de $[Rh(nbd)(Ph_2PCH_2CH_2PPh_2)]^+$ (nbd = **25.38**) com dois equivalentes de H_2. Em solventes de coordenação, o $[Rh(Ph_2PCH_2CH_2PPh_2)]^+$, na forma de um complexo solvatado $[Rh(Ph_2PCH_2CH_2PPh_2)(solv)_2]^+$, catalisa a hidrogenação de $RCH=CH_2$.

(a) Desenhe a estrutura do [Rh(nbd)(Ph$_2$PCH$_2$CH$_2$PPh$_2$)]$^+$ e sugira o que ocorre quando esse complexo reage com H$_2$.
(b) Desenhe a estrutura de [Rh(Ph$_2$PCH$_2$CH$_2$PPh$_2$)(solv)$_2$]$^+$, prestando atenção ao ambiente de coordenação esperado para o átomo de Rh.
(c) Dado que a primeira etapa no mecanismo é a substituição de uma molécula de solvente pelo alqueno, desenhe um ciclo catalítico que leve à conversão de RCH=CH$_2$ em RCH$_2$CH$_3$. Inclua uma estrutura para cada complexo intermediário e dê a contagem do número de elétrons no átomo central de Rh em cada complexo.

(25.38)

25.26 Existe muito interesse nas chamadas moléculas "dendríticas", isto é, aquelas que possuem "braços ramificados" que partem de um núcleo central. O catalisador dendrítico suportado **25.39** pode ser usado em reações de hidroformilação, e apresenta elevada seletividade para a formação de aldeídos ramificados em relação aos lineares.

(a) É provável que **25.39** seja a espécie cataliticamente ativa? Justifique sua resposta.
(b) Que vantagens **25.39** apresenta em relação a um catalisador mononuclear de hidroformilação como HRh(CO)$_2$(PPh$_3$)$_2$?

(c) Forneça um esquema geral para a hidroformilação do pent-1-eno (ignorando os intermediários no ciclo catalítico) e explique o que se entende por "seletividade para aldeídos ramificados em relação aos lineares".

(25.39)

TEMAS DA QUÍMICA INORGÂNICA

25.27 A primeira etapa no processo Cativa é a reação entre MeI e *cis*-[Ir(CO)$_2$I$_2$]$^-$. Entretanto, o catalisador pode também reagir com HI e essa etapa inicia uma reação de deslocamento água-gás que compete com o ciclo catalítico principal. (a) Que produto químico é fabricado no processo Cativa? Por que esse produto apresenta importância industrial? (b) Por que o HI está presente no sistema? (c) Forneça uma equação para a reação de deslocamento água-gás, e especifique as condições normalmente utilizadas industrialmente. (d) A Fig. 25.22 mostra o ciclo catalítico competitivo descrito anteriormente. Sugira identidades para as espécies **A, B, C** e **D**. Que tipo de reação corresponde à conversão de *cis*-[Ir(CO)$_2$I$_2$]$^-$ em **A**? Que mudanças no estado de oxidação do irídio ocorrem ao se percorrer o ciclo catalítico, e qual é a contagem do número de elétrons em cada complexo de irídio?

25.28 Que papéis os catalisadores inorgânicos desempenham nos seguintes processos industriais: (a) produção de aldeídos a partir de alquenos, (b) polimerização do propeno, (c) produção de anidrido acético, (d) hidrogenação do composto **25.40** produzindo o fármaco (*S*)-Naproxeno? Indique onde catalisadores homogêneos ou heterogêneos são usados.

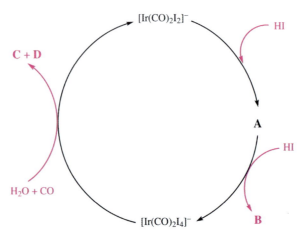

Fig. 25.22 Ciclo catalítico proposto para a reação de deslocamento água-gás que é uma rota competitiva no processo Cativa.

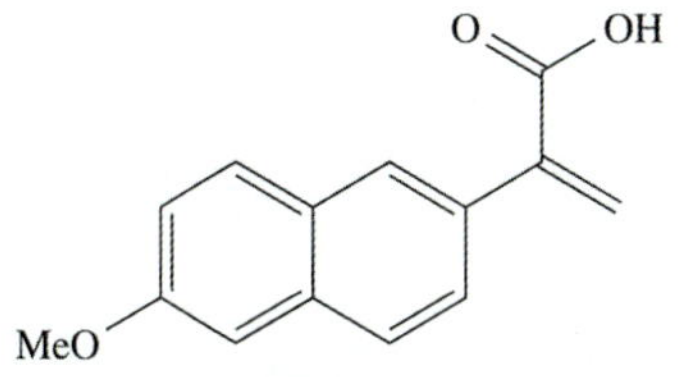

(25.40)

25.29 Medidas tomadas para controlar a poluição atmosférica incluem (a) lavagem de gases industriais residuais para remover SO_2, e (b) redução de NO nas emissões de motores a combustão. Explique como esses objetivos são alcançados e escreva equações balanceadas para as reações relevantes. Essas reações são catalíticas?

25.30 Em 2008, os Estados Unidos fabricaram 32,4 Mt de ácido sulfúrico. A importância do H_2SO_4 se reflete no fato de que seu consumo em dado país é um indicador direto do crescimento industrial desse país. (a) Dê exemplos de usos comerciais do H_2SO_4. (b) A partir de matérias-primas relevantes, descreva como o ácido sulfúrico é produzido em escala industrial, prestando atenção às condições reacionais. (c) Como a fabricação do "ácido sulfúrico subproduto" difere do processo que você descreveu na parte (b)?

Tópicos

Complexos cineticamente lábeis e inertes
Dissociação, associação e intertroca
Parâmetros de ativação
Substituição em complexos planos quadrados
Substituição em complexos octaédricos
Racemização em complexos octaédricos
Processos de transferência de elétrons

26

Complexos dos metais do bloco *d*: mecanismos de reação

26.1 Introdução

Nós já mencionamos alguns aspectos dos mecanismos de reações inorgânicas: centros metálicos *cineticamente inertes*, como Co(III) (Seção 21.10), e tipos de reações organometálicas (Seção 24.7). Agora, iremos discutir com mais detalhes os mecanismos de substituição de ligantes e as reações de transferência de elétrons em complexos de coordenação. Para as reações de substituição, limitaremos nossa atenção aos complexos planos quadrados e aos complexos octaédricos, para os quais existem muitos dados cinéticos.

> Um mecanismo proposto *tem de* ser consistente com todas as observações experimentais. Não se pode provar um mecanismo, desde que haja outro mecanismo que também possa ser consistente com os dados experimentais.

26.2 Substituição de ligante: alguns aspectos gerais

> Em uma *reação de substituição* de ligante:
>
> $ML_xX + Y \rightarrow ML_xY + X$
>
> X é o *grupo de saída* e Y é o *grupo de entrada*.

Complexos cineticamente inertes e lábeis

Complexos metálicos que sofrem reações com $t_{\frac{1}{2}} \leq 1$ min são descritos como *cineticamente lábeis*. Se a reação leva um tempo significativamente maior que esse, o complexo é *cineticamente inerte*.

Não existe uma relação entre a estabilidade *termodinâmica* de um complexo e a sua labilidade em relação as reações de substituição. Por exemplo, os valores de $\Delta_{hid}G°$ para Cr^{3+} e Fe^{3+} são quase iguais, no entanto, $[Cr(OH_2)_6]^{3+}$ (d^3) sofre reações de substituição lentamente enquanto $[Fe(OH_2)_6]^{3+}$ (d^5, spin alto), rapidamente. De modo semelhante, embora a constante de formação global do $[Hg(CN)_4]^{2-}$ seja maior que a do $[Fe(CN)_6]^{4-}$, o complexo de Hg(II) troca rapidamente $[CN]^-$ com o cianeto marcado isotopicamente, enquanto essa troca é extremamente lenta para o $[Fe(CN)_6]^{4-}$. A inércia cinética de complexos octaédricos d^3 e d^6 de spin baixo é em parte associada com efeitos de campo cristalino (veja a Seção 26.4).

A Fig. 26.1 ilustra a faixa de constantes de velocidade, *k*, para a troca de uma molécula de água na primeira esfera de coordenação do $[M(OH_2)_x]^{n+}$ por uma molécula de água fora dessa camada de coordenação (Eq. 26.1). A constante de velocidade é definida de acordo com a Eq. 26.2.[†]

$$[M(OH_2)_x]^{n+} + H_2O \overset{k}{\rightleftharpoons} [M(OH_2)_{x-1}(OH_2)]^{n+} + H_2O \quad (26.1)$$

Velocidade de troca de água $= xk[M(OH_2)_x^{n+}]$ (26.2)

A Fig. 26.1 também fornece o tempo de residência médio ($\tau = 1/k$) para um ligante H_2O na primeira esfera de coordenação de um íon metálico. O íon $[Ir(OH_2)_6]^{3+}$ se situa no limite extremo de troca lenta, com $\tau = 9,1 \times 10^9$ s = 290 anos (a 298 K). No outro extremo, a troca de água para os íons de metais alcalinos é rápida, sendo $[Cs(OH_2)_8]^+$ o mais lábil ($\tau = 2 \times 10^{-10}$ s). As tendências nas labilidades dos principais grupos de íons metálicos (mostrados em rosa na Fig. 26.1) podem ser entendidas em termos de densidade de carga superficial e

---

[†] Nas equações de velocidade, [ ] indica "concentração de" e não deve ser confundido com o emprego de colchetes em fórmulas de complexos em outros contextos. Por essa razão, omitiremos [ ] nas fórmulas na maioria das equações de reações neste capítulo.

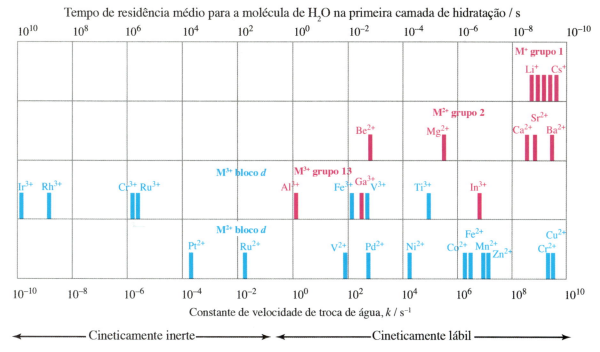

Fig. 26.1 Constantes de velocidade de troca de água e tempos de residência médios para moléculas de água na primeira esfera de coordenação de íons metálicos em aquacomplexos, a 298 K. Os íons metálicos dos grupos 1, 2 e 13 são mostrados em rosa, e os do bloco *d* estão em azul. [Com base em S.F. Lincoln (2005) *Helv. Chim. Acta*, vol. 88, p. 523 (Fig. 1).]

do número de coordenação do íon metálico. À medida que se desce em dado grupo, a velocidade de troca de água aumenta em função:

- do aumento de tamanho do íon metálico;
- do aumento do número de coordenação;
- da diminuição da densidade de carga superficial.

As velocidades de troca de água para os íons metálicos do grupo 1 variam em uma faixa estreita a partir do $[Li(OH_2)_6]^+$ (menos lábil) até $[Cs(OH_2)_8]^+$ (mais lábil). Para os íons dos metais do grupo 2, k varia de $\approx 10^3$ s^{-1} para o $[Be(OH_2)_4]^{2+}$ até $\approx 10^9$ s^{-1} para o $[Ba(OH_2)_8]^{2+}$. Cada íon M^{3+} do grupo 13 forma um íon hexa-aqua, e os valores de k variam de ≈ 1 s^{-1} para o $[Al(OH_2)_6]^{3+}$ até $\approx 10^7$ s^{-1} para o $[In(OH_2)_6]^{3+}$, o que é consistente com o aumento do raio iônico de 54 pm (Al^{3+}) para 80 pm (In^{3+}). Os íons M^{3+} da série lantanoide (não incluídos na Fig. 26.1) são todos maiores que os íons M^{3+} do grupo 13 e apresentam números de coordenação elevados. Eles são relativamente lábeis com $k > 10^7$. Para o íon $[Eu(OH_2)_7]^{2+}$, o tempo de residência médio para uma molécula de água na primeira esfera de coordenação é de apenas $2,0 \times 10^{-10}$ s, e a sua labilidade é comparável a do íon $[Cs(OH_2)_8]^+$.

A Fig. 26.1 ilustra que os valores das velocidades de troca de água dos íons M^{2+} e M^{3+} do bloco *d* estão distribuídos em uma faixa muito mais ampla do que aquelas para os íons metálicos dos grupos 1, 2 e 13. A inércia cinética dos íons d^3 (por exemplo, $[Cr(OH_2)_6]^{3+}$ na Fig. 26.1) e d^6 de spin baixo (por exemplo, $[Rh(OH_2)_6]^{3+}$ e $[Ir(OH_2)_6]^{3+}$) pode ser entendida em termos da teoria do campo cristalino. De forma geral, as 20 ordens de grandeza cobertas pelos valores de k para os íons dos metais do bloco *d* são decorrência das diferentes configurações eletrônicas *nd* e dos efeitos do campo cristalino. Na Seção 26.4, as reações de troca de água serão abordadas com mais detalhe.

Equações estequiométricas nada dizem a respeito do mecanismo

Os processos que ocorrem em uma reação não são necessariamente óbvios a partir da equação estequiométrica. Por exemplo, a reação 26.3 poderia sugerir um mecanismo envolvendo a substituição direta do $[CO_3]^{2-}$ coordenado por H$_2$O.

$$[(H_3N)_5Co(CO_3)]^+ + 2[H_3O]^+$$
$$\rightarrow [(H_3N)_5Co(OH_2)]^{3+} + CO_2 + 2H_2O \quad (26.3)$$

Entretanto, o emprego de H$_2^{18}$O como solvente mostra que todo o oxigênio no aquacomplexo é proveniente do carbonato, e o esquema 26.4 mostra o caminho reacional proposto.

$$[(H_3N)_5Co(OCO_2)]^+ + [H_3O]^+ \longrightarrow \left[(H_3N)_5Co-O\overset{H}{\underset{CO_2}{\diagdown}}\right]^{2+} + H_2O$$

$$\downarrow$$

$$[(H_3N)_5Co(OH)]^{2+} + CO_2$$

$$\downarrow [H_3O]^+$$

$$[(H_3N)_5Co(OH_2)]^{3+} + H_2O$$
$$(26.4)$$

Tipos de mecanismos de substituição

Em substituições inorgânicas, os mecanismos limitantes são dissociativos (*D*), nos quais o intermediário possui um número de coordenação menor do que o complexo de partida (Eq. 26.5); e *associativos* (*A*), nos quais o intermediário tem um número de coordenação maior (Eq. 26.6).[†]

> Mecanismos de reações *dissociativas* e *associativas* envolvem caminhos reacionais em duas etapas e um *intermediário*.

$$\left.\begin{array}{l} ML_xX \rightarrow \underset{\text{intermediário}}{ML_x} + \underset{\text{grupo de saída}}{X} \\ ML_x + \underset{\text{grupo de entrada}}{Y} \rightarrow ML_xY \end{array}\right\} \text{dissociativa (D)} \quad (26.5)$$

$$\left.\begin{array}{l} ML_xX + \underset{\text{grupo de entrada}}{Y} \rightarrow \underset{\text{intermediário}}{ML_xXY} \\ ML_xXY \rightarrow ML_xY + \underset{\text{grupo de saída}}{X} \end{array}\right\} \text{associativa (A)} \quad (26.6)$$

> Um *intermediário* ocorre em um local de energia mínima; ele pode ser detectado e, às vezes, isolado. Um *estado de transição* ocorre em um máximo de energia, e não pode ser isolado.

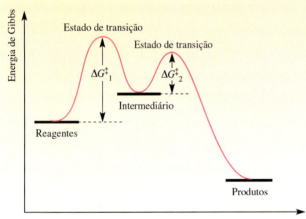

Na maioria dos caminhos reacionais de substituição em complexos metálicos, acredita-se que a formação de ligação entre o metal e o grupo de entrada é *concorrente* com a quebra da ligação entre o metal e o grupo de saída (Eq. 26.7). Trata-se do mecanismo de *intertroca* (*I*).

$$ML_xX + \underset{\text{grupo de entrada}}{Y} \rightarrow \underset{\text{estado de transição}}{Y \cdots ML_x \cdots X} \rightarrow ML_xY + \underset{\text{grupo de saída}}{X}$$

(26.7)

Em um mecanismo *I*, não existe um intermediário, mas são possíveis vários estados de transição. Podem ser identificados dois tipos de mecanismos de intertroca:

- *intertroca dissociativa* (I_d), na qual a quebra de ligações predomina sobre a formação de ligações;
- *intertroca associativa* (I_a), na qual a formação de ligações prevalece sobre a quebra de ligações.

Em um mecanismo I_a a velocidade de reação mostra-se dependente do grupo de entrada. Em um mecanismo I_d a velocidade mostra apenas uma dependência muito pequena em relação ao grupo de entrada. É normalmente difícil distinguir entre os processos A e I_a, D e I_d, e I_a e I_d.

> Um mecanismo de *intertroca* (*I*) é um processo concertado no qual não há nenhuma espécie *intermediária* com um número de coordenação diferente daquele do complexo de partida.

Parâmetros de ativação

O diagrama presente no penúltimo boxe, que faz a distinção entre um estado de transição e um intermediário, também mostra a energia de Gibbs de ativação, $\Delta G^{\ddagger}$, para cada etapa no caminho reacional de duas etapas. As entalpias e entropias de ativação, $\Delta H^{\ddagger}$ e $\Delta S^{\ddagger}$, obtidas a partir da dependência das constantes de velocidade com a temperatura, podem lançar uma luz acerca dos mecanismos. A Eq. 26.8 (equação de Eyring) fornece a relação entre constante da velocidade, temperatura e parâmetros de ativação. Uma forma linearizada dessa relação é dada na Eq. 26.9.[*]

$$k = \frac{k'T}{h} e^{\left(-\frac{\Delta G^{\ddagger}}{RT}\right)} = \frac{k'T}{h} e^{\left(-\frac{\Delta H^{\ddagger}}{RT} + \frac{\Delta S^{\ddagger}}{R}\right)} \quad (26.8)$$

$$\ln\left(\frac{k}{T}\right) = \frac{-\Delta H^{\ddagger}}{RT} + \ln\left(\frac{k'}{h}\right) + \frac{\Delta S^{\ddagger}}{R} \quad (26.9)$$

em que k = constante de velocidade, T = temperatura (K), $\Delta H^{\ddagger}$ = entalpia de ativação (J mol^{-1}), $\Delta S^{\ddagger}$ = entropia de ativação (JK^{-1} mol^{-1}), R = constante dos gases molares, k' = constante de Boltzmann, h = constante de Planck.[**]

A partir da Eq. 26.9, um gráfico de ln(k/T) contra 1/T (um *gráfico de Eyring*) é linear; os parâmetros de ativação $\Delta H^{\ddagger}$ e $\Delta S^{\ddagger}$ podem ser determinados como mostrado na Fig. 26.2.

Os valores de $\Delta S^{\ddagger}$ são particularmente úteis para a distinção entre mecanismos associativos e dissociativos. Um valor de $\Delta S^{\ddagger}$ *negativo e grande* é um indicativo de um mecanismo *associativo*, ou seja, há um decréscimo na entropia à medida que o grupo de entrada se associa ao complexo de partida. Entretanto, é preciso tomar cuidado. A reorganização do solvente pode resultar em valores negativos de $\Delta S^{\ddagger}$ mesmo para um mecanismo dissociativo, o que justifica o requisito de que $\Delta S^{\ddagger}$ deve ser *grande* e negativo para indicar um caminho associativo.

[†] A terminologia para mecanismos de substituição inorgânica não é a mesma que para as substituições nucleofílicas orgânicas. Visto que os leitores já estarão familiarizados com as representações S_N1 (unimolecular) e S_N2 (bimolecular), pode ser útil assinalar que o mecanismo *D* corresponde a S_N1, e I_a a S_N2.

[*] Para uma análise crítica a respeito do emprego das Eq. 26.8 e 26.9, veja: G. Lente, I. Fábián e A. Poë (2005) *New Journal of Chemistry*, vol. 29, p. 759 – "A common misconception about the Eyring equation".

[**] Constantes físicas: veja a contracapa deste livro.

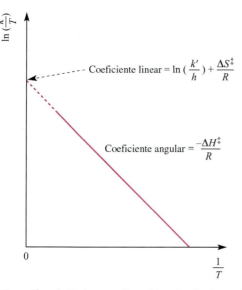

Fig. 26.2 Um gráfico de Eyring permite a determinação dos parâmetros de ativação $\Delta H^{\ddagger}$ e $\Delta S^{\ddagger}$ a partir da dependência da constante da velocidade com a temperatura; a parte tracejada da reta representa uma extrapolação. Veja a Eq. 26.9 para definições das grandezas.

A dependência das constantes de velocidade com a pressão leva a uma medida do *volume de ativação*, $\Delta V^{\ddagger}$ (Eq. 26.10).

$$\frac{d(\ln k)}{dP} = \frac{-\Delta V^{\ddagger}}{RT}$$

(ou sua forma logarítmica)

$$\ln\left(\frac{k_{(P_1)}}{k_{(P_2)}}\right) = \frac{-\Delta V^{\ddagger}}{RT}(P_1 - P_2)$$

(26.10)

em que k = constante da velocidade; P = pressão; $\Delta V^{\ddagger}$ = volume de ativação (cm³ mol⁻¹); R = constante dos gases molares; T = temperatura (K).

Uma reação na qual o estado de transição tem um volume maior que o do estado inicial apresenta um $\Delta V^{\ddagger}$ positivo, enquanto um valor de $\Delta V^{\ddagger}$ negativo corresponde a uma compressão do estado de transição em relação aos reagentes. Após permitir qualquer variação de volume do solvente (que é importante caso estejam envolvidos íons solvatados), o sinal de $\Delta V^{\ddagger}$ deve, em princípio, distinguir entre um mecanismo associativo e um mecanismo dissociativo.

> Um valor negativo e grande de $\Delta V^{\ddagger}$ indica um mecanismo associativo; um valor positivo sugere que o mecanismo é dissociativo.

Exercícios propostos

Como uma alternativa à Eq. 26.9, a seguinte forma linearizada da equação de Eyring pode ser obtida a partir da Eq. 26.8:

$$T \times \ln\frac{k}{T} = T\left(\ln\frac{k'}{h} + \frac{\Delta S^{\ddagger}}{R}\right) - \frac{\Delta H^{\ddagger}}{R}$$

Que gráfico você construiria para obter uma reta? Como você empregaria esse gráfico para obter os valores de $\Delta H^{\ddagger}$ e $\Delta S^{\ddagger}$?

[*Resp.*: Veja G. Lente *et al.* (2005) *New. J. Chem.*, vol. 29, p. 759]

26.3 Substituição em complexos planos quadrados

Complexos com uma configuração d^8 frequentemente formam complexos planos quadrados (veja a Seção 20.3), especialmente quando existe um campo cristalino forte: Rh(I), Ir(I), Pt(II), Pd(II), Au(III). Entretanto, complexos de Ni(II) com número de coordenação 4 podem ser tetraédricos ou planos quadrados. A maioria dos trabalhos em cinética envolvendo sistemas planos quadrados foi conduzida com complexos de Pt(II) porque a velocidade de substituição do ligante é convenientemente lenta. Embora os dados para os complexos de Pd(II) e Au(III) indiquem uma similaridade entre seus mecanismos de substituição e aqueles dos complexos de Pt(II), não *há razão para admitir* uma similaridade na cinética em uma série de complexos estruturalmente relacionados que sofrem reações de substituição similares.

Equações de velocidade, mecanismo e efeito *trans*

Existe um consenso de opinião, com base em um grande conjunto de trabalhos experimentais, de que as reações de substituição nucleofílica em complexos planos quadrados de Pt(II) normalmente ocorrem por meio de mecanismos associativos (A ou I_a). Valores negativos de $\Delta S^{\ddagger}$ e $\Delta V^{\ddagger}$ fornecem suporte a essa proposição (Tabela 26.1). A observação de que as constantes de velocidade para o deslocamento de Cl⁻ por H₂O em [PtCl₄]²⁻, [PtCl₃(NH₃)]⁻, [PtCl₂(NH₃)₂] e [PtCl(NH₃)₃]⁺ são semelhantes, sugere um mecanismo associativo, uma vez que um caminho dissociativo deveria mostrar uma dependência significativa em relação a carga do complexo.

A reação 26.11 mostra a substituição de X por Y em um complexo de Pt(II) plano quadrado.

$$PtL_3X + Y \longrightarrow PtL_3Y + X \qquad (26.11)$$

Tabela 26.1 Parâmetros de ativação para substituição em complexos planos quadrados selecionados (veja a Tabela 7.7, no Volume 1, para abreviações dos ligantes)

Reagentes	$\Delta H^{\ddagger}$/kJ mol⁻¹	$\Delta S^{\ddagger}$/JK⁻¹ mol⁻¹	$\Delta V^{\ddagger}$/cm³ mol⁻¹
[Pt(dien)Cl]⁺ + H₂O	+84	−63	−10
[Pt(dien)Cl]⁺ + [N₃]⁻	+65	−71	−8,5
trans-[PtCl₂(PEt₃)₂] + py	+14	−25	−14
trans-[PtCl(NO₂)(py)₂] + py	+12	−24	−9

A forma usual da lei da velocidade experimental é dada pela Eq. 26.12, indicando que a reação transcorre simultaneamente por duas rotas.

$$\text{Velocidade} = -\frac{d[\text{PtL}_3\text{X}]}{dt} = k_1[\text{PtL}_3\text{X}] + k_2[\text{PtL}_3\text{X}][\text{Y}] \quad (26.12)$$

A reação 26.11 normalmente será estudada sob condições de pseudoprimeira ordem, com Y (bem como o solvente, S) em grande excesso. Isso significa que, como $[\text{Y}]_t \approx [\text{Y}]_0$ e $[\text{S}]_t \approx [\text{S}]_0$ (os subscritos representam o tempo t e o tempo zero), podemos reescrever a Eq. 26.12 na forma da Eq. 26.13 em que k_{obs} é a constante da velocidade observada, que é relacionada com k_1 e k_2 por meio da Eq. 26.14.

$$\text{Velocidade} = -\frac{d[\text{PtL}_3\text{X}]}{dt} = k_{obs}[\text{PtL}_3\text{X}] \quad (26.13)$$

$$k_{obs} = k_1 + k_2[\text{Y}] \quad (26.14)$$

A realização de uma série de reações com várias concentrações de Y (sempre sob condições de pseudoprimeira ordem) permite a determinação de k_1 e k_2 (Fig. 26.3a). A Fig. 26.3b mostra o efeito da mudança do grupo de entrada Y mantendo-se o mesmo solvente. A constante da velocidade k_2 depende de Y, e os valores de k_2 são determinados a partir dos coeficientes angulares das retas na Fig. 26.3b. Essas retas têm um mesmo coeficiente linear (passam por uma interseção comum a elas) igual a k_1. Se as experiências cinéticas são repetidas usando um solvente diferente, um novo coeficiente linear comum às retas é observado.

As contribuições dos dois termos na Eq. 26.12 para a velocidade global refletem a predominância relativa de um caminho reacional sobre o outro. O termo k_2 advém de um mecanismo associativo envolvendo um ataque de Y sobre PtL_3X na etapa determinante da velocidade e, quando Y é um bom nucleófilo, o termo k_2 é dominante. O termo k_1 pode parecer indicar um caminho dissociativo concorrente. Entretanto, experimentos mostram que o termo k_1 se torna dominante se a reação é realizada em solventes polares, e sua contribuição diminui em solventes apolares. Isso assinala a participação do solvente, e a Eq. 26.12 é reescrita de forma mais completa por meio da Eq. 26.15, na qual S é o solvente. Como S está em grande excesso, sua concentração é efetivamente constante durante a reação (ou seja, sob condições de pseudoprimeira ordem). Portanto, comparando-se as Eqs. 26.12 e 26.15, $k_1 = k_3[\text{S}]$.

$$\text{Velocidade} = -\frac{d[\text{PtL}_3\text{X}]}{dt} = k_3[\text{PtL}_3\text{X}][\text{S}] + k_2[\text{PtL}_3\text{X}][\text{Y}] \quad (26.15)$$

Quando o solvente é um ligante em potencial (por exemplo, H_2O), ele compete com o grupo de entrada Y na etapa determinante da reação e X pode ser deslocado por Y ou S. A substituição de S por Y ocorre então em uma etapa *rápida*, ou seja, *não determinante da velocidade*. Os dois caminhos reacionais competitivos pelos quais a reação 26.11 ocorre são mostrados no esquema 26.16.

$$\begin{array}{l}\text{PtL}_3\text{X} + \text{Y} \xrightarrow{k_2} \text{PtL}_3\text{Y} + \text{X} \\ \text{compete com:} \\ \text{PtL}_3\text{X} + \text{S} \xrightarrow{k_1} \text{PtL}_3\text{S} + \text{X} \\ \text{PtL}_3\text{S} + \text{Y} \xrightarrow{\text{rápida}} \text{PtL}_3\text{Y} + \text{S}\end{array} \quad (26.16)$$

Um ponto adicional em favor de ambos os termos k_1 e k_2 serem associativos é que *ambas* as constantes de velocidade decrescem quando as exigências estéricas de Y ou L aumentam.

Na maioria das reações, a substituição em um complexo de Pt(II) plano quadrado ocorre com *retenção de estereoquímica*: o grupo de entrada ocupa o sítio de coordenação anteriormente ocupado pelo grupo de saída. Um mecanismo A ou I_a envolve um estado de transição ou um intermediário

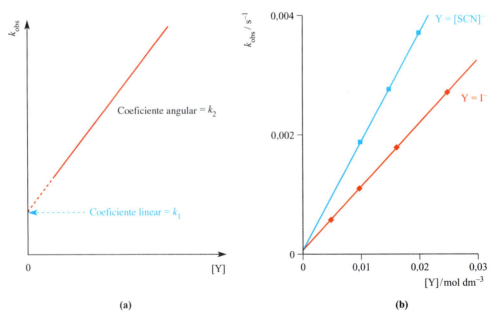

Fig. 26.3 (a) Determinação das constantes de velocidades k_1 e k_2 (Eq. 26.14) a partir dos dados experimentais da velocidade de substituição de ligantes em um complexo plano quadrado; Y é o ligante de entrada. A parte tracejada da reta representa uma extrapolação. (b) Gráficos de k_{obs} contra concentração do grupo de entrada para as reações de *trans*-$[\text{PtCl}_2(\text{py})_2]$ com $[\text{SCN}]^-$ ou I^-; ambas as reações foram conduzidas em MeOH e por isso apresentam um coeficiente linear em comum. [Dados de: U. Belluco *et al.* (1965) *J. Am. Chem. Soc.*, vol. 87, p. 241.]

Complexos dos metais do bloco *d*: mecanismos de reação **309**

$$\begin{bmatrix} & NH_3 & \\ H_3N - & Pt & - NH_3 \\ & | & \\ & NH_3 & \end{bmatrix}^{2+} \xrightarrow[-NH_3]{Cl^-} \begin{bmatrix} & Cl & \\ H_3N - & Pt & - NH_3 \\ & | & \\ & NH_3 & \end{bmatrix}^{+}$$

$$\xrightarrow[-NH_3]{Cl^-} \begin{matrix} & Cl & \\ H_3N - & Pt & - NH_3 \\ & | & \\ & Cl & \end{matrix}$$

(26.18)

Fig. 26.4 O ataque inicial pelo grupo de entrada a um centro de Pt(II) plano quadrado se dá por cima ou por baixo do plano. O nucleófilo Y então se coordena, produzindo uma espécie bipiramidal triangular que perde X com retenção da estereoquímica.

de número de coordenação 5 e, como a diferença de energia entre as variadas geometrias de número de coordenação 5 é pequena, pode-se esperar que o rearranjo da espécie de número de coordenação 5 seja fácil, exceto, por exemplo, se ela é estericamente impedida (*A* ou I_a) ou se o seu tempo de vida é curto demais (I_a). A retenção da estereoquímica pode ser prevista como mostrado na Fig. 26.4 (na qual ignoramos qualquer papel desempenhado pelo solvente). Por que a Fig. 26.4 mostra especificamente uma espécie *bipiramidal triangular* como intermediário ou estado de transição? Para responder a essa pergunta, devemos considerar dados experimentais adicionais:

> A escolha de um grupo de saída em um complexo plano quadrado é determinada pela natureza do ligante na posição *trans* a ele; esse é o **efeito trans** e sua origem é **cinética**.

As reações 26.17 e 26.18 ilustram o efeito *trans* em ação: *cis*- e *trans*-[PtCl$_2$(NH$_3$)$_2$] são preparados *especificamente* por diferentes rotas de substituição.[†]

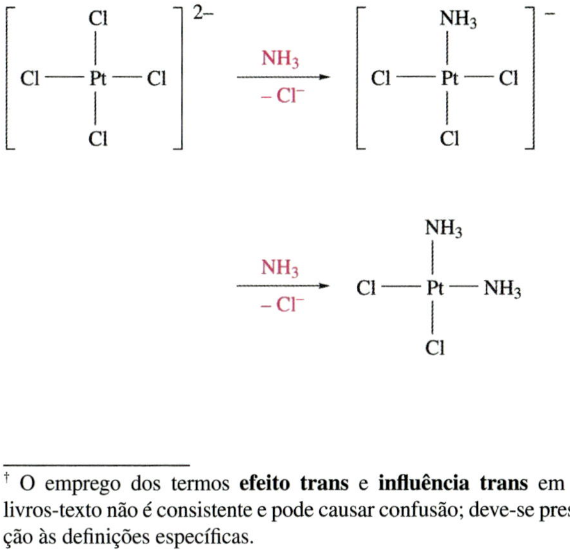

$$\begin{bmatrix} & Cl & \\ Cl - & Pt & - Cl \\ & | & \\ & Cl & \end{bmatrix}^{2-} \xrightarrow[-Cl^-]{NH_3} \begin{bmatrix} & NH_3 & \\ Cl - & Pt & - Cl \\ & | & \\ & Cl & \end{bmatrix}^{-}$$

$$\xrightarrow[-Cl^-]{NH_3} \begin{matrix} & NH_3 & \\ Cl - & Pt & - NH_3 \\ & | & \\ & Cl & \end{matrix}$$

(26.17)

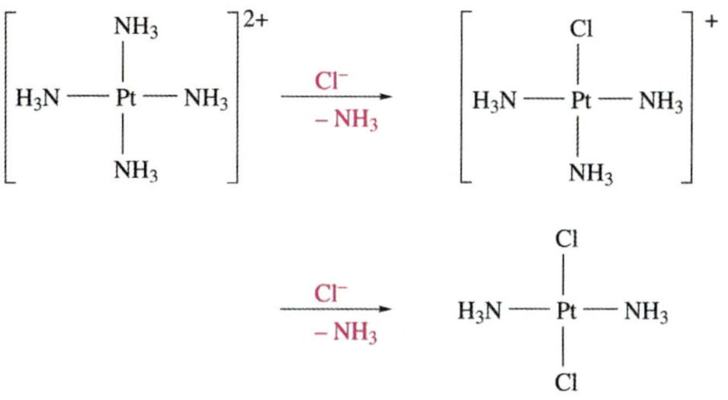

[†] O emprego dos termos **efeito trans** e **influência trans** em diversos livros-texto não é consistente e pode causar confusão; deve-se prestar atenção às definições específicas.

Um fator que contribui para o efeito *trans* é a influência *trans* (veja o Boxe 22.8). O segundo fator, que tem relação com a origem *cinética* do efeito *trans*, é a densidade de elétrons π compartilhados no intermediário ou no estado de transição de número de coordenação 5 como mostrado na Fig. 26.5: o ligante L^2 está em posição *trans* em relação do grupo de saída, X, no complexo plano quadrado inicial, e também está *trans* em relação ao grupo de entrada, Y, no complexo plano quadrado final (Fig. 26.4). Esses três ligantes e o centro metálico podem comunicar-se eletronicamente por meio de ligações π *apenas* se todos eles estão no *mesmo plano* no estado de transição ou no intermediário. Isso implica que a espécie de coordenação 5 tenha de ser bipiramidal triangular e não piramidal de base quadrada. Se L^2 é um receptor π forte (por exemplo, CO), ele estabilizará o estado de transição por acomodar a densidade eletrônica que o nucleófilo de chegada doa ao centro metálico, e assim facilitará a substituição no sítio em posição *trans* a ele. A ordem geral do efeito *trans* (isto é, a capacidade de os ligantes dirigirem as substituições *trans*), que se estende por um fator de cerca de 10^6 nas velocidades, é:

$$H_2O \approx [OH]^- \approx NH_3 \approx py < Cl^- < Br^- < I^- \approx [NO_2]^-$$
$$< Ph^- < Me^- < PR_3 \approx H^- \ll CO \approx [CN]^- \approx C_2H_4$$

As velocidades experimentais de substituição são afetadas tanto pela influência *trans* no estado fundamental como pelo efeito *trans* cinético, e a interpretação da sequência anterior em termos de fatores individuais é difícil. Não há uma relação próxima entre as magnitudes relativas da influência *trans* e do efeito *trans*. Entretanto, o esquema de ligação π na Fig. 26.5 certamente ajuda a explicar a capacidade de orientação *trans* muito forte do CO, do íon [CN]$^-$ e do eteno.

O efeito *trans* é útil para propor sínteses de complexos de Pt(II), por exemplo, preparações seletivas de isômeros

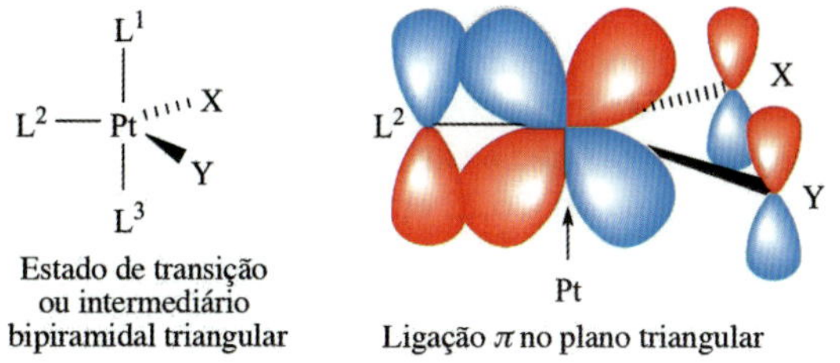

Fig. 26.5 No plano triangular do estado de transição ou do intermediário de coordenação 5 (veja Fig. 26.4), uma interação da ligação π pode ocorrer entre um orbital *d* do metal (por exemplo, d_{xy}) e orbitais apropriados (como, por exemplo, orbitais atômicos *p* ou orbitais moleculares de simetria π) do ligante L^2 (o ligante *trans* em relação ao grupo de saída), de X (o grupo de saída) e de Y (o grupo de entrada). Observe que os ligantes podem não contribuir necessariamente para o esquema de ligação π, por exemplo, NH$_3$.

Tabela 26.2 Valores de n_{Pt} para ligantes de entrada, Y, na reação 26.21; os valores são relativos a n_{Pt} para MeOH = 0 e são determinados a 298 K[†]

Ligante	Cl⁻	NH₃	py	Br⁻	I⁻	[CN]⁻	PPh₃
n_{Pt}	3,04	3,07	3,19	4,18	5,46	7,14	8,93

[†]Para dados adicionais, veja: R.G. Pearson, H. Sobel e J. Songstad (1968) *J. Am. Chem. Soc.*, vol. 90, p. 319.

cis- e *trans-* de [PtCl₂(NH₃)₂] (esquemas 26.17 e 26.18) e de [PtCl₂(NH₃)(NO₂)]⁻ (esquemas 26.19 e 26.20).

$$\left[\begin{array}{c}Cl\\|\\Cl-Pt-Cl\\|\\Cl\end{array}\right]^{2-} \xrightarrow[-Cl^-]{NH_3} \left[\begin{array}{c}NH_3\\|\\Cl-Pt-Cl\\|\\Cl\end{array}\right]^{-} \xrightarrow[-Cl^-]{[NO_2]^-} \left[\begin{array}{c}NH_3\\|\\Cl-Pt-NO_2\\|\\Cl\end{array}\right]^{-}$$

(26.19)

$$\left[\begin{array}{c}Cl\\|\\Cl-Pt-Cl\\|\\Cl\end{array}\right]^{2-} \xrightarrow[-Cl^-]{[NO_2]^-} \left[\begin{array}{c}NO_2\\|\\Cl-Pt-Cl\\|\\Cl\end{array}\right]^{2-} \xrightarrow[-Cl^-]{NH_3} \left[\begin{array}{c}NO_2\\|\\Cl-Pt-Cl\\|\\NH_3\end{array}\right]^{-}$$

(26.20)

Finalmente, devemos observar que existe um pequeno efeito *cis*, mas normalmente sua importância é muito menor que o efeito *trans*.

Nucleofilicidade dos ligantes

Se alguém estudar como as velocidades de substituição por Y em dado complexo dependem do grupo de entrada, para a maioria das reações envolvendo Pt(II), vai observar que a constante da velocidade k_2 (Eq. 26.12) aumenta na ordem:

$H_2O < NH_3 \approx Cl^- < py < Br^- < I^- < [CN]^- < PR_3$

Essa é a chamada *sequência de nucleofilicidade* para substituição em Pt(II) plano quadrado, e a ordem é consistente com o comportamento de Pt(II) como um centro metálico mole (veja a Tabela 7.9, no Volume 1). Um *parâmetro de nucleofilicidade*, n_{Pt}, é definido pela Eq. 26.22 em que k_2' é a constante da velocidade para a reação 26.21 com Y = MeOH (ou seja, para Y = MeOH, n_{Pt} = 0).

trans-[PtCl₂(py)₂] + Y ⟶ *trans*-[PtCl(py)₂Y]⁺ + Cl⁻

(26.21)

(A equação é escrita admitindo que Y é um ligante neutro.)

$$n_{Pt} = \log \frac{k_2}{k_2'}, \quad \text{ou} \quad n_{Pt} = \log k_2 - \log k_2' \quad (26.22)$$

Os valores de n_{Pt} variam consideravelmente (Tabela 26.2) e ilustram a dependência da velocidade de substituição com a nucleofilicidade do grupo de entrada. Não há correlação entre n_{Pt} e a força do nucleófilo como uma base de Brønsted.

> O **parâmetro de nucleofilicidade**, n_{Pt}, descreve a dependência da velocidade de substituição em um complexo de Pt(II) plano quadrado em relação à nucleofilicidade do grupo de entrada.

Se agora considerarmos reações de substituição de nucleófilos com outros complexos de Pt(II), encontramos relações lineares entre os valores de log k_2 e n_{Pt}, como ilustrado na Fig. 26.6. Para a reação geral 26.11 (na qual os ligantes L *não* precisam ser idênticos), a Eq. 26.23 é definida de modo que *s* é o *fator de discriminação da nucleofilicidade* e k_2' é a constante da velocidade quando o nucleófilo é MeOH.

$$\log k_2 = s(n_{Pt}) + \log k_2' \quad (26.23)$$

Para dado substrato, *s* pode ser encontrado a partir do coeficiente angular da reta na Fig. 26.6. Cada complexo possui um valor característico de *s*, e valores selecionados estão listados na Tabela 26.3. O valor relativamente pequeno de *s* para [Pt((dien)(OH₂)]²⁺ indica que esse complexo não discrimina tanto dentre os ligantes de entrada como, por exemplo, faz *trans*-[PtCl₂(PEt₃)₂]; ou seja, [Pt(dien)(OH₂)]²⁺ é geralmente mais reativo frente à substituição do que os outros complexos na tabela, o que é consistente com o fato de a H₂O ser um bom grupo de saída.

Tabela 26.3 Fatores de discriminação nucleofílica, *s*, para complexos de Pt(II) planos quadrados selecionados. (Veja a Tabela 7.7, no Volume 1, para abreviação dos ligantes.)

Complexo	s
trans-[PtCl₂(PEt₃)₂]	1,43
trans-[PtCl₂(AsEt₃)₂]	1,25
trans-[PtCl₂(py)₂]	1,0
[PtCl₂(en)]	0,64
[PtBr(dien)]⁺	0,75
[PtCl(dien)]⁺	0,65
[Pt(dien)(OH₂)]²⁺	0,44

> O **fator de discriminação de nucleofilicidade**, *s*, é característico de dado complexo de Pt(II) plano quadrado e descreve quão sensível é o complexo frente à variação na nucleofilicidade do ligante de entrada.

Complexos dos metais do bloco *d*: mecanismos de reação

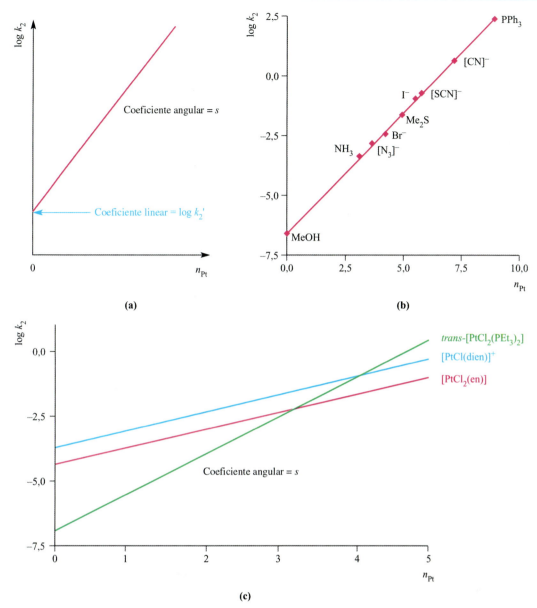

Fig. 26.6 (a) O fator de discriminação de nucleofilicidade, *s*, para dado complexo de Pt(II) plano quadrado pode ser encontrado a partir do gráfico de log k_2 (a constante de velocidade de segunda ordem, veja a Eq. 26.12) contra n_{Pt} (o parâmetro de nucleofilicidade, veja a Eq. 26.22). Os resultados experimentais estão representados graficamente dessa maneira no gráfico (b), que mostra os dados para a reação do *trans*-[PtCl$_2$(py)$_2$] com diferentes nucleófilos em MeOH a 298 ou 303 K. [Dados de: R.G. Pearson *et al.* (1968) *J. Am. Chem. Soc.*, vol. 90, p. 319.] (c) Gráficos de log k_2 contra n_{Pt} para três complexos de Pt(II) planos quadrados; cada representação gráfica é do mesmo tipo visto no gráfico (b). O coeficiente angular de cada uma das retas fornece *s*, o fator de discriminação de nucleofilicidade, para cada um dos complexos. [Dados de: U. Belluco *et al.* (1965) *J. Am. Chem. Soc.*, vol. 87, p. 241.]

Exercícios propostos

1. Explique por que a reação de [Pt(NH$_3$)$_4$]$^{2+}$ com Cl$^-$ forma *trans*-[Pt(NH$_3$)$_2$Cl$_2$] sem a formação do isômero *cis*-.
   [*Resp.*: Veja a Eq. 26.18 e o texto que a acompanha]

2. Sugira por que o complexo mostrado a seguir sofre troca de água com uma velocidade 10^7 vezes maior que o [Pt(OH$_2$)$_4$]$^{2+}$.

   [*Resp.*: Veja U. Frey *et al.* (1998) *Inorg. Chim. Acta*, vol. 269, p. 322]

3. Para a reação:

   trans-[Pt(PEt$_3$)$_2$X(R)] + CN$^-$ ⟶ *trans*-[Pt(PEt$_3$)$_2$CN(R)] + X$^-$ (X = Cl ou Br)

   as velocidades *relativas* de substituição (a 303 K) são 1:21:809 para R = 2,4,6-Me$_3$C$_6$H$_2$, 2-MeC$_6$H$_4$ e C$_6$H$_5$, respectivamente. Se o complexo de partida é o *cis*-[Pt(PEt$_3$)$_2$X(R)], as velocidades *relativas* de CN$^-$ para a substituição de X$^-$ (a 303 K) são 1:7.900:68.600 para R = 2,4,6-Me$_3$C$_6$H$_2$, 2-MeC$_6$H$_4$ e C$_6$H$_5$, respectivamente. Interprete esses dados.
   [*Resp.*: Veja a Tabela 3 e a discussão em: G. Faraone *et al.* (1974) *J. Chem. Soc., Dalton Trans.*, p. 1377]

26.4 Substituição e racemização em complexos octaédricos

A maioria dos estudos de mecanismos de substituição em complexos metálicos octaédricos diz respeito aos complexos do tipo Werner. Complexos organometálicos entraram nesse campo de pesquisa mais recentemente. Dentre os primeiros, os candidatos populares para estudo são espécies de Cr(III) (d^3) e Co(III) (d^6) de spin baixo. Esses complexos são cineticamente inertes e suas velocidades de reação são relativamente lentas e facilmente monitoradas por técnicas convencionais. Tanto Rh(III) como Ir(III) (ambos d^6 de spin baixo) também sofrem muito lentamente reações de substituição. Não existe mecanismo universal por meio do qual os complexos octaédricos sofrem substituição, e por isso é necessário cuidado quando da interpretação dos dados cinéticos.

Troca de água

A troca de H_2O coordenada por água marcada isotopicamente foi investigada para uma ampla variedade de espécies octaédricas $[M(OH_2)_6]^{n+}$ (Co^{3+} não está incluído entre elas porque ele é instável em solução aquosa, veja a Seção 21.10). A reação 26.1, em que M é um metal do bloco s, p ou d, pode ser estudada usando-se espectroscopia de RMN de ^{17}O (Eq. 26.24) e, assim, as constantes de velocidade podem ser determinadas (Fig. 26.1).

$$[M(OH_2)_6]^{n+} + H_2(^{17}O) \rightarrow [M(OH_2)_5\{(^{17}O)H_2\}]^{n+} + H_2O \quad (26.24)$$

Como assinalamos na Seção 26.2, para íons M^{2+} e M^{3+} dos metais do bloco d, os dados para a reação 26.24 indicam uma correlação entre as constantes de velocidade e a configuração eletrônica. A Tabela 26.4 lista os volumes de ativação para a reação 26.24 com íons metálicos selecionados da primeira linha do bloco d. A mudança de valores negativos para positivos de $\Delta V^{\ddagger}$ indica uma mudança de um mecanismo associativo para um dissociativo, e sugere que a formação de ligação torna-se menos importante (e a quebra de ligação torna-se mais relevante) ao se passar de uma configuração d^3 para d^8. Para os íons M^{3+} na Tabela 26.4, os valores de $\Delta V^{\ddagger}$ sugerem um mecanismo associativo. Quando se dispõe de dados, parece que processos associativos ocorrem para os íons metálicos da segunda e terceira linhas, o que é consistente com a ideia de que centros metálicos maiores podem facilitar a associação com o ligante de entrada.

Tabela 26.4 Volumes de ativação para reações de troca de água (Eq. 26.24)

Íon metálico	Configuração d^n de spin alto	$\Delta V^{\ddagger}/\text{cm}^3\,\text{mol}^{-1}$
V^{2+}	d^3	−4,1
Mn^{2+}	d^5	−5,4
Fe^{2+}	d^6	+3,7
Co^{2+}	d^7	+6,1
Ni^{2+}	d^8	+7,2
Ti^{3+}	d^1	−12,1
V^{3+}	d^2	−8,9
Cr^{3+}	d^3	−9,6
Fe^{3+}	d^5	−5,4

As constantes de velocidade de primeira ordem, k, para a reação 26.24 variam muito ao longo da primeira linha de metais do bloco d (M^{n+} nos íons hexa-aqua são todos de spin alto):

- Cr^{2+} (d^4) e Cu^{2+} (d^9) são cineticamente muito lábeis ($k \geq 10^9\,\text{s}^{-1}$);
- Cr^{3+} (d^3) é cineticamente inerte ($k \approx 10^{-6}\,\text{s}^{-1}$);
- Mn^{2+} (d^5), Fe^{2+} (d^6), Co^{2+} (d^7) e Ni^{2+} (d^8) são cineticamente lábeis ($k \approx 10^4$ a $10^7\,\text{s}^{-1}$);
- V^{2+} (d^2) possui $k \approx 10^2\,\text{s}^{-1}$, ou seja, é consideravelmente menos lábil que os íons M^{2+} mostrados anteriormente.

Embora se possam relacionar algumas dessas tendências a efeitos EECC, que discutiremos adiante, os efeitos de carga são também importantes, por exemplo, compare $[Mn(OH_2)_6]^{2+}$ ($k = 2,1 \times 10^7\,\text{s}^{-1}$) com $[Fe(OH_2)_6]^{3+}$ ($k = 1,6 \times 10^2\,\text{s}^{-1}$), ambos são d^5 de spin alto.

As velocidades de troca de água (Fig. 26.1) em íons hexa-aqua de spin alto obedecem à sequência:

$$V^{2+} < Ni^{2+} < Co^{2+} < Fe^{2+} < Mn^{2+} < Zn^{2+} < Cr^{2+} < Cu^{2+}$$

e

$$Cr^{3+} \ll Fe^{3+} < V^{3+} < Ti^{3+}$$

Para uma série de íons de mesma carga e aproximadamente do mesmo tamanho, que sofre a mesma reação pelo mesmo mecanismo, é razoável supor que as frequências de colisão e os valores de $\Delta S^{\ddagger}$ são aproximadamente constantes e tais variações na velocidade provêm da variação de $\Delta H^{\ddagger}$. Vamos admitir que essa última variação aparece a partir da perda ou ganho de EECC (veja a Tabela 20.3) ao se passar do complexo de partida ao estado de transição: *uma perda de EECC significa um aumento da energia de ativação para a reação, e por isso um decréscimo em sua velocidade.* O espalhamento dos orbitais d depende da geometria de coordenação (Fig. 20.8 e 20.11), e podemos calcular a mudança no EECC na formação de um estado de transição. Tais cálculos fazem suposições que são realmente improváveis de serem válidas (por exemplo, comprimentos da ligação M–L constantes), mas para fins *comparativos*, os resultados devem apresentar algum significado. A Tabela 26.5 lista

Tabela 26.5 Mudanças na EECC (DEECC) na conversão de um complexo octaédrico de spin alto em um estado de transição piramidal de base quadrada (para um processo dissociativo) ou bipiramidal pentagonal (para um processo associativo), com os outros fatores mantidos constantes (veja o texto)

Íon metálico (spin alto)	d^n	ΔEECC/Δ_{oct} Piramidal de base quadrada	ΔEECC/Δ_{oct} Bipiramidal pentagonal
Sc^{2+}	d^1	+0,06	+0,13
Ti^{2+}	d^2	+0,11	+0,26
V^{2+}	d^3	−0,20	−0,43
Cr^{2+}	d^4	+0,31	−0,11
Mn^{2+}	d^5	0	0
Fe^{2+}	d^6	+0,06	+0,13
Co^{2+}	d^7	+0,11	+0,26
Ni^{2+}	d^8	−0,20	−0,43
Cu^{2+}	d^9	+0,31	−0,11
Zn^{2+}	d^{10}	0	0

Complexos dos metais do bloco *d*: mecanismos de reação   313

TEORIA

Boxe 26.1 Ligação reversível do NO a [Fe(OH₂)₆]²⁺: um exemplo do emprego de fotólise de flash

Na Seção 15.8, no Volume 1, descrevemos o complexo [Fe(NO)(OH₂)₅]²⁺ em associação com o teste do anel marrom para o íon nitrato. A ligação do NO é reversível:

$$[Fe(OH_2)_6]^{2+} + NO \xrightleftharpoons{K_{NO}} [Fe(OH_2)_5(NO)]^{2+} + H_2O$$

e a formação de [Fe(OH₂)₅(NO)]²⁺ pode ser monitorada pelo aparecimento no espectro eletrônico de absorções em 336, 451 e 585 nm com $\varepsilon_{máx}$ = 440, 265 e 85 dm³ mol⁻¹ cm⁻¹, respectivamente. A 296 K, em uma solução tamponada em pH = 5,0, o valor da constante de equilíbrio é K_{NO} = 1,15 × 10³. O espectro de IV de [Fe(OH₂)₅(NO)]²⁺ tem uma absorção em 1810 cm⁻¹ atribuída a v(NO), e isso é consistente com a formulação [Fe^III(OH₂)₅(NO⁻)]²⁺.

A cinética de ligação reversível do NO ao [Fe(OH₂)₆]²⁺ pode ser acompanhada usando-se *fotólise de flash* e monitorando as mudanças no espetro de absorção. A irradiação de [Fe(OH₂)₅(NO)]²⁺ a um comprimento de onda de 532 nm resulta em uma dissociação rápida do NO e perda de absorções em 336, 451 e 585 nm, ou seja, o equilíbrio acima se move para o lado esquerdo. Em seguida ao "flash", o equilíbrio se reestabelece em 0,2 ms (a 298 K) e a velocidade na qual [Fe(OH₂)₅(NO)]²⁺ se regenera pode ser determinada a partir do reaparecimento das três bandas de absorção características. A constante da velocidade observada, k_{obs}, é 3,0 × 10⁴ s⁻¹. Sob condições de pseudoprimeira ordem (ou seja, com largo excesso de [Fe(OH₂)₆]²⁺), as constantes de velocidade para as reações direta e inversa podem ser determinadas:

$$[Fe(OH_2)_6]^{2+} + NO \xrightleftharpoons[k_{inversa}]{k_{direta}} [Fe(OH_2)_5(NO)]^{2+} + H_2O$$

$$k_{obs} = k_{direta}[Fe(OH_2)_6^{2+}] + k_{direta}$$

nas quais os colchetes agora representam concentração.

A dada temperatura, os valores de k_{direta} e $k_{inversa}$ podem ser encontrados a partir dos coeficientes angular e linear da reta presente no gráfico da variação de k_{obs} com a concentração de [Fe(OH₂)₆]²⁺: a 298 K, k_{direta} = (1,42 ± 0,4) × 10⁶ dm³ mol⁻¹ s⁻¹ e $k_{inversa}$ = 3240 ± 750 s⁻¹.

Leitura recomendada

A. Wanat, T. Schneppensieper, G. Stochel, R. van Eldik, E. Bill and K. Wieghardt (2002) *Inorg. Chem.*, vol. 41, p. 4 – "Kinetics, mechanism and spectroscopy of the reversible binding of nitric oxide to aquated iron(II). An undergraduate text book reaction revisited".

---

resultados de tais cálculos para complexos octaédricos de spin alto de íons M²⁺ indo para estados de transição de coordenação 5 ou 7; isso fornece um modelo tanto para processos dissociativos como associativos. Para quaisquer modelos, e a despeito da simplicidade da teoria do campo cristalino, verifica-se uma concordância qualitativa moderadamente boa entre a ordem de labilidade calculada e aquela observada. A labilidade particular do íon Cr²⁺(aq) (d^4, spin alto) e Cu²⁺(aq) (d^9) pode ser atribuída à distorção de Jahn–Teller, o que resulta em ligantes axiais fracamente ligados (veja a estrutura **20.5** e a discussão).

O mecanismo de Eigen–Wilkins

A troca de água é sempre mais rápida que as substituições com outros ligantes de entrada. Consideremos agora a reação 26.25.

$$ML_6 + Y \longrightarrow \text{produtos} \qquad (26.25)$$

O mecanismo pode ser associativo (*A* ou I_a) ou dissociativo (*D* ou I_d), e não é fácil distinguir entre eles, mesmo quando as leis de velocidade são diferentes. Um mecanismo associativo envolve um intermediário ou um estado de transição de coordenação 7 e, estericamente, um caminho associativo parece menos provável do que um dissociativo. Apesar disso, às vezes os volumes de ativação indicam um mecanismo associativo (veja a Tabela 26.4). *Entretanto, para a maioria das substituições de ligantes em complexos octaédricos, as evidências experimentais dão suporte a caminhos dissociativos*. Dois casos limites são frequentemente observados para a reação geral 26.25:

- sob elevadas concentrações de Y, a velocidade de substituição é independente de Y, apontando para um mecanismo dissociativo;
- em baixas concentrações de Y, a velocidade da reação depende de Y e ML₆, sugerindo um mecanismo associativo.

Essas aparentes contradições são explicadas pelo *mecanismo de Eigen–Wilkins*.

O *mecanismo de Eigen–Wilkins* se aplica à substituição de ligante em um complexo octaédrico. Inicialmente forma-se um *complexo de encontro* entre o substrato e o ligante de entrada em uma etapa de pré-equilíbrio, seguido pela perda do grupo de saída na etapa determinante da velocidade.

Considere a reação 26.25. A primeira etapa no mecanismo de Eigen–Wilkins é a difusão conjunta de ML₆ e Y para formar um *complexo de encontro fracamente ligado* (equilíbrio 26.26).

$$ML_6 + Y \xrightleftharpoons{K_E} \underbrace{\{ML_6, Y\}}_{\text{complexo de encontro}} \qquad (26.26)$$

Normalmente, a velocidade de formação de {ML₆,Y} e a reação inversa para ML₆ e Y são muito mais rápidas que a conversão subsequente de {ML₆,Y} nos produtos. Assim, a formação de {ML₆,Y} é um *pré-equilíbrio*. A constante de equilíbrio, K_E, raramente pode ser determinada experimentalmente, mas ela pode ser calculada usando-se modelos teóricos. A etapa determinante no mecanismo de Eigen–Wilkins é a etapa 26.27 com uma constante de velocidade k. A lei de velocidade global é dada pela Eq. 26.28.

$$\{ML_6, Y\} \xrightarrow{k} \text{produtos} \qquad (26.27)$$

$$\text{Velocidade} = k[\{ML_6,Y\}] \qquad (26.28)$$

A concentração de {ML₆,Y} não pode ser determinada diretamente, e devemos fazer uso de um valor estimado de K_E,[†] que se relaciona com [{ML₆,Y}] por meio da Eq. 26.29.

$$K_E = \frac{[\{ML_6,Y\}]}{[ML_6][Y]} \qquad (26.29)$$

[†] K_E pode ser estimado usando uma abordagem eletrostática: para detalhes da teoria, veja R.G. Wilkins (1991) *Kinetics and Mechanism of Reactions of Transition Metal Complexes*, 2. ed., Wiley-VCH, Weinheim, p. 206.

Tabela 26.6 Constantes de velocidade, k, para a reação 26.34; veja a Eq. 26.28 para a lei da velocidade

Ligante de entrada, Y	NH_3	py	$[MeCO_2]^-$	F^-	$[SCN]^-$
$k \times 10^{-4}/s^{-1}$	3	3	3	0,8	0,6

A concentração *total* de ML_6 e $\{ML_6,Y\}$ na Eq. 26.26 é mensurável porque é a concentração inicial do complexo, que pode ser expressa como $[M]_{total}$ (Eq. 26.30). Desse modo, temos a expressão 26.31 para $[ML_6]$.

$$\left.\begin{array}{l}[M]_{total} = [ML_6] + [\{ML_6,Y\}] \\ [M]_{total} = [ML_6] + K_E[ML_6][Y] \\ \quad\quad\quad = [ML_6](1 + K_E[Y])\end{array}\right\} \quad (26.30)$$

$$[ML_6] = \frac{[M]_{total}}{1 + K_E[Y]} \quad (26.31)$$

Podemos agora reescrever a equação da velocidade 26.28 na forma da Eq. 26.32 substituindo $[\{ML_6,Y\}]$ (a partir da Eq. 26.29) e então $[ML_6]$ (com base na Eq. 26.31).

$$\text{Velocidade} = \frac{kK_E[M]_{total}[Y]}{1 + K_E[Y]} \quad (26.32)$$

Essa equação parece complicada, mas em *baixas concentrações de Y*, em que $K_E[Y] \ll 1$, a Eq. 26.32 se aproxima da Eq. 26.33, uma equação de velocidade de segunda ordem na qual k_{obs} é a constante da velocidade observada.

$$\text{Velocidade} = kK_E[M]_{total}[Y] = k_{obs}[M]_{total}[Y] \quad (26.33)$$

Como k_{obs} pode ser determinado experimentalmente, e K_E pode ser estimado teoricamente, k pode ser estimado a partir da expressão $k = k_{obs}/K_E$, obtida a partir da Eq. 26.33. A Tabela 26.6 lista valores de k para a reação 26.34 para vários ligantes de entrada. O fato de que k varia tão pouco é consistente com um mecanismo I_d. Se o caminho fosse associativo, a velocidade dependeria de forma mais significativa da natureza de Y.

$$[Ni(OH_2)_6]^{2+} + Y \longrightarrow [Ni(OH_2)_5Y]^{2+} + H_2O \quad (26.34)$$

A substituição de um ligante sem carga (como H_2O) por um ligante aniônico (por exemplo, Cl^-) é chamada **anação**.

Em uma *elevada concentração de Y* (isto é, quando Y é o solvente), $K_E[Y] \gg 1$, e a Eq. 26.32 se aproxima da Eq. 26.35, uma equação de velocidade de primeira ordem *sem dependência* do ligante de entrada. O valor de k pode ser determinado diretamente ($k_{obs} = k$).

$$\text{Velocidade} = k[M]_{total} \quad (26.35)$$

A reação de troca de água 26.24 exemplifica um caso em que o ligante de entrada é o solvente.

Vamos agora olhar detalhadamente as *tendências* experimentais que são consistentes com mecanismos dissociativos (*D* ou I_d) para substituição em complexos octaédricos. Um mecanismo I_d é evidenciado em inúmeros exemplos.

A velocidade de substituição do ligante normalmente depende da *natureza do ligante de saída*.

$$[Co(NH_3)_5X]^{2+} + H_2O \rightleftharpoons [Co(NH_3)_5(OH_2)]^{3+} + X^- \quad (26.36)$$

Para a reação 26.36, a velocidade de substituição aumenta com X^- na seguinte ordem:

$$[OH]^- < [N_3]^- \approx [NCS]^- < [MeCO_2]^- < Cl^-$$
$$< Br^- < I^- < [NO_3]^-$$

Essa tendência se correlaciona com a força da ligação M–X (quanto mais forte a ligação, mais lenta é a velocidade) e é consistente com a etapa determinante envolvendo quebra de ligações em uma etapa dissociativa. Podemos dar um passo além: um gráfico de log k (em que k é a constante da velocidade para a reação inversa 26.36) contra log K (em que K é a constante de equilíbrio para a reação 23.36) é linear com um *coeficiente angular igual a 1,0* (Fig. 26.7). As Eq. 26.37 e 26.38 relacionam log k e log K a $\Delta G^{\ddagger}$ (energia de ativação de Gibbs) e ΔG (energia de reação de Gibbs), respectivamente. Daí segue que a relação linear entre log k e log K representa uma relação linear entre $\Delta G^{\ddagger}$ e ΔG, a chamada *relação linear de energia livre* (RLEL).[†]

$$\Delta G^{\ddagger} \propto -\log k \quad (26.37)$$

$$\Delta G \propto -\log K \quad (26.38)$$

A interpretação da RLEL na Fig. 26.7 em termos mecanísticos é que o estado de transição se relaciona de perto com o produto $[Co(NH_3)_5(OH_2)]^{3+}$ e, portanto, o estado de transição envolve, no máximo, apenas uma fraca interação Co⋯X. Isso é consistente com um processo dissociativo (*D* ou I_d).

Estereoquímica de substituição

Embora a maioria das substituições em complexos octaédricos envolva caminhos *D* ou I_d, consideraremos apenas as implicações estereoquímicas para o mecanismo *D* porque isso envolve uma espécie de coordenação 5, que podemos visualizar prontamente (Eq. 26.39).

$$(26.39)$$

As reações de aquação (hidrólise) de *cis*- e *trans*-$[CoX(en)_2Y]^+$:

$$[CoX(en)_2Y]^+ + H_2O \longrightarrow [Co(OH_2)(en)_2Y]^{2+} + X^-$$

foram extensivamente estudadas. Se o mecanismo é dissociativo *limitante* (*D*), um intermediário de número de coordenação 5 tem de estar envolvido (esquema 26.39). Segue-se que a estereoquímica do $[Co(OH_2)(en)_2Y]^{2+}$ tem de ser independente do grupo de saída X^-, e dependerá da estrutura do intermediário. Começando com *cis*-$[CoX(en)_2Y]^+$, a Fig. 26.8 mostra que um intermediário piramidal de base quadrada leva à retenção da estereoquímica. Para um intermediário bipiramidal triangular, o grupo de entrada pode atacar uma das três posições

---
[†] As RLEL podem também empregar ln k e ln K, mas é prática comum usar relações log-log. Observe que energia livre é o mesmo que energia de Gibbs.

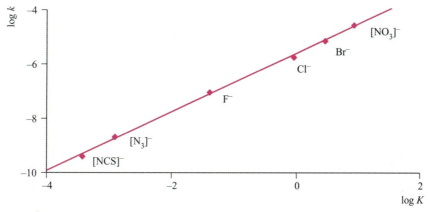

Fig. 26.7 Gráfico de log *k* contra log *K* para grupos de saída selecionados na reação 26.36. [Dados de: A. Haim (1970). *Inorg. Chem.*, Vol. 9, p. 426).]

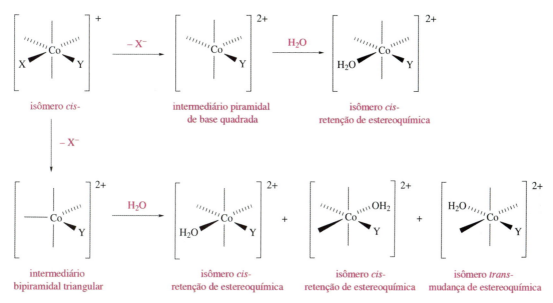

Fig. 26.8 Caminhos possíveis para substituição de um ligante em um complexo octaédrico de Co(III) envolvendo um intermediário de número de coordenação 5. O grupo de saída é X⁻, e o grupo de entrada é exemplificado por H₂O.

entre pares de ligantes no plano equatorial. A Fig. 26.8 mostra que isso levará a uma mistura de produtos *cis* e *trans* com uma razão aproximada de 2:1. A Tabela 26.7 fornece as distribuições de isômeros para os produtos das reações espontâneas de H₂O com *cis*- e *trans*-[CoX(en)₂Y]⁺, em que o grupo de saída é X⁻. Ao comparar os pares de dados para complexos com o mesmo Y⁻, mas diferentes grupos de saída (X⁻ = Cl⁻ ou Br⁻), podemos concluir que a estereoquímica da aquação de *cis*- ou *trans*-[CoX(en)₂Y]⁺ é essencialmente independente do grupo de saída. A falta de efeito em relação ao tamanho do grupo de saída é consistente com a dissociação de X⁻ ocorrer no seu caminho reacional pelo primeiro estado de transição, ou seja, o último se parece muito com o intermediário de número de coordenação 5.

Já vimos na Seção 4.8, no Volume 1, que existe uma diferença pequena de energia entre as estruturas bipiramidal trigonal e piramidal de base quadrada, portanto que os complexos de número de coordenação 5 tendem a sofrer rearranjos de ligantes. Os intermediários de número de coordenação 5 em reações de aquação devem, portanto, ter vida curta porque a adição de água na etapa terminal da reação é mais rápida do que qualquer rearranjo interno piramidal de base quadrada-bipiramidal trigonal. Isso é evidenciado pelo fato de que, por exemplo, qualquer par específico *cis*- e *trans*-[CoX(en)₂Y]⁺ não fornece uma distribuição de produtos *cis*-/*trans*-[Co(OH₂)(en)₂Y]²⁺ comum a eles.

Exercícios propostos

A reação de aquação de Λ-*cis*-[Co(en)₂Cl₂]⁺ leva à formação de *cis*- e *trans*-[Co(OH₂)(en)₂Cl]²⁺, e o isômero *cis*- retém sua configuração Λ. Explique por que essa observação indica que o rearranjo bipiramidal trigonal–piramidal de base quadrada não é competitivo em termos de velocidade com a reação de aquação.

Hidrólise catalisada por base

As reações de substituição de complexos de aminas de Co(III) são catalisadas por [OH]⁻, e para a reação 26.40, a lei da velocidade é a Eq. 26.41.

$$[Co(NH_3)_5X]^{2+} + [OH]^- \rightarrow [Co(NH_3)_5(OH)]^{2+} + X^-$$
(26.40)

$$\text{Velocidade} = k_{obs}[Co(NH_3)_5X^{2+}][OH^-] \quad (26.41)$$

Tabela 26.7 Distribuição de isômeros nas reações de *cis*- e *trans*- [CoX(en)₂Y]⁺ com H₂O a 298 K

cis-[CoX(en)₂Y]⁺ + H₂O → [Co(OH₂)(en)₂Y]²⁺ + X⁻			*trans*-[CoX(en)₂Y]⁺ + H₂O → [Co(OH₂)(en)₂Y]²⁺ + X⁻		
Y⁻	X⁻	% do produto *cis*-[†]	Y⁻	X⁻	% do produto *trans*-[‡]
[OH]⁻	Cl⁻	84	[OH]⁻	Cl⁻	30
[OH]⁻	Br⁻	85	[OH]⁻	Br⁻	29
Cl⁻	Cl⁻	75	Cl⁻	Cl⁻	74
Br⁻	Br⁻	73,5	Br⁻	Br⁻	84,5
[N₃]⁻	Cl⁻	86	[N₃]⁻	Cl⁻	91
[N₃]⁻	Br⁻	85	[N₃]⁻	Br⁻	91
[NO₂]⁻	Cl⁻	100	[NO₂]⁻	Cl⁻	100
[NO₂]⁻	Br⁻	100	[NO₂]⁻	Br⁻	100
[NCS]⁻	Cl⁻	100	[NCS]⁻	Cl⁻	58,5
[NCS]⁻	Br⁻	100	[NCS]⁻	Br⁻	57

[†] O percentual remanescente é o produto *trans*-.
[‡] O percentual remanescente é o produto *cis*-.
[Dados de: W.G. Jackson e A.M. Sargeson (1978) *Inorg. Chem.*, vol. 17, p. 1348; W.G. Jackson (1986) in *The Stereochemistry of Organometallic and Inorganic Compounds*, ed. I. Bernal, Elsevier, Amsterdam, vol. 1, Chapter 4, p. 255.]

O fato de [OH]⁻ aparecer na equação da velocidade mostra que ele tem papel determinante na velocidade. Entretanto, isso *não* se deve ao fato de [OH]⁻ atacar o centro metálico, mas sim porque ele desprotona um ligante NH₃ coordenado. As etapas 26.42–26.44 mostram o *mecanismo base-conjugada* (mecanismo *Dcb* ou S_N1cb). Um pré-equilíbrio é inicialmente estabelecido, seguido de perda de X⁻, produzindo a espécie amido reativa **26.1**, e finalmente, a formação do produto em uma etapa rápida.

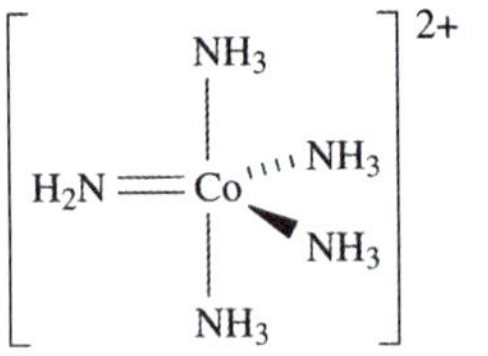

(26.1)

$$[Co(NH_3)_5X]^{2+} + [OH]^- \xrightarrow{K} [Co(NH_3)_4(NH_2)X]^+ + H_2O \quad (26.42)$$

$$[Co(NH_3)_4(NH_2)X]^+ \xrightarrow{k_2} [Co(NH_3)_4(NH_2)]^{2+} + X^- \quad (26.43)$$

$$[Co(NH_3)_4(NH_2)]^{2+} + H_2O \xrightarrow{rápida} [Co(NH_3)_5(OH)]^{2+} \quad (26.44)$$

Se a constante de equilíbrio para o equilíbrio 26.42 é K, então a lei da velocidade consistente com esse mecanismo é dada pela Eq. 26.45 (veja o problema 26.12 ao final deste capítulo). Se $K[OH^-] \ll 1$, então a Eq. 26.45 se reduz à Eq. 26.41, em que $k_{obs} = Kk_2$.

$$\text{Velocidade} = \frac{Kk_2[Co(NH_3)_5X^{2+}][OH^-]}{1 + K[OH^-]} \quad (26.45)$$

Duas observações que são consistentes com o mecanismo base-conjugada (mas não podem estabelecê-lo rigidamente) são:

- a entrada dos nucleófilos competidores (por exemplo, azida) é catalisada por base da mesma maneira que a reação de hidrólise, mostrando que [OH]⁻ se comporta como uma base e não como um nucleófilo;
- a troca de H (no NH₃) por D em D₂O alcalino é muito mais rápida que a velocidade de hidrólise da base.

O primeiro ponto anterior é demonstrado realizando a hidrólise básica de [Co(NH₃)₅Cl]²⁺ na presença de [N₃]⁻ (um nucleófilo competidor). Esse experimento produz [Co(NH₃)₅(OH)]²⁺ e [Co(NH₃)₅(N₃)]²⁺ em proporções relativas que independem da concentração de [OH]⁻, a uma dada concentração de [N₃]⁻. Esse resultado é consistente com os fatos que na reação de hidrólise, o nucleófilo é H₂O e que [OH]⁻ se comporta como uma base. O segundo ponto anterior é demonstrado pelo experimento de Green–Taube, de acordo com o qual um mecanismo base-conjugada atua: quando a hidrólise básica (com uma concentração fixa de [OH]⁻) de [Co(NH₃)₅X]²⁺ (X = Cl, Br, NO₃) é conduzida em uma mistura de H₂(¹⁶O) e H₂(¹⁸O), encontra-se que a razão entre [Co(NH₃)₅(¹⁶OH)]²⁺ e [Co(NH₃)₅(¹⁸OH)]²⁺ é constante e independente de X⁻. Isso fornece forte evidência de que o grupo de entrada é H₂O, e não [OH]⁻, pelo menos nos casos em que o grupo de saída é Cl⁻, Br⁻ e [NO₃]⁻.

Isomerização e racemização de complexos octaédricos

Embora o octaedro seja estereoquimicamente rígido, a perda de um ligante produz uma espécie de número de coordenação 5 que pode sofrer uma pseudorrotação de Berry (veja a Fig. 4.24, no Volume 1). Embora, anteriormente neste capítulo, discutimos casos em que supusemos que tal rearranjo não ocorria, caso o tempo de vida do intermediário seja longo o bastante, ele fornece um mecanismo para isomerização (por exemplo, Eq. 26.46). Tal isomerização está relacionada a mecanismos já descritos.

$$trans\text{-}[MX_4Y_2] \xrightarrow{-Y} \{MX_4Y\}$$

$$\xrightarrow{Y} trans\text{-}[MX_4Y_2] + cis\text{-}[MX_4Y_2] \quad (26.46)$$

Complexos dos metais do bloco *d*: mecanismos de reação **317**

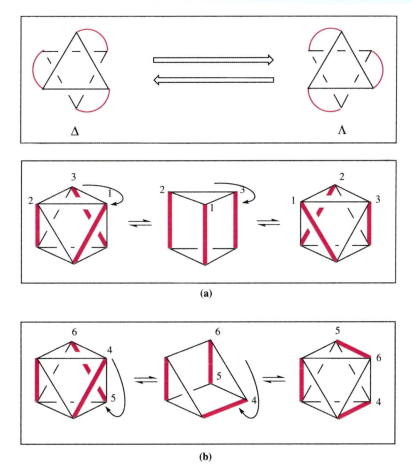

Fig. 26.9 Mecanismos de torção para a interconversão de enantiômeros Δ e Λ de M(L–L)₃: (a) a torção de Bailar e (b) a torção de Ray–Dutt. Os ligantes quelantes L–L são representados pelas linhas vermelhas (veja também o Boxe 19.3).

Nosso maior interesse nesta seção é a racemização de complexos quirais M(L–L)₃ e *cis*-M(L–L)₂XY contendo ligantes quelatos simétricos ou assimétricos, L–L, e ligantes monodentados, X e Y.

Para [Ni(bpy)₃]²⁺ e [Ni(phen)₃]²⁺, as velocidades de troca com ligantes marcados com ¹⁴C são idênticas às velocidades de racemização. Isso é consistente com um processo dissociativo (Eq. 26.47) no qual o intermediário é racêmico, ou racemiza mais rapidamente que a recombinação com L–L.

$$M(L-L)_3 \underset{-S}{\overset{\text{Solvente, S}}{\rightleftharpoons}} M(L-L)_2S_2 + L-L \qquad (26.47)$$

Tal mecanismo dissociativo é raro e dados cinéticos são normalmente consistentes com um processo intramolecular, por exemplo, para [Cr(ox)₃]³⁻, [Co(ox)₃]³⁻ (spin baixo) e [Fe(bpy)₃]²⁺ (spin baixo), a velocidade de racemização supera a da troca de ligante.[†]
São possíveis dois mecanismos intramoleculares: um mecanismo de torção, ou a quebra e a regeneração da ligação M–L de *uma extremidade* do ligante bidentado. Mecanismos de torção alternativos (as *torções de Bailar* e *Ray–Dutt*) para a interconversão de enantiômeros de M(L–L)₃ são mostrados na Fig. 26.9. Cada estado de transição é um prisma trigonal e o mecanismo difere apenas no par de faces triangulares opostas que giram uma em relação a outra. Os ligantes permanecem coordenados em todo o processo. Foi proposto que a racemização de [Ni(en)₃]²⁺ ocorre por um mecanismo de torção.

O segundo mecanismo intramolecular para racemização envolve a dissociação de um átomo doador de um ligante bidentado produzindo uma espécie de número de coordenação 5, que pode sofrer rearranjo durante o tempo em que o átomo doador permanece não coordenado. O esquema 26.48 resume os caminhos disponíveis para a interconversão de enantiômeros Δ e Λ do M(L–L)₃.

(26.48)

Em solução aquosa, a racemização de complexos tris-oxalato é mais rápida que a troca de ox²⁻ por dois ligantes H₂O, sugerindo que os dois processos são mecanicamente diferentes. Para [Rh(ox)₃]³⁻ (**26.2**), os átomos de O não coordenados trocam com ¹⁸O (da H₂O marcada) mais rapidamente do que os átomos de O coordenados, e a velocidade para este último é comparável à velo-

---

[†] Abreviação dos ligantes: veja a Tabela 7.7, no Volume 1.

cidade de racemização. Isso é consistente com um mecanismo envolvendo dissociação de uma extremidade do ligante ox^{2-}, tanto para troca isotópica do O coordenado quanto para racemização.

(26.2)

Se o ligante quelante é assimétrico (ou seja, possui dois grupos doadores diferentes), é possível tanto a isomerização geométrica como a racemização, tornando a interpretação da cinética do sistema mais difícil. De modo similar, a racemização de complexos do tipo *cis*-M(L–L)$_2$XY é complicada pela isomerização competitiva. A cinética desses sistemas é abordada em textos mais avançados.

26.5 Processos de transferência de elétrons

As reações redox mais simples envolvem apenas a transferência de elétrons, e podem ser monitoradas usando traçadores isotópicos, por exemplo, a reação 26.49.

$$[^{56}Fe(CN)_6]^{3-} + [^{59}Fe(CN)_6]^{4-}$$
$$\longrightarrow [^{56}Fe(CN)_6]^{4-} + [^{59}Fe(CN)_6]^{3-} \quad (26.49)$$

Se [^{54}MnO$_4$]$^-$ é misturado com [MnO$_4$]$^{2-}$ não marcado, verifica-se que, embora [MnO$_4$]$^{2-}$ seja rapidamente precipitado como BaMnO$_4$, ocorre incorporação do marcador. No caso da transferência de elétrons entre [Os(bpy)$_3$]$^{2+}$ e [Os(bpy)$_3$]$^{3+}$, a velocidade de transferência de elétrons pode ser determinada estudando a perda de atividade óptica (reação 26.50).

$$(+)[Os(bpy)_3]^{2+} + (-)[Os(bpy)_3]^{3+}$$
$$\rightleftharpoons (-)[Os(bpy)_3]^{2+} + (+)[Os(bpy)_3]^{3+} \quad (26.50)$$

O processo de transferência de elétrons se enquadra em duas classes, definidas por Taube: *mecanismos de esfera externa* e de *esfera interna*.

> Em um *mecanismo de esfera externa*, a transferência de elétrons ocorre sem a formação de uma ligação covalente entre os reagentes.
> Em um *mecanismo de esfera interna*, a transferência de elétrons ocorre por meio de um ligante em ponte covalentemente ligado.

Em alguns casos, os dados cinéticos distinguem prontamente entre mecanismos de esfera externa ou de esfera interna, mas, em muitas reações, a interpretação dos dados em termos de mecanismo não é direta.

Mecanismo de esfera interna

Em 1953, Taube (que recebeu o Prêmio Nobel de Química em 1983) fez a demonstração clássica de uma reação de esfera inter-

na em um sistema habilmente escolhido (reação 26.51), no qual as formas reduzidas eram substitucionalmente lábeis e as formas oxidadas eram substitucionalmente inertes.

$$[Co(NH_3)_5Cl]^{2+} + [Cr(OH_2)_6]^{2+} + 5[H_3O]^+ \longrightarrow$$
Co(III) (spin baixo)   Cr(II) (spin alto)
não lábil   lábil

$$[Co(OH_2)_6]^{2+} + [Cr(OH_2)_5Cl]^{2+} + 5[NH_4]^+$$
Cr(II) (spin alto)   Cr(III)
lábil   (não lábil)   (26.51)

Todo o Cr(III) produzido estava na forma de [Cr(OH$_2$)$_5$Cl]$^{2+}$, e experimentos com traçadores na presença de excesso de Cl$^-$ não marcado mostraram que todo o ligante clorido no [Cr(OH$_2$)$_5$Cl]$^{2+}$ proveio do [Co(NH$_3$)$_5$Cl]$^{2+}$. Como o centro de Co não pode perder Cl$^-$ antes da redução, e o Cr não pode ganhar Cl$^-$ após a oxidação, o Cl$^-$ transferido devia estar ligado a ambos os centros metálicos durante a reação. O intermediário **26.3** é consistente com essas observações.

(26.3)

No exemplo anterior, o íon Cl$^-$ é transferido entre centros metálicos. Tal transferência é frequentemente (mas não necessariamente) observada. Na reação entre [Fe(CN)$_6$]$^{3-}$ e [Co(CN)$_5$]$^{3-}$, o intermediário **26.4** (que é suficientemente estável para ser precipitado na forma do sal de Ba^{2+}) é lentamente hidrolisado a [Fe(CN)$_6$]$^{4-}$ e [Co(CN)$_5$(OH$_2$)]$^{2-}$ sem transferência do ligante em ponte. Ligantes em ponte comuns em mecanismos de esfera interna incluem haletos, [OH]$^-$, [CN]$^-$, [NCS]$^-$, pirazina (**26.5**) e 4,4'-bipiridina (**26.6**). A pirazina atua como uma ponte para transferência de elétrons no cátion de Creutz–Taube e em espécies relacionadas (veja a estrutura 22.65 e sua discussão).

(26.4)

(26.5)   (26.6)

> As etapas de um *mecanismo de esfera interna* são formação de ponte, transferência de elétrons e quebra da ponte.

As Eqs. 26.52–26.54 ilustram o mecanismo de esfera interna para a reação 26.51. O produto [Co(NH$_3$)$_5$]$^{2+}$ adiciona H$_2$O e então sofre hidrólise em uma etapa rápida formando [Co(OH$_2$)$_6$]$^{2+}$.

$$[\text{Co}^{III}(\text{NH}_3)_5\text{Cl}]^{2+} + [\text{Cr}^{II}(\text{OH}_2)_6]^{2+} \underset{k_{-1}}{\overset{k_1}{\rightleftharpoons}}$$

$$[(\text{H}_3\text{N})_5\text{Co}^{III}(\mu\text{-Cl})\text{Cr}^{II}(\text{OH}_2)_5]^{4+} + \text{H}_2\text{O} \quad (26.52)$$

$$[(\text{H}_3\text{N})_5\text{Co}^{III}(\mu\text{-Cl})\text{Cr}^{II}(\text{OH}_2)_5]^{4+} \underset{k_{-2}}{\overset{k_2}{\rightleftharpoons}}$$

$$[(\text{NH}_3)_5\text{Co}^{II}(\mu\text{-Cl})\text{Cr}^{III}(\text{OH}_2)_5]^{4+} \quad (26.53)$$

$$[(\text{H}_3\text{N})_5\text{Co}^{II}(\mu\text{-Cl})\text{Cr}^{III}(\text{OH}_2)_5]^{4+} \underset{k_{-3}}{\overset{k_3}{\rightleftharpoons}}$$

$$[\text{Co}^{II}(\text{NH}_3)_5]^{2+} + [\text{Cr}^{III}(\text{OH}_2)_5\text{Cl}]^{2+} \quad (26.54)$$

A maioria dos processos de esfera interna exibe cinéticas globais de segunda ordem, e a interpretação dos dados raramente é fácil. Tanto a formação de ponte, a transferência de elétrons ou a quebra da ponte podem ser a etapa determinante. Na reação entre $[\text{Fe}(\text{CN})_6]^{3-}$ e $[\text{Co}(\text{CN})_5]^{3-}$, a etapa determinante da velocidade é a quebra da ponte, mas é comum que a transferência de elétrons seja a etapa determinante da velocidade. Para que a formação da ponte seja a etapa determinante, a substituição exigida para formar a ponte deve ser mais lenta do que a transferência dos elétrons. Isso não é o caso da reação 26.52: a substituição no $[\text{Cr}(\text{OH}_2)_6]^{2+}$ (d^4, spin alto) é muito rápida, e a etapa determinante é a transferência de elétrons. Todavia, se $[\text{Cr}(\text{OH}_2)_6]^{2+}$ é substituído por $[\text{V}(\text{OH}_2)_6]^{2+}$ (d^3), a constante da velocidade para a redução é comparável àquela para a troca de água. Isso também

Tabela 26.8 Constantes de velocidade de segunda ordem para a reação 26.55 com diferentes ligantes X em ponte

Ligante em ponte, X	k/dm^3 mol^{-1}s^{-1}
F$^-$	$2,5 \times 10^5$
Cl$^-$	$6,0 \times 10^5$
Br$^-$	$1,4 \times 10^6$
I$^-$	$3,0 \times 10^6$
[N3]$^-$	$3,0 \times 10^5$
[OH]$^-$	$1,5 \times 10^6$
H$_2$O	0,1

é verdadeiro para as reações entre $[\text{V}(\text{OH}_2)_6]^{2+}$ e $[\text{Co}(\text{NH}_3)_5\text{Br}]^{2+}$ ou $[\text{Co}(\text{CN})_5(\text{N}_3)]^{3-}$, indicando que o grupo ponte tem pouco efeito na velocidade e que a etapa determinante da velocidade é a substituição do ligante exigida para a formação da ponte (a velocidade depende do *grupo de saída*, H$_2$O) (veja a Seção 26.4).

Para a reação 26.55 com uma variedade de ligantes X, a etapa determinante da velocidade é a transferência de elétrons, e as velocidades de reação dependem de X (Tabela 26.8). O aumento de k ao longo da série F$^-$, Cl$^-$, Br$^-$, I$^-$ se correlaciona com a capacidade crescente do haleto de atuar como uma ponte. O valor de k para [OH]$^-$ é similar àquele para Br$^-$, mas para H$_2$O, k é muito

---

TEORIA

Boxe 26.2 Escalas de tempo de técnicas experimentais para o estudo de reações de transferência de elétrons

Na Seção 4.8, no Volume 1, discutimos processos fluxionais em relação a escalas de tempo nas espectroscopias de RMN e IV. Existe hoje uma variedade de técnicas para investigar reações de transferência de elétrons, e o desenvolvimento recente de métodos de fotólise de flash de femtossegundos (fs) e picossegundos (ps) permite agora a investigação de reações extremamente rápidas. Por seus estudos de estados de transição de reações químicas usando espectroscopia de femtossegundo, Ahmed H. Zewail foi laureado em 1999 com o Prêmio Nobel de Química.

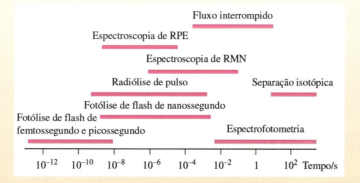

Para detalhes acerca dos métodos experimentais, veja a seção "Leitura complementar" ao final deste capítulo.

Para informações sobre femtoquímica, veja:
F. Carbone, B. Barwick, O.-H. Kwon, H.S. Park, J.S. Baskin and A.H. Zewail (2009) *Chem. Phys. Lett.*, vol. 468, p. 107 – "EELS femtosecond resolved in 4D ultrafast electron microscopy".
M. Dantus and A. Zewail, eds (2004) *Chem. Rev.*, issue 4 – Um número especial contendo artigos de revisão sobre diferentes aspectos da femtoquímica.

S.T. Park, D.J. Flannigan and A.H. Zewail (2011) *J. Am. Chem. Soc.*, vol. 133, p. 1730 – "Irreversible chemical reactions visualized in space and time with 4D electron microscopy".
J.C. Williamson, J. Cao, H. Ihee, H. Frey and A.H. Zewail (1997) *Nature*, vol. 386, p. 159 – "Clocking transient chemical changes by ultrafast electron diffraction".
A.H. Zewail (2000) *Angew. Chem. Int. Ed.*, vol. 39, p. 2586 – "Femtochemistry: Atomic-scale dynamics of the chemical bond using ultrafast lasers".

pequeno e também dependente da temperatura. Essa observação é consistente com o fato de a H₂O não se comportar como uma espécie ponte, mas sim [OH]⁻, cuja disponibilidade em solução varia segundo o pH.

$$[Co(NH_3)_5X]^{2+} + [Cr(OH_2)_6]^{2+} + 5[H_3O]^+ \longrightarrow$$
$$[Co(OH_2)_6]^{2+} + [Cr(OH_2)_5X]^{2+} + 5[NH_4]^+ \quad (26.55)$$

Tiocianato pode coordenar-se por meio tanto do átomo de N ou S doadores, e a reação de [Co(NH₃)₅(NCS-S)]²⁺ (**26.7**) com [Cr(OH₂)₆]²⁺ leva aos isômeros de ligação [Cr(OH₂)₅(NCS-N)]²⁺ (70%) e [Cr(OH₂)₅(NCS-S)]²⁺ (30%). Os resultados são explicados em termos de diferentes estruturas de ponte. Se o átomo de N doador em **26.7** se liga ao centro de Cr(II) formando a ponte **26.8**, então a reação forma [Cr(OH₂)₅(NCS-N)]²⁺. Alternativamente, a estrutura ponte **26.9** produz [Cr(OH₂)₅(NCS-S)]²⁺, verde. Ele é instável e sofre isomerização a [Cr(OH₂)₅(NCS-N)]²⁺, púrpura.

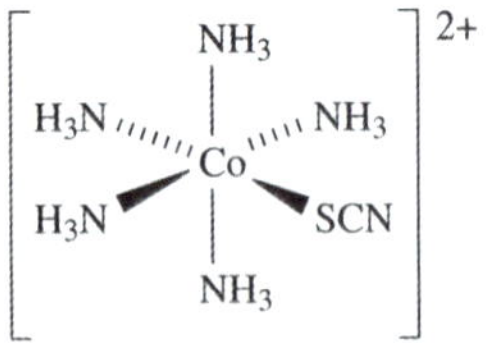

(26.7)

$$\left[(H_3N)_5Co - SCN - Cr(OH_2)_5\right]^{4+}$$
(26.8)

$$\left[(H_3N)_5Co - \overset{N}{\underset{S}{C}} - Cr(OH_2)_5\right]^{4+}$$
(26.9)

Ânions conjugados orgânicos (por exemplo, ox²⁻) levam a reações de esfera interna mais rápidas que os ânions não conjugados (por exemplo, succinato, ⁻O₂CCH₂CH₂CO₂⁻). Na reação de [Fe(CN)₅(OH₂)]³⁻ com [Co(NH₃)₅(**26.10**)]³⁺, na qual o separador X em **26.10** é variado, a reação é rápida quando X fornece uma ponte conjugada permitindo uma transferência de elétrons eficiente, e é mais lenta para pontes curtas e saturadas como CH₂. Entretanto, observa-se também uma rápida transferência de elétrons quando o separador é muito flexível, mesmo quando se trata de uma cadeia saturada (isolante). Essa observação é consistente com os centros metálicos sendo levados a um contato mais próximo e uma mudança para um mecanismo de esfera externa.

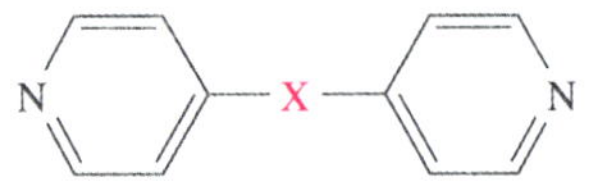

X = CH₂, CH₂CH₂, CH₂CH₂CH₂, CH=CH, C(O)

(26.10)

Mecanismo de esfera externa

Quando *ambos* os reagentes em uma reação redox são *cineticamente inertes*, a transferência de elétrons deve ocorrer por meio de um mecanismo de *tunelamento* ou mecanismo de *esfera externa*. Para uma reação como a 26.49, $\Delta G° \approx 0$, mas a energia de ativação é necessária para superar a repulsão eletrostática entre íons de carga semelhante, para alongar ou encurtar ligações de modo que sejam equivalentes no estado de transição (veja a seguir), e para alterar a esfera do solvente em torno de cada complexo.

> Em uma **reação de troca interna**, os lados esquerdo e direito da equação são idênticos. Ocorre apenas transferência de elétrons e não há reação química líquida.

> A **aproximação de Franck–Condon** afirma que uma transição eletrônica molecular é muito mais rápida do que uma vibração molecular.

As velocidades de reações de troca interna de esfera externa variam consideravelmente, como ilustrado na Tabela 26.9. Claramente, os reagentes devem aproximar-se de perto para que o elétron migre do redutor para o oxidante. Esse par redutor–oxidante é chamado *complexo de encontro* ou *complexo precursor*. Quan-

Tabela 26.9 Constantes de velocidade de segunda ordem para algumas reações redox de esfera externa a 298 K em solução aquosa

	Reação	$k/dm^3\,mol^{-1}\,s^{-1}$
Não há reação química líquida (troca interna)	$[Fe(bpy)_3]^{2+} + [Fe(bpy)_3]^{3+} \longrightarrow [Fe(bpy)_3]^{3+} + [Fe(bpy)_3]^{2+}$	$>10^6$
	$[Os(bpy)_3]^{2+} + [Os(bpy)_3]^{3+} \longrightarrow [Os(bpy)_3]^{3+} + [Os(bpy)_3]^{2+}$	$>10^6$
	$[Co(phen)_3]^{2+} + [Co(phen)_3]^{3+} \longrightarrow [Co(phen)_3]^{3+} + [Co(phen)_3]^{2+}$	40
	$[Fe(OH_2)_6]^{2+} + [Fe(OH_2)_6]^{3+} \longrightarrow [Fe(OH_2)_6]^{3+} + [Fe(OH_2)_6]^{2+}$	3
	$[Co(en)_3]^{2+} + [Co(en)_3]^{3+} \longrightarrow [Co(en)_3]^{3+} + [Co(en)_3]^{2+}$	10^{-4}
	$[Co(NH_3)_6]^{2+} + [Co(NH_3)_6]^{3+} \longrightarrow [Co(NH_3)_6]^{3+} + [Co(NH_3)_6]^{2+}$	10^{-6}
Reação química líquida	$[Os(bpy)_3]^{2+} + [Mo(CN)_8]^{3-} \longrightarrow [Os(bpy)_3]^{3+} + [Mo(CN)_8]^{4-}$	2×10^9
	$[Fe(CN)_6]^{4-} + [Fe(phen)_3]^{3+} \longrightarrow [Fe(CN)_6]^{3-} + [Fe(phen)_3]^{2+}$	10^8
	$[Fe(CN)_6]^{4-} + [IrCl_6]^{2-} \longrightarrow [Fe(CN)_6]^{3-} + [IrCl_6]^{3-}$	4×10^5

do ocorre uma transferência de elétrons, existe uma importante restrição imposta pela *aproximação de Franck–Condon* (veja a Seção 20.7). Considere uma reação de troca interna do tipo:

$$[ML_6]^{2+} + [ML_6]^{3+} \rightleftharpoons [ML_6]^{3+} + [ML_6]^{2+}$$

Não existe uma reação global e, portanto, $\Delta G° = 0$, e $K = 1$. Por que reações desse tipo apresentam velocidades de reação tão amplamente diferentes? Isso normalmente é o caso em que os comprimentos das ligações M–L no complexo M(III) são mais curtas do que nos complexos correspondentes de M(II). Considere agora uma situação hipotética: o que acontece se um elétron é transferido do estado vibracional de $[ML_6]^{2+}$ para o estado vibracional fundamental de $[ML_6]^{3+}$, cada um com suas distâncias M–L características? A aproximação de Franck–Condon afirma que as transições eletrônicas são mais rápidas que o movimento nuclear. Segue-se a isso que a perda de um elétron de $[ML_6]^{2+}$ gera $[ML_6]^{3+}$ em um estado vibracional excitado com uma ligação M–L alongada. De maneira similar, o ganho de um elétron pelo $[ML_6]^{3+}$ produz $[ML_6]^{2+}$ em um estado vibracional excitado com uma compressão da ligação M–L. Ambos então sofrem relaxamento para as geometrias de equilíbrio com perda de energia. Se essa descrição fosse correta, teríamos uma situação que desobedece à primeira lei da termodinâmica. Como pode uma reação com $\Delta G° = 0$ perder continuamente energia à medida que o elétron é transferido entre $[ML_6]^{2+}$ e $[ML_6]^{3+}$? A resposta, obviamente, é que isso não é possível.

A transferência de elétrons pode ocorrer somente quando as distâncias da ligação M–L nos estados M(II) e M(III) são os mesmos, ou seja, as ligações no $[ML_6]^{2+}$ devem ser comprimidas e aquelas no $[ML_6]^{3+}$ devem ser alongadas (Fig. 26.10). Isso é descrito como a restrição de Franck–Condon. A energia de ativação necessária para atingir esses estados vibracionais excitados varia de acordo com o sistema, e assim a constante da velocidade de troca interna varia. No caso de $[Fe(bpy)_3]^{2+}$ e $[Fe(bpy)_3]^{3+}$, ambos os complexos são de spin baixo, e as distâncias da ligação Fe–N são 197 e 196 pm, respectivamente. A transferência de elétrons envolve apenas uma mudança de t_{2g}^5 (Fe^{3+}) para t_{2g}^6 (Fe^{2+}) e vice-versa. Assim, a velocidade de transferência de elétrons é rápida ($k > 10^6$ dm³ mol⁻¹ s⁻¹). Quanto maiores as mudanças necessárias no comprimento de ligação para atingir o complexo de encontro, mais lenta a velocidade de transferência de elétrons. Por exemplo, a velocidade de transferência de elétrons entre $[Ru(NH_3)_6]^{2+}$ (Ru–N = 214 pm, spin baixo d^6) e $[Ru(NH_3)_6]^{3+}$ (Ru–N = 210 pm, spin baixo d^5) é 10^4 dm³ mol⁻¹ s⁻¹.

A transferência de elétrons entre $[Co(NH_3)_6]^{2+}$ (Co–N = 211 pm) e $[Co(NH_3)_6]^{3+}$ (Co–N = 196 pm) exige não apenas mudanças nos comprimentos da ligação, mas também uma mudança no estado de spin: $[Co(NH_3)_6]^{2+}$ é de spin alto d^7 ($t_{2g}^5 e_g^2$) e $[Co(NH_3)_6]^{3+}$ é de spin baixo d^6 ($t_{2g}^6 e_g^0$). A transferência de um elétron entre os estados excitados mostrados na Fig. 26.10 leva à configuração $t_{2g}^5 e_g^1$ para $\{[Co(NH_3)_6]^{3+}\}^*$ e $t_{2g}^6 e_g^1$ para $\{[Co(NH_3)_6]^{2+}\}^*$. Trata-se de estados eletronicamente excitados, e cada um deles deve sofrer uma mudança de estado de spin para atingir a configuração do estado fundamental. Portanto, a energia de ativação para a reação de troca interna apresenta contribuições tanto das mudanças nos comprimentos de ligações como das mudanças dos estados de spin. Em tais casos, a energia de ativação é elevada e a velocidade de transferência de elétrons é lenta ($k \approx 10^{-6}$ dm³ mol⁻¹ s⁻¹).

A Tabela 26.9 ilustra outro ponto: a troca interna entre $[Co(phen)_3]^{2+}$ e $[Co(phen)_3]^{3+}$ é muito mais rápida que entre $[Co(NH_3)_6]^{2+}$ e $[Co(NH_3)_6]^{3+}$ ou $[Co(en)_3]^{2+}$ e $[Co(en)_3]^{3+}$ (todos os três processos de troca ocorrem entre Co(II) de spin alto e Co(III) de spin baixo). Isso é consistente com a capacidade dos ligantes phen de usar seus orbitais π para facilitar a migração intermolecular de um elétron de um ligante para outro, e os complexos envolvendo ligantes phen tendem a exibir velocidades rápidas de troca interna.

Todas as reações de troca interna listadas na Tabela 26.9 envolvem espécies catiônicas em solução aquosa. As velocidades dessas reações *não* são tipicamente afetadas pela natureza e pela concentração do ânion presente em solução. Por outro lado, a velocidade de transferência de elétrons entre ânions em solução aquosa geralmente depende do cátion e de sua concentração. Por exemplo, a reação de troca interna entre $[Fe(CN)_6]^{3-}$ e $[Fe(CN)_6]^{4-}$ com K⁺ como contraíon ocorre por meio de um caminho que é catalisado pelos íons K⁺. Foi demonstrado[†] que, mediante adição de um ligante macrocíclico 18-coroa-6 ou cripto-[222] para complexar os íons K⁺ (veja a Fig. 11.8, no Volume 1), o caminho catalisado por K⁺ é substituído por um mecanismo independente do cátion. A constante da velocidade que é frequentemente tabelada para a reação de troca interna $[Fe(CN)_6]^{3-}/[Fe(CN)_6]^{4-}$ é da ordem de 10^4 dm³ mol⁻¹ s⁻¹, enquanto o valor de k determinado para o caminho independente do cátion é $2,4 \times 10^2$ dm³ mol⁻¹ s⁻¹, ou seja, ≈ 100 vezes menor. Esse resultado significativo indica que devemos ter cautela na interpretação dos dados de constante de velocidade para reações de transferência de elétrons entre ânions complexos.

O método aceito de testar um mecanismo de esfera externa é a aplicação da teoria de *Marcus–Hush*,[‡] que relaciona dados cinéticos e termodinâmicos para duas reações de troca interna com dados para a *reação cruzada* entre as correspondentes reações de troca interna, por exemplo, reações 26.56–26.58.

$$[ML_6]^{2+} + [ML_6]^{3+} \longrightarrow [ML_6]^{3+} + [ML_6]^{2+}$$

$$\text{Troca interna 1} \qquad (26.56)$$

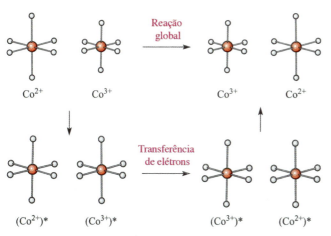

Fig. 26.10 O mecanismo de esfera externa: quando os reagentes possuem comprimentos de ligação diferentes, devem ser formados estados vibracionais excitados contendo comprimentos de ligação iguais a fim de permitir a transferência de elétrons.

[†] Veja: A. Zahl, R. van Eldik, and T.W. Swaddle (2002) *Inorg. Chem.*, vol. 41, p. 757.

[‡] Para tratamentos mais completos da teoria de Marcus–Hush, veja a leitura complementar ao final deste capítulo; Rudolph A. Marcus foi laureado com o Prêmio Nobel de Química em 1992.

$$[M'L_6]^{2+} + [M'L_6]^{3+} \rightarrow [M'L_6]^{3+} + [M'L_6]^{2+}$$
$$\textit{Troca interna 2} \quad (26.57)$$

$$[ML_6]^{2+} + [M'L_6]^{3+} \rightarrow [ML_6]^{3+} + [M'L_6]^{2+}$$
$$\textit{Reação cruzada} \quad (26.58)$$

Para cada reação de troca interna, $\Delta G° = 0$. A energia de Gibbs de ativação, $\Delta G^{\ddagger}$, para uma reação de troca interna pode ser escrita em termos da contribuição de fatores (Eq. 26.59).

$$\Delta G^{\ddagger} = \Delta_w G^{\ddagger} + \Delta_o G^{\ddagger} + \Delta_s G^{\ddagger} + RT \ln \frac{k'T}{hZ} \quad (26.59)$$

em que T = temperatura em K
R = constante molar dos gases
k' = constante de Boltzmann
h = constante de Planck
Z = frequência efetiva de colisão em solução
$\approx 10^{11}$ dm^3 mol^{-1} s^{-1}

As contribuições nessa equação surgem da seguinte maneira:

- $\Delta_w G^{\ddagger}$ é a energia associada com a junção do redutor e do oxidante, e inclui o trabalho realizado para vencer repulsões eletrostáticas;
- $\Delta_o G^{\ddagger}$ é a energia associada com mudanças nas distâncias da ligação;
- $\Delta_s G^{\ddagger}$ provém de rearranjos no seio das esferas do solvente;
- o termo final leva em conta a perda de energia de translação e de rotação na formação do complexo de encontro.

Embora não entremos em detalhes na teoria, é possível calcular os termos do lado direito da Eq. 26.59, e assim estimar valores de $\Delta G^{\ddagger}$ para reações de troca interna. A constante da velocidade, k, para a troca interna pode assim ser calculada usando a Eq. 26.60. Os resultados desses cálculos foram confrontados com inúmeros dados experimentais, e a validade da teoria se mantém.

$$k = \kappa Z e^{(-\Delta G^{\ddagger}/RT)} \quad (26.60)$$

em que κ (o coeficiente de transmissão) ≈ 1
$Z \approx 10^{11}$ dm^3 mol^{-1} s^{-1} (veja a Eq. 26.59)

Agora consideramos as reações 26.56–26.58 e designamos os parâmetros de velocidade e os termodinâmicos a seguir:

- k_{11} e $\Delta G^{\ddagger}_{11}$ para a troca interna 1;
- k_{22} e $\Delta G^{\ddagger}_{22}$ para a troca interna 2;
- k_{12} e $\Delta G^{\ddagger}_{12}$ para a reação cruzada; a constante de equilíbrio é K_{12}, e a energia padrão de Gibbs da reação é $\Delta G°_{12}$.

A equação de Marcus–Hush (que não deduziremos) é dada pela expressão 26.61 e se aplica a mecanismos de esfera externa.

$$k_{12} = (k_{11} k_{22} K_{12} f_{12})^{1/2} \quad (26.61)$$

em que f_{12} é definida pela reação

$$\log f_{12} = \frac{(\log K_{12})^2}{4 \log \left(\frac{k_{11} k_{22}}{Z^2}\right)}$$

e Z é a frequência de colisão (veja a Eq. 26.59).

A Eq. 26.62 fornece uma forma logarítmica da Eq. 26.61. Frequentemente, $f \approx 1$ e por isso $\log f \approx 0$, permitindo que esse termo seja ignorado em alguns casos. Desse modo, a Eq. 26.63 é uma forma aproximada da equação de Marcus–Hush.

$$\log k_{12} = 0{,}5 \log k_{11} + 0{,}5 \log k_{22} + 0{,}5 \log K_{12} + 0{,}5 \log f_{12}$$
$$(26.62)$$

$$\log k_{12} \approx 0{,}5 \log k_{11} + 0{,}5 \log k_{22} + 0{,}5 \log K_{12} \quad (26.63)$$

Os valores de k_{11}, k_{22}, K_{12} e k_{12} podem ser obtidos experimentalmente, ou ainda k_{11} e k_{22} de forma teórica (veja anteriormente); K_{12} é determinado a partir de E_{cel} (veja a Seção 8.2, no Volume 1). Se o valor de k_{12} calculado a partir da Eq. 26.63 concorda com o valor experimental, isso fornece uma forte evidência de que a reação cruzada ocorre por um mecanismo do tipo esfera externa. Um desvio em relação à Eq. 26.63 indica que outro mecanismo está em ação.

Exemplo resolvido 26.1 Teoria de Marcus–Hush: um teste para identificação de um mecanismo além da esfera

Para a reação:

$$[Ru(NH_3)_6]^{2+} + [Co(phen)_3]^{3+}$$
$$\rightarrow [Ru(NH_3)_6]^{3+} + [Co(phen)_3]^{2+}$$

a constante da velocidade observada é $1{,}5 \times 10^4$ dm^3 mol^{-1} s^{-1} e a constante de equilíbrio é $2{,}6 \times 10^5$. As constantes da velocidade para as reações de troca interna $[Ru(NH_3)_6]^{2+}$/$[Ru(NH_3)_6]^{3+}$ e $[Co(phen)_3]^{2+}$/$[Co(phen)_3]^{3+}$ são $8{,}2 \times 10^2$ e 40 dm^3 mol^{-1} s^{-1}, respectivamente. Esses dados são consistentes com um mecanismo de esfera externa para a reação cruzada?

A forma aproximada da equação de Marcus–Hush é:

$$k_{12} \approx (k_{11} k_{22} K_{12})^{1/2} \quad \text{(ou sua forma logarítmica)}$$

Calculando k_{12} usando essa equação:

$$k_{12} \approx [(8{,}2 \times 10^2)(40)(2{,}6 \times 10^5)]^{1/2}$$
$$\approx 9{,}2 \times 10^4 \text{ dm}^3 \text{ mol}^{-1} \text{ s}^{-1}$$

Esse valor está em boa concordância com o valor observado de $1{,}5 \times 10^4$ dm^3 mol^{-1} s^{-1}, sugerindo que o mecanismo é de esfera externa de transferência de elétrons.

Exercícios propostos

Para a reação dada anteriormente, use os valores de $k_{12} = 1{,}5 \times 10^4$ dm^3 mol^{-1} s^{-1}, $K_{12} = 2{,}6 \times 10^5$, e k para a reação de troca interna $[Ru(NH_3)_6]^{2+}$/$[Ru(NH_3)_6]^{3+}$ para calcular um valor de k para a troca interna $[Co(phen)_3]^{2+}$/$[Co(phen)_3]^{3+}$. Comente acerca da concordância entre sua resposta e o valor observado de 40 dm^3 mol^{-1} s^{-1}.

[*Resp.*: $\approx 1{,}1$ dm^3 mol^{-1} s^{-1}]

Empregando as relações nas Eqs. 26.37 e 26.38, podemos escrever a Eq. 26.63 em termos das energias de Gibbs (Eq. 26.64).

$$\Delta G^{\ddagger}_{12} \approx 0{,}5 \Delta G^{\ddagger}_{11} + 0{,}5 \Delta G^{\ddagger}_{22} + 0{,}5 \Delta G°_{12} \quad (26.64)$$

Em uma série de reações redox relacionadas contendo um reagente em comum, um gráfico de $\Delta G^{\ddagger}_{12}$ contra ΔG°_{12} é linear com um coeficiente angular de 0,5 se está ocorrendo um mecanismo de esfera externa.

Uma aplicação importante da teoria de Marcus–Hush é nos sistemas bioinorgânicos de transferência de elétrons.[†] Por exemplo, o citocromo *c* é uma metaloproteína de transferência de elétrons (veja a Seção 29.4) e contém ferro-heme na forma de Fe(II) ou Fe(III). A transferência de elétrons de um centro de Fe a outro é de *longo alcance* com o elétron *tunelando* através da proteína. Sistemas-modelo foram concebidos para investigar a transferência de elétrons entre o citocromo *c* e complexos moleculares como $[Ru(NH_3)_6]^{2+}$, e os dados cinéticos são consistentes com a teoria de Marcus, indicando um processo de esfera externa. Para a transferência de elétrons em ambas as metaloproteínas e os sistemas-modelo, a distância entre os centros metálicos é significativamente maior do que para a transferência entre dois complexos metálicos simples, por exemplo, até 2500 pm. A velocidade de transferência de elétrons diminui exponencialmente com o aumento da distância, *r*, entre os dois centros metálicos (Eq. 26.65, em que β é um parâmetro que depende do ambiente molecular).

$$\text{Velocidade de transferência de elétrons} \propto e^{-\beta r} \quad (26.65)$$

TERMOS IMPORTANTES

Os seguintes termos foram introduzidos neste capítulo. Você sabe o que eles significam?

- anação
- aproximação de Franck–Condon
- cineticamente inerte
- cineticamente lábil
- complexo de encontro
- efeito *trans*-
- estado de transição
- etapa determinante
- etapa rápida
- fator de discriminação de nucleofilicidade
- grupo de entrada
- grupo de saída
- intermediário
- mecanismo associativo, *A*
- mecanismo base-conjugada, *Dbc*
- mecanismo de Eigen–Wilkins
- mecanismo de esfera externa
- mecanismo de esfera interna
- mecanismo de intertroca, I_a ou I_d
- mecanismo de torção de Bailar
- mecanismo de torção de Ray–Dutt
- mecanismo de troca interna
- mecanismo dissociativo, *D*
- parâmetro de nucleofilicidade
- parâmetros de ativação
- pré-equilíbrio
- reação cruzada
- relação linear de energia livre (RLEL)
- retenção da estereoquímica
- sequência de nucleofilicidade
- teoria de Marcus–Hush (princípios fundamentais)
- volume de ativação, $\Delta V^{\ddagger}$

LEITURA RECOMENDADA

Para uma introdução às leis de velocidade

P. Atkins and J. de Paula (2009) *Atkins' Physical Chemistry*, 9. ed., Oxford University Press, Oxford – O capítulo 21 fornece uma abordagem detalhada.

C.E. Housecroft and E.C. Constable (2010) *Chemistry*, 4. ed., Prentice Hall, Harlow – O capítulo 15 fornece uma introdução básica.

Cinética e mecanismos de reações inorgânicas e organometálicas

J.D. Atwood (1997) *Inorganic and Organometallic Reaction Mechanisms*, 2. ed., Wiley-VCH, Weinheim – Um dos textos mais agradáveis que aborda mecanismos de reações envolvendo compostos de coordenação e organometálicos.

F. Basolo and R.G. Pearson (1967) *Mechanisms of Inorganic Reactions*, Wiley, New York – Um livro clássico na área de mecanismos inorgânicos.

J. Burgess (1999) *Ions in Solution*, Horwood Publishing Ltd, Chichester – Os capítulos 8 a 12 introduzem a cinética inorgânica de uma maneira clara e informativa.

R.W. Hay (2000) *Reaction Mechanisms of Metal Complexes*, Horwood Publishing Ltd, Chichester – Inclui uma excelente cobertura de reações de substituição, e processos de isomerização, racemização e redox.

R.B. Jordan (1998) *Reaction Mechanisms of Inorganic and Organometallic Systems*, 2. ed., Oxford University Press, New York – Um texto detalhado que inclui métodos experimentais, fotoquímica e sistemas bioinorgânicos.

S.F.A. Kettle (1996) *Physical Inorganic Chemistry*, Spektrum, Oxford – O capítulo 14 fornece uma excelente introdução e inclui fotocinética.

A.G. Lappin (1994) *Redox Mechanisms in Inorganic Chemistry*, Ellis Horwood, Chichester – Um vasta revisão de reações redox em química inorgânica, incluindo transferências múltiplas de elétrons e alguns aspectos da química bioinorgânica.

T.W. Swaddle (2010) in *Physical Inorganic Chemistry: Reactions, Processes and Applications*, ed A. Bakac, Wiley, Hoboken, Ch. 8 – "Ligand substitution dynamics in metal complexes".

M.L. Tobe and J. Burgess (1999) *Inorganic Reaction Mechanisms*, Addison Wesley Longman, Harlow – Um amplo registro de mecanismos inorgânicos.

R.G. Wilkins (1991) *Kinetics and Mechanism of Reactions of Transition Metal Complexes*, 2. ed., Wiley-VCH, Weinheim – Um texto excelente e detalhado que inclui métodos experimentais.

[†] Para uma discussão adicional, veja: R.G. Wilkins (1991) *Kinetics and Mechanism of Reactions of Transition Metal Complexes*, 2. ed., Wiley-VCH, Weinheim, p. 285; J.J.R. Fraústo da Silva e R.J.P. Williams (1991) *The Biological Chemistry of the Elements*, Clarendon Press, Oxford, p. 105.

Revisões mais especializadas

J. Burgess and C.D. Hubbard (2003) *Adv. Inorg. Chem.*, vol. 54, p. 71 – "Ligand substitution reactions".

B.J. Coe and S.J. Glenwright (2000) *Coord. Chem. Rev.*, vol. 203, p. 5 – "Trans-effects in octahedral transition metal complexes" (inclui tanto efeitos estruturais como efeitos cinéticos *trans*-).

R.J. Cross (1985) *Chem. Soc. Rev.*, vol. 14, p. 197 – "Ligand substitution reactions in square planar molecules".

R. van Eldik (1999) *Coord. Chem. Rev.*, vol. 182, p. 373 – "Mechanistic studies in coordination chemistry".

L. Helm, G.M. Nicolle, and A.E. Merbach (2005) *Adv. Inorg. Chem.*, vol. 57, p. 327 – "Water and proton exchange processes on metal ions".

M.H.V. Huynh and T.J. Meyer (2007) *Chem. Rev.*, vol. 107, p. 5004 – "Proton-coupled electron transfer".

W.G. Jackson (2002) *Inorganic Reaction Mechanisms*, vol. 4, p. 1 – "Base catalysed hydrolysis of aminecobalt(III) complexes: From the beginnings to the present".

S.F. Lincoln (2005) *Helv. Chim. Acta*, vol. 88, p. 523 – "Mechanistic studies of metal aqua ions: A semi-historical perspective".

S.F. Lincoln, D.T. Richens, and A.G. Sykes (2004) in *Comprehensive Coordination Chemistry II*, eds J.A. McCleverty e T.J. Meyer, Elsevier, Oxford, vol. 1, p. 515 – "Metal aqua ions" cobre reações de substituição.

R.A. Marcus (1986) *J. Phys. Chem.*, vol. 90, p. 3460 – "Theory, experiment and reaction rates: a personal view".

J. Reedijk (2008) *Platinum Metals Rev.*, vol. 52, p. 2 – "Metal–ligand exchange kinetics in platinum and ruthenium complexes. Significance for effectiveness as anticancer drugs".

D.T. Richens (2005) *Chem. Rev.*, vol. 105, p. 1961 – "Ligand substitution reactions at inorganic centers".

S.V. Rosokha e J.K. Kochi (2008) *Acc. Chem. Res.*, vol. 41, p. 641 – "Fresh look at electron-transfer mechanisms via the donor/acceptor bindings in the critical encounter complex".

G. Stochel e R. van Eldik (1999) *Coord. Chem. Rev.*, vol. 187, p. 329 – "Elucidation of inorganic reaction mechanisms through volume profile analysis".

H. Taube (1984) *Science*, vol. 226, p. 1028 – "Electron transfer between metal complexes: Retrospective" (Conferência do Prêmio Nobel de Química).

PROBLEMAS

26.1 Reveja o que se entende pelos seguintes termos:
(a) etapa elementar,
(b) etapa determinante da velocidade,
(c) energia de ativação,
(d) intermediário,
(e) estado de transição,
(f) equação da velocidade,
(g) leis de velocidade de ordem zero, primeira e segunda ordens,
(h) nucleófilo.

26.2 Esboce os perfis de reação para os caminhos reacionais descritos nas Eqs. 26.5 e 26.6. Comente a respeito de quaisquer características significativas, incluindo energias de ativação.

26.3 Discuta evidências que dão suporte à proposta de que a substituição em complexos planos quadrados é um processo associativo.

26.4 Sob condições de pseudoprimeira ordem, a variação de k_{obs} com [py] para a reação do complexo plano quadrado $[Rh(cod)(PPh_3)_2]^+$ (2×10^{-4} mol dm^{-3}; cod = **24.22**) com piridina é a seguinte:

[py]/mol dm^{-3}	0,006 25	0,0125	0,025	0,05
k_{obs}/s^{-1}	27,85	30,06	34,10	42,04

Mostre que os dados são consistentes com o avanço da reação por meio de duas rotas competitivas, indique quais são esses caminhos reacionais e determine os valores das constantes da velocidade para cada um deles. [Dados: H. Krüger *et al.* (1987) *J. Chem. Educ.*, vol. 64, p. 262.]

26.5 (a) Os isômeros *cis*- e *trans*- do $[PtCl_2(NH_3)(NO_2)]^-$ são preparados pela sequência de reações 26.19 e 26.20, respectivamente. Interprete as diferenças observadas nos produtos dessas rotas. (b) Sugira os produtos da reação de $[PtCl_4]^{2-}$ com PEt_3.

26.6 (a) Sugira um mecanismo para a reação:

$$trans\text{-}[PtL_2Cl_2] + Y \longrightarrow trans\text{-}[PtL_2ClY]^+ + Cl^-$$

(b) Se o intermediário em seu mecanismo tem uma vida suficientemente longa, que complicação pode aparecer?

26.7 A reação de *trans*-$[Pt(PEt_3)_2PhCl]$ com o nucleófilo forte tioureia (tu) em MeOH segue uma lei de velocidade com dois termos com $k_{obs} = k_1 + k_2[tu]$. Um gráfico de k_{obs} contra [tu] é uma reta que passa próximo à origem. Interprete essas observações.

$$H_2N-\underset{\underset{S}{\|}}{C}-NH_2$$

tioureia

26.8 As constantes de segunda ordem, k_2, para a reação de *trans*-$[Pt(PEt_3)_2Ph(MeOH)]^+$ com piridina (py) em MeOH para produzir *trans*-$[Pt(PEt_3)_2Ph(py)]^+$ variam com a temperatura conforme mostrado a seguir. Use os dados para determinar a entalpia de ativação e a entropia de ativação para a reação.

T/K	288	293	298	303	308
$k_2/\text{dm}^3\text{ mol}^{-1}\text{s}^{-1}$	3,57	4,95	6,75	9,00	12,1

[Dados: R. Romeo *et al.* (1974) *Inorg. Chim. Acta*, vol. 11, p. 231.]

26.9 Para a reação:

$$[Co(NH_3)_5(OH_2)]^{3+} + X^- \longrightarrow [Co(NH_3)_5X]^{2+} + H_2O$$

observou-se que:

$$\frac{d[Co(NH_3)_5X^{2+}]}{dt} = k_{obs}[Co(NH_3)_5(OH_2)^{3+}][X^-]$$

e para $X^- = Cl^-$, $\Delta V^{\ddagger}$ é positivo. Interprete esses dados.

26.10 (a) Interprete a formação dos produtos na seguinte sequência de reações:

$[Rh(OH_2)_6]^{3+} \xrightarrow[-H_2O]{Cl^-} [RhCl(OH_2)_5]^{2+}$

$\xrightarrow[-H_2O]{Cl^-} trans\text{-}[RhCl_2(OH_2)_4]^+$

$\xrightarrow[-H_2O]{Cl^-} mer\text{-}[RhCl_3(OH_2)_3]$

$\xrightarrow[-H_2O]{Cl^-} trans\text{-}[RhCl_4(OH_2)_2]^-$

(b) Sugira métodos de preparação de $[RhCl_5(OH_2)]^{2-}$, $cis\text{-}[RhCl_4(OH_2)_2]^-$ e $fac\text{-}[RhCl_3(OH_2)_3]$.

26.11 Que razão você pode propor para a velocidade de anação dos íons $[M(OH_2)_6]^{3+}$ seguir a sequência Co > Rh > Ir?

26.12 Deduza a lei da velocidade 26.45 para o mecanismo mostrado nas etapas 26.42–26.44.

26.13 Sugira um mecanismo para uma possível racemização de aminas terciárias $NR_1R_2R_3$. É possível que tais moléculas possam ser resolvidas?

26.14 A velocidade de racemização de $[CoL_3]$ em que HL = **26.11a** é aproximadamente a mesma de sua isomerização em $[CoL'_3]$ em que HL' = **26.11b**. O que você pode deduzir acerca dos mecanismos dessas reações?

(26.11a) (26.11b)

26.15 A substituição de H_2O em $[Fe(OH_2)_6]^{3+}$ por tiocianato é dificultada pela perda de próton. Considerando o esquema reacional a seguir, deduza uma expressão para $-\dfrac{d[SCN^-]}{dt}$ em termos de constantes de equilíbrio e de velocidade, $[Fe(OH_2)_6^{3+}]$, $[SCN]^-$, $[Fe(OH_2)_5(SCN)^{2+}]$ e $[H^+]$.

$[Fe(OH_2)_6]^{3+} + [SCN]^- \underset{k_{-1}}{\overset{k_1}{\rightleftharpoons}} [Fe(OH_2)_5(SCN)]^{2+} + H_2O$

$\Updownarrow K_1 \qquad\qquad \Updownarrow K_2$

$[Fe(OH_2)_5(OH)]^{2+} + H^+ \underset{k_{-2}}{\overset{k_2}{\rightleftharpoons}} [Fe(OH_2)_4(OH)(SCN)]^+ + H^+$
$+ [SCN]^- \qquad\qquad\qquad\qquad + H_2O$

26.16 Interprete a observação de que quando a reação:

$[Co(NH_3)_4(CO_3)]^+ \xrightarrow{[H_3O]^+, H_2O} [Co(NH_3)_4(OH_2)_2]^{3+} + CO_2$

é conduzida em $H_2(^{18}O)$, a água no complexo contém proporções iguais de $H_2(^{18}O)$ e $H_2(^{16}O)$.

26.17 Dois mecanismos de torção para o rearranjo de $\Delta\text{-M(L–L)}_3$ a $\Lambda\text{-M(L–L)}_3$ são mostrados na Fig. 26.9. Os diagramas iniciais em (a) e (b) são idênticos; confirme que os enantiômeros formados em (a) e (b) são também idênticos.

26.18 As constantes da velocidade para racemização (k_r) e dissociação (k_d) de $[FeL_3]^{4-}$ (H_2L = **26.12**) em diversas temperaturas, T, são dadas na tabela vista a seguir. (a) Determine $\Delta H^{\ddagger}$ e $\Delta S^{\ddagger}$ para cada reação. (b) O que você pode deduzir a respeito do mecanismo de racemização?

T/K	288	294	298	303	308
$k_r \times 10^5/s^{-1}$	0,5	1,0	2,7	7,6	13,4
$k_d \times 10^5/s^{-1}$	0,5	1,0	2,8	7,7	14,0

[Dados de: A. Yamagishi (1986) *Inorg. Chem.*, vol. 25, p. 55.]

(26.12)

26.19 A reação:

$[Cr(NH_3)_5Cl]^{2+} + NH_3 \longrightarrow [Cr(NH_3)_6]^{3+} + Cl^-$

em NH_3 líquida é catalisada por KNH_2. Sugira uma explicação para essa observação.

26.20 Dê um exemplo de uma reação que ocorre por meio de um mecanismo de esfera interna. Esboce os perfis de reação para reações de esfera interna de transferência de elétrons nas quais a etapa determinante é: (a) formação da ponte, (b) transferência de elétrons e (c) quebra da ponte. Qual é o perfil mais comumente observado?

26.21 Discuta, com exemplos, as diferenças entre os mecanismos de esfera interna e de esfera externa e indique o que se entende por reação de troca interna.

26.22 Explique os valores relativos das constantes de velocidade para as seguintes reações de transferência de elétrons em solução aquosa:

Número da reação	Reagentes	k/dm^3 mol^{-1} s^{-1}
I	$[Ru(NH_3)_6]^{3+} + [Ru(NH_3)_6]^{2+}$	10^4
II	$[Co(NH_3)_6]^{3+} + [Ru(NH_3)_6]^{2+}$	10^{-2}
III	$[Co(NH_3)_6]^{3+} + [Co(NH_3)_6]^{2+}$	10^{-6}

Para que reações $\Delta G° = 0$?

26.23 (a) Se, em um processo de transferência de elétrons, existe tanto transferência de elétrons como de ligantes entre reagentes, o que você pode concluir sobre o mecanismo?
(b) Explique por que é possível transferências muito rápidas de elétrons entre Os(II) e Os(III) octaédricos de spin baixo em um reação de troca interna.

PROBLEMAS DE REVISÃO

26.24 Sugira os produtos nas seguintes reações de substituição de ligantes. Caso a reação tenha duas etapas, especifique um produto para cada etapa. Quando mais de um produto for possível em teoria, interprete a sua escolha do produto preferido.

(a) $[PtCl_4]^{2-} \xrightarrow{NH_3} \xrightarrow{NH_3}$

(b) $cis\text{-}[Co(en)_2Cl_2]^+ + H_2O \longrightarrow$

(c) $[Fe(OH_2)_6]^{2+} + NO \longrightarrow$

26.25 (a) A reação:

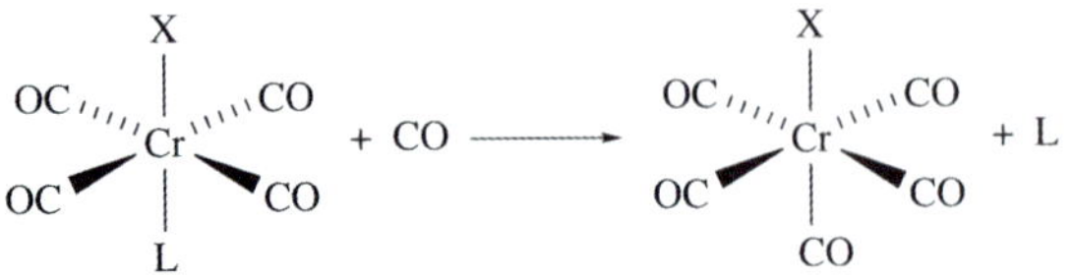

[estrutura: complexo octaédrico de Cr com X axial, L axial, 4 CO equatoriais] + CO ⟶ [estrutura: complexo com X e CO axiais, 4 CO equatoriais] + L

ocorre por meio de um mecanismo dissociativo e as constantes de primeira ordem, k_1, variam com a natureza do substituinte X como segue: $CO < P(OMe)_3 \approx P(OPh)_3 < P^nBu_3$.

Comente sobre esses dados.

(b) O ligante, L, mostrado a seguir, forma o complexo $[PtLCl]^+$ que reage com piridina produzindo $[PtL(py)]^{2+}$.

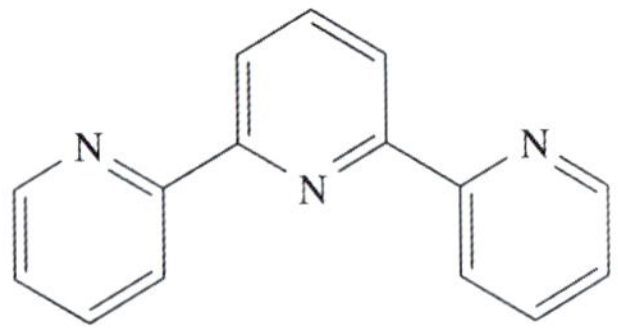

[estrutura: 2,2':6',2''-terpiridina]

A constante de velocidade observada, k_{obs}, pode ser escrita como:

$$k_{obs} = k_1 + k_2[\text{piridina}]$$

Que mudança conformacional tem de ser feita pela ligante L antes da formação do complexo? Explique as origens dos dois termos na expressão para k_{obs}.

26.26 Sugira dois métodos experimentais pelos quais a cinética da reação vista a seguir pode ser monitorada:

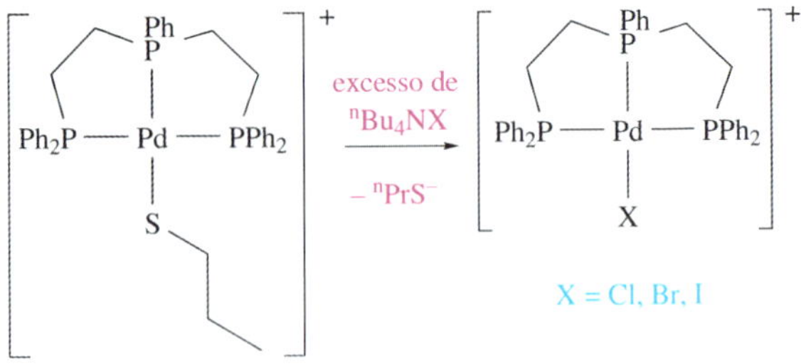

[estrutura: complexo de Pd com ligantes fosfina quelante, S tioéter axial] $\xrightarrow[-^nPrS^-]{\text{excesso de } ^nBu_4NX}$ [estrutura: complexo de Pd com X no lugar de S]

X = Cl, Br, I

Comente acerca dos fatores que contribuem para a conveniência dos métodos sugeridos.

26.27 (a) A reação de $cis\text{-}[PtMe_2(Me_2SO)(PPh_3)]$ com piridina leva à formação de $cis\text{-}[PtMe_2(py)(PPh_3)]$ e a velocidade de reação não mostra dependência em relação a concentração de piridina. A 298 K, o valor de $\Delta S^{\ddagger}$ é 24 JK^{-1} mol^{-1}. Comente a respeito desses dados.

(b) Para a reação:

$$[Co(NH_3)_5X]^{2+} + [Cr(OH_2)_6]^{2+} + 5[H_3O]^+ \longrightarrow$$
$$[Co(OH_2)_6]^{2+} + [Cr(OH_2)_5X]^{2+} + 5[NH_4]^+$$

as constantes de velocidade para X = Cl$^-$ e I$^-$ são $6{,}0 \times 10^5$ e $3{,}0 \times 10^6$ dm^3 mol^{-1} s^{-1}, respectivamente. Sugira como as reações ocorrem e indique qual etapa na reação é a determinante. Comente por que as constantes de velocidade para X$^-$ = Cl$^-$ e I$^-$ são diferentes.

26.28 Considere a reação vista a seguir, que ocorre em solução aquosa; L, X e Y são ligantes gerais.

$$Co^{III}L_5X + Y \longrightarrow Co^{III}L_5Y + X$$

Discuta os possíveis caminhos reacionais competitivos que existem e os fatores que favorecem um caminho em relação ao outro. Escreva uma equação de velocidade que leve em conta os caminhos que você discutiu.

TEMAS DA QUÍMICA INORGÂNICA

26.29 A estrutura da cisplatina é mostrada a seguir:

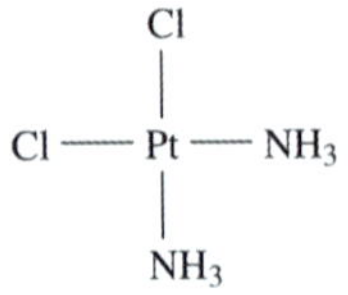

[estrutura: cis-[PtCl₂(NH₃)₂]]

Apesar de seu sucesso como medicamento anticancerígeno, o mecanismo pelo qual ela tem como alvo o DNA no corpo não é completamente compreendido, embora se saiba que a nucleobase guanina (veja a Fig. 10.13, no Volume 1) se liga mais prontamente a Pt(II) do que as demais nucleobases no DNA. Dentre os modelos de estudo relatados há um que descreve as reações da cisplatina e três complexos relacionados com L-histidina e 1,2,4-triazola (Nu). As substituições dos ligantes ocorrem em duas etapas, reversíveis:

$$[PtLCl_2] + Nu \underset{k_1}{\overset{k_2}{\rightleftharpoons}} [PtL(Nu)Cl]^+ + Cl^-$$

$$[PtL(Nu)Cl]^+ + Nu \underset{k_3}{\overset{k_4}{\rightleftharpoons}} [PtL(Nu)_2]^{2+} + Cl^-$$

em que L = (NH$_3$)$_2$, en, 1,2-diaminociclo-hexano (dach), a forma desprotonada, [MeCys]$^-$, da S-metil-L-cisteína (veja a Tabela 29.2 para a L-cisteína). As reações foram investigadas a 310 K e em pH 7,2 sob condições de pseudoprimeira ordem.

As constantes de velocidade para as reações são as seguintes:

	Nu = L-histidina		Nu = 1,2,4-triazola	
	$10^3 \, k_2/\text{dm}^3 \, \text{mol}^{-1}\text{s}^{-1}$	$10^4 \, k_1/\text{s}^{-1}$	$10^2 \, k_2/\text{dm}^3 \, \text{mol}^{-1}\text{s}^{-1}$	$10^3 \, k_1/\text{s}^{-1}$
cis-[Pt(NH$_3$)$_2$Cl$_2$]	8,0 ± 0,3	4,5 ± 0,4	12,0 ± 0,4	7,4 ± 0,5
[Pt(en)Cl$_2$]	7,9 ± 0,7	1,8 ± 0,1	9,9 ± 0,1	7,3 ± 0,1
[Pt(dach)Cl$_2$]	6,4 ± 0,2	2,6 ± 0,1	5,9 ± 0,1	1,2 ± 0,1
[Pt(MeCys)Cl$_2$]$^-$	352 ± 6	99 ± 1	454 ± 2	3,0 ± 0,2

	Nu = L-histidina		Nu = 1,2,4-triazola	
	$10^4 \, k_4/\text{dm}^3 \, \text{mol}^{-1}\text{s}^{-1}$	$10^6 \, k_3/\text{s}^{-1}$	$10^3 \, k_4/\text{dm}^3 \, \text{mol}^{-1}\text{s}^{-1}$	$10^4 \, k_3/\text{s}^{-1}$
cis-[Pt(NH$_3$)$_2$Cl$_2$]	11 ± 1	20 ± 1	12,8 ± 0,2	8,1 ± 0,2
[Pt(en)Cl$_2$]	11 ± 1	76 ± 1	11 ± 1	1,1 ± 0,1
[Pt(dach)Cl$_2$]	4,8 ± 0,4	2,2 ± 0,6	6,4 ± 0,5	1,0 ± 0,6
[Pt(MeCys)Cl$_2$]$^-$	33 ± 1	58 ± 2	24 ± 1	0,7 ± 0,01

[Dados: J. Bogojeski *et al.* (2010) *Eur. J. Inorg. Chem.*, p. 5439.]

(a) Represente as estruturas de [Pt(en)Cl$_2$], [Pt(dach)Cl$_2$] e [Pt(MeCys)Cl$_2$]$^-$. (b) Sugira por que a L-histidina e a 1,2,4-triazola foram escolhidas como nucleófilos nesse estudo. (c) Por que foram usadas as condições 310 K e pH 7,2? (d) Discuta os dados cinéticos, prestando atenção e sugerindo explicações para as tendências nas velocidades relativas de substituição.

27
Os metais do bloco *f*: lantanoides e actinoides

Tópicos

- Orbitais *f*
- Estados de oxidação
- Contração dos lantanoides
- Propriedades espectroscópicas
- Propriedades magnéticas
- Ocorrência
- Decaimento radioativo
- Reatividade dos metais lantanoides
- Química dos compostos de metais lantanoides
- Reatividade dos metais actinoides
- Química dos compostos de metais actinoides

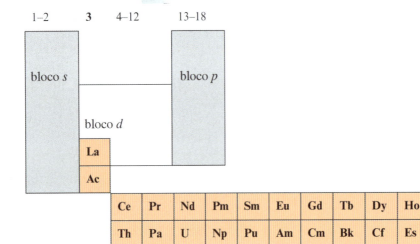

27.1 Introdução

No presente capítulo vamos ver os metais do bloco *f* (Tabela 27.1) e seus compostos. São duas as séries de metais: os *lantanoides* (veja os 14 elementos que se seguem ao lantânio na tabela periódica) e os *actinoides* (os 14 elementos que se seguem ao actínio).[†] O escândio, o ítrio, o lantânio e os lantanoides juntos são chamados de *terras-raras* ou *metais de terras-raras*. Embora o La e o Ac sejam rigorosamente metais do grupo 3, a semelhança química do La com os elementos Ce–Lu, e do Ac com o Th–Lr, significa que o La comumente é classificado com os lantanoides, e o Ac, com os actinoides.

O símbolo Ln é frequentemente empregado para se referir de modo genérico aos elementos La–Lu.

Os lantanoides assemelham-se uns aos outros de modo muito mais próximo do que os membros de uma linha de metais do bloco *d*. A química dos actinoides é mais complicada, e, além disso, apenas o Th e o U têm isótopos de ocorrência natural. Os estudos dos *elementos transurânicos* (aqueles com Z > 92) exigem técnicas especializadas. A ocorrência de isótopos artificiais entre os elementos do bloco *f* pode ser vista no Apêndice 5: todos os actinoides são instáveis no tocante ao decaimento radioativo (veja as Tabelas 27.4 e 27.7), embora as meias-vidas dos isótopos mais abundantes do tório e do urânio (^{232}Th e ^{238}U, $t_{\frac{1}{2}} = 1,4 \times 10^{10}$ anos e $4,6 \times 10^9$ anos, respectivamente) sejam tão longas que, para muitas finalidades, sua radioatividade pode ser ignorada.

[†] A IUPAC recomenda a preferência dos nomes lantanoide e actinoide a lantanídeo e actinídeo; a terminação "-ídeo" geralmente implica um íon com carga negativa.

Tabela 27.1 Lantânio, actínio e os elementos do bloco *f*. Ln é utilizado como um símbolo geral para os metais La–Lu

			Configuração eletrônica no estado fundamental				Raio/pm	
Nome do elemento	**Símbolo**	***Z***	**Ln**	**LN^{2+}**	**Ln^{3+}**	**Ln^{4+}**	**Ln**	**$Ln^{3+†}$**
Lantânio	La	57	[Xe]$6s^2 5d^1$	[Xe]$5d^1$	[Xe]$4f^0$		188	116
Cério	Ce	58	[Xe]$4f^1 6s^2 5d^1$	[Xe]$4f^2$	[Xe]$4f^1$	[Xe]$4f^0$	183	114
Praseodímio	Pr	59	[Xe]$4f^3 6s^2$	[Xe]$4f^3$	[Xe]$4f^2$	[Xe]$4f^1$	182	113
Neodímio	Nd	60	[Xe]$4f^4 6s^2$	[Xe]$4f^4$	[Xe]$4f^3$		181	111
Promécio	Pm	61	[Xe]$4f^5 6s^2$	[Xe]$4f^5$	[Xe]$4f^4$		181	109
Samário	Sm	62	[Xe]$4f^6 6s^2$	[Xe]$4f^6$	[Xe]$4f^5$		180	108
Európio	Eu	63	[Xe]$4f^7 6s^2$	[Xe]$4f^7$	[Xe]$4f^6$		199	107
Gadolínio	Gd	64	[Xe]$4f^7 6s^2 5d^1$	[Xe]$4f^7 5d^1$	[Xe]$4f^7$		180	105
Térbio	Tb	65	[Xe]$4f^9 6s^2$	[Xe]$4f^9$	[Xe]$4f^8$	[Xe]$4f^7$	178	104
Disprósio	Dy	66	[Xe]$4f^{10} 6s^2$	[Xe]$4f^{10}$	[Xe]$4f^9$	[Xe]$4f^8$	177	103
Hólmio	Ho	67	[Xe]$4f^{11} 6s^2$	[Xe]$4f^{11}$	[Xe]$4f^{10}$		176	102
Érbio	Er	68	[Xe]$4f^{12} 6s^2$	[Xe]$4f^{12}$	[Xe]$4f^{11}$		175	100
Túlio	Tm	69	[Xe]$4f^{13} 6s^2$	[Xe]$4f^{13}$	[Xe]$4f^{12}$		174	99
Itérbio	Yb	70	[Xe]$4f^{14} 6s^2$	[Xe]$4f^{14}$	[Xe]$4f^{13}$		194	99
Lutécio	Lu	71	[Xe]$4f^{14} 6s^2 5d^1$	[Xe]$4f^{14} 5d^1$	[Xe]$4f^{14}$		173	98

			Configuração eletrônica no estado fundamental			Raio/pm	
Nome do elemento	**Símbolo**	***Z***	**M**	**M^{3+}**	**M^{4+}**	**$M^{3+‡}$**	**$M^{4+‡}$**
Actínio	Ac	89	[Rn]$6d^1 7s^2$	[Rn]$5f^0$		111	99
Tório	Th	90	[Rn]$6d^2 7s^2$	[Rn]$5f^1$	[Rn]$5f^0$		94
Protactínio	Pa	91	[Rn]$5f^2 7s^2 6d^1$	[Rn]$5f^2$	[Rn]$5f^1$	104	90
Urânio	U	92	[Rn]$5f^3 7s^2 6d^1$	[Rn]$5f^3$	[Rn]$5f^2$	103	89
Netúnio	Np	93	[Rn]$5f^4 7s^2 6d^1$	[Rn]$5f^4$	[Rn]$5f^3$	101	87
Plutônio	Pu	94	[Rn]$5f^6 7s^2$	[Rn]$5f^5$	[Rn]$5f^4$	100	86
Amerício	Am	95	[Rn]$5f^7 7s^2$	[Rn]$5f^6$	[Rn]$5f^5$	98	85
Cúrio	Cm	96	[Rn]$5f^7 7s^2 6d^1$	[Rn]$5f^7$	[Rn]$5f^6$	97	85
Berquélio	Bk	97	[Rn]$5f^9 7s^2$	[Rn]$5f^8$	[Rn]$5f^7$	96	83
Califórnio	Cf	98	[Rn]$5f^{10} 7s^2$	[Rn]$5f^9$	[Rn]$5f^8$	95	82
Einstênio	Es	99	[Rn]$5f^{11} 7s^2$	[Rn]$5f^{10}$	[Rn]$5f^9$		
Férmio	Fm	100	[Rn]$5f^{12} 7s^2$	[Rn]$5f^{11}$	[Rn]$5f^{10}$		
Mendelévio	Md	101	[Rn]$5f^{13} 7s^2$	[Rn]$5f^{12}$	[Rn]$5f^{11}$		
Nobélio	No	102	[Rn]$5f^{14} 7s^2$	[Rn]$5f^{13}$	[Rn]$5f^{12}$		
Laurêncio	Lr	103	[Rn]$5f^{14} 7s^2 6d^1$	[Rn]$5f^{14}$	[Rn]$5f^{13}$		

†O raio iônico é de um íon octacoordenado.
‡O raio iônico é de um íon hexacoordenado.

Tabela 27.2 Estados de oxidação do actínio e dos actinoides. Os estados mais estáveis são mostrados em negrito

Ac	Th	Pa	U	Np	Pu	Am	Cm	Bk	Cf	Es	Fm	Md	No	Lr
						2			2	2	2	2	**2**	
3			3	3	3	**3**	**3**	**3**	**3**	**3**	**3**	**3**	3	**3**
	4	4	4	4	**4**	4	4	4	4					
		5	5	**5**	5	5								
			6	6	6	6								
				7	7									

Os **elementos transurânicos** são aqueles com número atômico maior que o do urânio ($Z > 92$).

27.2 Orbitais *f* e estados de oxidação

Para um orbital *f*, os números quânticos são $n = 4$ ou 5, $l = 3$ e $m_l = +3, +2, +1, 0, -1, -2, -3$; um conjunto de orbitais *f* tem sete orbitais degenerados. Os orbitais *f* são *ungerade*.

Um conjunto de orbitais *f* tem sete orbitais degenerados e há mais de uma maneira para sua representação. Você encontrará *conjuntos gerais* e *cúbicos* de orbitais *f*. Geralmente é empregado o *conjunto cúbico*, que é facilmente relacionado aos campos de ligantes tetraédricos, octaédricos e cúbicos. O conjunto cúbico compreende os orbitais atômicos $f_{x^3}, f_{y^3}, f_{z^3}, f_{xyz}, f_{z(x^2-y^2)}, f_{y(z^2-x^2)}$ e $f_{x(z^2-y^2)}$. A Fig. 27.1 mostra representações dos orbitais f_{z^3} e f_{xyz} e indica como os cinco orbitais atômicos restantes estão relacionados com eles.[†] Na Fig. 27.1b, cada um dos oito lóbulos do orbital f_{xyz} aponta na direção de um vértice de um cubo. Cada orbital *f* contém três planos nodais.

A camada de valência de um elemento lantanoide contém orbitais 4*f* e a de um actinoide, orbitais atômicos 5*f*. As configurações eletrônicas no estado fundamental dos elementos do bloco *f* estão listadas na Tabela 27.1. Um orbital atômico 4*f* não tem nenhum nó radial, enquanto um orbital atômico 5*f* tem um nó radial (veja a Seção 1.6, no Volume 1). Uma diferença crucial entre os orbitais 4*f* e 5*f* é que os orbitais atômicos 4*f* estão profundamente no interior e os elétrons 4*f* não estão disponíveis para ligações covalentes. Geralmente para um metal lantanoide, M, a ionização além do íon M^{3+} não é possível energeticamente. Isso conduz a um estado de oxidação +3 característico ao longo de toda a linha de La até Lu.

Os elementos de La até Lu são caracterizados pelo estado de oxidação +3, e a sua química é principalmente a do íon Ln^{3+}.

Os estados de oxidação conhecidos dos actinoides são apresentados na Tabela 27.2. A existência de pelo menos dois estados de oxidação para quase todos esses metais implica que as energias de ionização sucessivas (veja o Apêndice 8) provavelmente difiram em menos do que o fazem para os lantanoides. Para os estados de oxidação mais altos, a ligação covalente certamente deve estar envolvida. Isso pode ocorrer ou porque os orbitais atômicos 5*f* se estendem mais além do núcleo do que o fazem os orbitais 4*f* e estão disponíveis para ligação, ou porque as separações de energia entre os orbitais atômicos 5*f*, 6*d*, 7*s* e 7*p* são suficientemente pequenas para que os estados de valência apropriados para ligação covalente sejam facilmente alcançados. A evidência de que os orbitais atômicos 5*f* têm uma extensão espacial maior do que os orbitais atômicos 4*f* vem da estrutura fina do espectro de RPE do UF_3 (em uma rede de CaF_2), que tem origem na interação entre o spin do elétron do íon U^{3+} e o dos íons F^- (veja a Seção 4.9, no Volume 1). O NdF_3 (a espécie lantanoide correspondente) não apresenta esses efeitos.

A Tabela 27.2 mostra que diversos estados de oxidação são apresentados pelos actinoides iniciais, porém, do Cm até o Lr, os elementos assemelham-se aos lantanoides. Isso se deve à diminuição de energia dos orbitais atômicos 5*f* ao longo do período e da estabilização dos elétrons 5*f*.

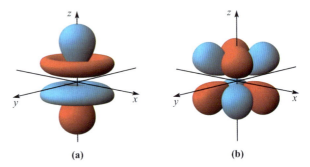

Fig. 27.1 O "conjunto cúbico" de orbitais *f*: (a) f_{z^3} e (b) f_{xyz}. Os orbitais f_{x^3} e f_{y^3} são como o f_{z^3}, mas apontam ao longo dos eixos *x* e *y*, respectivamente. O $f_{z(x^2-y^2)}$, o $f_{y(z^2-x^2)}$ e o $f_{x(z^2-y^2)}$ se parecem com o orbital atômico f_{xyz}, mas, no que diz respeito a esse último, eles têm uma rotação de 45° em torno dos eixos *z*, *y* e *x*, respectivamente. Os orbitais foram gerados com o uso do programa *Orbital Viewer* [David Manthey, www.orbitals.com/orb/index.html].

27.3 O tamanho dos átomos e dos íons

A contração dos lantanoides

A **contração dos lantanoides** é a diminuição constante do tamanho ao longo da série dos elementos La–Lu.

A diminuição global dos raios atômico e iônico (Tabela 27.1) do La até o Lu tem consequências importantes para a química da terceira linha dos metais do bloco *d* (veja a Seção 22.3). A contração é semelhante àquela observada em um período de metais do bloco *d* e é atribuída ao mesmo efeito: a blindagem

---
[†] Representações tridimensionais dos orbitais *f* cúbicos podem ser vistas no seguinte endereço da internet: http://winter.group.sehf.ac.uk/orbitron/

imperfeita de um dos elétrons por outro na mesma subcamada. No entanto, a blindagem de um dos elétrons 4f por outro é menor do que para um dos elétrons *d* por outro, e, à medida que a carga nuclear aumenta do La até o Lu, há uma queda bastante regular do tamanho da subcamada $4f^n$.

Os raios iônicos dos lantanoides na Tabela 27.1 referem-se aos íons octacoordenados, e os dos actinoides, aos hexacoordenados. Os valores só devem ser utilizados como um guia. Eles aumentam com o aumento do número de coordenação e de maneira alguma são valores absolutos.

Números de coordenação

Introduzimos os números de coordenação na Seção 19.7. O grande tamanho dos metais lantanoides e actinoides significa que, em seus complexos, são comuns os altos números de coordenação (>6), e a Fig. 19.10a ilustrou o íon decacoordenado $[La(NO_3-O,O')_2(OH_2)_6]^+$. O desdobramento do conjunto degenerado de orbitais *f* em campos cristalinos é pequeno ($\Delta_{oct} \approx 1$ kJ mol^{-1}), e as considerações de estabilização dos campos cristalinos são de menor importância na química dos lantanoides e actinoides. As preferências entre diferentes números de coordenação e geometrias geralmente são controladas por efeitos estéricos.

Exercícios propostos

1. Explique por que os raios metálicos do Ru e do Os são semelhantes, enquanto o valor do r_{metal} do Fe é menor que o r_{metal} do Ru. [*Resp.*: Veja a Seção 22.3]

2. Comente, com uma explicação, a respeito de como você espera que varie a tendência dos raios para os íons lantanoides M^{3+} entre o La^{3+} e o Lu^{3+}.

[*Resp.*: Veja a Tabela 27.1 e a discussão da contração dos lantanoides]

APLICAÇÕES

Boxe 27.1 Lasers de neodímio

A palavra *laser* significa "amplificação da luz pela emissão estimulada de radiação". Um laser produz feixes de radiação monocromática muito intensa, na qual as ondas de radiação são coerentes. O princípio de um laser é o da *emissão estimulada*: um estado excitado pode decair espontaneamente para o estado fundamental pela emissão de um fóton, mas, em um laser, a emissão é estimulada por um fóton que entra com a mesma energia que a emissão. As vantagens da emissão estimulada sobre a emissão espontânea são que (i) a energia de emissão é definida com exatidão, (ii) a radiação emitida está em fase com a radiação utilizada para estimular a emissão, e (iii) a radiação emitida é coerente com a radiação usada na estimulação. Além disso, em razão de suas propriedades serem idênticas, a radiação *tanto emitida quanto a de estimulação* podem estimular maior decaimento, e assim por diante, isto é, a radiação de estimulação foi *amplificada*.

Um laser de neodímio consiste em uma haste YAG (veja a Seção 22.2) contendo uma baixa concentração de Nd^{3+}. Em cada extremidade da haste fica um espelho, um dos quais também pode transmitir radiação. Uma irradiação inicial de uma fonte externa *bombeia* o sistema, excitando os íons Nd^{3+} que, então, relaxam espontaneamente para o estado excitado $^4F_{3/2}$ de maior tempo de vida (veja o diagrama a seguir). É essencial que o tempo de vida do $^4F_{3/2}$ seja relativamente longo, permitindo a existência de uma *inversão de população* entre os estados fundamental e excitado. O decaimento para um estado $^4I_{11/2}$ é a *transição de laser*, e é estimulado por um fóton da energia correta. Conforme mostra o diagrama a seguir, o laser de neodímio é um *laser de quatro níveis*. O sistema especular no laser permite que a radiação seja refletida entre as extremidades da haste até que um feixe de alta intensidade seja finalmente emitido. O comprimento de onda da emissão do laser de neodímio geralmente é de 1064 nm (isto é, no infravermelho), mas a *duplicação da frequência* pode fornecer lasers emitindo em 532 nm.

Entre os muitos usos do laser YAG–Nd podem ser citadas a decapagem, corte e soldagem de metais. Os lasers de alta potência são empregados para cortar chapas metálicas, por exemplo, nas indústrias de montagem de carros e navios. O corte depende do metal ser aquecido até uma temperatura suficientemente elevada pela energia fornecida pelo laser. A fotografia vista a seguir mostra um laser YAG–Nd sendo utilizado no corte de uma chapa de aço durante testes de avaliação para a indústria automotiva.

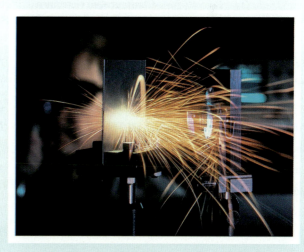

Corte de uma chapa de aço com um laser YAG–Nd.

Leitura recomendada

P. Atkins and J. de Paula (2009) *Atkins' Physical Chemistry*, 9. ed., Oxford University Press, Oxford, Capítulo 13.

3. Por que uma discussão da tendência dos raios iônicos para os íons de metais do bloco *d* da primeira linha é menos simples do que uma discussão da tendência dos íons Ln^{3+}?

[*Resp.*: Veja as entradas para o Sc–Zn no Apêndice 6, e para os íons Ln^{3+} na Tabela 27.1]

4. O ambiente de coordenação do Nd^{3+} no [Nd(CO$_3$)$_4$(OH$_2$)]$^{5-}$ é um antiprisma quadrado monoencapuzado. Qual é o número de coordenação do íon Nd^{3+}? Sugira como é obtido esse número de coordenação, e faça um esquema de uma possível estrutura do [Nd(CO$_3$)$_4$(OH$_2$)]$^{5-}$.

[*Resp.*: Veja W. Runde *et al.* (2000) *Inorg. Chem.*, vol. 39, p. 1050.]

muitos dos quais com diferentes valores positivos de *J*, o número de transições é grande, mesmo depois de se levar em conta as limitações impostas pelas regras de seleção. Como resultado, os espectros dos íons Ln^{3+} frequentemente contêm grandes números de absorções. Como os elétrons 4*f* são bem blindados e não são afetados pelo ambiente do íon, as bandas que surgem das transições *f–f* são estreitas (ao invés de largas como as absorções *d–d*) e suas posições no espectro são pouco afetadas pela formação de complexos. As intensidades das absorções são baixas, indicando que as probabilidades das transições *f–f* são baixas, isto é, pouca mistura *d–f*. As absorções devidas a transições 4*f*–5*d* são largas e *são* afetadas pelo ambiente ligante. São utilizadas pequenas quantidades de alguns sais de lantanoides nos fósforos utilizados para tubos de televisão (veja *luminescência* mais à frente nesta seção) por causa das suas transições eletrônicas terem bandas muito estreitas.

27.4 Propriedades espectroscópicas e magnéticas

Espectros eletrônicos e momentos magnéticos: lantanoides

Você deve consultar a Seção 20.6 para os símbolos dos termos para átomos e íons livres. A interpretação dos espectros eletrônicos dos íons 4*f*^{n} é baseada nos princípios descritos para os íons de metais do bloco *d* (Seção 20.7), mas há importantes diferenças. Para os lantanoides, o acoplamento spin–órbita é mais importante do que o desdobramento do campo cristalino, e os termos que diferem apenas em valores de *J* são suficientemente diferentes em energia para ficarem separados no espectro eletrônico. Além disso, como *l* = 3 para um elétron *f*, *m$_l$* pode ser 3, 2, 1, 0, –1, –2 ou –3, dando origem a elevados valores de *L* para alguns íons *f*^{n}: por exemplo, para a configuração *f*^{2}, a aplicação das regras de Hund dá o estado fundamental (com *L* = 5, *S* = 1) como $^3H_4$. Como também são possíveis os termos *S*, *P*, *D*, *F* e *G*,

> Nos espectros eletrônicos dos íons de metais lantanoides, as absorções devidas a transições *f–f* são bandas *muito estreitas*, mas as bandas devidas a transições 4*f*–5*d* são *largas*.

As cores típicas dos íons Ln^{3+} em solução aquosa são listadas na Tabela 27.3. Geralmente (porém não invariavelmente) as espécies *f*^{n} e *f*$^{14-n}$ têm cores semelhantes.

Os momentos magnéticos (veja a Seção 20.10) dos íons Ln^{3+} são dados na Tabela 27.3. Em geral, os valores experimentais concordam bem com os calculados com a Eq. 27.1. Esse fato baseia-se na suposição do acoplamento de Russell–Saunders (veja a Seção 20.6) e grandes constantes de acoplamento spin–órbita, e, como uma consequência disso, apenas os estados de valor mais baixo de *J* estão ocupados. Isso *não* é verdade para o Eu^{3+}, e nem tão verdadeiro para o Sm^{3+}. Para o Eu^{3+} (*f*^{6}), a constante *λ* de acoplamento spin–órbita é ≈300 cm^{-1}, apenas

Tabela 27.3 Cores de aquacomplexos do La^{3+} e Ln^{3+}, e momentos magnéticos observados e calculados para os íons M^{3+}

Íon metálico	Cor	Configuração eletrônica do estado fundamental	Símbolo do termo do estado fundamental	Momento magnético, μ (298 K)/μ$_B$ Calculado com a Eq. 27.1	Observado
La^{3+}	Incolor	[Xe]4*f*^{0}	$^1S_0$	0	0
Ce^{3+}	Incolor	[Xe]4*f*^{1}	$^2F_{5/2}$	2,54	2,3–2,5
Pr^{3+}	Verde	[Xe]4*f*^{2}	$^3H_4$	3,58	3,4–3,6
Nd^{3+}	Lilás	[Xe]4*f*^{3}	$^4I_{9/2}$	3,62	3,5–3,6
Pm^{3+}	Rosa	[Xe]4*f*^{4}	$^5I_4$	2,68	2,7
Sm^{3+}	Amarelo	[Xe]4*f*^{5}	$^6H_{5/2}$	0,84	1,5–1,6
Eu^{3+}	Rosa-claro	[Xe]4*f*^{6}	$^7F_0$	0	3,4–3,6
Gd^{3+}	Incolor	[Xe]4*f*^{7}	$^8S_{7/2}$	7,94	7,8–8,0
Tb^{3+}	Rosa-claro	[Xe]4*f*^{8}	$^7F_6$	9,72	9,4–9,6
Dy^{3+}	Amarelo	[Xe]4*f*^{9}	$^6H_{15/2}$	10,63	10,4–10,5
Ho^{3+}	Amarelo	[Xe]4*f*^{10}	$^5I_8$	10,60	10,3–10,5
Er^{3+}	Rosa intenso	[Xe]4*f*^{11}	$^4I_{15/2}$	9,58	9,4–9,6
Tm^{3+}	Verde-claro	[Xe]4*f*^{12}	$^3H_6$	7,56	7,1–7,4
Yb^{3+}	Incolor	[Xe]4*f*^{13}	$^2F_{7/2}$	4,54	4,4–4,9
Lu^{33+}	Incolor	[Xe]4*f*^{14}	$^1S_0$	0	0

ligeiramente maior do que kT (≈ 200 cm^{-1}). O estado fundamental do íon f^6 é $^7F_0$ (que é diamagnético, pois $J = 0$), mas os estados $^7F_1$ e $^7F_2$ também são ocupados até certo ponto e dão origem ao momento magnético observado. Conforme esperado, a baixas temperaturas, o momento do Eu^{3+} aproxima-se do zero. A variação de μ com n (número de elétrons desemparelhados) na Tabela 27.3 vem da aplicação da terceira regra de Hund (veja a Seção 20.6): $J = L - S$ para uma camada menos que metade cheia, mas $J = L + S$ para uma camada mais da metade cheia. Assim, J e g_J para estados fundamentais são maiores na segunda metade do que na primeira metade da série dos lantanoides.

$$\mu_{ef} = g_J \sqrt{J(J+1)} \qquad (27.1)$$

em que $g_J = 1 + \left(\dfrac{S(S+1) - L(L+1) + J(J+1)}{2J(J+1)} \right)$

Exemplo resolvido 27.1 Determinação do símbolo do termo para o estado fundamental de um íon Ln^{3+}

Determine o símbolo do termo para o estado fundamental do Ho^{3+}.

Consulte a Seção 20.6 para uma revisão dos símbolos de termos. Devem ser observados dois pontos gerais:

- O símbolo de termo para o estado fundamental de um átomo ou íon é dado por $^{(2S+1)}L_J$, e o valor de L (o momento angular total) relaciona-se aos símbolos dos termos como segue:

L	0	1	2	3	4	5	6
Símbolo do termo	S	P	D	F	G	H	I

- A partir da terceira regra de Hund (Seção 20.6), o valor de J para o estado fundamental é dado por $(L - S)$ para uma subcamada que esteja *menos* da metade cheia, e por $(L + S)$ para uma subcamada que esteja *mais* da metade cheia.

Agora considere o Ho^{3+}. Ele tem uma configuração eletrônica f^{10}. Os orbitais f têm valores de m_l de $-3, -2, -1, 0, +1, +2, +3$ e o arranjo de energia mais baixa (pelas regras de Hund, Seção 20.6) é:

m_l	+3	+2	+1	0	-1	-2	-3
	↑↓	↑↓	↑↓	↑	↑	↑	↑

Há 4 elétrons desemparelhados.

Número quântico de spin total, $S = 4 \times \frac{1}{2} = 2$

Multiplicidade do spin, $2S + 1 = 5$

Número quântico orbital resultante,

L = somatório dos valores de m_l

$= (2 \times 3) + (2 \times 2) + (2 \times 1) - 1 - 2 - 3$

$= 6$

Isso corresponde a um estado I.

O valor mais alto do número quântico interno resultante, $J = (L + S) = 8$

Portanto, o símbolo do termo para o estado fundamental do Ho^{3+} é $^5I_8$.

Exercícios propostos

1. Mostre que o símbolo do termo para o estado fundamental do Ce^{3+} é $^2F_{5/2}$.
2. Mostre que para o Er^{3+} o símbolo do termo para o estado fundamental é $^4I_{15/2}$.
3. Por que tanto o La^{3+} quanto o Lu^{3+} têm o símbolo do termo $^1S_0$ para o estado fundamental?

Exemplo resolvido 27.2 Cálculo do momento magnético efetivo de um íon lantanoide

Calcule o valor do momento magnético efetivo, μ_e, do Ce^{3+}.

O valor de μ_{ef} pode ser calculado utilizando-se a Eq. 27.1:

$\mu_{ef} = g\sqrt{J(J+1)}$

em que

$g = 1 + \left(\dfrac{S(S+1) - L(L+1) + J(J+1)}{2J(J+1)} \right)$

O Ce^{3+} tem uma configuração eletrônica f^1.

$S = 1 \times \frac{1}{2} = \frac{1}{2}$

$L = 3$ (veja o exemplo resolvido 27.1)

A subcamada é menos que metade cheia; portanto,

$J = (L - S) = 3 - \frac{1}{2} = \frac{5}{2}$

$g = 1 + \left(\dfrac{S(S+1) - L(L+1) + J(J+1)}{2J(J+1)} \right)$

$= 1 + \left(\dfrac{(\frac{1}{2} \times \frac{3}{2}) - (3 \times 4) + (\frac{5}{2} \times \frac{7}{2})}{2(\frac{5}{2} \times \frac{7}{2})} \right)$

$= \frac{6}{7}$

$\mu_{ef} = g\sqrt{J(J+1)}$

$= \frac{6}{7} \sqrt{(\frac{5}{2} \times \frac{7}{2})}$

$= 2{,}54 \, \mu_B$

Exercícios propostos

1. Comente a respeito do porquê da fórmula do spin não ser apropriada para estimar valores de μ_{ef} para íons de metais lantanoides.
2. Mostre que o valor estimado de μ_{ef} do Yb^{3+} é $4{,}54 \, \mu_B$.
3. O Eu^{3+} tem uma configuração eletrônica f^6; no entanto, o valor calculado de μ_{ef} é 0. Explique como surge esse resultado.

> **MEIO AMBIENTE**
>
> **Boxe 27.2 Metais de terras-raras: recursos e demanda**
>
> O gráfico visto a seguir apresenta a estimativa das reservas mundiais de metais de terras-raras. Embora haja grandes recursos disponíveis, a produção mineira mundial foi quase inteiramente na China. No entanto, por uma série de razões, a mineração das reservas nos EUA, na Austrália e em outros países em 2011 está se tornando economicamente viável, e espera-se que mercados competitivos para os metais de terras-raras substituam o mercado dominado pela China.
>
>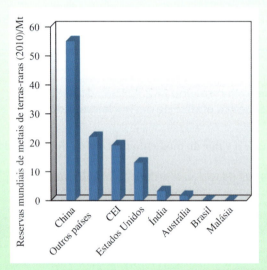
>
> [CEI significa Comunidade dos Estados Independentes; dados: US Geological Survey]
>
> Os principais minérios que contêm metais de terras-raras são a *bastnasita* (na China e nos EUA) e a *monazita* (na Austrália, no Brasil, na China, nos EUA, na Índia, na Malásia, na África do Sul, no Sri Lanka e na Tailândia). A bastnasita é um fluoreto de carbonato metálico misto, $(M,M'...)CO_3F$. A composição varia com a fonte do mineral, mas o componente dominante é o cério ($\approx 50\%$), seguido pelo lantânio (20–30%), neodímio (12–20%) e praseodímio ($\approx 5\%$). Cada um dos outros metais de terras-raras (exceto o promécio, que não ocorre naturalmente) geralmente ocorre a uma extensão de <1%. A monazita $(M,M'...)PO_4$ é o segundo minério mais importante que contém metais de terras-raras e também é rico em cério. Na verdade, o cério é mais abundante do que o cobre na crosta terrestre.
>
> A demanda pelos metais de terras-raras aumentou durante as duas últimas décadas do século XX, e a demanda por óxidos de cério em conversores catalíticos para veículos a motor (veja as Eqs. 25.43 e 25.44) é um grande fator contribuinte. As aplicações dos metais de terras-raras nos EUA em 2009 foram na forma de catalisadores para refino de produtos químicos e de petróleo (36%), usos metalúrgicos, inclusive ligas (21%), conversores catalíticos em automóveis (13%), polimento de vidro e cerâmicas (9%), fósforos de terras-raras para iluminação, radar, monitores de computador e televisores (8%), ímãs permanentes (7%), usos eletrônicos e outros (6%). As ligas incluem aquelas empregadas em baterias de níquel-hidreto metálico que contêm o $LaNi_5$ ou uma liga contendo um metal relacionado a uma terra-rara para armazenamento de hidretos (veja o Boxe 10.5, Volume 1). Apenas pequenas quantidades dos metais de terras-raras são recicladas, a maioria delas se originando de ímãs permanentes sucatados.
>
> Espera-se que a demanda pelos metais lantanoides aumente com as crescentes demandas por catalisadores para controle da poluição em veículos a motor e baterias recarregáveis. Juntamente com as baterias de íons de lítio, as baterias de níquel-hidreto metálico (NiMH) encontram crescentes aplicações em telefones móveis, laptops e outros dispositivos eletrônicos portáteis tais como tocadores de MP3.

Luminescência de complexos de lantanoides

Fluorescência, fosforescência e luminescência foram apresentadas na Seção 20.8. A irradiação de vários complexos de Ln^{3+} com luz UV faz com que eles fluoresçam. Em algumas espécies, são necessárias baixas temperaturas para a observação desse fato. Sua fluorescência leva ao emprego dos lantanoides em fósforos para televisores e iluminação fluorescente. A origem da fluorescência está nas transições $4f–4f$, não sendo possíveis quaisquer transições para f^0, f^7 (proibidas pelo spin) e f^{14}. A irradiação produz Ln^{3+} em um estado excitado que decai para o estado fundamental ou com emissão de energia (observada na forma de fluorescência) ou por um caminho não radiativo. Os íons que são importantes comercialmente por suas propriedades emissoras são o Eu^{3+} (emissão vermelha) e o Tb^{3+} (emissão verde).

Espectros eletrônicos e momentos magnéticos: actinoides

As propriedades espectroscópicas e magnéticas dos actinoides são complicadas e nós as mencionamos apenas de forma breve. As absorções devidas a transições $5f–5f$ são fracas, mas de alguma forma são mais largas e mais intensas (e consideravelmente mais dependentes dos ligantes presentes) do que aquelas devidas a transições $4f–4f$. A interpretação dos espectros eletrônicos é dificultada pelas grandes constantes de acoplamento spin–órbita (cerca de duas vezes as dos lantanoides) e tem como resultado a quebra parcial do esquema de acoplamento de Russell–Saunders.

As propriedades magnéticas apresentam uma semelhança global com aquelas dos lantanoides na variação do momento magnético com o número de elétrons desemparelhados, mas os valores das espécies lantanoides e actinoides isoeletrônicas, por exemplo, o Np(IV) e o Ce(III), Np(V) e o Pr(III), Np(IV) e o Nd(III), são menores para os actinoides, indicando extinção parcial da contribuição de orbitais por efeitos do campo cristalino.

27.5 Fontes de lantanoides e actinoides

Ocorrência e separação dos lantanoides

Todos os lantanoides, à exceção do Pm, ocorrem de forma natural. O isótopo mais estável do promécio, o ^{147}Pm (emissor β, $t_{\frac{1}{2}} = 2,6$ anos), é formado como um produto da fissão de núcleos pesados e é obtido em quantidades de mg de produtos de reatores nucleares.

A *bastnasita* e a *monazita* são os principais minérios do La e dos lantanoides. Todos os metais (excluindo-se o Pm) podem ser obtidos da *monazita*, um fosfato misto (Ce, La,Nd,Pr,Th,Y …)PO$_4$. A *bastnasita* (Ce,La …)CO$_3$F é uma fonte dos lantanoides mais leves. A primeira etapa na extração dos metais da monazita é a remoção de fosfato e tório. O minério é aquecido com soda cáustica, e, após resfriamento, o Na$_3$PO$_4$ é dissolvido em água. Os óxidos hidratados residuais de Th(IV) e Ln(III) são tratados com HCl aquoso quente; o ThO$_2$ não é dissolvido, mas os óxidos de Ln(III) formam uma solução de MCl$_3$ (M = La, Ce…) que, em seguida, é purificada. Começando com a bastnasita, o minério é tratado com HCl diluído para remover o CaCO$_3$, e, então, é convertido em uma solução aquosa de MCl$_3$ (M = La, Ce…). A semelhança entre o tamanho dos íons e das propriedades dos lantanoides dificulta a separação. Os métodos modernos de separação dos lantanoides envolvem extração com solvente usando o (^{n}BuO)$_3$PO (veja o Boxe 7.3, no Volume 1) ou troca iônica (veja a Seção 11.6, no Volume 1).

Uma típica resina de troca catiônica é o poliestireno sulfonado ou seu sal de Na$^+$. Quando uma solução que contém íons Ln^{3+} é vertida sobre uma coluna de resina, os cátions trocam com os íons H$^+$ ou Na$^+$ (Eq. 27.2).

$$\text{Ln}^{3+}(\text{aq}) + 3\text{H}^+(\text{resina}) \rightleftharpoons \text{Ln}^{3+}(\text{resina}) + 3\text{H}^+(\text{aq}) \quad (27.2)$$

O coeficiente de distribuição de equilíbrio entre a resina e a solução aquosa ([Ln^{3+} (resina)]/[Ln^{3+} (aq)]) é grande para todos os íons, mas é quase constante. Os íons Ln^{3+} ligados à resina agora são removidos com o uso de um agente complexando tal como o EDTA^{4-} (veja a Eq. 7.75, no Volume 1). As constantes de formação dos complexos de EDTA^{4-} dos íons Ln^{3+} aumentam de modo regular desde 10^{15,3} para o La^{3+} até 10^{19,2} para o Lu^{3+}. Se uma coluna sobre a qual foram absorvidos todos os íons Ln^{3+} é eluída com H$_4$EDTA aquoso diluído, e o pH é ajustado para 8 usando NH$_3$, o Lu^{3+} é preferencialmente complexado, então, o Yb^{3+}, e assim por diante. Com o uso de uma coluna longa de troca iônica, componentes podem ser separados com 99,9% de pureza (Fig. 27.2).

Os actinoides

Dos actinoides, somente o urânio e o tório ocorrem de forma natural em quantidades significativas. Os isótopos de ocorrência natural do U e do Th (o ^{238}U, 99,275%, $t_{\frac{1}{2}} = 4,46 \times 10^9$ anos; ^{235}U, 0,720%, $t_{\frac{1}{2}} = 7,04 \times 10^8$ anos; o ^{234}U, 0,005%, $t_{\frac{1}{2}} = 2,45 \times 10^5$ anos; o ^{232}Th, 100%, $t_{\frac{1}{2}} = 1,4 \times 10^{10}$ anos) são todos radioativos e suas cadeias de decaimento dão origem a isótopos de actínio e protactínio:

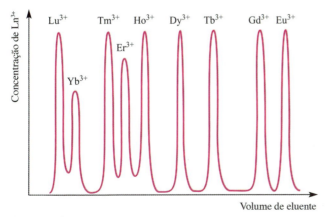

Fig. 27.2 Uma representação da ordem segundo a qual os complexos de EDTA^{4-} dos lantanoides mais pesados são eluídos de uma coluna de troca catiônica.

$$^{238}_{92}\text{U} \xrightarrow{-\alpha} {}^{234}_{90}\text{Th} \xrightarrow{-\beta^-} {}^{234}_{91}\text{Pa} \xrightarrow{-\beta^-} {}^{234}_{92}\text{U} \xrightarrow{-\alpha} {}^{230}_{90}\text{Th} \rightarrow \rightarrow$$

$$^{235}_{92}\text{U} \xrightarrow{-\alpha} {}^{231}_{90}\text{Th} \xrightarrow{-\beta^-} {}^{231}_{91}\text{Pa} \xrightarrow{-\alpha} {}^{227}_{89}\text{Ac} \xrightarrow{-\beta^-} {}^{227}_{90}\text{Th} \rightarrow \rightarrow$$

$$^{232}_{90}\text{Th} \xrightarrow{-\alpha} {}^{228}_{88}\text{Ra} \xrightarrow{-\beta^-} {}^{228}_{89}\text{Ac} \xrightarrow{-\beta^-} {}^{228}_{90}\text{Th} \xrightarrow{-\alpha} {}^{224}_{88}\text{Ra} \rightarrow \rightarrow$$

O decaimento radioativo pela perda de uma partícula α (isto é, a perda de [$^4_2$He]$^{2+}$) leva a uma diminuição de 4 no número de massa e a uma diminuição de 2 no número atômico, e é acompanhado da emissão de radiação γ. O decaimento pela perda de uma partícula β (isto é, a perda de um elétron do núcleo) resulta em aumento de um no número atômico, mas deixa o número de massa inalterado. A Fig. 27.3 mostra a série de decaimento do $^{238}_{92}$U que, ao final, produz o isótopo estável $^{206}_{82}$Pb; as propriedades dos nuclídeos na série são dadas na Tabela 27.4

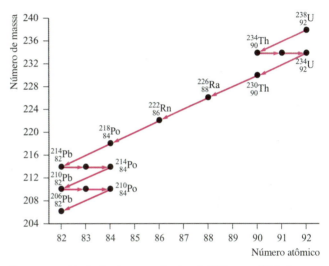

Fig. 27.3 A série de decaimento radioativo do $^{238}_{92}$U para o $^{206}_{82}$Pb. Somente o último nuclídeo da série, o $^{206}_{82}$Pb, é estável com respeito a decaimento adicional. [Exercício: Três nuclídeos não estão marcados. Quem são eles?]

Tabela 27.4 A série de decaimento radioativo natural do $^{238}_{92}$U para o $^{206}_{82}$Pb (veja a Fig. 27.3) (a = ano; d = dia; min = minuto; s = segundo)

Nuclídeo	Símbolo	Partícula emitida	Meia-vida
Urânio-238	$^{238}_{92}$U	α	4,46 × 10^9 a
Tório-234	$^{234}_{90}$Th	β$^-$	24,1 d
Protactínio-234	$^{234}_{91}$Pa	β$^-$	1,18 min
Urânio-234	$^{234}_{92}$U	α	2,48 × 10^5 a
Tório-230	$^{230}_{90}$Th	α	8,0 × 10^4 a
Rádio-226	$^{226}_{88}$Ra	α	1,62 × 10^3 a
Radônio-222	$^{222}_{86}$Rn	α	3,82 d
Polônio-218	$^{218}_{84}$Po	α	3,05 min
Chumbo-214	$^{214}_{82}$Pb	β$^-$	26,8 min
Bismuto-214	$^{214}_{83}$Bi	β$^-$	19,7 min
Polônio-214	$^{214}_{84}$Po	α	1,6 × 10^{-4} s
Chumbo-210	$^{210}_{82}$Pb	β$^-$	19,4 a
Bismuto-210	$^{210}_{83}$Bi	β$^-$	5,0 d
Polônio-210	$^{210}_{84}$Po	α	138 d
Chumbo-206	$^{206}_{82}$Pb	nenhuma	Não radioativo

O decaimento radioativo de qualquer nuclídeo segue uma cinética de primeira ordem, mas o decaimento subsequente do nuclídeo filho resulta em uma cinética global mais complicada. Para um processo de primeira ordem:

Velocidade de decaimento = $-\dfrac{dN}{dt} = kN$

cuja forma integrada é:

$\ln N - \ln N_0 = -kt$

em que: N = número de núcleos no tempo t, N_0 = número de núcleos no tempo $t = 0$, k = constante de velocidade de primeira ordem.

Como o Pa e o Ac só são formados como intermediários radioativos em cadeias (séries) de decaimento, as quantidades que são de ocorrência natural são tão pequenas que, juntamente com o restante dos actinoides, são produzidas artificialmente por reações nucleares (veja a seguir). Os riscos envolvidos com radiação de todos os actinoides, exceto do Th e do U, fazem com que existam dificuldades técnicas no estudo de compostos de actinoides, e as técnicas experimentais convencionais geralmente não são aplicáveis.

O urânio e o tório são isolados de fontes naturais. O tório é extraído da monazita na forma de ThO_2 (veja anteriormente), e a fonte mais importante de urânio é a *pecheblenda* (U_3O_8). O minério de urânio é aquecido com H_2SO_4 na presença de um agente oxidante dando um sal de sulfato do cátion uranila, $[UO_2]^{2+}$, que é separado por meio de uma resina de troca aniônica, eluindo com o HNO_3 dando o $[UO_2][NO_3]_2$. Após outros processamentos, o urânio é precipitado na forma do complexo óxido-peróxido $UO_2(O_2) \cdot 2H_2O$ ou como "*yellow cake*" (em forma de pó amarelo de composição aproximada $[NH_4]_2[U_2O_7]$). A decomposição térmica dá o UO_3 amarelo que é convertido em UF_4 (veja o Boxe 7.3, no Volume 1). A redução do UF_4 com o Mg produz o U metálico.

Os isótopos ^{237}Ac e ^{231}Pa podem ser isolados a partir de produtos de decaimento do ^{235}U na pecheblenda, mas são mais bem sintetizados pelas reações nucleares 27.3 e 27.4.

$^{226}\text{Ra} \xrightarrow{(n,\gamma)} {^{227}\text{Ra}} \xrightarrow{-\beta^-} {^{227}\text{Ac}}$ (27.3)

$^{230}\text{Th} \xrightarrow{(n,\gamma)} {^{231}\text{Th}} \xrightarrow{-\beta^-} {^{231}\text{Pa}}$ (27.4)

Os nuclídeos ^{239}Np e ^{239}Pu são produtos de decaimento do ^{239}U, sendo esse isótopo sintetizado por captura de nêutrons pelo ^{238}U (veja o Boxe 7.3, no Volume 1). A irradiação prolongada do ^{239}Pu em uma pilha nuclear leva à formação sucessiva de pequenas quantidades de ^{240}Pu, ^{241}Pu, ^{242}Pu e ^{243}Pu. O ^{243}Pu é um emissor β ($t_{\frac{1}{2}}$ = 5 h) e decai para o ^{243}Am ($t_{\frac{1}{2}}$ = 7400 anos) que dá o ^{244}Cm de acordo com a sequência 27.5.

$^{243}\text{Am} \xrightarrow{(n,\gamma)} {^{244}\text{Am}} \xrightarrow{-\beta^-} {^{244}\text{Cm}}$ (27.5)

O ^{243}Am e o ^{244}Cm estão disponíveis em uma escala de 100 g, e a captura múltipla de nêutrons seguida de decaimento β^- produz quantidades em miligramas de ^{249}Bk, ^{252}Cf, ^{253}Es e ^{254}Es, além de quantidades em microgramas de ^{257}Fm. Os elementos transurânicos (isto é, os elementos que acompanham o U na tabela periódica, Tabela 27.5) estendem-se além da linha de actinoides (Z = 89–103) e todos são conhecidos desde 1940. Em 1955, a tabela periódica estendeu-se até o mendelévio e, em 1997, até o meitnério. Em meados de 2011, o número de elementos da tabela periódica chegou a 117 (veja a tabela periódica no início deste livro), embora as descobertas dos elementos com Z = 113, 115 e 118 não tenham sido (até meados de 2011) aprovadas pela IUPAC.[†] Em 2003 e 2004, a IUPAC aprovou os nomes darmstádio e roentgênio para os elementos 110 e 111, respectivamente, e, em 2010, o elemento 112 recebeu o nome de copernício. Os elementos produzidos artificialmente com Z = 113–116 e 118 atualmente são chamados de unúntrio ("um,um,três"), ununquádio ("um,um,quatro")... conforme listado na Tabela 27.5. Esse método de dar nomes a elementos recém-descobertos é usado até que os nomes reais tenham sido aprovados pela IUPAC. Todos esses "novos" elementos foram produzidos sinteticamente pelo bombardeio de nuclídeos muito pesados com partículas tais como, por exemplo, nêutrons (veja o Boxe 7.3, no Volume 1), íons $^{12}_{6}C^{n+}$ ou íons $^{18}_{8}O^{n+}$:

$^{249}_{97}\text{Bk} + {^{18}_{8}\text{O}} \longrightarrow {^{260}_{103}\text{Lr}} + {^{4}_{2}\text{He}} + 3{^{1}_{0}\text{n}}$

$^{248}_{96}\text{Cm} + {^{18}_{8}\text{O}} \longrightarrow {^{261}_{104}\text{Rf}} + 5{^{1}_{0}\text{n}}$

Tabela 27.5 Os elementos transurânicos. Os nomes são os acordados pela IUPAC

Z	Nome do elemento	Símbolo
93	Netúnio	Np
94	Plutônio	Pu
95	Amerício	Am
96	Cúrio	Cm
97	Berquélio	Bk
98	Califórnio	Cf
99	Einstênio	Es
100	Férmio	Fm
101	Mendelévio	Md
102	Nobélio	No
103	Laurêncio	Lr
104	Rutherfórdio	Rf
105	Dúbnio	Db
106	Seabórgio	Sg
107	Bóhrio	Bh
108	Hássio	Hs
109	Meitnério	Mt
110	Darmstádio	Ds
111	Roentgênio	Rg
112	Copernício	Cn
113	Unúntrio	Uut
114	Ununquádio	Uuq
115	Ununpêntio	Uup
116	Ununéxio	Uuh
118	Ununóctio	Uuo

[†] Veja: R.C. Barber, P.J. Karol, H. Nakahara, E. Vardaci and E.W. Vogt (2011) *Pure Appl. Chem.*, vol. 83, p. 1485 e p. 1801 – "Discovery of the elements with atomic numbers greater than or equal to 113" (IUPAC Technical Report).

Tabela 27.6 Entalpias de atomização e hidratação padrão† (a 298 K) dos íons Ln³⁺, somatórios das três primeiras energias de ionização do Ln(g), e potenciais de redução padrão para os íons de metais lantanoides

Metal	$\Delta_a H°(Ln)/kJ\, mol^{-1}$	$EI_1 + EI_2 + EI_3/kJ\, mol^{-1}$	$\Delta_{hid}H°(Ln^{3+}, g)/kJ\, mol^{-1}$	$E°_{Ln^{3+}/Ln}/V$	$E°_{Ln^{2+}/Ln}/V$
La	431	3455	−3278	−2,38	
Ce	423	3530	−3326	−2,34	
Pr	356	3631	−3373	−2,35	−2,0
Nd	328	3698	−3403	−2,32	−2,1
Pm	348	3741	−3427	−2,30	−2,2
Sm	207	3873	−3449	−2,30	−2,68
Eu	177	4036	−3501	−1,99	−2,81
Gd	398	3750	−3517	−2,28	
Tb	389	3792	−3559	−2,28	
Dy	290	3899	−3567	−2,30	−2,2
Ho	301	3924	−3613	−2,33	−2,1
Er	317	3934	−3637	−2,33	−2,0
Tm	232	4045	−3664	−2,32	−2,4
Yb	152	4195	−3724	−2,19	−2,76
Lu	428	3886	−3722	−2,28	

†Os valores de $\Delta_{hid}H°(M^{3+}, g)$ foram obtidos de: L.R. Morss (1976) *Chem. Rev.*, vol. 76, p. 827.

Os nuclídeos actinoides-alvo têm meias-vidas relativamente longas ($^{249}_{97}$Bk, $t_{\frac{1}{2}} = 300$ d; $^{248}_{96}$Cm, $t_{\frac{1}{2}} = 3,5 \times 10^5$ anos). A escala na qual essas transmutações se realizam é extremamente pequena, e foi descrita como química de "um átomo de cada vez".‡ Estudar os nuclídeos produtos é extremamente difícil, por causa das minúsculas quantidades de materiais produzidos e suas meias-vidas curtas ($^{260}_{103}$Lr, $t_{\frac{1}{2}} = 3$ min; $^{261}_{104}$Rf, $t_{\frac{1}{2}} = 65$ s).

27.6 Metais lantanoides

O lantânio e os lantanoides, à exceção do Eu, cristalizam em uma ou em ambas das estruturas compacta cúbica ou hexagonal. O Eu tem uma estrutura ccc e o valor de r_{metal} dado na Tabela 27.1 pode ser ajustado para 205 pm para dodecacoordenação (veja a Seção 6.5, no Volume 1). É importante observar na Tabela 27.2 que o Eu e o Yb têm raios metálicos muito maiores do que os outros lantanoides, implicando que o Eu e o Yb (que têm estados de oxidação menores bem definidos) contribuam com menos elétrons para a ligação M–M. Isso é consistente com os menores valores de $\Delta_a H°$ do Eu e Yb (177 e 152 kJ mol⁻¹, respectivamente) em comparação com os outros lantanoides (Tabela 27.6). O metal com a entalpia de atomização mais baixa seguinte ao Eu e Yb é o Sm. Como o Eu e o Yb, o Sm tem um estado de oxidação mais baixo bem definido, mas, diferentemente do Eu e do Yb, o Sm não apresenta qualquer anomalia em seu raio metálico. Além disso, o Eu e o Yb, mas não o Sm, formam soluções azuis em NH₃ líquida, devido à reação 27.6 (veja a Seção 9.6, no Volume 1).

$$Ln \xrightarrow{NH_3\ líquida} Ln^{2+} + 2e^- (solv) \quad Ln = Eu, Yb \quad (27.6)$$

‡ Veja: D.C. Hoffmann and D.M. Lee (1999) *J. Chem. Educ.*, vol. 76, p. 331; W.D. Loveland, D. Morrissey e G.T. Seaborg (2005) *Modern Nuclear Chemistry*, Wiley, Weinheim.

Todos os lantanoides são metais brancos macios. Os metais posteriores são passivados por um revestimento de óxido e são cineticamente mais inertes do que os metais iniciais. Os valores de $E°$ para a meia reação 27.7 ficam na faixa de −1,99 a −2,38 V (Tabela 27.6).

$$Ln^{3+}(aq) + 3e^- \rightleftharpoons Ln(s) \quad (27.7)$$

A pequena variação dos valores de $E°_{Ln^{3+}/Ln}$ pode ser entendida pelo uso dos métodos descritos na Seção 8.7, no Volume 1. O seguinte ciclo termoquímico ilustra os fatores que contribuem para a variação de entalpia visando à redução do Ln³⁺(aq) em Ln(s):

$$\begin{array}{ccc}
Ln^{3+}(aq) + 3e^- & \xrightarrow{\Delta H°} & Ln(s) \\
{\scriptstyle -\Delta_{hid}H°(Ln^{3+}, g)} \downarrow & & \uparrow {\scriptstyle -\Delta_a H°(Ln)} \\
Ln^{3+}(g) & \xrightarrow{-EI_1 - EI_2 - EI_3} & Ln(g)
\end{array}$$

Os valores de $\Delta H°$ (definidos anteriormente) para os metais lantanoides podem ser determinados utilizando-se os dados da Tabela 27.6. A tendência no $\Delta_{hid}H°(Ln^{3+}, g)$ é uma consequência da contração dos lantanoides, e compensa o aumento geral do somatório das energias de ionização desde o La até o Lu. As variações de $\Delta_{hid}H°(Ln^{3+}, g)$, ΣEI e $\Delta_a H°(Ln)$ cancelam-se efetivamente, e os valores de $\Delta H°$ são semelhantes para todos os metais, com exceção do európio. A *tendência* dos valores de $E°$ segue da tendência de $\Delta H°$. No entanto, os valores reais de $E°$ devem (i) ser determinados a partir de $\Delta G°$ em vez de $\Delta H°$, (ii) estar relacionados a $E°$ (definido como 0 V para a redução do H⁺(aq) para $\frac{1}{2}$H₂(g) (veja as Tabelas 8.2 e 8.3, ambas no Volume 1, e a discussão correlata).

Além dos valores de $E°$ para o par Ln³⁺/Ln, a Tabela 27.6 lista valores de $E°$ para a meia-reação 27.8, sendo ela de enorme importância para o Sm, o Eu e o Yb.

$$Ln^{2+}(aq) + 2e^- \rightleftharpoons Ln(s) \qquad (27.8)$$

Como consequência dos potenciais de redução negativos (Tabela 27.6), todos os metais liberam H_2 dos ácidos diluídos ou do vapor. Eles queimam ao ar dando Ln_2O_3, com exceção do Ce, que forma o CeO_2. Quando aquecidos, os lantanoides reagem com o H_2 dando diversos compostos entre hidretos metálicos (isto é, condutores) LnH_2 (mais bem formulado como $Ln^{3+}(H^-)_2$ (e^-)), e hidretos salinos LnH_3. Os hidretos não estequiométricos são exemplificados por "GdH_3", que realmente têm composições na faixa $GdH_{2,85-3}$. O európio só forma o EuH_2. A liga $LaNi_5$ é um potencial "recipiente de armazenamento de hidrogênio" (veja a Seção 10.7 e o Boxe 10.2, ambos no Volume 1), pois absorve reversivelmente o H_2 (Eq. 27.9).

$$LaNi_5 \underset{413\ K,\ -H_2}{\overset{H_2}{\rightleftharpoons}} LaNi_5H_x \quad x \approx 6 \qquad (27.9)$$

Os carbetos Ln_2C_3 e LnC_2 são formados quando os metais são aquecidos com carbono. Os carbetos LnC_2 adotam a mesma estrutura do CaC_2 (veja a Seção 14.7, no Volume 1), mas as ligações C–C (128 pm) são significativamente alongadas (119 pm no CaC_2). Tratam-se de condutores metálicos e são mais bem formulados como $Ln^{3+}[C_2]^{2-}(e^-)$. Os boretos dos lantanoides foram discutidos na Seção 13.10, no Volume 1. Os haletos são descritos a seguir.

Exercícios propostos

1. Usando os dados da Tabela 27.6, determine o $\Delta H°(298\ K)$ para a meia reação:

   $Gd^{3+}(aq) + 3e^- \rightleftharpoons Gd(s)$ [*Resp.*: $-631\ kJ\ mol^{-1}$]

2. Escreva a relação entre $\Delta G°$ e $E°$.
   [*Resp.*: Veja a Eq. 8.9, no Volume 1]

3. Supondo que o sinal e a magnitude de $\Delta G°$ para a redução do $Gd^{3+}(aq)$ possam ser aproximados aos de $\Delta H°$, explique por que $E°_{Ln^{3+}/Ln}$ é negativo (Tabela 27.6), mesmo que $\Delta H° = -631\ kJ\ mol^{-1}$.

   [*Resp.*: Veja a Tabela 8.2, no Volume 1, e a discussão que a acompanha]

27.7 Compostos inorgânicos e complexos de coordenação dos

lantanoides

A discussão na presente seção é necessariamente seletiva. Grande parte da química diz respeito ao estado de oxidação +3, com o Ce(IV) sendo o único estado +4 estável (Eq. 27.10).

$$Ce^{4+} + e^- \rightleftharpoons Ce^{3+} \qquad E° = +1,72\ V \qquad (27.10)$$

O estado de oxidação +2 é bem definido para o Eu, o Sm e o Yb e os valores de $E°$ para a meia reação 27.8 são listados na Tabela 27.6. Os valores estimados de $E°$ para os pares Sm^{3+}/Sm^{2+} e Yb^{3+}/Yb^{2+} são $-1,5$ e $-1,1$ V, respectivamente, indicando que o Sm(II) e o Yb(II) são altamente instáveis com respeito à oxidação, mesmo pela água. Para o par Eu^{3+}/Eu^{2+}, o valor de $E°$ ($-0,35$ V) é semelhante ao do Cr^{3+}/Cr^{2+} ($-0,41$ V), e podem ser utilizadas soluções incolores para estudos químicos, se o ar for excluído.

Haletos

As reações do F_2 com o Ln dão LnF_3 para todos os metais e, para o Ce, Pr e Tb, também LnF_4. O CeF_4 também pode ser produzido pela reação 27.11, ou, à temperatura ambiente, em HF anidro (Eq. 27.12). As rotas de síntese melhoradas para o PrF_4 e o TbF_4 (Eq. 27.13 e 27.14) ocorrem lenta, porém quantitativamente.

$$CeO_2 \xrightarrow{F_2,\ XeF_2,\ ClF_3} CeF_4 \qquad (27.11)$$

$$CeF_3 \xrightarrow[298\ K,\ 6\ dias]{F_2\ em\ HF\ líquido} CeF_4 \qquad (27.12)$$

$$Pr_6O_{11} \xrightarrow[298\ K,\ radiação\ UV,\ 11\ dias]{F_2\ em\ HF\ líquido} PrF_4 \qquad (27.13)$$

$$Tb_4O_7 \xrightarrow[298\ K,\ radiação\ UV,\ 25\ dias]{F_2\ em\ HF\ líquido} TbF_4 \qquad (27.14)$$

Com o Cl_2, o Br_2 e o I_2 são formados os LnX_3. No entanto, a rota geral para o LnX_3 é pela reação do Ln_2O_3 com o HX aquoso. Isso dá os haletos hidratados $LnX_3(OH_2)_x$ (x = 6 ou 7). O tricloreto anidro geralmente é obtido por desidratação do $LnCl_3(OH_2)_x$ usando-se o $SOCl_2$ ou o NH_4Cl. A desidratação térmica do $LnCl_3(OH_2)_x$ resulta na formação de oxicloretos. A desidratação térmica do $LaI_3 \cdot 9H_2O$ leva ao $[LaIO]_n$ polimérico. Portanto, a desidratação dos hidratos nem sempre é um método direto de preparação do LnX_3 anidro. Os compostos de LnX_3 anidro são importantes precursores para derivados dos metais lantanoides organometálicos (por exemplo, as reações 27.20, 27.27 e 27.31), e uma das abordagens dos derivados isentos de água é preparar complexos solvatados tais como o $LnI_3(THF)_n$. O metal em pó reage com o I_2 em THF dando o $[LnI_2(THF)_5]^+[LnI_4(THF)_2]^-$ (Ln = Nd, Sm, Gd, Dy, Er, Tm) ou o $[LnI_3(THF)_4]$ (Ln = La, Pr). Cada um dos La^{3+} e Pr^{3+} pode acomodar três íons I^- em um complexo molecular heptacoordenado (Fig. 27.4a), enquanto os íons Ln^{3+} finais, menores, formam pares de íons solvatados (Fig. 27.4b e c). As estruturas no estado sólido do LnX_3 contêm centros de Ln(III) com altos números de coordenação, e, à medida que $r_{M^{3+}}$ diminui na linha, o número de coordenação diminui. No LaF_3 cristalino, cada centro de La^{3+} é undecacoordenado em um ambiente prismático triangular pentaencapuzado. Os cloretos $LnCl_3$, para Ln = La até Gd, possuem a estrutura do UCl_3. Trata-se de um protótipo estrutural contendo centros de metal prismáticos triangulares triencapuzados. Para Ln = Tb até Lu, o $LnCl_3$ adota uma estrutura em camadas do $AlCl_3$ com o Ln(III) octaédrico.

A reação 27.15 dá os di-iodetos metálicos com altas condutividades elétricas. Tal como com os di-hidretos de metais lantanoides, esses di-iodetos na verdade são o $Ln^{3+}(I^-)_2(e^-)$. O LnX_2 (Ln = Sm, Eu, Yb; X = F, Cl, Br, I) salino pode ser formado pela redução do LnX_3 (por exemplo, com o H_2) e são na verdade compostos de Ln(II). O SmI_2 está disponível comercialmente e é um importante agente redutor de 1 elétron (meia Eq. 27.16) em sínteses orgânicas.

$$Ln + 2LnI_3 \longrightarrow 3LnI_2 \quad Ln = La,\ Ce,\ Pr,\ Gd \qquad (27.15)$$

$$Sm^{3+}(aq) + e^- \rightleftharpoons Sm^{2+}(aq) \quad E° = -1,55\ V \qquad (27.16)$$

Compostos tais como o $KCeF_4$, o $NaNdF_4$ e o Na_2EuCl_2 são produzidos por fusão dos fluoretos dos metais do grupo 1 e do LnF_3. Eles são *sais duplos* e não contêm ânions complexos. São conhecidos diversos ânions hexa-halido discretos do Ln(II), por exemplo, o $[YbI_6]^{4-}$ e o $[PrI_6]^{3-}$ (veja a Seção 9.12, no Volume 1).

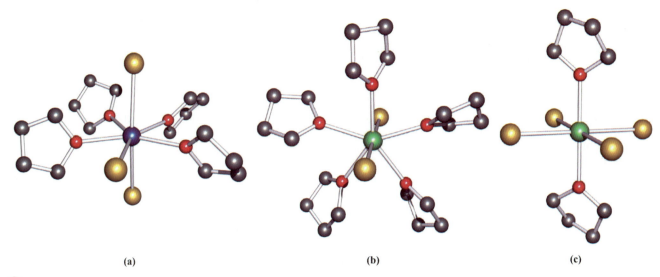

(a)　　　　　　　　　　　　(b)　　　　　　　　　　　　(c)

Fig. 27.4 As estruturas (difração de raios X) do (a) [PrI₃(THF)₄] bipiramidal pentagonal, (b) cátion bipiramidal pentagonal no [GdI₂(THF)₅][GdI₄(THF)₂], e (c) ânion octaédrico no [GdI₂(THF)₅][GdI₄(THF)₂] [K. Izod *et al.* (2004) *Inorg. Chem.*, vol. 43, p. 214]. Os átomos de hidrogênio são omitidos nas figuras. Código de cores: Pr, azul; Gd, verde; I, dourado; O, vermelho; C, cinza.

Exercícios propostos

1. O CeF₄ cristaliza com uma estrutura do ZrF₄ α. Qual é o número de coordenação de cada centro de Ce⁴⁺ no estado sólido? [*Resp.*: Veja a Seção 22.5]

2. No GdCl₃ · 6H₂O, cada centro de Gd³⁺ é octacoordenado. Sugira como isso ocorre.

[*Sugestão*: Compare com o CrCl₃ · 6H₂O, Seção 19.8]

Hidróxidos e óxidos

O hidróxido de lantânio, embora moderadamente solúvel, é uma base forte e absorve CO₂, dando o carbonato. A força e a solubilidade da base diminuem ao longo da série de lantanoides, e o Yb(OH)₃ e o Lu(OH)₃ dissolvem-se em NaOH concentrado quente (Eq. 27.17).

$$\text{Ln(OH)}_3 + 3[\text{OH}]^- \longrightarrow [\text{Ln(OH)}_6]^{3-} \quad \text{Ln = Yb, Lu}$$
(27.17)

O hidróxido de cério(III) é um sólido branco, e, ao ar, forma lentamente o Ce(OH)₄ amarelo. A maior parte dos óxidos Ln₂O₃ é formada por decomposição térmica dos sais de oxiácidos, por exemplo, a reação 27.18, mas o Ce, o Pr e o Tb dão óxidos superiores por esse método e o H₂ é empregado para reduzir esse último em Ln₂O₃.

$$4\text{Ln(NO}_3)_3 \xrightarrow{\Delta} 2\text{Ln}_2\text{O}_3 + 12\text{NO}_2 + 3\text{O}_2$$
(27.18)

A reação entre Nd₂O₃ e oleum (veja a Seção 16.8, no Volume 1), a 470 K, resulta na formação do Nd(S₂O₇)(HSO₄), um raro exemplo de um dissulfato de um metal de terras-raras.

Complexos de Ln(III)

A química de coordenação e organometálica dos metais lantanoides são áreas de pesquisa em rápido crescimento, e, na Seção 9.12, no Volume 1, fizemos a descrição do recente uso de líquidos iônicos como um meio para a síntese de novos complexos de metais do bloco *f*.[†] Uma vez que a maioria dos complexos é paramagnética, a caracterização de rotina por métodos de espectroscopia de RMN geralmente não é possível. Sendo assim, a caracterização de compostos tende a depender de estudos de difração de raios X. No entanto, a natureza paramagnética dos complexos de lantanoides é vantajosa em sua aplicação como reagentes de deslocamento em RMN (Boxe 27.3) e como agentes de contraste para IRM (Boxe 4.3, no Volume 1).

Os íons Ln³⁺ são duros e mostram preferência por ligantes F⁻ e doadores *O*, por exemplo, em complexos com [EDTA]⁴⁻ (Seção 27.5), no [Yb(OH)₆]³⁻ (Eq. 27.17) e em complexos de β-dicetonato (Boxe 27.3). Em seus aquacomplexos, os íons Ln³⁺ são normalmente nonacoordenados, e uma estrutura prismática triangular triencapuzada foi confirmada em sais cristalinos tais como o [Pr(OH₂)₉][OSO₃Et]₃ e o [Ho(OH₂)₉][OSO₃Et]₃. Altos números de coordenação são a norma em complexos de Ln³⁺, com o mais alto apresentado pelos lantanoides iniciais. Os exemplos incluem:[‡]

- dodecacoordenados: [La(NO₃-*O,O'*)₆]³⁻, [La(OH₂)₂(NO₃-*O,O'*)₅]²⁻;
- undecacoordenados: [La(OH₂)₅(NO₃-*O,O'*)₃], [Ce(OH₂)₅(NO₃-*O,O'*)₃], [Ce(15-coroa-5)(NO₃-*O,O'*)₃], [La(15-coroa-5)(NO₃-*O,O'*)₃] (Fig. 27.5a);
- decacoordenados: [Ce(CO₃-*O,O'*)₅]⁶⁻ (Ce⁴⁺, Fig. 27.5b), [Nd(NO₃-*O,O'*)₅]²⁻, [Eu(18-coroa-6)(NO₃-*O,O'*)₂]⁺;
- nonacoordenados: [Sm(NH₃)₉]³⁺ (prismático triangular triencapuzado), [Lu(EDTA)(OH₂)₃]⁻ (Ln = La, Ce, Nd, Sm, Eu, Gd, Tb, Dy, Ho), [CeCl₂(18-coroa-6)(OH₂)]⁺, [PrCl(18-coroa-6)(OH₂)₂]²⁺, [LaCl₃(18-coroa-6)] (Fig. 27.5c), [Eu(tpy)₃]³⁺ (tpy = **27.1**), [Nd(OH₂)(CO₃-*O,O'*)₄]⁵⁻;
- octacoordenado: [Pr(NCS-*N*)₈]⁵⁻ (entre antiprismático cúbico e quadrado);
- heptacoordenado: **27.2**;
- hexacoordenados: [Sm(pyr)₆]³⁻ (Hpyr = **27.3**), *cis*-[GdCl₄(THF)₂]⁻, [Ln(β-cetonato)₃] (veja o Boxe 27.3).

[†] Veja: K. Binnemans (2007) *Chem. Rev.*, vol. 107, p. 2592; A.-V. Mudring and S. Tang (2010) *Eur. J. Inorg. Chem.*, p. 2569.
[‡] Abreviaturas de ligantes: veja a Tabela 7.7, no Volume 1.

TEORIA

Boxe 27.3 Reagentes de deslocamento de lantanoides em espectroscopia de RMN

O campo magnético experimentado por um próton é muito diferente daquele do campo aplicado, quando está presente um centro metálico paramagnético. Isso resulta na faixa δ na qual os sinais de espectroscopia RMN de ^{1}H parecem ser maiores do que em um espectro de um complexo diamagnético correlato (veja o Boxe 4.2, Volume 1). Os sinais de prótons *próximos* do centro metálico paramagnético são significativamente *deslocados* e isso tem o efeito de "espalhamento" do espectro. Os valores das constantes de acoplamento geralmente não são muito afetados.

Os espectros de RMN de ^{1}H de compostos orgânicos grandes, incluindo-se as proteínas, ou de misturas de diastereoisômeros, por exemplo, frequentemente são difíceis de interpretar e caracterizar devido à sobreposição de sinais. Isso é particularmente verdade quando o espectro é registrado em um instrumento de campo baixo (por exemplo, 100 ou 250 MHz). Os espectrômetros RMN de campo alto (até 1000 MHz = 1 GHz, a partir de 2011) oferecem maior sensibilidade e dispersão do sinal espectroscópico. No entanto, os instrumentos de RMN de baixo e médio campos continuam no uso diário para pesquisa, e, nesses casos, os reagentes de deslocamento paramagnéticos em RMN podem ser empregados para dispersar os sinais de sobreposição. Os complexos de metais lantanoides são empregados de modo rotineiro como reagentes de deslocamento em RMN. A adição de uma pequena quantidade de um reagente de deslocamento a uma solução de um composto orgânico pode levar ao estabelecimento de um equilíbrio entre as espécies orgânicas livres e coordenadas. O resultado é que os sinais devidos às espécies orgânicas que originalmente se sobrepunham, espalham-se, e o espectro fica mais fácil para interpretar. O complexo de európio(III) visto a seguir é um reagente de deslocamento disponível comercialmente (Resolve-Al™), empregado, por exemplo, para resolver misturas de diastereoisômeros.

Os complexos nonacoordenados [Ln(DPA)$_3$]$^{3-}$ (o Ln^{3+} é um íon geral de lantanoides e o H$_3$DPA é o ácido piridina-2,6-dicarboxílico) ligam-se efetivamente a proteínas e podem ser utilizados como reagentes de deslocamento paramagnéticos para estudos de espectroscopia de RMN de proteínas. A estrutura do íon [La(DPA)$_3$]$^{3-}$ é apresentada a seguir.

[Código de cores: La, verde; N, azul; O, vermelho; C, cinza; H, branco; dados de difração de raios X: J.M. Harrowfield *et al.* (1995) *Aust. J. Chem.*, vol. 48, p. 807.]

Leitura recomendada

S.P. Babailov (2008) *Prog. Nucl. Mag. Res. Spec.*, vol. 52, p. 1 – "Lanthanide paramagnetic probes for NMR spectroscopic studies of molecular conformational dynamics in solution: Applications to macrocyclic molecules".

R. Rothchild (2006) *Enantiomer*, vol. 5, p. 457 – "NMR methods for determination of enantiomeric excess".

T.J. Wenzel (2000) *Trends Org. Chem.*, vol. 8, p. 51 – "Lanthanide-chiral solvating agent couples as chiral NMR shift reagents".

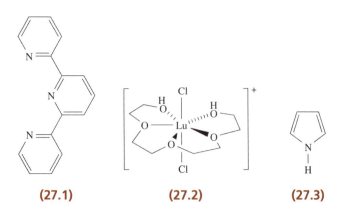

(27.1)   (27.2)   (27.3)

A variação encontrada em geometrias de coordenação para dado número alto de coordenação é consistente com o argumento de que as exigências espaciais de um ligante, e as restrições de coordenação de ligantes multidentados, são fatores controladores. Os orbitais atômicos 4*f* estão profundamente no interior e desempenham um papel secundário na ligação metal–ligante. Dessa maneira, a configuração 4f^n não é uma influência controladora sobre o número de coordenação. O recente desenvolvimento de agentes de contraste para IRM (veja o Boxe 4.3, no Volume 1) tornou importantes os estudos de complexos de Gd^{3+} contendo ligantes polidentados com doadores *O* e *N*.

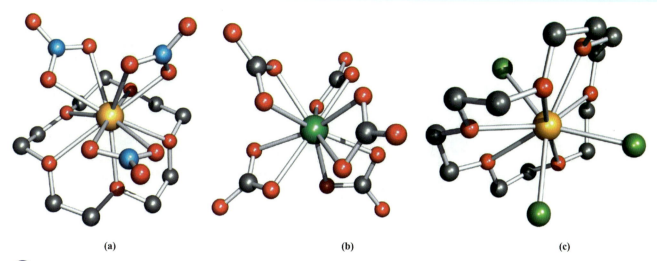

Fig. 27.5 As estruturas (difração de raios X) do (a) [La(15-coroa-5)(NO$_3$-O,O')$_3$] [R.D. Rogers *et al.* (1990) *J. Crystallogr. Spectrosc. Res.*, vol. 20, p. 389], (b) [Ce(CO$_3$-O,O')$_5$]$^{6-}$ no sal de guanadínio [R.E. Marsh *et al.* (1988) *Acta Crystallogr., Sect. B*, vol. 44, p. 77], e (c) [LaCl$_3$(18-coroa-6)] [R.D. Rogers *et al.* (1993) *Inorg. Chem.*, vol. 32, p. 3451]. Os átomos de hidrogênio omitidos para maior clareza. Código de cores: La, amarelo; Ce, verde; C, cinza; N, azul; Cl, verde; O, vermelho.

Os números de coordenação inferiores podem ser estabilizados com o emprego de ligantes ariloxila ou amido, por exemplo:

- pentacoordenados: **27.4**, **27.5**;
- tricoordenado: [Ln{N(SiMe$_3$)$_2$}$_3$] (Ln = Ce, Pr, Nd, Sm, Eu, Dy, Er, Yb).

R = SiHMe$_2$ R = 3,5-^{i}Pr$_2$C$_6$H$_3$

(27.4)   **(27.5)**

Os complexos tricoordenados bis(trimetilsilil)amido são produzidos pela reação 27.19. No estado sólido, a unidade de LnN$_3$ em cada complexo de Ln{N(SiMe$_3$)$_2$}$_3$ é piramidal triangular (Fig. 27.6a). A preferência por uma estrutura piramidal triangular em relação a uma plana triangular é independente do tamanho do íon Ln^{3+}, e os estudos de TFD (veja a Seção 4.13, no Volume 1) indicam que o arranjo observado do ligante é estabilizado por interações Ln---C–Si (Fig. 27.6b) e pela participação dos orbitais *d* do metal na ligação.[†] No Sm{N(SiMe$_3$)$_2$}$_3$, a proximidade das interações Sm---C mostrada na Fig. 27.6b é significativamente menor (300 pm) do que o somatório dos raios de van der Waals do Sm e do C ($\approx$400 pm).

$$LnCl_3 + 3MN(SiMe_3)_2 \longrightarrow Ln\{N(SiMe_3)_2\}_3 + 3MCl$$
$$(M = Na, K) \qquad (27.19)$$

27.8 Complexos organometálicos dos lantanoides

A despeito da extrema sensibilidade dos compostos organolantanoides ao ar e à umidade, essa é uma área de pesquisa em rápida expansão. Um interessante aspecto da química dos organolantanoides é a descoberta de muitos catalisadores eficientes para transformações orgânicas (veja o Boxe 27.4). Ao contrário da extensa química das carbonilas dos metais do bloco *d* (veja as Seções 24.4 e 24.9), os metais lantanoides não formam complexos com o CO em condições normais. Carbonilas instáveis tais como a Nd(CO)$_6$ foram preparadas por isolamento da matriz. Como os organolantanoides geralmente são sensíveis ao ar e à umidade e podem ser pirofóricos é essencial o manuseio dos compostos sob atmosferas inertes.[†]

Complexos com ligação σ

A reação 27.20 mostra um método geral de formação de ligações σ Ln–C. Para estabilizar o LuR$_3$, devem ser empregados substituintes alquila volumosos. O LuMe$_3$ pode ser preparado por uma estratégia alternativa (veja a seguir).

$$LnCl_3 + 3LiR \longrightarrow LnR_3 + 3LiCl \qquad (27.20)$$

Na presença de excesso de LiR com grupos R que não sejam estericamente exigentes demais, a reação 27.20 pode ocorrer dando o [LnR$_4$]$^-$ ou o [LnR$_6$]$^{3-}$ (Eqs. 27.21 e 27.22).

[†] Para uma discussão minuciosa da estrutura e ligação no Sm{N(SiMe$_3$)$_2$}$_3$, veja: E.D. Brady *et al.* (2003) *Inorg. Chem.*, vol. 42, p. 6682.

[†] Técnicas de atmosfera inerte, veja: D.F. Shriver and M.A. Drezdon (1986) *The Manipulation of Air-sensitive Compounds*, Wiley, New York.

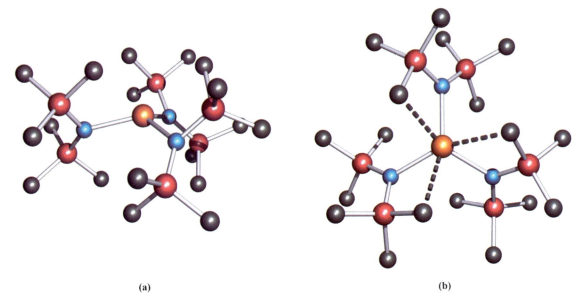

Fig. 27.6 A estrutura no estado sólido do Sm{N(SiMe$_3$)$_2$}$_3$ determinada por difração de raios X [E.D. Brady *et al.* (2003) *Inorg. Chem.*, vol. 42, p. 6682]. A figura destaca (a) o centro de Sm piramidal triangular, e (b) a proximidade da interação Sm---C$_{metila}$ que contribui para o arranjo observado do ligante. Os átomos de hidrogênio são omitidos. Código de cores: Sm, laranja; N, azul; Si, rosa; C, cinza.

$$YbCl_3 + 4^tBuLi \xrightarrow{THF,\ 218\ K} [Li(THF)_3]^+[Yb^tBu_4]^- + 3LiCl \quad (27.21)$$

$$LuCl_3 + 6MeLi \xrightarrow[DME = 1,2\text{-dimetoxietano}]{DME,\ 195\ K} [Li(DMEA)]_3^+[LuMe_6]^{3-} + 3LiCl \quad (27.22)$$

No estado sólido, o [LuMe$_6$]$^{3-}$ é octaédrico (Lu–C = 253 pm), e análogos para todos os lantanoides, à exceção do Eu, são conhecidos. Nessas reações, é necessário um solvente de coordenação, tal como o DME ou o Me$_2$NCH$_2$CH$_2$NMe$_2$ (sigla em inglês, TMEDA) para estabilizar o produto com um íon Li$^+$ *solvatado*. Em certos casos, o solvente coordena-se ao metal lantanoide, por exemplo, o TmPh$_3$(THF)$_3$ (reação 27.23 e estrutura **27.6**).

$$Tm + HgPh_2 \xrightarrow[\text{na presença de TmCl}_3]{\text{em THF,}} TmPh_3(THF)_3 \quad (27.23)$$

Tm–C = 242 pm

(27.6)

Os complexos amido Ln(NMe$_2$)$_3$ (Ln = La, Nd, Lu) são preparados pela reação 27.24 e são estabilizados por associação com o LiCl. A reação do Ln(NMe$_2$)$_3$ com o Me$_3$Al dá o **27.7**. Para Ln = Lu, o tratamento de **27.7** com o THF resulta no isolamento do [LnMe$_3$]$_n$ (Eq. 27.25).

$$LnCl_3(THF)_x + 3LiNMe_2 \rightarrow Ln(NMe_2)_3 \cdot 3LiCl + xTHF \quad (27.24)$$

$$Ln\{(\mu\text{-Me})_2AlMe_2\}_3 + 3THF \rightarrow \tfrac{1}{n}[LnMe_3]_n + 3Me_3Al \cdot THF \quad (27.25)$$

(27.7)

Complexos que contêm grupos –C≡CR ligados por meio de ligação σ foram preparados por uma série de rotas, por exemplo, a reação 27.26.

$$[Lu^tBu_4(THF)_4]^- \xrightarrow[-^tBuH]{HC\equiv C^tBu\ em\ THF} [Lu(C\equiv C^tBu)_4]^- \quad (27.26)$$

APLICAÇÕES

Boxe 27.4 Complexos organolantanoides como catalisadores

Uma das forças motrizes por trás dos complexos organolantanoides é a capacidade de alguns deles de agir como catalisadores altamente eficientes em transformações orgânicas, inclusive as reações de hidrogenação, hidrossililação, hidroboração e hidroaminação, e a ciclização e polimerização dos alquenos. A disponibilidade de uma gama de diferentes metais lantanoides em conjunto com uma variedade de ligantes oferece um meio de alterar sistematicamente as propriedades de uma série de complexos organometálicos. Por sua vez, isso leva à variação controlada de seu comportamento catalítico, inclusive a seletividade.

A presença de uma unidade de $(\eta^5\text{-}C_5R_5)Ln$ ou de $(\eta^5\text{-}C_5R_5)_2Ln$ em um complexo organolantanoide é uma característica típica, e frequentemente R = Me. Quando R = H, os complexos tendem a ser fracamente solúveis em solventes de hidrocarboneto e a atividade catalítica é normalmente baixa. Os solventes de hidrocarboneto geralmente são utilizados para reações catalíticas, porque os solventes de coordenação (por exemplo, os éteres) se ligam ao centro de Ln^{3+}, impedindo a associação do metal com o substrato orgânico desejado. No desenvolvimento de um catalisador potencial, deve ser dada atenção à acessibilidade do centro do metal ao substrato. A dimerização de complexos organolantanoides por meio da formação de pontes é um aspecto característico. Isso é uma desvantagem em um catalisador, pois o centro do metal fica menos acessível a um substrato do que em um monômero. Um problema inerente aos sistemas que contêm o $(\eta^5\text{-}C_5R_5)_2Ln$ é que as demandas estéricas dos ligantes ciclopentadienila substituída podem impedir a atividade catalítica do centro do metal. Uma das estratégias para reter um centro de Ln acessível é aumentar o ângulo de inclinação entre duas unidades de $\eta^5\text{-}C_5R_5$ acoplando-as conforme ilustrado a seguir:

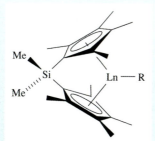

A seguir são dados exemplos de transformações orgânicas que são catalisadas por complexos de organolantanoides. Um ponto significativo é que, em muitas reações, são necessárias condições de reação apenas *suaves*.

- *Hidrogenação*:

  H₂, 1 bar
  em ciclopentano, 298 K
  $(\eta^5\text{-}C_5Me_5)_2SmCH(TMS)_2$

  TMS = Me₃Si

  A adição de H₂ é estereoquimicamente específica

- *Hidrossililação*:

  PhSiH₃ em benzeno, 298 K
  $(\eta^5\text{-}C_5Me_5)_2YCH(TMS)_2$

  TMS = Me₃Si

- *Hidroaminação*:

  em tolueno, 298 K
  $(\eta^5\text{-}C_5Me_5)_2LaCH(TMS)_2$

  TMS = Me₃Si

- *Ciclização com hidrossililação*:

  PhSiH₃, em pentano
  $(\eta^5\text{-}C_5Me_5)_2LuMe$

- *Hidrogenação com ciclização*:

  H₂, 1 bar
  em pentano, 298 K
  $(\eta^5\text{-}C_5Me_5)_2YMe(THF)$

A seletividade na formação de produtos é importante, e esse problema é tratado com detalhes nos artigos listados a seguir.

Leitura recomendada

S. Hong and T.J. Marks (2004) *Acc. Chem. Res.*, vol. 37, p. 673 – "Organolanthanide-catalyzed hidroamination".

Z. Hou and Y. Wakatsuki (2002) *Coord. Chem. Rev.*, vol. 231, p. 1 – "Recent developments in organolanthanide polymerization catalysts".

P.A. Hunt (2007) *Dalton Trans.*, p. 1743 – "Organolanthanide mediated catalytic cycles: A computational perspective".

K. Mikami, M. Terada and H. Matsuzawa (2002) *Angew. Chem. Int. Ed.*, vol. 41, p. 3555 – "Asymmetric catalysis by lanthanide complexes".

G.A. Molander and J.A.C. Romero (2002) *Chem. Rev.*, vol. 102, p. 2161 – "Lanthanocene catalysts in selective organic synthesis".

Complexos de ciclopentadienila

Muitos organolantanoides contêm ligantes ciclopentadienila e a reação 27.27 é uma rota geral para o Cp₃Ln.

$$\text{LnCl}_3 + 3\text{NaCp} \longrightarrow \text{Cp}_3\text{Ln} + 3\text{NaCl} \quad (27.27)$$

As estruturas no estado sólido do Cp₃Ln variam com o Ln, por exemplo, o Cp₃Tm e o Cp₃Yb são monoméricos, enquanto o Cp₃La, o Cp₃Pr e o Cp₃Lu são poliméricos. Os adutos com doadores tais como o THF, a piridina e o MeCN são formados facilmente, por exemplo, o $(\eta^5\text{-Cp})_3\text{Tb}(\text{NCMe})$ e o $(\eta^5\text{-Cp})_3\text{Dy}(\text{THF})$ tetraédricos, e o $(\eta^5\text{-Cp})_3\text{Pr}(\text{NCMe})_2$ bipiramidal triangular (grupos MeCN axiais). Os complexos $(\eta^5\text{-C}_5\text{Me}_5)_3\text{Sm}$ e $(\eta^5\text{-C}_5\text{Me}_5)_3\text{Nd}$ são redutores de 1 elétron: o $(\eta^5\text{-C}_5\text{Me}_5)_3\text{Ln}$ reduz o Ph₃P=Se em PPh₃ e forma o $(\eta^5\text{-C}_5\text{Me}_5)_2\text{Ln}(\mu\text{-Se})_n\text{Ln}(\eta^5\text{-C}_5\text{Me}_5)_2$ (Ln = Sm, n = 1; Ln = Nd, n = 2) e o (C₅Me₅)₂. A capacidade redutora é atribuída ao grave congestionamento estérico no $(\eta^5\text{-C}_5\text{Me}_5)_3\text{Ln}$, sendo o agente redutor o ligante [C₅Me₅]⁻.

Com a alteração da proporção LnCl₃:NaCp na reação 27.27, podem ser isolados o $(\eta^5\text{-C}_5\text{H}_5)_2\text{LnCl}$ e o $(\eta^5\text{-C}_5\text{H}_5)\text{LnCl}_2$. No entanto, dados cristalográficos revelam estruturas mais complexas do que essas fórmulas sugerem: por exemplo, o $(\eta^5\text{-C}_5\text{H}_5)\text{ErCl}_2$ e o $(\eta^5\text{-C}_5\text{H}_5)\text{YbCl}_2$ cristalizam a partir do THF na forma dos adutos **27.8**, o $(\eta^5\text{-C}_5\text{H}_5)_2\text{YbCl}$ e o $(\eta^5\text{-C}_5\text{H}_5)_2\text{ErCl}$ são diméricos (Fig. 27.7a), e o $(\eta^5\text{-C}_5\text{H}_5)_2\text{DyCl}$ consiste em cadeias poliméricas (Fig. 27.7b).

Ln = Er, Yb

(27.8)

Os esquemas 27.28 e 27.29 mostram algumas reações do $[(\eta^5\text{-C}_5\text{H}_5)_2\text{LuCl}]_2$ e do $[(\eta^5\text{-C}_5\text{H}_5)_2\text{YbCl}]_2$. Os solventes de coordenação frequentemente são incorporados aos produtos e podem causar clivagem das pontes conforme na reação 27.30.

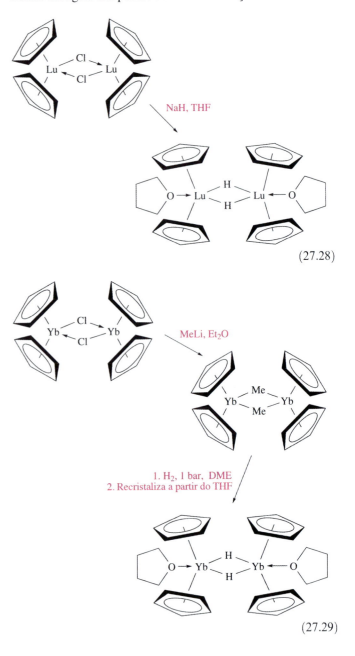

(27.28)

(27.29)

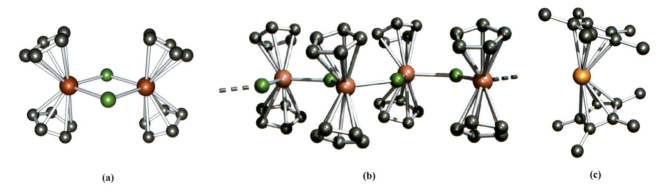

Fig. 27.7 As estruturas (difração de raios X) do (a) $[(\eta^5\text{-C}_5\text{H}_5)_2\text{ErCl}]_2$ dimérico [W. Lamberts *et al.* (1987) *Inorg. Chim. Acta*, vol. 134, p. 155], (b) $(\eta^5\text{-C}_5\text{H}_5)_2\text{DyCl}$ polimérico [W. Lamberts *et al.* (1987) *Inorg. Chim. Acta*, vol. 132, p. 119] e (c) o metaloceno inclinado $(\eta^{5+}\text{-C}_5\text{Me}_5)\text{Sm}$ [W.J. Evans *et al.* (1986) *Organometallics*, vol. 5, p. 1285]. Os átomos de hidrogênio foram omitidos para maior clareza. Código de cores: Er, vermelho; Dy, rosa; Sm, laranja; Cl, verde; C, cinza.

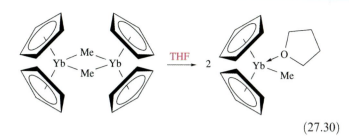

(27.30)

Os compostos do tipo $(\eta^5\text{-Cp})_2\text{LnR}$ (isolados na forma de adutos de THF) podem ser produzidos diretamente do LnCl_3, por exemplo, para o Lu na reação 27.31.

$$\text{LuCl}_3 + 2\text{NaCp} + \text{LiR} \xrightarrow{\text{THF, baixa temperatura}} (\eta^5\text{-Cp})_2\text{LuR}$$

$$R = \text{CH}_2\text{Ph}, \text{CH}_2{}^t\text{Bu}, 4\text{-MeC}_6\text{H}_4 \quad (27.31)$$

O uso do ligante pentametilciclopentadienila (mais exigente estericamente do que o ligante $[\text{C}_5\text{H}_5]^-$) na química dos organolantanoides desempenhou um importante papel no desenvolvimento desse campo (veja o Boxe 27.4). Um aumento das demandas estéricas do ligante $[\text{C}_5\text{R}_5]^-$ estabiliza os derivados dos metais lantanoides iniciais. Por exemplo, a reação do $\text{Na}[\text{C}_5\text{H}^i\text{Pr}_4]$ com o YbCl_3 em 1,2-dimetoxietano (DME) leva à formação do complexo *monomérico* **27.9**.

(27.9)

Ao contrário, as reações do LaCl_3 ou do NdCl_3 com dois equivalentes molares do $\text{Na}[\text{C}_5\text{H}^i\text{Pr}_4]$ em THF seguidas da recristalização a partir do Et_2O levam aos complexos **27.10**, caracterizados no estado sólido. Nessas espécies diméricas, existe associação entre os íons $[(\eta^5\text{-C}_5\text{H}^i\text{Pr}_4)_2\text{MCl}_2]^-$ e o Na^+ solvatado.

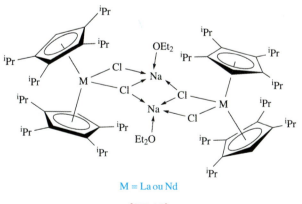

M = La ou Nd

(27.10)

Os metalocenos dos lantanoides(II) já eram conhecidos para o Sm, o Eu e o Yb desde a década de 1980 e são estabilizados com o uso do ligante volumoso $[\text{C}_5\text{Me}_5]^-$ (Eq. 27.32–27.34). Os produtos são obtidos na forma de solvatos. Os metalocenos dessolvatados têm estruturas *inclinadas* no estado sólido (Fig. 27.7c) em vez de uma estrutura parecida com a dos ferrocenos. Para um

dos Sm, Eu e Yb, a rota mais conveniente até o $(\eta^5\text{-C}_5\text{Me}_5)_2\text{Ln}$ começa no $\text{LnI}_2 \cdot n\text{THF}$.

$$2\text{Na}[\text{C}_5\text{Me}_5] + \text{YbCl}_2 \xrightarrow{\text{THF}} (\eta^5\text{-C}_5\text{Me}_5)_2\text{Yb} + 2\text{NaCl}$$
(27.32)

$$2\text{K}[\text{C}_5\text{Me}_5] + \text{SmI}_2 \xrightarrow{\text{THF}} (\eta^5\text{-C}_5\text{Me}_5)_2\text{Sm} + 2\text{KI} \quad (27.33)$$

$$2\text{C}_5\text{Me}_5\text{H} + \text{Eu} \xrightarrow{\text{NH}_3 \text{ líquida}} (\eta^5\text{-C}_5\text{Me}_5)_2\text{Eu} + \text{H}_2 \quad (27.34)$$

O primeiro complexo organometálico do Tm(II) foi descrito em 2002. Sua estabilização requer C_5R_5, um substituinte mais estericamente exigente do que é necessário para os metalocenos do Sm(II), do Eu(II) e do Yb(II). A reação 27.35 apresenta a síntese do $\{\eta^5\text{-C}_5\text{H}_3\text{-1,3-(SiMe}_3)_2\}_2\text{Tm(THF)}$, sendo essencial o uso de uma atmosfera de argônio. A reação 27.36 ilustra os efeitos da reação do uso do ligante $[\text{C}_5\text{Me}_5]^-$ no lugar do $[\text{C}_5\text{H}_3\text{-1,3-(SiMe}_3)_2]^-$.

(27.35)

Túlio(II) ⟶ Túlio(III)

(27.36)

Derivados bis(areno)

A cocondensação, a 77 K, do $1,3,5\text{-}^t\text{Bu}_3\text{C}_6\text{H}_3$ com o vapor do metal Ln produz os derivados bis(areno) $(\eta^6\text{-}1,3,5\text{-}^t\text{Bu}_3\text{C}_6\text{H}_3)_2\text{Ln}$. Os complexos são termicamente estáveis para Ln = Nd, Tb, Dy, Ho, Er e Lu, mas instáveis para Ce, Eu, Tm e Yb.

Complexos contendo o ligante η^8-ciclo-octatetraenila

No Capítulo 24 fizemos a descrição dos complexos organometálicos em sanduíche e meio sanduíche contendo ligantes com ligação π com hapticidades ≤7, por exemplo, o $[(\eta^7\text{-C}_7\text{H}_7)\text{Mo(CO)}_3]^+$. O tamanho maior dos lantanoides permite a formação de complexos em sanduíche com o ligante octagonal $[\text{C}_8\text{H}_8]^{2-}$, plano (veja a Eq. 27.59). Os cloretos de lantanoides(III) reagem com o $\text{K}_2\text{C}_8\text{H}_8$ dando do $[(\eta^8\text{-C}_8\text{H}_8)_2\text{Ln}]^-$ (Ln = La, Ce, Pr, Sm, Tb, Yb). O cério também forma o complexo de Ce(IV) $(\eta^8\text{-C}_8\text{H}_8)_2\text{Ce}$

(**27.11**), um análogo do uroceno (veja a Seção 27.11). Para os lantanoides com um estado de oxidação +2 estável, os sais de K⁺ de [(η⁸-C₈H₈)₂Ln]²⁻ (Ln = Sm, Eu, Yb) podem ser isolados.

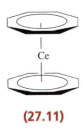

(**27.11**)

27.9 Os metais actinoides

A natureza artificial (veja a Seção 27.5) de todos, exceto o Th e o U, entre os metais actinoides afeta a extensão do conhecimento de suas propriedades, e isso se reflete na variação da quantidade de informações que damos para cada metal. A instabilidade dos actinoides no que tange ao decaimento radioativo foi descrita na Seção 27.5, e a Tabela 27.7 lista dados para o isótopo de maior tempo de vida de cada elemento. Todos os actinoides são altamente tóxicos, sendo a ingestão de emissores α de longa duração tais como o ²³¹Pa extremamente perigosa. Mesmo doses muito pequenas são letais.

O *actínio* é um metal macio que brilha no escuro. Ele é facilmente oxidado a Ac₂O₃ em ar úmido, e libera H₂ da H₂O. O *tório* é relativamente estável ao ar, mas é atacado lentamente pela H₂O e rapidamente por vapor d'água ou HCl diluído. Quando aquecido, o Th reage com o H₂ dando o ThH₂, com halogênios dando o ThX₄, e com o N₂ e C dando nitretos e carbetos. O tório forma ligas com diversos metais (por exemplo, Th₂Zn, CuTh₂). O *protactínio* é dútil e maleável, não é corroído pelo ar, mas reage com o O₂, o H₂ e os halogênios quando aquecido (esquema 27.37), e com o HF, o HCl e o H₂SO₄ concentrados.

$$Pa \begin{cases} \xrightarrow{O_2, \Delta} Pa_2O_5 \\ \xrightarrow{H_2, \Delta} PaH_3 \\ \xrightarrow{I_2, \Delta} PaI_5 \end{cases} \quad (27.37)$$

O *urânio* corrói ao ar; é atacado pela água e por ácidos diluídos, mas não por álcalis. O esquema 27.38 dá reações selecionadas. Com o O₂ é produzido o UO₂, mas, quando aquecido, forma-se o U₃O₈.

$$U \begin{cases} \xrightarrow{H_2, \Delta} UH_3 \\ \xrightarrow{F_2, \Delta} UF_6 \\ \xrightarrow{Cl_2, \Delta} UCl_4 + UCl_5 + UCl_6 \\ \xrightarrow{H_2O, 373\,K} UO_2 \end{cases} \quad (27.38)$$

O *netúnio* é um metal reativo que fica embaçado rapidamente ao ar. Ele reage com ácidos diluídos liberando H₂, mas não é atacado por álcalis.

> Uma reação de *fissão nuclear* tal como:
>
> $^{235}_{92}U + ^{1}_{0}n \rightarrow$ produtos da fissão + $x^{1}_{0}n$ + energia
>
> pode resultar em uma reação em cadeia com ramificação, porque cada nêutron formado pode iniciar outra reação nuclear. Se isso envolver uma massa de $^{235}_{92}U$ maior que a **massa crítica**, ocorre uma explosão violenta, liberando enormes quantidades de energia.

A despeito do fato da massa crítica do *plutônio* ser <0,5 kg e de sua extrema toxidade, seu uso como combustível nuclear e explosivo faz com que ele seja um elemento muito estudado. Ele reage com O₂, vapor e ácidos, mas é inerte ao álcalis. Quando aquecido, o Pu combina com muitos não metais, dando, por exemplo, o PuH₂, PuH₃, PuCl₃, PuO₂ e Pu₃C₂. O *amerício* é um emissor α e γ muito intenso. Ele embaça lentamente ao ar seco, reage com vapor e ácidos, e, quando aquecido, forma compostos binários com diversos não metais. O *cúrio* corrói rapidamente ao ar; apenas quantidades ínfimas podem ser manuseadas (<20 mg em condições controladas). O *berquélio* e o *califórnio* comportam-se de modo semelhante ao Cm, sendo atacados por ar e ácidos, mas não por álcalis. O cúrio e os elementos posteriores são manuseados apenas em laboratórios de pesquisa especializados.

Nas seções restantes, vamos centralizar a nossa atenção na química do tório, do urânio (os actinoides para os quais foi desenvolvida a maioria das químicas extensivas) e do plutônio.

Exercícios propostos

1. O que acontece ao número de massa e ao número atômico de um nuclídeo assim que ele sofre decaimento por (a) emissão de partícula α ou (b) partícula β?

[*Resp.*: Veja a Seção 27.5]

Tabela 27.7 Meias-vidas e modos de decaimento dos isótopos de maior vida do actínio e dos actinoides

Isótopo de maior vida	Meia-vida	Modo de decaimento	Isótopo de maior vida	Meia-vida	Modo de decaimento
²³⁷Ac	21,8 a	β⁻	²⁴⁷Bk	1,4 × 10³ a	α, γ
²³²Th	1,4 × 10¹⁰ a	α, γ	²⁵¹Cf	9,0 × 10² a	α, γ
²³¹Pa	3,3 × 10⁴ a	α, γ	²⁵²Es	1,3 a	α
²³⁸U	4,5 × 10⁹ a	α, γ	²⁵⁷Fm	100 d	α, γ
²³⁷Np	2,1 × 10⁶ a	α, γ	²⁵⁸Md	52 d	α
²⁴⁴Pu	8,2 × 10⁷ a	α, γ	²⁵⁹No	58 min	α
²⁴³Am	7,4 × 10³ a	α, γ	²⁶²Lr	3 min	α
²⁴⁷Cm	1,6 × 10⁷ a	α, γ			

2. Identifique os produtos da seguinte sequência de decaimento radioativo:

$${}^{238}_{92}U \xrightarrow{-\text{partícula } \alpha} ? \xrightarrow{-\text{partícula } \beta} ?$$ [Resp.: ${}^{234}_{90}Th$; ${}^{234}_{91}Pa$]

3. Identifique o segundo nuclídeo formado na reação:

$${}^{235}_{92}U + {}^{1}_{0}n \longrightarrow {}^{92}_{36}U + ? + 2\,{}^{1}_{0}n$$ [Resp.: ${}^{142}_{56}Ba$]

4. Identifique o segundo nuclídeo formado na reação:

$${}^{235}_{92}U + {}^{1}_{0}n \longrightarrow {}^{141}_{55}Cs + ? + 2\,{}^{1}_{0}n$$ [Resp.: ${}^{93}_{37}Rb$]

27.10 Compostos inorgânicos e complexos de coordenação do tório, do urânio e do plutônio

Tório

A química do tório diz respeito principalmente ao Th(IV) e, em solução aquosa, não existe qualquer evidência para qualquer outro estado de oxidação. O valor de $E°$ para o par Th^{4+}/Th é de –1,9 V.

Os haletos de tório(IV) são produzidos por combinação direta dos elementos. O ThF_4, $ThCl_4$ e $ThBr_4$ brancos, e o ThI_4 amarelo cristalizam com redes nas quais o Th(IV) é octacoordenado. A reação do ThI_4 com o Th produz o ThI_2 e o ThI_3 (ambos polimórficos) que são condutores metálicos e são formulados como $Th^{4+}(I^-)_2(e^-)_2$ e $Th^{4+}(I^-)_3(e^-)$, respectivamente. O fluoreto de tório(IV) é insolúvel em água e em soluções de fluoreto de metal alcalino aquoso, mas uma grande quantidade de fluoretos duplos ou complexos pode ser formada pela combinação direta dos seus constituintes. Suas estruturas são complicadas, por exemplo, o $[NH_4]_3[ThF_7]$ e o $[NH_4]_4[ThF_8]$ contêm infinitas cadeias de $[ThF_7]_n^{3n-}$ que consistem em Th(IV) prismático triangular triencapuzado que compartilham arestas. O cloreto de tório(IV) é solúvel em água, e é conhecida uma série de sais que contêm o $[ThCl_6]^{2-}$ octaédrico discreto (reação 27.39).

$$ThCl_4 + 2MCl \longrightarrow M_2ThCl_6 \quad \text{e.g. } M = K, Rb, Cs \quad (27.39)$$

O ThO_2 branco é feito por decomposição térmica do $Th(ox)_2$ ou do $Th(NO_3)_4$ e adota uma estrutura do CaF_2 (Fig. 6.19). Ele é precipitado em solução neutra ou mesmo ácida fraca. Atualmente, o ThO_2 tem aplicações como um catalisador de Fischer–Tropsch, mas, historicamente, a propriedade de emitir um brilho azul, quando aquecido, levou ao seu uso em mantas de gás incandescente. Conforme esperado da alta carga formal no centro do metal, as soluções aquosas de sais de Th(IV) contêm produtos de hidrólise tais como $[ThOH]^{3+}$, $[Th(OH)_2]^{2+}$. A adição de álcalis a essas soluções dá um precipitado branco gelatinoso de $Th(OH)_4$ que é convertido em ThO_2, a >700 K.

Os complexos de coordenação do Th(IV) exibem frequentemente altos números de coordenação, e os doadores duros tais como o oxigênio são preferidos, por exemplo:

- dodecacoordenados: $[Th(NO_3\text{-}O,O')_6]^{2-}$ (Fig. 27.8), $[Th(NO_3\text{-}O,O')_5(OPMe_3)_2]^-$;
- decacoordenado: $[Th(CO_3\text{-}O,O')_5]^{6-}$;
- nonacoordenado (prismático triangular triencapuzado): $[ThCl_2(OH_2)_7]^{2+}$;
- octacoordenados (dodecaédricos): $[ThCl_4(OSP_2)_4]$, α-$[Th(acac)_4]$, $[ThCl_4(THF)_4]$;

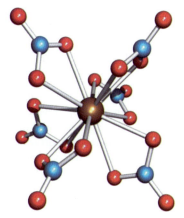

Fig. 27.8 A estrutura (difração de raios X) do $[Th(NO_3\text{-}O,O')_6]^{2-}$ dodecacoordenado no sal de 2,2'-bipiridínio [M.A. Khan *et al.* (1984) *Can. J. Chem.*, vol. 62, p. 850]. Código de cores: Th, castanho; N, azul; O, vermelho.

- octacoordenado (antiprismático quadrado): β-$[Th(acac)_4]$;
- octacoordenado (cúbico): $[Th(NCS\text{-}N)_8]^{4-}$;
- heptacoordenado: $[ThCl_4(NMe_3)_3]$.

Números de coordenação mais baixos podem ser estabilizados pelo uso de ligantes amido ou ariloxi. Na reação 27.40, os ligantes bis(silil)-amido são volumosos demais para permitir que o último grupo clorido seja substituído. As reações 27.41 e 27.42 ilustram que o controle estérico dita se o $Th(OR)_4$ é estabilizado com ou sem outros ligantes na esfera de coordenação.

$$ThCl_4 + 3LiN(SiMe_3)_2 \longrightarrow \underset{\text{tetraédrico}}{ThCl\{N(SiMe_3)_2\}_3} + 3LiCl$$
(27.40)

$$ThI_4 + 4KO^tBu \xrightarrow{\text{piridina/THF}} \underset{\text{octaédrico}}{cis\text{-}Th(py)_2(O^tBu)_4} + 4KCl$$
(27.41)

$$ThI_4 + 4KOC_6H_3\text{-}2,6\text{-}^tBu_2 \longrightarrow \underset{\text{tetraédrico}}{Th(OC_6H_3\text{-}2,6\text{-}^tBu_2)_4} + 4KI$$
(27.42)

Urânio

O urânio apresenta estados de oxidação de +3 até +6, embora o U(IV) e o U(VI) sejam os mais comuns. O ponto de partida principal para a preparação de muitos compostos de urânio é o UO_2 e o esquema 27.43 mostra as sínteses de fluoretos e cloretos. O fluoreto UF_5 é produzido pela redução controlada do UF_6, mas rapidamente se desproporciona em UF_4 e UF_6.

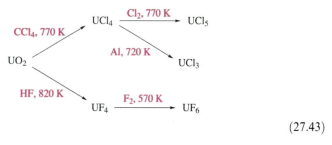

(27.43)

O UCl_4 e o $UI_3(THF)_4$ são matérias-primas uteis na química do urânio(IV) e urânio(III), respectivamente. O $UI_3(THF)_4$ pode ser obtido pela reação 27.44. O uso de mercúrio (tóxico) pode ser evitado pelo preparo do UI$_3$ ou do UI$_3$(THF)$_4$ a partir de U e I$_2$ com uso de técnicas de linha de vácuo especializadas.[†]

$$2U + 3HgI_2 \xrightarrow{THF} 2UI_3(THF)_4 + 3Hg \qquad (27.44)$$

O hexafluoreto de urânio é um sólido volátil incolor com uma pressão de vapor de 1 bar, a 329 K. É de grande importância na separação de isótopos de urânio (veja o Boxe 7.3, no Volume 1). O sólido e o vapor consistem em moléculas de UF$_6$ octaédricas (U–F = 199 pm). O hexafluoreto é hidrolisado imediatamente pela H$_2$O (Eq. 27.45) e é um vigoroso agente fluoretador. O tratamento do UF$_6$ com o BCl$_3$ dá o UCl$_6$ molecular instável.

$$UF_6 + H_2O \longrightarrow UOF_4 + 2HF \qquad (27.45)$$

O UF$_4$ verde moderadamente solúvel é um sólido inerte (p.fus. 1309 K) com uma estrutura estendida que consiste em U(IV) octacoordenado. O UCl$_4$ sólido também contém U octacoordenado, mas o UCl$_5$ é um dímero (**27.12**); esse último desproporciona-se quando aquecido. Os haletos aceitam o X$^-$ produzindo complexos como o NaUF$_7$, o Cs$_2$UCl$_6$ e o [NH$_4$]$_4$UF$_8$; os sais de metais alcalinos adotam estruturas estendidas com as interações U–F–U fornecendo o U em ambientes de alta coordenação.

(27.12)

(27.13) **(27.14)**

(27.15)

O óxido UO$_3$ é polimórfico e todas as formas se decompõem no U$_3$O$_8$ de estado de oxidação misto quando aquecido. A maioria dos ácidos dissolve o UO$_3$ dando soluções amarelas que contêm o íon uranila (**27.13**), presente na forma de um complexo; por exemplo, em solução aquosa, o **27.13** existe como um íon aqua, e foi isolado o sal de perclorato do [UO$_2$(OH$_2$)$_5$]$^{2+}$ bipiramidal pentagonal. O íon [UO$_2$]$^{2+}$ também está presente em muitos compostos sólidos, inclusive os uranatos de terras alcalinas (por exemplo, o BaUO$_4$), que são mais bem descritos como óxidos de metal mistos. Os sais de uranila dos oxiácidos incluem o [UO$_2$][NO$_3$]$_2 \cdot$6H$_2$O (veja o Boxe 7.3, no Volume 1), o [UO$_2$][MeCO$_2$]$_2 \cdot$2H$_2$O e o [UO$_2$][CF$_3$SO$_3$]$_2 \cdot$3H$_2$O, e a combinação dos ligantes óxido e água coloca o centro de U(IV)

em um ambiente heptacoordenado ou octacoordenado, conforme em **27.14** e **27.15**. Em solução aquosa, o íon [UO$_2$]$^{2+}$ é parcialmente hidrolisado em espécies como o [U$_2$O$_5$]$^{2+}$ e o [U$_3$O$_8$]$^{2+}$. Em solução alcalina aquosa, as espécies presentes dependem das concentrações tanto do [UO$_2$]$^{2+}$ quanto de [OH]$^-$. As investigações de complexos formados entre o [UO$_2$]$^{2+}$ e [OH]$^-$ são difíceis por causa da precipitação do U(VI) na forma de sais como o Na$_2$UO$_4$ e o Na$_2$U$_2$O$_7$. No entanto, se é usado o Me$_4$NOH em lugar de um hidróxido de metal alcalino, é possível isolar sais de *trans*-[UO$_2$(OH)$_4$]$^{2-}$ octaédrico. O íon [UO$_2$]$^{2+}$ é duro e forma um complexo mais estável com o F$^-$ do que com os haletos posteriores. A Fig. 27.9 apresenta um diagrama de potencial para o urânio em pH = 0. A redução do [UO$_2$]$^{2+}$ primeiramente dá o [UO$_2$]$^+$, mas ele é um tanto instável com respeito à reação de desproporcionamento 27.46. Como os prótons estão envolvidos nessa reação, a posição do equilíbrio é dependente do pH. O urânio(V) pode ser estabilizado com respeito ao desproporcionamento por meio da complexação com o F$^-$ na forma de [UF$_6$]$^-$.

$$2[UO_2]^+ + 4H^+ \rightleftharpoons [UO_2]^{2+} + U^{4+} + 2H_2O \qquad (27.46)$$

O urânio metálico libera H$_2$ a partir de ácidos dando o U^{3+} vermelho-escuro que é um poderoso agente redutor (Fig. 27.9). O íon U^{4+} é oxidado rapidamente em [UO$_2$]$^{2+}$ pelo Cr(IV), Ce(IV) ou pelo Mn(VII), mas a oxidação pelo ar é lenta. Os pares redox U^{4+}/U^{3+} e [UO$_2$]$^{2+}$/[UO$_2$]$^+$ são reversíveis, mas o par [UO$_2$]$^+$/U^{4+} não o é: os dois primeiros envolvem apenas transferência de elétrons, mas o último par envolve uma reorganização estrutural em torno do centro do metal.

Enquanto a química de coordenação do tório trata unicamente do estado de oxidação +4, a do urânio abrange estados de oxidação +3 até +6. Para o U(VI), a unidade linear [UO$_2$]$^{2+}$ geralmente está presente e são comuns os complexos bipiramidais pentagonais e bipiramidais hexagonais *trans*-octaédricos. Para outros estados de oxidação, o poliedro de coordenação é essencialmente determinado pelas exigências espaciais dos ligantes em vez dos fatores eletrônicos, e o grande tamanho do centro de U permite a obtenção de altos números de coordenação. Os complexos que envolvem diferentes estados de oxidação e números de coordenação incluem:

- tetradecacoordenado: [U(η^3-BH$_4$)$_4$(THF)$_2$];
- dodecacoordenados: [U(NO$_3$-O,O')$_6$]$^{2-}$, [U(η^3-BH$_3$Me)$_4$];[†]
- undecacoordenado: [U(η^3-BH$_4$)$_2$(THF)$_5$]$^+$;
- nonacoordenados: [U(NCMe)$_9$]$^{3+}$ (prismático triangular triencapuzado), [UCl$_3$(18-coroa-6)]$^+$, [UBr$_2$(OH$_2$)$_5$(MeCN)$_2$]$^+$, [U(OH$_2$)(ox)$_4$]$^{4-}$;
- octacoordenados: [UCl$_3$(DMF)$_5$]$^+$, [UCl(DMF)$_7$]$^{3+}$, [UCl$_2$(acac)$_2$(THF)$_2$], [UO$_2$(18-coroa-6)]$^{2+}$, [UO$_2$(NO$_3$-O,O')$_2$(NO$_3$-O)$_2$]$^{2-}$, [UO$_2$(η^2-O$_2$)$_3$]$^{4-}$;
- heptacoordenados: [U(N$_3$)$_7$]$^{3-}$ (ambos complexos octaédricos e bipiramidais pentagonais monoencapuzados), UO$_2$Cl$_2$(THF)$_3$, [UO$_2$Cl(THF)$_4$]$^+$, [UO$_2$(OSMe$_2$)$_5$]$^{2+}$;
- hexacoordenado: *trans*-[UO$_2$X$_4$]$^{2-}$ (X = Cl, Br, I).

São observados números de coordenação mais baixos em derivados alcóxi com substituintes estericamente exigentes, por exemplo, o U(OC$_6$H$_3$-2,6-^{t}Bu$_2$)$_4$ (preparação análoga à reação 27.42). O complexo de U(III), U(OC$_6$H$_3$-2,6-^{t}Bu$_2$)$_3$, provavelmente é monomérico. Ele é oxidado a UX(OC$_6$H$_3$-2,6-^{t}Bu$_2$)$_3$ (X = Cl, Br, I; oxidante = PCl$_3$, CBr$_4$, I$_2$, respectivamente), no qual foi

---

[†] Para detalhes da aparelhagem e do método, veja: W.J. Evans, S.A. Kozimor, J.W. Ziller, A.A. Fagin and M.N. Bochkarev (2005) *Inorg. Chem.*, vol. 44, p. 3993.

[†] O η^3-[BH$_3$Me$^-$] é igual ao η^3-[BH$_4$]$^-$; veja a estrutura **13.9**, no Volume 1.

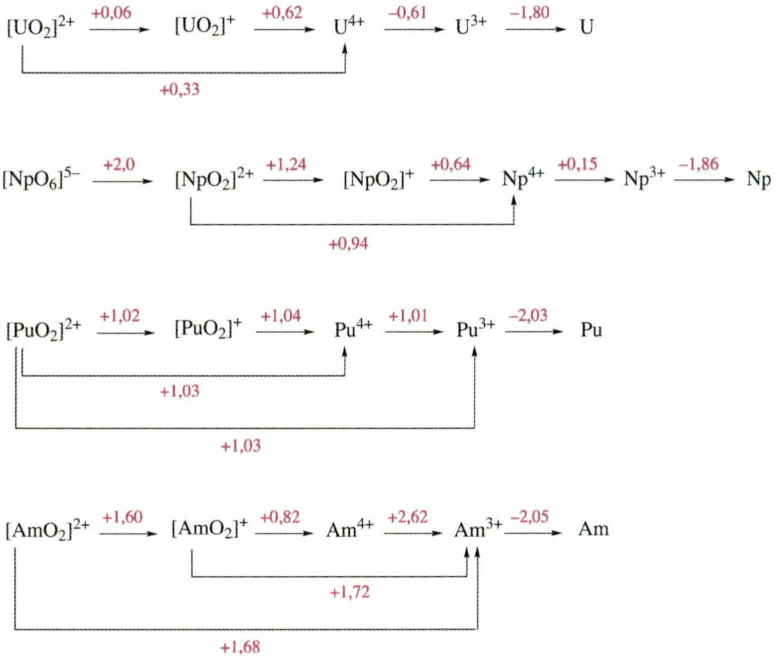

Os metais do bloco *f*: lantanoides e actinoides **349**

$$[UO_2]^{2+} \xrightarrow{+0,06} [UO_2]^{+} \xrightarrow{+0,62} U^{4+} \xrightarrow{-0,61} U^{3+} \xrightarrow{-1,80} U$$
$$+0,33$$

$$[NpO_6]^{5-} \xrightarrow{+2,0} [NpO_2]^{2+} \xrightarrow{+1,24} [NpO_2]^{+} \xrightarrow{+0,64} Np^{4+} \xrightarrow{+0,15} Np^{3+} \xrightarrow{-1,86} Np$$
$$+0,94$$

$$[PuO_2]^{2+} \xrightarrow{+1,02} [PuO_2]^{+} \xrightarrow{+1,04} Pu^{4+} \xrightarrow{+1,01} Pu^{3+} \xrightarrow{-2,03} Pu$$
$$+1,03$$
$$+1,03$$

$$[AmO_2]^{2+} \xrightarrow{+1,60} [AmO_2]^{+} \xrightarrow{+0,82} Am^{4+} \xrightarrow{+2,62} Am^{3+} \xrightarrow{-2,05} Am$$
$$+1,72$$
$$+1,68$$

Fig. 27.9 Diagrama de potencial para o urânio em pH = 0, e diagramas comparativos para o Np, o Pu e o Am.

confirmado o U(IV) tetraédrico para X = I. Os solventes de coordenação tendem a levar a aumento dos números de coordenação conforme na reação 27.47.

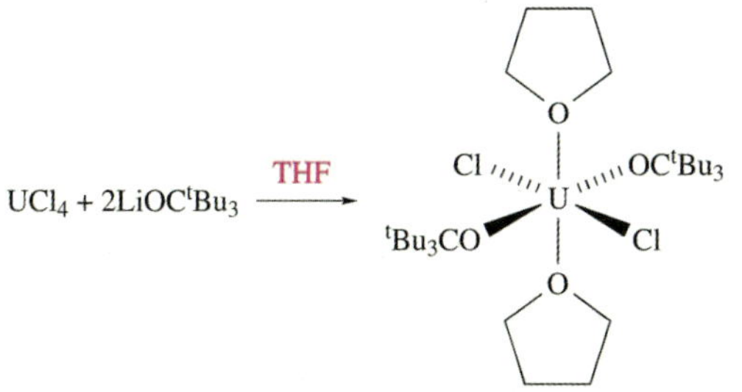

$$UCl_4 + 2LiOC^tBu_3 \xrightarrow{THF} \begin{array}{c} Cl \diagdown \diagup OC^tBu_3 \\ U \\ {}^tBu_3CO \diagup \diagdown Cl \end{array} \qquad (27.47)$$

Exercícios propostos

1. No [UO$_2$I$_2$(OH$_2$)$_2$], o átomo de U fica sobre um centro de inversão. Represente a estrutura desse complexo.
   [*Resp.*: Veja M.-J. Crawford *et al.* (2003) *J. Am. Chem. Soc.*, vol. 125, p. 11778]

2. Qual é o estado de oxidação e provável número de oxidação do centro de U no [UO$_2$(fen)$_3$]$^{2+}$? Sugira possíveis geometrias de coordenação compatíveis com esse número de coordenação.
   [*Resp.*: Veja J.-C. Berthet *et al.* (2003) *Chem. Commun.*, p. 1660]

Plutônio

Os estados de oxidação desde +3 até +7 estão disponíveis ao plutônio, embora o estado +7 seja conhecido em apenas alguns sais; por exemplo, o Li$_5$PuO$_6$ foi preparado pelo aquecimento dos Li$_2$O e PuO$_2$ em O$_2$. Sendo assim, o diagrama de potencial na Fig. 27.9 mostra somente estados de oxidação de +3 até +6. A química do estado de oxidação +6 é predominantemente a do [PuO$_2$]$^{2+}$, embora ele seja menos estável com respeito à redução do que o [UO$_2$]$^{2+}$. O óxido mais estável é o PuO$_2$, formado quando os nitratos ou hidróxidos de Pu, em qualquer estado de oxidação, são aquecidos ao ar. Embora o Pu forme o PuF$_6$, ele se decompõe em PuF$_4$ e F$_2$, ao contrário da estabilidade relativa do UF$_6$. O mais alto cloreto binário do Pu é o PuCl$_3$, embora o Cs$_2$[Pu^{IV}Cl$_6$] possa ser formado a partir do CsCl, PuCl$_3$ e do Cl$_2$, a 320 K.

Em solução aquosa, o [PuO$_2$]$^+$ é termodinamicamente instável (mas apenas levemente) com respeito à reação de desproporcionamento 27.48.

$$2[PuO_2]^+(aq) + 4H^+(aq)$$
$$\rightarrow [PuO_2]^{2+}(aq) + Pu^{4+}(aq) + 2H_2O \qquad (27.48)$$

A proximidade dos três primeiros potenciais de redução na redução do [PuO$_2$]$^{2+}$ (Fig. 27.9) é significativa. Se o PuO$_2$ é dissolvido em um excesso de HClO$_4$ (um ácido que contém um ânion de coordenação muito fraco), a 298 K, a solução em equilíbrio contém o Pu(III), Pu(IV), Pu(V) e o Pu(IV). No entanto, nos sistemas redox envolvendo o Pu, o equilíbrio nem sempre é atingido de modo rápido. Tal como para o urânio, os pares que envolvem apenas transferência de elétrons (por exemplo, o [PuO$_2$]$^{2+}$/[PuO$_2$]$^+$) são rapidamente reversíveis, mas os que também envolvem transferência de oxigênio (por exemplo, o [PuO$_2$]$^+$/[Pu^{4+}]) são mais lentos. Como a hidrólise e a formação de complexos (cujas extensões aumentam com o aumento da carga iônica, isto é, [PuO$_2$]$^+$ < [PuO$_2$]$^{2+}$ < Pu^{3+} < Pu^{4+}) também podem complicar a situação, o estudo de equilíbrios e cinética dos compostos de plutônio é difícil.

O meio convencional de entrar na química do plutônio é dissolver o metal em HCl, HClO$_4$ ou HNO$_3$ aquoso. Isso gera uma solução que contém o Pu(III). No entanto, os íons cloreto e nitrato têm o potencial para coordenação ao centro do metal, e, enquanto o [ClO$_4$]$^-$ é apenas fracamente coordenado (veja anteriormente), os sais de perclorato têm a desvantagem de ser potencialmente explosivos. Uma recente abordagem é dissolver o metal Pu em ácido tríflico (ácido trifluorometanossulfônico, CF$_3$SO$_3$H) dando o Pu(III) como um sal cristalino isolável [Pu(OH$_2$)$_9$][CF$_3$SO$_3$]$_3$. No estado sólido, o [Pu(OH$_2$)$_9$]$^{3+}$ tem uma estrutura prismática triangular triencapuzada com as distâncias de ligação Pu–O de 247,6 (prisma) e 257,4 pm (capuz).

Exercícios propostos

1. Complete o esquema seguinte inserindo os nuclídeos que faltam e o modo de decaimento:

$$^{238}_{92}U \xrightarrow{^{1}_{0}n} ? \xrightarrow{-\beta} ? \xrightarrow{?} {}^{239}_{94}Pu$$

2. O PuO$_2$ cristaliza com uma estrutura do tipo do CaF$_2$. Quais são os números de coordenação do Pu e do O nessa estrutura? [Resp.: Veja a Fig. 6.19, no Volume 1]

3. Quando limalhas do ^{239}Pu metálico são dissolvidas em MeCN na presença de três equivalentes de AgPF$_6$, é isolado um sal de [Pu(NCMe)$_9$]$^{3+}$. Qual é o papel que o AgPF$_6$ desempenha na reação? Sugira uma estrutura para o [Pu(NCMe)$_9$]$^{3+}$.

[Resp.: Veja A.E. Enriquez et al. (2003) Chem. Commun., p. 1892]

27.11 Complexos organometálicos de tório e urânio

Embora os complexos organometálicos sejam conhecidos para todos os actinoides anteriores, os compostos de Th e U excedem em muito os dos outros metais. Além das propriedades radioativas, os organoactinoides são sensíveis ao ar, sendo exigidas técnicas em atmosfera inerte para seu manuseio.

Complexos com ligação σ

Originalmente foi encontrada certa dificuldade no preparo de complexos de alquila ou arila com ligação σ homoléticos dos actinoides, mas (como para os lantanoides, Seção 27.8) o uso do ligante quelante TMEDA (Me$_2$NCH$_2$CH$_2$NMe$_2$) foi a chave para a estabilização do sal de Li$^+$ de [ThMe$_7$]$^{3-}$ (Eq. 27.49 e Fig. 27.10a). De maneira semelhante, foram isoladas as hexalquilas do tipo Li$_2$UR$_6$·7TMEDA.

$$ThCl_4 + \text{excesso de MeLi} \xrightarrow{Et_2O, TMEDA} [Li(TMEDA)]_3[ThMe_7] \quad (27.49)$$

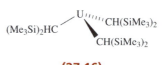

(27.16)

Os grupos alquila volumosos também são uma influência estabilizadora, conforme ilustrado pelo isolamento do U{CH(SiMe$_3$)$_2$}$_3$ (reação 27.50). O sólido contém moléculas *piramidais triangulares* (**27.16**). Há três contatos curtos U---C$_{metila}$ (309 pm), e eles podem contribuir para o desvio da planaridade, como no Ln{N(SiMe$_3$)$_2$}$_3$ (Fig. 27.6).

$$U(OC_6H_3\text{-}2,6\text{-}^tBu_2)_3 + 3LiCH(SiMe_3)_2$$
$$\rightarrow U\{CH(SiMe_3)_2\}_3 + 3LiOC_6H_3\text{-}2,6\text{-}^tBu_2 \quad (27.50)$$

Os derivados de alquila são mais estáveis se o metal actinoide também estiver ligado a ligantes ciclopendienila, e as reações 27.51–27.53 apresentam métodos gerais de síntese, em que M = Th ou U.

$$(\eta^5\text{-}Cp)_3MCl + RLi \xrightarrow{Et_2O} (\eta^5\text{-}Cp)_3MR + LiCl \quad (27.51)$$

$$(\eta^5\text{-}Cp)_3MCl + RMgX \xrightarrow{THF} (\eta^5\text{-}Cp)_3MR + MgClX \quad (27.52)$$

$$(\eta^5\text{-}C_5Me_5)_2MCl_2 + 2RLi \xrightarrow{Et_2O} (\eta^5\text{-}C_5Me_5)_2MR_2 + 2LiCl \quad (27.53)$$

Derivados ciclopentadienila

Os derivados ciclopentadienila são abundantes entre os complexos organometálicos do Th(IV) Th(III), U(IV) e do U(III), e as reações 27.54–27.57 oferecem métodos de síntese para as principais famílias de compostos (M = Th, U).

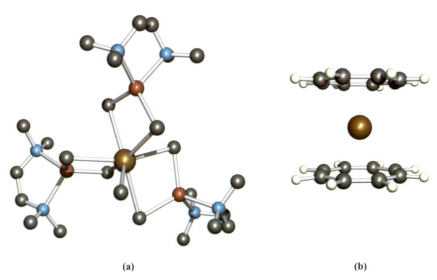

Fig. 27.10 As estruturas (difração de raios X) do (a) [Li(TMEDA)]$_3$[ThMe$_7$] mostrando o papel do TMEDA na estabilização da estrutura (os átomos de H omitidos) [H. Lauke et al. (1984) J. Am. Chem. Soc., vol. 106, p. 6841] e (b) (η^8-C$_8$H$_8$)$_2$Th [A. Avdeef et al. (1972) Inorg. Chem., vol. 11, p. 1083]. Código de cores: Th, castanho; Li, vermelho; C, cinza; N, azul; H, branco.

$$MCl_4 + 4KCp \xrightarrow{C_6H_6} (\eta^5\text{-}Cp)_4M + 4KCl \quad (27.54)$$

$$MX_4 + 3NaCp \xrightarrow{THF} (\eta^5\text{-}Cp)_3MX + 3NaX$$
$$X = Cl, Br, I \quad (27.55)$$

$$MX_4 + TlCp \xrightarrow{THF} (\eta^5\text{-}Cp)MX_3(THF)_2 + TlX$$
$$X = Cl, Br \quad (27.56)$$

$$(\eta^5\text{-}Cp)_3MCl + NaC_{10}H_8$$
$$\xrightarrow{THF} (\eta^5\text{-}Cp)_3M(THF) + NaCl + C_{10}H_8 \quad (27.57)$$
$$(NaC_{10}H_8 = \text{naftaleto de sódio})$$

Os compostos do tipo $(\eta^5\text{-}Cp)_2MX_3$ geralmente estão sujeitos a uma reação de redistribuição tal como a 27.58, a menos que estericamente impedidas, como no $(\eta^5\text{-}C_5Me_5)_2ThCl_2$ e no $(\eta^5\text{-}C_5Me_5)_2UCl_2$.

$$2(\eta^5\text{-}Cp)_2UCl_2 \xrightarrow{THF} (\eta^5\text{-}Cp)_3UCl + (\eta^5\text{-}Cp)UCl_3(THF)_2$$
$$(27.58)$$

O $(\eta^5\text{-}Cp)_4Th$ incolor e o $(\eta^5\text{-}Cp)_4U$ vermelho são monoméricos no estado sólido com estruturas pseudotetraédricas, **27.17** (Th–C = 287 pm, U–C = 281 pm). Também são observadas estruturas tetraédricas para os derivados $(\eta^5\text{-}Cp)_3MX$ e $(\eta^5\text{-}Cp)_3M(THF)$, enquanto o $(\eta^5\text{-}Cp)MX_3(THF)_2$ é octaédrico. Como descrever a ligação metal–ligante nesses e em outros derivados Cp dos actinoides é tema de muito debate teórico. O quadro atual sugere o envolvimento dos orbitais atômicos 6d do metal com os orbitais 5f não sendo razoavelmente perturbados. Os efeitos relativísticos (veja o Boxe 13.3, no Volume 1) também trabalham a favor de um papel na ligação para os orbitais atômicos 6d em vez dos 5f. As distribuições covalentes da ligação parecem estar presentes nos complexos ciclopentadienila de Th(IV) e U(IV), mas, para o Th(III) e o U(III), sugere-se que a ligação seja principalmente iônica.

Pode ser produzida uma série de espécies organometálicas começando do $(\eta^5\text{-}Cp)_3ThCl$ e do $(\eta^5\text{-}Cp)_3UCl$, e a Fig. 27.11 mostra reações selecionadas do $(\eta^5\text{-}Cp)_3UCl$. O complexo heterometálico $(\eta^5\text{-}Cp)_3UFe(CO)_2(\eta^5\text{-}Cp)$ contém uma ligação U–Fe sem ponte.

M = Th, U

(27.17)

Exercício proposto

O composto estericamente congestionado $(\eta^5\text{-}C_5Me_5)_3U$ reage com dois equivalentes do PhCl dando o $(\eta^5\text{-}C_5Me_5)_2UCl_2$, o Ph_2 e o $(C_5Me_5)_2$. Essa reação é referida como uma "redução estericamente induzida". Escreva uma equação balanceada para a reação global. O que está sendo reduzido na reação, e quais as duas espécies que sofrem oxidação?

[*Resp.*: Veja W.J. Evans *et al.* (2000) *J. Am. Chem. Soc.*, vol. 122, p. 12019]

Complexos contendo o ligante η⁸-ciclo-octatetraenila

Como já vimos, os grandes centros de U(IV) e Th(IV) acomodam até quatro ligantes $\eta^5\text{-}Cp^-$, e não são observados complexos semelhantes ao ferroceno. No entanto, com o ligante $[C_8H_8]^{2-}$ grande (reação 27.59), são formados complexos em sanduíche pela reação 27.60.

$$\text{(ciclooctatetraeno)} \xrightarrow[-H_2]{M \, (M = Na, K)} 2M^+ + [C_8H_8]^{2-}$$
$$(27.59)$$

$$MCl_4 + 2K_2C_8H_8 \longrightarrow (\eta^8\text{-}C_8H_8)_2M + 4KCl$$
$$M = Th, U \quad (27.60)$$

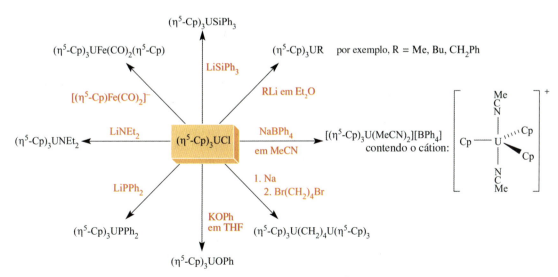

Fig. 27.11 Reações selecionadas do $(\eta^5\text{-}Cp)_3UCl$.

O $(\eta^8\text{-}C_8H_8)_2U$ verde (*uranoceno*) e o $(\eta^8\text{-}C_8H_8)_2Th$ (*toroceno*) amarelo são isoestruturais (Fig. 27.10b, Th–C médio = 270 pm e U–C médio = 265 pm). A ligação nesses metalocenos é muito estudada pelos teóricos, com argumentos que refletem aqueles discutidos anteriormente para os derivados ciclopentadienila. O uranoceno é inflamável ao ar, mas não reage com a H_2O, a 298 K. O $(\eta^8\text{-}C_8H_8)_2Th$ é sensível ao ar, é atacado por reagentes próticos e explode quando aquecido ao rubro.

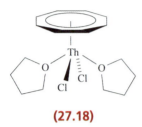

(27.18)

A reação do $ThCl_4$ com o $(\eta^8\text{-}C_8H_8)_2Th$ em THF produz o meio-sanduíche $(\eta^8\text{-}C_8H_8)ThCl_2(THF)_2$, **27.18**, mas a espécie de U(IV) análoga é produzida pela reação 27.61, e o derivado iodido, pela reação 27.62.

$$UCl_4 + C_8H_8 + 2NaH \xrightarrow{THF} (\eta^8\text{-}C_8H_8)UCl_2(THF)_2 + 2NaCl + H_2 \quad (27.61)$$

$$(\eta^8\text{-}C_8H_8)_2U + I_2 \xrightarrow{THF} (\eta^8\text{-}C_8H_8)UI_2(THF)_2 + C_8H_8 \quad (27.62)$$

Os haletos são síntons úteis nessa área da química como, por exemplo, as reações 27.63 e 27.64.

$$(\eta^8\text{-}C_8H_8)UCl_2(THF)_2 + 2NaN(SiMe_3)_2$$
$$\xrightarrow{THF} (\eta^8\text{-}C_8H_8)U\{N(SiMe_3)_2\}_2 + 2NaCl \quad (27.63)$$

$$(\eta^8\text{-}C_8H_8)UI_2(THF)_2 + 3LiCH_2SiMe_3$$
$$\xrightarrow{THF} [Li(THF)_3]^+[(\eta^8\text{-}C_8H_8)U\{CH_2SiMe_3\}_3]^- + 2LiI \quad (27.64)$$

TERMOS IMPORTANTES

Os seguintes termos foram introduzidos neste capítulo. Você sabe o que eles significam?

- actinoide
- contração dos lantanoides
- elemento transurânico
- lantanoide
- massa crítica
- orbital *f*

LEITURA RECOMENDADA

H.C. Aspinall (2001) *Chemistry of f-Block Elements*, Gordon and Breach Scientific Publications, Amsterdam – Uma descrição introdutória geral dos lantanoides e actinoides.

S.A. Cotton (2006) *Lanthanide and Actinide Chemistry*, Wiley, New York – Uma boa introdução dos elementos do bloco *f*.

A. Døssing (2005) *Eur. J. Inorg. Chem.*, p. 1425 – Uma revisão: "Luminescence from lanthanide(3+) ions in solution".

D.C. Hoffmann and D.M. Lee (1999) *J. Chem. Educ.*, vol. 76, p. 331 – O "Chemistry of the heaviest elements – one atom at a time" é um excelente artigo que abrange o desenvolvimento e as perspectivas da química de "um átomo de cada vez" dos elementos transurânicos.

D.C. Hoffmann, A. Ghiorso and G.T. Seaborg (2001) *The Transuranium People: The Inside Story*, Imperial College Press, London – Uma descrição personalizada da descoberta e da química dos elementos mais pesados.

N. Kaltsoyannis and P. Scott (1999) *The f Elements*, Oxford University Press, Oxford – Uma "cartilha" da OUP que complementa o assunto do presente capítulo.

S.F.A. Kettle (1996) *Physical Inorganic Chemistry*, Spektrum, Oxford – O Capítulo 11 oferece uma excelente introdução das propriedades dos orbitais, e propriedades espectroscópicas e magnéticas dos elementos do bloco *f*.

S.T. Liddle and D.P. Mills (2009) *Dalton Trans.*, p. 5592 – Uma pequena revisão intitulada "Metal–metal bonds in *f*-element chemistry".

D. Parker (2004) *Chem. Soc. Rev.*, vol. 33, p. 156 – Uma revisão: "Excitement in *f* block: structure, dynamics and function of nine-coordinate chiral lanthanide complexes in aqueous solution".

P.W. Roesky (2003) *Z. Anorg. Allg. Chem.*, vol. 629, p. 1881 – Uma revisão: "Bulky amido ligands in rare earth chemistry – synthesis, structures, and catalysts".

G.T. Seaborg (1995) *Acc. Chem. Res.*, vol. 28, p. 257 – Uma revisão feita por um dos pioneiros e laureado com o Prêmio Nobel no campo: "Transuranium elements: Past, present and future".

G.T. Seaborg and W.D. Loveland (1990) *The Elements Beyond Uranium*, Wiley, New York – Um texto que abrange sínteses dos elementos, propriedades, técnicas experimentais e aplicações.

K. Thompson and C. Orvig, eds. (2006) *Chem. Soc. Rev.*, vol. 35, p. 499 – Uma edição desse periódico dedicada à aplicação dos lantanoides na medicina.

Complexos organometálicos

F.G.N. Cloke (1995) "Zero oxidation state complexes of scandium, yttrium and the lanthanide elements" in *Comprehensive Organometallic Chemistry II*, eds. G. Wilkinson, F.G.A. Stone e E.W. Abel, Pergamon, Oxford, vol. 4, p. 1.

S.A. Cotton (1997) *Coord. Chem. Rev.*, vol. 160, p. 93 – "Aspects of the lanthanide–carbon σ-bond".

F.T. Edelmann (2007) "Complexes of group 3 and lanthanide elements" in *Comprehensive Organometallic Chemistry III*, eds. R.H. Crabtree e D.M.P. Mingos, Elsevier, Oxford, vol. 4, p. 1.

F.T. Edelmann (2007) "Complexes of actinide elements" in *Comprehensive Organometallic Chemistry III*, eds. R.H. Crabtree and D.M.P. Mingos, Elsevier, Oxford, vol. 4, p. 191.

W.J. Evans (1985) *Adv. Organomet. Chem.*, vol. 24, p. 131 – "Organometallic lanthanide chemistry".

C.J. Schaverien (1994) *Adv. Organomet. Chem.*, vol. 36, p. 283 – 'Organometallic chemistry of the lanthanides'.

PROBLEMAS

27.1 (a) O que é a *contração dos lantanoides*? (b) Explique como os lantanoides podem ser separados de seus minérios.

27.2 Utilize as regras de Hund para deduzir o estado fundamental do íon Ce^{3+}, e calcule seu momento magnético. (A constante de acoplamento spin–órbita do Ce^{3+} é 1000 cm^{-1} e, assim, a população de outros estados, que não o estado fundamental, podem ser ignoradas, a 298 K.)

27.3 Mostre que a estabilidade de um dialeto de lantanoide LnX_2 em relação ao desproporcionamento em LnX_3 e Ln é maior para X = I.

27.4 Como você tentaria mostrar que dado di-iodeto de lantanoide, LnI_2, tem caráter salino em vez de metálico?

27.5 Comente a respeito de cada uma das seguintes observações:
(a) O $\Delta H°$ para a formação do $[Ln(EDTA)(OH_2)_x]^-$ (x = 2 ou 3) em solução aquosa é quase constante para todos os Ln e é quase zero.
(b) O valor de $E°$ para o par Ce(IV)/Ce(III) (medido em pH 0) diminui ao longo da série dos ácidos $HClO_4$, HNO_3, H_2SO_4, HCl.
(c) $BaCeO_3$ tem uma estrutura de perovskita.

27.6 Comente a respeito das observações de que os espectros eletrônicos dos complexos de lantanoides contêm muitas absorções, muitas das quais são fracas e estreitas semelhantes àquelas dos íons de metais na fase gasosa, e algumas das quais são largas e são afetadas pelos ligantes presentes.

27.7 Discuta a variação de números de coordenação entre os complexos dos metais 4*f*.

27.8 As reações do $Ln(NCS)_3$ com o $[NCS]^-$ em condições variáveis levam a ânions discretos como o $[Ln(NCS)_6]^{3-}$, o $[Ln(NCS)(_7(OH_2)]^{4-}$ e o $[Ln(NCS)_7]^{4-}$. O que você pode dizer a respeito das possíveis estruturas dessas espécies?

27.9 (a) Faça uma breve descrição da formação das ligações σ Ln–C e dos complexos que contêm ligantes ciclopentadienila, e comente a respeito dos papéis dos solventes de coordenação.
(b) Sugira produtos para as reações do $SmCl_3$ e do SmI_2 com o $K_2C_8H_8$.

27.10 (a) Considerando a Fig. 27.9, sugira um método para a separação do Am do U, Np e Pu.
(b) O que você esperaria que acontecesse quando uma solução de $NpO_2(ClO_4)_2$ em $HClO_4$ 1 M fosse agitada com um amálgama de Zn e o líquido resultante decantasse do amálgama e fosse aerado?

27.11 Uma solução **X**, com 25,00 cm^3, que continha 21,4 g de U(VI) dm^{-3}, foi reduzida com um amálgama de Zn, decantada do amálgama e, após ser aerada por 5 min, foi titulada com 0,1200 mol dm^{-3} de solução de Ce(IV); foram necessários 37,5 cm^3 da solução de Ce(IV) para a reoxidação do urânio em U(VI). A solução **X** (100 cm^3) foi então reduzida e aerada conforme anteriormente, e tratada com um excesso de KF aquoso diluído. O precipitado resultante (após secagem, a 570 K) pesava 2,826 g. Foi passado O_2 seco sobre o precipitado, a 1070 K, após o que o produto sólido pesou 1,386 g. Esse produto foi dissolvido em água e o fluoreto, na solução, precipitado na forma de PbClF, sendo obtidos 2,355 g. Deduza o que puder sobre as transformações químicas nesses experimentos.

27.12 Sugira produtos prováveis nas seguintes reações: (a) UF_4 com F_2, a 570 K; (b) Pa_2O_5 com $SOCl_2$ seguida de aquecimento com H_2; (c) UO_3 com H_2, a 650 K; (d) o aquecimento do UCl_5; (e) UCl_3 com $NaOC_6H_2$-2,4,6-Me_3.

27.13 Quais as características estruturais que você esperaria no estado sólido (a) do $Cs_2[NpO_2(acac)_3]$, (b) $[Np(BH_4)_4]$, (c) do sal de guanidínio do $[ThF_3(CO_3)_3]^{5-}$, (d) do $Li_3[LuMe_6] \cdot 3DME$, (e) do $Sm\{CH(SiMe_3)_2\}_3$, e (f) de um complexo cuja análise mostra ter a composição $[UO_2][CF_3SO_3]_2 \cdot 2(18\text{-coroa-}6) \cdot 5H_2O$?

27.14 Identifique os isótopos **A–F** na seguinte sequência de reações nucleares:

(a) $^{238}U \xrightarrow{(n,\gamma)} A \xrightarrow{-\beta^-} B \xrightarrow{-\beta^-} C$

(b) $D \xrightarrow{-\beta^-} E \xrightarrow{(n,\gamma)} {}^{242}Am \xrightarrow{-\beta^-} F$

27.15 Identifique os seguintes isótopos **A–E** em cada uma das seguintes sínteses de elementos transactinoides:

(a) $A + {}^{4}_{2}He \longrightarrow {}^{256}_{101}Md + n$

(b) $B + {}^{16}_{8}O \longrightarrow {}^{255}_{102}No + 5n$

(c) $C + {}^{11}_{5}B \longrightarrow {}^{256}_{103}Lr + 4n$

(d) $D + {}^{18}_{8}O \longrightarrow {}^{261}_{104}Rf + 5n$

(e) $E + {}^{18}_{8}O \longrightarrow {}^{263}_{106}Sg + 4n$

27.16 Discuta as afirmativas:
(a) O tório forma iodetos de fórmulas ThI_2, ThI_3 e ThI_4.
(b) No estado sólido, os sais de $[UO_2]^{2+}$ contêm um cátion linear.
(c) As reações do NaOR com o UCl_4 levam a complexos monoméricos de $U(OR)_4$.

27.17 (a) Quais os produtos que contêm Th você esperaria das reações do $(\eta^5\text{-}Cp)_3ThCl$ com o (i) $Na[(\eta^5\text{-}Cp)Ru(CO)_2]$, (ii) LiCHMeEt, (iii) $LiCH_2Ph$? (b) Qual vantagem o $(\eta^5\text{-}C_5Me_5)_2ThCl_2$ tem sobre o $(\eta^5\text{-}Cp)_2ThCl_2$ como uma matéria-prima? (c) Como o $(\eta^5\text{-}C_5Me_5)UI_2(THF)_3$ poderia reagir com o $K_2C_8H_8$?

27.18 (a) Sugira um método para o preparo do $U(\eta^3\text{-}C_3H_5)_4$. (b) Como o $U(\eta^3\text{-}C_3H_5)_4$ poderia reagir com o HCl? (c) O $(\eta^5\text{-}C_5Me_5)(\eta^8\text{-}C_8H_8)ThCl$ é dimérico, mas seu aduto de THF é um monômero. Represente as estruturas desses compostos e comente a respeito do papel dos solventes de coordenação na estabilização de outros complexos monoméricos de organotório e organourânio.

27.19 Discuta o que segue:
(a) Muitos óxidos de actinoides não são estequiométricos, mas poucos óxidos de lantanoides o são.
(b) O íon $[NpO_6]^{5-}$ pode ser produzido em solução aquosa somente se a solução for fortemente alcalina.
(c) Uma solução contendo o Pu(IV) sofre desproporcionamento desprezível na presença de um excesso de H_2SO_4 molar.

27.20 Faça uma pequena descrição das características dos compostos organometálicos formados pelos lantanoides e actinoides e destaque as principais diferenças entre famílias de complexos organometálicos dos metais dos blocos *d* e *f*.

PROBLEMAS DE REVISÃO

27.21 Comente a respeito de cada uma das afirmativas seguintes:
(a) Os complexos de Ln^{2+} são fortes agentes redutores.
(b) No estado sólido, o $Cp_2YbF(THF)$ existe na forma de um dímero em ponte, enquanto o $Cp_2YbCl(THF)$ e o $Cp_2YbBr(THF)$ são monoméricos.
(c) No $[Th(NO_3\text{-}O,O')_3\{(C_6H_{11})_2SO\}_4]^+[Th(NO_3\text{-}O,O')_5\{(C_6H_{11})_2SO\}_2]^-$, os ligantes sulfóxido são de ligação O em vez de S.

27.22 (a) A reação do $ScCl_5 \cdot n$THF com um equivalente do ligante **27.19** produz um composto neutro **A**, no qual o metal está octaedricamente situado. **A** reage com três equivalentes de MeLi dando **B**. Sugira estruturas para **A** e **B**. Qual é o estado de oxidação do metal em cada composto?

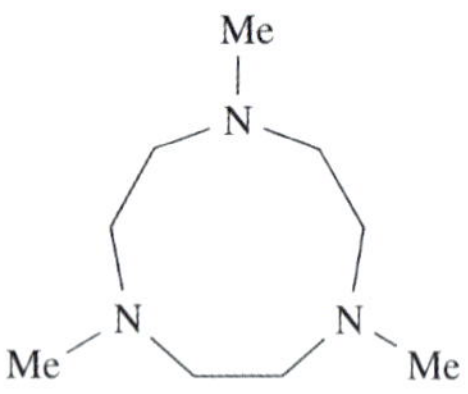

(27.19)

(b) O complexo $[(\eta^5\text{-}C_5H_5)_2La\{C_6H_3\text{-}2,6\text{-}(CH_2NMe_2)_2\}]$ é pentacoordenado. Sugira, com uma justificativa, uma estrutura para o complexo.

27.23 (a) A Tabela 27.3 lista o valor "calculado" de μ_{ef} para o Eu^{3+} como 0. Em que base esse valor é calculado? Explique por que os valores *observados* de μ_{ef} para o Eu^{3+} são maiores que zero.
(b) O complexo $UO_2Cl_2(THF)$ contém *um* ligante THF lábil e facilmente forma um complexo de diurânio, **A**, que contém o U(VI) heptacoordenado com unidades *trans*-UO_2. **A** é precursor de uma série de complexos mononucleares. Por exemplo, um mol de **A** reage com quatro mols de $K[O\text{-}2,6\text{-}^tBu_2C_6H_3]$ dando dois mols de **B**, e com quatro mols de Ph_3PO eliminando todo o THF coordenado para formar dois mols de **C**. Identifique **A**, **B** e **C** e indique o ambiente de coordenação esperado do centro de U(VI) em cada produto.

27.24 (a) O composto **27.20** reage com o MeLi com perda de CH_4 dando **A**. Quando **A** reage com o $TbBr_3$, é formado um complexo **B** que contém térbio, cujo espectro de massas apresenta um envelope de picos a m/z 614 como os mais altos picos de massa. Identifique **A** e **B** e dê uma estrutura possível para **B**. Explique como o surgimento do envelope de picos a m/z 614 no espectro de massas confirma o número de átomos de Br no produto (*sugestão*: veja o Apêndice 5).

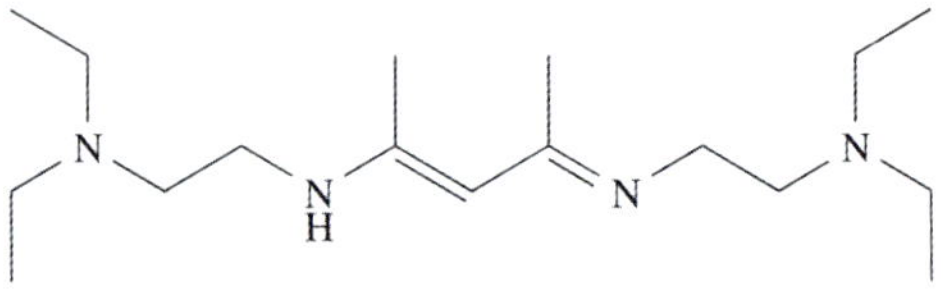

(27.20)

(b) O ligante **27.21** em um sistema misto de solventes EtOH/MeOH extrai o Pu(IV) do HNO_3 aquoso. O complexo decacoordenado $[Pu(\textbf{27.21})_2(NO_3)_2]^{2+}$ foi isolado do extrator EtOH/MeOH na forma de um sal de nitrato. Sugira como o ligante **27.21** poderia contribuir para o Pu(IV), e enuncie como você espera que seja alcançado o número de coordenação de 10.

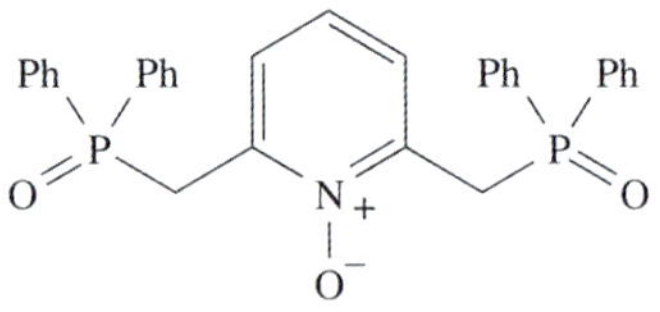

(27.21)

TEMAS DA QUÍMICA INORGÂNICA

27.25 Vasovist® é a marca comercial de um complexo de Gd(III) que foi o primeiro agente de contraste intravascular (veja o Boxe 4.3, no Volume 1) aprovado na UE para uso em angiografia por ressonância magnética. As interações entre o domínio lipofílico do agente de contraste e a albumina do soro permitem que o Vasovist® se ligue reversivelmente à proteína. O Vasovist® tem a fórmula $Na_3[GdL(OH_2)]$, em que o ligante L^{n-} é derivado do H_nL na Fig. 27.12. (a) Qual é o valor de n no L^{n-} e no H_nL? (b) Explique por que uma das partes do ligante é descrita como lipofílica. (c) No $Na_3[GdL(OH_2)]$, o íon Gd^{3+} é nonacoordenado. Sugira um possível ambiente de coordenação para o íon do metal, e indique como é provável que o L^{n-} se coordene ao Gd^{3+}. (d) Por que o H_nL é quiral? (e) Partindo do (R)-H_nL, são possíveis quatro diastereoisômeros do $[GdL(OH_2)]^{3-}$: $\Delta R,R$, $\Delta R,S$, $\Lambda R,R$, $\Lambda R,S$. Como eles surgem? (f) O espectro de massas FAB (*fast atom bombardment*) do $Na_3[GdL(OH_2)]$ apresenta envelopes de picos a m/z 981, 959, 937 e 915. Identifique esses picos.

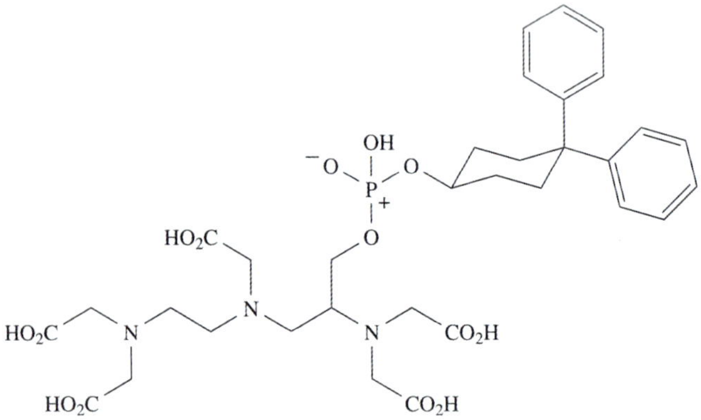

Fig. 27.12 Para o Problema 27.25: a estrutura do ligante H_nL.

27.26 Os íons de metais lantanídeos, Ln^{3+}, podem trocar com (e simular a função dos) íons Ca^{2+} no corpo humano. O carbonato de lantânio é administrado como tabletes mastigáveis sob a marca comercial de Fosrenol® a pacientes com níveis particularmente elevados de íons fosfato no sangue. No entanto, são significativos os efeitos gastrintestinais colaterais, e estão sendo pesquisadas formas mais solúveis de medicamentos que contêm lantanídeos. A recente pesquisa nesse campo investigou as reações do $Ln(NO_3)_3 \cdot 6H_2O$ com Hma (definição a seguir) na presença de NaOH ou Et_3N.

Hma

(a) Por que os ligantes com átomos doadores O são escolhidos para ligação do Ln^{3+}? (b) Qual é a razão para se adicionar base a uma mistura de reação? (c) Os picos de massa mais altos nos espectros de massas com ionização por *electrospray* dos complexos formados com o La^{3+} e o Eu^{3+} estão a *m/z* 537 e 551, respectivamente. Como surgem esses picos? (d) Os dados analíticos elementares para o complexo de Eu^{3+} são C 39,65, H 3,14%. O que você pode deduzir desses dados? Sugira uma estrutura para o complexo de európio(III). (e) Os complexos foram formados com o La^{3+}, Eu^{3+}, Gd^{3+}, Tb^{3+} e o Yb^{3+}, mas só foram relatados dados de espectroscopia RMN de ^1H para o complexo de La^{3+}. Sugira uma razão para isso. (f) Os complexos de Ln^{3+} foram submetidos a estudos de ligação em hidroxiapatita. Comente a respeito das razões para a realização de tais investigações.

Tópicos

Condutores iônicos
Óxidos condutores transparentes
Supercondutores
Deposição de vapor químico
Fibras inorgânicas
Grafeno
Nanotubos de carbono

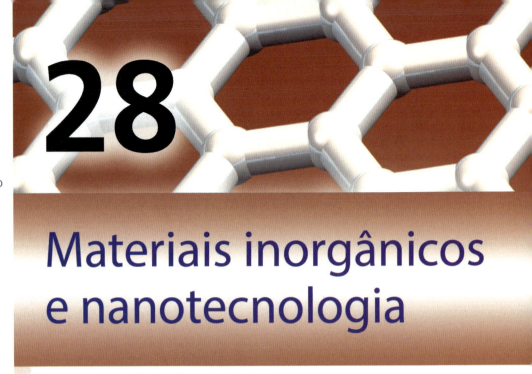

28 Materiais inorgânicos e nanotecnologia

28.1 Introdução

Existe um grande interesse atualmente pelo desenvolvimento de novos materiais inorgânicos, e as químicas de estado sólido, os polímeros e os nanomateriais são áreas "quentes" de pesquisas. Já encontramos muitos aspectos estruturais do estado sólido e exemplificamos aplicações de materiais no estado sólido, por exemplo, as propriedades magnéticas dos óxidos de metais (Capítulos 21 e 22), semicondutores (Capítulo 6 – Volume 1) e catalisadores heterogêneos (Capítulo 25). Os seguintes tópicos surgiram no Capítulo 6 (Volume 1):

- estruturas dos metais;
- polimorfismo;
- ligas;
- teoria das bandas;
- semicondutores;
- redes iônicas de protótipos;
- energias de rede e suas aplicações em química inorgânica;
- defeitos de rede;
- centros de cor.

Com exceção dos materiais semicondutores, eles não serão objeto de maior discussão aqui. Na Seção 20.10, apresentamos alguns conceitos de magnetismo, inclusive *ferromagnetismo*, *antiferromagnetismo* e *ferrimagnetismo*. Embora essas propriedades sejam importantes na química dos materiais, está além do escopo do presente livro continuar com esse tópico.

Os tópicos escolhidos para serem incluídos neste capítulo refletem áreas de interesse ativo e se baseiam em alguns tópicos sobre os quais fizemos apenas uma rápida menção em capítulos anteriores. Na descrição da química dos metais dos blocos *d* e *f* nos Capítulos 21, 22 e 27, incluímos muitos exemplos de compostos no estado sólido. Agora, veremos materiais eletricamente condutores e supercondutores. Em vários pontos do livro mencionamos pigmentos coloridos em materiais cerâmicos ao descrevermos as aplicações de compostos inorgânicos (principalmente os óxidos). Na Seção 28.5 olhamos a coloração das cerâmicas com mais detalhe. Descreveremos a *deposição de vapor químico* (DVQ) para a formação de películas finas de materiais e sua aplicação na indústria dos semicondutores, e, nas duas seções finais, discutiremos fibras inorgânicas, folhas de grafeno e nanotubos de carbono. Em todo o capítulo, enfatizaremos as aplicações comerciais de forma a exemplificar o papel que a química inorgânica desempenha no desenvolvimento tecnológico. Ao contrário de outros capítulos, as aplicações não são destacadas especificamente em boxes.

28.2 Condutividade elétrica em sólidos iônicos

Os *sólidos* iônicos geralmente têm uma alta resistência elétrica (baixa condutividade, veja a Seção 6.8 – Volume 1) e a condutividade é significativa somente quando o composto está fundido. A presença de defeitos em um sólido iônico diminui a resistência; por exemplo, a zircônia cúbica estabilizada com CaO (veja anteriormente) é um *condutor iônico rápido*, sendo a condutividade oriunda da migração de íons O^{2-}. Pode-se introduzir um aumento da concentração de efeitos pelo aquecimento de um sólido até uma temperatura elevada e, em seguida, seu rápido resfriamento. Como mais defeitos estão presentes a temperaturas altas, o efeito da têmpera do sólido é de "congelar" a concentração de defeitos presentes em temperatura elevada.

A presença de defeitos em uma rede cristalina facilita a migração de íons e intensifica a condutividade elétrica (isto é, baixa a resistência).

A condutividade de um **condutor iônico rápido** geralmente fica na faixa de 10^{-1} a 10^3 Ω^{-1} m^{-1}.

Os mecanismos da migração de íons podem ser classificados como segue:

- a migração de um cátion para uma vaga de cátion, criando uma nova vaga para a qual outro cátion pode migrar, e assim por diante;
- a migração de um cátion para um sítio intersticial (conforme Fig. 6.28 – Volume 1), criando uma vaga que pode ser preenchida por outro íon migrante, e assim por diante.

A migração de ânions também poderia ocorrer pelo primeiro mecanismo, porém, para o segundo, geralmente é o cátion que é pequeno o suficiente para ocupar um sítio intersticial por exemplo, os buracos tetraédricos em uma estrutura do tipo NaCl.

Para um sólido iônico ser um condutor iônico rápido, ele deve atender a alguns ou a todos os seguintes critérios:

- deve conter íons móveis;
- as cargas dos íons devem ser baixas (íons de cargas múltiplas são menos móveis do que os íons de carga simples);
- deve conter buracos vazios entre os quais os íons possam se movimentar;
- os buracos devem ser interligados;
- a energia de ativação para o movimento de íon de um buraco para o seguinte deve ser baixa;
- os ânions no sólido devem ser polarizáveis.

Condutores iônicos de sódio e lítio

O atual desenvolvimento em tecnologia de baterias, dispositivos eletrocrômicos (veja os Boxes 11.3, Volume 1, e 22.4) e pesquisa de veículos movidos a eletricidade utilizam eletrólitos sólidos. A bateria de sódio/enxofre contém um eletrólito de β-alumina sólido. O nome *β-alumina* é enganoso, pois ela é preparada pela reação do Na_2CO_3, $NaNO_3$, $NaOH$ e o Al_2O_3, a 1770 K, e é um composto não estequiométrico de composição aproximada $Na_2Al_{22}O_{34}$ (ou $Na_2O \cdot 11Al_2O_3$), contendo sempre um excesso de Na^+; portanto, referimo-nos a esse material como *β-alumina de Na*. A Eq. 28.1 mostra as meias-reações que ocorrem na bateria de sódio/enxofre. Os íons Na^+ produzidos no anodo migram através do eletrólito de β-alumina de Na e combinam-se com os ânions polissulfeto formados no catodo (Eq. 28.2). As reações são invertidas quando a célula é recarregada.

No anodo: $\quad Na \longrightarrow Na^+ + e^-$
No catodo: $\quad nS + 2e^- \longrightarrow [S_n]^{2-}$ $\quad\quad$ (28.1)

$$2Na^+ + [S_n]^{2-} \longrightarrow Na_2S_n \quad\quad (28.2)$$

A β-alumina de Na age como um *condutor de íon sódio*. A explicação dessa propriedade reside em sua estrutura, que consiste em camadas do tipo espinélio com 1123 pm de espessura, com os íons Na^+ ocupando os espaços intercamadas (Fig. 28.1). A condutividade da β-alumina de Na (3 $Ω^{-1}$ m^{-1}) vem da capacidade dos íons Na^+ em migrarem através das lacunas entre as camadas de espinélio. Portanto, ela conduz em um dos planos através do cristal da mesma maneira que a grafita conduz somente no plano paralelo aos planos que contêm carbono (Fig. 14.4a – Volume 1). Embora a condutividade da β-alumina de Na seja pequena em comparação a de um metal (Fig. 6.10 – Volume 1), é grande em comparação a dos sólidos iônicos típicos (por exemplo, 10^{-13} $Ω^{-1}$ m^{-1} para o NaCl sólido). Os íons Na^+ da β-alumina de Na podem ser substituídos por cátions tais como o Li^+, K^+, Cs^+, Rb^+, Ag^+ e o Tl^+. No entanto, as condutividades desses materiais são menores

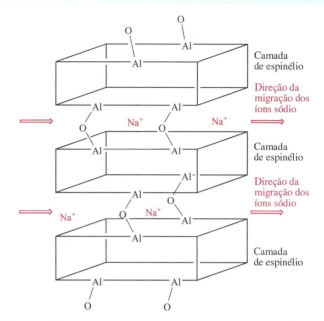

Fig. 28.1 Uma representação esquemática de parte da estrutura da β-alumina de Na ($Na_2O \cdot 11Al_2O_3$) na qual os íons Na^+ são móveis entre as camadas em ponte da estrutura de espinélio do Al_2O_3. Os espinélios foram apresentados no Boxe 13.7 (Volume 1).

do que a da β-alumina de Na: a combinação entre o tamanho dos íons Na^+ e os canais intercamadas na rede hospedeira leva à mais eficiente mobilidade dos cátions. As condutividades da β-alumina de Na e dos condutores de cátions e ânions selecionados que exibem condutividades relativamente altas (isto é, no contexto dos sólidos iônicos) são comparadas na Fig. 28.2.

O fato de o iodeto de prata ser um condutor iônico foi observado pela primeira vez em 1914 por Tubandt e Lorentz. Eles notaram que, quando uma corrente era passada entre os eletrodos de Ag separados por AgI sólido, a massa dos eletrodos variava. À temperatura ambiente, o AgI pode existir na forma β ou γ. Quando aquecido até 419 K, ambas as fases transformam-se em AgI α, e isso é acompanhado de um dramático aumento da condutividade iônica. No AgI α, os íons I^- estão em um arranjo cúbico de corpo centrado. Os íons Ag^+ ocupam buracos tetraédricos de modo aleatório (Fig. 28.3). Para cada célula unitária, há 12 buracos tetraédricos, e apenas alguns deles precisam ser ocupados para manter uma estequiometria 1:1 de Ag^+:I^-. Dois fatores contribuem para a alta condutividade iônica do AgI α:

- a migração dos íons Ag^+ entre os buracos tetraédricos tem uma baixa energia de ativação (≈4,8 kJ mol^{-1});
- os íons Ag^+ são polarizadores e os íons I^- são altamente polarizáveis.

O segundo sólido mais altamente condutor iônico na Fig. 28.2 é o Bi_2O_3 dopado com Y_2O_3. O Bi_2O_3 sólido tem vacâncias de O^{2-} intrínsecas. Acima dos 1003 K, a fase estável é o Bi_2O_3 δ e a presença de vacâncias de O^{2-} desordenadas leva a uma alta condutividade iônica (O^{2-}). Pela dopagem do Bi_2O_3 com o Y_2O_3, a forma δ torna-se estável a temperaturas mais baixas.

Os materiais de composição $Na_{1+x}Zr_2P_{3-x}Si_xO_{12}$ ($0 \leq x \leq 3$) são conhecidos como *condutores superiônicos de Na* (sigla em inglês, NASICON) e também têm aplicação potencial em baterias de sódio/enxofre. Eles compreendem soluções sólidas de $NaZr_2(PO_4)_3$ (a rede hospedeira) e de $Na_4Zr_2(SiO_4)_3$. A primeira adota uma estrutura composta de octaedros de ZrO_6 que com-

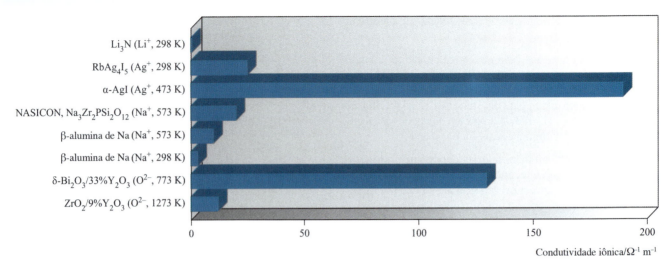

Fig. 28.2 Condutividades iônicas de sólidos iônicos selecionados à temperatura enunciada. O íon dado entre parênteses após o eletrólito sólido é o condutor iônico.

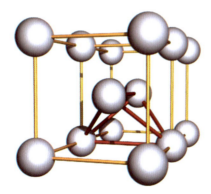

Fig. 28.3 Duas células unitárias de íons em agrupamento de corpo centrado, mostrando um dos buracos tetraédricos (linhas vermelhas).

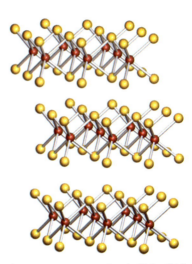

Fig. 28.4 Parte da estrutura em camadas do TaS$_2$. Código de cores: Ta, vermelho; S, amarelo.

partilham vértices e de tetraedros de PO$_4$ que geram uma rede através da qual correm os canais. Uma vez que o Na$_4$Zr$_2$(SiO$_4$)$_3$ seja incorporado dando uma solução sólida, a condutividade dos íons Na$^+$ aumenta e é otimizada para 20 Ω^{-1} m^{-1} (a 573 K), quando $x = 2$.

Os eletrólitos sólidos com aplicações em baterias de lítio incluem o Li$_7$NbO$_6$, Li$_{12}$Ti$_{17}$O$_{40}$, Li$_8$ZrO$_6$ e o Li$_3$N, que são *condutores iônicos de Li$^+$* (veja também o Boxe 11.3 – Volume 1). No Li$_7$NbO$_6$, um oitavo dos sítios de Li$^+$ é vazio, tornando o sólido um bom condutor iônico. O nitreto de lítio tem a estrutura em camadas apresentada na Fig. 11.4a (Volume 1). Uma deficiência de 1–2% de íons Li$^+$ nas camadas hexagonais leva à condução do Li$^+$ *dentro* dessas camadas, com os sítios de íons Li$^+$ nas intercamadas permanecendo totalmente ocupados. O nitreto de lítio é utilizado como o eletrólito sólido em células que contêm um eletrodo de Li acoplado com um eletrodo de TiS$_2$, TaS$_2$ ou de sulfeto de outro metal. O sulfeto metálico deve possuir uma estrutura em camadas conforme a apresentada no TaS$_2$ na Fig. 28.4. Durante a descarga da bateria, os íons Li$^+$ fluem através da barreira de Li$_3$N sólido e para dentro do sólido de MS$_2$, o qual age como uma rede hospedeira (Eq. 28.5), intercalando os íons Li$^+$ entre as camadas.

$$x\text{Li}^+ + \text{TiS}_2 + x\text{e}^- \underset{\text{carga}}{\overset{\text{descarga}}{\rightleftarrows}} \text{Li}_x\text{TiS}_2 \qquad (28.5)$$

Exercício proposto

Uma célula de combustível de óxido sólido consiste em um catodo (no qual o O$_2$ do ar é reduzido a O^{2-}) e um anodo (no qual o H$_2$ é oxidado), e um eletrólito. A célula opera a ≈1300 K. Explique por que a zircônia (ZrO$_2$) estabilizada e dopada com CaO ou Y$_2$O$_3$ é um material adequado para o eletrólito. Qual é o produto no anodo?

[*Resp.*: Veja a Seção 28.2, a Fig. 28.2 e o Boxe 10.2 (Volume 1)]

Óxidos de metais(II) do bloco *d*

No Capítulo 21, descrevemos a química dos óxidos de metais(II) do bloco *d* da primeira linha, mas pouco falamos a respeito de suas propriedades de condutividade elétrica. Os óxidos TiO, VO, MnO, FeO, CoO e NiO adotam estruturas do tipo NaCl, mas são não estequiométricos, sendo deficientes no metal, conforme exemplificamos para o TiO e o FeO na Seção 6.17 (Volume 1). No TiO e no VO, existe uma sobreposição dos orbitais t_{2g} do metal, dando origem a uma banda parcialmente ocupada

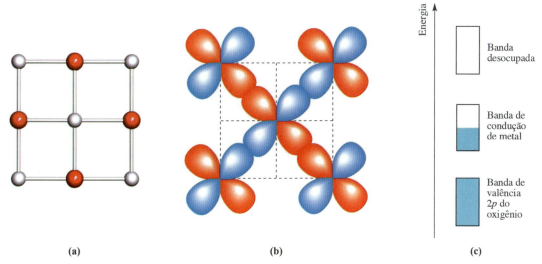

Fig. 28.5 (a) Uma das faces da célula unitária de TiO. Código de cores: Ti, cinza-claro; O, vermelho. (b) A sobreposição dos orbitais t_{2g} do Ti ocorre e leva a (c) formação de uma banda de condução de metal parcialmente preenchida.

(Fig. 28.5) e, como resultado, o TiO e o VO são eletricamente condutores. Por outro lado, o MnO é um isolante a 298 K, mas é semicondutor (veja a Seção 6.9 – Volume 1) em temperaturas mais elevadas. O FeO, o CoO e o NiO comportam-se de maneira semelhante, com suas condutividades (que são baixas a 298 K) aumentando com a temperatura. A condutividade é explicada em termos de um mecanismo de *salto de elétrons*, no qual um elétron muda de um centro de M^{2+} para um de M^{3+} (lembre-se de que a deficiência em metal no óxido não estequiométrico leva à presença de sítios de M^{3+}), efetivamente criando um buraco positivo. O aquecimento do óxido na presença de O_2 resulta em oxidação de mais íons M^{2+}. Por sua vez, isso facilita a migração dos elétrons através do sólido.

28.3 Óxidos condutores transparentes e suas aplicações em dispositivos

O In₂O₃ dopado com Sn (ITO) e o SnO₂ dopado com F (FTO)

Um *óxido condutor transparente* (OCT; sigla em inglês, TCO) é um material semicondutor com uma alta condutividade elétrica e uma alta transparência ótica.

Os óxidos condutores transparentes são materiais notáveis que combinam alta condutividade elétrica ($\approx 10^4$ Ω^{-1} cm^{-1}) com alta transparência ótica (>80% de transmissão de luz visível). Eles são comercialmente utilizados na forma de eletrodos transparentes em mostradores de tela plana, janelas eletrocrômicas (veja o Boxe 22.4) e outros dispositivos optoeletrônicos. Dois dos OCT mais importantes são o In_2O_3 dopado com estanho (ITO) e o SnO_2 dopado com flúor (FTO), nos quais os carreadores de carga são criados pela substituição do In(III) pelo Sn(IV), ou do O^{2-} pelo F^-, respectivamente. A concentração do carreador de carga é elevada (isto é, no ITO, a concentração de centros de Sn(IV) é $\approx 10^{20}$ cm^{-3}). Esse nível de dopagem produz um *semicondutor degenerado* em que o nível de Fermi passou para dentro da banda de condução do hospedeiro, resultando em uma condutividade elétrica da mesma ordem da condutividade elétrica metálica. Para obter transmissão ótica até o UV próximo, a lacuna de banda deve ser ≥3 eV. Os óxidos condutores transparentes são componentes básicos de dispositivos de iluminação fotovoltaica e de estado sólido, e são exemplificados a seguir pelas células solares sensibilizadas por corante (CSSC ou células de Grätzel; sigla em inglês, DSC), diodos emissores de luz orgânicos (sigla em inglês, OLED) e células eletroquímicas emissoras de luz (sigla em inglês, LEC).

Exercício proposto

As vacâncias de átomos de oxigênio no In_2O_3 resultam no óxido ser um semicondutor do tipo n, mas a condutividade elétrica é altamente aumentada pela dopagem com o SnO_2. Como os carreadores de carga diferem no In_2O_3 e no ITO?

Células solares sensibilizadas por corante (CSSC)

Os dispositivos fotovoltaicos tradicionais são à base de silício (veja o Boxe 14.2 – Volume 1). Na célula de Grätzel ou célula solar sensibilizada por corante, desenvolvida pela primeira vez no início da década de 1990, a energia solar é convertida em energia elétrica com o uso de um semicondutor de lacuna de banda larga em contato com um eletrólito. O semicondutor normalmente é a anatase nanocristalina (uma fase do TiO_2) que é oticamente transparente, e um corante inorgânico (o *sensibilizador*) é ligado à superfície do semicondutor para absorver fótons. A Fig. 28.6 mostra as estruturas de dois corantes de uso comum nas quais o ácido carboxílico ou o carboxilato age como o grupo ligante da superfície. Uma CSSC típica (Fig. 28.7) é construída a partir de duas placas de vidro, cada qual revestida com uma fina película de um OCT. Uma das placas é o eletrodo de trabalho, e é revestida com uma camada de nanopartículas de TiO_2 mesoporosas que suportam o corante. A segunda placa de vidro é o contraeletrodo, e é revestida com uma fina película de platina que age como um contato elétrico. As duas placas ficam juntas em sanduíche e a lacuna entre elas é preenchida com um eletrólito; uma escolha típica contém o par redox I^-/I_3^-. O sensibilizador é concebido para absorver luz na forma de um espectro o mais amplo possível. O espectro

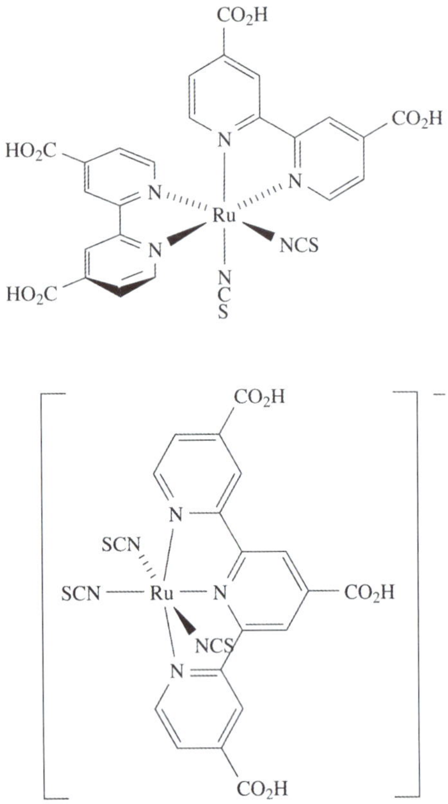

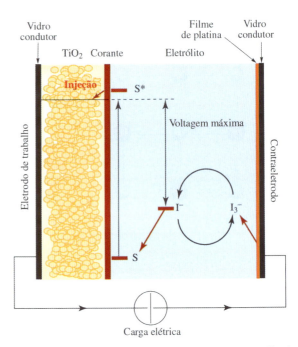

Fig. 28.6 Dois complexos de rutênio(II) que são utilizados em células solares sensibilizadas por corante (CSSC). O complexo superior é conhecido como "N3", e os sais de [Bu$_4$N]$^+$ do complexo inferior são chamados de "corante negro".

Fig. 28.7 Representação esquemática de uma célula solar sensibilizada por corante. S e S* são os estados fundamental e fotoexcitado do sensibilizador. As setas vermelhas representam a transferência do elétron. Após a injeção do elétron na banda de condução do semicondutor, a forma reduzida do corante é regenerada por oxidação do I$^-$ no eletrólito, e a forma reduzida desse último é regenerada no contraeletrodo pelos elétrons que passam em torno do circuito externo.

de absorção eletrônica do chamado "corante negro" (Fig. 28.6) tem um banda de transferência de carga metal-ligante (TCML; sigla em inglês, MLCT) extremamente ampla que abrange a maior parte da região do visível.[†] Com a irradiação, o corante é promovido do estado fundamental, S, a um estado excitado, S*, e injeta um elétron na banda de condução do semicondutor (lado esquerdo da Fig. 28.7). Após a injeção do elétron, o corante fica oxidado, isto é, os corantes mostrados na Fig. 28.6 contêm o Ru(III). O estado do Ru(II) é regenerado pela redução com o I$^-$:

$$2Ru^{3+} + 3I^- \longrightarrow 2Ru^{2+} + I_3^-$$

A difusão de íons I$_3^-$ para o contraeletrodo (veja a seguir) deve ser rápida. O transporte de elétrons através do semicondutor até o eletrodo de trabalho deve ser mais veloz do que a recombinação da carga na interface semicondutor–sensibilizador. Os elétrons fluem em torno do circuito externo, realizando trabalho elétrico. Quando chegam ao contraeletrodo, os elétrons são transferidos para um eletrólito, regenerando o I$^-$ (lado direito da Fig. 28.7).

$$I_3^- + 2e^- \longrightarrow 3I^-$$

Os íons I$^-$ devem se difundir rapidamente até a superfície do TiO$_2$ para ficarem disponíveis para redução do corante oxidado. O dispositivo converte energia solar em energia elétrica sem uma mudança química líquida na célula, mas os processos de transferência de elétrons competitivos são prejudiciais para a eficiência da célula. As eficiências das CSSC chegaram (em 2011) até cerca de 11%, e atualmente estão sendo comercializadas por empresas tais como a G24. Os componentes para a construção das CSSC estão comercialmente disponíveis em empresas tais como a Solaronix.

Iluminação no estado sólido: OLED

Em 2010, o custo mundial da iluminação doméstica e industrial combinado era de ≈60 bilhões de euros. Nas nações desenvolvidas, cerca de 20% da eletricidade é utilizada para iluminação, mas grande parte da energia de iluminação convencional (incandescente) é perdida na forma de calor. A legislação busca aumentar a eficiência da iluminação, e o mercado atualmente está passando da iluminação incandescente para halogênica e em estado sólido. Estima-se que em 2013 o mercado global de iluminação em estado sólido chegue aos €14 bilhões.

A iluminação em estado sólido atualmente é dominada pelos diodos emissores de luz (sigla em inglês, LED; veja a Seção 28.6). Os LED são dispositivos com junção semicondutora construídos a partir de materiais inorgânicos tais como o GaAs$_{1-x}$P$_x$ e o In$_x$Ga$_{1-x}$As. Por outro lado, os diodos emissores de luz orgânicos (OLED) que agora estão entrando no mercado são fabricados a partir de materiais orgânicos e/ou complexos de metais contendo ligantes orgânicos. Os desempenhos dos LED e OLED estão crescendo de maneira regular. Os LED agora são produzidos em todas as cores primárias, fornecendo um meio de criar luz colorida e branca. Os mostradores de OLED podem ser produzidos na forma de painéis planos (Fig. 28.8) ou podem ser impressos em substratos. Eles têm a vantagem sobre os LED tradicionais de funcionarem em baixa voltagem motriz, e serem flexíveis e compatíveis com grandes áreas.

[†] O espectro é dependente do pH, veja: Md.K. Nazeeruddin *et al.* (2001) *J. Am. Chem. Soc.*, vol. 123, p. 1613.

Fig. 28.8 A iluminação por OLED é uma nova e eficiente fonte muito promissora de luz plana baseada em compostos orgânicos. O painel de luz branca na fotografia tem 15 × 15 cm, e foi desenvolvido por químicos na Europa.

HOMO do material eletroluminescente. O catodo tem de ter uma baixa função trabalho que combine com a energia do LUMO do material eletroluminescente. A necessidade de uma baixa função trabalho significa que materiais reativos tais como o Ca ou Ba são empregados para o catodo e, dessa maneira, o dispositivo com OLED deve ficar encapsulado para evitar a degradação do ar. Quando é passada uma corrente contínua através do dispositivo, os elétrons são injetados a partir do catodo e povoam o LUMO do material. No anodo, os elétrons são removidos do HOMO. Isso também pode ser considerado em termos da injeção de "buracos" no nível HOMO. Elétrons e buracos migram através do material por um mecanismo de salto de elétrons:

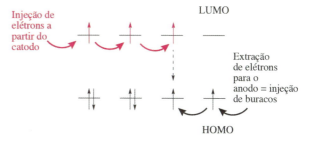

Quando um elétron injetado encontra um buraco injetado (seta tracejada no diagrama anterior), ocorre recombinação, levando a um estado excitado (*éxciton*) que decai para seu estado fundamental em um processo parcialmente radiativo. A luz é emitida através da camada de OCT transparente. Pode-se chegar a uma eletroluminescência eficiente pelo uso de múltiplas camadas orgânicas; isso resolve o problema de compostos individuais tenderem a transportar um dos tipos de carreador de carga (elétrons ou buracos) mais efetivamente do que o outro. Quando um elétron e um buraco se recombinam, eles podem possuir o mesmo spin ou spin oposto. Portanto, o éxciton formado está ou em um estado simpleto ($S = 0$) ou tripleto ($S = 1$) e, estatisticamente, a razão simpleto:tripleto é de 1:3. Uma desvantagem dos OLED que contêm apenas moléculas orgânicas π-conjugadas ou polímeros é que apenas os éxcitons do estado simpleto decaem radiativamente (fluorescência). A fosforescência presente nesses materiais (o que envolve uma variação da multiplicidade do spin, veja a Seção 20.8) é muito ineficiente. Para fazer uso dos éxcitons de tripleto, complexos inorgânicos neutros contendo um metal pesado, tais como aqueles apresentados na Fig. 28.9b, são incorporados na matriz orgânica hospedeira. O estado tripleto do complexo deve ficar com energia mais baixa do que a do material orgânico, permitindo que os éxcitons de tripleto vindos da matriz migrem para as moléculas do complexo. Devido à presença dos

> Um material *eletroluminescente* emite luz quando uma corrente direta passa através do material, e os elétrons (injetados a partir do catodo) se recombinam com os buracos (injetados a partir do anodo).

Um dispositivo com OLED (Fig. 28.9a) contém uma ou mais camadas de materiais eletroluminescentes neutros que são colocados em sanduíche entre um par de eletrodos, um dos quais devendo ser oticamente transparente (isto é, um OCT). O material para o anodo (normalmente, ITO) é escolhido de modo que sua função trabalho (isto é, a energia mínima necessária para remover um elétron do nível de Fermi) fique próxima da do

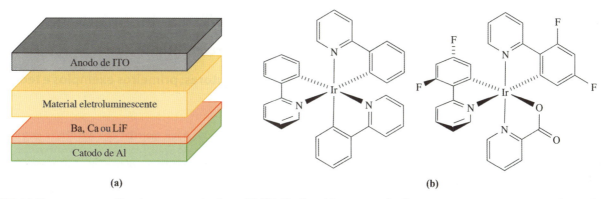

Fig. 28.9 (a) Diagrama esquemático dos componentes de um OLED. No dispositivo, as camadas ficam em contato uma com a outra. A camada central tem 60–100 nm de espessura. (b) Exemplos de complexos de coordenação empregados nos OLED.

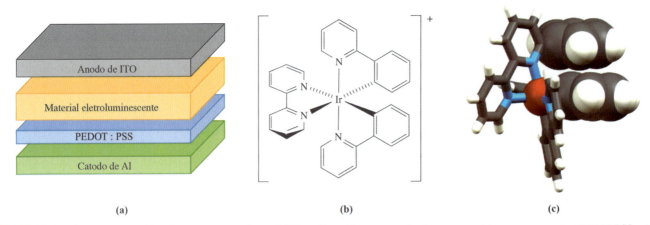

Fig. 28.10 (a) Diagrama esquemático dos componentes de uma LEC; no dispositivo, as camadas ficam em contato uma com a outra. PEDOT:PSS = pol i(3,4-etilenodioxitiofeno):poli(estireno sulfonato) e é um polímero condutor. A camada emissiva também contém pequenas quantidades de um líquido iônico (por exemplo, o hexafluoridofosfato de 1-butil-3-metilimidazólio, veja a Seção 9.12 – Volume 1) que é adicionado a fim de reduzir o tempo a atingir luminância máxima do dispositivo. (b) Um exemplo de um complexo de coordenação utilizado em LEC. (c) O uso do empilhamento π face a face para estabilizar os estados fundamental e excitado do complexo em uma LEC.

metais pesados nesses complexos, o acoplamento spin–órbita (veja a Seção 20.6) leva à mistura dos estados simpleto e tripleto, e os éxcitons de tripleto podem sofrer decaimento radiativo. Os OLED podem ser projetados para ser um emissor de cor única, mas podem ser produzidas fontes de luz branca (Fig. 28.8) pela combinação de emissores de diferentes comprimentos de onda.

Atualmente, os OLED são empregados principalmente para preparar mostradores de alta resolução para pequenas aplicações portáteis, por exemplo, telefones móveis. A preparação de telas maiores para aplicações em computadores e TV está em andamento. Outro uso dos OLED é na geração de luz branca para iluminação em geral. Para tais aplicações, as exigências do dispositivo são maiores e, portanto, são necessárias moléculas emissivas com maiores eficiências e estabilidades.

Iluminação em estado sólido: LEC

As células eletroquímicas emissoras de luz (LEC) diferem dos OLED por utilizarem materiais eletroluminescentes iônicos (em vez de neutros). A LEC mais simples consiste em dois eletrodos (o anodo é um OCT) com o material eletroluminescente entre eles. As primeiras LEC foram descritas em meados da década de 1990 por Heeger que, juntamente com MacDiarmid e Shirakawa, recebeu o Prêmio Nobel de Química de 2000 "pela descoberta e desenvolvimento de polímeros condutores". Uma LEC convencional consiste em um polímero semicondutor luminescente ao qual é adicionado um sal iônico tal como o Li[O$_3$SCF$_3$]. Para que os íons fiquem móveis dentro da célula, o polímero eletroluminescente deve ser ou condutor ou ser misturado com um polímero de transporte de íons (por exemplo, o óxido de polietileno). Diferente de um OLED, a operação de uma LEC não é dependente das funções trabalho dos eletrodos. Dessa maneira, podem ser empregados materiais de catodo estáveis ao ar (Au, Ag ou, frequentemente, Al); (ao contrário das exigências de um OLED). Quando uma corrente elétrica é passada através do dispositivo, as espécies iônicas móveis migram na direção dos eletrodos com carga. O material hospedeiro fica dopado produzindo um semicondutor do tipo n (carreadores de elétrons) próximo do catodo e um material do tipo p (carreadores de buracos) próximo do anodo. O processo de recombinação que leva à emissão de luz é semelhante ao descrito anteriormente para um OLED, mas os carreadores de carga são diferentes.

As LEC recém-desenvolvidas baseiam-se em complexos catiônicos emissivos ativos em redox de metais do bloco *d* como um único componente eletroluminescente (Fig. 28.10a). Os complexos de irídio(III) são as escolhas mais populares e podem transportar elétrons e buracos por sucessivos processos de redução e oxidação. Em um complexo como o [Ir(bpy)(ppy$_2$)]$^+$ (Fig. 28.10b, Hppy = 2-fenilpiridina), o HOMO é centrado no metal e o LUMO compreende orbitais π^* de ligantes. A aplicação de uma polarização elétrica no dispositivo leva à injeção de elétrons vindos do catodo para o LUMO do complexo, e à injeção de buracos provenientes do anodo para o HOMO. Os elétrons e buracos migram através do material por um mecanismo de salto análogo ao descrito anteriormente para os OLED. A recombinação resulta em uma emissão cuja energia (e, portanto, cor) depende da lacuna HOMO–LUMO do complexo.

Um problema com as LEC baseadas em complexos de metais do bloco *d* é sua limitada estabilidade. A expansão da esfera de coordenação do metal pode ocorrer na formação do éxciton. Isso permite que uma molécula de água se ligue ao íon Ir(III) resultando na formação de um novo complexo com a consequente extinção da emissão. A introdução de um substituinte fenila na posição 6 do ligante bpy no [Ir(bpy)(ppy)$_2$]$^+$ dá o complexo ilustrado na Fig. 28.10c. O substituinte fenila pendurado envolve-se em uma interação de empilhamento π face a face com a ciclometalação do anel fenila de um ligante [ppy]$^-$. A força dessa interação é suficiente para estabilizar os estados fundamental e excitado do complexo, e leva a um aumento dramático da vida útil do dispositivo.[†]

28.4 Supercondutividade

Supercondutores: primeiros exemplos e teoria básica

Um *supercondutor* é um material cuja resistência elétrica cai a zero quando é resfriado abaixo da sua *temperatura crítica*, T_c. Um supercondutor perfeito exibe comportamento diamagnético perfeito.

[†] Veja: H.J. Bolink *et al.* (2008) *Adv. Mater.*, vol. 20, p. 3910; S. Graber *et al.* (2008) *J. Am. Chem. Soc.*, vol. 130, p. 14944.

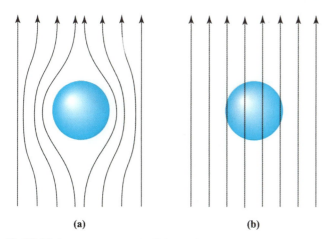

Fig. 28.11 O comportamento das linhas de fluxo magnético quando (a) um material supercondutor e (b) um material paramagnético normal é colocado em um campo magnético.

Tabela 28.1 Metais, ligas e compostos metálicos supercondutores selecionados

Elemento ou liga	T_c/K	Composto ou liga	T_c/K
Al	1,17	$AuPb_2$	3,15
α-Hg	4,15	InPb	6,65
In	3,41	Ir_2Th	6,50
Nb	9,25	Nb_2SnV	9,8
Ru	0,49	CuS	1,62
Sn	3,72	Nb_3Sn	18
Ti	0,40	TiO	0,58
Zn	0,85	SnO	3,81
Al_2Y	0,35	$(SN)_x$	0,26

A supercondutividade foi descoberta em 1911 por Onnes, que recebeu o Prêmio Nobel de Física de 1913. Onnes observou que quando resfriava o mercúrio até 4,2 K sua resistência elétrica caía abruptamente a zero. Duas propriedades caracterizam um supercondutor: quando resfriado até sua *temperatura crítica*, T_c, um supercondutor perde toda a resistência elétrica, e torna-se um material diamagnético perfeito. Se é aplicado um campo magnético externo a um supercondutor, o campo magnético aplicado é completamente excluído do material (Fig. 28.11a). Esse último efeito (o *efeito Meissner*) é detectado experimentalmente por um fenômeno incomum: se um ímã permanente é colocado no topo de um supercondutor quando ele é resfriado, na T_c o primeiro sobe ficando suspenso no ar acima do material supercondutor (Fig. 28.12). Se o campo magnético externo sendo aplicado ao supercondutor é aumentado continuamente, é atingido um ponto no qual o fluxo magnético penetra no material (Fig. 28.11b) e as propriedades supercondutoras são perdidas. Se a transição é bem definida, o supercondutor é classificado como um supercondutor do Tipo I (ou mole), e a intensidade do campo à qual ocorre a transição é o *campo magnético crítico* (H_c). Um supercondutor do Tipo II (ou duro) sofre uma transição gradativa de supercondutor para condutor normal. A mais baixa intensidade de campo na qual começa a penetração do fluxo magnético é H_{1c}. Em certo valor mais alto, H_{2c}, o material deixa de ser supercondutor. Entre H_{1c} e H_{2c}, é observada uma região de "estado misto".

Fig. 28.12 Uma ilustração do efeito Meissner.

Além da intensidade crítica do campo magnético, a *corrente crítica* transportada por um fio supercondutor é uma característica importante. Quando uma corrente flui através de um fio, é produzido um campo magnético. Um aumento da corrente, no caso de um fio supercondutor, por fim produzirá um campo magnético de intensidade igual a H_c. Essa corrente é chamada de *corrente crítica*. Para fins práticos, um supercondutor deverá exibir uma alta densidade de corrente crítica.

Vários metais, ligas e compostos metálicos são supercondutores do Tipo I (Tabela 28.1). No entanto, para colocar em perspectiva as limitações práticas de trabalho com os materiais enumerados na Tabela 28.1 (e outros, inclusive os fuleretos supercondutores descritos na Seção 14.4 – Volume 1), você deverá comparar os valores de T_c com os pontos de ebulição dos materiais de refrigeração disponíveis, por exemplo, o He líquido (4,2 K), o H_2 (20,1 K) e o N_2 (77 K). Os baixos valores de T_c limitam as possíveis aplicações desses materiais, e ilustram por que os chamados *supercondutores de alta temperatura*, descritos a seguir, têm potencial significativo em termos de aplicações.

A supercondutividade geralmente é descrita em termos da teoria de Bardeen–Cooper–Schrieffer (BSC) e nós descreveremos o modelo somente em termos simples.[†] Um *par de Cooper* consiste em dois elétrons de spin e momento oposto que são reunidos por um efeito cooperativo que envolve os núcleos positivamente carregados na rede cristalina vibratória. Os pares de elétrons de Cooper (que estão presentes no nível de Fermi, veja a Seção 6.8 – Volume 1) permanecem como pares ligados abaixo da temperatura crítica, T_c, e sua presença dá origem à condutividade livre de resistência. O modelo é válido para os primeiros supercondutores conhecidos. Embora os pares de Cooper ainda possam ser significativos para os cupratos (*supercondutores de alta temperatura*) descritos a seguir, são necessárias novas teorias. Até hoje, não surgiu nenhuma explicação completa para as propriedades condutoras dos supercondutores de alta temperatura.[‡]

[†] Para uma discussão mais profunda da teoria BSC (Bardeen–Cooper–Schrieffer), veja: J. Bradeen, L.N. Cooper and J.R. Schrieffer (1957) *Phys. Rev.*, vol. 108, p. 1175; A.R. West (1999) *Basic Solid State Chemistry*, 2. ed., Wiley-VCH, Weinheim.

[‡] Para modelos teóricos recentes, veja: A.S. Alexandrov (2011) *J. Supercond. Nov. Magn.*, vol. 24, p. 13 – "Key pairing interaction in cuprate superconductors"; M.R. Norman (2011) *Science*, vol. 332, p. 196 – "The challenge of unconventional superconductivity".

Supercondutores de alta temperatura

Desde 1987, os supercondutores de cuprato com $T_c > 77$ K têm sido o centro de intenso interesse. Um dos primeiros a serem descobertos foi o $YBa_2Cu_3O_7$ obtido pela reação 28.4. O teor de oxigênio do material final depende das condições de reação (por exemplo, temperatura e pressão).

$$4BaCO_3 + Y_2(CO_3)_3 + 6CuCO_3 \xrightarrow{1220\ K} 2YBa_2Cu_3O_{7-x} + 13CO_2 \quad (28.4)$$

Supercondutores de alta temperatura selecionados são listados na Tabela 28.2. O estado de oxidação dos centros do Cu no $YBa_2Cu_3O_7$ podem ser inferidos supondo-se estados de oxidação fixa de +3, +2 e –2 para Y, Ba e O, respectivamente; o resultado indica um composto misto Cu(II)/Cu(III). É obtido um resultado semelhante para alguns outros materiais listados na Tabela 28.2. Os supercondutores de alta temperatura possuem dois aspectos estruturais em comum:

- Suas estruturas são relacionadas à da perovskita. A Fig. 6.24 (Volume 1) mostrou uma representação dessa estrutura com o modelo de "bola e vareta". A mesma estrutura é ilustrada na Fig. 28.13a, porém com as esferas de coordenação octaédrica dos centros de Ti mostradas em representação poliédrica.
- Eles sempre contêm camadas de estequiometria CuO_2; elas podem ser planas (Fig. 28.13b) ou enrugadas.

A incorporação dos dois blocos de construção estrutural é ilustrada na Fig. 28.14, que mostra uma célula unitária do $YBa_2Cu_3O_7$. A célula unitária do $YBa_2Cu_3O_7$ pode ser considerada em termos de três células unitárias de perovskita empilhadas. Considerando o protótipo da perovskita como o $CaTiO_3$, então, indo do $CaTiO_3$ para o $YBa_2Cu_3O_7$, os íons Ba^{2+} e Y^{3+} substituem o Ca^{2+}, enquanto os centros de Cu substituem o Ti(IV). Em comparação com a estrutura derivada pelo empilhamento de três células unitárias de perovskita, a estrutura do $YBa_2Cu_3O_7$ é deficiente em oxigênio. Isso leva aos ambientes de coordenação do Cu serem planos quadrados ou piramidais de base quadrada (Fig. 28.14a), sendo os íons Ba^{2+} decacoordenados (Fig. 28.14b), e a cada íon Y^{3+} estar em um ambiente cúbico. A estrutura é facilmente descrita em termos de folhas, e a célula unitária da Fig. 28.14 pode ser representada esquematicamente como a estrutura em camadas **28.3**. Outros supercondutores de alta temperatura podem ser descritos de forma semelhante; por exemplo, o $Tl_2Ca_2Ba_2Cu_3O_{10}$ (contendo centros de Tl^{3+}, de Ca^{2+} e de Ba^{2+}) é composto da sequência de camadas **28.4**.

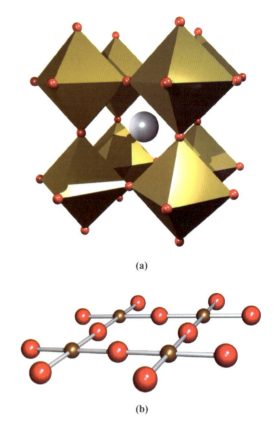

Fig. 28.13 (a) Uma célula unitária de perovskita, $CaTiO_3$, utilizando-se uma representação poliédrica dos ambientes de coordenação dos centros de Ti; um átomo de O (em vermelho) localiza-se em cada vértice do octaedro, e o íon Ca^{2+} é mostrado em cinza. (b) Parte de uma camada de estequiometria CuO_2 que forma um bloco de construção em todos os supercondutores de alta temperatura de cuprato. Código de cores: Cu, castanho; O, vermelho.

Tabela 28.2 Supercondutores de alta temperatura selecionados, com $T_c > 77$ K

Composto	T_c/K	Composto	T_c/K
$YBa_2Cu_3O_7$	93	$Tl_2CaBa_2Cu_2O_8$	119
$YBa_2Cu_4O_8$	80	$Tl_2CaBa_2Cu_3O_{10}$	128
$Y_2Ba_4Cu_7O_{15}$	93	$TlCaBa_2Cu_2O_7$	103
$Bi_2CaSr_2Cu_2O_8$	92	$TlCa_2Ba_2Cu_3O_8$	110
$Bi_2Ca_2Sr_2Cu_3O_{10}$	110	$Tl_{0,5}Pb_{0,5}Ca_2Sr_2Cu_3O_9$	120
$HgBa_2Ca_2Cu_3O_8$	135	$Hg_{0,8}Tl_{0,2}Ba_2Ca_2Cu_3O_{8,33}$	138

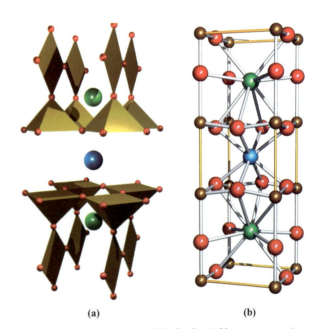

Fig. 28.14 Uma célula unitária do $YBa_2Cu_3O_7$. (a) Uma representação mostrando os poliedros de coordenação para os centros de Cu (planos quadrados ou piramidais de base quadrada); os íons Y^{3+} e Ba^{2+} são mostrados em azul e verde, respectivamente. (b) A célula unitária é apresentada empregando-se uma representação de "esferas e bastões". Código de cores: Cu, castanho; Y, azul; Ba, verde; O, vermelho.

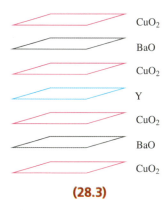

(28.3)

As camadas de óxido diferentes do CuO_2 nos supercondutores de cuprato são isoestruturais com as camadas de uma estrutura NaCl, e, desse modo, as estruturas às vezes são descritas em termos de camadas de perovskita e camadas de sal-gema.

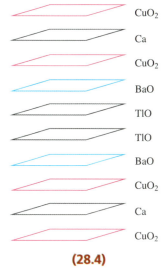

(28.4)

Uma discussão completa da ligação e das origens da supercondutividade nesses materiais de cuprato está além do escopo do presente livro, mas são descritos a seguir diversos pontos importantes. São as camadas do Cu_2O as responsáveis pelas propriedades supercondutoras, enquanto as outras camadas da rede agem como fontes de elétrons. O arranjo das camadas é um fator importante no controle da supercondutividade. Tomando os centros de Cu planos quadrados como o Cu(II) obtém-se uma configuração d^9, com os elétrons desemparelhados em um orbital $d_{x^2-y^2}$. As energias dos orbitais atômicos $3d$ e $2p$ são suficientemente próximas para permitir significativa mistura de orbitais, e é apropriada uma estrutura de banda. A banda meio preenchida é, então, sintonizada eletronicamente pelos efeitos dos "sumidouros de elétrons" que dão forma às camadas vizinhas na rede.

Supercondutores baseados em ferro

Os materiais supercondutores que consistem em estruturas em camadas contendo Fe foram descobertos pela primeira vez em 2008.[†] O composto base LaOFeAs (Fig. 28.15) adota uma estrutura em camadas, e cada camada é constituída de tetraedros de La_4 centrados no O ou de As_4 centrados no Fe. As distâncias Fe–Fe de 285 pm são consistentes com a significativa ligação Fe–Fe (r_{metal} para o Fe = 126 pm). O LaOFeAs não é um super-

[†] Veja: Y. Kamihara, T. Watanabe, M. Hirano and H. Hosono (2008) *J. Am. Chem. Soc.*, vol. 130, p. 3296.

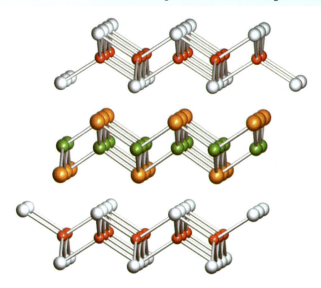

Fig. 28.15 Parte da estrutura tridimensional do LaOFeAs. A célula unitária contém duas unidades de fórmula LaOFeAs e a estrutura pode ser considerada como consistindo em camadas alternadas de La_2O_2 e Fe_2As_2. Código de cores: La, cinza-claro; O, vermelho; Fe, verde; As, laranja.

condutor, mas, quando 5–11% dos sítios de O^{2-} são dopados com íons F^- dando o $LaO_{1-x}F_xFeAs$, o material se torna supercondutor. A T_c mais alta (26 K) é observada com 11% de sítios dopados. Ao substituir o La por outros metais lantanoides, são obtidos os valores de 26 K < T_c ≤ 55 K. A dopagem com flúor nas camadas de La_2O_2 introduz carreadores de carga para as camadas de Fe_2As_2 e os carreadores de condução ficam restritos a essas camadas.

As cinco famílias de supercondutores que contêm Fe são:

- $FeSe_{1-x}Te_x$ com T_c ≤ 16 K;
- MFeAs (M = Li, Na) com T_c ≤ 18 K;
- $Ba_xK_{1-x}Fe_2As_2$ (sítios de Ba^{2+} dopados com K^+) com T_c = 38 K para x = 0,4;
- $MO_{1-x}F_xFeAs$ (M = La, Sm, Nd e sítios de O^{2-} dopados com F^-) com 26 K ≤ T_c ≤ 55 K;
- Fe_2As_2 ou Fe_2P_2/materiais de perovskita, por exemplo, o $Sr_4Sc_2O_6Fe_2P_2$ (T_c = 17 K), o $Ca_4(Mg, Ti)_3O_yFe_2As_2$ (T_c > 40 K).

As estruturas dos compostos-base não dopados são correlatas. O FeSe adota a mesma estrutura em camadas do PbO (Fig. 14.28 – Volume 1). No LiFeAs, os íons Li^+ estão localizados entre as camadas, que formalmente são negativamente carregadas, isto é, $[FeAs]^-$. A Fig. 28.16 é um resumo das relações entre as cinco famílias de materiais supercondutores. Nos materiais à base de perovskita, as camadas de $[Fe_2P_2]^{2-}$ podem substituir as camadas de $[Fe_2As_2]^{2-}$ mostradas na Fig. 28.16. As fórmulas gerais são $M_{n+1}M'_nO_{3n-1-y}Fe_2P_2$, $M_{n+1}M'_nO_{3n-1-y}Fe_2As_2$, $M_{n+2}M'_nO_{3n-y}Fe_2P_2$ e $M_{n+2}M'_nO_{3n-y}Fe_2As_2$, em que M = Ca, Sr, Ba, M' = Mg, Al, Sc, Ti, V, Cr, Co etc., e y é uma variável. Conforme nos supercondutores de cuprato, há um escopo considerável para ajustar a temperatura crítica pela variação dos metais e teor de O nos blocos de perovskita.

Fases de Chevrel

As fases de Chevrel são calcogenetos de metais ternários (de modo mais comum, os sulfetos) de fórmula geral $M_xMo_6X_8$ (M = metal do grupo 1 ou 2, ou metal do bloco p, d ou f; X = S, Se, Te). Elas podem ser preparadas pelo aquecimento dos elementos constituintes a ≈1300 K em tubos selados evacuados.

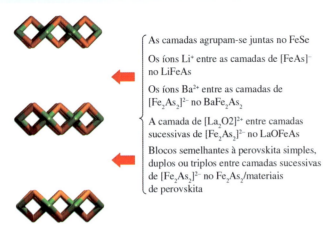

Fig. 28.16 A relação estrutural entre as cinco famílias de supercondutores que contêm Fe com blocos de construção de FeAs ou de Fe_2As_2.

{ As camadas agrupam-se juntas no FeSe
  Os íons Li^+ entre as camadas de $[FeAs]^-$ no LiFeAs
  Os íons Ba^{2+} entre as camadas de $[Fe_2As_2]^{2-}$ no $BaFe_2As_2$
{ A camada de $[La_2O2]^{2+}$ entre camadas sucessivas de $[Fe_2As_2]^{2-}$ no LaOFeAs
  Blocos semelhantes à perovskita simples, duplos ou triplos entre camadas sucessivas de $[Fe_2As_2]^{2-}$ no Fe_2As_2/materiais de perovskita

Os aglomerados de $Mo_6(\mu_3\text{-}X)_8$ são comuns a todas as fases de Chevrel. A Fig. 28.17 mostra a estrutura do bloco de construção de $Mo_6(\mu_3\text{-}S)_8$ no $PbMo_6S_8$, e a maneira pela qual as unidades ficam unidas. No estado sólido, as unidades de Mo_6X_8 são inclinadas umas com respeito às outras, gerando uma estrutura estendida que contém cavidades de diferentes tamanhos. Os íons de metais tais como o Pb^{2+} ocupam as cavidades maiores (Fig. 28.17b). Os buracos menores podem ser ocupados nas fases de Chevrel contendo pequenos cátions (por exemplo, o Li^+). Podem ser acomodados os íons de metais na faixa de 96 pm $\leq r_{ion} \leq$ 126 pm. A estrutura tem um grau de flexibilidade, e as dimensões da célula unitária variam com X e M. As propriedades físicas do material dependem também de X e M.

O composto binário Mo_6S_8 é metaestável e não pode ser sintetizado por combinação direta dos elementos. No entanto, pode ser produzido pela remoção do metal M de $M_xMo_6S_8$ por oxidação eletroquímica ou química (por exemplo, pelo tratamento com o I_2 ou o HCl aquoso, Eq. 28.5). Em seguida, outros metais podem ser intercalados na estrutura do Mo_6S_8, com M agindo como um doador de elétrons e a rede hospedeira aceitando até quatro elétrons por aglomerado de Mo_6S_8. Por exemplo, a intercalação do lítio (em uma reação do Mo_6S_8 com o BuLi) transfere quatro elétrons dando o $Li_4Mo_6S_8$, a intercalação de um metal do bloco f leva ao $M^{III}Mo_6S_8$, e, no $Pb^{II}Mo_6S_8$, o aglomerado de Mo_6S_8 aceitou dois elétrons.

$$M^{II}Mo_6S_8 + 2HCl \longrightarrow Mo_6S_8 + H_2 + MCl_2 \qquad (28.5)$$

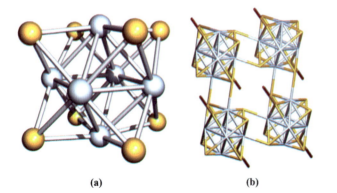

Fig. 28.17 (a) A estrutura do bloco de construção de Mo_6S_8 nas fases de Chevrel de fórmula geral $M_xMo_6S_8$. (b) Parte da estrutura estendida da fase de Chevrel $PbMo_6S_8$. As gaiolas de Mo_6S_8 são interligadas por meio de interações Mo–S e S–Pb–S. Código de cores: Mo, cinza-claro; S, amarelo; Pb, vermelho.

A intercalação reversível dos íons de metais e sua alta mobilidade no sólido sugerem possíveis aplicações das fases de Chevrel como materiais para eletrodos (compare com as propriedades apresentadas pelos sulfetos em camadas, Eq. 28.3). Existe um interesse particular pelo fato de a maioria das fases de Chevrel ser um supercondutor do Tipo II, e a Tabela 28.3 lista valores de T_c para materiais selecionados. Não apenas o $PhMo_6S_8$ tem uma T_c relativamente elevada (isto é, em comparação com metais e ligas supercondutores, Tabela 28.1), mas também exibe uma densidade de fluxo crítica muito alta ($B_{c2} \approx 50$ T). Essas propriedades tornam o $PbMo_6S_8$ adequado para aplicações de altos campos, embora sua densidade de corrente crítica (como as de outras fases de Chevrel) seja baixa demais para o $PbMo_6S_8$ encontrar usos industriais. A rede de aglomerados de Mo_6 é responsável pelas propriedades supercondutoras das fases de Chevrel. Os elétrons 4d do Mo estão localizados dentro dos aglomerados octaédricos de Mo_6, e isso resulta em uma estrutura de banda na qual as bandas que contêm caráter 4d de Mo ficam próximas do nível de Fermi. Na teoria BSC, essa estrutura de banda é consistente com temperaturas críticas relativamente altas. Nas fases do MMo_6X_8, a transferência de elétrons de M para os aglomerados de Mo_6 modifica as propriedades eletrônicas do material, resultando na variação observada nos valores de T_c.

Tabela 28.3 Exemplos de fases de Chevrel supercondutoras

Fase de Chevrel	T_c/K	Fase de Chevrel	T_c/K
$PbMo_6S_8$	15,2	$TlMo_6Se_8$	12,2
$SnMo_6S_8$	14,0	$LaMo_6Se_8$	11,4
$Cu_{1,8}Mo_6S_8$	10,8	$PbMo_6Se_8$	6,7
$LaMo_6S_8$	5,8	$Cu_2Mo_6Se_8$	5,6

Propriedades supercondutoras do MgB_2

Embora o boreto de magnésio, MgB_2, tenha sido conhecido desde a década de 1950, foi somente em 2001 que suas propriedades supercondutoras (T_c = 39 K) foram descobertas.[†] O MgB_2 sólido tem simetria hexagonal e consiste em camadas de átomos de Mg e B (Fig. 28.18). O arranjo dos átomos de B em cada folha de B_n no MgB_2 imita o dos átomos de C na grafita, mas (diferentemente das camadas de C_n adjacentes na grafita, Fig. 14.4 – Volume 1) os átomos nas sucessivas camadas de B_n ficam diretamente uns sobre os outros. Os átomos de Mg formam camadas compactadas em sanduíche entre as folhas de átomos de B. Os átomos de Mg no MgB_2 são considerados ionizados e a estrutura do boro (formalmente carregada negativamente) é, portanto, isoeletrônica com a grafita. Em termos da teoria das bandas, o MgB_2 exibe duas bandas π, uma delas ocupada (tipo elétrons) e uma desocupada (tipo buraco). As bandas σ (que ficam bem abaixo do nível de Fermi na grafita) cruzam o nível de Fermi no MgB_2, levando a bandas σ não preenchidas, o que contribui para as propriedades incomuns desse material. Nenhum outro boreto metálico mostrou ainda ter uma T_c tão elevada quanto a do MgB_2. O MgB_2 é um supercondutor do Tipo II. Embora o início da supercondutividade para o MgB_2 ocorra a uma temperatura muito inferior à dos supercondutores de cuprato, a estrutura em camadas simples do MgB_2 torna esse supercondutor de interesse particular.

[†] Veja: J. Nagamatsu, N. Nakagawa, T. Muranaka, Y. Zenitani and J. Akimitsu (2001) *Nature*, vol. 410, p. 63.

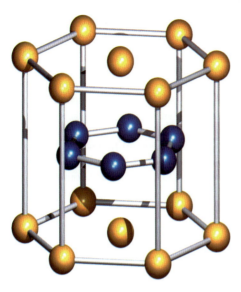

 Fig. 28.18 Uma unidade repetidora na estrutura de estado sólido do MgB$_2$. Código de cores: Mg, amarelo; B, azul.

Fig. 28.19 Técnico faz a inspeção do Large Hadron Collider, que corre em um túnel de 27 km no CERN, próximo de Genebra, Suíça. Os ímãs supercondutores ficam alojados no criostato tubular azul.

Nos últimos 10 anos foi feito um rápido progresso na produção de fios, fitas e películas finas de MgB$_2$, e foi desenvolvido um ímã de IRM à base de MgB$_2$ pela ASG Superconductors em 2006.[†] A fabricação de películas finas de MgB$_2$ por deposição de vapor químico (DVQ, veja a Seção 28.6) utiliza o B$_2$H$_6$ com gás carreador H$_2$ como uma fonte de B, que, então, reage com o vapor de Mg sob atmosfera de Ar, a ≈950 K. É essencial excluir o O$_2$, pois ele oxida o Mg. A exclusão do C também é importante: a substituição dos átomos de B por átomos de C no MgB$_2$ diminui o valor de T_c. Por outro lado, a dopagem do carbono pode ser desejável em certos casos, já que ele intensifica a densidade de corrente crítica do MgB$_2$.

Aplicações dos supercondutores

Atualmente as aplicações comerciais dos supercondutores de alta temperatura estão bem estabelecidas. A maioria dos escâneres de imagens por ressonância magnética (veja o Boxe 4.3 – Volume 1) baseia-se em ímãs supercondutores com densidades de fluxo de 0,5–2,0 T. Atualmente, são utilizados cabos multicondutores de NbTi (T_c = 9,5 K), mas a substituição por supercondutores de alta temperatura seria benéfica em termos financeiros. O acelerador de partículas Large Hadron Collider, no CERN, que iniciou suas operações em 2008, depende de 10.000 ímãs supercondutores de NbTi (fabricados na forma de cabos altamente uniformes) que ficam alojados em criostatos (Fig. 28.19) contendo ≈130 t de He para manter a temperatura operacional de 1,9 K. O uso de magnetos supercondutores produz densidades de fluxo >8 T, e os dois feixes de prótons em contrarrotação no acelerador atingem energias de 7×10^{12} eV (7 TeV).

A combinação de dois supercondutores separados por uma fina barreira de óxido, que é um isolante fraco, compõe uma *junção Josephson*, um dispositivo que é muito sensível a campos magnéticos. Entre as aplicações das junções Josephson está seu papel nos sistemas SQUID (sigla em inglês para *dispositivo supercondutor de interferência quântica*) para medir suscetibilidades magnéticas. A extrema sensibilidade de um SQUID permite seu emprego na medição de sinais biomagnéticos muito fracos, como os que se originam no cérebro, e os navios da marinha equipados com os SQUID aumentaram a sensibilidade na detecção de minas submarinas.

Os supercondutores encontraram aplicação no desenvolvimento de sistemas de trem que operam com *levitação magnética* (sigla em inglês, MAGLEV), na qual o trem viaja efetivamente a ≈10 mm acima do seu trilho, isto é, um movimento praticamente sem atrito. O primeiro trem comercial entrou em serviço em Xangai em 2003, e pode atingir velocidades de 440 km h^{-1}.

Para o desenvolvimento de aplicações para supercondutores, dois obstáculos em particular têm de ser superados. O primeiro é que o material tem de ser resfriado até temperaturas baixas de forma a atingir a T_c. À medida que supercondutores de temperaturas mais elevadas são desenvolvidos, essa grande desvantagem tem ficado menor, porém ainda impede o uso dos supercondutores em ambientes convencionais. O segundo problema é o da fabricação. Quando preparados na forma de um material maciço, os supercondutores de cuprato têm densidades de corrente críticas inaceitavelmente baixas, isto é, a supercondutividade é perdida depois que o material tiver transportado apenas uma quantidade limitada de corrente. A origem do problema está na presença de fronteiras granuladas no sólido e ele pode ser superado pelo preparo de películas finas utilizando-se, por exemplo, DVQ (veja a Seção 28.6) ou *texturizando-se* o material (isto é, alinhamento de cristalitos) por meio de técnicas de cristalização especiais ou trabalho mecânico. Mesmo com os avanços realizados até agora, a aplicação dos supercondutores para transmissão maciça de energia não é para amanhã.

Exercícios propostos

1. Os ímãs supercondutores em espectrômetros de RMN de alto campo são produzidos rotineiramente a partir de uma liga de NbTi, e o ímã tem de ser resfriado. Que agente de refrigeração você utilizaria, e por quê? Sugira razões pelas quais os supercondutores de alta temperatura não são atualmente empregados em espectrômetros de RMN.

2. Em 1911, Onnes apresentou o primeiro metal supercondutor, o mercúrio. A T_c do Hg é de 4,15 K. Faça um esquema gráfico do que Onnes observou no resfriamento do Hg abaixo de 4,5 K, dado que a resistência da amostra no experimento era de 1,3 Ω a 4,5 K.

[†] R. Penco and G. Grasso (2007) *IEEE Trans. Appl. Supercond.*, vol. 17, p. 2291 – "Recent development of MgB$_2$-based large scale applications".

28.5 Materiais cerâmicos: pigmentos coloridos

> Um material *cerâmico* é um sólido duro de alto ponto de fusão que normalmente é quimicamente inerte.

Os materiais cerâmicos são encontrados a cada instante no dia a dia, por exemplo, ladrilhos e azulejos, louças, pias, banheiras e cerâmica decorativa e telhas. Os supercondutores de alta temperatura de cuprato discutidos anteriormente são materiais cerâmicos. Muitos materiais cerâmicos consistem em óxidos ou silicatos de metais, e a adição de pigmentos brancos e coloridos é uma enorme preocupação industrial. Em capítulos anteriores, mencionamos o uso de diversos óxidos de metal (por exemplo, o CoO e o TiO_2, Boxes 21.3 e 21.8) como pigmentos coloridos. Um dos fatores que tem de ser levado em conta ao escolher um pigmento é a necessidade desse pigmento de resistir às altas temperaturas de queima envolvidas na fabricação das cerâmicas. Esse fato se opõe à introdução de pigmentos em, por exemplo, tecidos.

Pigmentos brancos (opacificantes)

> Um *opacificante* é um aditivo de esmalte que torna opaco um esmalte que seria transparente.

Os opacificantes comerciais mais importantes em materiais cerâmicos são o TiO_2 (na forma de anatase) e o $ZrSiO_4$ (zircônia). Embora o SnO_2 seja também bastante adequado, seu uso não é efetivo em termos de custo como o do TiO_2 e o $ZrSiO_4$, e é utilizado apenas para fins especiais. O óxido de zircônio(IV) também é um excelente opacificante, mas tem custo mais elevado do que o $ZrSiO_4$. Partículas finas desses pigmentos espalham luz incidente de forma extremamente forte: os índices de refração da anatase, do $ZrSiO_4$, do ZrO_2 e do SnO_2 são 2,5; 2,0; 2,2 e 2,1, respectivamente. A temperatura de queima do material cerâmico determina se o TiO_2 é ou não um pigmento adequado para uma aplicação particular. Acima de 1120 K, a anatase converte-se em rutilo, e, embora o rutilo também tenha um alto índice de refração ($\mu = 2,6$), a presença de partículas relativamente grandes de rutilo impede que ele funcione como um opacificante efetivo. Portanto, a anatase é útil somente se as temperaturas de trabalho não excederem a temperatura de transição de fase. A zircônia é passível de uso a temperaturas de queima mais elevadas. Ela pode ser adicionada ao esmalte fundido e precipita na forma de partículas finas dispersas no esmalte à medida que é resfriada.

Adição de cor

A substituição de cátions em uma rede hospedeira tal como o ZrO_2, TiO_2, SnO_2 ou o $ZrSiO_4$ é uma forma de alterar a cor de um pigmento. O cátion substituinte deve ter um ou mais elétrons desemparelhados de modo a dar origem a uma absorção na região do visível (veja a Seção 20.7). Os pigmentos amarelos empregados para colorir as cerâmicas incluem o $(Zr,V)O_2$ (que retém a estrutura da *badeleíta*); a forma monoclínica do ZrO_2, na qual o metal é heptacoordenado; o $(Sn,V)O_2$ (com uma estrutura da *cassiterita* dopada com V) e o $(Zr,Pr)SiO_4$ (com uma rede de *zircônia* dopada com ≈5% de Pr). A pigmentação azul pode ser obtida com o uso do $(Zr,V)SiO_4$ e isso é empregado rotineiramente quando é necessária a queima à alta temperatura. Os pigmentos à base de óxido de cobalto produzem uma coloração azul mais intensa do que a zircônia dopada com vanádio, mas são instáveis para uso a temperaturas elevadas. O teor de óxido de cobalto necessário em uma cerâmica azul é ≈0,4–0,5% de Co.

Os espinélios (AB_2O_4) (veja o Boxe 13.7 – Volume 1) são uma importante classe de óxido para a manufatura de pigmentos castanhos e negros para cerâmicas. Os três espinélios $FeCr_2O_4$, $ZnCr_2O_4$ e $ZnFe_2O_4$ são estruturalmente correlatos, formando uma família na qual os íons Fe^{2+} ou Zn^{2+} ocupam sítios tetraédricos, enquanto os íons Cr^{3+} ou Fe^{3+} estão octaedricamente situados. Na natureza, a substituição de cátions ocorre para produzir, por exemplo, cristais negros do mineral *franklinita* $(Zn,Mn,Fe)(Fe,Mn)_2O_4$ que tem uma composição variável. Na indústria de cerâmica, os espinélios para uso como pigmentos são preparados pelo aquecimento de óxidos de metais adequados juntos em proporções estequiométricas apropriadas de forma a controlar a substituição de cátions em um espinélio base. No $(Zn,Fe)(Fe,Cr)_2O_4$, pode ser obtida uma gama de tons castanhos com a variação das composições do sítio dos cátions. Para o mercado comercial, a reprodutibilidade do tom das cores, é claro, é essencial.

28.6 Deposição de vapor químico (DVQ)

O desenvolvimento da *deposição de vapor químico* ficou estreitamente associado com a necessidade de depositar finas películas de uma série de metais e materiais inorgânicos para uso em, por exemplo, dispositivos semicondutores, revestimentos para cerâmicas e materiais eletrocrômicos. A Tabela 28.4 lista algumas aplicações de materiais de películas finas selecionados. Parte do desafio da produção bem-sucedida de películas finas está em encontrar precursores moleculares adequados, e há muito interesse de pesquisa nessa área. Ilustramos a DVQ concentrando-nos na deposição de materiais específicos, inclusive os semicondutores. Em qualquer processo de DVQ industrial, o projeto do reator é crucial para a eficiência da deposição, e deve-se reconhecer que os *diagramas fornecidos de reatores de DVQ são altamente esquemáticos*.

> *Deposição de vapor químico* (DVQ) é a liberação (por transporte de massa uniforme) de um precursor ou precursores voláteis em uma superfície aquecida, na qual ocorre uma reação depositando uma fina película do produto sólido; a superfície deve estar quente o suficiente para permitir a reação, porém fria o suficiente para permitir a deposição do sólido. Também é possível a deposição em camadas múltiplas.
>
> *Deposição de vapor químico metal-orgânico* (sigla em inglês, MOCVD) refere-se especificamente ao uso de precursores metal–orgânico.
>
> Na **DVQ assistida por plasma**, é utilizado um plasma (um gás ionizado) para facilitar a formação de uma película, ou por tratamento do substrato antes da deposição, ou pelo auxílio da dissociação molecular.

Silício de alta pureza para semicondutores

Embora o Ge tenha sido o primeiro semicondutor a ser utilizado comercialmente, é o Si que agora lidera o mercado mundial. O germânio foi substituído, não somente pelo Si, mas por diversos materiais semicondutores recém-desenvolvidos. Todos os semicondutores de silício são fabricados por DVQ. No Boxe

Tabela 28.4 Algumas aplicações de materiais de películas finas selecionados; veja também a Tabela 28.6

Película fina	Aplicações
Al$_2$O$_3$	Resistência à oxidação
AlN	Circuitos integrados de alta potência; dispositivos acústicos
C (diamante)	Ferramentas de corte e revestimentos resistentes ao desgaste; dissipador de calor em diodos a laser; componentes óticos
CdTe	Células solares
CeO$_2$	Revestimentos óticos; filmes isolantes
GaAs	Dispositivos semicondutores; eletro-ótica; (inclusive células solares)
GaN	Diodos emissores de luz (LED)
GaAs$_{1-x}$P$_x$	Diodos emissores de luz (LED)
LiNbO$_3$	Cerâmica para eletro-ótica
NiO	Dispositivos eletrocrômicos
Si	Semicondutores, muitas de suas aplicações incluem células solares
Si$_3$N$_4$	Barreiras de difusão e revestimentos inertes em dispositivos semicondutores
SiO$_2$	Guias de ondas óticas
SnO$_2$	Sensores para gases redutores, por exemplo, H$_2$, CO, CH$_4$, NO$_x$
TiC	Resistência ao desgaste
TiN	Redução do atrito
W	Revestimentos de metal sobre circuitos integrados semicondutores
WO$_3$	Janelas eletroquímicas
ZnS	Janelas de infravermelho

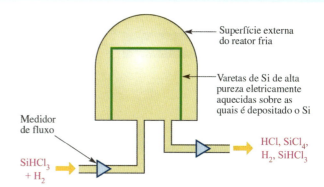

Fig. 28.20 Representação esquemática da montagem de DVQ utilizada para depositar silício de alta pureza por decomposição térmica do SiHCl$_3$.

6.3 – Volume 1, fizemos a descrição do processo Czochralski para obtenção de monocristais de silício puro. O próprio silício empregado para crescimento de cristais deve ser de alta pureza e é necessário um estágio de purificação em seguida à fabricação do Si a partir do SiO$_2$ (reação 28.6). O silício bruto é primeiramente convertido no SiHCl$_3$ volátil que, logo depois, é reconvertido a um grau de pureza superior de Si (Eq. 28.7) pelo uso de DVQ.

$$SiO_2 + 2C \xrightarrow{\Delta} Si + 2CO \tag{28.6}$$

$$3HCl + Si \underset{1400 K}{\overset{620 K}{\rightleftharpoons}} SiHCl_3 + H_2 \tag{28.7}$$

A Fig. 28.20 ilustra o procedimento industrial de DVQ: o SiHCl$_3$ e o H$_2$ passam para dentro do vaso de reação, onde entram em contato com uma superfície de silício de alta pureza, eletricamente aquecida até 1400 K. A retrorreação 28.7 é altamente endotérmica e ocorre na superfície do Si depositando Si adicional (p.fus. 1687 K). Não ocorre nenhuma deposição nas paredes do vaso porque elas são mantidas frias, desprovidas do calor necessário para facilitar a reação entre o SiHCl$_3$ e o H$_2$. Um produto secundário da reação de deposição é o SiCl$_4$ (Eq. 28.8), parte do qual reage com o H$_2$ dando mais SiHCl$_3$. O restante sai com os gases de descarga[†] e encontra aplicações na fabricação da sílica.

$$4SiHCl_3 + 2H_2 \rightarrow 3Si + 8HCl + SiCl_4 \tag{28.8}$$

Um processo de DVQ de desenvolvimento mais recentemente começa com o SiH$_4$ (Eq. 28.9), que é primeiramente preparado a partir do SiHCl$_3$ pelo esquema 28.10.

$$SiH_4 \xrightarrow{\Delta} Si + 2H_2 \tag{28.9}$$

$$\left.\begin{array}{l} 2SiHCl_3 \rightarrow SiH_2Cl_2 + SiCl_4 \\ 2SiH_2Cl_2 \rightarrow SiH_3Cl + SiHCl_3 \\ 2SiH_3Cl \rightarrow SiH_4 + SiH_2Cl_2 \end{array}\right\} \tag{28.10}$$

O silício de alta qualidade produzido por DVQ é praticamente isento de impurezas de B ou de P, e isso é essencial, apesar do fato de a dopagem com B ou P ser uma rotina (Fig. 28.21). O cuidadoso ajuste das propriedades de semicondutores do tipo n ou p (veja a Seção 6.9 – Volume 1) depende da adição *controlada* de B, Al, P ou As durante sua fabricação.

Nitreto de boro α

Películas finas de α-BN (que possui uma estrutura em camadas, Fig. 13.22 – Volume 1) podem ser depositadas por DVQ utilizando-se reações de NH$_3$ com compostos voláteis de boro tais como o BCl$_3$ (Eq. 28.11) ou o BF$_3$, em temperaturas de ≈1000 K.

$$BCl_3 + NH_3 \xrightarrow{\Delta} BN + 3HCl \tag{28.11}$$

Uma importante aplicação dessas películas é na dopagem do silício gerando um semicondutor do tipo p (Fig. 28.21). O silício de qualidade semicondutora é primeiramente oxidado para prover uma camada de SiO$_2$ que, em seguida, passa por decapagem. A deposição de uma película fina de α-BN oferece contato entre o Si e o α-BN dentro das zonas decapadas. Com aquecimento sob N$_2$, os átomos de B vindos da película difundem-se para o silício dando o semicondutor do tipo p desejado, que é finalmente galvanizado com uma fina película de níquel (veja "Deposição de metal", a seguir).

Os filmes de nitreto de boro α têm diversas outras aplicações que fazem uso de dureza, resistência à oxidação e propriedades isolantes do material.

[†] Para uma avaliação do tratamento de resíduos voláteis oriundos da indústria de semicondutores, veja: P.L. Timms (1999) *J. Chem. Soc., Dalton Trans.*, p. 815.

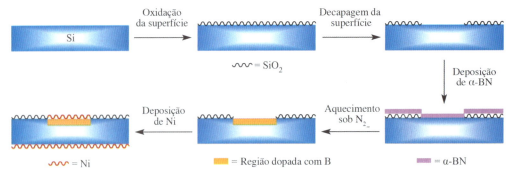

Fig. 28.21 Dopagem do silício com boro utilizando α-BN.

Nitreto e carbeto de silício

A preparação e a estrutura do Si_3N_4 foram discutidas ao final da Seção 14.12 – Volume 1. Suas aplicações na forma de um material refratário estão difundidas, como estão suas aplicações na indústria da microeletrônica e construção de células solares. As finas películas de Si_3N_4 podem ser preparadas pela reação do SiH_4 ou do $SiCl_4$ com a NH_3 (Eq. 14.90), ou do $SiCl_4$ com o N_2H_4. Os filmes depositados usando o $(\eta^5-C_5Me_5)SiH_3$ (**28.5**) como um precursor com uma técnica de *DVQ assistida por plasma* têm a vantagem da baixa contaminação por carbono. O precursor é produzido por redução do $(\eta^5-C_5Me_5)SiCl_3$ com uso do $Li[AlH_4]$ e se trata de um composto volátil estável ao ar e ao calor, ideal para DVQ.

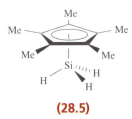

(28.5)

O carbeto de silício (*carborundum*) tem diversos polimorfos. A forma β adota a estrutura da wurtzita (Fig. 6.21 – Volume 1). Ele é extremamente duro, resiste ao desgaste, suporta temperaturas altíssimas, tem uma alta condutividade térmica e um baixo coeficiente de expansão térmica, e vem sendo utilizado como material refratário e pó abrasivo. Desenvolvimentos recentes de métodos de DVQ adequados possibilitaram a deposição do β-SiC de pureza >99,99%. Os precursores adequados são os alquilsilanos, os alquilclorossilanos, ou os alcanos com clorossilanos. O carbeto de silício é um semicondutor IV–IV (lacuna de banca = 2,98 eV) que tem aplicação particular para dispositivos de alta frequência e para sistemas que operam a altas temperaturas. As finas películas exibem excelentes propriedades de reflexão e são utilizadas na produção de espelhos para sistemas de radar a laser, lasers de alta energia, equipamento de raios X síncrotron e telescópios astronômicos. O carbeto de silício também é empregado para diodos emissores de luz (LED) azul. As fibras de carbeto de silício são descritas na Seção 28.7.

Semicondutores III–V

O semicondutor III–V deriva da antiga numeração de grupo dos grupos 13 (III) e 15 (V). O nitreto de alumínio (AlN) é um isolante, e o GaN e o InN são semicondutores de lacuna de banda larga (Fig. 28.22). Os semicondutores III–V importantes compreendem o AlAs, AlSb, GaP, GaAs, GaSb, InP, InAs e o InSb e, deles, o GaAs é o mais importante comercialmente. As lacunas de banda desses materiais são comparadas à do Si (1,10 eV) na Fig. 28.22. O silício é líder do mercado comercial como material semicondutor, e o GaAs ocupa o segundo lugar. O GaAs desempenha um papel importante nas tecnologias de optoeletrônica, informação e telefones móveis. Embora o GaAs e o InP possuam lacunas de banda semelhantes ao Si, eles apresentam maiores mobilidades eletrônicas, tornando-os de grande valor comercial para circuitos de computadores de alta velocidade. Os materiais

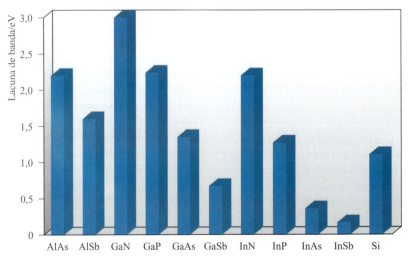

Fig. 28.22 Lacunas de banda (a 298 K) dos semicondutores III–V e do Si.

Tabela 28.5 A dependência que o comprimento de onda λ tem da composição do material da radiação emitida pelo GaAs$_{1-x}$P$_x$

x no GaAs$_{1-x}$P$_x$	Substrato	λ / nm	Cor observada ou região do espectro
0,10	GaAs	780	Infravermelho
0,39	GaAs	660	Vermelho
0,55	GaP	650	Vermelho
0,65	GaP	630	Laranja
0,75	GaP	610	Laranja
0,85	GaP	590	Amarelo

ternários também são importantes, por exemplo, o GaAs$_{1-x}$P$_x$ é empregado em LED para mostradores de calculadoras de bolso, relógios digitais e similares. A cor da luz emitida depende da lacuna de banda (Tabela 28.5). Nesses dispositivos, o semicondutor converte energia elétrica em energia ótica.

As películas finas de GaAs são depositadas comercialmente utilizando técnicas de DVQ por reações tais como a 28.12. A hidrólise lenta do GaAs ao ar úmido significa que as películas devem ser revestidas como proteção.

$$Me_3Ga + AsH_3 \xrightarrow{900\,K} GaAs + 3CH_4 \quad (28.12)$$

A produção comercial do GaAs$_{1-x}$P$_x$ requer o crescimento epitaxial do material cristalino em um substrato.

> O crescimento *epitaxial* de um cristal em um cristal substrato é tal que o crescimento acompanha o eixo cristalino do substrato.

A Fig. 28.23 mostra a representação de uma aparelhagem empregada para depositar GaAs$_{1-x}$P$_x$. A temperatura operacional é normalmente ≈1050 K e o H$_2$ é utilizado como gás carreador. O gálio (p.fus. 303 K, p.eb. 2477 K) é mantido em um vaso dentro do reator. Ele reage com o HCl seco que entra dando o GaCl que, então, se desproporciona (esquema 28.13), fornecendo o Ga no substrato.

$$\left.\begin{array}{l}2Ga + 2HCl \rightarrow 2GaCl + H_2 \\ 3GaCl \rightarrow 2Ga + GaCl_3\end{array}\right\} \quad (28.13)$$

As proporções dos hidretos do grupo 15 que entram no reator podem ser variadas conforme a necessidade. Eles se decompõem termicamente pela reação 28.14 produzindo os componentes elementares para o semicondutor ternário na superfície do substrato. Reagentes de alta pureza são essenciais para a deposição de películas que sejam de qualidade comercial aceitável.

$$2EH_3 \rightarrow 2E + 3H_2 \quad E = As \text{ ou } P \quad (28.14)$$

A Tabela 28.5 ilustra como a variação da composição do semicondutor afeta a cor da luz emitida por um LED que contém GaAs$_{1-x}$P$_x$. Os dopantes podem ser adicionados ao semicondutor através da injeção de um precursor do dopante volátil no influxo de gás PH$_3$ e AsH$_3$. Para um semicondutor do tipo n, pode ser utilizado o H$_2$S ou o Et$_2$Te, fornecendo os dopantes de átomos de S ou Te.

Os telefones móveis incorporam bolachas de transistor bipolar de heterojunção epitaxial III–V de camadas múltiplas tais como aquela ilustrada na Fig. 28.24. As junções p–n em qualquer um dos lados da camada básica são um aspecto crucial dos dispositivos semicondutores. Na bolacha ilustrada na Fig. 28.24 (e em outras bolachas semelhantes) a camada básica do tipo p deve ser altamente dopada para oferecer desempenho em alta frequência. A escolha do dopante é crucial, por exemplo, o uso de um dopante de Zn (veja a seguir) resulta na sua difusão nas camadas emissoras do tipo n. Esse problema foi superado pela dopagem com C, que apresenta um baixo coeficiente de difusão; as bolachas (wafers) dopadas com C vêm sendo utilizadas comercialmente desde o início da década de 1990.

A lacuna de banda estreita do InSb (Fig. 28.22) significa que o InSb pode ser empregado como um fotodetector dentro de uma região de comprimento de onda de 2–5 μm (isto é, no infravermelho). Esses detectores IV têm aplicações militares.

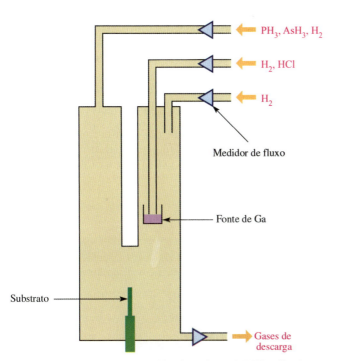

Fig. 28.23 Representação esquemática do conjunto de DVQ utilizado para o crescimento epitaxial do GaAs$_{1-x}$P$_x$; o H$_2$ é o gás carreador.

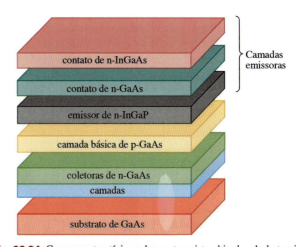

Fig. 28.24 Componentes típicos de um transistor bipolar de heterojunção de camadas múltiplas, na forma de uma bolacha, onde cada camada é depositada por DVQ. No dispositivo, as camadas ficam em contato umas com as outras.

Exercícios propostos

1. Por que os adutos amina do GaH$_3$ são de interesse como possíveis precursores em DVQ?
   [*Resp.*: Veja a Fig. 13.10 – Volume 1 e a discussão]
2. O que você pode dizer a respeito das estruturas de banda do AlN, do GaAs e do Si?
   [*Resp.*: Veja a Seção 6.8 – Volume 1]

Deposição de metal

O uso de precursores moleculares voláteis, frequentemente organometálicos, visando a deposição de finas películas de metais para contatos e fiação em dispositivos elétricos (isto é, conexões semicondutor–metal) e como fontes de dopantes em semicondutores é uma parte importante dos modernos processos e manufaturas. A estratégia geral é escolher um complexo organometálico volátil que possa ser decomposto termicamente sobre o substrato, depositando o filme de metal e liberando produtos orgânicos que possam ser removidos nos gases de descarga. O uso de derivados de metila como precursores frequentemente leva à contaminação por carbono mais alta que a aceitável da película de metal depositada, e, por essa razão, outros substituintes tendem a ser preferidos.

O alumínio é depositado por MOCVD utilizando o R$_3$Al (por exemplo, R = Et), apesar do fato de esses compostos serem pirofóricos. As películas de vanádio podem ser depositadas pela reação 28.15.

$$VCl_4 + 2H_2 \xrightarrow{1450\,K} V + 4HCl \qquad (28.15)$$

As películas de níquel podem ser depositadas a partir do Ni(CO)$_4$, mas o controle de temperatura é importante, pois, acima dos 470 K, há uma forte tendência à deposição de impurezas de carbono. Outros precursores adequados incluem o (η^5-Cp)$_2$Ni e o Ni(acac)$_2$.

O arseneto de gálio pode ser dopado com Sn pelo uso de derivados da alquila de estanho(IV) tais como o Me$_4$Sn e o Bu$_4$Sn, embora o primeiro tenda a resultar em contaminação pelo carbono. O zinco é adicionado como um dopante de, por exemplo, AlGaAs (dando um semicondutor do tipo p) e pode ser introduzido pela adição de quantidades apropriadas de Et$_2$Zn aos precursores voláteis para o semicondutor ternário (Me$_3$Al, Me$_3$Ga e AsH$_3$). O silício, o GaAs e o InP podem ser dopados com Er, e o Cp$_3$Er é um precursor adequado; de modo semelhante, é usado o Cp$_3$Yb para dopar o InP com Yb.

Revestimentos cerâmicos

O desenvolvimento de técnicas de DVQ possibilitou o rápido progresso na comercialização da aplicação de revestimentos cerâmicos a ferramentas de carbeto utilizadas no corte do aço. Os revestimentos resistentes ao desgaste com espessuras ≈5–10 μm atualmente são adicionados normalmente a ferramentas de corte para serviço pesado de forma a prolongar sua vida útil e permitir que as ferramentas operem a velocidades de corte significativamente mais altas. As camadas múltiplas podem ser facilmente aplicadas utilizando-se DVQ, e o método é favorável para revestir superfícies não uniformes.

Um revestimento de Al$_2$O$_3$ oferece resistência contra abrasão e oxidação, podendo ser depositado pela reação em um substrato (≈1200–1500 K) de AlCl$_3$, CO$_2$ e H$_2$. A resistência à abrasão também é dada pelo TiC, enquanto o TiN provê uma barreira contra o atrito. Os precursores voláteis utilizados para o TiC são o TiCl$_4$, o CH$_4$ e o H$_2$, e o TiN é depositado utilizando-se o TiCl$_4$, o N$_2$ e o H$_2$, em temperaturas >1000 K. Em geral, as camadas de nitreto são depositadas com o uso de cloretos de metal voláteis, com o H$_2$ e o N$_2$ como os precursores moleculares. De importância particular para revestimentos resistentes ao desgaste são os nitretos de Ti, Zr e Hf.

A perovskita e os supercondutores de cuprato

A Tabela 28.6 lista aplicações de alguns dos óxidos mistos metálicos do tipo perovskita de maior importância comercial, e ilustra que são as propriedades dielétricas, ferroelétricas, piezoelétricas (veja a Seção 14.9 – Volume 1) e piroelétricas desses materiais que são exploradas na indústria eletrônica.

> *Ferroelétrico* significa o alinhamento espontâneo de dipolos elétricos causado por interações entre eles; os domínios formam-se de maneira análoga aos domínios de dipolos magnéticos em um material *ferromagnético* (veja a Fig. 20.32 e discussão correlata).

A fabricação industrial de dispositivos eletrônicos contendo óxidos de metal do tipo perovskita tradicionalmente envolve a preparação de materiais em pó que, em seguida, são fundidos conforme a necessidade. No entanto, existe um grande interesse em nível de pesquisa pelo desenvolvimento de técnicas para deposição de películas finas e, na presente seção, consideramos o uso de métodos de DVQ.

A reação 28.16 é um dos métodos convencionais de preparo do BaTiO$_3$. Uma segunda rota (utilizada industrialmente) envolve a preparação do BaTiO(ox)$_2\cdot$4H$_2$O (ox = oxalato) a partir do

Tabela 28.6 Aplicações eletrônicas de óxidos de metal mistos do tipo perovskita

Óxido de metal misto	Propriedades do material	Aplicações eletrônicas
BaTiO$_3$	Dielétricos	Sensores; amplificadores dielétricos; dispositivos de memória
Pb(Zr,Ti)O$_3$	Dielétricos; piroelétricos; piezoelétricos	Dispositivos de memória; dispositivos acústicos
Pb(Zr,Ti)O$_3$ dopado com La	Eletro-óticas	Mostradores de memória óticos
LiNbO$_3$	Piezoelétricas; eletro-óticas	Mostradores de memória óticos; dispositivos acústicos; guias de onda; lasers; holografia
K(Ta,Nb)O$_3$	Piroelétricas; eletro-óticas	Pirodetetor; guias de onda; duplicação de frequência

BaCl$_2$, TiCl$_4$, H$_2$O e H$_2$ox, seguida de decomposição térmica (esquema 28.17).

$$TiO_2 + BaCO_3 \xrightarrow{\Delta} BaTiO_3 + CO_2 \quad (28.16)$$

$$BaTiO(ox)_2 \cdot 4H_2O \xrightarrow[\text{desidratar}]{400\,K} BaTiO(ox)_2$$
$$\downarrow 600\,K, -CO, -CO_2$$
$$\tfrac{1}{2} BaTi_2O_5 + \tfrac{1}{2} BaCO_3 \quad (28.17)$$
$$\downarrow 900\,K, -CO_2$$
$$BaTiO_3$$

(28.6) 'Bu — C(H)=C — 'Bu, com O⁻, O⁻

(28.7) F$_3$C — C(H)=C — CF$_3$, com O⁻, O⁻

Também é possível depositar o BaTiO$_3$ com o uso de DVQ (Fig. 28.25), sendo a fonte de Ti o alcóxido Ti(O^{i}Pr)$_4$ e de Ba, um complexo de cetonato β tal como o BaL$_2$, em que o L$^-$ = **28.6**. Uma temperatura de reator típica para deposição do BaTiO$_3$ é ≈500 K, e os substratos que têm sido empregados incluem o MgO, o Si e o Al$_2$O$_3$. Embora frequentemente formulado como "BaL$_2$", o precursor não é tão simples e sua formulação exata depende do seu método de preparação, por exemplo, adutos como o BaL$_2$·(MeOH)$_3$ e o [BaL$_2$(OEt$_2$)]$_2$, o tetrâmero Ba$_4$L$_8$, e a espécie Ba$_5$L$_9$(OH$_2$)$_3$(OH). Qualquer aumento do grau de oligomerização é acompanhado de uma diminuição da volatilidade, um fato que vai contra o uso do precursor em DVQ. Os complexos que contêm ligantes de cetonato β fluoretados tais como o **28.7** possuem volatilidades maiores do que as espécies correlatas que contêm ligantes não fluoretados, mas, infelizmente, sua utilização em experimentos de DVQ leva à contaminação de películas finas de BaTiO$_3$ pelo flúor.

Até agora, vimos ilustrando a formação de sistemas binários (por exemplo, o GaAs, o TiC) e ternários (por exemplo, o GaAs$_{1-x}$P$_x$, o BaTiO$_3$) pela combinação de dois ou três precursores voláteis no reator de DVQ. Um problema que pode ser encontrado é como controlar a estequiometria do material depositado. Em alguns casos, o controle das proporções dos precursores funciona satisfatoriamente, mas, em outros, é obtido um controle melhor tentando-se encontrar um precursor *simples*. Existe pesquisa ativa nessa área e esse fato é ilustrado pela formação do LiNbO$_3$ a partir do precursor alcóxido LiNb(OEt)$_6$. O LiNbO$_3$ cerâmico é empregado comercialmente para diversas finalidades eletrônicas (Tabela 28.6) e é convencionalmente preparado pela reação 28.18 ou 28.19.

$$Li_2CO_3 + Nb_2O_5 \xrightarrow{\Delta} 2LiNbO_3 + CO_2 \quad (28.18)$$

$$Li_2O + Nb_2O_5 \xrightarrow{\text{fundir}} 2LiNbO_3 \quad (28.19)$$

Para o desenvolvimento de um método de DVQ apropriado para depositar o LiNbO$_3$ a partir do LiNb(OEt)$_6$, um grande problema tem de ser superado: a volatilidade do LiNb(OEt)$_6$ é baixa, e, portanto, é utilizado um sistema do tipo aerossol para introduzir o precursor molecular no reator de DVQ. O LiNb(OEt)$_6$ sólido é dissolvido em tolueno e a solução, convertida em uma névoa fina usando radiação por ultrassom. Na primeira parte do reator (550 K), a névoa volatiliza-se e é transportada em um fluxo do gás carreador para uma região de temperatura mais elevada contendo o substrato no qual ocorre a decomposição térmica do LiNb(OEt)$_6$, dando o LiNbO$_3$. Tais resultados para a formação de materiais cerâmicos ternários (ou mais complexos) e o desenvolvimento de *DVQ assistida por aerossol* podem ter um potencial para aplicação comercial no futuro.

A explosão de interesse pelos supercondutores de cuprato (veja a Seção 28.4) durante as duas últimas décadas levou a um ativo interesse de pesquisa de maneiras de depositar esses materiais na forma de películas finas. Por exemplo, os precursores de DVQ e condições para a deposição do YBa$_2$Cu$_3$O$_7$ incluíram o BaL$_2$, o CuL$_2$ e o YL$_3$ (L$^-$ = **28.6**) com o gás carreador He/O$_2$, e

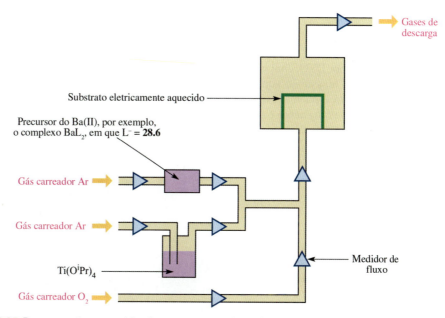

Fig. 28.25 Representação esquemática de uma montagem de DVQ utilizada para a deposição da perovskita BaTiO$_3$.

um substrato de LaAlO$_3$, a 970 K. As películas finas supercondutoras de MgB$_2$ são produzidas por recozimento do B depositado por DVQ em vapor de Mg (veja a Seção 28.4).

28.7 Fibras inorgânicas

> Uma *fibra* (inorgânica ou orgânica) geralmente tem um diâmetro <0,25 mm, uma proporção de comprimento/diâmetro ≥10:1 e uma área de corte transversal <5 × 10^{-3} mm^2; os *cristais capilares* estão incluídos nessa categoria.

O amianto fibroso (um silicato em camada que ocorre naturalmente, veja a Seção 14.9 – Volume 1) foi utilizado durante grande parte do século XX como material isolante. No entanto, a exposição às fibras de amianto causa dano ao pulmão (veja o Boxe 14.9 – Volume 1) e materiais isolantes alternativos entraram no mercado comercial. Certas formas de amianto que não utilizam as fibras de comprimento de 5–20 μm permanecem em uso, por exemplo, em lonas de freio. As fibras de vidro têm uma ampla gama de aplicações, sendo duas das maiores aplicações o isolamento e o reforço de outros materiais tais como o plástico. As fibras de vidro de aluminoborossilicato são as de emprego mais comum. As fibras de vidro de silicato de alumino-cal são adequadas para necessidades de resistência aos ácidos, e, quando é exigido um material de alta resistência à tração, geralmente o vidro de aluminossilicato é apropriado. Enquanto o uso das fibras de vidro para isolamento é difundido, o trabalho a temperaturas elevadas requer materiais tais como o Al$_2$O$_3$ ou o ZrO$_2$.

Limitaremos nossa discussão principal na presente seção às fibras de B, C, SiC e Al$_2$O$_3$ que podem ser utilizadas para operações a altas temperaturas (>1300 K). Grande parte da tecnologia de fibras atualmente vem do desenvolvimento de novos materiais de baixa densidade e alta resistência à tração para viagens aéreas e espaciais. As fibras de boro ficaram entre as primeiras a serem desenvolvidas, com as fibras de carbono e carbeto de silício entrando e dominando o mercado mais recentemente. O carbeto de silício tem vantagem sobre as fibras de B e C por ser resistente à oxidação a temperaturas elevadas, oxidando-se ao ar apenas acima de ≈1250 K.

Fibras de boro

As fibras de boro podem ser produzidas por DVQ, com o boro sendo depositado sobre um substrato de tungstênio aquecido (1550 K) pela reação 28.20. O reator está esquematicamente representado na Fig. 28.26. O substrato de tungstênio é arrastado através do reator, tornando a produção das fibras de boro um processo contínuo. A proporção de H$_2$ e BCl$_3$ que interage no reator é baixa e os gases que não reagem são reciclados após serem primeiramente separados do HCl.

$$2BCl_3 + 3H_2 \xrightarrow{\Delta} 2B + 6HCl \qquad (28.20)$$

Uma etapa final na fabricação é o revestimento da fibra com o SiC ou o B$_4$C. Isso oferece proteção contra reações com outros elementos a altas temperaturas operacionais e garante que a fibra retenha sua resistência à tração a uma temperatura elevada. Normalmente, o substrato de W em forma de fio tem um diâmetro de 8 μm, o diâmetro da fibra de boro, ≈150 μm, e o revestimento de SiC ou B$_4$C tem uma espessura de ≈4 μm.

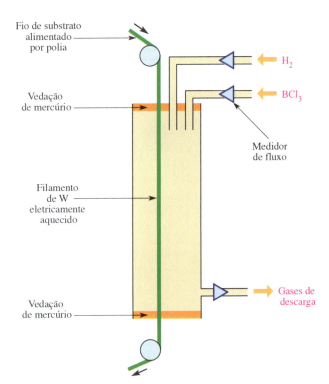

Fig. 28.26 Representação esquemática do conjunto utilizado para a fabricação de fibras de boro por DVQ usando um substrato de tungstênio.

Fibras de carbono

Desde 1970, houve um aumento dramático na produção comercial de fibras de carbono. Onde é crucial o baixo peso de um material de construção, os polímeros reforçados com fibra de carbono estão atualmente dominando o mercado. Peças de chassis para a moderna aviação militar contêm ≤50% em peso de compósitos reforçados com fibra de carbono no lugar do alumínio. Essa tendência também está sendo seguida no desenvolvimento de modernas aeronaves comerciais. O desempenho dos carros de corrida da Fórmula 1 foi grandemente aumentado pela utilização de peças de chassis construídas a partir de materiais reforçados com fibra de carbono. O chassi de um modelo Super Sport Veyron 16.4 da Bugatti (Fig. 28.27) é produzido a partir de fibra de carbono, e com um motor de 8,0 litros e 16 cilindros, o carro alcançou uma velocidade recorde de 431 km h^{-1} em 2010. As fibras de carbono são caracterizadas por serem

Fig. 28.27 O Super Sport Veyron da Bugatti (exibido no Salão do Automóvel de Paris de 2010) compreende um chassi em fibra de carbono.

rígidas, porém, quebradiças, e têm uma baixa massa específica e alta resistência à tração. A alta resistência ao choque térmico vem de uma alta condutividade térmica, mas baixo coeficiente de expansão térmica.

É produzida uma série de diferentes qualidades de fibra de carbono, mas todas são feitas por degradação térmica de um precursor orgânico polimérico. A produção comercial de fibras de carbono utiliza três precursores que contêm carbono: breu, raiom e poliacrilonitrila (PAN). O tipo mais antigo de fibras de carbono era fabricado a partir de raiom altamente cristalino (celulose). As fibras de raiom são tratadas com calor ($\approx$500–700 K) ao ar, seguido de tratamento térmico a 1300 K em uma atmosfera inerte. Esses dois processos removem o H e O na forma de H_2O, CO, CO_2 e CH_4 e produzem uma estrutura parecida com a grafita. As fibras de carbono derivadas do raiom possuem uma massa específica relativamente baixa ($\approx$1,7 g cm^{-3}, em comparação com 2,26 g cm^{-3} da grafita) e uma baixa resistência à tração. Essas fibras têm usos limitados e não são adequadas para aplicações estruturais.

O breu é o resíduo deixado após a destilação do petróleo bruto e do alcatrão de carvão mineral. Ele possui um alto teor de carbono e é uma matéria-prima de baixo custo. O breu consiste em uma mistura de hidrocarbonetos aromáticos e alifáticos cíclicos de alta massa molecular. As bordas dos compostos aromáticos (por exemplo, com $M_r > 1000$) frequentemente carregam longas cadeias alifáticas (Fig. 28.28a), porém, a estrutura dos breus de produtos orgânicos de ocorrência natural é muito variável. O tratamento térmico de breus ricos em compostos aromáticos, a $\approx$750 K, produz uma *mesofase* (um material cristalino líquido). Essa mesofase fundida é fiada na forma de fibras que, após a termoconsolidação, são *carbonizadas* por tratamento a $\geq$1300 K. Esse último estágio expele o H e o O na forma de CO_2, H_2O, CO e CH_4. Nesse estágio, as fibras são compostas de *folhas de grafeno* (Fig. 28.28b, veja a Seção 28.8). O tratamento térmico desse material produz uma estrutura ordenada parecida com a grafita, com uma massa específica de 2,20 g cm^{-3}, ligeiramente menor que a da grafita pura (2,26 g cm^{-3}). Durante esse processo, as impurezas de S e N também são removidas. As fibras de carbono à base de poliacrilonitrila (PAN) são fabricadas a partir da poliacrilonitrila e, dependendo da qualidade, podem reter um baixo teor de nitrogênio. Seu método de produção está

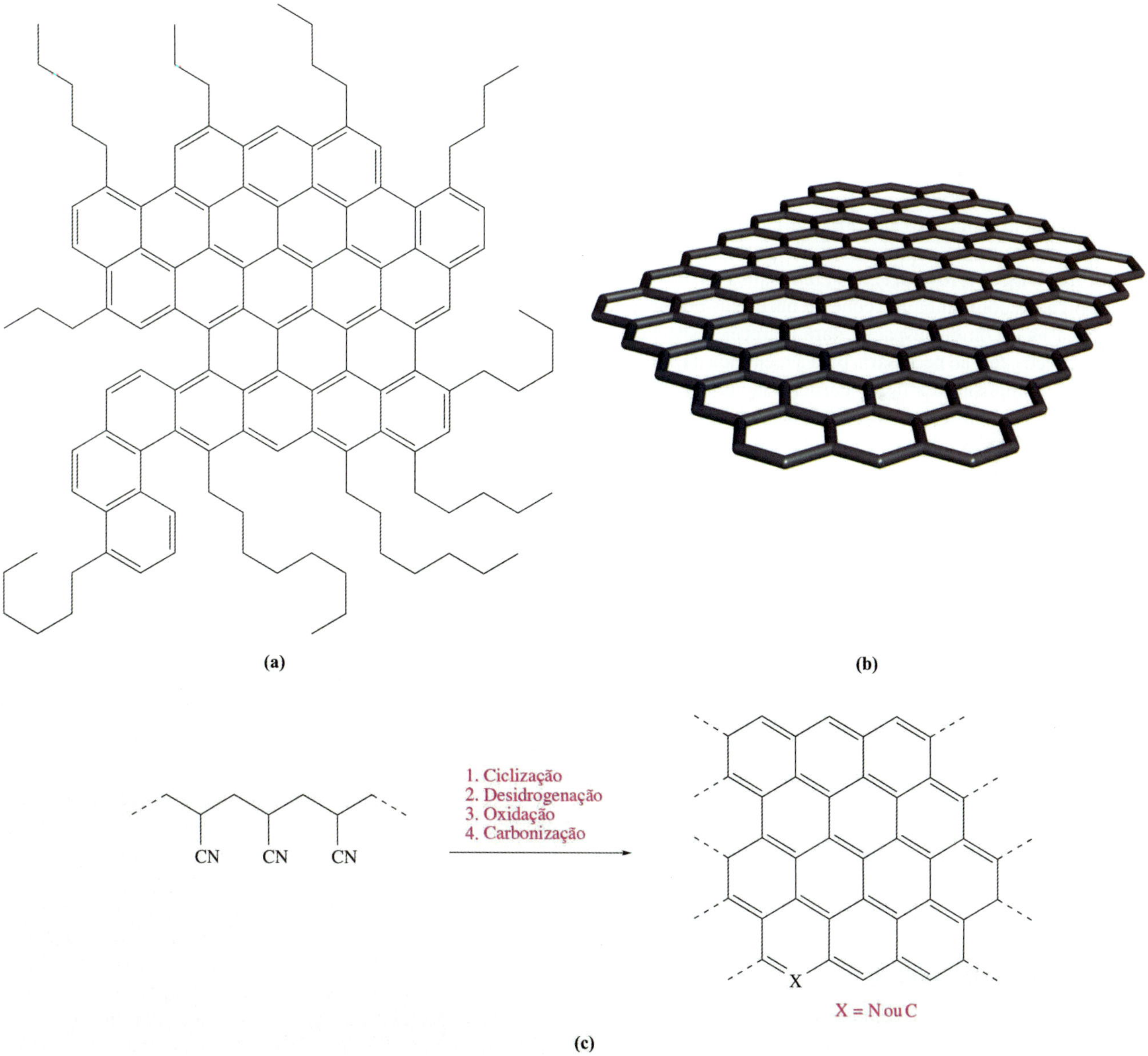

(a)

(b)

1. Ciclização
2. Desidrogenação
3. Oxidação
4. Carbonização

X = N ou C

(c)

Fig. 28.28 (a) Uma representação do tipo de molécula aromática presente no breu. (b) Parte de uma folha de grafeno (veja a Seção 28.8). (c) Representação esquemática da formação de fibras de carbono à base de PAN.

Fig. 28.29 Estágios da produção final das fibras de carbono mostrando as fibras sendo enroladas em bobinas.

resumido na Fig. 28.28c, em que o átomo X representa um teor de N arbitrário. As condições do processamento (tratamento térmico, em particular) determinam as propriedades mecânicas das fibras de carbono. As fibras de carbono à base tanto de breu quanto de PAN (Fig. 28.29) são mais fortes e têm um módulo de elasticidade mais alto (modulo de Young) do que aquelas derivadas do raiom. Portanto, elas têm aplicações mais amplas. As fibras de carbono normalmente exigem um revestimento protetor para oferecer resistência à reação com outros elementos a uma temperatura elevada.

Os materiais compósitos de fibra de carbono tiveram um papel importante no desenvolvimento do programa do ônibus espacial da NASA (1981–2011). Os *compósitos carbono–carbono* reforçados compunham o cone do nariz e as bordas dianteiras das asas do ônibus espacial para oferecer resistência ao choque térmico e tensão necessária para a reentrada na atmosfera da Terra. Os compósitos carbono–carbono são um grupo particular de materiais reforçados com fibra de carbono nos quais o material e as fibras são de carbono. O processo de manufatura para os compósitos carbono–carbono começa na impregnação de um tecido de raiom grafitizado com uma resina fenólica e, em seguida, o material é submetido a tratamento térmico de forma a converter a resina fenólica em carbono. O estágio seguinte é a impregnação com álcool furfurílico (**28.8**) seguido de tratamento térmico para converter esse componente em carbono. Três ciclos desse processo resultam no material compósito desejado. O compósito deve ser revestido com SiC para torná-lo resistente à oxidação. Esse revestimento é gerado pelo aquecimento do compósito em contato com uma mistura de Al_2O_3, SiO_2 e SiC em um forno. A impregnação final com o ortossilicato de tetraetila veda quaisquer imperfeições da superfície.

(**28.8**)

Fibras de carbeto de silício

A resistência do SiC a operações e oxidação em alta temperatura torna-o um valioso material avançado. As fibras de β-SiC são produzidas por DVQ usando precursores de $R_{4-x}SiCl_x$ ou um alcano e clorossilano em um reator semelhante ao da Fig. 28.26.

As fibras comercializadas sob o nome comercial *Nicalon* são produzidas por um processo de fiação do produto fundido. Ele começa com as reações 28.21 e 28.22, cujos produtos são pirolisados dando um polímero de carbossilano (esquema 28.23).

$$n Me_2SiCl_2 \xrightarrow{Na} (Me_2Si)_n \qquad (28.21)$$

$$n Me_2SiCl_2 \xrightarrow{Li} \textit{ciclo-}(Me_2Si)_6 \qquad (28.22)$$

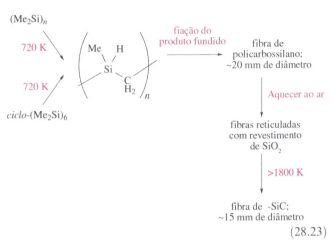

(28.23)

A "fiação do produto fundido" envolve aquecer o polímero até ele derreter e forçar o produto fundido através de uma abertura de tamanho apropriado. As fibras extrudadas solidificam-se, mas, nesse estágio, elas são frágeis. Portanto, é necessário um processo de cura. Após a radiação para iniciar um processo radicalar, o aquecimento ao ar produz um revestimento de SiO_2 e retículos de Si–O–Si (Fig. 28.30). Essa etapa reforça o polímero, tornando-o insolúvel em água, e altera suas propriedades de forma que não se funda quando pirolisado no estágio final da fabricação (esquema 28.23). Como consequência dos precursores e do processo de cura, as fibras Nicalon contêm um excesso de carbono e têm um significativo teor de oxigênio (normalmente o $SiC_{1,34}O_{0,36}$). As fibras com propriedades mecânicas aperfeiçoadas (módulo de Young ≥ que a do aço) podem ser produzidas pela modificação dos processos apresentados no esquema 28.23. Por exemplo, o HI-Nicalon e o HI-Nicalon-S têm composições típicas de $SiC_{1,39}O_{0,01}$ e de $SiC_{1,05}$, respectivamente. Esse último (próximo do carbeto de silício estequiométrico) exibe excelentes propriedades à alta temperatura além de alta resistência à tração. As fibras de carbeto de silício podem ser produzidas na forma de corda, entrelaçadas em tecido ou utilizadas para reforço de uma matriz de SiC. Elas possuem muitas aplicações, inclusive em componentes de aeronaves militares.

Fibras de alumina

As fibras de alumina (frequentemente com teor de sílica) são produzidas comercialmente em larga escala. Sua alta resistência à tração, flexibilidade e inatividade as tornam valiosas em, por exemplo, cordas, fios (adequados para produção de tecidos), material isolante e coberturas para cabos elétricos. Está em operação uma série de diferentes métodos de fabricação para a produção de fibras de alumina–sílica, dependendo do tipo de fibra e também do fabricante. As fibras de Al_2O_3 policristalina podem ser obtidas por extrusão de lamas de alumina hidratadas com bicos adequados e, então, aquecimento do material extrudado. Como exemplo de uma fibra com teor de sílica, as fibras contínuas contendo 15% de SiO_2 em peso são fabricadas partindo

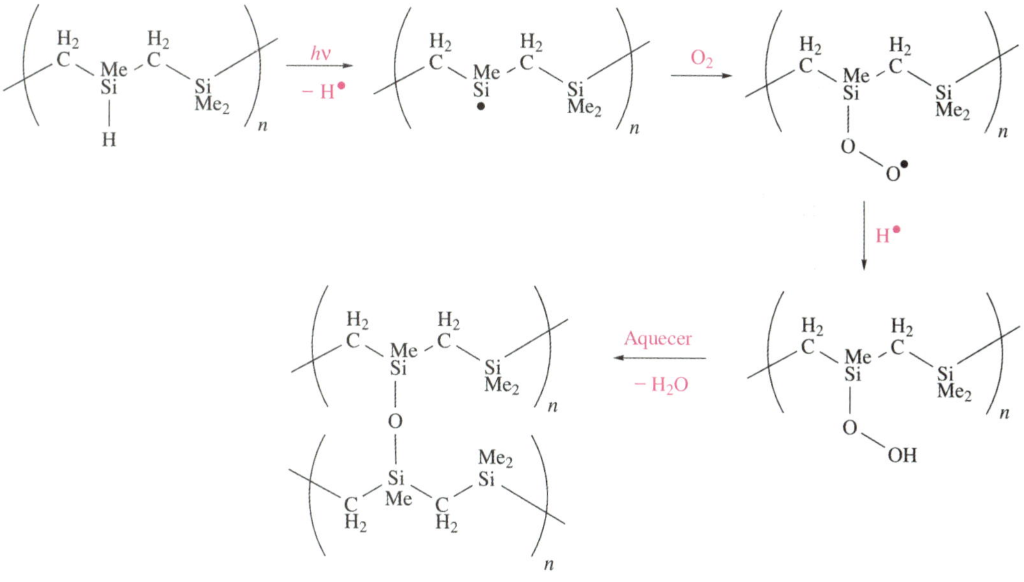

Fig. 28.30 Reações envolvidas nos processos de radiação e cura térmica na produção de polímeros de policarbossilano reticulados.

do Et_3Al. Ele é submetido à hidrólise parcial dando um material polimérico que é dissolvido juntamente com um silicato de alquila em um solvente adequado. A solução viscosa pode ser usada na produção de fibras por fiação do gel; as fibras assim formadas são aquecidas (*calcinadas*) para conversão do material em alumina–sílica. Um aquecimento subsequente resulta na formação de um material policristalino.

28.8 Grafeno

Nanopartículas e nanotecnologia são termos bem estabelecidos na comunidade científica, na indústria e na ciência popular. Para ser classificado como "em nanoescala", um objeto deve ter pelo menos uma dimensão da ordem de 10^{-9} m (1 nm). Para colocar isso no contexto de um átomo, os raios covalente e van der Waals do carbono são 0,077 nm (77 pm) e 0,185 nm (185 pm), respectivamente.

Em 2010, Geim e Novoselov receberam o Prêmio Nobel de Física por "inovadores experimentos relativos ao material bidimensional grafeno". O grafeno é uma folha simples (isto é, da espessura de um átomo, Fig. 28.28b) recortada de uma rede de grafita. Na prática, isso pode ser obtido (inicialmente em 2004) pela esfoliação de flocos de bloco de grafita pirolítica altamente orientada usando fita adesiva e transferindo-os para um substrato de SiO_2. É empregado um microscópio ótico para distinguir folhas de grafeno simples de flocos de camadas múltiplas.[†] A força das ligações C–C (σ ou π) estabiliza a estrutura de folha única.

> *Grafeno* é uma única camada, com a espessura de um átomo, da estrutura da grafita.

> *Grafita pirolítica altamente orientada* (sigla em inglês, HOPG) é uma grafita que apresenta um elevado grau de orientação cristalográfica, de modo que o eixo *c* (o eixo perpendicular às folhas de carbono) dos cristalitos tem uma variação angular de <1°.

[†] Veja: A.K. Geim and A.H. MacDonald (2007) *Physics Today*, edição de agosto, p. 35.

O processo pelo qual as camadas de um material de múltiplas camadas são separadas umas das outras é chamado de ***esfoliação***.

O grafeno exibe notáveis propriedades físicas, bastante distintas das da grafita, e tem um excitante futuro como um material para a eletrônica avançada (Fig. 28.31). O grafeno é praticamente transparente em termos óticos ($\approx 98\%$). Trata-se de um semicondutor sem lacuna, com uma resistividade elétrica tão pequena que os carreadores de carga (elétrons) se deslocam através da folha, comportando-se como partículas elementares sem massa com velocidades relativísticas. Em um semicondutor normal, o comportamento quântico de um elétron é descrito em termos da equação de Schrödinger, e a energia do elétron é proporcional ao quadrado do seu momento. No grafeno, a simetria da estrutura faz com que os carreadores de carga se comportem como férmions de Dirac, e existe uma relação linear entre a energia de um elétron e seu momento. A densidade de corrente do grafeno é em torno de 10^8 A cm^{-2}, que é duas ou três ordens de magnitude maior que a do cobre.

O grafeno na forma de fitas finas (chamadas de nanofitas de grafeno) exibe propriedades eletrônicas e mecânicas que depen-

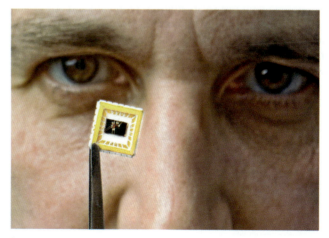

Fig. 28.31 O físico Andre Geim segura um transistor de grafeno com uma pinça.

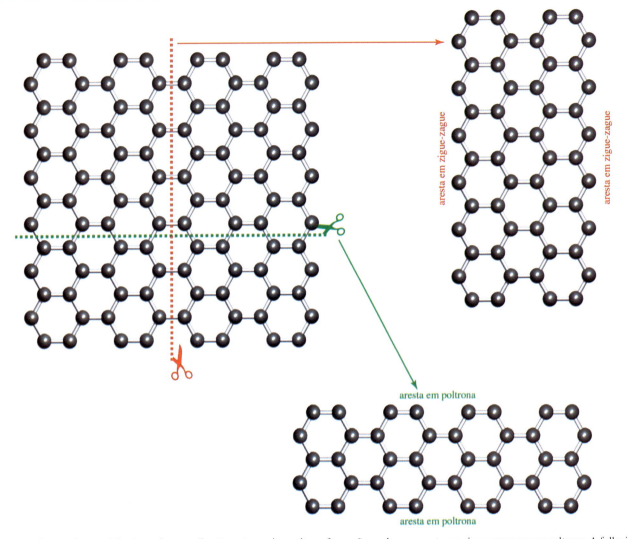

Fig. 28.32 O corte de uma folha de grafeno em direções ortogonais resulta na formação ou de uma aresta em zigue-zague ou em poltrona. A folha ilustrada poderia também ser cortada diagonalmente dando arestas em zigue-zague ou em poltrona.

dem da largura e da estrutura de aresta da fita. Começando com uma folha de grafeno, resultam duas diferentes estruturas de aresta, chamadas de aresta em zigue-zague ou em poltrona (armchair), dependendo da direção de um corte através da folha (Fig. 28.32). A microscopia eletrônica de transmissão (sigla em inglês, TEM) foi empregada para observar a estrutura das arestas do grafeno com resolução atômica. O movimento dos átomos de C causado por colisões com elétrons de alta energia durante a análise por TEM resulta na reconstrução da aresta e na formação de uma nova estrutura de aresta envolvendo pentágonos e hexágonos:[†]

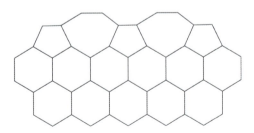

[†] Veja: P. Koskinen, S. Malola and H. Häkkinen (2009) *Phys. Rev. B.*, vol. 80, artigo 073401; Ç.Ö. Girit *et al.* (2009) *Science*, vol. 323, p. 1705.

A química do grafeno ainda está na fase da infância. A funcionalização química do grafeno é um meio de:

- abrir a lacuna de banda e ajustar as propriedades eletrônicas;
- solubilizar o grafeno para permitir que a química de reação seja explorada de modo mais amplo;
- solubilizar o grafeno para permitir o processamento em solução de dispositivos baseados no grafeno.

A hidrogenação do grafeno envolve a formação de ligações C–H e a conversão do C sp^2 em C sp^3, dessa maneira, rompendo a estrutura plana da folha. Em princípio, a hidrogenação completa produz o grafano, $(CH)_x$. O grafeno pode ser hidrogenado usando o H atômico em condições de plasma de baixa pressão. O recozimento a 720 K em atmosfera de Ar regenera o grafeno. A hidrogenação catalítica foi obtida pela passagem do H_2 sobre um catalisador de Ni/Al_2O_3, a 1100 K, dando radicais H• que reagem com o grafeno. Os dados de espectroscopia Raman e IV oferecem evidência para a formação de ligações C–H.

Uma abordagem alternativa da abertura da lacuna de banda do grafeno é começar com o óxido de grafeno que é formado quando a grafita sofre oxidação ácida, por exemplo, utilizando o $KClO_3$ e o HNO_3, ou o $KMnO_4$ e o H_2SO_4. As folhas de grafeno oxidadas resultantes contêm substituintes carboxilato, epóxi e hidroxila, tornando as folhas hidrofílicas e solúveis em diversos solventes. Embora o óxido de grafeno seja um isolante e sem nenhum uso para aplicações eletrônicas, sua redução controlada diminui a lacuna de banda, permitindo a formação de materiais híbridos entre os extremos do grafeno e óxido de grafeno. A redução pode ser realizada com o uso do $NaBH_4$ ou do N_2H_4. O óxido de grafeno também é um ponto de partida para a preparação de outros grafenos funcionalizados, por exemplo, a conversão do CO_2H em CO_2R ou grupos de $CONHR$.

Um método de solubilizar o grafeno é aproveitar as interações de empilhamento π entre o grafeno e os pirenos (**28.9**) ou perilenos (**28.10**) contendo os substituintes hidrofílicos, por exemplo, os grupos de ácido carboxílico. Dessa forma, o grafeno pode ser extraído da grafita e estabilizado em solução por agitação da grafita em solventes pireno ou perileno devidamente funcionalizados.

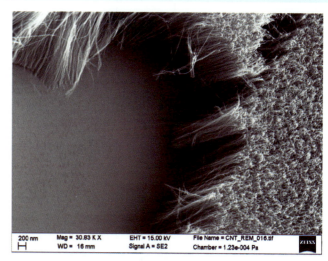

Fig. 28.33 Micrografia eletrônica de varredura de emissão de campo (sigla em inglês, SEM) de feixes de nanotubos de carbono crescidos em uma bolacha de Si. A ampliação é de × 35.000. A amostra foi fornecida pela Dra. Teresa de los Arcos, do Departamento de Física da Universidade de Sabel. Imagem SEM: Dr. A. Wirth-Heller, FHNW, Basel.

Pireno   Perileno
(**28.9**) (**28.10**)

Entre o início de 2008 e meados de 2011, >14.000 publicações sobre a química e física do grafeno e seus derivados surgiram na literatura científica, indicando o entusiasmo que esse material gerou. A incrementação da produção do grafeno (por exemplo, pelo crescimento epitaxial de folhas de grafeno sobre uma bolacha de carbeto de silício) é necessária antes que possam ser atingidas aplicações comerciais tais como transistores de efeito de campo, sensores, filmes transparentes eletricamente, condutores e materiais compósitos.

28.9 Nanotubos de carbono

Os nanotubos de carbono são algumas das nanopartículas mais bem conhecidas. Suas propriedades semicondutoras ou metálicas, combinadas com a alta resistência à tração, resultaram em uma explosão de interesse nos níveis de pesquisa e comercial. A descoberta dos nanotubos de carbono (em 1991) e a pesquisa de sua síntese e suas propriedades estão intimamente relacionadas a dos fulerenos e das fibras de carbono. Um nanotubo de carbono que tem suas extremidades encapuzadas é essencialmente um fulereno alongado. Os nanotubos de carbono são sintetizados por descarga de arco elétrico entre varetas de grafita (com relação aos fulerenos, veja a Seção 14.4 – Volume 1), vaporização da grafita a laser, ou métodos de DVQ. O uso do método de descarga de arco favorece a formação de nanotubos de carbono de paredes múltiplas (NCPM; sigla em inglês, MWNT), porém, se está presente um catalisador (por exemplo, Fe, Ni) na grafita, podem ser produzidos nanotubos de carbono de parede única (NCPS; sigla em inglês, SWNT). Os NCPS são formados pela técnica de vaporização a laser, e podem ser realizadas sínteses em escala de grama. Esses nanotubos geralmente se formam em feixes (Fig. 28.33) como resultado das forças de van der Waals que operam entre as superfícies de tubos adjacentes. Os precursores voláteis adequados para DVQ são o etino e o eteno, com catalisadores de Fe, Ni ou Co para promover a formação dos NCPS. A purificação de nanotubos de carbono envolve a oxidação (com HNO_3 ou aquecimento ao ar) para remover o carbono amorfo e catalisadores de metal, seguida de ultrassom (o uso de ondas sonoras de alta frequência para dispersão de nanotubos insolúveis em solução) e o uso de técnicas cromatográficas. O tratamento com meios oxidantes (por exemplo, o HNO_3/H_2SO_4) é um meio de "cortar" nanotubos de carbono compridos em pedaços mais curtos, e também introduz funcionalidades da carbonila e do carboxilato (veja posteriormente). Os nanotubos de carbono estão comercialmente disponíveis, sendo os diâmetros típicos de 1–100 nm (NCPS << NCPM) e comprimentos da ordem de micrometros. Ainda resta fazer mais progresso em metodologia sintética para a formação seletiva dos NCPS e NCPM.

Um NCPS é uma folha de grafeno laminada (Fig. 28.28b) com os átomos de C conectados formando um tubo oco único. São definidas três classes de NCPS em conformidade com os vetores apresentados na Fig. 28.34a. Começando em um átomo de C (0, 0), é definido um vetor, traçado na direção em zigue-zague, como tendo um ângulo $\theta = 0°$. Um vetor perpendicular a essa direção define o eixo do nanotubo de carbono em zigue-zague. A circunferência do nanotubo em zigue-zague é determinada pelo número de anéis de C_6, n, pelos quais atravessa o primeiro vetor. Por exemplo, na Fig. 28.34a, $n = 5$. Começando em um átomo de C (0, 0), um vetor com $\theta = 30°$ define a extremidade aberta de um nanotubo em poltrona, e o eixo desse tubo é definido por um vetor perpendicular ao primeiro, conforme ilustrado na Fig. 28.34a. Qualquer nanotubo de carbono é caracterizado por um vetor C_h (Eq. 28.24). Para um tubo em poltrona, a direção do vetor C_h é fixada com $\theta = 30°$, mas a magnitude depende do número de anéis de C_6 pelo qual o vetor atravessa. Trata-se do somatório de vetores $na_1 + ma_2$, sendo sua magnitude e direção definidas no diagrama da Eq. 28.24. Um nanotubo de carbono em poltrona é prefixado por um marcador (n, m), por exemplo, um nanotubo em poltrona (6,6) corresponde a um vetor $C_h = 6a_1 + 6a_2$.

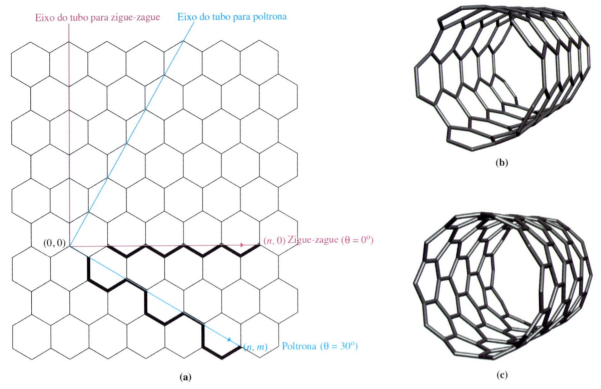

Fig. 28.34 (a) Vetores em uma folha de grafeno que definem os nanotubos de carbono em zigue-zague aquiral e em poltrona. O ângulo θ é definido como 0° para a estrutura em zigue-zague. As linhas em negrito definem a forma das extremidades abertas do tubo. (b) Um exemplo de um nanotubo de carbono em poltrona. (c) Um exemplo de um nanotubo de carbono em zigue-zague.

$$C_h = na_1 + ma_2 \qquad (28.24)$$

As Fig. 28.34b e 28.34c mostram parte de um NCPS em poltrona (5,5) e em zigue-zague (10,0), respectivamente. Os NCPS em zigue-zague e em poltrona são as estruturas limite e cada uma é aquiral. O vetor C_h é chamado de *vetor quiral* e qualquer NCPS com um valor de θ entre 0 e 30° é quiral. Desse modo, as três classes de NCPS são:

- zigue-zague $(n, 0)$ $(\theta = 0°)$;
- poltrona (n, m) $(\theta = 30°)$;
- quiral (n, m) $(0° < \theta < 30°)$.

Exercício proposto

Desenhe uma folha de grafeno de tamanho 8×8 anéis de C_6. Construa um triângulo de vetores que defina $C_h = 5n + 5m$, e mostre que a extremidade do NCPS que isso define corresponde àquela na Fig. 28.34b.

Em uma batelada de nanotubos de carbono recém-sintetizados, uma significativa proporção de nanotubos de carbono é encapuzada, isto é, as extremidades abertas dos tubos mostrados na Fig. 28.34 são encapuzados por unidades hemisféricas, formalmente derivadas de fulerenos. Pela remoção de átomos do C_{60} (Fig. 14.5 – Volume 1), podem ser geradas unidades de extremidade encapuzada compatíveis com um NCPS em poltrona (Fig. 28.35a) ou um NCPS em zigue-zague (Fig. 28.35b). Conforme observamos anteriormente, os métodos de descarga de arco para síntese tendem a favorecer a formação de NCPM. Eles consistem em tubos concêntricos, agrupados um no interior do outro.

As propriedades físicas que tornam os nanotubos de carbono interessantes materiais do futuro são suas propriedades de condutividade elétrica e mecânicas. As folhas de grafeno a partir das quais são produzidos os NCPS e NCPM são robustas, e os nanotubos de carbono estão entre os materiais mais rígidos e fortes conhecidos. As propriedades condutoras dos nanotubos de carbono dependem da sua estrutura, especificamente da relação entre o eixo do tubo e a folha de grafeno (Fig. 28.34a). A estrutura de banda do material varia com (n, m). Como resultado, os nanotubos em poltrona são condutores metálicos, enquanto os nanotubos

Fig. 28.35 Exemplos de unidades de encapuzamento que se ligam de modo covalente aos nanotubos de carbono abertos produzindo tubos fechados. Os exemplos apresentados são partes de uma molécula de C_{60} e são compatíveis com (a) um nanotubo de carbono em poltrona e (b) um em zigue-zague.

Materiais inorgânicos e nanotecnologia **381**

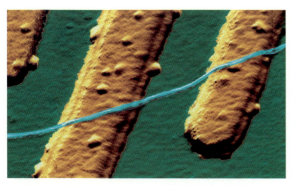

Fig. 28.36 Uma micrografia de força atômica em cores de um "fio" (mostrado em azul) de nanotubo de carbono colocado sobre eletrodos de platina (em amarelo). O diâmetro do nanotubo de carbono é 1,5 nm (1500 pm), correspondente ao "fio" ter 10 átomos de largura (r_{cov} C = 77 pm).

A caracterização dos materiais funcionalizados não é trivial, e, entre as técnicas empregadas, figuram métodos espectroscópicos (por exemplo, RMN de ^{13}C, IV, Raman) e microscopia (por exemplo, a microscopia de força atômica [MFA; sigla em inglês, AFM; Fig. 28.36] e microscopia eletrônica de varredura [SEM]). Exemplos selecionados de métodos de funcionalização são descritos a seguir.

A Fig. 28.37 ilustra a fluoração das paredes de um nanotubo de carbono, seguida de mais funcionalização por reações com reagentes de Grignard ou organolítio. A figura mostra a adição 1,2 de F_2, mas estudos teóricos sugerem que há pouca diferença energética entre as adições 1,2 e as adições 1,4. A mudança de hibridização de sp^2 para sp^3 que acompanha uma reação de adição (veja ainda a Fig. 14.8 – Volume 1) significa que a conjugação π fica perdida na região desses átomos de C e isso afeta a condutividade elétrica do nanotubo de carbono. No caso limite, o material torna-se um isolante.

A oxidação ácida utilizando HNO_3 e H_2SO_4 concentrados sob ultrassom é empregada para purificar e diminuir o comprimento dos nanotubos de carbono. Esse tratamento introduz as funcionalidades do CO e do CO_2H ao longo das paredes e nas extremidades dos tubos, e isso é um valioso ponto de partida para maior funcionalização (por exemplo, as Eq. 28.25 e 28.26). A reação em uma extremidade aberta do nanotubo converte um grupo C–H em um grupo C–CO_2H sem perda do caráter π aromático.

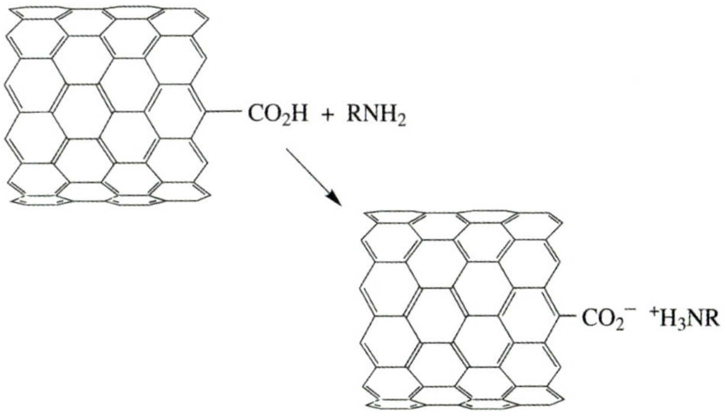

de carbono em zigue-zague e quirais podem ser semicondutores ou condutores metálicos. Prevê-se que as aplicações futuras dos nanotubos de carbono incluirão dispositivos nanoeletrônicos e optoeletrônicos, microeletrodos, sensores e compósitos poliméricos. Os nanotubos de carbono curtos podem ser adequados para uso como componentes de dispositivos microeletrônicos.

A tendência para os NCPS formarem feixes (Fig. 28.33) resulta do fato de serem insolúveis em água e solventes orgânicos, embora eles possam ser dispersos em solventes por ultrassom. A modificação das superfícies dos nanotubos é uma das maneiras de minimizar sua agregação, e existe muita atividade de pesquisa atualmente voltada à funcionalização dos nanotubos de carbono. Além de levar a essa manipulação de tubos únicos, a funcionalização resulta em melhor solubilidade, propriedades químicas mais diversas e na possibilidade de anexar os tubos a substratos. Foram investigados muitos nanotubos de carbono modificados, e podem ser seguidas três estratégias:

- a funcionalização por formação de ligações covalentes C–X;
- a modificação baseada nas interações de van der Waals entre um nanotubo de carbono e outra espécie molecular;
- o uso do tubo como um hospedeiro para gerar espécies octaédricas (compare isso com os fulerenos endoédricos, por exemplo, a estrutura 14.6).

(28.25)

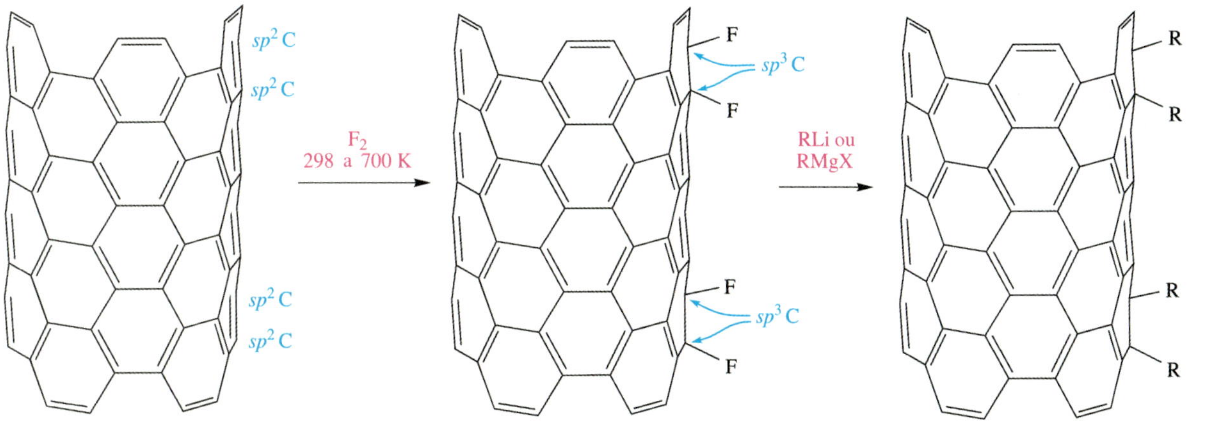

Fig. 28.37 Representação esquemática da fluoração de um nanotubo de carbono, e da reação de um derivado fluorosubstituído com reagentes organolítio e de Grignard.

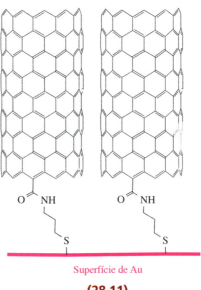

(28.11)

(28.26)

Prender conjuntos ordenados de nanotubos de carbono a superfícies é uma etapa importante no sentido de produzir materiais adequados para aplicações em dispositivos microeletrônicos. Os derivados de tiol podem ser ancorados a superfícies de ouro, e os derivados do tipo formado na reação 28.26 são adequados para essa finalidade (estrutura **28.11**).

TERMOS IMPORTANTES

Os seguintes termos foram introduzidos neste capítulo. Você sabe o que eles significam?

- condutor de cátion ou de ânion
- condutor de fio rápido
- crescimento epitaxial
- CSSC
- deposição de vapor químico (DVQ)
- deposição de vapor químico metal orgânico (MOCVD)
- eletroluminescente
- esfoliação
- ferroelétrico
- fibra inorgânica
- grafeno
- grafita pirolítica altamente orientada
- LEC
- material cerâmico
- nanotubo de carbono
- OCT
- OLED
- opacificante
- supercondutor

LEITURA RECOMENDADA

Textos gerais e introdutórios

M. Ladd (1994) *Chemical Bonding in Solids and Fluids*, Ellis Horwood, Chichester.

U. Schubert and N. Hüsing (2000) *Synthesis of Inorganic Materials*, Wiley-VCH, Weinheim.

L. Smart and E. Moore (2005) *Solid State Chemistry: An Introduction*, 3. ed., CRC Press, Taylor & Francis, Boca Raton.

A.R. West (1999) *Basic Solid State Chemistry*, 2. ed., Wiley-VCH, Weinheim – Um texto introdutório que inclui estruturas e ligação em sólidos, e propriedades elétricas, magnéticas e óticas.

Artigos mais especializados

A.K. Cheetham and P. Day, eds. (1992) *Solid State Chemistry*, Clarendon Press, Oxford – Dois volumes que abrangem técnicas (vol. 1) e compostos (vol. 2) em detalhes.

D.R. Dreyer, S. Park, C.W. Bielawski and R.S. Ruoff (2010) *Chem. Soc. Rev.*, vol. 39, p. 228 – "The chemistry of graphene oxide".

R.A. Eppler (1998) "Ceramic colorants" in *Ullmann's Encyclopedia of Industrial Inorganic Chemicals and Products*, Wiley-VCH, Weinheim, vol. 2, p. 1069 – Descreve tipos e aplicações de pigmentos cerâmicos.

E. Fortunato, D. Ginley, H. Hosono and D.C. Paine (2007) *MRS Bulletin*, vol. 32, p. 242 – "Transparent conducting oxides for photovoltaics".

L. Gherghel, C. Kübel, G. Lieser, H.-J. Räder and K. Müllen (2002) *J. Am. Chem. Soc.*, vol. 124, p. 13130 – "Pyrolysis in the mesophase: A chemist's approach toward preparing carbon nano- and microparticles".

M. Grätzel (2003) *J. Photochem. Photobiol. C*, vol. 4, p. 145 – "Dye-sensitized solar cells".

A.C. Grimsdale, J. Wu and K. Müllen (2005) *Chem. Commun.*, p. 2197 – "New carbon-rich materials for electronics, lithium battery, and hydrogen storage applications".

A.C. Grimsdale and K. Müllen (2005) *Angew. Chem. Int. Ed.*, vol. 44, p. 5592 – "The chemistry of organic nanomaterials".

S. Guo and S. Dong (2011) *Chem. Soc. Rev.*, vol. 40, p. 2644 – "Graphene nanosheet: synthesis, molecular engineering, thin film, hybrids, and energy and analytical applications".

A. Gurevich (2011) *Nature Mater.*, vol. 10, p. 255 – "To use or not to use cool superconductors?"

A.N. Khlobystov, D.A. Britz and G.A.D. Briggs (2005) *Acc. Chem. Res.*, vol. 38, p. 901 – "Molecules in carbon nanotubes".

T.T. Kodas and M. Hampden-Smith, eds. (1994) *The Chemistry of Metal CVD*, VCH, Weinheim – Compreende a deposição de diversos metais de precursores organometálicos.

K.P. Loh, Q. Bao, P.K. Ang and J. Yang (2010) *J. Mater. Chem.*, vol. 20, p. 2277 – "The chemistry of grapheme".

G.J. Meyer (2010) *ACS NANO*, vol. 4, p. 4337 – "The 2010 Millennium Technology Grand Prize: Dye-sensitized solar cells".

J. Shinar and R. Shinar (2010) *in Comprehensive Nanoscience and Technology*, eds. D.L. Andrews, G.D. Scholes and G.P. Wiederrecht, Elsevier, Oxford, vol. 1, p. 73 – "An overview of organic light-emitting diodes and their applications".

D. Tasis, N. Tagmatarchis, A. Bianco and M. Prato (2006) *Chem. Rev.*, vol. 106, p. 1105 – "Chemistry of carbon nanotubes".

M.E. Thompson, P.E. Djurovich, S. Barlow and S. Marder (2007) *in Comprehensive Organometallic Chemistry III*, eds. R.H. Crabtree and D.M.P. Mingos, Elsevier, Oxford, vol. 12, p. 101 – "Organometallic complexes for optoelectronic applications".

M.S. Whittingham (2004) *Chem. Rev.*, vol. 104, p. 4271 – "Lithium batteries and cathode materials".

C.H. Winter and D.M. Hoffman, eds. (1999) *Inorganic Materials Synthesis*, Oxford University Press, Oxford – Uma cobertura minuciosa que inclui películas finas inorgânicas.

Y. Zhu, S. Murali, W. Cai, X. li, J.W. Suk, J.R. Potts and R.S. Ruoff (2010) *Adv. Mater.*, vol. 22, p. 3906 – "Graphene and grapheme oxide: Synthesis, properties and applications".

PROBLEMAS

28.1 Se eletrodos de Ag forem colocados em contato um com o outro por meio de um pedaço de AgI (p.fus. 831 K) aquecido a 450 K, e é passada uma corrente pela célula por dado período, observa-se que um dos eletrodos ganha massa e o outro perde massa. Explique essas observações.

28.2 Comente a respeito dos seguintes valores de condutividades elétricas: β-alumina de Na, 3×10^{-2} Ω^{-1} cm^{-1} (a 298 K); Li$_3$N, 5×10^{-3} Ω^{-1} cm^{-1} (a 298 K); NaCl, 10^{-15} Ω^{-1} cm^{-1} (a 300 K). Você esperaria que esses valores fossem independentes da direção em relação ao cristal em estudo?

28.3 Uma bateria de estado sólido recém-desenvolvida consiste em eletrodos de lítio e de V$_6$O$_{13}$ separados por um eletrólito de polímero sólido. Sugira como essa bateria poderia funcionar.

28.4 Discuta a variação das condutividades elétricas ao longo da série TiO, VO, MnO, FeO, CoO e NiO.

28.5 (a) O que significa *semicondutor degenerado* e por que isso é relevante para os OCT?
(b) Dê exemplos de OCT, detalhando a dopagem que é empregada nos materiais.

28.6 (a) Escreva brevemente o princípio de operação de uma célula solar sensibilizada por corante.
(b) Por que um corante ideal em uma DSC deveria absorver luz em toda a faixa do visível com altos valores de $\varepsilon_{máx}$?

28.7 Se apenas os estados excitados fluorescentes são produzidos para emissão de luz em um OLED, a eficiência máxima do dispositivo é de 25%. Explique por que é assim. O que pode ser feito para superar o problema?

28.8 (a) O que é eletroluminescência?
(b) Faça uma representação esquemática de um dispositivo OLED que envolva o uso do complexo apresentado a seguir. Descreva a função de cada uma das camadas no diagrama que você desenhou.

28.9 (a) A estrutura do YBa$_2$Cu$_3$O$_7$ pode ser descrita como consistindo em camadas de sal-gema e de perovskita. Descreva a origem dessa descrição.
(b) Por que a substituição potencial do NbTi por componentes supercondutores de alta temperatura em equipamentos de IRM é de interesse comercial?

28.10 (a) Descreva a estrutura da fase de Chevrel PbMo$_6$S$_8$.
(b) O que dá origem à supercondutividade apresentada pelo PbMo$_6$S$_8$?

28.11 Explique o que significa "dopagem" utilizando como seus exemplos a (a) dopagem do ZrO$_2$ com o MgO, (b) dopagem do CaF$_2$ com o LaF$_3$, (c) dopagem do Si com o B, e (d) dopagem do Si com o As.

28.12 (a) Descreva a estrutura em camadas do FeSe.
(b) Como as estruturas do NaFeAs e do LaOFeAs estão relacionadas à do FeSe?
(c) Enquanto o LaOFeAs não é um supercondutor, o LaO$_{1-x}$F$_x$FeAs é um supercondutor e o valor de T_c depende de x. Comente a respeito dessa afirmativa.

28.13 (a) Descreva a relação entre as estruturas do MgB$_2$ e da grafita.
(b) Como a estrutura eletrônica do MgB$_2$ difere da estrutura da grafita, e como isso afeta as propriedades dos materiais?

28.14 Sugira produtos prováveis nas reações vistas a seguir (as reações, conforme estão apresentadas, não estão necessariamente balanceadas):

(a) xLiI + V$_2$O$_5$ $\xrightarrow{\Delta}$
(b) CaO + WO$_3$ $\xrightarrow{\Delta}$
(c) SrO + Fe$_2$O$_3$ $\xrightarrow{\Delta,\ na\ presença\ de\ O_2}$

28.15 Sugira possíveis precursores no estado sólido para a formação dos seguintes compostos por reações de pirólise: (a) BiCaVO$_5$; (b) óxido CuMo$_2$YO$_8$ do Mo(VI); (c) Li$_3$InO$_3$; (d) Ru$_2$Y$_2$O$_7$.

28.16 Dê uma descrição resumida de um típico processo de DVQ e dê exemplos da sua utilização na indústria de semicondutores.

28.17 Discuta rapidamente cada um dos tópicos a seguir:
(a) Precursores para revestimentos resistentes ao desgaste usando DVQ e sua composição e usos.
(b) Produção de películas finas de GaAs.
(c) Vantagens do uso de LED sobre o refletor de vidro tradicional olho de gato para marcações das pistas de uma estrada.

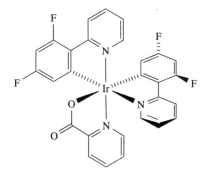

(d) Problemas no desenvolvimento de métodos de DVQ para a deposição de supercondutores de perovskita e de cuprato.

28.18 Explique a afirmação seguinte: uma folha de grafeno consiste em duas sub-redes triangulares que se interpenetram, e a célula unitária do grafeno contém dois átomos de C.

28.19 O grafeno é insolúvel em solventes comuns. Descreva maneiras segundo as quais o material pode ser solubilizado.

28.20 As propriedades das nanofitas de grafeno dependem da estrutura das suas arestas. Quais são as diferentes estruturas de aresta e como elas surgem?

28.21 (a) Explique como os nanotubos de carbono de parede simples são classificados em tubos em zigue-zague e em poltrona.

(b) Que propriedades inerentes dos nanotubos de carbono de parede única tornam inadequados para aplicações imediatas os nanotubos formados por métodos de descarga de arco ou de vaporização a laser?

(c) Dê exemplos de como os problemas observados em (b) podem ser superados.

PROBLEMAS DE REVISÃO

28.22 (a) Descreva a estrutura do nitreto de lítio e explique como ele é capaz de funcionar como um condutor de íons de lítio. As estruturas do Li_3P e Li_3As são análogas à do nitreto. Como você espera que varie o grau de caráter iônico desses compostos?

(b) As películas epitaxiais do MgB_2 podem ser desenvolvidas a partir do vapor do B_2H_6 e Mg em temperaturas que chegam até 1030 K. Explique o significado de "epitaxiais" e enuncie as propriedades particulares que as películas possuem.

28.23 (a) A MOCVD com o $Al(O^iPr)_3$ como precursor pode ser utilizada para depositar o α-Al_2O_3. Esboce o princípio da MOCVD, comentando a respeito das propriedades requeridas dos precursores.

(b) As fibras de InN podem ser crescidas, a 476 K, pela reação vista a seguir; as gotículas de metal de tamanho nano agem como sítios catalíticos para a formação das fibras cristalinas.

$2H_2NNMe_2 + In^tBu_2(N_3)$
$\longrightarrow InN + 2Me_2NH + 2^tBuH + 2N_2$

Quando o $^tBu_3In$ substitui o $In^tBu_2(N_3)$, são obtidos apenas produtos amorfos e In metálico. Qual é o provável papel da 1,1-dimetilidrazina na reação, e o que parece ser a fonte principal de nitrogênio para o InN? Os nitretos do grupo 13 têm aplicações em mostradores de LED azul/violeta. O que controla o comprimento de onda da luz emitida em compostos desse tipo?

28.24 (a) A 670 K, o CaF_2 (p.fus. = 1691 K) dopado com 1% de NaF tem uma condutividade elétrica de 0,1 Ω^{-1} m^{-1}. Sugira como aparece essa condutividade.

(b) O valor de T_c para o $YBa_2Cu_3O_7$ é 93 K. Faça um esquema da variação da resistividade elétrica em função da temperatura à medida que o $YBa_2Cu_3O_7$ é resfriado de 300 para 80 K. Como a forma desse gráfico difere daqueles que descrevem a variação da resistividade com a temperatura para um metal típico e um semicondutor típico?

TEMAS DA QUÍMICA INORGÂNICA

28.25 A legislação exige a retirada gradativa da iluminação incandescente. Como a química inorgânica contribui para o desenvolvimento de iluminação em estado sólido?

28.26 Faça um resumo de como os supercondutores convencionais causaram impacto em nossas vidas. Inclua aplicações tanto científicas quanto mais gerais.

28.27 Descreva a construção e operação de uma bateria de íons de lítio. Dê exemplos de aplicações, inclusive na indústria de veículos a motor.

28.28 Descreva como as fibras de carbono são fabricadas. Faça um resumo das propriedades e aplicações das fibras de carbono e dos compósitos carbono–carbono.

Tópicos

Aminoácidos, peptídeos e proteínas
Armazenamento e transporte de ferro
Metalotioneínas
Hemoglobina e mioglobina
Hemocianina
Hemeritrina
Citocromos P-450
Processos redox biológicos
Zn^{2+}: ácido de Lewis da Natureza

29
Os metais traços em sistemas biológicos

29.1 Introdução

Quando se considera a química dos processos biológicos, a fronteira entre a química inorgânica e orgânica fica indefinida. Os elementos *biológicos básicos* que são essenciais a toda vida são o C, H, N, O (os quatro elementos mais abundantes nos sistemas biológicos) juntamente com o Na, K, Mg, Ca, P, S e Cl. Os elementos fundamentais que formam os blocos de construção das biomoléculas (por exemplo, aminoácidos, peptídeos, carboidratos, proteínas, lipídios e ácidos nucleicos) são o C, H, N e O, com o P sendo importante, por exemplo, no ATP e para o DNA (veja o Boxe 15.11, no Volume 1), e o S sendo a chave das capacidades de coordenação dos resíduos de cisteína nas proteínas. Os papéis dos elementos menos abundantes, não obstante essenciais, incluem o controle osmótico e a ação nervosa (Na, K e Cl), o Mg^{2+} na clorofila (veja a Seção 12.8, no Volume 1), as enzimas que contêm o Mg^{2+} envolvidas na hidrólise dos fosfatos, as funções estruturais do Ca^{2+} (por exemplo, ossos, dentes, conchas) e as ações de desencadeamento do Ca^{2+} (por exemplo, nos músculos). Os *metais traços* são V, Cr, Mn, Fe, Co, Ni, Cu, Zn e Mo, enquanto os *não metais traços* compreendem B, Si, Se, F e I. Sua essencialidade em relação à vida pode ser resumida da seguinte forma:

- V: acumulado por alguns organismos (veja o Boxe 29.1), e ficou demonstrado ser essencial para o crescimento nos ratos e pintinhos;
- Cr: essencial (veja a Tabela 29.1);
- Mn, Fe, Cu, Ni, Zn: essenciais para todos os organismos (veja a Tabela 29.1);
- Co: essencial para mamíferos e muitos outros organismos (veja a Tabela 29.1);
- Mo: essencial para todos os organismos (veja a Tabela 29.1), embora as algas verdes possam ser uma exceção;

- B: essencial para algas verdes e plantas superiores, mas seu papel exato é desconhecido (veja o Boxe 13.1, no Volume 1);
- Si: exoesqueletos de diátomos marinhos constituídos de sílica hidratada (veja a Fig. 14.21, no Volume 1), mas seu papel em outros sistemas biológicos é pouco definido;[†]
- Se: essencial para mamíferos e algumas plantas superiores;
- F: seu papel não está inteiramente estabelecido, mas sua deficiência causa cáries dentárias;
- I: essencial para muitos organismos.

A despeito de seu papel crucial na vida, os metais traços compõem apenas uma minúscula fração do peso corporal humano (Tabela 29.1). No presente capítulo vamos dar uma olhada nas maneiras pelas quais os sistemas vivos armazenam metais, e a maneira pela qual os íons de metais traços participam do transporte de moléculas, tais como o O_2, dos processos de transferência de elétrons e da catálise. Supõe-se que o leitor já tenha estudado os Capítulos 19 e 20, e esteja familiarizado com os princípios gerais da química de coordenação do bloco *d*: um estudo dos metais traços em sistemas biológicos é a *química de coordenação aplicada*.

O progresso da pesquisa em química bioinorgânica foi muito auxiliado em anos recentes pelo desenvolvimento de métodos para a solução de estruturas de proteínas com uso da difração de raios X e da espectroscopia de RMN. Incentivamos os leitores a fazer uso do Protein Data Base (PDB) para a atualização das informações dadas no presente capítulo; as informações estão disponíveis com o uso da rede mundial (http://www.rcsb.org/pdb). Nas legendas das figuras deste capítulo, os códigos PDB são dados para estruturas de proteínas desenhadas com uso de dados do Protein Data Base.

[†] Veja: J.D. Birchall (1995) *Chem. Soc. Rev.*, vol. 24, p. 351 – "The essentiality of silicon in biology".

BIOLOGIA E MEDICINA

Boxe 29.1 Os especialistas: organismos que armazenam vanádio

O armazenamento e o transporte de vanádio são assuntos especiais. Não se sabe exatamente por que certos organismos acumulam altos níveis de vanádio e as funções biológicas desse metal traço ainda têm de ser estabelecidas.

O fungo *Amanita muscaria* (o cogumelo *agário-das-moscas* mortalmente venenoso) contém ≥400 vezes mais vanádio do que é típico das plantas, e a quantidade presente não reflete o teor de vanádio do solo no qual o fungo se desenvolve. O *Amanita muscaria* absorve o metal pelo uso da base-conjugada do ácido (*S*,*S*)-2,2'-(hidroxi-imino)dipropiônico (H_3L) para transportar e armazenar o metal traço na forma do complexo de V(IV) $[VL_2]^{2-}$, a *amavadina*.

Os níveis de vanádio encontrados em algumas ascídias que habitam os oceanos, tais como a seringa-do-mar *Ascidia nigra*, são extraordinariamente elevados, chegando a 10^7 vezes maiores do que na água da vizinhança. O metal é absorvido da água do mar (onde está presente normalmente em uma concentração de ≈1,1–1, 8×10^{-3} ppm) na forma de $[VO_4]^{3-}$ e fica armazenado em vacúolos em células sanguíneas especializadas denominadas *vanadócitos*. Aqui ele é reduzido a V^{3+} ou $[VO]^{2+}$ pelo pigmento sanguíneo polifenólico *tunicromo*. (Observe a relação estrutural entre o tunicromo e o L-DOPA, **25.13**.) O armazenamento de vanádio deve envolver a formação dos complexos de V^{3+} ou de $[VO]^{2+}$, mas a natureza dessas espécies é desconhecida.

Ácido (*S*,*S*)-2,2'-(hidroxi-imino)dipropiônico

A formação de um complexo de V(IV) "nu" contraria a ocorrência mais comum de complexos que contêm o $[VO]^{2+}$ (veja a Seção 21.6). A estrutura do derivado de amavadina Λ-$[V(HL)_2]\cdot H_3PO_4\cdot H_2O$ foi estabelecida. O complexo contém cinco centros quirais, um dos quais é o centro de V(IV). Esse último é octacoordenado e cada ligante HL^{2-} age como um doador de *N*,*O*,*O'*,*O''*. A unidade N–O coordena-se de uma maneira lateral (η^2). O *Amanita muscaria* contém uma mistura 1:1 das formas Λ e Δ da amavadina. A amavadina sofre uma oxidação reversível de 1 elétron sem variação da estrutura, e essa observação pode ser significativa em vista de um possível papel na transferência de elétrons.

O fungo *Amanita muscaria*, o cogumelo *agário-das-moscas*

Leitura recomendada

R.E. Berry, E.M. Armstrong, R.L. Beddoes, D. Collison, S.N. Ertok, M. Helliwell and C.D. Garner (1999) *Angew. Chem. Int. Ed.*, vol. 38, p. 795 – "The structural characterization of amavadin".

C.D. Garner, E.M. Armstrong, R.E. Berry, R.L. Beddoes, D. Collison, J.J.A. Cooney, S.N. Ertok and M. Helliwell (2000) *J. Inorg. Biochem.*, vol. 80, p. 17 – "Investigations of amavadin".

T. Hubregtse, E. Neeleman, T. Maschmeyer, R.A. Sheldon, U. Hanefeld and I.W.C.E. Arends (2005) *J. Inorg. Biochem.*, vol. 99, p. 1264 – "The first enantioselective synthesis of the amavadin ligand and its complexation to vanadium".

D. Rehder (1991) *Angew. Chem. Int. Ed.*, vol. 30, p. 148 – "The bioinorganic chemistry of vanadium".

Tunicromo

Tabela 29.1 Massa de cada metal traço presente em um ser humano médio de 70 kg, e resumo de onde os metais traços são encontrados e seus papéis biológicos

Metal	Massa/mg	Papéis biológicos
V	0,11	Enzimas (nitrogenases, haloperoxidases)
Cr	14	Supostamente essencial (ainda não comprovado) no metabolismo da glicose em mamíferos superiores
Mn	12	Enzimas (fosfatases, dismutase de superóxidos mitocondriais, transferase da glicosila); atividade fotorredox no Fotossistema II (veja a Eq. 21.54 e sua discussão)
Fe	4200	Sistemas de transferência de elétrons (proteínas Fe–S, citocromos); armazenamento e transporte de O_2 (hemoglobina, mioglobina, hemeritrina); armazenamento de Fe (ferritina, transferritina); proteínas de transporte de Fe (sideróforas); em enzimas (por exemplo, nitrogenases, hidrogenases, oxidases, redutases)
Co	3	Coenzima da vitamina B_{12}
Ni	15	Enzimas (urease, algumas hidrogenases)
Cu	72	Sistemas de transferência de elétrons (proteínas azuis de cobre); armazenamento e transporte de O_2 (hemocianina); proteínas do transporte de Cu (ceruloplasmina)
Zn	2300	Age como um ácido de Lewis (por exemplo, nos processos de hidrólise envolvendo carboxipeptidade, anidrase carbônica, deidrogenase do álcool); papéis estruturais
Mo	5	Enzimas (nitrogenases, redutases, hidroxilases)

Aminoácidos, peptídeos e proteínas: alguma terminologia

No presente capítulo, vamos nos referir aos polipeptídeos e às proteínas, e por ora damos uma sinopse rápida de alguma terminologia necessária.[†]

Um *peptídeo* é formado pela condensação de dois aminoácidos. Um *polipeptídeo* contém resíduos de ≥ 10 aminoácidos. Uma *proteína* é um polipeptídeo de elevada massa molecular.

Um *polipeptídeo* na Natureza é formado pela condensação, em sequências variáveis, dos 20 α-aminoácidos de ocorrência natural. A estrutura **29.1** dá a fórmula geral de um aminoácido e a **29.2** mostra uma ligação peptídica após a condensação de resíduos de dois aminoácidos. Uma cadeia peptídica tem um *terminal N* (correspondente a um grupo NH_2) e um *terminal C* (correspondente a um grupo CO_2H). Nomes, abreviaturas e estruturas dos 20 aminoácidos mais comuns de ocorrência natural estão listados na Tabela 29.2. A não ser pela glicina, todos são quirais, mas a Natureza é específica nos enantiômeros que ela utiliza.

(29.1)   (29.2)

As *proteínas* são polipeptídeos de elevada massa molecular com estruturas complexas. A sequência de aminoácidos fornece a estrutura primária da proteína, enquanto as estruturas secundária e terciária revelam as propriedades espaciais da cadeia peptídica. A estrutura secundária leva em consideração o dobramento das cadeias polipeptídicas nos campos denominados *α-hélices*, *folhas β*, *curvaturas* e *espiras*. Nas representações de fita das estruturas proteicas ilustradas neste capítulo, é usado o mesmo código de cores para diferenciar entre essas características: as α-hélices são mostradas em vermelho, as folhas β em azul-claro, as curvaturas em verde, e as espiras em cinza-prateado. A hemoglobina, a mioglobina e a maior parte das metaloenzimas são *proteínas globulares*, nas quais as cadeias polipeptídicas ficam enroladas em estruturas quase esféricas. O *grupo prostético* de uma proteína é um componente não aminoácido adicional de uma proteína e que é essencial para a atividade biológica da proteína. Nosso interesse será pelos grupos prostéticos que contêm centros de metal, por exemplo, heme é o grupo prostético da hemoglobina e da mioglobina. As proteínas que vamos discutir contêm metais (*metaloproteínas*) e a forma da proteína com o metal removido é chamada de *apoproteica*; o prefixo *apo-* antes de uma proteína particular (por exemplo, a ferritina e a apoferritina) significa a espécie isenta do metal. A diferença entre uma proteína e a apoproteína correspondente é análoga àquela entre um complexo de metal e o ligante livre correspondente.

Exercícios propostos

1. Os grupos básicos nas cadeias laterais de His e Lys têm valores de pK_b de 7,9 e 3,5, respectivamente. Mostre que os valores de K_b correspondentes são $1,3 \times 10^{-8}$ e $3,2 \times 10^{-4}$ e dê equações que mostrem os equilíbrios aos quais se referem. Qual o efeito que isso tem nos estados de protonação desses aminoácidos em pH 7,0?

2. A albumina do soro humano contém pontes de dissulfeto que se originam no acoplamento oxidativo dos resíduos de Cis. Escreva uma meia equação para representar essa reação.

[†] Para uma descrição mais minuciosa, veja, por exemplo: J. McMurry (2004) *Organic Chemistry*, 6.ed., Brooks/Cole, Pacific Grove, Capítulo 26.

Tabela 29.2 Os 20 aminoácidos mais comuns de ocorrência natural

Nome do aminoácido	Abreviatura do resíduo do aminoácido (a abreviatura empregada na especificação da sequência)	Estrutura	Ácido, neutro ou básico
L-Ácido aspártico	Asp (D)	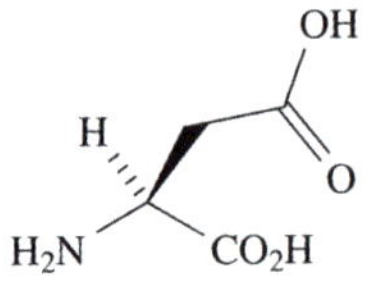 (estrutura com cadeia lateral –CH₂–CO₂H)	Ácido
L-Ácido glutâmico	Glu (E)	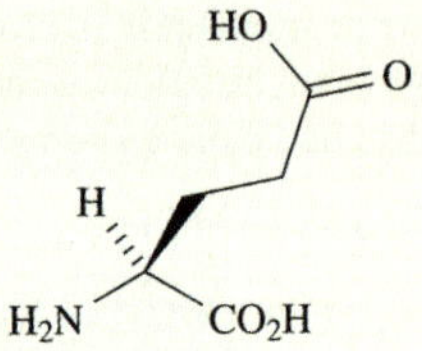 (estrutura com cadeia lateral –CH₂–CH₂–CO₂H)	Ácido
L-Alanina	Ala (A)	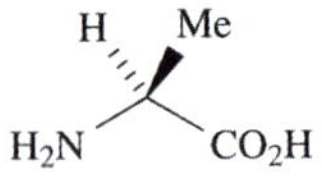 (cadeia lateral –CH₃)	Neutro
L-Arginina	Arg (R)	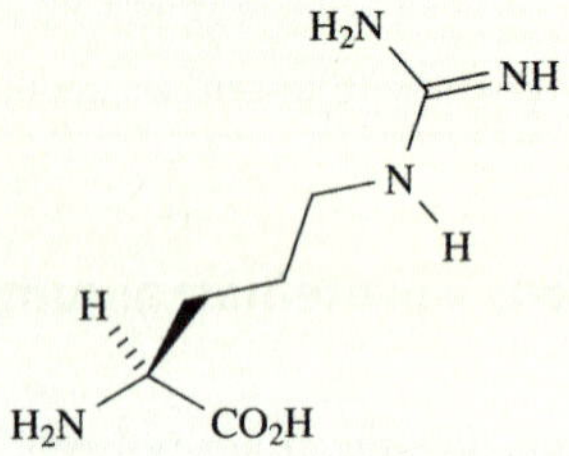 (cadeia lateral –(CH₂)₃–NH–C(=NH)–NH₂)	Básico
L-Asparagina	Asn (N)	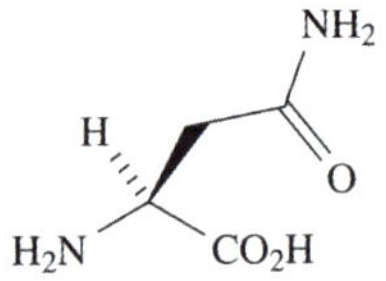 (cadeia lateral –CH₂–C(=O)–NH₂)	Neutro
L-Cisteína	Cys (C)	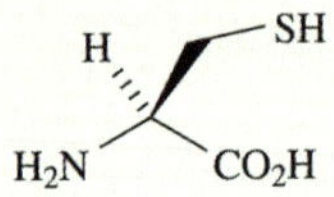 (cadeia lateral –CH₂–SH)	Neutro
L-Fenilalanina	Phe (F)	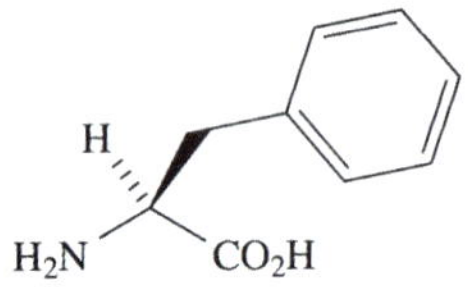 (cadeia lateral –CH₂–C₆H₅)	Neutro
Glicina	Gly (G)	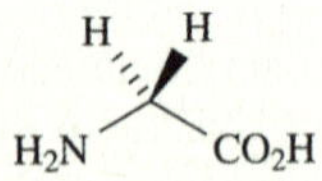 (cadeia lateral –H)	Neutro
L-Glutamina	Gln (Q)	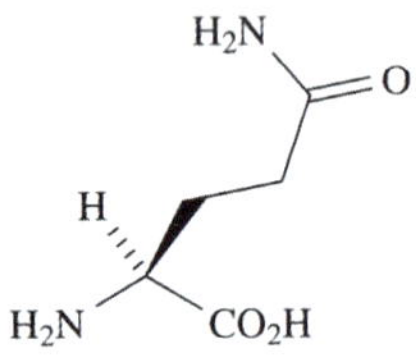 (cadeia lateral –CH₂–CH₂–C(=O)–NH₂)	Neutro
L-Histidina	His (H)	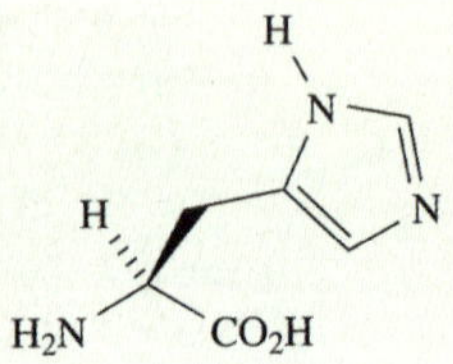 (cadeia lateral –CH₂–imidazol)	Básico
L-Isoleucina	Ile (I)	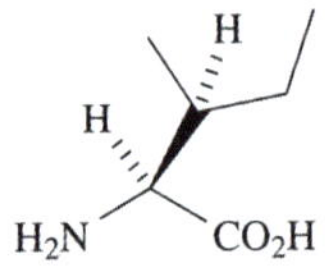 (cadeia lateral –CH(CH₃)–CH₂–CH₃)	Neutro

continua

Continuação da Tabela 29.2

Nome do aminoácido	Abreviatura do resíduo do aminoácido (a abreviatura empregada na especificação da sequência)	Estrutura	Ácido, neutro ou básico
L-Leucina	Leu (L)	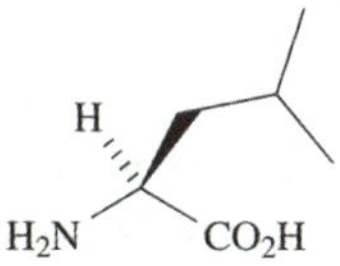	Neutro
L-Lisina	Lys (K)	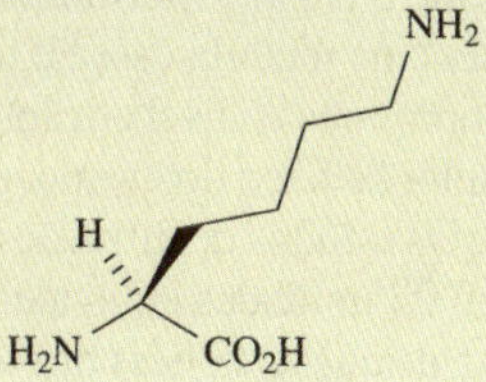	Básico
L-Metionina	Met (M)	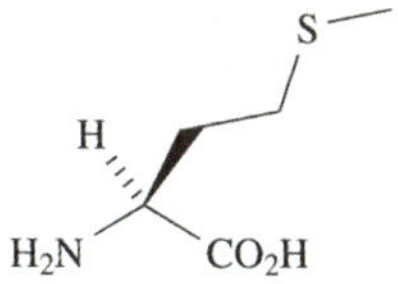	Neutro
L-Prolina	Pro (P)	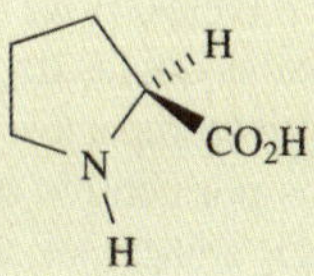	Neutro
L-Serina	Ser (S)	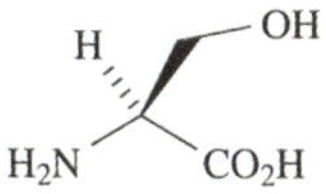	Neutro
L-Tirosina	Tyr (Y)	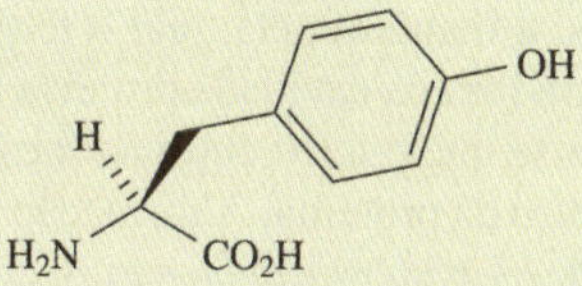	Neutro
L-Treonina	Thr (T)	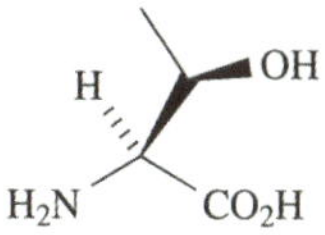	Neutro
L-Triptofano	Trp (W)	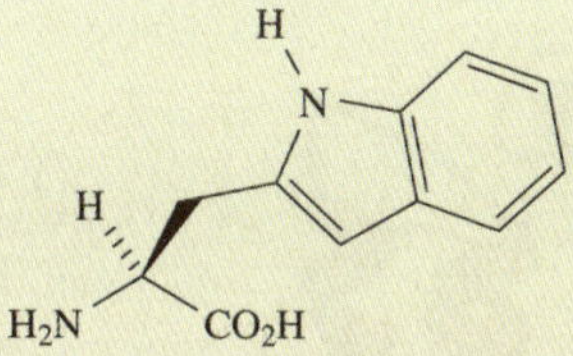	Neutro
L-Valina	Val (V)	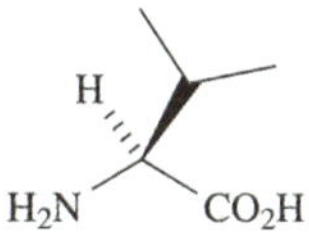	Neutro

29.2 Armazenamento e transporte de metais: Fe, Cu, Zn e V

Os organismos vivos necessitam de maneiras de armazenar e transportar os metais traços, e armazenar o metal em uma forma não tóxica certamente é crítico. Considere o Fe, o metal traço mais importante nos seres humanos. A Tabela 29.1 dá a massa média do Fe presente em um ser humano com 70 kg, e esse nível precisa ser mantido por meio de uma ingestão dietética (tipicamente 6–40 mg por dia) para compensar a perda através de, por exemplo, sangramento. Não há perda de Fe por excreção, um fenômeno não compartilhado por outros metais presentes no corpo. A quantidade de Fe armazenada no corpo excede em muito o absorvido por dia, mas apenas uma fração muito pequena do ferro do corpo é realmente utilizada em qualquer instante; o sistema dos mamíferos é muito efetivo na reciclagem do Fe. Embora possamos discutir o armazenamento e o transporte do Fe com algum detalhe, atualmente existem menos informações a respeito de armazenamento e o transporte de outros metais traços.

Armazenamento e transporte de ferro

Nos mamíferos, a tarefa de transferir o ferro desde as fontes de dieta até a hemoglobina (veja a Seção 29.3) inicialmente envolve a absorção do Fe(II) após a passagem pelo estômago, seguida da absorção pelo sangue na forma das metaloproteínas que contêm o Fe(III), as *transferrinas*. O ferro é transportado na forma de transferrina para os "vasos sanguíneos" das proteínas até ser requisitado para incorporação na hemoglobina. Nos mamíferos, o ferro fica estocado principalmente no fígado (normalmente, 250–1400 ppm de Fe estão presentes), na medula óssea e no baço na forma de *ferritina*, uma metaloproteína solúvel em água. A *apoferritina* foi isolada, por exemplo, do baço do cavalo, e tem uma massa molecular de ≈445 000. Os estudos de difração de raios X confirmam que ela consiste em 24 unidades equivalentes. Cada unidade é formada por um feixe de quatro hélices que tem >5 nm de comprimento (Fig. 29.1a). Essas unidades ficam dispostas de maneira a formar uma concha oca (Fig. 29.1b), cuja cavidade tem um diâmetro de ≈8000 pm. Na *ferritina*, essa cavidade contém até 4500 centros de Fe^{3+} de alto spin na forma de um oxidoidroxidofosfato *microcristalino* de composição $(FeO·OH)_8(FeO·H_2PO_4)$. Os resultados de um estudo com EXAFS (veja o Boxe 25.2) indicam que esse caroço compreende camadas duplas de íons O^{2-} e $[OH]^-$ aproximadamente em agrupamentos compactos, com sítios intersticiais entre as camadas ocupados por centros de Fe(III). Os blocos de camadas triplas de [OFeO] adjacentes são apenas fracamente associados uns com os outros. Os grupos fosfato no caroço que contém ferro parecem funcionar como finalizadores e grupos de ligação à camada proteica.

Enquanto as estruturas da apoferritina e da ferritina estão muito bem estabelecidas, a maneira pela qual o ferro é transportado para dentro e para fora da cavidade proteica ainda está sob investigação. Propõe-se que o ferro entra na forma do Fe^{2+} e é oxidado, uma vez dentro da proteína. A formação do caroço cristalino é um exemplo de *biomineralização* e é um feito notável da evolução que o ferro possa ser armazenado nos mamíferos efetivamente na forma de óxido de ferro(III) hidratado, isto é, em uma forma intimamente relacionada à ferrugem!

Conforme ilustraremos ao longo deste capítulo, o estudo dos compostos-modelo apropriados elucida sistemas bioinorgânicos correlatos, porém mais complicados. A síntese de grandes aglomerados ferro-óxido a partir de precursores mononucleares e dinucleares é do interesse da pesquisa em relação à modelagem da formação do caroço da ferritina, e as reações 29.1 e 29.2 dão dois exemplos. O produto da reação 29.1 é uma espécie de ferro de estado de oxidação misto ($Fe^{III}_4Fe^{II}_8$). O caroço de Fe_6O_{14} do produto da reação 29.2 é apresentado na Fig. 29.2. Para o complexo modelo simular as características da ferritina que contém o ferro(III), ele deveria conter um caroço de $Fe^{III}_xO_y-$ cercado por uma camada orgânica. Essa última deveria conter C, H, N e O para reproduzir as cadeias proteicas, e os ligantes apropriados deveriam incluir o **29.3** (H_3L) nos complexos-modelo $[Fe_{19}(\mu_3\text{-}O)_6(\mu_3\text{-}OH)_6(\mu\text{-}OH)_8L_{10}(OH)_2)_{12}]^+$ e $[Fe_{17}(\mu_3\text{-}O)_4(\mu_3\text{-}OH)_6(\mu\text{-}OH)_{10}L_8(OH_2)_{12}]^{3+}$.

(29.3)

$$Fe(OAc)_2 + LiOMe$$

na presença de O_2 | em MeOH

$$Fe_{12}(OAc)_3(\mu\text{-}OAc)_3(MeOH)_4(\mu\text{-}OMe)_8(\mu_3\text{-}OMe)_{10}(\mu_6\text{-}O)_2 \quad (29.1)$$

$$Fe(O_3SCF_3)_2 + L \xrightarrow{\text{em MeOH}}$$
$$[Fe_6(OMe)_4(\mu\text{-}OMe)_8(\mu_4\text{-}O)_2L_2][O_3SCF_3]_2 \quad (29.2)$$
em que $L = N(CH_2CH_2NH_2)_3$

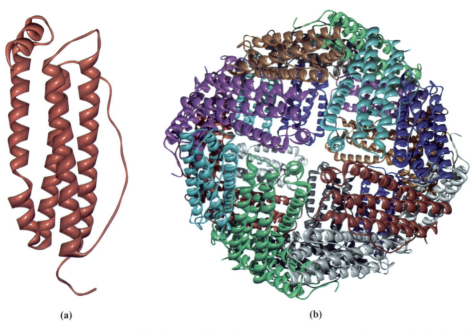

(a) (b)

Fig. 29.1 (a) Uma das 24 unidades equivalentes (um feixe de quatro hélices) que estão presentes na camada proteica da ferritina. (b) A estrutura da camada proteica na ferritina (isolada do sapo-boi, código PDB: 1MFR) que apresenta as cadeias polipetídicas em representação por "fitas".

Os metais traços em sistemas biológicos **391**

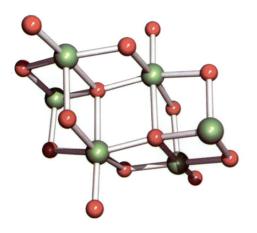

Fig. 29.2 Um modelo para a biomineralização da ferritina. Caroço de Fe$_6$O$_{14}$ do [Fe$_6$(OMe)$_4$(μ-OMe)$_8$(μ$_4$-O)$_2$L$_2$]$^{2+}$ (L = N(CH$_2$CH$_2$NH$_2$)$_3$) determinado por difração de raios X [V.S. Nair *et al.* (1992) *Inorg. Chem.*, vol. 31, p. 4048]. Código de cores: Fe, verde; O, vermelho.

As *transferrinas* são *glicoproteínas* (isto é, compostos de proteínas e carboidratos) e incluem a *transferrina do soro*, a *lactoferrina* (encontrada no leite) e a *ovotransferrina* (encontrada na clara do ovo). Nos seres humanos, a transferrina do soro transporta ≈40 mg de ferro por dia até a medula óssea. Ela contém uma única cadeia polipeptídica (massa molecular de ≈80 000) enrolada na forma de bobina de tal maneira a conter dois bolsos adequados para ligar o Fe^{3+}. Cada bolso apresenta átomos duros doadores *N* e *O* para o centro do metal, mas a presença de um ligante [CO$_3$]$^{2-}$ é essencial. A estrutura da transferrina do soro humano e detalhes do ambiente de coordenação do íon Fe^{3+} são apresentados na Fig. 29.3. A constante de estabilidade para o complexo de Fe^{3+} é muito elevada (log β = 28 em pH 7,4), tornando a transferrina extremamente eficiente como agente transportador e captador de ferro no corpo. O mecanismo exato segundo o qual o Fe^{3+} entra e sai da cavidade não foi elucidado, mas a protonação do íon carbonato e uma variação da conformação da cadeia proteica provavelmente estão envolvidas.

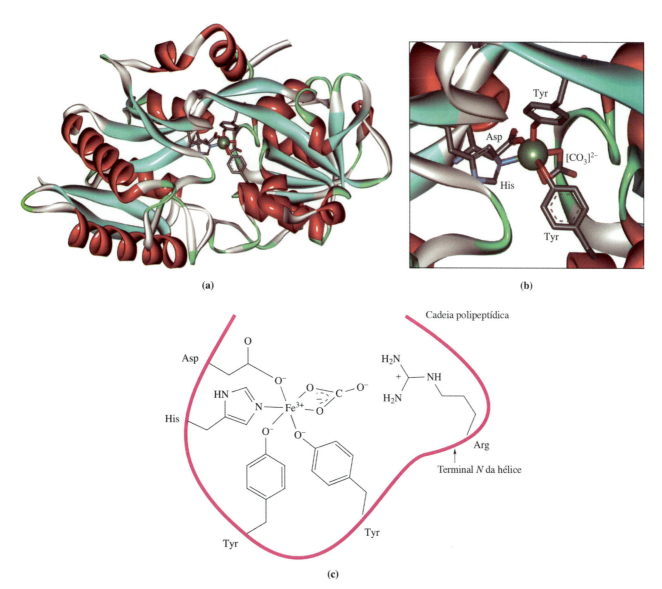

Fig. 29.3 (a) A estrutura da transferrina do soro humano determinada por difração de raios X (código PDB: 1D3K). A cadeia proteica é mostrada em representação por fitas e a esfera de coordenação do íon Fe^{3+} é ilustrada em representações com esferas (para o Fe^{3+}) e bastões (para os resíduos do aminoácido e o íon [CO$_3$]$^{2-}$). (b) Uma ampliação do ambiente de coordenação do Fe^{3+}. Código de cores: Fe, verde; N, azul; O, vermelho; C, cinza. (c) Representação esquemática do sítio de ligação do Fe^{3+} na transferrina; o [CO$_3$]$^{2-}$ coordenado aponta na direção do resíduo de Arg com carga positiva e do terminal *N* de uma hélice.

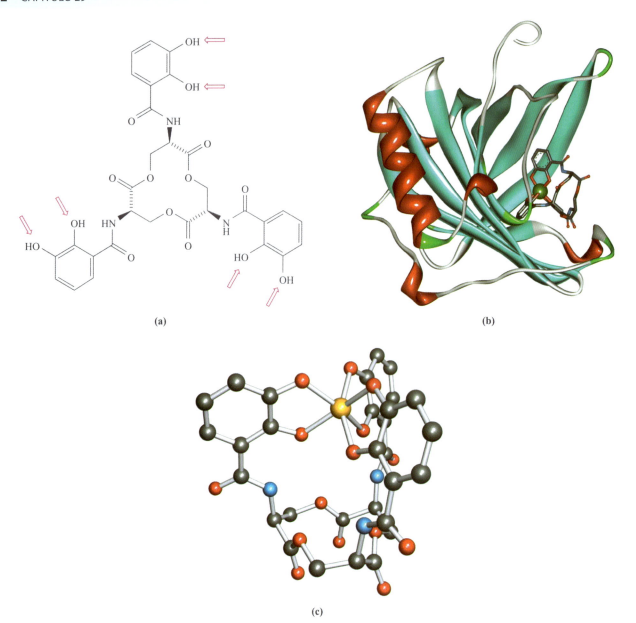

Fig. 29.4 (a) A estrutura do sideróforo enterobactina, H₆Ent, mostrando os átomos doadores; os grupos OH são desprotonados antes da coordenação ao Fe³⁺. (b) A estrutura (determinada por difração de raios X) da proteína siderocalina complexada com o [Fe(Ent)]³⁻ (código PDB: 3BY0). Código de cores para o complexo: Fe, verde; N, azul; O, vermelho; C, cinza. (c) A estrutura do complexo de vanádio(IV) [V(Ent)]²⁻ determinada por difração de raios X do sal de K⁺ [T.B. Karpishin et al. (1993) *J. Am. Chem. Soc.*, vol. 115, p. 1842]. Os átomos de hidrogênio são omitidos para maior clareza. Código de cores: V, amarelo; C, cinza; O, vermelho; N, azul.

Os microrganismos aeróbicos também exigem ferro, mas não podem simplesmente absorvê-lo do seu ambiente aquoso, pois o Fe³⁺ é precipitado na forma de Fe(OH)₃ ($K_{ps} = 2{,}64 \times 10^{-39}$). A evolução deu a esses organismos ligantes polidentados doadores O denominados *sideróforos*, que buscam o ferro. Exemplos de sideróforos são os ânions derivados da *enterobactina* (Fig. 29.4a), do *desferricromo* (Fig. 29.5a) e da *desferrioxamina* (Fig. 29.5b). A enterobactina, H₆Ent, é derivada de três resíduos de L-serina, cada qual transportando um grupo 2,3-di-hidroxibenzoila. A forma desprotonada, Ent⁶⁻, liga o Fe³⁺ dando o complexo [Fe(Ent)]³⁻ no qual o Fe³⁺ fica em um ambiente aproximadamente octaédrico. Os dados espectroscópicos (espectros eletrônicos e de dicroísmo circular) mostram que o complexo Λ é formado diastereosseletivamente (veja o Boxe 19.3). O [Fe(Ent)]³⁻ bacteriano é captado pela proteína siderocalina que ocorre no sistema imunológico dos mamíferos e funciona como um agente antibacteriano.[†] A Fig. 24.9b apresenta a interação entre a siderocalina e o [Fe(Ent)]³⁻. Muitas informações sobre [Fe(Ent)]³⁻ provêm de estudos de compostos-modelo. O ligante modelo **29.4** está intimamente relacionado à enterobactina e dá um complexo com o Fe³⁺ para o qual o log β é próximo do valor para a enterobactina de ferro(III). O complexo de enterobactina de V(IV) (reação 29.3) foi estruturalmente caracterizado por difração de raios X, e, muito embora o raio de um centro de V(IV) (58 pm) seja menor do que o do Fe(III) (65 pm), os aspectos estruturais gerais dos complexos de Fe(III) e de V(IV) devem ser semelhantes. Os três "braços" do ligante localizam-se acima do macrociclo central, permitindo que cada braço aja como um doador de O,O' (Fig. 29.4c). O centro de V(IV) hexacoordenado está em um ambiente

---

[†] Veja: R.J. Abergel, M.C. Clifton, J.C. Pizarro, J.A. Warner, D.K. Shuh, R.K. Strong and K.N. Raymond (2008) *J. Am. Chem. Soc.*, vol. 130, p. 11524.

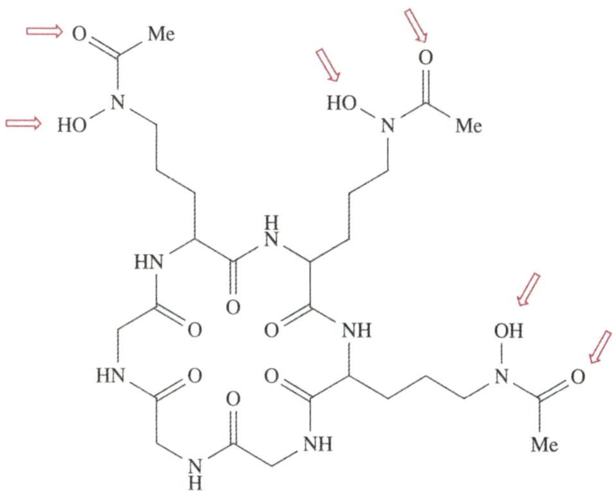

Fig. 29.5 As estruturas dos sideróforos (a) desferricromo e (b) desferrioxamina, mostrando os átomos doadores; os grupos OH são desprotonados antes da coordenação ao Fe^{3+}.

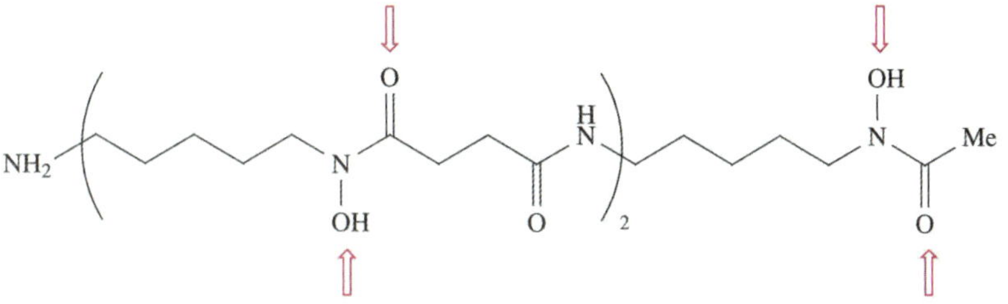

descrito como prismático triangular com um ângulo de torção de 28° (veja as estruturas **19.9**, **19.10** e **19.13**).

$[V(O)(acac)_2]$ + H_6Ent + 4KOH
  veja **21.8** enterobactina

$\xrightarrow{MeOH}$ $K_2[V(Ent)]$ + 2K[acac] + $5H_2O$ (29.3)

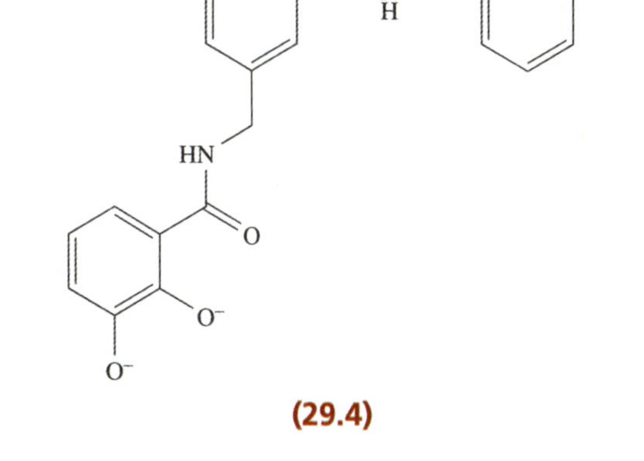

(29.4)

Os complexos de Fe^{3+} de alto spin dos sideróforos são cineticamente lábeis. Se o Fe^{3+} é trocado pelo Cr^{3+}, são obtidos complexos cineticamente inertes que podem ser estudados em solução como modelos para os complexos de Fe^{3+}.

Os complexos que transportam ferro nos mamíferos e microrganismos têm constantes de estabilidade global muito altas (veja anteriormente) e, embora os mecanismos exatos não tenham sido elucidados, é razoável propor que a redução em Fe^{2+} é necessária para sua liberação, pois a constante de estabilidade para o complexo de Fe^{2+} é de ordens de magnitude menor do que a do complexo de Fe^{3+}.

Exercícios propostos

1. Explique por que os complexos de Fe^{3+} de alto spin dos sideróforos são cineticamente lábeis, ao passo que os complexos-modelo análogos que contêm o Cr^{3+} são cineticamente inertes. [*Resp.*: Veja a Seção 26.2]

2. A coordenação do Fe^{3+} à forma desprotonada, Ent^{6-}, da enterobactina dá exclusivamente o complexo Λ. Por que isso acontece? O que você esperaria observar se tivesse de utilizar o diastereoisômero não natural da Ent^{6-} com uma estereoquímica (*R,R,R*)?

Metalotioneínas: transporte de alguns metais tóxicos

O transporte de centros de metal moles é importante na proteção contra os metais tóxicos tais como o Cd^{2+} e o Hg^{2+}. A complexação exige ligantes moles, que são fornecidos pela Natureza na forma de resíduos de cisteína (Tabela 29.2) nas *tioneínas*. Os complexos de metais que as tioneínas formam são chamados de *metalotioneínas*. As tioneínas também ligam o Cu^+ e o Zn^{2+}, mas seu papel ativo no transporte desses metais nos mamíferos não foi confirmado. As tioneínas são pequenas proteínas que contêm ≈62 aminoácidos, cerca de um terço deles é de cisteína. Os resíduos de Cys ou ficam adjacentes uns aos outros ou separados por um resíduo de outro aminoácido, provendo, assim, bolsos de sítios doadores S idealmente adequados para captar íons de metais moles. Tanto o Cd quanto o Hg têm núcleos ativos em RMN (os mais importantes são o ^{113}Cd, 12% de abundância, $I = \frac{1}{2}$; ^{199}Hg, 17% de abundância, $I = \frac{1}{2}$) e a aplicação da espectroscopia de RMN para investigar os sítios de coordenação nas metalotioneínas que contêm Cd e Hg tem auxiliado enormemente a determinação estrutural.

A presença de Hg^{2+}, Cd^{2+}, Cu^+ e de Zn^{2+} induz a produção de tioneínas no fígado e nos rins dos mamíferos. Entre 4 e 12 centros de metal podem ser ligados por uma tioneína; os centros de Zn^{2+}, de Hg^{2+}, de Cd^{2+} têm probabilidade de estar em ambientes tetraédricos, enquanto o Cu^+ pode ser tricoordenado. A estrutura da isoforma II das metalotioneínas que contém Cd/Zn provenientes do fígado do rato foi determinada por difração de raios X, e a Fig. 29.6a ilustra a cadeia proteica dobrada que consiste em resíduos de 61 aminoácidos, dos quais 20 são grupos Cys. Um centro de Cd^{2+} e dois de Zn^{2+} são ligados em um dos bolsos da cadeia dobrada, e quatro de Cd^{2+} no outro (Figs. 29.6b e 29.6c).

O tiolato e os complexos correlatos são estudados na forma de modelos para as metalotioneínas. Por exemplo, a metalotioneína que contém o Cu(I) na levedura foi modelada pelo $[Cu_4(SPh)_6]^{2-}$ (**29.5**), enquanto os estudos de modelos da cuprotioneína do fígado canino utilizaram o complexo **29.6**, no qual os resíduos de Cys são "substituídos" por ligantes de tiureia. Dentre os aglomerados contendo o Cd_xS_y estudados como modelos para as metalotioneínas contendo o Cd^{2+} está o $[Cd_3(SC_6H_2{}^iPr_3)_7]^-$ (**29.7**).

(29.5)

(29.6)

(29.7)

Exercícios propostos

1. Os aglomerados de $\{Zn_3(Cys)_9\}$ estão presentes em metalotioneínas dos vertebrados. Dado que os ambientes de coordenação do Zn^{2+} são equivalentes, sugira uma estrutura para o aglomerado e indique como ele fica preso à espinha dorsal proteica.

2. As metalotioneínas estão implicadas na captação de espécies de oxigênio reativo. Uma reação relevante é a oxidação de um domínio de $\{Zn(Cys)_2\}$ que libera o Zn^{2+}. Escreva uma meia equação que mostre o que acontece durante essa transformação.

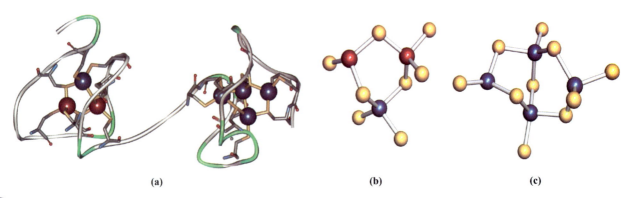

Fig. 29.6 (a) A espinha dorsal (dobrada para dar dois bolsos) da cadeia polipeptídica na isoforma II da metalotioneína do fígado do rato (código PDB: 4MT2). Cada bolso contém uma unidade de metal multinuclear coordenada por resíduos de cisteína. O aglomerado da esquerda contém um átomo de Cd e dois de Zn, e o aglomerado da direita consiste em quatro átomos de Cd. Detalhes dos aglomerados: (b) $CdZn_2S_8$ e (c) Cd_4S_{10}. Código de cores: Zn, vermelho; Cd, azul; S, amarelo.

29.3 Tratando do O₂

Hemoglobina e mioglobina

Nos mamíferos, o O₂ (obtido pela respiração) é transportado na corrente sanguínea pela *hemoglobina* e fica armazenado nos tecidos na *mioglobina*. A hemoglobina e a mioglobina são *proteínas heme*. A mioglobina tem uma massa molecular de ≈17 000 e é um monômero com uma cadeia proteica que consiste em resíduos de 153 aminoácidos. A hemoglobina tem uma massa molecular de ≈64 500 e é um tetrâmero (Fig. 29.7a). A cadeia proteica na mioglobina e em cada cadeia da hemoglobina contém um grupo protoporfirina IX (veja a Fig. 12.10a para a porfirina) que, juntamente com um resíduo de histidina preso à espinha dorsal da proteína, contém um centro de Fe. Um anel de porfirina que contém um centro de Fe é chamado de um *grupo heme* e aquele presente na hemoglobina é mostrado na Fig. 29.7b. O centro de Fe(II) é um ambiente piramidal de base quadrada, quando em seu "estado de repouso", também referido como a forma desoxi. Quando o O₂ se liga ao grupo heme, ele entra *trans* no resíduo de His dando uma espécie octaédrica (**29.8**) (veja discussão posterior).

$$\begin{array}{c} N(His) \\ | \\ (Porf)N \diagdown | \diagup N(Porf) \\ Fe(III) \\ (Porf)N \diagup | \diagdown N(Porf) \\ O \\ \| \\ O \end{array}$$

(29.8)

Embora cada uma das quatro unidades da hemoglobina contenha um grupo heme, os quatro grupos não operam de modo independente um do outro: a ligação (e liberação) do O₂ é um processo *cooperativo*. A Fig. 29.8 compara a afinidade da hemoglobina (tetrâmero com quatro unidades heme) e da mioglobina (monômero com uma unidade heme) pelo O₂. A curva azul na Fig. 29.8 ilustra que a hemoglobina tem uma baixa afinidade pelo O₂ a baixas pressões de O₂ (por exemplo, nos tecidos dos mamíferos), mas liga o O₂ avidamente a uma pressão de O₂ mais alta. A mais elevada das pressões do O₂ em um mamífero está nos pulmões, onde o O₂ se liga à hemoglobina (veja o Problema 29.27 ao final do capítulo). À medida que a hemoglobina se liga a sucessivas moléculas de O₂, a afinidade dos grupos heme "vagos" pelo O₂ *aumenta* de tal forma que a afinidade pelo quarto sítio é ≈300 vezes a da primeira unidade heme. O "trabalho cooperativo" pode ser explicado em termos de comunicação entre os grupos heme a partir de variações conformacionais nas cadeias proteicas. Considere o grupo heme em seu estado de repouso na Fig. 29.7b: ele contém o Fe(II) de alto spin localizado ≈40 pm fora do plano do conjunto doador N,N',N'',N''' do grupo porfirina e é arrastado na direção do resíduo de His. O centro de Fe(II) de alto spin é aparentemente grande demais para se encaixar dentro do plano dos quatro átomos doadores de N. Quando o O₂ entra no sexto sítio de coordenação, o centro de ferro (agora o Fe^{3+} de baixo spin, veja a seguir) move-se para dentro do plano do anel porfirínico e empurra o resíduo de His junto com ele. Por sua vez, ele perturba não somente a cadeia proteica à qual o grupo His está ligado, mas também as três outras subunidades proteicas, e um processo cooperativo aciona as outras unidades heme para ligarem sucessivamente o O₂ de modo mais ávido. Quando o O₂ é liberado da hemoglobina para a mioglobina, a perda da primeira molécula de O₂ aciona a liberação das três restantes. A mioglobina não mostra esse efeito cooperativo (Fig. 29.8), pois compreende somente uma cadeia proteica. Quando ligada ou na hemoglobina ou na mioglobina, a molécula de O₂ reside

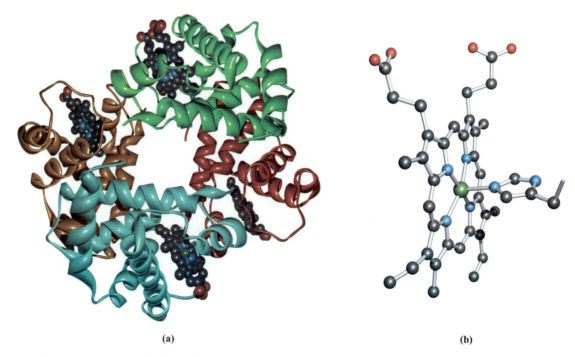

Fig. 29.7 (a) A estrutura da hemoglobina (código PDB: 1B86) mostrada em uma representação em fitas. As quatro subunidades, cada qual contendo uma unidade heme, são mostradas em cores diferentes. (b) A estrutura da unidade heme em seu estado de repouso. O centro de Fe(II) é coordenado por um ligante protoporfirina IX e um resíduo de histidina; o bastão não terminado representa a conexão à espinha dorsal da proteína. Os átomos de hidrogênio são omitidos para maior clareza. Código de cores: Fe, verde; C, cinza; N, azul; O, vermelho.

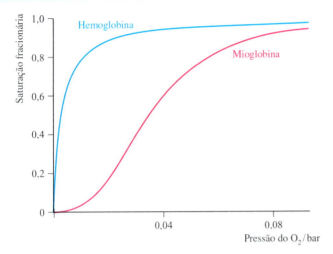

Fig. 29.8 Curvas de ligação do dioxigênio para hemoglobina e mioglobina ilustrando os efeitos cooperativos na hemoglobina. [Redesenhado a partir de: D.B. Kim-Shapiro (2004) *Free Radical Bio. Med.*, vol. 36, p. 402, Elsevier.]

porfirina (H$_2$tpp, **29.9**) está facilmente disponível, mas a reação do complexo de Fe(II) [Fe(tpp)$_2$] com o O$_2$ leva a um complexo de Fe(III) com ponte peróxido (Eq. 29.5).

(29.9)

em uma cavidade estericamente protegida. A importância desse fato fica clara quando olhamos os compostos-modelo.

Muitos anos de atividade de pesquisa se passaram para alcançar nosso atual nível de entendimento da absorção do O$_2$ pela mioglobina e hemoglobina. Foram apresentadas várias propostas para descrever a natureza do centro de ferro e das espécies de O$_2$ nas formas oxi dessas proteínas. Alguns estudos-modelo envolveram as reações do O$_2$ com certos complexos de base de Schiff[†] de Co(II). Reações tais como aquela representada na Eq. 29.4 produzem compostos Co(III) nos quais a molécula de O$_2$ fica ligada da "extremidade" ao centro de metal. Nesse complexo, o ângulo de ligação Co–O–O é ≈125° e o comprimento de ligação O–O é ≈126 pm (compare os valores de 121 pm no O$_2$ e 134 pm no [O$_2$]$^-$, veja o Boxe 16.2, no Volume 1).

(29.4)

O complexo de Co(III) formado na reação 29.4 pode ser considerado como contendo o [O$_2$]$^-$ coordenado, mas a presença da base axial, L, é crucial para a formação do produto monomérico. Na sua ausência, é formada uma espécie de dicobalto com uma ponte peróxido Co–O–O–Co (isto é, análoga àquelas discutidas na Seção 21.10).

Um ligante lógico para modelar os sítios ativos na mioglobina e na hemoglobina é aquele derivado da porfirina. A tetrafenil-

(29.5)

A interação com o segundo centro de ferro pode ser evitada pelo uso de um ligante porfirina com substituintes volumosos. Um exemplo é o ligante **29.10**, uma porfirina chamada de "cerca de estaca". Um exemplo de um complexo-modelo contendo [Fe(**29.10**)] com um ligante azido ligado ao centro de ferro(II) é apresentado na Fig. 29.9. Estudos de tais modelos fornecem informações a respeito das propriedades dos complexos de porfirinato de ferro(II) de alto spin. Os quatro substituintes no ligante **29.10** formam uma cavidade, e a reação 29.6 mostra a ligação do O$_2$ dentro da cavidade. O ligante axial é o 1-metilimidazol que é estruturalmente semelhante a um resíduo de His. O sistema claramente se assemelha ao ambiente de ferro na hemoglobina (compare a Fig. 29.7).

[†] Uma base de Schiff é uma imina formada pela condensação de uma amina primária e um composto de carbonila.

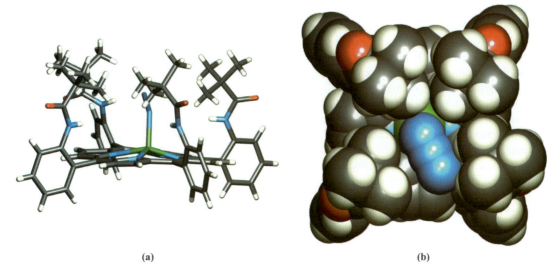

Fig. 29.9 A estrutura (determinada por difração de raios X) de um composto modelo de porfirina de cerca de estaca ligado ao centro de Fe(II): (a) uma representação de bastões ilustrando a proteção do ligante [N₃]⁻ pelos quatro "postes da cerca" do ligante porfirina, e (b) um modelo de preenchimento espacial olhando para dentro da cavidade. [Dados: I. Hachem *et al.* (2009) *Polyhedron*, vol. 28, p. 954.] Código de cores: Fe, verde; N, azul; O, vermelho; C, cinza; H, branco.

(29.10)

(29.6)

A estrutura no estado sólido do produto da reação 29.6 foi determinada por difração de raios X e confirma uma extremidade, modo de coordenação inclinado do grupo O₂. O comprimento de ligação O–O é 125 pm e o ângulo de ligação Fe–O–O é de 136°. O espectro vibracional do complexo exibe uma absorção em 1159 cm⁻¹ atribuída a v(O–O), e, quando comparada com valores de v(O–O) de 1560 cm⁻¹ para o O₂, ≈1140 cm⁻¹ para o [O₂]⁻ e ≈800 cm⁻¹ para o [O₂]²⁻, ela sugere a presença de um ligante [O₂]⁻. A oxiemoglobina e a oximioglobina são caracterizadas por valores de v(O–O) = 1107 e 1103 cm⁻¹, respectivamente. O modelo atual para a ligação do O₂ ao centro de Fe(II) de baixo spin na hemoglobina e na mioglobina é de que a coordenação é acompanhada de transferência de elétrons, oxidação do Fe(II) de alto spin em Fe(III) de baixo spin e da redução do O₂ em [O₂]⁻. O Fe(III) (d^5) de baixo spin e o [O₂]⁻ contêm um elétron desemparelhado, e o fato das formas oxi das proteínas serem diamagnéticas pode ser entendido em termos do acoplamento antiferromagnético entre o centro de Fe(III) e o ligante [O₂]⁻ (veja a Seção 20.10).

Na ligação a um grupo heme, o O₂ age como um ligante aceitador π (veja a Seção 20.4). Portanto, não é surpreendente que outros ligantes aceitadores π possam tomar o lugar do O₂ na hemoglobina ou na mioglobina, e essa é base da toxicidade do CO. No entanto, o cianeto, muito embora um ligante aceitador π, favorece os centros de metal de estado de oxidação superior e se liga ao Fe(III) nos *citocromos* (veja a Seção 29.4); o envenenamento por [CN]⁻ *não* é causado pelo bloqueio que o [CN]⁻ faz dos sítios de ligação do O₂ na hemoglobina.

Exercícios propostos

1. Construa um diagrama OM para a formação do O₂ a partir de dois átomos de O. Utilize o diagrama para dar suporte à afirmativa no texto de que v(O–O) no O₂ > v(O–O) no [O₂]⁻ > v(O–O) no [O₂]²⁻.

   [*Resp.*: Veja a Fig. 2.10, no Volume 1]

2. Quando o CO se liga à hemoglobina, quais OM do CO estão envolvidos na formação da ligação Fe–C?

   [*Resp.*: O HOMO e o LUMO, na Fig. 2.15, no Volume 1]

Hemocianina

As *hemocianinas* são proteínas que contêm cobre e transportam O₂ nos moluscos (por exemplo, búzios, caracóis, lulas) e nos artrópodes (por exemplo, lagostas, caranguejos, camarões, caranguejos-ferraduras, escorpiões), e, muito embora o nome sugira a presença de um grupo heme, as hemocianinas *não* são proteínas heme. As hemocianinas isoladas de artrópodes e moluscos são hexaméricas (M_r por unidade $\approx 75\,000$), enquanto as dos moluscos possuem 10 ou 20 subunidades, cada qual com $M_r \approx 30\,000$ a $450\,000$). A forma desoxi de uma hemocianina é incolor e contém Cu(I), enquanto a ligação de O_2 resulta na forma azul do Cu(II). As estruturas de uma desoxiemocianina (isolada da lagosta) e uma oxiemocianina (isolada do caranguejo-ferradura do Atlântico) foram confirmadas. A cadeia proteica dobrada de uma subunidade da forma desoxi é mostrada na Fig. 29.10a. Enterrados dentro da metaloproteína estão dois centros de Cu(I) adjacentes (Cu⋯Cu = 354 pm, isto é, não ligado), cada qual ligado por três resíduos de histidina (Fig. 29.10b e estrutura **29.11**).

$$
\begin{array}{c}
\text{(His)N} \qquad\qquad \text{N(His)} \\
\downarrow \qquad\qquad\qquad \downarrow \\
\text{(His)N} \longrightarrow \text{Cu} \text{-----} \text{Cu} \longleftarrow \text{N(His)} \\
\uparrow \qquad\qquad\qquad \uparrow \\
\text{(His)N} \qquad\qquad \text{N(His)}
\end{array}
$$

(29.11)

O sítio ativo da oxiemocinanina estruturalmente caracterizada é apresentada na Fig. 29.10c. A unidade de $Cu_2(His)_6$ (Cu⋯Cu = 360 pm) assemelha-se à da forma desoxi. A unidade de O_2 é ligada em um modo de ponte com um comprimento de ligação O–O de 140 pm, típica daquela encontrada nos complexos peróxido. O sítio de ligação do O_2 é formulado como $Cu(II)–[O_2]^{2-}–Cu(II)$, isto é, a transferência de elétrons acompanha a ligação do O_2. Os dados de espectroscopia Raman ressonante são consistentes com essa formulação: $\nu(O-O) \approx 750$ cm^{-1}, em comparação com ≈ 800 cm^{-1} para o $[O_2]^{2-}$. Os centros de Cu(II) são antiferromagneticamente acoplados fortemente, com o ligante $\mu\text{-}[O_2]^{2-}$ estando envolvido em um mecanismo de *supertroca* (veja a Seção 20.10).

Foram estudados muitos compostos-modelo nas tentativas de se entender a ligação do O_2 na hemocianina, e frequentemente envolvem derivados de imidazol ou de pirazol para representar os resíduos de His. À luz dos dados cristalográficos (Fig 29.10), um dos modelos que mais se assemelha à oxiemocianina é o complexo de dicobre(II) peróxido (**29.12**), no qual cada centro de Cu(II) é coordenado por um ligante hidridotris(pirazolila)borato derivado da isopropila. Assim

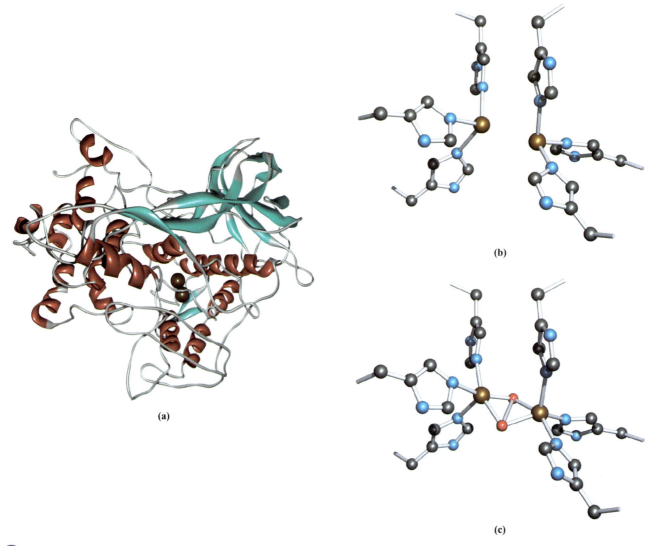

Fig. 29.10 A estrutura da desoxiemocianina da lagosta (*Panulirus interruptus*) (código PDB: 1HCY): (a) a espinha dorsal da cadeia proteína e as posições de dois centros de Cu(I), e (b) o sítio ativo no qual os dois centros de Cu(I) estão ligados por resíduos de histidina. (c) O sítio de ligação de O_2 na oxiemocianina do caranguejo-ferradura do Atlântico (*Limulus polyphemus*). Os átomos de hidrogênio são omitidos. Código de cores: Cu, castanho; C, cinza; O, vermelho; N, azul.

BIOLOGIA E MEDICINA

Boxe 29.2 Os especialistas: como o sugador de sangue *Rhodnius prolixus* utiliza o NO

As *nitroforinas* são proteínas heme que estão presentes nas glândulas salivares do inseto sanguessuga *Rhodnius prolixus* que vive nas Américas do Sul e Central. A ligação do NO ao centro de Fe(III) na nitroforina (NP1) é reversível e depende do pH. Crucial para o processo de sugar o sangue pelo *Rhodnius prolixus* é o fato de o NO se ligar 10 vezes mais fortemente em pH 5 (isto é, o pH da saliva dentro do inseto) do que em pH 7 (isto é, o pH fisiológico da vítima). Uma vez que a saliva do inseto seja liberada na vítima, o NO é liberado, causando a expansão dos vasos sanguíneos (vasodilatação) e inibindo a coagulação do sangue. Em resposta, a vítima libera histamina para auxiliar a cura da ferida.

xada com o NO em pH 5,6. A unidade heme fica ligada dentro de um bolso na proteína que compreende folhas β e fica presa à cadeia proteica por um resíduo de histidina. Há dados cristalográficos de raios X sobre NP1–NO e seu análogo [CN]⁻ e confirmam que o NO e o [CN]⁻ se ligam ao Fe heme. No entanto, no feixe de raios X, ocorre facilmente a fotorredução de NP1–NO, e fica difícil avaliar se o modo de coordenação inclinado observado do ligante NO é ou não uma consequência da fotorredução. Os ângulos de ligação Fe–N–O diferem entre diversas determinações estruturais. Para o complexo cianido, o ângulo de ligação Fe–C–N é 173°. O ligante NO ou [CN]⁻ fica "hospedado" em um bolso da cadeia proteica entre dois resíduos de leucina (veja a Tabela 29.2). Os dados estruturais do complexo da histamina mostram que o mesmo bolso proteico hospeda o ligante histamina, indicando que o NO e a histamina competem pelo mesmo sítio de ligação. Em pH fisiológico, a unidade heme na NP1 liga a histamina ≈100 vezes mais fortemente do que o NO. Isso deve auxiliar a dissociação do NO e inibir o papel da histamina, e o trabalho de ambos favorece o ataque do *Rhodnius prolixus*.

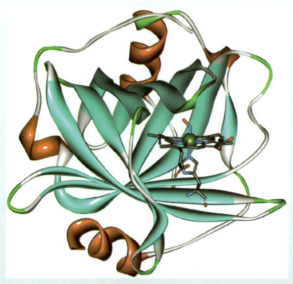

NO ligado à NP1 (NP1–NO)   Histamina

O inseto assassino *Rhodnius prolixus* sugando o sangue de um ser humano.

As folhas β são mostradas em azul-claro. Código de cores para a estrutura de esfera e bastão: Fe, verde; N, azul; O, vermelho; C, cinza.

A estrutura anterior (determinada por difração de raios X, código PDB: 2OFR) é a de uma nitroforina do *Rhodnius prolixus* comple-

Leitura recomendada

J.F. Andersen (2010) *Toxicon*, vol. 56, p. 1120 – "Structure and mechanism in salivary proteins from blood-feeding arthropods".

M.A. Hough, S.V. Antonyuk, S. Barbieri, N. Rustage, A.L. McKay, A.E. Servid, R.R. Eady, C.R. Andrew and S.S. Hasnain (2011) *J. Mol. Biol.*, vol. 405, p. 395 – "Distal-to-proximal NO conversion in hemoproteins: The role of the proximal pocket".

F.A. Walker (2005) *J. Inorg. Biochem.*, vol. 99, p. 216 – "Nitric oxide interaction with insect nitrophorins and thoughts on the electronic configuration of the {FeNO}⁶ complex".

A. Weichsel, J.F. Andersen, D.E. Champagne, F.A. Walker and W.R. Montfort (1998) *Nature Struct. Biol.*, vol. 5, p. 304 – "Crystal structures of a nitric oxide transport protein from a blood-sucking insect".

como a oxiemocianina, o complexo **29.12** é diamagnético como resultado dos centros de Cu(II) antiferromagneticamente acoplados. O espectro Raman do **29.12** mostra uma absorção a 741 cm^{-1} atribuída a v(O–O), o que está em bom acordo com o valor da oxiemocinina. Ao contrário, o complexo-modelo **29.13** libera O$_2$ no MeCN/CH$_2$Cl$_2$, a 353 K, sob vácuo. Quando o O$_2$ é adicionado, à temperatura ambiente, o complexo **29.13** é regenerado.

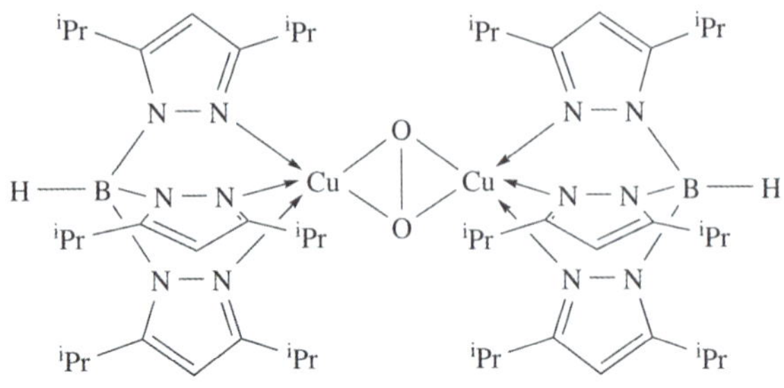

(29.12)

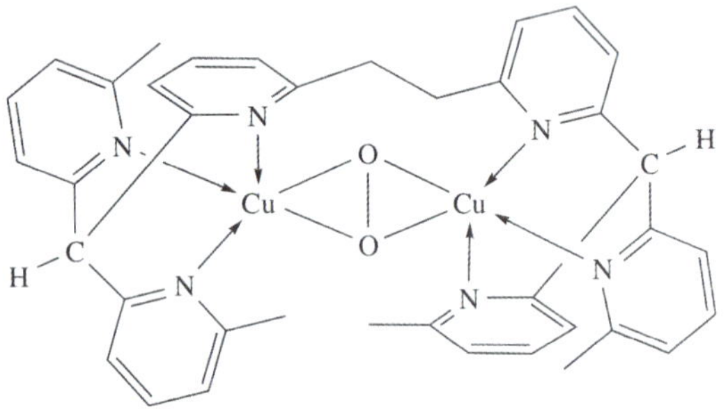

(29.13)

(29.14)

$$(29.7)$$

Hemeritrina

Nos invertebrados marinhos, tais como os anelídeos (vermes segmentados), moluscos e artrópodes (veja anteriormente), o O$_2$ é transportado pela *hemeritrina*, uma proteína que contém Fe não heme. No sangue, a metaloproteína ($M_r \approx 108\,000$) consiste em oito subunidades, cada qual com resíduos de 113 aminoácidos e um sítio ativo de diferro. Nos tecidos, menos subunidades compõem a metaloproteína. Diferentemente da hemoglobina, a hemeritrina não apresenta qualquer trabalho cooperativo entre as subunidades durante a ligação do O$_2$.

As estruturas das formas desoxi e oxi da hemeritrina foram determinadas cristalograficamente (Fig. 29.11). Na forma desoxi, a unidade de [Fe(II)]$_2$ com ponte hidróxido está presente conforme mostrado na estrutura **29.14** (veja a Tabela 29.2); as linhas tracejadas representam as conexões para a espinha dorsal da proteína. Os dois centros de Fe(II) na desoxiemeritrina são fortemente acoplados antiferromagneticamente pela ponte Fe–O–Fe.

O centro de Fe(II) do lado esquerdo em **29.14** é coordenadamente insaturado e adiciona O$_2$ dando a oxiemeritrina (Fig. 29.11c). O átomo de H da hidroxila em **29.14** participa da ligação do O$_2$, tornando-se parte de um ligante [HO$_2$]$^-$, mas permanecendo associado ao grupo μ-óxido pela formação da ligação hidrogênio (Eq. 29.7).

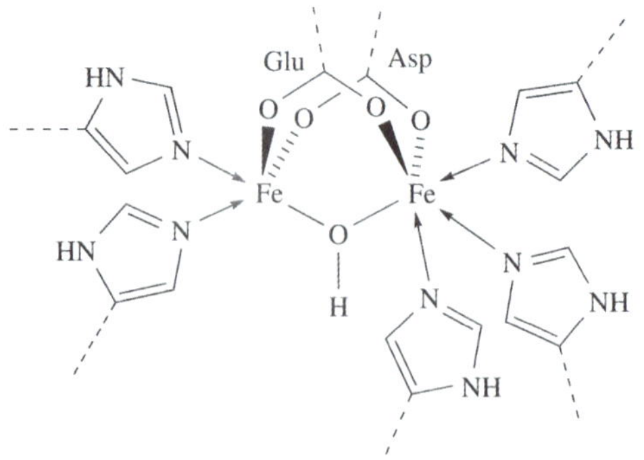

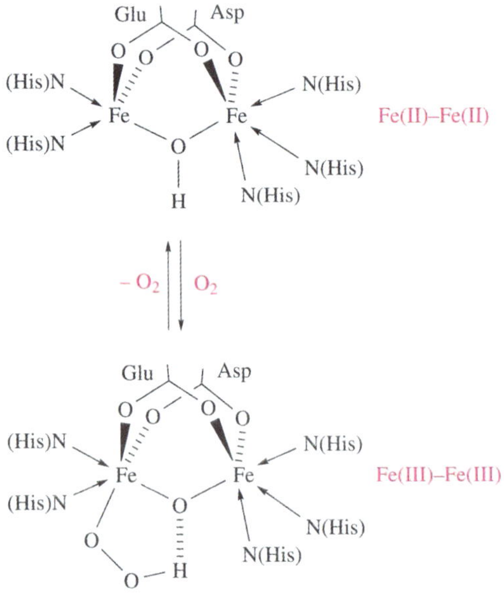

Muitos estudos-modelo concentraram-se na *metaemeritrina*, isto é, a forma oxidada de Fe(III)–Fe(III) da hemeritrina que contém uma ponte óxido (em vez de hidróxido). A metaemeritrina não liga o O$_2$, mas interage com ligantes tais como o [N$_3$]$^-$ e o [SCN]$^-$. A reação 29.8 faz uso do ligante hidridotris(pirazolila)borato [HBpz$_3$]$^-$ para modelar três resíduos de His. O produto (**29.15**) contém centros de Fe(III) acoplados antiferromagneticamente.

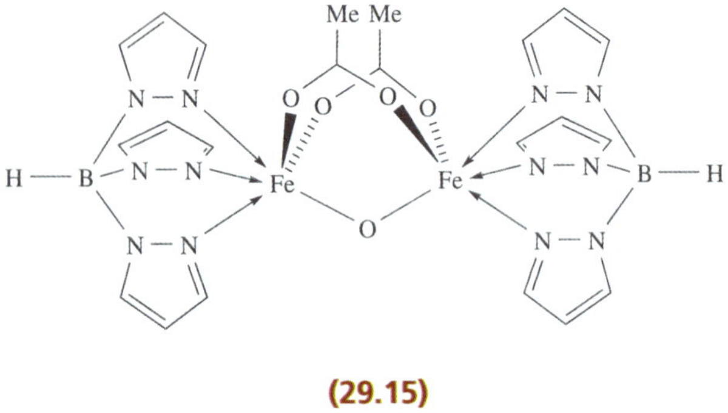

(29.15)

$$Fe(ClO_4)_3 + Na[O_2CMe] + K[HBpz_3]$$
$$\longrightarrow [Fe_2(HBpz_3)_2(\mu\text{-}O_2CMe)_2(\mu\text{-}O)] \qquad (29.8)$$

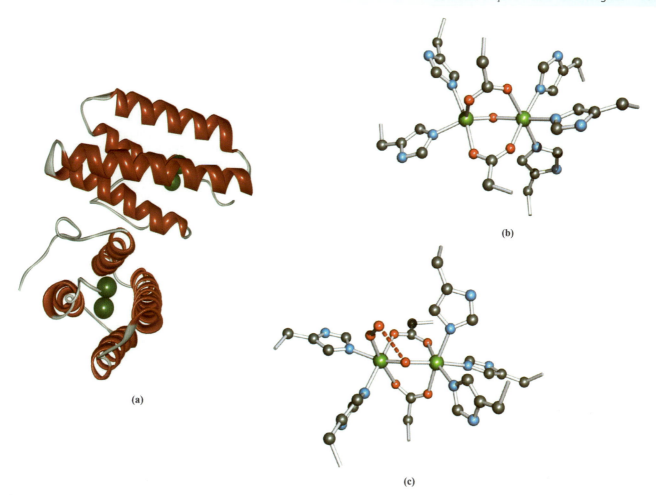

Fig. 29.11 (a) Duas subunidades na desoxiemeritrina da metaloproteína do verme sipuncolídia (*Themiste dyscrita*) (código PDB: 1HMD); a espinha dorsal das cadeias proteicas é ilustrada em representação por fitas e é mostrada a posição da unidade de Fe$_2$. (b) O sítio ativo no qual os dois centros de Fe(II) ficam ligados por resíduos de histidina, glutamato e aspartato. (c) O sítio de ligação do O$_2$ na oxiemeritrina do *Themiste dyscrita*. A linha vermelha tracejada representa uma interação com ligação de hidrogênio (veja a Eq. 29.7). Os átomos de hidrogênio são omitidos. Código de cores: Fe, verde; C, cinza; O, vermelho; N, azul.

Citocromos P-450

Oxigenases são enzimas que inserem oxigênio em outras moléculas; uma *mono-oxigenase* insere um átomo de oxigênio, e uma *dioxigenase* insere dois.

Os citocromos P-450 são metaloenzimas que funcionam como mono-oxigenases, catalisando a inserção de oxigênio em uma ligação C–H de um hidrocarboneto aromático ou alifático, isto é, a conversão de RH em ROH:

$$RH + O_2 + 2H^+ + 2e^- \longrightarrow ROH + H_2O$$

Dois exemplos da utilização biológica dessa reação estão no metabolismo de drogas e na síntese de esteroides. O átomo de oxigênio se origina no O$_2$: um átomo de O é inserido no substrato orgânico e um átomo é reduzido a H$_2$O.

$$\text{(Porf)N}\underset{\text{(Porf)N}}{\overset{\underset{|}{\text{S(Cys)}}}{\text{Fe(III)}}}\overset{\text{N(Porf)}}{\underset{\text{N(Porf)}}{}}$$

(29.16)

O sítio ativo em um citocromo P-450 é uma unidade heme. Um complexo de protoporfirina(IX) de ferro (Fig. 29.7b) é ligado covalentemente à proteína por meio de uma ligação Fe–S$_{cisteína}$. Isso foi confirmado cristalograficamente para o citocromo P-450 complexado com o (1S)-cânfora (Fig. 29.12). O sítio ativo contém um centro de Fe(III) pentacoordenado, esquematicamente representado pela estrutura **29.16**. Em seu estado de repouso, o citocromo P-450 contém um centro de Fe(III) de baixo spin. Os adutos de monóxido de carbono dos citocromos P-450 absorvem a 450 nm e essa é a origem do nome da enzima. Propõe-se que o ciclo catalítico para a conversão de RH em ROH segue a sequência de etapas:

- ligação do substrato orgânico RH ao sítio ativo da metaloenzima e perda de um ligante H$_2$O ligado;
- redução de 1 elétron do Fe(III) de baixo spin a Fe(II) de baixo spin;
- ligação do O$_2$ dando um aduto, seguida de transferência de 1 elétron do ferro produzindo um complexo de Fe(III)-peróxido;
- recepção de outro elétron dando uma espécie {Fe(III)–O–O$^-$} que é protonada em {Fe(III)–O–OH};
- mais protonação e perda de H$_2$O deixando uma espécie {Fe(IV)=O} com o anel porfirina formalmente um cátion radical;

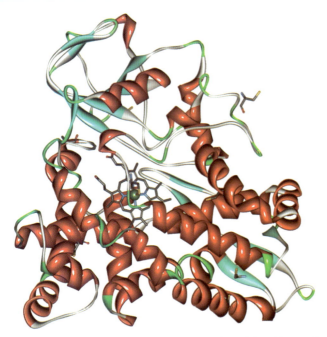

Fig. 29.12 A estrutura do citocromo P-450 proveniente da bactéria *Pseudomonas putida* (código PDB: 1AKD). A estrutura foi determinada para o citocromo P-450 complexado com o (1*S*)-cânfora, mas isso está omitido da figura. A cadeia proteica é mostrada em representação por fitas, com os resíduos de cisteína (Cys) destacados em representação por bastões. Um dos resíduos de Cys está ligado ao centro de Fe(III) da unidade de protoporfirina(IX) de ferro (mostrada em uma representação de bola e vareta com código de cores: Fe, verde; O, vermelho; C, cinza; N, azul; S, amarelo).

- transferência do átomo de O do óxido para o substrato RH ligado e liberação de ROH com a concomitante ligação de um ligante H₂ ao sítio ativo da metaloenzima que, mais uma vez, contém Fe(III) de baixo spin.

Pensa-se que a inserção do O na ligação C–H do RH envolva um caminho radicalar.

29.4 Processos redox biológicos

Na presente seção vamos ver maneiras pelas quais a Natureza realiza a química redox com referência às proteínas azuis de cobre, proteínas de ferro–enxofre e aos citocromos. As etapas redox no Fotossistema II foram descritas na discussão que acompanha a Eq. 21.54. Já discutimos dois tópicos de importância fundamental para a transferência de elétrons na Natureza. O primeiro é a maneira pela qual o potencial de redução de um par redox de metal tal como o Fe^{3+}/Fe^{2+} pode ser ajustado pela alteração dos ligantes coordenados ao centro do metal. Volte e veja os valores de $E°$ para os pares redox Fe^{3+}/Fe^{2+} listados na Tabela 8.1, no Volume 1. O segundo é a discussão da *teoria de Marcus–Hush* na Seção 26.5. Essa teoria aplica-se à transferência de elétrons em sistemas bioinorgânicos, em que a comunicação entre os centros de metal ativos em redox pode ser em distâncias relativamente longas conforme ilustraremos nos exemplos a seguir.

Proteínas azuis de cobre

Há três classes de centros de cobre nas proteínas azuis de cobre:

- Um centro do Tipo A é caracterizado por uma intensa absorção no espectro eletrônico com $\lambda_{máx} \approx 600$ nm, e $\varepsilon_{máx} \approx 100$ vezes maior que o do Cu^{2+} aquoso. A absorção é atribuída à transferência de carga de um ligante cisteína para o Cu^{2+}. No espectro RSE (o Cu^{2+} tem um elétron desemparelhado), é observado um desdobramento hiperfino estreito (veja a Seção 4.9, no Volume 1).
- Um centro do Tipo 2 exibe características de espectroscopia eletrônica típicas do Cu^{2+}, e o espectro RSE é típico de um centro de Cu^{2+} em um complexo de coordenação simples.
- Um centro do Tipo 3 apresenta uma absorção com $\lambda_{máx} \approx 330$ e existe na forma de um par de centros de Cu(II) que são acoplados antiferromagneticamente dando um sistema diamagnético. Dessa maneira, não há qualquer marcação no espectro RSE. A unidade de Cu_2 pode funcionar como um centro de transferência de 2 elétrons e está envolvida na redução do O_2.

As proteínas azuis de cobre contêm um mínimo de um centro de Cu do Tipo 1, e aquelas nessa classe incluem as *plastocianinas* e as *azurinas*. As plastocianinas estão presentes em plantas superiores e algas azul-esverdeadas, onde elas transportam elétrons entre os Fotossistemas I e II (veja anteriormente). A cadeia proteica em uma plastocianina compreende 97 e 104 resíduos de aminoácidos (geralmente, 99) e tem $M_r \approx 10\,500$. As azurinas ocorrem em algumas bactérias e estão envolvidas no transporte de elétrons na conversão do $[NO_3]^-$ em N_2. Normalmente, a cadeia proteica contém 128 ou 129 resíduos de aminoácidos ($M_r \approx 14\,600$).

Os dados estruturais de monocristal forneceram valiosas informações a respeito das proteínas azuis de cobre que contêm centros de Cu do Tipo 1. A Fig. 29.13a mostra uma representação da cadeia proteica dobrada da plastocianina do espinafre. O centro de Cu(II) localiza-se dentro de um bolso na cadeia, ligado por um resíduo de Cys, um de Met e dois resíduos de His (Fig. 29.13b). O átomo de S(Met) está significativamente distante do centro de Cu(II) do que o está o S(Cis). A Fig. 29.13c mostra a espinha dorsal da cadeia proteica da azurina isolada da bactéria *Pseudomonas putida*. O ambiente de coordenação do centro de Cu(II) assemelha-se ao da plastocianina com o Cu–S(Met) > Cu–S(Cis), mas, além disso, um átomo de O vindo do resíduo de Gly adjacente está envolvido em uma fraca interação coordenada (Fig. 29.13d). Os estudos estruturais ainda foram realizados nas formas reduzidas da plastocianina e azurina. Em cada caso, a esfera de coordenação permanece a mesma, exceto para variações dos comprimentos de ligação Cu–L. Geralmente, as ligações têm comprimento de 5–10 pm indo do Cu(II) para o Cu(I). As esferas de coordenação observadas podem ser consideradas como adequadas *tanto* ao Cu(I) *quanto* ao Cu(II) (veja a Seção 21.12) e, desse modo, facilitam a rápida transferência de elétrons. No entanto, deve-se notar que, em cada estrutura discutida anteriormente, *três* átomos doadores estão mais estreitamente ligados do que os doadores restantes e isso indica que a ligação do Cu(I) é mais favorável do que a do Cu(II). Isso é confirmado pelos altos potenciais de redução (medidos em pH 7) da plastocianina (+370 mV) e da azurina (+308 mV).

Oxidases são enzimas que utilizam o O_2 como um aceptador de elétrons.

As proteínas azuis de cobre multicobre incluem *ascorbato oxidase* e *lacase*. Tratam-se de metaloenzimas que catalisam a redução do O_2 em H_2O (Eq. 29.9) e, ao mesmo tempo, um substrato orgânico (por exemplo, um fenol) sofre uma oxidação de 1 elétron. O esquema global pode ser escrito na forma da Eq. 29.10; R• sofre polimerização.

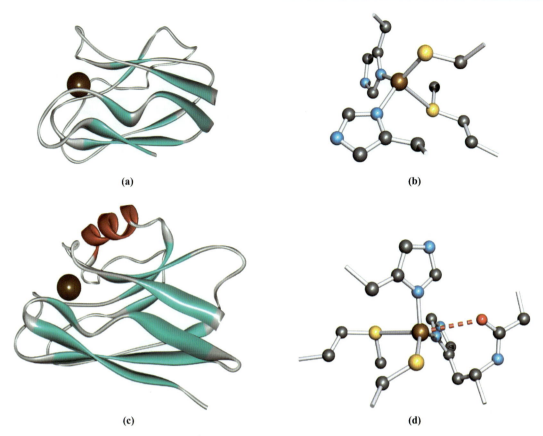

Fig. 29.13 (a) e (b) A estrutura da plastocianina do espinafre (código PDB: 1AG6): (a) a espinha dorsal da cadeia proteica mostrando a posição do centro de Cu(II) e (b) a esfera de coordenação do centro de Cu(II), consistindo em um resíduo de metionina, um de cistina e dois resíduos de histidina. (c) e (d) A estrutura da azurina da *Pseudomonas putida* (código PDB: 1NWO); (c) a espinha dorsal da cadeia proteica mostrando a posição do centro de Cu(II) e (d) o centro de Cu(II), coordenado por um resíduo de metionina, um de cisteína e dois resíduos de histidina; um dos átomos de O vindo do resíduo de glicina adjacente a uma das histidinas interage fracamente com o centro do metal (a linha partida vermelha). Os átomos de hidrogênio são omitidos. Código de cores: Cu, castanho; S, amarelo; C, cinza; N, azul; O, vermelho.

$$O_2 + 4H^+ + 4e^- \rightleftharpoons 2H_2O \quad (29.9)$$

$$4RH + O_2 \longrightarrow 4R^{\bullet} + 2H_2O \quad (29.10)$$

Os dados espectroscópicos são consistentes com a presença de todos os três tipos de sítio de cobre na ascorbato oxidase e lacase, e isso foi confirmado cristalograficamente em 1992 para a ascorbato oxidase isolada de abobrinhas (*Cucurbita pepo medullosa*). A Fig. 29.14 apresenta uma unidade de ascorbato oxidase em que quatro centros de Cu(II) estão acomodados dentro das dobras da cadeia proteica. Três centros de Cu formam um arranjo triangular (distâncias Cu····Cu não ligadas de 340 pm para a interação em ponte, e 390 pm para as duas distâncias Cu····Cu restantes). O quarto átomo de Cu (um centro do Tipo 1) está afastado significativamente (>1200 pm), mas indiretamente conectado à unidade de C$_3$ pela cadeia proteica. A esfera de coordenação do centro do Tipo 1 é semelhante à da forma oxidada da plastocianina (compare a Fig. 29.14c com a Fig. 29.13b) com o metal ligado por um resíduo de Met (Cu–S = 290 pm), um resíduo de Cys (Cu–S = 213 pm) e dois grupos His. A unidade de Cu$_3$ fica no interior de oito resíduos de His (Fig. 29.14b), e pode ser subdividida em centros de Cu do Tipo 2 e do Tipo 3. O centro do Tipo 2 é coordenado por dois grupos His e ou um ligante H$_2$O ou um [OH]$^-$ (os dados experimentais não podem distinguir entre eles). O centro do Tipo 3 consiste em dois átomos de Cu em ponte com um ligante O^{2-} ou um [OH]$^-$. Os dados magnéticos mostram que esses centros de Cu são acoplados antiferromagneticamente. A redução do O$_2$ ocorre em um sítio de Cu$_3$ do Tipo 2/Tipo 3, com o centro de Cu do Tipo 1 remoto agindo como o principal aceptor de elétrons, removendo elétrons do substrato orgânico. Os detalhes do mecanismo não são compreendidos.

A lacase foi isolada das árvores da laca (por exemplo, a *Rhus vernifera*) e de vários fungos. A estrutura cristalina da lacase obtida do fungo *Trametes versicolor* foi relatada em 2002 e confirma a presença de um sítio de cobre trinuclear contendo átomos de cobre do Tipo 2 e do Tipo 3, e um sítio de monocobre (Tipo 1). A estrutura do sítio de cobre trinuclear é semelhante à da ascorbato oxidase (Fig. 29.14). No entanto o átomo de cobre do Tipo 1 na lacase é tricoordenado (plano triangular e ligado por um resíduo de Cys e dois resíduos de His) e lhe falta o ligante axial presente no centro de cobre do Tipo 1 na ascorbato oxidase. Pensa-se que a ausência do ligante axial seja responsável pelo ajuste do potencial de redução da metaloenzima. As lacases funcionam em uma ampla faixa de potenciais: o +500 mV (*versus* um eletrodo de hidrogênio normal) é característico de uma "lacase de baixo potencial" e o +800 mV é típico de uma "lacase de alto potencial". A lacase do *Trametes versicolor* pertence à última classe.

A cadeia mitocondrial transportadora de elétrons

Mitocôndrias são os sítios nas células onde os combustíveis biológicos brutos são convertidos em energia.

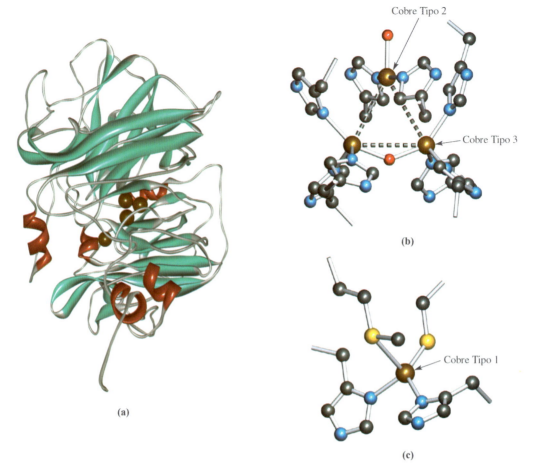

Fig. 29.14 (a) Uma representação por fitas de uma unidade da ascorbato oxidase isolada de abobrinhas (zucchini, *Cucurbita pepo medullosa*) (código PDB: 1AOZ). São mostradas as posições dos átomos de Cu do Tipo 1 (à esquerda), do Tipo 2 e do Tipo 3. (b) Detalhes da unidade de tricobre. Cada centro de Cu do Tipo 3 é ligada à espinha dorsal da proteína por três resíduos de His, e o Cu do Tipo 2 é coordenado por dois resíduos de His. (c) O centro de Cu do Tipo 1 é coordenado por um resíduo de Cys, um resíduo de Met e dois resíduos de His. Os átomos de hidrogênio são omitidos. Código de cores: Cu, castanho; S, amarelo; C, cinza; N, azul; O, vermelho.

Antes de continuarmos a discussão de sistemas de transferência de elétrons específicos, vamos ver a *cadeia mitocondrial transportadora de elétrons*, isto é, a cadeia de reações redox que ocorre nas células vivas. Isso nos permite apreciar como os diferentes sistemas discutidos posteriormente se adaptam uns aos outros. Cada sistema transfere um ou mais elétrons e opera dentro de uma pequena faixa de potenciais de redução, conforme ilustra a Fig. 29.15. Os diagramas **29.17** e **29.18** apresentam as estruturas das coenzimas [NAD]$^+$ e FAD, respectivamente.

Em uma das extremidades da cadeia na Fig. 29.15, a *citocromo c oxidase* catalisa a redução do O_2 em H_2O (Eq. 29.9 para a qual $E' = +815$ mV). A escala de E' (aplicável a medições em pH 7) na Fig. 29.15 excede a −414 mV, o que corresponde à reação 29.11, em pH 7, e essa faixa de potenciais corresponde àquela acessível em condições fisiológicas.

$$2H^+ + 2e^- \rightleftharpoons H_2 \qquad (29.11)$$

A maior parte das reações redox envolvendo moléculas orgânicas ocorre na faixa de 0 mV > E' > −400 mV. A oxidação de um "combustível" biológico (por exemplo, um carboidrato) envolve reações nas quais os elétrons atravessam os membros da cadeia transportadora de elétrons até finalmente o H_2 e os elétrons entra-

Os metais traços em sistemas biológicos **405**

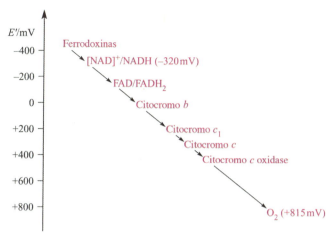

Fig. 29.15 Uma representação esquemática de parte da cadeia mitocondrial transportadora de elétrons; os potenciais de redução, E', são medidos em pH fisiológico 7 e são em relação ao eletrodo de hidrogênio padrão, em pH 7. Os potenciais de redução citados no texto são com respeito ao eletrodo de hidrogênio padrão, em pH 7.

rem no par [NAD]$^+$/NADH. A transferência de elétrons em *etapas*, utilizando pares redox fornecidos pelos centros de metal nas metaloproteínas, é uma característica fundamental dos sistemas biológicos. No entanto, há um desajustamento: oxidações e reduções de moléculas orgânicas envolvem geralmente processos de 2 elétrons, enquanto as variações redox nos centros do metal envolvem etapas de 1 elétron. Os mediadores na cadeia transportadora de elétrons são as *quinonas*, moléculas orgânicas que podem sofrer processos *tanto* de 1 *quanto* de 2 elétrons (Eq. 29.12).

$$\text{Quinona} \xrightarrow{H^\bullet\,(1e^-)} \text{Semiquinona} \xrightarrow{H^\bullet\,(1e^-)} \text{Hidroquinona}$$

(29.12)

Em diversos pontos da cadeia mitocondrial transportadora de elétrons, a liberação de energia está acoplada à síntese do ATP a partir do ADP (veja o Boxe 15.11, no Volume 1), e isso oferece um meio de armazenar energia nas células vivas.

Proteínas de ferro–enxofre

A existência de proteínas de ferro–enxofre em nosso atual ambiente *oxidante* tem de ser atribuída ao fato de que, durante um estágio da evolução, o ambiente foi *redutor*.[†] As proteínas

---
[†] Para uma discussão mais completa, veja J.J.R. Fraústo da Silva and R.J.P. Williams (2001) *The Biological Chemistry of the Elements*, 2.ed, OUP, Oxford.

de ferro–enxofre são de massa molecular relativamente baixo e contêm Fe(II) ou Fe(III) de alto spin coordenado tetraedricamente por quatro doadores S. Esses últimos ou são S^{2-} (isto é, íons sulfeto discretos) ou resíduos de Cys ligados à espinha dorsal da proteína. O enxofre do sulfeto (mas não a cisteína) pode ser liberado na forma de H$_2$S pela ação de ácido diluído. Os centros de FeS$_4$ ocorrem de modo simples nas *rubredoxinas*, mas são combinados em unidades diferro, triferro ou tetraferro nas *ferrodoxinas*. As funções biológicas das proteínas de ferro–enxofre incluem processos de transferência de elétrons, fixação do nitrogênio, sítios catalíticos nas hidrogenases, e a oxidação da NADH em [NAD]$^+$ nas mitocôndrias (Fig. 29.15).

Hidrogenases são enzimas que catalisam a reação: $2H^+ + 2e^- \rightarrow H_2$.

As mais simples das proteínas de ferro–enxofre são as *rubredoxinas* ($M_r \approx 6000$) que estão presentes nas bactérias. As rubredoxinas contêm centros simples de FeS$_4$ nos quais todos os doadores S são de resíduos de Cys. A Fig. 29.16 mostra a estrutura da rubredoxina isolada da bactéria *Clostridium pasteurianum*. O sítio do metal localiza-se em um bolso da cadeia proteica dobrada. As quatro ligações Fe–S(Cys) são de comprimento semelhante (227–235 pm) e os ângulos de ligação S–Fe–S ficam na faixa de 103–113°. O potencial de redução para o par Fe^{3+}/Fe^{2+} é sensível à conformação da cadeia proteica que forma o bolso no qual fica a unidade de FeS$_4$. Consequentemente, foi observada uma faixa de potenciais de redução dependendo da origem exata da rubredoxina, mas todos ficam próximos de 0 V, por exemplo, –58 mV para a rubredoxina da *Clostridium pasteurianum*. As rubredoxinas funcionam como sítios de transferência de 1 elétron, com o centro de ferro em vaivém entre o Fe(II) e o Fe(III). Na oxidação, os comprimentos de ligação Fe–S diminuem em ≈5 pm.

As *ferrodoxinas* ocorrem em bactérias, plantas e animais e são de diversos tipos:

- As ferrodoxinas [2Fe–2S] contêm dois centros de Fe em ponte por dois ligantes S^{2-} com a esfera de coordenação tetraédrica de cada metal completada por dois resíduos de Cys (Fig. 29.17a e b);
- As ferrodoxinas [3Fe–4S] contêm três centros de Fe e quatro de S^{2-} dispostos em uma estrutura aproximadamente cúbica com um vértice vazio; essa unidade fica conectada à espinha dorsal da proteína por resíduos de Cys (Fig. 29.17c);
- As ferrodoxinas [4Fe–4S] assemelham-se às [3Fe–4S], mas contêm um grupo FeS(Cys) adicional que completa o caroço do aglomerado aproximadamente cúbico (Fig. 29.17d).

As vantagens das ferrodoxinas sobre as rubredoxinas em termos da química redox é que, pela combinação de diversos centros de Fe em grande proximidade, é possível acessar uma faixa mais ampla de potenciais de redução. As diferentes conformações dos bolsos proteicos que cercam os aglomerados de Fe$_x$S$_y$ afetam as características estruturais detalhadas dos caroços dos aglomerados e, dessa maneira, seus potenciais de redução, por exemplo, –420 mV para a ferrodoxina [2Fe–2S] do espinafre, e –270 mV para a ferrodoxina [2Fe–2S] adrenal. Uma ferrodoxina [2Fe–2S] age como um centro de transferência de 1 elétron, indo de um estado Fe(II)/Fe(II), na forma reduzida, para um estado Fe(II)/Fe(III), quando oxidado, e vice-versa. A evidência para as espécies de valência mista localizadas vem de dados de espectroscopia de RPE.

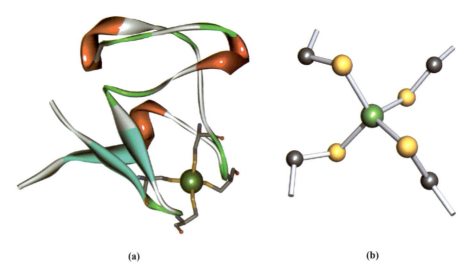

Fig. 29.16 (a) Uma representação por fitas da metaloproteína rubredoxina oriunda da bactéria *Clostridium pasteurianum* (código PDB: 1B13). É mostrada a posição do átomo de Fe no sítio ativo. (b) Detalhe do sítio ativo mostrando o arranjo tetraédrico dos resíduos de Cys que se ligam ao centro do Fe. Os átomos de hidrogênio são omitidos. Código de cores: Fe, verde; S, amarelo; C, cinza.

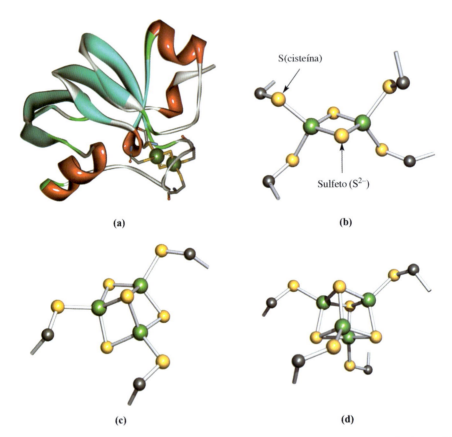

Fig. 29.17 (a) A estrutura da metaloenzima ferrodoxina oriunda do espinafre (*Spinacia oleracea*) e determinada por difração de raios X (código PDB: 1A70). A espinha dorsal da proteína é mostrada em representação por fitas, e o centro ativo, em representação por esferas (átomos de Fe) e bastões (resíduos de Cys). (b)–(d) As unidades de ferro–enxofre vindas das ferredoxinas, estruturalmente caracterizadas por difração de raios X: (b) da ferredoxina [2Fe–2S] do espinafre (*Spinacia oleracea*), (c) a ferredoxina [3Fe–4S] da bactéria *Azotobacter vinelandii*, e (d) a ferredoxina [4Fe–4S] da bactéria *Chromatium vinosum*. Os átomos de hidrogênio são omitidos. Código de cores: Fe, verde; S, amarelo; C, cinza.

Uma ferredoxina [4Fe–4S] também transfere um elétron, e os potenciais de redução típicos ficam em torno dos –300 a –450 mV, correspondendo à meia-reação 29.13. Uma ferredoxina [4Fe–4S] que contém quatro centros de Fe(II) nunca é acessada em biologia.

$$2Fe(III) \cdot 2Fe(II) + e^- \rightleftharpoons Fe(III) \cdot 3Fe(II) \qquad (29.13)$$

As duas espécies representadas na Eq. 29.13 na verdade não possuem centros de Fe(II) e Fe(III) localizados, em vez disso, os elétrons são deslocalizados sobre o caroço do aglomerado. Poder-se-ia prever mais oxidação em espécies que são formalmente 3Fe(III)·Fe(II) e 4Fe(III). Enquanto a última nunca é acessada em condições fisiológicas, a 3Fe(III)·Fe(II) é a forma oxidada da HIPIP (sigla em inglês de *proteína de alto potencial*).

Assim sendo, 2Fe(III)·2Fe(II) é a forma reduzida de HIPIP ou a forma oxidada da ferredoxina. Ao contrário dos potenciais de redução das ferredoxinas, os das HIPIP são *positivos*, por exemplo, +360 mV para a HIPIP isolada da bactéria *Chromatium vinosum*. Dentro de dada metaloproteína, as reações redox que envolvem dois elétrons os quais efetivamente convertem uma ferredoxina em uma HIPIP *não* ocorrem.

Embora tenhamos nos concentrado em unidades estruturais individuais nas rubredoxinas, ferredoxinas e HIPIP, algumas metaloproteínas contêm mais de uma unidade Fe_xS_y. Por exemplo, a ferredoxina isolada da *Azotobacter vinelandii* contém unidades [4Fe–4S] e [3Fe–4S], sendo a separação Fe····Fe mais próxima entre as unidades de ≈930 pm.

A fotossíntese oxigênica envolve o complexo de citocromo b_6f que é composto de subunidades, inclusive o citocromo *f*, que contém um heme *c*, o citocromo b_6, com dois hemes *b*, e a proteína Rieske, que é uma proteína de alto potencial que contém um aglomerado de [2Fe–2S]. Essa última é distinta de uma ferredoxina [2Fe–2S] por ter um centro de Fe ligado por dois resíduos de His (em vez de Cys) (Fig. 29.18). A proteína Rieske é o sítio de transferência de elétrons na oxidação do plastoquinol (uma hidroquinona) em plastossemiquinona, durante a qual são liberados prótons. A proteína Rieske isolada de cloroplastos do espinafre tem um potencial de redução *positivo* (+290 mV), contrariando os valores *negativos* das ferredoxinas [2Fe–2S]. A diferença é atribuída à coordenação His *versus* Cys de um dos centros de Fe.

O metabolismo nos microrganismos depende do uso do H_2 como um agente redutor e na conversão do H^+ em H_2 ao final da cadeia de transferência de elétrons. Foram identificados três tipos de hidrogenases que catalisam essas reações em bactérias anaeróbias. As hidrogenases [NiFe]e as hidrogenases [FeFe] ou [Fe] contêm aglomerados de ferro–enxofre. O sítio ativo da hidrogenase [Fe] (encontrada em microrganismos monocelulares metanogênicos chamados arqueas) contém um único centro de Fe e a enzima não possui nenhuns aglomerados de ferro–enxofre. A seguir, nos concentramos nas hidrogenases [NiFe] e hidrogenases [FeFe], que são mais amplamente distribuídas entre os microrganismos do que a hidrogenase [Fe].

A estrutura da hidrogenase [NiFe] da bactéria *Desulfovibrio gigas* (*D. gigas*) foi determinada cristalograficamente. Ela consiste em duas subunidades de proteína. A unidade menor contém um aglomerado de [3Fe–4S] e dois aglomerados de [4Fe–4S]. Os pares de aglomerados adjacentes estão ≈1200 pm separados e os três aglomerados formam um caminho de transferência de elétrons a partir do sítio ativo (que fica localizado na subunidade maior, Fig. 29.19a) para a superfície da enzima. O sítio ativo fica a ≈1300 pm de distância do aglomerado de [4Fe–4S] mais próximo, uma distância que é compatível com a transferência de elétrons (veja a Eq. 26.65 e a discussão). A unidade dimetálica do sítio ativo (Fig. 29.19b) fica presa à espinha dorsal da proteína por quatro resíduos de cisteína. Dois estão terminalmente ligados ao átomo de Ni, e dois fazem ponte com a unidade NiFe. A natureza dos ligantes no grupo $Fe(CO)(CN)_2$ mostrados na Fig. 29.19b é confirmada por dados de espectroscopia IV. Como o CO e o $[CN]^-$ são ligantes de campo forte, o centro de Fe(II) é de baixo spin nas formas oxidada e reduzida da enzima. O átomo de Fe não é ativo em redox durante o processo enzimático. O ligante em ponte mostrado como O na Fig. 29.19b provavelmente é um ligante μ-peróxido na forma oxidada (não ativa) da hidrogenase. A enzima pode ser ativada pela perda desse ligante em ponte. A Fig. 29.19b mostra que o Ni é coordenadamente insaturado. Pensa-se que o sítio vazio no Ni e o sítio em ponte entre o Ni e o Fe estejam envolvidos na ligação de hidreto, H_2 e/ou prótons. Os dados cristalográficos revelam a presença de um íon Mg^{2+} próximo ao sítio ativo. O íon está octaedricamente situado e está ligado por moléculas de H_2O e resíduos de aminoácidos, mas seu papel não é inteiramente compreendido. As hidrogenases [NiFe] das bactérias *D. fructosovorans* e *D. desulfuricans* possuem estruturas semelhantes à da *D. gigas*. Uma descrição de um ligante SO ligado ao Fe na hidrogenase [NiFe] do *D. vulgaris* agora parece errôneo; ele também contém uma unidade de $Fe(CO)(CN)_2$ no sítio ativo.

Foram determinadas as estruturas cristalinas das hidrogenases [FeFe] das bactérias *D. desulfuricans* e *Clostridium pasteurianum* (*C. pasteurianum*). A enzima da *C. pasteurianum* (Fig. 29.20) é monomérica e contém um aglomerado de [2Fe–2S] e três aglomerados de [4Fe–4S] além do chamado aglomerado de

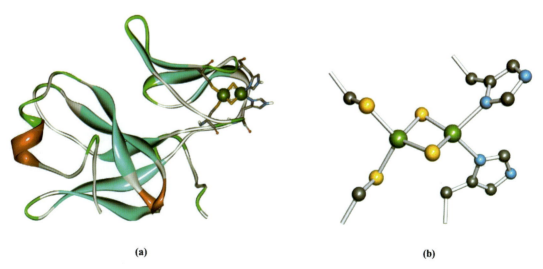

(a)   (b)

Fig. 29.18 (a) A estrutura (mostrada em representação por fitas) da proteína Rieske isolada do cloroplasto do espinafre (*Spinacia oleracea*) (código PDB: 1RFS). É mostrada a posição do sítio ativo contendo Fe. (b) Detalhe do sítio ativo de [2Fe–2S] no qual um dos átomos de Fe é coordenado por dois resíduos de Cys e o segundo é ligado por dois resíduos de His. Os átomos de hidrogênio são omitidos. Código de cores: Fe, verde; S, amarelo; C, cinza; N, azul.

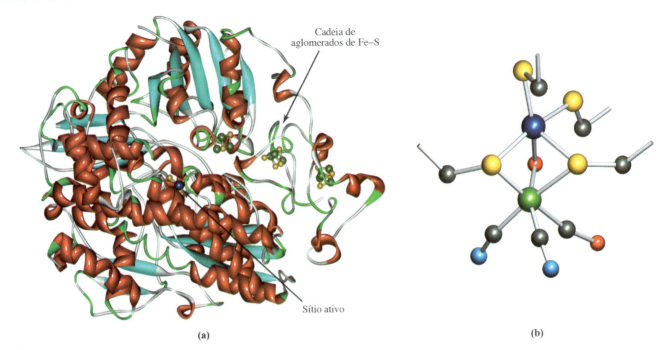

Fig. 29.19 (a) A estrutura da hidrogenase [NiFe] da bactéria *Desulfovibrio gigas* (código PDB: 1FRV). A espinha dorsal da proteína é mostrada em representação por fitas. O aglomerado [3Fe–4S] e os dois aglomerados [4Fe–4S] estão localizados na menor das duas subunidades da proteína e o sítio ativo está enterrado dentro da subunidade maior. Os átomos de Fe, de S e de Ni nos aglomerados [Fe–S] e o sítio ativo são apresentados como esferas: Fe, verde; S, amarelo; Ni, azul. (b) A estrutura do sítio ativo na hidrogenase [NiFe] da *D. gigas*. Código de cores: Fe, verde; Ni, azul-escuro; S, amarelo; C, cinza; O, vermelho; N, azul. Cada bastão não terminado representa a conexão de um resíduo de cisteína coordenado à espinha dorsal da proteína.

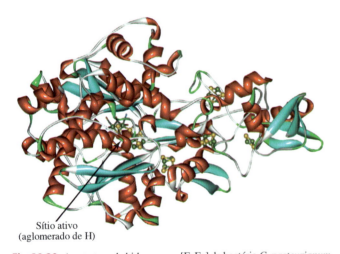

Fig. 29.20 A estrutura da hidrogenase [FeFe] da bactéria *C. pasteurianum* (código PDB: 3C8Y). A espinha dorsal da proteína é mostrada em representação por fitas, e os átomos de Fe e S dos aglomerados de [Fe–S] e sítio ativo são mostrados como esferas. O aglomerado de H (sítio ativo) é o aglomerado da esquerda destacado no diagrama. Código de cores: Fe, verde; S, amarelo; C, cinza; O, vermelho; N, azul. Veja a Fig. 29.21 para uma ampliação do sítio ativo.

H que é o sítio ativo. Esse último consiste em um aglomerado de [4Fe–4S] conectado diretamente a uma unidade de [2Fe–2S] por um resíduo de Cys em ponte (Fig. 29.21a). Três dos átomos de Fe no aglomerado de [4Fe–4S] estão ligados por resíduos de Cys à espinha dorsal da proteína. O resíduo de Cys em ponte é a única maneira pela qual a unidade de [2Fe–2S] fica presa à cadeia proteica (Fig. 29.21a). A hidrogenase [FeFe] da *D. desulfuricans* é dimérica e cada uma das duas subunidades proteicas contém dois aglomerados de [4Fe–4S] além do aglomerado de H. Muito embora as principais características estruturais do aglomerado de H tenham sido explicadas (Fig. 29.21a), permanecem diversas ambiguidades. Os dois átomos de S na unidade de [2Fe–2S] são os terminais de um grupo em ponte mostrado na Fig. 29.21a como uma unidade de $SCH_2CH_2CH_2S$. No entanto, a ponte também poderia ser o SCH_2NHCH_2S ou o SCH_2O-CH_2S, pois é difícil distinguir entre o CH_2, NH ou O usando apenas dados cristalográficos. Foi proposto que a presença de um grupo amina daria um sítio adequado a um papel catalítico na entrega de prótons e na evolução do H_2 (Fig. 29.21b). Por outro lado, uma investigação cristalográfica e teórica combinada do aglomerado de H na hidrogenase [FeFe] da *C. pasteurianum* confirma a presença de uma ponte SCH_2OCH_2S.[†] Cada átomo de Fe na unidade de [2Fe–2S] do aglomerado de H transporta dois ligantes terminais atribuídos como CO e $[CN]^-$. Essas atribuições são confirmadas por dados de espectroscopia IV. Um ligante adicional (mostrado como um átomo de O na Fig. 29.21a) forma uma ponte assimétrica entre os dois átomos de Fe. A natureza desse ligante é incerta, mas foi proposto a H_2O para a hidrogenase isolada da *D. desulfuricans*. Na estrutura da enzima da *C. pasteurianum*, o ligante em ponte foi atribuído como sendo o CO. Propõe-se que o centro de Fe no lado direito da Fig. 29.21a seja o centro catalítico principal, no qual o H^+ é reduzido em H_2. Na estrutura da hidrogenase [FeFe] da *D. desulfuricans*, esse sítio de Fe é coordenadamente insaturado (Fig. 29.21a). Ao contrário, esse sítio de Fe "vazio" na hidrogenase da *C. pasteurianum* é ocupado por um ligante H_2O terminal. As diferenças dos detalhes estruturais dos sítios ativos nas hidrogenases [FeFe] da *C. pasteurianum* e *D. desulfuricans* são explicadas em termos de a primeira ser um estado oxidado ou de repouso, enquanto a última representa um esta-

---

[†] A.S. Pundey, T.V. Harris, L.J. Giles, J.W. Peters e R.K. Szilagyi (2008) *J. Am. Chem. Soc.*, vol. 130, p. 4533 – "Dithiomethylether as a ligand in the hidrogenase H-cluster".

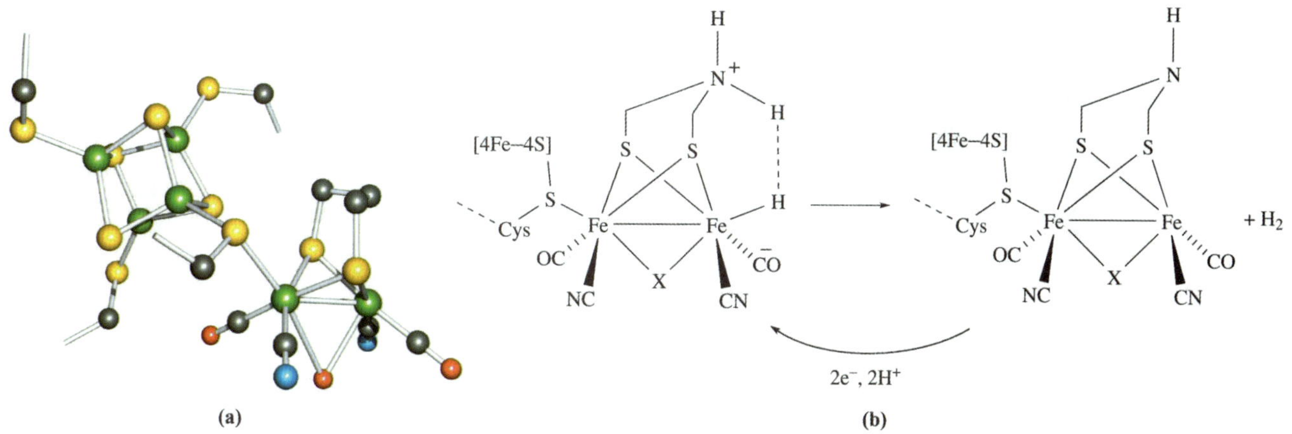

Fig. 29.21 (a) A estrutura do aglomerado de H na hidrogenase [FeFe]. O aglomerado de Fe$_4$S$_4$ tem quatro resíduos de Cys associados, um do quais em ponte com a unidade de Fe$_2$S$_2$. O átomo de Fe do lado direito é coordenadamente insaturado (contudo, veja o texto). Código de cores: Fe, verde; S, amarelo; C, cinza; N, azul; O, vermelho. Cada bastão não terminado representa a conexão de um aminoácido coordenado à espinha dorsal da proteína. (b) Um esquema proposto ilustrando o papel de um aminoácido em ponte na liberação do H$_2$ da enzima.

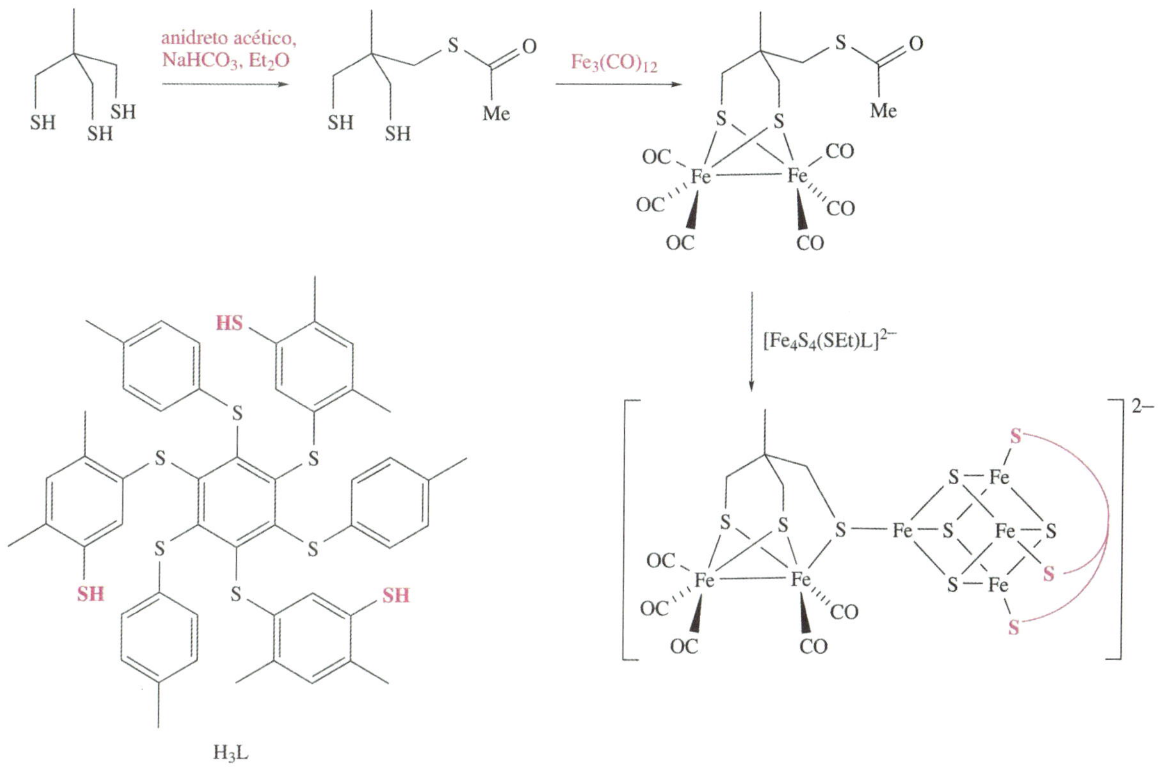

Fig. 29.22 Síntese de um complexo que modela o aglomerado de H completo na hidrogenase [FeFe]. O ligante L^{3-} forma um "guarda-chuva" protetor sobre o cubano [4Fe-4S].

do reduzido. Um possível caminho de próton dentro da enzima envolve resíduos de Lys e de Ser (veja a Tabela 29.2) na espinha dorsal da proteína. Muito embora um resíduo de Lys não esteja diretamente coordenado ao centro de Fe ativo, um tem ligação hidrogênio com o ligante [CN]$^-$ ligado ao Fe. Ficou estabelecido que a adição de CO inibe a atividade da enzima. Os dados cristalográficos confirmam que o CO se liga ao sítio de Fe que é coordenadamente insaturado na enzima nativa.

Desde o final da década de 1990, houve um súbito aumento de interesse da pesquisa pelo desenvolvimento e estudo de compostos-modelo adequados para a hidrogenase [NiFe] e a hidrogenase [FeFe]. Isso incluiu compostos de Fe(II) contendo ligantes CO e [CN]$^-$ (veja a Seção 21.9) e compostos como o **29.19** e o **29.20**. Estruturalmente, o complexo **29.19** se assemelha muito com o sítio ativo da hidrogenase [FeFe] (Fig. 29.21), mas as tentativas de estudar as reações do **29.19** com o H$^+$ levaram à formação de material polimérico insolúvel e cataliticamente inativo. Por outro lado, o complexo **29.20** é um catalisador ativo para redução de prótons. A Fig. 29.22 mostra a síntese de um modelo para o aglomerado de H completo a partir da hidrogenase [FeFe]. Esse complexo modelo[†] catalisa a redução do H$^+$ em H$_2$.

[†] Para detalhes, veja: C. Tard, X. Liu, S.K. Ibrahim, M. Bruschi, L. De Gioia, S.C. Davies, X. Yang, L.-S Wang, G. Sawers and C.J. Pickett (2005) *Nature*, vol. 433, p. 610.

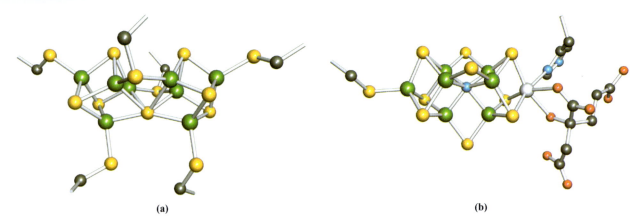

Fig. 29.23 As estruturas dos dois tipos da unidade de aglomerado presente na proteína molibdênio–ferro nitrogenase isolada da *Azobacter vinelandii*: (a) o aglomerado de P em seu estado reduzido e (b) o cofator FeMo. Código de cores: Fe, verde; Mo, cinza-claro; S, amarelo; C, cinza; N, azul; O, vermelho. Cada bastão não terminado representa a conexão de um resíduo de aminoácido coordenado à espinha dorsal da proteína.

(29.19)

(29.20)

A fixação do nitrogênio pelas bactérias envolve a redução do N_2 a NH_3 (Eq. 29.14) catalisada por *nitrogenases*. Concomitantemente com esse processo está a hidrólise do ATP, que é um processo de liberação de energia.

$$N_2 + 8H^+ + 8e^- \longrightarrow 2NH_3 + H_2 \qquad (29.14)$$

Estudos das proteínas nitrogenase das bactérias *Azotobacter vinelandii* e *C. pasteurianum* forneceram detalhes estruturais das proteínas envolvidas. Duas metaloproteínas compõem o sistema da nitrogenase: uma proteína de Fe que acopla a hidrólise do ATP à transferência de elétrons, e uma proteína de FeMo que é responsável pela ligação do N_2. O papel duplo dessas proteínas pode ser resumido em três etapas:

- redução da proteína de Fe;
- transferência de 1 elétron da proteína de Fe para a proteína de FeMo em um processo que ainda envolve a hidrólise da ATP;
- transferência de elétrons e de H^+ para o N_2.

A proteína de Fe é um dímero e contém um aglomerado de ferredoxina [4Fe–4S] mantido por resíduos de Cys entre as duas metades da proteína. O sítio da ferredoxina fica relativamente exposto na superfície da proteína. A proteína de FeMo contém dois aglomerados diferentes que contêm Fe chamados de aglomerado de P e de cofator FeMo. Ambos ficam cravados dentro da proteína. Os detalhes das suas estruturas foram revelados pela cristalografia de raios X. Em seu estado reduzido, o aglomerado de P (Fig. 29.23a) consiste em duas unidades de [4Fe–4S] com um átomo de S em comum. Os cubanos [4Fe–4S] também estão em ponte por dois resíduos de Cys, e cada cubano é ainda conectado à espinha dorsal da proteína por dois resíduos de Cys terminais. O aglomerado de P age como um intermediário na transferência de elétrons da proteína de Fe para o cofator FeMo. A química redox gera variações estruturais do aglomerado de P. Indo de um estado reduzido para um oxidado, o aglomerado de P se abre, substituindo duas interações Fe–S(átomo compartilhado) com as ligações Fe–O(serina) e Fe–N(amida-espinha dorsal). A estrutura do cofator FeMo (Fig. 29.23b) foi determinada por estruturas cristalinas de resolução crescentemente mais alta. Ele consiste em uma unidade de [4Fe–3S] conectada por três átomos de S em ponte a uma unidade de [3Fe–1Mo–3S]. Um átomo central hexacoordenado (detectado pela primeira vez em 2002)[†] completa o motivo cubano de cada unidade. A inequívoca atribuição desse átomo com base em dados de densidade eletrônica por cristalografia é difícil. Os átomos possíveis são o C, o N e o O e, desses, o candidato favorecido é o N. Essa atribuição é apoiada por estudos teóricos. Como (ou mesmo, se) a presença desse átomo central está ligada à conversão do N_2 em NH_3 na nitrogenase é, até hoje, desconhecido. Os resultados de pesquisas[‡] são consistentes com o N_2 (bem como a hidrazina e pequenos alcinos) interagindo com um sítio específico de FeS na parte central do cofator FeMo. Os átomos Fe2 e Fe6 (estrutura **29.21**) são os sítios favorecidos para a ligação do N_2.[*] O centro de Mo no cofator FeMo é aproximadamente octaédrico. Fica ligado à espinha dorsal da proteína por um resíduo de His e também é coordenado por um ligante homocitrato bidentado. A menor distância entre os centros de metal nos dois aglomerados de metal na proteína de FeMo é ≈1400 pm, uma separação que é favorável à transferência de elétrons (veja a Eq. 26.65 e a discussão). A maneira pela qual as proteínas de Fe e de FeMo atuam juntas para catalisar a conversão do N_2 em NH_3 ainda precisa ser estabelecida.

[†] Veja: O. Einsle, F.A. Tezcan. S.L.A. Andrade, B. Schmid, M. Yoshida, J.B. Howard and D.C. Rees (2002) *Science*, vol. 297, p. 1696 – "Nitrogenase MoFe-protein at 1.16 Å resolution: A central ligand in the FeMo-cofactor".
[‡] Para detalhes, veja: P.C. Dos Santos, R.Y. Igarashi, H.-I. Lee, B.M. Hoffman, L.C. Seefeldt and D.R. Dean (2005) *Acc. Chem. Res.*, vol. 38, p. 208.
[*] Veja: I. Dance (2006) *Biochemistry*, vol. 45, p. 6328 – "Mechanistic significance of the preparatory migration of hydrogen atoms around the FeMo-coative site of nitrogenase".

Os metais traços em sistemas biológicos **411**

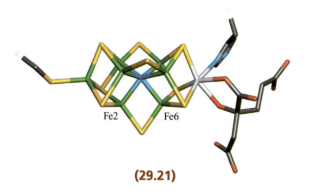

(29.21)

Antes de sair das proteínas de ferro–enxofre, devemos mencionar as importantes contribuições que os estudos-modelo têm dado, em particular antes de estarem disponíveis os dados estruturais de raios X das proteínas. Para aglomerados discretos do tipo formado pela reação 29.15 e apresentados no diagrama **29.22**, é possível investigar propriedades magnéticas, de espectroscopia eletrônica e eletroquímicas; registrar espectros Mössbauer de ^{57}Fe (veja a Seção 4.1, no Volume 1); e determinar dados estruturais acurados por difração de raios X. É lógico que trabalhar com metaloproteínas é muito mais difícil.

$$FeCl_3 + NaOMe + NaHS + PhCH_2SH$$
$$\longrightarrow Na_2[Fe_4S_4(SCH_2Ph)_4] \quad (29.15)$$

(29.22)

O composto de metal **29.22** e complexos correlatos contêm centros de Fe de alto spin. Formalmente existem dois Fe(II) e dois Fe(III), mas os dados espectroscópicos são consistentes com quatro centros de metal equivalentes e, portanto, a deslocalização de elétrons dentro da gaiola.

Citocromos

A Fig. 29.15 mostrou que os *citocromos* são membros vitais da cadeia mitocondrial transportadora de elétrons. Eles também são componentes essenciais dos cloroplastos das plantas para a fotossíntese. Os citocromos são proteínas heme, e a capacidade do centro de ferro de sofrer variações Fe(III) $\rightleftharpoons$ Fe(II) reversíveis permite a eles agir como centros de transferência de 1 elétron. São conhecidos muitos citocromos diferentes, sendo o potencial de redução para o par Fe^{3+}/Fe^{2+} ajustado pelo ambiente proteico das vizinhanças. Os citocromos pertencem a várias famílias, por exemplo, citocromos *a*, citocromos *b* e citocromos *c*, que são denotados em conformidade com os substituintes no grupo heme. Nas proteínas heme que transportam O$_2$, o "estado de repouso" contém um centro de Fe(II) pentacoordenado que se torna hexacoordenado após absorção do O$_2$. Ao contrário, os citocromos *b* e *c* de transferência de elétrons contêm Fe hexacoordenado que fica presente na forma ou de Fe(II) ou de Fe(III). Há pouca variação da conformação do ligante à medida que ocorre variação redox. A Fig. 29.24 mostra a estrutura do citocromo *c* isolado de um coração de cavalo. Compare a estrutura heme com a da hemoglobina (Fig. 29.7). No citocromo *c*, a unidade heme é ligada à espinha dorsal da proteína por resíduos axiais de His e Met e por dois resíduos de Cys que ficam covalentemente ligados ao anel porfirínico.

Na cadeia mitocondrial transportadora de elétrons, o citocromo *c* aceita um elétron do citocromo *c*$_1$ e, então, o transfere para a citocromo *c* oxidase (Eq. 29.16). Em última instância, o elétron é empregado na redução de 4 elétrons do O$_2$ (veja adiante). As formas oxidadas dos citocromos na Eq. 29.16 contêm o Fe(III), e as formas reduzidas contêm o Fe(II).

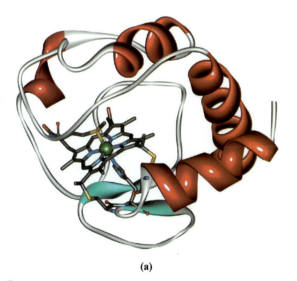

(a)

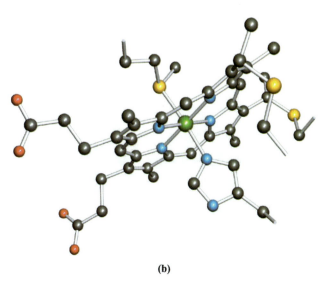

(b)

Fig. 29.24 (a) A cadeia proteica (mostrada em representação por fitas) do citocromo *c* de um coração de cavalo, mostrando a posição da unidade heme. (b) A esfera de coordenação do sítio de ferro apresentando os resíduos (Met, His e dois de Cys) que são covalentemente ligados à cadeia proteica. Os átomos de hidrogênio foram omitidos. Código de cores: Fe, verde; S, amarelo; N, azul; C, cinza; O, vermelho. Os "bastões quebrados" representam conexões à espinha dorsal da proteína. (Código PDB: 1HRC.)

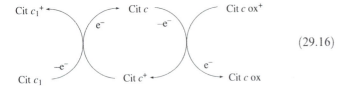

(29.16)

Propõe-se que um elétron seja transferido por efeito túnel por meio de uma das arestas expostas da unidade heme (lembre-se de que o anel porfirínico é conjugado). Em relação a isso, é instrutivo dar uma olhada no arranjo das unidades heme no citocromo $c554$, uma proteína tetraédrica isolada da bactéria *Nitrosomonas europaea* e essencial para o caminho da nitrificação: a NH_3 é convertida em NH_2OH (catalisada por *amônia mono-oxigenase*) que, em seguida, é oxidada em $[NO_3]^-$ (catalisado por *hidroxilamina oxidorredutase*). O papel do citocromo $c554$ é aceitar pares de elétrons da hidroxilamina oxidorredutase e transferi-los, via citocromo $c552$, para as oxidases terminais. A estrutura cristalina do citocromo $c554$ mostra que as quatro unidades heme ficam dispostas em pares de modo que os anéis de porfirina ficam aproximadamente paralelos e têm arestas em sobreposição. Então, pares adjacentes ficam aproximadamente perpendiculares uns aos outros (Fig. 29.25). Esses arranjos foram observados em outros citocromos multi-hêmicos e presumivelmente são montados para fornecer eficientes caminhos de transferência de elétrons entre as arestas dos grupos heme.

A natureza exata dos sítios de metal na citocromo c oxidase foi solucionada em 1995. Esse membro terminal da cadeia mitocondrial transportadora de elétrons catalisa a redução do O_2 a H_2O (Eq. 29.9), e contém quatro centros de metal ativos (Cu_A, Cu_B, heme a e heme a_3) que acoplam a transferência de elétrons ao bombeamento de prótons. A transferência de elétrons envolve os sítios de Cu_A e heme a, sendo os elétrons transferidos do citocromo c (Eq. 29.16) para o Cu_A e, então, para o heme a. O heme a_3 e o Cu_B fornecem o sítio para ligação de O_2 e para a conversão do O_2 em H_2O, e estão envolvidos no bombeamento de H^+ (quatro por molécula de O_2) pela membrana mitocondrial interna. Até 1995, as propostas para a natureza dos sítios de metal eram baseadas amplamente em dados espectroscópicos e o fato de os centros de $Cu_B \cdots Fe$(heme a_3) estarem acoplados antiferromagneticamente de modo forte. Esse último sugeria a possível presença de um ligante em ponte. Os dados cristalográficos atuais esclareceram a incerteza, revelando as seguintes características estruturais:

- o Fe(heme a) é hexacoordenado com resíduos de His nos sítios axiais;
- o Cu_A é um sítio de dicobre em ponte com resíduos Cys, com um caroço de Cu_2S_2 que não é o contrário daquele de uma ferredoxina [2Fe–2S];
- o Cu_B tricoordenado e o Fe(heme a_3) pentacoordenado ficam ≈450 pm separados e *não* são conectados por um ligante em ponte.

A Fig. 29.26 mostra os sítios de metal ativos na forma oxidada da citocromo c oxidase e a relação espacial entre eles. Os estudos estruturais detalhados das cadeias proteicas mostraram que um sistema com ligação hidrogênio que incorpora resíduos na espinha dorsal da proteína; cadeias laterais de propanoato de heme e um resíduo de His ligado ao Cu_A pode fornecer uma "via" de transferência de elétrons entre o Cu_A e o heme a.

Foram desenvolvidos muitos sistemas-modelo para auxiliar nosso entendimento da transferência de elétrons e ligação O_2 pelos citocromos. A etapa inicial no ciclo catalítico que envolve a citocromo c oxidase é a ligação do O_2 ao estado reduzido do sítio ativo de Fe(heme a_3)/Cu_B, o qual contém Fe(II) e Cu(I) de alto spin. Dados espectroscópicos e mecanísticos sugerem que, inicialmente, a molécula de O_2 interage com o Cu_B, e que isso é seguido da formação de um complexo heme–superóxido do tipo Fe(heme a_3)O_2/Cu_B que contém o Fe(III) e o Cu(I). Então, o complexo de Fe^{III}–O_2^- se transforma em uma espécie Fe^{IV}=O (óxido). O envolvimento de um intermediário peróxido do tipo Fe^{III}–O_2^-–Cu^{II} não foi excluído, e a maior parte dos sistemas-modelo se concentraram no Fe–O_2–Cu ou em complexos peróxido correlatos. A estrutura **29.23** mostra um modelo para esse sistema.[†] A reação de **29.23** com o O_2 foi monitorada

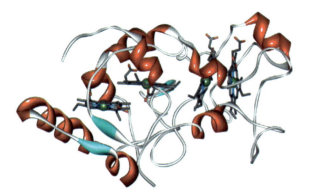

(29.23)

Fig. 29.25 O citocromo $c554$ isolado da *Nitrosomonas europaea* (código PDB: 1BVB): a cadeia proteica mostrada em representação por fitas e as quatro unidades heme são mostradas em representação por bastões com os átomos de Fe como esferas verdes. As distâncias Fe⋯Fe entre as unidades heme são ≈950 pm, 1220 pm e 920 pm.

[†] Veja: J.P. Collins, C.J. Sunderland, K.E. Berg, M.A. Vance and E.I. Solomon (2003) *J. Am. Chem. Soc.*, vol. 125, p. 6648 – "Spectroscopic evidence for a heme–superoxide/Cu(I) intermediate in a functional model for cytochrome c oxidase".

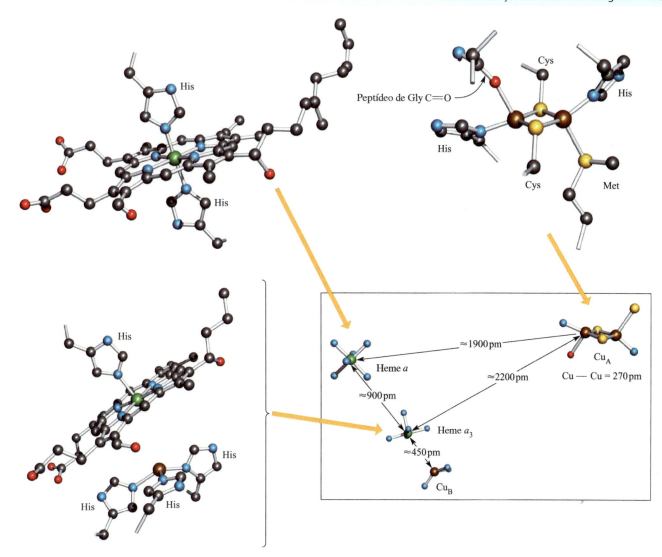

Fig. 29.26 Os sítios de Cu_A, Cu_B, heme a e heme a_3 na citocromo c oxidase extraída do músculo cardíaco bovino (*Bos taurus*) (código PDB: 1OCC). O diagrama direito inferior apresenta posições relativas e orientações dos sítios de metal dentro da proteína; uma ampliação de cada sítio exibe detalhes das esferas de ligantes. Os átomos de hidrogênio foram omitidos. Código de cores: Cu, castanho; Fe, verde; S, amarelo; N, azul; C, cinza; O, vermelho.

usando espectroscopia eletrônica, e foi confirmada a formação de um complexo 1:1. O espectro Raman ressonante do complexo exibe uma absorção a 570 cm^{-1} atribuída a ν(Fe–O) que se desloca para 544 cm^{-1} quando o $^{18}O_2$ isotopicamente marcado é utilizado como a fonte de dioxigênio. Essa absorção é característica de um ligante superóxido ligado por Fe porfirínico.

Um segundo exemplo de um sistema[†] modelo da citocromo c oxidase envolve a reação de uma mistura 1:1 dos complexos [Fe(**29.24**)] e [Cu(**29.25**)]$^+$ com o O_2. Inicialmente, o O_2 se liga ao [Fe^{II}(**29.24**)] com a concomitante transferência de um elétron do Fe para o O_2 (isto é, a oxidação do Fe(II) em Fe(III), e a redução do O_2 em O_2^-). O [(**29.24**)Fe^{III}–O_2^-], então, reage com o [Cu(**29.25**)]$^+$ dando o complexo peróxido em ponte [(**29.24**)Fe^{III}–O_2^{2-}–Cu^{II}(**29.25**)]$^+$. Então, segue a lenta transformação do [(**29.24**)Fe^{III}–O_2^{2-}–Cu^{II}(**29.25**)]$^+$ no [(**29.24**)Fe^{III}–O^{2-}–Cu^{II}(**29.25**)]$^+$. Essa espécie óxido em ponte foi caracterizada estruturalmente e contém uma unidade inclinada de Fe–O–Cu ($\angle$Fe–O–Cu = 143,4°).

[Fe^{II}(29.24)]   **[Cu^{I}(29.25)]$^+$**

Finalmente na presente seção, observamos que é a forte ligação do [CN]$^-$ ao Fe(III) nos citocromos que torna o cianeto tóxico.

[†] Veja: E. Kim *et al.* (2003) *Proc. Natl. Acad. Sci.*, vol. 100, p. 3623 – "Superoxo, μ-peroxo, and μ-oxo complexes from heme/O_2 and heme-Cu/O_2 reactivity: copper ligand influences on cytochrome c oxidase models".

Exercício proposto

No complexo formado entre o complexo **29.23** e o O_2, a marcação isotópica do O_2 causa um deslocamento da absorção atribuída a ν(Fe–O). Explique por que ocorre esse deslocamento.

[*Resp.*: Veja a Seção 4.6, no Volume 1]

29.5 O íon Zn^{2+}: o ácido de Lewis da Natureza

Na presente seção vamos nos concentrar nas enzimas que contêm o Zn(II) *anidrase carbônica II* e *carboxipeptidases A e G2*. Elas são algo diferentes dos outros sistemas descritos até este ponto do capítulo. O zinco(II) não é um centro ativo em redox, e, desse modo, não pode participar de processos de transferência de elétrons. No entanto, trata-se de um centro de metal duro (veja a Tabela 7.9, no Volume 1) e idealmente é adequado para a coordenação por doadores *N* e *O*. É também altamente polarizante, e a atividade das metaloenzimas que contêm o Zn(II) depende da acidez de Lewis do centro de metal.

Anidrase carbônica II

A anidrase carbônica II humana (AC II) está presente nas células vermelhas do sangue e catalisa a hidratação reversível do CO_2 (reação 29.17). Esse processo é lento ($k = 0,037$ s^{-1}), porém é fundamental para a remoção do CO_2 dos sítios ativamente metabolizantes. A AC II aumenta a velocidade da hidrólise por um fator de $\approx 10^7$ em pH fisiológico.

$$H_2O + CO_2 \rightleftharpoons [HCO_3]^- + H^+ \qquad (29.17)$$

A metaloproteína (Fig. 29.27) consiste em 260 aminoácidos e contém um íon Zn^{2+} ligado por três resíduos de His em um bolso com ≈ 1500 pm de profundidade. A esfera de coordenação tetraédrica é complementada por um íon hidróxido ou uma molécula de água (Fig. 29.28). O ambiente da cadeia peptídica em torno do sítio ativo é crucial para a atividade catalítica do sítio: o ligante [OH]$^-$ ligado ao Zn^{2+} é de ligação hidrogênio a um resíduo de ácido glutâmico adjacente, e ao grupo OH de um resíduo de treonina adjacente (veja a Tabela 29.2). Próximo ao centro de Zn^{2+} fica um bolso hidrofóbico que "captura" o CO_2. O ciclo catalítico pelo qual o CO_2 é hidrolisado é apresentado na Fig. 29.28b. Após a liberação do [HCO$_3$]$^-$, o ligante H_2O coordenado deve ser desprotonado de forma a gerar o sítio ativo, e o próton é transferido via uma rede com ligação de hidrogênio para um resíduo de His (*não* coordenado ao Zn^{2+}) dentro do bolso catalítico.

O sítio ativo na AC II foi modelado com o uso do ligante hidridotris(pirazolila)borato (**29.26**) para simular os três resíduos de histidina que ligam o Zn^{2+} na metaloenzima. Como o Zn^{2+} é um íon de metal d^{10}, ele tolera diversas geometrias de coordenação. No entanto, os ligantes hidridotris(pirazolila)borato são tripodais (veja a Seção 19.7) e podem forçar a coordenação tetraédrica em um complexo do tipo [Zn(**29.26**)X]. O complexo hidróxido **29.27** é um de uma série de complexos de hidrodotris(pirazolila)borato que foram estudados como modelos para o sítio ativo na AC II.

(29.26)   **(29.27)**

A protonação reversível do ligante [OH]$^-$ coordenado na AC II (Fig. 29.28a) é modelada pela reação do complexo **29.27** com o $(C_6F_5)_3B(OH_2)$ e a subsequente desprotonação com o Et_3N (Eq. 29.18). A escolha de um ácido é importante, pois a base-conjugada geralmente desloca o ligante [OH]$^-$ conforme na reação 29.19.

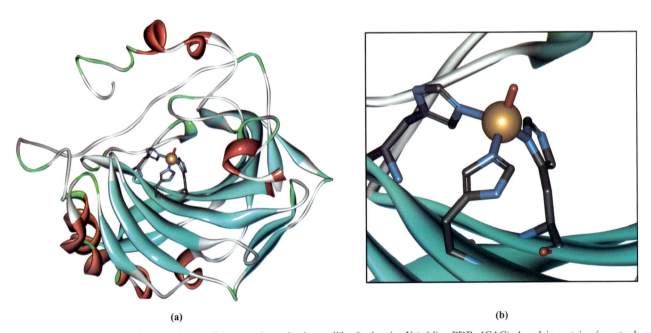

Fig. 29.27 (a) A estrutura da anidrase carbônica II humana determinada por difração de raios X (código PDB: 4CAC). A cadeia proteica é mostrada em representação por fitas. O sítio ativo contém três resíduos de His e uma molécula de H_2O coordenada a um íon Zn^{2+}. (b) Ampliação do sítio ativo. Código de cores: Zn, amarelo; N, azul; C, cinza; O, vermelho.

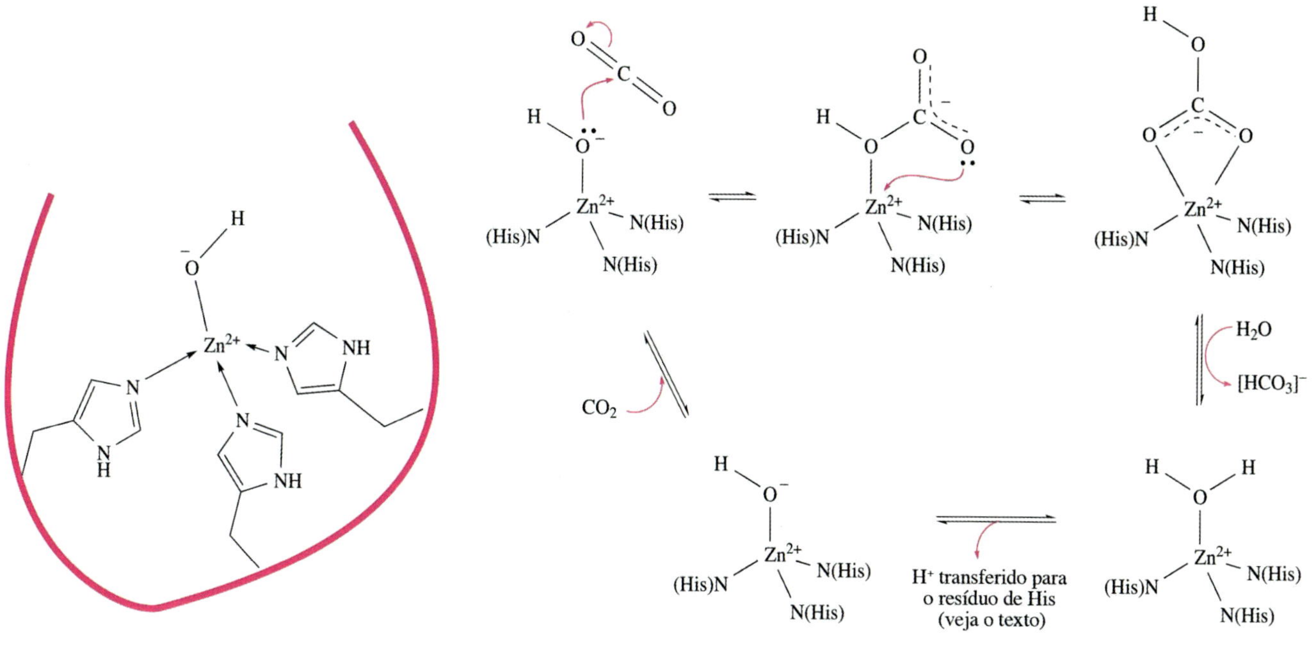

Fig. 29.28 (a) Representação esquemática do sítio ativo na anidrase carbônica II humana (AC II). (b) O ciclo catalítico para a hidratação do CO_2 catalisada pela AC II.

$$LZn(OH) + (C_6F_5)_3B(OH_2) \quad (29.27)$$
$$\underset{Et_3N}{\rightleftharpoons} [LZn(OH_2)]^+[(C_6F_5)_3B(OH)]^- \quad (29.18)$$

$$LZn(OH) + HX \longrightarrow LZnX + H_2O \quad (29.19)$$
$$(29.27)$$

O complexo **29.27** reage como CO_2 (Eq. 29.20) e catalisa a troca de oxigênio entre o CO_2 e a H_2O (Eq. 29.21). A última reação também é catalisada pela anidrase carbônica.

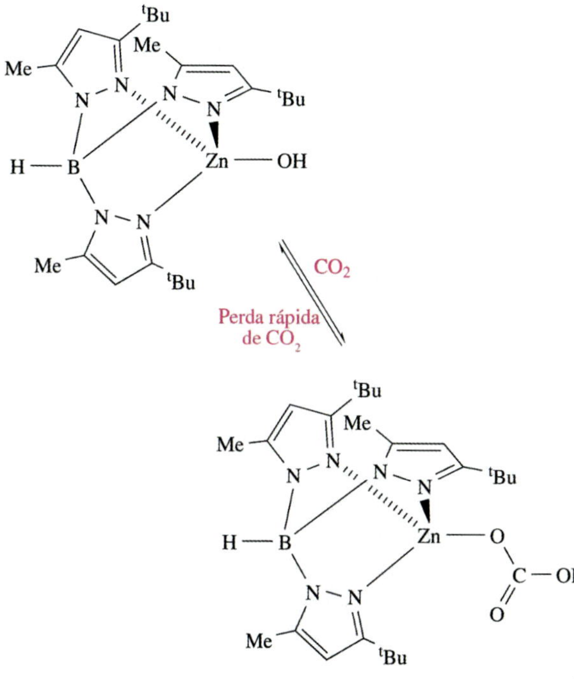

$$CO_2 + H_2{}^{17}O \rightleftharpoons CO({}^{17}O) + H_2O \quad (29.21)$$

Carboxipeptidase A

A carboxipeptidase A (CPA) é uma metaloenzima pancreática que catalisa a clivagem de uma ligação peptídica em uma cadeia de polipeptídeos. O sítio de clivagem é específico de duas maneiras: ele ocorre no aminoácido terminal *C* (Eq. 29.22), e exibe uma alta seletividade de substratos em que o aminoácido terminal *C* contém um substituinte alifático grande ou de Ph. Esse último surge da presença, próximo do sítio ativo, de um bolso hidrofóbico na proteína, que é compatível com a acomodação de, por exemplo, um grupo Ph (veja a seguir).

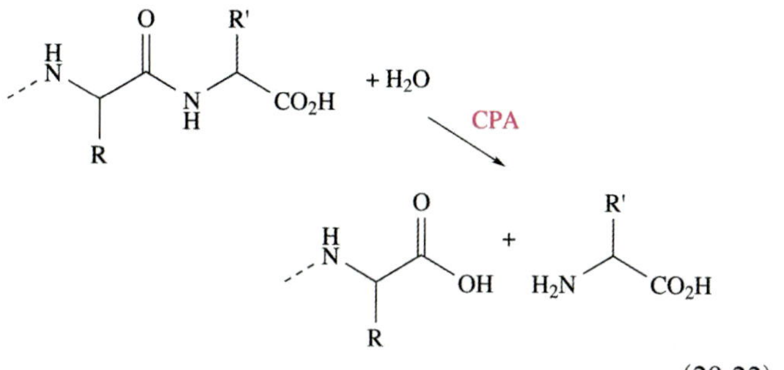

(29.22)

A carboxipeptidase A é monomérica ($M_r \approx 34\,500$) e existe em três formas (α, β e γ) que contêm 307, 305 e 300 aminoácidos, respectivamente. Próximo da superfície da proteína fica um bolso no qual um íon Zn^{2+} é ligado à espinha dorsal da proteína por um resíduo de Glu bidentado e dois de His. Uma esfera de coordenação pentacoordenada é complementada por uma molécula de água (Fig. 29.29a).

(29.20)

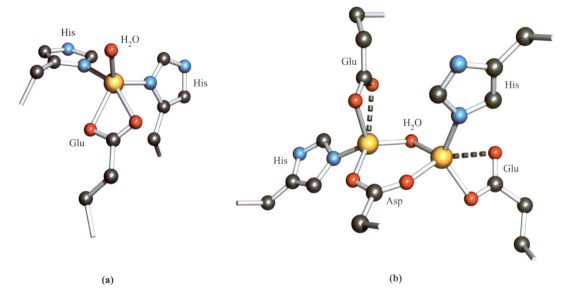

Fig. 29.29 As estruturas dos sítios ativos na (a) α-carboxipeptidase A (CPA) isolada do pâncreas bovino (*Bos taurus*), e (b) carboxipeptidase G2 (CPG2) isolada da *Pseudomonas* sp.; veja a Tabela 29.2 para as abreviaturas dos aminoácidos. Os bastões "quebrados" representam conexões à espinha dorsal da proteína. Código de cores: Zn, amarelo; C, cinza; O, vermelho; N, azul.

O mecanismo segundo o qual ocorre a clivagem da ligação peptídica catalisada pela CPA chamou muita atenção na pesquisa, e o caminho que atualmente é favorecido está ilustrado de uma forma esquemática na Fig. 29.30. Na primeira etapa, o peptídeo a ser clivado é "manobrado" para uma posição próxima ao sítio do Zn^{2+}; as interações substrato–proteína dominantes envolvidas nesse estágio (Fig. 29.30a) são:

- formação de ponte salina entre o grupo carboxilato terminal C do substrato e resíduo Arg-145[†] que é carregado positivamente;
- interações intermoleculares entre o grupo não polar R' e resíduos em um bolso hidrofóbico da cadeia proteica.

Essas interações podem ser suplementadas pela formação de ligação hidrogênio (apresentada na Fig. 29.30a) entre o grupo OH da Tyr-248 e o grupo N–H indicado na figura, e entre a Arg-127 e o grupo C=O adjacente ao sítio de clivagem do peptídeo. Essa última interação polariza o grupo carbonila, ativando-o na direção do ataque nucleofílico. O nucleófilo é o ligante H_2O coordenado ao Zn^{2+}. A acidez de Lewis do íon de metal polariza as ligações O–H, e (muito embora não seja esta a única proposta) é provável que o grupo carboxilato da Glu-270 auxilie no processo por meio da remoção do H^+ do ligante H_2O (Fig. 29.30b). A Fig. 29.30c mostra a etapa seguinte do mecanismo proposto: a clivagem da ligação C–N do peptídeo para a qual o H^+ provavelmente é fornecido pela Glu-270. Parece provável que o segundo H^+ necessário para a formação do grupo NH_3^+ no aminoácido terminal que está sendo retirado venha do grupo CO_2H terminal da porção restante do substrato (Fig. 29.30d). A Fig. 29.30c mostra a Glu-272 ligada de uma maneira monodentada ao centro do Zn^{2+}, ao passo que, no estado de repouso, foi confirmado um modo bidentado (Fig. 29.30a). Uma mudança de uma coordenação bidentada para monodentada parece estar associada com a formação da interação $Zn^{2+}\cdots O\cdots H(Arg-127)$ ilustrada na Fig. 29.30c, sendo que o íon Zn^{2+} é capaz de se mover na direção da Arg-127 à medida que se desenvolve a interação. Para completar o ciclo catalítico, um ligante H_2O reabastece o sítio vago no centro de Zn^{2+}. Os detalhes desse mecanismo se baseiam em uma coleção de dados, inclusive estudos e investigações cinéticas e moleculares de espécies substituídas de Co^{2+} (veja a seguir).

Carboxipeptidase G2

A família de enzimas carboxipeptidases também inclui a carboxipeptidase G2 (CPG2), que catalisa a clivagem do glutamato terminal C do folato (**29.28**) e os compostos correlatos, tais como o metotrexato (no qual o NH_2 substitui o grupo OH no grupo pterina, e o NMe substitui o NH na unidade do ácido 4-amino benzoico).

O ácido fólico é necessário para o desenvolvimento, e o crescimento de tumores pode ser inibido pelo uso de fármacos para tratamento do câncer os quais reduzem os níveis dos folatos. Os dados estruturais para a enzima CPG2 forneceram valiosas informações que devem auxiliar no desenho de tais medicamentos. A carboxipeptidase G2 (isolada de bactérias das *Pseudomonas* spp.) é uma proteína dimérica com $M_r \approx 41\,800$ por unidade. Cada monômero contém dois domínios, um deles contendo o sítio ativo e o outro intimamente envolvido na dimerização. Ao contrário da carboxipeptidase A, o sítio ativo da CPG2 contém dois centros de Zn(II), separados por 330 pm e em ponte com um resíduo de Asp e uma molécula de água (Fig. 29.29b). Cada íon Zn^{2+} ainda é coordenado por resíduos de His e Glu da cadeia proteica dando um ambiente tetraédrico. O bolso que contém a unidade de Zn_2 também contém resíduos de arginina e lisina (Tabela 29.2) que podem estar envolvidos na ligação da molécula de

---

[†] Anteriormente não numeramos os resíduos, mas agora o fazemos para maior clareza. Os resíduos são numerados em sequência ao longo da cadeia proteica.

Os metais traços em sistemas biológicos **417**

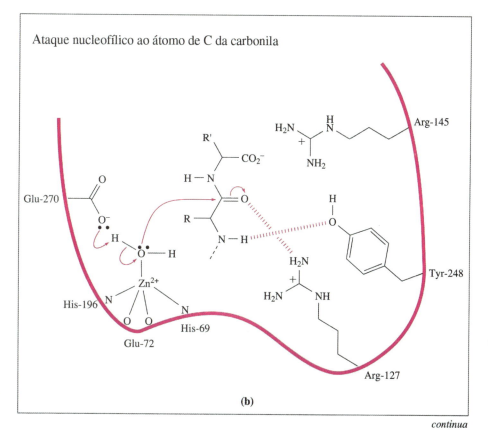

Fig. 29.30 Representação esquemática do mecanismo geralmente aceito para a clivagem catalisada pela CPA de uma ligação peptídica terminal *C*; veja a Fig. 29.29a para um diagrama mais detalhado da esfera de coordenação do íon Zn^{2+}. A linha vermelha representa a cadeia proteica; são mostrados apenas os resíduos mencionados na discussão. Os diagramas não implicam se um mecanismo é concertado ou não.

continua

418 CAPÍTULO 29

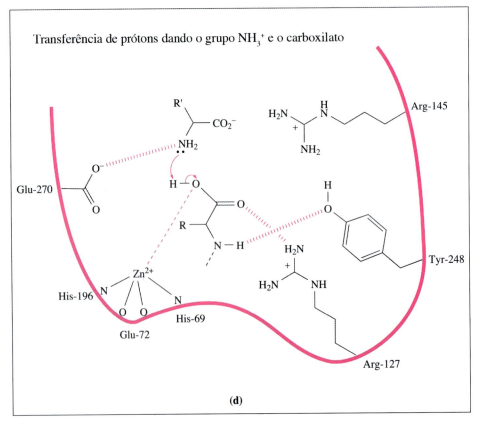

Continuação da Fig. 29.30.

globina na forma oxi é acompanhada de uma diminuição do momento magnético?

29.6 Compare os modos de ligação do O₂ aos centros de metal na (a) mioglobina, (b) hemoglobina e (c) hemocianina. Indique qual evidência experimental de suporte está disponível para as estruturas que você descreveu.

29.7 Diferencie entre os centros de cobre do Tipo 1, Tipo 2 e Tipo 3 nas proteínas azuis de cobre, dando distinções experimentais e estruturais.

29.8 Descreva a estrutura do sítio de cobre na plastocianina e discuta as características do centro de metal e do sítio de ligação do metal que permitem a ele funcionar como um sítio de transferência de elétrons.

29.9 A ascorbato oxidase contém quatro centros de cobre. Discuta seus ambientes de coordenação e classifique os centros como do Tipo 1, 2 ou 3. Qual é a função da ascorbato oxidase e como os centros de cobre facilitam essa função?

29.10 Comente a respeito das seguintes observações:

(a) As "proteínas azuis de cobre" nem sempre são azuis.

(b) Duas metaloproteínas diferentes, ambas contendo ferredoxinas de [4Fe–4S] ligadas à cadeia proteica por ligantes Cys, exibem potenciais de redução de +350 e +490 mV.

(c) A toxicidade do CO está associada à ligação com a hemoglobina, mas a do [CN]⁻ não é.

29.11 O que é a cadeia mitocondrial transportadora de elétrons, e qual o papel que as quinonas desempenham na cadeia?

29.12 Os compostos-modelo frequentemente são usados para modelar proteínas de ferro–enxofre. Comente a respeito da aplicabilidade dos seguintes modelos, e sobre os dados fornecidos.

(a) O [Fe(SPh)₄]²⁻ como modelo para a rubredoxina; os valores observados de μ_{ef} são 5,85 μ_B para a forma oxidada do composto modelo e 5,05 μ_B para a forma reduzida.

(b) O [Fe(μ-S)₂(SPh)₄]²⁻ como modelo para o sítio ativo da ferredoxina do espinafre.

(c) O composto **29.31** como modelo para parte dos sítios ativos na nitrogenase. O espectro Mössbauer do **29.31** é consistente com centros de Fe equivalentes, cada qual com um estado de oxidação de 2,67.

(29.31)

29.13 Para uma proteína de [4Fe–4S], são possíveis as seguintes séries de reações redox; cada etapa é uma redução ou oxidação de 1 elétron:

$$4Fe(III) \rightleftharpoons 3Fe(III)\cdot Fe(II) \rightleftharpoons 2Fe(III)\cdot 2Fe(II)$$
$$\rightleftharpoons Fe(III)\cdot 3Fe(II) \rightleftharpoons 4Fe(II)$$

(a) Quais desses pares são acessíveis em condições fisiológicas? (b) Qual par representa o sistema HIPIP? (c) Como os potenciais de redução do sistema HIPIP e da ferredoxina de [4Fe–4S] diferem e como isso afeta seus papéis na cadeia mitocondrial transportadora de elétrons?

29.14 Comente a respeito das semelhanças e diferenças entre uma ferredoxina de [2Fe–2S] e uma proteína Rieske, em termos de estrutura e função.

29.15 (a) Faça uma descrição das semelhanças e diferenças entre as unidades heme da desoximioglobina e citocromo c. (b) Qual a função desempenhada pelo citocromo c nos mamíferos?

29.16 (a) Qual é a função da citocromo c oxidase? (b) Descreva os quatro sítios ativos que contêm metal na citocromo c oxidase e a maneira segundo a qual eles funcionam juntos para desempenhar o papel da metaloproteína.

29.17 Dê uma explicação para as seguintes observações (o item d supõe que o Boxe 29.2 tenha sido estudado):

(a) tanto a hemoglobina quanto os citocromos contêm ferro heme;

(b) a citocromo c oxidase contém mais de um centro de metal;

(c) cada subunidade da desoxiemoglobina contém Fe(II) pentacoordenado, mas, no citocromo c, o centro de Fe é sempre hexacoordenado;

(d) a nitroforina (NP1) liga o NO reversivelmente.

29.18 Discuta o papel do Zn^{2+} como um exemplo de um ácido de Lewis quando trabalhando em um sistema biológico.

29.19 A hidrólise do anidrido ácido **29.32** pelo [OH]⁻ é catalisada por íons Zn^{2+}. A equação de velocidade é da forma:

Velocidade = k[**29.32**][Zn^{2+}][OH⁻]

(29.32)

Sabe-se que a adição do Zn^{2+} não acelera a hidrólise pela H₂O ou o ataque por outros nucleófilos. Sugira um mecanismo para essa reação.

29.20 Por que se utiliza substituição de metal para investigar o sítio de ligação do metal na anidrase carbônica? Discuta o tipo de informações que poderia advir de um estudo como esse.

PROBLEMAS DE REVISÃO

29.21 O composto **29.33**, H₄L, é um modelo para a desferrioxamina siderófora. Ele liga o Fe^{3+} dando o complexo [Fe(HL)]. Quais características o **29.33** tem em comum com a desferrioxamina? Sugira uma razão para a escolha da unidade macrocíclica no ligante **29.33**. Sugira uma estrutura para o [Fe(HL)].

(29.33)

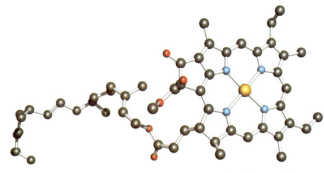

Fig. 29.31 Estrutura para o Problema 29.25b. Código de cores: Mg, amarelo; C, cinza; O, vermelho; N, azul.

29.22 (a) A estrutura de uma proteína bacteriana descrita em 2001 mostrava que o sítio ativo contém um aglomerado de $Zn_4(Cys)_9(His)_2$. A qual família essa metaloproteína pertence, e por que o sítio de ligação é atípico?
(b) O citocromo P-450 é uma mono-oxigenase. Descreva sua função, prestando atenção à estrutura do sítio ativo. Construa um ciclo catalítico que descreva a mono-oxigenação de um substrato orgânico RH.

29.23 O composto **29.34** reage com o $Zn(ClO_4)_2 \cdot 6H_2O$ dando um complexo $[Zn(\mathbf{29.34})(OH)]^+$, que é um modelo para o sítio ativo da anidrase carbônica. Sugira uma estrutura para esse complexo. Que propriedades o **29.34** possui que (a) simulam o sítio de coordenação na anidrase carbônica e (b) controlam a geometria de coordenação em torno do íon Zn^{2+} no complexo modelo?

(29.34)

29.24 (a) Comente a respeito da relevância de estudar complexos tais como o $[Fe(CN)_4(CO)_2]^{2-}$ e o $[Fe(CO)_3(CN)_3]^-$ como modelos para os sítios ativos da hidrogenase [NiFe] e da hidrogenase [FeFe].
(b) Descreva a estrutura do cofator FeMo na nitrogenase. Até 2002, quando um ligante central estava localizado no cofator FeMo, sugeria-se que a ligação do N_2 poderia ocorrer em sítios de ferro tricoordenado. Explique por que essa proposta deixou de ser plausível.

29.25 (a) Enquanto a constante de estabilidade, K, para o equilíbrio:
Hemoglobina + $O_2 \rightleftharpoons$ (Hemoglobina)(O_2)

é da ordem de 10, para o equilíbrio: (Hemoglobina)(O_2)$_3$ + $O_2 \rightleftharpoons$ (Hemoglobina)(O_2)$_4$ é da ordem de 3000. Explique essa observação.
(b) O Fotossistema II opera em conjunto com o citocromo $b_6 f$. A estrutura cristalina do citocromo $b_6 f$ da alga *Clamydomonas reinhardtii* foi determinada, e um dos cofatores presentes no citocromo é apresentado na Fig. 29.31. Qual é a função do Fotossistema II? Identifique o cofator apresentado na Fig. 29.31.

29.26 (a) Os compostos apresentados a seguir são modelos para o sítio ativo da hidrogenase [FeFe]. Como os modelos estão relacionados ao sítio ativo e que problemas o cristalógrafo enfrenta quando tenta identificar o sítio ativo?

(b) A massa molecular da mioglobina é ≈16950. O espectro de massas por eletrospray no modo positivo da desoximioglobina apresenta picos a *m/z* 1413, 1304, 1212, 1131, 1060, 998, 942, 893, 848 e 808. Identifique os picos e explique por que a diferença de massa entre picos sucessivos não é um valor constante.

TEMAS DA QUÍMICA INORGÂNICA

29.27 (a) Qual é o significado da ligação cooperativa do O_2 pela hemoglobina? (b) Use a Fig. 29.8 para explicar o que aconteceria no seu corpo se seu sangue contivesse mioglobina no lugar da hemoglobina.

29.28 Quais organismos utilizam: hemoglobina; hidrogenases [NiFe]; rubredoxinas; plastocianinas? Descreva o centro ativo de cada metaloproteína e o papel que ele desempenha.

29.29 Os grãos dos cereais contêm altos níveis de ácido fítico. Por que o ácido fítico é inibidor da absorção de ferro pelo corpo humano?

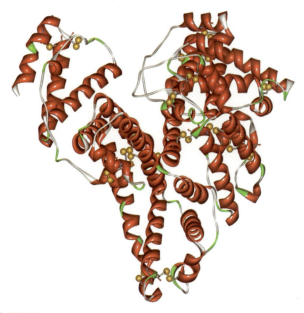

Fig. 29.32 A estrutura da albumina do soro humano determinada por difração de raios X (código PDB: 3JRY). Os sítios destacados na representação por bola e vareta são o foco do Problema 29.30.

29.30 As fontes do Cd incluem emissões de soldagem, componentes eletrônicos e baterias de NiCd. As legislações da UE e dos EUA agora estão vigentes para reduzir nossa exposição ao Cd. Uma vez absorvido no corpo, o Cd torna-se alvo das metalotioneínas, da cisteína, da glutationa tripeptídica e da proteína albumina (Fig. 29.32) e é transportado no sangue até o fígado. (a) Quais características são destacadas na representação por bola e vareta da Fig. 29.32? Sugira como elas se originam em termos dos resíduos de aminoácidos encontrados na proteína. (b) Por que as metalotioneínas, a cisteína, a glutationa e a albumina são adequadas para ligação do Cd^{2+}? (c) Dê exemplos de outros íons de metais transportados pelas metalotioneínas.

Apêndices

1. Letras gregas com suas respectivas pronúncias
2. Abreviações e símbolos para grandezas e unidades
3. Tabelas de caracteres selecionados
4. O espectro eletromagnético
5. Isótopos naturais e suas abundâncias
6. Raios de van der Waals, metálico, covalente e iônico
7. Valores da eletronegatividade de Pauling (χ^P) para elementos selecionados da tabela periódica
8. Configurações eletrônicas do estado fundamental dos elementos e energias de ionização
9. Afinidades eletrônicas
10. Entalpias-padrão de atomização ($\Delta_a H°$) dos elementos a 298 K
11. Potenciais-padrão de redução selecionados (298 K)
12. Entalpias de ligação selecionadas

Apêndice 1
Letras gregas com suas respectivas pronúncias

Letra maiúscula	Letra minúscula	Pronúncia
A	α	alfa
B	β	beta
Γ	γ	gama
Δ	δ	delta
E	ε	épsilon
Z	ζ	zeta
H	η	eta
Θ	θ	teta
I	ι	iota
K	κ	capa
Λ	λ	lambda
M	μ	mi
N	ν	ni
Ξ	ξ	csi
O	o	ômicron
Π	π	pi
P	ρ	rô
Σ	σ	sigma
T	τ	tau
Υ	υ	ípsilon
Φ	φ	fi
X	χ	qui
Ψ	ψ	psi
Ω	ω	ômega

Apêndice 2
Abreviações e símbolos para grandezas e unidades

Para a estrutura de ligantes, veja a Tabela 7.7, no Volume 1. Quando um símbolo tem mais de um significado, o contexto em que ele está sendo usado deve tornar claro o seu significado. Para informações adicionais sobre símbolos do SI, veja: *Quantities, Units and Symbols in Physical Chemistry* (1993) IUPAC, 2nd edn, Blackwell Science, Oxford.

a	área da seção transversal	c	coeficiente (em funções de onda)
a_i	atividade relativa de um componente i	c	concentração (de solução)
a_0	raio de Bohr do átomo de H	c	velocidade da luz
A	Absorbância	$c\text{-}C_6H_{11}$	ciclo-hexil
A	ampère (unidade de corrente)	C	constante de Curie
A	constante de acoplamento hiperfino (RPE)	C	coulomb (unidade de carga)
A	constante de Madelung	ccc	cúbica de corpo centrado
A	fator de frequência (equação de Arrhenius)	Ci	curie (unidade de radioatividade que não pertence ao SI)
A	número de massa (de um átomo)	C_n	eixo de rotação n-ário
A_r	massa atômica relativa	cfc	cúbica de face centrada
$A(\theta,\phi)$	função de onda angular	CFC	clorofluorocarbono
Å	ångstrom (unidade de comprimento que não pertence ao SI, utilizada para distâncias de ligação)	CLOA	combinação linear de orbitais atômicos
acacH	acetilacetona	cm	centímetro (unidade de comprimento)
acc	agrupamento compacto cúbico	cm^3	centímetro cúbico (unidade de volume)
ach	agrupamento compacto hexagonal	cm^{-1}	centímetro recíproco (número de onda)
ADP	difosfato de adenosina	conc	concentrada
AE	afinidade eletrônica	Cp	ciclopentadienila
Ala	alanina	cr	cristal
ano	ano (unidade de tempo que não pertence ao SI)	Cys	cisteína
aq	aquosa	$d\text{-}$	dextro (veja o Boxe 19.3)
Arg	arginina	d	dia (unidade de tempo que não pertence ao SI)
Asn	asparagina	d	distância de ligação ou separação internuclear
Asp	ácido aspártico	D	entalpia de dissociação de ligação
atm	atmosfera (unidade de pressão que não pertence ao SI)	$\bar{D}$	entalpia de dissociação de ligação média
ATP	trifosfato de adenosina	D	debye (unidade de momento de dipolo elétrico que não pertence ao SI)
ax	axial	dec	decomposição
B	intensidade de campo magnético	DHA	9,10-di-hidroantraceno
B	parâmetro de Racah	dien	1,4,7-triaza-heptano (veja a Tabela 7.7, no Volume 1)
bar	bar (unidade de pressão)	dil	diluído
bpy	2,2'-bipiridina	dm^3	decímetro cúbico (unidade de volume)
Bq	becquerel (unidade de radioatividade)	DME	dimetoxietano
^nBu	n-butil	DMF	N,N-dimetilformamida
^tBu	*terc*-butil	$dmgH_2$	dimetilglioxima

DMSO	dimetilsulfóxido	Ile	isoleucina
DNA	ácido desoxirribonucleico	IUPAC	União Internacional de Química Pura e Aplicada
DVQ	deposição de vapor químico	IV	infravermelho
e	carga do elétron	J	constante de acoplamento spin-spin
e^-	elétron	J	joule (unidade de energia)
E	energia	j	número quântico interno
E	entalpia de ligação	J	número quântico interno total (resultante)
E	operador identidade	k	constante de Boltzmann
E_a	energia de ativação	K	constante de equilíbrio
$E_{célula}$	potencial eletroquímico da célula	k	constante de força
$E°$	potencial-padrão de redução	k	constante de velocidade
EAA	espectroscopia de absorção atômica	K	kelvin (unidade de temperatura)
EDTAH$_4$	ácido N,N,N',N'-etilenodiaminotetracético (veja a Tabela 7.7, no Volume 1)	K_a	constante de dissociação ácida
EECC	energia de estabilização do campo cristalino	K_{auto}	constante de autoionização
EI	energia de ionização	K_b	constante de dissociação básica
en	1,2-etanodiamina (veja a Tabela 7.7, no Volume 1)	K_c	constante de equilíbrio expressa em termos de concentrações
eq	equatorial	K_p	constante de equilíbrio expressa em termos de pressões parciais
Et	etila	K_{ps}	constante do produto de solubilidade
eV	elétron-volt	kg	quilograma (unidade de massa)
EXAFS	estrutura fina de absorção de raios X	kJ	quilojoule (unidade de energia)
F	constante de Faraday	kPa	quilopascal (unidade de pressão)
FAD	dinucleótido de flavina-adenina	K_w	constante de autoionização da água
FID	decaimento livre de indução	ℓ	caminho ótico
G	energia de Gibbs	l	comprimento
g	gás	$l-$	levo (veja o Boxe 19.3)
g	grama (unidade de massa)	L	ligante
g	fator g de Landé	l	líquido
Gln	glutamina	L	número de Avogadro
Glu	ácido glutâmico	l	número quântico orbital
Gly	glicina	L	número quântico orbital total (resultante)
H	campo magnético	LED	diodo emissor de luz
h	constante de Planck	Leu	leucina
H	entalpia	LFSE	energia de estabilização do campo ligante
h	hora (unidade de tempo que não pertence ao SI)	Ln	lantanoide
H_c	campo magnético crítico de um supercondutor	LUMO	orbital molecular desocupado de mais baixa energia
HIPIP	proteína de alto potencial	Lys	lisina
His	histidina	m	massa
HMPA	hexametilfosforamida (veja a estrutura **11.5**, no Volume 1)	m	metro (unidade de comprimento)
HOMO	orbital molecular ocupado de mais alta energia	M	molaridade
Hz	hertz (unidade de frequência)	m^3	metro cúbico (unidade de volume)
$h\nu$	radiação de alta frequência (para uma reação de fotólise)	m_e	massa de repouso do elétron
i	centro de inversão	Me	metila
I	número quântico de spin nuclear	mecanismo D	mecanismo dissociativo

mecanismo Dbc	mecanismo base-conjugada	pK_a	$-\log K_a$
mecanismo I_a	mecanismo de intercâmbio associativo	pm	picômetro (unidade de comprimento)
mecanismo I_d	mecanismo de intercâmbio dissociativo	ppb	partes por bilhão
mecanismo S_N1bc	mecanismo base-conjugado	ppm	partes por milhão
Mes	mesitila (2,4,6-Me$_3$C$_6$H$_2$)	ppt	precipita
Met	metionina	Pr	propila
m_i	molalidade	^{i}Pr	*iso*propila
m_i^0	molalidade no estado-padrão	Pro	prolina
m_l	número quântico magnético	PVC	policloreto de vinila
M_L	número quântico magnético orbital total (resultante)	py	piridina
M_r	massa molecular relativa	pzH	pirazola
m_s	número quântico magnético de spin	q	carga pontual
M_S	número quântico magnético de spin para o sistema polieletrônico	Q	quociente reacional
min	minuto (unidade de tempo que não pertence ao SI)	R	constante de Rydberg
MO	orbital molecular	R	constante dos gases molar
MOCVD	deposição química de vapor de organometálico	r	distância radial
mol	mol (unidade de quantidade)	R	grupo alquila ou arila
Mt	megatonelada	r	raio
n	expoente de Born	R-	regras de sequência para um enantiômero (veja o Boxe 19.3)
N	fator de normalização	R	resistência
n	nêutron	$R(r)$	função de onda radial
N	número de nuclídeos	r_{cov}	raio covalente
n	número de (por exemplo, mols)	$r_{íon}$	raio iônico
n	número quântico principal	r_{metal}	raio metálico
n	parâmetro de nucleofilicidade	r_v	raio de van der Waals
[NAD]$^+$	dinucleótido de adenina-nicotinamida	RDS	etapa determinante da velocidade
NASICON	condutores superiônicos de Na	RF	radiofrequência
NCPM	nanotubo (de carbono) de parede múltipla	RLEL	relação linear de energia livre
NCPU	nanotubo (de carbono) de parede única	RMN	ressonância magnética nuclear
nm	nanômetro (unidade de comprimento)	RPE	ressonância paramagnética eletrônica
OGL	orbital de grupo ligante	RPECV	repulsão de pares de elétrons da camada de valência
OLED	diodo emissor de luz orgânico	RSE	ressonância de spin eletrônico
oxH$_2$	ácido oxálico	S	constante de blindagem
P	pressão	S	entropia
Pa	pascal (unidade de pressão)	s	fator de discriminação de nucleofilicidade
p.eb.	ponto de ebulição	S	integral de sobreposição
PES	espectroscopia de fotoelétron	s	número quântico de spin
p.fus.	ponto de fusão	S	número quântico de spin total
Ph	fenila	S-	regras de sequência para um enantiômero (veja o Boxe 19.3)
Phe	fenilalanina	s	segundo (unidade de tempo)
phen	1,10-fenantrolina	s	sólido

Abreviações e símbolos para grandezas e unidades

Ser	serina	Val	valina
S_n	eixo de rotação imprópria n-ário	VB	ligação de valência
soln	solução	ve	elétrons de valência (na contagem de elétrons)
solv	solvatado; solvente	VIS	visível
SQUID	dispositivo supercondutor de interferência quântica	[X]	concentração de X
$t_{1/2}$	meia-vida	XRD	difração de raios X
T	temperatura	Z	frequência de colisão eficaz em solução
t	tempo	Z	número atômico
T	tesla (unidade de densidade do fluxo magnético)	z	número de mols de elétrons transferidos em uma célula eletroquímica
t	tonelada (métrica)	Z_{ef}	carga nuclear efetiva
T_c	temperatura crítica de um supercondutor	$|z_-|$	módulo da carga negativa
T_C	temperatura Curie	$|z_+|$	módulo da carga positiva
TC	transferência de carga	ZSM-5	um tipo de zeólita (veja a Seção 25.8)
TCLM	transferência de carga ligante para metal	α	polarizabilidade de um átomo ou íon
TCML	transferência de carga metal para ligante	$[\alpha]$	rotação específica
TF	transformada de Fourier	β	constante de estabilidade
T_N	temperatura Néel	β^-	partícula beta
THF	tetra-hidrofurano	β^+	pósitron
Thr	treonina	δ	deslocamento químico
TMEDA	N,N,N',N'-tetrametiletilenodiamina	δ-	identificação para um enantiômero (veja o Boxe 19.3)
TMS	tetrametilsilano	δ^-	carga negativa parcial
TOF	frequência de turnover catalítica	δ^+	carga positiva parcial
TON	número de turnover catalítico	Δ	variação
tppH$_2$	tetrafenilporfirina	Δ-	identificação para enantiômero com rotação à direita (veja o Boxe 19.3)
tpy	2,2':6',2''-terpiridina	Δ	calor (em uma reação de pirólise)
trien	1,4,7,10-tetra-azadecano (veja a Tabela 7.7, no Volume 1)	Δ_{oct}	energia de desdobramento do campo cristalino octaédrico
Trp	triptofano	Δ_{tet}	energia de desdobramento do campo cristalino tetraédrico
Tyr	tirosina	$\Delta H°$	variação de entalpia-padrão
U	energia interna	$\Delta H^{\ddagger}$	variação de entalpia de ativação
u	unidade de massa atômica	$\Delta_a H$	variação de entalpia de atomização
UV	ultravioleta	$\Delta_c H$	variação de entalpia de combustão
UV-VIS	ultravioleta-visível	$\Delta_{AE} H$	variação de entalpia associada ao ganho de um elétron
V	diferença de potencial	$\Delta_f H$	variação de entalpia de formação
v	vapor	$\Delta_{fus} H$	variação de entalpia de fusão
v	velocidade	$\Delta_{hid} H$	variação de entalpia de hidratação
V	volt (unidade de diferença de potencial)	$\Delta_{rede} H$	variação de entalpia para a formação de uma rede iônica
V	volume	$\Delta_r H$	variação de entalpia de reação

$\Delta_{sol}H$	variação de entalpia de solução	ν_e	neutrino
$\Delta_{solv}H$	variação de entalpia de solvatação	ρ	massa específica
$\Delta_{vap}H$	variação de entalpia de vaporização	σ	plano especular
$\Delta G°$	variação da energia de Gibbs padrão	τ_1	tempo de relaxação do spin (em espectroscopia de RMN)
$\Delta G^{\ddagger}$	energia de Gibbs de ativação	χ	eletronegatividade
$\Delta_f G$	variação da energia de Gibbs de formação	χ	suscetibilidade magnética
$\Delta_r G$	variação da energia de Gibbs de reação	χ_m	suscetibilidade magnética molar
ΔS	variação de entropia	χ^{AR}	eletronegatividade de Allred-Rochow
$\Delta S°$	variação de entropia-padrão	χ^{M}	eletronegatividade de Mulliken
$\Delta S^{\ddagger}$	variação de entropia de ativação	χ^{P}	eletronegatividade de Pauling
$\Delta U(0\,K)$	variação da energia interna a 0 K	ψ	função de onda
$\Delta V^{\ddagger}$	volume de ativação	Ω	ohm (unidade de resistência)
ε	coeficiente de extinção (ou absorção) molar	2c-2e	2 centros e 2 elétrons
$\varepsilon_{máx}$	coeficiente de extinção molar correspondente a um máximo de absorção (em um espectro eletrônico)	3c-2e	3 centros e 2 elétrons
ε_0	permissividade do vácuo	(+)-	identificação para a rotação específica de um enantiômero (veja o Boxe 19.3)
ε_r	permissividade relativa (constante dielétrica)	(−)-	identificação para a rotação específica de um enantiômero (veja o Boxe 19.3)
η	hapticidade de um ligante (veja o Boxe 19.1)	° ou ⦵	estado-padrão
λ-	identificação para um enantiômero (veja o Boxe 19.3)	‡	(chamado de "*duplo punhal*") complexo ativado; estado de transição
λ	comprimento de onda	°	grau
λ	constante de acoplamento spin-órbita	>	é maior do que
$\lambda_{máx}$	comprimento de onda correspondente a um máximo de absorção (em um espectro eletrônico)	≫	é muito maior do que
Λ-	identificação para um enantiômero com rotação à esquerda (veja o Boxe 19.3)	<	é menor do que
μ	índice de refração	≪	é muito menor do que
μ	massa reduzida	≥	é maior ou igual a
μ	momento de dipolo elétrico	≤	é menor ou igual a
μ(somente ao spin)	momento magnético devido somente ao spin	≈	é aproximadamente igual a
μ_B	magnéton de Bohr	=	é igual a
μ_{ef}	momento magnético eficaz	≠	é diferente de
μ_i	potencial químico do componente i	⇌	equilíbrio
$\mu_i°$	potencial químico padrão de i	∝	é proporcional a
μ-	ligante em ponte	×	multiplicado por
ν	frequência	∞	infinito
ν	número total de partículas produzidas por molécula de soluto	±	mais ou menos
$\bar{\nu}$	número de onda	√	raiz quadrada de

$\sqrt[3]{}$	raiz cúbica de	log	logaritmo na base 10 ($\log_{10}$)
$|x|$	módulo de x	ln	logaritmo natural, ou seja, logaritmo na base e ($\log_e$)
Σ	somatório de	$\int$	integral de
Δ	variação de (por exemplo, ΔH, "variação de entalpia")	d/dx	diferencial em relação a x
$\angle$	ângulo	$\dfrac{\partial}{\partial x}$	diferencial parcial em relação a x

Apêndice 3
Tabelas de caracteres selecionados

As tabelas de caracteres fornecidas neste apêndice são para alguns grupos de pontos frequentemente encontrados. Tabelas completas estão disponíveis em muitos livros de química teórica e de física, por exemplo, veja a lista de referências no Capítulo 3, Volume 1.

C_1	E
A	1

C_s	E	σ_h		
A'	1	1	x, y, R_z	x^2, y^2, z^2, xy
A''	1	-1	z, R_x, R_y	yz, xz

C_2	E	C_2		
A	1	1	z, R_z	x^2, y^2, z^2, xy
B	1	-1	x, y, R_x, R_y	yz, xz

C_{2v}	E	C_2	$\sigma_v(xz)$	$\sigma_v'(yz)$		
A_1	1	1	1	1	z	x^2, y^2, z^2
A_2	1	1	-1	-1	R_z	xy
B_1	1	-1	1	-1	x, R_y	xz
B_2	1	-1	-1	1	y, R_x	yz

C_{3v}	E	$2C_3$	$3\sigma_v$		
A_1	1	1	1	z	x^2+y^2, z^2
A_2	1	1	-1	R_z	
E	2	-1	0	$(x, y)(R_x, R_y)$	$(x^2-y^2, xy)(xz, yz)$

C_{4v}	E	$2C_4$	C_2	$2\sigma_v$	$2\sigma_d$		
A_1	1	1	1	1	1	z	x^2+y^2, z^2
A_2	1	1	1	-1	-1	R_z	
B_1	1	-1	1	1	-1		x^2-y^2
B_2	1	-1	1	-1	1		xy
E	2	0	-2	0	0	$(x, y)(R_x, R_y)$	(xz, yz)

Tabelas de caracteres selecionados

C_{5v}	E	$2C_5$	$2C_5^2$	$5\sigma_v$		
A_1	1	1	1	1	z	x^2+y^2, z^2
A_2	1	1	1	−1	R_z	
E_1	2	$2\cos 72°$	$2\cos 144°$	0	$(x,y)(R_x, R_y)$	(xz, yz)
E_2	2	$2\cos 144°$	$2\cos 72°$	0		(x^2-y^2, xy)

D_2	E	$C_2(z)$	$C_2(y)$	$C_2(x)$		
A	1	1	1	1		x^2, y^2, z^2
B_1	1	1	−1	−1	z, R_z	xy
B_2	1	−1	1	−1	y, R_y	xz
B_3	1	−1	−1	1	x, R_x	yz

D_3	E	$2C_3$	$3C_2$		
A_1	1	1	1		x^2+y^2, z^2
A_2	1	1	−1	z, R_z	
E	2	−1	0	$(x,y)(R_x, R_y)$	$(x^2-y^2, xy)(xz, yz)$

D_{2h}	E	$C_2(z)$	$C_2(y)$	$C_2(x)$	i	$\sigma(xy)$	$\sigma(xz)$	$\sigma(yz)$		
A_g	1	1	1	1	1	1	1	1		x^2, y^2, z^2
B_{1g}	1	1	−1	−1	1	1	−1	−1	R_z	xy
B_{2g}	1	−1	1	−1	1	−1	1	−1	R_y	xz
B_{3g}	1	−1	−1	1	1	−1	−1	1	R_x	yz
A_u	1	1	1	1	−1	−1	−1	−1		
B_{1u}	1	1	−1	−1	−1	−1	1	1	z	
B_{2u}	1	−1	1	−1	−1	1	−1	1	y	
B_{3u}	1	−1	−1	1	−1	1	1	−1	x	

D_{3h}	E	$2C_3$	$3C_2$	σ_h	$2S_3$	$3\sigma_v$		
A_1'	1	1	1	1	1	1		x^2+y^2, z^2
A_2'	1	1	−1	1	1	−1	R_z	
E'	2	−1	0	2	−1	0	(x,y)	(x^2-y^2, xy)
A_1''	1	1	1	−1	−1	−1		
A_2''	1	1	−1	−1	−1	1	z	
E''	2	−1	0	−2	1	0	(R_x, R_y)	(xz, yz)

D_{4h}	E	$2C_4$	C_2	$2C_2'$	$2C_2''$	i	$2S_4$	σ_h	$2\sigma_v$	$2\sigma_d$		
A_{1g}	1	1	1	1	1	1	1	1	1	1		x^2+y^2, z^2
A_{2g}	1	1	1	−1	−1	1	1	1	−1	−1	R_z	
B_{1g}	1	−1	1	1	−1	1	−1	1	1	−1		x^2-y^2
B_{2g}	1	−1	1	−1	1	1	−1	1	−1	1		xy
E_g	2	0	−2	0	0	2	0	−2	0	0	(R_x, R_y)	(xz, yz)
A_{1u}	1	1	1	1	1	−1	−1	−1	−1	−1		
A_{2u}	1	1	1	−1	−1	−1	−1	−1	1	1	z	
B_{1u}	1	−1	1	1	−1	−1	1	−1	−1	1		
B_{2u}	1	−1	1	−1	1	−1	1	−1	1	−1		
E_u	2	0	−2	0	0	−2	0	2	0	0	(x, y)	

D_{2d}	E	$2S_4$	C_2	$2C_2'$	$2\sigma_d$		
A_1	1	1	1	1	1		x^2+y^2, z^2
A_2	1	1	1	−1	−1	R_z	
B_1	1	−1	1	1	−1		x^2-y^2
B_2	1	−1	1	−1	1	z	xy
E	2	0	−2	0	0	$(x,y)(R_x, R_y)$	(xz, yz)

D_{3d}	E	$2C_3$	$3C_2$	i	$2S_6$	$3\sigma_d$		
A_{1g}	1	1	1	1	1	1		x^2+y^2, z^2
A_{2g}	1	1	−1	1	1	−1	R_z	
E_g	2	−1	0	2	−1	0	(R_x, R_y)	$(x^2-y^2, xy), (xz, yz)$
A_{1u}	1	1	1	−1	−1	−1		
A_{2u}	1	1	−1	−1	−1	1	z	
E_u	2	−1	0	−2	1	0	(x, y)	

T_d	E	$8C_3$	$3C_2$	$6S_4$	$6\sigma_d$		
A_1	1	1	1	1	1		$x^2+y^2+z^2$
A_2	1	1	1	−1	−1		
E	2	−1	2	0	0		$(2z^2-x^2-y^2, x^2-y^2)$
T_1	3	0	−1	1	−1	(R_x, R_y, R_z)	
T_2	3	0	−1	−1	1	(x, y, z)	(xy, xz, yz)

O_h	E	$8C_3$	$6C_2$	$6C_4$	$3C_2$ $(=C_4^2)$	i	$6S_4$	$8S_6$	$3\sigma_h$	$6\sigma_d$		
A_{1g}	1	1	1	1	1	1	1	1	1	1		$x^2+y^2+z^2$
A_{2g}	1	1	−1	−1	1	1	−1	1	1	−1		
E_g	2	−1	0	0	2	2	0	−1	2	0		$(2z^2-x^2-y^2, x^2-y^2)$
T_{1g}	3	0	−1	1	−1	3	1	0	−1	−1	(R_x, R_y, R_z)	
T_{2g}	3	0	1	−1	−1	3	−1	0	−1	1		(xz, yz, xy)
A_{1u}	1	1	1	1	1	−1	−1	−1	−1	−1		
A_{2u}	1	1	−1	−1	1	−1	1	−1	−1	1		
E_u	2	−1	0	0	2	−2	0	1	−2	0		
T_{1u}	3	0	−1	1	−1	−3	−1	0	1	1	(x, y, z)	
T_{2u}	3	0	1	−1	−1	−3	1	0	1	−1		

$C_{\infty v}$	E	$2C_\infty^\phi$	...	$\infty\sigma_v$		
$A_1 \equiv \Sigma^+$	1	1	...	1	z	x^2+y^2, z^2
$A_2 \equiv \Sigma^-$	1	1	...	−1	R_z	
$E_1 \equiv \Pi$	2	$2\cos\phi$	...	0	$(x,y)(R_x, R_y)$	(xz, yz)
$E_2 \equiv \Delta$	2	$2\cos 2\phi$	...	0		(x^2-y^2, xy)
$E_3 \equiv \Phi$	2	$2\cos 3\phi$	...	0		
...	...	...	...	...		

$D_{\infty h}$	E	$2C_\infty^\phi$	...	$\infty\sigma_v$	i	$2S_\infty^\phi$	...	∞C_2		
Σ_g^+	1	1	...	1	1	1	...	1		x^2+y^2, z^2
Σ_g^-	1	1	...	−1	1	1	...	−1	R_z	
Π_g	2	$2\cos\phi$	...	0	2	$-2\cos\phi$	...	0	(R_x, R_y)	(xz, yz)
Δ_g	2	$2\cos 2\phi$	...	0	2	$2\cos 2\phi$	...	0		(x^2-y^2, xy)
...	...	...	...	...	...	...	...	...		
Σ_u^+	1	1	...	1	−1	−1	...	−1	z	
Σ_u^-	1	1	...	−1	−1	−1	...	1		
Π_u	2	$2\cos\phi$	...	0	−2	$2\cos\phi$	...	0	(x, y)	
Δ_u	2	$2\cos 2\phi$	...	0	−2	$-2\cos 2\phi$	...	0		
...	...	...	...	...	...	...	...	...		

Apêndice 4
O espectro eletromagnético

A frequência da radiação eletromagnética está relacionada com seu comprimento de onda pela equação:

Comprimento da onda $(\lambda) = \dfrac{\text{Velocidade da luz }(c)}{\text{Frequência }(\nu)}$

em que $c = 3{,}0 \times 10^8$ m s^{-1}

Número de onda $(\tilde{\nu}) = \dfrac{1}{\text{Comprimento de onda}}$

com unidades de cm^{-1} (pronuncia-se "centímetro recíproco")

Energia (E) = Constante de Planck $(h) \times$ Frequência (ν) em que $h = 6{,}626 \times 10^{-34}$ J s

(continua na próxima página)

A energia mostrada na última coluna é dada por mol de fótons.

Frequência ν/Hz	Comprimento de onda λ/m	Número de onda $\tilde{\nu}$/cm^{-1}	Tipo de radiação	Energia E/kJ mol^{-1}
10^{21}	10^{-13}	10^{11}		10^{9}
10^{20}	10^{-12}	10^{10}	raios γ	10^{8}
10^{19}	10^{-11}	10^{9}		10^{7}
10^{18}	10^{-10}	10^{8}	raios X	10^{6}
10^{17}	10^{-9}	10^{7}		10^{5}
10^{16}	10^{-8}	10^{6}	Ultravioleta de vácuo	10^{4}
10^{15}	10^{-7}	10^{5}	Ultravioleta	10^{3}
10^{14}	10^{-6}	10^{4}	Visível / Infravermelho próximo	10^{2}
10^{13}	10^{-5}	10^{3}		10^{1}
10^{12}	10^{-4}	10^{2}	Infravermelho distante	$10^{0} = 1$
10^{11}	10^{-3}	10^{1}		10^{-1}
10^{10}	10^{-2}	$10^{0} = 1$	Micro-ondas	10^{-2}
10^{9}	10^{-1}	10^{-1}		10^{-3}
10^{8}	$10^{0} = 1$	10^{-2}		10^{-4}
10^{7}	10^{1}	10^{-3}		10^{-5}
10^{6}	10^{2}	10^{-4}		10^{-6}
10^{5}	10^{3}	10^{-5}	Ondas de rádio	10^{-7}
10^{4}	10^{4}	10^{-6}		10^{-8}
10^{3}	10^{5}	10^{-7}		10^{-9}

Visível:
- Violeta ≈ 400 nm
- Azul
- Verde
- Amarelo
- Laranja
- Vermelho ≈ 700 nm

Apêndice 5
Isótopos naturais e suas abundâncias

Dados de *WebElements* por Mark Winter. Informações adicionais sobre nuclídeos radioativos podem ser encontradas usando-se o endereço na internet www.webelements.com

Elemento	Símbolo	Número atômico, Z	Massa atômica do isótopo (% de abundância)
Actínio	59,85	89	somente isótopos artificiais; número de massa na faixa de 224-229
Alumínio	Al	13	27(100)
Amerício	Am	95	somente isótopos artificiais; número de massa na faixa de 237-245
Antimônio	Sb	51	121(57,3), 123(42,7)
Argônio	Ar	18	36(0,34), 38(0,06), 40(99,6)
Arsênio	As	33	75(100)
Astatínio	At	85	somente isótopos artificiais; número de massa na faixa de 205-211
Bário	Ba	56	130(0,11), 132(0,10), 134(2,42), 135(6,59), 136(7,85), 137(11,23), 138(71,70)
Berílio	Be	4	9(100)
Berquélio	Bk	97	somente isótopos artificiais; número de massa na faixa de 243-250
Bismuto	Bi	83	209(100)
Boro	B	5	10(19,9), 11(80,1)
Bromo	Br	35	79(50,69), 81(49,31)
Cádmio	Cd	48	106(1,25), 108(0,89), 110(12,49), 111(12,80), 112(24,13), 113(12,22), 114(28,73), 116(7,49)
Cálcio	Ca	20	40(96,94), 42(0,65), 43(0,13), 44(2,09), 48(0,19)
Califórnio	Cf	98	somente isótopos artificiais; número de massa na faixa de 246-255
Carbono	C	6	12(98,9), 13(1,1)
Cério	Ce	58	136(0,19), 138(0,25), 140(88,48), 142(11,08)
Césio	Cs	55	133(100)
Chumbo	Pb	82	204(1,4), 206(24,1), 207(22,1), 208(52,4)
Cloro	Cl	17	35(75,77), 37(24,23)
Cobalto	Co	27	59(100)
Cobre	Cu	29	63(69,2), 65(30,8)
Criptônio	Kr	36	78(0,35), 80(2,25), 82(11,6), 83(11,5), 84(57,0), 86(17,3)
Cromo	Cr	24	50(4,345), 52(83,79), 53(9,50), 54(2,365)
Cúrio	Cm	96	somente isótopos artificiais; número de massa na faixa de 240-250
Disprósio	Dy	66	156(0,06), 158(0,10), 160(2,34), 161(18,9), 162(25,5), 163(24,9), 164(28,2)
Einstêinio	Es	99	somente isótopos artificiais; número de massa na faixa de 249-256
Enxofre	S	16	32(95,02), 33(0,75), 34(4,21), 36(0,02)
Érbio	Er	68	162(0,14), 164(1,61), 166(33,6), 167(22,95), 168(26,8), 170(14,9)
Escândio	Sc	21	45(100)
Estanho	Sn	50	112(0,97), 114(0,65), 115(0,36), 116(14,53), 117(7,68), 118(24,22), 119(8,58), 120(32,59), 122(4,63), 124(5,79)
Estrôncio	Sr	38	84(0,56), 86(9,86), 87(7,00), 88(82,58)

Isótopos naturais e suas abundâncias

Elemento	Símbolo	Número atômico, Z	Massa atômica do isótopo (% de abundância)
Európio	Eu	63	151(47,8), 153(52,2)
Férmio	Fm	100	somente isótopos artificiais; número de massa na faixa de 251-257
Ferro	Fe	26	54(5,8), 56(91,7), 57(2,2), 58(0,3)
Flúor	F	9	19(100)
Fósforo	P	15	31(100)
Frâncio	Fr	87	somente isótopos artificiais; número de massa na faixa de 210-227
Gadolínio	Gd	64	152(0,20), 154(2,18), 155(14,80), 156(20,47), 157(15,65), 158(24,84), 160(21,86)
Gálio	Ga	31	69(60,1), 71(39,9)
Germânio	Ge	32	70(20,5), 72(27,4), 73(7,8), 74(36,5), 76(7,8)
Háfnio	Hf	72	174(0,16), 176(5,20), 177(18,61), 178(27,30), 179(13,63), 180(35,10)
Hélio	He	2	3(<0,001), 4(>99,999)
Hidrogênio	H	1	1(99,985), 2(0,015)
Hólmio	Ho	67	165(100)
Índio	In	49	113(4,3), 115(95,7)
Iodo	I	53	127(100)
Irídio	Ir	77	191(37,3), 193(62,7)
Itérbio	Yb	70	168(0,13), 170(3,05), 171(14,3), 172(21,9), 173(16,12), 174(31,8), 176(12,7)
Ítrio	Y	39	89(100)
Lantânio	La	57	138(0,09), 139(99,91)
Laurêncio	Lr	103	somente isótopos artificiais; número de massa na faixa de 253-262
Lítio	Li	3	6(7,5), 7(92,5)
Lutécio	Lu	71	175(97,41), 176(2,59)
Magnésio	Mg	12	24(78,99), 25(10,00), 26(11,01)
Manganês	Mn	25	55(100)
Mendelévio	Md	101	somente isótopos artificiais; número de massa na faixa de 247-260
Mercúrio	Hg	80	196(0,14), 198(10,02), 199(16,84), 200(23,13), 201(13,22), 202(29,80), 204(6,85)
Molibdênio	Mo	42	92(14,84), 94(9,25), 95(15,92), 96(16,68), 97(9,55), 98(24,13), 100(9,63)
Neodímio	Nd	60	142(27,13), 143(12,18), 144(23,8), 145(8,30), 146(17,19), 148(5,76), 150(5,64)
Neônio	Ne	10	20(90,48), 21(0,27), 22(9,25)
Netúnio	Np	93	somente isótopos artificiais; número de massa na faixa de 234-240
Nióbio	Nb	41	93(100)
Níquel	Ni	28	58(68,27), 60(26,10), 61(1,13), 62(3,59), 64(0,91)
Nitrogênio	N	7	14(99,63), 15(0,37)
Nobélio	No	102	somente isótopos artificiais; número de massa na faixa de 250-262
Ósmio	Os	76	184(0,02), 186(1,58), 187(1,6), 188(13,3), 189(16,1), 190(26,4), 192(41,0)
Ouro	Au	79	197(100)
Oxigênio	O	8	16(99,76), 17(0,04), 18(0,20)
Paládio	Pd	46	102(1,02), 104(11,14), 105(22,33), 106(27,33), 108(26,46), 110(11,72)
Platina	Pt	78	190(0,01), 192(0,79), 194(32,9), 195(33,8), 196(25,3), 198(7,2)

Elemento	Símbolo	Número atômico, Z	Massa atômica do isótopo (% de abundância)
Plutônio	Pu	94	somente isótopos artificiais; número de massa na faixa de 234-246
Polônio	Po	84	somente isótopos artificiais; número de massa na faixa de 204-210
Potássio	K	19	39(93,26), 40(0,01), 41(6,73)
Praseodímio	Pr	59	141(100)
Prata	Ag	47	107(51,84), 109(48,16)
Promécio	Pm	61	somente isótopos artificiais; número de massa na faixa de 141-151
Protactínio[†]	Pa	91	somente isótopos artificiais; número de massa na faixa de 228-234
Rádio	Ra	88	somente isótopos artificiais; número de massa na faixa de 223-230
Radônio	Rn	86	somente isótopos artificiais; número de massa na faixa de 208-224
Rênio	Re	75	185(37,40), 187(62,60)
Ródio	Rh	45	103(100)
Rubídio	Rb	37	85(72,16), 87(27,84)
Rutênio	Ru	44	96(5,52), 98(1,88), 99(12,7), 100(12,6), 101(17,0), 102(31,6), 104(18,7)
Samário	Sm	62	144(3,1), 147(15,0), 148(11,3), 149(13,8), 150(7,4), 152(26,7), 154(22,7)
Selênio	Se	34	74(0,9), 76(9,2), 77(7,6), 78(23,6), 80(49,7), 82(9,0)
Silício	Si	14	28(92,23), 29(4,67), 30(3,10)
Sódio	Na	11	23(100)
Tálio	Tl	81	203(29,52), 205(70,48)
Tântalo	Ta	73	180(0,01), 181(99,99)
Tecnécio	Tc	43	somente isótopos artificiais; número de massa na faixa de 95-99
Telúrio	Te	52	120(0,09), 122(2,60), 123(0,91), 124(4,82), 125(7,14), 126(18,95), 128(31,69), 130(33,80)
Térbio	Tb	65	159(100)
Titânio	Ti	22	46(8,0), 47(7,3), 48(73,8), 49(5,5), 50(5,4)
Tório	Th	90	232(100)
Túlio	Tm	69	169(100)
Tungstênio	W	74	180(0,13), 182(26,3), 183(14,3), 184(30,67), 186(28,6)
Urânio	U	92	234(0,005), 235(0,72), 236(99,275)
Vanádio	V	23	50(0,25), 51(99,75)
Xenônio	Xe	54	124(0,10), 126(0,09), 128(1,91), 129(26,4), 130(4,1), 131(21,2), 132(26,9), 134(10,4), 136(8,9)
Zinco	Zn	30	64(48,6), 66(27,9), 67(4,1), 68(18,8), 70(0,6)
Zircônio	Zr	40	90(51,45), 91(11,22), 92(17,15), 94(17,38), 96(2,8)

[†] Veja a discussão na Seção 27.5, no Volume 2.

Apêndice 6
Raios de van der Waals, metálico, covalente e iônico

Os dados são indicados para os elementos s, p e da primeira linha do bloco d. O raio iônico varia com a carga e o número de coordenação do íon; um número de coordenação igual a 6 se refere a coordenação octaédrica, e igual a 4 se refere a coordenação tetraédrica, a menos que seja especificado o contrário. Dados para metais do bloco d mais pesados e para os lantanoides e actinoides são apresentados nas Tabelas 22.1 e 27.1.

	Elemento	Raio de van der Waals, r_v/pm	Raio metálico para metais dodecacoordenados, r_{metal}/pm	Raio covalente, r_{cov}/pm	Raio iônico, $r_{iônico}$/pm	Carga do íon	Número de coordenação do íon
Hidrogênio	H	120[†]		37[‡]			
Grupo 1	Li		157		76	1+	6
	Na		191		102	1+	6
	K		235		138	1+	6
	Kb		250		149	1+	6
	Cs		272		170	1+	6
Grupo 2	Be		112		27	2+	4
	Mg		160		72	2+	6
	Ca		197		100	2+	6
	Sr		215		126	2+	8
	Ba		224		142	2+	8
Grupo 13	B	208		88			
	Al		143	130	54	3+	6
	Ga		153	122	62	3+	6
	In		167	150	80	3+	6
	Tl		171	155	89	3+	6
					159	1+	8
Grupo 14	C	185		77			
	Si	210		118			
	Ge			122	53	4+	6
	Sn		158	140	74	4+	6
	Pb		175	154	119	2+	6
					65	4+	4
					78	4+	6
Grupo 15	N	154		75	171	3−	6
	P	190		110			
	As	200		122			
	Sb	220		143			
	Bi	240	182	152	103	3+	6
					76	5+	6
Grupo 16	O	140		73	140	3+	6
	S	185		103	184	5+	6
	Se	200		117	198	2−	6
	Te	220		135	211	2−	6
						2−	6
						2−	6

[†]O valor de 120 pm pode ser superestimado; uma análise dos contatos intermoleculares em estruturas orgânicas sugere um valor de 110 pm. *Veja*: R.S. Rowland and R. Taylor (1996) *J. Phys. Chem.*, vol. 100, p. 7384.
[‡]Algumas vezes é mais apropriado usar um valor de 30 pm em compostos orgânicos.

	Elemento	Raio de van der Waals, r_v/pm	Raio metálico para metais dodecacoordenados, r_{metal}/pm	Raio covalente, r_{cov}/pm	Raio iônico, $r_{iônico}$/pm	Carga do íon	Número de coordenação do íon
Grupo 17	F	135		71	133	1−	6
	Cl	180		99	181	1−	6
	Br	195		114	196	1−	6
	I	215		133	220	1−	6
Grupo 18	He	99					
	Ne	160					
	Ar	191					
	Kr	197					
	Xe	214					
Elementos da primeira linha do bloco d	Sc		164		75	3+	6
	Ti		147		86	2+	6
					67	3+	6
					61	4+	6
	V		135		79	2+	6
					64	3+	6
					58	4+	6
					53	4+	5
					54	5+	6
					46	5+	5
	Cr		129		73	2+	6 (spin baixo)
					80	3+	6 (spin alto)
					62	3+	6
	Mn		137		67	2+	6 (spin baixo)
					83	2+	6 (spin alto)
					58	3+	6 (spin baixo)
					65	3+	6 (spin alto)
					39	4+	4
					53	4+	6
	Fe		126		61	2+	6 (spin baixo)
					78	2+	6 (spin alto)
					55	3+	6 (spin baixo)
					65	3+	6 (spin alto)
	Co		125		65	2+	6 (spin baixo)
					75	2+	6 (spin alto)
					55	3+	6 (spin baixo)
					61	3+	6 (spin alto)
	Ni		125		55	2+	4
					44	2+	4 (plano quadrado)
					69	2+	6 (spin baixo)
					56	3+	6 (spin alto)
					60	3+	6
	Cu		128		46	1+	2
					60	1+	4
					57	2+	4 (plano quadrado)
					73	2+	6
	Zn		137		60	2+	4
					74	2+	6

Apêndice 7

Valores da eletronegatividade de Pauling (χ^P) para elementos selecionados da tabela periódica

Os valores são dependentes do estado de oxidação.

Grupo 1	Grupo 2		Grupo 13	Grupo 14	Grupo 15	Grupo 16	Grupo 17
H 2,2							
Li 1,0	Be 1,6		B 2,0	C 2,6	N 3,0	O 3,4	F 4,0
Na 0,9	Mg 1,3		Al(III) 1,6	Si 1,9	P 2,2	S 2,6	Cl 3,2
K 0,8	Ca 1,0		Ga(III) 1,8	Ge(IV) 2,0	As(III) 2,2	Se 2,6	Br 3,0
Rb 0,8	Sr 0,9	(elementos do bloco *d*)	In(III) 1,8	Sn(II) 1,8 Sn(IV) 2,0	Sb 2,1	Te 2,1	I 2,7
Cs 0,8	Ba 0,9		Tl(I) 1,6 Tl(III) 2,0	Pb(II) 1,9 Pb(IV) 2,3	Bi 2,0	Po 2,0	At 2,2

Apêndice 8
Configurações eletrônicas do estado fundamental dos elementos e energias de ionização

São fornecidos dados para as cinco primeiras ionizações.[†] $EI(n)$ em kJ mol^{-1} para os processos:

$EI(1)$ $M(g) \rightarrow M^+(g)$
$EI(2)$ $M^+(g) \rightarrow M^{2+}(g)$
$EI(3)$ $M^{2+}(g) \rightarrow M^{3+}(g)$
$EI(4)$ $M^{3+}(g) \rightarrow M^{4+}(g)$
$EI(5)$ $M^{4+}(g) \rightarrow M^{5+}(g)$

Número atômico, Z	Elemento	Configuração eletrônica do estado fundamental	$EI(1)$	$EI(2)$	$EI(3)$	$EI(4)$	$EI(5)$
1	H	$1s^1$	1312				
2	He	$1s^2$ = [He]	2372	5250			
3	Li	[He]$2s^1$	520,2	7298	11820		
4	Be	[He]$2s^2$	899,5	1757	14850	21010	
5	B	[He]$2s^2 2p^1$	800,6	2427	3660	25030	32830
6	C	[He]$2s^2 2p^2$	1086	2353	4620	6223	37830
7	N	[He]$2s^2 2p^3$	1402	2856	4578	7475	9445
8	O	[He]$2s^2 2p^4$	1314	3388	5300	7469	10990
9	F	[He]$2s^2 2p^5$	1681	3375	6050	8408	11020
10	Ne	[He]$2s^2 2p^1$ = [Ne]	2081	3952	6122	9371	12180
11	Na	[Ne]$3s^1$	495,8	4562	6910	9543	13350
12	Mg	[Ne]$3s^2$	737,7	1451	7733	10540	13630
13	Al	[Ne]$3s^2 3p^1$	577,5	1817	2745	11580	14840
14	Si	[Ne]$3s^2 3p^2$	786,5	1577	3232	4356	16090
15	P	[Ne]$3s^2 3p^3$	1012	1907	2914	4964	6274
16	S	[Ne]$3s^2 3p^4$	999,6	2252	3357	4556	7004
17	Cl	[Ne]$3s^2 3p^5$	1251	2298	3822	5159	6540
18	Ar	[Ne]$3s^2 3p^6$ = [Ar]	1521	2666	3931	5771	7238
19	K	[Ar]$4s^1$	418,8	3052	4420	5877	7975
20	Ca	[Ar]$4s^2$	589,8	1145	4912	6491	8153
21	Sc	[Ar]$4s^2 3d^1$	633,1	1235	2389	7091	8843
22	Ti	[Ar]$4s^2 3d^2$	658,8	1310	2653	4175	9581
23	V	[Ar]$4s^2 3d^3$	650,9	1414	2828	4507	6299
24	Cr	[Ar]$4s^1 3d^5$	652,9	1591	2987	4743	6702
25	Mn	[Ar]$4s^2 3d^5$	717,3	1509	3248	4940	6990
26	Fe	[Ar]$4s^2 3d^6$	762,5	1562	2957	5290	7240

[†]Os valores são provenientes de várias fontes, mas a maioria é do *Handbook of Chemistry and Physics* (1993) 74th edn, CRC Press, Boca Raton, FL, e do NIST Physics Laboratory Reference Data. Os valores em kJ mol^{-1} são citados com quatro algarismos significativos ou menos dependendo da exatidão dos dados originais em eV. Foi aplicado um fator de conversão de 1 eV = 96,485 kJ mol^{-1}.

Configurações eletrônicas do estado fundamental dos elementos e energias de ionização

Número atômico, Z	Elemento	Configuração eletrônica do estado fundamental	$EI(1)$	$EI(2)$	$EI(3)$	$EI(4)$	$EI(5)$
27	Co	$[Ar]4s^23d^7$	760,4	1648	3232	4950	7670
28	Ni	$[Ar]4s^23d^8$	737,1	1753	3395	5300	7339
29	Cu	$[Ar]4s^13d^{10}$	745,5	1958	3555	5536	7700
30	Zn	$[Ar]4s^23d^{10}$	906,4	1733	3833	5730	7970
31	Ga	$[Ar]4s^23d^{10}4p^1$	578,8	1979	2963	6200	
32	Ge	$[Ar]4s^23d^{10}4p^2$	762,2	1537	3302	4411	9020
33	As	$[Ar]4s^23d^{10}4p^3$	947,0	1798	2735	4837	6043
34	Se	$[Ar]4s^23d^{10}4p^4$	941,0	2045	2974	4144	6590
35	Br	$[Ar]4s^23d^{10}4p^5$	1140	2100	3500	4560	5760
36	Kr	$[Ar]4s^23d^{10}4p^6 = [Kr]$	1351	2350	3565	5070	6240
37	Rb	$[Kr]5s^1$	403,0	2633	3900	5080	6850
38	Sr	$[Kr]5s^2$	549,5	1064	4138	5500	6910
39	Y	$[Kr]5s^24d^1$	599,8	1181	1980	5847	7430
40	Zr	$[Kr]5s^24d^2$	640,1	1267	2218	3313	7752
41	Nb	$[Kr]5s^14d^4$	652,1	1382	2416	3700	4877
42	Mo	$[Kr]5s^14d^5$	684,3	1559	2618	4480	5257
43	Tc	$[Kr]5s^24d^5$	702	1472	2850		
44	Ru	$[Kr]5s^14d^7$	710,2	1617	2747		
45	Rh	$[Kr]5s^14d^8$	719,7	1744	2997		
46	Pd	$[Kr]5s^04d^{10}$	804,4	1875	3177		
47	Ag	$[Kr]5s^14d^{10}$	731,0	2073	3361		
48	Cd	$[Kr]5s^24d^{10}$	867,8	1631	3616		
49	In	$[Kr]5s^24d^{10}5p^1$	558,3	1821	2704	5200	
50	Sn	$[Kr]5s^24d^{10}5p^2$	708,6	1412	2943	3930	6974
51	Sb	$[Kr]5s^24d^{10}5p^3$	830,6	1595	2440	4260	5400
52	Te	$[Kr]5s^24d^{10}5p^4$	869,3	1790	2698	3610	5668
53	I	$[Kr]5s^24d^{10}5p^5$	1008	1846	3200		
54	Xe	$[Kr]5s^24d^{10}5p^6 = [Xe]$	1170	2046	3099		
55	Cs	$[Xe]6s^1$	375,7	2234	3400		
56	Ba	$[Xe]6s^2$	502,8	965,2	3619		
57	La	$[Xe]6s^25d^1$	538,1	1067	1850	4819	5940
58	Ce	$[Xe]4f^16s^25d^1$	534,4	1047	1949	3546	6325
59	Pr	$[Xe]4f^36s^2$	527,2	1018	2086	3761	5551
60	Nd	$[Xe]4f^46s^2$	533,1	1035	2130	3898	
61	Pm	$[Xe]4f^56s^2$	538,8	1052	2150	3970	
62	Sm	$[Xe]4f^66s^2$	544,5	1068	2260	3990	
63	Eu	$[Xe]4f^76s^2$	547,1	1085	2404	4120	
64	Gd	$[Xe]4f^76s^25d^1$	593,4	1167	1990	4245	
65	Tb	$[Xe]4f^96s^2$	565,8	1112	2114	3839	
66	Dy	$[Xe]4f^{10}6s^2$	573,0	1126	2200	3990	
67	Ho	$[Xe]4f^{11}6s^2$	581,0	1139	2204	4100	
68	Er	$[Xe]4f^{12}6s^2$	589,3	1151	2194	4120	
69	Tm	$[Xe]4f^{13}6s^2$	596,7	1163	2285	4120	

Número atômico, Z	Elemento	Configuração eletrônica do estado fundamental	EI(1)	EI(2)	EI(3)	EI(4)	EI(5)
70	Yb	[Xe]$4f^{14}6s^2$	603,4	1175	2417	4203	
71	Lu	[Xe]$4f^{14}6s^25d^1$	523,5	1340	2022	4366	
72	Hf	[Xe]$4f^{14}6s^25d^2$	658,5	1440	2250	3216	
73	Ta	[Xe]$4f^{14}6s^25d^3$	728,4	1500	2100		
74	W	[Xe]$4f^{14}6s^25d^4$	758,8	1700	2300		
75	Re	[Xe]$4f^{14}6s^25d^5$	755,8	1260	2510		
76	Os	[Xe]$4f^{14}6s^25d^6$	814,2	1600	2400		
77	Ir	[Xe]$4f^{14}6s^25d^7$	865,2	1680	2600		
78	Pt	[Xe]$4f^{14}6s^15d^9$	864,4	1791	2800		
79	Au	[Xe]$4f^{14}6s^15d^{10}$	890,1	1980	2900		
80	Hg	[Xe]$4f^{14}6s^25d^{10}$	1007	1810	3300		
81	Tl	[Xe]$4f^{14}6s^25d^{10}6p^1$	589,4	1971	2878	4900	
82	Pb	[Xe]$4f^{14}6s^25d^{10}6p^2$	715,6	1450	3081	4083	6640
83	Bi	[Xe]$4f^{14}6s^25d^{10}6p^3$	703,3	1610	2466	4370	5400
84	Po	[Xe]$4f^{14}6s^25d^{10}6p^4$	812,1	1800	2700		
85	At	[Xe]$4f^{14}6s^25d^{10}6p^5$	930	1600	2900		
86	Rn	[Xe]$4f^{14}6s^25d^{10}6p^6$ = [Rn]	1037				
87	Fr	[Rn]$7s^1$	393,0	2100	3100		
88	Ra	[Rn]$7s^2$	509,3	979,0	3300		
89	Ac	[Rn]$6d^17s^2$	499	1170	1900		
90	Th	[Rn]$6d^27s^2$	608,5	1110	1930	2780	
91	Pa	[Rn]$5f^27s^26d^1$	568	1130	1810		
92	U	[Rn]$5f^37s^26d^1$	597,6	1440	1840		
93	Np	[Rn]$5f^47s^26d^1$	604,5	1130	1880		
94	Pu	[Rn]$5f^67s^2$	581,4	1130	2100		
95	Am	[Rn]$5f^77s^2$	576,4	1160	2160		
96	Cm	[Rn]$5f^77s^26d^1$	578,0	1200	2050		
97	Bk	[Rn]$5f^97s^2$	598,0	1190	2150		
98	Cf	[Rn]$5f^{10}7s^2$	606,1	1210	2280		
99	Es	[Rn]$5f^{11}7s^2$	619	1220	2330		
100	Fm	[Rn]$5f^{12}7s^2$	627	1230	2350		
101	Md	[Rn]$5f^{13}7s^2$	635	1240	2450		
102	No	[Rn]$5f^{14}7s^2$	642	1250	2600		
103	Lr	[Rn]$5f^{14}7s^26d^1$	440 (?)				

Apêndice 9
Afinidades eletrônicas

Variações de entalpia aproximadas, $\Delta_{AE}H(298\text{ K})$, associadas ao ganho de um elétron por um átomo ou um ânion em fase gasosa. Uma entalpia negativa (ΔH), mas uma afinidade eletrônica (AE) positiva correspondem a um processo exotérmico (veja a Seção 1.10, Volume 1). $\Delta_{AE}H(298\text{ K}) \approx \Delta U(0\text{ K}) = -AE$

	Processo	$\approx \Delta_{AE}H$ / kJ mol^{-1}
Hidrogênio	$H(g) + e^- \rightarrow H^-(g)$	−73
Grupo 1	$Li(g) + e^- \rightarrow Li^-(g)$	−60
	$Na(g) + e^- \rightarrow Na^-(g)$	−53
	$K(g) + e^- \rightarrow K^-(g)$	−48
	$Rb(g) + e^- \rightarrow Rb^-(g)$	−47
	$Cs(g) + e^- \rightarrow Cs^-(g)$	−45
Grupo 15	$N(g) + e^- \rightarrow N^-(g)$	≈0
	$P(g) + e^- \rightarrow P^-(g)$	−72
	$As(g) + e^- \rightarrow As^-(g)$	−78
	$Sb(g) + e^- \rightarrow Sb^-(g)$	−103
	$Bi(g) + e^- \rightarrow Bi^-(g)$	−91
Grupo 16	$O(g) + e^- \rightarrow O^-(g)$	−141
	$O^-(g) + e^- \rightarrow O^{2-}(g)$	+798
	$S(g) + e^- \rightarrow S^-(g)$	−201
	$S^-(g) + e^- \rightarrow S^{2-}(g)$	+640
	$Se(g) + e^- \rightarrow Se^-(g)$	−195
	$Te(g) + e^- \rightarrow Te^-(g)$	−190
Grupo 17	$F(g) + e^- \rightarrow F^-(g)$	−328
	$Cl(g) + e^- \rightarrow Cl^-(g)$	−349
	$Br(g) + e^- \rightarrow Br^-(g)$	−325
	$I(g) + e^- \rightarrow I^-(g)$	−295

Apêndice 10
Entalpias-padrão de atomização ($\Delta_a H°$) dos elementos a 298 K

As entalpias são fornecidas em kJ mol^{-1} para o processo:

$\frac{1}{n}E_n$(estado-padrão) → E(g)

Os elementos são distribuídos de acordo com suas posições na tabela periódica. Os lantanoides e os actinoides são excluídos. Os gases nobres são omitidos porque eles são monoatômicos a 298 K.

1	2	3	4	5	6	7	8	9	10	11	12	13	14	15	16	17
H 218																
Li 161	Be 324											B 582	C 717	N 473	O 249	F 79
Na 108	Mg 146											Al 330	Si 456	P 315	S 277	Cl 121
K 90	Ca 178	Sc 378	Ti 470	V 514	Cr 397	Mn 283	Fe 418	Co 428	Ni 430	Cu 338	Zn 130	Ga 277	Ge 375	As 302	Se 227	Br 112
Rb 82	Sr 164	Y 423	Zr 609	Nb 721	Mo 658	Tc 677	Ru 651	Rh 556	Pd 377	Ag 285	Cd 112	In 243	Sn 302	Sb 264	Te 197	I 107
Cs 78	Ba 178	La 423	Hf 619	Ta 782	W 850	Re 774	Os 787	Ir 669	Pt 566	Au 368	Hg 61	Tl 182	Pb 195	Bi 210	Po ≈146	At 92

Apêndice 11
Potenciais-padrão de redução selecionados (298 K)

A concentração de todas as soluções é 1 mol dm^{-3} e a pressão dos componentes gasosos é 1 bar (10^5 Pa). (Mudança da pressão-padrão para 1 atm (101 300 Pa) não faz nenhuma diferença para os valores de $E°$ neste nível de acurácia.) Cada meia-célula listada contém a espécie especificada em solução em uma concentração de 1 mol dm^{-3}; quando a meia-célula contém [OH]$^-$, o valor de $E°$ se refere a [OH$^-$] = 1 mol dm^{-3}, logo a notação $E°_{[OH^-]=1}$ (veja o Boxe 8.1, Volume 1).

Meia equação de redução	$E°$ ou $E°_{[OH^-]=1}$/V
Li$^+$(aq) + e$^-$ ⇌ Li(s)	−3,04
Cs$^+$(aq) + e$^-$ ⇌ Cs(s)	−3,03
Rb$^+$(aq) + e$^-$ ⇌ Rb(s)	−2,98
K$^+$(aq) + e$^-$ ⇌ K(s)	−2,93
Ca^{2+}(aq) + 2e$^-$ ⇌ Ca(s)	−2,87
Na$^+$(aq) + e$^-$ ⇌ Na(s)	−2,71
La^{3+}(aq) + 3e$^-$ ⇌ La(s)	−2,38
Mg^{2+}(aq) + 2e$^-$ ⇌ Mg(s)	−2,37
Y^{3+}(aq) + 3e$^-$ ⇌ Y(s)	−2,37
Sc^{3+}(aq) + 3e$^-$ ⇌ Sc(s)	−2,03
Al^{3+}(aq) + 3e$^-$ ⇌ Al(s)	−1,66
[HPO$_3$]$^{2-}$(aq) + 2H$_2$O(l) + 2e$^-$ ⇌ [H$_2$PO$_2$]$^-$(aq) + 3[OH]$^-$(aq)	−1,65
Ti^{2+}(aq) + 2e$^-$ ⇌ Ti(s)	−1,63
Mn(OH)$_2$(s) + 2e$^-$ ⇌ Mn(s) + 2[OH]$^-$(aq)	−1,56
Mn^{2+}(aq) + 2e$^-$ ⇌ Mn(s)	−1,19
V^{2+}(aq) + 2e$^-$ ⇌ V(s)	−1,18
Te(s) + 2e$^-$ ⇌ Te^{2-}(aq)	−1,14
2[SO$_3$]$^{2-}$(aq) + 2H$_2$O(l) + 2e$^-$ ⇌ 4[OH]$^-$(aq) + [S$_2$O$_4$]$^{2-}$(aq)	−1,12
[SO$_4$]$^{2-}$(aq) + H$_2$O(l) + 2e$^-$ ⇌ [SO$_3$]$^{2-}$(aq) + 2[OH]$^-$(aq)	−0,93
Se(s) + 2e$^-$ ⇌ Se^{2-}(aq)	−0,92
Cr^{2+}(aq) + 2e$^-$ ⇌ Cr(s)	−0,91
2[NO$_3$]$^-$(aq) + 2H$_2$O(l) + 2e$^-$ ⇌ N$_2$O$_4$(g) + 4[OH]$^-$(aq)	−0,85
2H$_2$O(l) + 2e$^-$ ⇌ H$_2$(g) + 2[OH]$^-$(aq)	−0,82
Zn^{2+}(aq) + 2e$^-$ ⇌ Zn(s)	−0,76
Cr^{3+}(aq) + 3e$^-$ ⇌ Cr(s)	−0,74
S(s) + 2e$^-$ ⇌ S^{2-}(aq)	−0,48
[NO$_2$]$^-$(aq) + H$_2$O(l) + e$^-$ ⇌ NO(g) + 2[OH]$^-$(aq)	−0,46
Fe^{2+}(aq) + 2e$^-$ ⇌ Fe(s)	−0,44
Cr^{3+}(aq) + e$^-$ ⇌ Cr^{2+}(aq)	−0,41
Ti^{3+}(aq) + e$^-$ ⇌ Ti^{2+}(aq)	−0,37
PbSO$_4$(s) + 2e$^-$ ⇌ Pb(s) + [SO$_4$]$^{2-}$(aq)	−0,36

Meia equação de redução	$E°$ ou $E°_{[OH^-]=1}$/V
$Tl^+(aq) + e^- \rightleftharpoons Tl(s)$	−0,34
$Co^{2+}(aq) + 2e^- \rightleftharpoons Co(s)$	−0,28
$H_3PO_4(aq) + 2H^+(aq) + 2e^- \rightleftharpoons H_3PO_3(aq) + H_2O(l)$	−0,28
$V^{3+}(aq) + e^- \rightleftharpoons V^{2+}(aq)$	−0,26
$Ni^{2+}(aq) + 2e^- \rightleftharpoons Ni(s)$	−0,25
$2[SO_4]^{2-}(aq) + 4H^+(aq) + 2e^- \rightleftharpoons [S_2O_6]^{2-}(aq) + 2H_2O(l)$	−0,22
$O_2(g) + 2H_2O(l) + 2e^- \rightleftharpoons H_2O_2(aq) + 2[OH]^-(aq)$	−0,15
$Sn^{2+}(aq) + 2e^- \rightleftharpoons Sn(s)$	−0,14
$Pb^{2+}(aq) + 2e^- \rightleftharpoons Pb(s)$	−0,13
$Fe^{3+}(aq) + 3e^- \rightleftharpoons Fe(s)$	−0,04
$2H^+(aq, 1\ mol\ dm^{-3}) + 2e^- \rightleftharpoons H_2(g, 1\ bar)$	0
$[NO_3]^-(aq) + H_2O(l) + 2e^- \rightleftharpoons [NO_2]^-(aq) + 2[OH]^-(aq)$	+0,01
$[S_4O_6]^{2-}(aq) + 2e^- \rightleftharpoons 2[S_2O_3]^{2-}(aq)$	+0,08
$[Ru(NH_3)_6]^{3+}(aq) + e^- \rightleftharpoons [Ru(NH_3)_6]^{2+}(aq)$	+0,10
$[Co(NH_3)_6]^{3+}(aq) + e^- \rightleftharpoons [Co(NH_3)_6]^{2+}(aq)$	+0,11
$S(s) + 2H^+(aq) + 2e^- \rightleftharpoons H_2S(aq)$	+0,14
$2[NO_2]^-(aq) + 3H_2O(l) + 4e^- \rightleftharpoons N_2O(g) + 6[OH]^-(aq)$	+0,15
$Cu^{2+}(aq) + e^- \rightleftharpoons Cu^+(aq)$	+0,15
$Sn^{4+}(aq) + 2e^- \rightleftharpoons Sn^{2+}(aq)$	+0,15
$[SO_4]^{2-}(aq) + 4H^+(aq) + 2e^- \rightleftharpoons H_2SO_3(aq) + H_2O(l)$	+0,17
$AgCl(s) + e^- \rightleftharpoons Ag(s) + Cl^-(aq)$	+0,22
$[Ru(OH_2)_6]^{3+}(aq) + e^- \rightleftharpoons [Ru(OH_2)_6]^{2+}(aq)$	+0,25
$[Co(bpy)_3]^{3+}(aq) + e^- \rightleftharpoons [Co(bpy)_3]^{2+}(aq)$	+0,31
$Cu^{2+}(aq) + 2e^- \rightleftharpoons Cu(s)$	+0,34
$[VO]^{2+}(aq) + 2H^+(aq) + e^- \rightleftharpoons V^{3+}(aq) + H_2O(l)$	+0,34
$[ClO_4]^-(aq) + H_2O(l) + 2e^- \rightleftharpoons [ClO_3]^-(aq) + 2[OH]^-(aq)$	+0,36
$[Fe(CN)_6]^{3-}(aq) + e^- \rightleftharpoons [Fe(CN)_6]^{4-}(aq)$	+0,36
$O_2(g) + 2H_2O(l) + 4e^- \rightleftharpoons 4[OH]^-(aq)$	+0,40
$Cu^+(aq) + e^- \rightleftharpoons Cu(s)$	+0,52
$I_2(aq) + 2e^- \rightleftharpoons 2I^-(aq)$	+0,54
$[S_2O_6]^{2-}(aq) + 4H^+(aq) + 2e^- \rightleftharpoons 2H_2SO_3(aq)$	+0,56
$H_3AsO_4(aq) + 2H^+(aq) + 2e^- \rightleftharpoons HAsO_2(aq) + 2H_2O(l)$	+0,56
$[MnO_4]^-(aq) + e^- \rightleftharpoons [MnO_4]^{2-}(aq)$	+0,56
$[MnO_4]^-(aq) + 2H_2O(aq) + 3e^- \rightleftharpoons MnO_2(s) + 4[OH]^-(aq)$	+0,59
$[MnO_4]^{2-}(aq) + 2H_2O(l) + 2e^- \rightleftharpoons MnO_2(s) + 4[OH]^-(aq)$	+0,60
$[BrO_3]^-(aq) + 3H_2O(l) + 6e^- \rightleftharpoons Br^-(aq) + 6[OH]^-(aq)$	+0,61
$O_2(g) + 2H^+(aq) + 2e^- \rightleftharpoons H_2O_2(aq)$	+0,70
$[BrO]^-(aq) + H_2O(l) + 2e^- \rightleftharpoons Br^-(aq) + 2[OH]^-(aq)$	+0,76
$Fe^{3+}(aq) + e^- \rightleftharpoons Fe^{2+}(aq)$	+0,77
$Ag^+(aq) + e^- \rightleftharpoons Ag(s)$	+0,80
$[ClO]^-(aq) + H_2O(l) + 2e^- \rightleftharpoons Cl^-(aq) + 2[OH]^-(aq)$	+0,84
$2HNO_2(aq) + 4H^+(aq) + 4e^- \rightleftharpoons H_2N_2O_2(aq) + 2H_2O(l)$	+0,86
$[HO_2]^-(aq) + H_2O(l) + 2e^- \rightleftharpoons 3[OH]^-(aq)$	+0,88

Meia equação de redução	$E°$ ou $E°_{[OH^-]=1}$/V
$[NO_3]^-(aq) + 3H^+(aq) + 2e^- \rightleftharpoons HNO_2(aq) + H_2O(l)$	+0,93
$Pd^{2+}(aq) + 2e^- \rightleftharpoons Pd(s)$	+0,95
$[NO_3]^-(aq) + 4H^+(aq) + 3e^- \rightleftharpoons NO(g) + 2H_2O(l)$	+0,96
$HNO_2(aq) + H^+(aq) + e^- \rightleftharpoons NO(g) + H_2O(l)$	+0,98
$[VO_2]^+(aq) + 2H^+(aq) + e^- \rightleftharpoons [VO]^{2+}(aq) + H_2O(l)$	+0,99
$[Fe(bpy)_3]^{3+}(aq) + e^- \rightleftharpoons [Fe(bpy)_3]^{2+}(aq)$	+1,03
$[IO_3]^-(aq) + 6H^+(aq) + 6e^- \rightleftharpoons I^-(aq) + 3H_2O(l)$	+1,09
$Br_2(aq) + 2e^- \rightleftharpoons 2Br^-(aq)$	+1,09
$[Fe(phen)_3]^{3+}(aq) + e^- \rightleftharpoons [Fe(phen)_3]^{2+}(aq)$	+1,12
$Pt^{2+}(aq) + 2e^- \rightleftharpoons Pt(s)$	+1,18
$[ClO_4]^-(aq) + 2H^+(aq) + 2e^- \rightleftharpoons [ClO_3]^-(aq) + H_2O(l)$	+1,19
$2[IO_3]^-(aq) + 12H^+(aq) + 10e^- \rightleftharpoons I_2(aq) + 6H_2O(l)$	+1,20
$O_2(g) + 4H^+(aq) + 4e^- \rightleftharpoons 2H_2O(l)$	+1,23
$MnO_2(s) + 4H^+(aq) + 2e^- \rightleftharpoons Mn^{2+}(aq) + 2H_2O(l)$	+1,23
$Tl^{3+}(aq) + 2e^- \rightleftharpoons Tl^+(aq)$	+1,25
$2HNO_2(aq) + 4H^+(aq) + 4e^- \rightleftharpoons N_2O(g) + 3H_2O(l)$	+1,30
$[Cr_2O_7]^{2-}(aq) + 14H^+(aq) + 6e^- \rightleftharpoons 2Cr^{3+}(aq) + 7H_2O(l)$	+1,33
$Cl_2(aq) + 2e^- \rightleftharpoons 2Cl^-(aq)$	+1,36
$2[ClO_4]^-(aq) + 16H^+(aq) + 14e^- \rightleftharpoons Cl_2(aq) + 8H_2O(l)$	+1,39
$[ClO_4]^-(aq) + 8H^+(aq) + 8e^- \rightleftharpoons Cl^-(aq) + 4H_2O(l)$	+1,39
$[BrO_3]^-(aq) + 6H^+(aq) + 6e^- \rightleftharpoons Br^-(aq) + 3H_2O(l)$	+1,42
$[ClO_3]^-(aq) + 6H^+(aq) + 6e^- \rightleftharpoons Cl^-(aq) + 3H_2O(l)$	+1,45
$2[ClO_3]^-(aq) + 12H^+(aq) + 10e^- \rightleftharpoons Cl_2(aq) + 6H_2O(l)$	+1,47
$2[BrO_3]^-(aq) + 12H^+(aq) + 10e^- \rightleftharpoons Br_2(aq) + 6H_2O(l)$	+1,48
$HOCl(aq) + H^+(aq) + 2e^- \rightleftharpoons Cl^-(aq) + H_2O(l)$	+1,48
$[MnO_4]^-(aq) + 8H^+(aq) + 5e^- \rightleftharpoons Mn^{2+}(aq) + 4H_2O(l)$	+1,51
$Mn^{3+}(aq) + e^- \rightleftharpoons Mn^{2+}(aq)$	+1,54
$2HOCl(aq) + 2H^+(aq) + 2e^- \rightleftharpoons Cl_2(aq) + 2H_2O(l)$	+1,61
$[MnO_4]^-(aq) + 4H^+(aq) + 3e^- \rightleftharpoons MnO_2(s) + 2H_2O(l)$	+1,69
$PbO_2(s) + 4H^+(aq) + [SO_4]^{2-}(aq) + 2e^- \rightleftharpoons PbSO_4(s) + 2H_2O(l)$	+1,69
$Ce^{4+}(aq) + e^- \rightleftharpoons Ce^{3+}(aq)$	+1,72
$[BrO_4]^-(aq) + 2H^+(aq) + 2e^- \rightleftharpoons [BrO_3]^-(aq) + H_2O(l)$	+1,76
$H_2O_2(aq) + 2H^+(aq) + 2e^- \rightleftharpoons 2H_2O(l)$	+1,78
$Co^{3+}(aq) + e^- \rightleftharpoons Co^{2+}(aq)$	+1,92
$[S_2O_8]^{2-}(aq) + 2e^- \rightleftharpoons 2[SO_4]^{2-}(aq)$	+2,01
$O_3(g) + 2H^+(aq) + 2e^- \rightleftharpoons O_2(g) + H_2O(l)$	+2,07
$XeO_3(aq) + 6H^+(aq) + 6e^- \rightleftharpoons Xe(g) + 3H_2O(l)$	+2,10
$[FeO_4]^{2-}(aq) + 8H^+(aq) + 3e^- \rightleftharpoons Fe^{3+}(aq) + 4H_2O(l)$	+2,20
$H_4XeO_6(aq) + 2H^+(aq) + 2e^- \rightleftharpoons XeO_3(aq) + 3H_2O(l)$	+2,42
$F_2(aq) + 2e^- \rightleftharpoons 2F^-(aq)$	+2,87

Apêndice 12
Entalpias de ligação selecionadas

Ligação	Entalpia de ligação / kJ mol^{-1}	Ligação	Entalpia de ligação / kJ mol^{-1}	Ligação	Entalpia de ligação / kJ mol^{-1}
H–H	436	F–F	159	C–F	485
C–C	346	Cl–Cl	242	C–Cl	327
C=C	598	Br–Br	193	C–Br	285
C≡C	813	I–I	151	C–I	213
Si–Si	226	C–H	416	C–O	359
Ge–Ge	186	Si–H	326	C=O	806
Sn–Sn	152	Ge–H	289	C–N	285
N–N	159	Sn–H	251	C≡N	866
N=N	≈400	N–H	391	C–S	272
N≡N	945	P–H	322	Si–O	466
P–P	200	As–H	247	Si=O	642
P≡P	490	O–H	464	N–F	272
As–As	177	S–H	366	N–Cl	193
O–O	146	Se–H	276	N–O	201
O=O	498	F–H	570	P–F	490
S–S	266	Cl–H	432	P–Cl	319
S=S	425	Br–H	366	P–O	340
Se–Se	193	I–H	298	S–F	326

Respostas dos problemas não descritivos

CAPÍTULO 19

19.3 Tendência irregular nos valores de $E°$ ao longo do período; a variação da energia de ionização não é suficiente para explicar a variação em $E°$.

19.6 (a) Íons geralmente são muito pequenos; (b) distribuição de carga; (c) poder oxidante do O e do F; (aplicamos o princípio da eletroneutralidade em b e c).

19.7 (a) +2; d^5; (b) +2; d^6; (c) +3; d^6; (d) +7; d^0; (e) +2; d^8; (f) +3; d^1; (g) +3; d^2; (h) +3; d^3.

19.8 (a) Linear; (b) plana triangular; (c) tetraédrica; (d) bipiramidal triangular *ou* piramidal de base quadrada; (e) octaédrica.

19.10 (a) Dois, (2 C) axiais e (3 C) equatoriais; (b) processo fluxional de baixa energia; pseudorrotação de Berry.

19.12 Ligante tripodal; bipiramidal triangular com N central do ligante e Cl em sítios axiais.

19.13 (a) Soluções aquosas de $BaCl_2$ e $[Co(NH_3)_5Br][SO_4]$ produzem $BaSO_4$ ppt; soluções aquosas de $AgNO_3$ e $[Co(NH_3)_5(SO_4)]Br$ produzem AgBr ppt; somente íons livres podem precipitar; (b) necessita de precipitação quantitativa de Cl^- livre por $AgNO_3$; (c) sais de Co(III) são isômeros de ionização; sais de Cr(III) são isômeros de hidratação; (d) *trans*- e *cis*-$[CrCl_2(OH_2)_4]$.

19.14 (a) $[Co(bpy)_2(CN)_2]^+[Fe(bpy)(CN)_4]^-$; $[Fe(bpy)_2(CN)_2]^+[Co(bpy)(CN)_4]^-$; $[Fe(bpy)_3]^{3+}[Co(CN)_6]^{3-}$; (b) *trans*- e *cis*-$[Co(bpy)_2(CN)_2]^+$, e *cis*-$[Co(bpy)_2(CN)_2]^+$ tem isômeros ópticos; semelhantemente ao $[Fe(bpy)_2(CN)_2]^+$; $[Fe(bpy)_3]^{3+}$ tem isômeros ópticos.

19.15 Ignorando as conformações dos anéis quelatos: (a) quatro dependendo das orientações dos grupos Me; (b) dois.

19.16 8; configuração Δ metálica com (δδδ), (δδλ), (δλλ) ou (λλλ); semelhantemente para Λ. Todas estão relacionadas como diastereoisômeros exceto aquelas nas quais todo centro quiral mudou de configuração, por exemplo, Δ-(δδλ) e Λ-(λλδ).

19.17 (a) Óptico; (b) geométrico (*cis* e *trans*), e o isômero *cis* tem isômeros ópticos; (c) geométrico (*trans* e *cis*) como plano quadrado; (d) nenhum isômero; arranjo *cis*; (e) geométrico (*trans* e *cis*); isômero *cis* tem isômeros ópticos.

19.18 (a) Espectroscopia no IV; (b) como para (a); ^{195}Pt é ativo na RMN e os espectras de RMN de ^{31}P dos isômeros *cis*- e *trans*- mostram satélites como J_{PtP} *cis* > *trans*; (c) espectroscopia de RMN de ^{31}P, o isômero *fac* tem um ambiente P, o isômero *mer* tem dois; Rh é spin ativo, observamos dupleto para *fac* (J_{RhP}); para o isômero *mer*, observamos dupleto de tripletos (J_{RhP} e $J_{PP'}$) e dupleto de dupletos (J_{RhP} e $J_{PP'}$) com integrais relativas 1:2.

19.19 Todos octaédricos; (a) *mer* e *fac*; (b) *cis* e *trans*, mais enantiômeros para o isômero *cis*; (c) somente o isômero *mer*.

19.20 (b) Enantiômeros; (c) **A**=*mer*-[CoL_3]; **B**=*fac*-[CoL_3].

19.21 Forma *trans*-$[RuCl_2(dppb)(phen)]$; ele lentamente se converte para *cis*-$[RuCl_2(dppb)(phen)]$.

19.22 *cis*-$[PdBr_2(NH_3)_2]$ (plano quadrado) tem dois modos ativos no IV de estiramento Pd–N; no *trans*-$[PdBr_2(NH_3)_2]$, somente o modo assimétrico é ativo no IV.

19.23 (a) Coordenação bidentada através de O^-, O_{term}/O_{term} ou O_{term}/O_{meio}; coordenação através de 2 O-doadores a partir de uma unidade PO_4 é improvável.

19.24 (a) $[Fe(bpy)_3]^{2+}$, $[Cr(ox)_3]^{3-}$, $[CrF_6]^{3-}$, $[Ni(en)_3]^{2+}$, $[Mn(ox)_2(OH_2)_2]^{2-}$, $[Zn(py)_4]^{2+}$, $[CoCl_2(en)_2]^+$; (b) iônica não é realística: Mn^{7+}, O^{2-}; cargas de Mn^+ e $O^{\frac{1}{2}-}$ sugerem que a ligação é muito covalente.

19.25 (a) Quiral: *cis*-$[CoCl_2(en)_2]^+$, $[Cr(ox)_3]^{3-}$, $[Ni(phen)_3]^{2+}$, *cis*-$[RuCl(py)(phen)_2]^+$; (b) $[Pt(SCN-S)_2(Ph_2PCH_2PPh_2)]$, simpleto; $[Pt(SCN-N)_2(Ph_2PCH_2PPh_2)]$, simpleto; $[Pt(SCN-S)(SCN-N)(Ph_2PCH_2PPh_2)]$, dupleto, $J(^{31}P-^{31}P)$.

19.26 (a) N=centro quiral; (b) $[Ag(NH_3)_2]^+$ linear; $[Zn(OH)_4]^{2-}$ tetraédrico; (c) isomerismo de coordenação.

19.27 (a) Tetraédrica; plana triangular; prisma triangular monoencapuzado; prisma triangular triencapuzado; plana quadrada; linear; (b) coordenação cúbica para o Cs^+ no CsCl; em complexos, é mais usual encontrar dodecaédrica ou antiprismática quadrada, menos frequente bipiramidal hexagonal.

CAPÍTULO 20

20.2 Verde é absorvida; aparecerá púrpura.

20.3 (a) *N*-doadores; bidentado; pode ser monodentado; (b) *N*-doadores; bidentado; (c) *C*-doador; monodentado; pode em ponte; (d) *N*-doador; monodentado; pode em ponte; (e) *C*-doador; monodentado; (f) *N*-doadores; bidentado; (g) *O*-doadores; bidentado; (h) *N*- ou *S*-doador; monodentado; (i) *P*-doador; monodentado.

20.4 $Br^- < F^- < [OH]^- < H_2O < NH_3 < [CN]^-$

20.5 (a) $[Cr(OH_2)_6]^{3+}$ (maior estado de oxidação); (b) $[Cr(NH_3)_6]^{3+}$ (campo ligante mais forte); (c) $[Fe(CN)_6]^{3-}$ (maior estado de oxidação); (d) $[Ni(en)_3]^{2+}$ (campo ligante mais forte); (e) $[ReF_6]^{2-}$ (metal da terceira linha); (f) $[Rh(en)_3]^{3+}$ (metal da segunda linha).

20.6 (a) Nenhuma possibilidade no caso d^8 em promover um elétron de um orbital t_{2g} totalmente ocupado para um orbital e_g vazio; (c) dados magnéticos (μ_{ef}).

20.8 (a) Octaédrico, d^5 baixo spin; (b) octaédrico, d^3 baixo spin; (c) octaédrico, d^4 alto spin; (d) octaédrico, d^5 alto spin; (e) plano quadrado, d^8; (f) tetraédrico, d^7; (g) tetraédrico, d^8.

20.10 (b) $F^- < H_2O < NH_3 < en < [CN]^- < I^-$.

20.11 (a) No Co^{2+}, todos os orbitais t_2 são mono-ocupados; no Cu^{2+} tetraédrico, os orbitais t_2 assimetricamente preenchidos e o complexo sofre distorção Jahn–Teller; (b) efeito Jahn–Teller no estado excitado $t_{2g}^3 e_g^3$ aparecendo quando o elétron é promovido a partir do estado fundamental $t_{2g}^4 e_g^2$.

20.12 $^3P_0 < {}^3P_1 < {}^3P_2 < {}^1D_2 < {}^1S_0$.

20.14 d^{10} dá somente ^1S; o termo fundamental (e único) é $^1S_0$; Zn^{2+} ou Cu^+.

20.16 $J = 2, 3, 4$; degenerescência é $2J + 1$; veja a Fig. 20.28.

20.17 (a) $2T_{2g}$, ^2E_g; (b) não se desdobra; torna-se $^3T_{1g}$; (c) $^3T_{1g}$, $^3T_{2g}$, $^3A_{2g}$.

20.18 (a) Veja a tabela a seguir; E e T_2; (b) veja a Tabela 20.7; tetraédrico: A_2, T_2 e T_1; octaédrico: A_{2g}, T_{2g} e T_{1g}.

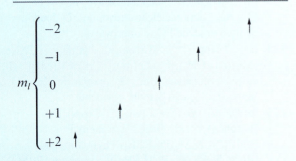

20.19 (a) 10.000 cm^{-1} = 1000 nm; 30.000 cm^{-1} = 333 nm; (b) 400–700 nm; 25.000–14.285 cm^{-1}; (c) [Ni(OH$_2$)$_6$]$^{2+}$: verde; [Ni(NH$_3$)$_6$]$^{2+}$: púrpura; (d) H$_2$O campo ligante mais fraco do que NH$_3$; as energias relativas das transições são estimadas do diagrama de Orgel: [Ni(OH$_2$)$_6$]$^{2+}$ < [Ni(NH$_3$)$_6$]$^{2+}$; $E \propto$ número de onda ou $E \propto 1$/comprimento de onda.

20.20 (a) Cr(III) é d^3, de modo que são três bandas; (b) trans-[Co(en)$_2$F$_2$]$^+$ tem centro de simetria, cis não tem; transferência de carga (TC) do Cl$^-$ para Co^{3+} provavelmente é responsável pela cor mais intensa do complexo de cloreto; TC para o F$^-$ é mais improvável.

20.21 (a) Ru(III) é mais fácil de reduzir do que o Os(III); (b) bpy aceita facilmente um elétron, de modo que a transferência de elétron é do M^{2+} para L.

20.22 [Ti(OH$_2$)$_6$]$^{3+}$ é d^1, efeito Jahn–Teller no estado excitado; [Ti(OH$_2$)$_6$]$^{2+}$ é d^2.

20.24 (a) $^4T_{2g} \leftarrow {}^4T_{1g}(F)$; $^4T_{1g}(P) \leftarrow {}^4T_{1g}(F)$; $^4A_{2g} \leftarrow {}^4T_{1g}(F)$; (b) 7900 cm^{-1}; método aplicável somente ao caso-limite onde a força de campo é muito fraca.

20.26 $x = $ (a) 4; (b) 3; (c) 2; admite-se que podemos ignorar o momento magnético associado ao momento angular orbital.

20.28 (a) 1,73 μ_B; (b) levamos em consideração o acoplamento spin–órbita.

20.29 Ni^{2+} (d^8) octaédrico não deve ter contribuição orbital; Ni^{2+} tetraédrico terá uma contribuição orbital, de modo que $\mu_{ef} \neq \mu$(somente spin); todos os elétrons emparelhados no Ni^{2+} plano quadrado.

20.30 (a) Sim, octaédrico d^3; (b) não, octaédrico d^2; (c) não, alto spin, octaédrico d^6.

20.31 (a), (c) e (e) são diamagnéticos.

20.33 Espinélio normal teria Ni^{2+} tetraédrico com dois Mn^{3+} octaédricos; espinélio invertido teria Mn^{3+} octaédrico e Ni^{2+} octaédrico; valores compráveis de EECL:

EECL tet. Ni^{2+} + oct. Mn^{3+} = –15622 cm^{-1}
EECL oct. Ni^{2+} + tet. Mn^{3+} = –13933 cm^{-1}

Predito espinélio normal; fator não levou em conta o efeito Jahn–Teller para o Mn^{3+}; predito espinélio normal por pequena margem, estrutura real é espinélio invertido.

20.34 (a) A diferença de EECL é muito menor para o Co^{2+} (d^7) do que para o Ni^{2+} (d^8) comparando o aquaíon octaédrico com o complexo clorido tetraédrico; (b) indica que o H$_4$[Fe(CN)$_6$] é um ácido fraco em relação a quarta constante de dissociação; complexação de [Fe(CN)$_6$]$^{4-}$ torna a redução mais fácil; (c) a EECL exerce um papel *menor*; há uma perda de EECL na redução de Mn^{3+}, ganho na redução de Fe^{3+} e perda na redução de Cr^{3+}; o fator decisivo é o grande valor da EI_3 para o Mn.

20.35 (b) [Fe(CN)$_6$]$^{3-}$ > [Fe(CN)$_6$]$^{4-}$ > [Fe(OH$_2$)$_6$]$^{2+}$; (c) sim; $e^4 t_2^4$.

20.36 (a) [CrI$_6$]$^{4-}$, [Mn(ox)$_3$]$^{3-}$, ambos d^4 de alto spin; (b) [NiBr$_4$]$^{2-}$, d^8, tetraédrico; [PdBr$_4$]$^{2-}$, d^8, plano quadrado.

20.38 (a) Ambas as transições são permitidas pelo spin, mas proibidas por Laporte; [CoCl$_4$]$^{2-}$ não centrossimétrico tem $\varepsilon_{máx}$ maior; (b) escondida sob a banda de transferência de carga de maior energia; 17.200 cm^{-1}, $^3T_{2g} \leftarrow {}^3T_{1g}(F)$; 25.600 cm^{-1}, $^3T_{1g}(P) \leftarrow {}^3T_{1g}(F)$; (c) paramagnético, tetraédrico; diamagnético, plano quadrado (provavelmente *trans*).

20.39 (a) (i) Ti^{3+}, V^{4+}; (ii) por exemplo, Re^{6+}, W^{5+}, Tc^{6+}; a temperatura tem o maior efeito sobre os íons em (ii); (b) F$^-$, doador σ e π; CO, doador σ, receptor π; NH$_3$, doador σ.

20.41 (a) [Pc]$^{2-}$ é tetradentado, ligante macrocíclico de modo que forma 4 anéis quelato quando ele se liga ao Cu^{2+}; (b) azul; (f) para aumentar a solubilidade em H$_2$O.

CAPÍTULO 21

21.3 O éter é um ligante quelante; o ligante [BH$_4$]$^-$ pode ser mono, bi ou tridentado; sugerimos [BH$_4$]$^-$ tridentado.

21.4 (a) Li$_2$TiO$_3$ tem que ter a estrutura do NaCl, isto é, [Li$^+$]$_2$Ti^{4+}[O^{2-}]$_3$; Li$^+$, Ti^{4+} e Mg^{2+} são aproximadamente do mesmo tamanho; a eletroneutralidade elétrica tem que ser mantida;

(b) $E°$ para Ti^{4+} + e$^- \rightleftharpoons$ Ti^{3+} é +0,1V em pH 0, de modo que podemos pensar que em álcali não há reação como Ti^{3+}; mas, TiO$_2$ é extremamente insolúvel e o desprendimento de H$_2$ também perturba o equilíbrio.

21.5 Vanadato de amônio amarelo em meio ácido contém [VO$_2$]$^+$; redução pelo SO$_2$ dá [VO]$^{2+}$ azul; redução por Zn a V^{2+} púrpura.

21.6 $2VBr_3 \xrightarrow{\Delta} VBr_4 + VBr_2$;

Respostas dos problemas não descritivos **455**

$2VBr_4 \xrightarrow{\Delta} 2VBr_3 + Br_2$; com a remoção de Br_2, VBr_2 é o produto final.

21.7 O composto é um alume contendo $[V(OH)_2)_6]^{3+}$, d^2 octaédrico; μ(somente spin) = 2,83 μ_B; três bandas para íon d^2.

21.8 [Cr(**21.78**)]; N,N',N'',O,O',O'' hexadentado; isômero *fac*.

21.9 Cr deve ser oxidado a Cr^{3+}, mas o ar não deve ter nenhuma ação posterior.

21.10 (a) Colorimetria (para $[MnO_4]^-$) ou evolução de gás (CO_2); (b) autocatálise.

21.12 (a) Espectro Mössbauer; (b) mostramos que o Fe^{3+}(aq) muda de cor em alta $[Cl^-]$ e que também muda de cor se o Cl^- for deslocado pelo F^-; (c) tratamos o ppt com ácido para dar MnO_2 e $[MnO_4]^-$, determinamos ambos com ácido axálico em solução fortemente ácida.

21.13 (a) $2Fe + 3Cl_2 \rightarrow 2FeCl_3$;
(b) $Fe + I_2 \rightarrow FeI_2$;
(c) $2FeSO_4 + 2H_2SO_4 \rightarrow Fe_2(SO_4)_3 + SO_2 + 2H_2O$;
(d) $[Fe(OH_2)_6]^{3+} + [SCN]^- \rightarrow$
$[Fe(OH_2)_5(SCN\text{-}N)]^{2+} + H_2O$;
(e) $[Fe(OH_2)_6]^{3+} + 3[C_2O_4]^{2-} \rightarrow [Fe(C_2O_4)_3]^{3-} + 6H_2O$; em existindo, o Fe(III) oxida o oxalato;
(f) $FeO + H_2SO_4 \rightarrow FeSO_4 + H_2O$;
(g) $FeSO_4 + 2NaOH \rightarrow Fe(OH)_2$(precipitado) $+ Na_2SO_4$.

21.14 (a) Comparamos a energia de rede do ciclo de Born–Haber com aquela interpolada a partir dos valores para MnF_2 e ZnF_2; (b) $K \approx 10^{35}$.

21.15 $Co^{II}Co^{III}_2O_4$: no espinélio *normal* os íons Co^{3+} ocupam sítios octaédricos, favorecidos por d^6 de baixo spin (EECL).

21.16 (a) $[Co(en)_2Cl_2]^+$ é d^6 de baixo spin, de modo que é diamagnético; $[CoCl_4]^{2-}$ é d^7, tetraédrico, $e^4t_2^3$, não é esperada nenhuma contribuição orbital; μ(somente spin) = 3,87 μ_B; aqui, o acoplamento spin–órbita parece não ser importante; (b) valores $> \mu$(somente spin); devido ao acoplamento spin–órbita; μ_{ef} *inversamente* relacionado com a força do campo ligante.

21.17 (a) O ppt verde é $Ni(CN)_2$ hidratado; a solução amarela contém $[Ni(CN)_4]^{2-}$, e $[Ni(CN)_5]^{3-}$ vermelho; (b) $K_2[Ni(CN)_4]$ reduziu produzindo $K_4[Ni_2(CN)_6]$ (veja a **21.54**) ou $K_4[Ni(CN)_4]$.

21.18 Dá *trans*-$[Ni(L)_2(OH_2)_2]$ (paramagnético) octaédrico, a seguir $[Ni(L)_2]$ (diamagnético) plano quadrado; o isomerismo envolve orientações relativas dos grupos Ph em **L**.

21.19 (a) $CuSO_4 + 2NaOH \rightarrow Cu(OH)_2(s) + Na_2SO_4$;
(b) $CuO + Cu + 2HCl \rightarrow 2CuCl + H_2O$;
(c) $Cu + 4HNO_3(\text{conc}) \rightarrow Cu(NO_3)_2 + 2H_2O + 2NO_2$;
(d) $Cu(OH)_2 + 4NH_3 \rightarrow [Cu(NH_3)_4]^{2+} + 2[OH]^-$;
(e) $ZnSO_4 + 2NaOH \rightarrow Zn(OH)_2(s) + Na_2SO_4$;
$Zn(OH)_2(s) + 2NaOH \rightarrow Na_2[Zn(OH)_4]$;
(f) $ZnS + 2HCl \rightarrow H_2S + ZnCl_2$.

21.20 (b) $[Pd(Hdmg)_2]$ análogo a $[Ni(Hdmg)_2]$.

21.21 HCl pode atuar de duas maneiras: complexação preferencial do Cu^{2+} pelo Cl^-, e diminuição da potência de redução do SO_2 devido a $[H^+]$ no equilíbrio:
$[SO_4]^{2-} + 4H^+ + 2e^- \rightleftharpoons SO_2 + 2H_2O$
Tentamos o efeito da substituição do HCl pelo (a) LiCl saturado ou outro cloreto muito solúvel; (b) $HClO_4$ ou outro ácido muito forte, que não é facilmente reduzido.

21.22 (a) Plano quadrado; (b) tetraédrico; (c) tetraédrico. Distinção pelos dados magnéticos.

21.23 (a) $[MnO_4]^-$; (b) $[MnO_4]^{2-}$; (c) $[Cr_2O_7]^{2-}$;
(d) $[VO]^{2+}$; (e) $[VO_4]^{3-}$ (*ortho*), $[VO_3]^-$ (*meta*);
(f) $[Fe(CN)_6]^{3-}$. Permanganato.

21.26 $\mathbf{X} = K_3[Fe(ox)_3] \cdot 3H_2O$; análise fornece $ox^{2-}:Fe = 3:1$, logo é necessário $3K^+$ e $3H_2O$ para fazer 100%.
$[Fe(ox)_3]^{3-} + 3[OH]^- \rightarrow \tfrac{1}{2}Fe_2O_3 \cdot H_2O + 3ox^{2-} + H_2O$
$2K_3[Fe(ox)_3] \rightarrow 2Fe[ox] + 3K_2[ox] + 2CO_2$
$[Fe(ox)_3]^{3-}$ é quiral, mas a reação como o $[OH]^-$ sugere que o ânion pode ser muito lábil para ser resolvido em enantiômeros.

21.27 $\mathbf{A} = [Co(DMSO)_6][ClO_4]_2$;
$\mathbf{B} = [Co(DMSO)_6][CoCl_4]$.

21.28 $Cu^{2+} + H_2S \rightarrow CuS + 2H^+$; o produto de solubilidade muito baixa do CuS permite a sua precipitação em solução ácida. A redução é:
$[SO_4]^{2-} + 4H^+ + 2e^- \rightarrow SO_2 + 2H_2O$
mas também: $[SO_4]^{2-} + 8H^+ + 8e^- \rightarrow S^{2-} + 4H_2O$ com a $[H^+]$ muito alta e a insolubilidade do CuS se combinando para fazer ocorrer a segunda reação.

21.29 (a) $2BaFeO_4 + 3Zn \rightarrow Fe_2O_3 + ZnO + 2BaZnO_2$;
(c) $Fe^{2+}(S_2)^{2-}$, razão 1:1.

21.30 (a) Co^{3+} de alto spin, $t_{2g}^4e_g^2$; contribuição orbital para μ_{ef} e para mais do que metade da camada preenchida, $\mu_{ef} > \mu$(somente spin); (b) admitimos oxidação do ligante $[O_2]^{2-}$; a oxidação por $1e^-$ remove o elétron do nível $\pi_g^*(2p_x)^2\pi_g^*(2p_y)^2$; aumenta a ordem de ligação; (c) $[Ni(acac)_3]^-$; *cis*-$[Co(en)_2Cl_2]^+$.

21.31 (a) Da menor para a maior energia: $^3T_{2g} \leftarrow {}^3A_{2g}$; $^3T_{1g}(F) \leftarrow {}^3A_{2g}$; $^4T_{1g}(P) \leftarrow {}^3A_{2g}$; (b) efeito Jahn–Teller: CuF_2, d^9; $[CuF_6]^{2-}$ e $[NiF_6]^{3-}$, d^7 de baixo spin; (c) [*trans*-$VBr_2(OH_2)_4$]$Br \cdot 2H_2O$; cátion octaédrico.

21.32 (a) $V\equiv V$ ($\sigma^2\pi^4\delta^0$); (b) agente de redução; (c) diminua; o elétron adicionado dá $\sigma^2\pi^4\delta^1$.

21.33 (a) $[NiL_2]^{2+}$, d^8 *versus* $[NiL_2]^{3+}$, d^7 de baixo spin, Jahn–Teller distorcido; (b) d^6 de baixo spin, diamagnético; impurezas de Fe(III), d^5, paramagnético; (c) tautômeros;

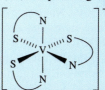

21.34 (a) Piramidal de base quadrada; ligante óxido na posição apical; (b) $[V(O)(OH_2)_5]^{2+}$.

21.35 (a) $[Cr(OH_2)_6]^{3+}$; em baixo pH, o H^+ presente na solução impede a dissociação do H^+ a partir do $[Cr(OH_2)_6]^{3+}$ (Le Chatelier).

21.36 (a) O,N,N',O'-doador; (b) aumenta a solubilidade em H_2O; (d) 600 nm é na região visível.

CAPÍTULO 22

22.3 (a) Admitimos que o $CrCl_2$ e o WCl_2 tenham a mesma estrutura; calculamos $\Delta_{rede}H°(CrCl_2)$ e estimamos $\Delta_{rede}H°(WCl_2)$ usando $\Delta U \propto 1/r$; $\Delta_{rede}H°(WCl_2) \approx -2450$ a -2500 kJ mol^{-1}; o ciclo de Born–Haber dá $\Delta_{rede}H°(WCl_2) \approx +353$ a $+403$ kJ mol^{-1}.

22.4 (a) Mesma estrutura 3D e mesmo tamanho da célula unitária, mas A_r Hf >> Zr; (b) Nb(IV) é d^1; NbF$_4$ não tem Nb–Nb, mas NbCl$_4$ e NbBr$_4$ contêm pares de átomos de Nb.

22.5 (a) Cs[NbBr$_6$]; (b) K$_2$[TaF$_7$] ou K$_3$[TaF$_8$] mais provavelmente do que K[TaF$_6$] nas condições dadas; (c) [Nb(bpy)F$_5$] é um produto possível; (d) MF$_5$ (M = Nb, Ta), tetrâmero; NbBr$_5$, dímero; [NbBr$_6$]$^-$, octaédrico; [TaF$_7$]$^{2-}$, octaedro monoencapuzado; [TaF$_8$]$^{3-}$, antiprisma quadrado; [Nb(bpy)F$_5$], bipiramidal pentagonal possível.

22.6 TaS$_2$, Ta(IV) e S^{2-}, estequiometria 1:2; FeS$_2$, Fe(II) e [S$_2$]$^{2-}$, estequiometria 1:1.

22.7 [Cl$_3$M(μ-Cl)$_3$MCl$_3$]$^{3-}$; na ligação Cr–Cr (Cr(III) é d^3); ligação W≡W emparelha os elétrons do metal.

22.8 (a) [Mo$_6$Cl$_8$]Cl$_2$Cl$_{4/2}$ = [Mo$_6$(μ$_3$-Cl)$_8$]$^{4+}$ com dois Cl terminal extras, *trans* um em relação ao outro e quatro Cl equatoriais envolvidos na ponte: [Mo$_6$Cl$_8$]Cl$_2$Cl$_{4/2}$ = [Mo$_6$Cl$_8$]Cl$_{2+2}$ = Mo$_6$Cl$_{12}$ = MoCl$_2$; (b) W = s^2d^4; elétrons de valência = 36 + 8 − 4 = 40; 16 usados para oito M–Cl; 24 deixados para 12 ligações simples W–W.

22.11 Ligação Re≡Re, ligantes eclipsados; descrição como para Cr≡Cr.

22.12 ReCl$_4$ (**22.41**), Re–Re; Re$_3$Cl$_9$, Re=Re; [Re$_2$Cl$_8$]$^{2-}$, Re≡Re; [Re$_2$Cl$_9$]$^-$, Re–Re; [Re$_2$Cl$_4$(μ-Ph$_2$PCH$_2$CH$_2$PPh$_2$)$_2$], Re≡Re.

22.15 (b) isômeros *fac*- e *mer*-; espectroscopia de RMN de ^{31}P é diagnóstico; espectro desacoplado de ^{1}H de isômero *fac*, um simpleto; para isômero *mer*-, tripleto e dupleto (J_{PP}). [Sinais de hidreto nos espectros de RMN de ^{1}H também são diagnósticos.]

22.16 (a) O_h; (b) uma absorção; somente o modo T_{1u} é ativo no IV.

22.17 Dados espectroscópicos mostram que H ou D está presente:

[RhBr$_3$(AsMePh$_2$)$_3$] $\underset{Br_2}{\overset{H_3PO_2}{\rightleftarrows}}$ [RhBr$_2$H(AsMePh$_2$)$_3$]

22.18 (a) β-PdCl$_2$ (**22.79**) relacionado com [Nb$_6$Cl$_{12}$]$^{2+}$, mas nenhuma ligação M–M no núcleo do Pd$_6$.

22.19 (a) Difração de raios X; *cis*- e *trans*-[PtCl$_2$(NH$_3$)$_2$] são distinguidos pelos momentos de dipolo e espectroscopia de IV; [Pt(NH$_3$)$_4$][PtCl$_4$] é um eletrólito 1:1; (b) [(H$_3$N)$_2$Pt(μ-Cl)$_2$Pt(NH$_3$)$_2$]Cl$_2$ é um eletrólito 1:2; nenhuma absorção ν(Pt–Cl)$_{terminal}$ no espectro de IV.

22.20 (a) K$_2$[PtI$_4$], ânion plano quadrado; (b) *cis*-[PtCl$_2$(NH$_3$)$_2$], plano quadrado; (c) [PtCl$_2$(phen)], plano quadrado e ligante bidentado, de modo que é *cis*; (d) [PtCl(tpy)]Cl, plano quadrado, tpy tridentado; (e) K$_2$[Pt(CN)$_4$], ânion plano quadrado, empilhados no estado sólido.

22.21 Para *trans*-[PdCl$_2$(R$_2$P(CH$_2$)$_n$PR$_2$)] formar, a cadeia (CH$_2$)$_n$ tem que ser longa; cadeias menores dão monômero *cis*. Dímero com arranjo *trans*:

```
           (CH₂)ₙ
     R₂P ─────────── PR₂
      │    Cl          │    Cl
      │ ⋯⋯⋯⋯           │ ⋯⋯⋯⋯
      Pt               Pt
      │                │
      Cl               Cl
     R₂P ─────────── PR₂
           (CH₂)ₙ
```

22.22 (a) Ligantes EtNH$_2$ volumosos impedem o empilhamento cátion–ânion, assim íons discretos; (b) o complexo [Ag$_2$I]$^+$ mais estável do que [Ag$_2$Cl]$^+$ (veja a Tabela 7.9); (c) o equilíbrio envolvido é: Hg^{2+} + Hg $\rightleftarrows$ [Hg$_2$]$^{2+}$ em vez de: Hg^{2+} + Hg $\rightleftarrows$ 2Hg$^+$.

22.25 (a) Hg(II) mole–S-doadores moles; (b) número de coordenação 4 (admitindo nenhum solvente coordenado); Hg(II) d^{10} poderia ser tetra, penta ou hexacoordenado; (c) tripleto para α-CH$_2$ com satélites de ^{119}Hg; quinteto para β-CH$_2$.

22.27 (a) [PCl$_4^+$]$_3$[ReCl$_6^{2-}$][ReCl$_6^-$]; (b) $J(^{19}$F–^{187}Os); ^{187}Os, 1,64%, $I = \frac{1}{2}$.

22.28 (a) [NH$_4$]$_3$[HfF$_7$] é [NH$_4$]$_2$[HfF$_6$] + NH$_4$F; para número de coordenação 7, veja a Fig. 19.8; (b) NbCl$_5$ é um dímero com ponte de Cl com um ambiente de ^{93}Nb; semelhantemente para o NbBr$_5$; troca de haleto pode introduzir assimetria e dois ambientes ^{93}Nb.

22.29 (b) [NH$_4$]$_3$[PMo$_{12}$O$_{40}$].

22.30 (a) Octaédrica, d^6 de baixo spin; d^8 plana quadrada; d^0; veja o Exemplo Resolvido 22.2; (b) nos espectros de RMN de ^{77}Se, $J(^{77}$Se–^{103}Rh); nos espectros de RMN de ^{13}C, simpletos atribuídos a ligantes [SeCN]$^-$ e dupletos, $J(^{13}C_{CN}$–^{103}Rh).

22.31 (a) [NO]$^-$; (b) 4 [C$_2$O$_4$]$^{2-}$ são, cada um deles, bidentados para cada um dos dois centros de Mo; ligação de quatro unidades Mo$_2$L$_2$ em um "quadrado"; espectrometria de massa para distinguir [3 + 3] de [4 + 4].

22.35 (a) +3 no [RuCl$_4$(im)(DMSO)]$^-$; +3 no [RuCl$_4$(Ind)$_2$]; +2 no [RuCl$_2$(DMSO)$_2$(Biim)]; +3 no [RuCl$_3$(DMSO)(Biim)].

CAPÍTULO 23

23.1 (a) MeBr + 2Li $\xrightarrow{Et_2O}$ MeLi + LiBr;
(b) Na + (C$_6$H$_5$)$_2$ $\xrightarrow{THF}$ Na$^+$[(C$_6$H$_5$)$_2$]$^-$;
(c) ^{n}BuLi + H$_2$O → ^{n}BuH + LiOH;
(d) Na + C$_5$H$_6$ → Na$^+$[C$_5$H$_5$]$^-$; isto é, Na[Cp].

23.4 (a) Mg + 2C$_5$H$_6$ → (η^5-C$_5$H$_5$)$_2$Mg (isto é, Cp$_2$Mg);
(b) MgCl$_2$ + LiR → RMgCl + LiCl ou MgCl$_2$ + 2LiR → R$_2$Mg + 2LiCl;
(c) RBeCl $\xrightarrow{LiAlH_4}$ RBeH.

23.5 Para fazer cada centro de Mg tetracoordenado, $n = 4$.

23.6 (a) K menor quando o congestionamento estérico de R é menor; dímero favorecido.

23.7 (a) Al$_2$Me$_6$ + 6H$_2$O → 2Al(OH)$_3$ + 6CH$_4$
(b) nAlR$_3$ + nR'NH$_2$ → (RAlNR')$_n$ + 2nRH (isto é, $n = 2$);
(c) Me$_3$SiCl + Na[C$_5$H$_5$] → Me$_3$Si(η^1-C$_5$H$_5$) + NaCl;
(d) 2Me$_2$SiCl$_2$ + Li[AlH$_4$] → 2Me$_2$SiH$_2$ + LiCl + AlCl$_3$.

23.9 Antraceno (**L**) e K dão K$^+$[(L)]$^-$; o ânion radical atua como um agente de redução, Sn(IV) → Sn(II) (regeneração do antraceno); KBr é o produto secundário.

23.10 (a) Cadeia semelhante a **23.34**; octaédrico; (b) cadeia; bipiramidal triangular; (c) monomérico; tetraédrico; (d) monomérico; octaédrico.

23.11 (a) Et$_3$SnOH ou (Et$_3$Sn)$_2$O; (b) (η^1-Cp)Et$_3$Sn; (c) (Et$_3$Sn)$_2$S; (d) Et$_3$PhSn; (e) Et$_3$SnSnEt$_3$.

23.12 (a) O ângulo de inclinação dos anéis C$_5$ aumenta quando o congestionamento estérico de R aumenta.

23.13 **A** = Br$_2$InCHBr$_2$ · C$_4$H$_8$O$_2$;
B = [Ph$_4$P]$^+_3$[HC(InBr$_3$)$_3$]$^{3-}$.

23.15 (a) Me$_3$Sb · BH$_3$; (b) Me$_3$SbO; (c) Me$_3$SbBr$_2$;

(d) Me$_3$SbCl$_2$; [Me$_6$Sb]$^-$; (e) Me$_4$SbI; (f) Me$_3$SbBr$_2$; Me$_3$Sb(OEt)$_2$.

23.24 (a) Anéis coparalelos resultam em uma molécula apolar; o momento de dipolo observado implica que os anéis estão inclinados; (b) (η^5-C$_5$Me$_5$)$_2$Be, todos os grupos Me equivalentes; (η^5-C$_5$HMe$_4$)(η^1-C$_5$HMe$_4$)Be no sólido; em solução, molécula fluxional com anéis equivalentes: dois ambientes Me e prótons CH equivalentes.

23.25 **A** = [RP=PRMe]$^+$[CF$_3$SO$_3$]$^-$ (R = 2,4,6-^{t}Bu$_3$C$_6$H$_2$); **B** = RMeP–PMeR.

23.26 (a) MeC(CH$_2$SbCl$_2$)$_3$ + 6Na → MeC(CH$_2$Sb)$_3$ + 6NaCl; formação de ligação Sb–Sb.

23.27 (a) [(η^5-C$_5$Me$_5$)Ge]$^+$[MCl$_3$]$^-$ (M=Ge ou Sn); (b) δ 121,2 (C$_{anel}$), 9,6 (CMe) ppm; (c) íon molecular = [C$_{10}$H$_{15}$Ge]$^+$, Ge tem cinco isótopos; (d) piramidal triangular [MCl$_3$]$^-$.

23.28 (a) **X** = Et$_3$Bi; Y = EtBI$_2$; a cadeia tem ligação μ-I com Bi pentacoordenado; (b) Ar$_4$Te, Ar$_3$TeCl e Ar$_2$TeCl$_2$ inicialmente formado; desproporcionamento: Ar$_4$Te + Ar$_2$TeCl$_2$ → Ar$_4$TeCl$_2$ + Ar$_2$Te; então, Ar$_4$TeCl$_2$ + 2LiAr → Ar$_6$Te + 2LiCl; (c)

23.29 RPhSn vermelho em equilíbrio com RSnSnRPh$_2$ verde; variação de temperatura desloca o equilíbrio para a direita ou para a esquerda.

23.31 $t_{1/2}$ = 2,1 anos para o TBT; 1,9 ano para o DBT; 1,1 ano para o MBT.

23.33 (a) 2RSH → RSSR + 2H$^+$ + 2e$^-$;
(b) Me$_2$AsO(OH) → Me$_2$AsOH + H$_2$O + 2H$^+$ + 2e$^-$.

CAPÍTULO 24

24.3 (a) [V(CO)$_6$]$^-$ e Cr(CO)$_6$ são isoeletrônicos; a maior carga negativa leva a mais retrodoação; (b) grupo 4-Me não afeta o ângulo de cone, mas na posição 2 faz o ligante mais volumoso; (c) Me$_3$NO + CO → Me$_3$N + CO$_2$; o MeCN ocupa sítio vago, mas facilmente substituído pelo PPh$_3$; (d) HC≡CH livre é linear; retrodoação a partir do Os reduz a ordem de ligação C–C, fazendo C mais parecido com sp^2.

24.4 (b) Deslocamento consistente com hidreto metálico; o núcleo ^{1}H do H em ponte acopla com quatro núcleos de ^{31}P equivalentes (100%, $I = \frac{1}{2}$) para dar um quinteto binomial.

24.5 Cada C$_5$Me$_4$SiMe$_3$ contém três ambientes Me; δ/ppm 0,53 (Me$_{Si}$), 1,41 (CH$_2$ no THF), 2,25 (Me$_{anel}$), 2,36 (Me$_{anel}$), 3,59 (CH$_2$ no THF), 4,29 (hidretos fluxionais acoplando com 4 ^{89}Y equivalentes).

24.7 Dupleto (200 Hz) de dupletos (17 Hz) com satélites de ^{195}Pt.

24.8 (a) População significativa do OM π^* causa alongamento da ligação C–C; (b) substituição do ligante THF por PPh$_3$; (c) no Fe(CO)$_5$, 2025 e 2000 cm^{-1} devido a ν_{CO}; PPh$_3$ receptor π mais fraco do que CO.

24.11 Fe(CO)$_5$ + Na$_2$[Fe(CO)$_4$] → CO + Na$_2$[Fe$_2$(CO)$_8$]; [(OC)$_4$Fe–Fe(CO)$_4$]$^{2-}$ isoeletrônico e isoestrutural estrutura em *solução* do Co$_2$(CO)$_8$.

24.14 Os$_7$(CO)$_{21}$: octaédrica encapuzada; [Os$_8$(CO)$_{22}$]$^{2-}$: octaédrica biencapuzada.

24.15 Contagem dos elétrons: (a) 86; (b) 60; (c) 72; (d) 64; (e) 48; (f) 48; (g) 86; (h) 48; (i) 60.

24.16 (a) Os$_5$(CO)$_{18}$ tem 76 elétrons; três triângulos compartilhando = (3 × 48) − (2 × 34) = 76; (b) ligação Ir–Ir *entre* aglomerados é 2c-2e; dois tetraedros de 60 elétrons.

24.17 (a) Fe(CO)$_4$(η^2-C$_2$H$_4$), bipiramidal triangular, C$_2$H$_4$ equatorial; (b) Na[Re(CO)$_5$]; ânion bipiramidal triangular; (c) Mn(CO)$_4$(NO); bipiramidal triangular (dois isômeros possíveis); (d) HMn(CO)$_5$; octaédrica; (e) Ni(CO$_3$(PPh$_3$) ou Ni(CO)$_2$(PPh$_3$)$_2$; tetraédrica.

24.18 Para inserção do CO, 25% do produto é Mn(CO)$_5$Me (nenhum ^{13}CO) e 75% é Mn(^{13}CO)(CO)$_4$Me com ^{13}CO *cis* ao Me.

24.20 **A** = (OC)$_4$Cr[Ph$_2$P(CH$_2$)$_4$PPh$_2$]; **B** = (OC)$_4$Cr[μ-Ph$_2$P(CH$_2$)$_4$PPh$_2$]Cr(CO)$_4$; cada unidade LCr(CO)$_4$ tem simetria C_{4v}, veja a Tabela 3.5.

24.25 (a) Desprotonação do cátion imidazólio; (b) Ru$_3$(CO)$_{11}$L em que L = N-carbeno heterocíclico.

24.27 (a) [(η^5-Cp)$_2$Fe]$^+$[FeCl$_4$]$^-$;
(b) (η^5-Cp)Fe(η^5-C$_5$H$_4$C(O)Ph);
(η^5-C$_5$H$_4$C(O)Ph)$_2$Fe;
(c) [(η^5-Cp)Fe(η^6-C$_6$H$_5$Me)]$^+$[AlCl$_4$]$^-$;
(d) NaCl + (η^5-Cp)FeCo(CO)$_6$.

24.28 Espectroscopia de RMN de ^{1}H; η^5-Cp dá simpleto, η^5-C$_5$H$_4$C(O)Me dá simpleto (Me) e dois multipletos. Poderia usar também espectroscopia de RMN de ^{13}C.

24.30 (a) A regra de 18 elétrons sugere que L atua como doador de 4 elétrons. (b) L torna-se η^6 (veja a Eq. 24.129, lado esquerdo); (c) [Ph$_3$C]$^+$ abstrai H$^-$.

24.33 (a) 48 elétrons; não; espécie insaturada de 46 elétrons com ligação Os=Os.

24.34 (a) Wade: 7 pares de elétrons predizem uma gaiola de Os$_6$ octaédrica com B intersticial; elétrons disponíveis no total = 86, não é consistente com a gaiola aberta observada; H$_3$Os$_6$(CO)$_{16}$B é uma exceção para ambas as regras de contagem de elétrons; (b) doação σ, retrodoação π no [W(CO)$_6$]; no [Ir(CO)$_6$]$^{3+}$, doação σ domina; $\bar{\nu}_{CO}$ para cátion > complexo neutro.

24.35 **A** = Na[Ir(CO)$_4$], ânion tetraédrico;
B$^-$ = [Ir(CO)$_3$(SnPh$_3$)$_2$]$^-$, bipiramidal triangular; *trans*-SbPh$_3$ provavelmente por motivos estéricos.

24.38 (a) plana quadrada; (d) estado de oxidação deve ser +1 ou +3, partindo de +1 no *cic*-[IrI$_2$(CO)$_2$].

CAPÍTULO 25

25.1 (a) Primeiro, formação de espécies catalíticas ativas; etapa 1 = adição oxidativa; etapa 2 = inserção de alqueno; etapa 3 = eliminação β; etapa 4 = eliminação de HX; (b) nenhum H-β presente.

25.3 Catalisador de Grubb; veja as Figs. 25.4 e 25.5.

25.6 (a) PhMeC=CHPh; H$_2$C=C(CO$_2$H)(NHC(O)Me); (b) ≈8% de *S* e 92% de *R*.

25.7 (a) Ciclo base na parte interna da Fig. 25.11; (b) regiosseletividade tem a razão *n:i*; maior seletividade para o aldeído linear em menor temperatura.

458 Respostas dos problemas não descritivos

25.8

(I) (II) (III) [structures: (I) hexanal linear CHO; (II) 2-methyl branched CHO; (III) branched with CHO]

(I) maior rendimento, pela isomerização do alqueno e então como na Fig. 25.11; (III) menor rendimento (estericamente impedido); (II) formado como produto secundário de (I) e (III).

25.9 (a) Veja as Figs. 25.7 e 25.8.

25.10 (a) As semelhanças nas absorções no IV indicam quantidades semelhantes de retrodoação para ligantes CO e, assim, distribuição de carga semelhante nos complexos; (b) o complexo necessita ser solúvel em água; o sal de Na^+ é a melhor escolha.

25.12 (a) O complexo de 16e ativo é NiL_3, de modo que a etapa de dissociação é importante; K depende de fatores estéricos;

(b) $NiL_3 \xrightarrow{HCN} Ni(H)(CN)L_3 \xrightarrow{-L} Ni(H)(CN)L_2$
$\xrightarrow{CH_2=CHCH=CH_2} Ni(\eta^3\text{-}C_4H_7)(CN)L_2$;

(c) transferência de CN para dar **25A** ou **25B**; alqueno linear é necessário para o processo comercial.

(25A) (25B)

25.13 (a) Contagem de 46 elétron, assim insaturado; (b) adição de alqueno a um vértice de $Os(CO)_3$; transferência de um H do aglomerado para dar alquila ligada por σ ligada ao Os no C(2); eliminação β dá alqueno, isômero E ou Z.

25.16 (a) Aumenta o rendimento em SO_3; (b) reduz o rendimento.

25.17 (b) V: adsorção química forte N, formação de nitreto; Pt: $\Delta G^\ddagger$ alto para a adsorção de N_2; Os: raro e dispendioso comparado com o catalisador usado (Fe_3O_4).

25.19 (a) Catalisadores de metaloceno são homogêneos comparados com os catalisadores de Ziegler–Natta heterogêneos.

25.23 (a) Hidrogenações assimétricas; o ligante é quiral; (b) catalisador solúvel em hexano, e recuperação do catalisador depois da separação de fase.

25.24 (a) $4NH_3 + 6NO \rightarrow 5N_2 + 6H_2O$; (b) veja a **25.3**;

$A =$ [spiro bis-furan structure]

25.26 (a) Não; cada Rh é um centro de 18 elétrons.

25.27 (a) Ácido acético; (b) converte MeOH em MeI; (c) veja a Eq. 10.14; (d) $A = [IrI_3(CO)_2H]^-$; (Ir estado de oxidação +3); $B = H_2$; $C + D = CO_2 + 2HI$; Ir estados de oxidação: +1 no $[Ir(CO)_2I_2]^-$; +3 no $[Ir(CO)_2I_4]^-$.

CAPÍTULO 26

26.4 Consideramos a lei de velocidade usual para quadrado plano, Eq. 26.12 com k_{obs} dado pela Eq. 26.14; os caminhos reacionais sugeridos são:

$[Rh(cod)(PPh_3)_2]^+ + py \xrightarrow{k_2} [Rh(cod)(PPh_3)(py)]^+ + PPh_3$

compete com:

$\begin{cases} [Rh(cod)(PPh_3)_2]^+ + S \xrightarrow{k_1} [Rh(cod)(PPh_3)S]^+ + PPh_3 \\ [Rh(cod)(PPh_3)S]^+ + py \xrightarrow{rápida} [Rh(cod)(PPh_3)(py)]^+ + S \end{cases}$

A representação gráfica de k_{obs} vs [py] é linear; coeficiente angular = k_2 = 322 $dm^3 mol^{-1} s^{-1}$; interseção = k_1 = 25 s^{-1}.

26.5 (b) $trans\text{-}[PtCl_2(PEt_3)_2]$ e Cl^-.

26.6 (a) Como na Fig. 26.4 com $L^1 = L^3 = L$, e $L^2 = X = Cl$; (b) rearranjo do intermediário pentacoordenado pode ser possível, dando $cis + trans\text{-}[PtL_2ClY]^+$.

26.7 Veja as Eqs. 26.14 e 26.12; a reta passa próximo da origem, de modo que k_1 tem que ser muito pequeno; portanto, o caminho reacional de k_1 (solvente) não é muito importante.

26.8 $\Delta H^\ddagger = +43$ kJ mol^{-1}; $\Delta S^\ddagger = -84,1$ J $K^{-1} mol^{-1}$.

26.9 $\Delta V^\ddagger$ positivo sugere dissociativo (D ou I_d); a lei de velocidade sugere mecanismo associativo; aplicamos o mecanismo de Eigen–Wilkins para explicar a aparente cinética de segunda ordem.

26.10 (a) Etapa 1, somente um produto é possível; efeito $trans$ de $Cl^- > H_2O$, de modo que é observada a formação de isômero específico; (b) $[RhCl_5(OH_2)]^{2-}$ a partir de $trans\text{-}[RhCl_4(OH_2)_2]^- + Cl^-$, ou a partir de $[RhCl_6]^{3-} + H_2O$; $cis\text{-}[RhCl_4(OH_2)_2]^-$ a partir de $[RhCl_5(OH_2)]^{2-} + H_2O$ (efeito $trans$ de Cl^-); $fac\text{-}[RhCl_3(OH_2)_3]$ a partir de $cis\text{-}[RhCl_4(OH_2)_2]^- + H_2O$ (efeito $trans$ de Cl^-).

26.11 Todos do grupo 9, d^6; magnitude de Δ_{oct} aumenta à medida que se desce no grupo.

26.13 Inversão em N; aminas simples não podem ser resolvidas.

26.14 Esses ligantes são tipo $acac^-$; mecanismo comum envolvendo a dissociação de uma extremidade do quelato e formação novamente da ligação Co–O; pode trocar grupos $C(O)CH_3$ e $C(O)CD_3$.

26.15 $-\dfrac{d[SCN^-]}{dt} = \left(k_1 + \dfrac{k_2 K_1}{[H^+]}\right)[Fe][SCN^-]$
$- \left(k_{-1} + \dfrac{k_{-2} K_2}{[H^+]}\right)[Fe(SCN)]$

em que $[Fe] = [Fe(OH_2)_6^{3+}]$ e $[Fe(SCN)] = [Fe(OH_2)_5(SCN)^{2+}]$.

26.16 A primeira etapa envolve a quebra de uma ligação Co–O no anel do quelato de carbonato; $H_2(^{18}O)$ preenche o sítio vazio; protonação do átomos de O do carbonato.

26.18 Os dois conjuntos de dados são os mesmos dentro do erro experimental; (a) $\Delta H^\ddagger = 128$ kJ mol^{-1}; $\Delta S^\ddagger = 95$ J $K^{-1} mol^{-1}$; (b) dados consistentes com racemização por processo dissociativo.

26.19 Mecanismo Dbc; $[NH_2]^-$ no NH_3 é análogo ao $[OH]^-$ no H_2O.

26.22 **I**: ambos de baixo spin, comprimento de ligação Ru–N semelhantes; **II**: $[Co(NH_3)_6]^{3+}$ é baixo spin, torna-se alto spin (e tem Co–N mais longa) depois de redução; $\Delta_r G°$

Respostas dos problemas não descritivos **459**

ajuda a reação; **III**: veja a discussão no texto, Seção 26.5; $\Delta G° = 0$ para autotrocas **I** e **III**.

26.24 (a) $[PtCl_3(NH_3)]^-$, $cis\text{-}[PtCl_2(NH_3)_2]$;
(b) $cis\text{-}[Co(en)_2Cl(OH_2)]^{2+}$; (c) $[Fe(NO)(OH_2)_5]^{2+}$.

26.25 (b) Mudança da conformação *trans,trans* para *cis,cis*.

26.26 Espectroscopia de RMN de ^{31}P; espectroscopia eletrônica; levamos em consideração a velocidade de reação *vs.* escala de tempo do método escolhido.

26.27 (a) Caminho reacional dissociativo.

CAPÍTULO 27

27.2 $^2F_{5/2}$; 2.54 μ_B.

27.3 Consideramos o ciclo para: $3LnX_2 \to 2LnX_3 + Ln$; para um dado Ln, a diferença da energia de rede entre $3LnX_2$ e $2LnX_3$ é o fator governando e é mínimo quando X é o maior.

27.4 Determinamos a condutividade elétrica.

27.5 (a) O fato de ser quase constante se origina na pequena variação no tamanho do íon metálico o que afeta as interações com H_2O e $[EDTA]^{4-}$ semelhantemente; $[EDTA]^{4-}$ hexadentado tem quatro O-doadores e, portanto, $\Delta H°$ para a substituição da H_2O é pequeno. (b) Formação de complexo pelos ânions: $Cl^- > [SO_4]^{2-} > [NO_3]^- > [ClO_4]^-$.
(c) $BaCeO_3$ é um óxido misto.

27.8 Ln^{3+} duro sugere $[NCS]^-$ com N ligado; $[Ln(NCS)_6]^{3-}$, octaédrico; $[Ln(NCS)_7(OH_2)]^{4-}$ octacoordenado poderia ser dodecaedro, antiprismático quadrado, cúbico ou variantes distorcidas (bipiramidal hexagonal menos provável); $[Ln(NCS)_7]^{4-}$ poderia ser bipiramidal pentagonal, octaedro encapuzado ou variantes distorcidas.

27.9 (b) Complexos sandwich $[(\eta^8\text{-}C_8H_8)_2Sm]^-$ (sal de K^+) e $[(\eta^8\text{-}C_8H_8)_2Sm]^{2-}$.

27.10 (b) O amálgama de Zn deve reduzir Np(VI) a Np(III); O_2 em pH 0 deve oxidar Np(III) a $[NpO_2]^+$ e algum $[NpO_2]^{2+}$ (oxidação pode ser lenta).

27.11 U(VI) $\to$ U(IV) depois da aeração; UF_4 formado e então: $2UF_4 + O_2 \to UF_6 + UO_2F_2$.

27.12 (a) UF_6; (b) $PaCl_5$, então, $PaCl_4$; (c) UO_2;
(d) $UCl_4 + UCl_6$; (e) $U(OC_6H_2\text{-}2,4,6\text{-}Me_3)_3$.

27.14 (a) **A**, ^{239}U; **B**, ^{239}Np; **C**, ^{239}Pu; (b) **D**, ^{241}Pu; **E**, ^{241}Am; **F**, ^{242}Cm.

27.15 (a) **A**, $^{253}_{99}Es$; (b) **B**, $^{244}_{94}Pu$; (c) **C**, $^{249}_{98}Cf$; (d) **D**, $^{248}_{96}Cm$; (e) **E**, $^{249}_{98}Cf$.

27.16 (a) Todos compostos de Th(IV): $Th^{4+}(I^-)_2(e^-)_2$, $Th^{4+}(I^-)_3(e^-)$ e ThI_4; (b) sais no estado sólido contêm *unidades* UO_2 linear com outros ligantes no plano equatorial; (c) monômero somente se R é muito volumoso, por exemplo, R = 2,6-$^tBu_2C_6H_3$.

27.17 (a) $(\eta^5\text{-}Cp)_3ThRu(CO)_2(\eta^5\text{-}Cp)$;
$(\eta^5\text{-}Cp)_3ThCHMeEt$; $(\eta^5\text{-}Cp)_3ThCH_2Ph$;
(b) ligantes orgânicos volumosos impedem a reação de redistribuição; (c) para dar $(\eta^5\text{-}C_5Me_5)(\eta^8\text{-}C_8H_8)U(THF)_x$ (na prática, $x = 1$).

27.18 (a) $UCl_4 + 4(\eta^3\text{-}C_3H_5)MgCl$ em Et_2O;
(b) $U(\eta^3\text{-}C_3H_5)_4 + HCl \to U(\eta^3\text{-}C_3H_5)_3Cl + CH_3CH=CH_2$.

27.22 (a) **A** = $[fac\text{-}(\textbf{27.19}\text{-}N;N';N'')ScCl_3]$;
B = $[fac\text{-}(\textbf{27.19}\text{-}N;N';N'')ScMe_3]$; + 3.

27.23 (a) Para f^6, $S = 3$, $L = 3$, $J = 0$, $g = 1$;
$\mu_{ef} = g\sqrt{J(J+1)} = 0$;
(b) **A** = $[(THF)_2ClO_2U(\mu\text{-}Cl)_2UO_2Cl(THF)_2]$;
B = $[UO_2(THF)_2(O\text{-}2,6\text{-}^tBu_2C_6H_3)_2]$;
C = $[UO_2Cl_2(OPPh_3)_2]$; todas as unidades *trans*-UO_2.

27.24 (a) Dado **27.20** = HL; **A** = LiL; **B** = $LTbBr_2$.

27.25 (a) $n = 6$; (b) a cadeia lateral reforça a solubilidade em gorduras/hidrocarbonetos; (c) L^{6-} é $N;N';N'';O;O';O'';O''';O''''$-doador + H_2O dá Gd^{3+} nonocoordenado; (d) um átomo de C assimétrico; (f) Se M = $Na_3[GdL(OH_2)]$: $[M - H_2O + Na]^+$ m/z 981; $[M - H_2O + H]^+$ 959; $[M - H_2O - Na + 2H]^+$ 937; $[M - H_2O - 2Na + 3H]^+$ 915.

27.26 (a) La^{3+} duro com O-doador duro; (b) desprotonação do Hma; (c) $[M(ma)_3 + Na]^+$ (M = La ou Eu); (d) consistente com $[Eu(ma)_3]$; Eu^{3+} hexacoordenado; (e) somente La^{3+} é diamagnético.

CAPÍTULO 28

28.1 AgI é um sólido condutor para o íon Ag^+; a passagem de Ag^+ (não de e^-) ocorre através de eletrólito sólido.

28.3 V_6O_{13} intercala reversivelmente Li^+;

$$x Li^+ + V_6O_{13} + x e^- \underset{\text{carga}}{\overset{\text{descarga}}{\rightleftharpoons}} Li_xV_6O_{13}.$$

28.5 (a) O nível de Fermi está na banda de condução do hospedeiro; condutividade elétrica semelhante a metálica.

28.10 (a) Veja a Fig. 28.17; (b) elétrons $4d$ do Mo localizados nos aglomerados Mo_6; estrutura de banda; bandas do Mo $4d$ próximas do nível de Fermi.

28.14 (a) $Li_xV_2O_5 + I_2$; (b) $CaWO_4$; (c) Sr_2FeO_4 (ou $SrFeO_3$).

28.15 (a) Bi_2O_3, V_2O_5, CaO; (b) Cu_2O, MoO_3, Y_2O_3;
(c) Li_2O, In_2O_3; (d) RuO_2, Y_2O_3.

28.22 (a) Veja a Fig. 11.4; $Li_3As < Li_3P < Li_3N$.

28.23 (b) H_2NNMe_2 é doador de átomos de H para facilitar a eliminação do ^tBuH; veja a Tabela 28.5 e discussão.

28.24 (a) vacâncias de F^-, dando buracos para migração de F^-;
(b) para metal e semicondutor, veja as Figs. 6.10 e 6.11.

CAPÍTULO 29

29.3 Complexo octaédrico com três ligantes catecolato; o complexo de Cr^{3+} (d^3) é cineticamente inerte, de modo que estudos da solução são possíveis.

29.4 (a) S-doadores moles compatíveis com íon metálico mole; (b) sítios de ligação da proteína coordenam vários metais nas unidades de aglomerado; (c) anéis heterocíclicos semelhantes C_3N_2 presentes em cada um.

29.10 (a) Cu^{2+} azul; Cu^+, incolor; (b) mudanças na conformação do bolso de ligação do metal altera o ambiente de coordenação e também o potencial de redução; (c) CO bloqueia sítio de ligação do O_2 através da coordenação de Fe^{2+}, mas o $[CN]^-$ favorece o Fe^{3+} e se liga firmemente ao citocromo heme.

29.12 (a) $[Fe(SPh)_4]^{2-}$ modela $Fe\{S(Cys)\}_4$-sítio; para Fe^{2+} e Fe^{3+}, valores de μ(somente spin) são 4,90 e 5,92 μ_B; (b) ferredoxina do espinafre é um sistema [2Fe–2S] com um caroço de Fe$_2$(μ-S)$_2${S(Cys)}$_4$; (c) **29.31** modela metade do cofator FeMo; dados de Mössbauer consistentes com a deslocalização da carga.

29.13 (a) Dois do meio; os estados 4Fe(III) e 4Fe(II) não são acessados; (b) 3Fe(III)·Fe(II) $\rightleftharpoons$ 2Fe(III)·2Fe(II).

29.22 (a) Metalotioneínas; tipicamente Cys S-doador.

29.23 (a) Anéis de imidazol imitam resíduos de His; (b) ligante tripodal encoraja formação de [Zn(**29.34**)(OH)]$^+$ *tetraédrico*.

29.25 (a) Hemoglobina contém quatro unidades heme; cooperatividade leva a $K_4 \gg K_1$; (b) catalisa a oxidação de H$_2$O a O$_2$ em plantas verdes e algas; clorofila.

29.26 (a) Relações isoeletrônicas: CH$_2$, NH e O; CO e [CN]$^-$; (b) m/z 1413 [M + 12H]$^{12+}$ ... 807 [M + 21H]$^{21+}$.

29.29 Quelante, ligante multidentado; complexo tem alto K.

29.30 (a) Ligações dissulfeto; acoplamento oxidativo de resíduos de Cys; (b) todas contêm S-doadores moles; Cd^{2+} é íon metálico mole; (c) Hg^{2+}, Zn^{2+}.

Índice

A

Absorção, espectros eletrônicos, 44
    características, 44
    complexos octaédricos e tetraédricos, 48
    interpretação
        diagramas de Tanabe-Sugano, 51
        uso dos parâmetros de Racah, 50
    regras de seleção, 47
    transferência de carga, 46
Abstração do hidrogênio alfa, 246
Acidithiobacillus thiooxidans, 73
Ácido(s)
    acético, síntese pelos processos Monsanto e Cativa, 281
    hexacloridoirídico, 166
    Lewis, 213
    sulfúrico, 294
Acoplamento
    campos magnéticos, 40
    ferromagnético, 87
    LS (Russell-Saunders), 42, 57
    spin-órbita, 42, 47, 58, 59
    vibrônico, 47
Actínio, 346
    configuração eletrônica no estado fundamental, 329
    estados de oxidação, 330
    massa atômica do isótopo, 438
    meia-vida, 346
    modo de decaimento, 346
    número atômico, Z, 438
    raio/pm, 329
    símbolo, 329, 438
Actinoides, 328
    abordagem, 346
    espectros eletrônicos, 334
    estados de oxidação, 330
    momentos magnéticos, 334
    número de coordenação, 331
    ocorrência, 335
    separação, 335
Adição oxidativa, 244
Adsorção
    física, 288
    química, 288

AES, técnica, 290
Afinidades eletrônicas, 447
Aglomerados
    catiônicos, 287
    de carbonilas metálicas, 132, 235
        gaiola, estrutura, 241
        isolobulares, 238
        poliédrico condensado, 238
    de zircônio, 134
    organometálicos do bloco *d* como catalisadores homogêneos, 287
Alfa-hélices, 387
Alila, 253
Alnico, 72
Alquenos de Ziegler-Natta, 197
Alquilas, 190
    berílio, 192
    magnésio, 194
Alto spin, metais do bloco *d*, 24
Alúmen, 83
Alumínio, 197
    massa atômica do isótopo, 438
    número atômico, Z, 438
    símbolo, 438
Alvita, 127
Amanita muscaria, 386
Amavadina, 386
Ambidentado, 15
Amerício, 346
    configuração eletrônica no estado fundamental, 329
    massa atômica do isótopo, 438
    meia-vida, 346
    modo de decaimento, 346
    número atômico, Z, 438
    raio/pm, 329
    símbolo, 329, 438
Amianto fibroso, 374
Aminoácidos, 387
    glicina, 388
    L-ácido
        aspártico, 388
        glutâmico, 388
    L-alanina, 388
    L-arginina, 388
    L-asparagina, 388

    L-cisteína, 388
    L-fenilalanina, 388
    L-glutamina, 388
    L-histidina, 388
    L-isoleucina, 388
    L-leucina, 389
    L-lisina, 389
    L-metionina, 389
    L-prolina, 389
    L-serina, 389
    L-tirosina, 389
    L-treonina, 389
    L-triptofano, 389
    L-valina, 389
Amônia, 294
    mono-oxigenase, 412
Anação, 314
Anátase, 70
Anéis
    C_5 coparalelos e inclinados nos metalocenos do grupos 14, 214
    ciclopentadienila eclipsados, 257
Anemia, complexos de ferro, 102
Ângulo de cone de Tolman, 227
Anidrase carbônica II, 414
Anidrido acético, processo Tennessee-Eastman, 282
Ânions
    carbonilas de metais, 235
    molibdato, 141
    radicalar, 190
    tungstato, 141
Anticuprita, 120
Antiferromagnetismo, 60, 356
Antiligantes, 38
Antimônio, 215
    massa atômica do isótopo, 438
    número atômico, Z, 438
    símbolo, 438
Antiprisma quadrado, 13
Apoferritina, 389
Aproximação de Franck-Condon, 320, 321
Argentita, 128
Argônio
    massa atômica do isótopo, 438
    número atômico, Z, 438
    símbolo, 438

Índice

Arilas, 190
   berílio, 192
   magnésio, 194
Armazenamento
   cobre, 389
   ferro, 389, 390
   vanádio, 386, 389
   zinco, 389
Arsênio, 215
   massa atômica do isótopo, 438
   número atômico, Z, 438
   símbolo, 438
Artrite reumatoide, 181
Ascorbato oxidase, 402
Astatínio
   massa atômica do isótopo, 438
   número atômico, Z, 438
   símbolo, 438
Atático, 290
Atividade ótica, 17
Atomização, 65
Átomo intersticial, 134
Auranofin, 181
Autocatálise, 271
Azotobacter vinelandii, 407, 410
Azul
   cobalto, 107
   platina, 172
   Prússia, 99
   rutênio, 163
   Turnull, 100
Azurinas, 402
Azurita, 72

B

Badeleíta, 127, 368
Baixo spin, metais do bloco d, 24
Balança
   de Faraday, 56
   de Gouy, 56
Balsa plana de quatro átomos
   contagem de elétrons de valência, 242
   representação diagramática da gaiola, 242
Bário, 194
   massa atômica do isótopo, 438
   número atômico, Z, 438
   símbolo, 438
Base de Schiff, 396
Bastnasita, 126, 334
Bateria de superferro, 98
9-BBN, 197
Benzeno, 263
Berílio, 192
   configuração eletrônica, 43
   massa atômica do isótopo, 438
   número atômico, Z, 438
   símbolo, 438
Berquélio, 346
   configuração eletrônica no estado fundamental, 329
   massa atômica do isótopo, 438
   meia-vida, 346
   modo de decaimento, 346
   número atômico, Z, 438
   raio/pm, 329
   símbolo, 329, 438
β-alumina, 357
Biomineralização, 390
Biossensores para glicose oxidase, 258
Bipiramidal pentagonal, 12
Bipirâmide
   hexagonal, 13
   triangular
      contagem de elétrons de valência, 242
      representação diagramática da gaiola, 242
Bismuto, 215
   massa atômica do isótopo, 438
   número atômico, Z, 438
   símbolo, 438
Bismuto-210, 335
   meia-vida, 335
   partícula emitida, 335
   símbolo, 335
Bismuto-214, 335
   meia-vida, 335
   partícula emitida, 335
   símbolo, 335
Bis-quelato, 16
Blenda de zinco, 120
Bóhrio, símbolo, 336
Borboleta
   contagem de elétrons de valência, 242
   representação diagramática da gaiola, 242
Boreto de magnésio (MgB_2), 366
Boro, 196
   configuração eletrônica, 43
   massa atômica do isótopo, 438
   número atômico, Z, 438
   símbolo, 438
Brometo
   ferro, 98, 101
   titânio, 79
Bromo
   massa atômica do isótopo, 438
   número atômico, Z, 438
   símbolo, 438
Bronzes de tungstênio, 145
Bruquita, 70
Buta-1,3-dieno, 253
   ligantes correlatos, 255

C

Cadeia mitocondrial transportadora de elétrons, 403
Cádmio, 129, 182
   II, 182
   massa atômica do isótopo, 438
   metal, 182
   número atômico, Z, 438
   símbolo, 438
Calamina, 74
Calcantita, 72
Calcinadas, 377
Cálcio, 194
   massa atômica do isótopo, 438
   número atômico, Z, 438
   símbolo, 438
Calcopirita, 72
Califórnio, 346
   configuração eletrônica no estado fundamental, 329
   massa atômica do isótopo, 438
   meia-vida, 346
   modo de decaimento, 346
   número atômico, Z, 438
   raio/pm, 329
   símbolo, 329, 438
Calomelano, 184
Campo
   cristalino, teoria da ligação em complexos dos metais do bloco d, 27
      distorções Jahn-Teller, 31
      energia de estabilização: complexos octaédricos de alto e baixo spin, 29
      forte, 28
      fraco, 28
         limite, 51
      identificadores de simetria, 28
      limitações, 33
      octaédrico, 27
         energias de estabilização, 30
      outros, 33
      plano quadrado, 32
      tetraédrico, 31
      usos, 33
   magnético crítico, 363

Câncer, fármacos contendo platina para tratamento, 175
Carbeno, 246, 255
   eletrofílico, 255
   Fischer, 255
   Schrock, 256
Carbeto de silício, 370
Carbino, 246, 255
Carbonilação redutiva, 235
Carbonilas de metais, 234
   estrutura, 236
   haletos, 248
   hidretos, 248
   propriedades físicas, 234
   reações selecionadas, 246
   síntese, 234
Carbono
   configuração eletrônica, 43
   massa atômica do isótopo, 438
   número atômico, Z, 438
   símbolo, 438
Carboplatina, 128
Carboxilatos de cromo, 87
Carboxipeptidase
   A, 415
   G2, 416
Carnotita, 71
Cassiterita, 368
Catalisadores, 128, 271
   bifásicos, 286
   complexos organolantanoides, 343
   definição, 271
   derivados do zirconoceno, 262
   escolha, 273
   Grubbs, 275
   homogêneos, 247
   molibdênio, 144
   negativo, 271
   quiral, 280
   suportados em polímeros, 285
   Wilkinson, 169, 278
      constante de velocidade para a hidrogenação de alquenos, 280
   Ziegler-Natta, 289
Catálise, 271-303
   assimétrica, 280
   ciclo catalítico, 272
   escolha do catalisador, 273
   heterogênea
      aplicações comerciais, 289
         conversores catalíticos, 294
         crescimento da cadeia de carbono na síntese de Fischer-Tropsch, 292
         polimerização de alquenos, 289
         processo Haber, 293
         produção de SO_3 pelo processo de contato, 294
         zeólitas como catalisadores para transformações orgânicas, 295
      modelos de aglomerados organometálicos, 297
      superfícies e interações com adsorbatos, 288
   homogênea
      aplicações industriais, 277
         hidroformilação (processo Oxo), 283
         hidrogenação de alquenos, 278
         oligomerização de alquenos, 285
         processo Tennessee-Eastman para o anidrido acético, 282
         síntese do ácido acético pelos processos Monsanto e Cativa, 281
      desenvolvimento de catalisadores, 285
      metátese de alquenos e de alquinos, 274
      redução de N_2 a NH_3, 277
   perfis de energia para uma reação, 271
Catenando, 276
Catenato, 276

Cátions
    Creutz-Taube, 165
    grandes para ânions grandes, 236
Células solares sensibilizadas por corante, 359
Cerâmicos, materiais, 368
Cério
    configuração eletrônica no estado
        fundamental, 329
    entalpias de atomização e hidratação
        padrão, 337
    massa atômica do isótopo, 438
    número atômico, Z, 438
    raio/pm, 329
    símbolo, 329, 438
Césio
    massa atômica do isótopo, 438
    número atômico, Z, 438
    símbolo, 438
Chromatium vinosum, 407
Chumbo, 211
    massa atômica do isótopo, 438
    número atômico, Z, 438
    símbolo, 438
Chumbo-206, 335
    meia-vida, 335
    partícula emitida, 335
    símbolo, 335
Chumbo-210, 335
    meia-vida, 335
    partícula emitida, 335
    símbolo, 335
Chumbo-214, 335
    meia-vida, 335
    partícula emitida, 335
    símbolo, 335
Cianeto de cobre, 117
    tratamento de resíduos, 129
Ciclobutadieno, 265
Ciclopentadienila, 195
Ciclos
    catalíticos, 272
    heptatrieno, 264
    hexila, 190
Ciências de superfícies, técnicas
    experimentais, 290
Cineticamente
    inerte, 304
    lábeis, 304
Cisplatina, 128, 175
Citocromos, 411
    c oxidase, 404
    P-450, 401
Cloreto
    ferro, 98
    titânio, 79
    vanádio, 81
Cloro
    massa atômica do isótopo, 438
    número atômico, Z, 438
    símbolo, 438
Clostridium pasteurianum, 405
Cobalita, 72
Cobalto, 72
    II, 106
    III, 104
    IV, 104
    compostos, 72
    massa atômica do isótopo, 438
    metal, 103
    número atômico, Z, 438
    puro, 72
    símbolo, 438
Cobre, 72
    I, 117
    II, 114
    III, 114
    IV, 114
    antiguidade aos nossos dias, 113
    armazenamento, 389

massa atômica do isótopo, 438
metal, 113
número atômico, Z, 438
reciclagem, 73
recursos, 73
símbolo, 438
sistema biológico, 385
transporte, 389
Colúmbio, 127
Complexos
    alila, 253
    buta-1,3-dieno, 253
    carbenos, 255
    carbinos, 255
    ciclopentadienila, 344
    coordenação dos metais do bloco *d*, 24-69
        aspectos termodinâmicos
            energias de estabilização do campo
                ligante, 62
            estados de oxidação em solução
                aquosa, 65
            série de Irwing-Williams, 64
        descrevendo elétrons em sistemas
            polieletrônicos, 40
        espectros eletrônicos
            absorção, 44
            emissão, 53
        estados de alto spin e baixo spin, 24
        evidência para ligação covalente
            metal-ligante, 54
        ligação: teoria da ligação de valência, 25
        octaédricos *versus* prismáticos triangulares
            d^0 e d^1, 39
        propriedades magnéticas, 55
        teorias
            campo
                cristalino, 27
                ligante, 39
            orbital molecular: complexos
                octaédricos, 34
    encontro ou precursor, 313, 320
        fracamente ligado, 313
    meio-sanduíche, 263
    metais do bloco *d*: mecanismos de reação,
        304-327
        processos de transferência de
            elétrons, 318
        substituição
            complexos
                octaédricos, 312
                planos e quadrados, 307
            ligantes, 304
    organometálicos dos lantanoides, 341
        catalisadores, 343
    sanduíche, 193, 257
Compósitos carbono-carbono, 376
Compostos
    organoestanho, usos comerciais e problemas
        ambientais, 205
    organometálicos dos elementos dos blocos
        d, 224-270
        carbonilas de metais, 234, 246
        complexos contendo ligantes
            η^5-ciclopentadienila, 257
        complexos contendo o ligante
            η^4-ciclobutadieno, 265
        complexos contendo os ligantes
            η^6 e η^7, 263
        complexos
            de alila e buta-1,3-dieno, 253
            de alquila, arila, alqueno e
                alquino, 249
            de carbenos e carbinos, 255
        contagens totais de elétrons de valência
            em aglomerados, 241
        haletos de carbonilas de metais, 248
        hidretos de carbonilas de metais, 248
        princípio isolobular e a aplicação das
            regras de Wade, 238

regra dos 18 elétrons, 232
tipos comuns de ligante: ligação e
    espectroscopia, 224
tipos de reações, 243
s e *p*, 189-223
    alumínio, 197
    anéis C_5 coparalelos e inclinados nos
        metalocenos do grupo 14, 214
    antimônio, 215
    arsênio, 215
    bário, 194
    berílio, 192
    bismuto, 215
    boro, 196
    cálcio, 194
    chumbo, 211
    estanho, 209
    estrôncio, 194
    gálio, 200
    germânio, 207
    índio, 200
    magnésio, 194
    metais alcalinos, 189
    selênio, 219
    silício, 205
    tálio, 200
    telúrio, 219
    Vaska, 170
Condutividade elétrica em sólidos iônicos, 356
    lítio, 357
    óxidos de metais do bloco *d*, 358
    sódio, 357
Condutor iônico
    Li⁺, 358
    lítio, 357
    rápido, 356
    sódio, 357
    superiônicos de Na, 357
Configurações eletrônicas
    estado fundamental dos elementos e energias
        de ionização, 444
    metais do grupo *d*, 2, 44
Conjunto t_{2g} de orbitais π de ligantes para um
    complexo octaédrico, 38
Constante
    acoplamento spin-órbita, 57
    Curie, 61
    Weiss, 61
Contagens de elétrons de valência em
    aglomerados organometálicos do bloco *d*, 241
    bipirâmide triangular, 242
    borboleta, 242
    limitações dos esquemas, 243
    octaedro, 242
    pirâmide de base quadrada, 242
    prisma triangular, 242
    quadrado, 242
    tetraedro, 242
    triângulo, 242
Contração dos lantanoides, 2, 132, 330
Conversores catalíticos, 294
Cooperativo, processo, 395
Cooperita, 114
Copernício, símbolo, 336
Cor dos metais do bloco *d*, 4
Corrente crítica, 363
Criptônio
    massa atômica do isótopo, 438
    número atômico, Z, 438
    símbolo, 438
Cristais capilares, 374
Cromagem, 71
Cromita, 71
Cromo, 71, 385
    II, 87
    III, 86
    IV, 85
    V, 85
    VI, 84

cromo, ligações múltiplas, 87
  massa atômica do isótopo, 438
  massa/mg, 387
  metal, 83
  número atômico, Z, 438
  recursos e reciclagem, 71
  símbolo, 438
  sistemas biológicos, 385
Cromóforo, 4
Cruzamento de spin, 60
Cucurbita pepo medullosa, 403
Cúprico, 114
Cuprita, 72
Cuproso, 117
Cúrio, 346
  configuração eletrônica no estado fundamental, 329
  massa atômica do isótopo, 438
  meia-vida, 346
  modo de decaimento, 346
  número atômico, Z, 438
  raio/pm, 329
  símbolo, 329, 438
Curvaturas, 387

D

Darmstádio, símbolo, 336
Decametilcromoceno, 277
Deposição
  metal, 372
  vapor químico (DVQ), 356, 368
    assistida
      aerossol, 373
      plasma, 368
      metal-orgânico, 368
Derivados
  ciclopentadienila, 350
  zirconoceno como catalisadores, 262
Descarbonilação, 245
Desferricromo, 392
Desferrioxamina, 392
Desulfovibrio
  desulfuricans, 407
  gigas, 407
  vulgaris, 407
Diagramas
  Jablonski, 54
  Orgel, 48
  Tanabe-Sugano, 51
Diamagnéticos, 88, 265
Diastereoisômeros, 14, 16, 18
Di-hidrogênio, 232
Dimetaloceno, 259
Dimetilseleneto, 219
Dinitrogênio, 231
Dioxana, 153
Dióxido de titânio, demanda comercial, 78
Dioxigenase, 401
Disprósio
  configuração eletrônica no estado fundamental, 329
  entalpias de atomização e hidratação padrão, 337
  massa atômica do isótopo, 438
  número atômico, Z, 438
  raio/pm, 329
  símbolo, 329, 438
Distorções Jahn-Teller, 11, 31
Doação/retrodoação, 225
Dodecaedro, 13
Dúbnio, símbolo, 336

E

Efeito
  batocrômico, 54
  Meissner, 363
  nefelauxético, 54
  sinérgico, 225
  trans, 173, 309

Einstênio
  configuração eletrônica no estado fundamental, 329
  massa atômica do isótopo, 438
  número atômico, Z, 438
  raio/pm, 329
  símbolo, 329, 438
Elementos (metais)
  transição internos, 1
  transurânicos, 328, 330
    amerício, 336
    berquélio, 336
    bóhrio, 336
    califórnio, 336
    copérnico, 336
    cúrio, 336
    darmstádio, 336
    dúbnio, 336
    einstênio, 336
    férmio, 336
    hássio, 336
    laurêncio, 336
    meitnério, 336
    mendelévio, 336
    netúnio, 336
    nobélio, 336
    plutônio, 336
    roentgênio, 336
    rutherfórdio, 336
    seabórgio, 336
    ununéxio, 336
    ununócito, 336
    ununpêntio, 336
    ununquádio, 336
    ununtrio, 336
Eletrocrômico, 142
Eletroluminescente, 361
Elétronicos de átomos com Z = 1-10, 42
  berílio (Z = 4), 43
  boro (Z = 5), 43
  carbono (Z = 6), 43
  hélio (Z = 2), 43
  hidrogênio (Z = 1), 42
  lítio (Z = 3), 43
  nitrogênio ao neônio (Z = 1-10), 44
Elétrons em sistema polieletrônicos, 40
  configuração d^2, 44
  estados fundamentais dos elementos com Z = 1-10, 42
  microestados e símbolos de termos, 41
  números quânticos
    J e M_J, 42
    L e M_L, 40
    S e M_S, 40
Elevada concentração de Y, 314
Eliminação do hidrogênio beta, 246
$\varepsilon_{máx}$, coeficiente de extinção molar, 45
  valores típicos, 46
Enantiômeros, 14, 16, 18
Enantiosseletividade na preparação do herbicida S-Metolaclor, 261
Energias
  ativação de Gibbs, 272
  estabilização do campo octaédrico (EECC), 30, 62
    coordenação octaédrica *versus* tetraédrica, 63
    energia de rede e de hidratação de íons M^{n+}, 62
    tendências, 62
  relativas dos termos, 43
Entalpias
  ligação selecionada, 452
Enterobactina, 392
Enxofre, 405
  massa atômica do isótopo, 438
  número atômico, Z, 438
  símbolo, 438
Epitaxial, 291, 371

Equação
  Arrhenius, 272
  estequiométricas, 305
Érbio
  configuração eletrônica no estado fundamental, 329
  entalpias de atomização e hidratação padrão, 337
  massa atômica do isótopo, 438
  número atômico, Z, 438
  raio/pm, 329
  símbolo, 329, 438
Escândio, 70, 328
  III, 74
  massa atômica do isótopo, 438
  metal, 74
  número atômico, Z, 438
  propriedades físicas, 75
  símbolo, 438
Esfalerita, 74
Esfoliação, 377
Espécies cataliticamente ativas, 271
Espectros
  eletromagnéticos, 4, 436
  eletrônicos
    absorção, 44
      características, 44
      complexos octaédricos e tetraédricos, 48
      interpretação
        diagramas de Tanabe-Sugano, 51
        uso dos parâmetros de Racah, 50
      regras de seleção, 47
      transferência de carga, 46
    emissão, 53
Espectroscopia
  Mössbauer, 97
  ressonância paramagnética de elétrons (RPE), 55
Esperrilita, 127
Espinélios, 63
Espirais, 387
Estados
  alto spin, metal do bloco d, 24
  baixo spin, metal do bloco d, 24
  fundamentais dos elementos com Z = 1-10, 42
    berílio (Z = 4), 43
    boro (Z = 5), 43
    carbono (Z = 6), 43
    hélio (Z = 2), 43
    hidrogênio (Z = 1), 42
    lítio (Z = 3), 43
    nitrogênio ao neônio (Z = 7-10), 44
  oxidação, metais do bloco d
    solução aquosa, 65
    variáveis, 5
Estanho, 209
  massa atômica do isótopo, 438
  número atômico, Z, 438
  símbolo, 438
Estereoisomerismo, 194
Estereoisômeros, 14, 16
Estereoquímica de substituição, 314
Estereorreguladores, 290
Estrôncio, 194
  massa atômica do isótopo, 438
  número atômico, Z, 438
  símbolo, 438
Estrutura de Lindqvist, 143
Éter de coroa inversa, 259
Európio
  configuração eletrônica no estado fundamental, 329
  entalpias de atomização e hidratação padrão, 337
  massa atômica do isótopo, 439
  número atômico, Z, 439
  raio/pm, 329
  símbolo, 329, 439
EXAFS, técnica, 290
Excesso enantiomérico, 280, 281

F

Fármacos antirreumáticos modificadores de doença, 181
Fases de Chevrel, 365
Fatores
　desdobramento de Landé, 57
　discriminação da nucleofilicidade, 310
Férmio
　configuração eletrônica no estado fundamental, 329
　massa atômica do isótopo, 439
　número atômico, Z, 439
　raio/pm, 329
　símbolo, 329, 439
Ferrato, 97
Ferredoxinas, 405
Ferrimagnetismo, 60, 62, 356
Ferritas, 98
Ferritina, 389
Ferro, 72
　II, 101
　III, 98
　IV, 97
　V, 97
　VI, 97
　armazenamento, 389
　baixos estados de oxidação, 103
　complexos e combate a anemia, 102
　deficiência no organismo, 72
　massa atômica do isótopo, 439
　massa/mg, 387
　metal, 97
　número atômico, Z, 439
　óxido, 72
　puro, 72
　símbolo, 439
　sistema biológico, 385, 387
　transporte, 389
Ferroceno, 257
Ferrocromo, 71
Ferrodoxinas, 405
Ferroelétrico, 372
Ferromagnetismo, 60, 356, 372
Ferromanganês, 71
Ferrovanádio, 71
Fibras inorgânicas, 374
　alumina, 376
　boro, 374
　carbeto de silício, 376
　carbono, 374
Fios moleculares, 254
Fisissorção, 288
Flúor
　massa atômica do isótopo, 439
　número atômico, Z, 439
　símbolo, 439
Fluorescência, 53, 54
Fluoreto
　ferro, 98, 101
　níquel, 111
　ouro, 178
　platina, 170
　rutênio, 156
　titânio, 76, 77
　tungstênio, 145
Folhas
　β, 387
　grafeno, 375
Fórmulas
　devido somente ao spin (*spin only*), 55
　van Vleck, 58
Fosfano, 227
Fosforescência, 53, 54
Fósforo
　massa atômica do isótopo, 439
　número atômico, Z, 439
　símbolo, 439
Fotólise de flash, 313

Frâncio
　massa atômica do isótopo, 439
　número atômico, Z, 439
　símbolo, 439
Franklinita, 368
Frequência de turnover catalítica, 274
FTIR, técnica, 290

G

Gadolínio
　configuração eletrônica no estado fundamental, 329
　entalpias de atomização e hidratação padrão, 337
　massa atômica do isótopo, 439
　número atômico, Z, 439
　raio/pm, 329
　símbolo, 329, 439
Gaiolas de aglomerados de metal, 241
　bipirâmide triangular, 242
　borboleta, 242
　condensadas, 242
　octaedro, 242
　pirâmide de base quadrada, 242
　prisma triangular, 242
　quadrado, 242
　tetraedro, 242
　triângulo, 242
Gálio, 200
　massa atômica do isótopo, 439
　número atômico, Z, 439
　símbolo, 439
Geometrias dos metais do bloco *d*, 6
Gerade, 28
Germânio, 207
　massa atômica do isótopo, 439
　número atômico, Z, 439
　símbolo, 439
Glicina
　abreviatura, 388
　estrutura, 388
Glicoproteínas, 391
Glicose oxidase, biossensores, 258
Goethita, 72
Grafeno, 377
Gráfico de Kotani, 59
Grafita pirolítica altamente orientada, 377
Granadas de ferro, 99
Grandezas, abreviações e símbolos, 426
Greenockita, 129
Grupo heme, 395

H

Háfnio, 127, 133
　IV, 133
　estados de oxidação inferiores, 134
　massa atômica do isótopo, 439
　metal, 133
　número atômico, Z, 439
　símbolo, 439
Haletos
　carbonilas de metais, 248
　lantanoides, 338
　titânio, 76
Hapticidade de um ligante, 224
Hássio, símbolo, 336
Hélio
　configuração eletrônica, 43
　massa atômica do isótopo, 439
　número atômico, Z, 439
　símbolo, 439
Hematita, 72, 98
Hemeritrina, 400
Hemerotrina, 400
Hemocianina, 397
Hemoglobina, 395
Heteropoliânion, 80, 143
Heteropoliazuis, 144

Hexaeliceno, 18
Hibridização, teoria da ligação de valência, 25
　esquemas, 26
Hidratação, 65
Hidretos
　alquilalumínio, 197
　carbonilas de metais, 248
　cobre, 117
　organossilício, 207
Hidroformilação (processo Oxo), 283
Hidrogenação
　alquenos, 278
　assimétrica, 261, 280
Hidrogenases, 405
Hidrogênio
　α, abstração, 246
　β, eliminação, 246
　configuração eletrônica de um átomo, 42
　massa atômica do isótopo, 439
　número atômico, Z, 439
　símbolo, 439
Hidrólise catalisada por base, 315
Hidróxido
　cério, 339
　lantânio, 339
Hidroxilamina oxidorredutase, 412
Hólmio
　configuração eletrônica no estado fundamental, 329
　entalpias de atomização e hidratação padrão, 337
　massa atômica do isótopo, 439
　número atômico, Z, 439
　raio/pm, 329
　símbolo, 329, 439
Homopoliânions, 80
HREELS, técnica, 290
Hydrargyrum, 129

I

Ilmenita, 70, 77
Iluminação no estado sólido
　LEC, 362
　OLED, 360
Ímã(s)
　molecular, 101
　supercondutores, 71
Índio, 200
　massa atômica do isótopo, 439
　número atômico, Z, 439
　símbolo, 439
Influência *trans*, 174, 309
Interação M-H-C agóstica, 245
Intertroca, 306
　associativa, 306
　dissociativa, 306
Iodeto de titânio, 79
Iodo
　massa atômica do isótopo, 439
　número atômico, Z, 439
　símbolo, 439
Ionização, 65
Íons de metais do bloco
　d, 5, 55
　f, 332
Ipso-carbono, 198
Irídio, 127, 166
　I, 169
　II, 169
　III, 167
　IV, 166
　estados de oxidação elevados, 166
　massa atômica do isótopo, 439
　metal, 166
　número atômico, Z, 439
　símbolo, 439
Isomerismo em complexo de metais do bloco *d*, 14
　coordenação, 15

hidratação, 15
ionização, 14
ligação, 15
trans- e *cis-*, 17
Isômeros nas reações de *cis-* e *trans-*, 316
Isopoliânions, 80
Isotático, 290
Itérbio
    configuração eletrônica no estado fundamental, 329
    entalpias de atomização e hidratação padrão, 337
    massa atômica do isótopo, 439
    número atômico, Z, 439
    símbolo, 329, 439
Ítrio, 126, 133, 328
    III, 133
    massa atômica do isótopo, 439
    metal, 133
    número atômico, Z, 439
    símbolo, 439

J

Jahn-Teller, distorções, 31
Janelas eletrocrômicas, 142
Junção Josephson, 367

K

Kepert, modelo, 7
KMnO$_4$, sal de potássio, 90, 91
Kotani, gráfico, 59

L

L-ácido aspártico
    abreviatura, 388
    estrutura, 388
L-ácido glutâmico
    abreviatura, 388
    estrutura, 388
L-alanina
    abreviatura, 388
    estrutura, 388
L-arginina
    abreviatura, 388
    estrutura, 388
L-asparagina
    abreviatura, 388
    estrutura, 388
L-cisteína
    abreviatura, 388
    estrutura, 388
L-fenilalanina
    abreviatura, 388
    estrutura, 388
L-glutamina
    abreviatura, 388
    estrutura, 388
L-histidina
    abreviatura, 388
    estrutura, 388
L-isoleucina
    abreviatura, 388
    estrutura, 388
L-leucina
    abreviatura, 389
    estrutura, 389
L-lisina
    abreviatura, 389
    estrutura, 389
L-metionina
    abreviatura, 389
    estrutura, 389
L-prolina
    abreviatura, 389
    estrutura, 389
L-serina
    abreviatura, 389
    estrutura, 389

L-tirosina
    abreviatura, 389
    estrutura, 389
L-treonina
    abreviatura, 389
    estrutura, 389
L-triptofano
    abreviatura, 389
    estrutura, 389
L-valina
    abreviatura, 389
    estrutura, 389
Lactase, 402
Lactoferrina, 391
$\lambda_{máx}$, 45
Lantânio, 126, 328, 337
    configuração eletrônica no estado fundamental, 329
    entalpias de atomização e hidratação padrão, 337
    massa atômica do isótopo, 439
    número atômico, Z, 439
    raio/pm, 329
    símbolo, 329, 439
Lantanoides, 328
    III, 339
    abordagem, 337
    complexos
        coordenação, 338
        organometálicos, 341
    contração, 2, 132, 330
    espectros eletrônicos, 332
    haletos, 338
    hidróxidos, 339
    luminescência, 334
    momentos magnéticos, 332
    número de coordenação, 331
    ocorrência, 334
    óxidos, 339
    reagentes de deslocamento em espectroscopia de RMN, 340
    separação, 334
Lasers de neodímio, 331
Laurêncio
    configuração eletrônica no estado fundamental, 329
    massa atômica do isótopo, 439
    número atômico, Z, 439
    raio/pm, 329
    símbolo, 329, 439
LEC (células eletroquímicas emissoras de luz), 362
LED, 360
LEED, técnica, 290
Lei
    Beer-Lambert, 44
    Curie, 59, 61
Lepidocrocita, 72
Letras gregas e suas respectivas pronúncias, 425
Levitação magnética, 367
Ligações em complexos
    ciclopentadienila, 195
    metais do bloco d
        covalente metal-ligante, 54
            efeito nefeleuxético, 54
            espectroscopia RPE, 55
            teoria da ligação de valência, 25
                esquemas de hibridização, 25
                limitações da teoria LV, 25
    metal-metal, 233
Ligantes
    alqueno, 250
    alquila, 224, 249
    alquino, 252
    ambidentado, 15
    arila, 224, 249
    campo fraco, 51
    carbonila, 224
    hapticidade, 8
    hidreto, 226

η para ligantes, 8
η^5-ciclopentadienila, 257
η^6-areno, 263
η^8-ciclo-octatetraenila, 351
orgânicos com ligação π, 228
π doador, 36
π receptor, 36
tripodal, 7, 8
X em ponte, constante de velocidade, 319
Limite de campo fraco, 49
Lítio
    condutores iônicos, 357
    configurações eletrônicas, 43
    massa atômica do isótopo, 439
    número atômico, Z, 439
    símbolo, 439
Luminescência, 54
Lutécio
    configuração eletrônica no estado fundamental, 329
    entalpias de atomização e hidratação padrão, 337
    massa atômica do isótopo, 439
    número atômico, Z, 439
    raio/pm, 329
    símbolo, 439

M

M-H-C agóstica, 245
Magnésio, 194
    massa atômica do isótopo, 439
    número atômico, Z, 439
    símbolo, 439
Magneticamente diluídos, sistemas, 60
Magnetita, 72, 99
Magnetoquímica
    antiferromagnetismo, 60
    contribuições do momento de spin e do momento orbital, 57
    cruzamento de spin, 60
    efeitos da temperatura no momento magnético efetivo, 59
    ferrimagnetismo, 60
    ferromagnetismo, 60
    fórmula devido somente ao spin (*spin-only*), 55
Manganês, 71, 385
    I, 96
    II, 95
    III, 94
    IV, 92
    V, 92
    VI, 91
    VII, 90
    massa
        atômica do isótopo, 439
        /mg, 387
    metal, 90
    número atômico, Z, 439
    símbolo, 439
    sistema biológico, 385, 387
Manganoceno, 259
Marcus-Hush, teoria, 321
Materiais inorgânicos, 356-383
    cerâmicos, 368
    condutividade elétrica em sólidos iônicos, 356
        lítio, 357
        óxidos de metais do bloco *d*, 358
        sódio, 357
    deposição de vapor químico (DVQ), 368
        carbeto de silício, 370
        metal, 372
        nitreto
            boro alfa, 369
            silício, 370
        perovskita e os supercondutores de cuprato, 372
        revestimentos cerâmicos, 372

semicondutores III-V, 370
silício de alta pureza para
  semicondutores, 368
fibras inorgânicas, 374
  alumina, 376
  boro, 374
  carbeto de silício, 376
  carbono, 374
grafeno, 377
nanotubos de carbono, 379
óxidos condutores transparentes e suas
  aplicações em dispositivos, 359
    células solares sensibilizadas por corante
      (CSSC), 359
    iluminação no estado sólido
      LEC, 362
      OLED, 360
    In$_2$O$_3$ dopado com Sn(ITO) e o SnO$_2$
      dopado com F (FTO), 359
supercondutores, 362
  alta temperatura, 364
  aplicações, 367
  baseados em ferro, 365
  fases de Chevrel, 365
  MgB$_2$, 366
Mecanismos
  base-conjugada, 316
  Cossee-Arlman, 291
  Eigen-Wilkins, 313
  esferas
    externa, 318, 320
    interna, 318
  substituição, 306
Meitnério, símbolo, 336
Mendelévio
  configuração eletrônica no estado
    fundamental, 329
  massa atômica do isótopo, 439
  número atômico, Z, 439
  raio/pm, 329
  símbolo, 329, 439
Mercúrio, 129, 130, 182
  I, 184
  II, 183
  massa atômica do isótopo, 439
  metal, 182
  número atômico, Z, 439
  símbolo, 439
Mesofase, 375
Metaemeritrina, 400
Metais dos blocos
  d, 1-23
    configurações eletrônicas do estado
      fundamental, 1
    cor, 4
    estados de oxidação variáveis, 5
    estereoisomerismo
      diastereoisômeros, 16
      enantiômeros, 16
    formação de complexos, 5
    grupo da platina, 1
    isomerismo, 14
      coordenação, 15
      hidratação, 15
      ionização, 14
      ligação, 15
    mais pesados, 126-188
      cádmio, 129, 182
      efeitos da contração lantanoide, 132
      extração, 126
      háfnio, 127, 133
      irídio, 127, 166
      ítrio, 126, 133
      lantânio, 126
      mercúrio, 182
      molibdênio, 127, 140
      nióbio, 127, 135
      núcleos ativos em RMN, 133
      números de coordenação, 132

ocorrência, 126
ósmio, 127, 156
ouro, 128, 176
paládio, 127, 170
platina, 127, 170
prata, 128, 176
propriedades físicas, 129, 131
rênio, 150
ródio, 127, 166
rutênio, 127, 156
tântalo, 127, 135
tecnécio, 127, 150
tungstênio, 127, 140
usos, 126
zircônio, 127, 133
mecanismos de reação, 304-327
  processos de transferência de
    elétrons, 318
  substituições de ligantes e
    complexos, 304, 307, 312
números de coordenação e geometrias, 6
  2, 8
  3, 8
  4, 9
  5, 10
  6, 11
  7, 12
  8, 13
  9, 13
  10 e superiores, 13
  estado sólido, 8
  modelo de Kepert, 7
paramagnetismo, 5
pesados, 1
potenciais de redução, 3
primeira linha, 70-125
  cobalto, 72, 103
  cobre, 72, 113
  cromo, 71, 83
  escândio, 70, 74
  extração, 70
  ferro, 72, 97
  manganês, 71, 90
  níquel, 72, 110
  ocorrência, 70
  propriedades físicas, 74
  titânio, 70, 76
  usos, 70
  vanádio, 71, 79
  zinco, 74, 119
princípio da eletroneutralidade, 6
propriedades
  características, 4
  físicas, 2
reatividade, 4
tendências nos raios, 2
tríade, 1
versus elementos de transição, 1
f, 328-355
  actinoides, 328
  átomos, tamanho, 330
  complexos
    coordenação, 338, 347
    organometálicos, 341, 350
  compostos inorgânicos, 338
  fontes, 334
  íons, tamanho, 330
  lantanoides, 328, 337
  orbitais e estados de oxidação, 330
  propriedades
    espectroscópicas, 332
    magnéticas, 332
  recursos e demanda, 334
Metais traços em sistemas biológicos, 385-423
  ácido de Lewis da natureza, 414
  armazenamento, 389
    ferro, 390
  processos redox biológicos, 402
    cadeia mitocondrial transportadora de
      elétrons, 403
    citocromos, 411

proteínas
  azuis de cobre, 402
  ferro-enxofre, 405
transporte, 389
  ferro, 390
  metalotioneínas, 394
tratando do O$_2$, 395
  citocromo P-450, 401
  hemeritrina, 400
  hemocianina, 397
  hemoglobina, 395
  mioglobina, 395
Metalocenos, 193, 257
Metalociclopropano, 228
Metaloproteínas, 387
Metalotioneínas, 394
Metátase
  alquenos, 257, 274
  alquinos, 274
Metavanadatos, 80
Microcristalino, 390
Microestados (estados eletrônicos), 41
Migrações
  alquilas, 244
  hidrogênio, 244
Miocrisina, 181
Mioglobina, 395
Mistura de Bordeaux, 115
Mitocôndrias, 403
MOCVD (deposição química de vapores de
  organometálicos), 200
Modelo Kepert, metais do bloco *d*, 7
Moléculas piramidais triangulares, 350
Molibdatos, aplicações catalíticas, 144
Molibdênio, 127, 140
  II, 148
  III, 146
  IV, 145
  V, 144
  VI, 140
  catalisadores, 144
  massa atômica do isótopo, 439
  metal, 140
  número atômico, Z, 439
  símbolo, 439
  sistema biológico, 385
Molibdenita, 127, 146
Momento
  angular
    orbital, 40
    spin, 40
    total, 42
  magnético efetivo, 55
    contribuições do momento de spin e do
      momento orbital, 57
    efeitos da temperatura, 59
    valores, 57
Monazita, 126, 334
Monel, 72
Mono-oxigenase, 401
Monóxido
  carbono, 385, 387
  nitrogênio, 231
MOVPE (deposição epitaxial de vapores de
  organometálicos), 200
Multiplicidade do termo, 47, 53

N

(η^5-Cp)$_2$Fe$_2$(CO)$_4$ e derivados, 259
Nanotubos de carbono, 379
Natta, Giulio, 289
Nefelauxético, 54
Neodímio
  configuração eletrônica no estado
    fundamental, 329
  entalpias de atomização e hidratação padrão, 337
  massa atômica do isótopo, 439
  número atômico, Z, 439

raio/pm, 329
símbolo, 329, 439
Neônio
  massa atômica do isótopo, 439
  número atômico, Z, 439
  símbolo, 438
Netúnio, 346
  configuração eletrônica no estado fundamental, 329
  massa atômica do isótopo, 439
  meia-vida, 346
  modo de decaimento, 346
  número atômico, Z, 439
  raio/pm, 329
  símbolo, 329, 439
Nióbio, 127, 135
  IV, 138
  V, 136
  haletos, 136
    estados de oxidação inferiores, 138
    estrutura, 140
  massa atômica do isótopo, 439
  metal, 135
  número atômico, Z, 439
  símbolo, 439
Niobita, 127
Níquel, 72
  I, 113
  II, 111
  III, 110
  IV, 110
  galvanizado, 72
  massa atômica do isótopo, 439
  metal, 110
  número atômico, Z, 439
  plana
    octaédrica, 112
    tetraédrica, 113
  Raney, 72, 110
  reciclagem, 72
  símbolo, 439
  sistema biológico, 385, 387
Nitreto
  boro alfa, 369
  silício, 370
Nitroforinas, 399
Nitrogênio
  configuração eletrônica, 44
  massa atômica do isótopo, 439
  número atômico, Z, 439
  símbolo, 439
Nitroprussiato de sódio, 103
Nitrosila, 231
Nitrossomonas europaea, 412
Nobélio
  configuração eletrônica no estado fundamental, 329
  massa atômica do isótopo, 439
  número atômico, Z, 439
  raio/pm, 329
  símbolo, 329, 439
Nucleofilicidade dos ligantes, 310
  parâmetro, 310
  sequência, 310
Nucleófilos, 255
Números
  ciclos catalíticos ou de turnover, 274
  coordenação dos metais do bloco d, 6
    2, 8
    3, 8
    4, 9
    5, 10
    6, 11
    7, 12
    8, 13
    9, 13
    10 e superiores, 13
    estado sólido, 8
  quânticos J e M_J, 42

O

Octaedro, 28
  contagem de elétrons de valência, 242
  isomerização, 316
  monoencapuzado, 12
  racemização, 316
  representação diagramática da gaiola, 242
OLED, 360
Olefinas, 257, 274
Oligomerização de alquenos, 285
Opacificante, 368
Orbitais
  f e estados de oxidação, 330
    conjuntos gerais e cúbicos, 330
    ungerade, 330
  molecular, teoria: complexos octaédricos, 34
    com ligação π metal-ligante, 35
    sem ligação π metal-ligante, 34
Organofosfanos monodentados, 227
Organometálicos dos elementos dos blocos s e p, 189-223
  grupos
    1, metais alcalinos, 189
    2
      bário, 194
      berílio, 192
      cálcio, 194
      estrôncio, 194
      magnésio, 194
    13, 196
      alumínio, 197
      boro, 196
      gálio, 200
      índio, 200
      tálio, 200
    14, 204
      anéis C_5 coparalelos e inclinados nos metalocenos, 214
      chumbo, 211
      estanho, 209
      germânio, 207
      silício, 205
    15
      antimônio, 215
      arsênio, 215
      aspectos da ligação e formação da ligação E=E, 215
      bismuto, 215
    16, 219
      selênio, 219
      telúrio, 219
Ortometalação, 167, 244
Ortovanadatos, 80
Ósmio, 127, 156
  II, 162
  III, 161
  IV, 159
  V, 159
  VI, 159
  estados de oxidação superiores, 156
  massa atômica do isótopo, 439
  metal, 156
  número atômico, Z, 439
  símbolo, 439
Ouro, 128, 176
  (-I), 180
  I, 179
  II, 177
  III, 177
  V, 176
  coloidal, 128
  complexos na medicina, 181
  massa atômica do isótopo, 439
  metal, 176
  número atômico, Z, 439
  símbolo, 439
Ovotransferrina, 391
Oxidante, 405

Oxidases, 402
Óxido
  cádmio, 182
  cobalto, 107
  condutor transparente, 359
  cromo, 84
  ferro, 72, 98, 102
  háfnio, 134
  irídio, 166
  manganês, 92
  mercúrio, 183
  metais II do bloco d, 358
  molibdato, 141
  ósmio, 158
  rênio, 152
  titânio, 79
  tungstato, 141
  vanádio, 80, 82
  zinco, 74
  zircônio, 134
Oxigenases, 401
Oxigênio
  massa atômica do isótopo, 439
  número atômico, Z, 439
  símbolo, 439

P

Paládio, 127, 170
  II, 172
  III, 171
  IV, 171
  complexos de valência mista, 171
  estados de oxidação mais elevados, 170
  massa atômica do isótopo, 439
  metal, 170
  número atômico, Z, 439
  símbolo, 439
Par de Cooper, 363
Paramagnético, 265
Paramagnetismo dos metais do bloco d, 5, 24
Parâmetro(s)
  de nucleofilicidade, 310
  de Racah, 40, 50
Patronita, 71
Películas finas e aplicações, 369
Pentlandita, 72, 127
Peptídeos, 387
Percloratos, 99
Permanganato, 90
Perovskita, 70
  supercondutores de cuprato, 372
Piramidais triangulares, metais do bloco d, 9
Pirâmide de base quadrada
  contagem de elétrons de valência, 242
  representação diagramática da gaiola, 242
Pirita de ferro, 72, 102
Pirofórico, 190
Pirolusita, 71
Pirovanadatos, 80
Plastocianinas, 402
Platina, 127, 170
  (-II), 176
  II, 172
  III, 171
  IV, 171
  estados de oxidação mais elevados, 170
  fármacos para tratamento de câncer, 175
  massa atômica do isótopo, 439
  metal, 170
  número atômico, Z, 439
  símbolo, 439
Plutônio, 346
  complexos de coordenação, 349
  compostos inorgânicos, 349
  configuração eletrônica no estado fundamental, 329
  massa atômica do isótopo, 440
  meia-vida, 346
  modo de decaimento, 346

número atômico, Z, 440
raio/pm, 329
símbolo, 329, 440
Polarímetro, 17
Polimerização de alquenos, 289
Polipeptídeo, 387
Polissiloxanos, 204
Polônio-210
    massa atômica do isótopo, 440
    meia-vida, 335
    número atômico, Z, 440
    partícula emitida, 335
    símbolo, 335, 440
Polônio-214
    meia-vida, 335
    partícula emitida, 335
    símbolo, 335
Polônio-218
    meia-vida, 335
    partícula emitida, 335
    símbolo, 335
Potássio, 190
    massa atômica do isótopo, 440
    número atômico, Z, 440
    símbolo, 440
Potenciais
    padrão de redução selecionados (298 K), 449
    redução dos metais do bloco d da primeira linha, 3
Praseodímio
    configuração eletrônica no estado fundamental, 329
    entalpias de atomização e hidratação padrão, 337
    massa atômica do isótopo, 440
    número atômico, Z, 440
    raio/pm, 329
    símbolo, 329, 440
Prata, 128, 176
    (-I), 180
    I, 179
    II, 177
    III, 177
    V, 176
    efeitos bactericidas de sóis, 178
    massa atômica do isótopo, 440
    metal, 176
    número atômico, Z, 440
    símbolo, 440
Pré-equilíbrio, 313
Precursor do catalisador, 271
Princípio da eletroneutralidade, 6
Prisma triangular, metais do bloco d, 11
    biencapuzado, 13
    contagem de elétrons de valência, 242
    monoencapuzado, 12
    representação diagramática da gaiola, 242
Processo
    cooperativo, 395
    Haber, 293
    Mond, 72
    redox biológicos, 402
    Sasol, 292
    Tennessee-Eastman para o anidrido acético, 282
    transferência de elétrons, 318
        mecanismo de esfera
            externa, 320
            interna, 318
Promécio
    configuração eletrônica no estado fundamental, 329
    entalpias de atomização e hidratação padrão, 337
    massa atômica do isótopo, 440
    número atômico, Z, 440
    raio/pm, 329
    símbolo, 329, 440

Protactínio, 346
    configuração eletrônica no estado fundamental, 329
    massa atômica do isótopo, 440
    meia-vida, 346
    modo de decaimento, 346
    número atômico, Z, 440
    raio/pm, 329
    símbolo, 329, 440
Protactínio-234
    meia-vida, 235
    partícula emitida, 235
    símbolo, 335
Proteína, 387
    alto potencial, 406
    apoproteica, 387
    azuis de cobre, 402
    ferro, 405
    grupo prostético, 387
    heme, 395
PSEPT (teoria de par de elétrons de esqueleto poliédrico), 239
Pseudomonas, 402, 416
Púrpura de Cassius, 128
PVC (policloreto de vinila), 204

Q

Quadrado
    alternados, 13
    contagem de elétrons de valência, 242
    eclipsados, 13
    representação diagramática da gaiola, 242
Quilate, 128
Química dos metais do bloco d, 1-23
    complexos de coordenação, 24-69
        aspectos termodinâmicos
            energias de estabilização do campo ligante (EECL), 62
            estados de oxidação em solução aquosa, 65
            série de Irving-Williams, 64
        descrevendo elétrons em sistemas polieletrônicos, 40
        espectros eletrônicos, 44
            emissão, 53
        estados de alto e baixo spin, 24
        evidência para ligação covalente metal-ligante, 54
        propriedades magnéticas, 55
        teoria
            campo cristalino, 27
            campo ligante, 39
            ligação de valência, 25
            orbital molecular, 34
    configurações eletrônicas do estado fundamental, 1
    isomerismo em complexo de metais, 14
    mais pesados, 126-188
        cádmio, 129, 182
        efeitos da contração lantanoide, 132
        extração, 126
        háfnio, 127, 133
        irídio, 127, 166
        ítrio, 126, 133
        lantânio, 126
        mercúrio, 182
        molibdênio, 127, 140
        nióbio, 127, 135
        núcleos ativos em RMN, 133
        números de coordenação, 132
        ocorrência, 126
        ósmio, 127, 156
        ouro, 128, 176
        paládio, 127, 170
        platina, 127, 170
        prata, 128, 176
        propriedades físicas, 129, 131
        rênio, 127, 150

        ródio, 127, 166
        rutênio, 127, 156
        tântalo, 127, 135
        tecnécio, 127, 150
        tungstênio, 127, 140
        usos, 126
        zircônio, 127, 133
    números de coordenação e geometrias, 23
    primeira linha, 70-125
        cobalto, 72, 103
        cobre, 72, 113
        cromo, 71, 83
        escândio, 70, 74
        extração, 70
        ferro, 72, 97
        manganês, 71, 90
        níquel, 72, 110
        ocorrência, 70
        propriedades físicas, 74
        titânio, 70, 76
        usos, 70
        vanádio, 71, 79
        zinco, 74, 119
    princípio da eletroneutralidade, 6
    propriedades
        características, 4
        físicas, 2
    reatividade, 4
Quimissorção, 288
Quinonas, 405
Quiralidade, 16, 18

R

Racemato, 17
Racemização de complexos octaédricos, 316
Rádio-226
    massa atômica do isótopo, 440
    meia-vida, 335
    número atômico, Z, 440
    partícula emitida, 335
    símbolo, 335, 440
Radônio-222
    massa atômica do isótopo, 440
    meia-vida, 335
    número atômico, Z, 440
    partícula emitida, 335
    símbolo, 335, 440
Raio(s)
    covalente, 441
    iônico, 441
    metálico, 5, 441
    van der Waals, 441
Rayon, 116
Reação(ões)
    autocatalítica, 271
    Fischer-Tropsch, 292
    organometálicos, 243
        abstração do hidrogênio alfa, 246
        adição oxidativa, 244
        eliminação do hidrogênio β, 246
        migrações das alquilas e do hidrogênio, 244
        substituição de ligantes CO, 243
    regiosseletiva, 192
    troca interna, 320
    {(Me$_3$Si)$_3$C}$_4$E$_4$(E=Ga ou In), 202
Reagentes
    Collman, 235
    deslocamento de lantanoides em espectroscopia de RMN, 340
    diamagnéticos, 19
    Grignard, 194
    paramagnéticos, 19
Reatividade dos metais, 4
Reciclagem
    cobre, 73
    cromo, 71
    níquel, 72

Redução catalítica homogênea de N₂ a NH₃, 277
Regiosseletiva, 192
Regras
   18 elétrons, 232
   Hund, 44
   não cruzamento, 49
   número atômico ou dos 18 elétrons, 38
   seleção, 47
      Laport, 4, 47
      spin, 47
   Wade, 238
Rênio, 127, 150
   III, 153
   IV, 153
   estados de oxidação elevados, 150
   massa atômica do isótopo, 440
   metal, 150
   número atômico, Z, 440
   símbolo, 440
Resíduos de cianeto, tratamento, 129
Ressonância magnética nuclear, complexos planos quadrados, 17
Retenção de estereoquímica, 308
Retrodoação, 36, 225
Revestimentos cerâmicos, 372
Rhodnius prolixus, 399
Rhus vernifera, 403
RLEL (relação linear de energia livre), 314
Rocha fosfática, 294
Ródio, 127, 166
   I, 169
   II, 169
   III, 167
   IV, 166
   estados de oxidação elevados, 166
   massa atômica do isótopo, 440
   metal, 166
   número atômico, Z, 440
   símbolo, 440
Roentgênio, símbolo, 336
Roscoelita, 71
RPECV, 217
Rubídio
   massa atômica do isótopo, 440
   número atômico, Z, 440
   símbolo, 440
Rubredoxinas, 405
Rutênio, 127, 156
   II, 162
   III, 161
   IV, 159
   V, 159
   complexos de valência mista, 165
   estados de oxidação superiores, 156
   massa atômica do isótopo, 440
   metal, 156
   número atômico, Z, 440
   símbolo, 440
Rutilo, 70

S

Sal
   potássio (KMnO₄), 90
   Tutton, 83
   verde de Magnus, 174
   vermelho
      de Wolffram, 171
      -rubi, 99
   Zeise, 175, 250
Salto de elétrons, 359
Samário
   configuração eletrônica no estado fundamental, 329
   entalpias de atomização e hidratação padrão, 337
   massa atômica do isótopo, 440
   número atômico, Z, 440
   raio/pm, 329
   símbolo, 329, 440

Sanduíche, estrutura, 193
Satraplatina, 175
Scheelita, 127
S-cis, 206
Seabórgio, símbolo, 336
Selênio, 219
   massa atômica do isótopo, 440
   número atômico, Z, 440
   símbolo, 440
Semicondutores III-V, 200
Sensibilizador, 359
Série
   Irving-Williams, 64
   nefelauxética, 55
SHOP, processo Shell de Olefinas Superiores, 285
Siderita, 72
Sideróforos, 392
Silício, 205
   alta pureza para semicondutores, 368
   massa atômica do isótopo, 440
   número atômico, Z, 440
   símbolo, 440
Silicones, 204
Silvanita, 128
SIMS, técnica, 290
Sinal de módulo, 40
Sindiotático, 290
Síntese assimétrica, 280
Skutterudita, 72
Smithsonita, 74
Sódio, 190
   condutores iônicos, 357
   massa atômica do isótopo, 440
   número atômico, Z, 440
   símbolo, 440
Sóis de prata, efeitos bactericidas, 178
Solganol, 181
Sólidos iônicos, condutividade elétrica, 356
   lítio, 357
   óxidos de metais do bloco *d*, 358
   sódio, 357
Somatório vetorial, 40
Spin
   alto, 24
   baixo, 24
   contribuição para o momento magnético, 57
   cruzamento, 60
   only, 55, 56
   órbita, acoplamento, 59
   transições permitidas e proibidas, 47
STM, técnica, 290
S-trans, 206
Substituição(ões)
   complexos
      octaédricos, 312
         estereoquímica de substituição, 314
         hidrólise catalisada por base, 315
         isomerização e racemização, 316
         mecanismo de Eigen-Wilkins, 313
         troca de água, 312
      planos quadrados, 307
         efeito *trans*, 307
         equações de velocidade, 307
         mecanismo, 307
         nucleofilicidade dos ligantes, 310
   íon zinco pelo cobalto, 419
   ligantes, 304
      CO, 243
         coordenativamente insaturado, 244
         dissociativas, 244
      complexos cineticamente inertes e lábeis, 304
      equações estequiométricas, 305
      parâmetros de ativação, 306
      tipos de mecanismos, 306
Supercondutores, 362
   alta temperatura, 133, 363, 364
   aplicação, 367
   baseados em ferro, 365

boreto de magnésio, 366
   interferência quântica (SQUID), 367
Supertroca, 62
Suscetibilidade magnética
   antiferromagnetismo, 60
   contribuições do momento spin e do momento orbital, 57
   cruzamento de spin, 60
   efeitos da temperatura no momento magnético efetivo, 59
   ferrimagnetismo, 60
   ferromagnetismo, 60
   fórmula devido somente ao spin (*spin only*), 55
   irracional, 56
   molar, 55, 56
   ponderal, 56
   volumar, 56

T

Tabelas
   caracteres selecionados, 432
   microestados, 42, 45
Tálio, 200
   massa atômica do isótopo, 440
   número atômico, Z, 440
   símbolo, 440
Tantalita, 127
Tântalo, 127, 135
   IV, 138
   V, 136
   haletos, 136
      estados de oxidação inferiores, 138
   massa atômica do isótopo, 440
   metal, 135
   número atômico, Z, 440
   símbolo, 440
Tecnécio, 127, 150
   I, 156
   III, 153
   IV, 153
   99m usando [Tc(OH₂)₃(CO)₃]⁺, 154
   estados de oxidação elevados, 150
   massa atômica do isótopo, 440
   metal, 150
   número atômico, Z, 440
   símbolo, 440
Telureto, 219
Telúrio, 219
   massa atômica do isótopo, 440
   número atômico, Z, 440
   símbolo, 440
Temperatura
   crítica, 362
   Curie (t_c), 61
   Néel (T_N), 62
Teorias, complexos dos metais do bloco *d*
   campo
      cristalino, 27
         distorções Jahn-Teller, 31
         energia de estabilização: complexos octaédricos de alto e baixo spin, 29
         limitações, 33
         octaédrico, 27
         outros, 33
         plano quadrado, 32
         tetraédrico, 31
         usos, 33
      ligante, 39, 62
   ligação de valência, 25
      esquemas de hibridização, 25
      limitações, 25
   orbital molecular: complexos octaédricos, 34
      com ligação π metal-ligante, 35
      sem ligação π metal-ligante, 34
Térbio
   configuração eletrônica no estado fundamental, 329
   entalpias de atomização e hidratação padrão, 337

Índice **471**

massa atômica do isótopo, 440
número atômico, Z, 440
raio/pm, 329
símbolo, 329, 440
Terc-butil, 193
Termocromismo, 82
Terras-raras, 328
Teste do biureto, 117
Tetraedro, 28
    contagem de elétrons de valência, 242
    representação diagramática da gaiola, 242
Tetragonal, distorção, 31
Thermosynechococcus elongatus, 93
TiBr$_4$, 76
TiCl$_4$, 76
TiF$_4$, 76
Tioneínas, 394
Titanato, 77
Titânio, 70
    III, 77
    IV, 76
    estados de baixa oxidação, 79
    estrutura, 77
    massa atômica do isótopo, 440
    metal, 76
    número atômico, Z, 440
    propriedades físicas, 75
    símbolo, 440
TMEDA, 192
Tomografia computadorizada de emissão de fóton único (SPECT), 154
Torções de Bailar e Ray-Dutt, 317
Tório, 346
    complexos
        coordenação, 347
        organometálicos, 350
    compostos inorgânicos, 347
    configuração eletrônica no estado fundamental, 329
    massa atômica do isótopo, 440
    meia-vida, 346
    modo de decaimento, 346
    número atômico, Z, 440
    raio/pm, 329
    símbolo, 329, 440
Tório-230
    meia-vida, 335
    partícula emitida, 335
    símbolo, 335
Tório-234
    meia-vida, 335
    partícula emitida, 335
    símbolo, 334
Toroceno, 352
Torteveitita, 70
Trametes versicolor, 403
Transferência
    carga, absorção dos espectros eletrônicos, 46
    elétrons, 318
        escalas de tempo de técnicas experimentais para estudo, 319
Transferrinas, 390
    soro, 391
Transmetalação, 190
Transporte
    cobre, 389
    ferro, 389, 390
    metais tóxicos, 394
    vanádio, 386, 389
    zinco, 389
Trialquilboranos, 197

Trialquilas
    gálio, 200
    índio, 200
    tálio, 200
Triângulo
    contagem de elétrons de valência, 242
    representação diafragmática da gaiola, 242
Tribrometo de titânio, 79
Triciclo-hexilfosfano, 275
TRISPHAT, 19
Tris-quelatos, 16, 164
Troca de água, 312
    volumes de ativação, 312
Túlio
    configuração eletrônica no estado fundamental, 329
    entalpias de atomização, 337
    hidratação padrão, 337
    massa atômica do isótopo, 440
    número atômico, Z, 440
    raio/pm, 329
    símbolo, 329, 440
Tungstênio, 127, 140
    II, 148
    III, 146
    IV, 145
    V, 144
    VI, 140
    massa atômica do isótopo, 440
    metal, 140
    número atômico, Z, 440
    símbolo, 440

U

Ungerade, 28
Unidades, abreviações e símbolos, 426
Ununéxio, símbolo, 336
Ununóctio, símbolo, 336
Ununpêntio, símbolo, 336
Ununquádio, símbolo, 336
Unúntrio, símbolo, 336
Urânio, 346
    complexos
        coordenação, 347
        organometálicos, 350
    compostos inorgânicos, 347
    configuração eletrônica no estado fundamental, 329
    massa atômica do isótopo, 440
    meia-vida, 346
    modo de decaimento, 346
    número atômico, Z, 440
    raio/pm, 329
    símbolo, 329, 440
Urânio-234
    meia-vida, 335
    partícula emitida, 335
    símbolo, 335
Urânio-238
    meia-vida, 335
    partícula emitida, 335
    símbolo, 335
Uranoceno, 352

V

Valores da eletronegatividade de Pauling, 443
Vanadinita, 71
Vanádio, 71, 385
    II, 83
    III, 83

    IV, 81
    V, 80
    armazenamento, 389
    massa atômica do isótopo, 440
    massa/mgm, 387
    metal, 79
    número atômico, Z, 440
    organismos que armazenam, 386
    símbolo, 440
    sistema biológico, 385
    transporte, 389
Velocidade
    decaimento, 336
    troca de água, 304
Venenos catalíticos temporários, 294
Vermelho da Ucrânia, 100
Vetor quiral, 380
Vitamina B12, 72
Vitríolo
    azul, 115
    verde, 102
Volframita, 127
Volume de ativação, 307

W

Weiss, constante, 61
Werner, Alfred, 105
Wurtzita, 120

X

XANES, técnica, 290
Xenônio
    massa atômica do isótopo, 440
    número atômico, Z, 440
    símbolo, 440
XPS (ESCA), técnica, 290
XRD, técnica, 290

Y

Y, elevada contração, 34

Z

Zeólitas, 295
    catalisadores para transformação orgânica: empregos do ZSM-5, 295
    ultraestáveis Y, 296
Ziegler, Karl, 289
Zinco, 74
    I, 121
    II, 119
    armazenamento, 389
    massa atômica do isótopo, 440
    metal, 120
    número atômico, Z, 440
    símbolo, 440
    sistema biológico, 385
    transporte, 389
Zircônio, 127, 133, 368
    IV, 133
    aglomerados, 134
    estados de oxidação inferiores, 134
    massa atômica do isótopo, 440
    metal, 133
    número atômico, Z, 440
    símbolo, 440
Zirconoceno, 262
ZSM-5, 295

Cromosete
Gráfica e editora ltda.
Impressão e acabamento
Rua Uhland, 307
Vila Ema-Cep 03283-000
São Paulo - SP
Tel/Fax: 011 2154-1176
adm@cromosete.com.br